AF497689

Das Tierleben der Alpenwelt.

„Unter der himmlischen Halle,
Auf der Erde festem Grund,
Wo ich walle,
Wo mein Auge schweift,
Wird mir laut und schweigend kund
Das Leben der Natur,
Mich ergreift
Unnennbar geistig Wehen,
Als hört' ich den Gott durch die Schöpfung gehen,
Als säh' ich des Geistes verkörperte Spur."

Das
Tierleben der Alpenwelt.

Naturansichten

und

Tierzeichnungen aus dem schweizerischen Gebirge.

Von

Dr. Friedrich von Tschudi.

Illustriert von E. Rittmeyer und W. Georgy.

Elfte, durchgesehene Auflage,

herausgegeben von

Prof. Dr. C. Keller.

Leipzig

Verlagsbuchhandlung von J. J. Weber

1890

Das Recht der Übersetzung ist vorbehalten.

Vorwort.

Je mehr das Studium der Naturwissenschaften zu einem der bedeutungsvollsten und in seinem Einfluß mächtig übergreifenden Momente im fortschreitenden Kulturprozesse der Gegenwart geworden ist, je mehr sich die ehrwürdige Arbeit seiner Jünger und Meister in alle Formen der Naturphänomene und in alle Gesetze ihres Lebens vertieft, um die alte Welt der Erscheinung für die neue des Begriffs zu erobern, um so weniger fühlt der Nichteingeweihte Kraft und Vertrauen in sich, jenen großartigen Bestrebungen zu folgen, oder auch nur sich den Überblick über dieselben zu sichern, und an ihren Resultaten sich zu beteiligen. Zu sehr in Anspruch genommen von der nächsten, ernsten Arbeit, bleibt dem Naturforscher von Fach nur sehr selten Muße, ihm jenen Genuß des Gewonnenen zu erleichtern; darum mag es dem Fernerstehenden vergönnt sein, dieses Amt in aller Bescheidenheit und in eigener Weise zu übernehmen.

Die schweizerischen Forscher haben von jeher mit Vorliebe die wunderbare und mannigfaltige Natur ihrer Heimat beobachtet, und die eminenten Studien, die sie diesem Spezialfelde gewidmet, haben nicht am wenigsten dazu beigetragen, ihrer ehrwürdigen Familie einen geachteten Namen auf dem Gebiete deutscher und europäischer Wissenschaft zu sichern. Seit dem balneologischen Traktatus F. Hemmerlins und den phantastisch genialen Intuitionen eines Paracelsus bei den Thermen von Pfäfers, deren „calor innatus" er nachsann, seit J. Müller Rellicanus an den Felsen des Berner Stockhorns zuerst die eigentümlichen Gebilde der alpinen Flora studierte, vor allem aber seit des deutschen Plinius, des unsterblichen Konrad Geßners, Tiergeschichte die Basis der ganzen neuern Zoologie und seine Pflanzenhistorie die ersten, von dem gelehrten Brüderpaar Bauhin weiter verfolgten Ahnungen eines natürlichen Systems boten, — herab über Wagners oft abenteuerliche Kollektaneen, J. v. Muralts, J. G. Sulzers, Dr. Bruckners, G. S. Gruners, Bourrits geologische Studien, der Scheuchzer fleißige und vielseitige Forschungen, des großen Albrechts v. Haller imposante Leistungen, B. Stähelins, v. Lachenals und Joh. Geßners achtbare botanische Arbeiten, J. C. Füßlins und J. H. Sulzers entomologische Beobachtungen und Höpfners fleißige Sammelwerke — bis auf Horaz Benedikts von Saussure geistvolle und ewig denkwürdige Arbeiten und weiter herab bis auf den großen Kreis begabter und vielverdienter Genossen unseres Jahrhunderts, auf Stein= müller, Hagenbach, Ebel, Conrado von Balbenstein, Jürine, Meisner, Römer, Imhof, Schinz, die Studer, Charpentier, Agassiz, die Escher, Marian, Hugi, Siegfried, Pictet, de la Harpe, de Luc, Horner, Larby, Favre, Blanchet, Depierre, Necker, Nicolet, Chavannes, Duby, de Candolle, Lusser, Suter, Hegetschweiler, Vouga, Schärer, Trog, Gosse, O. Heer, Gaudin, Moritzi, Usteri, Desor, Mayor, Nägeli, Pfluger, Perty, Bremi, Theobald, und vor allen Fatio 2c. — welche Reihe vaterländischer Gelehrten (und unter ihnen wie viele große europäische Namen), die ihre Kräfte bald ausschließlich, bald teilweise der Erforschung der heimatlichen Natur gewidmet haben! Das schweizerische Berg= und Alpenland im besondern ist mit allen seinen Naturerscheinungen, und zwar ebenfalls weit überwiegend von einheimischen Kräften, so anhaltend und vielseitig beobachtet worden, wie kein anderes auf dem Kontinent. Wir dürfen dies mit dankbarem Stolze aussprechen, so sehr wir auch die Lücken und die noch allzu engen Grenzen dieser großartigen wissenschaftlichen Arbeit fühlen.

Diese wenigstens in ihrem kleineren Teile und nach dem Maße bescheidener Kräfte für jene Gebildeten nutzbar zu machen, welche einen Mitgenuß der wissenschaftlichen Entwickelung beanspruchen und mit warmem Interesse an der Welt der Gebirge hangen, haben wir in den folgenden Bogen versucht. Vielleicht mögen in ihnen wenigstens die Spuren treuer Liebe und eigener Beobachtung nicht verkannt werden. Die ganze Auffassung aber und die Haltung der Arbeit möge sich selbst zu rechtfertigen versuchen.

Der Verfasser.

Vorrede des Herausgebers.

Der im Jahre 1886 dahingeschiedene Friedrich von Tschudi, als Schriftsteller wie als schweizerischer Staatsmann gleich hervorragend, schuf in seinem „Tierleben der Alpenwelt" eine Zierde der deutschen Litteratur. Wenn ich seinen zahlreichen Verehrern dasselbe in neuer Auflage übergebe, so verhehle ich mir die großen Schwierigkeiten keineswegs, welche die mir anvertraute Aufgabe mit sich bringen mußte.

Tschudis Werk ist ein Volksbuch im allerbesten Sinne des Wortes geworden. Der Verfasser vereinigte in seltener Weise eine ungewöhnliche Feinheit der Naturbeobachtung mit einer echt künstlerischen Auffassung seines Gegenstandes, der großartigen Alpenwelt. In klaren und kecken Zügen entwarf er ein unübertroffenes Gesamtbild der schweizerischen Gebirgsnatur, und wo er im Detail verweilt, da vermag er mit wunderbarer Treue die lokalen Nuancierungen hervorzuzaubern. Die Darstellung bewegt sich im Gewande einer edeln und wahrhaft klassischen Sprache, über welche Tschudi auch als Redner bekanntlich mit seltner Gewandtheit verfügte. Sein Buch hat daher überall Anklang gefunden, den erfahrenen Alpenwanderer stets gefesselt und besonders die reifere Jugend begeistert.

Es erschien mir als ein Gebot der Pietät, die Eigenart eines solchen Werkes zu schonen und zu erhalten. Daher ist auch in dieser neuen Auflage die Anordnung des Stoffes unverändert geblieben, denn diese trägt wesentlich zum Reiz des Werkes bei. Dagegen war meine ursprüngliche Absicht, mich lediglich auf Anmerkungen zu beschränken, nicht vollkommen durchführbar. Sollte der Inhalt überall der Gegen=

wart angepaßt werden, so erschienen da und dort Abänderungen im Text
unvermeidlich. Die vorige Auflage ist vor fünfzehn Jahren erschienen,
seither haben sich einzelne Anschauungen stark verändert und bemerkens=
werte neue Ergebnisse mußten berücksichtigt werden.

Beispielsweise habe ich die alte Föhntheorie nicht mehr aufgenommen,
sondern sie durch die jetzt herrschende ersetzt; die Angaben über niedere
Tiere erscheinen vermehrt; die Frage nach der Abstammung der schwei=
zerischen Rinderrassen, heute wohl hinreichend abgeklärt, ist etwas ein=
gehender behandelt worden. Gänzlich verändert erscheint die Charakter=
zeichnung des berühmten Gemsjägers Colani, bei welcher die historische
Gerechtigkeit über jede andere Rücksicht gestellt werden mußte. Lange
genug verkannt, hat der treffliche Colani unlängst die verdiente Ehren=
rettung erhalten, sein Charakterbild ist befreit von allen Schlacken;
er mag daher in einem etwas weniger romantischen, aber richtigeren
Lichte erscheinen. Ich glaube damit auch im Sinne des verstorbenen
Verfassers zu handeln.

Auf Wunsch des Herrn Verlegers habe ich endlich bei allen Längen= und
Höhenangaben das metrische System angenommen und die Temperaturen
überall in Graden des hundertteiligen Thermometers ausgedrückt. Die
Änderungen im Texte sind auf das notwendigste beschränkt und betreffen
nur thatsächliche Dinge. Als Konzessionen an die Gegenwart dürften
sie die Originalität des Tschudischen Werkes nicht beeinträchtigen.

Die meisterhaften Schilderungen von Naturszenen aus unseren
Alpen und die vollendeten Charakterzeichnungen der hervorragendsten
Tiergestalten erscheinen hier unverändert. Mögen sie auch in der
Zukunft den Freund unseres Landes fesseln und die heranwachsende
Jugend begeistern!

Zürich, im August 1890.

Prof. Dr. C. Keller.

Inhaltsverzeichnis.

Zweites Kapitel.

Das Pflanzenleben der Bergregion.

Drittes Kapitel.

Das niedere Tierleben.

Viertes Kapitel.

Die montane Vogelwelt.

Fünftes Kapitel.

Die Vierfüßer des untern Gebirges.

Biographien und Tierzeichnungen.

I. Die Honigbiene in der Bergregion.

II. Die Bachforelle.

III. Die Nattern im Gebirge.

IV. Die Wasseramsel.

V. Das Haselwild.

VI. Die Urhühner.

VII. Der Uhu.

VIII. Die Schlafmäuse und ihr Leben.

IX. Eichhörnchen und Berghasen.

X. Die Dachse.

XI. Die wilden Katzen.

Zweiter Kreis.

Die Alpenregion.   (1300—2300 m ü. M.)

Erstes Kapitel.

Allgemeiner Charakter der Alpenregion.

Zweites Kapitel.
Die Alpenpflanzenwelt.

Drittes Kapitel.
Die niedere Tierwelt der Alpen.

Viertes Kapitel.
Die höheren Alpentiere.

Biographien und Tierzeichnungen.

I. Die Giftschlangen der Alpen.

II. Die Steinhühner.

III. Die Birkhühner.

IV. Die Steinadler.

V. Der Lämmergeier.

VI. Die Alpenhasen.

VII. Die Gemsen.

1. Tierzeichnung.

2. Die Gemsenjagd im allgemeinen.

3. Gemsenjäger.

VIII. Die Luchse.

IX. Die Füchse im Gebirge.

X. Die Wölfe der Schweizeralpen.

XI. Die Bären.

Dritter Kreis.

Die Schneeregion. (2300—4500 m ü. M.)

Erstes Kapitel.

Die Bodenverhältnisse der Schneezone.

Zweites Kapitel.

Schneegrenze und Gebirgstrümmer.

Drittes Kapitel.

Firn und Gletscher.

Viertes Kapitel.

Pflanzenleben der Schneewelt.

Fünftes Kapitel.

Allgemeine Umrisse des niederen Tierlebens.

Sechstes Kapitel.

Die Schneetiere.

Biographien und Tierzeichnungen.

I. Die Schneefinken.

II. Die Alpenschneehühner.

III. Die Stein- und Schneekrähen.

IV. Die Schneemaus.

V. Die Alpenmurmeltiere.

VI. Die Steinböcke der Zentralalpen.

Zweiter Teil.
Die zahmen Tiere der Alpen.

I. Das Alpenrindvieh.

II. Die Ziegen des Hochgebirges.

III. Die Bergschafe.

IV. Die Pferde.

V. Die Hunde im Gebirge.

Verzeichnis der Abbildungen.

Erster Teil.

Die freilebende Tierwelt.

Einleitung.

Die Alpenwelt mitten in den Ländern der Kultur — eine fremde Welt. — Die mühsame
Erkenntnis. — Die Größe und Mannigfaltigkeit der Erscheinungen. — Zweck und
Umfang unserer Aufgabe.

> In die Berge hinein, in das liebe Land,
> In der Berge dunkelschattige Wand!
> In die Berge hinein, in die schwarze Schlucht,
> Wo der Waldbach tost in wilder Flucht!
> Hinauf zu der Matten warmduftigem Grün,
> Wo sie blühn
> Die roten Alpenrosen!
>
> C. Morell.

Eine kühne, majestätische Erscheinung steht das Zentralalpengebiet des
europäischen Festlandes als Völkerscheide zwischen den ausgedehnten,
dichtbevölkerten Kulturländern der romanischen und germanischen
Stämme. An seinen beiden Seiten hat sich hohe Gesittung der Nationen
angesiedelt und zur vollen Blüte entfaltet, die Natur und deren Kräfte sich
dienstbar gemacht, den fruchtbaren Boden fleißig bebaut und zu reichen Ernten
erzogen. Siegreich ist die humane Kultur in das Alpengelände selbst ein=
gedrungen. In dessen nördlichem Vorlande und zwischen den Ausläufern
entwickelt das schweizerische Volk seine großartige Betriebsamkeit, besitzt es
blühende Städte, wo Wissenschaft, Handel und Gewerbe ein Zeugnis gesunder,
tüchtiger Bildung ablegen, reichbevölkerte und wohlhabende Dörfer, in denen
Ackerbau und Industrie im Schutze der bürgerlichen Freiheit fröhlich gedeihen.
Die Vorberge, die mittlern und obern Thäler des Gebirges sind mit Weilern
und Höfen bedeckt; bis hoch und tief in den Schoß der Alpen bringt eroberungs=
lustig das rührige Volk mit seinen Herden und überzieht im Sommer wie eine
Kulturarmee die ganze kolossale Gebirgskette, soweit sie Raum und Schutz für
eine Hütte und einen wenn auch nur noch kümmerlichen Weideplatz seinen
Tieren bietet. Aber hier schon hält das freie Naturleben dem Menschen, der
es sich dienstbar zu machen sucht, die Wage, und über der letzten tributbaren
Grasterrasse türmen sich in ewiger Freiheit und Größe die Zinnen und Gipfel
der Hochalpen auf wie eine fremde, ursprüngliche und unbezähmbare Naturmacht.

Kalt und stolz weist sie die menschliche Dienstbarkeit zurück. Der intelligente Herr der Erde wird hier zum Fremdling. Die Kraft des Geistes in schwacher Hülle bricht an dem kolossalen Widerstande der Materie; der warme Odem, das klopfende Herz ringen mühsam mit Frost, Sturm und erschöpfender Naturgewalt, — ein wunderbares, fremdes, ewig freies Gebiet mitten in blühenden, dichtbevölkerten Landen.

Die Alpen sind der Stolz des Schweizers, der an ihrem Fuße und in ihrem Schoße seine Heimat aufgeschlagen hat. Ihre Nähe übt einen unbe= schreiblich weit reichenden Einfluß auf seine ganze Existenz aus. Sie bedingen teilweise sein natürliches und geistiges, sein geselliges und politisches Leben. Er liebt sie fast instinktmäßig; er hängt mit den verborgenen Wurzeln seines Gemütes an ihnen und sehnt sich, wenn er sie verlassen hat, immer wieder nach seinen Höhen zurück. Seine Liebe zu ihnen ist vielleicht größer als seine Kenntnis ihrer Natur. Noch in diesen Jahren, wo die kosmopolitische Lokomotive durch die Zentralalpen führt, wo der galvanische Strom am Eisendrahte hingleitet, nachdem herrliche Kunststraßen sie schon lange dem Weltverkehre geöffnet, und tausende von Touristen aus allen Himmelsgegenden sie besucht haben, — noch heute, nachdem schon lange der unermüdliche Forschergeist unserer zahlreichen und großen einheimischen Naturkundigen tausend reiche Streifzüge nach den strahlenden Scheiteln des Hochgebirges unternommen, ruht ein tiefes Geheimnis über ihnen. Ihr wundersamer Aufbau, die Schichtung und Verwerfung ihrer Gesteine, die Bildung ihrer Firndiademe und Gletscher= wüsten, ihre Teilnahme an dem wechselnden Kreislaufe der Naturperioden, ihr Verhältnis zu den lebendigen Organismen, ihre erste und letzte Geschichte — alles das sind kaum in der Lösung begriffene Rätsel. Gewaltige Gebirgsmassen sind noch von keinem Menschenfuße betreten und erheben namenlose Hörner in die Luft, die nie eines Menschen Stimme, die nur der sausende Flügelschlag des königlichen Bartgeiers bewegt hat. Stundenlange Eismeere wölben ihre ehernen Fluten, die kaum ein Wanderer berührt hat. Das tierische und pflanzliche Leben ihrer steinigen Gletscherinseln hat kein Forscher belauscht. Manches in den zerrissenen Armen der Hochalpen ruhende Thal hat kaum eines Jägers, eines Wurzelsammlers oder Krystallgräbers Fuß betreten und ist unbekannter als die Küste der entlegensten Inselgruppen oder das Uferland des obern Nils und Mississippi. Und nicht nur dies — selbst das Gebiet, das wir vor Augen und unter den Füßen haben, die oft betretene Alpenwelt in ihren mineralischen Rinden= und Kernverhältnissen, ihren Eisbildungen, Vegetationsprozessen, meteorologischen Gesetzen, mit ihren klimatischen Wechseln und Abstufungen, mit den Entwickelungsreihen ihrer lebenden Wesen und deren Wechselverhältnissen zu ihrer Unterlage, deren Unterschieden nach den Gebirgs= lagen und eigentümlich alpinen Formen, — selbst das ist uns noch lange keine erkannte Welt; wir stehen erst an den Pforten des Wissens, und nur wenige sind es, die ernstlich angepocht und Einlaß erstrebt haben.

Und doch ist das, was wir jenen wenigen ehrwürdigen Arbeiten im Dienste der Wissenschaft verdanken, so großartig, oft so staunenswert und verheißungsvoll! Wie die Berge hoch und einsam über das Flachland hinaufragen, so ragen die Gedanken Gottes, die in ihnen ruhen, über das alltägliche Leben und Gemüt, und wir würden wohl tief aufatmen und die Hüllen unserer so oft in kleinlicher Verbildung ruhenden Weltanschauungen brechen, wenn wir unsern Ideenkreis und unser Gemütsleben öfter an jenen ewig schönen Originalien, an jenen krystallisierten Schöpfungsgedanken des Weltgeistes auffrischen und ausweiten wollten.

Langsam arbeitet menschliches Vermögen an der Hebung dieses Naturschatzes. Es treibt die strenge Naturwissenschaft mühevoll ihre Stollen nach dem Golde der Erkenntnis in hundertjähriger Arbeit. Sie beobachtet und vergleicht, sucht wieder und wieder, folgert und bildet nach im trocknen Werke des Systems. Sie spießt die minutiöse neue Errungenschaft auf das Insektenbrett des schon Gewonnenen, arbeitet sich mit keuscher Treue durch den eroberten Staub zu den großen verkörperten Schöpfungsgedanken durch, und sieht oft plötzlich das längst schon gewonnen Geglaubte wieder von Grund aus erschüttert. Erst wenn sie ihre stille Maulwurfsarbeit vollendet, werden jene Gedanken zum allgemeinen Eigentum und die Einsicht in den Zusammenhang dieser Naturgröße zum Besitztum des Gebildeten; — bis dahin stehen wir gern auf den aufgeworfenen Hügelchen und naschen von der quadratzölligen Weisheit, die wir ihr abzulauschen meinen, wäre es auch nur, um einer ahnungsvollen Sehnsucht unseres Gemütes nachzukommen.

Die Gebirgswelt ist eine so außerordentlich mannigfaltige, ihre Erscheinung so merkwürdig und eigentümlich, daß jeder Streifzug dahin schon seine Beute und seinen Lohn hat. Von dem waldbesäumten Fuße, von der freundlichen Hügelregion, mit der sie im Thale aufsteht, bis zu den Firnkronen ihres Hauptes nährt sie nach festen, durch klimatische Bedingungen modifizierten Gesetzen ein wechselndes, unendlich reiches Leben, und bietet so oft in einem aufsteigenden Flächenraume von wenigen Quadratmeilen eine Stufenfolge animalischer Erscheinungen, die wir im Tieflande teils gar nicht, teils nur in Entfernungen von hunderten von Meilen wiederfinden. Wenige Wegstunden führen uns von dem letzten Kastanienwalde, in dessen Nachbarschaft noch der italienische Skorpion am Gemäuer klettert, zu reduzierten Pflanzen= und Tierformen der Polargegenden. Die große Verschiedenartigkeit der Gebirgslokalitäten, ihre mittlere Stellung zwischen dem europäischen Süden und Norden, ihre vielfach sich abändernden klimatischen und meteorologischen Verhältnisse bedingen und begünstigen diesen großartigen Reichtum organischer Erscheinungen, der auch in jenen eisumstarrten Gebieten, welche man sich gewöhnlich von allem Leben entblößt und in kaltem Tode versunken denkt, mit wunderbarem Haushalt und unglaublicher Zähigkeit noch ausdauert. Welch eine Stufenfolge tierischer Individualitäten von dem gewaltigen Geieradler, der sich auf den

Morgenwolken wiegt und den verborgenen Raub in entlegener Schlucht wittert, bis zu dem Gletscherfloh, der in den Haarspalten der öden Eismeere sich regt, von der flüchtigen und vorsichtigen Gemse bis zu den mikroskopischen Infusorien im roten Schnee!

So versuchen wir es denn, diese großartige Welt der Gebirge in den Umrissen ihres tierischen Lebens und im Zusammenhange ihrer ganzen Erscheinung aufzufassen. Wäre es auch nur ein kleiner Grad ihres Verständnisses, den wir dadurch gewinnen, so möchte es doch immerhin eine Ermutigung sein, sie unaufhörlich weiter zu beobachten, und eine wachsende Erkenntnis mit jener angeborenen Liebe zu verbinden, die wir ihr als der Wiege der schweizerischen Freiheit und Nationalität in treuem Gemüte widmen.

Erster Kreis.

Die Bergregion.   (800—1300 m ü. M.)

Erstes Kapitel.

Allgemeine Charakteristik der Bergregion.

Überblick. — Abgrenzung der Kreise. — Das Vorland. — Reichtum der montanen
Region. — Selbständige Bergregion: Jura. — Angelehnte Bergregion. — Thäler
und Paßstraßen. — Stromgebiet der Rhone. — Berner Oberland. — Graubünden.
— Romantische Labyrinthe. — Wechsel der Berglandschaft. — Die unteren Gebirgsseen und deren Umgebung. — Alte Seebecken. — Wasserfälle. — Charakterisierende
Bergwälder. — Das Kalkgebirge in seiner untern Formation. — Terrassen. —
Klima. — Gang der Winde. — Ihr Streit und Einbruch in die Thäler. — Lokalwinde. — Der Fön. — Seine Vorzeichen und Wirkungen. — Wärme der Höhen
im Winter. — Nebel. — Charakter der Gebirgslandschaft im Schnee. — Veränderungen der Schneedecke. — Menschen und Tiere im Winter. — Vernichtung
des Winters. — Der Frühling, die lauteste Jahreszeit im Gebirge. — Mächtig-
werden des Naturlebens. — Reise des Frühlings. — Die Runsen und ihre Schrecknisse.
— Die großen Bergstürze — Kuriositäten des Gebirges: Maibrunnen, Höhlenbildungen, Wind- und Wetterlöcher, Eisgrotten.

Die Alpenwelt der Schweiz in ihren zahllosen Abwechselungen und
Verbindungen mit dem Flachlande bildet einen zusammenhängenden,
scheinbar organisch gegliederten Teil des europäischen Kettengebirgs-
bogens, der mit einem Flächenraum von etwa 330 000 qkm und in einer
Länge von 1260 km von der ligurischen Küste bis in die ungarische Ebene
und tief ins osmanische Reich streicht und seine Arme weit nach Italien,
Deutschland und Frankreich ausstreckt. Der schweizerische Teil dieses Hoch-
gebirgszuges enthält die mächtigsten Massenerhebungen und die meisten
gewaltigen Gipfelbildungen, besonders den Monterosastock mit mehreren Höhen

von über 4500 m ü. M. und einem höchsten Gipfel von 4638 m ü. M., nach
dem Montblanc der höchste Berg Europas. Unsere Alpen bilden mit einer
mittlern Kammhöhe von 2300 m die große Felsenmauer, die den europäischen
Süden vom Norden trennt, und stellen in ihren zahllosen Zerklüftungen und
Verzweigungen ein wunderbares Lokalbild der Erdrinde dar, indem sie zugleich
am deutlichsten an die langen und gewaltigen Umwandlungen erinnern, denen
unsere Erde ihre gegenwärtige Gestalt verdankt. Das Gebirge hat durch seine
auffallende Massenformation auch einen eigentümlichen Haushalt für alle
Naturerscheinungen gebildet, ist ein eigener Kosmos geworden. Wie sein
Baumaterial nicht aus den Materialien des Flachlandes besteht, sondern aus
den himmelhohen Riesenmassen ältern und jüngern Gesteins nach eigentümlichen,
zumteil noch unerklärten Lagerungen, so gewinnen auf dieser Basis alle Zweige
seines Naturlebens ihre besondere Gestaltung. Die atmosphärischen Niederschläge,
Luft und Winde, Kälte und Wärme, Tier und Pflanze, See und Bach zeigen sich
anders bestimmt als im Flachlande, und bilden in ihrem Zusammenhange eine
besondere Welt voll eigentümlicher Schönheit und Großartigkeit. Und wie das
Gebirge in sich selbst ein millionenfältiges, nie sich wiederholendes, immer in neuen,
frischen Massen sich darstellendes ist, wie es auf dem gleichen Grundgestell mit
jedem Tausend von Fußen seiner Erhebung ein anderes wird, so auch sein
Pflanzen= und Tierleben, seine Luft, seine Sonne, sein Klima, sein ganzer Charakter.
Naturerscheinungen, die zu ihrer Entstehung auf dem Flachlande ungeheurer
Distanzen bedürfen, drängt das Gebirge im engen Raum zusammen und giebt eine
große Masse solcher, die nur ihm angehören und nur in ihm möglich sind, noch dazu.

Wir finden innerhalb des Gebirgsumfanges diese Mannigfaltigkeit durch
gewisse unsichtbare und in ihren nähern Übergängen auch unfühlbare, im ganzen
aber sich doch entschieden zeichnende Grenzen eingerahmt. Es sind nicht die
Grenzen abfällig wechselnder geognostischer Substratsverhältnisse, sondern
Höhenabgrenzungen; der Grad der Erhebung bestimmt in weit höherem Maße
die Gestaltung der Naturerscheinungen als die Substanz des Gebirgskeletts. Um
nicht nur die Tierwelt desselben, sondern den Reichtum seiner ganzen Produktion
zu übersehen, ist es nötig, sich an solche natürliche Grenzen zu halten, welche den
ihnen eignen Inhalt im ganzen etwa eben so scharf abgrenzen wie das Gebirge
sich vom Vorlande und der Ebene abscheidet. Wenn man aber nicht falsch
rechnen will, so ist eine genaue Beachtung schwankender Abstufungen erforderlich,
die oft mehr verdeckt, oft nach der Streichung des Gebirges verschieden sich
darstellen, und die genauesten Grenzwächter finden wir in dieser Hinsicht nicht
sowohl in der Tierwelt selbst, die bei der Freiheit ihrer Bewegung oft mit
Willkür sich hinauf= und hinabzieht und ziehen läßt und in höheren und niedrigeren
Formen oft überall eine gerechte Heimat findet, sondern vielmehr in der Pflanzen=
welt, welche fester an der Scholle hängt. Zwar auch diese ist nicht selten der
Willkür der Elemente unterthan, welche die Verhältnisse ihrer Basis revolu=
tioniert; wir sehen z. B. oft Pflanzen, die naturgemäß nur 1500—1800 m ü. M.

heimisch sind, 350 — 450 m ü. M. kolonienartig am Rande der Flüsse und Bergbäche blühen, welche ihre Samen auf wunderbaren Reisen ins Thal und weit hinaus ins Flachland geflößt haben. Doch stehen die kleinen Älpler hier als Fremdlinge in der Fülle der Niederungsflora, und sie scheinen nur da zu sein, um auf jene Bergterrassen hinaufzuweisen, wo ihre Schwestern nicht Fremdlinge sind, sondern in dichten Vereinen einsame Gefilde schmücken.

Die höheren Gebirge stehen nicht unmittelbar auf dem Flachlande auf, wenn es auch eine Eigentümlichkeit der vorlagernden Kalkberge ist, in steilen hochabgestuften Bildungen von der Sohle des Thales zum höchsten Giebel aufzusteigen. Die gigantischen Bodenerhebungen der höchsten Hauptkammachse werden zu beiden Seiten von niedrigeren äußeren Ketten flankiert, welche sich in ihre Vorlande abstufen bis in die Hügelregion, durch die sie sich mit dem Flachlande zu vermitteln scheinen. Diese ist selbst noch nicht eine Gebirgsstufe, sondern nur die Vorbereitung zu ihr und erhebt sich durchschnittlich bis ungefähr 800 m ü. M. Tier= und Pflanzenwelt sind vorwiegend die der Niederung. Durch ihre Erhebung ist bei den wenigsten Formen derselben geradezu die Existenz bedingt, sondern mehr nur durch die Lokalität, Umgebung und Bodenbeschaffen= heit. Über dieser Zone beginnt mit mehr Entschiedenheit in jeder Beziehung die Bergregion, an die sich die eigentliche Alpenregion anschließt.

Die Bergregion reicht bis ungefähr 1300 m ü. M. Sie wird teils durch selbständige, niedrige Bergzüge, teils durch den breiten Fuß des Hochgebirges gebildet und stellt beziehungsweise die höchste Fülle an Tier= und Pflanzen= erscheinungen dar. Mit der gebirglichen Eigentümlichkeit verbinden sich hier noch die vollen Pulse aller Lebensmöglichkeit, die behagliche Breite und Blüte des Daseins in fast endloser Mannigfaltigkeit. Nur selten sind da schon die Spuren des weiter oben so schwer lastenden Naturkummers zu finden; noch malt hier die Muttererde in romantischer Lebendigkeit ihre pittoreskesten Dekorationen. Über ihr haben sich die Abflüsse der Gletscher, der Hochalpseen, die Rinnsale der tausend Quellen und Felsenausschwitzungen gesammelt und verstärkt; es ist die Region der Wasserfälle. Sie ist die letzte Bergstufe über den Dörfern des untern Thales, die Region der dichten Berg= und Bannwälder; durch ihre Nähe der Kultur zugänglich als Region der bebauten, kräftigen Bergwiesen. Nur in ganz der Sonne entlegenen, tief ausgewühlten Bergmulden findet sich als Merkwürdigkeit hin und wider ein Stück „ewigen Schnees", gewöhnlich im Gangbett einer späten Lawine und über dem steten Durchfluß eines geringen Bächleins kellerartig ausgewölbt; doch dies nur da, wo die Bergrégion in Verbindung mit der Alpenregion steht, nicht wo sie selbständig auftritt.

Im letztern Falle wird die Bergregion meist durch die mildern Seiten= arme und Vorwerke der Hochgebirge gebildet, und wir sehen sie am häufigsten, mit Nadel= und Laubholzwaldungen geschmückt, in breiten Zügen und mit weniger ausgebildeten Pyramidalformationen in einer gewissen Selbständigkeit von den Alpen abstreichen. Der größte dieser Züge und also der wichtigste

Repräsentant der selbständigen Bergregion ist die 225 km lange, 10—35 km breite, teilweise wasserarme Jurakette mit einem Flächenraume von 5300 qkm, die natürliche Grenzmauer der Schweiz gegen Frankreich, in sanfter Bogenform aus Südwest nach Nordost von der Rhone über den Rhein sich ziehend, die große schweizerische Hochebene begrenzend. Ihr Gerippe besteht aus Sedimentgesteinen der Trias, Jura und Kreidebildung, in den Längsmulden oft von Molasse, hie und da auch von Findlingsmaterial überlagert, und enthält massenhafte Petrefakten, Steinsalzlager, Asphalt (Traversthal), in der Kreide Bohnerze und im Keuper Mineralquellen. Nur wenige einzelne Höhen wie die Hasenmatte (1449 m ü. M.), der Noirmont (1560 m), der Chasseral (1609 m), der Chasseron (1611 m), der Mont Tendre (1680 m), die Dole (1678 m) erheben sich bis zur Alpregion, während die meisten Höhenpunkte des 600 bis 900 m hohen Walles in der Bergregion zurückbleiben. Nichtsdestoweniger ist seine Konfiguration von hohem Interesse. Bei seiner Entstehung scheinen durch einen mächtig von den Alpen her wirkenden Seitendruck die wagrecht ausgebreiteten Schichten zusammengefaltet und zu Gewölben emporgehoben zu sein, welche sich nun in parallelen Ketten mit dazwischen liegenden Längsmuldenthälern darstellen. An vielen Orten sind die Ketten in sogen. Klusen quer auseinandergebrochen und gewähren den Gewässern und Straßen Durchlaß; an anderen Orten sind die Gewölbe aufgeborsten, indem die unterliegenden Gesteine (Dolith, Lias, Keuper) emporgetrieben wurden und nun zutage gehen; nur im nördlichen Dritteil finden sich umfangreichere Tafellandschaften. Das Klima der Kette ist nicht milde, der Boden oft dürftig; doch trägt er reiche Waldungen. Getreide reift in mäßigen Höhen nicht mehr; die Industrie aber schlägt in den rauhen Muldenthälern noch ihre bevorzugten Werkstätten auf, und die großen, reichen Juradörfer Locle (921 m u. M.) und La Chauxdefonds (997 m) mit ihren 11 000 und 25 000 Einwohnern reichen fast zu der Meereshöhe des öden deutschen Brocken hinan.

Gleichsam als Mittelglied zwischen dem Jura und den Alpen zieht sich zwischen beiden der Jorat (Jurten) vom Genfer nach dem Neuenburgersee, ein Hügelzug, der nur mit wenigen Spitzen (1100 m ü. M.) in die Bergregion hineinreicht. Ebenso verlieren sich in der übrigen Schweiz die niedrigen Bergzüge entweder sehr rasch in die Hügelregion, oder lehnen sich an die Regionen der Hochalpen an. Und hier ist es denn die angelehnte Bergregion, das breite Grundgestell der Alpen mit seinen zahllosen Seitenbildungen, den von ihnen umschlossenen hohen Bergthälern und Bergseen, Plateaus, zerklüfteten Durchbrüchen, eingekerbten Sätteln und freien Terrassen, das in den ersten Kreis unserer Anschauung fällt. Nehmen wir den Teil des Reliefs der Schweiz in einem Querdurchschnitt für sich, der zwischen 800 und 1300 m ü. M. liegt, so fällt ihm eine Masse des reizendsten Gebirgslandes zu, und namentlich viele jener durch ihre Schönheit berühmten Thäler, die sich längs ihrer Flußadern in sanfter Steigung mitten in die ernsten Geheimnisse der kolossalen Hochalpen

hinein verlieren und auf ihren Seiten von starren und steilabfallenden Felsen=
wänden umgürtet sind, so daß sie sich eigentlich in die massiven Gebirgsstöcke
hinein zu arbeiten scheinen.

Diese Hochthäler sind nicht von einer jurassischen Industrie belebt; aber
sie bergen bis in alle Höhen zahlreiche, kleine Dörflein in ihrem Schoß, und
die Berge und Matten des Reviers sind reichlich mit einzelnen Bauernhäuschen,
Heuhütten und Viehställen besäet.

Durch solche Thäler führen die großen berühmten Welschlandstraßen und
stellen oft sonderbare Genrebilder der modernen Kultur in die Einsamkeit einer
großartigen Natur hinein. Auch die Frequenz der lustwandelnden Fremden,
die nach einem Wassersturz, einem Gletscher oder Gipfel pilgern, belebt diese
Hochthäler in eigentümlicher Weise. Während aber jene Paßthäler im Sommer
und Winter von Reisenden und Warenzügen zu Wagen und Schlitten durch=
zogen werden, ersterben diese Touristenthäler im Spätherbst ganz, und die
großen, eleganten Gasthöfe stehen fremdartig und verloren den Winter über in
der Nachbarschaft der Alpen. Ebenso die vielen Alpenbäder, denen eine heiße
oder kalte Mineralquelle den Sommer hindurch tausende von fremden Gästen
aus der Ebene zuführt. An solchen merkwürdigen Thalbildungen, die bald weiten,
hohen Wannen, bald kellerartigen Souterrains gleichen, ist namentlich das
Stromgebiet der Rhone nach dem südlichen und nördlichen Alpenzuge hin sehr
reich, und selbst das Hauptthal gehört oberhalb der Terrasse von Lax zu ihnen.
Oft furchen sie sich fünf, zehn Stunden lang mit geringer Abdachung in den
Hauptkörper des Alpenzuges hinein und bilden mitten zwischen wilden Stöcken
und Kämmen große, abgeschnittene Distrikte; oft aber, besonders auf der Süd=
seite des Gebirgsrückens, sind sie nur von geringer Ausdehnung und verlieren
sich alsbald in die steile Alpenregion und Trümmerwelt. Immer sammelt in
ihrer Tiefe ein mit groben Steinen und glattgewaschenen Blöcken erfülltes
Rinnsal die Abflüsse von drei Seiten her, um sie durch die oft schluchtartige
Öffnung der vierten Seite den unteren Fluß= und Seegebieten zuzuführen.
Ebenso reich ist der südliche Teil des Kantons Bern, wo die zwei bedeutenden
Seen gleichsam den Mittelpunkt bilden, gegen den von Osten, Süden und Westen
her fächerförmig eine Menge großer Gebirgsthalformen ausmünden. Weniger
mannigfaltig sind in dieser Beziehung die inneren Teile der Schweiz, sofern sie
sich nicht unmittelbar an die Hochalpen anlehnen; dagegen ist das Bündnerland
ein wahres Netz solcher Bergthäler, so daß nur ein sehr unbedeutender Teil
nicht der eigentlichen Bergregion angehört. Daher ist auch dieser Kanton für
das Tierleben des Hochgebirges der reichhaltigste, ein unerschöpfliches Magazin
naturhistorischer Vorräte und Schätze. Nirgends finden wir verschränktere
Bergverbindungen, reizendere Thäler, eine interessantere Vegetation, und selbst
die Geschichte hilft reichlich mit ihren romantischen Erinnerungen die malerischen
Landschaften schmücken. Milde, fruchtbare Thäler wechseln ohne Unterlaß mit
waldigen Einöden, die steil in die Alpen hinangehen, oder mit finsteren Schluchten,

durch die sich die donnernden Bergbäche stürzen. In diesen Klüften scheint nur
der Tod und der Schrecken zu hausen; und doch hängen über ihnen kühn wie
Adlerhorste die Stammburgen edler rhätischer Geschlechter.

Ähnliche Wechsel bietet auch das obere Reußthal; doch muß der Kanton
Graubünden, der mehr noch als 150 Thäler zählt, stets für den Gebirgsbezirk
gelten, in dem die Natur ihre Größe und Milde im launenhaftesten Wechsel,
mit dem größten Aufwand an reizenden und gigantischen Mitteln darstellt.
Seine Gebirge ermangeln, so zu sagen, der Tendenz, nach großen Aufgipfelungen
hinanzustreben und in solchen aufzugehen. Die höchsten Eiskolosse der Schweiz
liegen nicht in ihm; dagegen verzweigt sich das Knäuel von Gebirgsarmen
wunderbar in seiner halb südlichen, halb nördlichen Natur und gewährt den
schwer zu beherrschenden Anblick von zahllosen Bergrücken, Hochebenen und Hochthälern, Durchbrüchen, Einsattlungen, Waldlabyrinthen, vereinzelten nackten
Alpfirsten, weidereichen Bergterrassen und trümmervollen, finstern Schluchten.

Solche Bodenkonfiguration bedingt einen raschen Wechsel des landschaftlichen Charakters der Gebirgsregion. Wenn der Wanderer an dem öden
Felsenbette eines grünlichen, schäumenden Bergwassers hingegangen, wo rechts
und links von den steil abstürzenden Alpenzinnen nur Geröllhalden, mit
spärlichen Büschen besetzte Betten der im Frühjahr thätigen Alpenbäche und
einzelne halb übermooste Felsblöcke zu sehen sind, wenn sich der Ausblick in
die Ferne verloren hat, der Weg immer steiler und rauher wird und die Felsen
immer enger zusammenrücken, — plötzlich auf der Höhe des Passes öffnet und
weitet sich Himmel und Erde. Einem Idyll gleich liegt das hellgrüne Thal
mit dem dunkelgrünen See vor ihm. Wie aus Ehrerbietung vor dem stillen,
wehmütigen Ernst der Landschaft sind rings im Kreise die nackten Pyramiden
der Berge zurückgetreten. Dunkle Buchen- und Tannenwälder reichen hin
und wider an das Wasser, das ihre Bilder und die der Berge mit den einzelnen
Schneefeldern dankbar und klar nachzeichnet. Hinter dem See ruht eine duftige
Mattenwelt mit leuchtendem Grün, in leichten Übergängen zu den Alpen
ansteigend, welche im Hintergrunde die Landschaft schließen.

Diese unteren Gebirgsseen unterscheiden sich vielfach von den Seen der
tiefer liegenden Längenthäler wie von den höher gelegenen Alpenseen. Sie sind
fast nach allen Seiten hin malerisch und reizend geschmückt. Ihre Färbung ist
nicht beständig; oft sind sie tiefblau, oft dunkel-, oft hellgrün, oft trübe weißlich.
Ihre Tiefe und der Grund ihres wohl durch Einsturz entstandenen Beckens sind
wenig genau untersucht; aber wahrscheinlich ist letzterer voller Felsen und Klüfte,
oft mit Geschieben angefüllt und gewöhnlich auch quellenreich. Die Bergbewohner rühmen den Fluten ihrer Seen gern eine unergründliche Tiefe nach*)

---

*) Die Gebirgsseen sind von mäßiger Tiefe, freilich erst zum kleinsten Teil
zuverlässig gemessen. So mißt der Thunersee 216, der Brienzer 262 m größte
Tiefe; weit geringer ist diese in höherer Lage und bei kleinerem Umfange. Der Lac
de Joux im Jura mißt nur 26, der Puschlaversee 88, der Silsersee 74 und der

und beleben diese, den Zug der Natur zum Geheimnisvollen und Wunderbaren
teilend, mit monströsen Fischgestalten. Von den Hängen der nahen Felsenmauern brausen bald wilde Runsen (Bergbäche) in das Becken des stillen
Sees und ziehen weithin schmutziggelbe Streifen in die Fluten; bald schwanken
die flatternden Schleier dünner Wasserfälle am Felsufer und rieseln dann als
klare und stäte Bäche farblos in das geebnete Wellenreich hin. Einzelne Hügel-
vorsprünge oder felsige Fortsetzungen des Gebirgszuges ragen in die Becken-
mündung hinein und bilden verborgene trauliche Buchten, seltener grüne
Inseln. Hirten- oder Fischerwohnungen, manchmal kleine Dörfer siedeln sich am
Gestade an, und die fleißigen Menschen suchen ihr Brot bald in der Tiefe des
Wassers, bald an den grünen Galerien der nahen Gebirge. Nicht selten kränzt
eine reiche Sumpfflora ihre Ufer und birgt tierisches Leben aller Stufen in
großer Fülle. Auch diese Seen ‚blühen‘ mitunter so gut wie die tiefländischen.
So erscheinen z. B. die Gewässer des Caumasees bei Flims (924 m ü. M.)
durch massenhaft auftretende Protococcus stellenweise oft ganz weinrot gefärbt.

Wahrscheinlich haben viele muldenförmige Einsattlungen der Berg- und
vielleicht auch der Alpenregion früher als Becken solcher stiller, grüner Seen
gedient. Diese sind mit der Zeit abgeflossen. Das Gebirge hat seine Schicksale
wie das Volk. Mit leisem Zahne sägen die abfließenden Gewässer jene Querriegel, welche das Seebecken von dem nächsten untern Thalplateau abtrennen,
durch und entleeren sich nach den tiefern Flußgebieten. Wo diese Bergriegel
und Querkämme zu dick und fest sind, lehnt sich der See dicht an sie an,
während er sich immer mehr von den Matten des Hintergrundes zurückzieht.
Daher die Überraschung für den Wanderer, der aus der Tiefe den Querberg
heransteigt und plötzlich den ruhigen, kühn dekorierten Wasserspiegel vor sich sieht.

Interessant ist in dieser Beziehung Obwalden mit seinen drei Seegebieten,
ein regelmäßig ausgeführtes Modell zahlreicher ähnlicher Thalabstufungen.
Auf dem untersten Plateau des Thales buchtet sich der Alpnachersee weit ins
Land; höher, auf der zweiten Terrasse, liegt der freundliche Sarnersee und zu
hinterst in den Bergen auf der letzten, höchsten Terrasse der kleine, nun halb
abgelassene Lungernsee, dem die Kunst einen tüchtigen Stollen durch den
Querriegel des Kaiserstuhls zum Abfluß in das mittlere Seegebiet gebaut hat.
Ähnliche, aber schmalere und seelose Thalbecken in terrassenförmiger Abstufung
weist auch das Haslithal, das Thal des Hinterrheins ꝛc. auf.

Diese Seen entstanden teilweise schon zur Zeit, als sich die Gebirge hoben,
und der ungleiche Widerstand, den die verschiedenartigen Gesteinsschichten der
hebenden Kraft entgegensetzten, teils offene, seichtere Spalten warf, welche sich
zu Thälern gestalteten, teils tiefere, mehr oder minder geschlossene, in denen

Silvaplanersee 77 m Tiefe. Unsere beiden größten Seen gehören zwar zu den tiefsten,
der Bodensee mit 276, der Genfersee mit 309 m; sie werden aber weit übertroffen
durch den Langensee mit der enormen Tiefe von 854 m.

sich Wasser sammelte und Seen bildeten, welche der Längsrichtung des Thal=
zuges entsprechen. Ein anderer Teil der Seen aber, und zwar vorzugsweise
die kleinen, in engen Thalbuchten liegenden Bergseen, entstanden später durch
Bergbrüche und Felsenstürze, welche den Thalbach abdämmten und aufstauten,
wovon wir Belege bis in die neuere Zeit finden. Offenbar waren in alten Zeiten
die auf beide Arten entstandenen Seebecken unendlich viel zahlreicher; ein
großer Teil aber wurde durch verschwemmte Trümmer und Geschiebe ganz
ausgefüllt und im Laufe der Zeit in grüne Thalwiesen oder saure Rieder
umgewandelt, ein anderer Teil aber nur verkleinert, zurückgedrängt oder in
mehrere Seebecken abgeteilt, wie z. B. der Thuner= und Brienzersee durch den
Schuttkegel der Lütschene, auf dem das reizende Interlaken steht. Das
schweizerische Alpengebiet zählt weitaus die meisten dieser malerischen Wasser=
spiegel, deren Färbung durch die Strahlenbrechung vorwiegend grünlich, bei
größerer Tiefe aber dunkelblau erscheint, am entschiedensten bei ruhiger, klarer,
kalter Luft.

Ist der Bergkamm, über den der See= oder Schneeabfluß hinuntergeht,
von steiler Böschung, so wird der Bach zum Wassersturz, und da überhaupt
gerade das Grundgestell des Kalkgebirges die jähesten Felswände und Terrassen
aufweist, so sind so viele seiner Thäler äußerst reich an schönen Wasserfällen.
Nach Hochgewittern hangen diese Kaskaden dutzendweise an allen Wänden,
ebenso in der hohen Schneeschmelze, verschwinden aber zum größten Teile
wieder in der Hitze des Sommers. Die echten, stehenden Wasserfälle aber,
diese viel bewunderten Naturschauspiele, sind in Formen und Farben und
Tönen wahre Individualitäten, jeder mit ausgeprägter Eigentümlichkeit, eigenem
Rauschen, eigentümlichen Dekorationen, Wassermassen, Beleuchtungen rc. Der
eine rauscht melancholisch dumpf in einer grottenartigen Vertiefung mit starkem
Gewässer; er hat sich mit seinen feuchten Zähnen einen tiefen Kessel aus=
gefressen, den er halb ausfüllt und halb durchsägt hat für seinen Abfluß. Die
untere Hälfte des Falles trifft nie ein Sonnenstrahl. Während die obere in
der glühenden Abendbeleuchtung wie ein goldener Lavastrom daherstürzt,
stäubt die untere mit grauen Nebelgebilden, die der eigene Luftzug phantastisch
an dem Berge hinjagt, aus der triefenden Schlucht auf. Ein anderer Sturz
ist tief im Fichtenwalde verborgen; plötzlich öffnet sich dieser und über der
breiten Felswand spannt der starke Bergbach zwei=, dreiteilig seine feuchten
Gewänder aus. Ein anderer Fall hängt ganz in der Luft. Eine vorspringende
Platte weist die daherstürzenden Gewässer weit über den Felsen hinaus. Die
Wand ist hoch, der Bach kann seine Wellen nicht zusammenhalten; sie lösen
sich in ein Netz von schimmernden Nebelperlen auf, die scheinbar mit Mühe
den Boden erreichen, dort sich rasch sammeln und nach dem ungeheuren Sprung,
in dem sie sich allen Lüften geopfert haben, wieder als ein munterer, kompakter
Bach, als wäre nichts passiert, weiter gehen. Von fern nehmen sich diese
Staubbäche, die im Bergrevier, wie auch noch in der Alpenregion zahlreich

find, ganz geisterhaft aus, besonders des Nachts. Dann flattern sie, Ossianschen Schatten gleich, unstät in ewig sich verändernden Formen grauweiß mit hohlen, säuselnden Tönen am Felsen hin und her; bei Tage aber, wenn die Sonnenstrahlen in günstiger Brechung sich treffen, gleichen sie schimmernden Palmen, die fröhlich in immer neu sich gebärenden Gestalten an der Bergwand wallen. Oft auch stürzen junge Ströme mit mutiger Kraft von Absatz zu Absatz die Felsenterrassen herunter; sie bilden zwei, drei, sechs und mehr einzelne Stürze, von denen jeder in Breite, Tiefe und Umgebung auch ein eignes Ganzes ist, während sie in ihrem Zusammenhang eine bewundernswerte Kaskadenkette darstellen. Oft breitet sich der Sturz in ganzer Fülle vor dem Auge aus, oft verhüllt einen Teil der schwarze Tannwald, oft ein vorspringender Fels, ein Busch; — keiner von den tausend Fällen gleicht dem andern. Jeder aber ist ein höchst lebendiges Motiv der Gebirgslandschaft.

Die Wälder unserer Bergregion sind nur in den weniger bewohnten Gebieten, wo die Natur noch ihre ursprüngliche Übermacht bewahrt hat, große, zusammenhängende Reviere. Gewöhnlich lehnen sie sich nur lappen- und streifenartig an das Alpengestell an, steigen von breiter, zusammenhängender Basis auf, zerteilen, vereinzeln sich höher immer mehr und reichen nur in schmalen Streifen, oft unterbrochen und zerpflückt, in die höhere Region. Je weiter sie hinandringen, desto gewaltthätiger, unüberwindlicher kämpft mit ihnen die unorganische Natur. Steile Felsrücken trennen sie, Schutthalden wehren ihrem Aufstreben, Lawinen brechen breite Straßen durch sie, tiefausgefressene Bachbetten verschlingen sie, einzeln sich ablösende Steine und Blöcke verwüsten sie. Nicht selten hört schon unmittelbar über der Thalsohle alle kräftige Baumvegetation auf. Die Böschung der Felsenmauern ist zu steil, und die von Zeit zu Zeit sich wiederholenden kleinen Bergbrüche vertilgen den spärlichen Ansatz. Hie und da geht in milden, geschützten Lagen die volle und weiche Dekoration von Laubholz bis an die oberen Grenzen unserer Region und über sie hinauf; gewöhnlich aber sind es, namentlich gegen die Schattenseite hin, nur schwarze Striche Fichtenwaldes, welche die Landschaft charakterisieren, während das buschige Unterholz die Verkleidung der Felsen und Schluchten übernimmt und hoch hinauf in den Steinen das Bißchen Dammerde aufsucht. In der selbständigen Bergregion dagegen ist des Waldes Macht in der Regel weit ungebrochener und reicht in Fülle und Pracht über die sanften Wälle hinan bis zu den milden Kuppen, hie und da unterbrochen von Bergwiesen, sauern Riedern oder bebauten Ackerstrichen.

Der Abfall der Kalk- und überhaupt der Sedimentberge in das tiefe Thal ist, wie bemerkt, in der Regel von sehr steilen Verhältnissen. Mit wenigen Vorsprüngen und Terrassenbändern stellen sie ihren Fuß in dem Thalbett auf, und ihre steilen Wände rahmen es ein. Diese Gebirge treten gleich von Anfang kräftig und entschieden auf. Hat man den mühsamen Pfad, der den Sockel hinaufführt, überwunden, so findet man meist grüne Terrassen von ziemlicher Ausdehnung, weidenreiche Stufen, in denen die Höhenlust, der Höhentrieb des Gebirges auszuruhen scheint. Diese Weiden (‚Matten, Maien=säffen‘) furchen sich oft eben und tief in eine Auszackung des Bergstockes hinein, in deren Hintergrund ein Lawinenkessel mit schmutzigen Schneetrümmern liegt oder ein munterer Bach niederschäumt. Hütten, Häuschen, selbst Dörfchen beleben diese stille, grüne, ernste Hochebene, wenn ihre Ausdehnung es irgend=wie gestattet; und rings säumt sie der Fichtenwald, der hier wieder zu seinem Rechte kommt.

Einen wesentlichen Einfluß auf die nähere Vegetationsgestaltung der Bergregion übt die mittlere Jahrestemperatur und extremes Steigen oder Fallen der Wärme in einzelnen Monats= und Tagesperioden, ferner Wind=strich, Humustiefe, mineralische Grundlage, Quellenreichtum, Temperatur des Bodens, Streichung der Thalzüge, Exposition der Abhänge, Abstufung des Luftdruckes, Verteilung und Größe der atmosphärischen Feuchtigkeit. Auf der Nordseite der Alpenkette tritt bei geringer Erhebung der alpine Charakter der Landschaft viel schneller und ausgeprägter hervor als auf der Südseite, besonders wenn diese sich an das milde Vorland, jene sich an die Hochalpen anlehnt. Das Klima ist in den verschiedenen Distrikten sehr verschieden. Wo die Thäler sich dem Nordwind öffnen, oder die Bergwände ihnen nur eine schmale, sonnenarme Sohle lassen, ist die Kälte größer als in höher gelegenen, rings geschützten, nach Süden sich öffnenden Thälern. So hat der Jura, mit einer mittlern Quellenwärme der Bergregion von 6° bis 8.₅°, besonders an seinem Nordabfall durchweg ein rauhes, frostiges Klima, das mit dem eines entsprechenden Niveaus in Wallis, Uri oder Bünden sich nicht vergleichen darf. Der höhere oder geringere Wärmegrad eines Bergthales hängt von sehr vielen Umständen ab, unter denen freilich die Richtung gegen den Horizont, das Verhältnis der Besonnung und die vorherrschenden Winde eine Hauptrolle spielen. Doch ist selten in zwei benachbarten Thalbuchten die Wärme gleich, da die Luftströmungen, die durch das Bestreben der Atmosphäre nach Aus=gleichung der Wärme entstehen, überall auf Hindernisse stoßen. Manche Bergriegel hindern fast absolut den Eintritt des Luftzuges aus dem Neben=thale und schützen gewisse Kessel und Winkel in auffallender Weise vor jedem Winde. In solchen bevorzugten Asylen begünstigt die gleichmäßigere Atmo=sphäre die Vegetation und damit das Tierleben in hohem Grade. Dagegen sind bekanntlich die niedrigen Bergpässe, besonders wenn sie zwei große Thal=reviere verbinden, stets von Winden durchzogen. Diese strömen durch die tiefsten Verbindungskanäle, und man bemerkt in den Paßeinsattlungen einen unaufhörlichen Luftzug, während die höhern Gipfel und der tiefere Thalgrund ganz windstill erscheinen, und dies um so mehr, je größer im benachbarten Thale entweder der Einfluß einer sonnigen Lage auf Erwärmung der isolierten Luftmasse oder der Einfluß kältender Gletscher auf Abkühlung derselben ist. Dabei sind die Luftströmungen zunächst gebundene Kräfte. Die zahllosen, in ganz verschiedener Richtung sich erhebenden Bergrücken und Wände weisen den direkten Kurs des Windes ab, brechen seine natürliche Streichung; er wendet sich nach dem Zuge der Scheidewand, stößt bald wieder auf andere Abweiser, fährt in der neuen Richtung, und so kommt es nicht selten, daß z. B. der ursprüngliche Nordwind in ein Thal von Süden einfällt oder der Ostwind von Westen; doch täuschen sich die Thalbewohner nicht leicht über den eigentlichen Charakter des Windes.

Ist die Herrschaft des wirklichen Windes in den oberen Lüften nicht eine entschiedene, allgemeine, so sieht man oft in den Thälern ganz verschiedene Winde gehen, die sich mehr nach der lokalen Kälte= oder Wärmeerzeugung richten, und diese halten selbst dann noch längere Zeit an, wenn der allgemeine Landwind schon an Stärke und Entschiedenheit zugenommen hat. Daher die Erscheinung, daß oft die hohen Wolken vom Südwind gepeitscht mit rasender Eile in hundertfältiger Verschiebung nach Norden jagen, während die tiefern Wolkengehänge an den Bergen ganz stille stehen oder langsam nach Süden ziehen. Man pflegt dann zu sagen, ‚der Ober= und der Unterluft (Luft als Maskulinum bei den Gebirgsbewohnern gleich Wind) streiten mit einander‘; das Ende des Streites ist aber gewöhnlich nach vielen Seiten= und Quer= anfällen die Herrschaft des oberen Luftzuges auch im untern Thale, wobei die Hartnäckigkeit der einheimischen Lokalwinde mitunter verheerende Luft= wirbel und Windhosen erzeugt. Sind die Seitenwände eines Thales zerrissen und ausgezahnt, so begünstigt dies natürlich den Eintritt der Seitenwinde in dasselbe, die bei der Gewalt, mit der sie wellenschlagend einfallen, oft orkan= artige Erscheinungen mit sich führen; sind dagegen die Thalbildungen auf zwei Seiten von Hochalpen eingeschlossen, so muß der Wind des Thales dessen Zuge folgen, wie denn das Rhonethal hauptsächlich nur Ost= und Westwinde, das Rheinthal mehr nur Nord= und Südwinde hat.

Die besondere Lage und Bildung der Bergthäler erzeugt häufig auch dann Luftströmungen, wenn das Flachland windstill ist. Sie haben ihre eigenen bekannten und stätigen Lokalwinde, wie z. B. der südliche Jura seinen Joran und Montaine. Die Sonnenwärme, durch das Auffallen an den Felsen verstärkt, heizt die abgegrenzte Luftmasse des Thales durch; diese dehnt sich aus und schwillt nach oben, tritt oft in kleine, kalte Hochthälchen ein und erregt dort neue Strömungen; nach Sonnenuntergang wird sie wieder kühl und strömt ins Thal zurück. Diese Erscheinungen lassen sich bei klarem Wetter in vielen Berggegenden nach den Tagesstunden voraussagen und sind um so merkwürdiger, als sie ganz eigentümliche Winde von unten nach oben und umgekehrt bilden. Sind vielleicht größere Eis= und Schneefelder in der Nähe, so bildet die von diesen abfließende, erkältete Luft einen konstanten Windzug thalwärts. So individualisieren sich die Winde in den Bergen nach jedem Thälchen, und bei ruhigem Wetter kann man aus jeder Bucht, jedem Thalarm, jedem Kessel ganz deutlich eine eigene Strömung unterscheiden, die dem Hauptthal bald kälter, bald wärmer als die Luft desselben zufließt. In Unterwalden heißen diese lokalen Luftzüge Schroten- oder Winkelwinde, die dann im Hauptthal zu ‚verloffnen Winden‘ werden.

Im ganzen Bergrevier der Schweiz ist mit Ausnahme weniger Gebiete kein Wind bekannter und von großartigerer Wirkung als der Föhn. Über Ursprung, Charakter und Verbreitung desselben waltete vor Jahren eine lebhafte wissenschaftliche Debatte. Viele Forscher suchten die Quellen der heißen Süd- und Südwestwinde (Föhn) im atlantischen Südwestpassat oder in den brennenden Sandwüsten der Sahara. Heutzutage nimmt man in den Kreisen der Meteorologen an, daß der Föhn von lokaler Natur ist und als Erzeuger desselben müssen unsere Alpen angesehen werden. Er entsteht dann, wenn bei ungleicher Verteilung des Luftdruckes zu beiden Seiten des Gebirges die Luftmassen von der einen Seite nach einer Zone niedrigeren Luftdruckes der entgegengesetzten Seite strömen. Die Zone des barometrischen Minimums bedingt in den unteren Luftschichten eine Aspiration und mit dem Eintritt des Föhns steigt die Luft auf der Luvseite am Gebirge empor, streicht über die Kämme und Einsenkungen hinweg und stürzt auf der Leeseite thalabwärts in die Tiefe, wobei sie sich verdichtet, erwärmt und relativ trockener wird.

Da die Depressionen meistens von Westen her sich den Alpen nähern, so überwiegt der Südföhn. Da aber in neuerer Zeit der in den südlichen Alpen thalabwärts streichende, trockene Wind als eine dem Südföhn analoge Erscheinung erkannt wurde, so spricht man wohl auch von einem Nordföhn*).

Auf der Nordseite der Alpen beträgt die Zahl der Föhntage durchschnittlich 36 per Jahr. Für die lokale Natur und Entstehungsweise des Föhn spricht die in der Neuzeit bekannt gewordene Thatsache, daß föhnartige Winde auch in anderen Gebirgsgegenden vorkommen. Gewisse Winde in Siebenbürgen und in den Pyrenäen besitzen einen unverkennbaren Föhncharakter. Am Nordfuß des Atlas ist Algier der Wirkung föhnartiger Winde ausgesetzt und verwandte meteorologische Erscheinungen kennt man seit längerer Zeit in den Rocky Mountains Nordamerikas. In dem gebirgigen und stark vergletscherten Grönland steht die Westküste von Zeit zu Zeit unter dem Einfluß eines ausgesprochenen Föhns, welcher aus der östlichen und südöstlichen Richtung weht, in den höher gelegenen Regionen erst stoßweise auftritt, um in die Tiefe zu steigen. Er gelangt als relativ warmer Wind an die Westküste und erhöht dort die Temperatur um 12—19 Grad**).

---

*) Die Entstehung eines Nordföhns in unseren Alpen ist von Hann und Billwiller festgestellt worden. In den südlichen Alpenthälern der Schweiz gelangt er besonders häufig im Bergell zur Beobachtung.

**) Südwinde von ausgesprochenem Föhncharakter und mit den bekannten physiologischen Begleiterscheinungen beobachtete der Herausgeber im Februar und März an der nubischen Küste des roten Meeres. Sie haben wohl ihren Ursprung in den Gebirgen von Habesch, dauern nur wenige Tage und wirken in hohem Grade erschlaffend.

Die atmosphärischen Erscheinungen, welche den Föhn unserer Alpen begleiten, sind sehr hübsch. Am südlichen Horizonte zeigt sich leichtes, sehr buntes Schleiergewölke, das sich an die Bergspitzen setzt. Die Sonne geht am starkgeröteten Himmel bleich und glanzlos unter. Noch lange glühen die feinen, nordwärts gebogenen Streifenwolken in den lebhaftesten Purpurtinten. Die Nacht bleibt schwül, taulos, von einzelnen kältern Luftströmen strichförmig durchzogen. Der Mond hat einen rötlichen, trüben Hof. Die Sterne funkeln und glitzern ungleich lebhafter, farbenreicher als sonst; die Luft erhält den höchsten Grad von Klarheit und Durchsichtigkeit, sodaß die Gebirge viel näher erscheinen; der Hintergrund nimmt eine bläulich violette Färbung an. Von fernher ertönt das Rauschen der obern Wälder, die Bergbäche tosen mit größerer Schmelzwasserfülle weithin durch die stille Nacht; ein unruhiges Leben scheint überall rege zu werden und dem Thale sich zu nähern. Mit einigen heftigen Stößen, die besonders im Winter, wo er ungeheure Schnee=felder bestreicht, erst kalt und rauh sind, kündet sich der angelangte Föhn an, worauf plötzlich tiefe Stille der Lüfte folgt. Um so heftiger brechen die folgenden heißen Föhnfluten ins Thal und schwellen oft zu rasenden Orkanen auf, die zwei bis drei Tage mit abwechselnder Gewalt die Region beherrschen, die ganze Natur in unendlichen Aufruhr versetzen, tausende von Bäumen brechen und von ihren Felsenkronen in die Tiefe schleudern, die Waldbäche auffüllen, Häuser und Ställe abdecken, ein Schreck des Landes. In den Thälern, die der südlichen Bergmauer zunächst liegen, wütet er gewöhnlich heftig; doch in den nördlich anstoßenden noch heftiger und das hintere Prättigau, die Thäler von Chur, Altorf, Glarus und Engelberg sind Föhnstationen ersten Ranges. Der denkwürdige Dreikönigsschneesturm 1863 hat in der ganzen östlichen Schweiz unsägliche Verwüstungen angerichtet.

Auch die tierischen Organismen leiden unter dem Einflusse dieses Windes, der mit seiner trockenwarmen Strömung die Sehnen erst überreizt, dann aber erschlafft. Unruhig ziehen die Gemsen sich auf die Nordseite des Berges oder in tiefe Felsenkessel. Kühe, Pferde, Ziegen suchen mit Mißbehagen nach frischer Luft, während der Föhn ihnen Rachen und Lunge austrocknet. Kein Vogel ist in Wald und Feld zu erblicken, und die auf dem Frühlingszuge begriffenen Wandervögel halten verborgene Rast. Die Menschen teilen das allgemeine Unbehagen, das beengend auf Nerven und Sehnen wirkt und dem Gemüte eine lastende Bangigkeit aufdrängt. Gleichzeitig wird sorgsam das Feuer des Herdes oder Ofens gelöscht. In vielen Thälern ziehen die ‚Feuer=wachen‘ rasch von Haus zu Haus, um sich von jenem Auslöschen zu über=zeugen, da bei der Ausdörrung alles Holzwerkes durch den Wind ein einziger verwahrloster Funke großes Brandunglück stiften kann, wie denn am 10. und 11. Mai 1861 auf solche Weise der blühende Flecken Glarus zerstört wurde.

Und doch trotzdem, daß der Föhn gefährlicher ist als jeder andere Wind des Gebirges, wird er im Frühling und Herbst mit Freuden begrüßt. Im

ganzen Berggebiet bewirkt er enorme Schnee= und Eisschmelzungen und ver=
ändert dadurch mit einem Schlage das Bild der Landschaft. Im Grindel=
walbthale schmelzt der Föhn oft in zwölf Stunden eine Schneedecke von $^3/_4$ m
Dicke weg. Er ist der rechte Lenzbote und wirkt in vierundzwanzig Stunden
soviel, wie die Sonne in vierzehn Tagen, indem auch die alte, zähe Schnee=
schicht, welche die Sonne lange vergeblich beleckt, ihm nicht widersteht. Ja er
ist in vielen schattigen Hochthälern geradezu die Bedingung des Frühlings,
wie er an manchen Orten der Ebene im Herbste die Zeitigung der Traube
bedingt. Würde er nicht von Zeit zu Zeit die zeugende Wärme bringen und
die neu versuchten Schneeansätze wegfegen, so gäbe es in manchem Hochthale
keinen Sommer und kein Leben, sondern wahrscheinlich nur stets wachsende
Eisfelder. In Uri, wo er sehr häufig und anhaltend weht, verdanken es ihm
die Einwohner, daß die Gletscher so wenig tief in die Bergthäler herunterreichen
und die Alpen früher befahren werden können als in den meisten gleich hohen
Geländen. Dabei ist der Föhn zum großen Glücke der Menschen und Felder
ein vorsichtiger Schneeschmelzer und schützt dadurch, daß er durch seine
Trockenheit und Wärme eine massenhafte Verdunstung der Wasserteile unter=
hält, wenigstens teilweise die Niederungen vor gefährlichen Überflutungen der
Bergwasser. Dagegen trocknet und schwärzt er die Pistille der Obstblüten, und
vertilgt die Hoffnung auf eine Ernte, sengt das Land, verbrennt und schwärzt
sogar die Nesselstauden, als ob ein Feuer über sie hingefahren wäre. Auch
die Buche und das Heidekorn gedeihen an Abhängen nicht, wo der Föhn
häufig anstreicht.

Gewöhnlich regiert dieser merkwürdige Wind nur in Abwesenheit des
von ihm vorher überwundenen Nord= oder Biswindes und häufig in stetem
Kampfe mit dem Südwest. Das Gewölk zeigt deutlich den Tummelplatz der
Luftströmungen an. Oft fluten sie aber ungestört eine Zeitlang über und unter
einander hin. Folgt auf den Föhn der Südwest= oder Westwind, so bewirkt
dieser den Niederschlag der vom Föhn erzeugten Wasserdünste aus schwerem
Haufengewölk in großen Regenmassen, die überhaupt im Gebirge zwei= bis
dreimal so dicht fallen als im Flachlande. Oft aber, besonders im Herbste und
Vorfrühling, herrscht der Föhn wochenlang milde in den höhern Alpen mit
dem schönsten Wetter, während die Thalregion wenig Nordwind oder gar
keinen Luftzug hat. Daher die Erscheinung, daß oft im Dezember und Januar
die höchsten Wälder und einzelne Bergteile schneefrei sind, die Frühlings=
gentianen daselbst blühen, Mücken tanzen und Eidechsen spielen, während unten
im Thale am Rande des Baches die großen Tannenäste unter der Wucht des
Schnees seufzen und das Bachbett in Eisspiegeln glänzt, oder daß die obere
Bergregion klare Luft und herrlichen Sonnenschein hat, während die Thäler
bis zu einer gewissen, oft genau abgegrenzten Höhe von einem kompakten, bald
ruhigen, bald wallenden Nebelmeer überflutet sind, aus dem wunderbar schön
und klar die einzelnen Berggipfel und Kämme hervortauchen. Erhebt sich

nun der Nordwind, so räumt er rasch den ganzen Apparat des großartigen Schauspiels weg, rollt die meilenlangen Nebelteppiche auf und wirft sie über die Berge. Die ganze Landschaft wird transparent, trocken, kalt. Oder häufiger noch verdichtet er die vom Föhn unsichtbar gesammelten Wasserdünste in der Höhe, hängt sich an das leichte Schleiergewölk, bedeckt dann mit Macht den ganzen Horizont, wirft an alle Berge rasch hinziehende Nebelstreifen und sendet Regen oder Schnee zu Thal.

Die Nebelbildungen sind in der untern Bergregion besonders im Herbste thätig, in der obern und in der Alpenregion das ganze Jahr über. Sie bringen nicht selten schöne und seltsame Erscheinungen mit sich, legen sich streifenweise über Moore und Bäche, jagen in immer sich erneuernden Formen und Gruppen an den Bergwänden hin oder decken bald die Höhe, bald die Tiefe in zusammenhängenden, scheinbar festen Massen zu. Wallen sie aus einem Thale in dichten Ballen rasch heran, so sieht man sie nicht selten auf der Wasserscheide des Bergüberganges oder sonst bei einem Ausbruch, einer Einsattlung des Gebirges stille stehen und sich hier mauerartig viele tausend Fuß hoch auftürmen. Das jenseitige Thal liegt in klarem Sonnenschein, während das diesseitige von trüben Nebelfluten erfüllt ist. Manchmal geschieht es dann, daß der Windzug die Nebel doch ins wärmere Thal hinüberdrängt; dann zerfließen und verschwinden sie sofort beim Übergange, ohne nur die sonnige Luft zu trüben. Auf das pflanzliche und tierische Leben wirken sie nicht besonders wohlthätig; sie durchfeuchten und kälten Luft und Boden. Dagegen helfen sie im Frühling nicht wenig zur Schneeschmelze, indem sie den nächtlichen Frost verhindern, tränken auch manches humusarme Steingesimse und schützen dessen Vegetation vor Ausdörrung.

An den höheren Berggestellen und den höchsten Gipfeln ballen sie sich auch in der klarsten Sommerzeit zu jenen bekannten Haufenwolken, indem die durch nächtliche Strahlung abgekühlten Felsen die aufsteigenden Dünste ver= dichten. Vom Thale aus gesehen scheinen diese Wolken vollkommen ruhig und fest am Berge zu hängen; in der Höhe aber bemerkt man deutlich, wie sie von unten auf fortwährend neue Ansätze und Zufuhren erhalten, während die oberen oder seitlichen Partien zerfließen oder vom Luftzuge entführt werden.

Einige Wochen, ehe der Winter im Flachlande einzieht, steigt er aus der Alpenregion in die Bergregion hernieder, doch nicht auf einmal und mit Beständigkeit, sondern erst versuchsweise. Er streut im Oktober und November etliche Mal seine Schneekörnerfluten ins Revier, sendet harte Fröste aus, bildet an den Bächen Eis und an den Büschen Reif, und giebt alsbald wieder der noch nicht ganz gebrochenen Kraft der Sonne nach. Mit dem abnehmenden Tage wird er mächtig und schneit dann oft in einer Nacht die ganze Region bleibend ein. Nur auf der Südseite der Alpen und auf den warmen Berghalden hat er länger mit Sonne und Föhn um sein Regiment zu streiten. Am ersten haftet der Schnee auf den trocknen Wiesen und Weiden der Schattenseite, dann auch auf der Sonnenseite, bringt endlich weg= und stegvertilgend überall durch und füllt, durch das dichte Geäst des Nadelholzes stäubend, auch die Wälder mit gewaltigen Flockenmassen. Das ganze Gelände verliert die Details seiner einzelnen Vorsprünge und Konturen in den weichen, allgemeinen Formen; das Thal wird eine einförmige, glatte Wanne, eine, so zu sagen, abstrakte Allgemeinheit. Die Bäche vereisen, die Wasserfälle erstarren in mächtigen Säulen an der kalten Felswand; nur hie und da bleibt eine sogen. Staubecke, wo der Wind beständig am Berggrate anstößt, schneefrei. Mühsam bahnt sich der Hirt den Weg zum wohlgeschützten Viehstall; mühsam suchen die wilden Hühner, die während des Niederschlages oft mit großer Resignation auf dem Boden sitzen und sich einschneien lassen, um die einsamen Heuscheunchen ein Körnlein, während Wiesel, Eichhörnchen, Marder, Hasen und Füchse kaum ihre Nester und Höhlen verlassen. Die weiche, tiefe, lockere und darum ver= räterische Decke ist ihnen die unwillkommenste; aber schon in der nächsten hellen Nacht nimmt diese einen andern Charakter an. Sie wird fest und hart, entweder nach einem warmen Tage zusammenhängend eisartig oder nach kalten Winden sporadisch krystallinisch. Die neue Sonne findet nicht mehr das flaumige, mattweiße Gewand der Landschaft, sondern einen harten, glänzenden Stahl= panzer. Millionen Krystalle leuchten und reflektieren blendend ihre Strahlen. Die Vierfüßer haben feste Bahn gewonnen auf dem knisternden Gefilde und reisen abends und nachts weit durch Berg und Thal. Ihre kaum angedeuteten Fährten durchkreuzen Wald und Feld; der nächste scharfe Windzug hebt Millionen Schneekörner, überstäubt große Flächen, verwischt die Fußspuren, oder füllt sie, wenn die Schneekrystalle zu fest sitzen, wie im Spiele mit dürrem Laub oder Fichtengesäme auf. Dann sieht man den muntern Windzug auch auf den hohen Felsenfirsten und Kämmen den leichten Schneestaub abfegen. Die Höhen ‚rauchen‘; ein Teil des aufgewirbelten Staubschnees qualmt in feinen, diamantenen Wölkchen glitzernd und blitzend in die klare Luft auf, während die schwereren Massen, vom Winde gepeitscht, in hundert wirbelnden Kaskaden an den Felswänden der Bergkrone herumtanzen und wie flatternde Nebelstreifen in die Tiefe sinken. Tagelang, wochenlang rastet die harte, klare Kälte unverrückt über dem Gebirge in trostloser Monotonie. Von den Bäumen fällt der erste Schnee; an seine Stelle tritt der langzahnige Reif und abermals Schnee und Eis. Wundersam inkrustiert der Reif das ganze Gefilde mit seinem feinzackigen, mattweißen Mantel und überzieht das Gezweige der Bäume und Büsche, den Brunnen am Stall und den Zaunpfahl im Felde mit originell poetischen Duftformen, bis der feuchte Nebel ihn wegfrißt oder ein goldner Wintersonnenblick sein luftiges Gebilde löst, und die folgende Nacht alles mit einer dürren, glasigen Eisrinde poliert. Da suchen die Bewohner der Bergthäler mit Axt und Schlitten ihre Wälder heim. Die Schneebahn allein ermöglicht im halben Gebirgsumfange das Ausbringen des Holzes. Die Tannen und Buchen stürzen dröhnend hin; die entästeten Stämme schießen pfeilschnell die Felsenwände hinunter; starkknochige Pferde galoppieren sichern Fußes mit ihnen die Halden entlang und steile, eisstarrende Schluchten hinab den Dörfern zu. Nachts kläfft ein Fuchs im Busch, tags durchbellen die Jagdhunde weithin den Forst, und der Schuß hallt durch die öde Landschaft. Vielleicht hörst du auch das lautpochende Herz des lange verfolgten Hasen oder den plumpen Flug des aufgescheuchten Birkhahns. Am Bache pfeift die Wasseramsel, im Vorholz des Hochwaldes der Zaunkönig sein helles Lied. Je einsamer und stiller die allgemeine Physiognomie der Natur ist, desto frischer und fröhlicher oder schriller sind die einzelnen Töne des Lebens. Am meisten vermissen wir aber in ihren schneeverhüllten Gliedern ihr liebes, blaues Auge, den klaren, träumenden Bergsee mit den Wundern seiner geheimnisvollen Tiefe. Erst ist er erstarrt; eine weißgrüne Spiegelfläche deckt ihn zu, und dann ist er auch bald in dem allgemeinen Leichentuche verschwunden und verloren.

Lauliche und wärmere Luftzüge verkünden den Frühling und helfen emsig der langsamen Sonne das alte Schneelinnen zerstücken und zerpflücken, ein mühseliges Werk. Halb gelungen, überschüttet es ein trauriger Tag wieder mit hohem Gestöber. Aber nicht für lange; wo nur einmal die alte, zähe Rinde weggefressen ist, hält die letzte Lieferung nicht mehr vor. Die Wälder und Büsche schütteln unwillig die unbequeme Last ab; das Grüne arbeitet sich immer mehr heraus und stickt sich rasch mit weißen, gelben und blauen Blüten, wo es nur ein wenig Herr geworden. Die ganze Gebirgslandschaft fängt an zu tönen und zu rauschen in Wind und Wasser. Erst ein Stündchen oder zwei im höchsten Mittag, dann auch des Nachmittags, bald auch abends und nachts und endlich Tag und Nacht durch bleiben die rieselnden, plätschernden, rauschenden, brausenden Wasser lebendig. Die Felsen tropfen, die Bäche haben sich durch die Schneebrücken und Eistrümmer gefressen; neue Zuflüsse rinnen von jeder Terrasse, von jedem Schneelager nach. An den jähen Wänden krachen die Eissäulen des Wasserfalls, von frischen Güssen überströmt, und stürzen mit donnerähnlichem Gepolter zusammen in das tiefausgewühlte Bett. Eisblöcke, von frischem Wasser unternagt, rasseln ihnen über die Felswand herunter nach und verpflanzen mit ihren Eissplittern tausend knatternde Töne durch die Luft. Dazu die donnernden Höhen mit ihren dumpf hinrollenden Lawinen und krachenden Gletschern; die polternden Steine, die der Frost in den Fugen der Felswand gehoben und die Feuchte gelöst hat; das Zusammen= brechen der unterhöhlten Schneebänke, — gewiß, der Frühling kündet den Einzug seiner jungen Lebensmächte tausendtönig schon durch die leblose Natur an. Es poltert und kracht und zischt und plätschert und rieselt und donnert ringsum durch die ganze Landschaft hin wie von Geisterunfug. Dann bleibt auch die Welt der freien Organismen nicht zurück; nur die Blumenwelt, die ewig stille. Specht und Amsel, Häher und Elster, Meise und Schnepfe, Drossel und Goldhähnchen, Adler und Eule, Fink und Kuckuck, Steinhuhn und Urhahn pfeifen, schreien, krächzen, hämmern, trillern, falzen den Frühling in allen

Tonarten durch. Bald gesellt sich zu ihnen die schwirrende Fledermaus, der pfauchende Marder, das raschelnde Eichhorn, der brummende Dachs, dann Grillen und Unken, Cikaden und Käfer, Hummeln und Bienen, Wespen und Fliegen, — jedes mit seiner Stimme und seinen Tönen, die zuletzt von dem heraufsteigenden Leben der zahmen Bergtiere, von den meckernden Ziegen, wiehernden Pferden, brüllenden Stieren, bellenden Hunden, gackernden Hühnern, von den hundertstimmigen Glocken und Schellen, singenden Kindern und jodelnden Sennen strichweise verhüllt werden. Der Frühling ist die laute, die tönende, tausendstimmige Naturperiode.

> Der Kampf mit Nebel und Nacht beginnt,
> 　　Das Leben ringt sich frei;
> Und Kette um Kette in Tau zerrinnt
> 　　Der Wintersklaverei.
> Schon hör' ich den fröhlichen Herdereihn
> 　　Erklingen im Morgenstrahl;
> Die Brunnen der Berge jauchzen drein
> 　　Und springen ins grüne Thal.

Aber die stumme Welt der Pflanzen ergänzt bald in ihrer Weise mit stillem Blätter- und Blütenschmuck das Schauspiel der erwachten und beweglichen Lebensmächte, die von Tag zu Tag gewaltiger werden. Haben Föhn, Sonne und Regen die Schneedecke weggeleckt, so stehen noch überall die Spuren des Todes und Schlafes. Die Wiesen und Weiden sind fahlgelb oder rotbraun. Von den Quellen und dem Thale her überzieht sie aber in wenigen Tagen ein lichtes, helles Grün, das immer klarer und tiefer wird. Die Haselbüsche streuen ihren Goldregen aus, die gelben Huflattichblüten überziehen die feuchten Lehm- und Sandhalden mit leuchtenden Decken, der Spitzahorn zeigt das erste Baumgrün und achtzehn Tage nach dem ersten Bodengrün blühen in den mildern Bergwiesen schon die Kirschbäume und fangen die Buchwälder an, langsam vom Thal auf sich zu belauben. Fast drei Wochen hat der Frühling von dem untersten Kirschbaum, den er mit Blüten schmückt, bis zum obersten hinanzusteigen; und so wird es über Mitte Mai, bis er an der obern Grenze (1300 m ü. M.) anlangt. Noch später gelingt ihm die Vollendung der aufsteigenden Belaubung des Buchwaldes, während im Herbst die von oben anfangende Vergilbung der Wälder sich weit rascher nach unten vollzieht. Auf der Höhe unserer Region ist daher das volle Leben des Laubwaldes auf etwa hundert Tage beschränkt, während es in ihrer Tiefe über 150 Tage dauert. Im Jura nimmt man an, daß die untere Bergregion ihre Vegetation um 30 bis 42 Tage, die obere Bergregion um 42 bis 55 Tage später entwickle als die Ebene, aber um so rascher folgen die vegetativen Phänomene. Während nach sechsjähriger Durchschnittsbeobachtung in Zürich (409 m ü. M.) die Kirschblüte 38 Tage, die Birnblüte 46, die Buchenbelaubung 50 und die Apfelblüte 55 Tage auf das erste Wiesengrün folgt, so folgen, wie angedeutet,

RUNSEN und UNGEWITTER.

in Matt (im Sernftthal, 830 m ü. M.) an der untern Grenze der Bergregion nach vierjähriger Durchschnittsberechnung die Kirschblüte und das Buchen=laub schon 10 Tage, die Birnblüte 20 und die Apfelblüte 26 Tage nach dem Wiesengrün.

Von dem alljährlichen Einzuge des Frühlings sollte man förmliche Reisebeschreibungen zu machen versuchen. Wir würden dann sehen, wie es zuerst in den dem Elsaß zu liegenden Teilen der Schweiz und am Genfersee Lenz wird; in 4 bis 6 Tagen gelangt er nach Zürich und verbreitet sich nach den Bergthälern hin. Hier steigt er schon an den südlichen Geländen hinan, während das Thal noch in dichtem Schnee begraben liegt; dann arbeitet er diesen weg und steigt in die höheren Thäler, langsam die Berge hinan und gelangt endlich Mitte Sommers auf die höheren Alpen, wo er sofort wieder umkehrt, Schritt für Schritt in den gleichen Stadien bergab vom Winter verfolgt. Im Glarner Lande berechnet man, daß unter sonst gleichen Ver=hältnissen auf eine Bodenerhöhung von 22—26 m ein Tag Verspätung in der Erscheinung des Frühlings stattfindet oder eine Temperaturabnahme von $1/7°$ C.; doch vermindert sich im höhern Gebirge diese Verspätung augen=scheinlich, weil der Frühling je später um so sonnenreicher und energischer auftritt. Nur in der Berg= und untern Alpenregion hat er Zeit, auch zum Sommer zu werden; in der höhern Alpenregion nicht mehr, und während wir in der ersten auch noch einen Herbst mit brausenden und in den herrlichsten Tinten abfärbenden Wäldern, lachenden Früchten und regem Menschenleben haben, finden wir höher oben nur den ewigen Streit zwischen Lenz und Winter.

Während des Sommers und bis in den Herbst hinein bilden von Zeit zu Zeit die Wildwasser oder Runsen, welche namentlich im Molasse= und Schiefergebirge sich ganze Netze ausfressen, die gefürchtetsten und verderblichsten Naturerscheinungen in unserem Revier. Sie sind furchtbarer als die Gewitter und als die Lawinen, die in der Regel einen unschädlichen Verlauf in tiefen Rinnen und Kesseln nehmen. Fällt im Sommer entweder auf einmal oder in anhaltenden Regengüssen eine große Wassermenge — und diese ist bei der ungleich größern Dichtigkeit der Niederschläge im Gebirge um so ergiebiger, je mehr sie zugleich auf ungeschützte, bloßgelegte Bodenstriche fällt, — oder löst im Herbst der Föhnsturm die frühen Schneemassen der Berge auf und folgt ihm ein tüchtiger, oft wolkenbruchartiger Regen, so schwellen in wenigen Stunden die Runsen zu wilden Strömen auf. Sie fallen über die steilen Böschungen der Felsenmauern donnernd ins Thal herab und füllen ihre breiten, trümmerreichen Rinnsale. In trockner Zeit findet man das Bett entweder ganz leer oder nur von einem dünnen klaren Bächlein durchzogen. Der Fremde verwundert sich über die Breite des steinigen Bettes, über die ungeheuren Schuttmassen, die an seiner Seite liegen, über die cyklopischen Wuhrsteine, die es abdämmen. Er verfolgt es mit seinem Blicke nach der Höhe zu, sieht die oft 20—30 m tief ausgefressenen Schluchten, die das Wasser sich gegraben,

und die breiten Straßen, die es durch die alten Hochwälder gerissen hat. Wir
kennen kaum etwas grausenerregenderes als diese Wasserdämone in voller
Thätigkeit. Hoch oben am Berge sieht man sie auf mildgeneigten Triften
trübe Fluten sammeln; in jähem Sturze reißen sie mit rasender Gewalt die
größten Felsblöcke durch ihr Bett herab, führen stehende Tannen, Geröll,
Sand und Erde in gelbbraunen Wellen mit und dehnen sich dem Thale zu,
oft plötzlich durch gewaltige Stauungen aus dem Bette geworfen, über die
bebauten Wiesen und Äcker aus, bis sie den Fluß der Thalsohle erreicht haben.
Der Donner dieser Stürze, das Poltern und Krachen der über einander wild
hinrollenden Steinblöcke tönt weit durch Berg und Thal und erfüllt die
Bewohner des Geländes mit Entsetzen. Mit Stangen, Hacken und Schaufeln
eilen sie auf die Wuhrdämme, um die Anstauungen möglichst zu hindern und
zu zerteilen; alles, was eine Schaufel führen kann, steht hilfreich an den
empörten Runsen, und das Schreien, Rufen, Jammern der Menschen mischt
sich mit dem Krachen der Felstrümmer. Wer einmal in einer bangen Mitter=
nacht diesem gräßlichen Schauspiel beigewohnt, vergißt es nie wieder. Die
schönsten Wiesen werden in wenig Stunden mit 3—4 m hohem Schutt über=
führt und auf ewig in tote Steinhaufen und Sandwüsten umgewandelt, aus
denen nur noch die Kronen der begrabenen Obstbäume traurig herausragen.
Nicht selten verändert, durch Stauungen aus dem Bette gedrängt, die Runs
plötzlich ihren Lauf, reißt Häuser und Ställe mit Blitzesschnelle fort. Ihre
Verheerungen, denen oft nicht gewehrt werden kann, haben schon manches
schöne grüne Wiesenthal der Schweiz vertilgt und scheinen bei der übeln
Waldwirtschaft eher im Fortschritt als in Abnahme begriffen zu sein, trotz der
gewaltigen Wuhrbauten, die man bis hoch ins Gebirge angelegt hat. Die
Kantone Glarus, Uri, Graubünden, Tessin und Wallis leiden am meisten
durch sie und suchen durch gewaltige Thalsperren ihre Macht zu brechen.

Diese periodischen Wasserfluten werden nur von einem Naturphänomen
an Schrecknissen übertroffen, nämlich von den Bergstürzen. Der des Conto,
der 1618 den großen Flecken Plürs und das Dorf Scilano mit 2430 Menschen
verschüttete und nur drei Einwohner und ein Haus übrig ließ, die beiden der
Diablerets (1714 und 1749), welche die Alpen von Cheville und Leytron
mit über 90 m hohen Schuttmassen erfüllten und Hirten und Herden erschlugen*),

---

*) Beim ersten Fall des Diableretgletscherhorns wurde einer der Sennen, ein
Walliser, in merkwürdiger Weise verschüttet. Ein großer Felsblock legte sich schützend
an seine Hütte, so daß die folgenden Trümmer, welche dieselbe viele Klafter hoch
bedeckten, sie doch nicht zerdrückten. Wochenlang, mondenlang lebte der Verschüttete in
steter Todesangst in seinem entsetzlichen Verließe, von den Käsevorräten zehrend, ohne
frische Luft und Licht. Täglich grub er verzweifelnd in dem ungeheuren Schuttmeere,
das seinen Kerker umgab. Endlich folgte er der Spur des abfließenden Wassers und
wühlte nach wochenlanger Arbeit sich glücklich durch die lockern Schuttstellen zu Tage.
Von Arbeit, Hunger und Todesangst abgezehrt, halb nackt und zerschunden, klopfte er

der des Roßberges (1806), welcher die Dörfer Goldau, Bußingen, Ober=
und Unterröthen und Lowerz mit 475 Menschen begrub, der drohende Berg=
bruch des Felsberges, dessen Felsköpfe seit Jahren in Bewegung sind und
jeden Tag ins Thal niederzudonnern drohen, haben europäische Berühmtheit
erlangt. Eine Menge kleiner Stürze, wie der des Bernina, der das Dörflein
Rascharaida mit Menschen und Vieh begrub, der, welcher Mombiel und
Prättigau zerstörte, und andere sind weniger bekannt geworden. Noch in
frischer Erinnerung ist der Bergsturz von Elm, welcher am 11. September
1881 erfolgte. Durch Abriß einer 300 m hohen und 90 m dicken Bergwand
des Tschingels über den Schieferbrüchen des Plattenberges wurden in drei
auf einander folgenden Stürzen 89 ha Boden mit Schutt überdeckt und das
glarnerische Dorf Elm teilweise verschüttet. Bei dieser Katastrophe wurden
83 Gebäude zerstört und 115 Menschenleben vernichtet. Glücklicherweise
sind diese ungeheuren Gebirgsrevolutionen selten. Kleinere Brüche und Stürze
dagegen sowie einzelne ‚Schlipfe‘ wiederholen sich alljährlich vielfältig und
beweisen deutlich die allmähliche, aber ununterbrochene Verwitterung und
Auflösung der europäischen Gebirgsmauer, die langsam einem chaotischen
Zustande entgegengeht. Ein solcher Schlipf hat 1805 dem größten Teil des
Dörfchens Buserein ob Schiers den Untergang gebracht, ein anderer 1795
schob einen Teil von Wäggis in den See und gefährdete 1860 Lungern;
andere bedrohen jetzt noch einzelne Gegenden mit schwerer Verheerung. Das
krystallinische Schiefergebirge weist in der vorhistorischen und historischen Zeit
die zahlreichsten Bergstürze auf, und gefährliche Bodenbewegungen drohen
heute noch ob Soglio, Grono, Stalden, Campo und Fusis; aber auch das
Kalkgebirge ist ihnen vermöge seiner Zerklüftung ausgesetzt (Yvorne 1584,
Diablerets, Dent du Midi 1835, Felsberg), ebenso das Molassegebirge, wo
starke Nagelfluhbänke häufig auf leicht verwitternden Mergelschichten lagern
und bei der Durchweichung der letzteren zum Sturze kommen wie bei Goldau
und Rothenthurm.

Hin und wider hat die an schöpferischen Versuchen so reiche Natur auch
einzelne Kuriositäten ins Gebirgsrevier hineingestellt, die dasselbe mit einem
besondern, geheimnisvollen Reize ausstatten.

Das ganze Fußgestell des Hochgebirges enthält strichweise nicht nur
höchst reichliche süße Quellen, die namentlich im Kalk oft in der Stärke von
tüchtigen Bächen unmittelbar aus den Felsen treten, und eine sehr große Menge
von kalten und warmen Mineralbrunnen (unter welchen besonders die äußerst
zahlreichen Säuerlinge eine große Rolle spielen), sondern auch jene interessanten,
intermittierenden Quellen, die man gewöhnlich Maibrunnen heißt. Sie

---

an seinem Hause im Thale an; Weib und Kinder entsetzten sich ob dem vermeintlichen
Geiste des toten Vaters, und erst der Ortsgeistliche klärte ihnen das wunderbare
Rätsel auf.

entstehen ohne Zweifel in der Zeit der Schneeschmelze durch Überfüllung der regelmäßigen innern Wasseradern der Berge, die ihren Reichtum nicht mehr an die gewöhnlichen Quellenabzüge verteilen können, sondern über dem Niveau derselben neue Sprudellöcher benutzen müssen. Oft auch suchen die hochgelegenen Alpenseen durch die innern Gebirgsgänge einen Teil des Wassers, das bei hohem Wasserstande von Löchern über dem gewöhnlichen Seespiegel auf= genommen wird, als Maibrunnen an das tiefere Thal abzugeben. Interessante Belege sind der Hundsbach im hintern Wäggithal, der offenbar mit den alpinen Karrenfeldern in Verbindung steht, der ,Wunderbrunnen' auf der Engstlenalp, im Sommer regelmäßig von morgens 8 Uhr bis nachmittags 4 Uhr in gleicher Stärke fließend, der Dürrenbach in Engelberg, der vom Mai bis September mitten in einer grünen Wiesenhalde in der Stärke eines tüchtigen Mühlbachs hervortritt und aus einzelnen zerstreuten Löchern springbrunnenartig auf= sprudelt, und besonders die merkwürdige Quelle des unterengadinischen Assa= thales, die aus einer etwa 300 Schritte tiefen Kalkfelsenhöhle in ein geräumiges Becken herausstürzt, aus dem sie als starker Bach zu Thal geht. Sie fängt morgens um 9 Uhr an zu fließen, setzt dann aber dreimal im Laufe des Tages in dreistündigen Perioden ähnlich der Quelle des Plinius am Comersee ihre Thätigkeit aus.

Durch das ganze Alpengelände hin sind ferner die Höhlenbildungen häufige und oft sehr interessante Erscheinungen. Sie treten in der verschiedensten Gestalt auf, als sanfte Einbuchtungen einer Felsenwand mit überhängendem Vordache, als förmlich geschlossene Grotten, die der berner Oberländer ,Balm' nennt, als trichterartige Eintiefungen, die sich endlich im Felsgewölbe schließen oder mit noch tiefer gehenden Spalten und Klüften in Verbindung stehen und sich selbst über eine Stunde weit ausdehnen, und endlich als förmliche Durch= brüche eines Teiles des Gebirgsstockes von Licht zu Licht. Häufig knüpft die Sage an diese Höhlen fromme Erinnerungen an Heilige und Missionare und hie und da steht noch eine Kapelle oder Eremitage in der Nähe. Das Innere dieser Felsenwohnungen ist oft sonderbar gebildet und enthält schmale Gänge, Kessel, finstre, kalte und klare Wasserbecken und Bäche und über 300 m tiefe unerforschte Klüfte bis weit in den Schoß des Bergstocks hinein. In einigen findet man zum Zeichen, daß sie in alter Zeit Zufluchtsstätten Verfolgter oder Wohnungen von Wegelagerern waren, noch römische und alte deutsche Münzen, in anderen dagegen Knochen, Muscheltiere, in anderen wieder abgerundete Geschiebe von Grauwacke und Serpentin, die das Gebirge sonst nicht nach= weist, oder Massen von Bergkrystallen und herrlichem Flußspat, oder auch Überreste reißender Tiere, die seit Jahrhunderten aus der Gegend ver= schwunden sind, oder endlich, wie besonders im Jura, nie schmelzende Schnee= und Eismassen. Die meisten sind mit einem Überzuge von Tropf= steinbildungen und Stalaktiten belegt, wie besonders schön il Cuol sanct (die heilige Höhle) im Valpuzzatobel bei Fettan, in deren prächtigen

Tropffteinarchitekturen das Volk einen natürlichen Altar mit Leuchtern und Vasen zu erkennen meint.

Fast noch merkwürdiger sind die überall im Gebirge sich vorfindenden Wind= oder Wetterlöcher, tiefe, enge Felsspalten, die bald einen obern Ausgang haben, bald nicht. Im Sommer zieht bei schönem Wetter ein starker, sehr kalter Wind aus ihnen; im Winter dagegen bringt die Luft von außen in sie hinein und sie haben eine höhere Temperatur. Solche Windlöcher finden sich im Alpengelände sehr häufig, z. B. ob Seelisberg auf der Emmetenalp, im Isen= und im Schächenthal, in Unterwalden bei Beggenried und auf der Blumenmatt am Panzerberg, zu Hergiswyl am Pilatus, bei Quarten am Wallensee, im Klönthal, auf der Meerenalp, Guppenalp, auf der Nayealp am Col de Chaude, wo das Windloch (la Tanna a l'aura genannt) oft in der Stärke eines großen Schmiedeblasebalges bläst 2c. Nähere Beobachtungen haben gezeigt, daß diese Windlöcher gewöhnlich in zerklüftetem Gebirge oder in Schutthalden liegen, welche au steile, kompakte Felswände angelehnt sind. Höchst wahrscheinlich besteht der ganze Apparat des Gebläses aus einem vorwiegend senkrechten und einem damit in Verbindung stehenden mehr wag= rechten Luftgange. Die Anfänge des ersten liegen in vielfacher Verzweigung da, wo sich das lose Geschiebe — jedenfalls nicht luftdicht — an die Fels= wand anschließt; der Ausgang des letztern ist dann eben das Windloch. Die in der Tiefe aller jener größeren und kleineren Lufträume, welche mit den Zügen in Verbindung stehen, liegende Luft hat erst die niedrige Temperatur ihrer Erdtiefe, die im Winter höher ist als die der atmosphärischen Luft, im Sommer aber niedriger; daher strömt im Winter die wärmere Luft durch die oberen Ausgänge des Luftkamins aus, die durch stärker oder schwächer von unten durch das Windloch eindringende ersetzt wird. Daher ein Luftzug bergein, der aber oft ganz stille steht, besonders zu Anfang und zu Ende des Winters, wo die Temperaturunterschiede sich mehr ausgleichen. Im Sommer dagegen strömt die kalte Bergluft, von der oben an der Schutthalde ein= dringenden warmen atmosphärischen Luft gedrückt, mächtig zum Windloch heraus, besonders bei trocknem Wetter.

Genauere Beobachtungen erweisen nun aber, daß die Wärme der heraus= strömenden Luft nicht die mittlere Temperatur des Ortes, sondern eine viel tiefere zeigt, die sich im Sommer vielfach ändert und von 11° C. bis zu 5°, sogar bis zu 2 1/2° C. sinkt, während die atmosphärische Luft gleichzeitig 19° bis 25° C. messen mag. Diese Erscheinung wurde von Saussure dahin erklärt, daß das die Luftgänge umgebende und bis zu ihnen vordringende Tagwasser, das langsam von oben her so weit durchsickert, mit dem Luftstrom in stete Berührung tritt, demselben die Wärme begierig entzieht und ihn also beträchtlich kälter macht. Die Bergluft, die vielleicht 8—10° C. hält, kann so auf 4° und 3° C. herabsinken. Je trockener die Luft oben in die Gänge eintritt, desto stärker ist die Aufnahme des Tagwassers und seine Verdunstung, je feuchter, desto schwächer; weshalb beim schönsten Wetter das Gebläse am regsten und kühlsten, bei bevorstehendem Regen aber geringer ist. Sehr oft bildet und hält sich bei der tiefen Temperatur des Windzuges in der unmittelbaren Nähe des Wind=lochs Eis bis gegen Ende des Sommers. Die Sennen benutzen gewöhnlich diese Luftlöcher zu Milchkellern, wie man im Tieflande, z. B. bei Gordevio im Maggiathale, bei Caprino am Luganersee und auch sonst häufig im Tessin, vortreffliche Weinkeller an sie anbaut.

Auf den gleichen Naturgesetzen beruht die Erscheinung der großen, wunderbaren Eisgrotten, die sich im Gebirge weit unter der Schneelinie befinden und doch hier monatelang, dort das ganze Jahr durch große Eismassen enthalten. So z. B. die gewaltige, 832 m ü. d. Genfersee auf einem Absatze des vordersten Jurazuges gegen Rolle liegende Eishöhle von St. Georges, die an 100 000 kg Eis enthält und solches auch im Sommer aus dem von der Decke herabschwitzenden Wasser bildet, und die größte und herrlichste aller bekannten, das Schafloch am Thunersee, mit einer 480 m hohen Felswand, 1820 m ü. M., tief ins Gebirge hinreichend und mit den sonderbarsten Eisbildungen ausgerüstet. Trotz ihres wenig wirtlichen Aussehens suchen bei stürmischer Witterung oder allzudrückender Hitze Hirten und Herden in der=selben Zuflucht, und nicht selten beherbergt sie an die tausend Stück Schafe.

Zweites Kapitel

Das Pflanzenleben der Bergregion.

Botanische Umrisse. — Verschiedene Elevation der Gewächse. — Bünden. Tessin.
Wallis. Uri. Schwyz. Bern. Glarus. Deutschland. Pyrenäen. Kaukasus.
Äquator. — Das Waldgebiet. Ein schweizerischer Urwald. — Die Nadelhölzer.
Eiche und Buche. — Ahornarten. — Historische Bäume. — Blumennachbarn im
Nadel= und Laubholz. — Die Büsche. — Einfluß der Gebirgsart auf die
Vegetation. — Reichtum der Blütenpflanzen in der montanen Region.

Treten wir der großen Welt des organischen Lebens der Bergregion
näher, so entbehren wir eigentlich von vornherein einer mathematisch streng
bestimmbaren Grenze zwischen ihr und der Hügelregion. Auf der Südseite
der Alpen reicht die Vegetation der glücklichen italischen Ebenen viel weiter
hinauf als auf der Nordseite die des schweizerischen Binnenlandes; dort finden
wir bei vielen hundert Fußen größerer Höhe noch die Pflanzen, die auf der
Nordseite im entsprechenden Höhengürtel längst verschwunden sind. In Bünden
gehen die gleichen Pflanzen an 130—160 m höher hinauf als in Glarus.
Im Kanton Tessin reicht die Region des Weinstocks bis zu 650 m ü. M. (in
der Lavizarra bis Broglio, im Val Ravana dagegen etwas höher bis Cerentino);
im Kanton Graubünden hat noch das Domleschg bei 700 m einen Weinberg
und selbst Truns mit 864 m ü. M. Rebstöcke; St. Gallen besitzt an der Porta
Romana oberhalb Ragaz bei 780 m ü. M. noch treffliche Weingärten; im
Waadtlande ist das höchste Rebgelände der la Côte 903 m ü. M., in Camper=
longo im Piemont sogar 1005 m ü. M. Im Wallis, wo sich die Rebterrassen
hoch an die Felsenbänke und jähen Gesimse hinaufziehen und den Weinbau
fast so gefährlich machen als das Wildheuen, ist die obere Grenze des Weines
bei 800 m ü. M., am höchsten wohl in der ganzen Schweiz bei Gub, oberhalb
Neubrück im Vispthal und bei Visperterminen, wo sogar bei 1100 m ü. M.
der „Heidenwein‘ wächst*). Der Wanderer bewundert noch im Dörflein Stalden

<hr>

*) In Wallis erinnert sich die Volkssage noch besonders lebhaft an das golbene
Zeitalter üppiger ebler Kulturen bis hoch in die Alpen hinauf, und der Greis ‚Peter

(833 m ü. M.) am Zusammenfluß der beiden Vispbäche nicht nur die schönen Weinlauben, die sich über die Straße wölben, sondern auch den mächtigen, 30 cm im Durchmesser haltenden Weinrebenstamm, der sich um den reichlich sprudelnden Dorfbrunnen schlingt. Eben so hoch geht auch der Mais im Wallis bis Mörel 880 m. Die Südseite des Monterosa hat noch Reben bei 890 m, während sie in der nördlichen Schweiz bei 450—550 m, in Bern bei 600 m, am Comersee bei 500 m ü. M. selten werden oder ganz verschwinden. Jenseit des Cenere und am Monterosa gedeiht die edle Kastanie, welche die Kalkgebirge nicht zu lieben scheint, noch 960 m ü. M. (also höher, als im allgemeinen im nördlichen Gebirge die Wallnuß geht), in Castelmur (Bergell) 912 m ü. M.; in St. Gallen selten bis 600 m ü. M. Im untern Bergell steht bei Pforta ein stundenlanger Kastanienwald, der selbst bis auf die unteren Terrassen von Soglio reicht, das 952 m ü. M. liegt und eine Mittelwärme von 6.₅° C. besitzt*). Neben ihm reift die Arve, die Vertreterin der höchsten Waldregion, ihre Nüsse.

Im Tessin finden wir den weißen Maulbeerbaum noch bei 940 m ü. M.; in Bünden selten bei 700 m ü. M., bei Cama sogar nur bis 369 m ü. M. Mais, Tabak, Spargel, selbst Aprikose, Pfirsich und Quitte gedeihen in Bünden bis gegen 800 m ü. M.; der Nußbaum bis 1120 m ü. M.; das Kernobst bis 1230 m, Birnbaum und Weizen bis 1410 m; Roggen, Kartoffeln, Kohl, Hafer, Hanf, Gerste und viele Küchenpflanzen reichen noch weiter in die Alpenregion hinein. Ebenso reichen im Wallis die Nadel= und Laubbäume weit höher, als unsere Region geht, selbst die Kartoffel (bis 1360 m ü. M.) noch 60 m über dieselbe. Im Kanton Uri dagegen verschwinden schon im ersten Sechsteil der Bergregion mit 900 m ü. M. die Obstbäume außer dem Kirschbaume, der bis 1070 m reicht; ebenso hält die Buche und gemeine Föhre bei weitem nicht bis zur Alpenregion stand, sondern bleibt bereits mit 1140 m zurück, worauf schon die Leg= und Bergföhren sie ersetzen müssen. Diese schnelle Abnahme der Vegetationskraft der Gebirge ist in Uri um so auffallender, als die Thalgründe und Hügelgelände des untern Reußgebiets noch mit einer außerordentlich üppigen Fülle der wundervollsten Wallnußbäume prangen. Rauher sind dagegen die Thäler von Schwyz und Obwalden und daher der Kontrast weniger auffallend. In Schwyz wird indessen noch auf dem Rigikulm (1800 m ü. M.) ausnahmsweise die Kartoffel mit Erfolg angebaut. Doch darf man von solchen einzelnen Angaben im allgemeinen nicht auf die Vegetationshöhe des ganzen Pflanzengebiets schließen. Die Kulturpflanzen

---

zur Mühle zu Ausserberg erzählte vor vierzig Jahren noch ganz genau, wie er in seiner Jugend beim Schafehüten am Wiwannhorn beim Aletschgletscher alte Weinreben=stöcke gefunden habe!

*) Im obern Misox steht wahrscheinlich der mächtigste Kastanienbaum der Schweiz mit einem Stammesumfang von 13 m. Unweit von demselben findet sich ein mächtiger Nußbaum, der nicht weniger als neun verschiedene Besitzer zählt.

sind oft kapriziös und können durch gute Pflege und sorgfältige Wahl eines ganz von den Einflüssen der rauhen Witterung, denen die freiwachsenden Pflanzen ausgesetzt sind, abgeschlossenen Standortes noch in anomaler Höhe gebaut werden. So wird es selbst in dem rauhen Grindelwald, wo die Kirschen anfangs August reifen und weder Nuß- noch Eichbäume mehr fortkommen, durch verschiedene Manipulationen, namentlich durch Ausstreuen von Asche möglich, nicht nur Kohl und Kraut zeitig zu ziehen, sondern selbst Spargel früher als in Bern zu gewinnen. Ähnliche Kunstmittel wenden überall die intelligenteren Bergbewohner an. Jenseit des Col de Balme verschmähen sie es nicht, die den Sommer über sorgsam an den Ufern der Arve aufgeschichteten Schieferstücke im Frühling auf die Felder zu tragen, um die Schneeschmelze zu befördern, während hoch oben bei Winkelmatten im wallisischen Matterthal (etwa 1400 m ü. M.) die Einwohner auf die mächtigen Felsblöcke Erde tragen und so Gärtchen anlegen, in denen Kartoffeln und Getreide weit früher reifen als im natürlichen Erdreich.

Im Kanton Glarus reicht die Region des Weinstocks mit Pfirsich und Aprikose bis 550 m ü. M., die des Nußbaums, der Zwetschen und Bohnen bis 840 m ü. M., die des Apfelbaums, der Cichorien, Zwiebeln und des Buchweizens bis 970 m, die des Kirschbaums und Weizens bis 1140 m ü. M., während die Kartoffeln und Gespinstpflanzen bis in die Alpenregion hineingehen. Von wildwachsenden Pflanzen gehen Bergahorn, Rottanne, Arve, Mehlbeerbaum, Eberesche über die Berg-, zumteil tief in die Alpenregion hinan, wobei immer zu bemerken ist, daß der gleiche Baum auf der Sonnenseite 160 bis 260 m höher aufsteigt als auf der Schattenseite. Die Buche dagegen, welche die Wälder dieses Reviers so reizend schmückt und auffallenderweise in den nördlichen Alpen bei kälteren Isothermen sich erhält, als in den Zentralalpen, hört wie die Linde, Ulme, Esche und Schwarzpappel mit 80 m über unserer Region auf, während Eibe und Wacholder mit 900 m ü. M., die Eiche schon mit 800 m ü. M. zurückbleibt, also kaum noch als Baum der Gebirgsregion zu betrachten ist. Im Kanton St. Gallen reicht der Nußbaum bis 720 m, der Mais bis 760 m, die Gerste bis 1100 m, die Buche bis 1400 m, die Kartoffel bis 1490 m ü. M. Im Jura hört bei 1100 m fast aller Getreidebau auf; die Fruchtbäume verschwinden bei 1000 m, die Eichen werden selten. Bloß noch ein wenig Hirse und Hafer wird bis gegen 1200 m gezogen; die Gerste geht nur bis 1070 m ü. M., der Nußbaum reift schon 700 m ü. M. seine Frucht nur dürftig, die Rottanne ihre Zapfen bis 1200 m ebenfalls selten. Dabei ergiebt die Vergleichung der Höhengrenze unserer Gebirgsbäume mit der der benachbarten deutschen Gebirge höchst veränderliche und sonderbare Resultate. So soll im Thüringerwalde und in Schlesien die Buche schon mit 970 m ü. M. gänzlich aufhören, die Eiche dagegen dort 90—120 m höher gedeihen als bei uns, während diese auch im Kaukasus 880 m ü. M. nicht übersteigt, fast unter dem nämlichen Breitengrade auf den

Pyrenäen dagegen bis 1750 m ü. M. gehen soll. Unter dem Äquator, wo über 4500 m noch Alpenkräuter gedeihen, steigen freilich die Laubhölzer bis gegen 3200 m ü. M. an. Dort entspricht dem Niveau unserer Bergregion noch die Region der baumartigen Farn und der Feigen, und wo unsere Alpenregion beginnt, wachsen in üppigster Fülle und mit leuchtenden Blumen bedeckt die herrlichen Magnolien, Ericeen, Kamellien, Proteen, Bignonien und Mimosen. Fassen wir die oberen Grenzen einzelner hervorragender Pflanzengestalten ins Auge, so ergiebt sich folgende interessante vegetative Abstufung: der Walnußbaum reicht in den nördlichen Schweizeralpen im Mittel bis 800 m ü. M. (Maximum 940 m) bei einer mittleren Jahrestemperatur von 7.3 ° C., in den Zentralalpen 870 m (Max. 1160 m) bei gleicher Temperatur, in den südlichen Alpen (Monterosa und Montblanc) 1170 m bei 6.7 ° C.; der Kirschbaum geht in der Nordschweiz bis 1140 m ü. M., in ganz vereinzelten Exemplaren aber bis 1480 m, in den Berner Alpen bis 1250 m, in den bündnerischen erreicht er 1460 m, im Wallis 1352 m, im Nikolaithal stehen die letzten bei Herbrigen 1288 m ü. M., im Lötschthal oberhalb Ferden bei 1413 m. Die Buche steigt in der nördlichen Schweiz im Mittel bis 1360 m bei einer durchschnittlichen Jahrestemperatur von 4.1 ° C., einzelne sogar bis 1560 m, in den Berner Alpen 1200—1270 m, im Tessin bis gegen 1600 m. In den krystallinischen Schiefergebirgen Bündens und des Wallis ist sie höchst selten; am Monterosa geht sie bis 1590 m und wenigstens ebenso hoch im transcenerischen Tessin, wo sie die obersten Wälder bildet.

Als mittlere Getreidegrenze gilt für die nördliche Schweiz 870 m (7.0 ° C.), für die Berner Alpen 1300 m (5.0 ° C.), für Bünden 1300—1400 m, für den Monterosa aber 1450—1600 m ü. M. Als oberste Getreidegrenze im allgemeinen für die nördliche Schweiz 1100—1140, in den Berner Alpen 1500 m, auf Realp am Gotthard 1540 m, in Graubünden 1820 m und ob Bodemie am Südabfall des Monterosa wachsen Roggen und Hafer noch bei 1980 m ü. M. bei einer mittleren Jahrestemperatur von $+ 2.2$ ° C. Im allgemeinen gehen sonst nur Gerste, Roggen und Hafer am höchsten, Weizen hält sich stets tiefer.

Die Wälder sind es besonders, die so viel zur Bestimmung des landschaftlichen Charakters beitragen; sie sind es auch, die diesen in unserer Region wesentlich bilden helfen. Die schweizerische Bergregion besitzt verhältnismäßig weit mehr Waldgebiete als das Plateau der großen Hochebene, wo der baufähige Boden längst zu anderen Kulturen benutzt wird. Indessen ist die Physiognomie der Waldbestände des Gebirges in den verschiedenen Abdachungen wesentlich verschieden. Den Nordländer ziehen vielleicht am meisten die Kastanienwälder der südlichen Alpenthäler an. Im Tessin, wo sie, oft auf sterilen Geschiebehalden, gegen 940 m ü. M. reichen und das Mittelglied zwischen dem Kulturland und dem eigentlichen Waldgebiete bilden, indem sie Fruchtgärten und Weideland zugleich sind, liefern sie den Bewohnern jährlich ca. 40 000 km Holz obendrein. Eigentliche Urwälder kommen außer den Bannwäldern nur noch in den wildesten Gebirgswinkeln vor. Doch verdient vielleicht auch der große Dubenwald am Eingange des Turtmanthales diesen Namen. Zwei und eine halbe Stunde führt der Thalweg durch seine Säulen= hallen; sein Umfang wird in einem Tage nicht umschritten. Viele tausende seiner herrlichen Tannen und Lärchen stehen abgestorben, rindenlos, von Spechten und Holzkäfern durchbohrt da, und wie in den tropischen Urwäldern Lianen die Stämme überflechten und Orchibeen ihre Blumenleuchter von den Ästen ins feuchte Dunkel niedersenken, so wuchert hier das nie gelöste Brombeer=, Rosen= und Waldrebengebüsch in undurchdringlicher Üppigkeit. Erdbeerstauden sprießen 1/2 m hoch aus der weichen Holzerde auf, tausend junge Stämme wuchern aus der modernden Leiche halbtausendjähriger Bäume auf, und die meergrünen Bartflechten triefen ellenlang von den Zweigen, in denen der Urhahn balzt und die wilde Katze auf Beute lauert. Das war wenigstens vor kurzer Zeit noch sein Bild. Lawinen und große Waldbrände haben indessen seine oberen Seiten furchtbar heimgesucht, und halbverkohlte oder vom Sturm zerknickte Stämme sind Zeugen, wie die Wut der Elemente nicht minder eifrig an der Zerstörung des Hochwaldes arbeitet als sonst der Unverstand des Menschen.

Durch die ganze schweizerische Bergwelt hin bilden die Nadelhölzer die Grundstöcke des vegetabilischen Lebens, sowohl im Jura als im Tessin, im Wallis wie in Appenzell, und unter diesen beherrscht wieder die düstere Rottanne (Fichte) das Waldgebiet sowohl in Breite als in Höhe massenhaft. Nur in wenigen Distrikten scheint die in anderen Teilen der Schweiz gar nicht vorkommende, jetzt aber häufig angepflanzte Lärche mit ihr wetteifern zu wollen, so namentlich in den höheren Bergrevieren Graubündens, während in den tieferen die Tanne unbedingt vorherrscht und hier wie überall der Gegend ihren starren, finstern Charakter mitteilt. Die lichtere Weißtanne, im Jura und Emmenthal am zahlreichsten, die rotstämmige Föhre (Kiefer) mit ihren hochstehenden, freigeschwungenen Ästen und kräftigen Nadelbüschen, nur in der nördlichen Schweiz und im Tessin größere reine Bestände bildend, der schmächtige Wacholder und die klumpige Eibe unterbrechen nur selten die zusammenhängenden Fichtenbestände und verschwinden fast in ihnen, während der Sevenbaum (Juniperus sabina) hie und da, z. B. im Wallis, wo er neben den Lärchen wächst, noch die unteren Bergwälder zahlreich mit seinem übeln Duft erfüllt. Unter den Weißtannen, welche im allgemeinen die Schattenseite der Berge und einen feuchten Boden vorziehen, finden wir einzelne Riesen, die den gewaltigsten Rottannen würdig an der Seite stehen. Auf der Schwändialp in Unterwalden (1300 m ü. M.) wurde im Frühjahr 1852 eine vollkommen gesunde und frische Weißtanne gefällt, die am Stocke einen Umfang von 6.5 m und 32 m über der Erde noch einen Stammumkreis von 2.7 m hatte.

Die Eichenwälder der Schweiz sind selten geworden. Sie sollen früher herrliche Forste der submontanen und kollinen Region gebildet haben; jetzt noch erscheinen zwar oft markige, majestätische Exemplare in der Fülle ihrer trotzigen Kraft und derben Schönheit, wie z. B. ein Exemplar bei Courfaivre mit 7.8 m Stammumfang, aber mehr nur vereinzelt und immer seltener, oder höchstens in kleinen Horsten, wie am Südabhang des Chaumont (Kanton Neuenburg), in der Silva Bellini (Suabelin) bei Lausanne und häufiger im Tiefland. Auch junge Eichenpflanzungen, wie am Nordabhange des Etzels (Kanton Schwyz), sind allzu spärlich vorhanden. Einzelne Eichen (und zwar Q. pedunculata) reichen an der Sonnenseite bis über 1000 m ü. M. Überall mischen umfangreiche Waldungen schlanker Buchen ihr frisches Grün in das Schwarz der Fichtenschläge; nur im größten Teile des laubwaldarmen, aber mit einem eigentümlichen Nadelholzreichtum gesegneten Graubünden, wo die obersten Buchen in den Maiensässen von Kunkels etwa 1300 m ü. M. erscheinen, treten sie nicht in kompakten Massen auf, und fliehen auch den Gotthard in allen seinen Richtungen, — vielleicht, weil er einer der großen Föhnpässe ist. Im allgemeinen ist die Buche der Baum des Kalk- und Molassegebirgs, der Baum der sonnenreichen Berggelände, die sie in reinen Beständen bis 1300 m ü. M., in gemischten aber höher bekleidet. Am höchsten geht sie im Tessin, wo sie, als Niederwald bewirtet, nicht selten, aber auffallenderweise die obere Waldgrenze bildet. Wie Eiche und Linde die schönsten Bäume der unteren Landstriche, so sind Buche und Ahorn die edelsten der mittleren. Der schlanke, lichte, unbemooste Stamm der Buche wächst leicht wie ein Säulenschaft in die Höhe, und verrät nur in strammen Buckeln die derbe Kraft seiner Holzfaser. Der üppige, lichte, etwas starre Rundbau des gewölbten Laubdaches ladet die Sänger des Waldes zu freundlicher Einkehr. Als Hauptrepräsentant des Laubholzes ist dieser Baum im großen auch das Hauptbarometer der Jahreszeiten. Sein Knospen und Grünen, die Vollendung seiner Blättermasse, das bunte, weiche Abfärben derselben, der Laubfall und das endliche Kahlwerden begleiten Schritt für Schritt den Gang des Jahres, und darum ist auch der Mensch ihm mit größerer Aufmerksamkeit und Freundlichkeit zugethan als der einförmigen Tanne. Neben der Buche sind die Ahornarten wahre Kleinode von Waldbäumen, werden aber ihres herrlichen Holzes wegen stark mitgenommen und allzu selten wieder nachgepflanzt. Der gemeine Bergahorn mit seinen weitausgreifenden Ästen und großen ausgezackten Blättern kommt selten in großen Massen vor, wie z. B. im Gadmenthal, und zwar am liebsten auf Kalk. Es giebt ausgezeichnete Exemplare von ungeheurem Umfang in einzelnen Bergweiden und an Waldsäumen. Man kann zudem sagen, er sei der berühmteste Baum der Schweiz, ein wahrhaft historischer Baum: noch steht bei der Kapelle von Truns jener veterane, auf der einen Seite entästete, auf der andern aber munter grünende und blühende Ahorn, unter dem im Jahre 1424 der graue Bund beschworen wurde. Seine untere Stammhälfte ist ausgehöhlt

AHORNGRUPPE.

und vielfach durchbrochen. Die dankbare Pietät des Volkes hat ihn mit einer schützenden Ringmauer eingefaßt*). Der Ahorn ist ein rechtes Kind des Bergwaldes, das nicht in die Ebene geht, aber bisweilen 1600 m ü. M. hinaufreicht. Seiner kräftigen Schönheit wegen pflanzt ihn der Bergbewohner gern um seine Hütten und Ställe: seiner Mächtigkeit wegen schont er ihn an Halden, wo die Lawinen einbrechen können. Sein Bruder, der Spitzahorn, und der Maßholder sind überall selten und mehr im Tieflande heimisch. Die edle, duftreiche Linde, in der sich Kraft und anmutige Zartheit harmonisch einen, die schlanke, zähe Esche, die starre Erle, die leicht aufstrebende, weißschaftige Birke mit ihrem lockern, zitternden, im Herbste lichtgelb abfärbenden Blätternetz, die bewegliche Espe, die melancholische, struppige Ulme, die weitausgreifende Schwarzpappel — alle bringen es nicht zu rechtem Familienleben, sondern stehen bald einsam in Büschen, an Bachufern und im Nadelholz oder schließen sich zu freundlichem Wechsel am liebsten an lockere Buchenbestände an. Linde, Nußbaum und Ahorn zieren auch gern die freien Plätze, auf denen sich die Bergbewohner zu sammeln und wo sie zu tagen pflegen. Die gewaltige vierhundertjährige Linde auf dem Landsgemeindeplatz zu Appenzell brach vor Jahren ein heftiger Sturm. Der Nußbaum, der den Exerzierplatz bei Stans so manches Jahrhundert geschmückt hatte, lieferte bloß an Astholz (ohne Stamm und Gezweige) über dreißig Klafter Brennholz, während ein zu Iseltwald gefällter Riese von 1½ m Stammesdurchmesser und 55 m Höhe um Frcs. 1100 nach Brienz verkauft wurde, und der unvergleichliche, noch kerngesunde Nußbaum auf dem Kirchenplatz von Beckenried 29 m Kronendurchmesser hält. Im Schatten der alten Linde zu Scharans (Domleschg) hat sich die Gemeinde schon seit dem Jahre 1403 versammelt. Sie war bis auf die jüngste Zeit mit einem aus Holz geschnitzten Bilde des mythischen Rhätus geschmückt, und widersteht noch kräftiger den Stürmen der Zeit als jene in der Nähe des Rathauses in Freiburg nach der Schlacht von Murten (1476) gepflanzte Linde.

In den südlichen Bergwäldern finden sich zu unseren Bäumen nicht selten fremde Gäste ein: an geschützten Stellen sehen wir im Tessin hin und wider Lorbeer- und Feigenbäume bis 650 m ü. M. eingestreut, ja im Verzaskathale steht bei Brione ein Lorbeerbaum noch 780 m ü. M., während den felsigen Fuß des herrlichen Monte Bré bei Gandria die wintergrüne Ilexeiche, der Blasenstrauch und Jasmin, der immergrüne Erdbeerbaum (Arbutus unedo) bekleiden und dazwischen in bebuschten Felsritzen die amerikanische Agave und der Opuntienkaktus wuchern. Im Tessin begegnet uns im Niederwald

---

*) Seit dem Erscheinen der vorigen Auflage mußte dieser historische Baum dem Zahn der Zeit erliegen. An seiner Stelle stehen gegenwärtig zwei junge Bäume von etwa 5 und 10 m Höhe, welche angeblich aus Samen des verschwundenen Ahorn stammen.

häufig die schöne Hopfenbuche (Ostrya carpinifolia) und der Bohnenbaum, im Wallis der schneeballblättrige Ahorn und die Traubenkirsche, der Sevenbaum und der Ysop als Boten des Südens.

Die Wälder dulden in ihrem Revier nur niedrige Blütenpflanzen und eine Unzahl von teils unscheinbaren, teils nieblich gebauten Moosen, Flechten und lichtscheuen Pilzen und verdrängen gern die breiten Büsche, außer etwa den Rosenarten und Waldreben oder Cytisussträuchern, die z. B. auf der Südseite des Col de Trient im Juli die Wälder mit ganzen Massen ihrer leuchtendgelben Blütentrauben schmücken. Dagegen bekleidet die reiche Busch= vegetation bescheiden die sandigen und steinigen Ufer der Bäche und die steilen Felsenvorsprünge und Schluchten, wo die Bäume zurückbleiben, und weist eine große Anzahl von genießbaren Beerenarten auf, die neben einer Fülle von nachbarlichen Lippen= und Kreuzblumen, Rosenblütern, Habichtskräutern, Skrofularien reisen. Allein auch die hohen Herren, der Laub= und der Nadelwald, haben ebenso ihre bevorzugten Gesellschafter, und zwar jeder teilweise seine eigenen. In den Laubwäldern ragen durch Individuenmasse die Ranunkeln und Gentianen, die Rubiaceen und Synantheren hervor; die Nadelwälder lassen sich voraus durch Ranunkeln und Orchideen, Oxalideen, Pyrolen und Skrofularien schmücken. Auf den Felsen suchen einige Stein= brecharten, Thymian und Glockenblümchen, Habichtskräuter, Gräser und Felsenleimkraut jedes Erdkrümchen auszunutzen. Die kultivierten Wiesen und die an Kräutern und Blumen viel mannigfaltigeren Weiden der Bergregion zeigen überwiegend die Flora des Hügelgebietes und Tafellandes, wogegen auf den Bergen der Hochebene, selbst wo sie mit dem Alpengebirge in keiner Verbindung stehen, bei 800—1300 m ü. M. eine mehr oder minder reiche Alpenflora auftritt*).

Genaue Beobachtungen haben nachgewiesen, daß die Vegetation der Blütenpflanzen nicht nur durch die besonderen Lokalitäten, Höhengrade und Sonnenlage, sondern auch teilweise durch die Gebirgsart ihrer Basis bestimmt wird. Andere Pflanzen lieben das krystallinische Urgebirge, andere das Kalk=, andere das Schiefergebirge, die Molasse. Die Gebirgsart eines bestimmten Reviers trägt also wesentlich zum Charakter des herrschenden Pflanzen= prospektes bei, obgleich weitaus die meisten Arten nicht streng an die chemische Beschaffenheit ihres Substrates gebunden sind, sondern sich gegen Kalk und Kiesel gleichgültig verhalten. Es kommt aber noch gar manches Motiv aus dem allgemeinen Charakter der Gebirgsart hinzu. Das Kalkgebirge z. B. erhebt sich unmittelbarer und steiler mit seinem treppenartig abgestuften Profil aus dem Thale, hat mehr Quellen am Fuße als in seiner Höhenausdehnung,

---

*) So beherbergen nach Heer die niedrigen Bergzüge des Kantons Zürich 55 eigentliche Alpenpflanzenarten, und im obern Tößthal finden sich allein vierzig solcher, wie: Alpenrose, gelbe Aurikel, Mannstreu, Zwergweide, großblumige Gentiane 2c.

ist zerrissener, zerfällt in größere Trümmer, hat schmalere Terrassen und weniger Sand und Grien als etwa das allmählicher ansteigende, stätiger abgeböschte, leichter verwitternde und feuchtere Schiefergebirge; es ist also im ganzen kahler trotz eines größern Reichtums an Blütenpflanzenarten, und verliert die Vegetation in geringerer Höhe als dieses, während die einzelnen Grasbänke und Bänder viel saftiger und malerischer erscheinen, als die ausgedehnten und mehr zusammenhängenden Pflanzenüberzüge des Schiefer= gebirges. Man hat nachgewiesen, daß die Gräser, Glockenblumen und Schmetterlingsblüter auf Kalk verhältnismäßig schneller abnehmen als auf Schiefer, während dagegen die Steinbrecharten und Kreuzblüter stärker hervortreten; daß die Flora der Felsen und Geröllreviere auf Kalk sich mehr heraushebt als die der Weiden; daß die Pflanzen der Ebene auf Kalk früher zurückbleiben als auf Schiefer, daß der Kalk viel mehr eigentümliche Gewächs= arten hegt, und daß bei Parallelformen diejenige des Kalkbodens reicher und dichter behaart, in der Belaubung tiefer zerteilt, bläulicher grün, mehr ganz= randig, die Blumenkrone kleiner und lichter gefärbt ist als bei der Parallelform des kalklosen Bodens. Als Beispiele für letzteres kann dienen der Vergleich der Kalkformen Rhododendron hirsutum, Anemone alpina, Astrantia alpina, Androsace helvetica, Saxifraga muscoides, Betula alba, Hieracium villo- sum etc. mit den Parallelformen des kalkfreien Bodens Rhod. ferrugineum, Anemone sulfurea, Astrantia minor, Androsace glacialis, Saxifraga moschata, Betula pubescens, Hieracium alpinum etc. Aber auch abgesehen von diesem Wechselverhältnis fällt schon dem Nichtbotaniker leicht ins Auge, daß er im Kalkgebirge das fleischfarbene Heidekraut, die achtblättrige Dryas, die stengellose Gentiane, die gelbe und ungestielte Aurikel, die Alpenranunkel, die Alpenviole (Cyclamen), den Alpenlein, die dreiblättrige Anemone, die klebrige Weide stätig und oft massenhaft verbreitet sieht, selten aber im kalkfreien Boden; in diesem dagegen die Arve, die edle Kastanie, die kriechende Azalea, die moschus= duftende Schafgarbe, die Berghauswurz, die punktierte Gentiane, die helvetische Weide, Anemone vernalis, Linnaea borealis, Saxifraga aspera, Primula glutinosa etc., welche dagegen den Kalkboden meiden.

Die an Arten zahlreichsten Blütenpflanzenfamilien der Bergregion sind die Schmetterlingsblume, Rosaceen, Kreuzblüter, Ranunkeln, Alsineen, Doldengewächse, Gentianen, Rubiaceen, Lippenblüter, Skrofu= larien, Synantheren, Glockenblumen, Orchideen, Weiden, Knöteriche, Simsen, Gräser und Halbgräser, von denen einzelne in der Breite der Region 60 bis gegen 100 Unterarten zählen. Schon daraus kann auf den Reichtum dieses Pflanzenteppichs geschlossen werden, der in der schweizerischen Bergregion vielleicht wenig unter tausend Arten von den 2300 Arten von Gefäßpflanzen, welche die Schweiz besitzt, zählt und sich genau nach den einzelnen Lokalitäten von Sumpf= und Moor=, Ried=, Weiden=, Wiesen=, Acker=, Busch=, Wald=, Felsen= und Gerölldistrikten individualisiert. Es ließe sich ein eignes und wahrlich nicht uninteressantes Buch über die inneren und äußeren Verhältnisse und Verbindungen dieses Teppichs schreiben, indem bei aller Freiheit und Zufälligkeit doch gewisse Gesetze nach chemischen, physikalischen, meteorologischen und geognostischen Motiven unverkennbar sind. Hoffentlich werden unsere Pflanzenfreunde auch diese pflanzengeographischen Zustände der wissenschaftlichen Beachtung unterziehen, wenn sie einst mit Auffindung und Bestimmung der letzten Flechten und Algen zu Ende gekommen sind, wie wir denn bereits einige vielversprechende Lokalbilder besitzen *).

---

*) Inzwischen ist unseres berühmten Landsmannes Alph. de Candolle Géographie botanique raisonnée ou Exposition des faits principaux et des lois, concernant la distribution géographique des plantes de l'époque actuelle, Paris et Genève 1855 erschienen, welches Werk die oben angedeutete Aufgabe in der großartigsten Weise auffaßt, und hat auch Prof. A. Kerner in Innsbruck in seinem „Pflanzenleben" wertvolle Beobachtungen veröffentlicht. Seit dem Erscheinen der vorigen Auflage ist die Litteratur um das ausgezeichnete Werk von H. Christ bereichert worden. Sein 1879 erschienenes „Pflanzenleben der Schweiz" giebt eine eingehende Schilderung der verschiedenen schweizerischen Florengebiete, sowie einen Überblick über Geschichte und Herkunft der schweizerischen Flora.

Drittes Kapitel.

Das niedere Tierleben.

Die Wälder als Zentralherde des vegetabilischen und animalischen Lebens. — Die Regionengrenzen der Tierwelt. — Die Tiere als Eroberer des Gebiets. — Verhältnis der Tierklassen untereinander. — Skorpione. — Die Insektenwelt. — Die verwüstenden Insekten im Gebirge. — Trüsche. — Barsch. — Äsche. — Hecht. — Lachse. — Das Fischleben. — Die grünen Wasserfrösche und ihr Schicksal. — Der braune Grasfrosch. — Kröten, Salamander und Tritonen. — Blindschleichen. — Die einzige Giftschlange der Bergregion und ihre Lebensweise. — Eidechsen. — Die große grüne Eidechse. — Schildkrötenfunde.

Ein noch viel reicher zusammengesetztes Schauspiel als die Pflanzenwelt bietet die Tierwelt der Hochgebirge dar, in der, wie überall, die vielen tausend und aber tausend Arten von Gliedertieren die Hauptmasse des animalischen Lebens darstellen. Im ganzen ist die Tierwelt von der Pflanzenwelt abhängig, indem alle Tiere sich entweder von Pflanzen oder von anderen Tieren nähren; weshalb auch die Zentralherde des pflanzlichen Lebens, die Wälder, das Haupttheater des tierischen Lebens bilden. Die Wälder stellen nicht nur in sich selbst die imposanteste Masse der organischen Stoffe dar, sondern erzeugen auch durch ihren großartigen Ernährungs= und Verwesungsprozeß fortwährend neue Stoffmassen. Sie bieten also unmittelbar den pflanzenstoff=fressenden und mittelbar den Raubtieren die großartigsten Vorratskammern dar, und bergen und schützen die sich ihnen anvertrauenden Tiere zugleich, indem sie sie nähren. Daher in den Wäldern die Menge von Ameisen, Käfern, Raupen, Fliegen, Wespen, Wanzen, Würmern, Kröten, Salamandern, Vögeln, Mäusen, Eichhörnchen, Dachsen, Hasen, Mardern, Füchsen ꝛc.

Wenn es bei der Pflanzenwelt schon schwierig war, die Regionen nach Fußzahl der Höhe zu bestimmen, so ist dies bei der viel beweglicheren Welt der Tiere in noch höherem Grade der Fall. Hunger, Verfolgung, Wärme

oder Kälte üben bekanntlich auf den Aufenthalt des Tieres einen großen Ein=
fluß aus, nötigen es zu Wanderungen und versetzen es für längere oder kürzere
Zeit in ein anderes, oft sehr verschiedenes Revier. Besonders ist der Winter
der Impuls zu den großartigsten Tierwanderungen von oben nach unten. Das
Volk der Vögel, als das beweglichste, ist am allerschwierigsten nach Höhenzonen
abzugrenzen. Teilweise gehört es ohnedem ebenso sehr Schweden, Sibirien
oder Italien, Griechenland und Afrika als unserm Gebirge an, und viele kleine
Vögel und einige Raubvögel scheinen beinahe überall heimisch zu sein von der
Sohle des Thales bis zum Eismantel der Alp, vom Äquator bis gegen die
Pole hin. Dennoch lassen sich im ganzen die Tiergruppen mit Rücksicht auf ihr
Standquartier und ihre Nistung nach Regionen betrachten, die sogar von ein=
zelnen Tierklassen ziemlich konstant eingehalten werden, und so möge es uns
nun vergönnt sein, nachdem wir bisher die Grundzüge der Basis des Tier=
lebens gezeichnet, von dieser bunten Bevölkerung selber zu sprechen, wenn auch
nur in allgemeinen Umrissen, da diese Region weit mehr mit den unteren
Revieren, namentlich mit dem anstoßenden kollinen, gemein hat als die höheren.

Wir treffen freilich in unserm Gebirge nicht jene Fülle tierischer
Erscheinungen, mit der eine überschwänglich reiche Natur die Wälder der
Tropen belebt, nicht einmal die mäßige Menge unserer Ebenen. Die Gebirge
treten wie lebensfeindliche Mächte in der Natur auf; wo sie sich mit Vollkraft
aufgebaut und vollendet haben, existiert fast nichts Lebendes mehr, und je
näher ihrem Scheitel, desto schwächer ist die Verbreitung der Organismen.
Selbst an ihrem Fußgestelle unterbrechen sie wenigstens durch stets frisch ver=
sorgte Schutthalden, senkrechte Felswände, finstere Schluchten einigermaßen
die stätige Verbreitung des frischen, behaglichen Lebens. Ihnen gegenüber tritt
aber Pflanze und Tier als erobernde Macht auf. An die Verwitterung des
Steines klammert sich der graugrüne Überzug unscheinbarer Flechten — wo
der Stein stirbt, lebt die Pflanze auf. Und vollends die Tierwelt verbreitet
ihre energische und siegreiche Invasion durch alle Starrheit und Schrecknis
des Gebirges. Millionen Insekten, Spinnen und Krustentiere beleben die
rauhsten, jähsten und kahlsten Felsenmauern, die von ferne betrachtet nicht Ein
Tierleben zu enthalten scheinen. In den ödesten und finstersten Steinthälern
und Geröllfeldern hausen sie mit vollem Behagen; hier kommen noch Wurm=
tiere und Weichtiere dazu, Reptilien, Vögel und selbst Säugetiere, so daß im
ganzen Gebiete der Bergregion kein auch noch so geringer Fleck zu finden ist,
der nicht Raum und Möglichkeit für verschiedene Formen des Tierlebens
darböte, ja solche wirklich aufwiese.

Freilich sind die niedrigsten Formen der Tierwelt unserer Region wie
des ganzen schweizerischen Gebirges noch lange nicht alle aufgesucht und fest=
gestellt worden. Die vollkommeneren Gebilde der Fauna liegen dem Menschen
näher und sind auch weit leichter zu bewältigen als die Massen von wirbel=
losen Tieren. Unter diesen, den Gliedertieren, Wurmtieren, Weich=

tieren und Pflanzentieren, nehmen, wie bemerkt, die ersten an Zahl und Arten entschieden den vordersten Platz ein; sie sind auch verhältnismäßig am allgemeinsten und genauesten beobachtet worden, während die übrigen wirbel= losen uns teilweise noch fremd sind und im Gebirge nicht besonders viele eigentümliche Formen aufweisen.

Doch besitzen wir auch von den Gliedertieren der Bergregion nur sehr fragmentarische Nachrichten. Von ihren einzelnen Familien, den Insekten, Spinnentieren und Krustentieren, behaupten wiederum die ersten die größte Verbreitung an Arten und Individuen, wie sich es beispielsweise im Glarnerlande, dessen Tierwelt durch Dr. Heers unermüdliche Forschungen am genauesten beleuchtet worden ist, auffallend zeigt. Dieser Kanton beherbergt in allen seinen Regionen etwa 5600 Tierarten, nämlich 213 Wirbeltiere, 5000 Gliedertiere, 50 Würmer, 100 Weichtiere und 200 Pflanzentiere. Es bilden also die Gliedertiere beinahe $9/10$ aller Tierarten. Ferner fallen von den Gliedertieren nur etwa 300 Arten auf die Spinnentiere und etwa 50 Arten auf die Krustentiere; auf die Insekten dagegen etwa 4600 Arten, nämlich 1500 Käfer=, 1000 Fliegen=, 800 Schmetterlings=, ebenso viele Aderflügler=, 100 Netzflügler=, 100 Kauinsekten=, und 300 Schnabelkerfarten. Wir gewinnen durch diese Data einen ungefähren Maßstab für den noch nicht ermessenen Reichtum der Gliedertierwelt in der ganzen schweizerischen Bergregion. Denn was von diesen im Glarnerlande für die tiefern Landstriche abgeht und sich in der Bergregion nicht mehr vorfindet, mag durch die in der Bergzone der süd= licheren Alpen neu hinzukommenden Arten reichlich ersetzt werden. Als merk= würdige Erscheinung einiger südlicher Thäler erwähnen wir des europäischen Skorpions, der aus den italienischen Ebenen bis in die unteren Berge des Tessins und im Kanton Graubünden bis ins Bergell und Misox hinaufsteigt und in Gemäuer (namentlich an feuchten Kirchenmauern) und faulen Kastanien= bäumen sich hin und wider findet. Doch scheint er in diesen kälteren Distrikten den größten Teil seiner Gefährlichkeit verloren zu haben und wird nicht gefürchtet. Im Puschlav ist er bei Brusio und San Vittore am häufigsten, reicht aber bis Poschiavo (1040 m ü. M.) hinan und findet sich beim benach= barten See öfters unter Steinen, verläßt aber bei feuchtwarmer Luft und Witterungswechsel sein Versteck. Auch im Kanton Wallis ist er bei Sitten aufgefunden worden. Das Volk glaubt, ein in einen Kreis glühender Kohlen gesetzter Skorpion töte sich selbst, was allerdings durch unwillkürliche Selbst= verwundung des geängstigten Tieres geschehen kann. Der Flußkrebs (Astacus fluviatilis) ist zwar im Tieflande ungleich häufiger, kommt aber auch öfters in der Bergregion in Menge vor. Der höchste bekannte Fundort dürfte indes nicht über 1120 m ü. M. (Flims, Graubünden) liegen. Versuche, die man im vorigen Jahrhundert wiederholt anstellte, Domleschgerkrebse 120 m höher in Churwalden anzusiedeln, mißlangen ebenso wie jene, große tiefländische Flußkrebse in die Bergregion zu verpflanzen. In dieser finden wir regelmäßig

nur die kleinere Varietät*). Der ihr nahe verwandte Steinkrebs (Astacus
saxatilis. *Koch)* ist bisher höchstens bei 650 m ü. M. beobachtet worden.
Dagegen reicht der echte Blutegel (Hirudo medicinalis, welcher der ungarischen
Varietät H. officinalis vorgezogen wird) in den rhätischen Gewässern bis in
die Alpregion und wird z. B. im Tarasperseelein (1400 m) und anderswo auf
den Verkauf gefangen.

Unter den Insekten ist die Ordnung der Käfer, von denen die Schweiz
gegen 3500 Arten zählt, am reichsten vertreten, nach ihnen die der Fliegen,
der Aderflügler oder Wespen und der Schmetterlinge. Die übrigen drei
Ordnungen der Netzflügler oder Neuropteren, der Kauinsekten und der
Schnabelkerfe oder Rhynchoten bilden einen verhältnismäßig sehr kleinen
Teil der bunten Insektenfamilie, die in der Luft, auf und in der Erde und im
Wasser ihren beweglichen Haushalt führt. Den Winter über ist diese kleine
Welt größtenteils verschwunden. Während wir im Januar in der Höhe von
1300 m ü. M. eine kleine Wolfsspinne noch mühsam über die harte Schnee-
decke sich hinarbeiten sehen, vermögen wir keine Fliege, Mücke oder Wanze zu
entdecken. Dagegen ruft der erste Föhnstrich des Frühlings wie mit einem
Zauberschlage einen Teil der schlummernden Insektenwelt, die teils in vollkommener, teils in unvollkommener Verwandlung überwintert hat, ins Leben;
der folgende vermehrt, der dritte verdoppelt, vervierfacht sie, und im Laufe
einer warmen Frühlingswoche treten Myriaden von Insekten ans Licht, am
Fuße der Gebirge noch mehr nach den Perioden der Jahreszeiten in der Folge
der Familien, höher oben aber fast gleichzeitig den kurzen Lebenssommer
benutzend. Wer diese sich fröhlich tummelnden Scharen, die Völker von
luftigen Tänzern und eleganten Hüpfern beobachtet, schließt leicht auf die zahllose Menge von Individuen. Jedes Revier scheint ihnen gerecht zu sein.
Wanzenarten laufen auf dem Pfuhle, tauchen in Pfützen, rennen mit ihren
schönen, bunten Flügeldecken zwischen den Steinen; Blattläuse und Blattflöhe
überziehen in tausenden von Exemplaren Gräser und Blätter; die Wiesen-
gründe wimmeln von hüpfenden Kleinzirpen und muntern Heuschrecken. In
ihren Trichtergruben lauern die rötlichgrauen Ameisenlöwen, das vorüber-
eilende Insekt mit ihren Sandstrahlen zu überschütten; Schaumcikaden
schwanken am Halme; Halden und Weiden tönen vom schrillen Flügelschlage
der Grillen und Heimchen vielleicht nirgends so volltönig als in der Bergregion. Tausende von Fliegen-, Mücken- und Bremsenarten schwirren durch
die Luft und tanzen über Blüten und Büschen. An den Bächen saust mit
schwerem, wildem Fluge die großaugige Wasserjungfer einher, während die

---

*) In der Dünner (Solothurn) und namentlich an einer gewissen von Erlen-
gebüsch eingefaßten Stelle des Baches unweit Olten, finden sich seit vielen hundert
Jahren, und auch heute noch, rote Krebse vor, welchen das dunkle Pigment des Chitin-
gerüstes, das über dem roten liegt und sich bekanntlich in kochendem Wasser und Alkohol
leicht auflöst, aus unbekannter Ursache gänzlich fehlt.

leichteren, schwarzblauen Libellen eine blühende Wasserpflanze umschweben. Aus Erdlöchern, Steinsaaten, Bretterwänden der Hütten und Ställe, aus den modernden Baumstrünken oder der schorfigen Rinde tauchen ganze Herden Bienen und Wespen aller Art hervor, und führen unter einander einen erbitterten und mörderischen Krieg, in dem sich besonders die Grab= und die Schlupfwespen hervorthun; Felsen=, Wald=, Moos= und Steinhummeln durch= streifen Wald und Berg nach jungem Blumenhonig; Holz=, Schlupf=, Grab=, Gall=, Blatt= und Sandwespen, schwere Hornisse eilen emsig mit gefürchtetem Stachel auf Beute aus; Wald= und Bergameisen und Myrmiceen bauen, schleppen, rennen in ununterbrochener Geschäftigkeit auf einsamen Wegen oder volkreichen Heerstraßen; unzählige Käferarten kriechen an den Bäumen, auf der Erde, in den Büschen und Steinfeldern, sammeln sich in Aas und der Losung der Bergtiere, schwimmen in Pfützen, Mooren und Bächen, schwirren schwerfällig durch die Luft. Hie und da gesellen sich südliche Gäste der heimischen Insektenwelt bei, wie die Mannacikade (Cicada orni), welche, im Tessin überaus häufig, im Oberwallis noch bei 1230 m ü. M. ihr monotones Gezirpe ertönen läßt, diesseit des Alpenkammes aber nur selten (z. B. am Walensee auf Eschen) erscheint. Die freundlichsten Insekten aber, die lieblichen, bunten Schmetterlinge, gaukeln, selbst schwebende Blumen, von Kelch zu Kelch, wiegen sich über Seen und Auen, tummeln sich an Felsen und Bäumen und beleben noch den dämmernden Abend. Die reichen Laub= und Nadelwaldungen, Weiden=, Liguster=, Rosen=, Berberitzen= und Dornbüsche unserer Region gewähren namentlich den Raupen vieler Spinner, Schwärmer, Eulen, Spanner, Blattwickler und Motten ein reiches Asyl; weshalb auch die Nachtschmetterlinge hier sehr vollzählig auftreten. Die herrlichen Farben der Falter und ihr sorglos freudiges Schwärmen und Genießen machen sie zu wahren Perlen der Fauna, und eine Menge von Schmetterlingen, wie den Schwalbenschwanz und seinen Vetter, den bläßern Segelfalter, den Admiral und Aurorafalter, die Füchse und Perlmutterfalter, Bären, Trauermantel und Apollo, die unver= gleichlichen Schillerfalter, den pfeifenden, honigraubenden Totenkopf, das Pfauenauge, den Gabelschwanz, Blaukopf, das Ordensband und den Liguster= schwärmer kennt und liebt jedermann.

Wie vielgestaltig ist die unermeßlich reiche und flüchtige Welt der Insekten! Wie die Gräser im Pflanzenreiche bilden sie den Grundstock, die Hauptmasse des Tierlebens. Und dies auch nicht umsonst. Wie jene für die Pflanzenfresser, so sind diese für eine Menge von Wirbeltieren das große Nahrungsfeld; ja wir finden unter den Insekten selber und unter den übrigen Gliedertieren eine große Anzahl von Arten, die nur auf Insektennahrung angewiesen sind und der wuchernden Überfülle die wirksamsten Schranken entgegenstellen. Bekannt= lich zählt diese Familie nicht wenige Species, die von sehr schädlichem Einfluß auf die Pflanzenwelt, besonders auch auf die Kulturgewächse sind. Die Raupen etlicher Schmetterlinge und viele Käfer zernagen das Holz der Waldbäume,

Laub, Blüte und Frucht der Obstbäume und die Gartengewächse. Der Mai=
käfer aber wird als Engerling und als Käfer in manchen Thal= und Berg=
gegenden in gewissen Jahren zur wahren Landplage. In der ersteren Form
zernagt er die Pflanzenwurzeln oft bis zu völliger Vertilgung des Graswuchses,
in der zweiten zerfrißt er Laub und Knospen der Bäume. Im Tieflande tritt
er nicht selten in furchtbarer Anzahl auf und wird für die Thäler im Norden
der Zentralalpen so schädlich, wie die Wanderheuschrecke schon öfters für die
des Südens wurde*); in der Bergregion verliert er sich wie mehrere andere
schädliche Insekten (z. B. der Apfelblütenkäfer, der Ringelspinner, der Frost=
spanner, die Maulwurfsgrille) auffallend rasch bei 900—1000 m ü. M.
Schon einzelne Gegenden von 600—900 m sind sogar ganz von ihm ver=
schont. Im Jura steigt er nicht über die Eichengrenze hinauf; um St. Gallen
(650 m ü. M.) verlor er sich seit den nassen Jahren von 1816 und 1817 bis
auf ein unschädliches Maß; im Bündnerlande reicht er merkwürdigerweise
an der Nordseite der Gebirge oft sehr zahlreich bis über 1200 m ü. M.
(St. Maria 1343 m, Alveneü 1234 m, Bergün 1389 m, Sedrun 1400 m,
Lumbrein 1410 m, Valcava 1410 m, Mathon 1521 m, ja vereinzelt noch
auf dem Grat des Heinzenberges bei 1800 m ü. M.), während er auf der
Südseite der Alpenachse trotz der höhern Vegetationsgrenze bei 900 m selten
und erst unter 750 m mit seinem etwas kleineren Vetter Mel. hippocastani
häufiger auftritt. In diesem Kanton wie im Kanton St. Gallen wird seit
einigen Jahren eine entschiedene Verbreitung der Maikäfer nach den höhern
Lagen bemerkt. Der Entwickelungstermin scheint auch im Gebirge überall
ein dreijähriger zu sein, und in rauhern Jahrgängen oft ein Teil der Brut
zerstört zu werden. Star, Saatkrähe, Maulwurf und Spitzmaus sind die
gefährlichsten Feinde seiner Larven. Sein erster Flug an der untern Grenze
unserer Region trifft beinahe auf den Tag mit dem ersten Fluge in den 390 m
tiefern Geländen zusammen.

Weit augenfälligere Erscheinungen als die bisher dargestellten bietet das
Reich der Wirbeltiere dar. Es ist ungleich beschränkter an Arten und
Individuen als das der Wirbellosen, wie wir bei einer früheren Angabe zu
bemerken Anlaß hatten; dagegen übertrifft es diese an Ausbildung des Organis=
mus und Intelligenz, greift mehr in den Kreis der menschlichen Thätigkeit herein,
tritt großartiger in Nutzen und Schaden auf und weist viel bestimmtere tierische
Individualitäten nach, ist darum auch besser beobachtet worden.

---

*) Doch scheint sie in früheren Jahrhunderten auch bis in die nördliche Schweiz
vorgedrungen zu sein. „Am 21 Tag Augustmonats (berichtet Tschudi) im Jahr 1364
umb Mittag kamend die Höwstoffel in dise Land in großer, schwerer und merklicher
Viele, so dick als ein Nebel in den Lüften hergeflogen, also daß man zu Zürich und
anderswo Sturm über si lütet mit allen Glocken. Si fraßend das Korn, Laub und
Gras und tettend großen Schaden, und ward darnach thüwr und viel Ungfels entstund
in dem Land.“

Von den Wirbeltieren sind die Fische und Amphibien in der Bergregion am schwächsten vertreten, etwas zahlreicher sind die Säugetierarten; die Vögel aber weisen mehr Arten auf, als alle drei andern Klassen zusammen, was mit dem großen Verbreitungsbezirke vieler Vögel und mit den ausgedehnten Waldungen des Gebirges in ursächlicher Verbindung steht.

Die Bergregion hat keine weiten Flußgebiete und großartigen Wasser= becken mehr. Alle größeren Seen der Schweiz liegen weit tiefer, selbst der höchste unter ihnen, der Brienzersee (565 m ü. M.), erreicht noch bei 240 m unsere Region nicht. Kleine, aber zahlreiche Bäche, und kleine Bergseen bilden unsere vornehmsten Wasserbehälter; daher findet auch die Klasse der Fische einen beschränkten Bezirk für ihre Verbreitung. In den tiefen, klaren, grünen Buchten der Seeufer, oft in der Tiefe des Bergseebeckens, lebt die buntgezeichnete, grünlichgraue, schlangenartig schwarz und gelblichgrün marmorierte Trüsche (Lota vulgaris, Flußquappe), dem Fischlaich, der Brut und selbst ziemlich großen Fischen nachstellend, denen sie auflauert und pfeilschnell über den Hals kommt, in ziemlicher Anzahl, und geht auch hin und wider in größere Bäche und Flüsse. Ihr außerordentlich zartes und feines Fleisch zieht ihr viele Nachstellungen zu; ihre Leber ist das wohlschmeckendste Gericht aus unserer Fischwelt. Dieser schöne, durch kleine Bartfaden am Kinn ausgezeichnete Fisch ist trotz seiner Fähigkeit, sich fabelhaft reichlich zu vermehren, nirgend allzu häufig, da die Hechte fleißig Jagd auf ihn machen, und wird in unserem Revier selten über ⅓ m lang und über 1—2 kg schwer, während er im Genfersee bis 1 m lang und bis 5 kg schwer wird. Die Reuß hinan steigt er bis Amstäg und ist bei Sissigen am häufigsten; in dem kleinen See von Seelisberg ob dem Vierwaldstätter=See (753 m ü. M.) fängt man bis acht= pfündige Exemplare.

Neben der Trüsche zeigt sich in Seen und Bächen häufig der gemeine Barsch (Perca fluviatilis), der gefräßige und erbitterte Verfolger der Frösche und Molche, mit seiner stachlichen Rückenflosse und seinen goldschimmernden Flanken. Im ersten Jahre fängt man den Barsch auch in den Bergseen als ‚Heuerling‘ oft massenweise; später nennt man ihn ‚Egli‘ oder ‚Rehling‘, auch ‚Lutz‘ und im Tessin ‚Persico‘. Man hat den Versuch gemacht, ihn auch in hohe Alpenseen zu verpflanzen, was öfters gelungen ist. Die kleine Ellritze (Phoxinus laevis) und die Groppe (Kaulkopf, Cottus Gobio) ist in den meisten klaren und seichten Bächen, die nicht allzu starken Fall haben, oft auch in reinen Wassergräben sehr häufig und schießt pfeilschnell über den steinigen Grund oder zwischen den schwarzgrünen Schlammgehängen hin und her. Sie finden sich noch im Fählensee (1455 m am Säntis) und im Trübsee ob Engel= berg (1900 m). Die rotflossigen, hochrückigen, selten über 24 cm messenden Rotteln (Scardinius erythrophthalmus, Plötze), die dunkelgrünen, unten weißgelben Schleihen (Tinca chrysitis), die schwärzlichen, silberglänzenden Nasen (Chondrostoma nasus), die grüngelben Lauben (Aspius alburnus), auch Blauling genannt, weil sie nach dem Tode hellblau werden, ein grätenreicher und wenig geschätzter Fisch, sowie die Haseln (Squalius leuciscus), und die grünlichgrauen, schwarzgestreiften Schmerlen kommen in den Bächen und Seen der Bergregion hin und wider vor, die grüngraurückigen, an den Seiten mit einer dunkeln Längsbinde geschmückten, 6—9 cm langen Schwale (Telestes Agassizii) wenigstens in der Sihl, Reuß, Landquart und im Rhein, häufiger die gemeinen Äschen (Thymallus vexillifer), die in der Reuß noch bis gegen Wasen (930 m ü. M.) hinaufgehen und im Inn bis Steinsberg (1471 m ü. M.) einwanderten, indem sie die Forellen vertrieben. In hellen Kiesbächen und schattigen Waldgewässern finden wir sie wenigstens in der Unterhälfte unseres Gebietes oft scharenweise; sie haben aber an den Flußadlern, Tauchern und Fischottern gefährliche Feinde.

Zahlreicher als alle bisher genannten Gattungen und diesen sehr gefährlich sind die Hechte, die ‚Könige der Süßwasserfische‘, ausgezeichnet durch ihre gierige Gefräßigkeit, ihre schnelle, kräftige Bewegung und ihr feines Gehör. Im ersten Jahre sind sie grün (Grashechte), später schwärzlich grau gefleckt. In dem breiten und weiten Maule liegt ein furchtbarer Apparat von langen, spitzen, hechelförmigen Zähnen, deren man in einem einzigen Exemplare gegen 700 Stück zählen kann; die Augen sind groß, flach und hübsch von einem gelben Ringe eingefaßt. Ihr Fleisch ist weiß, derb, schmackhaft und gesund. Zur Laichzeit, wo ein einziges Weibchen oft an die anderthalbhunderttausend Eier an die sonnigen Untiefen abzusetzen vermag, pflegt man sie an vielen Bergseen zu schießen. Früh vor Sonnenaufgang sieht man noch einzelne Feuer der hier bivouakierenden Fischer und Jäger. Ehe der Tag anbricht, umstreifen diese das Seebecken bis zum hohen Mittag, den Stutzer oder die mit mehreren kleinen Kugeln geladene Büchse gegen den Wasserspiegel gesenkt. Bald bemerken sie eine leise, strichartige Bewegung in den klaren Wellen. Der Hecht zieht wenige Zoll unter der Oberfläche langsam dem Röhricht zu, um zu laichen. Der Jäger feuert, indem er das Gesetz der Strahlenbrechung im Wasser beachtet und etwa eine Hand breit vorhält. Selten verwundet die Kugel, die im Wasser ihre Kraft teilweise verliert, den Fisch; Krachen und Wasserschwall betäuben ihn aber, daß er einige Zeit auf dem Rücken liegt, wo er dann rasch mit einem Aste ans Ufer gefischt und getötet wird. Im Klönthalersee (804 m ü. M.) werden nicht selten Hechte von 6—7 kg gefangen und geschossen; auch im Tronser= und Laxersee in Bünden, und Thalalpsee (1104 m ü. M. im Kanton Glarus), wo die vor hundert Jahren eingesetzten Hechte und Schleihen sich fortgepflanzt haben, finden wir stattliche Tiere.

In den Seen der Ebene aber giebt es 10—22 kg schwere Hechtexemplare, die wohl 60—80 Jahre alt sind. Die Verheerungen solcher Riesen sind furchtbar. Größere Hechte greifen nicht selten Schwimmvögel und Ratten an, verschlingen Frösche, Mäuse und Wasserschlangen und sollen selbst Katzen und Hunde im Wasser anpacken. Vater Geßner erzählt von einem Hechte, der sich

im Wallis in die Unterlippe eines an der Rhone trinkenden Maultieres einbiß
und nur mit Mühe von dem entsetzten Tiere auf dem Lande abgeschüttelt
wurde; ja diese Süßwasserwölfe haben schon badende Menschen angebissen
und Fischottern den Fraß abgejagt.

Der interessanteste und zahlreichste Fisch der Bergregion ist aber ohne
Zweifel die Bachforelle, von der wir wie von der Rotforelle unten
einige biographische Umrisse geben. Ihr Vetter, der Lachs, jung Sälmling,
erwachsen vom Frühling bis August Salm, dann bis zu Neujahr Lachs
genannt, Salmo salar (das Männchen heißt vom September an auch Haken,
das Weibchen Ludern), ist ein sonderbarer Wanderfisch, halb Süßwasser=,
halb Meertier. Aus dem nördlichen Weltmeere, wo er besonders zahlreich
an der skandinavischen Küste hinstreicht, steigt er oft im April schon, oft später,
langsam mit großen Zügen in spitzwinkeligen Linien, die schwersten Roger
voran, alle Flüsse Deutschlands hinauf, kommt im Mai*) bei Basel durch
den Rhein her, schnellt sich mit kräftigem Schwanzschlag die Laufenburger
Stromschnelle hinan, schwimmt im August in die kleineren Flüsse, zieht ohne
Aufenthalt durch die Länge der Seen nach deren Zufluß, fährt diesen auf=
wärts, überspringt leicht Wehre und Rechen, verteilt sich in alle großen
Seitenbäche, die schnellen Lauf und kiesigen Boden haben, und gelangt so auf
langer Irrfahrt mitten in die Bergregion. Hier laicht er vom Oktober bis
Dezember, und zwar oft in so seichten Nebenbächen, daß er die Rückenflosse
nicht mehr im Wasser bergen kann, und zieht dann mager und erschöpft wieder
in großen Reihen flußabwärts in das Meer zurück. Im nächsten Sommer
kehren diese Tiere mit merkwürdigem Ortssinn von Norwegens Küsten auf
ihre alten Laichplätze zurück, wo sie unter und neben den zahlreichen Netzen,
die ihnen den Durchgang verkümmern, vorbeizukommen suchen und dieselben
kraft ihrer Größe nicht selten durchbrechen. Der an den Kiesel= und Sand=
ufern in aufgewühlte Löcher durch Reibung in 20—30 000 Eistücken abgesetzte
orangerote Laich entwickelt sich in zehn Wochen, und die jungen Sälmlinge,
die sich scheu im Gesteine verbergen, zeigen starkes Wachstum, gehen aber im
folgenden Frühling schon dem Rheine zu und dann ins Meer, wo sie bleiben,
bis sie zu Salmen erwachsen sind. Nur die Bäche und Flüsse des Rhein=
gebietes unterhalb Schaffhausen haben Lachse. Diese dringen indessen in der
Linth bis fast zur Pantenbrücke (980 m ü. M.) auf, in der Aare bis Thun,
aus der Reuß bis ins Entlebuch, Engelberg und Muotathal. Im Jahre
1833 wurde sogar ein Lachs in der Reuß hoch im Urserenthale gefangen
(1430 m ü. M.), nachdem er auf wunderbare Weise die zahllosen Stürze
und Strudel der Göschenen überwunden haben mußte. Aus dem Wallensee
gehen die Lachse auch in die Seez, und dringen bis ins Melsertobel vor,

---

*) Im Jahre 1866 wurden merkwürdigerweise schon in dem milden Februar in
unserm Rhein einzelne aufsteigende Salme gefangen, — etwas bisher Unerhörtes.

wobei sie einen 3 1/2 m hohen Mühldamm überspringen müssen. In der
Saane reichen sie bis gegen Freiburg hin. Wenn die Lachse ankommen, so
setzen die Fischer ihre großen Netze, die sogenannten ‚Wölfe‘, quer durchs
Wasser, richten ihre Lachsfallen ein und stechen die Fische nachts von den
beleuchteten Kähnen aus mit sogenannten Geeren. Es werden dabei oft
Exemplare von 10—17 kg gefangen, noch schwerere bis zu 25 kg in den
größeren Flüssen der Ebene. Solche Glücksjahre sind indes selten
geworden, doch war noch vor zwanzig Jahren die Fischerei so ergiebig, daß
die Pächter des Lachsfanges von Laufenburg 18 000 Franken jährlichen
Pachtzins zahlten und dabei noch sehr gute Geschäfte machten, da sie z. B.
im Sommer und Herbst 1873 nicht selten bis 50 Stück an einem Tage
erbeuteten und darunter Prachtexemplare von 15—20 kg. In neuester
Zeit ist die Lachsbeute nicht mehr so ergiebig, der jährliche Pachtzins für den
Salmenfang bei Laufenburg ging im vorigen Jahrzehnt auf 14 400 Franken
zurück und im Januar 1890 wurden dort für die nächsten sechs Jahre nur
10 000 Franken per Jahr geboten. Im Jahre 1419 bei auffallend niedrigem
Wasserstande der Aare fing man bei Bern gegen 3000 Stück, oft 15—20 in
einem Zug. Die Alten sagten, „es bebüte frömbd Volk, so in bise Land
kommen wurde“. Am 1. Dezember 1764 fing ein Stadtfischer in der Reuß
bei Luzern 110 Lachse von 5—17 kg. Die älteren Männchen erkennt man
in der Laichzeit leicht an dem starken Haken des Unterkiefers, den auch die aus=
gewachsenen Männchen der Grundforelle (Rheinlanke) bekommen, einer
knorpeligen Verlängerung der unteren Kinnlade, die sich hakenförmig umbiegt,
während gleichzeitig in dem Oberkiefer eine Höhlung entsteht, in welche der
Haken sich einpaßt. Beide Bildungen verlieren sich nach der Laichzeit wieder.
Die Grundforelle (Salmo lacustris. *Bloch.* S. Trutta L. S. lemanus. *Cuv.*),
auch Seeforelle, Rheinlanke genannt, zeigt sich wohl nur im Flußgebiete des
Rheins und Inns auch in der Bergregion und ist bei Rubis und Trons schon
9—15 kg schwer gefangen worden, bei Splügen (1345 m ü. M.) 1 1/2—6 kg
schwer. Am höchsten erscheint sie wohl in den Seen des Oberengadins bei
1676 m ü. M. Sie hat bei gleichem Gewicht einen weit plattern, gestrecktern
Bau als der Lachs, einen mehr als zur Hälfte größern Kopf und stärkere
Schwanzflossen, ist obenher dunkel grünlichgrau, an den Seiten und dem
Bauche silberglänzend, seitwärts bis auf die Backen schwärzlich gefleckt, oft
auch rot oder rostbraun punktiert. Die Rücken=, Schwanz= und Fettflosse
sind dunkel, die paarigen gelblich gefärbt. In unsern großen Seen wird
dieser Fisch bis über 20 kg schwer.

Diesem Gebiete des Tierlebens steht ein geringes Gebiet des Gebirgs=
menschenlebens zur Seite. Die Fischerei ist in der ganzen Bergregion, obwohl
nicht uneinträglich, doch nur auf wenige Personen als stehendes Gewerbe
beschränkt. Der Fischfang mit der Angel ist im größern Teile der Schweiz
frei, das Netzelegen dagegen an gewisse Rechte und Einschränkungen geknüpft.

In Bünden sind die meisten Seen in dieser Beziehung Privat= oder Kommunal=
eigentum; im Kanton Tessin ist der Fischfang von besonderer Bedeutung,
indem die Fischausfuhr (über den eigenen Konsum hinaus) auf jährlich
200 000 kg (?) angeschlagen wird.

Im großen und ganzen nehmen die Fische im Gesamtleben unserer
Tierwelt eine ganz unbedeutende Stelle ein; das Wasser birgt und verbirgt
sie. Nur hie und da eine hüpfende Forelle (deren Sprungkraft auf 4 m
in die Breite und 1 1/2 m in die Höhe angegeben wird) taucht aus dem
spiegelklaren Elemente auf und scheint an ihr Dasein und an ihre Zusammen=
gehörigkeit mit den Tieren des Landes und der Luft zu erinnern; sonst kein
Laut, keine Bewegung. Wie ganz anders jene höhere Klasse der in zwei
Elementen lebenden, der schleichenden, lauernden, hüpfenden, schreienden
Lurche, welche als Repräsentanten bald der Indolenz und Dummheit, bald
der List und der Kühnheit, bald der Furchtsamkeit und der Beweglichkeit
erscheinen! Auch sie sind an Arten nicht zahlreich und treten nur in wenigen
Species mit Individuenmassen auf. Wenige von ihnen sucht der Mensch zu
benutzen; alle fliehen und scheuen ihn; viele von ihnen flieht auch er und ist
mit keinem einzigen befreundet.

Am meisten treten durch Bewegung, Stimme und Masse die frosch=
artigen Lurche (Batrachier) hervor. Die wunderschönen Wasserfrösche
(Rana esculenta) in grüner oberhalb breifach goldgestreifter Jägertracht und
die erdbraunen Grasfrösche mit schwarzbraunen Schläfen (R. temporaria)
mit ihren langen, wohlbewadeten Beinen und schönen, freundlichen, gold=
eingefaßten Augen, mit ihren stumpfen, breitmauligen Gesichtern, die oft von
so überraschender, komischer Menschenähnlichkeit sind, finden sich durch die
ganze Bergregion in Menge. Jene lieben es, im Sonnenschein am warmen
Ufer des Sees, Teiches oder auch nur des Moores zu sitzen und unbeweglich
von Wärme und Licht sich durchströmen zu lassen. Verrät sich aber ihrem
leise hörenden Ohre der Tritt eines Menschen oder Tieres, so setzen sie in
klafterlangem Bogensprung plumpend ins Wasser, entweichen in scharfen
Stößen pfeilschnell vom Gestade, tauchen unter, gucken wieder heraus und
verstecken sich drolligplump in Schlamm und Röhricht. Wenige Tage, nach=
dem die ersten Quakrufe im Flachlande ertönt sind (gewöhnlich im ersten
Dritteile des Mai), stimmen auch die montanen Frösche ihre Kehlen, und im
Juni haben sie sich bereits dergestalt vervollkommnet, daß sie mit ihrem
namenlosen und zur Verzweiflung beharrlichen Gesang, der gewöhnlich von
einem grobstimmigen Vorsänger intoniert und von langen Responsorien und
schmetternden Tuttis begleitet wird, das ganze Revier von Abend bis Mitter=
nacht erfüllen. Doch hat dieses Konzert nichts Unheimliches oder Abschrecken=
des; es ist vielmehr in seiner mehrfachen Modulation der Ausdruck einer
geschwätzigen Behaglichkeit mit vollem, breitem Accent, oft ganz gelächterartig;
nur die Ausdauer ist erschrecklich. Dabei geben die hundert und aber hundert

Stimmen einen Begriff von der Anzahl dieser Bursche, wobei nicht vergessen werden darf, daß die Stimmen nur den Männerchor bilden, die Weibchen aber nicht singen, sondern bloß schnarren.

Sobald die Frühlingssonne energischer auftritt, kommen diese Frösche aus ihren Winterquartieren an die Wärme. Dann und vorher schon wird ihnen aber häufig nachgestellt, besonders des Nachts mit Licht. Man fängt sie massenweise, schneidet ihnen mit einer Schere im Kreuze die feinschmecken= den Keulen ab und läßt nun meistens die armen Tiere barbarischerweise halb tot auf Haufen liegen, bis ein langsamer Tod sie erlöst. Die Fischer und Froschfänger sind dabei oft noch so dumm, zu glauben, die Schenkel wüchsen den jämmerlich gequälten Tieren wieder nach, während denselben doch nur im allerersten Larvenstadium ein solches Reproduktionsvermögen eigen ist. Dieser massenhaften Vertilgung kann nur die massenhafte Vermehrung des Tierchens begegnen. Das Weibchen läßt den Laich, der gegen tausend kleine, gelblich schwarze Eier enthält, entweder klumpenweise auf den Boden des Wassers fahren oder setzt ihn in Schnüren an Schafthalme und andere Wasserpflanzen. Die Mutter weilt in der Nähe und drückt durch sanft schnurrende Töne ihre zarten Gefühle aus. An der Sonnenwärme fangen die Eilein an zu schwellen, werden so groß wie Erbsen und am sechsten Tage schlüpft ein sonderbares, beinloses, geschwänztes, mit einem hornartigen Schnabel versehenes Kiementierchen aus, ein Kopf an einem Stielchen, von den Bergbewohnern ‚Roßnagel‘ genannt. Munter tummelt es sich zu Myriaden im sonnigen Gewässer, verliert in merkwürdiger Verwandlung den Schwanz, bekommt Beinchen und wird, auf die Gefahr hin, im nächsten Frühjahr die Schenkel zu verlieren, ein Frosch. Mit den Alten sitzt die hoffnungsvolle Jugend lungernd am Gestade oder in den grünen Kajüten der Wasserpflanzen. Wiegt sich eine Mücke, Libelle oder Fliege über ihnen, so schießen sie blitz= schnell ihre vorn überklappende, klebrige Zunge nach der Beute. Gesättigt gehen sie wieder zu Gesang und wunderlichen Schwimmkünsten, wie sie Rollenhagen schildert:

> Mit wassertreten, vnterfinken
> Mit offnem maul, doch nicht vertrinken,
> Ein mück' in einem sprung erwischen,
> Künstlich ein rothes Würmlein fischen,
> Auf grabem fuß aufrichtig stehen
> Und also einen kampff angehen,
> Einander mit tanzen und springen
> Im großen vortheil überwinnen ꝛc.

Der Wasserfrosch entfernt sich nie weit von seinem Elemente; der plumpe, braune Grasfrosch dagegen irrt weit durch Busch und Gras und ist nach einem warmen Regen des Abends auf allen Wegen neben Kröten und Salamandern zu treffen, wie er Schnecken und Kerbtiere jagt. Er ist vorwiegend Landtier und geht ins Wasser nur zur Begattung, zum Laichen und zur Winterruhe,

aus der er schon im März erwacht. Man unterscheidet bei ihm eine stumpf=
schnauzige, überall verbreitete, und eine seltenere spitzschnauzige Spielart, die
beide in gelblichen, rötlichen und grünlichen Farbenabänderungen vorkommen.
In der Bergregion (und bis zur obern Alpregion) kommt wesentlich nur die
stumpfschnauzige Varietät vor. Erst in neuerer Zeit wurde von Fatio in
der Schweiz auch der kleinere Springfrosch entdeckt (Rana agilis. *Thom.*),
oberhalb gelblich bis schwärzlichgrau mit regelmäßigen dunkeln Bändern auf
den Schenkeln, unten stets ohne Marmorierung und ungefleckt weiß oder
gelblich, mit Hinterbeinen von auffallender Länge, welche ihn zu Sprüngen von
1¹/₂—2 m Weite befähigen. Diese Form ist bisher außerdem bloß in
Frankreich und Italien *) gefunden worden, bei uns, so viel wir wissen, nur in
der westlichen und südlichen Schweiz, zumeist in stagnierenden Gewässern und
schattigen Lokalen. Er paart sich 5—7 Wochen später als der ihm verwandte
Grasfrosch und zeigt sich im Gebirge bis höchstens 1300 m ü. M. Der
niedliche grüne Laubfrosch (Hyla viridis) gehört wie der Springfrosch vor=
wiegend dem Tiefland an, findet sich aber im Gebirge ausnahmsweise etwa
bis zur Laubholzgrenze.

Vereinzelt in Wald und Feld, in Haus und Stall, an Felsen und
Wassern sitzt in Löchern und Steinwinkeln oder marschiert nach dem Regen
gravitätisch über den Weg die warzenbedeckte, dickbauchige, graubraune
gemeine Kröte (Bufo cinereus), ein nächtliches, im Winter in Erd= oder
Wasserlöchern lebendes Tier, an dem nichts schön ist als die kleinen Augen
mit der glänzenden, feuerfarbenen Regenbogenhaut, dessen hoher Nutzen aber
durch Vertilgung vieles Ungeziefers, nach dem es seine Klappzunge auswirft,
nicht genug anzuerkennen ist. Der Frosch ist ein lebhafter, eleganter Geselle
gegen diese brütende, melancholische Gestalt, die sich, plötzlich überrascht, sofort
tot stellt oder, angefaßt, sich bedrohlich aufbläht, den unschädlichen Harn
ergießt und in gereiztem Zustande aus ihren Hautdrüsen in kleinen Tröpfchen
einen gelblichen Saft ausscheidet, der sie in den Ruf des Giftigseins gebracht
hat. Dieser, aus einer organischen Base gebildet, ist allerdings nicht unschädlich.
Unmittelbar in den Blutumlauf gebracht, bringt er kleinern Tieren den Tod
und wird in größern Quantitäten selbst größern nachteilig. Auf der Haut
dagegen ist er wirkungslos, und da das Tier nicht zu beißen im stande ist,
dient er ausschließlich als sein einziges Verteidigungsmittel. Die allgemeine
Verfolgung dieses Tieres ist darum nicht zu rechtfertigen und zeugt von bar=
barischer Thorheit; als Beschützer der Vegetation und großer Ungeziefer=
vertilger verdient es vielmehr unsern sorgfältigen Schutz.

Die düstergrüne, mit einem gelben, oft rotpunktierten Rückenstrich
gezeichnete, unten fast gelblichgrüne, schwärzlich gefleckte Kreuzkröte (Bufo

---

*) Das Vorkommen von Rana agilis ist kürzlich auch in der Nähe von Wien,
Würzburg, Prag und in Siebenbürgen konstatiert worden.

calamita) ist weit seltener und gehört mehr den untern Gegenden an; die schön auf grauem Grunde grasgrün marmorierte veränderliche Kröte (B. variabilis) findet sich in der Schweiz nur sporadisch im Tessin und in den südwärts sich öffnenden bündnerischen Thälern. Ein Versuch, sie auch bei uns (in St. Gallen) anzusiedeln, indem wir eine große Menge von in gleicher Meereshöhe und in ähnlicher klimatischer Lage in Österreich gefangenen Exemplaren aussetzten, mißlang vollständig. Die um beinahe die Hälfte kleinere, oben erdbraune, unten lebhaft orangegelb und stahlblau gefleckte, lebhafte Unke oder Feuerkröte (Bombinator igneus) ist in den Teichen und Gräben der Bergregion, oft selbst in den Mistlachen der Dörfer zahlreich genug und hält im Juni ihre zweisilbigen Konzerte unermüdlich bei Tag und Nacht ab. Erst vor wenigen Jahrzehnten wurde in der Schweiz die eiertragende oder Geburtshelferkröte (Alytes obstetricans) entdeckt, bloß von Unkengröße (4½ cm lang), oben schmutziggrau, fein bräunlich oder schwärzlich gefleckt, unten trübweißlich und an jeder Seite mit einer weißen Warzenreihe geziert. Wenn das Weibchen seine 50—60 gelblichen Eilein ablegen will, naht ihm sofort das Männchen und heftet sich diese mittels klebriger Fäden knäuelartig um die Hinterbeine, schleppt die Bürde für kurze Zeit in ein dunkles Versteck und geht, wenn es die Embryonen gereift fühlt, ins Wasser, wo sofort die Eihüllen platzen und die Kiementierchen davonschwimmen. Ausnahmsweise wurden auch Weibchen mit dem Eibündel an den Hinterbeinen entdeckt. Diese teilweise ein nächtliches und unterirdisches Leben führende Kröte ist nicht selten auch bei St. Gallen; einer unserer Freunde entdeckte sie sogar im Oberhasli in der Alpenregion, ein anderer wiederholt im Appenzellerlande in der unteren Bergregion — und im gleichen Niveau auch die sogenannte Alpenkröte (Bufo alpinus), die wahrscheinlich nur die dunkelgefärbte junge gemeine Kröte ist, wofür u. a. auch ihr Auftreten bei 800 m ü. M. spricht, während man sonst für sie Höhengürtel von gegen 2000 m ü. M. in Anspruch nehmen darf.

Häufiger als diese letzteren Krötenformen erscheint, besonders nach oder unmittelbar vor dem Regen, der 15—18 cm lange, rundschwänzige, oben und unten unregelmäßig schwarz und hochgelb gefleckte Feuersalamander (Salamandra maculosa), der gewöhnlich hypochondrisch im Feuchten, unter Steinen, in Löchern und im Moose sitzt, träge und langsam seines Weges zieht und nur in der Zeit der Fortpflanzung ins Wasser geht, wo er mit lebhafter Schwanzbewegung schwimmt und gern zum Atemholen wieder auf die Oberfläche kommt. Die Bergbewohner halten wie die alten Römer auch dieses durch Vertilgung vieler Würmer und Insekten nützliche Tier für äußerst giftig. Der aus seinen Seitendrüsen bei Reizungen sich absondernde weißliche Schleim ist aber dem Menschen unschädlich. Vögeln oder kleinen Säugetieren eingeimpft, bringt er Krankheit und Tod; größeren Amphibienfressern (mit Ausnahme der Ringelnatter, die gern Salamander frißt) ist das

Reptil widerlich; — die mütterliche Natur hat ihm wie den Kröten rasche Beweglichkeit versagt, aber beide durch diesen Ätzstoff vor Verfolgungen wenigstens einigermaßen geschützt. Neben diesem Salamander, der im Kanton Glarus ausnahmsweise wie die Unke nicht bis in die Bergregion geht, tritt der ganz schwarze (Salamandra atra) oft auf von 600—2600 m ü. M. In einigen Teilen der Schweiz erreicht dieser letztere schon bei 800 m ü. M. das Maximum seiner Individuenzahl, während er in den meisten übrigen, besonders in der Bergregion, konstant erscheint und im oberen Teile derselben den gefleckten ersetzt.

Von den verwandten Wassermolchen oder Tritonen, die aber schlanker und drüsenlos sind, und deren Männchen zur Fortpflanzungszeit einen fortlaufenden Hautkamm tragen, finden wir in den kleinen stehenden Gewässern unseres Höhengürtels noch hie und da die Formen des Vorlandes, aber nicht überall bis zu gleicher Höhe. So den großen Wassermolch (Triton cristatus), gegen 15 cm lang, obenher schwärzlich olivenbraun, oft mit dunklem Rundflecken, seitlich weiß punktiert, das Männchen mit scharfgezahntem, schwarzem Hautkamm und hochgelbem Bauch, das Weibchen untenher hellgelb, beide auf der Unterseite mit runden, schwarzen Flecken und auf beiden Seiten des Schwanzes silberfarben gestreift, und den kleinen gefleckten oder Teichmolch (Triton palmatus), bloß 6 cm lang, Männchen hellbraun, an den Seiten noch heller, oft golden, unten rotgelb und überall mit schwarzen oder hellen Tupfen, am Kopf mit schwarzen Längsstreifen, auf dem Rücken und Schwanz mit einem ungefleckten, fast durchsichtigen, gezahnten Kamm geschmückt; Weibchen mit hellerer, grauer oder brauner Fleckenzeichnung. Auch der Bergmolch (T. alpestris. *Schneider)* ist hier überall in den stehenden Gewässern zu Hause; aber ebenso sehr auch in der Alpenregion, weshalb wir ihn später genauer betrachten wollen, während der hellgelbliche, schwarzgefleckte hübsche Lappenmolch (T. lobatus) in der Schweiz überhaupt sehr selten, in unsern Gebirgsgegenden noch nie gefunden wurde und der marmorierte Molch (T. marmoratus) in der Schweiz gar nicht vorkommt. Wie die Salamander- und Krötenarten sondern auch die Molche in gereiztem Zustande einen Hautschleim ab, welcher kleinen Tieren verderblich werden kann; dem Menschen aber sind auch ihre Dienste als Vertilger massenhaften Ungeziefers höchst wertvoll.

Fast so versteckt und so selten sichtbar wie die Fische und Salamander sind die Schlangen des Gebirges, durchweg schöne, teilweise auch sehr lebhafte und kluge Tiere. Scheu und vorsichtig ziehen sie sich an einsame Orte wie aus eingeborenem Instinkt vor den Verfolgungen der Menschen und Tiere. Wüßten es unsere Land- und Bergbewohner, welche Wohlthäter wir an diesen Ungezieservertilgern besitzen, sie würden dieselben sorgfältig schonen. Stellen ihnen doch ohnehin genug Tiere nach. Mäusebussard, Eichelhäher, Storch, Dachs, Iltis und Igel suchen und fressen selbst die giftigen Vipern mit der größten Begierde und ohne Schaden. Die harmloseste aller Schlangen, die arme Blindschleiche, die ihres Organismus wegen zu den Echsen zählt, während sie im Äußern sich mehr den Schlangen nähert, die Schleiche, die mit dem besten Willen nicht ordentlich beißen kann, sondern nur zierlich züngelt, von Insekten, Würmern und besonders von nackten Schnecken lebt und im Spätsommer 6—12 oben silberweiße, unten schwarze Junge, bald mit, bald ohne die Eischalen zur Welt befördert, selbst dieses unschuldigste Tierchen wird häufig getötet, weil der Mensch einen unwillkürlichen Widerwillen gegen alles Schlangengezücht hat. Dieser Widerwille macht ihn nicht nur verfolgungssüchtig, sondern auch blind; denn von blinden Menschen hat das Tier den Namen ‚Blindschleiche‘; für seine Person hat es zwei ganz nette Augen, mit denen es genau sieht, schwarze Pupillen mit goldgelber Iris, von Nickhaut und deutlichen Augenlidern, die allen echten Schlangen fehlen, geschützt. Über den Winteraufenthalt der Blindschleichen hat man erst in neuerer Zeit einige zuverlässige Nachrichten erhalten. Sie graben sich merkwürdigerweise förmliche Winterquartiere, die aus einem meterlangen Stollen mit mehreren Krümmungen bestehen, welche sie im Spätherbst von innen mit Gras und Erde zustopfen. Zunächst am Ausgange liegen die Jungen, dann immer größere Exemplare, zuhinterst in dem ganz engen Behälter ein altes Männchen und Weibchen, alle in tiefer Erstarrung, teils zusammengerollt, teils in einander verschlungen, teils gerade gestreckt. So findet man 20 bis 30 Stück bei einander. Dabei wäre das Interessanteste, die sonderbare und mühsame Grabarbeit dieser fußlosen Tierchen zu sehen, die mit wunderbarem Geschick selbst die Schwierigkeiten eines ungünstigen Terrains zu überwinden wissen. Im Frühling erscheint bei warmem Wetter langsam die ganze Kolonie an der Sonne.

Nach dieser am zahlreichsten vorkommenden, aber von Nattern, Ottern, Katzen und vielen Vögeln heftig verfolgten Schlange folgt in Beziehung auf Individuenmenge die ebenfalls thörichterweise vielfach verfolgte Ringelnatter, die kein Gift hat, höchstens den Fischen, Molchen und Fröschen, nie aber den Menschen gefährlich, sondern wie die Blindschleiche sogar eßbar ist. Das einzige Unangenehme, was man ihr nachsagen kann, ist, daß sie beim Einfangen aus ihren Afterdrüsen einen stinkenden, schwer abzuwaschenden Saft ausspritzt. In der Gebirgsregion von Wallis und Tessin finden sich nicht ganz selten die gelbliche oder Äsculapsnatter*), wohl nur ausnahmsweise die schwarzgrüne, die Vipernnatter, und die Würfelnatter; in der nördlichen ist die österreichische keineswegs selten. Neben diesen Nattern hat unsere Region nur eine Viper und zwar eine sehr giftige, die sogenannte Redische Viper. (Die zweite Giftschlange der Schweiz, die gemeine Viper, Kreuz-

---

*) Die Äsculapsnatter ist unlängst auch in der Nähe von Genf und in Montreux beobachtet worden (Fatio).

otter oder Kupferschlange, gehört eben so sehr den Alpen an als der Berg=
region.) Die Redische Viper (Vipera aspis), dem italienischen Naturforscher
Redi zu Ehren benannt, findet sich nicht in der östlichen und innern Schweiz,
wohl aber im Wallis, Tessin und häufig genug durch die ganze Länge des
Jura. Sie liebt den Saum der Wälder und steinige, sonnige, auch bebuschte
Berghalden, wird zwei bis dritthalb Fuß lang, ziemlich dick, hat eine gelblich=
graue, braune bis kupferrote Grundfarbe und viele einzelne, unzusammen=
hängende, schwarzbraune, längliche Querflecken, die in vier Reihen über den
Rücken laufen, von denen die mittleren oft in einander verfließen. Seltener
trifft man ganz ungefleckte. Der Bauch ist schmutziggrau mit gelblichen oder
fleischfarbenen Flecken. Auf dem herzförmigen Kopfe trägt sie keine Täfelchen,
sondern kleine Schuppen. Ihr Biß ist stets gefährlich, von heftigen krank=
haften Zufällen begleitet und heilt langsam. Bei den Gebissenen (das Tier
verwundet nur, wenn es gereizt wird) zeigt sich die Wunde sehr schmerzhaft;
es folgt Ohnmacht, Kälte und Steifheit der Glieder, Veränderung der Gesichts=
farbe, Aufschwellen der Zunge, krampfhafte Zusammenschnürung des Schlundes
und der Kiefern, Erbrechen bei fast unlöschbarem Durst; nur wo die Heilung
versäumt wird, folgt etwa auch der Tod. Eine Kuh, die sich an einem faulen,
von einer Viper bewohnten Baumstrunk rieb und gebissen wurde, siechte
wochenlang. In Italien, wo diese Viper noch häufiger vorkommt, wurde
sie zur Bereitung des ehemaligen Universalmittels Theriak benutzt und selbst
jetzt noch zu tausenden gefangen. — Nützlicher als in dieser Quacksalberei ist
unsere Giftviper durch die Auswahl ihrer Nahrung, indem sie eine große
Menge von Mäusen, Käfern, Würmern, Larven, Fliegen, Heuschrecken und
ähnlichem Ungeziefer vertilgt.

Niedlicher und freundlicher als die der Frösche und Schlangen ist die
Erscheinung der zierlichen und beweglichen Echsen in unserer Region. Auch
in dieser Beziehung ist der südliche Teil von mehr Arten und unendlich viel
mehr Exemplaren bewohnt als der nördliche. Die gemeine oder Zaun=
eidechse (Lacerta saepium) bewohnt die Ebene, die kolline und einen Teil
der Gebirgsregion. In dem sonnigen, steinreichen Urserenthale soll sie so wenig
vorkommen wie eine der anderen Eidechsenformen und wie Kröten und Wasser=
frösche. Unsere Eidechse ist jenes vielfarbige, mit braunem, heller und dunkler
geflecktem und punktiertem Rückenbande gezierte Schuppentierchen mit lebhaft
glänzenden Äuglein, das in Hecken und Dornbüschen, an Halden und Wald=
säumen im Sonnenschein auf Fliegen, Heuschrecken, Käfer und Mücken lauert,
beim Erscheinen einer Gefahr aber mit äußerster Behendigkeit ins Versteck
schlüpft. Es ist in unserm Revier bis 1170 m ü. M. nirgend häufig und
nirgend ganz selten und bildet die Lieblingsnahrung mancher Schlangen. Im
Juli legt das Weibchen 8—12 schmutzigweiße, fast kugelrunde Eier von der
Größe der Sperlingseier in Ameisenhaufen oder ins Moos, aus denen die
Jungen im August hervorschlüpfen, die gleich so bewegliche und fertige Renner

und Kletterer sind wie die Alten. Den Winter über liegen diese leicht zu zähmenden Tierchen starr in Erdlöchern oder unter Steinen, zeigen sich aber rasch, sowie der Schnee abgehoben ist. Weil sie so äußerst schnell und angeblich nicht einzufangen sind, hält sie das Landvolk öfters für verhext; hie und da werden sie auch für giftig ausgegeben. In den westlichen, südlichen und nördlichen Bergen, besonders häufig im Jura und Wallis, ist auch die etwas dunkler gesprenkte und ein wenig größere, sonnige Mauern liebende Mauereidechse (Podarcis muralis) zu sehen, die bis gegen 1300 m ü. M. ansteigt. Die Bergeidechse (Lacerta vivipara) gehört ebenso sehr der Berg- als der Alpenregion an. Die schönste und größte von allen ist aber die grüne Eidechse (Lacerta viridis), fast noch einmal so lang als die gemeine (indem sie gewöhnlich 30 cm mißt, oft aber 45—50 cm erreicht), der Bergregion nur in der Südschweiz angehörig, wo sie auch in der Ebene häufig vorkommt, wie in ganz Italien und — vielleicht dahin verpflanzt — in der Umgebung von Berlin. Dieses sehr hübsche Tier, das alle Nuancen bis zum Schwärzlichgrün und Braungrün durchläuft und in der Schweiz in sechs interessanten Varietäten beobachtet worden, erscheint fast nach jeder Häutung anders, wie denn Alter, Geschlecht, Aufenthalt und Nahrung überhaupt bei den Sauriern einen bedeutenden Einfluß auf das Kolorit ausüben. Seine Nahrung besteht aus Insekten aller Art, denen sie oft auf Grünhecken auflauert, aus Würmern, Schnecken und selbst anderen jungen Eidechsen. Nördlich vom Gotthard ist sie in der Schweiz nur noch an der Rheinhalde beim Hornberg oberhalb Basel aufgefunden worden, wie sie denn auch die südlichen Ausläufer des Schwarzwaldes ziemlich häufig bewohnt; in Genf erscheint sie wie auch im Waadtland in der Umgebung der Lemanufer, im Wallis bis Brieg und steigt hier bis 1300 m ü. M.; im Tessin ist sie überall häufig und ebenso in den südwärts sich öffnenden Bergthälern Graubündens. Im August findet man häufig an warmen Stellen die eben verlassenen Eihüllen dieses Tieres zahlreich beisammen. Sie sind beinahe so groß wie Taubeneier. Zu ihrer Entwickelung haben sie Feuchtigkeit nötig, damit sie nicht verschrumpfen, und Wärme, damit sie sich ausbilden können. Daher geschieht das Eierlegen gewöhnlich des Nachts ins feuchte Moos oder in eine kleine Erdvertiefung, wo des Abends Tau und am Tage Sonnenschein einfällt. Die Eier mehrerer dieser Lacerten haben auch die Fähigkeit, im Dunkeln mit phosphorischem Lichte zu leuchten.

Alle diese Echsen durchschlafen den Winter lethargisch in Erdlöchern, bis die Frühlingssonne sie aufweckt und ans warme Licht lockt. Oft erscheinen sie dann noch ganz staubig und kotig; zehn bis zwölf Tage lang bleiben sie halberstarrt und langsam in ihren Bewegungen; dann entwickeln sie allmählich ihre sömmerliche Lebensweise und Beweglichkeit. Sie haben infolge der relativen Unabhängigkeit der einzelnen Organe von dem schwachentwickelten Gehirn und dem kümmerlichen Nervennetze das Reproduktionsvermögen verlorener Glieder, doch in beschränkterem Maße als die Salamander und Tritonen. Diesen wachsen Schwänze, Hände und Füße mit Haut, Muskeln, Knochen, Nerven in 6—10 Monaten, selbst ein ausgestochenes Auge in vierzehn Monaten wieder nach, den Echsen bloß der Schwanz, aber nie in seiner ganzen Länge. Die Bruchstelle ist stets an der dort in Unordnung geratenen Beschuppung kenntlich.

Dabei ist es auffallend, wie unempfindlich sie gegen mineralische und vegetabilische Gifte sind, während tierische Schärfen sie rasch verderben. Es bedarf, um eine Eidechse zu töten, zwanzigmal mehr Blausäure, als um eine Katze zu töten, und die Echse stirbt dabei erst nach mehreren Stunden. Ein Vipernbiß dagegen tötet sie augenblicklich; ja selbst ein Biß in die ätzende Schleimhaut der Salamander bewirkt bei ihnen erst Schwindel und Lähmungen, dann den Tod. Eben so empfindlich sind sie gegen die Kälte; bei — 5° C. sterben sie wie die Schlangen auch.

Die Klasse der Schildkröten fehlt der schweizerischen Bergregion wie auch dem Vorlande. Wagner in seiner Helvetia curiosa berichtet vom Jahre 1620, bei dem kleinen Weidensee im Kanton Zürich gebe es Schildkröten, von denen freilich heutzutage nichts mehr zu finden ist, so zahlreich sie auch in der vorgeschichtlichen Zeit gewisse kolline und montane Lokale der Schweiz bewohnt und dort ihre fossilen Überreste zurückgelassen haben. Auch im kleinen See von Loclat bei St. Blaise (Neuenburg) soll die europäische Schildkröte (Cistudo europaea) in älterer Zeit häufig gefunden worden sein. Auf einem Landgute bei Altorf lebte ein Exemplar lange Zeit völlig im Freien. An den Ufern des Genfersees wurden vor längerer Zeit mehrere Dutzende dieser Teichschildkröten aufgefangen; aber nichts spricht dafür, daß es wirklich einheimische Exemplare waren.

Viertes Kapitel

Die montane Vogelwelt.

Die Vögel als notwendige Bindeglieder im Natursystem. — Standvögel und Zug=
vögel. — Rendezvous der nördlichen und südlichen Vögel in der Schweiz. — Die
italienische Vögelverheerung. — Stockenten und Wasserhühner. — Ein Reiherstand
am Vierwaldstättersee. — Waldschnepfen. — Die kleine Trappe. — Wilde Hühner
und Tauben. — Kuckuck. — Eisvogel. — Wiedehopf. — Spechtarten. — Spechtmeise
und Baumläufer. — Spyr. — Ziegenmelker. — Kreuzschnäbel. — Die Finkenarten. —
Ammer und Lerchen. — Pieper. — Die Meisen. — Die Steinschmätzer. — Zaunkönig
und Goldhähnchen. — Die Sylviabeen. — Bachstelzen. — Würger. — Drosseln. —
Felsenamsel. — Blau= und Rosenamsel als Gäste. — Stare. — Goldamsel. — Blau=
racke. — Häherformen. — Raben. — Charakteristik der Eulen. — Kleiner Uhu. —
Zwergohreule. — Waldkauz. — Rauhfüßiger Kauz. — Civetta als Lockvogel. —
Verbreitung der Eulen. — Montane Tagraubvögel. — Taubenhabicht. — Wander=
falke. — Baumfalke. — Turmfalke. — Der Mäusebussard und seine Dienste. —
Wespenbussard. — Natteradler und Schreiadler. — Der ägyptische Geier am Salève. —
Erlegte weißköpfige Geier. — Verhältnis der verschiedenen Vögelarten zu einander. —
Die Vögel als Element des Gebirgslebens. — Winteraufenthalte. — Waldleben
und Waldkonzerte der Vögel. — Vogelleichen.

In Beziehung auf Massenzahl in Arten und Exemplaren nehmen in der
Bergregion die Vögel die erste und wichtigste Stelle des höheren Tierlebens
ein. Sie fallen auch zuerst ins Auge; ihre Menge und Beweglichkeit, ihr
Gesang oder Geschrei, ihre Durchzüge, ihre Farben= und Formenmannig=
faltigkeit bringt die größte Abwechselung in die schweigsame Natur des Gebirges.
Während man stundenweit wandert, ohne auch nur Ein anderes Wirbeltier
anzutreffen, läßt sich doch die heitere Welt der Vögel nie so lange vermissen.
Sie sind die wahren Vertreter des überall die Welt in Besitz nehmenden
Lebens, der frischen Lebenslust, der heitern Bewegung. Ohne sie wäre das
Gebirge todestraurig und reizloser. Der Mensch sucht überall zuerst nach
dem verwandten lebendigen Odem; die tote Masse erdrückt ihn, starre Öde
stimmt ihn traurig. Ohne Tierleben verwaist ihm die Natur; in diesem sieht
und ahnt er verwandte Kräfte; mit ihm teilt er gern die Lust der Freiheit,
die ‚freundliche Gewohnheit des Daseins‘. Dächten wir uns aus unseren

Wäldern und Flühen, aus den Wiesen und Weiden, von den Felsen und Bächen das lustige Volk der Vögel weg, so würde uns eines der wichtigsten Bindeglieder, das unser Leben mit dem der unteren organischen und mit der unorganischen Natur vermittelt, fehlen. In der Natur selber müßte eine verderbliche Revolution entstehen, welche die normalen Wechselverhältnisse der ganzen Tierwelt umgestaltete und alle Ordnung zerstörte. Die Schichten der Insekten und anderer wirbellosen Tiere, die Mäuse und anderes Ungeziefer müßten sich verderblicherweise ins Ungeheure vermehren, wodurch auch die Pflanzenwelt gar schwer litte, während ein Teil der Säugetiere mittelbar oder unmittelbar um seine Nahrung käme. Die Bedeutung der Vogelwelt als Mittelgliedes im Reiche des Tierlebens ist unermeßlich. Die Vögel sind in ihrer Weise nach den ewigen Gesetzen der alles gestaltenden Natur Mitordner und Regulatoren des großen Naturhaushaltes. Von den großen Aasstücken, die sie wegräumen, bis zu den Mücken und Ameisen, zu den Borkenkäfern und wälderverwüstenden Spinnern wehren sie dem revolutionären Übergewichte der tierischen Masse. Im einzelnen freilich ist die Bestimmung gewisser Familien und Arten nicht genau anzugeben; bei manchen überwiegt vielleicht sogar die Schädlichkeit den Nutzen; allein hier ist der ökonomische Zweck der Familie untergeordnet der organischen Stellung derselben im Systeme des ganzen Geschlechts, wo gerade diese Familie wiederum ein bedeutungsvolles Mittelglied im harmonischen Ganzen der Vogelwelt bildet.

Die meisten Vögel enthält die so viele und so vollkommene organische Gebilde erzeugende heiße Zone. Das ebene Land unseres gemäßigten Erdgürtels ist wieder viel reicher als die Bergregion; es zählt mehr als doppelt so viele Arten; dagegen gehört verhältnismäßig ein weit größerer Teil der im Gebirge vorkommenden Vögel den Standvögeln an. In der Ebene überwiegen die Zugvögel entschieden; in der Bergregion schwinden sie zur Hälfte der Standvögel zusammen, von denen indessen viele als Strichvögel die Härte des heimischen Klimas wenigstens für einige Zeit meiden. Ein gleiches ist in der Alpenregion der Fall; in der Schneeregion finden wir auf ein Dutzend Standvögel nur noch etwa zwei Zugvögel.

Die Lokalverhältnisse bringen es mit sich, daß im Gebirge die schweren Laufvögel, sowie die Sumpf- und Schwimmvögel fast ganz verschwinden. Dagegen sind die Hühnerarten reichlicher vertreten und erscheinen nur als Standvögel. Mehrere Vögel, die in der Ebene Standvögel sind, werden im Gebirge zu Strichvögeln, und zwar von einigen (wie den Edelfinken und oft auch den Schwarzdrosseln) nur die Weibchen, während die Männchen Standvögel bleiben.

Unser Land bietet sich vermöge seiner Lage als Mittelgebiet zwischen dem Norden und Süden zum Stelldichein und zugleich zur Grenzstation vieler europäischer Vogelgeschlechter dar und bringt uns oft seltene Gäste bald vom nördlichen Eismeer, bald aus den heißen Fruchtfeldern Ägyptens. Neben

der Eiderente, der rotköpfigen Haubenente Sibiriens, der Eisente, dem Sing=
und isländischen Schwan, der Schneeeule und vielen Tauchern, Gänsen und
Möwen der Polargegenden trifft der afrikanische Flamingo, der braune Ibis,
der Purpurreiher des schwarzen Meeres, die Seeschwalbe des kaspischen
Meeres, der isabellfarbene Läufer aus Abessinien an unseren Gewässern ein.
Die meisten sind bloß zufällige Erscheinungen, verschlagene, am Brüten ver=
hinderte oder gänzlich verirrte Tiere, wie jener denkwürdige Zug von 180
Pelikanen, der im Jahre 1768 auf dem Bodensee erschien. Anomale atmo=
sphärische Verhältnisse, außergewöhnlich warme Sommer, besonders harte
oder gelinde Winter, anhaltend gleichmäßige Winde und mancherlei lokale
Phänomene, sowie Hunger und Verfolgungen mögen solche Gäste zum Ver=
lassen ihrer eigentlichen Heimat bewegen. Dagegen findet im Herbste und
Frühling ein eigentümlicher und regelmäßiger Wechsel statt, indem zu der
Zeit, wo unsere Störche, Schwalben, alle Sänger, die bloß von Insekten
leben, die Nachtschwalben, Kuckucke, Wachteln, Drosseln, Bachstelzen, Stein=
schmätzer, Würger, Pirole 2c. wegziehen, um im Süden ein wärmeres und
nahrungsreicheres Winterquartier zu beziehen, stätig aus dem Norden eine
Anzahl von Vögeln erscheint, um bei uns zu überwintern, wie die Wald=
finken, Zeisige, Lein= und gelbschnäbligen Finken, die Rotdrosseln und Wach=
holderdrosseln, die Saat= und Nebelkrähen, eine große Anzahl von Enten,
Schwänen, Sägern, Steißfüßen, Tauchern und Möwen. Die schon im Februar
aus dem Süden wiederkehrenden Stare und Feldlerchen treffen sie noch an
und geben ihnen Botschaft aus Afrika, welche jene dann bald den nordischen
Küsten und dem Polarmeere zutragen. Etliche Arten erscheinen nur auf
Durchzügen bei uns, ohne sich regelmäßig niederzulassen, wie der Kranich, die
Schneegans, Saatgans, Bläßen= und Ringelgans, Regenpfeifer, Waldschnepfen,
Löffler, Wasserläufer, Limosen und viele andere, und zwar bald nur im Frühjahr,
bald nur im Herbste, bald viele Jahre lang gar nicht. Im ganzen genommen wird
der im Herbst aus der Ebene nach Süden ziehende Teil der Vogelwelt annähernd
durch eben so viele aus dem Norden ankommende ersetzt. Die ganze Schweiz
besitzt nämlich nach den bisherigen Beobachtungen über 90 Arten Standvögel
und etwa 230 Arten Zug= und Strichvögel. Ganz aus der Schweiz ziehen
etwa 120 Arten ab; dafür erscheinen im Herbst aus dem Norden etwa 110
Arten, freilich mit weit geringeren Individuenmassen, als die abziehenden
zählen. Während in der ebeneren Schweiz doch wenigstens an Arten nur
eine geringe Abnahme zu verspüren, ist diese um so fühlbarer im Gebirge.
Hier fliehen die Zugvögel ohne Ersatz, indem die nordischen Gäste größten=
teils die Gewässer der Ebene, die großen Seegebiete und die ausgedehnten
Moordistrikte der Westschweiz aufsuchen oder die Äcker und Feldgehölze der
Hügelregion. In dem Zeitpunkt der Ankunft wie des Abzuges finden wir
scheinbare Willkürlichkeiten, die aber in der That wohl von periodischen Natur=
erscheinungen bedingt sind, die sich bisher bloß unserer Beobachtung entzogen

haben, und im ersteren Falle wahrscheinlich mehr mit der Entwicklung der Jahreszeit am Winter- als am Sommeraufenthalt der Wanderer zusammenhängen. Darum trifft auch frühes Erscheinen der Zugvögel, wobei aber wiederum zwischen den einzelnen Species in verschiedenen Jahren merkliche Unregelmäßigkeiten zum Vorschein kommen, wohl oft mit frühem Lenzbeginn zusammen, doch nicht immer. Während z. B. nach zwanzigjähriger Beobachtung im Aargau die Ankunft der Störche durchschnittlich auf den 6. März fällt, fiel sie in den Jahren 1820—24 auf den 21. Februar, im frühen Frühling von 1834 erst auf den 24. März, im normalen Frühling von 1840 auf den 29. März. Dagegen zeigten sich die Schwalben, deren Eintreffen nach neunjährigem Durchschnitt auf den 20. April fällt, im Frühling 1834 schon am 2. April, 1837 und 38 dagegen 1. Mai. Der Kuckuckruf erschallte in den Jahren 1834—44 durchschnittlich am 20. April zum ersten Male. Höhenunterschiede zwischen 400 und 850 m ü. M. bedingen nach den vorhandenen Beobachtungen gar keine Differenzen in der Zeit der Ankunft unserer Zugvögel.

Von den vielen tausenden von Zugvögeln aber, welche unsere Felder und Gebirge beleben, hier brüten und den Sommer fröhlich verbringen, kehrt immer nur ein kleiner Teil zu den alten, gewohnten Büschen, Felsen und Thälern wieder. Wenige zwar erliegen den Anstrengungen der Herbst- und Frühlingsreise, mehr den Raubvögeln, welche ihre Spur verfolgen, die meisten aber der Jagdlust der Menschen. Diese artet namentlich in Italien in eine förmliche Jagdwut aus und ist epidemisch geworden. Nicht nur die Schnepfen, Wachteln, Drosseln, Tauben und ähnliche jagdbare Vögel werden gefangen, sondern auch die bei uns so freundlich geschonten Schwalben, die herrlichen Grasmücken, Nachtigallen, die kleinen Sänger aller Art werden in dem todbringenden Lande der Citronen ohne Unterschied von Alten und Jungen, von Kaufleuten, Handwerkern, Priestern und Edelleuten mit Schlingen, Netzen, Flinten, Sperbern und Käuzen während der Zeit ihres Durchzuges unablässig verfolgt. Am Langensee werden alljährlich an 60 000 Sänger gefangen; bei Bergamo, Verona, Chiavenna, Brescia aber bei Millionen, — größtenteils Tierchen, denen bei uns niemand etwas zu Leide thut und die ihres herrlichen Gesanges wegen eher gehegt werden. Am großartigsten aber wird das Würgergeschäft vielleicht an der neapolitanischen Küste und auf Sizilien betrieben. Hier treffen die Wachteln gegen Mitte April bei Westwind ein und nehmen sogleich das allgemeine Interesse in Anspruch. Alles spricht von den Wachteln, verläßt Magazin, Werkstatt, Comptoir und eilt zur Jagd. In Messina allein werden über 3000 Jagdpatente gelöst, und ein guter Jäger schießt täglich seine 100, ja bis 160 Wachteln. Die Bauern aber, die ihre Felder mit unzähligen Schlingen belegen, machen noch bessere Beute, und einzelne fangen an einem einzigen reichen Wachteltage 500—700 Stück; ja Fänge von 1000 per Tag sind nichts Unerhörtes. Wenn im Mai die Zugwachteln mehr im Hügelrevier, von den Dörfern und Städten etwas entfernt, einfallen, so wird sogar für die Jäger in Feldkapellen eigens Gottesdienst gehalten. Der Herbstwachtelzug ist etwas spärlicher; dafür kommen die Feld=lerchen zahlreich und werden oft zu 6—10 Stück auf einen Schuß erlegt. Neben diesen Vögeln aber verspeist der Italiener auch alle übrigen mit Behagen, von den Falken, Reihern, Möwen bis zu den Schwalben, Bachstelzen, Goldhähnchen hinunter, und die einfältigsten Bauern sind eben so scharfäugige Späher und gute Schützen als passionierte Geflügelesser.

Infolge dieser mörderischen Epidemie ist auch Italien, das Land der Musik, des Gesanges, so äußerst arm an Singvögeln; ebenso der Kanton Tessin, wo die italienische Mordlust ebenfalls grassiert und selbst die Sperlinge und Krähen zur großen Seltenheit geworden sind. Aus dem Tessin und dem Veltlin steigen die Vogelsteller bis an den Gotthard hin und auf die Bündnerberge, um die freundlichen Tierchen schon an der Grenze mit den verräterischen Netzen zu empfangen*). Seit dem Jahre 1875 besitzt zwar die Schweiz ein Bundesgesetz zum Schutz der nützlichen Vögel, dessen wohlthätige Bestimmungen für alle Kantone gelten; aus den amtlichen Berichten geht jedoch hervor, daß man sich im Kanton Tessin um die gesetzlichen Vorschriften nur wenig kümmert und die Vogeljagd nach wie vor in schonungsloser Weise betreibt. Jenseit des Cenere krönt der Rocolo eine Menge von Hügeln, und oft fängt ein einziger Rocolabore, worunter nicht etwa arme Teufel von Vogelstellern, sondern reiche und gebildete (!) Herren zu verstehen sind, an einem schönen Oktobertage bei 1500 kleiner Vögel**)! Wie groß der Verlust an Zeit und Arbeitskräften für ein Land ist, das in so manchen Zweigen des Gewerbfleißes noch so sehr zurücksteht, läßt sich leicht ermessen, und wie nachteilig das allgemeine und großartige Würgergeschäft auf den Volkscharakter einwirken muß, erfährt man bald genug, wenn man überhaupt die unmenschliche Mißhandlung der Tiere, die in Italien überall zu finden ist, und daneben das blühende Banditentum ansieht. In der deutschen Schweiz ist dagegen der Vogelfang von sehr geringer Bedeutung und trifft hauptsächlich nur etliche Finken= und Drosselarten. Die Vogelherde sind namentlich in den Bergen sehr selten. Die Jagd mit Schieß=

---

*) In Deutschland wird öfters die Frage aufgestellt, woher die Abnahme der Insektenfresser und die Zunahme des Ungeziefers komme; ob jene vielleicht der Ver=minderung der Grünhecken, der Ausrottung von Buschplätzen ꝛc. zuzuschreiben sei. Die treffendste Antwort ist in Italien zu suchen.

**) Es ist gerade unglaublich, mit welcher eingefleischten Passion ein Tessiner sich jedes Vogels zu bemächtigen sucht, dem er nahe genug kommt. Jedes Vogelnest, selbst in abgeschlossenen Privatbesitzungen, wird ausgenommen, weswegen die Standvögel fast ausgerottet sind. Auf vielwöchigen Wanderungen im Kanton entdeckten wir weder einen Sperling, noch eine Krähe oder Dohle!

gewehren betrifft hier fast ausschließlich die Hühnerarten, Tauben, Krammets=
vögel, Wachteln, Schnepfen, Enten und großen Raubvögel. Die kleineren
Vögel, sogar die Lerchen, bleiben ziemlich unbehelligt; die Schwalben stehen
unter der Ägide der Volkspietät, noch in neuerer Zeit (1852) ist im Waadt=
lande sogar ein Gesetz zu ihrem Schutze erlassen worden, während man in
Italien wohl die Ruchlosigkeit sieht, den nistenden Schwalben eine Feder an
die Fischangel zu hängen, auf welche sie zufliegen und sich spießen.

Die Bergregion hat, wie wir früher bemerkten, nur sehr wenige Seen
von größerem Umfang und daher auch nur wenige Wasservögel. Es fehlt
ihnen das weite Röhricht, der freie, krystallene Jagd= und Tummelplatz und
zudem sind die Bergseen viele Monate lang mit Eis belegt. Von den
23 Entenarten, welche im Winter die Schweizerseen beziehen und an diesen
teilweise die südliche Grenze ihrer Verbreitung finden, besucht die gemeine oder
Stockente (Anas Boschas) regelmäßig auch die Wasserbecken des Gebirges.
Selten sieht man sie im Röhricht der Bergseen in größerer Anzahl; sie sind
überhaupt sehr scheu und verbergen sich, sowie sie einen Menschen gewahren,
im Schilfe, oder fliegen rauschend mit einem schnatternden Aufschrei hoch in
den Lüften davon. Sonst tauchen sie fleißig nach Wasserinsekten, Würmern,
Fischen, Laich und Wasserkräutern, watscheln auch im Grase umher und suchen
nach Körnern, Käfern, Eicheln, Beeren und jungen Kräutern. Im April legt
das Weibchen über ein Dutzend grünlichweiße Eier in ein schlechtes Nest am
Wasser oder selbst auf Waldbäume in Krähennester oder Raubvogelhorste,
aus denen es später die Jungen einzeln im Schnabel ans Wasser trägt. Oft
pflegt man die Wildenteneier gesetzwidrigerweise einzusammeln und durch
Hühner ausbrüten zu lassen; doch müssen der Brut zeitig die Flügel gestutzt
werden, wenn man sie nicht unversehens in freie Gewässer verschwinden sehen
will. Die Stockenten sind wohl die Stammeltern unserer zahmen Hausente,
werden aber im gezähmten Zustande erst nach vielen Generationen derselben
ähnlicher. Sie besuchen nicht nur die Seen der Bergregion, sondern werden
noch in der untern Alpenregion (z. B. auf der Lenzerheide, auf dem Ober=
blegisee 1426 m, am Urden= und Schwellisee 1900 m) gesehen und geschossen.
Am häufigsten aber zeigen sie sich zur Winterzeit im untern Gebirge, wo sie,
nachdem die kleinen Teiche und Bäche des offenen Landes sich mit Eis belegt
haben, an den sog. warmen Quellen und den offenen Bergbächen oft in ganzen
Gesellschaften monatelang Quartier nehmen, vorzugsweise aber zur Zeit des
Zuges, wo sie z. B. regelmäßig auf den 2230 m hohen Berninaseen sich ein=
finden. Am Obersee (983 m) ob Näfels verunglückte ein Jäger beim Holen
einer geschossenen Ente, indem die Eisdecke einbrach. Bei sehr harten Wintern
aber flüchten sie gern in die Nähe menschlicher Wohnungen; in dem
berüchtigten von 1363/64 „flugend die wilden Enten ze Zürich und anderswo
in die Fläcken und wurden so zahm vor Hunger, daß sie mit den zahmen

Enten giengend an den Straßen und aßend mit einanderen", wie die Chronik erzählt. Am Bodensee, wo sie zu vielen tausenden überwintern, hat man beobachtet, daß sie auf dem Eise regelmäßig in einer elliptischen Linie auf= gestellt übernachten. Die leichte Abschmelzungsfährte der breiten Füße und dahinter der Kothaufe bezeichnen den Standpunkt jeder einzelnen Ente.

Die nordische samtschwarze, mit gelbem Höckerschnabel gezierte Samtente (Oidemia fusca), die kleine Knäckente (Anas querquedula), die auf den tieferen Schweizerseen im Frühling sich häufig zeigt, die noch kleinere Kriekente (A. crecca, „Halbente‘), die große, schwarz und weiß gewässerte Pfeifente (A. penelope), die weißaugige Ente (Fuligula nyroca), die Tafelente (F. ferina), die Löffelente (Spatula clypeata), und der Pfeilschwanz oder die Spießente (A. acuta) sind vereinzelt in der Bergregion, ja teilweise selbst in der Alpenregion in dem Hochthale der Reuß und auf den Seen des Oberengadins und Schalfiks, wo die Knäckente die häufigste ist, bemerkt worden, von einigen nur junge Exemplare. Selbst die große, äußerst seltene Eiderente (Anas mollissima) ist schon oben bei Jlanz und zwar 1858 Ende Novembers ein 4 kg schweres Exemplar geschossen worden. Selten geht das schieferschwarze, graugrünfüßige Wasser= huhn (Fulica atra) mit weißer Stirnbläße, das, von der Rohrweihe, „Möhren= teufel‘, wütend verfolgt, auf vielen Schweizerseen so gemein ist und bei Luzern in halbzahmem Zustande zu hunderten lebt, auf die Bergseen; doch hat man es schon an Bächen in bedeutender Höhe, in Schwyz sogar auf Alpen nahe am ewigen Schnee, dann hoch im Reußthale, im Oberengadin und im Sernfthale auf dem Plattenberge ob Matt (1000 m ü. M.) gefunden, ebenso im November ein auf dem Zuge verschlagenes Exemplar am Mettenberg, am Fuße des untern Grindelwaldgletschers auf einem Misthaufen lebendig gefangen. Auffallenderweise bemerkt man es auf dem beinahe 2300 m ü. M. liegenden Bachalpsee am Faulhorn in der Höhe des Sommers hin und wider.

Von den übrigen Wasservögeln wurde im Ursernthale der sehr seltene rothalsige Wassertreter (Phalaropus hyperboreus) einigemale bemerkt, an verschiedenen Orten der auf unseren unteren Seen häufige kleine Steißfuß (Podiceps minor), im Ursernthale und im Oberengadin auch der schöne, federbuschgezierte Haubentaucher (P. cristatus), der, im Oktober den Rhein hinaufschwimmend, gewöhnlich der Reuß nicht höher als bis in den Vierwald= stättersee folgt. Die ziemlich seltene nordische breitschwänzige Raubmöwe (Lestris pomarina) wurde 1834 auf der Furka geschossen; die kurzschwänzige Schmarotzerraubmöwe (L. parasitica), sonst selten in der Schweiz, zeigt sich hin und wider auf den alpinen Seen Oberengadins; ebendaselbst sowie in Ursern wurde die gemeine und die schwarze Meerschwalbe (Sterna nigra), in der Regel nur junge Exemplare, erlegt, an beiden Orten auch die Lachmöwe (Larus ridibundus). Die Silbermöwe (L. argentatus) und die dreizehige Möwe (L. tridactylus), an unseren Tieflandseen wahre Raritäten, sind auch am St. Moritzersee schon erlegt worden; ebenso die etwas häufigere graue

Sturmmöwe (L. canus). Die kleine Möwe (L. minutus) wurde einmal von uns am Schwänbibach (Appenzell) angetroffen und einmal sogar auf dem Gotthard erlegt.

Als seltener Gast besucht der prächtige Polarmeertaucher (Colymbus glacialis), bis über 1 m lang, am Oberkörper tiefschwarz, weiß gefleckt, Kopf und Hals samtschwarz mit herrlichem grünvioletten Schiller, nicht nur unsere Tieflandseen, wo er sich bisweilen an der Schwebangel fängt, sondern kommt mit dem eben so seltenen arktischen Taucher (C. arcticus) sogar bis in den St. Moritzersee, wo beide schon erlegt wurden. Dort wurde auch schon der große Säger (Mergus Merganser), der sonst in den Eichenschlägen am Neuen= burger=, Bieler= und Murtensee regelmäßig brütet, von Saraz beobachtet.

Auf ihren Durchzügen berühren die Flüge der Graugans (Anser cinereus), der Stammmutter unserer Hausgans, sowie die der Saatgans (A. segetum) unser Berg= und Alpenrevier und werden mitunter (so 1840 im März bei Andermatt) in Mehrzahl erlegt. Sie haben auf Appenzeller Alpen auch schon Nachtrast gehalten und sind im Prättigau und Engadin häufig bemerkt worden. Im September 1866 ließ sich sogar ein starker Flug in einigen Straßen Genfs momentan nieder. Die seltene weiße hochnordische Schneegans (A. hyper- boreus) wurde im Oktober 1864 am Fuße des Jura bei Orbe erlegt.

Die Sumpfvögel treten etwas regelmäßiger auf; viele von ihnen erscheinen aber ebenfalls nur für kurze Zeit. So der Mornellregenpfeifer (Charadrius Morinellus), meist im Frühjahr, 1863 aber auch im Sommer zahlreich am Inn im Oberengadin bemerkt, der Halsbandregenpfeifer (Ch. hiaticula), der kleine Regenpfeifer (Ch. minor), noch im Schalfik bei 1950 m brütend, und der Goldregenpfeifer (Ch. auratus). Seltener ist die Erscheinung des großen und des kleinen Silberreihers (Ardea egretta und garzetta), die vom Mittel= meer her öfters die Landseen der Schweiz besuchen, in der höhern Region; doch wurde ein kleiner am Klönthalersee (870 m ü. M.) geschossen und im April 1860 ein großer bei Balerna (Tessin). Selbst der Purpurreiher (A. purpurea) wurde auf dem Frühlingszuge schon öfters im Gebirge bemerkt, seltener im Herbste. Im Oktober 1836 gelang es, ein Exemplar bei Ander= matt im Urserenthale, später zwei im Churerthale zu schießen*). In Ursern wurde auch ein Rallenreiher (A. comata), dessen Heimat die unteren Donau= länder sind, lebendig gefangen, und tiefer im Thale der dumpfschreiende, grünlichschwarze und graue, bezopfte Nachtreiher (Nycticorax ardeola) des südöstlichen Europas beobachtet. Selbst die Störche treten ausnahmsweise in der Bergregion auf. Vor wenigen Jahren hielten sich acht dieser Tiere beinahe vier Wochen lang auf den Emmenthaler Alpen zwischen Schangnau und Rothenbach auf und trieben sich oft friedlich zwischen den Kühen herum.

---

*) Ein weiteres Exemplar wurde im Oktober 1887 in der Nähe von Balgach erlegt.

Natürlich gehören alle diese Vögel nicht zur stehenden Fauna des Gebirges; wir erwähnen ihrer aber, weil sie interessante Gäste sind und niemand sie in jenen Höhen vermuten dürfte. Der graue Reiher (A. cinerea), ‚Fischreigel‘, mit seinem schönen, schwärzlichblauen Federbusch und graulichblauen Gefieder, stolziert öfters an Flüssen und kleinen Seen bis in die Alpenregion (ausnahmsweise im Oberengadin, Schalfik und Urserenthal; im Sommer 1864 wurde einer am Seelein bei der Großen Scheidegg, 1900 m ü. M., erlegt) storchartig umher und sucht nach Fischen und Fröschen. Mit weit ausgestreckten Füßen und eingebogenem Halse fliegt er auf, wenn ein Mensch naht. Oft stehen die Reiher lange Zeit mit ihren langen Beinen, den Kopf gegen Sonne oder Mond gerichtet, so daß der Schatten rückwärts fällt, am See und fangen sich Fische, welche, wahrscheinlich von ihrem scharfen, weit ausgeworfenen Unrat angezogen, herbeischwimmen, oder schnappen auch kleine Vögel heimtückisch und blitzschnell im Fluge weg. Es bedarf vieler Geduld und Vorsicht, ihnen auf Schußweite zu nahen; ihr Fleisch ist fast ungenießbar. Gewöhnlich nisten sie einzeln auf Bäumen an allen unseren Seen und Flüssen; erst in neuerer Zeit entdeckte man auch am Vierwaldstättersee eine jener großen Reiherkolonien, die man sonst nur in Böhmen, an der ungarischen Donau und am Po kannte. Früher soll diese in den Felsen des Axenberges etabliert gewesen sein; in neuerer Zeit aber hat sie einen steilen Ausläufer des Pilatus bezogen, den Lopberg, der zwischen Hergiswyl und Acheregg die Seebucht einfaßt. Hier haben die Reiher in den Buchen und Eschen der steilen Felswand des Riegeldossen 120 — 150 m über dem Wasserspiegel etwa 100 — 150 Nester dicht bei einander angelegt und zwar oft 4 — 5 solche auf dem nämlichen Baume. Die Reiher treffen, wie es scheint aus verschiedenen Gegenden, im März und April am Kolonieberge ein und beginnen sofort einzelne Nester zu reparieren, in Beschlag zu nehmen und mit ihrem Gelege zu besetzen. Andere treffen später ein; das ganze Brutgeschäft dauert bis in den August hinein. Sowie die Jungen flügge sind, zieht eine Familie nach der andern wieder ab nach den Wäldern der Reuß, der Emme und wahrscheinlich der benachbarten Urkantone, so daß Ende Septembers kein Stück mehr in der Kolonie zu finden ist. Wiederholt wurde diese während der Brütezeit mit Lebensgefahr von Neugierigen besucht. Die alarmierten Vögel und mit ihnen in der Nähe brütende braune und rote Milane erhoben sich mit durchdringendem Geschrei in die Luft, während sich die brütenden Weiber aufs Nest niederdrückten; einzelne stürzten sich in pfeilschnellem Fluge gegen die Besucher, aber ohne einen ernsten Angriff zu wagen. Solche Besuche waren schon wiederholt von Unglücksfällen begleitet; auch bei demjenigen, den Fatio im Mai 1864 ausführte, stürzte einer der Begleiter an der Felswand hinunter und wurde tot auf der Straße am See aufgehoben.

Hin und wider erscheint auch an den Bergwassern der kleine braune Rohrdommel (A. minuta) und klettert in den Schilfstengeln umher; ein hübsches, wahrscheinlich aus dem Norden kommendes Exemplar wurde Mitte Oktobers 1853 nahe beim Flecken Appenzell mit der Hand gefangen. Selbst im Oberengadin wurde er wiederholt erlegt. Seltener ist in unseren Höhen der große Rohrdommel (Botaurus stellaris). H. v. Salis schoß einen 1855 am Seelein der Lenzerheide (gegen 1300 m ü. M.). Der hochnordische graue Sanderling (Calidris arenaria) wurde im Urserenthale bemerkt; ebenso (im Frühling) der kleine Brachvogel (Numenius phaeopus), der grünfüßige Wasserläufer (Totanus glottis), der aber auch im Oberengadin zu nisten scheint, ferner der punktierte (T. ochropus) und der rotbeinige (T. Calidris), hie und da auch der Flußuferläufer (Actitis hypoleucos). Das Geschlecht der Strandläufer ist ohne Zweifel in unserem Höhengürtel reicher vertreten als man glaubt, obwohl nie in vielen Exemplaren, und gewöhnlich sich scheu der Beobachtung entziehend. Der grünbeinige große Strandläufer (Tringa ochropus), der graue (T. cinerea), der Temminksche (T. Temminkii), der Zwergstrandläufer (T. minuta), der bogenschnäblige (T. subarquata) und der langbeinige (T. longipes) sind auch auf ihren Durchzügen in den Höhen des Reußthales und teilweise im Engadin bemerkt worden; ebenso die komisch auftretenden Kampfhähne (Machetes pugnax), die im Frühjahr mit großem Mantelkragen geziert sind, während kaum einer die gleiche Färbung wie der andere besitzt. Sie brüten im Rheinthale, wohl niemals in der Bergregion. Der veränderliche Strandläufer (T. variabilis) wurde in vielen wasserreichen Bergthälern und zwar in der Regel im Nachsommer bemerkt; im Reußthale ist er während des Herbstes und Frühlings sogar ziemlich gemein; im Zermatterthale fanden wir fünf Exemplare im August an der Visp. Er heißt auch Halbschnepflein oder Meerlerche, hat Lerchengröße und ist im Winter aschgrau, im Frühling rostbraun mit schwarzen Flecken. Der gehaubte Kiebitz kommt nicht oft ins Gebirge; doch erscheint er auf dem Zuge in den Niederungen des Inns und Flaatz jeden Herbst. Merkwürdigerweise verirrte sich am 14. Juni 1864 nach Mitternacht nach heftigem Südostwind ein starker Flug Kiebitze auf einen Platz mitten in Genf, und verweilte dort, durch das Licht der Gasflammen geblendet, unter lebhaftem Rufe bis zum Anbruch des Tages, wo er erst wagte, die Reise fortzusetzen.

Überall bekannter ist die Familie der Schnepfen. Die Waldschnepfe (Scolopax rusticula) ist die einzige ihres Geschlechts, die durch die ganze Bergregion, wenn auch immer selten, vorkommt. Bekanntlich sieht sie in ihrem bei jedem Exemplare wieder anders nüancierten Federkleide einem Rebhuhn nicht unähnlich; die großen Augen aber und der lange Schnabel kennzeichnen sie augenblicklich. Rasch, ruckweise, oft mit knarrendem Laute fliegt sie aus Waldbrüchen, Riedbüschen und Bachschluchten auf, leicht um Busch und Baum schwenkend. Dann fällt sie oft in großer Entfernung und gern an Waldrändern wieder ein, liegt eine Weile mit hochaufgerichtetem Kopfe spähend fest, steht dann auf, läuft langsam, beinahe watschelnd (besonders

im Herbst, wo sie fett und schwer ist) umher, bohrt in Kuhfladen und Moor=
schlamm mit ihrem langen, feinfühligen Schnabel nach Maden und Würmern,
badet und watet mit ausgebreiteten Flügeln in Moorlachen und duckt sich
beim leisesten Geräusch vorsichtig platt nieder. Ihre eigentliche Heimat ist
das nördliche gemäßigte Europa. Einzeln oder paarweise zieht sie nächtlicher=
weile von Anfang März bis Mitte April laut balzend aus dem Süden durch
unsere Reviere und beginnt im Oktober ihren Rückstrich, der oft bis weit in
den November hinein andauert. Fällt in der Bergregion ein tüchtiger Früh=
schnee, so geht der Strich den Flußniederungen und dem Tieflande nach, sonst
aber folgt sie mit Vorliebe den oberen Hügelketten und Vorbergen. Einzelne
Paare bleiben in milden Wintern sowie über Sommer bei uns liegen und
brüten selbst in der Alpenregion. So fand Hold fast regelmäßig im Furka=
und Jselwald im Schalfik (1780 m ü. M.) Zuchten von halbflüggen Jungen.
(Wenn er aber solche auf 5—9 Stück angiebt, so beruht dies auf einem
Irrtum, da diese Schnepfe nie mehr als 3—4 Eier legt.) Ihre Jungen
schaffen sie erst unter dem Kinn, später zwischen den Ständern fort. Die Jäger
unterscheiden eine kleinere, mehr graue, früher ankommende Varietät (Blaufüße),
und eine später folgende, größere, gelbe (Eulenköpfe). Da man einigemale bei
Waldschnepfen in Heilung begriffene Knochenbrüche fand, die einen scheinbar
regelmäßig anliegenden Verband von Federn zeigten, welche durch die aus=
schwitzende Lymphe festgeleimt waren, so glaubte man, dem klugen Tiere einen
besondern chirurgischen Instinkt des Einschienens zuschreiben zu sollen; es ist
aber wahrscheinlicher, daß die beobachtete Bandage unwillkürlich durch das
Einziehen des blutenden Fußes oder Flügels an die Flaumfedern des Rumpfes
entstand, die nun an die Wunde festklebten und durch eine rasche Bewegung
ausgerissen wurden. Bekanntlich werden die Waldschnepfen für einen Lecker=
bissen gehalten und unausgeweidet gebraten und genossen. Der beim Kochen
ausfließende Unrat oder, wenn man sie ausnimmt, die ungereinigten Eingeweide
werden auf Brot als ‚Schnepfendreck‘ gegessen. Unstreitig rührt der berühmte
Wohlgeschmack dieses Gerichts sowohl von den halbverdauten Mistkäfern und
Schnecken als auch von den vielen Eingeweidewürmern her, von denen diese
Schnepfe häufig geplagt ist.

Sehr selten und gewöhnlich nur im Frühjahr fällt die edle Doppelschnepfe
oder große Becassine (Scolopax major), etwa so groß wie eine Turteltaube,
mit 7.5 cm langem Schnabel, an den buschigen Riedwiesen des untern Gebirges
ein; etwas häufiger die lerchengroße Halb= oder Moorschnepfe (Sc. gallinula),
die wir bei 700—800 m ü. M. öfters fanden, und am häufigsten die Heer=
schnepfe oder ·eigentliche Becassine (Sc. gallinago). Alle vier Arten wurden
auch im Ursernthale, die Waldschnepfe regelmäßig auch im Engadin und die
Heerschnepfe im Schalfik beobachtet, im erstern auch der in der Schweiz sehr
seltene rostrote Sumpfläufer (Limosa rufa) auf seiner Durchreise von den
Küsten des baltischen zu denen des Mittelmeeres. Die grünlichbraune, schwarz=

gefleckte Wasserralle (Rallus aquaticus), die am Boden=, Zürcher= und Genfersee häufig ist, wird auch an den bebuschten Ufern der Reuß und des Inns bemerkt, wie sie durch Binsen und Stauden läuft, obgleich sie sich dem Blicke sehr gut zu entziehen versteht. Trotzdem, daß sie sonst nur von März bis Oktober bei uns verweilt, erhielten wir sie auch schon im Januar aus dem Rheinthale. Ungleich häufiger ist ihr Vetter, der Wachtelkönig (Crex pratensis) oder Wiesen= schnarrer, von Mai bis September, ja einzelne bis in den November hinein in den Getreidefeldern, Riedwiesen und Moorbrüchen des Berggeländes. Selten sieht man ihn fliegen; aber mit wunderbarer Behendigkeit läuft er zwischen den Halmen und birgt sich selbst vor dem Jäger und Hunde mit Glück in Löchern und Gräben. Seine häßlich schnarrenden, monotonen Laute, die er halbe Nächte durch preisgiebt, machen ihn zur Qual der menschlichen Nachbarschaft. Ahmt sie der Jäger in seiner Nähe gut nach, so erscheint er sicher bald am Rande des Getreidefeldes oder Moorbruches. Während seine gewöhnliche Nahrung aus Insekten und Würmern besteht, wird er unter Umständen in der Gefangenschaft zu einem mordsüchtigen Raubvogel und geht vielleicht auch in der Freiheit die Eier und Brut anderer Vögel an. In Ried und Schilf umherlaufend und häufig nach Schnecken, Wasserlinsen und Käfern tauchend, hantieren auch etliche Rohrhühner in den wasserreicheren Gegenden unseres Reviers, obwohl auch sie wie fast alle Sumpfvögel nur selten beobachtet werden. Am häufigsten zeigt sich noch das schön olivenbraune, unten schiefer= graue grünfüßige Rohrhuhn (Gallinula chloropus), Wasserhühnli genannt; das kleinere, weißpunktierte (G. porzana), das besonders Schilfwiesen liebt, den Jägern unter dem Namen Eggescher bekannt, ist seltener; beide sind aber auch schon im Engadin beobachtet worden.

Die wenigen Laufvögel, welche die Schweiz besuchen, verirren sich nur ausnahmsweise auch in die Gebirge. Zweimal wurde indessen am Fuße des Jura der seltene, isabellfarbige Läufer (Cursorius isabellinus) geschossen, der sonst Nordafrika und Arabien bewohnt und wenig bekannt ist; ebenso erscheint als seltener Fremdling auch die kleine Trappe (Otis Tetrax), von der Größe eines Fasans, hellbraun und schwarz gewässert, vom Mittelmeer her auf unseren Hügeln und Bergen, gewöhnlich im Januar. Vor mehreren Jahren wurde ein Exemplar im Kanton Appenzell am Kamor (1762 m ü. M.) geschossen und als eine große Seltenheit im Lande bewundert. Die große Trappe (Otis tarda), die in kleinen Flügen hin und wider etwa als Winter= post sich einstellt, ist bisher nur in der Ebene bemerkt worden. Vor Jahren wurde bei Wyl (St. Gallen) eine solche im Spätherbst erlegt, wo sie jeden Morgen unter den Bäumen hastig Birnen fraß, worauf sie gewöhnlich für den übrigen Tag spurlos verschwand. Im Januar 1861 erlegte man bei Basel eine aus einem Völklein von acht Stück.

Alle diese Vögel sind keine hervorragenden Elemente des Tierlebens unserer Region, sondern mehr nur Einzelheiten und Kuriositäten, Tiere, die

teilweise in ihr nicht recht heimisch sind und die Ebene vorziehen, immerhin
wertvoll zum Schmucke des Gemäldes. Dagegen treten als stätige Berg=
bewohner einige Hühner= und Taubenarten auf; doch auch sie verschwinden
noch immer im Totalanblick der Landschaft. Und doch finden wir gerade bei
den Hühnern ausgezeichnete und echte Bergtiere. Die Wachtel, den einzigen
Zugvogel des Hühnergeschlechts, rechnen wir auch hierher; obwohl ein Vogel
der getreidereichen Ebene, besucht sie doch die wiesenreichen Thäler des Gebirges.
In den Fruchtfeldern Airolos im Tessin, im Bedrettothale und in den blumigen
Gründen des Urserenthales haben wir ihren lieblichen Schlag oft vernommen;
auch in den rhätischen Bergthälern ist sie nicht selten, und wir hörten sie zu
unserem Erstaunen im Juli sogar mehrere Morgen in den Gerstenfeldern
oberhalb Campfeer, bei 1870—1880 m ü. M., rufen, ohne Zweifel der höchste
Standpunkt dieses Tierchens in Europa. Ende September und anfangs
Oktober fallen die Zugwachteln, die oft heller gefärbt sind als die Stand=
wachteln, nächtlich in großen Scharen unter tausendstimmigem ‚wudwud‘ auf
bestimmten Revieren ein und werden massenhaft erlegt. Der Wachtelzug ver=
längert sich mitunter bis tief in den November hinein.

Der stolze, herrliche Auerhahn und das niedliche Haselhuhn, von denen
wir später etwas Näheres mitteilen, sind durchaus und stätig Bewohner der
Wälder unseres Bergreviers. Die Auerhühner steigen oft nicht einmal bis
zur obern Grenze derselben, so am Gotthard nicht über Wasen hinauf, da
sich dort auffallend schnell der Hochwald verliert. Aus dem Jura gehen sie
mitunter in die Wälder der Ebene; im Berneroberlande sind sie in den Bergen
des Thunersees, im Frutigen= und im Simmenthale, in Zürich an der
Allmannskette, in den übrigen Bergkantonen im Niveau unseres Reviers nicht
selten. Dagegen finden wir in diesem nur an der untern Grenze das gewöhnliche
Rebhuhn, das in der ebenen Schweiz gemein ist. Das Gebirge ist so reich an
eigenen Hühnern, daß es die der Ebene nicht zu borgen braucht. Selten geht
das Rebhuhn höher als 900 m ü. M. Fundorte wie am Himmelberg (Appenzell,
1040 m), wo sechs Stück erlegt wurden, am Kamor und am Kronberg, wo sie
bis gegen 1300 m ü. M. hinaufreichen, aber mehr nur periodisch streichend
erscheinen, gehören zu den Ausnahmen. Übrigens gleichen unsere Berg=
rebhühner denen der Ebene vollständig und die angebliche gelbbraune Berg=
varietät (Perdix montana) ist bei uns unbekannt. Auffallenderweise erscheint
auch noch in unserer Region das sonst den Süden und Südwesten Europas
bewohnende, zierliche Rothuhn (P. rubra), das sich von dem alpinen
Steinhuhn fast nur durch den größern, schwarzstrahligen Kehlkreis unter=
scheidet; es zeigt sich übrigens nur in den jurassischen Gebirgen von Waadt
und Genf und auch dort selten*). Nach der eigentlichen Paarung scheinen

______

*) Von der merkwürdigen Einwanderung des asiatischen Faust= oder Steppen=
huhnes (Syrrhaptes paradoxus), die längs der Küsten und Inseln der Ost= und

alle Berghühnerarten monogamisch zu leben und ist kein Anzeichen von Vielweiberei zu finden.

Ärmer als an Hühnern ist unser Gebiet an Tauben. Die mohnblaue Holztaube (Columba önas), auf jedem Flügel mit einem doppelten schwarzen Fleck gezeichnet, und die etwas größere, graulichblaue Ringeltaube (C. palumbus), mit rotgelber Brust und weißem Halbmond am Halse, sind in der ganzen Berggegend weit seltener als im Hügelvorlande. Von Ende März bis Ende Oktober halten sie sich in einzelnen Pärchen in größeren Nadelhölzern in der Nähe von Getreidefeldern auf, wo sie auf hohen Bäumen nisten und zweimal brüten. Wegen ihrer Furchtsamkeit und ihres sehr schnellen Fluges sind sie schwer zu beobachten und zu schießen. Letzteres gelingt am besten nach dem Einfluge der Taube. Von morgens früh bis abends zwischen 4 und 5 Uhr sucht sie täglich ihr Körnerfutter, das zum Nutzen des Landmanns vorwiegend aus Unkrautgesäme besteht, in den Saaten und Wiesen; dann fliegt sie regelmäßig dem Walde und ihrem Baume zu, wo sie am sichersten erwartet wird. In den Wäldern der Hügelregion sitzen die Holztauben dann dutzendweise wie Krähen in den oberen Baumwipfeln. Beide Arten und die sonst in der mittlern und nördlichen Schweiz wenig bekannte wilde Turteltaube sind auch im obern Reußthale, ja im obern Engadin und auf dem Grimselwege bei 1600 m ü. M. schon geschossen worden. Eine Holztaube wurde auffallenderweise im November 1841 (wahrscheinlich beim verspäteten Rückzuge) auf den Ursererbergen bei frischem Schnee erlegt. H. v. Salis vermutet aber, daß einzelne Ringel= und Holztauben in Bünden auch überwintern.

Alle Wälder werden von den hübschen und lebhaften Klettervögeln belebt, die sich durch Stimme und Handwerk als stets fleißige Baumbewohner verkünden. Einige von ihnen sind Zug=, die meisten aber Standvögel. Sowohl ihre munteren Kletterübungen als ihr geschwätziges und geschäftiges Wesen und ihre mannigfaltige, oft äußerst bunte Färbung macht sie zu den Papageien unserer Wälder, bescheidene Papageien freilich, wie unsere Wälder auch keine vegetationsstrotzenden Tropenwälder sind, — aber immerhin höchst kurzweilige und freundliche Tierchen. Unter ihnen ist der bekannteste der Kuckuck (Cuculus canorus), der Mitte April mit hängenden Flügeln, gehobenem, gespreiztem Schwanze und aufgeblasener Kehle unter zierlichen Verbeugungen den Eintritt des Frühlings mittels seines einzigen Singmuskels in melancholischer Monotonie verkündet, nachdem er den Winter gewöhnlich in Ägypten zugebracht hat. Seine Stimme (es ist nur das Männchen, welches ruft, das Weibchen schreit ein heiser lachendes ‚Kwick — wick — wick‘), ist zwar weder sehr melodisch, noch reich an Variationen, aber immer höchst gemütlich und gern vernommen. Ja sie spielt

Nordsee in den letzten Jahrzehnten bis in die Niederlande, nach Schottland und Frankreich vorbrang, wurde auch die Schweiz berührt, da von August bis Dezember 1863 sowohl bei Genf als im Kanton Bern und Zug vereinzelte Exemplare geschossen wurden.

selbst im Leben unserer Hirten und Bauern eine gewisse Rolle und wird mit mancher sonderbaren Vorstellung in Verbindung gesetzt. Indessen haben gar viele von ihnen nie einen Kuckuck gesehen, da dieser ein sehr scheuer, wilder, mißtrauischer und unruhiger Vogel ist. Der Kuckuck ist in der Haltung der Elster, in der Färbung dem Sperber ähnlich, aschgrau, am Bauche weiß mit schwarzen Querflecken, gelben Kletterfüßen, von der Größe einer Turteltaube, aber mit längerem Schwanze und längeren Flügeln. Junge Weibchen, welche erst einmal abgemausert, haben eine rotbraune Grundfarbe und wurden früher irrigerweise für eine eigene Art angesehen. Die Kuckucke haben einen sehr raschen und schwimmenden Flug, der aber meistens nur von einem Baume zum andern geht, und lesen fleißig von den Zweigen die Mücken und Raupen, namentlich die Bärenraupen, ab, deren Haare ihnen oft die Magenhaut so dicht verfilzen, daß sie wie Pelz nach dem Strich gebürstet werden können. Haben sich die Raupen der Wälder verpuppt, so suchen die Vögel in Wiesen und am Wasser Käfer und Libellen, nehmen aber im Notfall auch mit Beeren vorlieb. Sonst ziehen sie das dichteste Gebüsch vor und weichen einander gern aus, sodaß in einem Revier selten mehr als ein Paar zu finden ist. Dieses fliegt gern zusammen und postiert sich am liebsten auf Baumwipfel und Pfähle.

Bekanntlich haben diese Vögel die konstante Gewohnheit, ihre Eier nicht selber auszubrüten, und sind in dieser Hinsicht eine außerordentliche Erscheinung. Sie legen in die Nester der insektenfressenden Singvögel, besonders der Haus= rotschwänze, Gartengrasmücken, Rohrsänger, Steinschmätzer, Pieper und Bachstelzen, wo die Jungen viel Unruhe stiften. Diese fressen nicht nur den eigentlichen Kindern des Nestes fast alle Nahrung weg, sondern drängen die= selben auch vermöge ihres größeren Umfangs, ihrer Stärke und selbstsüchtigen Unverträglichkeit nicht selten aus der legitimen Behausung, nachdem das Kuckucksweibchen schon beim Legen des Eies öfters die Vorsicht gebraucht hat, einige der etwa vorgefundenen rechtmäßigen Eilein aus dem Neste zu werfen. Das alles läßt sich die gutmütige Adoptivmutter gefallen und plagt sich fast zu Tode, um den jungen, gefräßigen Kuckuck einigermaßen zu sättigen. Übrigens ist das Wie und Warum des ganzen, widernatürlichen Vorgangs, der sich bei dem amerikanischen Kuhfinken (Cassicus pecoris) wiederholt, noch nicht auf= geklärt. Unwahrscheinlich ist die Annahme, die in unserer Zone gelegten Eier rühren von Superfötation her, während der Vogel im Süden wirklich brüte, da auch mehrere exotische Kuckucksarten weder nisten noch brüten; gewiß ist aber die Thatsache, daß der Kuckuck weder selbst nistet, noch für seine Nach= kommen sorgt. Beachten wir die Umstände, die diesen seltenen Zug des Tier= lebens begleiten. Zur Zeit der Fortpflanzung bemerkt man große Unruhe an dem Kuckuckspärchen. Unaufhörlich zieht es in seinem Standquartier umher und eifersüchtig bewacht das Männchen die Gefährtin. Bei dieser reifen die Eier nur langsam und in großen Zwischenräumen; innerhalb 6—7 Wochen legt sie nur 4—6 Eilein, sodaß sie, wenn sie dieselben selbst ausbrüten wollte, damit und mit der Ernährung der Jungen fast ein Vierteljahr zu thun hätte; oder es würden die ersten Eier faul, ehe das letzte gelegt wäre. Schon diese verzögerte Eireife ist einzig in ihrer Art. Ehe das Weibchen ein ausgetragenes Ei abgiebt, späht es mit scharfem Auge unablässig die so wohl im Gebüsch verborgenen Nestchen der Rotkehlchen, Zaunkönige, Pieper und Sänger des Reviers aus (diejenigen ähnlich großer Vögel, wie der Drosseln, Spechte ꝛc., benutzt es nicht, nur etwa in Starnestern fand man auch schon Kuckukseier). Dies ist um so schwieriger, als ein Nest gewählt werden soll, wo ebenfalls frisch gelegte Eilein liegen, damit alle gleichzeitig ausgebrütet werden.

Man denke sich nun den Eifer und die Sorge der Mutter, ein in Lage, Ort und Eifrische passendes Nest ausfindig zu machen. Es soll ihr dies auch fast immer gelingen, vermöge eines merkwürdigen Instinktes und äußerst scharfen Blickes, ohne daß sie viel in den Büschen herumkriecht, wozu sie wegen ihres langen Schwanzes und ihrer kurzen Füße ebenso wenig befähigt ist wie zum häufigen Gehen auf dem Boden. Nur selten, wenn die vorgerückte Eireise sie geradezu zum Legen nötigt, giebt sie ihre Frucht aufs Geradewohl zu andern, ganz alten oder halbgebrüteten Eilein oder in ein leeres Nestchen ab, doch nur, wenn sie ein solches wirklich bewohnt weiß, und nie soll sie (was auch schon des langen Zwischenraums wegen begreiflich ist) ein zweites Ei in das gleiche Nestchen legen; zwei Kuckucke könnten die Pflegeeltern ohnehin nicht sättigen. Doch findet man in jenen Vogelnestchen zur Seltenheit auch zwei Kuckukseier, die aber wahrscheinlich von verschiedenen Müttern herrühren. Einmal traf man auch neben dem ausgebrüteten Kuckuck ein fremdes, wohl herausgeworfenes Kuckuksei auf dem Boden.

Die Eier des Kuckucks sind im Verhältnis zur Vogelgröße beispiellos klein, kaum größer als ein Sperlings- und Bachstelzeneilein, gleichsam als wären sie von Anfang an bestimmt, von einem 3—4 mal kleineren Vögelchen ausgebrütet zu werden. Ebenso auffallend ist ihre wechselnde Färbung. Bald sind sie gelblich, bald grünlich, bald bläulichweiß, bald punktiert, bald gefleckt, gestrichelt, bald mit braunen, bald mit grauen Tröpfchen besäet, bald ungefleckt — Unterschiede, die wahrscheinlich von der jeweilen vorherrschenden Nahrung der Mutter abhängen. Häufig stimmt die Färbung des Kuckukseies mit derjenigen der vorhandenen Nesteilein; ja man hat schon ganz weiße Kuckukseilein neben den weißen Rotschwanzeiern gefunden.

Ehe das Kuckucksweibchen legt, prüft es aus der Ferne das erkorene Nest- chen wohl. Es weiß genau, daß die kleinen Vögel alle ihm gram sind und es necken und verfolgen, wie sie immer können. Darum harrt es, bis sie aus- geflogen sind, fliegt dann pfeilschnell her, macht nötigenfalls Raum im Nestchen, setzt sich darauf und legt sein Eilein ab. Ist das Nestchen aber in einem Baum- oder Steinloch, so kriecht es mit der größten Mühe hinein und zwängt sich wieder heraus. Wo es aber gar nicht zukommen kann, legt es das Eilein ins Gras, faßt es mit dem Schnabel und trägt es in das gewählte Quartier.

Man hat schon öfters Weibchen erlegt, welche das Eilein noch im Schlunde stecken hatten. Ist dasselbe aber gehörig placiert, so macht sich die Mutter in aller Stille wieder fort und kümmert sich später schwerlich mehr um dessen Gedeihen. Mit um so größerer Gewissenhaftigkeit sorgen die Pflegeeltern dafür. Der dem Eilein entschlüpfte, sehr kleine Kuckuck wächst außerordentlich rasch, und bald muß sich die kleine Braunelle oder der Zaunkönig alle Mühe geben, das Pflegekind zu erhalten, das bald weit größer ist als sie selbst und zu dessen Fütterung sie (im Käfig) sich sogar auf den Kopf des faulen unersättlichen Fressers stellen. Nur sehr selten geschieht es, daß sie ihn wirklich aufgeben und verlassen; dagegen hat man Züge von rührender Treue bemerkt, z. B. wie eine Bachstelze die Zugzeit im Herbste versäumte, um mit größtem Fleiß ihren jungen Kuckuck zu erhalten, der in einem Baumloche steckte und darin zu groß gewachsen war, um wieder herauszukommen. Da der Kuckuck vermöge seiner außerordentlich starken Raupenvertilgung, wozu ihn unverhältnismäßig große und stark arbeitende Verdauungsorgane befähigen, ein wahrer Hüter und unbezahlbarer Wohlthäter unserer Wald- und Obstbäume ist, sollte er nie getötet werden. Bei uns geschieht dies selten und nur aus Mutwillen. Die Italiener und Griechen stellen ihm häufig des Fleisches wegen nach, und allein nach Athen kommen jährlich an tausend Stück zu Markte.

Zu der gleichen Ordnung der Kletterer sind weiter zwei etwas seltenere und ganz verschiedenartige Vögel des Gebirges zu rechnen, nämlich der Eisvogel (Alcedo ispida), und der Wiedehopf (Upupa epops), beide durch ihr prächtiges Federkleid ausgezeichnet. Der erstere, in Bünden Königsfischer, in Bern Ischvogel, im Tessin Martino pescatore genannt, hat eine glänzend lasurblaue, etwas ins Grüne schillernde Oberseite und eine rostrote Brust, langen Schnabel, großen Kopf, sehr kurze, mennigrote Füße und einen kurz abgehackten Schwanz, der dem weichgefiederten, brillanten Tiere ein seltsames Ansehen giebt. Immer paarweise lebend, verläßt er nie das Revier des Baches oder Sees, an dessen Ufern er sich niedergelassen; doch wird er öfter im Herbst und Winter als im Sommer bemerkt. Adlerartig über dem klaren Bergbache rüttelnd, oder stundenlang bewegungslos auf einem Stein oder Zaunpfahl sitzend, ersieht er sich den rechten Augenblick, um die Schmerle oder Forelle zu haschen, stürzt, den Kopf voran, plumpend und rasch auf sie nieder, rudert unter dem Wasser mit den Flügeln, zieht sie mit dem langen Schnabel heraus, trägt sie auf einen Stein oder in die Zweige eines Busches und schluckt sie, nachdem er sie so lange gedreht hat, bis sie bequem liegt, den Kopf voran, hinunter. Die Gräten und Schuppen speit er nachher als Gewölle wieder aus. Dabei ist er vielem Ungemach ausgesetzt. Im Winter friert der Bach oft zu, und der Eisvogel muß an warmen Quellen mit einzelnen Wasserkäfern und Blutegeln vorlieb nehmen; beim Tauchen gerät er oft unters Eis und ertrinkt; zuweilen hascht er eine Forelle, die er nicht hinunterwürgen und nicht mehr von sich geben kann, und erstickt. Für seine Jungen hackt er im Mai

am Ufer tiefe Löcher wie die der Ratten in die Erde, polstert sie mit Wasser=
jungfern und ausgeworfenen Fischgräten aus und trägt der Brut Schnecken,
Larven, später Fischchen zu. Eisvögel und Uferschwalben sind unter unsern
Vögeln die einzigen, die förmliche Gänge oder Röhren ausgraben, um ihr
Nest in der Erde anzubringen; der mehr südliche Bienenfresser, der die
Schweiz hie und da besucht und im Wallis schon gebrütet hat, gräbt sich zu
gleichem Behufe 1—1½ m tiefe Gänge. Da die Eisvögel einander nicht
dulden und jeden Eindringling mit pfeilschnell schnurrendem Fluge und lautem
Geschrei aus dem Reviere treiben, so leben zum Glücke für unsere Forellen=
brut die einzelnen Paare immer weit auseinander; sie finden sich aber bis
tief in die Bergregion herein und selbst über sie hinaus noch am Silsersee
(1750 m ü. M.).

Ebenso der Wiedehopf, ein zierliches, sonderbares Tier, das hie und
da in den Wäldern der Bergregion erscheint, besonders gern am Saume der=
selben in der Nähe der Wiesen und Viehweiden und noch im Domleschg, ja
selbst im Engadin brütet und auch im Schalfik am untern See (1925 m)
geschossen wurde. Er ist rötlichgelb, der Schwanz schwarz mit weißen Quer=
binden, der fächerartige Federbusch auf dem Kopfe über 6 cm lang, gelb
mit schwarzem Saume. Im Frühling kommt er früh, unmittelbar vor dem
Kuckuck, in die Bergwälder, und zwar paarweise des Nachts, und verläßt sie
schon im August wieder. Seine Nahrung ist die der Waldschnepfe, seine
Lebensart aber ganz eigentümlich. Mit hängenden Flügeln läuft er hurtig
auf der Erde umher, macht häufig dabei die drolligsten Verbeugungen und
steckt fortwährend den langen, spitzen Schnabel in die Erde, sodaß er an einem
Stocke zu gehen scheint. Will er etwas aufmerksam betrachten, so sträubt er
die Haube ernsthaft auf; will er aber auffliegen, so legt er sie nieder. Menschen
und Raubvögel fürchtet er außerordentlich und legt sich oft vor Entsetzen platt
auf den Boden. Auf den Bäumen weiß er sich in die dichtesten Zweige und
Kronen zu verbergen. Seine gefundenen Würmer und Larven wirft er erst
in die Höhe und läßt sie dann durch den offenen Schnabel hereinfallen. Am
liebsten nistet er in Baumlöchern; sein Nest und seine Jungen riechen aber
sehr übel, da er vermöge seiner Schnabel= und Zungenbildung die Extremente
der Brut, die sonst von den meisten Vögeln beim Abfliegen vom Neste im
Schnabel weggetragen werden, nicht fortschaffen kann. Von seinem monotonen
Rufe ‚hup—hup—hup‘ hat er den Namen Upupa erhalten; seine Lockstimme
ist ein heiseres ‚rrä—rrrä‘.

Die zahlreichste Familie der Klettervögel bilden in unseren Bergwäldern
die verschiedenen Spechte, durch ihre Stimme, ihr Handwerk und ihr schönes
Gefieder den Bewohnern des Gebirges wohl bekannt. Obwohl sie scheu und
listig sind, kommt man ihnen doch leicht auf die Spur und beobachtet ihr
emsiges Tagewerk. Sie sind ohne Ausnahme Standvögel, ernsthafte, pathetische
Narren, ihre Haltung und Gebärde mit pedantischer Einförmigkeit beibehaltend.

Etwa 3 m über der Erde fliegen sie den Baumstamm an, wandern fortwährend pochend aufmerksam an demselben hinan, bis sie eine hohle, von Insekten angefressene Stelle finden. Mit starkem, meißelscharfem, vorn keilförmigem Schnabel hämmern sie durch kräftige Nackenbewegungen und unter festem Anstemmen der steifen, elastischen Schwanzfedern, die Stütz= und Schnellfeder zugleich sind, die Rinde durch und schnellen ihre rasch sich verlängernde, wurm= förmige, vorn mit Widerhäkchen versehene Zunge in das Bohrloch, um die Larve oder den Käfer, der darin sitzt, anzustechen. Für ihr Nest meißeln sie ein zirkelrundes Loch in alte, kernfaule Kiefern= und Buchenstämme, in das sie ihre glänzendweißen Eier (6—18 m über der Erde) ohne Nestbau legen. Die am Boden liegenden Holzspäne werden leicht zum Verräter des Brüte= orts. Außer der Brutzeit sieht man abends bald einen Bunt=, bald einen Grünspecht von einem bestimmten Loche Besitz nehmen, so daß es dem zuerst Ankommenden gehört. Wenn im Winter die ganze Landschaft öde und still ist, so hört man diese klugen und fleißigen Vögel wohl eine halbe Stunde weit klopfen und arbeiten oder durch hackende Kopfbewegung an einem dürren Aste trommeln. Der größte des Geschlechts, gegen $1/2$ m lang, ist der kräftige, kohlschwarze, mit karmesinrotem Scheitel geschmückte Schwarzspecht (Dryocopus Martius), einzeln in allen einsamern Tannenwäldern des Gebirges zu finden, besonders im Emmenthal, in Appenzell, Graubünden und im Jura. Die Bauern kennen ihn gar wohl und nennen ihn nach seinem Rufe bald Tannenhuhn, Waldhahn, Holzgüggel, bald Tannenroller, Bergspecht, Hohl= krähe. Noch bekannter ist der zeisiggrüne, mit roten und schwarzen Backen und hochrotem Scheitel und Nacken ausstaffierte Grünspecht (Gecinus viri- dis) und auch der ihm ähnliche, aber etwas kleinere und seltenere Grauspecht (Gecinus canus) mit roter Stirn und grauem Hinterkopf. Der erstere geht auch in alle gemischten Wälder der Ebene, besonders wenn sie von Bächen durchzogen sind, und treibt sich im Herbst und Winter gern in Baumfeldern oder selbst an großen Nutz= und Ahornbäumen bei den Häusern umher; der Grauspecht dagegen erreicht das Maximum seiner Individuenmenge in den Wäldern der Gebirgsregion, besonders in solchen Lagen, die sich an die Alpen anlehnen. Während sonst die Spechte selten Baum oder Busch verlassen, sieht man diesen oft auf den Boden fliegen, um im Miste Insekten zu suchen. Hornissen verschluckt er ohne Beschwerde. Die drei Buntspechte (der große, Picus major, der Weißbuntspecht, Picus medius, und der bloß sperlingsgroße Kleinbuntspecht, P. minor), alle wunderschön schwarz und weiß gescheckt, die Männchen mit rotem Scheitel, die beiden ersteren auch mit rosenrotem After, gehen im Gebirge bis an die obere Grenze der Buchwälder, sind aber durchweg nicht allzu häufig; namentlich wird der kleine in vielen montanen Lokalen ganz vermißt und überhaupt eher in Busch und Vorholz als im Hochwalds= dickicht bemerkt. Im Herbste sieht man sie mitunter an den großen Obst= bäumen, besonders an alten Nußbäumen der Bergwiesen, obwohl sie, wie alle

Klettervögel, beim Anblick des Menschen stets hinter den Stamm gehen und sich so, wenn man ihnen folgt, oft ganz um denselben herum bewegen, bis sie, der Verfolgung müde, mit unwilligem ‚Rück—rück‘ nicht sehr rasch, meist geradlinig und augenscheinlich beschwerlich ein paar hundert Schritte weiter fliegen.

Als Seltenheit wurde früher der dreizehige Specht (Picoides tridactylus) betrachtet; indessen hat man ihn in den Bergwäldern ob dem Brienzersee, in Habchern, im Simmenthal, an der Potersalp und am Kamor, im Rheinthal, im Bannwald ob Altorf, im Reußthal, in Bünden (Schanfigg, Engadin) und in den Hochwäldern von Schwyz und Unterwalden gefunden, und zwar an einigen Orten verhältnismäßig zahlreich. Er ist schwarz und weißbunt, mit silberweißer Iris; das Männchen hat einen zitronengelben, das Weibchen einen weißen, schwarzgestrichelten Scheitel. Ausnahmsweise verirrt sich dieser Vogel, der im nördlichen Europa und Asien, das mehrere Arten dreizehiger Spechte besitzt, häufiger ist, auch in die unteren Bergthäler und Vorlande und wurde z. B. schon unweit St. Gallen in den Schwarzwäldern von Bernhardzell geschossen. Er hält sich gern zu den Buntspechten und bleibt bei ihnen, während der Schwarzspecht neidisch jeden Genossen von dem Baume jagt, an dem er hämmert. Alle diese Spechtarten sind, wie überhaupt die ganze Familie der Klettervögel, starkgebaute, lebhafte, kluge und sehr nützliche Tiere, dabei nur sehr schwer zu zähmen. Sie sind durch Größe, Tracht und Lebensweise hervorstechende Elemente der Tierwelt unseres Kreises, erscheinen aber nie massenhaft, da sie sich ziemlich schwach vermehren. Noch viel vereinzelter finden wir im Gebirge von Mai bis September den ihnen verwandten Wendehals (Yunx torquilla), der sich aus den Baumgärten der Ebene einzeln in die höheren lichten Laubholzwälder (selbst bis ins Schanfigg, Ursernthal und Engadin) verfliegt oder auf dem Durchzuge dort bemerkt wird. Er ist von der Größe des Stars, hübsch grau, braun und gelb gezeichnet und schwarz bespritzt, hüpft im Gezweige und an den Stämmen, ohne eigentlich zu klettern, dann auch auf der Erde nach Raupen und Larven und streckt seine Zunge in bewohnte Ameisenhaufen, um sie, wenn sie voller Ameisen ist, rasch zurückzuschnellen; den Vogelnestern, namentlich den Höhlenbrütern, wird er oft lästig, indem er boshaft das Geniste zerzaust. Seine komischen, wie konvulsivischen Halsverdrehungen, wobei er den Schnabel auf den Rücken legt, die Haube aufsträubt, den Schwanz spreizt, die Augen verdreht und mit aufgeblasener kollernder Kehle unaufhörlich auf= und abnickt, machen ihn zu einem höchst possierlichen Geschöpfe. Seine Anwesenheit verrät er meist durch helltönendes Geschrei.

Eine nahe Verwandtschaft mit den Spechten, Meisen und Mauerläufern zugleich hat die auch in der Bergregion nicht ganz seltene Spechtmeise (Sitta europaea), die ebenso geschickt klettert wie die Spechte, obgleich sie der Unterstützung des starken Schwanzes derselben entbehrt. Sie läuft gewöhnlich von dem oberen Teile des Baumes nach unten und nimmt diese auffallende Stellung an, wenn sie den Baum anfliegt. Unermüdlich die Stämme herab= rennend, zieht sie mit ihrer harpunenartigen Zunge jedes Insekt, das ihr scharfes Auge entdeckt, aus der Rinde. Sie nistet öfters in den von ihr mit Kot verengten Spechtlöchern der hohlen Bäume, und das Weibchen verläßt die Brut so ungern, daß es sich eher gegen fremden Eingriff zischend zur Wehre setzt. Das Tierchen ist etwa 20 cm lang, oben bläulichgrau mit weißer Kehle, rostroten Weichen und gelblichem Unterleibe. Neben den Insekten frißt es auch mit Vorliebe Sämereien und selbst Haselnüsse, die es geschickt mit dem Schnabel zu bearbeiten versteht. Seine bewegliche Kletter= natur macht es so schwer zähmbar wie die eigentlichen Spechte. In den meisten Gegenden ist es Standvogel. Ungefähr einen gleichen Verbreitungsbezirk durch die Wälder und an einzelnen Bäumen hat der gemeine Baumläufer (Certhia familiaris), ein dunkelgraues, weißgesprenktes, unten ganz weißes, höchst geselliges Vögelchen, nicht viel größer als ein Zaunkönig, mit rost= farbenen Schwanz= und braunen, gelbgestrichenen Schwingfedern und langem, gebogenem Schnabel. Wie die Spechtmeise rennt es an den Bäumen insekten= suchend umher, doch seltener von oben nach unten; dabei zieht seine Beweglich= keit und Emsigkeit, oft auch sein leiser, eintöniger Ruf während des Suchens, die Aufmerksamkeit des Menschen auf sich. Es ist zu schwach, um mit dem ahlfeinen Schnabel die Rinde zu öffnen; dafür untersucht es mit demselben wie mit einer krummen Sonde jede Rindennarbe und ersetzt, was ihm an Kraft gebricht, durch Springen und Laufen, wobei es sich gern auf den Schwanz stützt. Auf die Erde scheint es gar nie zu gehen, fängt sich aber in Meisenfallen bei bloßer Samenlockspeise. Der rotflügelige Mauerläufer gehört vorwiegend der alpinen Region an.

Die große Masse der Vögel wird im unteren Gebirgsgürtel durch die umfassende Ordnung der Sperlingsartigen gebildet, welche in der Familie der Allesfressenden die Rabenartigen, in der Familie der Insektenfresser die mannigfaltige Gruppe der Sänger, in der Familie der Samenfresser die Meisen, Lerchen und Finken und endlich in der Familie der Schwalbenartigen die Schwalben, Segler und Ziegenmelker in sich faßt. Von dieser letzteren Familie besitzt die Bergregion nur wenig Ausgezeichnetes. Die Haus=, die Rauch= und die Uferschwalben ziehen im allgemeinen entschieden das Tiefland vor und besuchen gewöhnlich das Gebirge nur als Reisende, obwohl sie in manchen milderen Bergthälern auch heimisch sind. Oft schon Ende März kommt die schön stahlblauschwarze, rostrotstirnige und =kehlige, mit langem Gabelschwanz geschmückte, nacktfüßige Rauchschwalbe (Hirundo rustica) an, um in den oberen Kammern und selbst den Gängen der Bauernhütten ihr hartes, offenes Nest anzubringen. Tritt noch eine herbe Kälte ein, so ver= schwindet sie wieder und erscheint dann über Seen und Bächen, in tiefem Fluge Insekten jagend, wieder. Bald nach ihr langt die allbekannte, oben

blauschwarze, unten weiße, gabelschwänzige, siederfüßige Hausschwalbe
(H. urbica) an, die ihr geschlossenes Nest an der Außenseite der Häuser
anbaut und sich oft vor den rauhen Launen des Nachwinters mitten in die
Wohnungen hineinrettet oder auch seltener kolonienweise an überhängenden
Felsen nistet, wie z. B. in den Wänden beim Wildkirchli. Ein einziges Mal
haben wir auch eine schneeweiße Spielart gesehen. Im Mai folgt die kleinere,
fast nacktfüßige, oben graubraune, unten weißliche Uferschwalbe (H. riparia),
die an Uferfelsen oder selbst in tiefminierten Erdlöchern nistet, welche sie
mühsam selbst gräbt. Sie ist die erste, die im Herbste wieder abzieht. Die
Haus- und Rauchschwalben möchten noch am regelmäßigsten in unserer Region
sich finden, namentlich erstere in den hochgelegenen Thälern Graubündens
und Uris sogar noch in der alpinen Zone (Engadin 1750—1850 m ü. M.);
die Uferschwalbe wurde am Gotthard nur einmal und zwar bei Schneegestöber
tot gefunden, zeigt sich aber auch im Domleschg und am Calanda. Rauhe
Witterung im Frühling und Herbst wird kaum einem andern Zugvogel so
verderblich wie den Schwalben und Spyren. Von ersteren wurden nach dem
starken Schneefall Anfangs Oktobers 1867 in Baselland über 200 Stück tot
aufgelesen.

Der oben düster schwarze, unten etwas hellere, weißkehlige Spyr oder
Mauersegler (Cypselus murarius, im Tessin Sbirro) nistet wohl auch
häufiger in der Ebene; doch folgt er, die Gesellschaft des Menschen, der ihn
freundlich schont, suchend, den Wohnungen und Dörfern bis über die Bergregion hinauf und nistet z. B. im Dorfe Splügen (1455 m ü. M.) noch zahlreich. Er brütet gesellig in Mauerlöchern, Felsritzen oder passend gelegenen
Nestern anderer Vögel; im Appenzellerlande nimmt er nicht selten von den
Starenkästen Besitz. Unbehilflich und dumm, wie er ist, läßt er sich, wenn
er auf den Boden fällt, mit Händen greifen, hackt aber seine ganz kurzen,
scharfkralligen Füße gern in die Hand des Fängers und kreischt ihn mit
weitaufgerissenem Schnabel wütend an. Seine ganz kurzen Füße und
außerordentlich langen Flügel machen ihm das Auffliegen vom Boden fast
unmöglich; er haftet darum meist am Gemäuer. In großen Scharen verfolgt er oft seinen Todfeind, den Turmfalken. Er kommt gewöhnlich erst
gegen den Mai hin (in Chur am 8.—10. Mai) lautjubelnd an und verschwindet schon Anfangs Augusts wieder unbemerkt; mit dem Brütgeschäft
verspätete und aus dem Norden kommende reisen aber oft erst Mitte bis Ende
Septembers ab. Von den Schwalben unterscheiden sich die Segler leicht
dadurch, daß diese alle vier Zehen nach vorn gerichtet haben, während jene wie
die Singvögel drei nach vorn und eine nach hinten halten. Der Alpensegler
(Cypselus alpinus) bewohnt auch unsern Kreis, ist aber ebenso heimisch in
den höheren Regionen; und ebenso die Felsenschwalbe (Hirundo rupestris).

Ihnen schließt sich in Lebensweise als nächtliche Form der schwarzgraue,
braun- und weißgewässerte Ziegenmelker (Caprimulgus europaeus, Nacht-

schwalbe) an, der nur in der Dämmerung auf Käfer und Nachtschmetterlinge
ausgeht und in Bergwäldern einzeln etwa mit den Waldschnepfen aufgejagt
wird. Mit euleuleisem Fluge und wie die Schwalben mit weitaufgesperrtem
Schnabel und gähnendem Rachen schwebt er dumpfschnurrend um die Baum=
äste, um Forstinsekten abzufangen. Nicht ganz selten findet man ihn in Kuh=
und Ziegenställen, wo ihn sein sehr kleiner, weicher, spitzer Schnabel und
ungeheuer weiter Schlund dem Verdachte ausgesetzt hat, er trinke von dem
Euter der Ziegen, — natürlich ein drolliger Irrtum, der sich schon von
Aristoteles' Zeiten her vererbt hat. In die Ställe geht er wahrscheinlich aus
dem gleichen Grunde wie die Fledermäuse, weil er dort Nachtschmetterlinge,
Insekten und ein bequemes Versteck findet. Am Tage sitzt dieses höchst nütz=
liche, aber mit seinen großen schwarzen Augen und dem steifen Schnurrbart
ganz abenteuerlich aussehende Tierchen gewöhnlich im Heidekraut, in Heidelbeer=
büschen, oder der Länge nach auf einem tiefen Aste, nie hoch im Baume, und
schläft sehr fest. Es ist dann schwer zu bemerken und sieht einem verschimmelten
Rindenstück ganz ähnlich. Man kann ihm bis auf wenige Schritte nahekommen,
ehe es aufwacht. Auch wach ist es nicht scheu. Das Nest und die Jungen sind
sehr schwierig aufzufinden. Von Mai bis Oktober bewohnt es die Wälder
bis zur Baumgrenze und nistet sogar noch bei St. Moritz 1850 m ü. M.
Es trippelt, während wir dies schreiben, ein hübsches, 27 cm langes, weibliches
Exemplar in unserer Arbeitsstube umher. Wir erhalten es seit längerer Zeit,
indem wir es täglich mit Würmern und Kerbtieren stopfen. Freiwillig frißt
es nichts. Obgleich ein nächtlicher Vogel, ist er doch auch bei Tage ziemlich
thätig, kommt bei Sonnenschein fleißig aus seinem Winkel hervor und setzt
sich mit Vorliebe dicht neben uns am Boden auf den wärmsten Fleck, wobei
er behaglich den Schwanz fächerförmig ausbreitet und mit halbgeschlossenen
Augen duselt. Verläßt die Sonne die Fenster, so geht er langsam schrittweise
wieder in seinen Winkel und legt sich gewöhnlich platt auf den Bauch. Er
fliegt sehr ungern und hüpft so ungeschickt, daß er beständig auf die Seite
purzelt, wobei er oft unbehilflich liegen bleibt und wartet, bis er aufgestellt
wird, obwohl er ganz gesund und stark ist. Fremde schnarrt er leise krächzend
an, ist aber dabei äußerst zahm, sitzt recht gern breit in der warmen, hohlen
Hand, wobei er die Leute zutraulich mit seinen großen schwarzen Augen
ansieht, und ist der Liebling des Hauses.

Die Tagschwalbenarten sind weder durch ihren zwitschernden Gesang,
noch durch besonders schöne Tracht im stande, die Zuneigung des Menschen
zu gewinnen; gezähmt können sie ohnehin nicht werden — und doch sind sie
auch den Bewohnern des Gebirges geheiligte Vögel. Sie sind ein wildes,
scheues, rauhes Räubervolk — und doch halten sie so gern zum Menschen.
Dies, verbunden mit ihrer außerordentlichen Nützlichkeit und ihrem frühling=
verkündenden Botschaftsberufe, mit dem sie in hellen, jubelnden Schwärmen
den Sieg der wachsenden Sonne anzeigen, hat sie dem Volke unverletzlich

gemacht, — freilich nur dem biedern deutschen. Jenseit der Alpen werden sie alljährlich zu hunderttausenden gewürgt und verspeist, wie jedes Geschöpf, das Federn hat und in die Hand eines Italieners fällt.

Freundlicher ist die Erscheinung der zahlreichen Gruppe der Finken, alles muntere, lebhafte Vögel mit kräftiger Stimme und hübschem Gefieder, leicht in die Stube zu gewöhnen, meist thätig und klug, ein lieblich Geschlecht.

Durch ihre Größe und wunderliche, bald nach rechts, bald nach links querverschränkte Schnabelbildung, sowie durch ihre bunte Färbung und treue Geselligkeit zeichnen sich unter den Fringilliden die Kreuzschnäbel aus, von denen bei uns zwei Arten, der größere, starkschnäblige Kiefernkreuzschnabel (Loxia pityopsittacus) und der kleinere, schwachschnäblige Fichtenkreuzschnabel (L. curvirostra) vorkommen. Sie erscheinen in sehr verschiedenen Kleidern. Die alten Männchen beider Arten sind gelb= bis karminrot, auf dem Rücken graubraun, am Flügel und Schwanz dunkelbraun, die einjährigen Männchen trübrot, gelb oder grünlich, die Weibchen grünlichgrau, die Jungen schmutzig graugrün mit dunklern Flecken. (Die kleinste Art [L. leucoptera] mit zwei weißen Binden auf den Flügeln ist bei uns noch nicht aufgefunden worden.) Sie sind alle Vagabunden, erscheinen bald in Menge, bald jahrelang selten, je nach dem Geraten des Fichtensamens. Der Kiefernkreuzschnabel, der mit seinem starken Schnabel auch die harten Föhrenzäpfchen zu öffnen vermag, nistet noch bei 1300—1800 m ü. M.; sogar auf dem Splügen wurde sein Nest entdeckt; der Fichtenkreuzschnabel zeigt sich mehr in den Nadelholzwäldern der Berg= region. Beide brüten außerhalb der Mauser zu allen Jahreszeiten, selbst in der herbsten Winterkälte. In lockern Flügen, unaufhörlich einander zurufend, durchziehen sie den Tann, klettern im dünnsten Fichtengezweig umher, bald nach Art der Papageien mit den Füßen oder dem Schnabel sich anhäkelnd, bald plump zum nächsten Baume schwirrend. Ihre Samenlese hat der Alt= meister Chr. L. Brehm trefflich beschrieben: „Der Kreuzschnabel beißt einen Zapfen ab, trägt ihn an einem Stück Stiel, welches er daran gelassen hat, mit dem Schnabel auf einen nicht sehr dicken Ast, hält ihn mit den hierzu besonders eingerichteten sehr starken Zehen und scharfen Nägeln fest, beißt mit den scharfen, schmalen Schnabelspitzen das vordere, schiefzulaufende Ende eines Deckelchens ab, öffnet dann den Schnabel etwas, schiebt seine Spitze unter das Deckelchen und bricht es dadurch, daß er den Kopf auf die Seite bewegt, mit leichter Mühe auf. Jetzt drückt er mit der Zunge das Samenkorn los, bringt es mit ihr in den Schnabel, beißt das Flugblättchen und die Schale ab und ver= schluckt es. Er kann mit einem Male alle die Deckelchen aufheben, die über dem liegen, unter welchem er seinen Schnabel eingesetzt hat. Stets bricht er mit dem Oberkiefer aus, indem er den untern gegen den Zapfen stemmt. Der Kreuzschnabel ist ihm hiebei unentbehrlich; denn er braucht ihn nur wenig zu öffnen, um ihm eine große Breite zu geben, so daß bei einer Seitenbewegung des Kopfes das Deckelchen mit der größten Leichtigkeit aufgehoben wird. In

6*

Zeit von 2—3 Minuten ist er mit dem Zapfen fertig und holt einen andern. Wenn der Schwarm fortfliegt, lassen alle ihre Zapfen herunterfallen“. Bekanntlich sind die Kreuzschnäbel äußerst harmlose, aber ziemlich dumme Tierchen; nützlich werden sie etwa dadurch, daß sie, wie Vouga im Jura beobachtete, mit Vorliebe die grünen Blattläuse von der Unterseite der Obst= baumblätter ablesen. Nicht klüger sind die sanften und zutraulichen Gimpel oder Blutfinken (Pyrrhula vulgaris), auch Bollenbeißer, Braunmeisen und Gügger genannt, die von Samen, Beeren und Knospen leben, im Winter aber in Gesellschaft von 8—10 Stück in die Gärten kommen, die Ebereschen, aber auch die Knospen der edlen Steinobstbäume aufsuchen, wodurch sie häufig großen Schaden anrichten. Den Sommer über sind sie in gemischten Berg= wäldern, wo sie auf niedrigen Bäumen nisten, nicht selten, verlassen diese aber gegen den Winter und streichen, besonders die Weibchen, in größeren Flügen ins Vorland; wir haben in milden Berggegenden im Winter ganze Flüge Blutfinken bemerkt, ohne daß ein Weibchen bei ihnen war. Mitunter sollen einzelne Exemplare sogar im Engadin überwintern. Ihre prächtige Färbung, ihre Zahmheit und Gelehrigkeit bevorzugen sie als Stubenvögel. Auch der Kirschkernbeißer (F. coccothraustes), Kriesiklöpfer oder Kriesischneller, ein vielschreiender, unruhiger, sehr mißtrauischer, dickköpfiger Vogel, graubraun mit schwarzer Kehle, schwarz und weißen Flügeln, aschgrauen Nackenband, weinrötlichem Unterleib und außerordentlich dickem, im Sommer blauem, im Winter fleischfarbenem Schnabel, streift durch die Laubgehölze des Gebirges nach Buchnüssen und Kirschen, deren Kerne er aufknackt. Im Winter sucht auch er in den Gärten nach Blütenknospen, und leert, wie im Sommer den Kirschbaum, so die ungeschützten Spaliere in wenigen Stunden, ohne sich durch einen Laut zu verraten. Die Großzahl aber zieht nach Süden ab. Als Merkwürdigkeit führen wir an, daß ein solcher Kernbeißer kurz vor Weihnacht 1836 bei herber Kälte auf dem Gotthard gefangen wurde. Sein Vetter, der kleine, mehr dem Süden angehörige Girlitz (Fringilla serinus), auch Fädemli oder Schwäderli genannt, besucht zahlreich manche milde bündnerische Berg= thäler. Der Haus= und der Feldsperling (Passer domesticus et montanus) zieht ebenfalls die Dörfer und Gebüsche der Ebene vor und reicht hie und da, doch nicht besonders weit, über die Hügelregion in die Berggelände herauf. Der listige und freche Hausspatz scheint allmählich in dieser Richtung vorrücken zu wollen und ist z. B. erst seit wenigen Jahren in das Sernfthal eingewandert und auch noch sogar in dem etwas Korn bauenden Oberengadin (1750 m ü. M.) zu finden, während er in dem tiefer gelegenen, aber kornbaulosen Urserenthale fehlt. Der erdbraune, dunkel gefleckte, kupferrotscheitlige Feld= sperling erscheint häufiger in der Bergregion, aber im Herbst zieht er gern ins offne Land ab, wo er dann in hellen Haufen sich umhertummelt. Die italienische Varietät des Haussperlings (Passer italicus) ist als Seltenheit bis in die nach Süden verlaufenden Thäler Bündens und nach Tessin vorgerückt.

Der schöne, graubraune Steinsperling oder Graufink (F. petronia), dem Sperling ähnlich, aber über den Augen und an der Gurgel gelb gefleckt, mit gelbem Schnabel und weißlichem Unterleib, ist in der Schweiz ziemlich selten; im Glarnerlande wurde er nur einmal und zwar in der Bergregion bemerkt; im Bündnerlande und Jura lebt er im Sommer in Felsrevieren und kommt im Winter bis zu den Dörfern. Vor allen aber grüßt uns der schöne Buch=fink (F. coelebs) mit seinem hellen, kräftigen und metallreichen Schlage zahl=reich durch die ganze Waldregion hin und belebt die grünenden Büsche wie den knospenden Hochwald, die Fichtengruppen wie den Obstbaum beim Stalle und den Hollunderstrauch am Bache mit seinen frischen, freundlichen Gesängen, treu dem Plätzchen, das ihm Beeren und Gesäme giebt und seinem grün=bemoosten Kugelnestchen Schutz gewährt. Besonders im Hochzeitskleide von großer Schönheit, zeigt sich das Finkenmännchen in allen seinen Bewegungen kräftig, gewandt, zutraulich, aber auch wieder listig und mißtrauisch. Wenn es trippelnd auf dem Boden läuft, sieht es sich stets um und sträußt das Schöpfchen bedenklich auf, sobald etwas Ungerades in den Weg kommt. Zu allen Tageszeiten, selbst unmittelbar nach wilden Gewittern, schallt der herr=liche Finkenruf vielfältig durchs Gelände, am freudigsten im April und Mai; doch wenn die Chöre hier auch vom Juli an verstummen und nur noch ihr heller Lockton ‚fink—fink‘ aus den Büschen tönt, bleiben diese Tierchen noch freundliche Gesellen des Menschen. Sie fressen neben Körnern und Sämereien auch, besonders zur Brütezeit, sehr viele Fliegen, Käfer, Raupen, Larven, Mücken und kleine Falter weg, wodurch sie uns sehr nützlich werden. Im Thüringerwalde teilt man sie nach ihrer Schlagweise in ordentliche Klassen ab und bezahlt gewisse Melodien mit großem Gelde. Unsere Bergbewohner kennen diesen Luxus, wie überhaupt die Vogelstellerei, fast gar nicht, da das Halten von Singvögeln nicht ihre Liebhaberei ist. Geschieht es noch etwa, daß ein Vöglein gepflegt wird, so ist es häufiger ein schmetternder Kanarien=vogel als so ein munterer und lebhafter einheimischer Sänger. Im Spätherbst ziehen die meisten Weibchen und Jungen nach Süden.

Aus den Birkenwäldern des höchsten Nordens kommen im Herbste und Winter bald einzeln, bald in großen Zügen, bald auch in Gesellschaft von Ammern, Hänflingen oder Buchfinken, die gesanglosen Mist= oder Berg=finken (auch Waldfink, Gägler, Fringilla montifringilla) an, buntbefiederte Vögel mit bräunlichgelber Brust und Schulter und im Winter wachsgelbem Schnabel. Sie werden in Vogelherden zahlreich gefangen; mit einem einzigen Vogelschlage hascht man an einem schneereichen Tage oft Dutzende. Sie treiben sich auf Straßen und Miststätten, vor Häusern und Ställen gesellig umher, gehen aber zur Nachtruhe in die hohen Baumwipfel der Wälder und ver=steigen sich sogar bis ins Engadin. Im Frühling kehren sie nach Norden zurück; doch wird behauptet, daß sie auch im Emmenthale brüten. Der gelblich=grüne, unten ganz gelbe, dickköpfige plumpe Grünfink (Fr. chloris), mit gelben Schwanz- und Flügel- und aschgrauen Deckfedern, etwas größer als der Buchfink, wird einzeln auf hohen Baumwipfeln pfeifend bemerkt und zwar bis zur Laubholzgrenze, aber nirgends häufig. Am ehesten finden wir ihn noch in nassen, mit Weiden und Ulmen bewachsenen Gründen und zur Reifezeit der Samen in den Gemüsegärten, wo er sich durch seinen dem Kanarienzeisigrufe ähnlichen Lockton bald bemerklich macht. Auch in der Höhe des Reußthales wurde er, aber wohl nur auf dem Durchzuge, getroffen. Der kastanienbraune Hänfling (Fr. cannabina), mit karmesinroter Stirn und Brust beim Männchen, kommt im Sommer in munter zwitschernden Scharen als Strichvogel in die Laubgehölze der Bergregion, wo er sein lebhaftes, flüchtiges Wesen auch auf Äckern, Wiesen, in lichten Büschen treibt, geht aber im Herbste wieder dem Thale zu, in steinige oder feuchte, mit Erlen, Disteln und Habichtskräutern bewachsene Reviere, wo er auch den Winter über noch in kleinen Zügen bemerkt wird. Im Ursernthale erscheint er gewöhnlich Ende Oktobers und Anfang Novembers massenweise auf dem Durchzuge, selten oder nie im Frühling. Der nordische gelbschnäblige Berghänfling (Fr. montium) kommt im Winter bloß bis in die submontane Region. Sind die gemeinen Hänflinge aus dem unteren Gebirge weggestrichen, so werden sie bald durch einzelne starke Züge der kleinen, gelblichgrünen, schwarzscheitligen Zeisige (Erlenfink, Fr. spinus) abgelöst, welche bis zur Laubholzgrenze hinauf durch die Erlenbüsche hüpfen und nach den Samen derselben eifrig suchen, doch schwerlich bei uns brüten. Man bemerkt sie wenigstens in der Regel nur im Herbst, Winter und Frühling und alsdann in großer Gesellschaft, besonders wenn der Birken- und Fichtensame wohl geraten ist. Während des hohen Winters haben wir im Gebirge ebensowenig einen Zeisig entdeckt als während des Sommers; doch fand Saliz sie auch im Juli im Oberengadin, ohne aber ihr Nest zu entdecken. Auch die harmlosen und ebenso geselligen Leinfinken (Fr. linaria, Rebschößli oder Blutschößli), welche wie die Hänflinge rote Scheitel und die Männchen rote Brust haben, aber etwas kleiner sind und durch die schwarze Kehle sich auszeichnen, fliegen im Spätherbste, aus dem Norden herwandernd, manchmal scharenweise an den Bäumen und in den Büschen des unteren Gebirges umher, verweilen höchstens bis im Februar und zeigen sich in anderen Gegenden und zu anderen Zeiten wieder gar nicht. Im Baumwäldchen ob Andermatt halten sie sich auffallenderweise auch über Sommer und brüten regelmäßig daselbst; eben so in manchen rhätigen Thälern, z. B. im Schalfik, wo sie bei Arosa (1892 m ü. M.) oft vorkommen. Auf einer Hängebirke bemerkten wir einmal wenigstens sechzig Stück dieser netten, unruhigen, aber ziemlich dummen Vögel auf dem Winterstriche. Unter ihnen waren vielleicht drei Vierteile junge Männchen; wenigstens fanden wir unter den acht Stück, die auf einen Schuß fielen, sieben junge und nur ein altes. Seit zehn Jahren aber haben wir keinen Leinfinken mehr beobachtet. Dagegen ist der bunt aus allen Farbentöpfchen des Schöpfungsmorgens bemalte, lebhafte **Diftelfink** (Fr. carduelis, Difteli, im Teffin Ravarino) wie in der ebenen, so in der gebirgigen Schweiz, bis hoch hinauf ins Urfernthal, überall verbreitet; man glaubt, die sogenannten Bergdiftler seien etwas größer, bunter und schöner, als die der Ebene. Sie sind nicht scheu, lernen leicht hübsche Melodien und Kunststückchen und sind gar muntere und freundliche Stubengenoffen.

Am häufigsten bemerkt man von den Ammern den schönen, mehr oder weniger goldgelben **Goldammer** (Emberiza citrinella, Emmeriz, Gilberig) im ganzen Gebirge, wo er gern die Haferfelder und die Bäume in der Nähe der Dreschtennen besucht und im Spätherbst zu hunderten die frischbebauten Äcker bedeckt. In Bünden und Teffin fanden wir ihn im Sommer auffallend häufig in fruchtbaren, buschigen, bewäfferten Bergthälern. Seltener ist der unten grün und gelbe, oben braune **Zaunammer** (E. cirlus), etwas häufiger, in den Teffiner Bergen sogar gemein, der grauköpfige, roftbraune **Zippammer** (E. Cia) und in naffen Gründen der schwarzköpfige, oben braune, unten weiße **Rohrspatz** oder **Rohrammer** (E. Schöniclus). Alle schweizerischen Ammer sind auf Strich und Zug auch im Urfernthale bemerkt worden, sowie der in der Schweiz selten gewordene **Ortolan** oder **Gartenammer** im Frühling in den Baumgärten von Andermatt und Hospenthal. Der **Grauammer** (E. miliaria) soll nach Salis' Angabe jeden Winter auch in hochgelegenen Thälern Graubündens gefunden werden. Der hin und wider als Winter= gaft in der Schweiz erscheinende **Schneeammer** bringt nicht bis in die Bergregion vor.

In einzelnen Gebirgskreisen fehlen die Lerchen ganz, auch im Thale; in anderen sind sie bekannte Tierchen. Die **Feldlerche** (Alauda arvensis) erscheint von ihnen am häufigsten auf Wiesen und Äckern, aus denen sie wirbelnd auffteigt, um, hoch in den Lüften kreisend, ihre jubelnden, entzückenden Lieder zu singen, oder, wie der Dichter sagt, an ihren bunten Liedern selig in die Luft zu klettern. Sie bleibt bloß von November bis Februar weg, zieht kaum tief nach Süden und überwintert nicht selten im bündnerischen Rhein= thale, bei Murten und im Waadtlande in großen Scharen. Am höchsten mag sie, und zwar bereits in der Alpenregion, noch im Urfernthale und im oberen Engadin zu finden sein. Bei der Fortezza suot, oberhalb Lavin (1430 m ü. M.), steht ein bewaldeter Hügel, bei dem der sinnigen Volkssage nach die Lerchen nie singen sollen, weil das Volk bei einem Aufstande dort an dem Burgherrn einen Treubruch verübt habe, ähnlich wie nach Plinius die Griechen glaubten, wegen der Verbrechen des Tereus meiden die frommen Schwalben die Stadt Bizyan in Thrazien. Seltener ist die etwas kleinere **Baumlerche** (A. arborea); doch möchte sie wohl faft durch die ganze Berg= region hin zu treffen sein, wie sie auf der Spitze einer jungen Buche oder Fichte vom Frühling bis zum Herbfte ihre freundlichen und heiteren Weisen ertönen läßt und sich oft wie die Feldlerche laut singend in die Luft erhebt.

Der scheidenden Sonne nach,
Über der stillen Schöpfung,
Angeglüht
Vom letzten Strahl,
Die Seel' im Lied verhauchend,
Verschwebend,
Verschwirrend
Im Ätherduft.

Sie kommt später als die Feldlerche an und zieht im Oktober wieder ab, wo sie regelmäßig am Gotthard bemerkt wird. Ihr Nest baut sie nicht auf Bäume, sondern ins Heidekraut der Felder oder in die Büsche und Farne am Saume der Wälder. Höchst vereinzelt und nur in den milden Bergthälern Graubündens zeigt sich die zierliche Haubenlerche (A. cristata), die mehr den mildern Gegenden angehört. Bei Chur nennt man sie Hupplerche und findet sie gewöhnlich in der Nähe von Wohnungen und Gärten. Im Winter streicht sie ins offene Land hinaus. Im Dezember 1869 sahen wir eine ganze Schar dieser zutraulichen Tierchen auf dem Bahnhof Winterthur ruhig zwischen den hin= und herrollenden Zügen umherlaufen. Die Alpenlerche (Otocoris alpestris), die aus dem hohen Norden sich bis Holland und Deutschland verliert, ist wiederholt als seltener Gast auch in unsern Bergen erlegt worden.

Den Lerchen schließen sich in Tracht und teilweise auch in der Zehenbildung die Pieper an, unterscheiden sich aber in der Lebensweise von ihnen, indem die Lerchen neben Insekten auch Kräuter und Körner fressen, die Pieper aber nur Insekten und bachstelzenartig die Nähe des Wassers aufsuchen. Mehrere aus dieser Gruppe sind Gebirgsvögel, einer, der Wasserpieper, sogar nur Alpenvogel. Der Baumpieper (Anthus arboreus) gehört zwar auch der Ebene an, findet sich aber durch alle Regionen des Gebirges bis zur Schneegrenze hin und nistet sehr häufig in der Alpenregion; ebenso gehört dem Gebirge auch der seltenere Wiesenpieper (A. pratensis) und vielleicht auch der kleine Sumpfpieper (A. palustris), der noch wenig beobachtet ist. Der erstere sucht schon im März die zahlreichen nassen und moorigen Bergweiden auf, in deren Seggen= und Wollgrasbüschel er sein Nest baut, sobald sie nur schneefrei sind. Hier findet man ihn nicht selten in Gemeinschaft der Bachstelze, mit der er rasch und unruhig ruckweise auf dem Boden umherläuft. Alle sind gute Sänger, besonders der melodienreiche Baumpieper. Die kleine Heckenbraunelle (Accentor modularis), mit schiefergrauer Brust und rostbraunem, schwarzgestreiftem Rücken, bei uns Herbvögli genannt, findet sich neben dem Zaunkönig hin und wider im Unterholze der Bergwälder, selbst bis ins Oberengadin, und wird alljährlich beim Durchzug im Oktober auf dem Gotthard gefangen. Würde nicht öfters ihr heiterer und fleißiger Gesang sie verraten, so wäre ihre Anwesenheit kaum merklich, da sie sich gar einsam und verborgen im Busche hält; doch weiß das Kuckucksweibchen ihr dichtes

Moosnestchen zu finden und mutet ihr unbescheiden genug nicht selten die Sorge für seine Nachkommenschaft zu.

Am reichlichsten unter dem kleinen Geflügel sind wohl die Meisen in dem Umfange unseres Bezirks vertreten, ein lebhaftes Völklein kleiner, starker, äußerst lebhafter, unschätzbar nützlicher Tierchen, von Insekten, Samenfrüchten und Beeren lebend. Ihr Gefieder ist hübsch, langbärtig, weich, seidenartig, mit vielen helleren Partien. Sie vermehren sich, zweimal brütend, außerordentlich stark, fliegen rasch, hüpfen schief, klettern sehr flink, hängen sich verkehrt an die Zweige, sind mehr frech als zutraulich und leben in größeren oder kleineren Gesellschaften, wenn sie nicht gerade mit ihrem wohlbetriebenen und höchst ergiebigen Brutgeschäfte zu thun haben. Am liebsten nisten sie in Baumlöchern und gehören, mit Ausnahme der kapschen Beutelmeise, ausschließlich der gemäßigten und kalten Zone an. Wenn man im Herbst durch Nadelholz geht und weit und breit sonst kein Vögelchen getroffen hat, so stößt man doch leicht auf ein lautes, lustiges Leben. Eine Gesellschaft wandernder Tann-, Kohl-, Hauben- und Blaumeisen, denen sich ein halbes Dutzend Goldhähnchen angeschlossen, streicht durch den Tann, besetzt etwa fünf oder sechs Bäume, durchstört das Gezweig von unten bis oben, häkelt sich kollernd, spulend, ‚zit—zit‘ rufend an alle Spitzen und Wipfel und verfolgt die Insektenjagd mit der größten Emsigkeit, ohne des anwesenden Menschen zu achten. In wenigen Minuten sind unter tausend gymnastischen Künsten die Bäume und Büsche, die im Striche liegen, abgesucht, jede Borkenritze ausgespäht, jedes zusammengerollte Blatt visitiert, und die Raupenbrut und Eierknäuel hastig aufgepickt. Die Gesellschaft verfolgt ihre Richtung, ohne einen Augenblick zu ruhen, und im Nu ist all das lustige und laute Wesen wieder verschwunden. Die Meisen gehören zu unseren unschätzbarsten Vegetationswächtern und Ungeziefervertilgern, besonders da sie auch den Winter bei uns aushalten, wo jede täglich tausende von Insekteneiern zu ihrer Sättigung bedarf.

Die gemeinste und bekannteste ihres Geschlechts ist die kecke, unermüdliche, immer kletternde und hüpfende, schön gezeichnete Kohl- oder Spiegelmeise (Parus major), die größte der Gruppe. Sie belebt die Büsche und Nadelwälder des ganzen Gebirges zu jeder Jahreszeit, kommt auch gar oft in die Hecken und Baumgärten, um ihre hellen Locktöne zum besten zu geben, und trilliert unaufhörlich ihren feinen, dreisilbigen Gesang her. Sonderbarerweise wird sie oft von einem mordsüchtigen Rappel befallen und hackt anderen kleinen Vögeln wütend die Augen und die Hirnschale auf. Bei St. Gallen wurde vor Jahren ein fast ganz schwärzlich überlaufenes Exemplar gefangen. Unschuldiger ist die kleinere Tannmeise (Parus ater) mit schwarzem Kopf und schwarzer Kehle, blaugrauem Rücken, weißer Oberbrust, bräunlich gelbem Bauch und weißen Backen, die ebenfalls in großen Gesellschaften durch die

Nadelgehölze streicht und sich nur selten auf freiem Gebirge blicken läßt. Ihre zischende, zwitschernde Stimme bricht nicht unfreundlich durch den finstern Ernst des düstern Tannwaldes. Neben der Kohlmeise findet man oft in geringerer Anzahl die hübsche Blaumeise (P. coeruleus), mit blauem Scheitel, schwarzer Kehle, olivengrünem Oberleib und gelblichem, blaudurchstrichenem Unterleib, ebenfalls ein nützliches, possierliches und emsiges Tierchen, das immer sein ‚zit—zit—zit‘ und ‚querrr‘ durch die Wälder hinruft und mit unglaublicher Behendigkeit und in den drolligsten Posituren in allen Zweigen hängt. Im Herbste scheint sie die Bäume der Gärten, Felder und in der Nähe der Häuser mit Vorliebe aufzusuchen. Häufiger in allen Nadelholzschlägen ist die braungraue, weißbauchige Haubenmeise (P. cristatus), die sich gern zu den Tannmeisen hält und sich schon von weitem durch ihre spulenden, kollernden Locktöne verrät. Mit komischer Bedächtigkeit richtet sie ihr stattliches, schwarz und weiß geflecktes Häubchen auf, wenn ihre Neugierde durch einen fremden Gegenstand erregt wird. Die rötlichbunte, fleißig kletternde Schwanzmeise (Pfannenstiel, P. caudatus), mit weißem Scheitel und langem, keilförmigem Schwanz, die ihr kunstvoll aus Moos und Flechten eiförmig gebautes Nest gern in Gabelzweige hängt, hält sich den Sommer über mehr vereinzelt, leise zippend im buschigen Laubgehölz auf; im Herbst und Winter findet man sie in starker Gesellschaft, zu der sich gern andere Meisen, Zaunkönige und Goldhähnchen halten, in den Wiesen und Gärten der Ebene, wo sie, wie man glaubt, das nahe Tauwetter anzeigt und den Baumknospen schädlich wird. Besonders niedlich ist der Anblick einer Familie von Jungen, welche dicht neben einander auf dem Zweige sitzen, aber stets so, daß das erste nach vorn, das zweite nach hinten, das dritte wieder nach vorn 2c. gewendet ist. Da das Tierchen seinen stattlichen Schwanzschmuck beim Brüten in dem kunstvollen eiförmigen Nestchen nur mit Mühe unterzubringen vermag, so sieht man es um diese Zeit gewöhnlich mit sichelförmig gebogenen Schwanzfedern fliegen. Auch die rötlichbraungraue, an Kopf und Kehle schwarze Sumpfmeise (P. palustris, Köhlerli), die munterste aller Meisen, ist in den untern Bergwäldern, Vorwäldern und Baumgärten nicht selten. Die prachtvolle nordische Lasurmeise hat man in unseren hyperboräischen Gegenden noch nie mit voller Bestimmtheit bemerkt. Alle genannten Meisen sind auch im Ursernthale oft gesehen worden, die Schwanzmeise aber nur in einzelnen Pärchen zur Herbstzeit.

In allen Hecken und Büschen des Gebirges findet sich der kleine, mit hochgehobenem Schwanze ewig umherhüpfende und mausartig alles durchschlüpfende Zaunkönig (Troglodytes vulgaris, Hagelschlüpferli), der im kältesten Winter, wenn alle anderen gefiederten Sänger schweigen, dick und frostig dasitzt und dabei fleißig und mit voller Kehle seine kurzen freundlichen Liedchen zum besten giebt. Sein Gefieder ist sehr warm und schützt den zarten Organismus bei hohen Kältegraden. Sein possierliches Wesen und

immer munteres Temperament machen ihn zu einer gar freundlichen
Erscheinung.

Besondere List und Berechnung beweist dieser Miniatur= und Duodez=
könig in seinem Nestbau, indem er denselben stets ganz genau dem gewählten
Busch, Baum oder Schober anpaßt und durch die feine Wahl des Materials
sein Nestchen fast unerkennbar macht; doch passiert es auch ihm nicht selten,
daß der unverschämte Kuckuck dasselbe dennoch ausfindig macht, etliche seiner
acht Eilein hinauswirft und das eigene Produkt hineinpflanzt. Natürlich hat
der kleine Zaunkönig entsetzlich zu schaffen, um den jungen Kuckuck, den er für
sein eigen Kind hält, obwohl er bald dreimal so groß ist als die Pflegeeltern,
gehörig zu sättigen. An neugierigem, munterem Wesen dem Zaunkönig ähnlich,
aber noch kleiner und außerordentlich zahlreich in den jungen Schwarzwäldern,
tummelt sich das gesellige Goldhähnchen (Regulus cristatus) umher, der
kleinste Vogel Europas, bloß 8½ cm lang, zeisiggrün, mit gelber, schwarz=
gesäumter Haube. Man sieht es oft im Winter wie einen Kolibri über den
Baumknospen schweben und die Insekteneier ablesen, wobei es unaufhörlich
sein ‚zit—zit‘ ruft und dazwischen einige leise Strophen trillert. Im Sommer
flattern und hüpfen diese niedlichen, lebhaften Vöglein, die als wahre Kosmo=
politen Europa vom Mittelmeer bis zum Polarkreis bewohnen, stets von
Baum zu Baum, hängen sich oft verkehrt an die Spitzen der Zweige und
zwitschern unaufhörlich. Sie sind so wenig scheu, daß man sie fast greifen
kann. Auch das feuerköpfige Goldhähnchen (R. ignicapillus) findet sich hin
und wider, doch als Zugvogel nur des Sommers, in den Gebirgswäldern
und vermehrt die Gesellschaft dieser niedlichsten und rührigsten aller zwei=
beinigen Insassen. Beide Arten bauen ein sehr dichtes, künstliches Nest aus
Moos und Haaren, hängen es unter die Blätter der Zweige, wo es lustig im
Winde schwankt, und besetzen es mit 6—8 bloß erbsengroßen, fleischfarbenen,
dunkelgewölkten Eilein. Von diesen Liliputvögelchen gehen mit vollem Gefieder
d r e i Stück auf ein Lot!

In den waldlosen Weiden und Wiesen des Gebirges, an den Flühen und
auf den Schuttfeldern ist die Heimat der unruhigen und ungesellligen
Schmätzer. Sie gleichen ziemlich den Bachstelzen, haben einen kürzeren,
gerade abgeschnittenen Schwanz, mit dem sie fleißig wippen, und ziehen
besonders steinreiche Landschaften vor, wo sie auf Erdschollen, Felsen, Zäunen
und Büschen sitzen und die vorbeifliegenden Insekten wegschnappen. Sie
brüten auf der Erde in kleinen Vertiefungen, singen nicht ordentlich, sondern
trillern und schnalzen nur, laufen hüpfend mit raschen Sprüngen auch häufig
im Felde oder zwischen den Steinen umher, wobei sie wiederholt den breit=
federigen Schwanz ausspannen, und fliegen sehr schnell. Ihre großartige
Käfer= und Raupenvertilgung macht sie zu sehr nützlichen Tierchen. Sie sind
ziemlich zahlreich und ganz in unserer Nähe, und doch gehören sie zu den
weniger bekannten oder beachteten Vögeln. Am seltensten ist jedenfalls der

schwarzohrige Steinschmätzer (Saxicola aurita), ein Bewohner des Südens, der in den tessinischen Bergthälern die Nordgrenze seiner Verbreitung findet. Der Weißschwanz, im Simmenthal Bergnachtigall genannt (S. oenanthe), der größte von unseren Schmätzern, mit aschgrauem Rücken, weißem, schwarz gespitztem Schwanze, rostfarbigem Hals und Brust, sucht vor allem die Sumpf- und Torfgegenden des Gebirges auf, nachdem er im April angekommen und sich kurze Zeit auf den Äckern des Tieflandes aufgehalten hat. Er ist flink und kräftig, scheu und vorsichtig und wippt wie die Bachstelzen stets mit dem Schwänzchen. Wenn er seinen kurzen, mittelmäßigen Gesang zum besten geben will, setzt er sich auf einen Stein oder Zaun und fliegt schiefansteigend oft hoch in die Luft, eigentümlich aufflatternd, um sich wieder überpurzelnd auf seinen früheren Standort herabzustürzen. Er kommt in vielen Lokalen sehr zahlreich vor, in anderen gar nicht. Fast noch häufiger ist das etwas kleinere, ziemlich hoch ins Gebirge aufsteigende, unruhige Braunkehlchen, auch Krautvögeli oder Steinfletsch genannt (Saxic. rubetra), auf den großen und feuchten Wiesen, wo es gern auf Doldenpflanzen und Disteln absitzt, auch auf kleine Bäume geht und lebhaft singt und schmatzt. Es ist schwarzbraun, mit weißem Augenstriche, rotbrauner Brust und Kehle und weißem, braungesäumtem Schwanze. Mit ihm zugleich kommt im Frühling das Schwarzkehlchen (S. rubicola) an, schwarz mit rostgrau gekanteten Federn, schwarzer Kehle, rostroter Brust, weißen Halsseiten, Flügelflecken und Bürzel. Es ist kleiner und an vielen Orten eben so häufig wie die beiden anderen, geht auch auf den bebuschten Geröllhalden und Wiesen höher ins Gebirge hinauf, nistet selbst in der Nähe des St. Moritzerbades und kommt im Spätherbst in großen Zügen das Reußthal hinauf und über den Gotthard. Es hält sich stets in der Nähe des Bodens, wo es im Gestein und Rasen nistet, und flötet und trillert nicht übel.

Das fröhliche Waldleben, das durch diese Finken, Pieper, Steinschmätzer, Lerchen und Meisen unterhalten wird, mag hier einigermaßen ein Ersatz für die herrlichen Gesänge sein, mit denen die verschiedenen Sylvien die Wälder und Büsche der Ebene erfüllen. Wir kennen nur wenige dieser unübertrefflichen Sänger, die sich konstant den Sommer über in der Bergregion aufhielten, da die meisten milde, offene Gegenden vorziehen. Von den eigentlichen Grasmücken ist gerade der preiswürdigste Tonkünstler, nämlich der Schwarzkopf (Sylvia atricapilla), auch der beständigste Bewohner unserer Buschgehölze und gemischten Bestände bis zur Laubholzgrenze hinan. Noch auf der Höhe des Monte Caprino und des Colmo di Creccio (1600 m) hörten wir ihn in dem Buchenniederwald seinen volltönig kräftigen und doch so lieblich milden Gesang anstimmen. Fast eben so hoch reicht die graue oder Dorngrasmücke (S. cinerea). Die trefflich singende Gartengrasmücke (S. hortensis) und das kleine, geschwätzige Müllerchen (S. curruca) sind auch nicht selten in der Gebirgsregion zu finden, und alle bisher genannten

niſten regelmäßig noch oberhalb derſelben im Urſernthal. In dieſem findet
ſich, doch wohl nur auf dem Durchzuge, auch der ſeltene, in den ſüdlichen
Alpthälern und im Becken des Leman brütende Meiſterſänger.

Nicht häufiger erſcheint in unſerm Gebiete die unanſehnliche Sippe der
ziemlich verſteckt in Schilf und Rohr herumkletternden Rohrſänger; doch
begrüßen wir in ihr einen ausgezeichneten Repräſentanten in dem obenher
olivenbraungrauen, unten gelblichweißen Sumpffänger (Calamodyta palustris), deſſen Geſang an Weichheit, Kraft und Mannigfaltigkeit von wenigen
Sängern übertroffen wird und oft halbe und ganze Nächte durch fortdauert,
jedenfalls aber vor Anbruch der Morgendämmerung beginnt. Eine Eigentümlichkeit desſelben beſteht in der wunderlichen Einflechtung der Weiſen aller
möglichen Vögel der Nachbarſchaft, worin neben dem Lerchen- und Finken-
ſchlag und Meiſenruf ſelbſt der kurze Geſang des Alpenflühvogels und der
kräftige Ruf des Grünſpechts nicht fehlen. In den meiſten Bergthälern fehlt
er; doch finden wir ihn am Vierwaldſtätterſee, am Albis ꝛc.; in den Waadtländer und Walliſer Alpen ſteigt er bis gegen 1300 m ü. M. und findet ſich
in letztern, beſonders im Val d'Hérins und Héremence, noch höher als der
Teichrohrſänger. Hier bewohnt er niedriges Weidengebüſch, Schilfwieſen,
aber auch Gärten, die mit Hanf und Bohnen bepflanzt ſind, und in letztern
kann das überaus verborgen lebende Tierchen noch am ehſten beobachtet
werden. Sein Neſtchen ſteckt gewöhnlich in der Nähe des Waſſers im Rohr-
oder Neſſeldickicht. Etwas häufiger findet ſich der Teichrohrſänger
(C. arundinacea), oberhalb gelblich roſtgrau, unterhalb weißlich roſtgelb
überflogen, im Urſern- und Rhonethal niſtend, dagegen ſeltener der dunkelbraun gefleckte Binſenſänger (C. phragmitis) und nur auf dem Durchzuge
der große, melodienreiche Droſſelrohrſänger.

Auch die freundliche Gruppe der kleinen, beweglichen Laubſänger, durch
ihr obenher graugrünliches, unten gelbliches Gefieder, den hellen Strich über
dem Auge, den dünnen Pfriemenſchnabel und die mittelhohen, zarten Füße
charakteriſiert, iſt im Gebirge gut vertreten.

Der größte von ihnen, die Baſtardnachtigall (Phyllopneuste
hypolais, gelbbauchiger Gartenſänger), belebt mit ſeinem höchſt eigentümlich
gemiſchten Geſange von Mai bis Auguſt lichtes Gehölz und buſchreiche
Gärten. Der melodienarme Fitisſänger (Ph. Fitis oder Trochilus), der
im untern Rhonethale ſogar überwintert, und der kleine, kecke, fröhliche
Weidenzeiſig (Ph. rufa, Tannenſänger) finden ſich hin und wider im
ſonnigen Bergwald und machen ſich durch ihr unruhiges Treiben und Geſchwätz
bemerklich. Mehr den eigentlichen Hochwald, und wäre es auch reiner Lärchen-
oder Fichtenſchlag mit Unterholz, ſucht der Waldlaubvogel (Ph.
sibilatrix) auf.

Obgleich alle dieſe Sänger noch im hohen Urſernthal niſten ſollen, ſind
ſie doch eben ſo gut, teilweiſe ſogar vorwiegend, Bewohner der untern Lande.

Dagegen besitzt die Bergregion am braunen oder Bonellischen Laub=
sänger (Ph. Bonelli oder Nattereri) eine vorzugsweise ihr angehörige Form
aus dieser Gruppe. Er hat viel Ähnlichkeit mit dem wenig größern Wald=
laubvogel, ist am Oberkörper olivengrau mit grünlichem Anflug, am Unter=
rücken, Bürzel und den obern Schwanzdeckfedern zeisiggrün, über dem Auge
weißgelb und durch dasselbe grau gestrichen, untenher weiß, an den Brust=
und Bauchseiten gelblichgrau, mit dunkelgrauen, grüngesäumten Schwung=
und Schwanzfedern, bräunlichem Schnabel und bräunlichgelben Füßen. Da
er mit dem Waldlaubvogel häufig verwechselt wird, so können die Verbreitungs=
bezirke beider noch nicht genauer bezeichnet werden. In den schweizerischen
und deutschen Ostalpen (selbst auf der schwäbischen Alp) ist er nicht selten,
namentlich auch in den rhätischen Hochthälern bis gegen die Baumgrenze
hinauf; im Engadin gehört er zu den häufigsten Singvögeln.

Noch schätzbarer aber, weil sie noch treuer im Gebirge aushalten, ist die
Sippe der Erdsänger für uns, und hier besonders das liebliche, zutrauliche
Rotkehlchen (Lusciola rubecula), auch unter dem Namen Rotbrüstli oder
Waldröteli bekannt, das in den jungen Schlägen und Laubgehölzen von der
Spitze des Baumes früh morgens und abends seinen klaren, tiefen, etwas
ernsten, in Strophen abgesetzten Gesang neben dem der Amsel und des Buch=
finken ertönen läßt. Seine klugen, großen Augen und sein menschenfreund=
liches Wesen machen es zum Liebling seines Ernährers. Es wird außerordentlich
zahm, brütet in der Freiheit zweimal und findet sich bis über die Buchen=
grenze hinauf, wo es dichtes Buschwerk, das etwa mit baumbesetzten Lichtungen
abwechselt, mit Vorliebe aufsucht. Vom Herbstmonat an zieht die Familie ab,
und hoch in den Lüften hört man in stillen Nächten die frohen Reiselieder der
Wanderer. Einzelne bleiben im Herbst zurück und nähern sich den Ställen
und Häusern; von 1858 bis 1861 sah sie H. v. Salis im Winter fort=
während in den Epheubüschen der Churer Gärten, wie sie denn auch im untern
Rhonethal und am Genfersee und sogar noch im Haslithale regelmäßig, aber
höchst mühselig überwintern. Das Museum von Bern besitzt eine am Ober=
leibe graulichweiße Varietät aus den Gebirgen von Bex, und bei Hospenthal
im Urserenthale ist auch eine gelbliche Spielart öfters vorgekommen. Eben so
zutraulich und allbekannt ist das Hausrotschwänzchen oder Hausröteli
(Lusciola thitys), das von Mitte März bis zum Oktober die alten Mauern,
Hütten und Felsen der Ebene bis zur Heimat des Flühvogels an der Grenze
des ewigen Schnees umschwärmt und selbst auf dem oberen Aargletscher
gefunden wurde. Immer munter, mit wippenden Schwänzchen, sitzen diese
Vögelein auf Hecken und Steinen, auf Dächern und Wegen und lassen oft
ihren etwas melancholischen, dreistrophigen Gesang hören. Der buntere
Gartenrotschwanz (Baumröteli, Lusc. phoenicurus) singt viel freudiger und
hübscher und geht ebenfalls, wenn auch weniger hoch, durch das ganze Gebirge,
besonders gern den Büschen und Weiden der Bäche nach. In vielen steinigen

Einöden sind diese beiden Rötlinge, besonders aber der erstere, die zahl=
reichsten Vögelchen, hüpfen stets von Stein zu Stein, schnellen unablässig mit
dem Schwänzchen und suchen sich Käfer und Fliegen, die sie mit scharfem
Auge schon aus großer Ferne entdecken. Das Blaukehlchen (Lusciola
suecica) ist überall ziemlich selten, nistete aber auch schon im Domleschg und
bei Felsberg. Glaubwürdigen Berichten zufolge findet sich auch die
Nachtigall (Lusciola Luscinia), die im bündnerschen Domleschg und
Schamserthal bei 970 m ü. M. wie im Haslithal bemerkt worden ist, mit=
unter in den Büschen am Reußufer des Ursernthales, wo sie sogar gebrütet
haben soll. (?) Der Sprosser (Lusciola Philomela) nistet im untern Misox
bis etwa 780 m ü. M., und findet sich hin und wider auch im Tessin und
Wallis für den Sommer ein.

Von dem merkwürdigen Geschlechte der Würger, diesen Bindegliedern
zwischen Sing= und Raubvögeln, können wir mit Bestimmtheit nur den
großen, grauen Würger (Lanius excubitor) der montanen Region zu=
schreiben. Auch er ist hier ziemlich selten und fehlt in manchen Gebirgs=
strichen ganz; in anderen ist er unter dem Namen Dornelster bekannt, — ein
schöner, gegen 30 cm langer, auf dem Oberleibe bläulichgrauer Vogel mit
breitem, schwarzem Backenstrich, weißlichem Unterleibe, schwarzen, weiß=
gefleckten Flügeln, äußerst starkem, schwarzem, gezähntem, an der Spitze
gebogenem, borstenbesetztem Schnabel und scharfkralligen, schwarzen Füßen.
Gewöhnlich sitzt der ansehnliche Vogel hoch auf einem Baume oder starken
Busche und beobachtet mit anhaltender Vorsicht die Gegend. Die Menschen
läßt er nur näher ankommen, wenn er sie nicht bemerkt oder sich nicht bemerkt
glaubt, sonst fliegt er mit raschem Flügelschlag und ruderndem Schwanze in
schlangenförmigem Bogen ab. Er sucht sich Insekten, Würmer, selbst Eidechsen,
Blindschleichen, Feldmäuse, kleinere Vögel und wagt sich oft gar an junge
Wildhühner, Drosseln, ja an Elstern und Krähen, denen er freilich wenig an=
haben kann, treibt aber sie und die Falken doch aus seinem Revier. Gefangene
Vögel holt er gern von der Leimrute und stößt nicht selten selbst auf Sing=
vögel im Käfig vor den Fenstern. Seine Gewohnheit, gefangene Mäuse und
Vögel erst an einem spitzen Pfahl oder Dorn aufzuspießen oder zwischen
Astgabeln einzuzwängen und dann davon abzureißen, zeichnet ihn mit anderen
seiner Familie besonders aus. Er brütet im Mai auf hohen Obstbäumen oder
in Weißdornbüschen 5—6 grünweiße, dunkelpunktierte Eilein aus und ver=
läßt im Winter die gebirgige Gegend nur, um ins Vorland bis in die Nähe
der Dörfer und Städte zu gehen. Im Frühling vernimmt man bisweilen
seinen heiseren, etwas kreischenden Gesang, in den er viele schöne Töne und
mit Geschick die Weisen anderer Waldvögel einzuflechten liebt; wie er sich aber
beobachtet sieht, schreit er trotzig ‚tschäk—tschäk‘ und fliegt waldein. Die
ziemlich viel kleineren rotköpfigen Würger (L. rufus) und die Dorndreher
(L. spinitorquus) mit rostrotem Rücken, sowie die kleinen grauen Würger

(L. minor) sind bisher noch selten im Gebirge beobachtet worden und fehlen jedenfalls im größten Teile desselben ganz, so häufig auch mehrere von ihnen in der Ebene sind; der letztere ist indessen im Jugend= und Alterskleide auf dem Gotthard gefangen worden.

Wie die Rotschwänzchen die Gehöfte, Felder und Ödungen beleben, so ist es Beruf der Bachstelzen, neben den Eisvögeln, Wasseramseln und Wasserpiepern die Ufer der klaren, raschströmenden Gebirgsbäche zu bewohnen, und die Welt der Wasserinsekten vor allzustarker Vermehrung zu bewahren. Unablässig hüpfen sie von Stein zu Stein oder laufen in der Nähe der Ufer umher, indem sie beständig mit ihrem langen, wagrecht stehenden Schwanze wippen. Sie singen, wenn sie früh im Frühling ankommen und sich dann gern an die menschlichen Wohnungen halten, und den Sommer über leise, angenehm und anhaltend, nisten in Löchern und zwischen den Steinen in der Nähe des Wassers. Es kommen bei uns die weiße und zwei gelbe Stelzenarten vor. Letztere werden häufig mit einander verwechselt. Die eine derselben ist über den ganzen Oberleib dunkelaschgrau, dagegen Kehle, Gurgel und Kropf schwarz, die Flügel schwärzlich, Brust und Unterleib hochgelb. Im Herbst wird die Kehle gelblichweiß, das Weibchen hat eine blaß schwärzliche Kehle. Dies ist die sog. graue Bachstelze (Motacilla sulphurea. *Bechst.*), welche sich immer in der Nähe des Wassers hält und vorzugsweise Gebirgs= vogel ist. Sie folgt den Wald= und Bergbächen bis hoch in die Alpen hinan, und wie bei uns, so in den Karpathen, Pyrenäen und allen Hochgebirgen des Südens. Im Winter bleiben häufig einzelne an Quellen und offenen Gräben zurück. Von dieser grauen Bachstelze ist die Viehstelze (gelbe Stelze, Motac. Boarula, flava) wohl zu unterscheiden. Diese ist über den Ober= körper olivengrün, Bürzel gelblichgrün, Kopf bläulichgrün, Kehle weiß, Gurgel, Brust und Bauch prächtig hochgelb, Flügel dunkelbraun. Im Herbst sind die untern Teile mehr weißlich, seitwärts rostgelblich überflogen. Die Kehle des Weibchens ist gelblichweiß. Die Viehstelze hält sich weit weniger am Bache als auf feuchten Wiesen und Weiden auf, wo sie sich gern zwischen dem Vieh umhertreibt und Insekten fängt. Sie geht nicht hoch ins Gebirge und überwintert nie bei uns. Beim Zuge wird sie am Genfersee und süd= wärts leider häufig gefangen und verspeist! In Bünden ist die schwarz= köpfige Spielart mit schwarzer Stirne, Scheitel und Genick häufiger als die gewöhnliche. Die bekannte weiße Bachstelze (M. alba), von welcher bei Hospenthal auch schon eine fast ganz weiße und bei Speicher eine reinweiße Spielart gefunden wurde, bleibt in den einen Strichen mehr an den Gewässern der tieferen Thäler und der kollinen Region zurück, ist in anderen auch in der montanen sehr zahlreich und steigt sogar bis hoch in die alpine hinan.

Vorwiegend dem unteren Lande gehört dagegen das wenig angenehme und unbedeutend singende Geschlecht der Fliegenfänger an, jene kleinen, dunkel= farbigen Vögelchen, die fast immer still und traurig auf den Wipfeln der

Bäume sitzen, um die vorbeifliegenden Insekten wegzuschnappen. Der schwarz=
rückige Fliegenfänger (Muscicapa atricapilla) ist in den milbern Berg=
thälern Graubündens in der Nähe der Wohnungen und Baumgärten gemein;
anderwärts scheint er mit seinen Geschlechtsverwandten gegen die rauhe Luft
der Bergregion empfindlich zu sein. Der graue Fliegenfänger (M. grisola),
der in der submontanen Region oft äußerst zahlreich ist, verliert sich nach der
Höhe zu außerordentlich rasch. Der Halsbandfliegenschnäpper (M. col-
laris) endlich soll in den südlichen Bergthälern Rhätiens, namentlich auch im
Kastanienwald zwischen Soglio und Castasegna, nicht selten sein.

Eine Gefährtin der Bachstelzen, oder wenigstens mit ihnen den Aufent=
haltsort teilend, gehört die muntere und zutrauliche Wasseramsel (Cinclus
aquaticus), von der wir später einige biographische Umrisse bringen, zu den
stätigen Bewohnern der Gebirgsbäche. Der prächtige, rötlichbraune, stolz=
gehaubte Seidenschwanz (Bombycilla garrula) erscheint in der Schweiz als
sehr seltener Wintergast und zieht im allgemeinen das offene untere Gelände
dem Gebirge vor. Doch besuchte er in den Jahren 1794, 1806, 1848 auch
scharenweise den Jura und wurde im Dezember 1866 wiederholt in der
Bergregion erlegt, so im Val-de-ruz, bei La Chaux de fonds (1100 m ü. M.),
bei Gais (950 m), und sogar im Oberengadin in den Gärten von Pontresina
(1800 m ü. M.). Bei diesem letzten Besuche blieben die schmucken Vögel unstät
umherstreichend den ganzen Winter bei uns, und im Kanton Bern wurden noch
im Mai kleine Flüge gesehen.

Und nun berühren wir noch eine Familie des großen Geschlechts der
Singvögel, welche nicht wenig dazu beiträgt, unsere Bergwälder mit dem
lautesten und kräftigsten Gesange zu beleben; wir meinen die an Arten und
Exemplaren so reiche Sippschaft der Drosseln, an tönereichen Melodien den
Grasmücken fast ebenbürtig. Sie sind großenteils Zugvögel, leben von Beeren
und Insekten, haben ein lebhaftes Temperament, sind klug, gesellig und nicht
allzu scheu, die einzigen größeren Vögel, die um ihres vortrefflichen Fleisches
willen im Herbst bei uns scharenweise gefangen werden, ohne daß dabei eine
auffallende Verminderung zu verspüren wäre. Die Misteldrossel (Mistler,
Turdus viscivorus), die größte ihres Geschlechts, fast fußlang, olivenbraun,
Brust und Bauch mit pfeilförmigen schwarzen Flecken besäet, ist durch das
untere Gebirgsrevier nicht ganz selten und sucht gewöhnlich das lichtere
Nadelholz auf. Mistel=, Ebereschen= und Wacholderbeeren, Larven, Käfer,
Würmer und Schnecken bilden ihre Nahrung. Im Herbst streicht sie oft in
Gesellschaft der Singdrosseln aus den höheren Revieren ab und treibt sich in
Flügen auf den mit Obstbäumen besetzten Äckern der submontanen Region
umher, wo sie auch im Winter noch, doch dann mehr vereinzelt, bemerkt wird.
Sie ist nicht scheu, kommt leicht vor den Schuß und fliegt ziemlich schwerfällig
und nicht sehr weit. Auf hohen Bäumen singt sie den April und Mai durch
mit tiefer, kräftiger Stimme, wird aber in dieser Kunst von der schlankern

Singdrossel oder Weißdrossel (T. musicus), die in Gestalt und Färbung
ihr ziemlich ähnlich, aber kleiner und am Unterleibe lebhafter gefleckt ist, weit
übertroffen. Am Saume der Wälder oder tiefer im Dickicht auf hohen
Wipfeln flötet und jubelt diese herrliche Sängerin beim Kommen und Sinken
der Sonne den ganzen Sommer durch, fliegt oft in kleinen Gesellschaften zur
Käfer= und Würmerjagd auf die nahen Wiesen und brütet zwei= bis dreimal
auf den Tannen oder im Buschdickicht. Ihre vortreffliche, metallreiche Stimme
hat ihr den Ehrennamen der ,Waldnachtigall‘ gewonnen, und unter diesem
Namen widmet ihr ein deutscher Dichter (Ph. H. Welcker) die Strophen:

> In weihrauchduftenden Föhrenkronen,
> In immergrünenden Tannengärten,
> Wo Balsamtropfen im Schatten sich härten,
> Und stille Gedanken einsam wohnen,
>   Da weckst du den schlafenden Wiederhall,
>   Gebirgestochter,
>   Waldnachtigall!
>
> Begeisternde Säng’rin, beine Lieder
> Vernahm ich schon früh in der Blätterklause.
> Bei beinem Gesang im grünen Hause
> Entschlummert das Wild, erwacht es wieder.
>   Es zieh’n beine Töne, ein lieblicher Traum,
>   Von Bergen zu Bergen,
>   Von Baum zu Baum.
>
> Wann schneeig noch blitzen die Höhen im Norden,
> Wann Nebel noch kämpft mit Sonnenglanze,
> Wer weckt bann Erinn’rung am Hügelkranze
> Und tote Lust mit den Frühlingsakkorden?
>   Du weckst ben schlafenden Wiederhall
>   Vergangener Zeiten,
>   Waldnachtigall!

Ihre Ankunft wie die der Waldschnepfe zeigt die des Frühlings sicher
an. Ende Septembers reist sie ins südliche Europa ab, doch bleiben stets
etliche Exemplare über Winter zurück. Höher im Gebirge bezieht sie nur die
Wälder der Sonnenseite.

Die überall verbreitete und allbekannte, höchst verschlagene Schwarz=
drossel oder Amsel (Turdus merula) läßt am frühesten von allen Drosseln
ihre kräftigen und metallreichen, mehr ernsten als heiteren Weisen ertönen.
Schon jetzt, da wir diese Zeilen schreiben, Anfangs Februars, schallt ihr
Abendlied durch die blätterlosen Kastanienbäume vor unseren Fenstern. Im
Winter geht sie in Flügen aus den Bergwäldern nach der Ebene und streicht
den Beeren nach, hält sich aber gern und vorsichtig dem Gebüsch nah und fliegt
furchtsam in eiligen Stößen über die freie Flur. Alte Leute in Graubünden
nennen jetzt noch die drei letzten Tage des Januar und die drei ersten des

Februar Giorni del merlo, d. h. Amseltage, und halten dieselben für die kältesten des ganzen Jahres. Sie erzählen sich darüber folgendes: Die Amsel hatte vorzeiten ein schönes, buntes Federkleid. Einst freute sie sich am letzten Januar, daß der schlimmste Teil des Winters nun überstanden sei, und die liederreiche Frühlingszeit anbreche. Der Januar aber sagte: Juble nicht zu früh; ich habe einen Teil meiner strengen Herrschaft meinem Nachfolger, dem Hornung, übertragen. Und wirklich waren dann die ersten Tage des Hornung so kalt, daß die Amsel in einen Schornstein flüchten mußte, um sich zu wärmen. Seither ist sie kohlschwarz geblieben. — Die heller gefiederten Weibchen wandern im Herbst fast alle aus, während die Männchen in den Schnee- und Eismonaten unstät umherschwärmen und selbst noch bei Pontresina 1820 m ü. M. überwintern. Schon Ende März fand man im Gebüsch ausgebrütete Junge. Bekanntlich lernen sie im Käfig wie die Stare und Elstern auch Wörter sprechen. Ein wunderschönes, über den ganzen Körper stark weißgeflecktes Amselmännchen wurde vor Jahren bei St. Gallen lebendig gefangen und steht jetzt im dortigen Museum. Die schwärzlichgraue Ringdrossel (T. torquatus) ist auch in der Bergregion nicht selten, scheint aber doch im Sommer eben so sehr der untern Alpenregion anzugehören; ebenso findet sich die Steindrossel (Petrocincla saxatilis) in einzelnen Gegenden der schweizerischen Bergregion, ein sehr hübsches, ziemlich seltenes Tier, zwei Zoll kleiner als die Amsel, mit blaugrauem Kopf und Hals, dunkelblauem Ober-, weißem Unterrücken, orangerotem Unterleib und rostgelbem Schwanz. Sie gehört besonders dem südeuropäischen Gebirge an, wo sie ihres angenehmen nächtlichen Gesanges wegen sehr beliebt ist; doch hat man sie auch in felsigen Bergthälern von Graubünden (sogar auf dem Albula), Wallis und Tessin, am Jura auf den Felsen des Ryfthales und am Salève bei Genf gefunden. In Uri brütet sie an der hohen Betwand und nach Saraz auch im Engadin; im Kanton Tessin ist sie in den Bergen nicht ganz selten. Die große, grau und braune Wacholderdrossel (T. pilaris, Krammetsvogel) überwintert in großen Scharen bei uns und zieht im Frühling nach ihrer hochnordischen Heimat zurück. In den glarnerischen Gebirgen und in den höchsten, rauhesten Bergwäldern des Appenzeller Alpsteins halten sich diese dort sogenannten ‚Reckholdervögel‘ das ganze Jahr durch und brüten auch daselbst, wie wir uns selbst überzeugt haben. Man sieht sie bisweilen an kahlen Felsenbändern hinfliegen, oft bis in die Alpenregion hinein. Sie sind sehr scheu und lassen den Menschen nur schwer in die Nähe kommen. Im Anfang des Septembers fanden wir in den gemischten Wäldern der Sonnenseite auf den Appenzeller Vorbergen einen sehr starken Zug Wacholderdrosseln, die sich wahrscheinlich aus ihren sommerlichen Höhen herabgelassen hatten, da die Einwanderung der aus dem Norden kommenden weit später beginnt. Wenn diese anlangen (von Ende Oktobers an), halten sie sich mehr in der kollinen und ebenen Region und sind weit weniger scheu und wachsam als die eingeborenen. Den Amseln folgend, streichen sie

7*

mit Vorliebe den Beerenbüscheln der Ebereschen nach. Sie sind dann auf
gewisse Bäume so versessen, daß man nach und nach ein Dutzend von denselben
herunterschießen kann, ehe sie den Baum aufgeben. In der neuesten Zeit stellen
sich diese Drosseln seltener und in geringerer Zahl bei uns ein und scheinen
wie die Waldschnepfen in Abnahme begriffen. Die Rotdrossel (T. iliacus)
verliert sich, wenn sie aus dem Norden zum Überwintern in unsere Wälder
und Weinberge kommt, fast nie in die Berge; doch hat Saraz sie im Engadin
nistend gefunden.

Noch haben wir zweier ausgezeichneter verwandter Vögel zu erwähnen,
welche aber zu den Seltenheiten der Ornis unserer montanen Region gehören,
nämlich der scheu und einsam lebenden Blauamsel (Petrocincla cyanus),
welche die Felsengebirge Dalmatiens bewohnt, aber auch nicht selten im Tessin,
im Bergell und Misox, selbst im Domleschg, Schalfik und am Calanda, sowie
an den Felsenwänden des Salève und der Voirons erscheint und daselbst brütet,
ein schöner, hell- und dunkelblau überlaufener, gegen 25 cm langer Vogel, dessen
schmelzender, melancholisch flötender Gesang zu den edelsten tierischen gehört,
und der selten sich zeigenden, prachtvollen Rosenamsel (Pastor roseus), mit
rosenrotem Leib, schwarzem Hals, Flügel und Schwanz und einer stölzen
Haube auf dem Kopfe. Aus ihrem südlichen Vaterlande, vielleicht aus Ungarn,
kommt sie hin und wider auch in unsere Ebenen und Gebirge und wurde schon
am Thuner- und Hallwylersee, bei Winterthur und Bern, im Kanton Uri, im
Simmenthal und im Glarnerlande eingefangen.

Als ein Vetter der Drosseln gilt der im März in großen Schwärmen
eintreffende und mit seinem Geschrei Dörfer und Wiesen erfüllende S t a r
(Sturnus vulgaris), ein allbekannter, seines muntern, papageiartigen possierlichen Wesens wegen beliebter Vogel, freundlich und zutraulich die Nähe der
Menschen und der Haustiere suchend. Er wird in vielen Teilen der Schweiz
förmlich im Freien gehegt, auch oft seiner wohlschmeckenden Jungen beraubt.
Bekanntlich ahmt dieser sonderbare Kauz fast alle Tierstimmen nach, miaut
wie die Katze, quakt wie der Frosch und lernt ohne Zungenlösung deutlich
sprechen. Als Merkwürdigkeit verdient erwähnt zu werden, daß eine Witwe
in St. Gallen einen Star besaß, der das als Tischgebet täglich vernommene
Unser Vater ganz deutlich und vollständig herzusagen verstand. Während
des Sommers suchen diese Affen unter den Vögeln die Wälder auf und
besuchen oft die Viehweiden der unteren Berge, wo sie bald rasch auf dem
Boden umherlaufen und Würmer und Heuschrecken zusammensuchen, bald dem
Vieh auf den Rücken fliegen, um Bremsen und Ungeziefer abzulesen. Im
Herbst ist ihre Sammlung und ihr Abzug bei uns viel unerklärlicher als im
Frühling ihre Ankunft, die nicht selten so verfrüht ist, daß viele von den noch
eintretenden Frösten und Schneefällen schwer leiden. Dann suchen sie gern
die Rohrteiche und Niederungen auf, die für kurze Zeit besonders nachts zum
Sammel- und Tummelplatz für tausende dieser lustigen, unruhigen, hitzigen

Vögel werden. Wie hoch sie das Berggelände brütend bewohnen, ist noch nicht festgestellt. Über 1000 m ü. M. haben wir sie nie gefunden; durch das Engadin gehen sie nur auf dem Zuge, während sie sonst in der ganzen alten Welt vom Kap der guten Hoffnung bis nach Sibirien sich umhertreiben. Auffallend ist, daß sie beinahe regelmäßig im Frühling in der Bergregion mehrere Tage früher eintreffen, als im Flachlande; oft wird es Ende Oktober, bis sie da wieder abziehen.

Den Übergang von den Sängern, namentlich von den Drosseln, zu den Krähen bildet mehr nach jener Seite auch im Gebirge die Goldamsel, mehr nach dieser Seite der Blauhäher. Die Goldamsel (Pirol, Oriolus galbula), ursprünglich wohl ein Vogel des Südens, findet sich nicht ganz selten in den Laubwäldern des Gebirges, welche Wasser in der Nähe haben. Sie ist ein brillantes Tierchen, von der Größe der schwarzen Amsel, aber schlanker, glänzend gelb mit schwarzen Flügeln und schwarzem Mittelstrich auf dem Schwanze. Sie zeigt sich sehr scheu, weiß sich trefflich zu verstecken und singt ähnlich der Misteldrossel. Da sie erst im Mai kommt und Ende August schon wieder abzieht, hält man sie für seltener als sie wirklich ist; sie brütet im Jura und Domleschg, ist in den wilden Berggegenden des Sernsthales, in Uri und im Berneroberlande gefunden worden, ebenso in der ebenen Schweiz, besonders im Rheinthal. Anfangs Septembers erscheint sie auf dem Zuge so zahlreich auf dem Gotthard, daß man für einen Franken lebende Exemplare in Fülle kaufen kann. Die schöne, hähergroße Blauracke (Blauhäher, Mandelkrähe, Coracias garrula) dagegen wurde nur auf ihren Frühlings= und Herbstdurchzügen aus dem Norden als Seltenheit geschossen, einigemale auch im Oktober unter den Starenschwärmen bemerkt. In den Felsen des Waldstättersees, wo vielleicht hin und wider ein Pärchen brütet, hat man auch schon alte Männchen entdeckt.

Ein hübscher Vogel, der schwarzbraune, mit weißen Punkten starenartig gezeichnete Nußhäher (Nucifraga caryocatactes), ist sowohl in den Laub= als Nadelgehölzen der montanen Region und hoch über diese hinaus bald in einzelnen Exemplaren, bald in starken Scharen verbreitet, fehlt aber in großen Revieren ganz. Im Winter zieht er in die Feldgehölze der Ebene. Aus den hoch gelegenen Alpthälern streicht er im Spätherbst oft südwärts und man hat schon 2—300 Stück starke Schwärme den Bernina passieren sehen. Der Vogel liebt das Fleisch und die Eier junger Vögel, die er mit dem Fuße festhält, während er ihnen mit dem Schnabel das Hirn auspickt, Eicheln, Buch=, Hasel= und Arvennüsse, die er, wenn er nicht Zeit hat, sie aufzuknacken, im Kropfe ganz davonträgt, nachher wieder auswürgt und geschickt aufpickt. Was er nicht gleich verzehrt, versteht er gut zu verbergen; doch teilen sich oft die Eichhörnchen in seine Vorräte. Gern sitzt er in den dichtesten Holzschlägen auf einem Baume und schreit sein widerliches ‚kräh‘ und ‚görr‘, ist aber nicht gerade scheu, oft fast dummdreist. Die Bergbewohner nennen ihn auch

Tannen= oder Birkhäher. Im Kanton Glarus wurden zu Ostern auf der Geißtafelalp (1460 m ü. M.) zwei halb ausgewachsene Exemplare aus dem Neste genommen, die auffallenderweise im Winter ausgebrütet worden. Unendlich viel häufiger in den unteren und mittleren Gebirgsgegenden ist der ebenso große, gelblichgraue, am Kopfe gescheckte, auf den Deckfedern sehr hübsch blau und schwarz bemalte Eichelhäher (Garrulus glandarius), seines Geschreies wegen auch Jäk, sonst wohl Hetzler, Herrenvogel, im Tessin Gagia genannt. Er teilt ziemlich die Lebensweise des Nußhähers, ist aber unruhiger, vorsichtiger, listiger und scheuer, hüpft immer umher, macht zierliche, tiefe Verbeugungen und ist in seinen Bewegungen sehr elegant. Er lernt in der Gefangenschaft einzelne Wörter ziemlich deutlich sprechen und ahmt mit gleicher Fertigkeit die Töne des Bodenscheuerns, des Hobelns, der Frösche und der Hunde nach, wie schon der alte Grieche Oppian erzählt: „Ich sah einmal einen Häher auf einem Baume sitzen, der wie ein Ziegenböcklein meckerte, wie ein Schaf und dann wie ein Lamm blökte, und dann wie ein Jäger pfiff, der die Herde zur Tränke ruft". Sein Nest, das er jährlich zweimal mit vier bis sieben braunbespritzten Eilein zu belegen pflegt, baut er bald hoch in Wald= und Obstbäume, bald in junges Holz und Büsche. Von hier geht er wie der Nußhäher auch den Eiern und jungen Vögeln nach und stiehlt sogar den Wald= und Feldhühnern die Küchlein weg. Im Herbst sieht man ihn nicht selten in Scharen von acht bis zwölf Stück auf den Brachfeldern und Berg= wiesen, die mit Obstbäumen besetzt sind, umherstreichen; er fliegt bei der geringsten verdächtigen Bewegung unter häßlichem Geschrei auf und setzt sich oft seitlich wie die Spechte an die Stämme. So nützlich er durch massenhaftes Vertilgen von Ungeziefer ist, so wird er doch durch seine Diebstähle an Nest= vögeln, Kirschen, Kornähren, Mais und Früchten aller Art so schädlich, daß oft Schußprämien auf seine Erlegung gesetzt werden. Sein ganzer Bau weist ihn bereits den Raben zu.

Diese sind nun im ganzen Gebirge in einzelnen Arten ein höchst ver= breitetes Geschlecht, in mancher Hinsicht nützliche Tiere, aber ihrer düstern Färbung und ihres häßlichen Geschreies wegen dem Menschen nicht lieb. Sie treiben sich tagüber weniger in den Wäldern, als an den Felsen, in Schluchten, auf Wiesen und in der Nähe der Häuser umher, halten sich oft in großen Gesellschaften zusammen und erfüllen die Gegend mit ihrem widerlichen Gekrächze. Der stattlichste und größte Vogel des Geschlechts, oft bis 1³/₄ kg schwer, der gemeine Rabe, bewohnt sehr vereinzelt die ganze Gebirgs= und Alpenregion. Er ist der eigentliche Aasvogel des Gebirges, und räumt in unserem Kreise mit der Krähe und der Elster gefallenes Getier mit gieriger Gefräßigkeit weg. Sein außerordentlich scharfes Auge mit 28 Kammfaltungen leistet ihm dabei gute Dienste. Er nimmt übrigens mit allem Genießbaren vorlieb, frißt Obst, Gemüse, Insekten, Mäuse, Würmer, Frösche, selbst Mist. Da er aber auch den kleinen Vögeln, sogar den jungen Hasen und Hühnern

nachstellt, die er bald in den Klauen, bald in seinem starken Schnabel fort=
trägt, so ist er dem Wildstande nachteilig. Nicht so hoch hinauf gehen die
Rabenkrähen und Dohlen; letztere halten sich gern an Häuser und Gemäuer.
Ihre krächzenden Scharen bedecken im Frühling und Herbst Wiesen und Felder,
wo sie hurtig umherhüpfen und Insekten und Würmer aufsuchen. Bemerken
sie etwas Verdächtiges, so erheben sie sich laut schreiend in die Luft, fliegen in
dichten, zusammenhaltenden Schwärmen und ordentlichen Schwenkungen hin
und her und setzen sich bald von neuem an Halden und Felsen. Ebenso geht
die kluge und schöne Elster, bald allein, bald in kleinen Gesellschaften, im
Sommer häufig in die montane Region, wo sie nicht die dichten Wälder,
wohl aber Dörfer, Bäche, Gebüsche und Wiesen besucht. Sie sitzt gern auf
Bäumen und Zäunen oder Dachfirsten ab, schäkert und zankt mit ihren
Gefährten und beweist bei aller Lebhaftigkeit und Balgerei eine überraschende
Vorsicht. Auch sie raubt im Frühling die Eilein und Nestvögel aus, überfällt
heimtückisch auch die älteren kleinen Vögel und vertreibt sie aus ihrer Nähe.
Dem Bauer stiehlt sie das Fleisch vom Brunnen und den Apfel vor dem Fenster
weg und spottet ihn dazu noch auf dem nächsten Zaunstecken mit boshaften
Mißtönen aus. Die hübsche, gelbschnäbelige Alpendohle oder Schneekrähe
gehört der obern Region an; doch fliegt sie zuzeiten oft für kurze Zeit ins
Vorland hinaus, wo sie die Lüfte mit ihrem pfeifenden und kreischenden Geschrei
erfüllt, das aber weniger unangenehm klingt als das der Rabenkrähe.

Alle Raben sind scheu, mißtrauisch und vorsichtig. In der Gefangenschaft
dagegen werden sie leicht ganz zahm und lernen manche hübsche Kunststücke,
bleiben aber unreinlich, diebisch und gefräßig.

Wir kommen nun auf unserer Gebirgswanderung zu einem der sonder=
barsten aller Vogelgeschlechter, zu den Eulen, jenen melancholischen, licht= und
menschenscheuen Raubvögeln der Nacht, mit denen der Volksglaube so manche
abenteuerliche Vorstellung in Verbindung bringt. Sie sind gewöhnlich unsichtbar;
denn auch die, welche am Tage auf Raub ausziehen, wissen sich vor den Menschen
gar wohl zu verbergen. In Wäldern, Gemäuern und Felsen sitzend, fliegen sie
in der Regel nur in der Dämmerung oder im Mondschein auf die Jagd und
bringen die Beute meistens zu ihrem Standort zurück. Ihr schauerliches Geschrei
tönt weit und grausig durch die Schluchten der Wälder in der Stille der Nächte.
Manchmal sieht man eine Eule auf einem Aste nahe am Stamme unbeweglich
mit glotzenden Augen festsitzen, als wäre sie mit dem Aste verwachsen. Sie
läßt den Jäger nahe kommen und fliegt nur ungern und gezwungen ins Dickicht
oder bleibt wohl gar hochaufgerichtet stehen. Ihr Gefieder ist eigentümlich
locker, weich, elastisch und doch so warm, daß diese Vögel auch im Winter ihre
Standquartiere beibehalten können. Fast alle haben große, runde Katzenköpfe,
ein plattes Gesicht, große heraussstehende Augen, einen kurzen, stark gebogenen,
halb von Borstenfedern verdeckten Schnabel. Das abenteuerliche Gesicht ist
von einem runden Federkranze eingefaßt, ebenso die Ohren. Das Sehloch des

Augensterns verengt und erweitert sich deutlich bei jedem Atemzuge und läßt
die Pupille bald groß, bald klein erscheinen. Zum Schutze gegen die kleinen
Tiere, die sie fangen, sind ihre kurzen Füße stark befiedert. Mit leisem Fluge
nahen sie unbemerkt der Beute. Ihr Gehör ist sehr scharf, die Augen dagegen,
deren große Pupillenöffnungen zu viel Licht einfallen lassen, sind bei Tage
empfindlich; die Sonne blendet sie. In der Dämmerung sehen sie weit schärfer,
in der finstern Nacht dagegen natürlich nichts. Im Fluge sind sie so langsam und
unbeholfen, daß sie kein flüchtiges Tier haschen können; sie rauben daher nur
kriechende und schlafende Tiere, in Hungerzeiten auch bei Tage, sonst regel=
mäßig in der Dämmerung. Auf solche hin sammeln sie auch Vorräte und
wickeln selbst in der Gefangenschaft das übrige Fleisch ordentlich wieder in die
Haut ein und verstecken es. Des Nachts lockt man sie am leichtesten, wenn man
das Pfeifen der Mäuse, ihrer Lieblingsspeise, nachahmt. Trotz ihres etwas
dummen Aussehens sind sie nicht ohne List, haben sonderbare affen= und
papageienartige Eigenheiten in ihren Bewegungen und verraten keinen gesell=
schaftlichen Trieb. Einsam und melancholisch sitzt jede in ihrer Felsenspalte,
auf ihrem Aste, in ihrem Gemäuer; nur einige wenige Arten halten sich
zusammen. Die Familie hat sehr große und sehr kleine Arten und weist eine
außerordentlich große horizontale Verbreitung auf; auch die vertikale ist
bedeutend. Man unterscheidet in der Familie der Eulen einerseits die sogen.
Ohreulen, mit aufrechtstehendem Federbusche über jedem Ohre, und die Käuze
oder Glattköpfe ohne Federohren. Beide Arten gehören wegen ihrer steten Mäuse=
jagden und ihrer besonders im Frühling sehr eifrigen Ungeziefervertilgung
zu den nützlichsten Tieren und verdienen die sorgfältigste Schonung.

Durch die ganze Gebirgsregion findet sich, überall nur sporadisch, der
Uhu, von dem wir unten näheres mitteilen. Er ist so kräftig und kühn, daß
man ihn selbst auf einen Fuchs stoßen sieht. Von den Krähen wird er bei
Tage bitter verfolgt. Man hat einst bemerkt, wie eine Schar solcher Feinde
einem Uhu so zusetzte, daß er sich auf einer Wiese auf den Rücken legte und
mit Klauen= und Schnabelhieben sich der Verfolger erwehren mußte. Die
Krähen wurden vertrieben; der todesmüde Uhu ließ sich mit Händen greifen
und fangen. Bei Chatel St. Denis flog sogar ein Uhu auf ein Schaf, das
mit der Herde auf der Landstraße lief. Er verwickelte sich mit den Klauen in
der Wolle und wurde lebend nach Vivis gebracht. Die gemeinste Ohreule ist
der kleine Uhu (Otus vulgaris, Waldohreule), ¹/₃ m lang, von 1 m Flug=
weite. Ihr Gefieder ist rostgelb und weiß mit grauen und schwarzbraunen
Flecken und Bändern, die Brust hellgelb mit dunkeln Pfeilflecken und Streifen;
die Federbüsche der Ohren halb so hoch als der Kopf, weswegen man sie auch
‚Horneule‘ nennt. Ihre Stimme lautet ‚huuk—huuk—hoho‘. Sie hält sich
meist in den dichtesten Wäldern auf, wo sie ihre vier Eier in verlassene
Krähennester legt. In der Gefangenschaft wird sie bald ganz zahm, schläft
gewöhnlich bei Tage und macht abends die lächerlichsten Verdrehungen,

klatscht die Flügel auf, bläst und knackt mit dem Schnabel und verdreht die
Augen. Diese Eulen sitzen, besonders im März und April, oft in Gesellschaften
von 6—14 Stück auf Baumstämmen und Weidenköpfen, lieben durchweg die
Gebirgswaldungen, finden sich, wenn auch wenig bemerkt, doch überall ziemlich
zahlreich, namentlich im Wallis und im Jura, und mausen vortrefflich. Im
Winter wandern sie aber größtenteils aus der obern Bergregion fort. Die
Zwergohreule (Ephialtes scops), von der Größe einer Amsel, mit kurzen,
zurücklegbaren Federohren und feingezeichnetem, weißgraubraunem Gefieder,
eine eifrige Insektenvertilgerin, ist in der nördlichen Schweiz und im Jura
selten, obwohl sie im benachbarten Deutschland häufig gefunden wird; dagegen
zeigt sie sich in der ganzen montanen Region von Bünden, Wallis und Tessin,
oft auch in den Tiefthälern dieser Kantone und im Berner Oberlande den
Sommer über. In Bünden heißt sie nach ihrem Geschrei ‚kiu—töb—töb—töb‘
Totenvogel. Sie läßt sich mit diesem Rufe in mondhellen Nächten locken,
besonders im Frühling, wo sie, in dichten Baumzweigen verborgen, oft schon
vor Sonnenuntergang eifrig zu rufen beginnt und dann mit leise schwankendem
Fluge durch die Büsche zieht. Im Wallis nennt man sie „Jokkein‘, im Tessin
Civetta cornuta; sie wird dort, wie der Steinkauz, gezähmt und zum Vogel=
fang abgerichtet, ist aber nicht so beliebt, da sie weniger lebhaft und lichtscheuer
ist. Dankbar nimmt sie mit allerlei Speise vom Tische vorlieb und wird oft
mit einem Dukaten bezahlt. Ihre drolligen Stellungen, wobei sie ihre feinen
Federöhrchen bald ernst aufrichtet, bald wieder niederlegt, und ihr zutrauliches
Wesen machen sie zu einem angenehmen Stubengenossen. Sie ist die einzige
unserer Eulen, welche als echter Zugvogel in Afrika überwintert.

Von der Sippschaft der Käuze finden wir in der Bergregion zunächst
den Waldkauz (Syrnium aluco) überall als die gemeinste unserer Eulen.
Sie ist gegen 45 cm lang, spannt gegen 1 m Flügelweite, hat große, dunkel=
braune Augen in ihrem dicken Kopfe, einen blaßgelben Krummschnabel,
weißgefleckte Schulterfedern, einen rötlichgrauen Rücken mit braunen Strichen,
weißen, braungestreiften Bauch und mit dicken Wollfedern bekleidete Füße.
Sie ändert indes in der Färbung stark ab, und bald ist die Grundfarbe mehr
graubraun, bald mehr fuchsrot. Sie geht besonders den alten, wohlbestandenen
Wäldern bis hoch ins Gebirge nach, überfällt als starker Vogel selbst junge
Hasen und stellt zum großen Nutzen unserer Wälder eifrig den Mäusen und
dem verwüstenden Forstungeziefer nach. Man fand in dem geöffneten Magen
eines Waldkauzes bis auf 75 Stück Raupen des Kiefernschwärmers. Zu
ihren mißgestalteten, aus roten Augenringen dummglotzenden Jungen hegt
sie zärtlichste Liebe und heult winselnd und flatternd ums Nest, wenn Gefahr
droht. Im Glarnerlande heißt dieser ziemlich dumme, phlegmatische Vogel
Wiggerli oder Wiggesser, im Berner Oberlande Nachthuri, im Bündnerlande
wilder Geisler. Er läßt sein ‚hu—hu—hu‘ oft schon im März bei tiefem
Schnee im Engadin ertönen.

Bis in die Alpen hinauf geht als ein echter Bergvogel der rauhfüßige Kauz (Nyctale Tengmalmi), von graubrauner Grundfarbe, weißbesprenkt, mit weißem, graugeflecktem Unterleib, großem Augenkreis und deutlichem Schleier. Er ist über 27 cm lang und spannt 57 cm. Die Füße sind bis an die Krallen sehr stark befiedert. Er schreit wenig und dann ziemlich leise ‚kew—kew—kuuk—kuuk—kuuk‘, bleibt in Bergwäldern in hohlen Bäumen und bebuschten Felsspalten und kommt besonders in Bündens Nadelholz= wäldern (z. B. am Calanda), aber auch in den übrigen Alpen, in den Rhein= thaler und Toggenburger Bergen nicht selten vor. Am Gotthard nistet er alle Jahre; im Urserenthale fand man sieben Eier von ihm in einem Felsen= loche, — eine Eierzahl, die sonst von keinem Raubvogel erreicht wird. Man rühmt dieser kleinen Eule ein besonders sanftes Temperament, einen komischen Humor und starken geselligen Trieb nach. Daß sie auch die Mauerverstecke nicht verschmäht, beweist ein Fang im Klönthale (Kanton Glarus), wo acht Stück bei einander in einem Stalle gefunden wurden. Im Jura wird sie zu den Seltenheiten gerechnet.

Außer den genannten besitzen wir noch zwei im allgemeinen seltenere kleine Eulen, welche die südlichen tieferen Bergthäler besuchen; zunächst den Steinkauz (Surnia noctua), etwas kleiner als der rauhfüßige Kauz, in der Färbung ihm ähnlich, aber ohne seine dichte Fußbekleidung, kürzer in Flügeln und Schwanz. Er fliegt schon vor Einbruch der Dämmerung und wird dadurch kleinen Vögeln und Nestbruten mitunter gefährlich. Im Tessin, wo er Civetta piccola heißt und noch häufiger als die Zwergohreule zur Vogel= jagd benutzt wird, hält man ihn auch zahm in den Häusern, wo er die Mäuse wegfängt, Früchte, Polenta und dergl. frißt. Die passionierten Kleinvögel= fänger tragen ihn ins Freie und setzen ihn auf einen einbeinigen Stuhl mit gepolstertem Brett. Nun wird ihm eine lange Schnur ans Bein gebunden, an der man zieht, um ihn aufspringen und seine possierlichen Gebärden machen zu lassen. Rings sind Lockvögel und Leimruten angebracht. Neugierig eilen die kleinen Vögelchen in Scharen herbei: Rotschwänze, Laubvögel, Meisen, Grasmücken, Bachstelzen, Ammern, Zaunkönige, selbst Mistel= und andere Drosseln, und bleiben an den Leimruten hängen. Den Finken sagt man nach, sie lärmten zwar tapfer mit, seien aber zu klug, um zu nahe zu kommen. Vom Juli bis November dauert diese jämmerliche Fangart, und die Tessiner kommen selbst ins Bündnerland, um sie zu betreiben. Übrigens findet sich diese Eule in der ganzen südlichen Hälfte der Schweiz von Bünden bis Genf, reicht aber nicht hoch ins Gebirge und wird hier bald vom rauhfüßigen Kauz ersetzt.

Eine der kleinsten aller Eulen, der Zwergkauz (Surnia passerina), ist erst in neuerer Zeit in der Schweiz entdeckt worden; sie kommt als Strich= vogel aus dem Norden zu uns und geht sogleich in die Gebirgswälder. Im Berner Oberlande bei Meiringen, in Uri, Schwyz und Bünden (hier selbst bei Samaden), im Jura und am Fähnernberge in Appenzell ist sie bisher gefunden worden. Bloß so groß wie eine Lerche, ist sie ein ebenso possier= liches wie niedliches Vögelchen, rötlich= oder gelblichbraun, grau und weiß punktiert, auf der Brust weiß mit braunen Längsstreifen; der Kopf ist weniger rund als bei den eben genannten Arten, falkenartig und von einem saubern Federzirkel eingefaßt. Viel lebhafter als alle anderen Eulen, fliegt sie leicht und rasch auch bei Tage, frißt Insekten, Mäuse und Meisen, die sie erst sorg= fältig rupft, ehe sie verzehrt werden. Darum sind ihr auch die kleinen Vögel herzlich gram und verfolgen sie wütend. Ihr Ruf lautet ‚töb—tö—tö—tö‘. In Deutschland ist sie in der kollinen und submontanen Region nicht ganz selten. Die nordische Sperbereule (Surnia funerea) wurde als große Seltenheit im Januar 1860 in Bünden erlegt.

So besitzt denn das Gebirge eine ziemliche Anzahl Eulen, wenngleich keine ganz eigentümliche Art. Von den in der Schweiz überhaupt vor= kommenden geht ihm nur die nordische Sumpfohreule (St. brachyotus), die mit den Schnepfen kommt und geht und etwa in milden Wintern auch bleibt, und die schöne Schleiereule (St. flammea) ab, doch soll diese auch schon bei Silvaplana im Oberengadin gebrütet haben. Im Ursernthale wurden der große und kleine Uhu, der rauhfüßige Kauz, im Wäldchen ob Andermatt die Zwergohreule und der Zwergkauz und auf dem Durchzuge als Seltenheit die Sumpfohreule beobachtet, die wir einmal auch an der unteren Grenze des Bergreviers (etwa 850 m ü. M.) mit Waldschnepfen aufjagten. Über die Waldregion hinauf geht wahrscheinlich nur der rauhfüßige Kauz, obwohl die stillen nächtlichen Flüge des Waldkauzes in die höheren Gegenden noch wenig beobachtet sein mögen, und diese überaus nützlichen und wohlthätigen Tiere auch den Hochweiden zu gönnen wären, die oft von Mäusen so stark heim= gesucht werden. Mit Unrecht ist diesen Tieren alles Volk so abhold und hält sie für Unglücksvögel; sie sind, wenn auch etwas unheimlich, doch ebenso schön wie nützlich und vertreten einen höchst eigentümlichen Typus der Tier= welt. Man jagt sie gewöhnlich ganz zufällig, am häufigsten noch, wenn sie von andern Vögeln angezeigt sind. Ihre abenteuerliche Gestalt entspricht dem oft so abenteuerlichen Orte ihres Aufenthaltes, der Abenteuerlichkeit ihres nächtlichen Rufes, der die ganze Tonleiter und alle Vokale, vom dumpfsten, gezogenen Ua bis zum jauchzenden, kreischenden J, umfaßt und aus den dunkeln und öden Bergschluchten nervenerschütternd durch die nächtliche Gebirgslandschaft hinhallt.

Neben diesen Nachtraubvögeln besitzt das Gebirge auch eine angemessene Anzahl von Tagraubvögeln, freilich auch hier nicht so viel als die Ebene. Diese sind, in grellem Gegensatze zu jenen, kühn, oft frech bis zur Toll= dreistigkeit, von hohem, weitem und raschem Fluge und außerordentlich scharfem Blicke. Ihr Auge ist höchst vollkommen gebildet und besitzt im

Fächerkamme 14—16 Faltungen, das der Eulen nur 5—6. Sie greifen
alle Tiere an, deren sie sich bemächtigen können, und haschen sie bald im
Fluge, bald auf die Erde stoßend. Sie sind auch viel lebhafter und mord=
lustiger als die hypochondrischen Eulen und haben ein viel fester anliegendes,
derberes Gefieder. Zu ihren Wanderungen benutzen sie gewöhnlich den
Morgen und Abend, wo sie meist nur paarweise fliegen.

Oft sehen wir hoch in den Lüften einen Raubvogel mit ausgebreitetem
Schwanze unter stetem ‚giak—giak‘ weite Kreise ziehen, so hoch, daß ihn kein
Büchsenschuß erreicht; bald wird er müde und zieht dem Hochwalde zu oder
stößt plötzlich pfeilschnell herab und hascht einen Vogel, eine Maus, ein Wiesel.
Es ist der Taubenhabicht (Astur palumbarius, Hühnervogel), einer der
wildesten und verwegensten Räuber, der Schrecken der Tauben, Hühner und
Enten, der größte Verwüster des Wildstandes, da er selbst Hasen, Auer= und
Birkhühner angreift. Mitten aus den Dörfern holt er sich tolldreist seine
Beute, verfolgt die Henne bis in die Küche, weiß aber bei aller Mordsucht
durch seine außerordentliche Schnelligkeit, Gewandtheit und List sich fast
immer vor dem Schusse zu sichern. Er ist stark gebaut, fast 60 cm lang, der
Oberleib dunkelaschgrau, bräunlich überlaufen, über den Augen ein weißer,
braundurchbrochener Streifen, im Nacken weiße Flecke; der Unterleib weißlich,
mit schwarzbraunen Querlinien, der Schwanz zugerundet, die Beine befiedert,
die Füße schwefelgelb. Er fliegt indessen nur bei ganz schönem Wetter in
jenen hohen Kreisen, gewöhnlich aber tief, sehr schnell und ohne merklichen
Flügelschlag. Kleine Vögel überfällt er oft von unten nach oben oder von
der Seite, Hühner und Hasen von oben herab und trägt sie in das nächste
Gebüsch, wo er sich sicher glaubt. Der Aufenthalt dieses verderblichen
Räubers erstreckt sich während des ganzen Jahres von der Ebene bis zur
Holzgrenze; doch nistet er am häufigsten in der Ebene und unteren Waldregion
auf hohen Bäumen, besonders wenn sie in der Nähe des offenen Feldes stehen.
Nicht selten tötet er auch Krähen und Elstern; größere Vögel rupft er, kleinere,
Mäuse und Maulwürfe verschlingt er ganz. Sein sehr großes Nest legt er
am liebsten auf dichtstehenden, recht hohen Tannen aus grünen Zweigen an
und besetzt es mit vier grünlichen Eiern von der Größe der Hühnereier. Junge
Exemplare haben wir leicht zähmbar gefunden; sie bleiben aber unliebliche
Gesellen und selbst ihre Zärtlichkeit ist nicht fein. Die Sperber (Astur
nisus), den Habichten durchaus ähnlich, nur beinahe um die Hälfte kleiner,
beherrschen als Standvögel die Zone in weit geringerem Grade und scheinen
in der oberen Hälfte sehr selten zu werden. Im Glarner= und Urnerlande
übersteigen sie schon die Hügelregion nicht, sind aber in Bündens Bergthälern
nicht selten, besonders weibliche Exemplare. An wütender Mordgier, Toll=
kühnheit und List sind sie ganz die Habichte im kleinen; sie nisten in hohem,
dichtem Nadelgehölz, schießen pfeilschnell durch die von kleineren Vögeln
bewohnten Obst= und Waldbäume und wagen es sogar, den großen Fischreiher

zu packen. Im Jahre 1861 stieß ein Sperber in Chur sogar durch die Fensterscheiben auf einen Stubenvogel!

Der häufigste Raubvogel des Gebirges ist der Turmfalke (Falco tinnunculus), im Bernergebiet gewöhnlich Wanner oder Wannenwedel, Wanneli, sonst auch Schusser genannt. Er ist nicht größer als ein Eichel= häher, schön zimtbraun, schwarzgefleckt, mit weißer Kehle, rostfarbener, schwarzgestreifter Brust, aschgrauem Kopf und Schwanz, sehr gekrümmtem, schwarzem Schnabel, gelben Füßen und schwarzen Krallen. Im Winter streicht er in der Ebene umher oder zieht ganz weg; im Frühjahr geht er in die Vorberge bis hoch in die Alpen hinauf und nistet in den Felswänden oder hochgelegenen Türmen, Ruinen, auch am Rande der Nadelholzwälder, wo er sein Nest Ende Aprils mit 4—6 gelblichen, braunrot besprißten Eiern besetzt. Hat er nur in den Vorbergen gebrütet, so geht er gern nachher höher ins Gebirge, wo er viele Mäuse, Käfer, Grillen, Heuschrecken, allenfalls auch Frösche und Eidechsen vertilgt. Dafür findet er sich dann im Herbst wieder zahlreich in den Thälern ein, um auf die durchziehenden Wachteln und Stare zu lauern. Schneller und gewandter als die Weihe, die in der Regel nicht ins Gebirge geht, aber feiger als sie, ist er als ein höchst lebhafter und unruhiger Vogel bekannt. Oft schwebt er lange in der Luft, ehe er auf seinen Raub schießt, den er nicht so leicht wie der Taubenhabicht im Fluge hascht. Selten und am ehesten noch gegen Abend sieht man ihn niedersitzen; dagegen sitzt er oft in der Luft, d. h. er macht im Fliegen Halt, schlägt mit seinen langen, spitzen Flügeln rasch auf und ab, um sich auf der gleichen Stelle zu halten, überblickt sein Revier und schreit in hellen Tönen ‚gri—gri—gri‘. Nicht selten findet man ihn mit der Rabenkrähe und höher im Gebirge mit der Alpendohle im Kampfe; er neckt sie gern, ohne ihr viel anhaben zu können. Im Notfalle greift er auch auf Heuschrecken und Vogeleier, sitzt dabei auf große Steine ab und lauert auf seine kleine Beute. Fatio schoß im Juni 1864 im Puschlav ein krank aussehendes Exemplar, dessen Schlund und Magen mit Steinchen förmlich vollgestopft war, und später ein anderes, dessen Wachshaut und Augenlider kleine, dicke, violette Zecken ganz bedeckten.

Der Turmfalke, der sich in der östlichen Schweiz im Frühjahr 1871 besonders zahlreich einstellte, ist leichter zu zähmen als die folgenden Arten und wird sehr anhänglich an seinen Herrn. Ein junges Weibchen war lange unser Zimmergefährte und bewies sich mehr treu und liebenswürdig als klug. Trat sein Herr in die Stube, so ruhte es nicht, bis freundlich mit ihm gesprochen und ihm die Hand hingehalten wurde. Arbeitete er am Pulte, so setzte es sich am liebsten auf seinen Kopf. Der kleine Turmfalke (F. Cenchris), auch in Bünden und im September 1865 bei St. Gallen erlegt, wird wohl oft mit dem größern verwechselt, scheint aber doch ziemlich selten zu sein. Ebenso der 33 cm lange bläulichgraue, schwarzgestrichelte Zwerg= oder Merlin= falke (F. Aesalon), der auf dem Zuge ziemlich regelmäßig im August in dem hochgelegenen Arosa (Schalfik, 1900 m ü. M.) bemerkt wird, wo er oft in größerer Anzahl nach Heuschrecken jagt und der häufigste Raubvogel der Gegend ist. Zu gleicher Zeit haben wir ihn auch öfters in den appenzellischen Gebirgen bemerkt. Den niedlichen süd= und osteuropäischen rotfüßigen Falken (F. rufipes), der fast ausschließlich nach Art der Würger von Insekten lebt, hat man in dem Berggelände ob Meiringen brütend gefunden; sonst scheint er die Schweiz nur auf dem Zuge — meist im April und Mai — zu besuchen, und dann oft in Scharen. Bei Chur fällt er um diese Zeit öfters in die Baumgärten. Ein ansehnlicher Flug dieser Falken besetzte vor Jahren alle Obstbäume um das waadtländische Dorf Naville, dessen Bewohner diese Vögel erst für Tauben ansahen und etliche töteten, dann aber, als sie gewahrt, wie gierig sie die Maikäfer wegfraßen, sie ungestört gewähren ließen. Ebenso fielen Ende April 1846 vielleicht 200 Stück in die Moore von Sionex bei Genf und fraßen dort auf den kleinen Eichen die bereits zahlreich erschienenen Maikäfer gierig weg. Ein Jäger schoß sträflicherweise 13 Stück weg. In den Mooren von Orbe werden sie fast alljährlich auf dem Zuge scharenweise bemerkt.

Außer dem überall verbreiteten Turmfalken besuchen noch zwei andere Edelfalkenarten die felsigen Waldungen der montanen Region, finden sich aber viel seltener vor; nämlich der graublaue Wanderfalke (Falco peregrinus), 48—60 cm lang, mit schwarzblauem Kopf und Oberhals, scharfgebogenem grauen Schnabel, blaugrauem, schwarzquergeflecktem Rücken, weiß= und braun= gefleckter Brust, grauem Schwanze, gelben Füßen, und der Baumfalke (F. subbuteo), der durchschnittlich häufiger bemerkt wird, nur 36—42 cm lang, mit blaubraungrauem Oberleib, weißer Kehle, schwarzgeflecktem Unter= leib, rostbraunen Hosen und After und langzehigen, gelben Füßen. Er hält sich wie der vorige nur im Sommer bei uns auf, nistet auf hohen Bäumen und in Felsen und wird von den kleinern Vögeln außerordentlich gefürchtet, obwohl er den Käfern, Maulwurfsgrillen und Larven noch gefährlicher ist. Der Wanderfalke, den man hin und wider in allen Thälern des Gebirges bis über die Holzgrenze bemerkt, wie er auf einem Felsenvorsprunge oder einem Hügelrande sitzt und die Gegend scharf überblickt, gehört zu den kühnsten, gewandtesten und vorsichtigsten aller Raubvögel. Sein Nest legt er mit Vorliebe in den Felsen an. Seine Beute wählt er sich wohl immer nur aus dem Geschlechte der Vögel, besonders unter den wilden Hühner= und Taubenarten und dem kleineren Geflügel; im Notfall holt er sich auch Krähen, nie Vierfüßer oder Aas. Mit unbegreiflicher Schnelligkeit stößt er senkrecht auf die Beute herab und verzehrt sie wo möglich auf der Stelle. Diese Schnelligkeit beim Verfolgen eines Vogels wird von einem genauen Beobachter auf die ungeheure Größe von 16 km in der Minute, von anderen wohl mit mehr Recht auf 240 km in einer Stunde berechnet. Er ist so wenig furchtsam, daß er auf den Knall der Flinte herbeistürzt und dem Jäger das gefallene

Huhn vor dem Auge wegholt, ja daß er sich mitten in London auf Kirch=
türmen ansiedelt, um die Taubenflüge bequem in der Nähe zu haben.   Bei
uns sieht man ihn in ziemlicher Höhe leicht und rasch fliegen, wobei man ihn
an seinem gestreckten Leibe, den langen, spitzen und schmalen Flügeln und dem
dünnen Schwanze, auch an seinem volltönigen Rufe: ‚kajak—kajak‘ leicht von
anderen Raubvögeln unterscheidet.   Plötzlich läßt er sich aus der Luft herab
und schießt wieder stellenweise pfeilschnell dicht über der Erde hin, um kleine
Vögel aufzuscheuchen, von denen ihm kaum einer entgeht.   Die Nacht über
bleibt er entweder auf einem hohen Tannenwipfel oder einer freien Felsen=
spitze.   Der Baumfalke oder Lerchenfalke ist ganz das Abbild des Wander=
falken in kleinerem Maßstabe und giebt diesem an Kühnheit, Schlauheit und
reißender Schnelligkeit nichts nach.   Schwebt er doch oft stundenlang über
dem Jäger, dessen Hühnerhund die Felder absucht, um die auffliegenden
Lerchen, Ammern und Wachteln abzufassen, und fängt er ja in wenigen seiner
schußweise gehenden Flugstöße die schnellsten Schwalben weg.   Von anderen
Falkenarten unterscheidet ihn schon in der Ferne die weiße Kehle sowie der
breite, schwarze Backenstreif und im Fluge die Kleinheit seines Körpers und
die langen, schmalen Schwingen.   Beide Falkenarten sind Zugvögel, beide
gehören mehr der Hügel= und unteren Bergregion an und sind in unserem
Flach= und Vorlande häufiger als tief im Gebirge.

Die Weihe und die Milane sind im letzteren seltene Erscheinungen.   Die
blaulichgraue, stets über Wiesen und Äckern schwebende Kornweihe (Circus
cyaneus) geht auch hin und wider ins obere Reußthal; der schöne rote
Milan (Milvus regalis, Gabelweihe, Furkligeier) nähert sich öfter den
Gebirgen und wurde in den Schöllenen (1270 m ü. M.) und im Dezember
1862 im Bündneroberlande geschossen; im März und Oktober werden sie
auch im Prättigau oft beobachtet, die schwarze Gabelweihe aber sehr selten.

Dagegen finden wir in der montanen Region stätig zwei Bussarde, von
denen der Mäusebussard (Buteo vulgaris), bekannter unter dem falschen
Namen Hühnerdieb oder Moosweih, mit dem Turmfalken der häufigste
Gebirgsraubvogel ist.   Er unterscheidet sich schon im Temperament außer=
ordentlich von diesem, indem er wie alle Bussarde plump, träge und ungeschickt
ist.   Stundenlang sitzt er auf einem Baum im Vorholze in eingeduckter
Haltung und lauert auf Mäuse, Amphibien, Schnecken, Würmer; dann erhebt
er sich, fliegt langsam zu Felde oder steigt in die Lüfte und beschreibt weite
Kreise.   Den Hühnern und Tauben ist er kaum gefährlich; wohl aber greift
er mutig Krähen und Elstern an.   Er ist obenher braun, am Unterleib weiß=
gelb, mit braunen, herzförmigen Querflecken und aschgrauem Schwanz mit
dunkeln Querbändern; doch giebt es auch schwarzbraune, ganz schwarze
und brandgelbe Spielarten, von denen jede wiederholt vorkommt; eine
vorwiegend weißliche Varietät wird im Kanton Schwyz hin und wider
gefunden, doch auch anderwärts, und wurde früher für eine eigene Bussardart

gehalten. In Deutschland ist er Zugvogel und geht im Oktober in großen, unordentlichen, weit zerstreuten Schwärmen, in denen man oft hundert Stück zählt, gen Westen, von wo er im April ebenso zahlreich mit langsamem Fluge wiederkehrt; bei uns ist er oft Stand- und Strichvogel, wird aber auch auf dem Herbstzuge in großer Gesellschaft getroffen und kehrt oft schon im Januar wieder zurück. Einzeln aber sieht man ihn durchs ganze Gebirge, oft tief an den Felsen und Wäldern, mit lautem ,hiäh—hiäh—hiäh' hinschweben. Nur aus gutem Verstecke ist es möglich ihn zu schießen, da er bei aller Trägheit doch scheu und vorsichtig ist; sicherer trifft man ihn abends, wenn er auf seinem Baume lauert. Doch verfolgt man diese Bussarde mit Unrecht. Sie sind äußerst nützliche Vögel und vertilgen Schlangen, Ratten und Mäuse in Menge. Dabei beweisen sie stets gute Geduld, lauern den größten Teil des Tages bequem auf einem Stein oder Busche, im Herbst auch gern auf der Erde, und warten, ob nicht ein Maulwurf oder eine Maus ein Erdhäufchen aufwirft. Augenblicklich stößt unser Bussard mit beiden Klauen durch die lockere Erde und zieht den Wühler hervor; er hat darum im Herbst so oft ganz kotige Klauen und Füße. In harten Wintern geht es ihm nicht selten schlimm, und es erfrieren oft sogar im Thale seine nackten Füße. Vor Hunger schreiend, fliegt er von Baum zu Baum und fängt oft in vierzehn Tagen nichts; hascht aber in seiner Nähe der flinkere Taubenhabicht ein Hühnchen oder Täubchen, so jagt er ihm die Beute sicher ab. In seinem Kropfe hat man schon 7—8 noch unverdaute Feldmäuse gefunden, ja Steinmüller entdeckte im Magen eines solchen Bussards nicht weniger als sieben Blindschleichen, eine Maikäferlarve und fünfzehn Maulwurfsgrillen, Blasius in dem eines andern sogar einunddreißig Feldmäuse! Die Nützlichkeit dieses Tieres kann nicht schlagender nachgewiesen werden, als durch solche Sektionen, und wenn es hier und da einmal ein Hühnchen hascht, so ist es ihm nicht allzuhoch anzurechnen.

Seltener ist der Wespenbussard (Pernis apivorus), ungefähr von gleicher Größe, mit dunkelbraunem Oberleib, gelblichweißem, braungeflecktem Unterleib, hellbraunen, dunkler gestreiften Flügeln, aber nach Alter, Geschlecht und Spielarten außerordentlich variierend. Seine gelben Läufe sind bis auf die Hälfte befiedert, seine Krallen lang, aber wenig gebogen. Dieser Raubvogel findet sich in den Vorwäldern des Rheinthales, Appenzells, in den Schwarzwäldern des Emmenthales, am Brienzersee, im Frutigenthal, im Glarnerlande und, obwohl nur selten, auch im Jura. Er nistet und brütet gern auf hohen Tannen, frißt Mäuse, besonders gern Bienen und Wespen, Raupen, Käfer, Heuschrecken, Grillen, selbst Getreide, saftige Früchte, im Notfall sogar Riedgras und Fichtennadeln, leert kleine Vogelnester in Menge, ist dummer und feiger als alle anderen Raubvögel, schneller zahm und so wenig scheu, daß ihn schon Knaben mit Steinen totwarfen. Den Haushühnern geht er auch wohl nach, soll aber in der Ebene oft unter den Riedschnepfen und

Kiebitzen die größten Verheerungen anrichten. Vom November bis im April ist er abwesend, weil dann unsere Insektenwelt verödet bleibt. Sein Flug ist niedrig, plump und schwer; er ruft dabei oft „ki—ki—ki‘, sodaß ihn seine Stimme schon von fern vom Mäusebussard unterscheidet.

Dies sind die kleineren Tagraubvögel, welche wir im Gebirge finden; ausnahmsweise verirrt sich wohl auch im Spätherbst ein rauhfüßiger Bussard (Buteo lagopus) aus dem Norden dahin, um zu überwintern, doch eher in die Vorlande. Er wird übrigens leicht mit dem Mäusebussard ver= wechselt, obgleich ihn schon die hellere Färbung unterscheidet. Auf den Uhu stößt er mit Heftigkeit, und an Krähenhütten kann man in Deutschland zur Zugeszeit Scharen von 30—40 Stück erblicken und bis auf 12 Stück schießen. Keiner von allen genannten Raubvögeln ist ausschließlich Gebirgsvogel; nur der Turmfalke scheint in der Bergregion das Maximum seiner Individuenzahl zu erreichen. Doch auch er verläßt im Winter, wo die Tierwelt der höheren Reviere zu arm ist, um die vielbrauchenden Räuber zu ernähren, seine Sommerresidenz, in welcher die seltenen Adler und Geier das unbeschränkte Regiment der Lüfte übernehmen.

An Adlern, diesen herrlichen Beherrschern des Tierreichs, ist die montane Region sehr arm; denn die Steinadler, die im strengen Winter in ihr erscheinen, gehören den höheren und höchsten Alpenrevieren an. Der kleine Flußadler (Pandion haliaëtus), weißlich mit braunem Mantel, der den Sommer über nicht selten an unseren Flüssen und Seen auf hohen Bäumen horstet, brütet, fleißig über den Gewässern kreist und mit seinen starken Krallen oft 2½—3 kg schwere Fische seiner Schlachtbank zuträgt, gehört durchaus der Ebene an und findet sich nur momentan und auf dem Zuge im Gebirge, so z. B. zwei Exemplare 1861 bei Chur. Im Urserenthale und im Rheinwald hat man in neuerer Zeit auch junge weißköpfige Seeadler (Haliaëtus albicilla) gefangen. Ein altes Exemplar, trübnußbraun mit milchweißem Kopf und Schwanz, ist bei Wasen (950 m ü. M.), ein anderes, im St. Galler Museum stehendes, im Winter 1864 abends im Toggenburg vom Baume herunter geschossen worden. Sonst gehört dieser schöne und gewaltige Adler dem Norden Europas und Amerikas an, erscheint aber im Herbst und Winter auch in unseren Ebenen und wird, da er weniger scheu als der Steinadler ist, öfters erlegt. Dagegen zeigt sich der seltene kurzzehige oder Natteradler aus dem Süden (Circaëtus leucopsis), mit weißem Flecke unter dem Auge, rotbrauner Brust, weißbraungeflecktem Bauche, tief= braunem Oberleib, und graublauen, kurzzehigen Füßen, wenn er in der Schweiz erscheint, öfters in der unteren Bergregion. So wurden zwei Stück am Stockhorn im Berner Oberlande, einer in der Nähe von Altorf, einer in der Nähe von Glarus, ein anderer in den Höhen von Werdenberg bei Buchs, einer in Bünden, einer bei Porlezza geschossen und zwei Junge wurden in den Alpen des Oetschthales lebendig eingefangen. Er mißt mit ausgespannten

Flügeln 1½—2 m und lebt fast ausschließlich von Reptilien. Bei seiner Seltenheit ist seine Lebensweise noch wenig beobachtet worden. Wahrscheinlich findet er sich öfters im Kanton Wallis, diesem an Reptilien reichsten Bezirke der Schweiz, und über den Sümpfen der Orbe sieht man ihn nicht selten schweben*).

Etwas häufiger, aber immerhin noch selten, wird aus den Gebirgen Südeuropas der Schreiadler (Aquila naevia), und zwar weniger in der Ebene als in der Bergregion, bemerkt, ein schöner, 60—70 cm langer, dunkel= brauner, auf Schulter und Flügeldecke gelblichweiß betropfter, bis an die Zehen befiederter Vogel. Er lebt fast nur von Fröschen und Feldmäusen und sitzt oft ruhig im Schilf unter den Wasservögeln, die ihn nicht fürchten. Sein Flug ist hoch und majestätisch; seine 2—3 rostrotgefleckten Eier brütet er in einem großen Neste auf hohen Bäumen aus. Im Kanton Bern ist er öfters vorgekommen; im Glarnerlande wurden in zehn Jahren zwei Exem= plare geschossen; im Kanton Uri sind bisher nur junge Exemplare gefunden worden; im Bündnerlande wurde 1863 ein altes, mit einem Rabenschenkel im Kropfe, bei Rothenbrunnen erlegt. Der große Schreiadler (A. Clanga), dunkelschokolabebraun mit hellern Federsäumen und schwarzbraunen Schwingen und Steuerfedern, soll am Pilatus und in dessen Umgebung nicht gar selten bemerkt werden. Ein Exemplar — und bisher nur das Eine — des Zwergadlers (A. pennata), der gelb und braun gefleckt ist und kaum so groß als ein Mäusebussard wird, ist in neuerer Zeit bei Schwyz erlegt worden. In Deutschland hat man diesen ost= und südeuropäischen Vogel eben so selten gefunden.

Wir haben also in der montanen Region keine einzige Adlerart, die konstant verbreitet wäre; es fehlt ihr dieser Schmuck der königlichen Vögel bis auf seltene und zufällige Erscheinungen. Sie hat zu wenig Breite und Tiefe, um als Bereich dieser weitfliegenden Tiere zu dienen, und ist überall allzu zugänglich. Ebenso verhält es sich mit den folgenden Arten. In den steilen Kalkfelsen des Salèvegebirges bei Genf und der Tessinergebirge nistet und brütet der ägyptische Geier oder Aasvogel (Neophron percnopterus), ein häßliches, schmutzigweißes Tier mit langem, schwachem Schnabel, schwarz= braunen Flügeln, nackter, gelber Kehle, einem widerlichen Kropfe und ziemlich hohen, bis ans Knie befiederten Beinen. Er ist nicht viel größer als ein Rabe und stinkt wie alle Geier unausstehlich aashaft. Träg und traurig von Temperament, schmutzig, mit abgestoßenem, unordentlichem Gefieder, in Schritt und Flug krähenartig, von vorzüglich feinem Geruch (in dem er die Adler übertrifft, während er ihnen an Schärfe des Blickes nachsteht), lebt er bei uns bloß einzeln und paarweise und frißt Aas, Frösche, Insekten, mit besonderer

---

*) Bouga führt ihn (Bull. de la Soc. des sciences nat. de Neuchâtel) sogar als im Gebiet des Neuenburger Seebeckens regelmäßig brütend an.]

Gier aber menschliche und tierische Extremente. Über Winter bleibt er schwerlich in der Nähe. An der Rhone hat er den Endpunkt seiner nördlichen Verbreitung erreicht. Im Orient wird er als Wohlthäter verehrt, da er selbst in die Dörfer und Städte kommt und allen Fleischabfall wegfrißt; den Mekkapilgern folgt er zahlreich, um die gefallenen Kamele und Esel zu verzehren. In Spanien ist er nicht selten. Auch in den waadtländischen Gebirgen von Aigle hat man diesen Aasvogel schon gefangen — immerhin bleibt er für die Vogelfauna der Schweiz nur eine Kuriosität. Ebenso der große fahle oder weißköpfige Geier (Vultur fulvus), ein stattlicher, 1¹/₅ m langer, rötlichbrauner Vogel, der oft die Größe eines Schwans erreicht, mit weißem Flaum auf Kopf und Hals, schwarzen Schwing= und Schwanzfedern, bleifarbenem Schnabel und rötlichgrauen Füßen. Aus den Gebirgen Asiens und Südeuropas, seinem eigentlichen Vaterlande, streift er mitunter in die Schweiz diesseit der Alpen. Jenseit derselben, im Tessin, ist er wahrscheinlich öfter vorgekommen. Im Jahre 1812 bemerkte ein Jäger diesen großen Geier am Axenberge und erlegte ihn. Später entdeckte ein Knabe einen andern in der Nähe von Lausanne. Das Tier hatte sich so voll gefressen, daß es, von einem Stein verwundet, sich einfangen ließ. Um Pfingsten 1827 sah man zwei Stück auf dem Schindanger bei Altorf sich gütlich thun; das eine Exemplar wurde dort geschossen, das andere einige Tage nachher im Kanton Bern. Im Jahre 1837 schoß man wieder eins bei Yverdon. Bekanntlich sind diese Geier, wie alle ihres Geschlechts, nichts weniger als kühn und gewaltig; ein Sperber jagt ihnen Furcht ein. Sie greifen gewöhnlich zum Aase und packen äußerst selten lebendige Tiere an. Haben sie sich vollgefressen, so tritt der Kropf sackartig vor. Wenn sie zur Spähe ausfliegen, so steigen sie in weiten Schneckenlinien unglaublich hoch in die Lüfte und lassen sich ebenso wieder herab. Eine Kälte von 12 bis 15° scheinen sie kaum zu fühlen. Träge und mißmutig, haben sie mehr von dem Temperament der Eulen als dem der Adler und Falken und verbreiten stets einen übeln Aasgeruch. Übrigens ist dieser Geier in Deutschland noch seltener gefunden worden als in der Schweiz.

Der graue Geier (Vultur cinereus), ein gewaltiger Vogel (er mißt bei einer Länge von 1.₂ m 2.₇ m Flugbreite), mit dunkelbraunem Mantel, bläulichem, nacktem Halse, schiefer, bräunlicher Halskrause und einem Feder= busche auf jeder Schulter, sonst nur auf den Hochgebirgen Südeuropas heimisch und in seiner Lebensweise mit dem weißköpfigen Geier übereinstimmend, ist in neuester Zeit zum erstenmale bei Pfäfers erlegt worden, ein zweites Exemplar bei Sargans, welches im Schaffhauser Museum steht, und im November 1866 ein drittes, ein altes Männchen, am Fuße des Pilatus.

Mit diesen ausgezeichneten Gästen unserer Vogelfauna haben wir unsere Wanderung in der Bergregion nach dieser Seite vollendet. Ein großer Reichtum hat sich uns aufgeschlossen, — und doch zählt unser Tiefland wenigstens doppelt so viele Arten von Vögeln. Von Laufvögeln, Wasservögeln und Sumpfvögeln geht kaum der zwanzigste Teil regelmäßig ins Gebirge; die zarteren Grasmücken, die Regenpfeifer, Milane, Weihe, Fliegenfänger, Laub= vögel fast gar nicht; von den Ammern, Würgern, Piepern, Schwalben, Käuzen, Ohreulen, Falken und Bussarden bald nur ein kleiner, bald ein größerer Teil. Die Hauptvögelmassen und ihre eigentlich charakteristischen Repräsentanten in der Gebirgsregion werden durch die hellschlagenden Finken und deren Verwandte, die ewig hüpfenden Meisen, die heimeligen Kuckucke, die lauthämmernden Spechte, durch die Hühner mit ihrer stillen, frieblichen Wirtschaft, die an Bächen herumhüpfenden, lustig mit den Schwänzen wippenden Wasserstelzen, die lautsingenden Drosseln, alle Büsche durch= schlüpfenden Goldhähnchen und Zaunkönige, durch die emsigen Schmätzer, die melobiereichen Baumlerchen und Pieper, die zutraulichen Rotkehlchen und Rotschwänzchen, die Häher, die Raben= und Krähenschwärme dargestellt, zu denen die hoch in den Wolken kreisenden Tagraubvögel und die melancholischen Eulen mehr als vereinzelte, begleitende Elemente kommen. Immerhin noch eine große Fülle von ornithologischen Formen! Und doch kennen wir, so beschränkt in mancher Hinsicht noch unsere Beobachtungen sind, jede einzelne Form als eine gewisse, ausgeprägte Individualität. Wir sehen, daß sie ihr Temperament, ihren Humor, ihren bestimmt modifizierten Instinkt, ihre eigentümlichen Fähigkeiten, vielleicht auch Liebhabereien und Launen hat; ja, wir können oft den Charakter, den Typus einzelner Arten der Gattung ganz bestimmt von den anderen unterscheiden und würden dies in noch viel höherem Grade vermögen, wenn wir überhaupt mehr in und mit der Natur zu leben verstünden. Vielleicht drängt uns der oft kränkelnde Zustand der menschlichen Gesellschaft bald wieder mehr zu ihr zurück; vielleicht fühlen wir uns wieder getrieben, in der Harmonie der Schöpfung die Hoffnung auf die endlich siegende Harmonie der Welt des Geistes neu zu stärken; — einstweilen suchen wir die Anfänge jenes Verständnisses uns zu eigen zu machen.

Die breiteste Individuenmasse der Vögel drängt sich in die Wälder zusammen; in der Ebene sind sie weit mehr auch über die Felder, Moore, Gewässer ausgebreitet und reichen von allen Seiten an die menschlichen Wohnungen heran. Wo im Gebirge keine Wälder sind, sind Wiesen und Weiden, in denen nur wenige Arten leben können, oder Felsen und Flühen. Auch hier ist verhältnismäßig ein sehr reges Vogelgetriebe, — keine Schutt= halde, kein Steinfeld, keine Felsenschlucht, wo nicht irgend eine Art des reichen Vögelgeschlechts ihr Stand= und Lieblingsquartier aufschlüge, wo sie nicht in einfachem Naturlaute die frohe Botschaft des Lebens hinbrächte, wo sie nicht alle Phasen ihrer Existenz durchmachte von der ersten Atzung der Mutter, die sie mit freudigem Flügelschlag empfängt, bis zu den lebhaften Locktönen des Paarungsrufes und zum letzten Angstrufe unter den Krallen des Raub= vogels oder zwischen den Zähnen des Wiesels, des Fuchses. Die ungeheuren

Steinreviere scheinen dem Unbewanderten unendlich öde und tote Massen.
Aber hast du die hundertfältigen Moose und Flechten und Gräser, die fest=
gedrehten Rosetten der Saxifragen, die läutenden Glöcklein der Campanulaceen
vergessen, die ihr Leben an diese kalten Gebirge klammern und ihre Wurzeln
in das verwitternde Gestein treiben? Bemerkst du die Würmchen nicht, welche
auch von der neu gebildeten Erdschicht leben wollen, die Spinnen, Ameisen
und Wanzen, die auf den sonnenwarmen Steinen hinlaufen, die Fliegen und
Mücken, die sie umsummen, die Schmetterlinge und Sylphiden, die sie
umgaukeln, die Käfer, die sie umschwirren, die braunen und grünen Eidechsen,
die fröhlich sich auf ihnen umhertreiben? Kennst du die freundlichen Vögelchen
nicht, die gerade hier ihre liebste Heimat haben, all das tausendfältig ver=
schiedene Leben nicht, das nach seinen ewigen Gesetzen überall kreist, wo Licht,
Luft und Wärme ihre Kraft nicht verloren haben? Es giebt keine tote Stelle
in der Welt, wo die Möglichkeit des Lebens nicht absolut verschwunden ist,
und diese ist in unserer Region überall vorhanden und darum auch bethätigt.
Wo nur an den ungeheuersten Bergwänden eine Dryas, ein Gräschen, ein
Farnkräutchen, ein Thymianpflänzchen haften kann, ist bereits Quartier
gemacht für eine ganze Folge von Tieren, von der Wanze oder dem Käferchen,
auf das die Spinne lauert, bis zu dem intelligenten Habicht, der auf den
insektenfressenden Singvogel niederstößt.

Die Bergregion besitzt in der Schweiz keine ihr ganz eigentümlichen
Vögelarten, die nicht auch in den entsprechenden Regionen der Nachbarländer
vorkämen, noch solche, die nicht auch im Hügelgebiete wenigstens hin und
wider erschienen. Der größere Teil, namentlich der kleineren Vögel, hält sich
abwechselnd bald im Kreise der Hügelregion, bald im Berglande auf und
sucht besonders im Winter gern die Felder, Forste und Büsche der Tiefländer
und der milderen Thäler auf; dem Gebirge aber bleibt ihr Gesang, ihre
Sommerlust, ihre heiterste Zeit. Wie reiche Herren, die im Sommer ihre
Campagne beziehen, wirtschaften sie in ihren Bergwäldern. Immer ist ihr
Tisch gedeckt, ihr Zweig bereit, ihre Kameradschaft aufgelegt zum Mithüpfen
und Mitjubeln. Um dieses Jubeln ist es eine eigene Sache. Keine Nachtigall
flötet ihre melodischen Weisen, kein Sprosser, kaum eine Grasmücke, — und
doch tönen die Berge und die Wälder wider von den fröhlichen Konzerten.
Guter Wille und sprudelnde Lebenslust ersetzen freilich oft den angebornen
Wohlklang und die schöne freie Kunst.

Schon ehe die rosigen Morgenwölkchen das Nahen der Sonne ver=
künden, ja oft ehe noch im Osten nur ein lichter Hauch ihre Geburtsstätte
anzeigt, wenn noch die Sterne fröhlich am blauen Nachthimmel schimmern,
beginnt von einer alten, hohen Tanne ein leises Kollern; dann folgen einige
schnalzende, klappende Töne, die immer schneller hervorsprudeln, — dann der
Hauptschlag und endlich ein langer Faden wetzender Zischtöne. Der Urhahn
falzt. Mit verdrehten Augen tanzt und trippelt er auf seinem Aste herum;

unter ihm ruhen friedlich die Hennen im Gebüsch und sehen andächtig den
närrischen Capriolen des hohen Gemahls zu. Nicht lange treibt er sein Wesen
allein. Die Ringamseln der obersten Wälder, die unruhigsten aller Vögel,
die schon wenige Stunden nach Mitternacht vereinzelt die Kehlen stimmten,
fangen überall an, laut zu werden; etliche Hausrotschwänzchen und ein Rohr=
sänger im nahen Ried werden um so eifriger, als die Sonne jetzt naht. Da
erwacht auch die Amsel, schüttelt den Tau von ihrem schwarzglänzenden
Gefieder, wetzt den Schnabel am Zweige und hüpft höher hinauf am Ahorn=
baum. Sie wundert sich fast, daß der Tag schon der Dämmerung Herr wird,
und der Wald noch fortschläft. Zweimal, dreimal ruft sie über die Bäume
hin, hinüber an die andere Bergwand und hinunter ins Thal, über dessen
Bachader ein paar dünne Nebelstreifen sich hingelegt haben. Dann flötet sie
mit Macht und Feuer ihre metallreichen herrlichen Strophen, bald in munterem
Humor, bald in tiefen, klagenden Lauten. Rasch erwacht nun im ganzen Revier
das Leben der Tiere; zuerst nach der Amsel hören wir häufig den Lockruf
des Kuckucks durch alle Wälder. Dünne, bläuliche Rauchsäulen erheben sich
fern in der Tiefe aus den Kaminen der Dörfer; von den Gehöften bellen hin
und wider die Hunde; eine Kuhglocke ertönt; alle Vögel erheben sich aus
ihren dunkeln Büschen, von der Erde, aus den Felsen; alles eilt in die Höhe
hinauf, den Tag und die Sonne zu sehen und die gute Mutter Natur zu
loben, die ihnen wieder das freudige Licht gesandt hat. Wie manches kleine,
arme Vöglein lebt fröhlich auf und hat eine bange und angstvolle Nacht hinter
sich! Es saß auf seinem Zweige, den Kopf ins kuglige Gefieder gedrückt, als
im Sternenschein ein Waldkauz mit leisem Fluge durch die Bäume flog und
sich eine Beute wählte. Der Steinmarder kam vom Thale her, das Hermelin
aus den Felsen, der Edelmarder herunter aus seinem Eichhornnest, durch die
Büsche war der Fuchs gegangen; — alle hat es gesehen. In der Luft, auf
dem Baum, auf dem Boden hatte das Verderben gelauscht viele traurige
Stunden lang. Angstvoll hatte es gesessen und sich nicht zu regen gewagt;
ein paar junge Buchenblätter hatten es geschützt und versteckt. Wie hüpft es
jetzt hervor und lobt die Sicherheit des Lebens und den Schutz des Lichtes!
In klaren, kräftigen Schlägen ruft der Buchfink, in hellen Strophen das Rot=
kehlchen von dem Wipfel des Lärchenbaumes, der Weidenzeisig im Erlenbusch,
Ammer und Blutfink im Unterholz des Vorwaldes. Und dazwischen trillert
der Hänfling, kollert die Tann= und Blaumeise, jubelt der Distelfink, quiekt
der Zaunkönig, piepst das Goldhähnchen, ruft die Wildtaube, trommeln die
Spechte. Aber alle übertönt des Mistlers kräftige Stimme, die melodischere
Weise der Baumlerche und das unnachahmbare Lied der Singdrossel. Welch
ein Morgenkonzert in den grünen Hallen! Ist es nicht tief empfunden, was
ein altes Volkslied sagt:

> Wer ist euer Koch und euer Keller,
> Daß ihr so wohlgemuth!
> Ihr trinkt kein'n Muskateller
> Und habt so freudig's Blut.
> Wohin geht dieses Dichten,
> Du edles Federspiel,
> Als daß wir uns auch richten
> Nach unserm End' und Ziel.

In Eine Weise und mit Einem Ausdruck ist es nicht zusammenzufassen, dieses unendliche Waldkonzert. Es variiert nicht nur jeden Augenblick, sondern fast jeden Schritt weiter ist es ein anderes. Bald überwiegt das Gezippe der Kohlmeisen, das Geplapper der Stare, bald tönt der Finkenschlag vor, bald der Drosselgesang, bald hört man nur das Gehämmer der Spechte und ihren rollenden Lockruf oder das Gerätsch der Häher. Dann schweigt plötzlich alles — nur hoch in den Lüften schreit der Taubenhabicht sein heiseres, hungriges ‚gia—gia‘, und im Augenblick sitzen die Sänger im tiefen Laube und ducken sich nieder ins Gezweig. Der Morgen vergeht in Gesang und Flucht, Insekten- und Samenjagd und fröhlichem Herumtummeln; der hohe Mittag ist die stillste Waldzeit. Nur wenige unermüdliche Sänger und die kleinen, die nichts Ordentliches können, die ewigen Chorusmacher der echten Singvögel, sind durch die Wälder hin zu hören. Erst gegen den Abend erwacht der Sängerchor partienweise wieder zu neuem Leben, aber nicht mit der Frische und Fülle der Morgengesänge; das Vorgefühl der Nacht wirkt ganz anders als das des Tages. Die Nacht wird nicht gefeiert; der Abendgesang gilt der scheidenden Sonne, den glühenden Bergen, der warmen, lebenduftigen Landschaft. Einer nach dem andern geht zur Ruhe; am längsten bleibt die wach, die am Morgen die erste Sängerin war, und noch lange, wenn die Sonne schon gesunken ist, und das Licht des Tages mit dem Schatten der Nacht den immer schwächeren Dämmerungskampf ringt, klingen ihre tiefen Klagelieder einzeln, abgebrochen durch die Tannen und gehen nicht selten in ein häßliches, dämonisches Krächzen und Kreischen über, dem etwa ein verlorener, verspäteter Kuckucksruf oder Rohrvogelschlag noch allein zu antworten scheint, bis fern in den Felsenschluchten oder in den Finsternissen des hundertjährigen Hochwaldes eine alte Ohreule ihr ‚puë‘ anstimmt, dem mit langgezogenem ‚hoho‘, und allen jauchzenden, lachenden, wimmernden, schnarrenden, spottenden Tönen die benachbarten Eulen und Käuze in ergreifendem, höllischem Chorus respondieren. Wie so ganz anders ist immer der Abend als der Morgen in der Welt des Gebirges, im Tierleben wie in der Menschenseele! Wenn wir morgens noch mit unserem Salis fühlen:

> Der Erdkreis feiert noch im Dämmerschein,
> Still, wie die Lamp' in Tempelhallen, hängt
> Der Morgenstern; es dampft vom Buchenhain,
> Der, Kuppeln gleich, empor die Wipfel drängt.
> Sieh, naher Felsen düst're Zinn' erglüht,
> Der Rose gleich, die über Ländern blüht.

Wem dampft das Opfer der betauten Flur?
Ihr Duft, der hoch in Silbernebeln dringt,
Ist Weihrauch, den die ländliche Natur
Dem Herrn auf niedern Rasenstufen bringt.
Die Himmel sind ein Hochaltar des Herrn,
Ein Opferfunke nur der Morgenstern.

Im Morgenrot, das naher Gletscher Reih'n
Und ferner Meere Grenzkreis glorreich hellt,
Verdämmert seines Thrones Widerschein,
Der mild auf Menschen, hell auf Gräber fällt;
Es leuchtet Huld auf redliches Vertrau'n
Und Licht der Ewigkeit durch Todesgrau'n —

— wenn wir morgens überall Lebenslust, Hoffnung, Vertrauen in den leisen
Zügen des Naturlebens wiederfinden — abends geht ein anderer Geist durch
das große Gotteshaus; ein Geist des wohligen Behagens und des heimlichen
Bangens, der Ruhe und der Ahnung zugleich.

Wie wandert sich's durch einen Wald so traut,
Wenn nur die Wipfel noch von Sonne wissen,
Nur noch zuweilen eines Vogels Laut
Verhallt in ahnungsvollen Finsternissen;
Das Auge kann kein Tier des Walds erkunden,
Ein Eichhorn nur erblick' ich in den Zweigen,
Es kam behend und still und ist verschwunden,
Die Einsamkeit des Waldes uns zu zeigen.

Und doch, hier lebt des Lebens welche Fülle,
Ein stummes Rätsel, das sich nie verraten!
Die Pflanze ist sein Bild und seine Hülle,
Und allwärts grünen seine stillen Thaten.
Die Wurzel holt aus selbstgegrabnen Schachten
Das Mark des Stamms und treibt es himmelwärts.
Ein rastlos Drängen, Schaffen, Schwellen, Trachten
In allen Adern; doch wo ist das Herz? ...

sinnt und fragt der Mensch; — der Vogel aber duckt sich müde ins betaute
Laub. —

Bei der außerordentlich großen Anzahl von Vögeln aller Art, von denen
die wenigsten ein beträchtliches Alter erreichen, ist es wunderbar, daß wir fast
nie eine Vogelleiche, fast nie einen Vogel antreffen, der vor Alter oder Krank=
heit gestorben wäre. Ziehen sich die kranken Tierchen in das tiefste Dickicht
der Büsche zurück, oder verbergen sie sich scheu und keusch unter den Büschen,
in den Felsen, um ihre kleinen Leichen noch der Verfolgung zu entziehen?
Vielleicht; doch dürfen wir annehmen, daß nur sehr wenige Vögel eines
natürlichen Todes sterben. Schon die Eier sind so manchem Unfall ausgesetzt;
die Nestjungen haben so viele Feinde. Die vielen Tag= und Nachtraubvögel,

die Füchse, Katzen, Marder, Elstern, Wiesel stellen ihnen so unaufhörlich nach, daß es fast ein Wunder ist, wenn ein kleines, unwehrhaftes Vögelein sich nur etliche Jahre allen Verfolgungen zu entziehen vermag. Leichen von Krähen findet man öfter als von kleineren Vögeln; doch auch die werden von Lieb= habern bald in Beschlag genommen. So findet man auch nur selten tote Frösche, Eidechsen, Fische, Käfer, mit Ausnahme etwa der Maikäfer, die in ungeheueren Massen auftreten und nur kurz andauern. Die Natur besitzt ein so ausgezeichnetes Polizeisystem, daß hundert verschiedene Kräfte, respektive Schnäbel, Zähne, Klauen, Zangen in Bereitschaft stehen, um Ein kleines Kadaver abzuräumen.

Fünftes Kapitel.

Die Vierfüsser des untern Gebirges.

Noch fehlt uns zum Bilde der montanen Tierwelt jene Gattung, nach welcher zuerst gefragt wird, und die auch die anziehendste und für uns die wichtigste ist. Zwar nehmen hier die Säugetiere keine besonders hervor= stechende Stellung ein; sie werden an Arten= und Individuenmasse von den Vögeln weit überwogen; aber ihre höhere Stellung in der Reihe der tierischen Entwickelung, ihre jeweilen ausgeprägtere Individualität nehmen das Interesse des Menschen besonders in Anspruch.

Unter den nahezu fünfhundert Wirbeltierarten der Schweiz zählen die Amphibien die wenigsten (etwa dreißig Arten), mehr die Fische (etliche fünfzig Arten) und nur wenig mehr die Säugetiere (etliche sechzig Arten), während die Vögel mit dreihundert und dreißig Arten mehr als doppelt so stark sind als die übrigen drei Klassen zusammen. Im Gebirge schmilzt die Gesamtzahl stark zusammen, und das Verhältnis bleibt sich mit einer kleinen Abänderung zu gunsten der Säugetiere auf Kosten der Vögel im ganzen gleich. Es ist nicht unwahrscheinlich, daß dieses Verhältnis im Laufe der Zeit noch etwas mehr zu gunsten der Mammalien sich ändern wird. Die Vögel sind genauer und vollständiger erforscht und werden schwerlich neue Arten aufzuweisen haben, während vielleicht unter den Flebermäusen oder unter den Spitz= oder anderen Mäusen noch Arten sind, die bisher nicht ausgeschieden wurden. Ganz eigentümliche Spezies von Säugetieren finden wir in der Schweiz nach dem gegenwärtigen Stande der Beobachtungen nicht. Alle finden sich auch in den benachbarten Ländern. Überdies hat Deutschland noch einige Fledermaus- und Mäusearten, Zieselmaus, Hamster, wildes Kaninchen, Biber, Elen und mehrere Arten von Seesäugern vor uns voraus. Die spitzkammige und die rundkammige Hufeisennase, die Savische Wühlmaus und die Brandmaus rücken im Süden, letztere, der Hamster und die kurzöhrige Erdmaus im Norden bis nahe an unsere Grenzen, haben sie aber noch nie überschritten, bloß das im Rheingelände erscheinende Zwergmäuschen scheint stellenweise über die Stromgrenze gekommen zu sein.

Im ganzen scheint unser Heimatland und namentlich unser liebes Gebirgsland der Verbreitung der Säugetiere nicht ungünstig. Große Wälder, große Einöden, halb unzugängliche Bergreviere — allein näher betrachtet schwinden diese Vorteile gar sehr zusammen. Überall schreitet die Kultur mit siegender Macht vorwärts. Wie gelichtet und stets begangen sind unsere Wälder; wie rücken die Hütten der Menschen immer weiter in die Ödungen und Wildnisse; wie dringen Jäger, Touristen und Sennen, Wurzelsammler und Geißbuben in die einsamsten Bergmulden und Felsenlabyrinthe! Und wo der Mensch hinkommt mit seiner ‚Qual‘, da hört nicht nur die Natur auf, neue Tierformen zu erzeugen; die längst erzeugten verschwinden teils, teils schmelzen sie in hohem Grade zusammen*). Unsere Natur ist wahrlich nicht überreich an Produktionskräften; sie ringen mit der Armut des Bodens, mit der Unbill eines nicht beneidenswerten Klimas. Wenn der Mensch mit diesen sich verbindet, so schwindet ihre freiwillig gebotene Fülle, die sie nie nutzlos vergeudet.

Einst weidete der Bewohner der Pfahldörfer die schmächtigen Torfkuhherden an den Seeufern; in den Morästen wälzten sich die unwehrhaften Torfschweine in Menge; die gewaltigen Wildschweine wühlten Löcher am Fuße tausendjähriger Eichen; an unseren Flüssen bauten zahlreiche Biber ihre Dämme und wunderbaren Wohnungen; das schwere Elch (Elen) und der riesenhafte Hirsch trabten durch unsere Brüche; in den Wäldern stampfte der gewaltige Ur (Urstier) und der krausbemähnte Wisent (Auerochs oder Bison) die Büsche brüllend nieder, — sie sind teils schon lange ganz erloschen, teils aus unserm Lande verschwunden. Noch vor hundert Jahren war der Damhirsch, noch vor achtzig der Edelhirsch in unseren Forsten heimisch. Jetzt dringt nur zufällig aus dem Elsaß ein Wildschweinrudel**) herüber,

---

*) Wie durch die fortschreitende Kultur manche Lokalfloren interessante und seltene Bestandteile ihrer Sumpfvegetation auf immer verloren, so fangen auch seit dem Aufhören des sömmerlichen Weidganges und der Einführung der Stallfütterung die Dunginsekten, namentlich einzelne Mistkäferarten an, aus gewissen Lokalfaunen zu verschwinden.

**) Die wilden Schweine waren noch am Ende des vorigen Jahrhunderts im Aargau so häufig, daß die Bewohner des Bezirkes Kulm sie mit Trommeln aus den Waldungen zu vertreiben suchten. Dann verschwanden sie und erscheinen nun, ver-

um die Beute unserer Stutzerkugeln zu werden, oder schwimmt, eine noch
größere Seltenheit, ein gehetzter Hirsch des Schwarzwaldes oder Vorarlberges
durch den Rhein und zeigt sich in unsern Wäldern. Der früher so häufige Biber
ist längst aus unserer Fauna verschwunden. Einst schätzten die Mönche des
Klosters St. Gallen sein Fleisch als Fastenspeise und der gelehrte Ekkehard IV.
gedenkt seiner ausdrücklich in den Speisesegnungen und Tischgebeten („Sit
benedicta fibri caro‘). Conrad Geßner nennt ihn ein wohlbekanntes Tier,
das im Gebiet der Aare, Reuß und Limmat häufig war. Am längsten hat er
sich in der Birs bei Basel gehalten, wo er im vorigen Jahrhundert noch lebte.
Daß, wie ein geachteter Naturforscher versichert, an den Ufern der Walliser
Visp und der Reuß noch in diesem Jahrhundert Spuren von Bibern getroffen
worden seien, erscheint uns sehr unwahrscheinlich, so häufig sie auch im sech=
zehnten Jahrhundert noch überall waren. Dagegen sind wir bei aller
Anstrengung der großen Raubtiere nicht Herr geworden und werden in den
nächsten Jahrzehnten sie höchstens etwas mehr zu vermindern imstande sein.
Hier ist freilich die Lokalität des Gebirges ihnen günstig, und unsere Bären
und Wölfe werden noch lange ihre verderblichen nächtlichen Streifzüge durch
die Alpen fortsetzen, während das benachbarte Deutschland sie seit mehreren
Jahrzehnten ganz vertilgt hat.

In der Flora, in der Insekten= und Reptilienwelt bieten, wie wir
bemerkt haben, die verschiedenen Kreise der Bergregion bedeutende Ver=
änderungen, indem die reichere der südlichen Kette sich bereits dem
italienischen Charakter nähert und in Fülle der Arten und Exemplare die

---

einzelt und versprengt, aus den Vogesen fast regelmäßig wieder; im Jahre 1835
warfen die Säue sogar im Lande, wurden aber bald vertrieben und ausgerottet. Im
waadtländischen Jura zeigen sie sich noch fast alle Jahre, im Neuenburgischen werden
nicht selten starke Keiler im Herbst von den zur Eichelmast ausgetriebenen Hausschweinen
angelockt. Im Dezember 1860 wurden bei Charmoille im Pruntrutschen zwei Wild=
schweine aus einem Rudel von dreißig Stück geschossen und so tauchen die heimatlosen
Rudel alljährlich bald hier bald dort in der Westschweiz auf. Ihre Lebensweise muß
eine sonderbare sein. Nur wenige Exemplare werden im Falle sein, sich in den Jura=
wäldern als Standwild zu halten; die meisten brechen zu unbestimmten Zeiten von den
Vogesen her ein, treiben sich eine Zeitlang unstät in den Jurageländen umher, werden
durch sporadische Verfolgung oft ins offene Land gedrängt (wobei es sich schon ereignete,
daß sie bis ins Oberaargau= und Emmenthal, ja bis vor Luzern gerieten, und in der
Dämmerung mitten durch die Dörfer trabten), und wenn dann einige aus dem Rudel
erlegt sind, verschwinden die übrigen plötzlich spurlos. Seit Anfang der Siebzigerjahre
erscheinen die Sauen in der Westschweiz zahlreicher als je und drangen sogar bis tief
nach der östlichen Schweiz vor, wo am 11. November 1872 zwei Stück im Klönthal
gesehen und eins derselben glücklich erlegt wurde. Am 29. Dezember des gleichen
Jahres entdeckten zwei Fischer mitten im Murtnersee eine schwimmende Wildsau und
schlugen sie mit Rudern tot. Sie steht im Murtner Museum Ein mittlerer Keiler
fand sich im Januar 1873 als vorzeitiger Tourist auf Rigi=Klösterli ein und wurde
über eine Flühe in den Tod gehetzt. Das Kloster Einsiedeln bewahrt in seiner
Naturaliensammlung einen fossilen Wildschweinskopf aus der Molasse von Uznach auf.

nordische weit übertrifft, obgleich weder Wallis noch Tessin hinlänglich durchforscht sind; an Säugetieren dagegen hat die südliche Region wenig oder nichts voraus.

Ein interessantes Bindeglied zwischen den Vögeln und den Säugetieren bilden bekanntlich die Fledermäuse. Sie sind die Eulen unter den Säugetieren, nächtliche Geschöpfe und fleischfressende Räuber, ebenso unanmutig und menschenscheu wie diese. Die einheimische Naturforschung ist mit ihren Beobachtungen hier wahrscheinlich noch nicht zu Ende, da der verborgene Aufenthalt und die nächtliche Hantierung der Tierchen die Arbeit sehr schwierig machen. Dabei kommt man ihr auch gar so wenig zu Hilfe. Man verabscheut die Tiere, von denen man gewöhnlich nicht weiß, daß sie unsere Wohlthäter sind, tötet sie, wo man kann, und wirft sie weg. Es ist sonderbar, daß der Mensch einen tiefen Widerwillen und ein fast unüberwindliches Grauen gegen so viele Geschöpfe hegt, die ihm durchaus nur nützlich sind. So flieht oder verfolgt er die Kröten und Salamander, die so viele Heuschrecken, Würmer, Spinnen, Fliegen und Schnecken vertilgen; die Blindschleichen und Nattern, die dem Ungeziefer und der Überflutung der Mäuse wehren; die Maulwürfe, die Igel, die Eulen und Fledermäuse, die seine wahren Wohlthäter sind und sorgfältig gehegt werden sollten. Letztere sind, ähnlich den Schwalben, höchst wichtige Vertilger der Insekten, fangen mit aufgesperrtem Rachen und weit geöffneter Flughaut ihre Beute und verzehren mit fast unersättlichem Appetit Millionen von Käfern, Baumraupen, Kohl- und Nachtschmetterlingen, und zerbeißen mit ihren äußerst spitzen Zähnen selbst die hartflügeligen Mistkäfer. Beobachtungen an gefangenen Exemplaren haben nachgewiesen, daß sie auch unmittelbar von der Erde aufzufliegen vermögen und ein so außerordentlich feines Gefühl besitzen, daß sie, selbst ihres Augenlichtes völlig beraubt, bei ihrem schwankenden Fluge jedem Hindernis in geschickten Wendungen ausweichen. Daneben haben sie freilich nicht das anmutige Ansehen und die freundlichen Manieren von Stubenvögeln, sind wild und bissig und sperren gleich ihre weiten, roten Rachen gegen die Hand des Menschen auf. Sie lassen sich schwer zähmen und verweigern in der Gefangenschaft oft die Annahme jeglicher Nahrung; doch nehmen etliche auch Milch an. Auch sind ihr Bisamgeruch, ihre wuchernde Hautentwickelung, die sich teils in der öligen Flughaut, teils bei mehreren Arten in einer abenteuerlichen Ohren- und Nasenbildung ausspricht, ihre fahle Behaarung, ihr Zischen und Keifen, ihre Schwänzchen und Krallen nicht besonders lieblich. Der Volksaberglaube hält sie deshalb wie die Kröten, Unken und Nattern für giftig. Sie sind es natürlich ebenso wenig wie jene und haben auch nicht die alberne Passion, den Leuten in die Haare zu fliegen, wie man ihnen andichtet. Wiesel und Iltisse, Marder, Katzen und besonders die Eulen, ihre geschworenen Feinde, verfolgen sie schon sattsam, daß ihre Überzahl nicht so leicht dem Menschen lästig fallen wird, wenn er sie auch gewähren läßt.

Im Winter sehen wir keine Fledermäuse, außer etwa an ganz warmen Abenden einige wenige, und man fragt oft, wo diese Tierchen in der kalten Jahreszeit bleiben. Wären sie Vögel, so würden sie die Kerbtiere des Südens suchen; wären sie echte Vierfüßer, so grüben sie sich Höhlen, um vor der tötenden Kälte sich zu schützen. So aber bleibt ihnen nur die Zuflucht mäßig warmer Schlupfwinkel und die Rettung des erhaltenden Winterschlafes übrig. Die Insektenwelt, ihr Nahrungsfeld, ist ohnehin zur Winterzeit verschwunden. Sobald der Frost eintritt, suchen sie Höhlen, geschützte Felsengrotten, alte Rauchfänge und andere temperierte Verstecke auf, häkeln sich mit dem Daumen der Vorderfüße neben einander fest und schlafen, bis die Wärme des Frühlings sie wieder weckt. Langsam zirkuliert das kaum 5° C. warme Blut durch ihre Körperchen; Stechen, Brennen, Schneiden verursacht ihnen Konvulsionen, weckt sie aber nicht aus ihrer Erstarrung. Bringt man sie in die Wärme, so erwachen sie allmählich; setzt man sie aber größerer Kälte aus, als ihr Asyl zeigte, so wird die Blutzirkulation sogleich lebhafter; die Natur sucht eine höhere animalische Wärme zu erzeugen, ermattet aber bald in ihrer Anstrengung. Das immer schnellere Atemholen bringt eine immer wachsende Erschöpfung hervor, an der das Geschöpfchen bei 0° bald unter leichten Zuckungen stirbt. Seine Lebenskraft ist in mancher Hinsicht sehr zähe, in anderer sehr schwach. An den geringsten Körperverletzungen sterben die Fledermäuse, während sie der elektrischen Einwirkung und der verräterischen Luftpumpe sehr lange zu widerstehen vermögen, und hungern können sie länger als irgend ein anderes Säugetier.

Auch im Sommer suchen diese Vogelmäuse abgelegene und unheimliche Orte am liebsten auf, besonders öde Felslöcher, altes Gemäuer, dunkle Dach=verstecke, hohle Bäume, Kirchtürme. Unter den Dachziegeln und Sparren begatten sie sich und wirft das Weibchen im Mai oder Juni seine zwei Jungen, die es, bei Vermutung irgend einer Gefahr, an seiner zweizitzigen Brust angehäkelt, fortträgt und in dieser treuen Sicherung selbst im Tode festhält. Im Sommer halten sie sich immer paarweise zusammen; jede Haushaltung behauptet ihren kleinen Jagdbezirk und treibt den Eindringling mit Flügeln, Krallen und besonders mit den nadelfeinen Zähnen fort. Auf die Erde gefallen, kriechen sie gewöhnlich erst langsam und unbeholfen an einer Mauer empor; dann fliegen sie, besonders die lang= und schmalflügeligen Arten, rasch, sicher, mit schwalbenartigen, blitzschnellen Wendungen und haschen mit der größten Genauigkeit das Insekt, das ihr scharfes, glänzendes Auge bemerkt hat.

Wir können nicht mit voller Bestimmtheit angeben, wie viele von den in der Schweiz heimischen Fledermausarten in der Gebirgsregion leben, da manche Teile derselben, besonders im Süden, noch nicht gehörig durchforscht sind; jedenfalls ist aber die Zahl derselben nicht gering, und etwa zehn Arten reichen sogar weit in die Alpenregion hinein. Fassen wir hier also diese ins Auge.

Die gemeinste von ihnen, die rattenartige Fledermaus (Vespertilio murinus), ist einer der größten unserer Handflügler, oben rötlichgrau, unten schmutzigweiß, über 12 cm lang und mit 42 cm Flugweite. Mit einbrechender Dunkelheit umschwärmt sie matten, niedrigen Fluges die Dörfer und Hütten der Bergregion bis gegen 1600 m ü. M. und ist ihrer großen Ohren wegen auch unter dem Namen ‚Mausohr‘ bekannt. Ihren Winteraufenthalt hat man wie bei den meisten andern Arten im Gebirge nicht entdeckt, und es ist nicht unwahrscheinlich, daß die meisten Fledermausarten strichvogelartig in die Schlupfwinkel (namentlich die Kirchtürme) der mildern Gegenden abstreichen, um dort zu überwintern. Im Schlosse Lucens (Waadt) entdeckte man in einem unbenutzten Rauchfang eine große Winterkolonie, welche die Kaminöffnung völlig verrammelte. Viele Tragkörbe voll dieser halberstarrten Tierchen wurden hinausgeschafft und damit leider dem Tode überliefert. Weniger häufig, aber bis zu gleicher Höhe, besonders in der Zentralschweiz, erscheint die kleinere Bartfledermaus (V. mystacinus), 10 cm lang mit 31.5 cm Flugweite, besonders an Waldrändern früh und leicht, ruckweise hinfliegend. Sie ist besonders lang behaart, oberhalb graubraun bis dunkelbraun, unten gelblich grau. Fatio hat sie noch auf Engstlenalp (Bern) und zwar eine achtzehn Stück starke Kolonie, in einem Baumloch gefunden und in einer Alphütte bei Rosenlaui sowie im Haslithal eine (auch im Jura vorkommende) konstante, schmächtige, bronzeschwarze Spielart entdeckt. Ziemlich selten und nicht hoch in der Bergregion lebt die oben graubraune, unten grauweiße, besonders Wasserinsekten jagende Wasserfledermaus (V. Daubentonii); ebenso die oben hellbraune, unten weißliche gefranste Fledermaus (V. Nattereri) mit länglich herzförmigen Ohren, von Nager im Ursernthal zwischen Fensterläden und von Fatio noch im Oberengadin aufgefunden.

Die oben rötliche, unten gelblichbraune rauharmige Fledermaus (Vesperugo Leisleri), 10 cm lang mit 31.5 cm Flugweite, ist bei uns überhaupt selten, immerhin am Gotthard bis zur obern Baumgrenze bemerkt worden. Das Gleiche gilt von der 9 cm langen rauhhäutigen (Vesp. Nathusii) und der ihr ähnlichen, aber bloß 7 1/2 cm langen Zwergfledermaus (Vesp. pipistrellus); beide sind ziemlich selten, reichen aber in den Alpen an 1900 m hoch. Am zeitigsten des Abends erscheint die hochfliegende, kräftige, gefräßige frühfliegende Fledermaus (Vesp. noctula), in den Wäldern und Baumgärten des Tieflandes häufiger als in der Bergregion. Sie ist 13 cm lang mit 42 cm Flugweite, obenher gelblich rotbraun, unten heller. Eine auffallend große Spielart fand Fatio in einem Baumloch bei Amstäg. Die kleinere zweifarbige (Vesp. discolor) wurde bisher nur in der Bergregion des Jura und zwar sehr selten bemerkt. Eine echte Gebirgsart dagegen ist die Alpenfledermaus (Vesp. maurus), zuerst von Blasius festgestellt, der sie in den Zentralalpen bis über die Baumgrenze hinaus als den am höchsten streichenden Handflügler auffand. Sie ist etwas über 9 cm lang, spannt 25 cm; die zweifarbige Behaarung erscheint obenher dunkelbraun, unten etwas heller. 'Sie fliegt hoch und rasch, selbst bei Wind und Regen, dürfte sich aber doch ihre Winterlokale tiefer unten im Gebirge wählen. Die spätfliegende Fledermaus (Vesp. serotinus), in der südlichen Schweiz hin und wider gefunden, scheint kaum in die Gebirge zu gehen, die seltene langflüglige (Minopterus Schreibersii) wurde in unserer Höhe bisher bloß in einer Juragrotte bei Motiers entdeckt; die monströse langohrige dagegen (Plecotus auritus), ein abenteuerlich aussehendes Tierchen, dessen Ohren fast die Länge des Körpers und die Ohrdeckel die Hälfte der Ohrgröße erreichen, über 9 cm lang mit 27 cm Flugweite, oben aschbraun, unten schmutziggrau, geht bis in die Alpen hinauf (Andermatt, Pontresina), ist aber ziemlich selten, und auch die breitohrige Mopsfledermaus (Synotus barbastellus), 10 cm lang und 30 cm flugbreit, oben dunkelschwarzbraun, unten heller, hoch und rasch an Waldrändern und zwischen den Gipfeln der Gartenbäume hinschießend, reicht am Gotthard bis 1500 m ü. M.

Den gleichen Verbreitungsbezirk scheinen die abenteuerlich aussehenden Blattnasen zu teilen, von denen die häufigere kleine Hufeisennase (Rhinolophus hipposideros) bis über die Waldregion, die seltenere große Hufeisennase (Rh. ferrum equinum) im Sommer in einigen unserer Alpengegenden und in Tirol noch bei 1900 m ü. M. angetroffen wird. So reich an Arten und teilweise auch an Exemplaren ist die Ordnung der Handflügler in unserem Gebiete vertreten. Freilich hatte man noch vor dreißig Jahren keine Ahnung dieses Artenreichtums, und der treffliche Schinz kannte erst neun Fledermausspezies; manche der genannten sind eine Entdeckung erst der jüngsten Zeit und wahrscheinlich nicht die letzte. So wurde erst im Oktober 1869 in Basel und im Juni 1872 in der Nähe des St. Gotthardhospizes ein Exemplar (letzteres mit einem Jungen an der Brust) aus der Sippe der Grämler (Dysopes Cestonii), eine große Fledermaus mit langen schmalen Flügeln, aufgefunden. Da diese Art sonst ausschließlich den Süden bewohnt und nicht einmal bis Oberitalien heranreicht, scheinen diese Fremdlinge nur zufällig nordwärts verschlagen worden zu sein.

Weit bekannter ist die Ordnung der Insektenfresser mit ihren drei Familien, der Igel (Erinaceus europaeus), Spitzmäuse und Maulwürfe.

Der sonderbarste Genosse derselben ist offenbar der allbekannte Igel, ein Bewohner des untern und obern Landes bis gegen die Waldgrenze hin, dessen Kleid zahlreiche weiße, dunkelgesprenkte, hornartige Stacheln trägt, die er zwar aufsträuben, nicht aber, wie man oft glaubt, auch pfeilartig fortschießen kann. In der Dämmerung kommt er aus seinen Verstecken im Gebüsch und unter den Baumwurzeln vorsichtig heraus und watschelt grunzend in den Hecken, Büschen und Laubwäldern nach Würmern, kleinen Vögeln und Eiern, Eidechsen, Fröschen, Schlangen, Beeren, Käfern, Spinnen, fleischigen Wurzeln. Mäuse hascht er trotz seiner Langsamkeit in großer Menge listig weg und in der Gefangenschaft überfällt und frißt er sogar Tauben. Den Maulwürfen paßt er auf und packt sie, wenn sie stoßen; junge Ratten sollen ihm ein besonderer Leckerbissen sein. Kann er den Trauben und Birnen nahe kommen, so thut er es mit besonderem Vergnügen. Daß er sich auf dem auf der Erde liegenden Obste wälze, um es mit seinen Stacheln anzuspießen und nach seiner Höhle zu tragen, hat einst Plinius erzählt und soll sich trotz alles Widerspruches durch neuere Beobachtungen bestätigen (?). Im Juni wirft das Weibchen 4—6 blinde, weiße, bald stachellose, bald mit ganz kurzen, im Augenblicke der Geburt noch weichen und rückwärtsliegenden Stacheln versehene Junge, die es in der Gefangenschaft sofort auffrißt, im Freien aber sorgsam mit Schnecken und Regenwürmern ätzt. Obwohl die Igel sich also ziemlich stark vermehren und wegen ihres Stachelkleides, in das sie sich bei jeder plötzlichen Gefahr zusammenkugeln, keine Verfolger haben, außer dem Fuchse, der sie so lange quält und bepißt, bis sie sich aufrollen und er sie bei der Schnauze packen kann, und etwa auch dem Uhu, der sie trotz ihres Harnisches und mit demselben verschlingt, sind diese Tierchen doch nirgends häufig; sie leiden, besonders in der Jugend, empfindlich von der Kälte und sterben und verfaulen nicht selten in schlecht geschützten Winterquartieren. Im allgemeinen sind sie aber auch nicht selten, indem oft 4—6 Stück in einer Hecke aufgestört werden und in manchem Herbst erstaunlich viele Exemplare zum Vorschein kommen. Sie haben aber die Eigenheit, in manchen Gegenden nur die Thäler zu bewohnen und die Gebirge zu meiden, wie im Glarner- und Urnerlande; in anderen Gegenden, wie im Tessin, Engadin, Ursernthale, sind sie gar nicht zu finden. Sie werden leicht zahm und machen mit ihrem hurtigen, komischen Davonrennen und ihrem furchtsamen, aber klugen Wesen viel Spaß. Die Hunde fallen wütend über sie her, fahren aber mit wunder, blutender Nase heulend zurück. Daß sie sich in der Gefangenschaft stark mit Mäusefang abgeben, ist wohl öfters, aber nicht immer der Fall; wenigstens besaßen wir ein zahmes Exemplar, das ganz gemütlich mit einer Maus aus der gleichen Schüssel fraß. Den Winter verschläft der Igel wie die heißen Sommernachmittagsstunden dachsartig in seinem mit scharfen Krallen tiefer gegrabenen Loche und sieht dann einer Stachelkugel gleich. Früh schlummert er ein und holt unregelmäßig Atem, oft eine ganze Viertelstunde lang keinen Zug, dann 30—35 Züge nacheinander. Seine im Sommer bis auf 36° C. steigende Blutwärme sinkt dann mit der Lufttemperatur bis nahe an 0°. Sehr interessant ist die außerordentliche Giftfestigkeit dieses stillen, seltsamen Tieres und besonders seine Vipernjagd. Wie ein wohlüberlegender Jäger naht er nach Dr. Lenz' Beobachtung leise und vorsichtig der giftigen Otter, die, im Bewußtsein ihrer tödlichen Waffe, wenig Lust zur Flucht zeigt. Nahegekommen, schnüffelt der Igel an dem schönen Wurm herum, will ihn vorerst nicht töten und kneipt ihn nur mit den Zähnen, um ihn zu reizen. Zischend fährt die

Schlange auf ihn los und beißt ihn wütend, wo sie ihn nur fassen kann. Der Igel aber läßt sich nicht irre machen, duckt ein wenig den Kopf, läßt die Bisse in die Stacheln gehen und kneipt beharrlich wieder fort. Die Viper denkt noch immer nicht ans Flüchten, wird ganz toll und erschöpft sich mit Beißen und Zischen. Nun hebt der Angreifer den Kopf ein wenig höher, packt mit sicherem Griff den Kopf der Schlange, zermalmt ihn samt Zähnen und Giftapparat, schluckt ihn herunter und schlingt dann langsam auch den Leib herein. Hat er auch in diesem Kampfe ein halbes Dutzend Bisse in empfindlichere Körper= teile, in die Schnauze, Ohren, ja sogar in die Zunge bekommen, so kümmert er sich wenig darum. Die Wunden schwellen nicht einmal an, und das Tier wird so wenig krank wie die Jungen, die es säugt. Auch gegen andere Gifte ist er nicht sehr empfindlich. Spanische Fliegen, deren eine einzige einem Hunde heftige Schmerzen verursacht, frißt er ohne Nachteil zu hunderten, selbst Opium, Sublimat, Arsenik und Blausäure in ansehnlichen Dosen! Der scharfe Saft der Kröten behagt ihm nicht ganz; will er eine fressen, so wischt er sich anfangs nach jedem Bisse, den er ihr gegeben, die Schnauze an der Erde ab. Die Giftfestigkeit und Schlangenjagd des seltsamen Tieres war schon den Alten wohlbekannt; in neuerer Zeit sah A. Brehm auf seinen Reisen in Nordost=Afrika, wie die Igel die dortigen 15—18 cm langen Skorpione, deren Stich Kinder tötet und Hunde und Affen in die Flucht treibt, unerschrocken angreifen und in aller Gemütsruhe auffressen. Die alten Römer lagen der Igeljagd um so fleißiger ob, als sie in Ermangelung der Karden die Igelfelle zum Aufkratzen des Tuches benutzten. Unsere Bauern dulden das Tierchen nicht unter den Ställen, da sie fest überzeugt sind, die Fruchtbarkeit der Kühe leide gewaltig durch die Nähe der Igel (!). . Diese alle mögliche Schonung verdienenden Mäusefeinde waren schon zu den Pfahlbauzeiten Bewohner unseres Landes.

Ebenso verborgen wie die harmlosen Igel leben die schlanken, spitz= köpfigen, lang berüsselten Spitzmausarten der Bergzone, die gleicherweise nächtliche Tiere sind und sich gewöhnlich in den Mäuselöchern und Maulwurfs= gängen umhertreiben. Ihre Kenntnis ist noch ziemlich mangelhaft auch bei den Naturfreunden. Der Bauer hält sie thörichterweise für giftig — ein Irrtum, der sich wie so mancher andere seit Aristoteles' Zeiten her im Volke vererbt hat — und verfolgt sie, obwohl sie wegen ihrer aus Larven, Insekten, Würmern, Mäusen und toten Tieren bestehenden Nahrung allen Schutz verdienen und auch nicht die Erde aufwühlen. Sie sind außerordentlich gefräßig und fast nicht zu ersättigen und fressen sich unter Zirpen und Quieken allenfalls auch gegenseitig auf. Gegen Hunger und Kälte sind sie so empfindlich, daß sie sehr bald sterben. Sie verraten wenig Intelligenz, haben blöde Äuglein und folgen mehr ihrem feinen Geruch, indem sie ihre bewegliche Nase stets schnüffelnd umherdrehen; doch fehlt es ihnen nicht an Munterkeit und Beweglichkeit, und man kann sie in der Sonne am Wasser spielen und zanken, ja sogar sich

zwitschernd mit einer Eidechse um ein Insekt herumbalgen sehen. Die
allbekannte, nach Bisam riechende, langschwänzige gemeine oder Wald=
spitzmaus (Sorex vulgaris), gewöhnlich Mutzger genannt, obenher dunkel=
braun, unten gelblich= oder weißlichgrau, welche den Eidechsen und Acker=
mäusen auflauert, ihnen luchsartig auf den Nacken springt und sie auffrißt;
die hübsche kurzschwänzige weißzähnige Feldspitzmaus (Crocidura
leucodon), oben rötlichbraun oder braunschwarz, unten und an den Seiten
weiß, die in Feldern, Gärten und Gebäuden häufig auch am Tag erscheinende
Hausspitzmaus (Crocidura araneus), oben braungrau, unten hellgrau,
und die Wasserspitzmaus (Crossopus fodiens), oben glänzendschwarz,
unten weiß, alle diese Arten sind über die ganze Hügel= und Bergregion
verbreitet bis ins Urserenthal; von der ersten ist im obern Reußthal auch eine
seltene weiße Spielart entdeckt worden. Die letztgenannte hält sich gewöhnlich
an den Gewässern auf, schwimmt und taucht fleißig, wobei sie sich der steifen
Härchen zwischen den Zehen als Schwimmhäute und des Schwänzchens als
Ruders bedient, sucht auf dem Boden des Wassers, selbst unter dem Eise
Blutegel, Larven, Krebse, Frosch= und Fischbrut, und wendet zu diesem Behufe
öfters die Kiesel um; ja man soll sie sogar schon gesehen haben auf großen
Fischen sitzen und ihnen Augen und Hirn ausnagen. Auch die niedliche, bloß
4 1/2 cm lange braune Zwergspitzmaus (Sorex pygmaeus) soll von
Conrado von Baldenstein im Domleschg als Feindin der Bienenstöcke entdeckt
worden sein, wohl der einzige Fund dieser Art in der Schweiz. Im Winter
schlafen alle diese Tierchen nicht und führen ein gar kümmerliches Leben;
darum findet man alsdann oft erfrorene Exemplare dieser Familie, die ihres
aus den längs beider Bauchseiten stehenden Drüsenreihen herrührenden
Bisamgeruches wegen von den Katzen nicht gefressen wird.

Viel sichtbarer sind die Arbeiten ihres Kameraden, des Maulwurfs
(Talpa europaea), auf allen Wiesen und Weiden. Dieser Wühler streift nicht
nur überall durch die montane Region, sondern selbst bis hoch über die Holz=
grenze in die Alpen hinauf. Da er Erdhaufen aufstößt wie die Wiesenmaus,
so wird er oft von den Bauern mit ihr verwechselt, und beide bekommen den
Namen ‚Schär‘, ‚Scharrmaus‘. Sie sind indessen gar leicht zu unterscheiden,
der Maulwurf mit seinem ungestalten, walzenförmigen Leibe, der mit samt=
weichen, glänzenden, tiefblauschwarzen Haaren bedeckt ist, und seinen breiten
scheibenartigen Vorderfüßen, und die Wiesenmaus mit ihrem kastanienbraunen
oder rötlichschwarzen Rücken und blaugrauen Bauche. Der Schwanz des
Maulwurfs ist weit kürzer als der der Maus. Beide haben äußerst kleine,
tief in den Kranzhaaren verborgene Äuglein. Der Maulwurf gehört zu den
Insektenfressern und lebt nur von Tierkost; die Maus dagegen ist ein Nager
und lebt vorzüglich von Wurzeln, Zwiebeln, Samen und Früchten; jener ist ein
nützliches, diese ein höchst schädliches Tier. Die Mausfänger unterscheiden bei

dem aufgestoßenen Erdhaufen sogleich, ob er vom Maulwurf oder der Scharr=
maus herrühre, indem jener viel feinere, regelmäßigere Arbeit macht und
diese in ihren breiteren, niedrigeren, unregelmäßiger gestellten Haufen gröbere
Klümpchen und Ballen läßt.

Unser Wühler, von dem man in unseren Gegenden, z. B. auf dem Randen
im Kanton Schaffhausen, auch schon eine erbsgelbe und im Waadtlande außerdem
eine weißliche, eine orangegelbe, eine graue, mit dunkleren Flecken versehene
Spielart gefunden hat (solche mit weißem Rücken und gelblichem Bauche zeichnen
sich regelmäßig durch Größe, dichten Pelz und breite, platte, hufeisenartige
Schnauze aus), ist fast nie auf der Erde sichtbar, obwohl er auf ihr alles Moos
und Laub holt, mit dem er seine Wohnung tapeziert und im Winter zwischen
dem Schnee und dem Rasen sich umhertreibt. Er gräbt mit fabelhafter
Geschwindigkeit von seiner Wohnung aus durch die Erde seine weiten Kreuz=
und Quergänge, welche durch eine gerade Luftröhre mit jener in Verbindung
stehen. Was sollte er auch am Lichte thun? Mit seinen blöden Äuglein unter=
scheidet er kaum Tag und Nacht, und die Larven und Würmer, die er in
unendlicher Menge verzehrt, wobei er ihnen stets mit den Vorderfüßen die
Erde abstreift, findet er sicherer in der Erde, oft auch einen Leckerbissen von
Kröten, Molchen, Eidechsen, Spitz= und anderen Mäusen, die seine Gänge
befahren und die er sich trefflich schmecken läßt. Selbst kleine Vögel, große
Blindschleichen und Ringelnattern ficht er an und verrät bei ihrer Zerfleischung
ein unverkennbares Behagen, wie er sie denn auch immer gleich mutig angreift
und, wenn er sie einmal gepackt hat, nicht mehr losläßt, bis er siegt oder
unterliegt. Hastig fährt er aus dem Loche, versetzt dem Tiere einen Biß und
verschwindet eben so schnell wieder in die Erde; aber im nächsten Augenblicke
erscheint er wieder, beißt, wird immer dreister und packt endlich fest an. Solche
Angriffe und Kämpfe sind äußerst possierlich. Sonst bleibt er ruhig in seinen
Miniergängen, die er am liebsten durch recht fetten Boden zieht, wo es viele
Regenwürmer herauszuziehen giebt, bewegt sich in denselben so rasch wie ein
trabendes Pferd und gräbt fleißig, selbst im Winter, neue Nebengänge, indem
er immer die rüsselförmige Schnauze voranwühlen läßt, wie er denn in seiner
ganzen Organisation durchaus zum Graben angelegt ist. Ein kleiner Hautrand,
durch den er den Gehörgang des muschellosen Ohres beliebig verschließt, schützt
dieses vor dem Einfallen der aufgeworfenen Erde. Gegen seinesgleichen führt
er um Gang und Nest einen erbitterten Kampf in und auf der Erde und im
Wasser, wobei sich die Feinde Rüssel und Kinnladen zerbeißen, und der Sieger
den Überwundenen bis auf den letzten Rest auffrißt. Der kleine Schaden,
den er durch das Aufwerfen der Erdhäuschen anrichtet, die leicht zerteilt und,
da sie fruchtbare Erde enthalten, als Dünger verwandt werden können, ist
ganz unbedeutend; der Nutzen dagegen, den er jahraus, jahrein durch ein
großartiges Vertilgen von Ungeziefer und Mäusen leistet, so groß, daß die
heftige Verfolgung dieses Tierchens nicht zu rechtfertigen, ja Thorheit und

Sünde ist*). Nach den von dem Physiologen Flourens mit gefangenen Maulwürfen angestellten Versuchen verzehren diese Tierchen täglich eine Menge von Regenwürmern, Schnecken und Engerlingen, welche drei= bis viermal so schwer ist als das Gewicht ihres eigenen Körpers. Wenn sie sich an diesen wenig nährenden Stoffen satt gefressen, zeigten sie schon nach sechs Stunden wieder heftigen Hunger, und wenn sie zweimal sechs Stunden lang ohne Futter blieben, so starben sie. Ein einziger Maulwurf vertilgt innerhalb eines Jahres wenigstens einen Scheffel Ungeziefer, während er die Wurzeln und Blätter der Pflanzen nie genießt und höchstens etliche abbeißt, wenn sie seinen Tunnel genieren. Katze, Wiesel und das Hermelin, das in seine Gänge kriecht, und der Mäusebussard, der ihm auflauert, stellen ihm nach. Unser Rückert widmet ihm folgende hübsche Verse:

> Der Maulwurf ist nicht blind, gegeben hat ihm nur
> Ein kleines Auge, wie er's brauchet, die Natur,
>
> Mit welchem er wird seh'n, soweit er es bedarf,
> Im unterirdischen Palast, den er entwarf;
>
> Und Staub ins Auge wird ihm besto minder fallen,
> Wenn wühlend er emporwirst die gewölbten Hallen.
>
> Den Regenwurm, den er mit andern Sinnen sucht,
> Braucht er nicht zu erspähn, nicht schnell ist dessen Flucht.
>
> Und wird in warmer Nacht er aus dem Boden steigen,
> Auch seinem Augenstern wird sich der Himmel zeigen,
>
> Und ohne daß er's weiß, nimmt er mit sich hernieder
> Auch einen Strahl und wühlt hinfort im Dunkeln wieder.

Man hat öfters gefragt: Wie kommt der Maulwurf auch in das hoch=gelegene Becken des Urserenthales, das doch rings stundenweit von Felsen und Flühen, von einem Schneegebirgskranze umschlossen und durch den Schöllenen=grund vom Unterlande geschieden ist? Unseres Erachtens darf man sich nicht denken, es habe irgend einmal ein keckes, vom Instinkte geleitetes Maulwurfs=paar die stundenweite Wanderung aus den Matten des untern Reußthales unternommen und sich dann in der Höhe bleibend angesiedelt. Die Ein=wanderung bedurfte vielleicht Jahrhunderte, bis das neue Kanaan gefunden war. Sie ging wohl unregelmäßig, langsam, ruckweise von unten über die Grasplätzchen und humusreichen Stellen der Felsenmauern nach oben, mit vielen Unterbrechungen, Rückzügen, Seitenmärschen, im Winter oft auf den nackten Steinen unter der Schneedecke fort, und so gelangten die ersten Maul=

---

*) Seit man indessen den hohen Nutzen der Regenwürmer bei der Boden=bearbeitung erkannt hat, kann die nützliche Thätigkeit des Maulwurfs nur in bedingter Weise zugestanden werden. Er ist ein Hauptfeind der Regenwürmer und stiftet durch ihre Vernichtung indirekt auch Schaden.

würfe wahrscheinlich von den Steinbergen her in das Thal, in dessen fetten Gründen sie sich rasch genug vermehren mochten. Im Oberengadin haben sie sich bisher noch nicht angesiedelt. Von der zweiten europäischen Maulwurfsart, dem blinden Maulwurf (Talpa caeca), der im südlichen Europa heimisch ist, und nach Savi auch in den schweizerischen Thälern am Südfuße der Alpen vorkommt und bei Lugano nicht selten ist, entdeckte Theobald 1863 ein Exemplar auch diesseit der Alpenkette in der Umgegend von Chur. Dieses seltene Tierchen ist dunkel grauschwarz mit bräunlichschwarzen Haarspitzen, an Rüssel, Lippen, Füßen und Schwanz mit strafferen weißlichen Haaren, so daß es im allgemeinen dunkler, an den Füßen aber heller und etwas kleiner aussieht als der gemeine Maulwurf; doch dürfte die Färbung wohl ebenso variieren, wie bei diesem. Bezeichnender ist es, daß seine Äuglein von der dünnen, durchscheinenden Körperhaut überwachsen sind, die zwar dicht vor den Augen fein aufgeschlitzt ist, aber das Auge nicht sichtbar werden läßt. Vermutlich kommt diese Art öfters bei uns vor, wird aber nicht beachtet. Im Jahre 1866 erhielten wir ebenfalls ein Exemplar von Chur zugesandt.

Alle bisher erwähnten Säugetiere gehören zu den insektenfressenden, die sich mit allerlei Ungeziefer begnügen und darum in einem freundlichen Verhältnisse zu dem Menschen stehen. Sie sind zugleich Wächter der Vegetation und trotz ihrer Kleinheit gar wichtige Tiere. Wie vielseitig hat die Natur diese Ordnung ausgestattet! Aus der Luft holen nächtlicherweile die Fledermäuse jenes schädliche Ungeziefer, welches die Singvögel am Tage nicht finden; auf der Erde stellen ihm und den Mäusen, diesen Allesverderbern, die Igel nach; unter der Erde lauern ihm die Maulwürfe und Spitzmäuse auf, die es teilweise selbst im Wasser verfolgen. Allein wir finden in der Natur die Tendenz, ihre begonnenen Bildungen in höhere Ordnungen hinaufzuführen. In diesen kleinen Raubtierarten nicht erschöpft, potenziert sie sich zu größeren, vollendeteren Formen. Auch diese teilen mit den kleineren Arten den großen Zweck, auf Verminderung der Tiere, die teilweise der Pflanzenwelt nachteilig sind, hinzuwirken; allein die größeren Bedürfnisse, die höhere Organisation und Entwicklung der Sinne lassen sie auch den nützlichen Tieren gefährlich werden. Sie haben den Reiz nach warmem Blut und lebendigem Fleisch, aber nicht die Intelligenz, diesen Trieb zu beschränken. Sie sind unmäßig, mordgierig, selbst grausam und werden zu Verwüstern der natürlichen Ordnung, die sie mit aufrecht erhalten sollten. Sie sind darum auch natürliche Feinde des Menschen, sie gefährden nicht nur die Tiere, die er nützen kann und will, sondern auch ihn selbst, und darum herrscht zwischen beiden ewiger Krieg.

Auch diese Raubtiere sind als Wasser- und Landtiere dargestellt, jene freilich in unserem nicht überreichen Wassergebiete auf ein kleinstes Maß beschränkt. Mit Sicherheit können wir hier nur den Fischotter (Lutra vulgaris) anführen; der marderähnliche, mit Schwimmfüßen versehene Nörz (das ‚Ötterli‘, Foetorius Lutreola), der einmal am Brienzersee, einmal bei Morges und einmal bei Murten (letzteres Exemplar steht im Museum zu Lausanne) soll gefunden worden sein, ist in der Bergregion noch nie bemerkt worden. Übrigens wird auch der Fischotter selbst nur selten unmittelbar beobachtet; seine Verheerungen freilich verraten seine Anwesenheit unzweideutig genug. Er ist 3/4 bis 1 m lang, der Schwanz, der 30 bis 45 cm mißt, nicht mitgerechnet, und wiegt 7 1/2 bis 13 kg, hat einen kleinen breiten, platten Kopf, stumpfe Nase, starke Lefzen, sehr scharfes Gebiß, das Maul mit grauen, steifen Borsten besetzt, kleine braune Augen, kurze, durch eine Hautfalte ver= schließbare Ohren, kurze, dicke Füße und Schwimmhäute zwischen den Zehen. Der Pelz ist mit dicht anliegenden Haaren bedeckt, die wie bei der Wasser= spitzmaus nicht naß werden, so lange das Tier lebt; der Oberkörper rotbraun mit feiner rotgrauer Unterwolle; Backen, Bauch und Hals heller, das Fell so dicht, daß ein Hund es lange nicht durchbeißt. Der Fischotter ist außerordentlich scheu und von scharfem Gehör und feinem Gefühl. Nur in ganz einsamen Gegenden geht er auch des Tages aus seinem in Beschlag genommenen Ufer= loche, um an der Sonne zu liegen; an bewohnten Flüssen wagt er sich nur des Nachts aus seinem sorgfältig gewählten, tiefen Verstecke. Leise erscheint er am Ufer, blickt und späht scharf umher und geht dann ins Wasser. Er schwimmt schlangenartig mit leisem Zuge stromaufwärts, oft unter dem Wasser, wo er aber nicht lange aushält, oft halb über dem Wasser und mit lautem Geräusch, oft auf der Seite, ja auf dem Rücken. Alle Augenblicke taucht er und hascht fleißig die Forellen weg, die er im Schwimmen zerbeißt und verschluckt. Fängt er einen größern Fisch, einen Hecht oder Lachs auf, so trägt er das zappelnde Tier zwischen seinen Zähnen ans Ufer und verzehrt das Fleisch, indem er dabei katzenartig die Augen zudrückt, läßt aber die größeren Gräten und den Kopf liegen. In den seichten Bergbächen fängt er in Einer Nacht viele Dutzend Forellen, taucht bei allen großen Steinen und hascht die flinken Schwimmer sicher aus dem Verstecke, zerreißt die Fischer= netze, frißt die Setzfische von der Angel, die Krebse in der Uferhöhle, mag auch Wasseramseln, Spitzmäuse und selbst Enten abfangen und richtet in kurzer Zeit große Verheerungen an. Liegt er am Ufer, so beobachtet er lauernd stets das Wasser und springt im günstigen Augenblicke hinein und fängt den Fisch sogleich oder treibt ihn in eine Uferhöhle. Nicht selten ver= binden sich auch zwei Ottern zur Jagd, indem der eine stromaufwärts, der andere stromabwärts fischt und sie sich die Beute so gegenseitig zujagen; größere Fische, die nicht gut unterwärts sehen, sucht er von unten zu haschen. Im Winter, wenn der Bach oder See mit Eis belegt ist, lauert er an den Löchern und offenen Stellen auf die Fische, und ist dann sicherer zu jagen. Allen Zeichen zufolge legt er aber im Winter oft größere Strecken zu Lande, ja selbst über mäßige Bergrücken zurück, um ein neues Jagdrevier zu gewinnen. Gebricht es ihm an Fischen, so greift er selbst junge Schweine, Zicklein,

Gänse, Lämmer und Hühner an. So fertig aber er selber jagt, so schwierig ist er zu jagen. Mit Fallen und Tellereisen kommt man ihm schwer bei. Die Jäger passen oft viele Nächte lang dem Tiere dort ab, wo es aus dem Wasser zu steigen pflegt, ohne es nur erblicken zu können, gewinnen aber doch so viel, daß es, wenn es sich anhaltend verfolgt sieht, seinen Aufenthalt um eine halbe oder ganze Stunde am See oder Bache weiter auf= oder abwärts verlegt. Ein starker Schrotschuß ins Gesicht tötet es, auch wenn es unter dem Wasser schwimmt. Glücksschüsse, wie der eines Züricher Jägers, der in der Limmat mit Einem Schusse drei Ottern, eine Mutter und zwei Junge, erlegte, sind seltene Weidmannsfünde; doch wurden auch im Januar 1870 in der Goldach zwei Ottern mit Einem Schuß erbeutet und im Spätherbst 1871 schoß ein Jäger mit dem einen Laufe einen in den Felsen des Sitterufers gehenden Fuchs, mit dem andern einen Fischotter, der, von dem herabstürzenden Fuchse erschreckt, aus dem Wasser gesprungen war.

Leider ist dieser große Fischräuber an unseren Flüssen, Bächen und Seen bis tief in die Alpenregion verbreitet, obgleich nirgends gerade zahlreich. Im Kanton Uri geht der Otter längs der Reuß bis ins Urserntal, im Kanton Appenzell bis in die Schwendi, im Engadin bis in den fischreichen Silsersee hinauf, am Gotthard bis Realp, ja bis zum Oberalpsee (2000 m ü. M.). Seine Stimme besteht bald in einem starken Pfeifen, bald, wenn er gefangen oder geplagt wird, in einem heftigen Zischen. Auf dem Lande läuft er ziemlich rasch, springt sogar etliche Fuß hoch; doch schwimmt und taucht er weit fertiger. Zu ganz unbestimmter Jahreszeit wirft das Weibchen 2—4 Junge, oft mitten im Winter. Gelingt es, die Jungen einzufangen, so lassen sie sich füttern und dressieren ganz wie Hunde, werden außerordentlich zahm und anhänglich, und beweisen einen auffallend hohen Grad von Intelligenz. Sie folgen auf den Wink, bewachen ihren Herrn, weichen nicht von seinem Stuhle, verteidigen ihn gegen Menschen und Hunde mit Fauchen und Beißen, springen aufs Kommando ins Wasser und holen rasch Fische heraus, die sie zu den Füßen des Herrn niederlegen. Der wilde Fischotter ist dagegen bissig und unbändig und läßt sich eher totschlagen als lebendig fortbringen. Den stärksten Hunden zerbeißt er mit Leichtigkeit die Fußknochen. Sein Balg ist bekanntlich nach Entfernung der groben Stachelhaare sehr schön und wird hoch bezahlt, sein Fleisch schwarz, zart und schmackhaft, sofern es sorgfältig gehäutet ist. Sonst schmeckt es thranig. Es wird in den katholischen Kantonen als ‚Fisch‘ auch in der Fastenzeit gegessen.

Die Landraubtiere der Bergzone zählen wenige Arten; die größeren bestehen nur in den hunde= und katzenartigen, Bären und Dachsen; die kleineren in dem ziemlich reichen Geschlechte der Wiesel. Auch diese Raubtiere und also auch alle Wieselarten sind in der Bergregion heimisch; mehrere gehören vorwiegend ihr und der Alpenregion an; andere sind auch ständige Tiere der Ebene.

Die Wieselarten sind so zahlreich bei uns, und doch spüren wir wie von allen Raubtieren nur ihre Werke, erblicken sie selber aber äußerst selten, da sie mehr oder minder nächtliche Tiere sind. Die meisten von ihnen sind überall zuhause, im Felsengebirge wie in der Scheuer des Städters, im Tannenwalde wie im Baumgarten, auf dem Hausdache wie auf dem Eisbache. Ihr Verbreitungsbezirk entspricht ihrer Gefräßigkeit und Lebhaftigkeit; ihre Verschlagenheit weiß jedes Lokal zu benutzen. Nur der Edelmarder verläßt seinen Tannenwald kaum. Alle Wiesel sind hübsch und leicht gebaute, kurz= beinige, langgestreckte Tiere, mit leisem, hüpfendem Gange, scharfem Gesicht, Geruch und Gehör, klugen, klaren Augen, prächtigem, seidenweichem Pelze; dabei sind sie aber wild, unbändig, tückisch, jähzornig und mordsüchtig. Ihr Pelz ist edler als ihr Charakter.

Wohl das bekannteste dieser Tiere ist der Iltis (Foetorius putorius), überall, soweit er geht, mit allem Eifer verfolgt. Er mißt gegen 45 cm ohne den 24 cm langen Schwanz und hat einen schönen dunkelbraunen Balg mit gelblicher Unterwolle; die Backen sind weißlich, der Unterhals, die Brust, der Schwanz dagegen fast schwarz. Bei Tage schläft er gewöhnlich in seinem Verstecke, des Nachts aber ist er immer geschäftig und viel unstäter als der Marder. Obgleich er mit diesem den leisen, hüpfenden Gang teilt, steht er ihm doch in der Feinheit der Witterung nach, klettert und springt nicht so gut, geht nicht oft auf die Bäume, ist nicht so mordsüchtig und gefährlich wie jener. Gelingt es ihm, in einen Hühnerstall einzubrechen, so begnügt er sich gewöhnlich, die Eier auszutrinken und eine Henne in sein Versteck zu schleppen; doch soll er so listig sein, in der Nähe seines Nestes nicht zu rauben und die Hühner, mit denen er den Stall teilt, in Frieden zu lassen (?). Im Spätherbst und Winter stellt er sich gern in der Nähe der menschlichen Wohnungen ein, in Häusern, Holzhaufen, Scheunen, Gartenhäuschen, hinter Bretterverschlägen; dann sucht er fleißig auf dem Felde, selbst in den Maulwurfsgängen, nach Mäusen und Ratten und stürzt auch wohl einen Bienenkorb um oder gräbt ein Hummelnest aus, dessen Honig ihm ein Leckerbissen ist, oder er geht aufs Eis des Teiches und sucht ein paar Frösche oder Fische zu erhaschen, eine Wasseramsel, einen Eisvogel zu überlisten — alles aber nur des Nachts. Manchmal aber bleibt er auch des Winters in seinem Feldlager und verläßt dasselbe bei hohem Schnee wochenlang nicht. Im Sommer dagegen ist er etwas wählerischer und sucht ein freieres und größeres Jagdrevier auf. Bis hoch über die Holzgrenze hinauf streicht er durch Wald und Feld und schlägt seine Wohnung bald in alten Fuchs= oder Dachsbauten, bald in Höhlen und Felsenklüften, bald unter Baumwurzeln, in hohlen Bäumen, an Bächen und Teichen auf. Im Notfalle frißt er auch Eidechsen und Blindschleichen, selbst Ringelnattern und Kreuzottern, welche er samt Giftzahn und Giftdrüse verschlingt. Ihr Biß schadet ihm so wenig als dem Igel. Viel lieber aber sucht er Vogelnester auf, aus denen er Eier und Junge verschmaust, ebenso

schlafende Hasel= und Urhühner; doch dürften wohl die Mäuse und Frösche
den Hauptbestandteil seiner Tafel ausmachen. Die Jungen lassen sich leicht
zähmen, ins Haus gewöhnen und selbst zur Jagd abrichten, wobei sie sogar
die Füchse im Bau angreifen und sich mutig in die Kehle derselben einbeißen.
Die alten Iltisse dagegen sind unangenehme Tiere, stets unbändig, stinken,
wenn sie gereizt werden, aus ihren Afterdrüsen abscheulich, und beißen, fauchen,
zischen, knurren und kläffen fortwährend. Sie haben ein so außerordentlich
zähes Leben, daß sie mit einem starken Schrotschusse im Leibe noch lustig
davonlaufen. Darum ist es sicherer, sie mit Tellereisen oder Schachtel=
fallen zu fangen, in die man einen Vogel oder gebratenen Fisch legt. Das
Fleisch der Iltisse ist, wie das aller Wiesel, unbrauchbar; der Balg wird
gut bezahlt.

Dem Iltis an Körperbau und Lebensweise ist der Haus= oder Stein=
marder (M. Foina) ähnlich, aber etwas größer, grausamer, mordgieriger,
listiger, gewandter und also gefährlicher, ein echtes, in seiner Art höchst
vollkommenes Raubtier von der feinsten Witterung, ein vorzüglicher Kletterer
und Springer, ein sehr rascher Läufer und ein vortrefflicher Schwimmer.
Seine Zähne sind nadelscharf wie seine Krallen, seine Ohren so fein wie seine
im Dunkeln grünblau leuchtenden Augen scharf. Im Juragebiet erlegte man
ein rein weißes, sehr lang behaartes Exemplar mit rosenroten Augen. Auch
er haust oft mitten unter uns, ohne daß wir ihn bemerken, in unseren Stein=
brüchen, Ställen, Türmen und Häusern. Seinen Sommeraufenthalt nimmt
er im Gebirge, wo er bald in Felsenspalten, bald in verlassenen Ställen und
Hütten wohnt, bis zu den obersten Wohnungen. Nachts streift er mit seinem
gewundenen Gange krummrückig zwischen den Büschen in die Wälder, klettert
an senkrechten, rauhen Mauern und Felsen empor und sucht seine Beute. Fällt
er aus großer Höhe herunter, so bedient er sich seines Buschschwanzes als
Balancierstange, ist gleich wieder auf den Beinen, schüttelt sich bloß und läuft
weiter. Nur wenn er sehr hungrig ist, nimmt er mit Mäusen, Eidechsen,
Blindschleichen und Fröschen vorlieb; sonst sucht er vor allem das Geflügel
auf, die brütenden Waldhühner, die Eier im Neste, die er geschickt auszuleeren
versteht. Im Thale geht er dem Honig, den Trauben= und Steinfrüchten eifrig
nach. Am gefährlichsten ist er aber dem zahmen Geflügel; schrecklich haust
er im Gänse=, Enten= und Hühnerstalle, beißt allen Tieren den Kopf ab, leckt
ihr Blut und schleppt eins nach seinem Versteck. Wo er mit seinem platten,
dreieckigen Köpfchen einschlüpfen kann, geht der ganze Körper durch. Jung
aus dem Neste genommen, wird er ziemlich zahm, läuft mit seinem Herrn ins
Freie, sucht ihn im ganzen Walde wieder auf und läßt das Geflügel des Hofes
ungeschoren. Wie es sich eigentlich mit dem bekannten Bisamgeruche vieler
Marderexkremente verhalte, ist noch nicht bestimmt ermittelt; nur so viel weiß
man, daß viele Marder aus den Afterdrüsen eine starkriechende Flüssigkeit
sondern. Die einen glauben, sie sei bei den Weibchen mehr entwickelt, die

anderen, bei den Männchen; allein letzteres ist wenigstens nicht durchgängig
der Fall. Wir besaßen Jahre lang ein ausgezeichnet schönes männliches
Exemplar, dessen Exkremente nicht im geringsten nach Bisam rochen, eben so
wenig wie das Tier selber, auch wenn es im höchsten Grade gereizt wurde.
Bei der Sektion waren die Drüsen fast gar nicht entwickelt; indessen mag
Lebensweise, Nahrung und Begattung von großem Einfluß auf diese Sekretion
sein. Der Marder war besonders des Nachts sehr lebhaft, am Tage schlief
er meistens; dabei war er so zahm, daß er das rohe Fleisch aus der hoch=
erhobenen Hand holte, indem er sehr flink am Körper herumkletterte und auch
am Tage frei im Arbeitszimmer umherlief, ohne selbst bei offenem Fenster
einen Fluchtversuch zu machen. Milch und rohes Fleisch waren seine Lieblings=
nahrung; Kröten, Frösche und Tritonen berührte er nicht; auf tote Wiesen=
mäuse und Maulwürfe schoß er wütend los, schleppte sie in eine andere
Abteilung seines Käfigs, nagte ein wenig an ihnen und verbarg sie dann im
Heu, ohne sie weiter zu berühren. Die Eier biß er an und leckte sie rein aus,
hielt sich auch immer sehr reinlich. Seinen Herrn kannte und liebte er, war
aber außerordentlich heißblütig, jähzornig und biß einmal ein kleines Mädchen
heftig in den Arm, als er gegen den Stuhl des Kindes kam, und dasselbe zu
weinen anfing. Als er einst in seinem Käfig ein Stück weit gefahren wurde,
verlor er alle Besinnung und gebärdete sich wie völlig toll; er legte sich auf
die Seite und schrie entsetzlich. Wenn er gestraft wurde, fauchte, knurrte und
schrie er; auch sonst wurde er über jede Kleinigkeit gleich zornig. Die Marder
haben ein noch zäheres Leben als der Iltis; mit acht Schrotkörnern im
Gehirn und vielen in der Brust lief uns einer noch ein Stück weit fort. Sein
Fell, das an der Kehle und am Unterhalse weiß, sonst schön kastanienbraun ist
mit grauer Grundwolle, gilt doppelt so viel als das des Iltis.

Der Baum= oder Edelmarder (M. Martes), das größte unserer Wiesel,
ist ihm ähnlich in der Farbe, aber mit glänzenderer, feinerer und dichterer
Behaarung und, statt mit weißer, mit rot= oder dottergelber Kehle. Er
bewohnt nur die Wälder und schlägt sein Quartier am liebsten in verlassenen
Krähen= und Eichhornnestern, oft auch in hohlen Bäumen und Felsenspalten
auf. An abgelegenen Orten jagt er auch den Tag über und treibt sich mit
großer List, Mordgier und Gewandtheit in den Bäumen herum. Im Klettern
thut er es selbst dem Eichhorn zuvor. Er hat, wie die früher genannten
Wieselarten, sehr viel Katzenartiges; sein Wesen kommt auffallend mit den
Eigentümlichkeiten des Luchses und der wilden Katze überein. Verfolgt man im
Winter im frischen Schnee seine Spur, die doppelt so groß ist als die des Eich=
horns und bald so: · . · . · . · . · . bald so: . · . : . : . : . : . :
steht, ohne daß die starkbehaarten Zehen und Ballen sich deutlich abdrücken,
und treibt ihn der Hund auf, so sieht man ihn in großen Sprüngen dem
Dickicht zueilen und eine hohe Tanne hinanklettern. Oft legt er sich auf einem
Aste auf den Bauch, oft in sein Nest und sieht mit seinen glänzenden Augen

ruhig auf den Jäger, der, wenn er gefehlt hat, ganz bedächtig noch einmal laden, und ihn herunter schießen kann. Er ist durch alle Bergwaldungen der Schweiz, im Jura z. B. im Val de Joux, heimisch, nirgends aber häufig, am wenigsten in den höheren Alpenrevieren. In der Nahrung kommt er mit dem Steinmarder überein; nebst allen warmblütigen Tieren frißt er auch Käfer und Heuschrecken und ist nach Obst und Honig lüstern. Dem Wildstand, selbst den Hasen, ist er sehr gefährlich. Sein Balg gilt doppelt so viel als der des Steinmarders. In Nordamerika ist er so häufig, daß z. B. im Jahre 1835 bloß nach England fast 160 000 Felle gesandt wurden. Eine schmutzigweiße Spielart mit weißgelber Kehle ist in Bünden vorgekommen.

Häufiger als die Marder zeigt sich in den meisten Gebirgen das niedliche, etwas kleinere Hermelin (Foetorius Erminea), am Oberkörper rostbraun, am Unterleibe gelblichweiß, mit reinweißer Mundeinfassung und Kehle und schwarzer Schwanzspitze. Im Winter wird dieses Tierchen gleich dem Schnee= huhn und Alpenhasen ganz weiß; nur die Schwanzspitze bleibt schwarz. Sowohl die Frühlings= als die Herbstverfärbung geht auf Grund eines vollständigen Haarwechsels vor sich. Mut, Munterkeit, außerordentliche Geschmeidigkeit und wunderbare Schnelligkeit besitzt es in eben so hohem Grade wie die genannten Wieselarten. Es hält sich mehr im Freien als in den menschlichen Wohnungen auf und treibt sich auch an sonnigen Frühlings= tagen gar oft in den Feldern, Steinmauern und an den Felsen herum, jagt aber häufiger des Nachts. Seine Beweglichkeit ist ganz die der Eidechse; hier guckt es aus einer Steinmauer hervor, verschwindet und erscheint augenblicklich wieder in einer andern Öffnung. Obgleich es alles frißt, was der Steinmarder und Iltis, und auch sehr mordgierig ist, so hat es doch in seinem Wesen eher etwas Freundliches und Zutrauliches, während die anderen Wiesel nur Tücke, Bosheit und Falschheit in ihrem Blicke verraten. Sein Winterpelz mit in der Mitte des Fellchens aufgehefteter schwarzer Schwanzspitze war früher von hohem Werte. Im Sommer geht es nicht nur über die Baumgrenze hinaus, sondern wird nicht selten selbst auf den Gletscherfeldern der Alpen bis 2750 m ü. M. angetroffen. Die Alpenwiesel haben einen dichter behaarten, glänzenderen Pelz als die des Tieflandes. In der Regel schlägt man den außerordentlichen Nutzen dieses Tierchens, das die Feldmäuse, denen es durch alle Gänge folgt, zu hunderten vernichtet und in dieser Mäusevertilgung die besten Katzen übertrifft, nicht hoch genug an. Die Mauser fangen diesen gefährlichen Konkurrenten nicht selten mit ihren Fallen im Felde. Wir müssen aber auch gestehen, daß wir den niedlichen Dieb schon öfters beim Abfangen junger Stare im Neste ertappt haben.

Auch das seltenere kleine Wiesel (Foetorius vulgaris) hat den gleichen vertikalen Verbreitungsbezirk, — ein äußerst zierliches und flinkes Tierchen, nicht halb so groß als der Marder, kaum 21 cm in der Länge und 4 1/2 cm Höhe, etwas mehr walzenförmig gebaut, von braunroter, unten weißer Färbung, ohne schwarze Schwanzspitze. Es wohnt in Maulwurfsgängen, Rattenlöchern, in Steinhaufen, Mauer- und Uferlöchern, in den unterirdischen Wasserkanälen der Gärten und Wiesen, im Winter auch wohl in Scheunen, im Sommer oft in den Felsenritzen des Gebirges. Im Winter wird es in der Regel nicht weiß wie das Hermelin, sondern färbt höchstens etwas braungelb ab; doch giebt es sowohl in unserem Gebirge, z. B. auf dem Gotthard, als auch im höhern Norden viele Exemplare, die ganz weiß werden. Wahrscheinlich sind jene ständige Alpentiere und gehen nicht wie die meisten anderen im Winter ins Thal. Das kleine Wiesel ist außerordentlich nützlich; es giebt keinen bessern Mäusevertilger, und darum sollte man es namentlich in den von den Mäusen oft so schwer heimgesuchten Bergwiesen sorgfältig schonen. Mit der größten Behendigkeit wühlt und kriecht es in den Mäusegängen umher und mordet mit dem erpichtesten Blutdurst; selbst Hamster, die dreimal größer sind, Ratten, Eidechsen, Blindschleichen, ja sogar Ringelnattern und Kreuzottern tötet und frißt es; hat es aber die letzteren nicht gut beim Kragen gefaßt und erhält es ein paar Bisse, so stirbt es daran. Die gestohlenen Eier trägt es unter dem Kinn fort. Mutig greift dieses tollkühne Tierchen auch Tauben und Hühner an, kurz alle größeren Tiere, die es nur durch die hitzigste Kampfeswut zu bezwingen hoffen darf. Im Sommer sieht man es bald einzeln, bald in größerer Zahl auf Wiesen, Weiden und in Steinrevieren sich herumtummeln, wo es beim ersten Geräusch alsbald in die Erde und zwischen Steine verschwindet, aber rasch wieder irgendwo hervorguckt. Im Kanton Unterwalden hat man angeblich schon Familien von über hundert (?) Stück bei einander gesehen. Die Bussarde und Habichte fangen es oft ab, der Storch verschlingt es mit Haut und Haaren. Jung aus dem Neste genommen, wird es äußerst zahm und kurzweilig, hüpft immer umher und liebkoset seine Pfleger aufs zärtlichste; aber es verbreitet wie das Hermelin einen unangenehmen, knoblauchartigen Geruch. Sein Pelz taugt wenig. Ein alter Bergjäger erzählte, er habe einmal ein Wiesel geschossen; augenblicklich sei er von einer großen Schar solcher Tierchen umgeben gewesen, die ihn angegriffen und so geängstigt hätten, daß er seither nie wieder eins zu schießen gewagt (!).

Die Wieselarten, alle schon zu den Pfahlbauzeiten im Lande verbreitet, vermehren sich ziemlich stark. Sie ranzen im Februar oder März, die Marder und Iltisse unter häßlichem Geschrei und heftigem Balgen. Die Weibchen werfen im April oder Anfangs Mai 4—8 blinde Junge, pflegen die Jungen sehr sorgsam und tragen sie bei der geringsten Beunruhigung bald im Maule, bald auf dem Nacken fort. Bei den kleineren Arten überwiegt der Nutzen weit, bei größeren eher der Schaden, da diese im Sommer den Mäusefang verachten und stark aufs Federwild gehen.

Dies gilt aber in noch viel höherem Grade von der wilden Katze, die glücklicherweise wohl das seltenste Raubtier der Schweiz ist. Sie gehört den Wäldern der ebenen Schweiz auch an, zieht aber doch die einsameren Gebirgswälder vor. Der Luchs durchstreift zwar auch diese, indessen scheint er, soweit er noch vorhanden ist, eher in der untern Alpenregion heimisch; ebenso die Wölfe und die Bären. Dagegen scheint der Dachs das Maximum seiner Individuenzahl in der Bergregion zu erreichen, obwohl auch er im untern Alpenrevier (z. B. bei Realp, im Engadin ꝛc. bis gegen 1600 m ü. M.) nicht ganz selten ist. Seine Wohnungen liegen indessen meistens in der Bergregion. Wir fügen seine naturgeschichtliche Biographie darum der Tierzeichnung dieser Region an.

Die des Fuchses, unseres zahlreichsten Raubtieres, führen wir in der Alpenregion in Verbindung mit der des Wolfes auf, obwohl der Fuchs überall, in der Ebene, im Gebirge wie in der Alp, zuhause ist. Über sein Maximum ist schwer zu entscheiden. Ein großer Teil der Bergfüchse geht nach sicheren Beobachtungen den Sommer in die höchste Höhe oder doch in die oberste Waldregion, wird aber dafür in der Bergregion durch viele Füchse der Thäler und der Ebene ersetzt.

Mehrere Raubtiere sind Winterschläfer, obwohl aller Erfahrung nach solche Säugetiere sonst das kälteste Blut haben, während die Raubtiere für die heißblütigsten gelten. Die Winterschläfer unter den Raubtieren aber (Bär und Dachs) sind mehr oder weniger von kaltem Temperament, etwas träge, behagliche Geschöpfe, und keins hält einen ganz ununterbrochenen Winterschlaf. Ein solcher findet sich bei der Ordnung der Nagetiere, doch nur bei dem Murmeltiere, dessen todesähnliche Lethargie es allein vor dem wirklichen Tode des Verhungerns und Erstarrens in der Kälte seiner hohen Region zu schützen vermag. Die Schlafmäuse dagegen, welche durch den Siebenschläfer, die große und kleine Haselmaus vertreten werden und Bewohner der Bergregion sind, fallen weder in jene tiefe Erstarrung, noch verharren sie in einem fort= gesetzten Schlafe. Sie erwachen, fressen und schlafen wieder ein, selbst später, nachdem sie einige Zeit wachgeblieben, wenn wieder eine geringere Kälte eintritt, ja sogar noch im Juli. Von diesen Nagern ist der Siebenschläfer ein nächt= liches Tier und von verhältnismäßig kaltem Temperament. Er hat unter allen Säugetieren außer dem Igel das kälteste Blut. Die kleine Haselmaus ist zwar von allen Schlafmäusen die schlafsüchtigste, erweist aber daneben die größte Lebendigkeit und Beweglichkeit, so daß die Erscheinung des Winter= schlafes weder mit der Blutwärme, noch mit der Nahrungsweise, noch mit der großen oder geringen Lebhaftigkeit des Temperaments in einen ursächlichen Zusammenhang gebracht werden kann. Ebenso wenig kann bei den Schlaf= mäusen der Grund in einer temporären Nahrungslosigkeit liegen. Das Eichhorn, ihnen am ähnlichsten, schläft im Winter nur sehr wenig und ist alle Augenblicke in den Tannen zu sehen; die Feldmäuse schlafen gar nicht — und alle finden ihre Nahrung.

Die zahlreichsten Nagetiere zählt ohne Zweifel die Familie der Mäuse (die Spitzmäuse, die scheinbar ihr angehören, sind zu den Insektenfressern zu rechnen), jene allbekannten, flinken und ziemlich klugen Tiere, die überall, in Stadt und Land, in Berg und Thal als Plage angesehen werden, wohl die zahlreichsten unserer Säugetiere überhaupt. Glücklicherweise ist auch die Zahl ihrer Verfolger nicht klein, indem eine Masse von Reptilien, Vögeln und Säugetieren auf sie als ihren breitesten Nahrungsboden angewiesen ist; selbst unter den Fischen schnappt der gierige Hecht nicht selten nach einer Maus. Die Familie der Mäuse zerfällt für uns in zwei Gattungen, nämlich in die eigentlichen Mäuse mit spitzer Schnauze und fast nacktem Schwanze, der ungefähr ebenso lang ist wie der Körper, und die Wühlmäuse mit stumpfer Schnauze und kurzem, dichtbehaartem Schwanze. Beide Gattungen leben vorzugsweise in unterirdischen Löchern und Röhren; die eigentlichen Mäuse klettern und springen fertig und nähren sich von pflanzlichen und tierischen Stoffen; die Wühlmäuse dagegen vorzugsweise nur von letzteren, von denen sie Wintervorräte sammeln, und klettern wenig oder gar nicht.

Die großen Mäuseformen gehören, wie billig, unserer weniger frucht=baren Region nicht an und bleiben im Thale und Tieflande zurück. So die große, obenher rötlichbraungraue, unten grauweiße, kurzöhrige Wanderratte (Mus decumanus), welche erst seit dem Jahre 1727 aus dem Orient nach Europa, seit 1809 auch in die Schweiz vordrang und endlich bis in die Waadt einbrach; die kleinere, obenher braunschwarze, unten schwärzlichgraue, großöhrige, schon in den Pfahlbauresten erscheinende Hausratte (Mus rattus), welche immer da verschwindet, wo jene erscheint, und endlich die durch die Napoleonische Expedition in Ägypten entdeckte und seither in das südliche und westliche Europa eingewanderte ägyptische Ratte (Mus alexandrinus) von gleicher Größe, langöhrig, oben rötlichbraungrau, unten gelblichweiß. Sie ist in den Vorstädten Genfs und in benachbarten Gehölzen häufig und wird auch in Lausanne, Neuenburg und Bern gefunden, scheint aber im Tieflande zurück=zubleiben und ist möglicherweise nur eine Spielart der Hausratte. Dafür folgt die niedliche, flinke Hausmaus dem Menschen überall nach, um sich mit ihm in alle seine Nahrungsmittel zu teilen. Sie geht auch oft in die Wälder und Felder und lebt von Buchnüssen, Beeren, Aas u. dergl., zieht sich aber im Winter gern in die menschliche Wohnung zurück. Das Weibchen wirft in 3—5 Würfen jährlich mindestens zwölf, höchstens zweiunddreißig Junge, eine verderbliche Masse, da man auch nicht von dem geringsten Nutzen der Mäuse sprechen kann*). Die etwas größere braungelbgraue, unten scharf abgesetzt weiße und weißfüßige, großöhrige Waldmaus (Mus sylvaticus) besucht die Wälder und Weiden des Gebirges bis 2300 m ü. M. oft in großer

*) Unser Freund, der exakte Forscher V. Fatio, der sich um die wissenschaftliche Feststellung der schweizerischen Fauna so große Verdienste erworben hat, entdeckte in der Tabaksfabrik von Puschlav (Bünden) und deren Umgebung eine der eben erwähnten ähnliche, aber obenher tiefschwarze, unten etwas heller violettschwarze mit sieben (statt acht)

Zahl, oft wieder gar nicht. Diese Tierchen graben sich eine kurze, schiefe Ausgangs= und zwei senkrechte Eingangsröhren in die Erde, die zu ihrem warmen, im Herbste mit Wintervorräten von Gesäme und Wurzeln wohl versehenen Nestchen führen. Ohne Winterschlaf zu halten, zehren sie von diesen Schätzen, gehen aber in schneefreien Gegenden daneben auch oft über Feld nach Nahrung und ziehen sich in den Gebirgen über Winter nicht selten in die Hütten und Keller zurück. Das Weibchen wirft zwei= bis dreimal des Jahres je 4—8 Junge, und diese reichliche Vermehrung wird oft zur wahren Landplage. Von den beiden in Europa heimischen kleinen und kurzöhrigen Mäuseformen ist das Vorkommen der Brandmaus (M. agrarius) in der Schweiz sehr zweifelhaft und dasjenige der nur 7 1/2 cm langen, oben rotbraunen, unten weißen Zwergmaus (M. minutus) ganz selten. Nur in den Riedern von Rheineck (St. Gallen) sah man das niedliche Tierchen und sein an Büschen und Schilfstengeln aufgehängtes Kugelnestchen.

Von den Wühlmäusen macht sich durch ihre Größe und Schädlichkeit voraus die allbekannte Wiesenscharrmaus (Arvicola amphibius oder terrestris) bemerklich. Diese Spezies gliedert sich in mehrfache Varietäten, die früher für selbständige Arten gehalten wurden, namentlich in die heller gefärbte, grauere, etwas kleinere und kürzergeschwänzte, vorzugsweise unter dem Boden lebende Landrasse und die etwas größere, dunklere, länger= geschwänzte, nur am und im Wasser lebende Wasserrasse („Wasserratte"). Letztere wurde bisher in ihrer ausgesprochensten Form fast nur im Tessin aufgefunden, während erstere, mannigfach differierend, in allen Kantonen gemein ist. Im Haslithal fand Fatio eine kurzohrige und kurzgeschwänzte Mittelform als ständige Landvarietät. Ganz weiße und ganz schwarze Exemplare sind nicht allzuselten. Das Volk kennt sie unter dem Namen Schär, Schärmaus, Roßmaus, Taupe grise. Sie ist bis gegen 1300 m ü. M. eine Plage der Gärten, Äcker und Wiesen, da sie sich sehr stark vermehrt (12—25 Junge jährlich) und die Wurzeln vieler Pflanzen und selbst junger Bäume zerstört. In ihrem unterirdischen Neste legt sie Vorräte von Früchten, Zwiebeln, Sämereien und Wurzeln an; doch verschmäht sie auch tierische Nahrung nicht. Im Kanton Tessin hat man früher oft mit Beschwörungen ihren Verwüstungen zu begegnen gesucht. Auch die kleine, ohne den Schwanz kaum 12 cm lange, oben gelblich=, bräunlich= bis schwärzlichgraue, unten trübgelblichweiße Feldmaus (Arvicola arvalis) ist in der Berg= und bis weit in die Alpenregion hinauf gemein, bald in den Äckern, bald in Wäldern, Gärten, Wiesen, selbst in den Häusern und Ställen. In den Wiesen und

Gaumenfalten versehene Maus, welche auffallenderweise von Tabak in allen Formen zu leben scheint, und die er als „Tabaksmaus" (Mus poschiavinus) als eigene Art aufstellt, während sie uns nach den bisherigen Forschungsergebnissen nur den Wert einer lokalen Varietät zu haben scheint.

Stoppelfeldern treten sie häufig Wege aus, auf denen man sie auch bei Tage aus einem der vielen Löcher ihrer Wohnung zum andern rennen sieht. Ihre Vorratskammern sind fast stets mit Ähren, Nüßchen, Eicheln, Beeren versehen. Ihre Vermehrung ist außerordentlich stark und bringt in sechs bis sieben Würfen jedesmal 4—8 Junge. Sie sollen, durch Nahrungsmangel und Über= völkerung veranlaßt, oft zu tausenden aus einer Gegend in die andere wandern und scharenweise über Flüsse schwimmen. In den Jahren 1826—28 ver= wüsteten sie die Wiesen Oberengadins in ausgedehntem Maße.

Außer diesen allbekannten Arten sind in neuerer Zeit noch einige weitere in unserem Berggürtel entdeckt und wissenschaftlich konstatiert worden. So findet sich die Waldwühlmaus (Arvicola glareolus, Rotmaus), Körper= länge 11 1/2 cm, Schwanzlänge 5.7 cm, oben rotbraun, an den Seiten gelbgrau, unten scharf geschieden weiß, in vielen Alpenthälern von Wallis, Bern, Uri und Graubünden, am liebsten in der Nähe von Wäldern und Büschen, in denen sie flink herumklettern. Sie läuft fast den ganzen Tag umher, liebt neben vegetabilischer auch tierische Nahrung, selbst Nestvögelchen, und wirft in ihrem unterirdischen Neste jährlich drei= bis viermal je 4—8 Junge. Die mehr dem Norden angehörige dunkelgraubraune, an den Seiten hellere, unten weißlichgraue Erdmaus (Arvicola agrestis) mit kurzem, gleichmäßig behaartem, zweifarbigem Schwänzchen wurde von Fatio zuerst im Haslithal in Mehrzahl entdeckt und dann auch im übrigen Berner sowie im Walliser und Waadtländer Gebirge bis über 1300 m ü. M. wiedergefunden. Sie liebt wie die vorige Gehölze und feuchtes Buschland, wo sie sich, wie alle Wühl= mäuse, unterirdische Gänge gräbt, erscheint aber alle Augenblicke über der Erde, sonnt sich sogar und ist nichts weniger als scheu. Die Savische Erd= maus (A. Savii), dem Süden Europas angehörend, findet sich bei uns nur im transcenerischen Tessin, wo sie die Feldmaus ersetzt.

Die liebenswürdigsten unserer Nagetiere, die Äffchen unserer Wälder, sind die Eichhörnchen, muntere, possierliche Tierchen, die in den Gehölzen der Ebene, des ganzen Gebirges bis zur obern Tannengrenze hinan nirgends fehlen, in einzelnen rauheren Gegenden aber sehr selten sind, während mildere Wal= dungen zur Zeit der Reife des Fichtensamens ganze Scharen aufweisen. In Bünden folgen sie um der Zirbelnüßchen willen den Arvenbeständen bis zur letzten Vegetationshöhe. Dort wie in vielen Gegenden ist die schwarze Spielart ebenso häufig wie die rote, in anderen kommt erstere fast gar nicht vor; auch eine ganz weiße Varietät mit roten Augen ist schon hin und wider gefunden worden, aber immerhin selten. Dafür werden manche Eichhörnchen im Alter fast silbergrau.

Neben dem Fuchse sind die Hasen der häufigste Gegenstand der Jagd in der montanen Region, und nur ihre Schnelligkeit und Klugheit sowie ihre sehr starke Vermehrung haben sie vor gänzlicher Ausrottung bewahrt. Indessen sind sie jedenfalls an den meisten Orten der Ebene häufiger, da sie die milderen

und sonnereichen Gegenden, die ihnen auch reichlichere Nahrung bieten, vor=
ziehen. Die braunen Berghasen gelten für größer und stärker, sind oft auch
dunkler gefärbt als die Feldhasen. Der veränderliche Hase zeigt sich bloß im
Winter in der Bergregion und scheint daselbst den gewöhnlichen abzulösen.
In gewissen abgeschlossenen Bergthälern aber nimmt er den ganzen Bezirk
ein, reicht weit unter seine gewöhnlichen Höhengrenzen hinunter und vertritt
ganz eigentlich hier den braunen Hasen. So soll dieser letztere im ganzen
Urnerlande nirgends außer in den Wäldern von Seelisberg vorkommen.
Einzelne braune Hasen hat man dafür hin und wider sogar auf Alpen von
1300—1600 m ü. M. und im Bündnerlande an der Sonnenseite der Berge
bis zur Holzgrenze hinauf angetroffen, wo sie wenigstens im Sommer zuhause
sein mochten. Bloß versprengte Tiere gehen überall häufig bis zu diesem
Gebiet, da die braunen Berghasen, wenn sie gejagt werden, gern ‚in die Höhe
schlagen‘. Den Sommer über ist die Anwesenheit von Hasen im Gelände fast
gar nicht zu bemerken; der erste Schnee aber verrät ihre oft starke Zahl. Die
Kunst, sich zu verstecken, versteht dieses scheinbar ziemlich dumme Tier außer=
ordentlich gut, liegt oft ganze Tage im tiefsten Dickicht und läßt den Menschen
dicht vorbeigehen, ohne sich zu rühren.

Die wilden Wiederkäuer der Gebirgsregion sind äußerst arm an
Arten und Individuen. Dem Damhirsch und dem Edelhirsch können wir
(letzterem seit 75 Jahren) das Bürgerrecht daselbst nicht mehr zusprechen;
sie gehören zu den ausgerotteten Tieren. Der Steinbock, der früher auch in
diesem Reviere der Alpen heimisch war, ist verschwunden und hat sich auf
wenige, viel höher gelegene Alpenstöcke zurückgezogen. Von den Gemsen gehört
nur ein kleiner Teil der sogenannten ‚Waldtiere‘ in die montane Region;
die Mehrzahl der Waldtiere hält sich in den Alpenwäldern auf; die ‚Grattiere‘
zeigen sich an der Grenze der Schneeregion. Doch giebt es einige sehr wilde,
steile, felsenreiche Bergwälder, an die höheren Alpentriften angelehnt, welche
zu jeder Jahreszeit von Gemsen bewohnt sind, so in mehreren Bündner
Gebirgszügen, in den Freibergen des Kantons Glarus, an den Churfirsten,
am Laseyer im Appenzell, von wo sie sich sogar schon bis Teufen und
Urnäschen verirrten. Früher waren sie auch in den niederen Waldgebirgen
von Sax und Werdenberg und im Gasterlande zahlreich. Noch dünner sind
die Rehe durch die schweizerischen Bergwälder zerstreut, aber immerhin
darin noch in einzelnen Familien heimisch. In manchen Gegenden (wie
z. B. im Kanton Glarus) verschwanden sie vor den Hirschen, in anderen
haben sie sich kümmerlich erhalten, so noch im Jura, lieber in den milden
Bergwäldern als in der Ebene, in den Rheinforsten bei Dießenhofen, in
Graubünden, St. Gallen 2c. Im Kanton Aargau, dem einzigen, in welchem
die Revierjagd betrieben und also auch gehörig geschont wird, findet sich noch
ein starker Rehwildstand. Im Hochgebirge befindet sich dieses zarte Wild
übrigens nicht gut. Ein im Sommer 1865 in die Felsgestelle der Marwis

verirrtes Reh stürzte tot und wurde von den Sennen auf Meglisalp gesotten.
Wir besitzen auch den Schädel eines in den Stauden der Altenalp (1600 m ü. M.)
aufgefundenen Gabelbockes. Die Edelhirsche, in der Periode der Pfahlbauten
weit zahlreicher als die Rehe und in ungeheurer Größe (höher als ein starkes
Pferd) in unserem Lande vorhanden, verloren sich seit Beginn dieses Jahr=
hunderts. Im Kanton Basel wurden die letzten 1778 geschossen, im Aargau
der letzte, ein vierzentneriges Exemplar, 1854 bei Kaiseraugst, ohne Zweifel
ein versprengter Flüchtling, im Solothurnschen am 13. Februar 1851 ein
Achtender, der sich lange im Jura aufgehalten hatte. Das Tier war außer=
ordentlich schwer und hatte Spuren älterer Schußwunden auf sich; sein
Geweih wird auf dem Schloßberge aufbewahrt. Im Oktober 1865 wurde
auch im Obertoggenburg am Rothenstein ein 120 kg schwerer Prachtzwölfender
und im November 1869 ein solcher bei Speicher im Appenzellerlande von
118 kg erlegt, ohne Zweifel vorarlbergische Flüchtlinge. Im abgeschlossenen
rhätischen Münsterthale, in den meilenlangen Ofner Bergwäldern und in den
Zernezer Jagdbergen haben sich die Hirsche am längsten, wenn auch in geringer
Zahl, gehalten und sind oft in die Roggenfelder gekommen. Martin Serrardi
in Zernez, der viele Gemsen, auf Arpiglias auch zwei Bären und auf Pras=
pögl einen Wolf erlegt und einen zweiten in einer Falle gefangen hat, schoß
auch zwei Hirsche, davon einen auf den Höhen von Platuns. In früheren
Zeiten scheinen letztere bis in die oberen Alpenwälder gegangen zu sein, indem
noch jüngst ein Achtendergeweih bei Trupschium im Scanfer Casannathale
bei 2000 m ü. M. aufgefunden wurde. Gegenwärtig ist in den Kantonen
Graubünden und St. Gallen Hirsch und Reh in strengem Bannschutz. In
anderen Schweizergegenden existieren die Hirsche nur noch in der Sage, wie
z. B. im Aargau, wo der ‚Jägerhans‘ von dem gefehlten Tiere angefallen,
aufs Geweih gefaßt und über den Rhein getragen wurde, wobei ihm ein
Unbekannter zurief: „Hans bhebde, bhebde!“ (d. h. halt dich fest!). Schließ=
lich führen wir noch ein altes ergötzliches Zahlenrätsel an, das Leop. Cysat
über ein im Jahre 1628 aus dem Luzerner Soppensee gezogenes Hirsch=
geweih überliefert hat:

<blockquote>
Durch Zweifuß ward ich aufgesucht (Jäger),
Vierfuß mich zum Tod verflucht’t (Hund),
Sechsfüß trieben mich gar vom Land (Reiter),
Achtfüß im Harnisch mich gefangen hant (Seekrebse),
bei Ohnfuß bin ich viel Jahr blieben (Fische),
ohn’ Fuß bin ich aus dem Gfängnuß gstiegen (Netz),
werd nun von Tausendfuß getreten (Mücken),
und bien dem Kratzfuß ungebeten (als Huthenke).
</blockquote>

So hätten wir denn mit flüchtigen Umrissen die reich zusammengesetzte
Tierwelt der Bergregion uns vergegenwärtigt. So reich sie indessen ist, so
darf man sich doch die Berge nicht in hohem Maße von den Wirbeltieren

erfüllt denken. Diese sind zumteil nächtliche, zumteil unterirdische und
Wassertiere und verschwinden aus dem landschaftlichen Bilde; die übrigen
haben einzelne Lieblings- und Sammelorte, wo sie zahlreich erscheinen,
während sie an anderen vergeblich gesucht würden. Sie ziehen sich vor den
Menschen mehr oder weniger in ihre Dickichte, Felsen und Löcher zurück, mit
Ausnahme einer bestimmten Vögelmasse, die immer am reichsten die Gebirgs-
fauna vertritt. Doch giebt es nicht wenige mitternächtige Bergreviere, wo
selbst die gefiederten Bewohner äußerst dürftig erscheinen und kein höheres
Tierleben den Ernst, die unfruchtbare Öde und Starrheit der Natur mildert.
An diesen Gesamtüberblick schließen wir die biographischen Zeichnungen einiger
der interessantesten Tiererscheinungen des Gebietes an.

Biographien und Tierzeichnungen.

I. Die Honigbiene in der Bergregion.

> Das honigsüße Imbelein
> Sich spath und früh bemüht;
> Es sitzt auf alle Blümelein,
> Verkostet alle Blüth'.
> Sehr emsig fleuchts herummer,
> Tragt ein mit großem Fleiß;
> Es sucht den ganzen Summer
> Auch für den Winter Speiß!
>
> (Aus einem alten Volksliede: Das gaistlich
> Vogelgesang.)

Wilde Bienen. — Die gelbe Biene. — Bienenzucht. — Der edelste Seim. — Saures
Bienenleben.

Wer kennt und liebt nicht das wunderbare Volk der arbeitsamen Honig=
bienen, deren sinn= und kunstreiche Geschäftigkeit und geordnete Haushaltung,
deren Kämpfe und Züge, Familienleben und Verwandlungen im einzelnen
noch nicht ganz begriffen, im ganzen aber als ein staunenswertes Leben voll
Instinkt, Fleiß, Kunst und Ordnung schon lange von allen Freunden der
Natur bewundert werden! Würden die Bienen das, was sie, von einem
stätigen, zwingenden Naturtriebe geleitet, vollbringen, mit freier Einsicht und
Liebe thun, so würden sie die oberste Stelle im ganzen Bereiche des Tier=
lebens einnehmen; so aber bewundern wir in ihnen mehr die Weisheit der
durch sie sich bezeugenden Natur, als die so geleiteten Individuen. Doch auch
so stehen diese neben gewissen Ameisenarten auf einer hohen Stufe und zeigen
wenigstens Spuren von freier Intelligenz und Unterscheidungsgabe, von
Temperament, Mut und Absichtlichkeit, die von den vortrefflich ausgebildeten
Sinnen des Geruchs, Gehörs, Geschmacks und Gesichts unterstützt werden.

Sie bewohnen fast nur als zahme, den Menschen begleitende, von ihm
beaufsichtigte und gepflegte Tiere unser Gebirge. Verliert sich auch oft ein
junger Schwarm, der nicht rechtzeitig gefaßt worden, in die Wälder, so geht

er dort wohl schon im ersten Winter zu Grunde oder wird aufgesucht und mit vieler Mühe aus dem okkupierten Baumloche in den Korb aufgefangen. Daß wilde Honigbienen bei uns sich in der Freiheit halten und vermehren, ist nur selten zu erweisen, obgleich man oft den festen Glauben antrifft, in gewissen unzugänglichen Felsenspalten hausen so gewaltige Bienenschwärme, daß zu Zeiten der Honigüberfluß reichlich heruntertriefe. Zu diesen seltenen Fällen gehört folgender. Im November 1867 bemerkte Jäger Sträßi von Niederberg bei der Tweralp in der Hörnlikette bei Verfolgung einer Marder= spur an schwer zugänglicher Stelle einen großen alten Waldameisenhaufen, an dem sich nach einigem Aufstören etliche Bienen und Wabenstücke zeigten. Während des sehr strengen folgenden Winters erhielt sich das Volk trotz seines hohen Standortes 1200 m ü. M. vortrefflich und wurde dann im Frühjahr mit großer Mühe gefaßt. Übrigens ist die Klasse der bienenartigen Insekten, die auch Honig sammeln, in der Schweizer Bergregion zahlreich genug. Schnauzenbienen, Mauerbienen, Blumenbienen, Nomaden, Rosenbienen, die wohlriechenden Leimbienen, die in den ersten Frühlingstagen schon die blühen= den Weidenkätzchen umschwärmen und ihren Honig in Erdlöchern bergen, Langhornbienen, Schildbienen, die, wie der Kuckuck bei den Vögeln, ihre Eier in die Nester anderer Bienen legen, um der Sorge für die Brut überhoben zu sein, sumsen millionenfältig durchs Gebirge und bedecken die Blumen und Blüten in fröhlicher Emsigkeit. Sie gehen auch zum größeren Teile weit höher bergan als die Honigbiene, die nur ausnahmsweise die Alpenregion besucht, sich aber da nicht beständig halten könnte.

Die Honigbienen lieben neben Blüten auch warme, windstille Luft und gehören schon darum mehr ins Thal und die Ebene. Während der regel= mäßige Bienenflug nicht viel über eine halbe Stunde weit vom Korbe reicht, entführen rauhe Bergwinde sie oft und schleudern sie bis in die Gletscherwelt hinein, wo sie zu Grunde gehen, wie sie z. B. hoch auf dem Trifft= und Theodulgletscher halb erstarrt von uns bemerkt worden sind. Mit Teilnahme sieht man oft ein gelähmtes Tierchen auf der Alp über einen Stein taumeln und vor Ermattung sterben. In einer Höhe von 2000—2300 m ü. M. trifft man sie nur selten und nicht mehr in ordentlicher Thätigkeit. 1000 m tiefer dagegen hantieren sie mit voller Freudigkeit und Virtuosität in der üppigen Flora der Bergwiesen und sonnigen Gelände, eilen mit ihren dicken Staubhöschen von Blume zu Blume, und saugen den Balsam aus tausend vollen, winkenden Kelchen, kehren am Abend, an den Füßen den Wachsstoff, im Magen den Honig, in den wimmelnden Stock zurück, wo ihre Schwestern ihnen behilflich sind, sie der köstlichen Bürde zu entladen. Während diesseit der Alpen ursprünglich nur die gewöhnliche dunkelbraune Honigbiene gepflegt wurde, beherbergen alle südlich verlaufenden Thäler jenseit der Alpenkette (im Tessin, Bergell, Puschlav, Misox) seit alters die gelbe Biene, welche auch ganz Oberitalien bewohnt. Diese ist über den ganzen Körper lichter gefärbt; die bei der deutschen Biene schwarzen ersten zwei Hinterleibsringe sind bei ihr rötlichgelb, die Königinnen oft ganz goldgelb. Man rühmt sie als etwas weniger empfindlich gegen die Kälte, als fleißiger, rüstiger, fruchtbarer und gutartiger als die deutsche Biene; auch besucht sie weit mehr Honigpflanzenarten als diese. Beide Rassen vermischen sich leicht miteinander. Erst im Jahre 1843 wanderte ein Korb gelber Bienen aus dem Bergell auf die Nordseite der Alpen und seither wurden sie in der Schweiz und Deutschland bekannt.

Wo die Bergregion beginnt, findet man weit seltener die Bienenzucht heimisch als tiefer unten. Eine Ausnahme bilden hier die Bewohner weniger milder rhätischer und Walliser Alpenthäler. Die Pfarrherren von Randa, 1470 m, und von Zermatt, 1643 m ü. M., pflegen die Bienenzucht mit gutem Gelingen. Im allgemeinen ist sonst in solcher Höhe der Winter schon zu lang und rauh, die Zeit der Honigtracht zu unbeständig und oft unterbrochen. Daher haben viele Thalbewohner die sehr zweckmäßige Methode einer wandernden Bienenzucht eingeführt. Sie überwintern die Körbe im Thale und lassen ihre kleinen Arbeiter den Frühling durch die üppige Flora der Wiesen und die honigreichen Blüten der Linde und des Ahorns, des Raps und der Esparsette benutzen. Vor der Heuernte bringen sie die Bienen in einigermaßen geschützte Gebirgsthäler oft 1600 bis 1850 m ü. M. (z. B. nach Pianresto), wo der Blumenflor noch lange in Fülle steht. So kann die Zeit der Honigtracht ohne große Mühe um 1—2 Monate verlängert werden. Im Herbst trägt man die honigschweren Stöcke, die oft 30—40 kg wiegen, wieder ins Thal zurück.

In der ganzen Schweiz wird der im Gebirge gesammelte Honig dem des Thales weit vorgezogen. Er ist heller, feiner und kräftiger, weil die Gebirgsflora mehr starkriechende und gewürzreiche Blumen zählt, vielleicht auch, weil die Blumen nicht so säftereich sind wie im Thal und der Nektar daher sorgfältiger gesammelt und verarbeitet werden muß. Der Honig der Bündner, Glarner, Appenzeller, Berner und Walliser Berge gilt für das edelste Seimprodukt, und derjenige von Medels, Panix und Tavetsch in Bünden, sowie aus dem obersten Wallis ist bald gelblichweiß, bald rein weiß und vom höchsten Wohlgeschmack. In der Wabe ist er natürlich dünnflüssig; er gerinnt aber bald und wird so fest und trocken, daß er in Stücken aufbewahrt und z. B. von den Wallisern in Säcken zum Verkauf gebracht wird. Übrigens war die Bienenzucht seit den ältesten Zeiten im Gebirge heimisch und schon Strabo erzählt, daß „die Räuber des Hochgebirges" die Bewohner der Niederung verschonten, um ihnen Wachs, Honig und Käse zum Tauschhandel zu bringen.

Leider haben die wandernden Bienen im Gebirge, wo sie oft wunderbare Tagereisen machen, nicht nur mit Wind und Wetter und Kälte zu kämpfen; zahlreiche insektenfressende Vögel fangen sie weg, und andere Insekten, besonders eine Blumenwespe, ‚der Bienenfresser‘, überfallen und töten sie, während sie emsigen Fleißes die Blüten durchsuchen. So wohlthätig auch die Insektenraubtiere, unter denen die Mehrzahl der dünnleibigen Schneumone, der Grabwespen und Mordfliegen sich durch Gefräßigkeit auszeichnen, der allzustarken Vermehrung des an Arten und Exemplaren so zahlreichen Kerbtiergeschlechts entgegentreten, so werden sie doch bei der edeln Honigbiene oft sehr schädlich. In der Bienenhaltung und -Zucht fängt es auch bei uns allmählich an, etwas zu tagen, und die alte oft so rohe und grausame Methode beginnt, wenigstens im Thale, der rationellen Pflege, der alte Strohstülper dem Lagerstock mit beweglichem Einbau zu weichen.

II. Die Bachforelle.

Lachs-, Grund-, See- und Rotforelle. — Größe und Wechsel der Färbung der Bachforelle. — Lebensweise und Verbreitung derselben. — Wanderungen. — Forellenkonsumtion. — Fangarten. — Die Fischer.

Die Naturforscher können der Forelle, diesem wahren Kleinode aller unserer Bergbäche, das selbst die achtbare Gemeinde-Vallorbe (in einem der höchst forellenreichen waadtländischen Jurathäler gelegen) als Wappentier anzunehmen nicht verschmäht hat, weit weniger grünblich beikommen als die Liebhaber und haben mit ihrer Lebensweise und ihrer Vetterschaft schon gar viel zu thun gehabt.

Sie gehört zu dem Raubfischgeschlecht der bunten Lachse, welches folgende Hauptformen in der Schweiz aufzuweisen hat: Zunächst den eigentlichen bereits erwähnten Lachs (Salmo salar); dann die Grundforelle oder Seeforelle (S. lacustris, trutta, lemanus), deren Gewicht von 3 bis zu 24 kg variiert. Diese ersetzt im Bodensee, wo die großen Exemplare in der Tiefe überwintern, und im oberen Rheine bis über Trons hinauf die Lachsforelle und den Lachs, der wegen des Rheinfalls nicht so weit hinaufsteigt, heißt im Rheine ‚Rheinlanke‘, in der Ill ‚Illanke‘ und kommt auch in anderen Flüssen und Seen (z. B. Genfer-, Langen-, Vierwaldstättersee) der Schweiz vor. Ihre Wanderzeit ist der Oktober und November, wobei sie in den Flüssen laicht und bei ihrer Rückkehr in die Seen (namentlich in der Rhone bei Genf zu tausenden) gefangen wird. Wahrscheinlich sind die 22 kg schweren Forellen, die im Silsersee im Oberengadin gefangen wurden, solche Grundforellen; sicher die 24 kg schwere, die 1796 bei Mainingen gefangen worden; häufig werden 5—6 kg schwere Exemplare in den Engadinerseen gefischt. Die Grundforelle ist obenher schwärzlichblau, an den Seiten und unten silberglänzendweiß, oben und auf den Seiten, besonders gegen den Schwanz hin, unregelmäßig schwarz gefleckt und oft auch rot punktiert, zur Laichzeit mit Hakenkiefer versehen; die Rücken= und Fettflossen sind grau, die übrigen gelblich. In den Seen des Südabhangs der Alpen und Oberitaliens nimmt sie eine etwas veränderte Färbung an (Carpione, Trota, Salmo Carpio. *L.*). Bei hohem Wasserstande und im Spätsommer steigt sie in ansehnlicher Menge aus dem Langensee durch den Tessin in die spiegelklare Moësa die Mesolcina hinauf bis zur Schloßruine von Misocco. In diesem Thale werden Exemplare von 3—12 kg und im Werte von mehreren tausend Franken gefangen, und zwar zumeist mittels der Fuschina, einer fast 10 kg schweren Harpune. Diese ist mit 15—20 Zinken versehen und steckt an einem 2 m langen Stiele, an dem ein langes, dünnes Seil befestigt ist. Mit bewundernswerter Sicher= heit schleudert der Fischer oft 12—15 Schritte weit das schwere Wurfgeschoß nach der in tiefem, reißendem Wasser stehenden Forelle. Ferner die fein= schuppige Rotforelle (S. salvelinus), auch ‚Röteli‘ genannt, die gewöhnlich bloß 15—24 cm lang und 60—90 g, selten 45 cm lang und 1 kg schwer wird, oben olivengraubraun, an den Seiten heller, im Winter bisweilen gelb= rot gefleckt, unten hochgelb ist und orangerote Flossen trägt. Sie hält sich in fast allen Schweizerseen und auch im Meere in großer Tiefe auf und steigt durch die Bäche in die höheren Alpenseen hinan, gehört also zu den Fischen unserer Region und heißt auch oft Alpenforelle. Ihr Fleisch ist außer= ordentlich zart und schmackhaft; doch kennt man sie oft in den Bergen nicht, indem man sie nur für eine bunte Bachforelle hält, wogegen sie am Bieler=, Neuenburger= und Zugersee eine große Berühmtheit genießt. In letzterem wurde im Dezember 1870 ein Exemplar von 1³/₄ kg, im November 1872 vom Fischer Kaiser von Trubikon eines von 1¹/₂ kg und in den Vierziger Jahren sogar ein Riesenexemplar von 3¹/₂ kg, das größte bekannte, gefangen. Im Genfersee unterscheidet man eine graue, eine weiße und eine rote (die wohlschmeckendste) Abart. Der höchste Ort, wo dieser zierliche Fisch vor= kommen soll, ist wahrscheinlich der Lago Cavlóccio (1850 m) im Gebiete der Maira hoch im Murretthale. Ferner die im Vierwaldstättersee und in den Seen der Westschweiz in großer Wassertiefe lebende Ritterforelle (S. umbla), obenher schwärzlichgrün, an den Seiten silberfarbig, am Bauch weiß, ohne Flecken, mit rotgelben Flossen.

Neuere Forscher vereinfachen die Klassifikation der Lachse bedeutend und lassen als bezügliche Arten nur gelten: den Meerlachs, die Seeforelle, mit der Grundforelle, die Rotforelle, mit der die Ritterforelle identifiziert wird, und die Bachforelle. Letztere (S. Fario) ist der gemeinste Fisch aller Berggewässer. Jedes Kind kennt ihn bei uns, und doch ist er schwierig zu beschreiben, da er in Größe, Färbung und Wohnort sehr differiert. Die Rogner (Weibchen) sind gewöhnlich etwas dicker und kürzer als die Milchner. Während die durchschnittliche Länge 15—30 cm beträgt mit einem Gewichte von 100—470 g, finden wir nicht selten Exemplare von 1—2 kg, ja von

3—5 kg. Das größte Exemplar, das in neuerer Zeit in unserer Gegend erbeutet wurde, war in der Thur bei Kappel im August 1857 gefangen. Es war 75 cm lang, maß hinter dem Kopfe 54 cm im Umfang und wog über 3 1/2 kg. Ein ziemlich ebenso großes wurde im Juni 1860 oberhalb Neßlau in der Thur erwischt, und ein anderes 3 1/2 kg schweres 1861 im Seealpsee, wo es beim Zurücktreten des durch ein Gewitter aufgeschwellten Sees in einem Ufertümpel zurückblieb und von einem Mädchen gefangen wurde.

Wir sind in Verlegenheit, wenn wir die Färbung der Bachforelle angeben sollen; sie ist ein Chamäleon unter den Fischen. Oft ist der schwärzlich gefleckte Rücken olivengrün, die Seiten grünlichgelb, rotpunktiert, goldschimmernd, der Bauch weißlichgrau, die Bauchflossen hochgelb, die Rückenflossen hellgerandet, punktiert; oft herrscht durchweg eine dunklere, selten die ganz schwarze Färbung vor, oft wieder eine hellere, mehr gelbliche oder weißliche und man pflegt die Spielarten bald Alpenforellen, bald Silber= und Goldforellen, bald Weißforellen, Schwarzforellen, Stein= und Waldforellen zu nennen, ohne daß eine Ausscheidung der außerordentlich vielfältigen, schillernden Übergänge fest= zustellen wäre. In der Regel aber ist der Rücken dunkel, die Seiten heller, messingglänzend, bei den schwärzlichen kupferglänzend, und punktiert, der Bauch am lichtesten; die Brust=, Bauch= und Afterflossen haben meist eine weingelbe, die Rückenflossen dagegen eine graue Färbung mit schwarzen, oft auch roten Flecken.

Die Fischer meinen, die Färbung hänge vorzugsweise von dem Wasser ab, in dem sich die Forelle aufhalte, und sei daselbst ziemlich konstant, wie wir z. B. in der Engelbergeraa regelmäßig blaugefleckte, in dem in sie mündenden Erlenbach aber regelmäßig rotgefleckte finden. Ebenso wechselt die Farbe des Fleisches, das, gekocht, bald rötlich, auch gelblich, in der Regel aber schnee= weiß ist. Die Forellen des von Gletscherwasser und zugespühltem Sande beinahe milchfarbenen und kälteren Weißsees auf Bernina sind ohne Ausnahme lichter gefärbt als die des benachbarten, auf torfigem Grunde liegenden Schwarzsees. Das Fleisch beider aber ist gleichmäßig weiß. Man hat die Erfahrung gemacht, daß Forellen mit weißem Fleisch in weniger Sauerstoff= gas enthaltendem Wasser rotes Fleisch bekommen, und Saussure erzählt, die kleinen, blassen Forellen des Genfersees bekämen rote Punkte, wenn sie in gewisse Bäche der Rhone hinaufstiegen; in anderen würden sie ganz schwarz= grün, in anderen blieben sie blaß. In Fischtrögen bekommen einige sogleich braune Punkte, andere werden auf der einen Seite ganz braun, oder erhalten etliche dunkle Querbänder über den Rücken, welche in frischem fließenden Bachwasser sofort wieder verschwinden. Auch hat man schon fast farblose, ferner ganz braune oder violette Forellen mit Kupferglanz gefunden; kurz die Willkürlichkeit und Mannigfaltigkeit dieser Fischfärbung bringt den Beobachter zur Verzweiflung, besonders da man oft im gleichen Bache zu gleicher Zeit ganz verschieden gefärbte Exemplare fängt. Im Sämtissee (Appenzell=

Innerrhoden), dessen Abfluß in das Innere des Gebirges geht und wahr=
scheinlich mit einem unterirdischen Wasserbecken daselbst in Verbindung steht,
erscheinen oft aus diesem fast ganz farblose, weißlichgraue und wieder getigerte
Forellen in Masse. Ein eben vor uns liegender Netzfang aus dem Seealpsee
(mit oberirdischem Abfluß) weist gleichfalls alle erdenklichen Farben=
schattierungen auf, namentlich auch lichte mit dunkeln Binden, bunt getigerte,
ja sogar regelmäßig auf der vordern Körperhälfte weiße, auf der hintern
dunkle Exemplare. Die Forellen der Sitter im Oberlauf sind in der Regel
obenher hell= bis dunkelbräunlich, oberhalb der Mittellinie deutlich oder ver=
wischt mit schwarzen Sternflecken besät; die roten Sternfleckchen sind über,
auf und unter der Mittellinie linear gestellt, Nase und Scheitel schwarz, Iris
unregelmäßig schwärzlich=beschattet, Rückenflosse schwarz gefleckt, Fettflosse rot
und schwarz punktiert, Brustflosse schwärzlich, hinten messinggelb, Bauch= und
Schwanzflosse ebenso, aber unten rein weiß berandet, Schwanzflosse schwärzlich,
oben und unten rötlich, hinten weißrandig, bei den ältern, die überhaupt leb=
hafter gefärbt sind, weit weniger ausgeschnitten als bei den jüngern.

Zu jenen Färbungswechseln trägt aber nicht nur die chemische Beschaffen=
heit des Wassers, sondern auch die Jahreszeit, das Sonnenlicht und das Alter
vieles bei. Man bemerkt namentlich bei der Bachforelle ein eigentümliches,
lebhafteres Hochzeitskleid wie bei den Vögeln; ferner Wechsel der Färbung
je nach verschiedenen Stellungen und Bewegungen, besonders einen plötzlichen
und auffallenden bei Reizungen, ähnlich wie bei den Schlangen. Agassiz
schreibt die konstante Färbung der Fische den dünnen Hornblättchen zu, die
Lichtreflexe erzeugen; das mehr wechselnde periodische Kolorit dagegen den
verschiedenartig gefärbten, tropfenweise abgelagerten Ölen, welche die wahren
Pigmentmoleküle bilden. Die Forellen der alpinen Region sind oft sehr leb=
haft rot gefleckt und noch an der Schwanzflosse rot berandet, während die
weingelbe Färbung der Flossen und der Goldschimmer auf den Flanken sich
ins Grauliche verliert. Neben diesen findet sich aber noch eine dunkle, schwarz=
getupfte und gefleckte Spielart, der die rote Punktierung gänzlich fehlt und
höchstens durch einige rostbraune Flecken auf der Rücken= oder Schwanzflosse
angedeutet ist, während der Messingschimmer der Flanken ebenfalls fast ganz
verschwunden ist. Diese Varietät heißt im Oberengadin Schilds.

Auch der Südabfall der Alpen scheint eine eigene Spielart zu besitzen,
indem die dortigen Bachforellen zwar die roten Punkte, die goldschimmernden
Seiten und die weingelben Flossen der gemeinen besitzen, dabei aber so lebhaft
blauschwarz gefleckt und gebändert sind, daß sie völlig marmoriert erscheinen.

Im weiten Maule der Forelle sitzen drei scharfe, sehr reich besetzte
Zahnreihen, auf der Zunge sechs bis acht einzelne Zähne, eben so im Gaumen,
am Pflugscharbein und Schlundknochen, alle nicht zum Kauen, sondern zum
Festhalten eingerichtet. Auch die Lebensweise der Forellen ist kaum gehörig
enträtselt. Man weiß zwar, daß sie Mücken, Fischbrut, Würmer, Blutegel,

Ellritzen, Groppen, Schnecken, junge Spitzmäuse, Frösche, Krebse, in den
Fischkammern auch Rindsleber und dergl. fressen; warum und wie weit sie
aber oft aus den Seen in die Bäche gehen, weiß man nicht sicher, und eben so,
wie sie sich in den Seen der höchsten Alpenregion, wo sie sich im Sommer
mit den kleinsten Wasserkerfen begnügen müssen, während des 8—9monatigen
Winters unter der dicken Eisdecke zu erhalten vermögen*). Sie scheinen
höchlich das trübe Gletscherwasser zu verabscheuen, während sie das kalte
Quellwasser lieben. Sobald im März Schnee und Eis zu schmelzen beginnt
und die Bäche trübt, verlassen die Forellen oft dieselben und schwimmen z. B.
aus den Seitenbächen der Rhone in Masse in den Genfersee, wobei ihr Fang
(z. B. unter dem Weiler Neubrück, wo sie aus der Nikolai= und Saasvisp der
Rhone zueilen) sehr ergiebig ist. Im See bleiben sie den Sommer über,
steigen im Spätjahr wieder die Rhone hinauf, und laichen in den Seiten=
bächen. Man glaubt, daß die Schmelzung des Polareises im Frühling ähnlich
die Brüder der Forellen, die Lachse, aus dem Meer in die Flüsse treibe.

Allein diesen Beobachtungen stehen jene entgegen, daß die Forellen, und
zwar sehr reichlich, auch in Alpenseen leben, die nur von Gletscherzuflüssen
sich nähren (Weißsee auf Bernina, unmittelbar am Cambrenagletscher, u. a.),
und in Bächen sich finden, die fast ausschließlich Schnee= und Eiswasser führen.
Im allgemeinen aber lieben sie weiches, fließendes Wasser und vertragen
stehendes, hartes, kalkhaltiges schwer.

Die Bachforelle gehört wie die Rotforelle nicht nur der Bergregion an,
sondern steigt auch weit höher an. Über 2100 m ü. M. findet sie sich außer=
halb Graubündens nicht; hier steigt sie aber bis gegen 2400 m an. Sie lebt
noch im schönen Luzendrosee auf dem Gotthard, dem in einer Höhe von
2080 m ü. M. die Reuß entströmt, in vielen savoyischen, den meisten
rhätischen Hochalpenseen, im Murgsee an der Tannengrenze, in dem Alpsee
unter dem Stockhorn und überhaupt fast in allen Alpenseen innerhalb der
Alpenregion 1300—2100 m ü. M. diesseit und jenseit des Gebirges, jedoch
merkwürdigerweise fast immer nur in solchen Seen, die einen sichtbaren Abfluß
haben und seltener in solchen, die sich unterirdisch durchs Gebirge entleeren.
Im See des großen St. Bernhard, 2400 m ü. M., gedeihen weder die ein=
gesetzten Forellen noch irgend andere Fische. Wie aber die Forellen in jene
Hochseen, die in der Regel durch steile Wasserfälle mit dem tieferen Flußgebiet
verbunden sind, hinaufgelangten, ist nur bei solchen anzugeben, wo sie, wie im
Oberblegisee (1426 m ü. M.), dem Engstlensee (1852 m) u. a., von dem Menschen
eingesetzt wurden. Zwar ist die Forelle ein munterer, lebhafter Fisch und
besitzt, wie in heißen Sommertagen überall zu beobachten ist, große Schnell=

---

*) Inzwischen haben die neuesten Untersuchungen diesen Punkt aufgeklärt. Die
kleine Tierwelt, welche den Forellen zur Nahrung dient, geht unter der Eisdecke der
Alpenseen nicht zu Grunde, sondern wird auch mitten im Winter reichlich angetroffen.

kraft; ja Steinmüller versichert sogar, er habe selbst gesehen, wie auf der Mürtschenalp eine Forelle ‚sich über einen hohen Wasserfall hinaufschleuderte und während des Hinaufwerfens sich einzig ein paar Mal überwarf‘; allein es giebt Forellenseen in Menge, wo eine Verbreitung vom Thal herauf durch ein solches Hinaufschleudern geradezu unmöglich ist. Indessen müssen wir doch annehmen, daß der Mensch in dieser Beziehung viel gethan hat, daß vor der Reformation für die Fastenzeit weislich vorgesorgt und viel Fischbrut in solche Seen eingesetzt worden ist.

Gewisser als alles dies und auch erquicklicher ist die anerkannte Wahrheit, daß die Bachforellen eines der schmackhaftesten Gerichte der europäischen Fischküche bilden, mögen sie grau oder braun, rot oder schwarz punktiert sein. Die in den Bergseen gefangenen Bachforellen haben weicheres, die aus den Bächen rührenden dagegen derberes Fleisch. In der ganzen Schweiz halten sie Fremde und Einheimische für einen Leckerbissen und segnen die Fülle der Natur in dieser Sorte. Wir haben noch nicht versucht, über die Forellenkonsumtion statistische Nachrichten zu sammeln, irren aber schwerlich, wenn wir sagen, daß sie jährlich wenigstens 25 000—30 000 kg betrage. Und all' diese Massen werden meist in Exemplaren unter 200 g gefangen. Durch das Ablassen von Mühlbächen gewinnt man oft bedeutende Massen; wir haben gesehen, daß so schon 41 kg in wenigen Stunden aufgenommen wurden. Äußerst zahlreich waren sie besonders in früheren Zeiten in den Oberengadiner Seen (in der Alpenregion); die Fischer hatten laut Verordnung dem Bischof von Mitte Mai bis Michaeli jeden Freitag ‚500 Visch, einer zwischen dem Haupt und dem Schweif Spannenlang, die Vischer von Silvaplana und Sils aber jährlich absonderlich 4500 obbesagter Größe‘ zu liefern. Daneben wurden sie noch massenweise eingesalzen und nach Italien versandt. Gegenwärtig nehmen sie fast überall stark ab, da sie selbst zur Zeit der Fortpflanzung auf eine unverantwortliche Weise verfolgt werden.

Die Forellen laichen im Oktober und November bis gegen Weihnachten, sind dann wie die Hechte zur Laichzeit dumm und mit Händen zu greifen, schmecken aber fader. Sie ziehen gern aus den Seen in die Bäche, suchen Sand- und Kiesplätze auf, wühlen mit dem Maul nach Art der Lachse darin und legen ihren hanfkorngroßen, orangeroten Laich ab. Zu jeder anderen Zeit sind sie sehr scheu. Sieht man sie auch oft in klarem, tiefgründigem Wasser ihr munteres Spiel treiben oder an seichten Bachstellen im Sonnenschein hüpfen, so verschwinden sie doch augenblicklich, wenn sie den Menschen gewahren. Manchmal stehen sie auch in sehr rasch fließendem Wasser still und halten sich durch kräftige, aber kaum merkliche Flossenbewegung eine Zeit lang auf dem gleichen Punkte, gewöhnlich, um auf Fischchen oder Wasserinsekten zu lauern. In Teichen lieben sie einen starken, reinen Zufluß, tiefen Kiesboden mit größeren Steinen und Schatten. Hier werden sie mit kleinen Fischen, verwiegter Rindsleber, Lunge und Milz und Kuchen aus Gerste und

Blut ernährt; sie können aber auch monatelang fasten. Ihr Fang, der früher an vielen Orten ein durch scharfe Strafen geschütztes Regal war, ist in der Schweiz teils ganz, teils einen großen Teil des Jahres durch mit der Angel frei.

Indessen nähren sich die zahlreichen Fischer mit Netz und Angel meist ärmlich von dem langweiligen und sauren Gewerbe. Am ergiebigsten soll ihre Beschäftigung in der Schwüle eines nahenden Gewitters sein, wo die Forellen oft in die Luft springen und gern anbeißen. Auf den Hochseen ist der Fang bei gewissen Winden geradezu unmöglich. Der laue Fön dagegen lockt die Tiere aus der Tiefe herauf und begünstigt oft die ergiebigste Ausbeute. Beobachter haben gefunden, daß unsere Fischer einen ordentlich kastenmäßigen Charakter haben. Sie sind schweigsam wie ihre Beute und kühl wie ihr Element, zäh gegen die Unbilden des Wetters, von ausdauernder Beharrlichkeit, feiner Beobachtungsgabe, wohlvertraut mit den Eigentümlichkeiten der Fische und Wasserlokale und würden, ähnlich den gleich armen und gleich wetterfesten Jägern, trotz der Mühseligkeit ihrer Lebensweise, dieselbe nur ungern gegen eine behaglichere vertauschen. Leider haben sie aber an Hechten und Äschen, an der Wasseramsel, Spitzmaus und Ente, die emsig der Brut nachstellen, und am Reiher und an der Fischotter, die ungeheuere Verheerungen unter den Forellen bis in die Bergregion hinauf anrichtet, gefährliche Nebenbuhler; abgesehen davon, daß die Forellen selber Laich und Brut ihrer eigenen Art wegfressen.

Etwas schwieriger ist der Fang der Rotforelle, die sich, wenn sie zwei bis drei Jahre alt geworden ist, gern in der Tiefe des Sees, 20—80 m unter dem Wasserspiegel, aufhält; — im Zugersee, am Fuße des Rigi, soll sie bis 200 m tief stehen. Man sucht sie daher mit Grundschnüren und Schwebnetzen zu erreichen. Oft wird auch folgende komplizierte Fangart angewandt: Die Fischer fahren im Herbst etliche Kähne voll Steine und Kiesel auf den See und werfen sie an einer gewissen Stelle in die Tiefe. In einigen Wochen überschlammt dieses Geschiebe; die Rotforellen kommen und setzen im Oktober und November ihren orangeroten Rogen darin ab. Dann macht jeder Fischer seinen Satz und bezeichnet sich seine Stelle durch ein Stück Holz, das durch einen großen Stein über dem Geschiebe in der Tiefe festgehalten wird. Hier senkt nun zu gelegener Zeit der Fischer seine Angel, an der Forellenrogen als Lockspeise steckt, auf den Grund und haspelt die Rotforelle, sowie sie angebissen hat, rasch in die Höhe. Dabei erscheint diese so sehr von der Luft aufgedunsen auf der Oberfläche, daß sie bald sterben würde, wenn ihr der Fischer nicht sogleich ein Hölzchen in den After steckte und ihr so die Blähung benähme. (Auch an der Lachsforelle hat man dieses Angefülltsein der Luftblase, deren sie sich sonst nur bedient, um aus der Tiefe des Sees aufzusteigen, als krankhafte Erscheinung beobachtet und solche in die Höhe getriebene Fische von $13\frac{1}{2}$ kg Schwere gefangen.) Der Hauptrötelfang im

Zugersee, den die Stadt Zug, soweit ihre Fischenzen reichen, um einen jähr=
lichen Pachtschilling von 700 Franken zwei Fischern überläßt, fällt in den
November und Dezember, also gerade in die Laichzeit, und wird mit Netzen
in etwa 20 m Tiefe ausgeführt. Ein tüchtiger Fischer fängt dann täglich
wohl 4—600 Stück von 15—18 cm Länge und 60—80 g Schwere und
während der ganzen Laichzeit 10—12 000 Stück. Der jährliche Rötelfang
im Zugersee berechnet sich auf 4500—5000 kg im Werte von 10 000
Franken, in dem benachbarten kleinen Aegerisee auf 300—400 kg. Die
zarten Fische werden kistenweise exportiert. Außer in den genannten zwei
Monaten wird nie eine Rotforelle gefangen oder auch nur gesehen. Sie hält
sich außerhalb der Laichzeit stets in großer Seetiefe.

III. Die Nattern im Gebirge.

Fabelhafte Schlangen. — Die Natternarten der südlichen und der nördlichen Schweiz. —
Der Ringelnatter Lebensweise und Verbreitung.

Die Schweiz hat vor dem tieferen Süden eine beneidenswerte Armut
an giftigen und giftlosen Schlangen voraus. Wir wandern oft wochenlang
im wärmsten Sommer von Berg zu Berg, ohne eines dieser Tiere zu bemerken.
Und doch wissen unsere Bergbewohner so Vieles und Merkwürdiges über
allerlei Schlangengetier zu erzählen, daß man glauben möchte, gewisse Gegenden
seien nicht geheuer. Der Mensch hängt sich mit seinen Träumen am liebsten
an das Abenteuerliche und hält dieses für das eigentlich oder vielleicht einzig
Merkwürdige. Ein leichter Reiz seiner Phantasie gilt ihm mehr als die Ein=
sicht in einen Teil der weisen Ökonomie des Naturlebens, gegen die er sich,
weil er sie nicht in ihrem Zusammenhange zu erfassen versteht, so stumpf
stellt. Vor alters wimmelte es in unserem Lande von ungeheueren und
schauderhaften Schlangen; Lindwürmer und Drachen, welche harmlose Bauern
wie Zuckerbrot wegfraßen und ganze Herden verschlangen, bewohnten nicht
nur das Drachenloch und den Pilatus, sondern hundert Thäler und Schluchten
aller Berge. Furcht und Aberglaube, die immer Hand in Hand gehen, um
die Unwissenheit zu stützen, liehen diesen Unholden bald Flügel, bald Klauen=
füße und Ringelschwänze, bald feuersprühende Augen und Rachen, und mit
mythischen Elementen vermählt, läßt die Sage selbst Ritter wie Arnold
Struthan Kämpfe mit ihnen bestehen. Unseren Naturforschern ist es in=
zwischen noch nicht gelungen, Skelette oder sichere Spuren großer Schlangen
aus der geschichtlichen Zeit in unserem Lande aufzufinden, — und es wird
auch nicht gelingen, — ebenso wenig wie es möglich sein wird, unseren Bauern

auszureden, daß es jetzt noch 2 m lange Schlangen mit goldnen Kronen auf dem Kopfe gebe, oder solche mit deutlichen Füßen. Der innere Widerwille der Menschen gegen diese Reptile erlaubt ihnen selten eine genauere Betrachtung derselben, und die erregte Phantasie malt eine 1¼ m lange Natter schnell zu einem 3 m langen Ungeheuer aus. Daß es in der vorgeschichtlichen Zeit auch in der Schweiz ungeheuere Reptile von abenteuerlicher Form gegeben habe, beweisen Abdrücke und fossile Überreste hinlänglich. Mit der jetzigen Erdrindenbildung aber verschwanden sie. Inzwischen erzählt uns Wagner in seiner Historia naturalis Helvetiae curiosa aus dem 17. Jahrhundert eine Menge angeblich verbürgter Geschichten von dem Vorkommen von Drachen, die er ordentlich und ernsthaft in geflügelte, befußte und fußlose einteilt. So sei bei Burgdorf ein Drache getötet worden, ferner bei Sax, bei Sargans, auf dem Gamserberge, auf dem Kamor (mit 30 cm hohen Beinen), bei Senn=wald 2c., wobei immer die scheußliche Gestalt der Ungetüme näher beschrieben ist. Im Berner Oberlande und im Jura findet man noch heute allgemein den Glauben verbreitet, daß es ‚Stollenwürmer‘ gebe, d. h. 1—2 m lange, dicke Schlangen mit zwei kurzen Füßen, die nur bei anhaltender Trockenheit vor Eintritt des Regenwetters zum Vorschein kämen, und viele rechtschaffene und glaubwürdige Leute beteuern, solche Tiere selbst gesehen zu haben. Wirklich fand auch im Jahre 1828 ein Solothurner Bauer in einem vertrockneten Sumpfe ein ähnliches totes Tier und legte es bei Seite, um es zu Professor Hugi zu bringen. Inzwischen fraßen es aber die Krähen halb auf. Das Skelett kam nach Solothurn, wo man aber nicht klug daraus wurde, und wanderte dann nach Heidelberg, ohne daß man über sein Schicksal etwas weiteres erfuhr.

Von den paar Schlangenarten, die wir besitzen, sind, wie früher bemerkt, bloß die Vipern giftig; die Nattern dagegen alle harmlose, giftlose Tiere, die weder den Kühen die Milch wegsaugen, noch Menschen gefährlich verwunden. Die ebenso unschuldige Blindschleiche (im Waadtlande borgne, d. h. Ein=äugige genannt) bildet den Übergang von den Echsen zu den Schlangen und erscheint bis gegen die obere Holzgrenze.

Der horizontale und vertikale Verbreitungsbezirk der schweizerischen Nattern ist je nach den Arten sehr verschieden und noch keineswegs festgestellt, zumal über das Vorhandensein einiger Arten selbst noch Unklarheit herrscht. Der südliche Teil unsers Landes ist in dieser Beziehung weit reicher als der nördliche und weist bereits südeuropäische Formen auf.

So zunächst die gelbliche Natter oder Äskulapsschlange (Elaphis Äsculapii), obenher bräunlichgelb mit weißen Strichelchen, unten einfarbig graulichhellgelb mit schwärzlichgrauen Fleckchen an den Kopfseiten. Sie klettert, schwimmt und taucht sehr fertig, bewegt sich rasch und graziös, nährt sich von Fröschen, Eidechsen, Mäusen u. dergl., nimmt aber in der Gefangen=schaft keinerlei Speise an und hält doch 8—12 Monate aus. Ihre eigentliche

Heimat ist der europäische Süden; in Deutschland soll sie nur im Schlangen=
bad („Schwalbachernatter“) vorkommen; bei uns ist sie im Tessin jenseit des
Cenere und im Wallis sowohl im Hauptthale als in mehreren Seitenthälern
bis tief in die Bergregion und in der Waadt im Bezirk Aelen nicht selten.
Sie ist unsere größte Schlange, indem sie eine Länge von 1.2—1.6 m
erreicht*).

Die **Vipernatter** (Tropidonotus viperinus), auf der Oberseite mit
sehr veränderlicher bräunlicher, grünlicher oder trübe graulicher Grundfarbe
und einem unregelmäßigen schwarzbraunen Zackenbande über den Rücken, am
Bauche heller, gelblich oder grau mit dunkleren Flecken, in der Zeichnung der
Viper nicht unähnlich (aber mit zahlreichen Täfelchen auf dem Kopfe statt
der drei Täfelchen und der Schuppen der Viper), 60—75 cm lang, ebenfalls
dem Süden, namentlich den Mittelmeerländern angehörig, ist von Fatio auch
für die Schweiz nachgewiesen und in Tessin (am Luganersee), Wallis, Waadt
(am Sauvabelin) und Genf (häufig an der Rhone) gefunden worden und zwar
bis in die Bergregion hinein. Diese Schlange ist bisher häufig mit der ihr
einigermaßen ähnlichen und ebenfalls wasserliebenden Würfelnatter (Tropidonotus tesselatus) verwechselt worden, welche aber bisher außer in der
Umgebung Luganos in der Schweiz nirgends mit Sicherheit nachgewiesen ist.

Ebendaselbst findet sich nicht selten die schöne gelbgrüne oder schwarz=
grüne **Natter** (Zamenis atrovirens. *Metara*), obenher schwärzlichgrün mit
kleinern gelben Längsflecken, die sich hinterhalb linear ordnen, unten hell=
grüngelb, mit dunkleren Flecken auf den Seitenschilden (1—1.2 m lang); doch
wird sie auch in altem Gemäuer in einigen Walliser Lokalen gefunden bis zu
einer Meereshöhe von 1200 m. Sowohl diese Natter als auch die gelbliche,
welche auf dem Stabe des Äskulap zu erkennen sein soll, scheinen von den
Römern als Symbole der Genesung verehrt und in ihre Bäder versetzt
worden zu sein. Man vermutet deshalb, es sei das sporadische Vorkommen
dieser Schlangen in nördlicheren Gegenden auf eine altrömische Importation
zurückzuführen. Es hat dies für das Schlangenbad einige Wahrscheinlichkeit,
weit weniger für die südschweizerischen Fundorte, welche zumteil mit keinen
Römerbädern in Beziehung stehen und natürlicher als die nördlichen Grenz=
punkte der eigentlichen Heimat dieser Tiere betrachtet werden, wie ja die
ennetbergische Schweiz in ihrer Flora und Fauna auch sonst so viele Remini=
scenzen aus dem tiefern Süden besitzt. Überdies ist beim Hauptrömerbad der

---

*) Ein solches Riesenexemplar fand ich im August 1873 anläßlich einer Hirsch=
jagd im oberösterreichisch=steirischen Grenzgebirge. Die nahezu klafterlange Schlange
wand sich einen Wiesenhang herab, richtete sich auf dem Sträßchen, wo sie mich
gewahrte, ellenhoch heftig züngelnd empor und schlüpfte in dem Momente, wo ich sie
zu erhaschen im Begriffe war, in einen Bach, in dessen rasch strömendem Gewässer sie
verschwand. Unmittelbar vorher hatte ich eine Kreuzotter gefangen.

Schweiz, Baden (dem berühmten „Vicus aquarum"), keine Spur von einer Schlangeneinführung zu finden.

Nördlich von der Alpenachse finden wir nur zwei (auch südlich von derselben vorkommende) Natterarten, nämlich vorwiegend an trockenen und steinigen Abhängen im Gebüsche und in alten Mauern die glatte oder österreichische (Coronella laevis), mit feinen, glatten, ungekielten Schuppen bedeckt, rötlichgrau, mit zwei Reihen rundlicher, dunkelbrauner Flecken auf dem Rücken und weißlich oder rötlichbraun marmoriertem Bauche, auf dem Hinterkopfe mit zwei größeren rotbraunen Flecken geziert. Sie wird über 60 cm lang, ist leicht reizbar, beißt heftig, aber unschädlich, nährt sich vorwiegend von Eidechsen und Blindschleichen, gebiert 10—12 lebendige Junge und zeigt sich häufiger im Vorlande als im Gebirge, hier aber doch bis in die Alpenregion hinein. Ein gefangen gehaltenes Exemplar nimmt häufig Speise, nie Wasser an und verzehrt seine Nahrung ohne Bedenken in unserer Gegenwart, am liebsten immer Eidechsen, die es in schöner Umschlingung halb erdrückt, und dann, freilich nicht ohne heftige Bisse des Opfers, den Kopf voran, langsam und unter starker Speichelabsonderung hinunterwürgt. Eine zwei Wochen lang beigegebene Blindschleiche wurde so wenig berührt wie die von derselben gebornen Jungen, während die Schlange sonst mittelgroße Schleichen und die frisch geborenen Jungen von Lacerta vivipara begierig verschlang.

Die zweite Form ist die Ringelnatter oder gemeine Kragennatter (Tropidonotus natrix), die überall zu Hause ist, in den Mooren, Büschen und Wiesen der Ebene, wie in den steinigen Halden bis gegen die Helzgrenze hin, immerhin aber am liebsten in der Nähe des Wassers. Den Winter verbringt sie wie alle unsere Schlangen in starrem Zustande in Mauer-, Erdlöchern, Baumhöhlen und dergleichen Verstecken.

Die Ringelnatter ist in ihrer Jugend mehr stahlblau, später olivengrau, schwarzgefleckt, an den Bauchschienen weißgelb und blauschwarz, das Auge eine runde, schwarze Pupille mit goldgelber Berandung und dunkelbrauner Iris. Als Kennzeichen der Art stehen zu beiden Seiten des Hinterkopfes zwei gelbliche, nach hinten schwarzbegrenzte Flecken. In der kollinen und submontanen Gegend wurden zwei oder drei verschiedene mehr oder weniger konstante Färbungsvarietäten beobachtet, nämlich eine schwärzliche, eine olivengraue und eine mehr rötlichbraune. Die Länge der Schlange beträgt gewöhnlich gegen 95, selten über 120 cm. Die Weibchen unterscheiden sich von den Männchen in der Gestalt durch etwas bedeutendere Länge, kürzern, dünnern Schwanz, in der Färbung durch das trübere, schmutzigere Gelb der Halsflecken, die bei den Männchen lebhaft dottergelb, und durch die hellern Bauch- und Schwanzschienen, die beim Männchen durchgehender blauschwarz sind.

Am liebsten treibt unsere Ringelnatter ihr stilles Wesen in feuchten Wäldern, im Gras- und Buschland der Bach-, Teich- und Seeufer. Hier nimmt sie fleißig kühle Bäder, lauert auf Frösche, ihre Lieblingsnahrung, und auf Tritonen, schießt pfeilschnell auf die Beute los, schwimmt ihr selbst weit nach, indem sie lebhaft schlängelnd mit emporgehobenem Kopfe unter dem Wasserspiegel gleitet oder auf den Grund tauchend hineilt. Auf dem Lande vermag sie auf junge Bäume sich zu winden, sobald sie dieselben umschlingen kann, indem sie fest ihre Rippen an die Unebenheiten des Stammes stemmt. Sie fängt sich allerlei Insekten, Würmer und Reptilien, besonders Eidechsen, wohl aber nur in der Not auch Kröten und seltener junge Mäuse; mitunter hascht sie auch ein kleines Vögelchen oder ein Fischchen weg. Ihre Hauptspeise scheinen große Frösche zu sein, deren sie 6—10 Stück zu verschlingen imstande ist, worauf sie wieder ohne Nachteil 6—8 Wochen fasten kann. Sie packt das zappelnde, oft einen dumpfen Notschrei ausstoßende Tier am liebsten am Kopf (weswegen auch zu Nattern eingesperrte Frösche instinktgemäß den Kopf abwärts in die Kistenecke drücken und den Hintern vor- und aufwärts strecken), doch oft auch am Hinterfuß oder wo sie es gerade hascht, würgt das gefaßte Glied hinein und läßt unter allmählicher Erweiterung ihrer höchst elastischen Kiefer- und Schlundmuskeln den übrigen Teil des scheinbar unverhältnis- mäßig großen, immer noch zappelnden Bissens so langsam folgen, daß eine jüngere Natter an einem Frosche oft über eine Stunde schluckt, während alte drei Frösche in einer halben Stunde verschlingen. Tote Tiere, selbst ganz frisch getötete Frösche 2c., berührt eine Natter nie. Ist sie gesättigt, so ver- fällt sie bald in einen lethargischen Zustand der Verdauung, der mehrere Tage andauern kann. In diesem Schlafwachen ist sie scheinbar unempfindlich und furchtlos; sie zieht sich aber gewöhnlich für diese Periode in größere Verborgenheit zurück. Im April oder Mai paart sie sich, wobei sie einen widerlichen Knoblauchgeruch verbreitet, und gegen den August hin sucht das Weibchen seine Eier, die größer als Sperlingseier, gelblich, mit sehr wenig Eiweiß versehen, von einer pergamentartigen Haut überzogen sind und durch zähe Fäden zu 20—30 Stück an einander hängen, an einem feuchten und warmen Orte abzulegen, bald in Holzerde, bald in Mistbeeten, in Dünger- stöcken oder auch in Kuhställen, wo mancher verwunderte Bauer sie schon für ‚Hahneneier‘ gehalten hat. Die Jungen sind in diesem Zeitpunkte schon ziemlich ausgebildet, bleiben aber noch drei Wochen lang im Ei und messen, wenn sie ausschlüpfen, bereits über 14 cm, worauf sie sich von Insekten nähren. Sie wachsen aber nur langsam, in den ersten beiden Jahren etwa bis zu 48 cm, und erreichen wahrscheinlich ein ziemlich bedeutendes Alter, — wenigstens hat man schon 10—12 Jahre lang Nattern in der Gefangenschaft zu erhalten vermocht. In diesem Zustande wird die Schlange in der Regel bald zahm, während einzelne Exemplare stets unbändig bleiben, bei jeder Bewegung die höchste Reizbarkeit verraten, sich aufblähen, zischen, losfahren oder wutstarr mit vorgestreckter Zunge liegen bleiben; ja man hat schon alte Ringelnattern gefunden, die beim Einfangen in solche Zornekstase verfielen,

daß sie augenblicklich tot blieben.   Die meisten dagegen gewöhnen sich rasch
an den Menschen, zeigen Zutraulichkeit und Klugheit und nehmen die Speise
aus der Hand. Wasser bedarf die Natter nur zum Baden, nicht zum Trinken.
In ihrer Freiheit flieht sie, wenn sie einen Menschen gewahrt, sogleich. Fängt
man sie, so richtet sie sich possierlich auf, zischt wütend und fährt scheinbar
heftig auf ihren Feind los, ist aber sehr froh, wenn dieser flieht und sie nicht
zuzubeißen braucht.   Ihr Biß ist, da sie ohne Giftzähne ist, natürlich ohne
alle Bedeutung; dagegen hat der gelbe Saft, den sie aus ihren Afterdrüsen
abgiebt, einen widerlichen Bocksgeruch.   Vom Frühlinge an wiederholt sie
alle 4—5 Wochen ihren Häutungsprozeß, d. h. sie streift die dünne, durch=
sichtige Oberhaut, welche den ganzen Schuppenleib und selbst die Augen über=
zieht und sich zuerst an den Lippen löst, durch Schlüpfen zwischen Moos und
Gestein ab.   Sie verliert dabei alle Munterkeit und Freßlust, wird matt und
träge und windet sich allmählich vom Kopf bis zum Schwanze aus der darm=
artigen Hülle der alten Haut.   Die neue Oberhaut ist sehr durchsichtig, wes=
wegen auch die Schlange in dieser weit lebhafter gefärbt, das Auge viel feuriger
erscheint.   Das Tier sucht dann bald sonnige Plätze auf, da es gegen kühle
Feuchtigkeit empfindlich zu sein scheint.   In der Gefangenschaft geht ohne
künstliche Nachhilfe die Häutung nur unvollkommen von statten und bedingt,
wenn es nicht gänzlich frei gemacht wird, die Erkrankung und den Tod des
Tieres, dessen Ausdünstung gehemmt bleibt.   Übrigens ist es auch bei nor=
malem Verlauf in dieser Periode reizbar und bissig. Wie sich dieses unwehr=
hafte Tier zu verteidigen weiß, zeigte im Mai 1864 ein merkwürdiges
Beispiel.   Der Mann des auf dem Kirchturm von Benken (Gaster) brütenden
Storchenpaares fing im nahen Ried eine starke Natter, welche er wahrscheinlich
seiner Gattin zutragen wollte.   Die verwundete Natter aber schlang sich so
fest um den Hals ihres Feindes, daß sie ihn erwürgte.   Man fand den toten
Storch von der toten Natter noch eng umstrickt.

IV. Die Wasseramsel (Cinclus aquaticus).

Die Bergbäche. — Ufer und Tiefen. — Die Wasseramsel und ihre Taucherkunst. —
Ihre Winterbrut, Gesang und Tod.

Mitten in der ernsten Berglandschaft zwischen schmalen, mageren,
steinigen Wiesen und düsterem Nadelgehölze rauschen die spiegelhellen Berg=
bäche einher und mildern freundlich den öden und sterilen Charakter des
Thales.   Diese Bäche kommen in der größten Mannigfaltigkeit vor; keiner
gleicht dem andern, obwohl alle nur helles Wasser in steinigem Bette führen;

jeder hat seinen bestimmten Typus und empfängt die Grundzüge desselben ebenso sehr von seiner Landschaft, wie er selbst das lebendigste Element derselben ist. Unter den tausend und abertausend Bergbächen ist fast keiner ohne Reiz; selbst jene wilden und verwüstenden Gewässer, welche die ganze Umgebung zu Schuttbetten umwandeln, während sie im heißen Sommer nur dünne Wasseräderchen durch ihre Steinfelder ziehen, sind doch in ihrer Bewegung oft so malerisch. Sie bilden mitten in den Geröllwüsten Seiten= arme, isolierte Wasserspiegel und Inselchen, umströmen mit klaren, lebendigen Wellen diese mit Erlen und Weidenbüschen geschmückten Eilande, fassen sich dann rasch wieder zusammen und eilen weiter unten zwischen starken Wuhrungen dem fruchtbaren Thalgrunde zu.

Anmutiger sind aber jene zahmeren Waldbäche mit natürlichfesten Ufer= seiten, die ihre Vorräte gewöhnlich aus höheren Wasserbecken beziehen und darum in ihrer Strömung geregelter und gleichmäßiger erscheinen. Das sind denn die rechten Forellenbäche und wegen ihres stätigen Charakters und ihrer verhältnismäßig immer reinen Wasservorräte gern von allerlei Waffer= tierchen bewohnt. Größere und kleinere Steine durchziehen zahlreich ihr Bett; aber es sind nicht nur tote graue Steinmassen, es sind gleichsam organische Bestandteile des Baches. Die, welche unter dem Spiegel liegen, sind halb mit grünen Wasserpflanzen bedeckt, von denen oft lange schwarzgrüne Bärte und Gehänge den Bewegungen der Wellen folgen. Auf den größeren aus dem Waffer herausstehenden Blöcken haben sich Thymian und Glocken= blümchen angesiedelt; hundert bunte Flechten und Moose bemalen sie in den mannigfaltigsten Formen und Farben; Wasserschmätzer und Bachstelzen hüpfen fleißig auf ihnen herum und kleine blaue Libellen tanzen über sie weg. Die Ufer dieser spiegelklaren Bäche, durch die man jeden der blankgewaschenen Kiesel, ja jedes Sandkorn des Grundes deutlich erkennt, sind mit allerlei Gebüschwerk dekoriert und oft mit hochbemoosten Steinen eingefaßt. Die Weiden und Ligustersträuche, die Eschen und Erlenbüsche hangen oft weit vom Ufer über die sanftgehenden Wellen hin und bilden so anmutige Waffer= verstecke. Freilich sind diese im Bette des Baches selber unendlich zahlreicher; wo zwei größere Blöcke gegen einander liegen, fängt sich das Waffer und bleibt in schwachkreisenden Fluten in der Tiefe beinahe still, während die oberste Schichte des Spiegels unaufhörlich ab= und zufließt. Solcher ruhigeren Asyle giebt es im Bache zahllose; manche drehen sich bei heftiger Bewegung des Waffers immer tiefere Becken aus; andere werden durch Abweissteine unmittelbar am Ufer gebildet. Hier tummeln sich gern die schwarzgrünen Forellen, und hier besonders hascht die Angel und das Netz die munteren Kameraden weg.

Gewiß liegt viel Poesie, viel Anmut, ja Schönheit in dem Bereiche eines solchen klaren und munteren Bergbaches, sei es, daß er zur Winterszeit seine kalte Flut zwischen blanken Eisspiegeln, reifbehangenen Büschen und schnee=

schimmernden Blöcken tummelt oder aus den Spunblöchern seiner festen Eis=
decke stellenweise kräftig heraussprudeln läßt, sei's, daß die blauen Vergiß=
meinnichtaugen ihm den Frühling zulächeln, der wilde Rosenbusch seine
Sommerblüten über ihm wiegt oder der Ahornbaum seine herbstlich falben
Blätter auf die Wellen streut. Allerlei gute Freunde suchen ihn auf und
nehmen bald ihr bleibendes Stand=, bald bloß ihr Sommerquartier in seiner
Nähe. Es siedeln sich Würmer und Schnecken, Krebse und Spinnen, Wanzen
und Fliegen, Mücken und Wespen, Käfer, Falter, Libellen nachbarlich an
seinem Ufer an; zu ihnen kommen dann erst noch die ernsten Salamander,
Molche, Frösche, Kröten, Nattern, die Fischotter, etwa ein Iltis, ein Fuchs,
eine Katze, und so viele Vögel, bald um seines Wassers, bald um seiner guten
Nachbarn oder seiner Büsche willen. Die prächtigen Eisvögel suchen ihn mit
Vorliebe auf. Das sind aber wenig erfreuliche Gesellen trotz ihres blau= und
goldgrünschimmernden Seidengefieders; traurig sitzen sie auf dem Busch oder
der Hecke des Ufers und lauern stundenlang auf einen Kaulkopf oder Roßegel.
Neben den Wasserstelzen sind die Wasseramseln die lieblichsten und leb=
haftesten Bachanwohner. Fast so groß wie eine Amsel, mit erdbraunem Kopf
und Nacken, graubraunem Rücken, schneeweißer Brust und dunkelbraunem
Bauche, sind sie in beständiger Bewegung und schnellen beständig den Schwanz
und den Hinterleib in die Höhe. Sie verlassen nie das Gebiet ihres Baches;
man kann auf eine halbe Stunde am Wasser hin ein Dutzend Stück weg=
schießen, am andern Tage findet man die übrigen an ihren alten Wohnplätzen
wieder. Sie halten sich nur paarweise zusammen und begnügen sich mit
einem weit kleineren Revier als die Eisvögel; aufgescheucht fliegen sie gern
niedrig längs des Wassers hin und sitzen in kurzer Entfernung wieder im
Bache oder am Ufer ab. Ihre Bildung verrät den Wasservogel nicht; sie
haben weder lange Füße, noch einen besonders langen Schnabel oder gar eine
Schwimmhaut; dennoch baden sie nicht nur fleißig, sondern tauchen sehr
häufig, ja durchwaten sogar den Bach ganze Strecken weit unter dem Wasser,
wobei sie eifrig mit den Flügeln rudern. Ein Beobachter wollte dabei
entdecken, daß die Wasseramsel mit untergeschlagenen Flügeln unter dem
Wasser herumgeht und so eine gewisse Luftmasse gleichsam blasenartig als
Umhüllung bildet, wie etliche Wasserkäfer solche glänzende Luftblasen im
Wasser zu bilden verstehen; — wir müssen gestehen, daß wir nie etwas
Ähnliches bemerkten, können uns auch nicht vorstellen, wie eine solche Luft=
blase, die wohl zufällig entstehen kann, auch nur einige Augenblicke ausdauern
könnte, da diese Vögel es lieben, stromaufwärts zu waten und die rasche
Wellenbewegung die eingefangene Luft augenblicklich weiter tragen und befreien
müßte. Freilich wird das Gefieder nicht naß; allein bei seiner pelzartigen
Dichtigkeit und natürlichen Fettigkeit ist dies leicht erklärlich. Zudem dauert der
Aufenthalt unter dem Wasserspiegel selten über eine, gewiß höchstens zwei
Minuten und so lange vermag der kräftige Vogel sicher den Atem einzuhalten.

Die beständige Beweglichkeit dieses thätigen Tierchens, in der es bald seine weißschimmernde Brust hoch aufrichtet, bald den Schwanz in die Höhe wirft und eine kühle Welle über Kopf und Rücken hinspülen läßt, bald wieder leicht und rasch auf einen andern Bachstein fliegt oder an den Uferbüschen hinläuft, im schnellsten Fluge über die Flut streicht oder vom Ufer froschartig hineinspringt, gewährt einen äußerst freundlichen Anblick. Durch seinen winterlichen Gesang ist es der Liebling der Menschen geworden. Zwischen den hochbeschneiten Ufern, wo der Bach mit Eisplatten bedeckt, die Steine mit Eiszapfen behangen sind, richtet es sich hoch auf und singt in der schärfsten Kälte mit heller, fröhlicher, lauter und oft zwitschernder Stimme etliche hübsche Strophen, die es mit schmatzenden und schnarrenden Tönen unter- bricht; — und verschwindet wieder zum frischen Bade in den eisigen Wellen und selber unter den Eisplatten mit einer für einen Landvogel beispiellosen Taucherfertigkeit. Das Wasser und das Lied sind sein Element; am Wasser lebt und brütet, jagt und singt es, am Wasser freut es sich seines Lebens, und wenn es krank und alt geworden und an einem schönen Abend aufgehört hat zu singen und zu tauchen, so nimmt es die fromme und vertraute Welle in ihren Schoß und trägt es lind und sanft dahin dem Flusse zu. Und doch, wie wenige dieser freundlichen und lieben Tierchen sterben wohl eines natür- lichen Todes! Wir haben freilich nie gesehen, daß eine Wasseramsel verfolgt worden wäre; aber gewiß raubt der Turmfalke oder der Taubenhabicht manche, und manche holt des Nachts von ihrem Ufersteine der leise suchende Fuchs oder der hüpfende Marder, die Katze oder das Wiesel, selbst der Otter.

Doch kennt die Wellenfreundin das Drohen eines traurigen Schicksals nicht. Ihre Lust ist unverwüstlich, ihre Arbeit unaufhörlich. Aus dem flüssigen Krystall ihres Elements holt sie allerlei Wasserkäferchen und Larven vom Boden des Bettes herauf, hascht auch die Mücken und Fliegen weg, die ihr Reich durchsummen, und greift selbst die kleinen Kaulköpfe und die Eier und Brut der Forellen an, doch sicherlich nicht so gefährlich, wie man oft glaubt. Wenigstens haben wir zu jeder Jahreszeit in dem geöffneten Magen nie eine Spur von Laich oder Fischchen, sondern stets nur Wasserschneckchen und Wasserinsekten, besonders kleine und große Käfer gefunden. Den Menschen fürchtet sie nicht; sie wendet ihm gar freundlich ihre Brust entgegen, wenn er am Ufer steht. Wähnt sich das harmlose Tierchen verfolgt, so fliegt es gern in ein offenes Buschversteck des Bachbordes und sitzt dort fest, im Glauben, hinlänglich geborgen zu sein. Ist es nur angeschossen und nicht getötet, so sucht es oft durch längeres, ängstliches Tauchen und Waten sich zu retten.

Sein Tauchermut und seine Wasserlust sind überhaupt außerordentlich groß. In den ärgsten Wasserstrudeln, selbst in die Brandung der Wasserfälle taucht es in der Hitze wie in der Kälte freudig unter. Besonders liebt es die natürlichen Wasserfälle und die stäubenden Wasserstrudel der Mühlenbäche

und bringt oft in den Wuhren, oft sogar in den Schaufeln alter Mühlenräder
sein Nest an. Sonst sucht es dasselbe sehr vorsichtig zu verstecken, oft in den
Felsenspalten, oft unter Brücken und Stegen, in der Nähe des Wassers in
irgend einer Kluft, unter einer Baumwurzel des Ufers. Das Nest ist sorg=
fältig aus Moos, Halmen und Blättern von eirunder Gestalt gebaut, oft das
Schlüpfloch mit Blättern, das Ganze mit Farnkräutern verhüllt, stets von
oben gedeckt, und enthält sechs weißliche Eilein. Die Wasseramsel brütet
zweimal, im Frühling und im Sommer. Sie bindet sich aber nicht an einen
bestimmten Monat; man hat schon im Anfang des Januar frisch aus=
geschlüpfte Junge gefunden. Diese sind geborene Wassertierchen und tauchen
schon nach wenigen Tagen mit ebenso viel Freude und Mut wie die Alten.
Sie tragen ein bescheidenes und doch niedliches Kleid, obenher schiefergrau=
bräunlich, unten weiß mit braungesäumten Federrändern. In Frankreich
hält man die Wasseramseln neben den Nachtigallen für nächtliche Sänger und
rühmt sie als solche in hohem Grade; wir haben diese Tierchen gar häufig
beobachtet, ohne eine solche Eigenschaft entdecken zu können, und halten diese
für ebenso irrtümlich wie die Angabe, daß es auch eine konstante Abart mit
schwarzer Brust gebe.

Diese lieben Tiere, die zum Bache so sehr gehören wie der Sperling zur
Scheuer, finden sich durch die ganze Bergregion bis ziemlich hoch in die Alpen,
an der Flatz z. B. bis über das Berninahospiz hinauf, 2000 m ü. M., und
ebenso hoch an der Plessur im Schanfigg, im Winter oft an den offenen
Quellen weit ab vom großen Bache. In der Regel darf man annehmen, daß
da, wo es Forellen giebt, auch noch Wasseramseln zu finden seien. Jung ein=
gefangene Tierchen lassen sich mit Fliegen und Mehlwürmern nach und nach
ans Nachtigallenfutter gewöhnen und werden bald zahm und zutraulich,
während die Alten scheu bleiben und sich nur selten zum Fressen bequemen.

V. Das Haselwild.

Seine Verbreitung, Nahrung, Brut und Eigentümlichkeit. — Seine Feinde und sein
trefﬂiches Wildbret.

In den unteren und gegen die mittleren Waldregionen unserer Gebirge,
seltener auf bloßen Vorbergen und in den Forsten der Ebene finden wir das
zierliche Haselhuhn. Es ist oft der Begleiter der Urhühner und hält sich
im gleichen Verbreitungsbezirk mit denselben auf. Ausnahmsweise scheint
es auch höher zu gehen. So findet es sich z. B. nur im Winter in dem
Wäldchen ob Andermatt im Ursernthale, nicht aber im Sommer, wo es

dann die obersten Holzschläge aufzusuchen scheint. Nach dem Jura soll es aus den Alpen von Wallis und Aelen kommen. Auch in der kollinen Region findet es sich strichweise nicht selten.

Wir haben es gewöhnlich an der Mittagsseite dichtbewaldeter, einsamer Berghalden, in steinigen, mit Wacholdern, Hasel= und Erlenbüschen bewachsenen und von Bächen durchflossenen, mit Tannen und Birken besetzten Revieren angetroffen, wo es ungemein hurtig und niedlich zwischen Gras und Stauden umherhantiert. Es ist etwas größer als das Rebhuhn, das in der Bergregion nicht oft vorkommt, mit lebhaften, nußbraunen Augen, hochroten, warzigen Halbringen über dem Auge, schwarzem Schnabel und haarartig befiederten, schwachen Füßen. Das Gefieder ist sehr hübsch rostbraun, weiß und schwarz gefleckt, die Füße grau, der Schwanz perlgrau und schwarz gewässert, mit einer schwarzen und weißen Querbinde am Ende. Eine besondere Zierde des Männchens, das überhaupt etwas größer ist und eine hellere und lebhaftere Färbung trägt, ist das höhere Häubchen auf dem Scheitel und die schwarze Kehle mit weißem Saume.

Die Haselhühner leben paarweise in etwas treuloser Monogamie und streichen nur im Herbst und Winter in kleinen Völkern familienweise umher. Man sieht sie mehr im Gebüsch auf der Erde als auf den Bäumen; doch übernachten sie stets auf diesen. Sucht man sie mit dem Hühnerhunde auf, so retten sie sich rasch auf eine nahe Tanne und sitzen in mittlerer Höhe in den dichtesten Zweigen nahe am Stamme ab. Im Winter scharren sie sich in dem Schnee oft längere Gänge bis zu ihrer Nahrung.

Wahrscheinlich haben nur wenige unserer Leser ein Haselhuhn im Freien gesehen, auch wenn sie durch Wälder gingen, wo es nichts weniger als selten war. Denn es gehört unter die scheuesten Vögel des Waldes, hält sich so still und versteckt sich so gut, daß es nur zufällig entdeckt wird, wenn es etwa mit vorgestrecktem Halse von einem Busche zum andern rennt oder sich, besonders im Frühling und Herbst, der Länge nach auf einen Baumast hin= drückt, wo es bloß von geübten Augen bemerkt wird. Dabei trägt das Weibchen die kurze Holle gewöhnlich glatt auf den Kopf niedergelegt, während der immer mit größerem Anstand einherschreitende Haselhahn sie öfters in die Höhe richtet, oft auch die Kehl= und Ohrfedern aufbläst und so sich ein gar possierliches Ansehen giebt. Ohne Not fliegen diese Hühner nicht gern, laufen und springen aber trefflich, fliegen aufgescheucht pfeilschnell, aber mit schwerem, schnurrendem Geräusch und nicht sehr weit. Sie pfeifen in hellen, weitklingenden Tönen; während der Balzzeit ruft der Haselhahn in der Morgen= und Abenddämmerung auf die Erde gedrückt, mit hängenden Flügeln, aufgesträubter Holle, den Schwanz radförmig ausgebreitet, sein trauriges gezogenes ‚Tihi—titittiti—tih‘.

Im Sommer leben sie von allerlei Insekten, aufgescharrten Würmern und Schnecken, während der übrigen Zeit von den zarten Knospen, Blüten

und Blätterspitzen der Waldpflanzen und Büsche, von den blauen Heidel=,
roten Berghollunderbeeren, Brom= und Vogelbeeren, Hagebutten, Holz=
sämereien, die sie aber aus angeborener Furchtsamkeit nicht gern vom Strauche
oder Baume pflücken, sondern lieber am Boden auflesen.

Im Frühling wählt jedes Pärchen seinen Standort, wobei sich die
ganze Familie nicht allzuweit trennt. Die Haselhenne legt im Gebirge nicht
vor Mai unter einem Hasel= oder Eichenbusche oder an einem Stein in ein
kunstloses, sehr wohlverstecktes Nestchen 7—12 rotbraune, dunkelpunktierte
Eier von der Größe starker Taubeneier, auf denen sie äußerst fest sitzt, bis
nach drei Wochen die sehr munteren Hühnchen entschlüpfen, welche sich auch
bald so gut zu verbergen lernen, daß es fast unmöglich ist, sie aufzufinden.
Des Nachts und bei schlimmem Wetter suchen die Jungen anfangs Schutz
unter den warmen Flügeln der Mutter; bald aber gehen sie in schnurrendem
Fluge mit dieser auf den Baum und sitzen dicht bei ihr ab, indem sie bei
ungewohntem Geräusche sich glatt auf den Ast niederdrücken; dann findet sich
auch der Haselhahn, der während des Brutgeschäftes einsiedlerisch lebte, mit
väterlichem Wohlgefallen wieder bei der Familie ein.

Marder, Wiesel, Raben, Bussarde, Krähen und Füchse sind ihnen oft
gefährlich und vermindern die Zahl dieses ohnehin nicht sehr häufigen, nied=
lichen Geflügels jedenfalls viel beträchtlicher als unsere Jäger, die nur mit
der größten Aufmerksamkeit, Vorsicht und Geduld ankommen, es im Frühling
aber durch Nachahmung der Locktöne auf einem Buchenblatt leichter vor den
Schuß bringen.

Wie das Birk= und Urwild, ist auch das Haselwildbret in Deutschland
an den meisten Orten selten, dagegen im nördlichen Europa und Asien sehr
häufig. Nach Angabe des schwedischen Oberjägermeisteramtes werden jährlich
hunderttausend Stück Hasel= und ebenso viel Birk= und Urhühner nach Stock=
holm zu Markte gebracht.

Mit Recht räumt der Kenner dem im Herbste sehr reichlichen weißen,
zarten und schmackhaften Fleische des Haselwildbrets entschieden den ersten
Rang unter allem Geflügel ein. Es ist zarter und schmelzender als das des
Fasans und des Perlhuhns und übertrifft entschieden die Rebhühner, Schnepfen,
Bekassinen und Regenpfeifer, wie auch die Alten schon große Verehrung für
den ‚guten Braten‘ (bonasia) des Haselhuhnes bewiesen.

Ganz jung eingefangene Hühnchen sind schwer aufzuziehen; ältere dagegen
gewöhnen sich bei Hafer, Brot, Beeren leicht an die Gefangenschaft, suchen
aber stets durch die Umzäunung ihres Hofes zu schlüpfen oder darüber hin=
weg zu fliegen.

VI. Die Urhühner*).

Spute dich, Jäger! Dem Vogel vergehen
Hören und Sehen,
Glüht er; spring und acht' auf den Sang,
Und den wechselnden Klang.
Doch wenn die wirbelnden Laute nicht steigen,
Blicke dich still in Todesschweigen.
Tief ist das Moor; was thut das?
Nur bis zum Knie wirst du naß.
Willst du den Sänger fahn —
Schußrecht, schußrecht mußt du nahn.
Feuer!
Alles still! — Die Schar entfleucht.
Tief das Blei in des Sängers Herzen;
Doch er stürzte ohne Schmerzen,
Als er sang so hoch entzückt!

Es. Tegner.

Bannwälder und Waldleben. — Verbreitung und Zeichnung des Urwildes. — Das Balzen. — Die Jagd. — Fleischwert und Verfolgung. — Der Urhahn in der Fremde. — Berner Jäger.

Um den Fuß unserer Hochgebirge und über den Rücken der Vorberge hin nach dem Thale schlingt die in großen Farben malende Natur unserer Alpen gewöhnlich einen breiten und dichten Gürtel Schwarzwalds, mit einzelnen hohen Buchen untermischt. Malerisch sind diese dunkelgrünen Schattenreviere besonders da, wo das Gebirg in kühner Flucht und turmhohen Felsenwänden zwischen tiefen Schluchten ins Thal abfällt. Da krönen die Waldgürtel mit lichterem Vorholz die Felsen bis auf den äußersten Rand, überwölben die tiefen und schmalen Tobel der Waldbäche, säumen mit dem Gesträuche ihres Unterholzes die Schutthalden und strecken sich wieder in langen, breiten Armen oft stundenlang in die grünen Weiden und an die grauen Zinnen der Berge hinan. Die Vorsicht der Thalbewohner hütet sich wohl, diese alten Holzschläge, die ihre Hütten vor Lawinen und Steinschlägen schützen, zu lichten, und die meisten sind auch förmliche Bannwälder (im Tessin sacri oder favra) und Eigentum des Kantons oder der Gemeinden; leider aber verstehen sie es auch nicht, diese oft so lückigen und überständigen Forste zweckmäßig zu verjüngen.

In jenen Bergwäldern, in deren Nähe Dörfer oder zahlreiche Höfe sich angebaut haben, ist selten noch viel von dem echten, duftig-romantischen Wald- und Forstleben zu finden. Da geht die Armut und rafft das dürre

---

*) Es bedarf wohl kaum der Entschuldigung, wenn wir zu der einzig richtigen und im älteren Deutsch ohne Ausnahme gebrauchten Schreibweise ‚Urhuhn‘ (vgl. Ursprung, uralt 2c.) zurückkehren und die korrumpierte ‚Auerhuhn‘ aufgeben.

Reisig weg; die Spekulation gräbt die schönen Wildrosen- und Ebereschen-
stämmchen und die dichten Weißdornstäudchen aus, holt Moose und Farne
und lichtet die Beerenbüsche; da bringt die plumpe Kuh und die naschende
Ziege ein und verbeißen den jungen Anflug, ehe er ihrem Maule entwachsen
ist.   Die dürftigen Jägerlinge schießen die Eichhörnchen und Singvögel und
die Buben des Dorfes fangen die Amseln und Drosseln weg.   Dann zieht
der beraubte und entehrte Forst sein ödes Witwenkleid an; das edlere Wild
flieht aus den profanierten Räumen, und der Wald wird zum bloßen nackten
Baumstammrevier, in dem allenfalls ein redlicher Bürger spazieren geht, das
ihm aber kaum eine Spur des echten, einsamen Waldlebens zu kosten giebt.
In diesem tönt und rauscht es ganz anders bei Tag und bei Nacht.   Da
streichen in der späten Dämmerung die Waldkäuze und Ohreulen leisen Flugs
über das Unterholz hin, wo die Grasmücken und Finken im grünen Laube
versteckt sind, und der Fuchs zieht mit seiner jungen Familie auf dem moosigen
Grunde; da wird der Sonnenaufgang und -Niedergang mit hellen zwitschernden und flötenden Chören begrüßt, das Haselhuhn pfeift sein ‚Ti—Ti‘, der
Specht klopft weithinschallend an den dicken Stämmen den eingebohrten Käfer
heraus, das Eichhorn und der Edelmarder setzen mit funkelndem Auge von
Baum zu Baum, und die jungen Hasen machen im grünen Farn ihre Männchen.

In diesen einsamen unteren und mittleren Wäldern des Gebirges bis in
den unteren Teil der Alpenregion hinein hat auch das Urwild sein liebstes
Quartier, höchst selten in den Wäldern der Ebene, ziemlich zahlreich in den
berg- und forstreichen Urkantonen, am Gotthard bis Wasen hin, in den Bergen
des Simmenthales und Grindelwaldes, im Tessin und Wallis, im bernschen
Emmenthal in den Gegenden um Schangnau, im Entlibuch beim heil. Kreuz
(1195 m), im Glarnerlande in den Freibergen, am Soolerstock und Mürtschen,
in Schwyz im Wäggithal und in den Einsiedlerschwarzwäldern, in den
Grabseralpen, an den Churfirsten (St. Gallen), am West- und Südfuße
des Säntisgebirges (Appenzell), in vielen Bergwäldern Graubündens, im
Wallis und im Jura*), das edelste und schönste von allem unserm Geflügel,
eine Zierde des Gebirgswaldes.   An manchem der genannten Orte ist es aber
außerordentlich vermindert und im Verschwinden.   Häufig ist es nirgends;
die Jäger stellen der kostbaren Beute zu eifrig nach; ganz zu vertilgen ist aber
dieses Geflügel auch nicht leicht, teils da es sich ziemlich stark vermehrt, teils
weil die größte Klugheit und genaue Kenntnis seiner Lebensart nötig ist,
um seiner habhaft zu werden.   In der Nähe von St. Gallen wurden Exemplare auf der ‚hohen Tanne‘ geschossen, und als große Seltenheit wurde im
November 1851 auch ein Hahn bei Frauenfeld erlegt.

----

*) Im Waadtlande erscheinen die Urhühner nur im Jura-, nicht im Alpen-
bistrikt, die Birkhühner und Haselhühner dagegen nur im Alpenbezirk, erstere nicht aber
im Jura. Im oberen und mittleren Engadin kommt das Urwild gar nicht vor.

Das Urwild pflegt im allgemeinen Nadelholz vorzuziehen, besonders wenn dasselbe mit Heidelbeer-, Brombeer- und Heidengesträuch durchzogen ist und kleine offene Weideplätze mit klarem Wasser in der Nähe hat. Immer werden die Schläge vorgezogen, welche die ersten Strahlen der Morgensonne empfangen, da der Vogel ein rechtes Morgentier ist. Nur selten verläßt es im Winter sein Quartier; doch hat man es im Emmenthal selbst in Heuställen Schutz gegen die Witterung suchen sehen.

Besonders der Hahn ist ein schönes, stolzes Tier, ausgewachsen völlig so groß wie ein Truthahn, 90—120 cm lang, 1.3—1.5 m flügelbreit, 3—5 kg schwer, einzelne Exemplare sogar bis 7 kg, — von kräftig gedrungenem Bau und derbem, dichtem Gefieder, das unschwer einer mittlern Schrotladung widersteht.

Außer etwa der Trappe, die aber sehr selten zu uns kommt, haben wir wenig größere einheimische Vögel als der Urhahn. Seine Haltung ist gravitätisch, seine Färbung prächtig. Der gebogene, vorn mit einem Haken versehene, raubvogelartige Schnabel ist gelblichweiß, die Augen nußbraun; über ihnen ein zierlicher, scharlachroter Warzenkreis. Die Federn des Flügel= buges sind weiß, die übrigen Teile fast ganz schwarz mit grauem Anflug; Kopf und Brust bläulichgrau, ins Grüne schillernd, die Flügel und Hosen ins Dunkelbraune, besonders im Herbst nach vollendeter Mauser. Der Schwanz ist schwarz und bis auf die Mittelfedern weiß gefleckt. Die schwarzen Krallen sind kurz, aber scharf. Die Urhenne dagegen ist bedeutend kleiner, bloß 1 1/2—3 kg schwer, von durchaus verschiedener Färbung, mit rost= farbenem, schwarz= und weißgeflecktem Gefieder, rostroter Kehle und Brust, weißem, schwarz= und braungeflecktem Bauch und rostbraunem Schwanz mit schwarzen Querbinden. Das Museum von Neuchâtel besitzt indessen als außerordentliche Seltenheit eine im Jura geschossene sehr alte Urhenne, deren Gefiederfärbung derjenigen des Hahnes sehr nahe steht.

Man trifft den Urhahn ebenso häufig auf dem Boden wie auf den hohen Bäumen an. Das ihm eigentümliche Phlegma verleiht seinem Gange etwas Gravitätisches, und der gebogene Rücken und vorhängende Hals giebt ihm Ähnlichkeit mit dem Truthahn. Aber nur selten gelingt es, den vorsichtigen und ungeselligen Vogel in diesem Gange zu belauschen. Sein Gesicht und Gehör sind außerordentlich scharf, und tritt der Jäger im Moose noch so leise auf, hört der Hahn nur das Knicken eines dürren Farnkrautstengels oder das Rascheln des Laubes, so hebt er sich mit heftigem, schnurrendem Flügel= schlag in die Höhe. Doch dauert sein immer geradeaus gehender Flug, den man auf eine gute Strecke weit durchs Gehölz hören kann, nicht lange; er ist dem schweren Tiere zu mühsam, und bald setzt es sich wieder hoch auf einen alten Baum, am liebsten auf einen gipfellosen oder gipfeldürren, von dem es leicht abstieben kann. Weit öfter entdeckt man die gesellige Henne am Boden weidend, wie sie die Erdhaufen aus einander scharrt und ihr ‚bak—bak‘ in allen Tonarten gluckst.

Die Stimme des Urhahns ist höchst eigentümlich und mit Worten nicht wiederzugeben. Die Jäger nennen sein Rufen bekanntlich ‚balzen‘ oder ‚falzen‘; es wird in der Regel bloß im Frühjahr gehört. Nach Sonnen= untergang ‚stiebt der Hahn auf seinen Baum ein‘, und zwar gewöhnlich auf den gleichen, eine große alte Tanne oder Buche, die er, wenn er nicht gestört wird, Jahr für Jahr beibehält. Zu der Zeit, wo die Rotbuche ihr Laub entfaltet, balzt er mit kurzer Unterbrechung vom ersten Schimmer der Morgen= dämmerung bis nach Sonnenaufgang. Er steht gern auf einem unteren starken Aste, sträubt seine langen Kehlfedern, schlägt mit dem Schwanze ein Rad, läßt die Flügel hangen, hebt das Gefieder, trippelt mit den Füßen und verdreht höchst komisch und wie berauscht die Augen. Dazu läßt er erst langsam und einzeln, dann immer schneller und anhaltender teils schnalzende, teils klappende Töne hören, bis am Ende ein starker Schlag, der sogenannte Hauptschlag, erfolgt, an welchen sich nun eine Menge zischender, dem Wetzen der Sense ähnlicher Töne, das ‚Schleifen‘, reihen, die mit einem gezogenen Laute enden, wobei der Hahn gewöhnlich die Augen in seligem Behagen schließt.

Dieses ganze merkwürdige Konzert, das sich in kurzen Intervallen wiederholt und nicht auf große Entfernung hörbar bleibt, muß nun ein rechter Jäger, der seine Beute nicht nur dem Zufall verdanken, sondern kunstgerecht erlegen will, genau kennen; denn während desselben ist der Vogel am ersten schußgerecht. Früh vor drei Uhr muß er auf seinem Platze sein und dem Hahne auf ein paar hundert Schritte nahen, worauf er das Balzen ruhig abwartet. Während des Schleifens ist der Urhahn von seiner Musik so in Anspruch genommen, daß er nicht scharf hört. Diese Augenblicke, unmittelbar nach dem Hauptschlage, sind das Signal für den lauernden Jäger, sich zu nahen; er thut es in so vielen Sprüngen, als er während des jedesmaligen Schleifens verrichten kann, und steht nach dessen Beendigung mäuschenstill, bis das Balzen von vorn anfängt. Vor und während desselben bis zum Hauptschlag hört der Vogel sehr scharf und stiebt sogleich vom Baume ab, wenn er etwas Verdächtiges hört. Dann stellt er gewöhnlich für diesen Tag das Balzen ganz ein und ist dem Jäger verloren. Ist dieser jedoch so geschickt und erfahren, sich nur während des Schleifens zu nahen und sich in der Zwischenzeit ganz ruhig zu halten, so kann er, wenn er während dieses selt= samen Aktes auf den Hahn schießt, sogar einen Fehlschuß thun, ohne daß der taube Vogel es bemerkt, — und ein Fehlschuß ist um so leichter möglich, als in der Dämmerung der dunkle Vogel sich nicht ganz scharf aufs Korn nehmen läßt. Da er ein ziemlich zähes Leben hat und selbst schwer getroffen oft noch abfliegt und dem Jäger verloren geht, sollte er nur mit der Kugelbüchse geschossen werden. Sein schwerer Fall von hoher Tanne ist weit im Walde hörbar.

In dem ‚gaiftlichen Vogelgesang‘ wird dieser Jagd folgende drollige
Moral abgewonnen:

> Der Urhahn seiner Henne lockt,
> Wenn er im Falzen ist;
> Als wie vertaumelt er da hockt,
> Merkt nicht des Waidmanns List.
>
> Viel Tausend werden gefangen,
> Verlieren Leib und Seel’:
> Am Weibernetz sie behangen,
> Es zieht s’ hinab zur Höll’.

Das ominöse Balzen, das dem guten Urhahn so oft tödlich wird, ist
also sein Paarungsruf. Die Hennen sind dann gewöhnlich nicht fern im
Gras und in Büschen gelagert und antworten mit ihrem sanften ‚bak—bak‘.
Nicht selten, besonders wenn ein junger Hahn im gleichen Standrevier sich
eingefunden, setzt es zwischen dem älteren und diesem wütende Kämpfe, während
deren die Tiere in blindem Eifer nichts sehen und hören, wie die Edelhirsche
in der Brunstzeit, und wie diese fallen nach verbürgten Nachrichten balzende
Urhähne sogar in toller Wut andere Tiere und selbst Menschen an. Auf=
fallenderweise suchte einst im Thurgauischen eine Urhenne zur Balzzeit in den
Hühnerhof eines Waldgehöftes zu bringen und setzte dieses Bestreben jeden
Morgen fort, bis der Bauer sie erlegte.

Nach der Balzzeit lebt der Hahn monogamisch und zwar einsiedlerisch
auf seinem Standbaume und in dessen Nähe, während die Henne in einer
Lichtung unter einem Busche im Heide= oder Heidelbeerkraut ein ziemlich
geräumiges Loch scharrt, in das sie auf leichtes Genist 5—14 rostgelbe,
braunpunktierte Eier von der Größe und Form der Hühnereier legt und mit
äußerstem Eifer brütet. Die in vier Wochen ausgebrüteten Urhühnchen
werden von der Mutter zum Insektenfange abgerichtet; sorgfältig stört sie
ihnen die Haufen der Waldameisen aus einander, legt ihnen deren Larven
vor und pflegt, schützt und verteidigt sie sogar mit Lebensgefahr.

Ausgewachsen fressen die Urhähne Schwarzholznadeln, Heidelbeerblätter,
giftigen Hahnenfuß, Farnkrautwedel, Alpenrosenlaub, allerlei Grasstengel,
Blütenkätzchen, Knospen, Beeren und Insekten, zur Verdauung auch eine
Menge Kieselchen und Schneckenhäuschen. In der Balzzeit fressen die Hähne
gar nichts anderes als Tannennadeln, von denen man oft ganze Hände voll
in ihrem Kropfe findet, ebenso im Winter, wo sie nicht selten wochenlang auf
dem gleichen Baume bleiben und ganze Äste kahl abweiden. Diese rauhe
Nahrung macht das Fleisch der Hähne, das sonst schon grobfaserig und zähe
ist, und einst von Athenäus dem des Straußen ganz ähnlich genannt wurde,
hart und oft nach Harz schmeckend, so daß es einfach gebraten fast nicht zu
genießen ist. Wohl gebeizt und sorgfältig behandelt, schmeckt es besser.

Die Henne frißt selten Nadeln, zieht feine Speise: zarte Knospen, Getreide, Kräuter und Beeren, Fliegen, Ameisen, Spinnen, Raupen, Käfer, Larven und Würmer vor und hat ein ziemlich zartes, saftiges Fleisch, das sich aber nur zu oft ganz unberufene Gäste schmecken lassen. Zwar der alte Urhahn hat von unseren Vierfüßern nur wenig zu fürchten, da er meist auf den Bäumen lebt und sehr wachsam ist; dagegen ist die am Boden brütende Urhenne den Angriffen eines ganzen Heeres von Feinden ausgesetzt. Unter diese gehört besonders der in den älteren und einsameren Wäldern überall häufige Fuchs, der Mutter, Junge und Eier wegfängt; dann die Marder, Iltisse, Wiesel, wilden Katzen und Luchse, mit denen sich die Raben, Falken und Tauben= habichte vereinen.

Außer in unseren Bergwäldern findet man das edle Urwild im ganzen mittleren, nördlichen und östlichen Europa und im angrenzenden nördlichen Asien. In den Karpathen nennen die Ruthenen den Urhahn bezeichnend „wilden Pfau“, die Magyaren dagegen „blinden Hahn“. Im Thüringerwalde und im Harze ist dieses Wild ziemlich häufig, am gemeinsten aber in den undurchdringlichen Forsten von Liv= und Esthland, am Jenisei und Obi, wo die Bauern mit Fackeln in die Wälder gehen und das geblendete Geflügel mit Stöcken totschlagen sollen. In Deutschland nimmt es unter dem jagdbaren Geflügel den ersten Platz ein und wird nach den Jagdgesetzen wie das Rot= und Edelwild zur hohen Jagd gerechnet. Früher gingen nur die hohen Herren der Jagd auf den balzenden Urhahn und erlegten ihn auch nur mit der Kugel. Noch jetzt wird dieses Wild in vielen Revieren wohl gehegt und nie eine Henne geschossen, sondern immer nur die älteren, stark balzenden Hähne. Der jetzt regierende Kaiser von Österreich erlegt in der Balzzeit jährlich eigenhändig drei bis vier Dutzend Stück, besonders in den steierischen Forsten.

Verwitwete, ganz alte Hähne, die nicht mehr balzen, sind so außer= ordentlich schlau, daß man beinahe nicht ankommen kann. Brütende Hennen dagegen lassen sich oft auf den Eiern greifen und kehren, auch wenn sie davon= laufen, doch bald zu ihnen zurück. Aber auch nichtbrütende sind weit weniger scheu als die Hähne, und eines Tages hielt uns eine solche den Vorsteh= hund, den sie in ihren Heidelbeerbüschen neugierig mit weit vorgestrecktem Halse betrachtete, mehrere Minuten lang aus. Ein Jäger in Gaiß fand unter einer Tannenwurzel neun Urhühnereier; er ließ sie durch eine Haushenne ausbrüten; doch brachte er die Jungen nicht über ein Alter von elf Wochen und immer fürchteten sie sich vor dem Glucksen ihrer Pflegemutter. In der Schwendi im Kanton Bern ernährte ein Bauer einen jungen Urhahn bloß mit Kartoffeln und machte ihn so zahm, daß das Tier auf seinen Ruf herbei= lief. Die Urwildjagd im Berner Oberlande war bis auf die neuere Zeit sehr drollig und eigentümlich. Der Jäger pflegte ein weißes Hemb über den Kopf zu ziehen und watete auf seinen Schneeschuhen, bis er das Kollern des balzenden Hahnes vernahm. Während dieser ruft und zugleich im Schnee oder auf dem Ast seine possierlichen Sprünge mit radförmig ausgebreitetem Schweife macht, marschiert der Schütze gerade auf das Tier los; in den Pausen steht er ganz still; der Hahn starrt ihn an, wenn er ihn gewahrt, und fährt dann zu balzen fort, bis der Schuß geht. Jung aufgezogene und gezähmte Urhähne balzen zu jeder Stunde und zu jeder Jahreszeit.

Als Kreutzberg mit seiner großen Menagerie im Herbst 1853 St. Gallen besuchte, brachte ihm ein Vorarlberger einen lebenden Urhahn, den derselbe im Frühling von einer Haushenne hatte ausbrüten lassen und den er von sechs ausgeschlüpften Jungen allein aufgebracht hatte. Ruhig saß der prächtige Vogel auf seiner Stange zwischen den schreienden Aras und plappernden Kakadus und hörte mit großem Interesse, aber ohne alle Bangigkeit, dem Gebrüll der Löwen, Hyänen und Panther zu. Später wurde er in den Käfig eines afrikanischen Pfauenkranichs gebracht, wo er sich mit stoischer Ruhe von dem heißblütigen Südländer zwicken und beim Kragen schütteln ließ.

VII. Der Uhu.

Sein Aufenthalt und seine Verbreitung. — Sein Nachtleben. — Seine Feinde. — Abenteuer am Wallensee.

Der Uhu (Bubo maximus) ist ohne Zweifel einer der sonderbarsten und schönsten Bewohner unserer Gebirgswaldungen, ein imponierender, phantastischer und höchst eigentümlicher Vogel. Wenige unserer Bergreisenden werden ihn gesehen, manche dagegen ihn gehört haben. Er hält sich nur an den einsamsten, abgelegensten Orten auf und zieht hohe Bergschluchten vor mit steilen Felsen und dichtem Gebüsch oder ganz abgelegene Turmruinen, von Bäumen gedeckt, wie er sie besonders in dem Kanton Graubünden, der an solchen Felsennestern so reich ist, findet. Während des Tages fliegt er nur ab, wenn er gestört wird, duckt sich glatt in die dichtverzweigten alten Baumstämme oder in die Felsenspalten und wird nur mit großer Mühe ausfindig gemacht. Er gehört der untern und mittlern, selten der obern Baumregion unseres Gebirges an und ist, wie überhaupt in der ganzen alten Welt, so auch durch alle Teile der Schweiz verbreitet, aber nirgends häufig. Im Urnerlande steigt er bis über das Ursernthal hinauf, in Bünden sogar bis ins obere Engadin, wo er noch nistet; im Kanton Tessin erscheint er nach Zugvogelart, wie Riva angiebt, vom Herbst bis zum Frühling und verweilt dort seltener über Sommer. —

Einen tiefen und schauerlichen Eindruck macht sein hohles, gedämpftes Geschrei ‚Puhu—puhu—puhue‘, oft mit einem jauchzenden ‚Hui‘ vermischt; im April, zur Paarungszeit, tönt es wilder. Im Kanton Appenzell, wo ein Uhu früh morgens in der Rathaushalle gefangen wurde, kann man es in den wilden Schluchten des Brüllisauertobels, von den Felswänden des Hohen Kasten, im Kurzenberg, und in der Schwendi im Speicher zur Nachtzeit vernehmen, und es ist nicht zu verwundern, wenn sich die Sagen von Hexentänzen, von wilden Jägern und dergleichen an das schaurige Konzert knüpfen; denn das Brüllen des Löwen und das Geheul des hungrigen Wolfes sind kaum unheimlicher als dieses Eulengeschrei, von schnaubenden Schnabelschlägen begleitet. Mit Eintritt der Dämmerung fliegen die Uhu auf ihren Raub aus — ruhig, geräuschlos, langsam und tief. Sie suchen Mäuse, Schlangen, Frösche auf, machen sich aber lieber über die Waldhühner, selbst Urhähne, Wildenten, Hasen, Häher und besonders Krähen her; die letzteren holen sie sich oft des Nachts von den Bäumen und Dächern. Sie spalten mit dem Schnabel der Beute zuerst den Kopf, brechen die größeren Knochen und verschlucken kleinere Tiere ganz; größeren Vögeln reißen sie den Kopf ab, rupfen ein wenig die Federn weg und zerreißen sie, indem sie selbst größere Knochen mitverschlingen, die sie, in die mitverschluckten Haare und Federn eingewickelt, als Gewöll wieder ausspeien. Man hat sogar im Magen dieses Räubers ein großes Stück von einem Igel samt den Stacheln gefunden. Im Winter hält er sich oft an Aas.

Der Uhu ist die größte unserer Eulen, 60 cm lang und in der Flugweite 150—180 cm breit, mit seidenweichem, lockerem, fahlbraunem, schwarzgeflammtem Gefieder, über jeder Ohröffnung mit langen, schwarzen Federbüscheln. Der Schnabel ist schwarz, halb in Borsten verborgen und im Halbkreis gebogen, das Auge sehr groß, mit tiefschwarzer Pupille, bernsteingelber Iris, mit einem strahligen Schleier umgeben, die kurzen und kräftigen Füße sind bis auf die braunen, großen und spitzen Krallen stark befiedert. Irrtümlich glaubte man, der Uhu sehe am Tage nichts; aber er sieht alles sehr genau und schließt nur gegen das plötzlich und grell einfallende Licht die Augen. Er ist den ganzen Tag über sehr vorsichtig und hält sich still; doch sahen wir ihn bei Jagden auch schon mittags über die Baumwipfel streichen. Im Gegensatz zu den meisten übrigen Eulen frißt er auch am Tage, besonders in der Gefangenschaft, schießt sogar zu dieser Zeit aus seinem Versteck gelegentlich auf kleine Vögel und zerreißt sie. Fast nie nimmt er Wasser zu sich.

Dieser schöne Vogel, dem der außerordentlich dicke, runde Kopf und die feierlichen, gewaltigen Augen ein so abenteuerliches Aussehen verleihen, und der auch sonst in seinen Bewegungen absonderlich ist, oft Kopf und Hals verdreht, mit dem Schnabel knackt, mit den Augenlidern nickt und mit den Füßen zittert, scheint beinahe die Größe eines Steinadlers zu erreichen, da er sein lockeres Gefieder weit vom Körper abrichten kann, während er gerupft nicht viel größer als ein Rabe ist. Besonders wenn er gereizt wird, sträubt er seine Federn auf, rollt die Augen, faucht mit dem Schnabel und fährt wütend auf seinen Feind los. Seines sonst ruhigen und schläfrigen Wesens wegen hält man ihn für furchtsam und feig; allein er ist ein mutiger, starker Raub= vogel, greift den Jäger, der ihm die Brut nimmt, an und bindet, nach der Erzählung unseres Wagner und Haller, sogar mit dem Steinadler an und bezwingt denselben (!). Den großen Raben, der sich vor dem Adler nicht fürchtet, überwältigt er regelmäßig.

Der Uhu brütet im Frühling 2—3 weiße, poröse, rundliche Eier aus, die er in ein großes Nest, das wohl 90 cm im Durchmesser hält und mit Heu und Moos ausgefüttert ist, oder auch nackt in eine Steinhöhle legt. Die Jungen sind zuerst kleinen Wollklumpen ähnlich, mit feinem, lockerem, punktiertem Flaume bedeckt und zischen bei Angriffen tüchtig. Man kann sie Jahr für Jahr ausnehmen, wenn man einmal die Niststelle kennt, da die Uhu gern am gleichen Orte brüten.

Die Jungen lassen sich, wenn auch nur mit Sorgfalt und Klugheit, zähmen. Sie fressen dann allerlei Fleisch, immer die Krähen am liebsten, und sind im= stande, ein großes Quantum auf einmal zu verzehren und dann auch wieder 4—5 Wochen zu hungern. Madiges Fleisch scheint ihnen höchst nachteilig, obschon sie sonst das Aas nicht verachten; wenigstens schien die Krankheit eines Uhu, dem Madenwürmer zu Mund, Ohr und Augen herauskrochen, eine Folge jenes Genusses.

Da der Uhu des Nachts die Waldvögel überfällt, so sind diese des Tages seine geschwornen Feinde. Läßt sich einer dann blicken, so versammeln sich die Krähen und Elstern wütend um ihn, begnügen sich aber, mit einem scheußlichen Geschrei ihm zu imponieren, und kaum wird eine wagen, ihn ein bißchen zu zwicken. So verraten sie oft dem Jäger den Aufenthalt der Eule; sie wittern den Uhu so scharf, daß sie ihn sogar, wenn er im Sacke nach der Krähenhütte ausgetragen wird, erkennen und beschreien.

In der Schweiz benutzt man den Uhu nicht, außer daß er etwa in einem Kasten umhergetragen und für Geld gezeigt wird; in den Jagdgegenden Deutschlands dagegen wird er für die Krähenhütten gebraucht.

Dieser merkwürdige Vogel hat überall einen anderen Namen erhalten und zählt deren an die dreißig; in der Schweiz heißt er auch ‚Hu, Schuhu, Goldeule, Heuel, Huivogel‘, im Werdenberg ‚Faulenz‘, in Appenzell ‚Stein= eule‘, im Luzernschen ‚Steinkauz‘ und ‚Puivogel‘, in Bern ‚Guuz‘, in Bünden ‚Huher‘; die Tessiner nennen ihn höflich ‚gran dugo‘, verfolgen aber ihn wie alle Aristokraten von Geblüt mit republikanischer Erbitterung.

VIII. Die Schlafmäuse und ihr Leben.

Des Siebenschläfers Lebensweise. — Siebenschläferzucht. — Die Eichelmaus, ebenfalls nur Gebirgstier. — Die Haselmaus. — Das kalte Blut. — Eigentümlichkeiten des Winterschlafes jeder Art.

Die nieblichen und drolligen Tierchen umfassen bei uns nur zwei Haselmausarten und die Siebenschläfer. Nirgends sind sie häufig, zeigen sich selten und sind mehr nur dem Namen nach bekannt. Sie bilden ein Mittelglied zwischen den Mäusen und Eichhörnchen und teilen mit jeder dieser Familien eine Anzahl von Eigentümlichkeiten. Ihre Verwandtschaft unter sich besteht in der Gleichmäßigkeit des oft unterbrochenen Winterschlafes; auch haben alle einen hüpfenden Gang, große Ohren und lange, starkbehaarte Buschschwänze.

Die größten unserer Schlafmäuse sind die Siebenschläfer (Myoxus Glis), einem kleinen, etwas plump gebauten Eichhorn ähnlich, obenher aschgrau mit einem etwas dunklern Ring um die Augen, am Bauche weiß, mit sehr feinem, weichem Pelzchen, großen, hervortretenden Augen, langen, schwarzen Schnurrhaaren und einem Schwanze, der beinahe die Länge des Rumpfes erreicht.

In dichten Eichen- und Buchenhorsten, die viel Unterholz haben, klettern diese Tierchen fleißig umher, selten bei Tage, lieber in der Dämmerung und in hellen Nächten. Sie leben wie die Eichhörnchen von Obst, Vogelbeeren, Nüssen, Bucheckern, Fichtensamen und anderen Sämereien, und suchen nicht selten auch Eier und junge Vögelchen auf; Maikäfer verzehren sie mit Behagen. Zur Reifezeit der Johannisbeeren gehen sie diesen nach, Kirschen gehören zu ihren Leckerbissen, auch andere Früchte schleppen sie in ihre Vorratskammer. Diese ist in der Regel in einem hohlen Baume (mitunter sogar in Starenkästen) angelegt, doch nicht selten selbst in Bauernhäusern und Scheunen, die in der Nähe von Waldschlägen liegen und wo die Tierchen oft viele Jahre lang auf den Dachböden und in Balkenverstecken Quartier nehmen, um von hier aus, wie die Erfahrung beweist, nächtlich die Vorräte von dürrem oder grünem Obste 2c. zu besuchen, Wäsche zu zernagen und andern Unfug zu verüben, der dann von den Leuten gewöhnlich eher den Ratten als den wenig bekannten Siebenschläfern zugeschrieben wird. Sie verschmähen es sogar nicht, in solchen wohlgelegenen Häusern sowie in Bienenhäusern und Starenkästchen ausnahmsweise statt in ihren Baumlöchern Winterstation zu nehmen oder Wochenbett zu halten, in welchem im Juni 3—6 Junge erscheinen.

Seine größte Verbreitung hat bei uns der Siebenschläfer in den tessinischen Gebirgen, wo er mit Vorliebe die Kastanienwälder aufsucht.

Nördlich von den Alpen ist er auch nicht gerade selten und zwar bis in die Bergregion hinein, wie im Rheinthale, bei St. Gallen, im Domleschg, Jura, Glarnerlande. An manchen Orten ist er seines nächtlichen Auftretens halber noch gar nicht bemerkt worden, an anderen (z. B. Schaffhausen) erscheint er periodisch in starker Zahl. Im Tessin wird sein Fleisch hoch geschätzt. Seine natürliche Bösartigkeit, seine Tücke, sein wildes und bissiges Wesen machen eine Zähmung der Alten schwierig, während aus dem Nest genommene sehr zutraulich werden.

Gegen ihre Feinde aus dem Wieselgeschlecht verteidigen sich diese Tiere mit hartnäckiger Tapferkeit und brauchen ihr scharfes Gebiß und ihre guten Krallen fertig genug, wenn auch selten mit Erfolg. Katzen sind ebenfalls ihre erbitterten Feinde und vertilgen sie sehr oft gänzlich; doch wurde beobachtet, daß diese beim Zerfleischen die Schwänze und die (mit Beeren oder Obst gefüllten) Mägen regelmäßig liegen lassen.

Die sechs bis sieben Wintermonate durchschlafen sie, wenn auch mit zahlreichen Unterbrechungen; daher ihr Name. Ob sie ihre Wohnung im freien Walde während des Winters öfters verlassen, haben wir bei der eingetretenen Seltenheit des Tierchens nicht beobachten können. Auffallend aber sind die Wahrnehmungen eines zuverlässigen Naturfreundes, daß die in der Nähe eines Bauernhauses angesiedelten Siebenschläfer während aller Wintermonate, selbst bei 6—9° C. Kälte und nachdem sie ihre Vorratskammer ohnehin reichlich genug versehen hatten, hervorkamen, um hingestreute dürre Kirschen, Pflaumen, Äpfel ꝛc. wegzuholen. Und dies geschah nicht etwa nur ein bis zwei Mal, sondern regelmäßig den ganzen Winter über jeden zweiten Tag; nur ganz stürmisches Wetter vermochte die Tierchen 3—4 Tage zurückzuhalten.

Während des Winters sind sie am fettesten, wie schon Martial bemerkt:

,Winter, dich schlafen wir durch; wir strotzen von blühendem Fette
Just in den Monden, wo uns nichts als der Schlummer ernährt.'

Überhaupt widmeten ihnen die alten Römer große Aufmerksamkeit, da sie ihr Fleisch für einen Leckerbissen hielten. In eigenen mit Eichenbüschen bepflanzten Ratzengärten unterhielten sie eine Menge Paare, steckten dann die älteren in irdene Töpfe, nährten sie mit Eicheln, Nüssen und Kastanien und schlachteten sie ab, wenn sie fett genug waren.

In der montanen und selbst alpinen Region erscheint die Eichelmaus oder große Haselmaus (M. quercinus). Sie ähnelt dem Siebenschläfer, ist aber etwas kleiner, oben rötlich braungrau, unten weiß, mit einem schwarzen Streif von der Oberlippe, um die Augen, unter den Ohren bis an die Halsseiten. Vor und hinter den Ohren steht ein weißer, an der Schulter ein schwarzer Fleck. Der buschige, oben rötliche und schwarze Schwanz ist unten weiß. Ihre Lebensart gleicht durchaus der des vorigen Schlafratzes. Sie ist eben so boshaft, bissig wie er, wirft zweimal im Jahre 4—6 Junge und

verrät ihr Nest oft durch den unerträglichen Gestank, der dasselbe umgiebt.
Man fing sie mehrmal am Gotthard und im Urserenthale, auch im oberen
Engadin ist sie heimisch (in Zuz haben wir sie selbst gefunden), häufiger in
mehreren laubholzreichen Bergkantonen, und im Domleschg.

Viel niedlicher und liebenswürdiger als diese beiden Ratzen und auch
viel häufiger ist die kleine Haselmaus (M. muscardinus), kleiner als eine
gewöhnliche Hausmaus, auf der Oberseite fuchsrot, Brust und Kehle weiß.
Der kurzbehaarte, beinahe rumpflange Schwanz ist rotbraun. Mit großer
Beweglichkeit und fertig wie ein kleines Eichhorn haust dieses Mäuschen in
den Vorhölzern und Haselbüschen der untersten Bergregion und des Hügel=
landes und wird in jungen Holzschlägen und dichten Haselhecken nicht selten
gefunden. Es nährt sich von allerhand Nüssen und Gesämen, frißt wie das
Eichhorn auf den Hinterfüßen sitzend und wirft im Juli oder August
3—6 blinde Junge; während dieser Zeit riecht das Nest stark nach Bisam.
Die jung eingefangenen sind bald ziemlich zahm und zutraulich und werden
oft in Käfigen gehalten. Die älteren bleiben immer etwas furchtsam; doch
sind sie friedlich und sanft. Einem unserer Bekannten, der in einsamer Wald=
schlucht eine Haselmaus bemerkt und sich dann beobachtend regungslos hin=
gesetzt hatte, nahte das neugierige Tierchen, benagte ihm erst die Stiefel und
kletterte dann am Schenkel hinauf, bis es sich haschen ließ.

Wenn man einen Haselhag ausstocken läßt, so trifft man leicht in einem
alten hohlen Stocke auf einen großen Vorrat von Haselnüssen und gewöhnlich
darauf auch die Mäuschen selber; hat man schon eines derselben abgefaßt, so
befreit es sich oft mit einem herzhaften Bisse und folgt seinen schon entflohenen
Gefährten mit außerordentlicher Schnelligkeit. Trifft man spät im Herbste
auf ein blätterkugelartiges Haselmausnestchen, so findet man dessen Bewohner
gewöhnlich schon im Winterschlaf begriffen, kugelförmig zusammengerollt, die
Schnauze am After. Das Nestchen ist aus Laub, Moos und Haaren sehr
warm, backofenförmig gebaut; nimmt man sie heraus, so geben sie durch ein
leises Zischen ein Zeichen ihres vollen Gefühles von dem, was vorgeht.

Mangili und andere haben merkwürdige Untersuchungen über den
Winterschlaf angestellt. Die Experimente wiesen nach, daß diese Lethargie
ganz anderer Art ist als die der Murmeltiere oder der Hamster, und daß ihre
Erscheinungen bei den einzelnen Arten dieser Familie wieder nicht unbedeutend
variieren. Die kleine Haselmaus scheint die schlafsüchtigste zu sein. Ein
gefangenes Tierchen lag bei einem Thermometerstand von 1° über Null in
todähnlicher Erstarrung und zählte während 42 Minuten nur 147 unregel=
mäßige Atemzüge. Das Thermometer sank bis 1° unter Null; — da erwachte
das Mäuschen, entledigte sich seiner Exkremente und begann zu fressen. Später,
bei höherer Wärme, schlief es wieder ein und atmete bei fünf Grad viel
seltener als bei einem Grad und immer seltener, je länger der Schlaf dauerte,
ja bis zu Unterbrechungen von 27 Minuten. Als das Thermometer auf 10°

über Null stieg, atmete es in 34 Minuten nur 47 mal. Der Sonnenwärme
ausgesetzt, trat das Atemholen so ruhig und regelmäßig ein wie in gewöhn=
lichem Schlafe. Später bei großer Kälte atmete es 32 mal in der Minute,
aber leicht (im Gegensatz zum Murmeltier), und drehte ohne zu erwachen den
Rücken gegen die Windseite.

Selbst im Mai, bei einer Wärme von 15°, verfiel das Tierchen jeden
Morgen in seine Schlafsucht und starb, einer künstlichen Kälte von 10° aus=
gesetzt, schlagflußartig, indem alle Blutgefäße stark angefüllt waren.

Ähnliche Resultate weist die Beobachtung des Winterschlafes der großen
Haselmaus nach; nur schläft diese weniger und in der Regel nur bei ganz
niedriger Temperatur. Auch sie frißt jedesmal beim Erwachen nach Ent=
lebigung der Exkremente und schläft dann fort. Ein Siebenschläfer verfiel bei
4° Wärme in seinen Winterschlaf; das Thermometer wies eine Körperwärme
von bloß 3¹/₂° nach. Bei steigender Kälte erwachte er, fraß und schlief dann
wieder ein. Bei 6° unter Null atmete er schnell und ununterbrochen. Im
Juli schlief er noch einmal ein und zwar für mehrere Tage und atmete lang=
sam und in kurzen Unterbrechungen.

Im Schlafe äußern alle diese Tiere durch Knurren, Zischen und Zucken
Schmerzgefühl, wenn sie dazu veranlaßt werden. Das schnellere Atmen scheint
bei größerer Kälte zur Erzeugung von höherer tierischer Wärme notwendig,
das Aufwachen aber nicht selten durch Hunger veranlaßt zu sein.

Wir verlassen diese interessanten Schlaftierchen nicht ohne ein Gefühl
des Mangels und der Armut an wissenschaftlicher Erkenntnis. Gewiß hat
jede Familie von organischen Wesen eine bestimmte und notwendige Stelle in
dem geheimnisvollen Systeme der Natur einzunehmen. Diese spezifische
Bedeutung zu erkunden, ist des Naturforschers herrliche Aufgabe; ihre Lösung
aber so oft erst kaum geahnt. Der Schlaf des Murmeltieres ist aus dessen
klimatischen Wohnungsverhältnissen leicht zu begreifen; der dieser tiefer=
wohnenden Mäuse ist noch nicht begriffen, noch nicht einmal vollständig
beobachtet.

IX. Eichhörnchen und Berghasen.

Die Jägerlinge und der Wildstand. — Zeichnung des Eichhörnchens. — Berg= und
Feldhasen. — Charakter und Lebensweise der Hasen. — Bastarde. — Aufenthalt.

Wenn der hoffnungsvolle junge Weidmann seine ersten Heldenthaten
verrichtet und vom vollen Kirschbaum auf fünf Schritte Distanz mittels eines
Viertelpfundes Dunst einen bis zwei Spatzen tödlich verwundet herunter=

geschossen hat, so putzt er sorgfältiger sein Rohr, legt halb befriedigt, halb geringschätzig das zersetzte Kleingeflügel bei Seite und denkt an preiswürdigere Weidmannsbeute. Er meint nun fast, etwa so ein verlaufener Luchs oder eine fette Gemse könne ihm nicht fehlen, und rüstet sich, am Sonntag in aller Frühe in die Berge zu gehen, um — wenigstens einen Hasen oder doch ein Eichhörnchen vermittelst Pulver und Blei vom Leben zum Tode zu bringen. Ach, wie ist in unsern Wäldern alles diesem greulichen Standrecht verfallen! Oft, wenn im Thale unten die hellen Kirchenglocken von Dorf zu Dorf tönen und der Sabbath seinen geweihten Frieden über die werktagsmüden Menschen= herzen taufrisch und blütenfarbig ausbreitet, geht in den Bergwäldern ein Rottenfeuer los auf den trommelnden Specht, die schmetternde Drossel und das zierlich spielende Eichhörnchen, daß der liebe Gott schwerlich großes Gefallen an dieser heidnischen Parforcejagd auf seine munteren Tierchen hat, denen auf den Sonnabend regelmäßig ein Charfreitag folgt. Es ist ein rechter Jammer und eine rechte Schande für die langbeinigen Gecken, die den Tag des Herrn nicht besser zu brauchen wissen als zu diesem blutigen Spielwerk, in dem so wenig Bravour, so wenig weidmännische Noblesse liegt, sondern nur die bare, gewaltthätige Tölpelhaftigkeit. Da ist denn doch das Scheiben= schießen an den Sonntagnachmittagen etwas ganz anderes, und mit dem größten Vergnügen erinnern wir uns daran, wie wir an solchen prächtigen Tagen mit blankgeputztem Stutzer und Weidsack auf den Knabenschießstand zogen, um mit den Kameraden, von denen keiner konfirmiert sein durfte (die Konfirmierten wurden sogleich auf den Männerschießstand verwiesen), das heitere Waffenspiel voll Reiz und Lust zu beginnen und im Zweckschuß zu wetteifern. Jeder bedeutendere Ort hat in manchen Kantonen für die Knaben der Gemeinde seinen eigenen Schießstand, auf dem Recht und Ordnung streng gehandhabt wird. An Kirchweihtagen laden sich dann die jugendlichen Schützengesellschaften der näheren Ortschaften gegenseitig ein, und die munteren Schützen wallfahrten zur befreundeten Stätte mit ihren wohl= vertrauten Waffen und ringen mit allem Eifer, der einladenden Knaben= gesellschaft die ersten Preise wegzuschießen. Dies so im Vorbeigehen; Wenig — aber von Herzen!

Wohl die meisten unserer Leser haben schon das Eichhorn im Walde belauscht, wie es, hoch auf dem Tannenaste sitzend, mit den Vorderfüßchen den Zapfen hält und rüstig den platten Samen aus dem dichten und festen Blättergehäuse herauslöst, gradauf den schönen Buschschweif gestellt und die Ohren mit dem feinen Haarpinselchen und rings umher blickend mit den lebhaft glänzenden Äuglein.

Das Eichhorn ist der Affe unserer Wälder und steht dem südlichen Affen in Munterkeit und Possierlichkeit wenig nach, wohl aber ist es weniger dreist und nicht so boshaft wie dieser. Nur am heißen Mittag oder bei gar zu schlimmem Wetter liegt es ruhig im Nest; sonst hat es immer etwas zu schaffen, hüpft von Ast zu Ast, setzt von Baum zu Baum auf 3 m weit und springt in der Not ohne Schaden zu nehmen vom Gipfel der 20 m hohen Tanne auf den Boden, wobei es die Beinchen weit ausbreitet und den Buschschweif wagrecht ausstreckt.

In unseren niedrigen, höheren und höchsten Wäldern ist es noch ziemlich häufig; im Thale gern, wo viel Haselstauden als Unterholz sich finden, in den Bergen, wo die Nüßchen der Arvenkiefer, die es sehr liebt, zahlreich reifen. Es baut mehrere rundliche Nester aus Reisig, Laub und Moos, abseits vom Windzug, und verstopft den Eingang, wenn es hineinwettert. Wegen der Länge der Hinterfüße kann es nur hüpfend gehen; dagegen klettert und schwimmt es außerordentlich gut; nur wenn es angeschossen ist oder bei heftigem Sturme rettet es sich auf den Boden hinab und sucht ein Loch zu gewinnen.

Die Eichhörnchen fressen am liebsten allerlei Nüsse, Knospen und Kerne; bittere Pfirsichkerne wirken aber schnell tötend. Die härtesten Schalen nagen sie rasch auf und sammeln für den Winter große Vorräte von Nüssen, die sie aber oft so gut verstecken, daß sie dieselben nicht wieder auffinden. Wenn sie in der Gefangenschaft nichts zu nagen haben, so wachsen ihnen die Zähne oft 3 cm lang an einander vorbei, daß sie nicht mehr fressen können. Ein aufmerksamer Beobachter entdeckte, daß sie auch die Witterung der Trüffeln kennen und diese am Fuße der Eichen aus der Erde scharren, wie sie auch sonst Steinpilze und Eierschwämme nicht ungern fressen. Auffallenderweise stellen sie auch den Vögeln nach, fressen die Eilein, Nestjungen, Eltern und fangen selbst alte Drosseln ab. Durch Schälen junger Lärchengipfel werden sie mitunter den Wäldern schädlich.

Im April werfen sie 3—7 blinde Junge im wohlausgefütterten Neste und hüten sie sorgfältig. Werden sie bedroht, so tragen sie die zierlichen Mäuschen im Maule in ein entfernteres Nest. Ältere lassen sich selten voll= ständig zähmen, Nesttierchen dagegen wohl. Ihr spärliches Fleisch schmeckt im Herbste gut; ihr Pelz ist wenig wert. Am gefährlichsten verfolgen sie außer dem Menschen der noch schneller kletternde Baummarder, die Eulen und Bussarde, vor denen sie sich durch blitzschnelles Kreisen um den Baumstamm zu retten suchen.

Und nun wollen wir noch etwas von den Hasen sagen, diesen armen Burschen, denen jeder Sonntagsjäger beliebig auf den Pelz brennt, die ihrer Verliebtheit und Furchtsamkeit wegen sprichwörtlich geworden sind, diesen langbeinigen, wunderlichen Käuzen, die nur Vegetabilien genießen und doch ihre eigenen Jungen totbeißen und ihren Nebenbuhlern die Augen auskratzen und ganze Wollenbüschel aus dem Balge reißen, unerhört dumm aussehen und doch mit allerlei feinen Listen und Ränken den klugen Jäger und seinen noch klügeren Hund äffen und betrügen.

Bekanntlich ist der Feldhase über ganz Europa verbreitet vom Mittelmeer bis ins südliche Schweden und bis zum Kaukasus und Ural; die südeuropäischen Formen sind indessen etwas lockerer behaart und tiefer rostbraun gefärbt als die mittel= und namentlich als die nordeuropäischen, bei welch letzteren der Winterpelz über den Rücken grauer und an den Seiten und Schenkeln weiß= licher ist. Die vertikale Verbreitung reicht im Durchschnitt bis zur obern Laubwaldgrenze.

Der Setzhase wirft nach einmonatiger Tragzeit vom März bis gegen den September in vier Würfen, das erste Mal 1—2, dann zweimal 2—4, selten 5 und nur ganz ausnahmsweise 6, zum vierten Male 1—2 Junge, im ganzen durchschnittlich 8—12 und nur unter günstigen Verhältnissen mehr Stück. Überfruchtungen in der Weise, daß die Mutter beinahe ausgetragene und erst frisch gezeugte Embryone inne hat, auch Mißgeburten von sonder= barer Gestalt sind öfters gemeldet und bei dem starken und ungeregelten Geschlechtstriebe dieser Tiere nicht unerklärlich; die Doppelhasen aber und die gehörnten unserer alten Naturgeschichte gehören ins Tierleben der Fabelregion. Bei der starken Vermehrung müßte sich ihre Zahl bald auf außerordentliche Ziffern stellen, besonders da die Jungen des ersten Wurfes schon im Sommer ihres ersten Lebensjahres fortpflanzungsfähig sind, wenn die Verfolgung durch Menschen und Tiere (hier bis auf das Wiesel, die Elster und Krähe herab*)) nicht so allgemein und heftig und — die Fürsorge der Mutter für die Jungen nicht so gering wäre. Der Hase rammelt nicht nach der Jahreszeit, sondern nach der Witterung, oft schon im Dezember und Januar, so daß der erste Wurf in Frost und Schnee, in schlecht geschützten Asylen, zu Wald und Feld geschieht. Folgt auf einen milden Januar und Februar, wie so oft, ein bitter= kalter, schneereicher oder recht nasser März und April, so gehen viele tausend junge Hasen ein, und der erste Satz ist fast ganz verloren. Der Setzhase sorgt für die Jungen blutwenig, säugt sie wahrscheinlich bloß 3—5 Tage (zur Nachtzeit? es ist noch nie beobachtet worden) und läßt sie dann laufen. Diese spielen gern und höchst possierlich, besonders in der Morgen= und Abend= dämmerung. Der Jäger erkennt den ausgewachsenen jungen Hasen teils an der hellern Färbung, teils daran, daß er, wenn er vom Lager aufsteht, nicht einfach gradeaus wegläuft, sondern listig gestreckten Leibes und mit niedergelegten Löffeln davon zu schleichen sucht und erst weiterhin aus Leibeskräften rennt, dann aber gern ein Männchen macht und sich neugierig nach dem Verfolger umsieht. Überrascht dieser den jungen Hasen

---

     *) „Menschen, Hunde, Wölfe, Lüchse,
       Katzen, Marder, Wiesel, Füchse,
       Adler, Uhu, Raben, Krähen,
       Jeder Habicht, den wir sehen,
       Elstern auch nicht zu vergessen,
       Alles, alles will ihn fressen."   (Wildungen.)

aber plötzlich im Lager, so läuft derselbe zwar eilig, schlägt aber gleich anfangs mehrere Hacken.

Allbekannt ist die außerordentliche Anhänglichkeit des jungen Hasen an den Busch, die Hecke, das Ried, wo er gesetzt worden ist. Wir haben oft gesehen, daß ein solcher Tag für Tag an der gleichen Stelle ‚gestochen‘ (auf= gejagt) wurde, daß er von der untern Bergregion bis in stundenweit entfernte Hochalpen schlug, von diesen jäh ab ins Thal verfolgt, an der entgegengesetzten Bergseite weit über die Holzgrenze stieg und, von den Hunden verloren, nach sechs=, achtstündiger Verfolgung am späten Abend wieder im alten Quartiere saß, das er morgens verlassen hatte.

In der Regel läßt die Mutter ihre Jungen, sobald Gefahr naht, sofort im Stiche; doch hat man auch öfters gesehen, wie sie dieselben gegen kleinere Raubvögel mutig verteidigte. Der alte Rammler ist oft sehr feindselig gegen seine Kinder, mißhandelt sie mit Maulschellen, daß sie Klagelaute hören lassen und beißt sie in der Gefangenschaft nicht selten tot. Mit gleichfarbigen Kaninchen paaren sich junge Hasen nicht ungern; wir haben selbst einen solchen Versuch gemacht, können aber über die Fruchtbarkeit der Bastarde nicht zuverlässig berichten. Ganz zu zähmen sind sie schwer, da sie ihre angeborne Schüchternheit selten zu überwinden vermögen; doch wird berichtet, daß der Dichter Cowper junge Hasen so sehr an sich gewöhnte, daß sie ihm auf den Schoß sprangen, ihn leckten, am Rock ins Freie zogen und mit Hund und Katze aus der gleichen Schüssel fraßen. Ganz so weit brachten wir es mit einem im August 1859 uns zugebrachten 10—14 Tage alten männlichen Häschen nicht, immerhin aber viel weiter als mit einigen anderen. Dieses Tierchen — laß mich deiner hier gedenken, du lieber Stubengenosse während fast eines Jahres — gewöhnte sich sehr bald an seine tägliche Umgebung und sprang vergnüglich, am liebsten des Abends, durch die Zimmerreihe, bei jedem ver= dächtigen Geräusche sofort seinen Stall unter dem Ofen aufsuchend, um in der nächsten Minute denselben auch ebenso rasch wieder zu verlassen. Gern fraß es aus der Hand, am liebsten Birnen und Pflaumen; Milch war ihm ein Lieblingsgericht und es leckte sein Schüsselchen außerordentlich rasch leer, während das Fressen von Brot sehr langsam vor sich ging. Mit Hühner= und Dachs= hund fraß der Hase häufig aus der gleichen Schüssel, lebte aber doch eigentlich mit letzterem in etwas gespanntem Verhältnis. Der Dachshund begehrte nämlich öfters, sich ins Ställchen des Hasen zu begeben, bald um sich mit ihm zu raufen, bald um zu fouragieren. Der Hase ließ sich dies nicht lange gefallen und trommelte dem zudringlichen Hunde wiederholt so nachdrücklich auf den Schädel, daß derselbe laut heulend aus dem Hasenquartier herausfuhr und sich nie wieder hineingetraute. Der Dachs fing dann an, dem lust= wandelnden Hasen rachsüchtig aufzulauern und ihn durch die Zimmer zu hetzen, empfing aber dafür wieder tüchtige Trommelhiebe, so daß er sich am Ende nur noch passiv verhielt, selbst wenn ihn der Hase aufs zudringlichste beroch, über ihn hin= und hersetzte und ihm selbst auf den Kopf sprang. Saßen wir bei Tische, so ging der Hase bald zum einen, bald zum andern, am liebsten zu den Kindern, richtete sich auf den Hinterläufen auf und trommelte mit den Vorderläufen rasch und anhaltend an dem Angebettelten, bis er seinen Bissen erhielt. Einem kleinen Mädchen folgte er überall hin, am liebsten aber zum Brotkorb. Geruch und Gesicht waren stumpf (einen hingeworfenen Bissen fand er auf 60 cm Entfernung mit Not), und doch beschnüffelte er alles auf das eifrigste. Mit großer Hartnäckigkeit trommelte er an den verschlossenen Zimmerthüren und spazierte neugierig in den Gängen herum, um beim ersten verdächtigen Geräusch schleunigst wieder ins Quartier zu eilen. Das Fell war so elektrisch, daß es im Dunkeln, nach der Haarlage gestrichen, sichtbare Fünkchen gab. Im Ställchen lag er öfters auf der Seite, wälzte sich bisweilen auf dem Rücken; in den Zimmern machte er alle Augenblicke Männchen und putzte sich fleißig, besonders sorgfältig auch die heruntergelegten Löffel. Eine eigentliche, persönliche Anhänglichkeit äußerte er selbst nach elfmonatigem Verkehr mit Menschen nicht; seine scheinbare Zutraulichkeit verdeckte die eigennützigen Absichten nur dürftig, und eine gewisse scheue Furchtsamkeit verließ ihn nie. Da er durch sein Alleinsein augenscheinlich litt und wiederholt seine Triebe per effusionem seminis sehr lebhaft äußerte, setzten wir ihn endlich in Freiheit.

Die beiden Geschlechter sind für den Unkundigen schwer zu unterscheiden. Der Rammler ist auf den Schultern etwas dunkler gefärbt, der Kopf schmaler, der ganze Bau gedrungener als beim Setzhasen. Vor dem Hunde steht er schneller auf und läuft rascher, schlägt dabei lebhafter und anhaltender mit dem Schwanzstummel („Blume‘) auf und nieder als die Häsin, die zumal bei gelindem Wetter in der Regel weit fester liegt.

Die Hasen sind, wie man weiß, nächtliche Tiere. In der Morgen= und Abenddämmerung und in hellen Nächten verlassen sie ihr Lager, um auf gewohnten Wegen zu den Futterplätzen, Stoppel= und Saatfeldern, Wiesen, Baumgärten ꝛc. zu wechseln. Während des Tages liegen sie still im Neste und schlafen mit offenen Augen und aufgerichteten Ohren. Ihre Lager wechseln sie aber vielfältig nach Jahreszeit und Witterung. Bei Schnee= und Regenwetter suchen sie trockene Orte unter Felsen, in Gräben, in Wäldern und Büschen auf, ebenso in stürmischen Zeiten, wo sie übrigens gar nicht fest liegen wollen; bei schönem Wetter bleiben sie am liebsten im offenen Felde. Fällt in den Wäldern bei eintretendem Tauwetter häufig Schnee von Bäumen und Sträuchern, oder tropfen diese von starkem Regen, so fliehen die Hasen ebenfalls in freie Halden und auf Wiesen und Äcker. Liegt tiefer Schnee, so kann man sie überall antreffen, im Schutze der Steinbrüche, der Ställe, im Walde, im offenen Felde in flüchtig aufgescharrter Höhlung oder auch ganz frei auf der harten Schneedecke wie, bis an die Schnauze vergraben, im weichen Schnee liegend. Bei sehr starkem Schneefall ermüden sie von den fortwährenden

Bogenſprüngen, die ſie zu machen genötigt ſind, ſo ſehr, daß ſie den Jäger faſt bis zum Greifen nahen laſſen, und einzig in dieſem Falle fliehen ſie leichter bergab als bergauf, obgleich es auch nicht recht gelingen will.

Das Gehör dieſes Wildes iſt außerordentlich fein, das Geſicht ſcheint aber ziemlich blöde zu ſein. Seine Furchtſamkeit läßt es oft dümmer erſcheinen, als es wirklich iſt. Wir erlebten es einſt, daß ein gejagter Haſe ſo ſcharf auf einen Dachshund, der ihm entgegenkam, heranpolterte, daß beide mit ſauſenden Köpfen über einander hinkollerten. Vom Hunde gefaßt, klagt er mit Tönen, die einer Kinderſtimme ähnlich ſind.

Da ſich die Knochen des Haſen äußerſt ſelten unter den Küchenreſten des Steinalters vorfinden, darf man ſchließen, daß unſere Vorfahren in jener uralten Zeit die Haſen nicht aßen, während ſie doch die Füchſe ſehr wohlſchmeckend fanden.

X. Die Dachſe.

Die Jäger. — Lebensweiſe der Dachſe. — Die tieriſche Individualität. — Ein Dachs in der Sonne. — Verſchiedene Jagbarten. — Ein Jagdabenteuer.

Wenn der Jäger in der Frühe des Herbſtmorgens in dem Bergwalde ſteht, um das Birkhuhn oder Urhuhn zu belauſchen, und in lautloſer Spannung ſeines Wildes harrt, ſo geſchieht es nicht ſelten, daß es plötzlich neben ihm im dürren Laube raſchelt und mit ſchwerfälligen Tritten und halbunterdrücktem Grunzen ein unförmliches, graues, ſchweinartiges Tier durchs Gebüſch bricht. Es iſt der Dachs, der von ſeinen nächtlichen Exkurſionen heimkehrt und ſich ſo am günſtigſten dem Schuſſe darbietet. Das geringſte Geräuſch des Jägers aber beſchleunigt ſeinen Gang ſo ſehr, daß er oft im Unterholz verſchwunden iſt, ehe der Jäger zum Anſchlag kommt. Hat er ſeinen Bau erreicht, dann hilft die Flinte nichts mehr. Bis in dunkler Nacht erſcheint das mißtrauiſche Tier nicht wieder.

Seltener geht der Weidmann bei uns auf die eigentliche Dachsjagd, teils weil ſie beſchwerlich, teils weil das Tier, obgleich es durch die ganze Schweiz gefunden wird, doch nirgends häufig iſt und die Hälfte der Dachsbauten entweder leer ſtehen oder von Füchſen bewohnt ſind. Mitunter fängt man die Dachſe noch mit Beutelnetzen oder Schlagfallen und Zangen, am häufigſten aber wohl mit Dachshunden. Im Glarnerlande, wo der Dachs bis ziemlich hoch in die Alpen (nämlich Neuenalp, Guppenalp, Rieſeten, Ochſenſittern) heimiſch iſt, und auch anderswo üben zuweilen die Jäger eine barbariſche Art des Einfangens. Sie ſtoßen nämlich eine lange Rute in den

Bau, an der vorn ein doppelter Kugelzieher („Schweinschwanz") befestigt ist, bohren so das Tier an, ziehen es langsam heraus und schlagen es durch Hiebe auf die Schnauze tot. Jedenfalls ist dasselbe eine ziemlich einträgliche Beute. Das sehr feste Fell ist wasserdicht; das Fleisch, das dem des Schweines ähnelt, einen muffigen Erdgeschmack hat, aber, wenn es in fließendem Wasser gelegen, eine vortreffliche Speise giebt, wird nicht überall gegessen; das Fett, das im Herbst oft drei Finger hoch auf dem Rücken liegt (2½ bis 5 kg), wird in den Apotheken gut bezahlt.

Dieses sonderbare, etwa 75 cm lange, obenher schwärzlichgraue, am Bauche schwarze und an den Kopfseiten mit einer schwarzen Binde gezeichnete Tier, das im Herbst bis gegen 18 kg schwer wird, hält sich gern in der Nähe der Weinberge und Äcker und am Saume der Wälder auf, steigt aber in den Gebirgen der östlichen Schweiz bis über die Laubwaldgrenze. Mit seinen starken, krummen Krallen gräbt es sich leicht auf der Sonnenseite der Hügel seine bequeme Höhle, die es mit weichem Moos und Laub auspolstert und mit vier bis acht Ausgängen und Luftlöchern versieht. Hier lebt es nach der Weise seines stupiden, frostigen, trägen, scheuen, mißmutigen Naturells. Das Weibchen scheint in der Regel seinen eigenen Bau zu bewohnen. Indessen fehlt es über das geschlechtliche Leben dieser Tiere noch an sicheren Beob= achtungen. Bald scheint die Dächsin mit dem Dachs während der Ranzzeit stätig, bald nur temporär zusammen zu leben, und wiederum findet man auch längere oder kürzere Zeit nach dem Wurfe beide Eltern mit den Jungen zusammen im Bau. Die Rollzeit ist ebenfalls nicht sicher ausgemittelt und wird bald im Oktober, bald auf Ende Dezember angesetzt. Letztere Annahme dürfte für die montane und subalpine Region kaum zutreffen, und wir haben in dem tiefen Schnee, der um diese Zeit gewöhnlich im Gebirge liegt, überhaupt nie eine Dachsfährte auffinden können. Die Jungen werden zu 3—5 Stück im Februar oder März geworfen. Daß dies auch im Gebirge bei mehr als 1300 m ü. M. der Fall ist, davon hat uns ein zu dieser Zeit aus dem Bau apportiertes Junges handgreiflich überzeugt. Sie sind anfangs blind, glatt= und kurzbehaart, schiefergrau mit weißer Stirnblesse, bleiben oft ein Jahr lang im mütterlichen Bau und sollen oft im nächsten Februar oder März rollen.

Die Dachse nähren sich zumeist von verschiedenen Pflanzenstoffen (Wurzeln, Kartoffeln, Rüben, Eicheln, Bucheckern, Beeren, Obst, Pilzen), verschmähen aber auch Schlangen, Mäuse, Heuschrecken, Schnecken nicht und wühlen sich mit der scharfbekrallten Vorderpfote kegelförmige Löcher im weichen Waldboden aus, um Würmer, Maden, Puppen und Käfer zu fangen. Vogeleier sind ihnen ein besonderer Leckerbissen; ein im Juni geöffneter Dachsmagen war mit Resten von Eiern und jungen, auf der Erde ausgebrüteten Vögeln vollgepfropft. Giftige Ottern, deren Biß ihnen nicht im geringsten schadet, verschlingen sie mit Behagen. Den Weinbergen sind sie im Herbst gefährlich; sie hauen die traubenschweren Bogenzweige, die sie erreichen können, ohne Umstände mit der

Pfote herunter und richten auch in den Maisfeldern, indem sie die Kolben, die sie aber nur, so lange sie jung, süß und milchig sind, lieben, massenweise abfressen, in wenigen Stunden große Verwüstungen an.

Nachdem sie sich im Herbst rings um den Bau haufenweise Moos aufgekratzt, zusammengescharrt und den Vorrat während einiger Tage durch die Röhre eingebracht haben, schlafen sie während des Winters wie die Bären, ohne zu erstarren, und mit Unterbrechungen. Sie liegen dann zusammengerollt, den Kopf tief zwischen die Vorderfüße gesteckt, eine Stellung, welche auffallend an diejenige des Fötus im Mutterleibe erinnert, ähnlich wie die Stellung der überwinternden Wespe mit unter dem Leibe gefalteten Flügeln und Beinen an ihre Chrysalidengestalt in einem frühern Lebensstadium gemahnt. Daß sich die Dachse über Winter aus der quer am After liegenden, mit einer übelriechenden Schmiere versehenen Balgdrüse nähren, ist ein veraltetes Jägermärchen. Diese in der Rollzeit reichlich erzeugte Absonderung dient lediglich zur Anlockung des andern Geschlechtes, und der Dachs entledigt sich ihrer häufig durch Reiben des Afters am Boden oder Gestein. Den Winter über verläßt er im obern Gebirge den Bau kaum, im untern Gebirge nur selten, um zu trinken und zu losen.

Durch Ausgraben kann man sich im Frühling leicht junge Dachse verschaffen und sie aufziehen und zähmen. Doch wird man nie viel Ehre oder Freude an den Zöglingen erleben, da sie ihrem schweinsartigen, indolenten Naturell unverwüstlich treu bleiben. Als eigentliche Nachttiere gewöhnen sie sich nur äußerst schwer an irgend eine Thätigkeit bei Tage. Die alt eingefangenen bleiben den ganzen Tag trotz aller Püffe und Stöße, selbst wenn man ihnen ihre liebsten Leckerbissen vor die Schnauze legt, unter denen sie besonders süßen Früchten den Vorzug geben, ruhig liegen und lassen höchstens ein zorniges Trommeln und Fauchen hören. Erst mit eingetretener Nacht werden sie munter und bleiben es bis zum Morgen. Wasser scheinen sie sehr zu lieben, und sie sollen sich, wenn es ihnen mehrere Tage vorenthalten gewesen, oft zu Tode saufen. Dabei bewegen sie die Kinnlade wie die Schweine. Mit ihren scharfen Zähnen beißen sie sehr heftig. Sich zu irgend etwas abrichten zu lassen, sind sie ganz unfähig und stehen auf einer sehr niedrigen Stufe der Intelligenz. Ihre einzige Virtuosität ist die Einrichtung des bequemen, luftigen und reinlichen Baues, auf den sie mehr Fleiß und Sorgfalt verwenden, als irgend ein anderes Raubtier. Ihre eng abgegrenzten Fähigkeiten lassen ihnen beim Aufsuchen der Nahrung keinen großen Spielraum zu, und wenn sie eine Maus erhaschen, so gelingt es ihnen wohl mehr durch Geduld als schnellfertige List. Ihrem Talente, zu graben, entspricht ihr träger Egoismus, der sie nicht einmal mit dem eigenen Weibchen die Höhle teilen läßt. Ihre Furchtsamkeit, die sie so oft vor ihrem eigenen Schatten erschrecken läßt, entspricht ihrer Dummheit. Ein junger, im Gebirge überraschter Dachs dachte nicht einmal ans Fliehen, sondern legte sich erschrocken platt auf den

Boden, als wäre er so geborgen, fuhr aber mit wütendem Beißen in den Stock, mit dem er aufgescheucht werden sollte. Auch daß der Dachs ein Nachttier ist, und am lebens= und geistesfrischen Sonnenlicht gleichsam nichts zu thun hat, ein Tier mit rauhen Haaren, zäher Schwarte und noch zäherem Leben, ist bezeichnend für diese selbstsüchtige, tief stehende Tiernatur. Und — findet sich nicht auch, wie für jede tierische Individualität, in der Welt der menschlichen Charaktere oft genug eine schlagende Parallele für die Dachsnatur?

Inzwischen ist der Dachs doch nicht so ganz lichtscheu, als man gewöhnlich glaubt. Er ist mehr menschenscheu und hält sich den Tag über im Bau auf, um nicht beunruhigt zu werden. Von einem Jäger, dem das seltene Glück zu teil ward, einen Dachs im freien ganz ungestört und längere Zeit beobachten zu können, erhalten wir Mitteilungen, die in dieser Beziehung einige alte Irrtümer berichtigen. Er besuchte wiederholt einen Dachsbau, der, am Rande einer Schlucht gelegen, von der entgegengesetzten Seite dem freien Überblick offen lag. Der Bau war stark befahren, der neu ausgeworfene Boden jedoch vor der Hauptröhre so eben und glatt wie eine Tenne und so fest getreten, daß nicht zu erkennen war, ob er Junge enthalte.

Als der Wind günstig war, schlich sich der Jäger von der entgegengesetzten Seite in die Nähe des Baues und erblickte bald einen alten Dachs, der gries= grämig in eigener Langweiligkeit verloren dasaß, doch sonst, wie es schien, sich recht behaglich fühlte in den warmen Strahlen. Dies war nicht ein Zufall; der Jäger sah das Tier, so oft er an hellen Tagen den Bau beobachtete, in der Sonne liegen. In Wohlseligkeit und Nichtsthun brachte es die Zeit hin. Bald saß es da, guckte ernsthaft ringsum, betrachtete dann einzelne Gegenstände genau und wiegte sich endlich nach Art der Bären auf den Vorderpranken gemächlich hin und her. Seine große Behaglichkeit unterbrachen jedoch plötzlich blutdürstige Parasiten, die es in außergewöhnlicher Hast mit Nagel und Zahn sofort zur Rechenschaft zog. Endlich zufrieden mit dem Erfolge des Straf= gerichts, gab der Dachs mit erhöhtem Behagen in der bequemsten Lage sich der lieben Sonne preis, indem er ihr bald den breiten Rücken, bald den wohlgenährten Wanst zuwandte. Lange dauerte dieser Zeitvertreib aber auch nicht; mit der Langeweile mochte ihm etwas in die Nase kommen. Er hebt diese hoch, windet nach allen Seiten, ohne etwas ausfindig zu machen; doch scheint ihm Vorsicht ratsamer und er fährt zu Baue. Ein anderes Mal sonnte er sich wieder auf der Terrasse, trabte dann zur Abwechslung wieder einmal thalabwärts, um in ziemlicher Entfernung Raum zu schaffen für die Äsung der nächsten Nacht; ja er kehrte sogar gemäß seiner berühmten Vorsicht und Reinlichkeit nochmals um und überscharrte zu wiederholten Malen seine Losung, damit sie ja nicht zum Verräter werde. Auf dem Rückwege nahm er sich dann Zeit, stach hie und da einmal, ohne jedoch beim Weiden sich auf= zuhalten, trieb dann auch ein Weilchen den alten Zeitvertreib, und als allmählich der Bäume Schlagschatten die Szene überliefen, da fuhr er nach so schweren Mühen wieder zu Baue, wahrscheinlich, um auf die noch schwereren der Nacht zum voraus noch ein bißchen zu schlummern.

Es giebt wohl im ganzen Tierreiche keinen wohlseligeren, selbstsüchtigeren, mißtrauischeren und hypochondrischeren Egoisten als diesen Burschen. Die Fährte des Dachses ist an der Breite des Ballens, den langen Nägeln und kurzen Schritten zu erkennen; er setzt die Spur in langsamem Trabe so: : : : : :, bei schneller Flucht aber so : . . . .

Wir haben schon bemerkt, daß die eigentliche Dachsjagd in der Schweiz nicht sehr floriert, indem oft in den Gegenden, wo die Tiere sich zahlreicher finden, die Jäger wenig von der Sache verstehen. Das Wild geht im Frühling und Sommer gewöhnlich, wenn es Nacht geworden ist, auf die Äsung; im Herbst, wenn es recht fett ist, selten vor Mitternacht. Hat aber am Tage ein Hund oder Jäger den Bau besucht, so bleibt es wohl zwei bis drei Tage ruhig ganz zu Hause. Man kann nun entweder des Nachts mit einem Hetz=hunde oder Dachsfinder den ausgegangenen Dachs aufsuchen und, mit einer Blendlaterne versehen, ihn mit der Dachsgabel abstechen, wenn er aufgefangen und von den Hunden gepackt ist; oder man kann ihn vor der Morgen=dämmerung auf dem Anstande vor dem Bau schießen oder in den vor den Röhren eingehängten Säcken fangen, wenn er, von den Hunden gejagt, zu Bau fährt. Am sichersten aber läßt man ihn im Bau durch die kleinen, scharfen Dachshunde verfolgen, bis sie ihn in eine Sackröhre getrieben haben, wo er nicht mehr entweichen kann. Dann gräbt man die Sackröhre auf, zieht das knurrende Tier mit der Dachszange oder mit dem Dachshaken heraus und schlägt es tot. Oft geschieht es aber, daß der verfolgte Dachs die Röhre hinter sich mit Erde verstopft und sich verklüftet, so daß die Hunde ihm nichts anhaben können. Da, wo der Bau unter dem Gestein liegt und nicht auf=gegraben werden kann, werden die Schlagfallen sehr zweckmäßig angewendet. Ohne diese Apparate aber kann das Wild nur durch einen glücklichen Zufall erlegt werden.

Eine sehr drollige Dachsjagd wird uns von einem Appenzeller Jäger aus Gais gemeldet. Er hatte mit seinem Knechte den Bau glücklich aus=gespürt, war aber ohne Werkzeug und Hunde. Da ließ er sich von seinem Knechte die Beine an einen Strick binden, kroch mühselig in die Röhre, packte den Dachs beim Schopf und gab seinem Knechte ein Zeichen, der ihn nun am Seile mit der Beute aus dem Bau zog. Dabei aber hatte ein oben im Stollen vorstehender spitzer Stein dem Jäger den Rücken längs des Rückgrats furchen=artig aufgeschlitzt, daß das Blut heruntertrof. Allein das kümmerte den hitzigen Weidmann wenig; — er hatte noch einen zweiten Dachs im Bau bemerkt. ‚Ich muß noch einmal hinein‘, sagte er zu seinem Knechte, indem er sich wieder niederlegte, ‚richte mir nur den verdammten Stein wieder in die gleiche Wunde auf dem Rücken, daß er mir nicht alles zu Schanden reißt‘. Und so kroch er wieder hinein, während der Knecht ihm den spitzen Felsen in die blutige Rückenfurche richtete: glücklich brachte er auch den zweiten Dachs heraus, tötete ihn und ließ sich nun erst den zerrissenen Rücken verbinden.

Eine der glücklichsten Dachsjagden, die uns bekannt geworden sind, machte im Dezember 1872 Jäger Frei von Wattwyl in der Neßlauer Laad, wo derselbe aus zwei Kesseln nach einander sechs Dachse, die er vorher totgeräuchert hatte, ausgrub.

Die zahlreichen in Höhlen, Torf und den Pfahlbauniederlassungen aufgefundenen Dachsreste zeigen, daß dieser Hypochonder ein uralter Landsmann ist.

XI. Die wilden Katzen.

Zahme und wilde Katzen. — Verbreitung der letzteren und Abstammung der ersteren. — Lebensweise der Wildkatzen. — Ihr Kampf mit Jäger und Hund.

Die wärmeren Länder sind an Katzenarten bekanntlich so reich, daß diese ihre häufigste und gefährlichste Raubtierklasse bilden. Unser an tierischen Formen so unendlich viel ärmeres Land ertrüge eine solche Bevölkerung von reißenden Räubern ebenso wenig, wie diese unsere Kulturfortschritte zu ertragen vermöchten. In den kälteren Erdstrichen sind die Bären- und Hundearten die größten und wichtigsten Raubtiergruppen; von den Katzen kommt bei uns nur der Luchs und die wilde Katze vor, beide früher nach übereinstimmenden Nachrichten sehr häufig, gegenwärtig nur noch als Raritäten. So erzählt noch unser Geßner in seinem Tierbuche: „In dem Schweyzerland werdend der wilden Katzen gar viel gefangen, in dicken Gestäuden und Wälden, zu Zeyten bey dem Wasser, sind den heymschen ganz gleich, allein größer mit dickerm, längerm Haar, braun und grau. Man jagt sie mit Hunden und schüßt sie mit dem Geschüß, wo sie auf den Bäumen hockend. Zu Zeiten umstanden die Bauern einen Baum, und so die Katz gezwungen, herabzusteigen, erschlagend sy dieselbig mit Kolben‘. In unseren Tagen leben sehr viele gute Jäger, die nie eine wilde Katze gesehen haben. Und doch vergeht kaum ein Jahr, wo nicht hier oder dort eine erlegt würde; im Kanton Zürich wurden vor einiger Zeit mehrere erlegt, worunter ein Kater von 7 1/2 kg. Im Jura ist sie nichts weniger als selten, besonders in den Bezirken Nyon und Cossoney; auch am Bötzberge und im Betenthale im Aargau. In der östlichen Schweiz weiß man wenig von ihr, ebenso in den Waldkantonen; dagegen erscheint sie in einigen Bergthälern von Wallis und Bern, hier namentlich im Grindelwaldthale, noch bisweilen, ebenso in Bünden, während im Tessin nur die verwilderte Katze bekannt zu sein scheint.

WALDKAUZ und WILDKATZE.

Die echte wilde Katze (Felis Catus) ist ein unheimliches Tier und gewährt einen fast abschreckenden Anblick. Sie ist immer größer als die zahme Katze, oft sogar doppelt so groß, in der Regel nahezu so stark wie ein Fuchs. Sie hat einen weniger platten Kopf als die zahme, kürzere Gedärme, einen überall gleich dicken, dicht behaarten, verhältnismäßig kürzeren Schwanz, feineres, weicheres, längeres Haar und eine beständigere Färbung, nämlich eine rostgelblichgraue, einen unregelmäßigen schwarzen Längsstreif über den Rücken mit vielen ebenso unregelmäßigen Querbinden auf beiden Seiten. Der Bauch ist fahlgelblich, die Kehle weiß, der Kopf oft schwarz gebändert, der Schwanz, halb so lang als der Rumpf, rostgrau mit 7—8 dunkeln bis schwarzen Ringen und gleicher Spitze; die Einfassung des Maules und die Sohlen sind schwarz. Als besonderes Kennzeichen gilt stets die schwarz geringelte Rute und der weiße Fleck an der Kehle. Der Schnurrbart ist viel stärker, der Blick wilder, das Gebiß schärfer als bei der Hauskatze. Es ist ungewiß, ob die zahme Katze von ihr abstamme; die Forscher sind widersprechender Ansicht. Wir wären geneigt, sie für die Stammrasse der zahmen zu halten, weil der ganze organische Bau beider im wesentlichen übereinstimmt und eine andere Abstammung der Hauskatze, die freilich auch im Süden heimisch ist und sich einbalsamiert schon bei den ägyptischen Mumien findet, nicht mit Sicherheit angegeben werden kann, wenn nicht Unterschiede in der Schädel- und in der Bildung des Darmkanals beständen, der bei der zahmen fünf-, bei der wilden nur dreimal die Körperlänge mißt. Unsere meisten Haustiere haben zwar ihre Stammeltern nicht bei uns, sondern häufig im Orient, und so will man auch die kleine nubische Katze für die Stammmutter der zahmen ausgeben; allein diese ist noch nicht hinlänglich beobachtet und scheint von der Hauskatze nicht weniger verschieden zu sein als die echte wilde. Wie viel eine mehr als tausendjährige Kultur und Veränderung der Nahrung auf einen tierischen Typus einwirkt, ist bekannt genug. Weniger Wert legen wir auf die Behauptung, daß gezähmte wilde Katzen nach und nach ganz in die Art der Hauskatzen übergehen, während diese, wenn sie verwildern, schon in der dritten Generation den ursprünglich wilden völlig gleich werden. Die Seltenheit solcher Fälle macht solche angebliche Beobachtungen höchst unsicher und um so weniger beweiskräftig, als eine etwa eingefangene wilde Katze wohl schwerlich mit einer eben solchen, sondern wahrscheinlich mit einer zahmen gepaart wurde, worauf die Bastarde allerdings leicht in das Hausgeschlecht einschlagen konnten. Bedeutsamer ist die Thatsache, daß in der Periode der Pfahlbauten die Hauskatze in unserm Lande noch nicht vorhanden war, wohl aber die Wildkatze.

Die Lebensweise der wilden Katze gleicht völlig der des Luchses, dessen Naturell sie besitzt. Sie liebt die einsamsten felsigen Bergwälder, wo sie oft in hohlen Bäumen, Felsenspalten, oft auch in verlassenen Dachs- oder Fuchsbauten wohnt, auch wohl in der Nähe von Bächen und Seen, an denen sie mit der größten Schlauheit Fische und Wasservögel beschleichen soll. Auf den Bäumen und im Gebüsch belauert sie alle kleineren Vögelarten und die Eichhörnchen und richtet oft unter den Waldhühnern großen Schaden an. Größeren Tieren, wie Hasen und Murmeltieren, springt sie auf den Rücken und zerbeißt ihnen die Pulsader. Ist ihr Sprung fehlgegangen, so verfolgt sie die Tiere nicht weiter, da sie auf der Erde zu wenig behende und ihr Geruch zu stumpf ist, wie bei der Mehrzahl der Katzenarten. Ihre Hauptnahrung bilden ohne Zweifel die Mäuse; doch verachtet sie auch Aas nicht und tötet alle warmblütigen Tiere, die sie bezwingen kann. In dem Magen eines einzigen Exemplars hat man schon die Überreste von 26 Mäusen gefunden. Nie fällt sie den Menschen ungereizt an.

Gewöhnlich liegt sie den ganzen Tag auf einem Aste ausgestreckt und sucht ihre Beute durch einen Sprung aus dem Hinterhalte zu erreichen. So sieht sie oft der Jäger, wie sie ruhig daliegt und ihn nach Art des Baummarders und des Luchses mit funkelnden Augen ruhig anstarrt. Nun nimm dich wohl in acht, Schütze, und fasse die Bestie genau aufs Korn! Ist sie bloß angeschossen, so fährt sie schnaubend und schäumend auf. Mit hochgekrümmtem Rücken und gehobenem Schwanze naht sie zischend dem Jäger, setzt sich wütend zur Wehr und springt auf den Menschen los. Ihre spitzen Krallen haut sie oft so fest ins Fleisch, besonders in die Brust, daß man sie fast nicht losreißen kann, und solche Wunden heilen sehr schwer. Die Hunde fürchtet sie so wenig, daß sie sich oft längere Zeit jagen läßt, ehe sie baumt, und selbst freiwillig vom Baume herunterkommt, wenn sie den Jäger noch nicht gewahrt. Es setzt dann fürchterliche Kämpfe ab. Die wütende Katze zielt gern nach den Augen des Hundes und verteidigt sich mit der hartnäckigsten Wut, so lange noch ein Funke ihres höchst zähen Lebens in ihr ist. So kämpfte im Jura ein wilder Kater, auf dem Rücken liegend, siegreich gegen drei Hunde, von denen er zweien die Tatzen tief in die Schnauzen gehauen hatte, während er den dritten mit den Zähnen an der Kehle festgepackt hielt — eine Verteidigung, zu der er des äußersten Mutes und unbegreiflicher Gewandtheit bedurfte, und welche gleichzeitig eine hohe Klugheit verrät.

Das Hausleben dieses gefährlichen Tieres ist noch gar wenig beobachtet, da es sich äußerst gut zu verbergen weiß. Ältere Exemplare sind durchaus nicht zu zähmen. Sie rammeln im Februar wie die zahme Katze unter häßlichem Geschrei; das Weibchen wirft im April oder Mai 5—6 blinde Junge in einer Baumhöhlung und äßt und verbirgt sie und spielt mit ihnen wie jene. Die Jungen sollen leicht gezähmt werden können und sich wie Hauskatzen halten.

Ihr Pelzwerk ist sehr elektrisch, wie das des Fischotters, und gilt doppelt so viel als das der zahmen Katze. Der Winterpelz ist sehr dicht, doch brechen die Stachelhaare desselben leicht ab. Noch fehlt sie auf manchen größeren Museen, da sie in neuerer Zeit seltener geworden ist. Wir untersuchten vor

einiger Zeit ein schönes Exemplar, das in der Gegend von Säckingen geschossen
worden, und hörten, daß diese Tiere im Schwarzwald nicht ganz selten seien.
Es wog über 8 kg, doch sahen wir auch 9 kg schwere. Früher galten die
Wildkatzen als Leckerbissen, heutzutage werden sie kaum mehr gegessen. — Bloß
verwilderte Katzen sind nicht selten in allen größeren Wäldern bis in die
Alpen. Auch sie leben von Vögeln und Mäusen, sind scheu, wild und bös=
artig. Im Winter schlagen sie ihr Quartier gewöhnlich in den unbesuchten
Hütten und Heuställen der Berge auf und rücken den Mäusen scharf auf den
Leib, so daß ihr Nutzen wohl größer ist als der Schaden, den sie anrichten.
Die Bergbewohner, denen zudem an einem größeren oder kleineren Vögel=
stande weniger liegt als an der Vertilgung ihrer Mäuse, schonen sie in der
Regel. Zur Laichzeit thun sie aber in den Forellenbächen großen Schaden.

Ob bei den eigentlichen wilden Katzen auch die Krankheit der Tollwut
eintrete, ist noch nicht ausgemacht und dürfte bei der Seltenheit dieser Tiere
sowie der Krankheit schwer zu entscheiden sein. Doch ist es nicht unwahr=
scheinlich, daß sie den gleichen Naturerscheinungen unterliegen wie die zahmen,
deren Biß aber bei weitem nicht so gefährlich ist als jener der tollen Hunde,
indem nach allen Beobachtungen auf die Verwundung durch tolle Katzen die
Wasserscheu nicht eintritt.

Die Alpenregion.   (1300—2300 m ü. M.)

Erstes Kapitel.

Allgemeiner Charakter der Alpenregion.

Breite und Höhe der Zone. — Gipfelbildungen der Ausläufer. — Paßthäler, Paßstraßen und Hospize. — Ihre Bedeutung für die Tierwelt. — Tiefausgeschnittene
Thäler der West- und Norbalpen. — Rhätiens Gesamtbodenerhebung. — Die höchsten
europäischen Kulturthäler. — Engadin. — Avers. — Die oberen und unteren Alpenthäler. — Temperatur der Höhen und Hochthäler. — Der Alpenwinter. — Entwickelung des Frühlings. — Eisgehänge und Gletscherlawinen. — Charakteristik der
Lawinen. — Ausbildung und Verheerung der Windschilbe und Staublawinen. —
Wunderbare Lawinenstürme. — Die Grundlawinen. — Lawinenbrücken und Schnee-
litt. — Bedeutung der Lawinen für die Vegetation und das Tierleben. — Die
Schutzmittel. — Die Wasseradern der Alpen. — Die Wiege der Ströme. — Der
größte Wasserfall der Region. — Lebendige und tote Hochalpseen. — Die höchsten
europäischen Wasserbecken. — Die Masse der kleinen Hochseen. — Geheime Zu- und
Abflüsse. — Das Tierleben dieser Seen. — Die rhätischen Alpenseen und ihre
Fische. — Schlammströme. — Krystallhöhlen. — Karrenfelder.

Das Mittelgebiet zwischen der mattenreichen, mit dem Schmucke herr-
licher Nadel- und Laubwälder ausgestatteten Bergregion und den öden
und rauhen Eis- und Felsenlabyrinthen des Schneereiches bildet das
ausgedehnte Revier der Alpenregion, ein Gürtel, der die ganze Hochgebirgswelt zwischen 1300 m und 2300 bis 2600 m ü. M. in sich schließt,
jenachdem man die Schneegrenze im engern oder weitern Sinne faßt oder von
den südlichen oder nördlichen Gebirgen spricht. Der horizontale Umfang der
Alpenregion ist bereits viel enger als der der montanen, die in der Jurakette
und in einzelnen kleinen Gebirgszügen und Abzweigungen noch selbständige

Formationen aufwies, während die Alpenregion durchaus in der engsten Verbindung mit der großen europäischen Alpenachse und mit den höchsten Graten und Grundstöcken derselben steht. Zwar hat auch der Jura einzelne Bergansätze, die in die Alpenregion hineinreichen, wie wir früher bemerkten. Doch herrscht in seinem ganzen Aufbau so sehr das Gesetz der mildern Massenbildung über das der Gipfelbildung vor, und er ist so wenig von der Energie der eigentlichen Alpenformation gehoben, daß die größere Höhe einzelner Firste fast als zufällig erscheint. Der Jura hat darum auch in seinem Tier- und Pflanzenleben kaum einen Anhauch der echten Alpenregion.

Die eigentlichen Schweizeralpen sind jene gewaltigen Hochrücken, die vom Montblanc und vom Genfersee aus zu beiden Seiten der Rhone streichen, nach Süden und Norden ihre gewaltigen Arme aussenden, im Gotthardstock sich scheinbar zusammenfassen, von hier einerseits in wunderlichen Verzweigungen nach dem Orteles sich hinziehen, anderseits durch die Urner-, Glarner- und St. Galleralpen gegen das Bodenseebecken abfallen, indem sie gleichzeitig durch den Rhätikon noch ihre Verbindung mit der Ortelesdirektion festhalten. Seit alten Zeiten hat man versucht, eine gewisse Gliederung in ihrem Aufbau ausfindig zu machen. Man teilte sie in penninische, lepontische, höchste und rhätische Alpen ein, später in drei hinter einander liegende Kettenzüge; allein die Willkür spielte eine allzu große Rolle dabei. B. Studer und Desor legten ihrer Einteilung rein geologische Gesichtspunkte zugrunde, indem sie dem frühern Kettensystem gegenüber das der Zentralmassen geltend machten, und eine das Gebiet der zentralen Gneismassen und der sie umschließenden Schiefer umfassende Mittelzone und zwei diese begleitende Nebenzonen neptunischer Gebirge statuierten. Von orographischen Motiven ausgehend, teilt G. Studer die Schweizeralpen anschaulich in drei Hauptgruppen ein: 1. Die Nordalpen, das Gebiet zwischen Rhone, Rhein und der schweizerischen Hochebene umfassend. Sie zerfallen in die Einzelgruppen: Berneralpen (Dent de Morcles bis Grimsel), Urneralpen (Grimsel bis Urirotstock), Glarneralpen (Andermatt bis Calanda) und Säntisgruppe. 2. Südalpen, zwischen Rhone, Tessin, der piemontesischen Ebene, Dora Baltea und Savoyen mit den Einzelgruppen: Savoyergrenzalpen (Dent d'Oche bis Col de Ferrex), Walliseralpen (Col de Ferrex bis S. Giacomopaß) und Tessineralpen (S. Giocomopaß bis Pizzo del Uomo bei Bellenz). 3. Rhätische Alpen mit den Einzelgruppen: Abulagebirge (Nufenen bis Monte Generoso), Albulagruppe (Splügen bis Val Torta), Silvrettagruppe (Falknis bis Sattelkopf bei Landeck) und Berninagruppe (Piz di Prata bis Piz Lat bei Nauders).

Ziehen wir nun einen Gürtel der vertikalen Erhebung von 1300 m bis 2300 m absoluter Höhe durch das ganze Relief des Alpengeländes, so fallen fast alle Vorberge mit ihren Gipfeln in diese Region; manche kulminieren, ehe sie die obere Grenze der Zone erreicht haben. In dem Längenzuge der Hochalpen dagegen beschreibt diese Zone nur ein mittleres Revier, das kaum die Bruſt derſelben erreicht, und über deſſen obere Grenze einzelne Pyramiden noch in doppelter Höhe hinaufragen. Doch fallen auch im großen Haupt= alpenkörper eine Menge Verbindungsrücken, Querkämme, Seitenriegel mit ihrem ganzen Aufbau in die Grenzlinien der alpinen Region; faſt alle wichtigeren Einſattlungen, Durchbrüche und Paßſtraßen gehören ihr an, ebenſo die höchſten europäiſchen Kulturthäler.

Vergleichen wir die angegebene Alpenzone einerſeits mit der montanen Region, ſo muß ſie in allen ihren organiſchen Geſtalten, wenn auch viel ärmer, doch um ſo eigentümlicher ſein, als ihr Charakter von dem der Ebene und des Tieflandes viel entſchiedener abweicht, als der der Bergzone; anderſeits iſt ſie für die Tiergeſchichte wiederum weit wichtiger als die über ihr liegende Schneeregion, in welcher die Welt der Organismen allmählich erliſcht und die unorganiſchen Bildungen faſt allein das Intereſſe des Menſchen in Anſpruch nehmen. Die Hauptmaſſe des ſpezifiſchen tieriſchen und pflanzlichen Hoch= gebirgslebens erſcheint in der Alpenregion. Mit ihr noch befreundet ſich innig der Menſch. Sie bietet ihm ihre eigentümlichen Reize und Schätze in einer relativen Fülle dar, iſt noch empfänglich für eine gewiſſe Kultur, der gegenüber ſie doch ihre urſprüngliche Freiheit und Originalität zu wahren weiß. Sie läßt ſich nicht viel abtrotzen und abzwingen; was ſie geben will, bietet ſie freiwillig, und wagt der Menſch, mit Kunſt ſie zu reicherer Produktion zu nötigen, ſo iſt ſie geduldig genug, ſich die leichte Feſſel zuzeiten gefallen zu laſſen, und eigenſinnig genug, dieſelbe zu zerſtören, wenn es ihr gefällt.

Die Ausläufer der Zentralkette faſſen ſich, wie wir bemerkten, nach Norden hin noch in einzelne bedeutende Gipfelbildungen zuſammen. Dieſe überragen die Höhen der montanen Zone beträchtlich und ſtehen wie Warttürme der Hochalpen in ihrer vorgeſchobenen Lage. Gipfel oder Kämme von gleicher Höhe im Zentralalpenzuge ſelber verlieren ſich im Labyrinthe der rieſenhafteren Formationen, während jene durch die Ausſicht, die ſie in die Vorlande hinaus und in die Alpenprofile hinein gewähren, zu hohem Ruhme gelangen und zu lieben, vielbeſuchten Wallfahrtsorten werden. Solche vorgeſchobene Poſten ſind der Moléſon (2005 m ü. M.), die Berra (1724 m ü. M.), der Dent de Brenlaire (2356 m ü. M.), die Hochmatt (2155 m ü. M.), alle im Kanton Freiburg, das Stockhorn (2193 m ü. M.), der Gantriſch (2178 m ü. M.), der Nieſen (2366 m ü. M.), das Brienzerrothorn (2351 m ü. M.), die Hohgant (2199 m ü. M.) im Berner Oberland, Schafmatt (1980 m ü. M.) und Pilatus (2123 m ü. M.) im Kanton Luzern, das Stanzerhorn (1900 m ü. M.) in Unterwalden, der Rigi (1800 m ü. M.) in Schwyz. In dem Nordarm der Hauptkette, der vom Gotthard nach dem Bodenſee abſtreicht, ſind die Gebilde viel ſchmaler, die Durchbrüche und Querthäler viel mächtiger, die Stetigkeit des Gebäudes lockerer. Von den mittleren Glarneralpen an verliert dieſe Kette nach dem Norden zu an hochalpiner Mächtigkeit, und ihre einzelnen Gipfel, wie der Kautiſpitz (2284 m ü. M.), der Vorderglärniſch (2331 m ü. M.), der Schilt (2287 m ü. M.), die Churfirsten (2207—2309 m ü. M.), der Speer (1956 m ü. M.), der Säntis (2504 m ü. M.), der hohe Kasten (1799 m ü. M.) 2c. übersteigen bereits die Alpenregion nicht mehr oder nur unbedeutend. Daher die herrliche Mannigfaltigkeit dieser Zone, die sich bald in das Innere der verschlungensten Hochgebirgsverbindungen vertieft, bald über die freieren und lichteren Gipfel der Vorberge und Endarme des Alpenzuges erstreckt.

Ganz besondere Wichtigkeit erhalten in unserer Region einzelne Querthäler, welche als Einschnitte in eine hohe, stätig festgebildete Bergkette die Verbindung der dies- und jenseitigen Lande vermitteln. Ihre Zahl ist sehr groß und je nach der Bedeutung des Gebirgszuges ist ihre eigene Wichtigkeit zu bestimmen. Der größte Teil dient bloß als Verkehrsweg der beiderseitig anstoßenden Landschaften. So z. B. die Pässe des Col de Coux (1970 m ü. M.) und Col de Champ (2037 m ü. M.) aus dem unteren Rhone- ins Drancethal, über den Col de Balme (2204 m ü. M.) ins Chamounythal, über die Fenêtre (2650 m ü. M.) ins Piemont, über den Pillon (1552 m ü. M.) aus dem Saonethal ins Gebiet des Lemans 2c. Einige von diesen werden fast nur von Touristen, Schmugglern und Deserteuren benutzt. Die Monterosakette ist ziemlich arm an Querpässen, besitzt meist solche, die hoch über unserer Zone liegen, aber dafür um so interessanter sind, z. B. übers Matterjoch (3357 m ü. M.), den Arollagletscher (2544 m ü. M.), das Weißthor, den Monte Moro (2862 m ü. M.), Ofenthal-, Zwischenbergpaß 2c., von denen die meisten schwierige Gletscherwege sind, der letztere vor Zeiten ein stark betriebener Saumweg war. Die Finsteraarhornkette hat zahlreiche Übergänge aus dem Bernschen ins Wallis: Grimsel (2183 m ü. M.), Gemmi (2305 m ü. M.), Rawyl (2421 m ü. M.), Sanetsch (2246 m ü. M.) und viele weniger begangene. Aus dem Reußthale gehören in unsere Region der Susten (2262 m ü. M.), ins Berner Oberland führend, der Surenenpaß (2305 m ü. M.), und die Schönegg (1925 m ü. M.) in das Engelbergthal, der Oberalppaß (2052 m ü. M.) und der Kreuzlipaß (2350 m ü. M.) in das Bündner Oberland. Der Storreggpaß (1739 m ü. M.) verbindet das Engelberg- mit dem Seethal. Ebenso sind die Massen von Thälern, welche in den Armen der rhätischen Alpen ruhen, durch eine große Anzahl von Paßsätteln verbunden, unter denen der Maloja (1811 m ü. M.), Albula (2350 m ü. M.), Strela (2377 m ü. M.), Scaletta (2619 m ü. M.), Julier (2287 m ü. M.), Septimer (Hospiz 2311 m ü. M.), Flüela (2405 m ü. M.), Bernina (2334 m ü. M.) die besuchtesten sind. Über die Kantonsgrenzen führen im Norden die steilen Alpenpfade des Segnes- (2626 m ü. M.) und Panixerpasses (2410 m ü. M.), den jährlich an 1000 Stück Rindvieh, 2000 Schafe, 200 Schweine und etwa 10 Pferde passieren, ins Sernfthal, das Schweizer- (2170 m ü. M.) und Druserthor (2384 m ü. M.) ins Montafunische, im Osten und Süden eine Menge kleinerer Pässe nach dem Tirol, Veltlin, Kleven und Tessin.

Einzelne dieser Verbindungskanäle des Verkehrslebens liegen schon hoch in der Schneeregion, so der Kistenpaß (2590 m ü. M.), der Sandgratpaß (2830 m ü. M.), und sind nur im hohen Sommer benutzbar. So sehr sie indessen zur Belebung der Alpenlandschaft beitragen, so verändern sie dieselbe doch noch nicht merklich. Menschen und Haustiere treten vielfältiger darin auf; aber gewöhnlich sind es nur kunstlose Saumwege, oft steile und selbst gefährliche Gebirgspfade, die über die Bergjoche gehen. Das Kulturleben strömt und eilt schattenhaft rasch durch diese dünnen Verkehrsadern.

Einen etwas bestimmteren Charakter verleihen die großen europäischen Alpenstraßen den Thälern, durch welche sie gezogen sind. Staunend zählt der Wanderer die Reihe der Kunstbrücken, die kühn über brausende Tiefen sich spannen, die Menge der Galerien, die in den Felsenstock getrieben sind, verfolgt die Zickzacks und Schlangenlinien der schönen, breiten und wohlgeschützten Straßen und begegnet auf den höchsten und unwirtlichsten Punkten nahe dem ewigen Schnee zwischen grenzenlos öden Felsenwänden den schützenden Hospizen, den letzten menschlichen Zufluchtsstätten in der Alpenregion und über ihr. Diese Hospize sind einfache, äußerst solide, in der Regel das ganze Jahr bewohnbare Gebäude, sowohl an den Haupt= als Nebenpässen, und gewähren gegen ein bloßes Liebesgeschenk oder billige Bezahlung die nötige Erquickung und Unterkunft. Der Geist der neueren Zeit, der überall die kürzesten Verbindungslinien zwischen den Völkern aufsucht, schuf alte, unbequeme Pässe, wo das warenbeladene Maultier keuchend seinem Treiber vorankletterte, zu herrlichen Kunst= und Poststraßen um. Er suchte nicht gerade die tiefsten Einsattlungen des Alpengebirges auf, sondern die kürzesten Linien zwischen größeren Städten und durch menschenreiche Landstriche. Vier solcher großer Weltstraßen verbinden den Süden Europas mit dem Norden und durchbrechen mit der Macht des Geistes den Widerstand der natürlichen Erdbildung. Aus dem oberen Rhonethale nach dem Vebrothale führt zwischen dem Simplon und Mäderhorn die Simplonstraße, das unsterbliche Werk des ersten Konsuls (1802—1806), mit einer höchsten Erhebung von 2000 m ü. M. Ihr ebenbürtig ist der altberühmte Gotthardpaß, auf dessen Höhe (2114 m ü. M.) schon im 13. Jahrhundert ein Hospiz stand, mit einer schönen Kunststraße versehen worden. Man darf ihn füglich als Zentralpaß bezeichnen, indem er nicht nur die Alpenkette fast in der Mitte teilt, sondern von allen unsern Pässen am geradesten und direktesten von einem nördlichen Hauptthale über den Alpenkamm in ein südliches Hauptthal führt, ohne vorher sich zwischen Haupt= oder Nebenketten durchzuwinden. Früher beherbergte das Hospiz jährlich gegen 10 000 arme Personen*); seit der Eröffnung der Gotthardbahn (1882) haben sich die Verkehrsverhältnisse

---

*) Nach dem Direktionsbuche des St. Gotthard betrug in den sechs Jahren von 1855—1860 die Zahl der armen Reisenden 60 742, worunter 205 Kranke. Ihnen

jedoch gänzlich geändert und das Hospiz ist gegenwärtig aufgehoben. Auch die große Splügenstraße trat auf einem alten, schon von den Römern und Longobarden viel gebrauchten Saumwege in den Jahren 1818—1820 in die Reihe der rivalisierenden europäischen Verbindungswege. Aus dem Rheinwaldthale steigt sie noch etwa 600 m auf die Höhe des Sattels zwischen dem Tambo und Soretto, mit einer Erhebung von 2114 m ü. M. Eine Schwester dieser großen Kommunikationsstraße führt aus dem gleichen Hochthale über den Vogelberg, der Bernhardinpaß (2063 m ü. M.), auch in den ältesten Zeiten schon vielfach benutzt und seit 1823 großartig restauriert. Diese beiden Pässe sind die südlichsten Grenzmarken der deutschen Nationalität und auch des Protestantismus ostwärts vom Gotthard. . Noch erwähnen wir zweier in früheren Zeiten vielbesuchter, uralter Paßstraßen, die aber in neuerer Zeit durch die herrlichen Kunstbauten der eben genannten in den Hintergrund gedrängt wurden; nämlich der Paß über den großen St. Bernhard aus dem Dranse= ins Aostathal (Paßhöhe 2472 m ü. M., Hospiz 2470 m ü. M.), und der über den Lukmanier zwischen vergletscherten Berggipfeln (1970 m ü. M.) aus dem Medelser= und Blegnothal führend. In den letzten Jahren sind durch eidgenössische Subvention auch der Furka=, Oberalp=, Schyn, Albula=, Flüela=, Ofen= und Berninapaß in schöne, bequeme Post= und Militärstraßen umgewandelt worden.

In Asien, Afrika und Nordamerika galten von jeher die hochgelegenen Wasserscheiden und Stromquellen für heilige Orte, und religiöse Feste versammelten bei ihnen die Stämme der Eingeborenen. Sowohl die alten Uranwohner als später die Römer beteten an den Hochquellen der Alpen, so auf dem Lukmanier, vielleicht auf dem Bernhardin, gewiß aber an der Stromscheide des Gotthard und auf dem großen St. Bernhard, dem Mons Peninus oder Mons Jovis der Römer, wo noch Bildsäulen oder Tempelreste aufgefunden wurden. Auch auf der Scheide des Juliers werden die zwei uralten 2300 m ü. M. stehenden, bis jetzt noch rätselhaften Lavezsteine auf eine vormalige Gottesverehrung gedeutet. Das Christentum baute dafür an diese Pässe Kapellen und errichtete Hospize, bei denen teilweise noch in unserer Zeit Bittgänge und religiöse Feste der Bergvölker abgehalten werden. Aber nicht nur für die Menschen, für Religion und Verkehr hatten und haben jene Paßsättel ihre Wichtigkeit; auch die Tierwelt partizipiert einigermaßen an derselben. Hier reisen jährlich viele tausend Stück Rindvieh nach den ‚Welschlandsmärkten‘ durch; die Bergamasker Schafherden übersteigen sie, um auf den rhätischen Hochalpen zu übersömmern. Die Pferde und Maultiere bequemen sich dem rauhen Klima in ausdauernder Kraft und starkknochigem

---

wurden 89 692 Rationen Lebensmittel und 195 Kleidungsstücke im Werte von 55 960 Franken verabreicht. An diese Summe leisteten Regierungen und wohlthätige Privaten der Schweiz 52 951 Franken, das Ausland 1089 Franken. In der Neuzeit haben diese Beiträge aufgehört.

Gliederbau. Vor allem aber sind die Pässe wichtig für die unendlichen Scharen von Zugvögeln, welche sie zweimal des Jahres zum Übergange in den Norden und in den Süden benutzen. Aber selbst in Höhen, welche die leichten Wandervögel nicht mehr gern überfliegen, wandert noch der Mensch mit seinen treuen Haustieren und über den Gletscherpaß des Matterjochs (St. Theodul) in einer Meereshöhe von 3322 m treiben die Walliser im Oktober und November, wo die Gletscherspalten mit festem Schnee überbankt sind, ihr Vieh und ihre Maultiere.

So werden diese Hochstraßen zu eigentümlichen Pulsadern, in denen teilweise das ganze Jahr hindurch menschliches und tierisches Leben dahinströmt. Selbst auf kleinen Nebenpässen erhält es sich in der kältesten Jahreszeit; auf der Grimsel z. B. tauschen die Walliser den Winter über ihren Wein, Branntwein und den italienischen Reis, der über den Griesgletscher oder Simplon kommt, gegen den Käse der Haslithaler um. Pässe und Hospize sind wunderbare Stationen eines fremdartigen Lebens im Gebirge. Rings um sie stehen in erhabener Verlassenheit Dutzende von Eiskuppen und Felsengalerien, die nie von einem menschlichen Fuße, kaum von den Gemsen berührt wurden. Kein Name nennt so viele von ihnen, kein sinnvoll forschendes Auge hat nach den Gesetzen ihres verworrenen Aufbaues und nach ihren Gesteinen, nach den armseligen Fragmenten ihres pflanzlichen und tierischen Lebens geforscht; aber zwischen ihren Fußgestellen durch geht der lärmende Zug des Verkehrs; zu ihren Höhen hinauf tönt das schmetternde Posthorn, des Maultiers Glocke und die vielzungige Sprache der Menschen. Die Riesen kümmern sich nicht darum; mit diamantener Krone auf dem unentweihten Haupte träumen sie ihren tausendjährigen Traum fort von den Meeresfluten, die über sie hinwogten, mit bunten Muscheln und seltsamen Fischgebilden, wie üppige Sträucher und Palmen des Südens ihre blühenden Häupter über ihnen wiegten, bis kolossale Feuerkräfte sie aus dem Mutterschoße der Erde bebend emporhoben, bis ihre Rücken sich wölbend aus einander barsten, während früher ungekannter Frost mit Firndiademen ihre Häupter schmückte. Vielleicht auch glänzen vor ihren nach innen gewandten Augen die Trümmer der schöneren Vorzeit auf, die zu Stein wurden, um ihnen nicht verloren zu sein, und dazwischen funkeln die tief im Schoße des Felsengebäudes hinlaufenden Adern des edlen Goldes, an dem nur hie und da eine kleine Wasserquelle nagt, und alle die Erzschätze, die Lager der Krystalle und die Nester edler, strahlender Steine. Nach außen aber sind sie tot, und jedes Jahrhundert vergräbt sie tiefer in Schnee und Eislasten und zerbröckelt ihre nackten Rippen.

Ein Blick über den ganzen Zug der Alpen zeigt uns eine merkwürdige Verschiedenheit in den Bildungen der westlich und der östlich vom Gotthard liegenden Arme. Die Schweizer Westalpen steigen viel unmittelbarer aus der Tiefe auf, bilden viel imposantere Gipfel und Kuppen und haben darum auch weit tiefere Thäler; in dem Gebiete der rhätischen Alpen dagegen spricht sich eine ent

schiedene Neigung zur Gesamtbodenerhebung aus. Das ganze Land ist nur
eine verzweigte und unterbrochene Alpenbildung; die Thäler liegen hoch, die
Bergzüge sind nicht so tief eingeschnitten, die Gipfelbildungen, so beträchtlich
ihre absolute Höhe auch ist, steigen durchschnittlich nicht so steil, so kühn in die
Wolken, sondern in sanfteren Gehängen, in gerundeteren Zwischenstufen. Die
Bergpässe führen seltener über steile Terrassen hinan; oft sind sie nur das
Ineinanderauslaufen zweier sanftgeneigter Hochthäler. Die Hauptthäler des
Berneroberlandes erreichen kaum recht die Bergregion; das Rhonethal berührt
nur mit seiner obersten Spitze die Alpenregion; wohl aber das Saaß= und
Matterthal, die zwischen die eisumstarrten Gipfel des Monterosastockes sich
hineindrängen. Die höchsten der großen Bernerthäler liegen noch tiefer. Von
den an die gewaltige Jungfraugruppe anlehnenden berührt das Lauter=
brunnenthal kaum die Bergregion, das Grindelwaldthal geht nicht über sie
hinaus, kaum das Oberhaslithal. Die gleiche verhältnismäßig tiefe Thallage
tritt uns in Tessin, Uri, Unterwalden, Schwyz, Glarus, St. Gallen und
Appenzell entgegen. Das Reußthal tritt nur mit der kleinen Spitze oberhalb
der Teufelsbrücke in die Alpenzone ein. Ganz anders die rhätischen Thal=
gebiete: nur die Kantonsspitzen im Norden, im äußersten Osten und im tiefsten
Süden gehören nicht der Bergregion an, ein beträchtlicher Teil aber liegt
völlig in der Alpenzone, so das Tavetsch, Rheinwald, obere Davos, Avers,
Vrinthal, Oberengadin und die letzte Hälfte vieler anderen.

Das sind denn auch die höchstgelegenen Kulturthäler Europas,
merkwürdig und einzig in ihrer Art. Der fremde Wanderer, der aus dem
ebenen Tieflande des Nordens herkommt, erwartet, in einer Höhe von mehr
als 1700 m ü. M., kaum mehr ordentliche Thäler zu finden; er denkt, bloß
dürftige Hirtenwohnungen und Sennhütten als Wahrzeichen zu treffen von
dem harten Kampfe des Menschen mit der Starrheit des Klimas und Unfrucht=
barkeit des Bodens. Wie erstaunt er aber, z. B. längs des Inns ein achtzehn
Stunden langes und etwa eine halbe Stunde breites Hauptthal mit fünfund=
zwanzig Seitenthälern zu finden, das einen Flächeninhalt von über 1200 qkm
und in etwa 28 Ortschaften eine Bevölkerung von 12000 Personen hat, ein
Thal, das mit seiner tiefsten Endspitze (Martinsbruck) noch über 1247 m
ü. M. liegt und also fast seiner ganzen Länge nach in die alpine Region fällt.
Und diese Dörfer sind nicht traurige Hütten der Armut, sondern haben große,
stattliche Häuser, oft palastartige mit Freitreppen und Altanen, mit künstlichen
Eisengeländern geschmückt, statt Saumpfade schöne Chausseen, ein rüstiges,
intelligentes und wohlhabendes protestantisches Völklein, das zwei der drei in
Bünden heimischen romanischen Dialekte spricht. Die blühende Ortschaft
Samaden, wo man so viel Wohlstand und Bildung trifft, liegt 1707 m ü. M.,
bei Campfer (1829 m ü. M.) wird noch Getreide gebaut, bei Sils (1809 m
ü. M.) findet man noch Flachs und Gemüse in den Gärten, und doch liegen
diese Ortschaften 650 m höher als die höchste Spitze des Harzgebirges, der

Brocken, und an 190 m höher als die Schneekoppe, der nackte höchste Gipfel des Riesengebirges. Dieses wunderbare Hochthal ist nichts weniger als fruchtbar; unermüdlicher Fleiß und strenge Sorgfalt zwingen dem Boden die schwache Ernte an der Holzgrenze ab. Dicht über der Thalsohle hört der Holzwuchs auf und an manchen Stellen gelangt man fast ebenen Fußes zu den ewigen Gletschern des Bernina. Man glaubt sich getäuscht durch die schärfsten Kontraste. Um die schönen weißen Häuser und Landgüter wächst die Flora der Alpen; die nächste Bergstufe weist schon in die Augen fallend die Grenze des pflanzlichen Lebens auf, und dicht über ihr ragen die Silberhörner der Hochalpen in die blaue Luft. Das Thal von Avers oder Afnerthal aber ist vielleicht das höchste in Dörfern bewohnte europäische Thal*). Sein Hauptort Cresta liegt 1948 m ü. M., und der höchste Weiler dieses fünf Stunden langen Thalzuges, Juf, sogar 2133 m ü. M. In diesen Höhen lebt, durch wirre Felsenlabyrinthe und unendliche Gletschermassen von der übrigen Welt abgeschlossen, hoch über dem Holzwuchs in einem freundlichen und reichen Wiesengrunde, der weithin am wilden Gebirge sich ausdehnt, ein freies, deutschredendes, protestantisches Hirtenvölklein von 340 Seelen in sechzehn Häusergruppen, das seine Wohnungen mit Strebepfeilern vor dem Drucke der Lawinen schützt, keinen Frühling und Herbst kennt, in dem kurzen Sommer aber über 2000 Stück Rindvieh und 3000 Stück Bergamaskerschafe auf seinen Weiden nährt, mit Mühe etwas Gemüse baut und wie die Einwohner von Stalla (1776 m ü. M.) jenseit des östlichen Gebirgskammes den Mist der Schafe und Ziegen dörrt und als Brennstoff gebraucht. In seiner Nähe aber bietet das Gebirge schöne Marmorlager und starke Erzminen, ein Reichtum der unorganischen Natur, der seltsam gegen die Armut der organischen absticht.

Wir dürfen uns diese hohen Thäler der Alpenregion trotz ihrer Bewohntheit doch nicht volkreich denken, mit der einzigen Ausnahme des Engadins. Über der Holzgrenze liegend, bieten sie einen ernsten, einförmigen Anblick, der nur durch das saftige Grün der Wiesen und das weidende Vieh im Sommer gemildert wird. Oft ist die Rasendecke von Erdschlipfen und Felsenbrüchen zerrissen und mit grobem Geröll bedeckt. Die Thalbäche führen von den nahen Gletschern Schutt und Blöcke heran und wühlen sich tobend durch ihre felsenerfüllten Rinnsale. Die oberen Thalhälften sind selten schmale, tiefe

---

*) Unbewohnte Hochthäler zählen die Alpen noch bei 2600 m ü. M.; das höchste namhafte Thal Europas ist wahrscheinlich das furchtbarschöne Rotthal westlich an der Jungfrau, gegen 2900 m ü. M. und eine Stunde lang. Die Bewohner der unteren Thäler glauben, daß hier die Geister alter Ritter hausen und ihre wilden Feste unter furchtbarem Getöse und dämonischer Himmelsbeleuchtung feiern. Kaum ein Geißbube und noch seltener ein Alpenjäger betreten seine zerrissenen chaotischen, stellenweise blutrot gefärbten Felsen, die in den Donnern der Lawinen und Gletscherbrüche beben.

Furchen, sondern leicht ausgeweitete Wannen, die in sanfter Steigung rechts und links gegen die Schneeregion anstreben, während der Hintergrund entweder von vergletscherten Kuppen geschlossen ist, oder kaum merklich in ein anderes Hochthal übergeht. Viel romantischer und wilder sind die etwas tieferen Thäler unserer Region. Dunkle, uralte Wälder mit vielen abgestorbenen Stämmen ziehen sich an den Bergflanken hin; schroffe, turmhohe Zinnen stürzen unmittelbar in die Thalsohle ab; über Kalk- und Granitblöcke braust der oft vom Schleif- und Polierschlamm der Gletscher getrübte Wildbach; der Weg verliert sich in furchtbare Schluchten und Tobel, oder windet sich mühsam über schmale, unfruchtbare Thalstufen hinan. Stundenlang zieht der Wanderer nur durch unendlich traurige Schuttreviere, dem Bache der Thalfurche entlang, und sucht vergebens nach einer Breite, wo eine kleine Wiese Platz gewinnen könnte. Dann ändert sich wieder rascher, als er erwartete, die Physiognomie der Landschaft. Die Berge treten zurück; an den Halden leuchtet das frische, tiefe Grün; Nadel- und Laubwälder leben wieder auf, und im frieblichen Wiesengebiete des Plateaus ruhen behagliche Dörfer und Weiler. Die Hochthäler der vom Gotthard nördlich und westlich gelegenen Alpen sind durchschnittlich klein, rauh, felsenbesät, steril, ein öder und trauriger Anblick; bloß das Urserenthal und das Mayenthal sind milde, freundlich lachende, fruchtbare Landschaften, wogegen z. B. das Saaßthal, das obere Urbachthal, das obere Schächenthal, das Maderanerthal, das Fählenthal das Bild einer von den Naturgewalten zertrümmerten Anlage, eines unordentlichen Tummelplatzes heroischer Kräfte bieten, die ihr Spielzeug auf dem zertretenen Wiesenplane in greulichem Wirrwarr zurückließen. Überhaupt sind die eigentlichen Thalbildungen der Alpenzone im ganzen nichtrhätischen Alpengebiete nur fragmentarisch. Bei ihren tieferen Bergeinschnitten fallen die eigentlichen bedeutenden Thäler weit unterhalb der Alpenregion; im Bündnerlande dagegen bringt die beträchtliche Bodenerhebung des ganzen Gebietes eine Menge größerer und kleinerer Thalbuchten in unsere Region herauf. Der Charakter der Alpenregion spricht sich daher im nichtrhätischen Gebiete vorwiegend durch die Bergstöcke selber, durch die an sie gelehnten Hochweiden, Felsengebiete aus; im rhätischen dagegen, wo die Kettenformation sich mit der Hochlandsbildung vereinigt, umfaßt er ganze Bezirke mit Thälern, Wäldern, Dörfern, Pässen, Felsen, Wiesen und Weiden.

Daraus folgt denn auch die größere Milde und Wärme des Klimas und also auch die höher hinaufreichende Vegetation der rhätischen Alpenzone. Die Hochthäler derselben sind ihre Wärmekessel. Die geschützte und abgeschlossene Luft erhält durch die Sonne rasch eine höhere Temperatur, bringt nach oben und teilt sie auch der Höhe mit; aus den tiefausgeschnittenen Thälern von Bern, Glarus, Appenzell dagegen verkühlt die aufsteigende warme Thalluft, ehe sie den langen Weg nach der Alpenregion zurückgelegt hat, und die relativ viel bedeutendere Höhe dieser Bergstöcke bietet ihre ungeschützten Flanken mehr

allen Winden dar, ohne die wärmeausstrahlenden Reflektivspiegel breiter
Hochthäler zu besitzen. Diese Verschiedenheit des Alpenbaues ist natürlich
für das tierische und pflanzliche Leben von der höchsten Wichtigkeit, und in
ihrer Folge sind die Regionen des rhätischen Gebirges höher hinauf belebt
und reicher ausgestattet. Wo der Mensch noch 1950 m ü. M. Kartoffeln,
Roggen und Flachs baut, findet auch die Tierwelt des Lebens Notdurft. Und
doch sind in dem ganzen Alpengürtel die Winter so lang, die Sommer so kurz,
die Fröste so herb und häufig. Wie oft deckt der Schnee plötzlich die armen
Kartoffelfelder mit ihrer halbreifen Frucht zu und weicht nun 6—7 Monate
nicht mehr von der Stelle! Der oberste Teil unseres Gebietes ist kaum einige
Wochen ganz schneefrei, doch auch in dieser Zeit nicht sicher vor rasch vorüber=
gehendem Schneegestöber; der untere, besonders auf der Sonnenseite, hat
wenigstens 4, in einigen ganz milden Thälern Bündens wohl an 6 Monate
Sommer, wenn man die Zeit, wo der Schnee nicht festliegt, so nennen will.
Im oberen Engadin liegt der Schnee durchschnittlich 5 Monate 26½ Tage
fest, öfters aber länger, wie 1855, wo er 6 Monate und 24 Tage aushielt.
Im allgemeinen darf man nach den angestellten Beobachtungen annehmen,
daß bei 1600 m ü. M. durchschnittlich von Anfang Juni bis Mitte des
Oktobers kein Schnee liegt, bei 1950 m vom 18. Juni bis zum 7. Oktober, bei
2100 m vom 28. Juni bis 18. September, bei 2300 m vom 2. Juli bis
5. September und bei 2400 m zählt bloß der August zehn schneefreie Tage,
wobei kaum zu erinnern nötig ist, daß jeder einzelne Jahrgang seine Abweichung
von dieser Normalskala aufweisen wird. Die Temperatur steht natürlich im
Verhältnis zu diesen Erscheinungen; doch stellen sich die Thalbewohner
gewöhnlich die Kälte der Höhen zu groß und die Wärme zu gering vor. Das
Gotthardhospiz, das jährlich 8—9 Monate Winter hat, weist nach genauen,
langjährigen Beobachtungen in den sieben eigentlichen Wintermonaten eine
durchschnittliche Kälte von nur fast 5° Celsius im Mittel nach, und vom Juni
bis September eine Wärme von ebenfalls beinahe 6° C. im Mittel. Als
Mittel der ganzen Jahrestemperatur wird — 1.16° C., die mittlere größte
Wärme im August + 20.88°, die mittlere größte Kälte im Februar zu
— 15° C. angegeben. Bei außerordentlicher Kälte sinkt das Thermometer
selten unter — 12.5° C.; auf dem Großen St. Bernhard, freilich bei beträchtlich
höherer Lage, dagegen bis — 27° C., ja — 34° C. In Bevers im Ober=
engadin (1690 m ü. M.) ist nach zehnjähriger Beobachtung der höchste
Thermometerstand + 28.25° C., der tiefste Fall seit 1846 war — 32° C.
Im Jahre 1855 war daselbst der höchste Stand am 1. und 3. August
+ 27° C., der tiefste am 27. Januar — 30.7°, größte Jahresdifferenz
57.7° C., mittlere Jahrestemperatur + 2.1° C. und der Jahresschneefall
4.4 m. Im Jahre 1856 dagegen der höchste Stand (12. August) + 29.5° C.,
der tiefste (3. Dezember) — 28° C., die größte Jahresdifferenz 57.5° C. und
der Jahresschneefall 360 cm.

Dabei wiederholt sich auch hier die frühere Bemerkung, daß vom Spät=
herbst an bis zum kürzesten Tage und länger in den höheren Lagen eine höhere
Wärme herrscht als in den tieferen, später aber das Verhältnis sich umkehrt.
Der Wärmewechsel tritt in der ganzen Alpenregion oft außerordentlich rasch
ein. Die Sommertage sind nicht selten so heiß, daß die Sonnenstrahlen das
zarte Grün der Weiden versengen, und doch sieht man oft nachts im gleichen
Grunde den Reif an den Bachufern schimmern. Dagegen sind die täglichen
Schwankungen des Thermometers im Winter in der Alpenregion gewöhnlich
weit geringer als z. B. in der submontanen und kollinen, und überschreiten
auch auf dem St. Bernhard in der Regel 6—10° nicht. Die Temperatur
des Schnees selber ist sehr unbeständig und hängt bis in beträchtliche Tiefe
von der atmosphärischen Luft ab. Auf weiten, blanken Schneefeldern steigert
sich die Wärme durch Strahlung mitten im Winter oft unerträglich, und
das Thermometer weist in Höhen von 2300—2600 m in der Sonne dann
nicht selten über 30° C. Wer um diese Zeit länger in den Hochregionen
wandert, hat trotz guter Verhüllung des Gesichts viel zu leiden. Die Gletscher=
sonne blendet und überreizt das Auge, das Gesicht schwillt auf, glüht, wird
braunrot und entstellt, die Oberhaut platzt. Das Wandern geht bei tiefer
Temperatur sehr leicht, bei hellem Wetter aber oft äußerst mühsam und ist
besonders schmerzhaft, wenn die Füße fortwährend durch die harte Kruste in
den weichen Unterschnee einsinken. Dafür entschädigt das großartige Bild
einer neuen Welt in schimmernder Klarheit, und die außerordentliche Durch=
sichtigkeit der Luft hebt die feinsten Konturen der Berge mit wunderbarer
Schärfe von der tiefen Bläue des Himmels ab.

Wenn wir schon in der Bergregion einen raschen Wechsel der Jahres=
zeiten bemerkten, so ist dieser im Gürtel des Alpengebietes in noch höherem
Grade vorhanden, und auch hier ist der Föhn der Bote des Frühlings, die
Bedingung des Sommerlebens. Die Winter sind öde und tot; wo noch
Straßen und Dörfer sind, klingen die Schlitten, knallt die Peitsche. Durch
die großen Pässe gehen täglich die Züge der kleinen Postschlitten und des
Gütertransits; bis an die Zähne vermummt halten die Truppen der Weg=
knechte mühsam die Verbindung offen. In den unbewohnten Alpen aber ist
das Leben auf ein Minimum reduziert. Die Schneemassen lasten klafterhoch
auf den Weiden und Halden, verhüllen die Klüfte, Felsenreviere und Senn=
hütten und lösen die Individualität der Landschaft in die allgemeinen Wellen=
formen auf, in denen sich Büsche, Bachbette und Felsen verlieren. Das niedrige
Tierleben ist unter die Erde verschwunden und träumt dem Frühling ent=
gegen; ebenso vertrauen Mäuse, Murmeltiere, Bären, Dachse der Wärme
ihrer Erd= und Felsenhöhlen das vom Frost und Hunger bedrohte Leben.
Die übrigen Raubtiere und die Menge der Strichvögel ziehen sich in die
Bergregion und schweifen bis in die Ebene hinaus. Steinböcke und Gemsen
bergen sich in den obersten Wäldern; nur der weiße Hase behauptet sich an

der Holzgrenze in der Gesellschaft der Alpenhühner, Raben, Krähen, Adler, Geier, Spechte und weniger kleiner Alpenvögel, immerhin nur Fragmente des animalischen Lebens und lange nicht zahlreich genug, um die Einsamkeit der unendlichen Schneegebiete umzustimmen.

Im April fängt der Frühling mit Sonnen=, Regen= und Windkräften an, gegen die Herrschaft des Winters zu kämpfen; was er aber in acht Tagen errungen, entreißt ein einziges nächtliches Gestöber ihm wieder. Erst im Mai erstarkt er, und dann sind seine Fortschritte wunderbar. Mit Föhn und warmem Regen zaubert er in wenigen Tagen in der subalpinen Region eine frische, lachende Vegetation hervor, schüttelt von den Tannen und Arven die Schnee= gehänge, entwickelt Knospen, Kätzchen, Blätter und schreitet allmählich bis zur Baumgrenze hinan; über derselben hält der Winter länger aus und gönnt dem Jahre nur wenige Sommermonate. Der Föhn vor allem ist auch hier die Bedingung des Lebens, des Sommers. ‚Der liebe Gott und die goldene Sonne vermögen nichts gegen den Schnee, wenn der Föhn nicht kommt‘, sagen die Bergbewohner. Ohne Föhn wären vielleicht drei Vierteile der Schweiz unbewohnbares Gletscherland, wie ein Teil Südamerikas, wo keine warmen Südwinde wehen und darum in einer Breite, welche der unseres wein=, mais= und kastanienumkränzten Locarno entspricht, die Eisfelder noch herunter bis an die Küste des Meeres reichen.

Daß es aber in unseren Alpen Sommer werden kann, dazu helfen auch die Nebel treulich; sie verhindern das nächtliche Gefrieren des Aufgetauten und werden darum an manchen Orten bezeichnend ‚Schneefresser‘ genannt. Der Frühling ist auch in diesem Gürtel die lauteste Jahreszeit mit Lawinen= donner, Gletscherkrachen, Wasserrauschen, Vogelsang, Insektengewimmel und Menschenjubel — doch nicht in der Mannigfaltigkeit der Bergregion. Eine eigentümliche Erscheinung bildet die Auflösung gewisser Gletscheransätze. Am Rande schroffer Felswände wachsen oft Krusten, Zinken, Kerzen und ganze Bäume von Eis mauer= und säulenartig an und lösen sich in Wind, Sonne und Regen stückweise ab. Mit lautem Gepolter stürzen sie in die Thäler und Pässe nieder und ihre Gewalt ist so außerordentlich, daß von hohen Felsen spitze Zinken oft mehrere Zoll tief wie eiserne Keile in den Straßendamm eindringen, ja daß Eisklümpchen von Apfelgröße selbst durch Bretter schlagen und wie Kanonenkugeln rikoschettieren. Man löst darum oft zur Sicherung der Straße längs der Felsengalerien solche Eisgebilde (in Bünden ‚Eismarren‘ genannt) mittels Stutzerkugeln in der unzugänglichen Höhe ab. An anderen verborgenen Bergstufen stürzen sie, besonders von quellenreichen Klippen, verheerend in die Wälder und brechen sich im Laufe der Jahrzehnte ganze Lichtungen in die Baumbestände. Wo eine Terrasse besonders günstige Anlage zu solchen phantastischen Eisbildungen hat, sendet sie das ganze Frühjahr durch ihre Gletscherschläge in die Tiefe und bildet in wenigen schönen Tagen und kalten Nächten neue Gesimse und Säulen. Diese stürzen auf die ungeschmolzenen, früher gefallenen Gletschertrümmer nieder. Die bei Tage herabtriefenden und rieselnden Wasser unterhöhlen die chaotische Masse; ein warmer Wind oder Regen bringt das Ganze in Bewegung, und so stürzen diese Eisströme lawinenartig in die Wälder oder Bergwiesen, wo ihre Trümmer mit wunderlich ausgeschmolzenen Zacken, Höhlungen und Löchern noch lange traurig im jungen Grün lagern. Davon sind die eigent= lichen großen Gletscherbrüche zu unterscheiden, glücklicherweise seltene Phänomene, die beim Einsturz eines ganzen Gletschergebietes entstehen. Das Dörflein Randa im Nikolaithal (Wallis) hat in dieser Hinsicht wohl die häufigsten und traurigsten Erfahrungen gemacht. Im Jahre 1636 stürzte der größte Teil des Weißhorn= oder Bisgletschers zusammen und donnerte in die Tiefe, wodurch fast der ganze Ort zertrümmert wurde. Im vergangenen Jahrhundert folgten zweimal ähnliche Gletscherstürze und der letzte abermals höchst verderbliche mit einer Eismasse von etwa 360 Millionen Kubikfuß am 29. Dezember 1819, wobei der Luftdruck ganze Häuser umdrehte und das Balkenwerk in den hoch ob dem Dorfe liegenden Wald schleuderte. Es ent= wickelte sich unmittelbar beim Sturz der unendlichen Last unter dumpfem Donnergetöse ein eigentümlicher, blendender Lichtglanz im Dunkel der Morgendämmerung, worauf tiefe Finsternis dem furchtbaren Luftstoß folgte. Ähnliche Verheerungen richtete im Jahre 1818 bei seinem Vorrücken der Gietrozgletscher im oberen Bagnethal an, füllte das schmale Thal an die 30 m hoch mit Eis an, sperrte die Dranse und verwandelte das ganze Felsen= thal von Torembec in einen See. Der gesprengte Kanal brach später zusammen und die Flut verheerte das untere Thal schrecklich. Kleine Gletscherlawinen, durch Vorrückung und Abschmelzung stark geneigter Gletscherfelder bedingt, sind besonders häufig am unteren Grindelwaldgletscher und an der Jungfrau über die heiße Platte (im Sommer fast alle Viertelstunden) bemerkbar.

Zu den pittoreskesten Phänomenen der Alpenlandschaft gehören die Lawinen, im Tessin Luvina oder Slavina genannt, diese ungeheueren, donnernden Schneeströme, deren Majestät ebenso groß ist wie die Furchtbarkeit ihrer Gewalt. Sie kehren periodisch wieder, haben ihre bestimmten Züge und Gänge, ihre Kessel, in denen sie aufgehoben werden, ihre Lagerfelder, wo die bewegten Massen zur Ruhe kommen. Ein großer Teil der Alpen bedient sich dieser Kanäle, um sich stellenweise ungeheuerer Schneemassen zu entledigen, und zwar mit einer Regelmäßigkeit, die sich nach Wochen, ja nach Tagen berechnen läßt; genaue Beobachter können oft die Stunde bezeichnen, wo die Lawine kommen wird. Die Formen dieser Schneestürze sind mannigfach; bald treten sie bloß als eine Schlipfe auf, in der die Schneeanhäufungen eines gewissen Felsengebietes durch gröbere Bergfurchen abgehen, oder es sind zusammengebrochene Windschilde oder Windbretter, die durch einen anhaltenden Windstrich bei starkem Schneefall an einer Felsenzinne aufge= türmten Massen, die ohne ordentliche Grundlage durch das eigene Gewicht

zusammenbrechen und überall niederstürzen können, jenachdem gerade eine
Windrichtung ihren Ansatz veranlaßt hatte. Gewöhnlich sind sie nicht gefährlich
und gehen nicht weit; doch riß ein solches Windbrett auf dem Bernhardin die
Postschlitten mit dreizehn Personen in den Abgrund. In gewissen Lagen
können sie begreiflich zu eigentlichen Lawinen werden und treten dann um so
verheerender auf, als sie sich nicht in gewohnten Betten bewegen. Die Ent=
stehung der Lawinen ist durch den Aufbau und die Böschung der Gebirge,
durch die angehäuften Schneemassen, durch die Temperatur und eine Menge
kleiner Veranlassungen bedingt. Breiter Terrassenbau, steile Felswände, oder
starkgeneigte Böschungen verhindern große Schneeablagerungen oder Lawinen=
bildung; eine Neigung des Gebirges von 30—35° dagegen, in der sich eine
lange Wasserfurche findet, nach welcher größere Halden sich sanft abdachen,
hat fast überall periodische Lawinen. Doch sind hier die Grundlawinen
stätiger als die Staublawinen. Diese sind gefährlicher, gewaltiger, unregel=
mäßiger. Sie treten nur im Winter und ersten Vorfrühling auf und ent=
stehen, wenn auf eine feste, harte Schneedecke große Lasten neuen, körnigen,
losen Schnees fallen. Dieser hat, wenn die Abhänge etwas steil sind, keinen
Halt auf jenem; das Einstürzen eines kleinen Schneegesimses in der Höhe, der
Tritt einer Gemse, eines Hasen, ja das Schneebällchen, das von einem
Strauche fällt und fortrollt, oder irgend eine Lufterschütterung bringen unter
entsprechenden Verhältnissen dieses ganz neue obere Schneefeld in Gang; es
rutscht erst langsam in Einem Stücke fort, reißt dann die tieferen Massen mit,
überwallt, stiebt auf, teilt sich. Das Dröhnen der Masse durch die klare Luft
und der entstehende Windzug führt von allen Seitenhalden neue Partialstürze
herbei. Mit rasender Eile, immer furchtbarerer Wucht und dröhnendem
Gepolter stürzt der Hauptstrom der Tiefe zu, hat schon die Holzregion als
breite, hochgetürmte Sturmflut erreicht, reißt Steine, Büsche mit sich und
bricht krachend in den Wald. Du siehst nichts als donnernde und sprühende
Nebel; unendliche Schneestaubwolken verhüllen den Gang des Stromes, dessen
ganze Bahn raucht; aber die Bäume krachen, das Felsgestell bebt, die Zinnen
hallen im Donner des Sturmes lange, bange Minuten nach, — noch ein
Schlag und zitterndes, knirschendes, dumpfes, unaussprechliches Gepolter,
— — — dann ist es stille. Ein schneidender Luftzug hat den stolzen Gang
der Lawine begleitet. Du schaust ihr nach; geradeaus, über zwei Stunden
lang, hunderte von Schritten breit liegt ihr frisches, schneeblank geschliffenes
Kanalbett durch Alpenweiden, Wälder, Wiesen bis an den Bach tief unten im
Thal; noch rollen einzelne Ballen und rutschen kleine Stürze nach; noch
schwankt der durchbrochene Hochwald im Winde der Verheererin. Vom Thale
aus gesehen ist die Katastrophe malerischer; doch entdeckt man selten die
Anfänge. Der sich ausbreitende, mit Riesenkräften wachsende, wasserfallgleich
über die Felswände stürzende, hochaufrauchende Strom, wie er sich oft teilt
und wieder vereinigt, die Seitenarme aufnimmt, ein wallendes, flutendes,

LAWINENSTURZ.

glänzendes Meer in pfeilschnellem Schusse mit allen weitreichenden Seiten=
wirkungen gewährt ein unaussprechlich großartiges Bild. Wenige Minuten
und die Tochter der Hochalp liegt nach einem schauerlichen Tanze friedlich
und bewegungslos in der Thalwanne. Einen Fall von vier= bis fünftausend
Fuß hat sie in siegreichem Donnergange zurückgelegt und ihren Leib majestätisch
in die fliegenden weißen Gewänder gehüllt, um bald im Schoße des Thal=
bettes mit gelösten Gliedern zu ruhen.

Der Bewohner der Ebene macht sich selten einen richtigen Begriff von
den wunderbaren Sturmbewegungen, von denen eine solche Staublawine
begleitet ist. Der Luftzug strömt stoß= oder schußweise rechts und links etliche
hundert Schritt weit neben dem Lawinenzug, schießt aber in seiner ganzen
Breite unten über die liegen bleibende Schneemasse hinaus, prallt oft an der
gegenüberliegenden Bergwand an oder verliert sich in der Weite des Thales,
wo er noch auf eine halbe Stunde die Fenster und Thüren der Wohnungen
erschüttert und die Kamine von den Dächern hebt. In den Wäldern reißt
dieser Sturm auf beiden Seiten des Schneestromes hunderte der stärksten,
ältesten Bäume nieder, hebt Menschen und Tiere auf und schleudert sie in die
Tiefe, zerbricht im Thale noch weit von seinem Lagerplatze die gewaltigsten
Nuß= und Äpfelbäume und Ahorne, legt schwere Frachtwagen auf die Seite
und reißt ganze Ställe zusammen. Doch ist diese Luftstreichung ziemlich enge
abgegrenzt, und außerhalb ihrer scharfgezogenen Linie schwankt kaum ein Ast.

Wunderbare Schicksale zeichnen solche Lawinen in das monotone Winter=
leben der Bergbewohner. Bald verhüllen sie ganze Weiler in nächtlicher Stunde,
und die Leute sind in haushohen Schneemassen begraben und erstickt, ehe sie
erwachen. Manchmal reißen sie die Häuschen wie Kartenblätter wirbelnd in
die Höhe, und die Bewohner werden mit heiler Haut abseits in den Schnee
geschleudert. Heuschuppen sind 500 Schritte weit durch die Luft über Bäche
getragen und unversehrt mit dem ganzen Heustock auf der andern Thalseite
abgesetzt worden. Von Verschüttungen*) und wunderbaren Rettungen der
Menschen finden sich in allen höheren Thälern ältere und jüngere Traditionen.
Begreiflich sind die Tiere, die in der Nähe des Lawinen= oder Luftstromes

---

*) Statt vieler Beispiele zwei: „Als man (d. h. die im November 1478 gegen
Mailand kriegenden Eidgenossen, wie Diebold Schilling erzählt) an den Gotthard
kam, da warent etliche mutwillig Lüt vor bannen gezogen, die machten ein Geschrei
und wollten nieman folgen, wie fast man jnen das verbot. Also kam ein gros
ungestüme Schnee=Löwinen oben von dem Berg harin, darunder leider vil guter
Gesellen kamen, die wurden verzuckt. Etlich kament von Gottes Gnaden wieder harus,
die demnocht übernacht darinne gelegen warent und by dem Leben bliben; zwar das
mußt von sundern Gnaden und Erbarmden des allmechtigen Gottes beschechen, dann
sy ohn Zwifel grossen Schmerzen hatten erlibten. Etlich kament auch harus lebendig
und sturbent darnach angends; der Merteil (60) blieb aber leider darinn tod; dan jr
darnach vil funden wurdent und klagt nachmalen jederman die Sinen, die er verloren
hat. Der barmherzig Gott wolle jnen die ewig Ruw verlichen!" Im Jahre 1869
stürzte die verderblichste in Bünden bekannte Lawine vom Rhätikon ins Prättigau und

geblieben, auch Spielbälle desselben. Kleine Vögelchen und Raben werden
hoch durch die Luft geschleudert; seltener reißt der Schneesturz eine Gemse
mit. Man sagt diesen klugen Tieren nach, sie vermeiden zur Zeit der Lawinen=
brüche sorgsam die gefährlichen Gegenden; doch kommen im Frühling nicht
selten Gemsengerippe im Lawinenschnee zum Vorschein. Mehr als die
Witterung der Lawinengefahr mag sie aber ihr Trieb, die Sonnenseite des
Gebirges zu meiden, vor dem Tode schützen. Mit dem Winde verbreitet sich
auch eine große Masse des zu Staub aufgelösten Schnees mit wunderbar
penetrierender Kraft nach der Tiefe. Solcher Staublawinenschnee bringt
durch die feinsten Ritzchen massenweise in die Häuser und setzt sich in die
wollenen Kleider so fest, daß er durchaus nicht ausgebürstet werden kann.

Die Grundlawinen entstehen später als die eben bezeichneten, im
Frühling bis in den Vorsommer hinein; die größeren gehen ziemlich regel=
mäßig an östlichen Gebirgshängen zwischen 10 und 12 Uhr mittags, an
südlichen zwischen 12 und 2 Uhr, an westlichen zwischen 3 bis 6 Uhr nach=
mittags, und an nördlichen bis tief in den Abend hinein zu Thal. Der Föhn
in den Höhen oder anhaltende Sonnenwärme löst große Schneefelder von
vielen tausend Quadratfuß auf, unterfrißt sie teilweise, zieht Wasserrinnen
durch sie und erweicht ihre Unterlage so, daß bei geringer Veranlassung ganze
Strecken gleichzeitig ins Rutschen kommen. Die tieferen Schneefelder hängen
sich an, lösen sich leicht vom erweichten, schwellenden Boden; alles ballt sich
zusammen, reißt überall neue Schneefelder mit, nimmt Erde, Schutt, Steine,
Blöcke fort und donnert ebenfalls stromartig, aber in kompakteren Massen,
über die Felswände oder durch die gewöhnlichen Furchen und Lawinenzüge
in die Tiefe. Diese Gebilde stieben, weil sie aus feuchten Schneekonglomeraten
bestehen und sich im Gange fester ballen und drängen, nicht so reichlich in die
Luft auf wie die trockenen Staublawinen, deren Millionen Staubperlen die
Atmosphäre leuchtend erfüllen, verursachen darum auch keinen bedeutenden
Luftdruck und schaden nur durch ihre eigene Bahn, indem sie auf derselben
eine Masse von Erde aufwühlen, oder auch, doch seltener als die Staublawinen,
verheerende Bahnen durch die Hochwälder brechen. Sie führen immer viele
Eismassen mit sich und sehen schmutzigtrübe aus. In der Regel gleichen sie
weniger einem kolossalen Schneeballe als einer haushohen Schneewand. Wie
viele tausende von Insekteneiern, Larven, Würmern, Alpenpflanzensamen, die
sich im Sommer und Herbst im Bette des Lawinenzuges harmlos angesiedelt,
werden so plötzlich durch eine oder zwei Regionen getragen und im Thale
abgesetzt, wo sie sich im Sommer doch noch entwickeln. Die Geschiebe schmelzen

---

begrub 150 Häuser und Ställe in der Ebene Raschnal hinterhalb des Dorfes Saas.
Unter den weithin verschlagenen Trümmern fand die Hilfsmannschaft einen wohl=
behalten in seiner Wiege liegenden Säugling und daneben ein Körbchen mit 6 Eiern,
von denen kein einziges zerbrochen war; dagegen verloren 58 Menschen und über
300 Stück Vieh das Leben.

im Kessel oder auf der Weide, wo sie stehen geblieben und 9—12 m, in Thalschluchten dagegen bis 60 m hoch aufgetürmte Schneemeere bilden, nur langsam, oft erst im Juli; und im nächsten Jahre blühen daselbst ganze Kolonien herabgeflößter Alpenpflänzchen. Oft bleiben die Massen in einem Bachbette stecken. Der Bach taut auf, bildet einen kleinen See, bis er sich durch die 15—24 m breite Schneemauer durchgefressen, und stürzt sich über=schwemmend ins Thal. Ist die Witterung kalt, oder liegt der Thalgrund hoch und schattig, so bleibt nicht selten die durchgefressene Schneemasse als brückenartiges Gewölbe, das gefahrlos überschritten wird, das ganze Jahr durch über dem Bache stehen und stürzt gelegentlich im nächsten Frühjahr zusammen. Von der Festigkeit des im Thale unten anlangenden Lawinenschnees hat man merkwürdige Beweise erhalten. Die Masse ist so durchgeballt, gerüttelt, geknetet, daß sie zu einem eisenharten Kitt wird. Ein Bergmann, der auf dem Splügen von einer Lawine ins Thal geworfen wurde, aber unversehrt blieb, vermochte es mit aller Gewalt nicht, seinen zur Hälfte im Schnee stecken gebliebenen Mantel aus dieser Kittmasse herauszureißen. Das außerordentlich langsame Schmelzen der Lawinentrümmer wird unter solchen Verhältnissen leicht begreiflich.

Weniger begreiflich ist die andere Erscheinung, daß die in solchem Schnee Begrabenen in ihrer Tiefe jedes Wort, das von den sie Aufsuchenden gesprochen wird, deutlich vernehmen, während ihr angestrengtestes Rufen auch nicht einmal durch eine etliche Fuß dicke Hülle zu bringen vermag. Diese alte Erfahrung bestätigte sich auch vor einigen Jahrzehnten wieder. Ein am 19. April 1866 bei Orezza (Münsterthal) von einer Lawine verschütteter Fuhrmann, der durch den Wagen ein wenig geschützt blieb, mußte sechsundzwanzig Stunden lang in seinem Schneegrabe zubringen, ehe er ausgeschaufelt werden konnte. Während dieser bangen Zeit hatte er nicht nur jedes Wort der ihn Suchenden verstanden, sondern sogar die Vesperglocke von San Carlo deutlich vernommen. Er starb wenige Stunden nach seiner Befreiung. Ist der Lawinenschnee ein schlechter Schallleiter, so ist er ein um so besserer Konservator. Im Canalithale (Tirol) fand man auf dem Grunde einer Lawine, die erst im zweiten Sommer gänzlich abschmolz, eine Gemse mit ihrem Jungen, deren Fleisch noch ganz genießbar war.

Neben diesen großen Lawinen bilden sich vom Januar bis April in allen Alpen zahllose kleinere, meist Staublawinchen aus losem Schneegeschiebe. Sie hangen plötzlich wie Schleier an den Felsenwänden, sammeln sich auf einem Rasenbande wieder und stürzen sich aufsprudelnd noch über eine Galerie hinunter, wo sie gewöhnlich ein eigener Trichter oder Kessel aufnimmt. Es giebt einzelne Bergfurchen, in denen den ganzen Frühling durch solche Lawinen fließen. An der Jungfrau, am Uri=Rotstock, am Wiggis und Glärnisch, überhaupt an allen steileren Bergpyramiden, die aus tiefen Thalbuchten auf=steigen, sieht man solche verjüngte Lawinen, die bloß 300—600 m tief fallen, gleichsam nur von einer Etage des Gebäudes zur andern. Wir haben schon gleichzeitig an Einem Bergstock ein halbes Dutzend solcher donnernder Kaskaden gezählt; in einer einzigen Stunde eines warmen Frühlingstages kann man unter günstigen Verhältnissen 12 bis 16 und mehr Fälle beobachten, von denen jeder seine eigentümliche Gestalt und Schönheit hat. Dann ‚donnern die Höhen‘ in der That unaufhörlich; die Schleier wallen von allen Seiten über die Felsterrassen und scheinen in den Lüften zu verschwinden, wenn ihr Trichter, wie gewöhnlich, durch einen vordern Bergaufsatz verhüllt ist. Es ist dies so eine eigene Art, wie der Frühling in den Alpen sich einzuläuten pflegt, ein so heimatliches, fröhliches Naturschauspiel, daß die Kinder des Thales in der Fremde sich gar nicht daran gewöhnen wollen, einen Frühling ohne jene rauschenden Silberbänder kommen zu sehen.

Nichts befördert aber auch mehr die Möglichkeit einer Frühlings= vegetation in den Höhen, als diese Art der Entfernung von zahllosen Millionen Zentnern Schnees. Müßten alle diese Massen, von deren Umfang man sich nur selten einen richtigen Begriff macht, langsam weggeschmolzen werden, so dauerte dies wohl bis tief in den Sommer hinein. An manchem schattigen Gelände ginge der Schnee gar nicht ab, und es würden sich bleibende Schnee= und Gletscheransätze bilden und wachsen, wo nun durch die Gunst der Lawinen der Wildheuer seine duftigen Heubürden sammelt. Ist in der Höhe infolge einer Grundlawine einmal ein ganzes breites Schneefeld ins Thal abmarschiert, so wirkt die Sonne und der Regen von diesen Brachplätzen aus mit doppelter Schmelzkraft nach allen Seiten hin. Der Boden wird warm; die benachbarten Schneegebiete werden von unten auf unterfressen, von oben durch Schnee und Regen und Föhn abgeleckt und bald rutschen sie den Vorgängern, nachdem sie reif geworden sind, im gleichen Bette nach oder verenden auf dem Platze. Jene Brachplätze sind denn auch die ersten Futterstellen, wo die Raben und Krähen, die Schneehühner, Birkhühner und die kleinen Insektenfresser die frühesten Würmer, Larven und Käfer finden, und wenige Tage nach der Entblößung des Bodens lebt auf diesen schwarzbraunen Oasen schon ein wunderbares Treiben und Verfolgen von allerlei Mücken, Wanzen, Fliegen und Wolfsspinnen, während ringsum noch alles in hohem Schnee liegt und die Leute im Thale noch keine Spur solchen Höhenlebens ahnen.

Wir sind in der That geneigt, die Lawinen für vorwiegend nutzen= bringende Alpenphänomene zu halten. So groß auch in einzelnen Fällen ihre Verheerungen, die schon mit Einem Schlage ganze Dörfer und hunderte von Menschenleben vertilgt haben, sein mögen, so hängt doch von ihnen die Möglichkeit einer Vegetation in großen Gebirgsteilen ganz ab. Die kleinen Lawinen, also die zahlreichsten, sind in der Regel unschädlich, und von den größeren wirkt nur ein geringer Teil, besonders die, welche neue Bahnen einschlagen, nachhaltig verheerend. Freilich sind die Schutzmittel der Berg= bewohner auch gar unzulänglich, namentlich die altbestandenen, morschen

Bannwälder, die oft ganz neben einem neueingeschlagenen Lawinenzuge draußen stehen und allgemein im Abgange sind, da man sie nicht forstwirtschaftlich verjüngt und ergänzt. In Wallis herrscht in einigen höheren Thälern die ingeniöse Sitte, die Lawinen festzunageln, indem die Leute im Vorfrühling zu den bekannten Lawinenbruchstellen, an die Quellen der Schneeströme, hinaufsteigen und dort auf der ganzen geneigten Fläche Pflöcke in den Boden treiben, damit bei der Schneeschmelze nicht das ganze Lager in Gang gerate. So furchtbar und unaufhaltsam der entwickelte Sturz ist, mit so kleinen Gegenmitteln kann doch sein Beginnen verhindert werden. Hat man ja schon bemerkt, daß periodische Lawinen ausgeblieben sind, wenn die Wildheuer im vorangehenden Sommer verhindert waren, gewisse Grasgesimse abzuscheren, worauf die langen, dürren Grashalme in den Schnee festfroren und diesen zurückhielten, daß er nicht in die Tiefe stürzte und dort den Gang einer Lawine anregte! Noch größere und sicherere Dienste leisten die Legföhren, die ganze Schneebreiten mit tausend Nadelfingern zurückhalten und die Entstehung von Grundlawinen beinahe unmöglich machen. In mehreren sehr ausgesetzten Thälern der rhätischen Alpen schützen die Einwohner ihre Häuser durch zwei giebelhohe Erd= und Steinwälle, die in einem spitzen Winkel gegen die Lawinenseite zusammentreffen, sogenannte Spaltecken, welche den Schnee= strom zerteilen, daß er zu beiden Seiten der Wohnung unschädlich abfließt. Oft hüpfen aber die Staublawinen auch über den Wall und das Dach weg. Auf solche Weise ist in Davos die Frauenkirche geschützt und viele Häuser im Mayen=, Bedrettothale und anderwärts. Einzelne Ställe werden auch bloß mit einer Schneemauer verwahrt, die durch Wassergüsse vergletschert wird und wohl aushält, bis die Zeit der Gefahr vorüber ist, während die neueren Bergstraßen an lawinengefährlichen Stellen durch Galerien geschützt werden oder durch auf Pfeilern ruhende Dächer, die in gleicher Flucht mit der Gangbettsohle der Lawine liegen. Das Hauptschutzmittel aber gegen alle Lawinengefahr bleibt die Verbauung und Aufforstung der Sammelgebiete, die an tausend Punkten gelingen könnte. Zu den berüchtigtsten, durch Lawinen gefährdeten Stellen gehören die Schöllenen, das Tremolathal, die Züga bei Davos, der Platiferpaß bei Dazio grande und andere. Der Mensch setzt den Naturgewalten unablässig und immer siegreicher seinen zähen Widerstand entgegen; ja er baut seine Hütten keck und trotzig an die Donnerbahnen der furchtbaren Schneeströme, und wenn diese sie wie Ameisenhäufchen wegfegen, so setzt er in wunderlichem Eigensinn die neuen wieder an die Stelle der alten. So wischen z. B. im wallisischen Lötschenthale die Lawinen regelmäßig von Zeit zu Zeit die Kapellen von Lugein und von Koppistein in die Tiefe; aber unermüdlich bauen die Bewohner von Ferden und Kippel die Gottes= häuschen wieder auf den alten Fleck.

In dem Bilde unserer Alpenlandschaften nehmen die Gewässer in ihren verschiedenen Gestalten eine sehr wichtige Stelle ein und beleben sie in ihrer

Weise ebenso sehr wie die Pflanzen= und Tierwelt. Sie sind die Seele des
Thales. Ohne Wasser ist auch das üppigste Thal, die fruchtbarste Ebene in
einem gewissen Grade leblos und reizlos. Ein breiter Bach, ein kleiner See
zaubert hundert neue Farben und Töne in das Bild und bringt nicht nur den
Spiegel seiner Wellen mit, sondern eine ganze kleine Welt von Pflanzen und
Tieren, welche die einförmige Breite der Landformen fröhlich unterbricht.
Unser Gürtel ist denn auch besonders reich an Wasseradern; seine Thäler sind
zwar zu kurz, um Flüsse zu beherbergen; sie sind auch zu schmal und enge für
größere Seebecken — dafür ist aber die Alpenregion die Geburtsstätte unserer
großen Ströme und umfaßt ein höchst mannigfaltiges Quellengebiet. Tessin,
Rhein, Reuß, Aare und Rhone nehmen ihren Ursprung in den Umgebungen
des Gotthardstockes, die Linth auf der Sandalp, der Inn am Septimer, die
Saane am Sanetsch, die Emme am Rothorn, die Landquart am Selvretta=
gletscher, — kurz alle Hauptströme und die meisten Flüsse werden in den
Alpen geboren. Ihre Wiegen sind aber sehr verschiedenartig. Bald ent=
spinnen die jungen Ströme sich aus Moorwiesen, bald entfließen sie kleinen
Bergseen oder großen Gletschern; manchmal sind sie ursprünglich bloß
zusammengesickerte Felsenausschwitzungen, oder aber sie entsprudeln als reiche
Quellen dem Boden und bilden sofort ordentliche Bäche. Ihre Zuflüsse sind
zahllos; man hat berechnet, daß nur im rhätischen Gebiete dreihundertsiebzig
Gletscher ihre Abflüsse an den Rhein abgeben, sechsundsechzig Gletscher an
den Inn, fünfundzwanzig Gletscher an die Etsch und den Po. Wer im
Frühling die Alpen besucht und sieht, wie von allen Schneefeldern, über alle
Felsen, aus jeder Bergfurche kleinere oder größere Bächlein niederströmen,
wird sich einen Begriff von der unendlichen Wassermasse bilden, die aus dem
ganzen, gewaltigen Alpengebiete in das Tiefland geht und dort so vielfach zur
Bedingung der Fruchtbarkeit und des Verkehrs wird. Am mächtigsten ist
aber der Wasserabgang nicht sowohl zur Zeit der heißen Föhnwinde als viel=
mehr der warmen Regenniederschläge. Überall entstehen dann neue Wasser=
adern. Kleine Rieselbäche werden zu trüben, tobenden Strömen; die Tropf=
bretter der Gletscher sind von hundert sprudelnden Rinnsalen durchzogen.
Wie viel Millionen Eimer Wassers das Rheinbett jede Minute aus den Hoch=
gebirgen entführt, mag man ahnen, wenn man sich erinnert, daß zur Zeit der
Schneeschmelze das 540 qkm haltende Bodenseebecken $2^{1}/_{2}$—3 m steigt, im
Jahre 1770 aber um 6—7 m sich gehoben hat. Bei manchen Strömen ist
es schwer, die eigentliche Quelle anzugeben; ja diese eigentliche Quelle ist da
bloß illusorisch, wo mehrere Bäche von ungefähr gleicher Stärke zusammen=
treffen und nicht eine Bachader als Stamm des Flusses sich heraushebt. So
entsteht z. B. der Vorderrhein aus mehreren Bächen, von denen jeder ‚Rhein‘
mit einer Lokalbezeichnung heißt. Die Quellen dieses herrlichen 1400 km
langen Stromes, der auf seinem Laufe 12 283 Flüsse und Bäche aufnimmt,
liegen alle in der Alpenregion: die des Vorderrheines im Tomasee (2344 m

ü. M.) und Krispalt (2265 m ü. M.), des Mittelrheines im Scursee (2453 m ü. M.), des Hinterrheines am Rheinwaldgletscher (1900 m ü. M.). Dabei gilt der Grundsatz, daß den eigentlichen Quellbächen stets vor den bloßen Gletscherabflüssen der Vorzug gegeben wird. Die drei Quellenbäche der Rhone empfangen vom Rhonegletscher zwei Eisabflüsse, die wohl mit zwanzig mal reicheren Massen aus den Eishöhlen hervorsprudeln, als der kleine auf den Wiesen beim Wirtshaus zum Gletsch entspringende Quellbach, der freilich um 15° C. mehr Wärme hält, und doch haben nicht sie den Namen der Rhonequellen und verdienen ihn auch nicht, da sie nicht eigentliche Quellwasser sind. Damit stimmt ganz die Verachtung zusammen, welche so häufig die Alpenbewohner gegen die ‚wilden‘ Gletscherwasser bezeigen, und ihre Verehrung vor den ‚lebendigen‘ Quellen, indem die ersteren kalt, trübe, rauh sind und für ungesund und entkräftend gelten, die letzteren aber rein, klar und so warm, daß sie selbst im Winter oft eine grüne Vegetation an ihrem Ufer erhalten. Und doch haben manche Ströme nur solche gering angesehene Gletscherquellen; so wird gerade die Aare durch die starken Bäche des Oberaar=, Finsteraar= und Lauteraargletschers gebildet, die bei ihrer Vereinigung 2036 m ü. M. liegen. Der einzige Bach, der lange durch die Alpenzone strömt und in ihr zum Flusse wird, ist der Inn. Doch auch die Aare gewinnt rasch eine bedeutende Stärke durch die Zuflüsse aus allen den finsteren Eisthälern, die sie in wildem, tobendem Gange durchströmt; dann geht sie ruhig durch die trostlos öde, jetzt beinahe ganz baum= und buschlose Trümmersohle des Aar= bodenthales unter dem Grimselhospize weg einer engen Schlucht zu, durch die sie von Stufe zu Stufe fällt und dem Räterisboden (1705 m ü. M.) ent= gegeneilt, bis sie oberhalb der Handecksennhütte einen hübschen Fall, unterhalb derselben aber (1384 m ü. M.), mit dem Aerlenbach zwischen den Granit= felsen in einen 30 m tiefen Abgrund stürzend, den berühmten Handeckfall bildet, den einzigen großen Wasserfall der Alpenregion, der aber den ganzen Winter über nur durch ein mageres und unscheinbares Bächlein eingenommen wird. Kurz nach diesem köstlichen Salto mortale tritt sie aus der Alpenregion hinaus.

Die übrigen Wasserfälle der letzteren, mit Ausnahme etwa des herrlichen, 15 m tiefen Dransefalles im Bagnethal unterhalb Fionin (1526 m ü. M.), sind nicht besonders wasserreich, da sie den Quellen zu nahe liegen, dafür aber sehr zahlreich und oft außerordentlich kühn*). In allen höheren Revieren

---

*) Der mächtigste Wasserfall der Zentralalpen ist der Tosa oder Toccia (1390 m ü. M.) im höchsten Teile des piemontesischen Formazzathales, vom Griesgletscher genährt. Mit einer Wasserbreite von 26 m stürzt er sich bei der Kapelle sulla frua in drei zusammenhängenden Armen über eine schiefe Felsenwand in eine Tiefe von beinahe 160 m, aus welcher ohne Ende ungeheure Wolken schimmernden Gestäubes aufqualmen. Von den schweizerischen Fällen steht er an Wasserfülle nur dem Rheinfalle nach, übertrifft denselben aber an Sturzhöhe wohl siebenmal.

sieht man diese schwankenden Schaumfäden an den Felsen hängen oder hört die jungen Bäche über die großen Felsenstufen ihrer Schlüchten hinunterkommen.

Verhältnismäßig ebenso zahlreich und ebenso reizend sind die tiefgrünen, blauen oder weißlichgrauen Hochseen, die eine schöpferische Hand so reichlich über das Alpenrelief hingestreut hat. In der obern Alpen= und untern Schneeregion weit zahlreicher als in den untern Alpen, sind sie nur ganz kleine Wasserschalen, meist mit höchst zerklüftetem Felsengrunde. Innerhalb des Baumreviers kränzen ihre Ufer noch dunkle Rottannen und Zirbelkiefer=gruppen. Die Einfassung des Seespiegels wird bald von schroffen Felsen=zügen, aus denen unmittelbar die trotzigen Bergkegel aufsteigen, gebildet, bald verläuft sie in feuchte, saure Wiesen. In klaren Farben malen sich die ewigen Alpen in dem außerordentlich durchsichtigen Krystallspiegel mit allen ihren grünen Gesimsen, dunkeln Schluchten, blinkenden Schneespiegeln und jähen Felsenterrassen ab. Es ist, als ob der Geist dieser Alpenwelt kühn aus dem Wasserauge blitze, und wenn im Spätsommer noch von einem abgrünenden Vorsprung die hellen Glocken der zu Thale ziehenden Herden sich mit dem melancholisch trotzigen Jodelrufe der Sennen mischen, dünkt es wohl dem Wanderer, als habe jener Geist mit seiner Lebenskraft und seinem Todesmute, mit seinem Reize und seiner Macht auch eine Sprache gefunden.

Die oberen Wassersammler, die sich meistens von großen Gletscherfeldern nähren und an ihrem Rande keinen Baum, höchstens etliche magere Weiden=, Heckenkirschen=, Alpenrosen= oder Erlenbüsche tragen oder auch ganz tot zwischen grauen Geschiebrevieren und Felsenwänden lagern, haben ein düsteres und tiefernstes Ansehen. Gewöhnlich ohne alle Wellenbewegung, mit dunkel=grünen, blauen oder milchiggrauen Farbentönen, stimmen sie zum öden Geiste der Felsenlandschaft. Kein Nachen, kein Flößchen hat sie je berührt, keine Seerose ihre breiten Blätter auf dem Spiegel gewiegt; kein Fisch zieht durch die grünen Tiefen, kein Wasservogel, oft nicht einmal ein Frosch sitzt an den steinigen Ufern, an denen sich bald eine belebte Paßstraße, bald nur ein ein=samer Saumpfad hinzieht; nur zur Wanderzeit läßt sich etwa ein Trüpplein dem glücklichen Süden zueilender Wasservögel auf der unwirtlichen Flut nieder. Den größten Teil des Jahres deckt sie Schnee und Eis, und manches flacher ausgewölbte Becken friert bis auf den Grund zu. Mühsam und langsam taut der Frühling oder Sommer sie auf, und kleine Eisfelder und Blöcke schwimmen noch auf ihnen, wenn schon die Alpenrosenbüsche ihrer Felsen freudig die Glockensträuße im Winde wiegen. Hin und wider wirft noch eine späte Lawine haushohe, sprudelnde Schneemassen in ihre Becken, oder ein später Frost überzieht die kaum geschmolzene Flut mit einer sulzigen, aus Krystallnadeln gewobenen, beweglichen Decke.

Einer der höchstgelegenen dieser Seen ist der des großen Bernhards=berges, dicht unter dem berühmten Hospiz (2470 m ü. M.), eine Viertelstunde im Umfang, nur wenige Monate des Jahres, im Jahre 1816 sogar nie auf=

ALPSEE.

getaut. Und doch sprießen während des kurzen Sommers doppelte Veilchen an seinem Ufer, von denen das zweite aus dem Kelche des ersten sich entwickelt, und eine interessante Bastardbranunkel (von R. glacialis und R. aconitif.). Animalisches Leben ist aber weder in seinen traurigen Fluten noch an seinem Ufer zu bemerken. In seiner Nachbarschaft liegen die kleinen Seelein des Col de la Fenêtre (2680 m ü. M.), neben dem östlich vom Rawylpaß gelegenen Hochseelein (2500 m ü. M.), einem der höchsten europäischen Wasser= becken, oft jahrelang nicht auftauend*). Eben solche Miniaturseen finden sich im wallisischen Orsierethal, der Orniersee, der sich von den gleichnamigen Gletschern speist und in dessen Nähe eine der höchsten Kapellen der Alpen (2650 m ü. M.) steht, zu welcher jährlich eine große Kreuzfahrt pilgert; der kleine Schwarzsee (2037 m ü. M.) am Matterhorn, ohne sichtbaren Zu= und Abfluß und ebenfalls mit einer Kapelle am Ufer zu Ehren U. lieben Frauen zum Schnee, welche jährlich ein 1000—2000 Personen starker Bittgang von Zermatt aus besucht (auch hier wächst eine hübsche Hybride, Potentilla ambigua); der Mattmarksee (2123 m ü. M.) am Distelbergpaß, der im Jahre 1817 und 1818 von dem wachsenden und rasch vorrückenden Schwarz= berggletscher quer durchschnitten wurde, so daß sich seine Gewässer in der hinteren Hälfte aufstauten, wobei der Gletscher am östlichen Ufer unter anderen einen 18 m hohen Felsblock von über 10 000 000 kg Gewicht zurückließ; der Illsee (2350 m ü. M.) am Illhorn; der Hochbachsee (2345 m); der Geiß= pfadsee ob dem Binnthal (2475 m); der Aletschsee am gleichnamigen Gletscher, dessen Eiswände 15 m über den höchsten Wasserspiegel ragen, mit fast stätigen schwimmenden Eisinseln, ein Gewässer, das sich, ehe ihm ein Stollen ins Viechertobel gebrochen wurde, oft so verheerend unter dem Eise hin gegen Naters entleerte, daß den Hirten auf Märjelenalp die stete Überwachung des Niveaus überbunden wurde; der Brodelsee am Griesgletscher (2440 m ü. M.); der oft bis in den hohen Sommer von Lawinenschnee halbangefüllte Rawylsee (2330 m ü. M.); der Daubensee auf der Gemmi (2206 m ü. M.), eine Viertelstunde lang und acht Minuten breit, von den Lammerngletschern genährt, mit trübem, während zehn Monaten des Jahres gefrorenem Wasser, in trauriger Trümmerwüste ohne eine Spur tierischen oder pflanzlichen Lebens. Er hat keinen sichtbaren Abfluß und an seinen wilden Ufern hausen bloß Scharen von Alpendohlen. Ferner der Bach= oder Hexensee am Faulhorn (2476 m ü. M.), dessen Spiegel noch in der zweiten Hälfte des Juli ein lockeres Gewebe zollanger, nadelförmiger Eiskrystalle breiartig überzieht; das Wildseelein am Schwarzhorn (Berner Oberland); der Tittersee südlich

---

*) Unsers Wissens liegt das höchste Gletscherseelein Europas, zwischen 3200 und 3600 m ü. M., auf italienischem Gebiete zwischen den drei Gipfeln der Pointe Vacornie in der Südkette des obern Val Pellina, Praje gegenüber. Vergl. Balzer im Jahrb. d. S. A. C. Bb. V, S. 635 ff.

vom Sibelhorn 2481 m; der Totensee auf der Grimsel mit vielen Fröschen, Wasserkäfern, Rädertieren (z. B. Gletscherpolypen, Stephanoceros glacialis), 2504 m; der Trützisee beim Geschenenhorn (2581 m ü. M.); die Seelein der Windgelle, des Etzlithales und der Oberalpsee (2028 m ü. M.), der noch schöne Forellen hat und wohl eine Stunde lang ist, in Uri; die Seen des Gotthards, die auffallenderweise nur einige Centimeter tief zufrieren und ebenfalls Forellen enthalten. Von ihnen ist der bekannte Luzendrosee (2083 m ü. M.), eine halbe Stunde lang, eine der Quellen des Reußstromes. Im Glarnerlande der Oberblegisee (1426 m ü. M.), das Bergseeli (2194 m ü. M.), das Kuhbodenseeli (1950 m ü. M.), der Muttensee (2442 m ü. M.), am Kistenpaß, eine halbe Stunde im Umfang haltend und fast das ganze Jahr in Eis und Schnee vergraben*), der Spanneggsee (1458 m ü. M.), in dem sich die im Jahre 1750 eingesetzten Flußbarsche und Lauben bis jetzt erhalten haben, die fischberühmten Murgseen (1823 m) in St. Gallen, das oft viele Jahre lang nicht auftauende Wildseelein (2210 m) am Altmann und eine Menge anderer kleiner Wasserschalen. Wie reich das Alpengebirge an solchen Diminutivseen ist, kann man aus der verbürgten Angabe schließen, daß der Kanton Uri allein in seinem geringen Umfange gegen vierzig Alpseelein aufweist, von denen mehrere, wie z. B. der Erstfeldersee, über 2300 m hoch liegen, aber fischlos sind.

Dabei finden wir die interessante Erscheinung, daß eine große Anzahl Hochseen**) keinen sichtbaren Abfluß hat. Diese liegen fast ohne Ausnahme im Kalkgebirge, dessen starke Zerklüftung das Phänomen erklärt. Das Wasser fällt in einen oft durch schwach kreisende Wellenbewegung angezeigten Trichter, arbeitet sich kürzere oder längere Zeit durch die Spalten und Kanäle im Innern des Gebirges fort und springt oft in großer Entfernung wieder zu Tage. Manche Seen haben auch keinen sichtbaren Zufluß und nähren sich von unterirdischen Quellen. Beide Erscheinungen vermehren das mystische Dunkel, das über diesen stillen Fluten schwebt, und sind den abenteuerlichen Sagen, welche die Bergbewohner an sie knüpfen, besonders günstig. Von vielen dieser Wasserschalen kann man übrigens sagen, daß sie selbst in den nächsten Thälern fast unbekannt sind. Einige wurden von den alten Celten, die eine besondere Scheu vor den stillen Hochwassern hatten, religiös verehrt und an diesen Kultus lehnte sich besonders das Reich der Sage an.

---

*) Seine schwimmenden Eisblöcke erinnern mitten im Sommer an die Polarwelt. Der berühmte Hochgebirgsjäger E. Walcher schoß am benachbarten Felsenhang eine Gemse, welche auf eine schwimmende Gletscherplatte des Sees hinunterstürzte und auf derselben, dem Schützen unerreichbar, sich ins offene Wasser hinauswiegte. Ein günstiger Wind trieb langsam den beutebeladenen Eisfloß vorwärts, bis endlich, endlich nach tagelangem Harren der Jäger am andern Ufer seinen ersehnten Bock in Empfang nehmen konnte.

**) Z. B. der Daubensee, Seewelisee an der Windgelle, Stockhornsee, Glattenalpsee, Oberblegisee, Ober- und Niedersee am Wiggis, Sämtis- und Fählensee ꝛc.

Die Hochseen der Schnee= und der obern Alpenregion haben in den wenigen Wochen, während deren ihr Wasser offen ist, das Geschäft, alles kleine Gerinsel ihrer Umgebung zu sammeln und in einer einzigen größeren Ader weiter zu leiten. Sie sind größtenteils ganz tot; die Versuche, sie mit Fischbrut zu beleben, scheiterten an der Länge und Härte des Winters. Die Seen der mittlern und untern Alpenregion sind die Spühlbecken und Läuterungskessel der von oben her kommenden Bergbäche, die in ihnen ihr Geschiebe absetzen. Bis zur Tannengrenze hinauf sind alle, welche sichtbaren Abfluß haben, mit Fischen, doch fast ausschließlich nur mit Forellen, Groppen und Ellritzen, selten auch mit Barschen und Plötzen (Scardinius erythrophthalmus) besetzt; die übrige Süßwasserfauna ist verhältnismäßig reichlich vorhanden. Höher hinauf, bis 2100 m ü. M., finden sich nur in einzelnen Bassins noch Fische, aber oft zahlreich und von besonderer Schmackhaftigkeit. Auffallenderweise hält oft von zwei Seen im gleichen Niveau der eine zahlreiche, der andre gar keine Fische. Bei 300—650 m ü. M. hält das Wasser $\frac{1}{36}$ Luft; bei 2800—2600 m ü. M. aber wegen des verminderten Luftdruckes nur noch $\frac{1}{100}$, so daß schon deswegen in dieser Höhe kaum ein Fisch mehr existieren kann. Von Wasservögeln bemerken wir nur ausnahmsweise ein auf dem Zuge verschlagenes Tier auf ihnen, im Herbst ein kleines Völklein Stockenten, ein schwarzes Wasserhuhnpärchen; doch hat man selbst auf diesen Hochseen (in Bünden) einmal einen Singschwan und im Jahre 1830 (auf dem St. Moritzersee) den hochnordischeu, großen Eistaucher geschossen, ein Bewohner Grönlands und Islands, der sonst wohl fast alle Winter auf die Schweizerseen, doch nur auf die tiefliegenden, kommt. Am See des großen St. Bernhards sind schon öfters Strandläufer= (Tringa-) Arten aufgefunden worden, an dem des Mont Cenis sogar Meerschwalben, und am Dent b'Oche (in Savoyen) das rote Wasserhuhn (Fulica chloropus), — alles zufällige und vorübergehende Erscheinungen. Die relativ reiche Sumpf= und Schwimmvögelfauna des Ursernthales haben wir der Bergregion angereiht, da sie, wenn auch um etwa hundert Meter höher gehend, doch einen vorwiegend montanen Charakter hat. Ihr ist sowohl an durchziehenden als stehenden Vögeln die des fünfhundert Meter höher liegenden obern Engadins auf= fallend ähnlich.

Die größte Zahl von Alpenseen weist das Bündnerland auf. Sein gehobenes Bergland, seine zahllosen Gletscher begünstigen die Seebildung außerordentlich. Im Rheingebiete bemerken wir im Granitschoße des wilden Badus den dunkelgrünen Tomasee (2344 m ü. M.), dem eine der Vorderrhein= quellen entströmt, die Gletscherseen Lago Dim, Scur (2490 m ü. M.), Fozero und Insla, die drei kleinen Seen auf der Heidigalp oberhalb Splügen, die viele See= und halbpfündige Goldforellen enthalten sollen, der Calendarisee auf den Schamseralpen, der, wie man glaubt, das Herannahen von Ungewittern durch ein dumpfes Brausen ankündigt, der Lüschersee, oberhalb Tschappina,

ohne sichtbaren Zu= und Abfluß, dessen Wachsen, Sinken und Wirbel noch
nicht recht erklärt sind, die berühmten Fischseen von Vaz und Weißenstein
(2030 m ü. M.) mit rotfleischigen Forellen, der halbstundenlange See in
Davos (1561 m ü. M.), dem im August 1856 Grundforellen von 9—14 kg
entnommen wurden, die fischreichen Schwelliseen ob Arosa (1925 m ü. M.),
der krystallhelle Patnauersee an der Sulzfluh im Rhätikon, 3/4 Stunden im
Umfang, reich an Groppen und Ellritzen, doch erfolglos mit Forellen besetzt,
der Schottensee (2370 m), dem die Schlappina entspringt, der Jörisee (2500 m
ü. M.) 2c. Auf dem Bernhardino ruht (2060 m ü. M.) der kleine, schön
ausgebuchtete Moesolasee in kahlem Grunde. Im Inngebiete nehmen voraus
die vier größeren Seen der obersten Thalstufe des Engadins, durch den
Stromfaden des Inns verbunden, unsere Aufmerksamkeit in Anspruch. Der
oberste und größte, der Silsersee (1796 m ü. M.), selten vor Ende Mai
eisfrei, ist 7 km lang und 3 1/2 km breit, der bedeutendste aller unserer Alpen=
seen. Alle vier sind äußerst malerisch gelegen, teilweise von reichen Arven=
und lichten Lärchenschlägen bekränzt, und beherbergen auf ihren Fluten und
an ihren Ufern eine Ornis, die sonst kaum irgendwo in dieser Höhe gefunden
wird. Im Winter werden sie als Schlittenbahn benutzt und hallen an schönen
Tagen wider von Pferdegeröll und Peitschenknall. Doch pflegt man sie erst
zu befahren, nachdem man bemerkt hat, daß die Füchse über den Spiegel
gegangen sind; man hält sie dann für fest genug, Pferd und Mann zu tragen.
Die Forellen dieser Gewässer sind berühmt, und es sollen schon 20—22 kg
schwere Grundforellen gefangen worden sein, die hier ihre höchste Erhebung
in ganz Europa finden dürften. Das Gleiche gilt von den Trüschen (Aal=
raupen), die sich, Trallen genannt, im St. Moritzersee (1856 m ü. M.) finden
und dort zu der außerordentlichen Schwere von 3—6 kg gedeihen sollen,
was aber wenigstens in neuerer Zeit bestritten wird, wo die Bach= und See=
forelle, die Rotteln oder Plötze, der Kaulkopf und die Ellritze als die einzigen
Fische des Oberengadins bekannt sind. Merkwürdigerweise findet sich die
Trüsche in Menge und trefflicher Qualität auch im schwarzen See auf Davos,
wohl die einzigen Beispiele, daß sie in die Reihe der Alpentiere eintritt.

In der Nähe der vier Oberengadinerseen liegen noch eine Menge kleiner,
teils fischreicher, teils fischloser Hochseen, unter denen sich besonders die
Berninaseen (2222 m ü. M.) durch ihre Forellenmenge auszeichnen. Auch
der Juliersee (2285 m) und der Sgrischussee im Fexerthale (gegen 2600 m
ü. M.), in welchen vor hundert Jahren Forellen aus dem Silsersee eingesetzt
wurden, beherbergen noch Fische. Letzterer ist wohl der höchste Fischbehälter
Europas. Die zahlreichen übrigen Seelein der rhätischen Alpenregion erwähnen
wir nicht; die angegebenen Daten haben uns überzeugt, daß auch die Fische
im rhätischen Gebirge sehr hoch steigen.

Es ist gewiß, daß in früheren Zeiten die Zahl dieser Alpenspiegel noch
viel größer war als gegenwärtig. Jede Thalwanne, jeder Trichter auf den

Bergrücken bildete einen Wasserbehälter, einen Teil des weiten Schleusen=
werkes des Hochgebirges. Im Laufe der Zeit sägten sich die Abflüsse tiefer
durch die Querriegel, die sie von der untern Bergstufe zurückhielten, und die
Bassins entleerten sich ganz oder teilweise. Zu ihrer steten Verkleinerung
trägt natürlich auch die Ablagerung der großen Geschiebmassen bei, welche
alljährlich von ihren Zuflüssen aus den höheren Revieren hergebracht werden.
Doch ist diese Auffüllung nur bei den seichteren Seen bemerkbar; bei der
beträchtlichen Tiefe der übrigen, besonders derjenigen, die nicht von Sumpf=
wiesen umgeben, sondern in eine Felseneinfassung ausgehöhlt sind, wird erst der
Lauf der Jahrhunderte größere Veränderung aufweisen.

Die Temperatur aller dieser Wassersammler, deren Zahl wohl gegen
1000 ist, steht niedrig, ist aber höchst verschiedenartig. Durch sie wird das
frühere oder spätere, das seichtere oder tiefere Zufrieren bedingt und durch
dieses wieder die in ihnen sich entfaltende Pflanzen= und Tierwelt. Seen, die
selbst nicht höher als 1400 m ü. M., aber an Gletschern liegen, viele Eis=
blöcke führen, früh und tief zufrieren, haben keine bemerkbare Spur von
Wasserpflanzen und Wassertieren, nicht einmal einen Frosch oder eine Wasser=
wanze, während andere Alpenseen, die unter günstigen Verhältnissen über 650 m
höher liegen, noch die schönsten Fische beherbergen und im Frühling von Frosch=
gequak widerhallen. Wahrscheinlich ziehen sich in diese im Herbst die Fische der
Alpenbäche zurück. Die Bäche frieren, weil ihre Quellen fest geworden, oft
ganz aus, während die Tiefe des Sees noch einen erträglichen Wärmegrad
behält. Doch sind diese Fischwanderungen noch gar wenig beobachtet worden.

Die Neuzeit richtete ihr Augenmerk auch auf die mikroskopische Tierwelt
der Hochseen und die Beobachtungen von O. Imhof haben mit Bezug auf
deren Fauna manche bemerkenswerte Thatsachen ergeben. Die geringe Tiefe
der hochgelegenen Seen läßt einen Gegensatz zwischen den Uferbewohnern und
der Bevölkerung des Seegrundes nicht aufkommen; eine eigentliche Tiefsee=
fauna wie sie in den großen Seebecken der Ebene zur Beobachtung gelangte,
fehlt den Alpenseen. Dagegen wurde in großer Verbreitung jene reiche und
eigentümliche Fauna niederer Wesen nachgewiesen, welche das Ufergebiet
meidet und auf das offene Wasser angewiesen ist. Sie bildet die pelagische
Tierwelt und besteht aus kleinen, stets in Bewegung begriffenen oder
schwebenden Protozoen, Rädertieren und niederen Krebsen (Entomostraken);
ihr Körper ist in seinem spezifischen Gewicht nur wenig von dem umgebenden
Wasser verschieden und weist sehr häufig eine glasartig durchsichtige
Beschaffenheit auf. Eigentümliche Arten kommen in den Alpen nicht vor, die
Formen stimmen mit denjenigen der Seen in der Tiefe überein; die Artenzahl
nimmt jedoch nach der Höhe zu ab, dagegen ist nicht selten der Individuen=
reichtum ein ganz erstaunlicher. Ihre Nahrung besteht aus organischem Detritus
und schwimmenden kleinen Algen.

Da sie durch Wasservögel leicht von einem Wasserbecken ins andere verschleppt werden, so begegnen wir in den Hochseen überall denselben Formen. Unter den Protozoen treten am häufigsten zierliche, mit gehörnter Schale versehene Infusorien (Ceratium hirundinella), zarte, baumförmige Kolonien von Dinobryum elongatum und D. divergens, bisweilen die kugeligen Uroglenen auf; die Rädertiere sind durch Asplanchna helvetica, Anuraea cochlearis, A. longispina und Polyarthra platyptera vertreten. Von niederen Krustern erlangen Diaptomus gracilis, Daphnia longispina und Bosmina longispina die weiteste Verbreitung, letztere Art wurde schon 1868 von dem dänischen Zoologen O. F. Müller in dem hochgelegenen St. Moritzersee aufgefunden.

Auch die niederen Strand- und Grundbewohner der kleinen Alpenseen sind von den Arten der Tiefe nicht verschieden. Infusorien (Stentor, Carchesium, Vorticella), Turbellarien, Anguilluliden, Moostiere (Fredericella), Muskelkrebse und Bachflohkrebse (Gammarus pulex), sowie zahlreiche Mücken- und Phryganeenlarven sind die stets wiederkehrenden Vertreter der Strandbevölkerung.

Man sollte erwarten, daß die unwirtlichen Verhältnisse der Höhe, die langen und strengen Winter, die durch Eis- und Schneemassen bewirkte Dunkelheit alljährlich zur Vernichtung der genannten Seebewohner führen und erst mit der milderen Jahreszeit eine Neubelebung erfolge. Dem ist aber nicht so und die mitten im Winter vorgenommenen Untersuchungen in den hochgelegenen Engadinerseen haben ergeben, daß die Erdwärme eine allzugroße Dickenzunahme der Eisdecke verhindert, die kleinen Seebewohner unter ihrer schützenden Decke an Zahl ungeschwächt fortleben und ein willkommenes Futter für größere Geschöpfe, namentlich für die Forellen, abgeben.

Eine eigentümliche, aber höchst seltene Art von Gebirgsströmen tritt in verschiedenen Zeiten und Gegenden des Hochgebirges auf, die aus durchweichten Schiefer- und Thonmassen bestehenden Schlammströme oder Schlammlawinen, von denen eine im Jahre 1673, eine Flut bläulichen Thonschlammes aus dem Septimergebirge, sich über das Dörflein Casaccia (1460 m ü. M.) ergoß und es teilweise verheerte, eine andere im Herbst 1835 sich von der Dent du Midi in einer Breite von 270 m auf das Rhonethal stürzte*). Die kegelförmigen Erdhügel bei Felsberg ob Chur, von der romanischen Bevölkerung Tombel de Chiavals (Pferdegräber) genannt, und bei Siders (Wallis) werden bald für Reste vorgeschichtlicher Schlammströme, bald für zurückgebliebene Kerne großer Felsablösungen des benachbarten Gebirges gehalten. Auch Steinschuttströme brechen aus Gletschern oder Schluchten heraus und haben 1793 Surlegg am Silvaplanersee begraben.

*) Ein ähnlicher, mit furchtbarer Gewalt aus dem Gebirge hervorbrechender, mit Schiefer gemischter Schlammstrom zerstörte 1797 zu Schwanden am Brienzersee siebenunddreißig Häuser und trübte monatelang die Seeflut.

ÖFFNUNG EINER KRYSTALLHÖHLE.

An anderen Gebirgsmerkwürdigkeiten: Stalaktitenhöhlen, intermittieren=
den Brunnen, Muschellagern, bunten Marmorgängen, weißen Alabastermassen,
an wunderbarem Farbenreichtum der Felsen, an Mineralquellen 2c. ist unser
Gürtel auch nicht arm. Die Baretto=Balma, in einem isolierten Felsen der
Vareinaalpen, eine kleine, helle und trockene Höhle, ist zu Rufe gekommen,
weil sie wie manche ähnliche stets wie ausgeblasen ist, und nichts Verun=
reinigendes, wie Laub oder Moos, darin liegen bleiben kann. ‚Es läßt nichts
drin‘, sagen die Hirten.

Unter den Krystallhöhlen sind die des Zinkenstockes am Lauteraar=
gletscher zu hohem Ruhme gelangt. Unser Haller schildert sie in seiner Art:

> Allein wohin auch nie die milde Sonne blicket,
> Wo ungestörter Frost das öde Thal entlaubt,
> Wird hohler Felsen Gruft mit einer Pracht geschmücket,
> Die keine Zeit versehrt und nie der Winter raubt;
> Im nie erhellten Grund von unterirb'schen Grüften
> Wölbt sich der feuchte Thon mit funkelndem Krystall.
> Der schimmernde Krystall sproßt aus der Felsen Klüften,
> Blitzt durch die düstre Luft und strahlet überall.

Dieses Gewölbe wurde im Jahre 1719 in einem 1 m mächtigen, am
Berg über dem Gletscher sich hinziehenden Quarzbande erbrochen, in welchem
schon früher einige Krystallgruben entdeckt worden waren. Die neue Höhle
war niedrig, 36 m lang, von einem Bächlein durchströmt und enthielt den
größten bekannten Krystallfund. Das mächtigste Exemplar wog über 400 kg,
mehrere 250 und sehr viele über 50 kg. Der Gesamtvorrat wurde auf
mehr als 50 000 kg im Wert von 90 000 Mark geschätzt. — Die Gebirge
in der Gegend der Rhonequelle und des Oberlaufes dieses Stromes waren
schon im Mittelalter berühmte Fundorte sowohl für farblose als für gefärbte
(schwarze, dunkelbraune, gelbliche und rötliche) Krystalle, von welchen die
selteneren dunkeln, von einem Mineraloxyd gefärbten früher Morione hießeu,
jetzt Rauchtopase oder Rauchquarze. Wirklich stammen aus jener Gegend
nicht nur die zahlreichsten, sondern auch die gewaltigsten Krystalle. Im
Jahre 1757 wurden in einer Höhle des Walliser Vieschthales und etwas
später am Hagdornberg oberhalb Naters (ebenfalls im Wallis) Krystallhöhlen
geöffnet, welchen Exemplare von 250, 300, 400 und 700 kg, die größten
bekannten, enthoben wurden. — In unserem Jahrhundert fand der größte
Krystallfund im Sommer 1868 in der Nähe des Furkapasses statt. Einige
‚Strahler‘ d. h. Sucher von ‚Strahlen‘ oder Krystallen, hatten am Gletsch=
horn ein Quarzband entdeckt, das sich vom Tiefengletscher bald nur wenige
Centimeter, bald 3—4 m mächtig in die furchtbar steilen Granitwände hinauf=
zieht und in einer Höhe von etwa 30 m über dem Gletscher ein paar dunkle
Stellen zeigte, welche die scharfen Augen der Kundigen als kleine Höhlen=
öffnungen erkannten. Es gelang, auf einem höchst gefährlichen Gesimse bis

zu diesen Löchern zu klettern. Die Strahler hatten sich nicht getäuscht; mit einiger Mühe wurden einzelne Kryſtalle bis zu 7 1/2 kg herausgegrübelt. Der Erfolg ermutigte, ein benachbartes, bloß fußgroßes Löchlein mit Meißeln zu erweitern; allein die Nacht brach ein. Die Mutigen wollten ihren Platz indes nicht verlaſſen und harrten, ſchlecht bekleidet und faſt ohne Erquickung, in heulendem Sturm, eiskaltem Regen und Hagel dichtaneinander gedrängt auf ihrem ſchmalen Granitgeſimſe aus, jeden Augenblick gewärtig, auf den finſtern Gletſcher hinunter geſchleudert zu werden. Endlich gelang es, am folgenden Tage mit dem dritten Sprengſchuſſe eine ziemlich geräumige, mit Quarz- und Granitſtücken, Lehm und Chloritſchutt angefüllte Höhlung zu öffnen, vorabzuräumem und hinein zu kriechen. Hier fanden ſich dann, loſe und unregelmäßig im Schutt liegend, eine Menge der prachtvollſten, meiſt tiefdunkel gefärbten Morione, darunter Kabinettsſtücke von tabelloſer Reinheit und Form und einer Größe, wie ſie bisher noch nie vorgekommen war. Die Kunde des Fundes ſetzte das halbe Guttanen in Bewegung, und mit fieber- hafter Haſt wurde der Schatz gehoben. Er betrug gegen 15 000 kg Rauch- quarze, darunter fünfzig Stück von 50—100 kg, gegen 20 über 100 und 2 Stück über 150 kg. Die Schweizer Muſeen beeilten ſich, die ſchönſten Exemplare zu erwerben.

Von den vielen Mineralwaſſern des Alpengürtels, die bald in Moor- wieſen, bald in Schluchten oder auf kahlen Bergrücken in reicher Mannig- faltigkeit hervorſprudeln (nur bei Schuols im Unterengadin fließen über 20 Mineralquellen, von denen die meiſten zu den vorzüglichſten Salz-, Sauer- und Schwefelbrunnen gehören, die wir beſitzen, während Tarasps Natron- quelle mit reichem Kohlenſäuregehalt an Stärke die berühmteſten europäiſchen Konkurrenten, wie Eger und Karlsbad, bedeutend übertrifft), beſitzt die von St. Moritz (1856 m ü. M.), die von Paracelſus einſt für den erſten Sauer- brunnen Europas erklärt wurde, und die auf dem Bernhardin gute Ein- richtungen und empfängt Gäſte aus dem fernſten Süden und Norden. Das Engadin überhaupt, beſonders aber das untere, iſt auffallend reich an mineraliſchen Schätzen und Erſcheinungen, die mit dieſen in Verbindung ſtehen. Oberhalb Tarasp zeigt ſich Eiſenvitriol, bei Schuols Schwefel, häufig Gips, Marmor, Porphyr, Spateiſen, Serpentin. In den zahlreichen Sinter- höhlen der Nachbarſchaft treten die reichſten mineraliſchen Effloreſcenzen zu Tage; ſo hangen z. B. in einer ſolchen ob Schuols fingerdicke Tropfen von faſt reinem Bitterſalz von der Decke und ob Vulperra ſtehen an den Felſen des Scarlbachtobels große Inkruſtationen von Eiſenvitriol. Noch intereſſanter aber iſt hier das Phänomen wirklicher Mofetten, die man ſonſt bisher nur auf vulkaniſchem Boden beobachtet hat. Eine derſelben iſt oberhalb der ‚Weinquelle‘, eines ſtarken Säuerlings bei Schuols, in einer ſchlammigen Vertiefung; eine andere auf einem auffallend unfruchtbaren Bodenſtück. Es ſind hier Erdöffnungen, aus denen beſtändig reiche Gasmaſſen, namentlich

Grubengas mit Stickstoff und Schwefelwasserstoff, stromartig aufsteigen, nicht
viel über 15 cm breit und schief durch Geschiebe in die Tiefe gehend. An
ihrer Mündung liegen stets tote Insekten in Menge, oft auch Mäuse oder
Vögel, die von den töblichen Dünsten des Giftpfuhls überrascht wurden.
Diese Giftdünste liegen kaum 15 cm hoch über dem Boden, verraten, wenn
man sich zu ihnen hinabbeugt, einen stechenden Geruch und veranlassen
heftigen Hustenreiz. Katzen und Hühner, in diese Atmosphäre getaucht, sterben
sogleich unter heftigen Zuckungen. Wie weit der Bereich dieser Gase unter
der Erde geht, die sich teilweise mit Mineralquellen verbinden und durch diese
entladen, ist schwer zu ermitteln. Die Einwohner behaupten, wenn man die
Mofettenöffnungen verstopfen würde, müßten weit umher die Felder unfrucht=
bar werden. Wir kennen in der Schweiz nur noch eine ähnliche Quelle
mephitischer Gase, nämlich in der Höhle bei Mittelsulz oberhalb Mettau am
Rhein (Aargau), deren Luft ebenfalls den Tieren töblich wird, und etwa den
seit 25 Jahren berühmt gewordenen brennenden Berg bei Oberriedt
(Kanton Freiburg). An einer Trümmerhalde des ‚Burgerwaldes‘ liegt hier
eine Gipsgrube, aus deren Ritzen und Pfützen sich reichlich Grubengas ent=
wickelt, welches angezündet weit umher in Brand gerät und fortflammt, bis
es durch Wind, Regen oder sonstwie gelöscht wird.

Ein nicht unwichtiges Element der Alpenregion bilden auch die Gletscher;
sie reichen oft tief in sie herein und bedecken große Flächen unseres Gürtels.
Da ihre Heimat aber und ihr größter Verbreitungsbezirk doch in der Schnee=
region liegt, werden wir später über diese merkwürdigen Naturerscheinungen
zu reden haben.

Einem recht schrundigen und durchfurchten Gletscherfelde sehen auch
manche unserer Karren= oder Schrattenfelder ähnlich, die in der alpinen Zone
eine so bedeutende Verbreitung haben und manchen hochgelegenen Felsen=
gebieten ein fürchterlich ödes, abenteuerliches Ansehen geben. Sie gehören
nicht ausschließlich der Alpenregion an; an einzelnen Orten (wie z. B. am
Fuße der Fronalp bei Brunnen, am Urmiberge bei Seewen 2c.) treten sie
schon unmittelbar über der Tiefthalfläche auf, sind aber mit starken Humus=
lagen, Rasen und Wald bekleidet und verhüllt; am mächtigsten, regelmäßigsten
und auffallendsten treten sie aber allerdings im Alpengürtel auf, besonders in
der Nähe der Schneegrenze, wo der Schmelzprozeß während eines größern
Teiles des Jahres in Thätigkeit ist.

Die Gestalt der Karrenfelder (romanisch Lapiez oder Lapiaz, in Österreich
Karst) ist außerordentlich verschiedenartig, und schwer zu beschreiben. Sie
bilden weit hingestreckte, nackte Kalkfelsenfelder von verschiedener Böschung,
die in eigentümlicher Weise durch Verwitterung so zerrissen und zerfressen
sind, daß sie bald einem wunderlich mäandrisch ausgefurchten Steingefilde
gleichen, bald unabsehbaren Reihen scharfer Felsgrate, die teils ganz nahe
aneinandergereiht liegen, teils fuß=, klafterweise und noch weiter abstehen und

so bald bloße Rinnsale, bald tiefe Löcher, Höhlen, Schächte und Gänge bilden. Während sie im krystallinischen Gebirge nie vorkommen, finden sie sich in jeder Art und Formation des Kalkgebirges, am häufigsten und großartigsten aber im Hippuritenkalk, in dessen mächtigen Bänken große Nester von Hippuriten= muschelschalen verborgen liegen; auch im Jurakalk erscheinen sie sehr aus= gesprochen, z. B. ob Biel, Bevaix, auf dem Marchairü 2c.

Die Entstehung dieser Schratten ist aus einer eigentümlichen Verwitterung des Gesteins schon seit der vorgeschichtlichen Zeit zu erklären, die zumteil durch die Zusammensetzung desselben, zumteil durch seine Lage, Schichtung und ursprüngliche Zerklüftung bedingt ist. Die ursprünglich völlig nackte Felsen= fläche mochte anfänglich eine kompakte, nur durch ihre Erhebung aus dem Schoße der Erde gekrümmte und hie und da zerrissene, schiefe Ebene bilden. In ihrer gänzlichen Kahlheit mußte sie den atmosphärischen Einflüssen überall Angriffs= punkte für mechanische und chemische Zersetzung bieten und dadurch uneben werden. Jeder Regentropfen, der auf irgend einen Punkt auffällt und sich irgend einen Weg in die Tiefe sucht, nimmt einen, wenn auch unendlich kleinen Teil des Gesteins mit; die späteren Tropfen folgen seiner Bahn und waschen so im Laufe der Jahrhunderte in den weicheren Bestandteilen des Kalkfeldes gewisse Kerbungen aus, die besonders in den Absonderungsklüften bedeutend werden müssen. Ist nur einmal ein solcher Angriff des Regen= und Schnee= wassers bis zu einem gewissen Punkte vorgerückt, so wirkt er durch Gefrieren und Auftauen, durch Reibung, Schlag und Stoß von allen Seiten ein und bildet so, wenn auch noch so langsam, seine anfänglich kaum bemerkbaren Schründchen zu größeren Spalten, Gängen und Schächten aus, deren Formen wesentlich von der Beschaffenheit der Kalkbildung abhängen. In dem stark spat= und quarzhaltigen Greenkalk zeigt sich die Ausspülung oft wabenartig (‚die Steinwaben‘ der Hirten); in Formationen, welche mit Kalkspatbändern oder mit Versteinerungen und Schwefelkies durchzogen sind, tritt sie als streifen= und muschelartige Vertiefung und unregelmäßige Durchlöcherung, oft als labyrinthische Zerfressung 2c. auf. Immer werden dabei die mehr weichen, erdartigen Kalkteile zuerst aufgeweicht, ausgespült und ausgebohrt, während die beigemengten härteren Teile, Kieselchen, Muschelfragmente, die Angriffe länger abweisen. So besteht oft eine ungeheure Felsenfläche nur noch aus einem messerscharfen Gerippe, zwischen dessen Graten bald Häuser Raum fänden, bald kaum eine Hand durchgreifen kann, während die weicheren mergeligen Muskeln des Bergskelettes vom Wasser entführt sind.

Bis zu einer Höhe von 1600 m ü. M. sind diese Karrenfelder öfters noch teilweise mit Alpenrosen, Wacholdergebüsch, oft auch stellenweise mit dürrem, magerem Rasen bewachsen. In günstiger Lage hat sich unten das oben aus= gespülte, verwitterte Gestein anhäufen und zu Humus umbilden können. Höher hinauf sind sie aber durchaus nackt, eine zerfressene Felswüste, ohne die Spur einer Quelle oder ein herabrieselndes Eisbächlein. Die Karrenspalten absorbieren

alles atmosphärische und Schneewasser völlig oder leiten es kurz zum nächsten
Trichter, der es verschluckt. Solche Trichter finden sich in vielen Kalkalpen,
wie z. B. im Wäggithale am Rädertenstock, auf der Karrenalp in Schwyz, im
Jura, in großer Zahl, bald ganz klein, bald von mehreren hundert Metern im
Umfang, mit einem Abzugsloch in der Tiefe, das oft in gewaltige Schächte leitet.

Bei dieser Wasserlosigkeit der Karrenflächen und der großen Einsaugungs-
fähigkeit der Spalten, Trichter und Krater müssen die Grundgestelle der Karren-
berge um so wasserreicher sein. An ihrem Fuße sprudeln bald ausdauernde,
bald periodische Quellen von höchster Wasserfülle, wie die der Orb und Reuse,
die sieben Brunnen im Lenkthal ꝛc. Der große Karrentrichter der Rädertenalp
nimmt alles Regen- und Schneewasser der ihm zugeneigten Felder auf und läßt
es durch die Klüfte des Bergstocks in einen großen unterirdischen Sammler ab,
zu dem man durch die Felsgrotte des Hundslochs gelangen kann. Bei starkem
Regen oder rascher Schneeschmelze tritt das Wasser durch eine Bergspalte
unter dumpfem Gebrüll (indem sich die eingeschlossene und zusammengepreßte
Luft befreit) in die Grotte und stürzt verwüstend ins Thal. Gar oft sind
auch die Karrenfelder mit den früher geschilderten ‚Wind- und Wetterlöchern‘
in Verbindung, wie in den Geißwällen im Wäggithale, am Schwalmkopf und
an anderen Orten.

Die ausgedehntesten und bekanntesten Karrenbildungen finden sich am
Faulhorn, Gemmi, Rawyl, Sanetsch, Tour d'Ay, am Brünig, Kaiserstock,
Wellenstock, Rigidalstock, Bauen, Fluhbrig, den Wäggithalbergen, Windgelle,
Rieseltstock, Silbern, den Muottathaler- und Kerenzenbergen, Karrenalp, Matt-
stock, Churfirsten und am Säntis; die Juralokale haben wir schon bezeichnet.

Zu dem pflanzlichen und tierischen Leben verhalten sie sich ungefähr wie
die Gletscher. Sie bieten ihm keine gerechte Stätte. In der Sonne des
Sommers reflektieren die Kalksteine die Strahlen und steigern die weder durch
Gewächse noch durch Quellen gemilderte Hitze bis zur Unerträglichkeit. Der
Wanderer, Jäger und Senne meidet sie, weil sie trostlos und schwer zu
beschreiten sind. Der letztere sperrt sie gegen die Weiden ab, damit das Vieh
bei Nebel oder Gewitter sich nicht in diese Wüste verirre. Von größeren Tieren
bemerken wir nur die Alpendohlen, Flühvögel in den Schrattenfeldern, und
öfters auch die Schnee- und Steinhühner, die mit großer Emsigkeit die Felsenrippen hinanlaufen und sich gar gern in den oft unnahbaren Schründen verstecken. Auch den Alpenfüchsen müssen sie während des Sommers dienen,
wenn sie sich mit der Vogeljagd beschäftigen.

Zweites Kapitel.

Die Alpenpflanzenwelt.

Die Alpenweiden. — Die Baumgrenzen in den verschiedenen Teilen der Alpen und ihr Zurückweichen nach der Tiefe. — Die Wettertannen und ihr Alter. — Riesenfichten. — Lärchen und Arven. — Zur Naturgeschichte der ‚Alpenzeber‘. — Die Zwerg= und Krüppelformen. — Die Legföhren. — Charakter der alpinen Blütenpflanzen. — Ihre Pracht und Fülle. — Die Alpenrosen. — Berühmte Futterkräuter. — Verschiedene Erhebung der Kulturgewächse in der Alpenregion. — Vergleichung mit den Anden und dem Himálaya.

Wo die blaue Enziane
Mit dem Bergvergißmeinnicht
Auf dem grauen Felsenzahne
In geheimen Lauten spricht,
Wo aus dunklem Blättergrün —
Flammen gleich im Fichtenwalde —
An des Grates schroffer Halde
Tausend Alpenrosen glühn
Klopft das Herz so frei, so kühn.

Treten wir den organischen Gebilden unseres Höhengebietes näher, so erscheint uns dasselbe überall in dem Reize des alpinen Charakters. Die Pflanzendecke, obwohl aus viel weniger Arten zusammengesetzt als im Thale und in der Bergregion, hat an Freundlichkeit, Farbenfrische und Fülle doch nichts eingebüßt. Die neuen Pflanzengruppen, die an die Stelle der Kinder der Ebene treten, wiegen den Mangel an Arten durch Schönheit, Duft, Eigentümlichkeit und saftiges Kolorit auf.

Hier ist die Region jener herrlichen Hochweiden, jener kurzhalmigen, saftgrünen, blumigen, kräuterreichen Alpentriften, in denen tausende von Herden ihre Sommerwohnung aufschlagen, jener sonnigen Grashänge, die im Sennengejodel und Glockengeläute wiederklingen, wo die Gemse mit den Ziegen geht, das weidende Murmeltier die Schneehuhnpärchen aufscheucht und der Alpenhase vom Lämmergeier in die Lüfte entführt wird.

Aber neben den duftigen Alpenweiden dehnen sich unendliche Geröllhalden und Karrenfelder aus; über und unter ihnen türmen sich tausend Fuß hohe

Felsenwände und ziehen sich in kühnen Terrassen den Gipfeln zu. Kalte Bäche rauschen in tief ausgefressenen Betten durch sie hin, und tote Gletscherfelder reichen dämonisch in die grünen Plateaus hinein. Nirgends malt die große Mutter Natur in schärferen Kontrasten, schürzt sich mit reicherer Anmut und finstereren Schrecknissen; nirgends wird der Mensch mit so raschem Wechsel zwischen freundlichem Behagen und jähem Entsetzen gewiegt, blickt er so innig und demütig auf zu Gottes schaffender Hand. Bewohner der Ebene denken sich oft die Bildung der Alpenregion als bloßen sanften Übergang von der Bergregion zu den letzten Höhen und stellen sich das Alpengebirge als eine Versammlung von unten bewaldeten, oben mit grünen Wiesen bekleideten Bergkegeln vor, von denen etwa die höchsten mit Schnee bedeckt wären. Allein diese sanfteste Form der Gebirgsbildung findet sich nur selten und nur bei einzelnen milden Voralpen und Ausläufern; gewöhnlich, namentlich bei den Kalkgebirgen, liegen schon die Weiden der Bergregion auf steilen Absätzen, zwischen Flühen und Klüften. Über diesen erheben sich neue Bergstufen und Felsbänke, bald milder, bald steiler, meist mit weiteren Waldansätzen, oft mit kurzen Weideplätzen oder scharfgeneigten Schuttfeldern, und erst wenn diese erstiegen sind, erreicht man die Alpenweiden, die sich nun in größerer oder geringerer Breite bis zur Vegetationsgrenze fortsetzen. Die obersten Gipfel laufen selten, auch wo sie die Höhe von 2500 m nicht ganz erreichen, in grüne Spitzen zu, sondern sind steile Felsenrippen oder Steinkuppen mit sporadischen Vegetationsansätzen.

Im einzelnen herrscht eine unendliche Mannigfaltigkeit in der Verteilung des Grünen und Grauen, der Triften und Grasgesimse, der Felsen und Schluchten, der Wälder und Büsche, ebenso der Bildungen des Gebirgs= aufbaues und der Böschungen je nach der Felsart. Es giebt nicht selten kolossale Gebirgsstöcke, deren Basis mit einem Umfange von Quadratmeilen im Thale aufsteht und die auf ihrem ganzen unendlichen Riesenleibe kaum ein geringes Schaf= oder Kuhälplein tragen, Kolosse, die nicht etwa mitten in einem Gewirr von Alpenkuppen aus hochgelegenen Thälern aufsteigen, sondern aus milden Tiefthälern unmittelbar 1900 — 2300 m (relativer Höhe) sich erheben. Solche Bergstöcke bieten einen überwältigenden, aber nicht erquickenden Anblick dar. Kein Wäldchen, kein grünes Gehäng, keine Hütte an der ganzen stundenbreiten und stundenhohen Kalksteinpyramide; nichts als eine graue Felswand über der andern, dazwischen breite Lawinenzüge und ausgefressene Rinnsale. Die Färbung, die an dem Stocke herrscht, ist die graue; diese aber variiert nach allen Richtungen bis an die Grenzen des Schwarzen, Braunen, Gelben und Weißen. Natürlich sind solche Alpenformen auch dem höhern Tierleben nicht günstig, das ja immer von der hohen oder geringen Fülle der Vegetation abhängt. Selbst die Füchse sind da selten, die doch sonst die stehende Plage des Gebirges bilden; wenige Hühner, Mauerläufer, Schwalben, Segler, Flühvögel, Falken und einige Gemsenfamilien sind die einzigen Inhaber des unendlichen Felsenrevieres. Die letzteren wissen trotz des furchtbar steilen Abfalles des Geländes doch durch die einzelnen Terrassen, Schluchten und Falten Wege über die ganze Breite des Gebirgsmantels hin zu finden und leben mit einer gewissen Behaglichkeit auf ihren unzugänglichen Graten, welche sie auch im hohen Winter nicht zu verlassen scheinen, indem sie in einzelnen Klüften und Felsgewölben einigen Schutz und an den ‚Staubecken‘ (den von Winden reingefegten Gratseiten) etwas Nahrung finden.

Wenn wir den ganzen Gürtel der Alpenregion (1300—2300 m ü. M.) überblicken, so zerfällt er hinsichtlich seiner Vegetation in zwei große Hälften. Steigen wir von seiner untern Grenze aufwärts, so sehen wir ungefähr in der Mitte nicht nur alle zusammenhängenden Waldbestände aufhören, sondern es verschwinden überhaupt alle hohen Baumformen. Verkrüppelte Gebilde, reduzierte Formen, Büsche und Zwergsträucher treten an ihre Stelle und verlieren sich ebenfalls, ehe wir die obere Grenze des Reviers erreichen. Natürlich modifiziert diese mittlere Linie, welche den Baumwuchs abgrenzt, auch die Existenz der Tierwelt, die in so mancher Hinsicht an die großen Vegetationswiegen der Waldungen und üppigen Buschreviere gebunden ist. Es ist sehr schwer, die absolute Höhe jener Linie anzugeben, da sie nicht nur in früheren Zeiten höher stand als gegenwärtig, sondern auch in den verschiedenen Zügen der Alpenkette, durch Sonnen= und Schattenseite, Winde, Fruchtbarkeit oder Rauheit des Bodens, Felsen und Erdfälle, Lawinen und Bergwasser, Höhe und Tiefe der nächsten Thäler, südliche oder nördliche Lage bedingt, vielfach wechselt; doch werden wir nicht irren, wenn wir im allgemeinen die Höhe der Baumgrenze, mit Ausnahme der Zwergbaumformen, zu 1600—1900 m ü. M. angeben.

Wie der einst so dicht bewaldete Libanon heute in seinen oberen Teilen nur noch selten eine seiner berühmten Zedern besitzt, so ist der Wald auch von unseren Alpen zurückgewichen und hat selbst im Mittelgebirge vielfach den Gletscher= und Steinwüsten Platz gemacht. Das vordem so dicht bewaldete Tannenthal Valle di Peccia (Pece im Dialekt = Tanne) oberhalb der Lavizzarra erzeugt heute kaum noch den Brennholzbedarf seiner spärlichen Bewohner. In anderen Gebirgen ist es nicht selten, daß man ganze große Reviere von hohen Tannen und Lärchen dürr und tot dastehen sieht, ohne daß man sich erklären könnte, was diese überraschende Erscheinung veranlaßt. Von einem Nachwuchs ist dann natürlich auch keine Rede mehr. Eine alte Schweizerkarte weist am Ursprung der Aare ein fruchtbares Baumgelände nach, ebenso alte Urbarien im Rheinwald an den Hinterrheinquellen, wo früher noch die Elstern zahlreich brüteten und heute die Nester der Schwalben öde stehen, — jetzt thronen mitternächtige Gletscher, wo Wälder grünten und Weiden blühten. Im obern Aversthale brennen die Bewohner Ziegen= und Schafmist, und die Prophezeiung ist buchstäblich in Erfüllung gegangen, die einst, als noch reiche Waldbestände die Berghöhen kleideten, ein Mann den übelhausenden Einwohnern aussprach,

‚es werde die Zeit kommen, wo man zwei Stunden weit thalabwärts werde laufen müssen, ehe man nur die Ruten zu einem Besen zusammengefunden habe‘. Auf der Höhe des kaum noch von Gemsenjägern erkletterten Stella, auf dem wir noch im Juli nichts als 3 m tiefe Schneefelder fanden, lag noch zu Scheuchzers Zeiten ein 45 cm dicker Föhrenstamm. Sprecher nennt das öde und kahle Tschappina (1585 m ü. M.) eine ‚Waldgegend‘ und leitet den Namen des jetzt übergletscherten Selvretta von Sylva rhaeta, ‚rhätischer Wald‘ ab. Alte große Arven, Fichten und Lärchen stehen jetzt noch vereinsamt hin und wider, so z. B. im geschiebbedeckten Aarboden, auf Tschuggen am Flüelaberg hoch über der Baumregion, als traurige Überbleibsel des früheren Holzreichtums; gewaltige Baumwurzeln findet man noch auf Höhen, wo man heute vergebens einen Strauch hinpflanzen würde, so auf dem Julier= und Splügenpasse, und Gruner erzählt, daß auf dem Rücken des Viescherhorns und Eigers jahrhundertalte Lärchenstämme aus den Gletschern aufragen. Das kleine Wäldchen ob Andermatt ist der einzige Rest der großen Hochwälder des Ursernthales, das jetzt von allem nennenswerten Holzwuchse entblößt ist. Auf der Höhe des Sanetsch, in der Nähe des Valsorergletschers (Entremont), und an vielen Punkten der wallisischen Alpen sah man, und noch in jüngster Zeit, Überreste von großen Baumstämmen hoch über der jetzigen Holzgrenze. Am Engelbergerjochpasse steht noch die sogenannte ‚Bettlerarve‘, ein mächtiger dürrer, einsamer Baumstamm bei etwa 1980 m ü. M. oberhalb der kahlen Engstenalp. Beim Bau der neuen Simplonstraße wurden mächtige Lärchenbaumwurzeln auf der Höhe des Passes ausgegraben, wo jetzt längst alle Wälder verschwunden sind.

Was ist die Ursache der Verwüstung aller der ungeheuren Waldbestände der Alpen? Vor allem wohl die unsinnige und barbarische Wirtschaft der Sennen und Alpenhirten, der übermäßige Verbrauch zur Feuerung, zu Bauten, Hägen und Bergwerken, die leichtsinnige Verschleuderung der größten und schönsten Wälder an fremde Händler*); dann die Lawinen und Lawinen= stürme, die oft tausende von Stämmen in wenigen Minuten brechen, Berg= wasser und Runsen, Schlipfe und Steinbrüche, Eisstürze, Waldbrände, die zahllosen Kuh=, Schaf= und besonders die heillosen Ziegenherden, welche überall das Verderben junger Baumschläge sind. Dazu kommt die in den

---

*) Dies besonders großartig und schwunghaft im rhätischen Gebirge. Im Jahre 1853 verkaufte eine bündnerische Gemeinde an fremde Spekulanten einen Wald um etliche dreißigtausend Franken, der nach der spätern Schätzung der Experten einen reellen Wert von über siebenmalhunderttausend Franken hatte! Die Gemeinde Zernez (Engadin) besitzt ringsum, besonders aber auf den Ofnergebieten, unermeßliche Arven=, Lärchen= und Bergkieferwaldungen. Vor etwa vierzig Jahren wollte sie, um mehr Weidboden zu gewinnen, große Strecken, unter der Bedingung, daß sie im Laufe einiger Jahre abgeholzt würden, verschenken, fand aber keine Liebhaber; da griff man zu dem energischeren Mittel, einige Reviere niederzubrennen, wovon jetzt noch die traurigen Trümmer des ‚verbrannten Waldes‘ an dem Paßwege zeugen.

meisten Alpen herrschende unglaubliche Sorglosigkeit für die Wiederaufforstung,
überhaupt für eine ordentliche Forstwirtschaft. Wenn ganze Schläge nieder=
gehauen sind, so entführen Schneestürze, Regen, Wind und Bäche die frucht=
bare Dammerde; die zurückbleibende Humusschicht der Blößen ist so dünn,
daß allfällig keimender Nachwuchs schutzlos von der Sonne ausgebrannt,
von den Schneelasten erdrückt, von den Stürmen zerrissen wird. Die dürftige
Erdlage ist nun allen Elementen preisgegeben. Die Sommerhitze trocknet sie
in ihrer ganzen Tiefe aus, und der dichte Regen schwemmt die gelockerte Krume
weg, wenn sie nicht ohnehin durch eine kurz ausdauernde Übergrasung erschöpft
wird. So verwildern große Reviere, die früher der schönste Baumwuchs
bekleidete, und sind im Laufe der Zeit fast untauglich geworden, nur Sträucher
zu beherbergen. Solche Veröbung aber wirkt nicht nur auf die unmittelbar
betroffene Stelle, sondern auf die ganze Umgebung höchst nachteilig ein, da
von guten Waldbeständen teilweise die Milde des Klimas, die Entladung des
Regengewölkes, der Wasserreichtum der Quellen, die Fruchtbarkeit des Bodens,
der Schutz der Gegend vor Lawinen und Erdschlipfen, die Sicherung des
Tieflandes vor Überschwemmungen und Verschüttungen, überhaupt ein großer
Teil der Wohnlichkeit und Kulturfähigkeit des ganzen Reviers wie des ange=
lehnten Tieflandes abhängt. Oft wird geglaubt, das Verschwinden des hohen
Holzwuchses sei eine natürliche Folge des Kälterswerdens der ganzen alpinen
Temperatur, von der auch die Entstehung vieler neuer Gletscher seit 100 bis
120 Jahren, so wie das Zurückweichen der Obst= und Weinkultur aus Gegenden,
die solche früher gewiß besessen, Zeugnis geben. Man nimmt ein periodisches
Steigen und Fallen der Gesamttemperatur an und beweist aus der großen
Entfernung uralter Gletschermoränen von den jetzigen Gletschergrenzen, daß
in noch früheren Zeiten die Temperatur viel tiefer gestanden 2c. Allein weit
sicherer ist nachzuweisen, daß das Zurückweichen der Wälder von der Höhe nicht
sowohl die Folge, als vielmehr die Ursache vieler lokaler Klimaverschlechterungen
ist, und wesentlich durch üble Waldwirtschaft bedingt wurde.

Wir haben die durchschnittliche Holzgrenze der Schweizeralpen zu 1600
bis 1900 m absoluter Höhe angegeben. Man darf dadurch aber nicht etwa
zu der Vermutung veranlaßt werden, daß durchschnittlich alle Thäler und
Bergzüge bis zu dieser Höhe wirklich von Wäldern bekleidet seien, oder daß
überall nur die reale Möglichkeit sich finde, Bäume bis zu jener Höhe zu
beherbergen. Das Niederschlagen von großen Forstrevieren hat der eben
bezeichneten Verwilderung an vielen Orten bis hoch in die Alpenregion hinan
Bahn gebrochen, und Steilheit der Gebirgsböschung, Rauheit der Winde,
Sonnenarmut und Unfruchtbarkeit des Bodens haben mitgewirkt, daß in
manchen Alpenstrichen der eigentliche Holzwuchs etliche tausend Fuß unter
der natürlichen Baumgrenze zurückgeblieben ist, namentlich in den nördlichen
Bergzügen. Nach der Meglisalp (1480 m ü. M.) am Säntisstock tragen die
Sennen ihren Holzbedarf stundenweit aus dem Seealpthale auf dem Rücken

herauf; die Höhe des Kamors (1762 m ü. M.) liegt weit über den letzten Wäldern; in vielen Appenzeller Bergen geht der Waldwuchs nicht über 1300 m ü. M. An die obersten Kalkfelsen des Schwyzerhackens (1452 m) reichen bei mehreren tausend Fuß die Wälder nicht hinauf, ebensowenig an den Rigikulm (1800 m), Pilatus und hundert andere niedrige Berge der Alpenkette; an der Sonnenseite der Brienzerseeberge hört mit 1600 m aller Holzwuchs auf, und die Rottannen sterben ab, wenn sie etliche Fuß hoch gewachsen sind. Dieselben Bäume, die im Jura etwa mit 700 m ü. M. erscheinen (an der Schattenseite etwas tiefer), reichen am Chasseral mehr nur strauchförmig bis 1500 m ü. M. und bei 1600 m ü. M. möchte die jurassische Baumgrenze kulminieren; im allgemeinen reicht sie aber nicht über 1500 m ü. M. Im Wäggithale bleibt der Baumschlag schon bei 1300 m ü. M. zurück; im Glarnerlande verlieren sich auf der Schattenseite die Rottannen bei 1600 m, auf der Sonnenseite reichen sie oft bis 1900 m ü. M. hinauf, doch nur auf den zahmern Bergen, die nicht von eisbedeckten Gipfeln gedrückt sind. Auf der Sandalp und im Klönthale ist die Tannengrenze unter 1600 m ü. M.; ebenso im Sernftthale. Nirgends in der ganzen Alpenregion ist aber die Baumgrenze so hoch als im rhätischen Gebirge, wo sie im Mittel 2100 m ü. M. steht, sehr oft aber sich bis 2300 m, ja auf Muotas bei Samaden noch höher erhebt (an anderen Orten sinkt sie wieder weit tiefer, z. B. in Parpan bis auf 1840 m, im Valserberg auf 1980 m), im Tessin steht sie am Camoghe auf 2100 m, im Bedrettothal auf 2240 m. Im Wallis ist sie im Mittel bei 2000 m anzunehmen; doch geht die Tanne dort auch bis 2085 m ü. M., und in Bern wird die Vegetationsgrenze der Rot= tanne von Kasthofer zu 2014 m (an der Grimsel steht sie bei 1968 m), die der Weißtanne zu 1600 m ü. M. festgesetzt. Für die Ostschweiz nimmt man im Mittel die Tannengrenze, und da diese im ganzen ziemlich maßgebend ist für den eigentlichen Baumwuchs, auch die Holzgrenze zu 1800 m absoluter Höhe an; doch dürfte sie für den südlichen Teil auf 2000—2100 m anzusetzen sein, während in Tirol die Tanne 1680 m ü. M. selten übersteigt, in den Pyrenäen nur in großer Höhe noch vorkommt und sonst im südlichen Europa wie im Kaukasus ganz fehlt.

Die Wälder der Alpenregion tragen einen andern Charakter als die der Bergregion. Sie sind schon viel seltener, bilden nicht mehr so große zusammen= hängende Bestände, sondern ziehen sich in einzelnen Horsten, oft von Lawinen= zügen, Runsen, steilen Felsen und losem Geschiebe unterbrochen, der Höhe zu. Nichtsdestoweniger finden wir außerordentlich malerische Partien in ihrem Bereiche, namentlich, wo herabgestürzte ungeheure Granit=, Kalk= und Dolomit= blöcke mit schönen Moosen und buntem Strauchwerk mitten aus ihrem finsteren Schoße auftauchen, und ebenso auch höchst trostlose Prospekte furchtbar miß= handelter, kaum noch ihr kärgliches Leben zu beschützen fähiger Hochwalds= fragmente, wie der Arven= und Lärchenschlag unter dem Zmuttgletscher, dessen

Lawinen und Eisbrüche die Stämme fortwährend zersplittern, die Rinde
losreißen und die Äste knicken, und wie so viele ärmliche Waldtrümmer im
Maien-, Maderanerthal, Tessin und Wallis. Oft hängt es auch an einer
gewissen Lokalität, hauptsächlich auch an der Stellung, die sie zu gewissen
scharfeinfallenden Winden einnimmt, daß ganze Waldstriche nicht fortwachsen
wollen. Wir kennen solche, die seit 60—70 Jahren nicht über 1.2 m hoch
geworden sind, während in ihrer Nachbarschaft schöner Hochwuchs steht.

Das Laubholz tritt frühe ganz zurück, wird aber in vielen Gegenden
durch die den Alpen eigentümliche Nadelholzform der Zirbelkiefer und durch
große Lärchenschläge ersetzt. Die Größe der Bäume nimmt nach der Höhe
bis zur Baumgrenze im allgemeinen nicht merklich ab; die obersten Hoch-
tannen messen immer noch 15—18 m; doch verraten sie einen gedrängteren,
konischen Bau und hängen die Äste mehr abwärts, ja es giebt häufig solche
mit gerade herunterhängenden Zweigen nach Art der sog. Trauerbäume. Sehr
selten gehen sie auf geneigten Flächen ganz senkrecht vom Wurzelstocke aus in
die Höhe. Die dichte, schwere Schneedecke, oft 1½—2½ m tief, drückt das
junge Bäumchen abwärts, besonders an steilen Gehängen, wo sie in einer
niedergleitenden Bewegung ist, und die Pflanze gewinnt erst, wenn sie diesem
Schneedruck entwachsen ist, den geraden Wuchs. Höher oben treten die Zwerg-
formen auf und einzelne alte Arven, Lärchen und Rottannen von ungeheurer
Größe stehen noch hoch und einsam wie trauernd im Krüppelholz. Die
Schwarzwälder auf der Schattenseite des Alpenrückens haben häufig schon
bei 1400 m ü. M. ein steriles, kümmerliches und kränkliches Ansehen, indem
ihnen die üppige Bekleidung des buschigen Unterholzes fehlt und viele Stämme
ganz übermoost, andere dürr und zerbrochen dastehen. Eine ausgezeichnete
Erscheinung bilden in den meisten Wäldern die gewaltigen Wettertannen,
im Waadtlande ‚Gogants‘ genannt, deren wie zum Schutz abwärts geneigte
Äste schon 2 m über dem Boden beginnen und bis zum Gipfel eine schöne,
dichte, schwarzgrüne Pyramide bilden. Ellenlange, meergrüne Bartflechten,
die letzte Zuflucht der hungrigen Gemsen im schneereichsten Winter, triefen
von den schweren Ästen herab. Gar häufig sind ihre Gipfel vom Blitz zerschmettert und der Stamm zerrissen; aber die gewaltigsten Äste richten sich
selbständig wie eigene Bäume um den morschen Mutterstamm auf. Ziegen,
Schafe, Kühe, Hasen, Hühner und Menschen suchen unter ihnen Schutz vor
Platzregen und Schneegestöber. Die wilde Katze lauert gern in ihrem dichten
Gezweig. In ihren Wurzeln gräbt der Fuchs seinen Bau, hat der Bär seine
Höhle; an ihrem rissigen Stamme hämmert der dreizehige Specht und meißelt
hühnereigroße Löcher aus; in ihrem Nadelmeere birgt sich die Ringamsel und
der Birkhahn. Nicht selten erreichen Wettertannen eine Höhe von 30 bis
40 m und halten noch 60 cm über dem Boden 1—1½ m im Durchmesser.
Das Volk hat große Pietät gegen sie, und in manchen Gebirgen stehen
sie unter dem ausdrücklichen Schutze des Gesetzes. Der Blitz treffe sie nie,

meint man, und doch sind schon oft Hirt und Vieh, die hier Zuflucht nahmen, erschlagen worden.

Noch größere Exemplare findet man ohne den Wettertannencharakter. Im Jahre 1851 wurde hinten im waldreichen Sumvixertobel (Bünden) unweit des Gorgialitschergletschers, etwa 1300 m ü. M., eine 61 m hohe Riesenfichte geschlagen, die 60 cm über dem Boden noch 6.9 m im Umfang maß. Dieses gigantische Kind des Bergwaldes war bis auf zwei Dritteil seiner Höhe astrein und von dort an trotz seines freien Standes nur spärlich beästet. Im gleichen Tobel standen noch 1856 bei 1600 m ü. M. mehr als zwanzig Exemplare von etwa 5 m Stammesumfang. Auf der Trimmiseralp wurde 1867 bei 1430 m ü. M. ein bis auf den Boden beasteter Drillings= stamm von 44 m Höhe und von 6.3 m Umfang bei 60 cm Stockhöhe gefällt. Auf der Alp Obersold hinter Aeschi (Berneroberland) fiel im August 1863 eine andere Riesenfichte, die gegen 30 cbm Stammholz hielt und 30 cm über dem Boden 10 m Umfang mit über 500 Jahresringen maß. (Über ein Riesen= exemplar Weißtanne haben wir S. 35 berichtet.) Und doch wachsen diese Bäume durchschnittlich in so hoher Lage nur langsam, oft halten sie im hundertsten Jahre erst 45 cm, im hundertfünfzigsten 60—70 cm Durch= messer. Einzelne Veteranen haben wohl mehr denn vier oder fünf Jahr= hunderte durchlebt; — immerhin bleiben die ältesten und höchsten, die bei uns wachsen, noch weit zurück gegen ihre exotischen Geschlechtsverwandten, gegen die Araucaria excelsa Brasiliens, die 78 m, die lambertianische Tanne des nordwestlichen Amerikas, welche 70 m, die Weymouthskiefer New=Hampshires, die 80 m, den Eukalyptus auf Vandiemensland, der 13 m Durchmesser und 100 m Höhe erreicht, oder gar den Mammutsbaum Kaliforniens (Sequoia gigantea), mit einer Höhe von 146 m und einem Alter von 5000 Jahren.

Die Tracht der Gebirgsbäume erscheint im allgemeinen gedrungener, der Stamm dicker, kürzer, die Krone astreicher, breiter, die Belaubung dunkler, die Rinde ebenso, die Bewurzelung stärker entwickelt. Die Samenjahre treten seltener ein und die Ernte fällt unergiebig aus. Alle Bäume wachsen im Gebirge weit langsamer wegen der spärlicheren Ernährung, der langen, kalten Winter und kurzen Sommer; ihr Holz ist aber fester, feiner, dichter, weißer und elastischer als das der tiefer wachsenden Stämme. In guter fetter Dammerde schießen die Bäume auch im Gebirge lebhaft empor; das Holz aber wird grobfaserig, locker und früher kernfaul oder rotbrüchig. Man hat gefunden, daß z. B. ein Fichtenstamm von 48 cm im Durchmesser am Thunersee 40, auf dem 650 m höheren sonnenreichen Beatenberg aber 60, und noch 325 m höher voller 80 Jahre zu seiner Ausbildung bedarf. Mit den Buchen*) bleiben fast alle Laubholzbäume schon an der unteren Grenze

***

*) Zu den höchst erscheinenden Buchen der westlichen Gebirge gehört ohne Zweifel die Gruppe ‚aux treize arbres‘ auf dem Salève 1430 m ü. M., Überreste

der Alpenregion zurück. Der Bergahorn, sonst ein echtes Kind der Gebirge, geht an den Südabhängen der Glarneralpen nicht über 1600 m, in dem laubholzarmen Graubünden nicht über 1500 m ü. M., in Bern 1400 m und in seltenen Ausnahmen 1600 m ü. M.; dagegen erreicht die Espe im Engadin eine Vegetationshöhe von 1700 m, als Strauch eine solche von 1750 m, die Birke im Albignathal (Bergell) eine solche von 1950 m ü. M. und streift in Zwergform bis zur Schneegrenze. Die Birke ist wie in der Tiefe so auch im Gebirge die eigentliche Waldmutter, indem sie große Brandstellen und Kahl= schläge zuerst besetzt und dadurch den Aufwuchs des Nadelholzes befördert. Die hochnordische Zwergbirke (Betula nana), die man mit der Alpenerle an der Grenze der Baumvegetation zu finden erwartet, bleibt tiefer unten auf den Torfmooren des Jura zurück. Die Weißerle geht in eine Höhe von über 1950 m im Scarlthal und folgt gern den Lärchenbeständen; weniger hoch steht sie in den westlichen Alpen. Die Eberesche, die in der subarktischen Zone die Zwergbirke fast bis zu deren Vegetationsgrenze hin begleitet, bleibt hier im allgemeinen vor 1600 m ü. M. zurück; bei Caffaccia nähert sie sich aber der Höhe des Malojapasses bei 1850 m ü. M. Ähnlich der Mehlbeerbaum (Sorbus Aria), von dem bei Met Mastabbio (Calanca) ein Riese von 1.s m Umfang und 12 m Höhe steht.

Den eigentlichen Alpenwald aber bilden die zähen, bescheidenen Nadel= hölzer. In den westlichen und nördlichen Alpen machen die Fichten oder Rottannen die ordentlichen Waldbestände aus, und wir haben ihre Elevation bereits angegeben. Im Höhengürtel zwischen 1300 und 1950 m gesellt sich, vorzugsweise auf krystallinischer Basis, der gemeinen Fichte eine lange über= sehene hochnordische Form bei, deren Nadeln einen weißlichen Anflug zeigen, und deren Zapfenschuppen breit abgerundet sind, statt die zipfelförmig aus= gerandete Verlängerung der gemeinen zu besitzen. Die nordische Form (P. Abies medioxima. *Hyl.)* ist in den romanischen Gegenden Bündens unter dem Namen der ‚wilden Weißtanne‘ (aviez selvadi) bekannt und bildet im Abulagebirge ganze Bestände, kommt aber vereinzelt in der ganzen Zentralkette vor. Im Bündnerlande, wo die Rottanne bis 2000 m ü. M. kräftig gedeiht, im Münsterthale sogar bis über 2300 m ü. M., bilden mit ihr die Lärchen, Bergkiefern und Arven die umfangreichsten und höchsten Wälder. In der montanen Region überwiegen die Tannen, in der alpinen machen ihnen die Lärchen den Rang streitig und im obern Teile der alpinen bis in die Schnee= region hinein überwiegen besonders im südöstlichen Rhätien die Kieferformen. Die Weißtannen kommen weit seltener, aber oft noch sehr mächtig vor, so auf der Dôle (Jura) bei 1600 m ü. M. noch mit Stämmen von $1^3/_4$ bis 2 m

alter, großer Buchenwaldungen. In dem nördlichen, buchenreichen Jura gehen sie nie so hoch; daß sie aber im Tessin, wo indes große alte Bestände ganz verschwunden sind, und an der Südseite des Monterosa noch 150—250 m höher ansteigen, haben wir früher bemerkt.

Durchmesser, nicht selten auch als ‚Wettertannen‘. Die Lärchen (die von allem Nadelholz den besten Terpentin liefern, und in der montanen bis zur hochalpinen Region nicht selten, im rhätischen Gebirge besonders in den letzten Jahren häufig in ihren Nadeln von der Lärchenminiermotte [Coleophora laricella] angegriffen und ausgehöhlt werden) erscheinen hauptsächlich in Wallis und Bünden in den schönsten Schlägen von 1300—2300 m (im Seezthale schon von 480 m an) und wachsen noch am Flüela, Rosegg und Bernina aus den grünen Teppichen von Linnaea borealis empor. An der Südseite des St. Moritzerthales ist die Lärchengrenze bei 2268 m ü. M., auf der Remüseralp und bei Scarl bei 2322 m, an der Albula (Südseite) bei 2130 m, in Fettan bei 2150 m, am Scaletta bei 2153 m ü. M., am Munteratsch bei 2308 m ü. M., an einigen Punkten des Engadin bei 2355 m und am Südabfall der Alpen sogar bei 2390 m ü. M. In Bern dagegen bleiben sie durchschnittlich bei 2000 m ü. M. zurück; im Wallis bei 2160 m, und man bemerkt hier rücksichtlich der Elevation zwischen der Nord- und Südseite keinen Unterschied. Gerade in den höheren Geländen weisen die Lärchen, die wohl 300—400 Jahre alt werden, oft eine erstaunliche Kraftentwickelung auf, indem sie hier langsam und gerade, tiefer im Lande dagegen allzurasch, schwächlich und windschief aufwachsen. Hoch ob dem Weiler Imfeld im Binnthale zeigen einzelne Exemplare bei etwa 1600 m ü. M. noch einen Stammesdurchmesser von 2 m und im Jura etwas tiefer einen Umfang von 3½ bis 4½ m. Da stehen solche Patriarchen hoch und einsam, wie Erscheinungen aus einer fremden, verlorenen Welt, auf kahlem Grunde. In ihren Wipfeln träumt des Dichters Hoffnung:

> Fröhlich einst im Lärchenwalde,
> Traurig jetzt im Schutt der Halde,
> Einsam grünt die Lärche noch;
> Gar verkommen und verkümmert
> Über das, was rings zertrümmert,
> Aber gleichwohl grünt sie doch;
> Will — ein Zeugnis bess'rer Zeiten —
> Diese wieder vorbereiten,
> Hoffend, was sie streut und hegt,
> Daß es wieder Wurzel schlägt.

Die Föhre besitzt die Fähigkeit, sich allen Höhen und Lagen anzubequemen. Wir finden sie auf Kalk und Granit, auf dürren Geschiebhalden wie auf feuchten Moorstellen und in öden Felsspalten, in der warmen Niederung wie auf dem frostigen Hochgebirge; aber sie bewohnt die verschiedenen Lokale auch in verschiedenen Formen, welche sich auf zwei Hauptarten, die gemeine Föhre oder Kiefer und die Bergföhre, zurückführen lassen und von Heer schärfer charakterisiert worden sind.

Die gemeine oder Rotföhre (Pinus sylvestris), ein allbekannter Baum mit rötlicher Rinde, oberhalb bläulich überlaufenen, paarweisen Nadeln und abwärtsgebogenen, kegelförmigen, graulichen Zäpfchen, bildet in unserer Region keine eigenen Bestände mehr, sondern ist meist in Fichtenschläge eingestreut und teilt die vertikale Erhebung derselben. Nur am Feuerberge (Luzern) soll sie bei 1780 m ü. M. noch einen zusammenhängenden Wald bilden; im Engadin reicht sie gruppenweise und vereinzelt bis gegen 1950 m. Hier tritt sie am Stazsee und im Plaungoodwalde bei Samaden in einer eigentümlichen alpinen Spielart mit meergrünen Nadeln und glänzend gelblichen Zapfen auf, deren stark vorstehende Schilder einen zentralen, oft schwarz umringten Nabel tragen.

Die Bergföhre (P. montana. *Mill.*) trägt eine dunkle, schwarzgraue Rinde, die sich nicht wie die der gemeinen in Häuten ablöst, dunkelgefärbte Nadeln und Zäpfchen, die im ersten Jahre aufrecht stehen, im zweiten kurzstielig aufrecht oder seitwärts gerichtet aufsitzen. Die Zapfenschuppen haben einen hervortretenden, oft hakenförmig gekrümmten Schild und einen schwärzlich umringten Nabel. Die Flügel der Samen sind bei der gemeinen Föhre dreimal, bei der Bergföhre zweimal so lang als das Nüßchen. Diese Bergföhre hat das Eigentümliche, daß sie in mehrfachen, schwer zu unterscheidenden Spielarten teils mit aufrechtem Stamme und pyramidalkegelförmiger Krone, teils mit niederliegendem Stamme und bogenförmig aufsteigenden Ästen erscheint. Zu den ersteren gehört die Hakenföhre (P. montana uncinata) und die Sumpfföhre (P. montana uliginosa), deren charakteristisches Unterscheidungszeichen vornehmlich in der freilich nicht sehr beständigen Stellung und Gestalt des Hakens am Zapfenschildchen gesucht wird. Die Hakenföhre mit pyramidalem Wuchse, meist von unten auf beastet und dicht benadelt, erreicht eine Höhe von 13—16 m, erscheint mitunter schon 650 m ü. M. (Ütliberg) und findet sich in den meisten Teilen der Alpen, in Graubünden bis 2050 m ü. M. (Ofenberg, Camogask). Die Sumpfföhre mit knorrigem, kurzem Wuchse, häufig wirtelig gestellten, dunkelgrün und dicht benadelten Ästen ist ebenfalls weit verbreitet, auf den Mooren des Jura, von Rothenthurm, Bürgeln, am Rigi bis 1600 m ü. M.

Die zweite Hauptspielart der Bergföhre ist die allbekannte Legföhre P. pumilio. *Hänke* oder P. humilis. *Link)*, die wir bei den Strauchformen näher aufführen wollen. Man hat auch bei dieser sich scharfsinnig bemüht, mehrere Unterspielarten herauszufinden; allein die Merkmale sind so subtil und so wenig fest und konstant, dazu die Übergänge so vollständig vermittelt, daß die Varietäten sich kaum festhalten lassen.

Die Bergföhren bilden in der Alpenregion häufig ausgedehnte und ziemlich reine Bestände. Sie wachsen langsam. Hakenföhren von 10 m Höhe und 66 cm Durchmesser zählen oft 300—350 Jahrringe. In der diluvialen und Pfahlbauzeit reichten sie weit tiefer in die unteren Regionen herab als heutzutage.

Die tiefwurzelnde Arve (Pinus cembra) repräsentiert bis über 2300 m hinauf die letzten hochstämmigen Baumformen und reift im Oberengadin ihre

ARVENGRUPPE.

Früchte neben und über den Gletschern. Unterhalb der Alpenregion will sie im allgemeinen nicht recht gedeihen; doch steht sie ausnahmsweise zu Soglio im Bergell neben der edlen Kastanie. Die Arven (in Deutsch=Graubünden Arben, romanisch Schember, im Wallis Arolla) sind lebenszähe, herrliche Baumformen mit graden, 15—20 m hohen, aschfarbenen, unten rissigen Stämmen, von denen die Hauptäste wagerecht abstehen und nur ihre mit 6—9 cm langen, je zu fünfen in einer Scheide stehenden Nadeln bebuschten Enden kronleuchterartig emporkrümmen. Hoch in den Alpen stehen ehrwürdige, seltene Riesenexemplare, die 3 1/2 bis 4 1/2 m im Umfang und 600—1000 Jahrringe zählen; auf der Itramenalp (Grindelwald) lebte zu Kasthofers Zeit sogar ein fünfzehnhundertjähriger Arvenriese von 5 1/2 m Stammesumfang. Einzelne hohle, halbzerschmetterte Stämme strecken, zu drei Vierteilen abgestorben, immer noch etliche ihrer immergrünen Zweige dem Sturm entgegen und treiben noch ihre Blüten und reifen ihre Früchte. Doch findet man nicht selten neben frischen gelben auch erfrorene Blütenkätzchen am gleichen Baum. Diese erscheinen in gedrängten Wirteln an der Basis der jungen Längentriebe im Juni, während die weiblichen Blüten als violette Zäpfchen meist zu fünfen an der Spitze stehen und im ersten Herbste nur eichelgroß, bis im zweiten aber 9 cm lang und 6 cm breit werden. Sie sind eiförmig, an der Spitze abgeplattet, oft etwas eingesenkt, violettbraun, schwach bläulich bereift. Doch giebt es im Oberengadin auch eine Spielart mit kleinern, grünlich bleibenden Zapfen. Diese stehen ziemlich rechtwinklig vom Zweige ab und tragen an den Zapfenschuppen breite Schilder, deren hakenförmig rückwärts gekrümmter Nabel an der Spitze steht. Die unter ihnen paarweise liegenden hartschaligen, süßlich ölig schmeckenden Nüßchen geraten bloß alle 3—4 Jahre reichlich, da die Bäume beim Einsammeln oft roh mißhandelt und die jungen mit den reifen Zapfen abgeschlagen werden. Die Arven sind harzreich, haben ein feines, bald rötliches, spröderes, bald schön weiß bleibendes Holz, das eine feine Politur annimmt und wegen seines balsamischen Wohlgeruchs häufig zur Verkleidung der Zimmer verwendet wird, aber nicht insektenfrei bleibt. Auch dauert es in der Feuchte nicht lange aus. Infolge der übeln Waldwirt= schaft im Gebirge sind die meisten Arvenbestände im Rückgang, da sie denn doch auf die Dauer der Rauheit des Klimas, dem Zahne der Ziegen und dem Unverstande der Menschen nicht zu widerstehen vermögen. Und doch sind sie so gar sehr der Baum des Hochgebirges. Während die Lärchen trockene Standorte vorziehen, gedeihen die Arven am freudigsten in frischem, feuchtem Grunde. Sie scheuen die Nähe der Gletscher nicht, halten die stärksten und längsten Fröste aus, lieben den herabfließenden Schweiß der Felsen, heilen Verwundungen rasch aus und wehren sich mit breiter, tief= gehender Bewurzelung gegen die Gewalt der Hochgebirgsstürme. Immerhin ziehen sie sonnige Lagen vor, wachsen hier freudiger und tragen dann bei 3 1/2 m Höhe und 7 1/2 cm Durchmesser schon im 45. bis 50. Jahre Frucht.

Dabei wiederholt sich die auch bei anderen Gebirgsbäumen gültige Beobachtung, daß die nämliche Pflanze, die in höheren Lagen Beschattung erträgt, ja verlangt, in tieferen Regionen sich als ausgesprochene Lichtpflanze erweist.

In dem größten Teile der Schweiz ist dieser edle und kostbare Alpenbaum, die Zeder unserer Berge, ganz unbekannt, da er hier keinen bedeutenden horizontalen Verbreitungskreis hat. Er findet sich, doch meist nur einzeln oder in kleinen Schlägen ohne Schluß, an den Diablerets und am Engeindaz, in den Staatswäldern von Morcles, im Ormondthale, am Pillonpasse und am Kreuze von Arpille in der Waadt, im Gentel- und Engstlenthale, am Grimselpasse, an der Lauterbrunnenscheidegg, an der Windegg beim Triftgletscher, am Tschuggenhorn, dessen uralter Arvenwald langsamen Todes abstirbt und von den Alpenbewohnern absichtlich nicht erneuert wird, da diese behaupten, die Wälder halten den Schnee zu lange, machen die Alp kalt und niedere Stellen sumpfig, während doch der Holzbedarf jener Höhen gering sei; in den Bergen von Leuk und Oberwallis, am Wiggis ob dem Obersee, am Mürtschenstock und Murgsee, wo er bis 1950 m ü. M. ansteigt und der seltenste und höchste Baum des Glarnerlandes ist; am schönsten und am zahlreichsten aber in dem südlichen rhätischen Gebirge (die Arvenwälder bei Staz und zwischen Sils und Silvaplana), bildet aber auch hier nie vollständig geschlossene Bestände. In dem größern Teile der Schweizer Alpen erscheint er nicht einmal in einzelnen Exemplaren, zeigt sich aber strichweise in der ganzen europäischen Alpenachse von der Dauphiné bis zu den Karpathen (hier bis 1550 m ü. M.). Die Arve wächst äußerst langsam, bis zum sechsten Jahre sehr schwächlich und ebenso auf magerem, schattigem Boden. Ein 2 m hohes, noch ganz glattrindiges Stämmchen wies bereits ein Alter von beinahe siebzig Jahren nach; ein anderes mit einem Durchmesser von einem halben Meter zeigte ein Alter von über 350 Jahren. Die höchsten Punkte, wo wir noch Arvenbäume treffen, sind am Frela ob Livino 2400 m ü. M., auf der Nordseite des Münsterpasses 2445 m, am Bernina 2459 m, und auf dem Stelvio sogar 2560 m ü. M. Trauernd, zusammengewettert stehen diese letzten, höchsten Walderinnerungen in einzelnen Exemplaren oder kleinen, dünnen Gruppen, ohne irgend freundliches Buschbegleit. Wir haben aber Grund zu vermuten, daß noch über ihrer obern Grenze der torfige Boden Fragmente reicher Bestände birgt. Ihre ungeflügelten Samen begünstigen ihre Verbreitung nicht besonders. Versuche, die Arven im Tieflande zu akklimatisieren, sind noch nicht recht geglückt. Während die libanotische Zeder im Waadtlande und Kanton Genf schön und verhältnismäßig schnell wächst — wir finden dort 60 cm dicke und 18 m hohe Exemplare, — kommt unsere Alpenzeder in den Wäldern der Ebene nicht so gut fort, obwohl in dem Zürcher botanischen Garten verpflanzte Bäumchen ohne alle weitere Pflege gediehen. — Der gemeine Wacholder findet sich bis nahe an die Baumgrenze, der Alpenwacholder (Juniperus nana) dagegen in Bünden bis 2300 m ü. M. im Gebiete der Zwergbäume und überaus reichlich, ein kosmopolitischer Strauch, der ebenso in Sibirien und Labrador wuchert und in der spanischen Sierra bis 2900 m ü. M. gedeiht.

Über der Tannengrenze scheidet die Baumwelt mit eigentümlichen Zwerg= und Krüppelformen aus der Vegetation, die aber nicht selten bis zur Schneegrenze hinanreichen und auf der deutschen Alpenseite ungleich reich= licher auftreten als auf der italienischen. Unter ihnen ist ein Laub= und ein Nadelholzbaum von Bedeutung: Im Schiefergebirge bekleidet die stark zur Birkenform hingeneigte Alpenerle (gewöhnlich Bergdroß, Alnus viridis), in einer Höhe von 1.2—3 m ganze Halden der höchsten Gebirge bis über 2200 m absoluter Erhebung und reicht oft an den Ufern der Wildbäche und in den Lawinenzügen tief thalwärts. In entholzten Hochthälern, wie Ursern, bietet sie den Bewohnern ein wertvolles Waldsurrogat und dient auf den Alpen heckenartig angepflanzt trefflich zur Verschirmung der Abgründe statt der kurzdauernden Holzhäge. Im Kalkgebirge, auch auf Granit, ist es die Legföhre oder Krummholzkiefer (in Bünden Arlen und Zuondra, Pinus montana pumilio), die in Alpen, wo die Lärche und Arve nicht zu Hause ist, das höchste Brennholz der Hirten bildet. Sie erscheint zwar oft schon 1100 m, hält aber bis zu 2240 m ü. M. aus. Es wäre irrig, die Legföhre für eine verkrüppelte gewöhnliche Föhre zu halten, da sie auch ins Tiefland verpflanzt ihre eigentümliche Gestalt beibehält und sich in wesentlichen Punkten von jener unterscheidet. Ihr Aussehn ist höchst auffallend und malerisch schön. Der rotbraune Stamm kriecht 3—9 m lang auf der Erde hin und erhebt sich erst mit den Enden 2—5 m pyramidalisch in die Höhe, sodaß die Länge dieses Halbbaumes auf 12—14 m ansteigen kann. Seine Äste strecken sich unfern von der Wurzel kriechend nach allen Seiten aufwärts und tragen dichte, lange, dunkelgrüne Nadelbüsche und kleine, glänzend gelbbraune, eiförmige, auf= oder seitwärts gerichtete Samenzäpfchen. Wo auf ödem Granit oder Kalk nur ein dünner Erdanflug sitzt, wo die Wurzeln in einer Steinritze nur die geringste Nahrung finden, grünt dieser freundliche und eigentümliche Kriechbaum hervor und bekleidet wohlthätig schützend so oft steile Halden mit seinen saftgrünen Büschen. Nicht selten wächst er weit über die höchsten und schroffsten Felsen= wände hinaus und wölbt als herrliche Dekoration des grauen Gesteins seine Kronen über düsteren Abgründen. Seine Wurzeln bohrt er mit solcher nach= haltiger Kraft in kleine Felsritzen, daß er im Laufe der Jahre nicht selten ordentliche Blöcke ganz auseinanderspaltet. Man unterscheidet zwei Arten, von völlig gleicher Gesamttracht, von denen die eine eiförmige, unsymmetrische Zäpfchen mit gewölbten, etwas hakenförmig zurückgekrümmten Schildern trägt (Legföhre, P. mont. humilis), während die andere annähernd kugelige Zäpfchen hat, deren gewölbte Schilder ringsum gleichgroß und gleichgeformt sind (O. mont. pumilio, Zwergföhre). Bergkiefer, Legföhre und Alpenerle sind nicht nur als Brenn=, sondern auch als Schutzholz von größter Wichtig=

keit für die Hochgebirge, indem sie jährlich tausendfältig die Bildung von Lawinen verhüten, zur Bindung und Befestigung des Bodens dienen, zugleich tierische Organismen nähren und schützen und ihrer Umgebung eine reich gedeihende Vegetation alpiner Gewächse erhalten. Besonders gern lehnt sich die Strauchwelt an sie an, die aber auch ganz selbständig über Flühen und Schratten bis über die Grenzen unseres Gürtels hinanstreift. In dieser erscheinen etliche Weidenarten wohl am zahlreichsten, dann die Weißerle, der Sevienstrauch und die Alpenmispel, seltener der Traubenhollunder, das schwarze und blaue Geißblatt, die zierliche, aber fadfruchtige Alpenjohannis= beere und die dornenlose Rose. In den Glarneralpen bildet der Zwerg= wacholder bei 2240 m ü. M. die obere Grenze der größeren holzartigen Gewächse.

Wir haben bereits bemerkt, daß die Baumgrenze in unserer Region das Signal für eine ganz andere Vegetation wird. So lange die Wälder aus= halten, ist das Auftreten einer bloß alpinen Flora noch weniger zu bemerken, da bis dahin die Pflanzen der Ebene die den Alpen eigentümlichen noch weit überwiegen. Oberhalb der Baumgrenze aber ändert sich das Verhältnis auffallend. Die Blütenpflanzen des Tieflands treten zurück, indem sie hier nur noch etwa ein Viertel, höher in der unteren Schneeregion aber kaum noch ein Siebenteil der sämtlichen Pflanzen ausmachen, bis sie in der oberen Schneeregion ganz aus der Pflanzendecke verschwinden, und nur noch einige blütenlose Algen und Pilze die Flora der Ebene darstellen. Dabei bemerken wir in den Wechselverhältnissen der Blütenpflanzen und der Blütenlosen ob der Waldregion eine auffallende Veränderung. Während in der Ebene bis zur Holzgrenze hinauf Phanerogamen und Kryptogamen sich ungefähr das Gleichgewicht halten mögen, bleiben mit den Wäldern eine Masse Blütenloser, namentlich Farne, Pilze und andere Schattenpflanzen, sowie natürlich alle an die Holzpflanzen gebundenen Flechten und Moose zurück, sodaß in der oberen Alpenregion viel mehr Blütenpflanzen als Blütenlose wohnen. In dem unteren Teile der Schneeregion stellt sich das Gleichgewicht wieder her; in dem oberen überwiegen dagegen die Blütenlosen, wie denn namentlich die Moose und Flechten schon in der oberen Alpenregion in großen Individuen= massen auftreten und ganze kleine Gebiete ausschließlich in Anspruch nehmen.

Die Blütenpflanzen ob der Holzgrenze sind fast ausschließlich mehr= jährige und müssen es sein, da so oft die Unbill einer rauhen Witterung die Samenbildung verhindert und für eine längere oder kürzere Zeit ganze Geschlechter einjähriger Pflanzen aus der Erddecke wegtilgt, während die vieljährigen sich oft durch Brutansätze fortpflanzen und Zeit haben, günstige Sommer abzuwarten, in denen sie sich auch durch Reifung ihrer Samen abermals weiter verbreiten und entferntere Lokale besetzen können. Da aber solche Jahrgänge auf hochgelegenen und schattenreichen Bergen oft gar nicht eintreten, und die Pflanze auf Verbreitung durch vegetative Sprossung angewiesen ist, so wiederholt sich die Erscheinung, daß eine Art vorwiegend in kompakten Massen rasenartig auftritt und ganze Stellen überkleidet. Wie tief ein heißer oder ein kalter Sommer in den ganzen, alljährlich wechselnden Charakter der Pflanzen eines Reviers eingreift, kann aus dem Angeführten leicht erkannt werden.

Schon das Kleinwerden der Baumformen, das Auftreten von Krüppel- und Zwergarten ob der Hochbaumgrenze läßt auf ein Niedrigerwerden der ganzen Vegetation schließen. Je höher hinauf wir steigen, desto kleiner wird alles Gewächs, desto gedrungener der Bau, desto konzentrierter der Organismus, desto stärker der unterirdische Stamm und desto länger oft die weithingreifenden Wurzelfasern. Die hohen Sträucher werden zu Halbsträuchern, die Menge von Weidenarten verkümmert zu ganz niedrigen Büschchen und verschwindet endlich ganz; die kräuterartigen Gewächse schrumpfen zusammen; die Gräser, die im Thale noch 60—90 cm lang sind, werden 30 cm und endlich nur noch mehrere Centimeter lang. Alles zieht sich aus der kälteren Luft in den Schutz des verhältnismäßig wärmeren Bodens zurück und breitet seine Blätter wagerecht dicht an diesem aus, statt sie dem Licht und der Luft entgegenzustrecken. Es sieht aus, als dränge die hohe Winterschneelast des Gebietes die Pflanze auf die Erde und zum unterirdischen Leben zurück. Die Blätter selber werden kleiner, aber fester und härter als in den tieferen Gebieten und scheinen sich oft durch einen weichen Pelzanflug vor der rauhen Luft schützen zu wollen oder verkümmern gar zu Schuppen. Dagegen wachsen die Blüten, genährt von der gehaltvollen Dammerde des Gebirges, rasch und freudig empor und bringen oft große, unvergleichlich tief und lebhaft gefärbte Blumen, wozu die fast stäte Boden- und Luftfeuchtigkeit, sowie die größere Intensität und die längere Dauer des mehr rechtwinklig einfallenden Sonnenlichtes (die Frühlingstage der Alpenflora Ende Mais und Anfang Junis sind ja um 4—5 Stunden länger als die Frühlingstage der tiefländischen Flora im März) das Meiste beitragen mögen*).

Das Kolorit der Alpenpflanzen ist wunderbar frisch und kräftig. Neben dem Gelb und Weiß der tiefländischen Blüten finden wir hier das strahlendste

---

*) Genauere physikalische Untersuchungen der jüngsten Zeit bestätigen diese Annahme. Die Pflanzen der alpinen Region erhalten während ihrer Lebensdauer mehr Licht- und Wärmestrahlen als die in der Ebene, weil bei dem Durchgang derselben in die unteren Schichten der Atmosphäre eine starke Absorption stattfindet. Beispielsweise ist nach den Versuchen von F. H. Weber die Sonnenstrahlung auf dem Pizzo centrale um 10 % größer als in Zürich. Diese starke Lichtwirkung hemmt zunächst die Streckung des Stengels, zumal die Nächte kurz und kalt sind. Gleichzeitig enthält das Licht in den Alpen mehr ultraviolette Strahlen als das Ebenenlicht, und da diese nach neueren Versuchen vorwiegend die blütenbildenden Stoffe erzeugen, so bleibt die Entwickelung der Blüten uneingeschränkt. Wenn uns bei der Verkümmerung der grünen Pflanzenteile die Alpenblumen relativ größer erscheinen als die Blumen der Ebene und damit die Farbenpracht der alpinen Vegetation gesteigert wird, so übertrifft doch die absolute Größe der Alpenblumen diejenigen der Ebene im allgemeinen nicht.

Indigoblau, das glühendste und weichste Rot und ein kräftiges bis ins Schwarze
übergehendes Braun und Orange, während das Gelb und Weiß ebenfalls in
den reinsten und blendendsten Tönen auftritt. Ähnliche Farbenkräftigung,
wie sie im Gebirge oft mattgefärbte Tieflandspflanzen zu ungleich ent=
schiedenerem und reinerem Kolorit erhebt, finden wir in der Polarvegetation,
in der nicht nur die Färbung feuriger, sondern unter dem Einfluß des stätigen
Sommerlichtes und der Mitternachtssonne völlig umgewandelt und oft das
Weiß und Violett zum glühenden Purpur erhöht wird. Da nun die Alpen=
pflanzen oft in dichten Gruppen zusammenstehen, so verleiht diese außer=
ordentliche, in ganzen Partien erscheinende Farbenpracht, an der selbst das
sonst so unscheinbare Geschlecht der Flechten hier lebhaft teilnimmt, dem
frischen, saftgrünen Rasenteppich jenen leuchtenden und zauberhaften Reiz,
der diesen Triften einen so hohen Ruhm erworben und sie in der eigentüm=
lichsten Weise zu einem Seitenstück der schimmernden Vegetation der Tropen
macht. Nicht wenig wird der Ruhm der alpinen Flora noch durch den
balsamischen Wohlgeruch vieler Blüten und ganzer Pflanzen erhöht, von der
Aurikel bis herab zur veilchenduftenden Konserve (Byssus Jolithus) am
Felsen; denn sie besitzt verhältnismäßig mehr Arten von aromatischem Wohl=
geruch als das Tiefland. Charakteristisch für diesen Teil der Flora ist auch
der Mangel an narkotischen und die kleine Zahl von scharfgiftigen Gewächsen,
das verhältnismäßig zahlreiche Auftreten von Hybriden*), die vorherrschende
Bitterkeit des Geschmacks so vieler Alpengewächse mit astringierenden
Bestandteilen und der verkümmerte Bau mehrerer derselben, indem die Natur
mit Vernachlässigung von oberirdischem Stamm und Blattfülle zur Sicherung
der Art auf kürzestem Wege Blüte und Frucht zu gewinnen sucht. — Die
Blütenpflanzenfamilien, die im Alpengürtel in den zahlreichsten Formen auf=
treten, sind vor allen die Synanthereen, hier verhältnismäßig noch zahlreicher
als in der Ebene, die Gräser und Halbgräser, die Ranunkulaceen, Skrofu=
larien, Rosaceen, Lippen= und Schmetterlingsblüter, Orchideen, Dolden,

---

*) Früher kannte man beinahe keine Hybriden in der Alpenflora, heute verfolgt
man sie bis in die subnivale und nivale Region mit großer Sicherheit. Wir erinnern
an Orchis suaveolens (aus Nigrit. angust. und O. odoratissima), Orchis nigro-
conopsea (aus Nigr. und O. conopsea); von 1900—2100 m ü. M.: Achillea
Thomasiana, Draba tomentosa-aïzoides, Gentiana hybrida, Geum inclinatum,
alle in den Waabtländeralpen, und Androsace pubescens-helvetica, ebenda bis
2300 m ü. M., in den Walliseralpen Gentiana Charpentieri, Saxifr. patens,
Potentilla ambigua bis 2200 m ü. M., Pedicularis atrorubens und P. incarnata-
tuberosa auf dem St. Bernhard und Bernina bis 2300 m, Ranunculus glacialis-
aconitifolius bis 2400 m ü. M. auf dem St. Bernhard, Primula Muretiana am
Albula und Bernina bis 2300 m, Saxifr. Mureti (aus S. planifolia und stenopetala), von Rambert am Kistenpaß bei 2500 m ü. M. entdeckt, Primula integrifolia-
villosa und Draba carinthiaca-aïzoides, von Brügger in gleicher Höhe in Grau=
bünden gefunden, und endlich die höchste aller bis jetzt aufgefundenen Hybriden
Androsace Heerii am Segnespaß bei 2500 m ü. M. und an der Windgelle.

Kreuzblüter, Steinbreche, Gentianen, Knöteriche, Glockenblumen, Rubiaceen, Alsineen und Sileneen.

Als Königin der Alpenpflanzen bezeichnen wir die herrliche Alpenrose, die oft besungene und gefeierte, und zwar mit um so größerm Rechte, als sie unserer Alpenachse von den Meeralpen bis zu den östlichen Ausläufern Siebenbürgens ausschließlich eigen ist, während eine große Menge anderer Alpenpflanzen (so auch das Edelweiß) auch dem hohen Norden und andern Alpketten angehört. Sie gewährt einen wahrhaft bezaubernden Anblick, wenn ihre Sträucher ganze Felsen= oder Rasenpartien mit den buchsartigen, saftgrünen Blättern bekleiden, aus denen die zierlich gebildeten, karminrot leuchtenden Glockensträußchen und braunen Knospenzapfen sich so freundlich abheben. Mit welcher Wonne begrüßt der müde, keuchende Wanderer den ersten Alpenrosenstrauch und eilt trotz aller Erschöpfung im Fluge zu dem Felsen empor, von dem die Sträußchen ihm die Grüße der Alpennatur zuwinken; wie oft begleiten sie mit ihrer ewigen Anmut ihn mitleidig durch lange Felsenlabyrinthe und verkünden ihm Leben und volles Genüge in einer öden Welt von grausenhaften Steintrümmern. Überall gleich reizend, dekoriert sie tausendfältig das tausendfältig wechselnde Land ihrer Heimat und glüht bald als einzelne Rosenflamme über dem zischenden Sturz des Eisbaches; bald überzieht sie die ganze Fläche des Berges, der sich mit seinem Purpurteppich im Spiegel des Alpsees malt, oder streut ihre Blüten gesellig in den vielfarbigen Flor der Alpen. Gleich freundlich wie dem Menschen, dem sie oft, wenn er unaufhaltsam dem Abgrunde zugleitet, ihre rettenden Stauden entgegenstreckt, und ihm in bitterkalten Sommertagen willig zum Feuerherde folgt, bietet sie im harten Winter dem sanften Volke der Alpenhühner ihre zarten Sprossen und Knospen, um es vor dem nagenden Hunger zu schützen. Der Gebirgswanderer findet an diesen lieben Stauden so recht einen Maßstab für die stufenweise Entwickelung der Alpenvegetation. Bei 1300 m ü. M. findet er die braunen Kapseln mit halbgereiften Samen; bei 1600 m steht die herrliche Pflanze in höchstem Flor; bei 1950 m beginnt der sonnigste Knospenzapfen die erste Blüte aus der Pyramide zu lösen, und 160 m höher fangen die Knospen erst an sich zu bräunen, ungewiß, ob dieser Sommer ihnen die Entfaltung noch vergönnen werde. Der Schlag und die Tracht der Alpenrosen ist übrigens in den verschiedenen Gebirgen sehr verschieden; nirgends aber haben wir sie üppiger, mit größern, tiefer gefärbten Glockenbüscheln gesehen als in den krystallinischen Gebirgen Graubündens und einiger Walliser Thäler. Bekanntlich bergen unsere Alpen zwei Arten von Alpenrosen: die gewimperte, etwas kleiner, blasser gefärbt, mit fein behaarten Blättern, und die rostblättrige mit dunkler grünen, unten rostbraunen Blättern und purpurroten Blumen. Erstere erscheint 1130—2300 m ü. M., steigt aber in felsigen Bergwäldern hie und da bis unter 480 m ü. M. hinunter. Sie schmückt z. B. die Felsen der Taminaschlucht bei Pfäfers, des Thuner= und Lowerzersees, ja bei

Murg am Wallensee blüht sie bei 450 m ü. M. unter den edlen Kastanien=
bäumen und bei Vira am Langensee (220 m ü. M.) erträgt sie die italienische
Sonne. Die rostblättrige zieht einen etwas höhern Gürtel vor und reicht bis
2460 m, ja am Monterosa sogar bis 2860 m ü. M. hinan. Jene findet sich
durchweg auf den Kalkalpen, diese dagegen auf kalkfreiem Boden; es ist daher
um so auffallender, die rostblättrige auch auf dem Kalkgebirge des Jura als
einzige Alpenrose desselben zu finden, eine Erscheinung, die sich nur daraus
erklären läßt, daß in der vorgeschichtlichen Gletscherzeit die rostblättrige
Alpenrose zugleich mit der Masse jener Findlingsblöcke, welche durch den
ungeheuern Rhonegletscher aus den südwestlichen Walliseralpen an dem Jura=
zuge aufgehäuft wurden, von dorther, also aus dem Urgebirge, eingewandert
sei. Eine schöne rein weiße Varietät wächst auf der Hundwylerhöhe
(Appenzell), am Vorderglärnisch, ob Jenaz, am Splügen, im Maderanerthal
und auf einigen Waadtländer und Walliser Alpen (im Val d'Erin, bei les
Teichons 2c.). Eine andere Spielart (Rh. intermedium) ist entweder ein
Bastard zwischen den beiden echten Arten oder stellt den allmählichen Über=
gang der Kalkform in die rostblättrige dar, indem sie sich da entwickeln soll,
wo früher die gewimperte stand, welche aber aus Mangel an Kalkgehalt ihres
Substrates in die Parallelform überging*).

Die reizende Königin der Alpenblumen und ihre typische Repräsentantin
ist von einem glänzenden Hofstaate umgeben, von dem aber niemand es wagt,
mit ihr um die Gunst des Menschen zu werben, so bunt, so reich die schönen
Kinder auch besonders im Juni und Anfangs Julis geschmückt sind. Unter
ihnen treten besonders die prächtigen, dem Norden ebenfalls fehlenden
Gentianen hervor, die in den verschiedensten Formen und Farben den Alpen=
rasen schmücken und viele bloß alpine Arten aufweisen. Die hohe Purpur=
gentiane, die punktierte und die gelbe erheben stolz ihre leuchtenden Blumenwirtel
aus den niedrigen Kräutern der Nachbarschaft, während die großblütige, die
bayrische und die Frühlingsgentiane millionenfältig ihre purpurblauen Glocken
über die keimende Rasendecke hinstreuen.

Sowie der Schnee sein schmutziggewordenes Kleid von den hohen Triften
zurückzieht, sprießt ungeduldig, oft dicht neben ewigem Gletscher, das überaus
zierliche Alpenglöcklein (Soldanella alpina und pusilla) mit seinen lilafarbenen,
fein ausgezahnten Blumen aus dem feuchten Grunde oder bohrt wohl gar
seine Blütenstiele durch die Schneedecke, und neben ihm die taufeucht glänzenden
weißen, blauen und gelben Fettblümchen und die leuchtenden Kelche des bunt=

*) Die Familie der Alpenrosen (Rhododendron) schmückt nicht nur den europäischen
Alpenkamm, sondern hat sich in wundervoller Pracht und Mannigfaltigkeit auf dem
ganzen Hochgebirgssystem der alten Welt angesiedelt und ziert die tropischen Gebirge
der ostindischen Inseln wie die Küstenberge des Pontus, den Kaukasus wie die sibirischen
Bergböben: das höchste Gebirge der alten Welt, der Himálaya, besitzt auch die
gewaltigsten Alpenrosenformen, die sich zu imposanten Bäumen entwickeln und tulpen=
große Blüten tragen.

variierenden Krokus. Die hochgelben, weitduftenden Aurikeln, die am
Monteluna auch weiß und rötlich blühen, bekleiden mit den nieblichsten
Steinbrecharten ganze Felsenpartien; die rosenroten, weißen und dunkelroten
Silenen und die glänzendweißen Möhringien bilden große, weithinleuchtende
Rasenplätze; die prächtigen, vielartigen Anemonen, von denen die alpinen
Arten weit größere und lebhafter gefärbte Blüten tragen als die montanen,
die blauen und weißen Kugelblumen, die kräftigen Ranunkeln, die weißen
Alsineen, die blauen und rötlichen Ehrenpreise, die Schafgarben, die Senecien,
Fingerkräuter, der duftige Thymian, die herrliche rotblütige Berghauswurz
und die blaue Alpenaster, die zierliche Dryas, die feinlaubigen parasitischen
Läusekräuter, die scharfriechenden Lauche, die oft ganze Halden durchwachsen,
die zarten Veilchenarten, die bunten Orchideen, unter ihnen das stark vanillen=
duftige Kammblümlein (in Bern Kuhbrändli, Nigritella angustifolia) nicht
selten in rosenroter Spielart, die duftigen, schmucken Seidelbaste, die
aromatischen Artemisien, die Glockenblumen und schwerblütigen Habichts=
kräuter, die seltene, hellblaue Alpenaklei, die weißen und roten Huflattiche, die
vielfarbigen Schmetterlingsblumen, die Alpensommerröschen und sattblauen,
gedrungenen Alpenvergißmeinnicht, die leuchtenden Zaunlilien, die heilkräftigen
Artemisien, die überaus zierlichen und mannigfaltigen Primelarten, die blauen
Phyteumen und Linarien, der orangegelbe, niedrige pyrenäische und der weiße
Alpenmohn, die höchst zierlichen Aretien, die wunderlichen Gnaphalien (Edel=
weiß), die dunkelgrünen, mit roten Sternchen besäeten Polster und Schnüre
der Azaleen (bis 2760 m ü. M.), der feine himmelblaue Alpenflachs, das
schimmernde Wollgras, alle in buntem Wechsel gehören zu den lieblichsten
Kindern der Alpenflora. Jedes von ihnen hat sein eignes Geschäft, seinen
Ort, seine Zeit. Die einen dekorieren kahle Felsen, die anderen die Rinnsale
der Gletscherwasser, die Ufer der Bäche und Hochalpseen, die Schuttreviere,
die Wälder und Buschplätze; andere bewachsen die Gletscher= und Schnee=
thälchen, umgeben die fetten Plätze der Alphütten, kleiden die Weiden ein oder
siedeln sich auf der dünnen Dammerde der Flühen an. Jedes findet sein
Reich und seine Stelle, wo es die Anmut seiner lieblichen Natur entfaltet.

Die Alpen sind nicht nur mit leuchtenden und duftenden Blumengruppen
geschmückt; sie beherbergen unter ihren Kräutern auch eine ganze Fülle der
ausgezeichnetsten Futterpflanzen, mit denen sich die tiefländischen an stärkenden,
nährenden, milcherzeugenden Kräften nicht messen dürfen. Zu den berühmtesten
milchreichen und aromatischen Futterkräutern der Alpentriften gehört besonders
das überall hochgeschätzte Mutternkraut (im Engadin Matun, Meum mutellina),
der Alpenwegerich (Plantago alpina), das Alpenfrauenmäntelchen, die Klee=
und Tragantarten, das Abel= und das Ritzgras, die Schafgarben, besonders die
renommierte, gewürzig bisamduftige Achillea moschata, der Leckerbissen des
Murmeltiers, in Bünden Jva, Wildfräuleinkraut genannt, nur auf
krystallinischem Boden vorkommend, im Kalkgebirge durch A. atrata ersetzt 2c.,

die alle in der Regel ganz jung vom Vieh abgeweidet werden und darum auch
so kräftig und milchreich sind*). Läßt man auf Wildheustellen oder gedüngten
Plätzen das Futter auswachsen, so wird es (z. B. auf dem Gotthard) nicht
vor Ende Augusts abgeschnitten und eingeheimst; im Berninaheuthale fanden
wir noch im September Erntearbeit.

Neben den Futterpflanzen sind aber auch die Giftpflanzen der Alpen,
die Eisenhüte, von denen Aconitum napellus öfters mit weißgescheckten, seltener
mit schneeweißen Blüten angetroffen wird, einige Anemonen und Ranunkeln,
besonders die Germern stark verbreitet und entreißen mit den Bühnen und
Alpenampfern einen großen Teil des besten, fettesten Weidebodens den nützlichen
Pflanzen. Weniger durch Blütenschönheit ausgezeichnet, als durch ihre dichten,
saftgrünen Blättergruppen, bedecken viele Halbsträucher, als: die Preißel= und
Heidelbeeren (diese bis 2440 m ü. M.), die niedlichen Eriken, die Bärentrauben,
die Rausch= und Steinbeeren als charakteristische Hauptpflanzen oft große von
Büschen durchzogene Gehänge und bilden mit den nachbarlichen Moosen hohe,
elastische Polster, die den Wanderer freundlich zu kurzer Rast einladen; und
wer sich je schon in diese grünen Diwans gebettet hat, um die sonnenglühenden
Bergkuppen, das tiefe Thal, den blauen Alpensee zu überblicken, oder in laut=
loser Stille die nahende Gemse zu erwarten, kennt gar wohl den Reiz einer
solchen Einladung. Daneben dekorieren die zahllosen immergrünen Kreuz=
blumen stellenweise ganze Flächen, und der Himbeerstrauch, ein Liebling der
Gemsen, reift noch in der unteren Alpenregion seine süßen Beeren.

Natürlich bleibt sich der Charakter der alpinen Vegetation in den einzelnen
Revieren der Gebirgszüge nur im allgemeinen gleich, modifiziert sich aber
sowohl in Hinsicht der Elevationsgrenze der Gewächse, als in Beziehung auf
die Zusammensetzung der Pflanzendecke und das Vorwiegen einzelner Arten.
Wie das rhätische Gebirge einen auffallenden Mangel an Laubholz und eine
verhältnismäßige Armut an Gebüschen aufweist, so überwiegen in ihm wieder
die Weidenarten, und das Vorherrschen der Lärchen= und Arvenwälder ver=
leiht dem ganzen Pflanzencharakter des Landes eine eigentümliche Physiognomie.
Ebenso ist dort die Welt der Kräuter mit vielen fremdartigen Blumen durch=
woben und das Engadin ist die östliche Grenze für manche westliche und süd=
westliche Art und zugleich die westliche Grenze für manche Art der östlichen
(Tiroler ꝛc.) Alpen, während das Wallis und insbesondere die reiche Flora

---

*) Die eingehendsten Angaben über die wichtigsten Futterpflanzen unserer Alpen
enthält das vortreffliche Werk: F. G. Stebler und C. Schröter, „Die Alpen=Futter=
pflanzen“, welches 1889 im Auftrage des schweizerischen Landwirtschafts=Departements
veröffentlicht wurde. In demselben sind dreiunddreißig der wichtigsten Arten mit voll=
kommener Naturtreue dargestellt, ihr Vorkommen, ihre botanischen Merkmale, ihr alp=
wirtschaftlicher Wert und ihre Bodenansprüche eingehend beschrieben. Das Werk ist
außerdem bereichert durch allgemeine Angaben über die Bewirtschaftung der Alp und
rationelle Vorschläge zur Verbesserung der jetzt bestehenden alpwirtschaftlichen Zustände

der Monterosagruppe wieder manche Art der Südalpen besitzt. Überdies weisen die Engadinergebirge die zahlreichsten Arten der arktischen Flora auf*).

Nur in wenigen glücklichen Hochthälern Rhätiens ist die Pflege der Kulturpflanzen auch in der Region der Alpen noch lohnend und von einigem Umfang, während sie in den westlichen und nördlichen Alpen entweder ganz fehlt oder nur sporadisch auf kleine Stellen eingeschränkt ist**). So gedeihen im Glarnerlande die Kartoffeln an der Sonnenseite bis 1460 m ü. M. ordentlich; auf dem letzten Äckerchen an dem sonnenreichen Weißberge reifen bei 1650 m ü. M. die Knollen nur in guten Sommern, ebenso auf der Handeckalp im Berner Oberland bei 1435 m ü. M. Gerste, Flachs, Hanf, Kohl, Feldbohnen, Erbsen, Lauch und Petersilie gehen im Glarnerlande bis 1460 m ü. M., einzelne Kirschbäume vermögen bei 1300 m ü. M. nur selten ihre Früchte zu reifen; ihre Region ist bei 1130 m ü. M. eigentlich zu Ende. Im Jura findet in der ganzen unteren Alpenregion kein eigentlicher Anbau mehr statt, dagegen werden auf der Gemmi bei 2087 m ü. M. Rüben, Spinat, Salat und Zwiebeln, auf der Grimsel im Spittelgarten bei 1910 m ü. M. Salat, Schnittlauch und treffliche weiße Rüben — freilich mit wechselndem Erfolge, gebaut.

Bei der beträchtlichen allgemeinen Bodenerhebung und der daraus folgenden höheren Wärme der Alpenthäler ist in Bünden, wo (wie in den Thälern de Poch, Taffry, Cisvena, Ferrata) kräftige Arven- und Lärchenschläge noch über 2300 m ü. M. hinaufgehen, auch eine verhältnismäßig große Erhebung des Getreides möglich. Sie übertrifft diejenige der rauhen und kahlen Tessineralpen um ein Bedeutendes, scheint aber in rückgängiger Bewegung zu sein, da an manchen Orten, wo noch im letzten Jahrhundert verschiedene Nährpflanzen gebaut wurden, heute keine Spur von Kultur mehr angetroffen wird. So wurde bei Sils im Engadin (1828 m ü. M.) früher Getreide, jetzt nur Flachs und Weißrüben gebaut; doch ist immer noch der höchste Getreidebau Bündens bei Campfer 1820 m ü. M. und bei Scarl ebensohoch. Freilich erreicht nur die Gerste, die unter allen Cerealien am wenigsten Wärme bedarf***) und am meisten Kälte verträgt, diese außer-

---

*) Z.B. Linnaea borealis, Oxytropis lapponica, Juncus arcticus, Tofieldia borealis, Salix glauca, Galium triflorum etc.

**) Hinten im Matterthal zu Zermatt 1650 m ü. M. gedeihen keine Obstbäume mehr, aber im Pfarrhofgarten viele Gemüse, auch Erbsen, und im Acker das Korn, während die Kartoffeln und Bohnen oft erfrieren.

***) Nach Boussingaults Untersuchungen ergiebt sich das Gesetz, daß eine jede Pflanzenart eine gewisse nach Tagen und Graden zu bezeichnende Wärmesumme zu ihrer vollkommenen Ausbildung bedarf; so der Winterweizen 149 Tage bei 13.3° C., der Winterroggen 137 Tage bei 13.2° C., der Sommerweizen 120 Tage bei 18.8° C., der Sommerroggen 110 Tage bei 17.2° C., der Hafer 110 Tage bei 17.1° C., die Sommergerste aber nur 100 Tage bei 17.2° C. Ob dieses Normalverhältnis sich auch in unseren Regionen bewährt, dürfte zweifelhaft sein. Hier verzögert sich zwar die

ordentliche Höhe, wo in den deutschen Gebirgen nur noch Alpenkräuter und sehr selten Bäume wachsen. Die Ernte der Gerste fällt im Oberengadin durchschnittlich auf den 12. September, nachdem dieselbe um den 3. Juli ihre Blüte entwickelt und gewöhnlich im Juni den letzten ordentlichen Schneefall überstanden hat. Der Hafer übersteigt in Bünden 1600 m ü. M. nicht, der Sommerroggen geht bei Zuz und Selva bis zu 1600 m, bei Fettan bis 1656 m, bei Cierfs 1663 m ü. M., die Kartoffeln auf Davos im Sertig 1780 m ü. M., im Mittel aber nur zu 1690 m. Bei 1720—1820 m ü. M. werden in den Gärten des Oberengadins noch Salat, Sellerie, Spinat, Petersilie, Skorzoneren, Rettiche, Rüben, Kohlrüben, Radieschen und Flachs mit Erfolg angepflanzt, Salat und Rüben sogar bis 2100 m ü. M. Die Kopfkohlarten erreichen freilich keine ordentliche Ausbildung mehr. Wohl am höchsten steigt aber der Getreidebau im Wallis, wo im Nikolaithal die mühselig mit breiter Hacke bearbeiteten Roggenäckerchen bis 1850 m, bei Findeln sogar bis 2050 m hinaufreichen, eine Erhebung, die in Europa nur in der Sierra Nevada in gleichem Maße vom Getreide erreicht wird. So überraschend auch diese Maxima sind, so weisen doch die horizontalen Getreide= grenzen im Norden eher noch niedrigere Jahresisothermen nach. Wenn die mittlere Jahrestemperatur der mittlern Getreidegrenze in der Schweiz zu $+ 5.25°$ C. anzunehmen ist, so ist sie in Lappland nach Humboldt nur $— 1.0°$ C., bei den Coniferen in der Schweiz $+ 1.1°$ C., in Lappland $— 3°$ C., während in dem konstanteren Klima der Tropen die Vegetations= grenze bei wärmeren Isothermen als im Norden aufhört. Denn die Vegetation ist teilweise nicht nur von einem mittlern Grade der Jahrestemperatur abhängig, sondern auch von der Wärmeverteilung auf einzelne Monate, Tage und Tages= zeiten, und die größten Wechsel scheinen, bis auf einen gewissen Grad, nament= lich der Getreidekultur günstig, die sich in den gelegenen Perioden sofort mit erstaunlicher Raschheit vollendet. Immerhin aber gilt der Grundsatz: Je höher der Standort der Pflanze, desto größer der Zeitraum zwischen Blüte und Fruchtreife. Während die Kirsche bei 650—1000 m ü. M. eines solchen von etwa 69 Tagen, die Gerste von 47 Tagen bedarf, verlängert sich derselbe bei 1300—1600 m ü. M. da, wo es noch Kirschen giebt, auf 83, bei der Gerste auf nur 48, in Bünden bei 1750 m ü. M. auf 51 Tage.

Die genannten Grenzen bezeichnen so ziemlich die höchste Erhebung von Kulturgewächsen in Europa. In Deutschland bleiben diese viel tiefer zurück. Im Schwarzwald und in den Vogesen steigt der Getreidebau nicht über 800—1000 m ü. M., im Harze sogar nicht über 580 m ü. M. (Klausthal),

---

volle Reife der Frucht gegenüber der im Flachlande sich ergebenden bedeutend, aber, wie es scheint, doch nicht im Verhältnis zu der niedrigen durchschnittlichen Monats= temperatur, und es ist nicht unwahrscheinlich, daß andere atmosphärische Bedingungen hier fähig sind, diejenigen Wärmegrade zu ersetzen, die an der vollen Normalsumme für die tiefländische Getreidereise fehlen.

wo auch die Obstbäume, Linde, Eiche und Ahorn aufhören, während die Tannen nicht weit über 1000 m ü. M. reichen. Die Region des Krummholzes geht auf den Karpathen schon bei 1800 m ü. M. aus. In den skandinavischen Gebirgen, welche breitrückiger und mit ungleich niedrigeren Gipfelbildungen (die höchste, Skageltöltied, erreicht kaum 2600 m ü. M.) versehen sind, drückt der Einfluß des Küstenklimas und der Polarnähe die Schneelinie um 1000 bis 1300 m tiefer herab als in den Alpen. Dort fehlt eine Region der Eiche und Buche, und wie bei uns das Nadelholz, von dem die Rottanne weiter nördlich vordringt als die Weißtanne, an der Grenze der Baumvegetation steht, so dort die Birke, von der Betula nana bis zum 71° reicht. Dort gedeiht das Getreide noch bei einer mittlern Jahrestemperatur von 0° und reicht so weit hinauf, als das Nadelholz geht, während es in den süd= amerikanischen Hochgebirgen bei 10° mittlerer Jahreswärme aufhört, so daß es dort mehr von der mittleren Sommer=, hier von der mittleren Jahres= wärme abhängig zu sein scheint. Hinsichtlich der Meereshöhe schwindet im südlichen Norwegen (60. Breitengrad) der Kornbau bei 650 m, in Lappland (67. Breitengrad) bereits bei 260 m ü. M.

Ungleich günstiger stellen sich natürlich die Elevationsverhältnisse in den Hochalpen der neuen Welt und Asiens. Auf der Ostabdachung der Kordilleren Perus reicht die obere Waldregion im Mittel bis 2700 m ü. M., wo weder Cerealien noch Mais mehr gedeihen. In der westlichen Sierraregion dagegen reift der Weizen noch üppig bei 3500 m ü. M., die Kartoffel bei 3600 m ü. M., ebenso der Guinoa, während auch hier die Wälder schon lange zurück= geblieben sind. Statt ihrer bekleiden die Kakteen und Agaven die Abhänge. Unter 12° südl. Breite gedeihen in engen, geschützten Thälern die Pfirsiche und Mandeln bei 3200 m ü. M. noch reichlich, die bei uns schon bei 700 m ü. M. kümmern, auch Weintrauben, Feigen und Zitronen reifen dort bei sorgsamer Pflege noch im Freien. Unter dem Äquator, wo die Schneegrenze bei 5200 m angesetzt wird, wachsen die Laubhölzer im Mittel bis 3100 m ü. M.; das Getreide reift bis 3120 m; die Nadelhölzer reichen bis 3700 m, die Alpenrose bis 4200 m und die obersten Alpenkräuter bis 5000 m ü. M.; bei 4500—4700 m ü. M. finden wir noch gewürzhafte, kurzstengelige, aber großblumige Pflanzen, wie Calceolarien, Saxifragen, Culcitien, Sideen, Mimuleen, Lupinen ꝛc. Auf dem zedernreichen Himálaya, dessen Schnee= grenze ob dem tibetanischen Plateau bei 5000 m ü. M. steht, reichen auf dem Südabhange*) die obersten Wohnungen bis 2885 m ü. M.; die Hochwald=

---

*) Im Thale Bunipa in Nepal (wo auch die mächtige Deobwara=Zeder 3600 m ü. M. geht) finden wir nach den neuesten Beobachtungen 1600 m ü. M. noch die Martianische Palme, während sonst der Himálaya bekanntlich sehr palmenarm ist; auf dem neuen Kontinent dagegen giebt es auf den tropischen Anden mitten zwischen Eichen und Nußbäumen förmliche Alpenpalmen (unter denen sich besonders die schöne Wachspalme auszeichnet) in einer Höhe von 2600—2900 m ü. M., wo das

grenze ist bei 3600 m, die des Zwergholzes bei 3960 m ü. M. Im inneren Himálaya reicht die höchste Kultur bis 3470 m ü. M. und die obere Hochwaldgrenze bis 3960 m ü. M. Am günstigsten erscheinen aber die Erhebungsverhältnisse im Plateaulande jener Riesenkette, wo die obersten Dörfer bis 3960 m, der Ackerbau bis 4100 m und die Zwergbaumformen (namentlich die Tomabüsche) bis 5200 m ü. M. ansteigen, während einzelne Alpenrosenformen eine riesenhafte Höhe erreichen, und nahe am ewigen Schnee noch Gentianen, Parnassien, Swertien, Päonien und Tulpen mit großen Blüten prangen.

Celsiussche Thermometer oft bei Nacht unter + 6° sinkt und die mittlere Jahrestemperatur kaum + 14° erreicht; ja es wurden daselbst sogar über 4200 m ü. M. noch drei Palmenarten entdeckt.

Drittes Kapitel.

Die niedere Tierwelt der Alpen.

Veränderungen der Tierformen nach der Höhenlage. — Die Wurm=, Weich= und Krustentiere der Alpen. — Die Spinnentiere. — Insekten. Erd= und Mooshummel. — Schmetterlinge. — Käfer. — Bedeutung der Insektenwelt und Wechselverhältnis ihrer Raubtiere und Pflanzenfresser. — Der Alpenmolch und schwarze Salamander. — Die Schlangen. — Die Bergeidechse.

Wie das Gebirge mit jeder Höhenstufe einfacher, ärmer wird in seiner Pflanzenbekleidung, so noch weit mehr in seinem Tierleben, dessen Minderung durch jene Reduktion eben mitbedingt ist. Mit jedem tausend Fuß Erhebung verengen sich die Möglichkeiten der Existenz, bis sie hoch am ,ewigen Firn' endlich ganz erlöschen. Nirgends erkennen wir lebhafter die magische Lebenskraft der Wärme, als hier, wo mit ihrer Abnahme auch Schritt für Schritt die Welt der Organismen verarmt und der ,Kampf ums Dasein' härter wird. Aber wir erkennen zugleich, wie vorsorglich die Natur ihre Kinder für diesen Kampf zu befähigen sucht. Wie sie die Gewächse in reduzierten Formen näher am wärmeatmenden Boden zurückhält, wie sie vielen derselben zum Schutze gegen den tötenden Frost und die eisigen Winde eine gedrungene Gestalt, einen pelzigen Überzug leiht und sie in dichten Siedelungen zusammenbettet, so schützt sie die niedere Tierwelt durch die dichte, konstante Schneedecke, durch dunklere Färbung, Ausdehnung der Verwandlungszeit einerseits und Abkürzung des Eilebens anderseits mittels des Vermögens, lebendige Junge zu gebären (wie es alle unsere Alpenreptile besitzen), die höhere aber durch kräftigere Organisation, dichtere Befiederung und Behaarung. Sie verleiht ihnen den Trieb und die Möglichkeit, rasch ihren Aufenthaltsort zu wechseln, oder die Kraft, lange mit wenig Nahrung auszudauern, oder das Glück, im halben oder ganzen lethargischen Schlummer sie völlig missen zu können, oder endlich die Eigentümlichkeit, durch den Wechsel der Färbung ihres Kleides sich der Färbung ihres Bodens anzuschmiegen und dessen zahllose Verstecke um so besser zu benutzen.

Auf dieser schützenden Ökonomie beruht denn auch wesentlich die ver=
hältnismäßige Fülle von Tierformen, die wir in dieser Zone noch treffen, die
sich aber der Höhe zu augenfällig vermindert. Hier ist im allgemeinen die
Mittellinie der Holzgrenze von der höchsten Bedeutung. Wie in der Pflanzen=
welt über der Waldlinie ein entschieden alpiner Charakter auftritt, so bedingt
diese auch eine andere Physiognomie der Fauna. Zunächst bleibt mit den
Wäldern die Hauptmasse wie des vegetabilischen so des animalischen Lebens
zurück, und mit der Höhe der Zone vermindern sich auch die einzelnen
Lokalitäten, an die wie pflanzliches so tierisches Leben gebunden ist. Die
Verminderung betrifft im höchsten Maße die Weichtiere und Würmer. Diese
verlieren am meisten sowohl an Arten als an Exemplaren und weisen nur
wenige eigentümlich alpine Formen auf; es sind meist nur die Gebilde des
Tieflandes, die sich bis zur Holzgrenze und über dieselbe hinaufziehen. Der
über die ganze Erde verbreitete gemeine Regenwurm ist auch in den Hoch=
alpen bis zur Schneegrenze (in den nördlichen Schweizeralpen bis über
2600 m ü. M.) heimisch und findet in der mit organischen Substanzen ver=
setzten, fetten Dammerde überall den Sommer über reichlich Nahrung,
während er im Winter in tiefen Höhlungen schläft. Die Bedeutung dieses
verachteten Geschöpfes blieb lange Zeit unerkannt. Erst in der neuesten Zeit
hat Charles Darwin auf seine höchst wichtige Rolle im Naturhaushalt hin=
gewiesen und gezeigt, daß er vermöge seiner großen Individuenzahl einen
hervorragenden Anteil an der Bildung der fruchtbaren Humusdecke besitzt.

In der Ebene ist die feine Mullerde im Garten= und Ackerland das
Werk der Regenwürmer, im Wiesen= und Waldgebiete bearbeiten sie unauf=
hörlich den Boden. Ihre Gewohnheit, tiefe Röhren zu graben und eine
erstaunliche Menge Erde durch ihren Darm zu treiben, um sie als fein
gemahlene Masse an die Oberfläche zu schaffen, unterstützt das Gedeihen der
Vegetation; der Boden wird damit durchlüftet und das Wasser bringt in die
Tiefe, um das unter der Humusdecke liegende Gestein aufzuschließen. Ab=
fallende Pflanzenteile werden in die Wurmröhren gezogen oder mit aus=
geworfener Erde überdeckt und damit die natürlichen Düngmittel dem Boden
erhalten. Wo die Regenwürmer ins Waldgebiet eintreten, da wandeln sie nach
und nach den auch im Alpengebiete so verbreiteten trockenen Torfboden in
Mulltorf und zuletzt in fruchtbare Mullerde um.

Wie im Himálaya diese nützliche Arbeit noch in einer Höhe von 2300 m
beobachtet wurde, so läßt sie sich auch bis in die Region unserer Alpen hinauf
verfolgen. Der fette Mullhumus in der Alpenregion beherbergt zahlreiche
Regenwürmer. Auf den Alpenwiesen werden große Mengen feiner Erde an
der Oberfläche ausgeworfen, besonders zur Herbstzeit, und unter dem Einfluß
der Niederschläge zerfließen dieselben und werden gleichmäßig verteilt. In
guten Matten findet man auf 30 qcm zuweilen 6—7 Regenwürmer; die
häufigsten Arten sind Lumbricus terrestris und L. rubellus. Der italienische

Naturforscher Dr. Rosa führt als eigentliche alpine Regenwürmer noch Allolobophora alpina, A. octaedra und A. icterica auf. Leider wird die so nützliche Thätigkeit des Regenwurmes durch seinen erbittertsten Feind, den in den Alpen so häufigen Maulwurf, vielfach eingeschränkt. Der Blutegel (Hirudo medicinalis) und der Pferdeegel (Haemopis sanguisuga) werden, wiewohl selten, in stehenden Gewässern bis 1460 m ü. M. gefunden, ebenso das Wasserkalb (Gordius aquaticus), während die Eingeweidewürmer mit den Vögeln und Vierfüßern, namentlich den Murmeltieren und Gemsen, in die höheren Regionen gehen. Wenige Schneckenarten kriechen an den Felsen und Baumstämmen, im nassen Gras und in schlammigen Pfützen, vielleicht kaum ein Dritteil der Schnecken der Bergregion, in der auch alle Garten=schnecken zurückbleiben, während die große Weinbergschnecke wirklich in einer Alpenvarietät erscheint. Die häufigste Schnecke der höheren nördlichen Alpen (Vitrina diaphana var. glacialis) zeigt sich auffallenderweise im Tieflande nur im Herbst und Vorwinter, verschwindet aber im Frühling. Im Glarner=lande reicht sie bis 2400 m ü. M., die Vitrina pellucida bis an 2000 m, die Achatina lubrica bis 2100 m, der Limneus ovatus, und besonders zahl=reich in Bächen und Seen das Pisidium fontinale bis 2200 m ü. M.; die kleine Helix arbustorum alpicola 2200 bis 2300 m in den Zentralalpen, ebenso Helix sylvatica alpicola und Bulimus montanus bis weit über die Holzgrenze.

In etwas geringerem Grade betrifft jene Verminderung nach der Höhe zu das große Geschlecht der Gliedertiere. Auch von diesen mögen in den nördlichen Alpen etwa zwei Dritteile Tiere sein, die ebenso häufig in der Ebene leben. Die alpinen Formen des dritten Dritteils zeigen nicht neue Geschlechter, sondern bloß eigentümliche Arten und zwar hauptsächlich bei den Spinnen, Käfern und Schmetterlingen, in denen wir wenigstens den Typus der tiefländischen Geschlechter wiederfinden, während bei den Bienen, Wespen, Schnabel= und Kauinsekten meistens die Formen der Ebene auch auf den Alpen gedeihen. Unter diesen erscheinen verhältnismäßig mehr Raubtiere; die Hälfte der ausschließlichen Berg= und Alpenspinnen sind Raubtiere. Bei den Käfern, die auf den Alpen erscheinen, sind ebenfalls etwa die Hälfte nur Gebirgsformen und unter diesen die Mehrzahl ebenfalls Raubtiere. Nicht in demselben Grade vermindern sich mit den Arten auch die Exemplare. Die Abnahme der Individuenmenge, die wir bei den Weichtieren als höchst beträchtlich bezeichnet haben, betrifft bei den Insekten am stärksten die Kau= und Schnabelinsekten, dann die Aderflügler und die Käfer, am geringsten die Fliegen und Schmetterlinge. Die Krustentiere sind in den Alpen äußerst schwach vertreten. Die Abnahme der Spinnenzahl ist bis in die höheren Reviere hinauf kaum merklich; ja, da die Individuenmenge durch eine geringere Anzahl von Arten dargestellt wird und doch so wenig abnimmt, muß sie in den einzelnen Arten relativ bedeutend größer sein als im Tieflande.

So wenig auch die Geographie der niedrigeren Tierklassen der Schweiz
bis jetzt vollendet ist, so wissen wir doch, daß die Gliedertierwelt der Zentral=
alpen von der der nördlichen Alpen ziemlich verschieden ist. Eine Menge Arten,
die mehr der südlichen Fauna angehören, treten in jenen auf und werden in
diesen umsonst gesucht. So besonders viele Käfer, manche Schmetterlinge und
Heuschrecken, wogegen etliche Arten der Nordalpen in der Zentralkette ganz
fehlen. Ohne die Einzelheiten in der großen Welt der kleinen Gliedertierchen
schildern zu wollen, mögen einige charakteristische Umrisse uns ein Bild der=
selben in der Alpenregion vergegenwärtigen.

So klein in der Schweiz der Umfang der Krustentierwelt ist, aus der
zudem viele auch binnenländische Wassertiere sind, so gehen doch einzelne
Arten der Tausendfüßler, Asseln in Moos und Geröll, die wenige mm großen,
stoßweise schwimmenden Wasserflöhe, die Cyklopen vom Thal bis gegen die
Schneegrenze hin; der Flußkrebs bleibt meist in der Bergregion zurück, der
grünlichgraue Bachflohkrebs besucht dagegen auch die Alpenbäche in großer
Menge. Die zahlreichen Spinnenarten, die Hüter und Begrenzer der
Insektenwelt, gehören zu den Tieren, welche bis zur obersten Grenze alles
animalischen Lebens der Hochalpen aushalten. Die in Erdlöchern lebenden und
wolfsartig auf die Insekten zurennenden Wolfsspinnen mit starken und dicken
Beinen, oft den wohlübersponnenen Eiersack hinter sich herschleppend; die an
sonnigen Felsen und Mauern lauernden und katzenartig auf ihre Beute los=
springenden Hüpfspinnen; die unter Steinen und Blättern sich verbergenden
und diese oft mit ihrem dichten, feinen weißen Gespinste überziehenden Sack=
spinnen; die in Blüten und Kräutern stille lebenden und nur einzelne Fäden
ziehenden Krabbenspinnen; die Trichterspinnen, von denen einzelne Arten im
Herbste die Büsche und Hecken überfloren, in deren Gewebe der Tau dann
seine funkelnden Perlen stickt und zu denen auch unsere gewöhnliche Haus=
spinne gehört; die Rad= und Kreuzspinnen; die auf den Wasserpflanzen in
Bächen, Teichen und Pfützen stundenlang unter dem Wasser bleibenden und
von einer Luftblase umgebenen Wasserspinnen; die langbeinigen Weberknecht=,
Kanker= oder Glücksspinnen, die tags gewöhnlich sich verbergen und nachts
auf Raub ausgehen; selbst einige kleine Bastardskorpione, etliche Milben=
arten — alle diese Familien repräsentieren sich in einzelnen Arten und zahl=
reichen Exemplaren in der Alpenregion; doch herrschen hier die nicht Netze
webenden, in Erdlöchern und unter Steinen lebenden vor und weisen eine
relativ bedeutende Zahl von eigentümlich alpinen Arten auf. Sie verfolgen
die fliegenartigen Tiere auf allen Punkten, wo dieselben erscheinen können,
mit ihrer angeborenen Mordlust und richten im Frühling und Sommer große
Verheerungen an, die nicht durch einen Laut verraten werden. Selbst in
milden Wintertagen erscheinen sie an einzelnen sonnenwarmen Punkten auf
der Lauer; aber nicht selten legt sie der Frost der Alpen starr neben dem
erstarrten Insekt auf den Schnee.

Wie im Tieflande und in der Bergregion treten auch in der Alpenregion die Insekten in zahlreichen Arten und Myriaden von Individuen als die am stärksten bevölkerte Tierklasse auf. Einige Ordnungen aber scheinen fast bloß für die milderen Reviere organisiert. So vermögen von den Schnabelinsekten, deren Larven in Folge ihrer unvollkommenen Verwandlung halb schutzlos sind, nur wenige Arten die Härte des hochgebirgischen Klimas zu ertragen. Oberhalb der Baumgrenze verschwinden die Blattflöhe und Blattläuse. Sehr wenige Wasser= und Landwanzen*) und einige Kleinzirpen (unter ihnen als besonders charakteristisch für die Alpenzirpen häufig der kleine Jassus abdominalis bis 2300 m ü. M.), die munter über trockene Abhänge hüpfen, halten bis zu der oberen Grenze unserer Alpen aus; ebenso nur wenige Arten der meist an Bächen und Alpenseen lebenden Netzflügler, Libelluliden, der Holzläuse, Heuschrecken (als Hauptrepräsentant in unserer Zone: Podisma pedestris bis 2300 m und ebenso ausschließlich alpin Chorthippus sibiricus; ferner die einzige als Puppe überwinternde Springheuschrecke Tettix Linnei bis 2300 m, während der Zunderfresser Loc. viridissima in der Waldregion zurückbleibt) und Ohrwürmer, von denen die Thalform Forficula auricularia oberhalb 1600 m ü. M. durch die Alpenform F. biguttata abgelöst wird. Die zarten Eintagsfliegen erreichen die Alpenregion nicht. Dagegen um= schwirren die unzähligen Arten aus der Ordnung der eigentlichen Fliegen bis zur Holzgrenze hinauf alle Pfützen, Ställe, Blüten, Büsche, Pilze, Früchte, Felsen und Bäche, überall heimisch, überall mit einzelnen großen Familien und vielfältigen Arten große Lokalitäten besetzend, bald einzeln, bald in Schwärmen von tausenden. Oft kann man, wenn man eine reichbesetzte Blütendolde sieht, im ersten Augenblick nicht sagen, ob die honigsuchenden, oder die die honigsuchenden auffressenden Insekten die Oberhand gewinnen. Die Insekten der unteren Alpenregion bis zur Laubholzgrenze mögen im großen und ganzen die gleichen sein wie die der Bergregion. Einzelne Arten sind zurückgeblieben; aber die Lücke verschwindet vor der wachsenden Masse der anderen Arten. Oberhalb der Baumgrenze dagegen, wo alles Tierleben so unendlich verringert erscheint, finden wir wenigstens in den nörd= lichen Alpen kaum mehr ein Zehnteil der im Tieflande und in den Vorbergen heimischen Fliegenarten, einzelne aber immer noch in einer Überfülle von Exemplaren, und die Stubenfliege bis zu der höchsten Alphütte. An den Alpenbächen schwirren Schnaken (Tipuliden) und viele andere Mückenarten, Wasserfliegen bis gegen 2600 m ü. M.; in dieser Höhe setzen auch die Feder=

---

*) Von den Landwanzen tritt in den nördlichen Alpen besonders Salda littoralis zwischen 2000 und 2300 m ü. M. an feuchten Stellen zahlreicher auf als in tieferen Lokalen. Die Bettwanze traf Professor Dr. Heer auf dem obern Stafel der Alp Seetz in dem Neste einer Mooshummel weit entfernt von jeder menschlichen Wohnung, was diesem Gelehrten mit gegen die Annahme zu sprechen scheint, daß jener Parasit fremden (indischen) Ursprungs sei.

mücken, dem Froste und Schnee trotzend, ihre Larven ins feuchte Moos und
bilden wohl die obersten Vertreter der Fliegenarten, wenigstens in den nörd=
lichen Alpen. Die Bremsen und Bißfliegen folgen den Herden nach der
oberen Alpenregion und staunend sitzen auf den Kuhfladen die Scharen der
schönen, gelblich behaarten Dungfliegen.

Die interessantesten aller Insekten, die mit so wunderbarem Kunsttriebe
begabten Wespenartigen oder Aberflügler, sind so vielfach an Bäume, ver=
arbeitetes Holzwerk und Büsche gebunden, daß sie ob der Baumgrenze gar
sehr zusammenschwinden. Meist sind es noch tiefländische Formen, die so
hoch hinaufgehen. Die neuauftretenden alpinen Arten sind sehr wenig zahl=
reich, und selbst die noch bei 2300 m ü. M. auftretenden kleinen, ungeflügelten
Schlupfwespen (Pezomachen) sind tiefländische Arten. Dafür finden sich in
der Alpenregion bis zur Vegetationslinie der Wälder auch fast alle Aber=
flügler der unteren Reviere noch vor; sicher wenigstens bis zur Grenze des
Laubholzes. In den Glarnergebirgen sind bis jetzt in der Höhe von 1800
bis 2300 m ü. M., wo besonders die Sennhütten und Ställe den Sammel=
punkt dieser Insekten bilden, von Dr. Heer 40 Wespenarten beobachtet worden,
nämlich 7 Blattwespen, 18 Schlupfwespen, 7 Grabwespen und 8 Bienenarten,
so daß mit Ausnahme der Holzwespen alle Hauptabteilungen der Familie
repräsentiert sind. Von den Bienenarten sind in dieser Höhe noch am
häufigsten die Felsenhummel (bis zu 2400 m ü. M.), die Moos=, Stein= und
Erdhummel (bis 2300 m ü. M.), die hier wirklich noch ihre Zellen bauen
und heimisch sind. Werfen wir einen raschen Blick auf die merkwürdige
Ökonomie dieser Tierchen.

Die Erdhummeln sind den Bienen sehr ähnlich, nur zumteil größer,
mit zottigen Haaren bedeckt und schwarz, auf dem Hinterleib und der Brust
mit gelben Binden geschmückt. Sie graben sich an trocknen Halden einen engen,
gewundenen Gang, der in eine größere, mit Immenbrot austapezierte
Kammer ausläuft, in welcher ein paar hundert Tierchen Raum finden. Die
großen Weibchen, aus deren Eiern Männchen, Weibchen und sogenannte
Geschlechtslose (d. h. verkümmerte Weibchen) entstehen, kriechen im Herbst aus
der Larve, begatten sich sogleich mit den Männchen aus den Eiern der kleinen
Weibchen, ziehen sich dann in eine Vertiefung des Baues zurück und erstarren
zum Winterschlafe, während alle übrigen Höhlenbewohner am Froste sterben.
Im Frühjahr erwachen sie, sobald der Schnee von der Alp weicht, legen
Zellen an, sammeln Honig und legen Eier, alles mit einer wunderbaren
Schnelligkeit in der kürzesten Zeit. Die erste Brut bringt fast nur die kleinen
Arbeitshummeln, die fleißig am Zellenbau zur zweiten Brut mithelfen und die
Larven derselben am fünften Tage durch einen Biß öffnen. Die Waben sind
unregelmäßig, weißlich gelb und stehen ohne Ordnung auf ihren Plattformen.
Oft enthalten sie die Larven, oft Blumenstaub oder Halbwachs und Puppen=
speise; der Honig liegt in eigenen kleinen, dickwandigen, walzenförmigen

Becherchen der oberen Waben und ist nicht selten sehr giftig, von Eisenhüten, Ranunkeln und Germern gesammelt. Hirtenbuben, beerensuchende Kinder und Wildheuer haben schon oft den flüchtigen Genuß dieses verführerischen Labsals mit dem Leben bezahlt.

Die etwas kleineren, schmutziggelben, mit grauen Binden gezeichneten Mooshummeln siedeln sich auf den Weiden und Triften an, graben ebenfalls Höhlen, zu denen ein fußlanger, schmaler Gang führt und über welchen sie einen eiförmigen Haufen von Moos, Pflanzenfasern oder Halmen auftürmen. Höchst interessant ist es, das Baugeschäft dieser melancholischen, aber fleißigen Tierchen zu beobachten. Sie stellen sich in eine Reihe von dem Bauplatz bis zu der Stelle, wo das Material wächst. Die diesem zunächst stehende Hummel beißt das Moos mit den Kiefern ab, zerrt es mit den Vorderfüßen aus einander, schiebt es unter den Leib, wo es das zweite Fußpaar ergreift und dem dritten übergiebt, das es weiter dem Nachbar zustößt. So wandert das Moosbüschel von Bein zu Bein bis zum Neste; hier stehen andere Hummeln, welche es verteilen, festdrücken und domartig auftürmen. Die Mooshummeln sind so friedfertig, daß man ihnen ohne Gefahr, gestochen zu werden, das Mooshäuschen von der Höhle abdecken kann. In dieser liegen kaum hand= groß die Waben, auf denen die Hummeln umherkriechen. Sowie sie aber die Zerstörung des Oberbaues bemerken, den auch oft ein scharfer Wind, ein scharrendes Steinhuhn, ein flüchtiger Alpenhase, ein rutschender Stein zer= zauset, suchen sie auf der Stelle in aller Gutmütigkeit den Schaden zu reparieren. Stört man sie im Baugeschäft und nimmt ihnen von dem transportierten Moose weg, so behelfen sie sich mit dem Reste. Nimmt man ihnen sogar alle Waben weg, so bauen sie sofort wieder neue. Die Hummeln sind oft von Käfermilben geplagt, oft tragen sie auch Massen mikroskopischer Infusions= tierchen in sich und magern dann ab; Ameisen stehlen ihnen die Vorräte weg, hornißartige Mücken fressen ihre Larven, Wiesel, Feldmäuse und Iltisse fressen die Waben samt den Hummeln. Es sind also sehr geplagte Tiere; doch fangen die übriggebliebenen Insassen unverdrossen ihre Arbeit wieder von vorn an.

Auch ein Teil der Ameisen setzt in der oberen Alpenregion noch sein wunderbares Staatsleben, seine großen Kriege, seine kunstvollen Arbeiten fort und baut seine kunstreichen Wohnungen und Minen. In alten Weidenstämmen gräbt die schwarzbraune Myrmika ihre Stockwerke und Galerien; die rote und die Bergmyrmika legt unter den Steinen ihre vielkammerigen Bauten, die braune Ameise ihre Lehmpaläste an; selbst die große, einzeln lebende Riesenameise (Formica herculanea) wurde noch gegen 2600 m ü. M. entdeckt. Die Gallwespen schwinden ob den Laubbäumen sehr zusammen; doch erzeugen noch einzelne an Weidenblättern und eine unbekannte Art an den Blättern der Alpenrose ihre wunderlichen Gebilde. Als Repräsentant der Blattwespen unserer Höhen ist die am meisten verbreitete Tenthredo spinarum zu betrachten, die in Bünden noch bei 2600 m ü. M. erscheint, und zwar im

Alpengürtel häufiger als tiefer unten. Die Schlupfwespen lauern auch in diesen Höhen noch in mehreren Arten räuberisch auf Beute, setzen ihren töblichen Krieg gegen die andern Insekten und gegen die Spinnen fort, schleppen die gemordeten Tierchen in ihre Höhlen, legen ein Ei darauf und stopfen das Loch wieder mit Erde zu.

Die schönsten aller Insekten, die bunten, gaukelnden Schmetterlinge, deren Leben so zart, deren Verwandlungen so mannigfaltig, deren Puppen und Raupen so schutzlos scheinen, bleiben auch in den Alpen nicht zurück, umflattern die bunten Blüten, die warmen Felsen, die trüben Lachen und freuen sich ihres kurzen Lebens so harmlos und behaglich wie im warmen Thale. Wohl mag ein plötzliches Schneegestöber tausende vertilgen und ein scharfer Sturmwind ihre glänzend bestaubten Flügel schneller zerreißen als in der geschützten Tiefe; doch haben wir in den nördlichen Alpen selbst in der Mitte Novembers an föhnwarmen Tagen noch bei 1600—2000 m ü. M. einzelne Falter gesehen und sogar schon am 5. Mai auf der Höhe des Kronbergs gegen 2000 m ü. M. zwei frisch ausgeschlüpfte mittlere Nachtpfauenaugen (Bomb. spini) auf einem sonnigen Rasenplätzchen gefangen, während rings auf den Weiden noch reichlich Schnee lag. Die dunkelbehaarten Bräunlinge, die so oft in großer Zahl über den blumigen Alpenmatten sich wiegen, verraten dem Wanderer alsbald das Auftreten und Vorwiegen anderer als der tiefländischen Formen. Diejenigen Familien, welche wie die Nachtschmetterlinge eines langen Raupenlebens und einer längeren Verwandlungsperiode bedürfen, zudem, wie die Mehrzahl von Motten, Blattwicklern, Spannern, Eulen und Spinnern, an holzige Nährpflanzen gebunden sind, eignen sich nicht mehr für die obere Alpenregion und die frostigen Nächte derselben; sie bleiben größtenteils mit der Baumgrenze zurück, während die Tagfalter mit ihrem kürzeren Lebenscyklus und ihrer Kräuternahrung bis in die Hochalpen hinaufreichen. Daburch gestaltet sich das Wechselverhältnis der Schmetterlingsordnungen vollständig um. In den untern Regionen mögen die Tagschmetterlinge etwas über ein Siebenteil, die Nachtfalter aber gegen sechs Siebenteil der Gesamtzahl der Falter bilden; über die Baumgrenze dagegen bilden Tagfalter weit über die Hälfte der vorkommenden Arten. Ihre Raupen erscheinen größenteils behaart und leben wahrscheinlich länger in als über der Erde.

Unter den Alpenfaltern tritt nun eine verhältnismäßig große Anzahl neuer, dem Hochgebirge eigentümlicher Arten auf; vielleicht bloß ein Dritteil wird von tiefländischen Formen gebildet, und die sehr reduzierten Gruppen entwickeln sich in bedeutender Individuenzahl. Unter den Abend= und Nacht= faltern erscheinen die den Handflüglern ähnlichen, auch am Tage fliegenden, meist aus behaarten Raupen entstehenden Zygäniden, durch einen kürzeren Verwandlungsprozeß begünstigt, verhältnismäßig am zahlreichsten. In großer Menge fliegt an trockenen, steinigen Orten die Familie der Randaugenfalter, unter denen die braunen Gras=, die Megären= und die Damenbrettfalter aus der Tiefe heraufzukommen scheinen, während die Alpenregion eine große Anzahl eigentümlicher Arten hinzufügt. In den Büschen der Alpen leben noch sehr zahlreiche Blattwickler, Motten und Zünsler mit den prächtigsten Farben und schimmerndem Metallglanz dekoriert; höher oben herrschen die Bräunlinge weit vor, mit Bläulingen, Nesselfaltern und Kohlfaltern des Tieflandes untermischt. Besonders prächtige Tiere besitzen die in dieser Hinsicht noch ziemlich mangelhaft untersuchten Gebirge nicht, wohl aber viele sehr schöne, wie den glänzend gelbroten Goldrutenfalter, die dunkelbraune, weißaugige und die braune, schwarzpunktierte Hipparchia, die stäte Freundin der Hochgebirge, die bei uns wie in den Pyrenäen bis zur Schneelinie hinauf streift, mit einer großen Zahl von Familienverwandten, eine weiße, schwarz= gefleckte Pontia, die in den Alpen und bis Lappland schwärmende rot= und blaugeflügelte Zygaena exulans, deren schwarze, reihenweise rotpunktierte Raupe noch auf dem Stockhorngipfel (2134 m ü. M.) gefunden wird; die zuerst auf dem Simplon entdeckte, ihm aber schwerlich ausschließlich angehörige Phalaena Sempronii, der bei St. Moritz entdeckte Zünsler Herminia modestalis, am Bernina Botys sororialis und viele andere mit vorwiegend dunkler Färbung.

Erst in neuester Zeit ist man auf die Farben= und Formen= veränderungen aufmerksam geworden, welche die vertikale Erhebung bei ganzen Arten und einzelnen Unterarten dieser Tiere stetig hervorbringt. Wie nämlich schon die Horizontlage, die Temperatur und die Jahreszeit gewisse Modifikationen des Kolorits und der relativen Größenverhältnisse der gleichen Spezies mit sich bringt, so in noch höherem Grade der tiefere oder höhere Standort und die geologische Unterlage desselben. Die Granit=, Kalk=, Schiefer= oder Molassevegetation, auf der das Tier die bestimmenden Einflüsse für seine Entwicklung empfängt, wirkt so ungleichartig, wie sein Aufenthalt in feuchten Torfmooren, in sonnigen Wiesen oder an brennendheißen Felsen= bänken. Den spezifischen Einfluß der Alpenwelt auf Form und Farben= variation*) hat man noch lange nicht genugsam beobachtet; auch er muß not= wendig wieder nach der Verschiedenheit ihrer Lokale ein vielfach wechselnder sein. Im allgemeinen bemerkt man ein Kleinerwerden der Tieflandsarten auf

---

*) Ausnahmsweise ist der Einfluß der Alpennatur doch klarer erkannt worden. So geht aus den Versuchen von A. Weismann über die Ursachen des sogen. Saison= Dimorphismus bei Schmetterlingen hervor, daß das Klima, resp. die rauhere Temperatur der Alpen auf das Kolorit bestimmend einwirken kann. Ein häufiger Weißling (Pieris napi) ist im Tieflande bimorph, d. h. er besitzt eine Winterform und eine davon verschiedene Sommerform. Durch längere Einwirkung von Kälte auf die Puppen der Sommergeneration hatten sich die daraus hervorgehenden Schmetterlinge ausnahmslos in die Wintergeneration zurückverwandelt, während das umgekehrte Experiment nicht gelang. In den Hochalpen sowie im hohen Norden fällt die Sommerform aus und der Falter erscheint stets in einer potenzierten Winterform als Varietät Pieris Bryoniae, welche von Weismann als die Stammform angesehen wird, aus welcher sich seit der Eiszeit in der Tiefe die Sommerform nach und nach entwickelt

der Höhe und eine Verlängerung der Vorderflügel bei den Argynnisformen, wogegen Polyommatus dorilis oft in einer größern, auf der Unterseite asch= grau überflogenen Varietät erscheint. Hinsichtlich der Färbung ist noch keine ganz bestimmte Tendenz bei den Veränderungen der Alpenzone erkennbar, wie sie etwa bei den Käfern und teilweise auch den Myriapoden (mehrere Lithobiusarten) sich zeigt. Bei den einen verdüstert und verblaßt sie die rotgelben Farben und bräunt graue Unterseiten; beim Nesselfalter erhöht sie das feurige Rot; bei den weiblichen Pontien verdunkelt sie die Oberseite, während sie den Weibchen von Arg. Pales einen schönen Schiller giebt und A. Niobe in der silberlosen Varietät (Eris) erscheint; bei anderen (Hesperien oder Großkopffaltern) dagegen verkleinert sie die weißen Flecke der Oberseite, verwischt und trübt die Unterseite. Bei weiter ausgedehnten Vergleichungen dürfte sich wohl auch hier zeigen, daß der alpine Einfluß auf das Kolorit der meisten Lepidoptern umgekehrt wirkt wie auf das der Blütenpflanzen. Dieses hebt er, macht es entschiedener, reiner, intensiver, während er jenes vor= wiegend in unbestimmtere, unreinere, düsterere Töne auflöst.

Wir haben schon in der montanen Region gesehen, wie die Käfer die zahlreichste Klasse der Insekten bilden, obwohl ein großer Teil derselben auf und in der Erde kriecht und auch oft durch seine Kleinheit dem Blicke sich leicht entzieht. So herrschen sie auch in der Alpenregion, obwohl so sehr vermindert, noch mit Macht vor. Sie sind die zahlreichsten aller Alpen= bewohner, und auch in den ödesten und trostlosesten Revieren, wo kein Vögelchen, kein Schmetterling, kaum eine Fliege zu entdecken ist, wird man im Moose unter den harten und festgedrehten Wurzelblättern der Kräuter, zwischen und unter den Steinen in wenigen Minuten eine Anzahl von Käfern sammeln können. Wozu wohl diese ungeheuer reichliche Verbreitung? Einen direkten Nutzen gewährt uns überhaupt von allen den Myriaden wirbelloser Tiere des Hochgebirges kaum eines. Von den Schmetterlingen der ganzen Welt nützen nur die Seidenspinner direkt, von allen Käfern nur die sogenannte spanische Fliege und vielleicht der Maiwurm, indirekt dann freilich auch alle Raubkäfer, während der Schaden, den die Insekten anrichten, oft so ungeheuer ist, daß er die Existenz des Menschen gefährdet und ganzen Landschaften lang= dauerndes Verderben bringt. Von den 6—800 Käferarten, welche in zahl= losen Exemplaren die Alpen bewohnen, können wir nicht einen nennen, der uns einen irgend nennenswerten Nutzen brächte. Wir sind also, da die Natur

hat und in die Generationsfolge eingeschaltet wurde. Ein analoger Fall findet sich bei Anthocharis belia. Dieser Falter aus der Familie der Weißlinge gehört dem südlichen Europa an, wo er eine Winterform und eine abweichende Sommerform (als A. ausonia beschrieben) besitzt. Die Art wurde in den Bergen von Wallis in der Umgebung des Simplonpasses aufgefunden, besitzt aber nur eine Generation und tritt unter dem Einfluß des Alpenklimas nur in der Färbung der Winterform auf (als Varietät Simplonica).

nie ohne hohe Weisheit und bestimmte Zwecke produziert und auf Erhaltung
der Art augenscheinlich bedacht ist, darauf hingewiesen, den mittelbaren Nutzen
dieser Tiere um so höher anzuschlagen, wenn auch gerade das ominöse Wort
‚Nutzen‘ nicht bezeichnend sein kann. Nutzen im gewöhnlichen Sinne ist über=
haupt nicht die Tendenz der Natur, sondern Darstellung ihrer unendlichen
Kräfte als breite Basis für die Entwicklung des Geistes. Und so weit sind
wir wohl bereits gekommen, zu erkennen, daß sie diesen Zweck in der wunder=
barsten Weise erreicht, wenn wir auch im einzelnen die Notwendigkeit gewisser
Mittelglieder ihres Systems noch nicht begreifen. Die Bedeutung der niederen
Tierwelt ist nur im Zusammenhange der ganzen Schöpfungsidee zu erfassen,
und hier mag die Insektenwelt, von deren Dasein so viele Tierklassen abhängen,
eine vermittelnde, gleichzeitig aber auch in sich selbst eine beschränkende und
ausgleichende sein. Und diese Bedeutung muß im Sstem der großen Natur=
ordnung nicht gering anzuschlagen sein, da die schöpferische Kraft ihr mit so
zahlreichen Ordnungen (bloß in Deutschland sind bis jetzt an 4000 Käfer=
arten beobachtet worden), so unendlichen Massen von Einzelwesen entgegen=
kommt, so feste Gesetze und so vollkommen organisierte Formen darstellt.

Beobachten wir die in der Alpenregion heimischen, so mögen folgende
bestimmte Angaben uns bereits einzelne Naturzwecke ahnen lassen. Die für die
Rasendecke gefährlichsten Zerstörer bleiben schon in der unteren Hälfte der
Bergregion zurück*). Die Holzkäfer verschwinden ohnehin mit der Wald=
region, die Rüsselkäfer, die von Blättern und Früchten leben, gehen größten=
teils aus, ebenso die sonst nicht zahlreichen Wasserkäfer der oft moorigen
Alpenseen und die Aas= und Moderkäfer. Dagegen sind die Mistkäfer ver=
hältnismäßig zahlreich; die Raubkäfer aber und namentlich ihre höchste Form,
die Laufkäfer, sind die gewöhnlichsten. Die Pflanzenfresser treten also am
auffallendsten zurück; von den Moderfressenden verschwinden die Pilz=, Borken=
(die wir freilich noch zwischen 2000—2300 m ü. M. in den Alpenwäldern
Bündens, namentlich an Lärchen, Arven und Alpenkiefern, in verschiedenen
Arten und in zahllosen Exemplaren entdeckt haben), Mehl= und Speckfressenden,
nur die Mistkäfer bleiben; ebenso die meisten Tierfresser. Wie bei den
Schmetterlingen kehrt sich auch hier das Wechselverhältnis um. Im Tief=
lande bilden die Raubkäfer kaum ein Dritteil dieser Fauna, die Pflanzen=
fressenden dagegen die Hälfte. Im Hochgebirge bilden in der oberen Alpen=
region die Raubkäfer etwa zwei Dritteile (in der Schneeregion mehr als drei
Vierteile), die Pflanzenfresser dagegen nur etwa ein Sechsteil aller Käfer.
Daraus geht untrüglich hervor, daß durch die Übermacht der Raubtiere auch

---

*) Wir wollen indessen als einer seltenen Erscheinung erwähnen, daß am 20. Juli
1867 auf dem hintern Stafel der Alp La Meïna (Wallis) „ein außerordentlich langer
Zug einer kleinen schwarzen Prozessionsraupe (?) angetroffen wurde", welche nach
Ansicht der Berichterstatter aus dem Thal von Hérémence über den über 3200 m
hohen Pic d'Arzinol (!) hergewandert sein mußte.

hier die Pflanzendecke, die stets die Bedingung der Existenz von weiteren organischen Gebilden ist, aufs nachdrücklichste geschützt wird von dem kleinen krautigen Blättchen bis zu dem Laube und den Blüten der Gesträuche und Halbbäume. Und zwar modifiziert sich dieses Wechselverhältnis genau in Beziehung auf die Stärke der Vegetationsbekleidung, ja so sehr zu gunsten derselben, daß, während im Tieflande die Zahl der Käferarten die der Blüten= pflanzen beträchtlich überwiegt, in der oberen Alpenregion die ersteren kaum noch ein Dritteil der letzteren ausmachen.

Ferner treten nach der Höhe zu ganz eigentümliche Modifikationen auf. Am auffallendsten ist für den Alpenwanderer zunächst die stätige dunkle Färbung der Alpenkäfer (wie überhaupt so vieler alpiner Insekten). Sowohl die in Höhlen als die auf den Pflanzen oder im Miste und Wasser wohnenden werden immer einfarbiger, je höher wir aufsteigen. Diejenigen, welche in den Alpen ihre größte Verbreitung haben, sind sämtlich schwarz oder schwarz= braun, und die, welche in tieferen Zonen in schimmernde Farben gekleidet sind, werden in der Höhe einfach schwarz. Eine Menge grüner und kupferfarbiger Käfer werden in den oberen Alpen rein schwarz, wenige nur stahl= und schwarzblau; goldgrüne, braune und olivenfarbene blassen ebenso ins reine oder bläuliche Schwarz ab; selbst die gelbe Chrysomela alpina wird in den Alpen schwarz. Woher dieser auffallende Wechsel, der sich ähnlich bei den hochnordischen Käfern, besonders denen Lapplands, findet, während doch bei den Pflanzen die Blüten nach der Höhe zu ein viel intensiveres Kolorit annehmen? Die Knospen und Blüten leben nur in Luft und Licht. Die dünnere Alpenluft begünstigt die kräftigere Einwirkung der Sonnenstrahlen und damit die kräftigere Färbung der Blumen. Die Insekten der Alpen aber leben den größten Teil des Jahres (bei 1600 m ü. M. 7 1/2 Monate, bei 2300 m ü. M. 8—9 Monate lang) unter der festen Decke des Schnees in dunkler Nacht und verwandeln sich teilweise in diesen Grüften. Sie sind dadurch einen großen Teil ihres Lebens den lebhaften Wirkungen des Lichtes entzogen und tragen die dunkle Tracht ihrer Heimat.

Eine andere Eigentümlichkeit der alpinen Käfer ist die, daß die Arten, welche in diesem Gürtel ihre größte Individuenmenge besitzen, durchweg flügellos sind; selbst Gattungen, die noch in der montanen Region nur geflügelte Arten besitzen, treten hier in nur ungeflügelten auf — ohne Zweifel eine erhaltende Organisation, da die Tierchen, wenn sie fliegen könnten, sich fortwährend in Schnee= und Eisfelder verirrten, wo sie zu Grunde gingen, wie wir dies an verflogenen Faltern so oft sehen, während wir schwerlich je einen ungeflügelten Käfer auf dem Schneefelde antreffen.

Hier leben die meisten Käfer unter Steinen, in Erdlöchern, selbst Rüssel= und Blattkäfer, die tiefer unten in Sträuchern und Stauden hausen. Ähnlich den Blumen zieht sich auch das Tierleben aus der kälteren Luft an die warme Erde zurück, und abermals ähnlich den Blumen treten die Käfer meist familien=

weise, in Gesellschaft auf, selbst die Arten, die im Tieflande nur vereinzelt
vorkommen. Die Formen der Ebene reichen bis an die obere Grenze unseres
Gürtels, doch etwa zur Hälfte vermischt mit eigentlichen Alpentieren. Wie
bei allen Insekten haben auch in der Käferfauna die einzelnen Reviere und
Lokale der Zone ihre Eigentümlichkeiten. Bald treten ganze Familien, bald
nur einzelne Rotten mehr in den Vordergrund und modifizieren die Physio=
gnomie der Käferwelt in eigentümlicher Weise; einzelne Seltenheiten treten
überall auf. Die rhätischen Alpen besitzen weniger Blattkäfer und Blätter=
hörner als die nördlichen Alpen; dagegen treten dort die Rüsselkäfer stärker
hervor. Merkwürdigerweise haben auch jene mehr Arten mit Lappland
gemein als diese. Freilich ist nur ein sehr kleiner Teil des Alpengeländes in
dieser Hinsicht mit jener Scharffichtigkeit und jenem kombinatorischen Talente
beobachtet worden, wie der treffliche Dr. O. Heer sie in einigen Partien des
östlichen Gebirges bewiesen hat. In manchen Kantonen ist für die Insekten=
geographie noch so viel wie nichts gethan worden; doch zweifeln wir nicht,
daß die Stätigkeit der angedeuteten allgemeinen Verbreitungsgesetze sich überall
beweisen werde.

Die Gesamtheit der Insektenklasse spielt im Haushalte der Natur eine
hervorragende Rolle, indem sie mit der alpinen Pflanzenwelt zahlreiche und
höchst wichtige Wechselbeziehungen unterhält, diese in ihrem Gedeihen bald
unterstützt, bald hemmt. Zunächst kann auf die Bedeutung hingewiesen
werden, welche gewisse Insekten für die Befruchtung der Blumen besitzen. Wie
neuere Beobachtungen im Tieflande gelehrt haben, vermeiden viele Pflanzen=
arten mit Zwitterblumen eine Selbstbefruchtung, sie erleiden eine Kreuz=
befruchtung, wobei leichtbewegliche blumenbesuchende Insekten wie Hummeln,
Bienen, Falter, Zweiflügler und Käfer als Vermittler des befruchtenden
Pollens dienen, denselben abstreifen und auf andere Blüten übertragen. Die
Folge dieser Fremdbestäubung ist eine bessere und reichlichere Ausbildung der
Samen. Die pflanzliche Blüte ist in sinnreicher Weise mit lebhaft gefärbten
Blumenkronen, mit dufterzeugenden Drüsen und honigabsondernden Organen
ausgestattet, um die Insekten zum Blumenbesuch einzuladen. Nach den aus=
gedehnten Untersuchungen von Hermann Müller bestehen auch in den Alpen
solche Wechselbeziehungen zwischen Blumen und Insekten, doch in einer vom
Tieflande abweichenden Weise.

Die längstbekannte und auffallende Erscheinung, daß uns in den Alpen
relativ große und leuchtende Blumen entgegentreten, suchte man aus der
Armut der alpinen Insektenfauna zu erklären, diese nötige gleichsam die
Alpenblumen, ihre Anlockungsmittel zu steigern, um die spärlichen Insekten
zum Blumenbesuch einzuladen. In Wirklichkeit ist auch in dieser Region die
Insektenarmut keineswegs vorhanden, beispielsweise sind die Falter oft in
großer Individuenzahl vorhanden. Auch die behauptete Größenentwickelung
der Blumen ist nur eine scheinbare; absolut genommen sind die Alpenblumen

selten größer als in der Ebene. Eine Ausnahme bildet Viola tricolor, welche in den Alpen großblumiger auftritt, als in der Tiefe, während bei den Blüten der Sumpf-Parnassie (Parnassia palustris) gerade das umgekehrte Verhältnis besteht. Es ist das Kleinerwerden der Stengel und Blätter, welches die Blumen relativ groß erscheinen läßt und die eigenartige Farbenpracht der alpinen Vegetation hervorruft.

Die blumenbesuchenden und bestäubenden Insekten zeigen in den Alpen eine andere Verteilung als in der Ebene und dieses abgeänderte Verhältnis dürfte nicht ohne Einfluß auf die farbige Zusammensetzung des alpinen Blumenschmuckes gewesen sein. In der ebenen und montanen Region vermitteln vorwiegend Aderflügler (Bienen und Hummeln) die Fremdbestäubung, Falterblumen treten in den Hintergrund. In den Alpen wird das Verhältnis umgekehrt und die Häufigkeit der blumenbesuchenden Schmetterlinge ist eine bemerkenswerte; da diese eine ausgesprochene Vorliebe für rote und blaue Farben besitzen, so mußten sich die Alpenblumen in diesen Farben in größerem Maßstabe vermehren und erhalten, daher ihr Überwiegen in dem farbigen Teppich der alpinen Vegetation. Erst in zweiter Linie erfolgt die Kreuzbefruchtung durch kleinere Zweiflügler, welche vorzugsweise die weißblütigen Alsineen und die leuchtendgelben Saxifragen der höheren Regionen besuchen.

Tritt auf der einen Seite die Insektenwelt als eine die Vegetation fördernde und erhaltende Macht auf, so erscheint sie auf der andern Seite auch als zerstörendes Element. Da, wo die Vegetation ihre höchste Entwickelung erlangt, im Gebiete des Waldes, verursacht nicht selten ein Heer kleiner und gefräßiger Wesen die ausgedehntesten Schädigungen und bedroht damit den Besitzstand der Gebirgsbewohner. Die Zahl der Baumarten, welche sich für den Waldbau im Gebirge eignen, ist eine beschränkte. Der Laubwald tritt zurück und macht dem Nadelholzwalde Platz, Fichten, Lärchen und Arven werden vorherrschend. Indessen vermögen die weniger günstigen klimatischen Verhältnisse nicht, den zerstörenden Wirkungen der Insekten Einhalt zu gebieten und größere Forstschäden zu verhindern; die Anpassungsfähigkeit der tierischen Organisation überwindet ja oft genug die hemmenden Schranken. Wir sehen gewisse forstschädliche Insekten ihren Nährpflanzen bis in die oberste Region folgen. Ein Hauptfeind der Fichte, der schädliche Rüßler Hylobius abietis, reicht auch in das Gebiet der Alpen und die Fichtenrindenlaus (Chermes), welche die jungen Triebe der Fichten zapfenartig verbildet und sie nachher zum Absterben bringt, verkrüppelt schon in der Ebene vielfach die Tannen, in den Alpen wird sie an sonnigen Gehängen noch verderblicher und läßt an manchen Stellen die Fichte nur schwer aufkommen.

Ein nahe verwandter Parasit der Lärche (Chermes laricis) saugt an den Nadeln und verrät seine Gegenwart durch weiße Wollflecke, so daß bei starken Infektionen die Lärchen wie beschneit erscheinen. Unlängst trat er massenhaft im Oberengadin auf.

Die Zeder unserer Alpen, die edle Arve, wird häufig vom Arvenborken=
käfer (Bostrichus cembrae. *Heer*) benagt, welcher in seiner Schädlichkeit
ungefähr dem Fichtenborkenkäfer gleichkommt und in der südlichen und öst=
lichen Schweiz häufig auftritt. Er ist nicht streng an die Arve gebunden,
sondern geht gelegentlich auch an Lärchen, selbst Fichten und Kiefern, und nagt
tief in die Borke einschneidende Sterngänge mit drei oder vier Armen. Anfangs
August haben sich die Larven in flugfähige, ausgefärbte Käfer verwandelt,
welche nach den vorliegenden Beobachtungen nicht allein kränkelnde, sondern
auch ganz gesunde Bäume angehen. Man hat sie sowohl im Gipfelholz wie
im Stangenholz auftreten sehen und thut gut, ihr Treiben genauer zu über=
wachen. In der Schweiz steigt der Arvenborkenkäfer mit der Lärche zuweilen
tief herab, so ist er von Bünden her in das st. gallische Rheinthal vor=
gedrungen und im Sommer 1875 häufig in den Staatswaldungen von
Pfäfers aufgetreten, wo er 40 Stück vollkommen gesunde Lärchen rasch zum
Absterben brachte.

Ein naher Verwandter, der erst kürzlich zur Beobachtung gelangte
Bostrichus bis-tridentatus. *Eichh.* ist strenger an das Gebiet der Alpen
gebunden und steigt in der Schweiz kaum unter 1600 m herab. In der Wahl
seines Nährbaumes nimmt er es weniger genau als die vorige Art, im
Bündner Oberland wurde er von Fankhauser an der Lärche, am Buochserhorn
an der Fichte, im Kanton Uri an der Legföhre und im Kanton Wallis an der
Arve angetroffen, er befällt sowohl gesunde als kränkelnde Bäume, besonders
Stangenholz. Seine Fraßfigur in der Borke ist ein Sterngang mit deutlicher
Rammelkammer in der Rinde und drei bis fünf ziemlich kurzen Armen. Aus
der Ordnung der Falter wird vielorts der Pinien=Prozessionsspinner
(Gastropacha pityocampa) als höchst lästiger Gast beobachtet, weil seine
Raupe giftige Eigenschaften besitzt und die Kiefern verwüstet. Der Spinner
gehört mehr dem Mittelmeergebiet an, bringt aber in den südlichen Thälern
der Schweiz ziemlich hoch hinauf und ist im mittleren Wallis und Tessin
häufig, fehlt aber dem Gebiete des Jura. Die in großen Gespinsten gesellig
lebenden Raupen gehen alle langnadeligen Pinusarten, zuweilen sogar Lärchen
an, überwintern und steigen Ende Mai auf den Boden herab, wo sie in
prozessionsartigen Zügen wandern und sandige Stellen aufsuchen, um sich
im Boden zu verpuppen. Die Puppenruhe dauert etwa 2½ Monate, mit
Beginn des September sieht man bereits neue Nester mit jungen Raupen.
Schädlicher und strenger an die Region der Alpen gebunden ist ein kleiner
Wickler, der periodisch Verheerungen an den Lärchenbeständen anrichtet, daher
als Lärchenwickler (Steganoptycha pinicolana) bezeichnet wird. Über dessen
Auftreten haben Davall und J. Coaz eingehendere Beobachtungen angestellt.
Verheerend trat der graue Lärchenwickler in den Waldungen von Zernez und
Fettan im Jahre 1855 auf, im Wallis erschien er 1857. Dann gefährdeten
dessen Raupen in den Jahren 1864 und 1865 die Lärchenbestände des

Engadins und Münsterthales, ein Waldgebiet in der Nähe von Silvaplana ging damals größtenteils zu Grunde. Ein neuer Fraß wurde im Oberengadin in den Jahren 1878 und 1879, sowie in den letzten Jahren beobachtet. Die Raupen fressen vorwiegend an der Lärche, gehen zuweilen auch an Arven über und spinnen die Nadelbüschel zu Tüten zusammen. Schon aus größerer Entfernung erscheinen die Lärchenbestände stark verfärbt. Ende Juli oder Anfang August lassen sich die Raupen an einem Faden auf den Boden herab und verpuppen sich unter Nadelstreu, an Steinen, Tagwurzeln und dergl. in lockeren Gespinsten. In die zweite Hälfte des August fällt die Hauptschwärm= zeit des Schmetterlings, die Eier werden an junge Triebe gelegt und über= wintern; die jungen Räupchen schlüpfen im Frühjahr aus und beziehen die aufbrechenden Nadeln. Um die Eiablage zu beschränken, hat man Versuche mit Leuchtfeuern gemacht, welche die Schmetterlinge anlocken, hat indessen kaum große Erfolge erzielt; es scheint, daß die Meisen, Alpenlerchen und Alpenflühvögel, in noch höherem Maße die Schlupfwespen (Ichneumon segmentator) der Vermehrung des Lärchenwicklers einen wirksamen Damm entgegensetzen.

Vollkommener als die Insekten sind die Wirbeltiere erforscht, zunächst die kleinere Klasse der Lurche, von denen es wahrscheinlich keine Spezies mehr giebt, die ganz unbekannt wäre, während vielleicht die gegenseitigen Verhält= nisse und auch die vertikale Verbreitung noch nicht genügend konstatiert sind.

Während der empfindlichere Wasserfrosch in der Bergregion zurückbleibt, findet sich die stumpfschnauzige rötliche Varietät des braunen Grasfrosches (Rana temporaria), der seine horizontale Verbreitung von Sizilien bis Lapp= land ausdehnt, auch in der ganzen Alpenregion, und wir fanden ihn noch Ende Oktobers nach zweimaligen tüchtigen Schneefällen bei 1600—2000 m ü. M. in munterster Hantierung. In großen Scharen bevölkert er während seines Wasserlebens die meisten Gewässer der Zentralalpen (z. B. den Oberalpsee 2020 m, die Gotthardseelein 2045 m, den Totensee auf der Grimsel 2148 m ü. M.) und reicht auf dem Julier und Bernina bis gegen 2600 m ü. M. hinan. Die Lebenszähigkeit des Tierchens, das den Winter ohne Nahrung und Atem im Tieflande meist im Schlamme vergraben zubringt, in den Alpen aber, wo die Wasserbehälter oft felsig sind und bis auf den Grund zufrieren, mit Moderhaufen und Erdlöchern vorliebnimmt, ist, wie bei den meisten Lurchen, wahrhaft erstaunlich. Sie begatten sich im Gebirge je nach der Höhe von März bis Mitte Juni. Es ist nicht wahrscheinlich, daß in den eiskalten Gewässern der höchsten Höhen seine Verwandlung, zu der er sonst dreier Monate Wasserleben bedarf, im gleichen Sommer vollendet werde. Wahrscheinlich überwintern sie in gewissen Lokalen in kalten, nahrungsarmen Gewässern ihre Larven unter dickem Eise, ja selbst während neun Monaten festgefroren in demselben, wobei sie wahrscheinlich nur durch eine bedeutende Schleimabsonderung, die das Tierchen als Wärmehalter dicht umgiebt, am

Leben bleiben. Eine alpine Spielart des Grasfrosches giebt es nicht; die angeblichen Merkmale einer solchen, nämlich eine mehr als mittlere Größe und ein oft lebhaft orangegelb gefärbter Bauch, finden sich (letzterer bei den Weibchen) auch im Tieflande.

Auch die gemeine Kröte (von der man ohne Grund eine alpine Art geltend machen will) trifft man in Erdlöchern, unter Baumstämmen, Moder=haufen und in feuchtem Moose noch oberhalb des Baumwuchses bis 2000 m ü. M. Sie erscheint, je höher ihr Vorkommen, um so kleiner und um so dunkler gefärbt. Ihre Fähigkeit, viele Monate lang ohne Lebensgefahr hungern zu können, begünstigt ihre Verbreitung auch in insektenarmen Revieren. An den gleichen Orten, doch immer nur auf feuchten Stellen und nicht selten in Familiengesellschaft mit Vorliebe unter faulenden Baumstämmen, sonst aber in seinen unterirdischen Gängen, hält sich den Tag über der glänzend einfarbig schwarze Salamander (Salamandra atra), von Statur ziemlich viel kleiner als sein gefleckter tiefländischer Vetter. Während des Tages verläßt er nur bei großer Luftfeuchtigkeit sein Versteck, weshalb die „Mollere" den Bergbewohnern als Regenprophet gilt; greller Sonnenschein wird ihm gefährlich; dagegen jagt er seine Beute (Insekten, Spinnen, Würmer, Schnecken) in der Dämmerung und Nacht und zwar mit der seinem Temperamente ent=sprechenden Apathie. In unsern hohen Regionen findet die Paarung erst Mitte Sommers und nicht wie bei den übrigen Batrachiern im Wasser, sondern meist in feuchten Verstecken statt. Die Embryonen verleben ihre Kiementierperiode vollständig im Mutterleibe und verlassen denselben erst nach 10 bis 11 Monaten, nachdem sie alle Larvenorgane verloren, als aus=gebildete Salamander. Die Vermehrung ist sehr gering und beträgt bloß zwei Stück. Als echtes Gebirgstier geht unser Salamander nicht unter 650 m, steigt aber wohl bis über 2600 m ü. M.

Fast in allen Teilen der Alpen, in den bündnerischen bis gegen 2600 m ü. M., begegnen wir dem hübschen Bergmolch (Triton alpestris. *Schneider.* T. Wurfbainii. *Laur.*), der ihnen aber keineswegs ausschließlich zukommt, sondern auch in den unteren Regionen und selbst in der Ebene häufig genug vorhanden ist. Nach Lokal, Alter, Geschlecht und Jahreszeit erscheint er in so verschiedener Färbung und behält so wenig konstante Größenverhältnisse bei, ja ändert beide sogar in der nämlichen Zeit, beim gleichen Geschlechte und im gleichen Lokal individuell so mannigfach ab, daß er schwer allgemein gültig zu beschreiben ist und öfters die Aufstellung unhaltbarer Eigenarten hervor=gerufen hat. Das Tierchen mißt gegen 9 cm und hat meist eine glatte Haut. Im Frühlings= oder Wasserkleide ist das Männchen oberhalb heller oder dunkler schieferblau, auf dem Schwanze bisweilen trübweißlichgefleckt, unterhalb rötlichgelb, unter dem Schwanze schwarzgefleckt, an den Seiten vom Maul bis zum After mit einem hellen, oft goldigen, schwarzpunktierten Striche gezeichnet, unter dem zwischen den Gliedmaßen ein hellblaues, ungeflecktes

Band steht. Auf dem Rücken trägt es vom Hinterkopf bis zur Schwanzspitze einen niedrigen gelblichen, schwarzgefleckten Kamm. Die Beinchen sind oberhalb grau und gelblich mit dicken schwarzen Punkten. Das Weibchen dagegen ist in diesem Kleide oberhalb bald grau, bald gelblich, bald hellgrün, meist dunkelbraun gefleckt oder marmoriert, unterhalb bald hell=, bald rötlichgelb, mit oder ohne Flecken, an der Seite mit einem hellgrauen oder bläulichen, schwarzpunktierten Bande gezeichnet und immer ohne Rückenkamm. In den Alpen ist die Färbung des Männchens in der Regel dunkler, oberhalb oft tiefbraun, mit oder ohne schwarze Marmorierung, die Zeichnung der Seiten nicht selten gänzlich verwischt, der Kamm fast oder ganz verschwunden. Hier ist auch die Färbung des Weibchens noch verschiedenartiger als in der Ebene und bei beiden Geschlechtern die Haut etwas gekörnt. In der Herbst= oder Landtracht erscheint zu Berg und Thal das Männchen mit kürzerm Kamm und Schwanz, einförmigerem, braungrauem bis schwärzlichem Kolorit auf der Oberseite und gelbrötlicher Unterseite, das Weibchen auf grauem Grunde braun marmoriert, mit gelber Unterseite.

In dieser Tracht überwintert das hübsche Tierchen unter Steinen, Baumstrünken u. dgl., erscheint aber im Frühling zeitig, in den Alpen je nach der Höhe vom Mai bis Juli, um den stehenden Wassertümpeln zuzukriechen und die Eier klümpchenweise auf Wasserpflanzen abzulegen, denen bald die grün= und braunmarmorierten, unten gelblichen Larven entschlüpfen, welche bis gegen den Oktober hin meistens ihre Verwandlung vollendet haben, die Gewässer verlassen und trockene Winterquartiere unter Steinen, in Löchern, unter Baumrinde ꝛc. beziehen. In hochgelegenen, kalten, nahrungsarmen Gewässern vermögen aber viele nicht, ihre Metamorphose abzuschließen, und überwintern dann als Kiementierchen, ohne zu erstarren, vielmehr langsam fortwachsend, unter dickem Eise in der Tiefe ihres Beckens. In flachen, von Schmelzwasser gebildeten Wassertümpeln geht eine Menge von Larven zu Grunde, sobald ihr Aufenthaltsort infolge starker Insolation austrocknet, ehe sie zum Landleben und zur Lungenatmung befähigt sind. Den Sommer über leben auch die Alten zumeist in ihren stagnierenden Gewässern und nähren sich von Wasserkerfen, Würmchen und mitunter auch von kleinen Schnecken, von denen sich aber die in Gräben und Teichen lebende gemeine Kreismuschel (Cyclas cornea) oft an den Füßchen des Tritons festkneipt und deren Verlust herbeiführt. Beim Einfangen läßt der Bergmolch oft einen dumpfen Ton hören und verbreitet einen eigentümlichen Geruch.

Von den übrigen Molcharten erscheint keine im Alpengürtel.

Die Reptile treten ebenfalls sehr vermindert auf. Von den Nattern kommt nicht eine Art als ständige Alpenbewohnerin vor, obwohl hie und da im untersten Teil dieser Zone eine Ringelnatter oder eine österreichische Natter (z. B. im Appenzellergebirge, an der Grimselstraße ꝛc.) gefunden wird.

Von den zwei Giftschlangen der Schweiz wird, wie bemerkt, die Rebische Viper im Jura und den südlichen Gebirgen (meist in der Bergregion), die

Kreuzotter (Pelias Berus) dagegen in der Alpenregion fast überall mehr oder minder häufig gefunden. Die kosmopolitische Blindschleiche hält in einzelnen Strichen noch in der Alpenregion aus, während sie in andern tiefer unten verschwindet. Im Oberengadin ist sie nichts weniger als selten; ja sie ist sogar schon auf dem Großen St. Bernhard hoch über der Baumgrenze gefunden worden, wie sie sich bekanntlich in Sibirien eben so heimisch findet wie in Afrika.

Das zierliche, bewegliche Volk der Eidechsen ist im Alpengürtel spärlich vertreten. · Die tiefländischen Formen halten nicht einmal bis zur mittlern Holzgrenze aus; dafür tritt eine echte Bergform an ihre Stelle, die Berg= eidechse (Lacerta vivipara. *Jacqin.* L. montana. *Mikan.* Zootoca pyrrhogastra, montana und nigra. *Tschudi)*. Diese finden wir von 1000 m ü. M. bis zur Schneegrenze, noch bei 2300—2600 m nicht ganz selten; ja sie wurde sogar noch oberhalb Spaba longa am Umbrail in einer Höhe von 2950 m ü. M. gefangen. Sie ist wohl das am höchsten in Europa vorkommende Reptil und beweist jedenfalls eine bewundernswerte Lebenszähigkeit. Ausnahmsweise erscheint sie aber auch tiefer als 1000 m, wie wir sie denn schon in der hügeligen Umgebung St. Gallens und im Appenzellerlande bei 800 bis 850 m ü. M. fanden. Wahrscheinlich bewohnt sie das ganze schweizerische Gebirgsland; überraschenderweise tritt sie anderwärts bald als Tieflandsechse auf und bewohnt die Sanddünen von Boulogne, die Torfmoore von Nantes, bald wieder als Hochlandsechse in den Pyrenäen und am Ural.

Nach Alter, Geschlecht und Aufenthaltsort wechselt sie in der Färbung so sehr ab, daß sie die Aufstellung vieler verschiedener Arten veranlaßt hat, die aber, wie Fatio nach erschöpfenden Vergleichungen erkannt hat, nur als Spielarten zu betrachten sind. Sie ist etwas kleiner als die Mauereidechse, 16 cm lang, hat einen entschieden kleinern Kopf, kurze Gliedmaßen, einen verhältnismäßig dicken, nach hinten unmerklich dünner werdenden, beim Männchen bedeutend längern Schwanz, und acht Bauchschilderreihen. Die Oberseite ist in der Regel beim Männchen grünlichgrau, beim Weibchen graubraun, bei beiden mit einem dunkelbraunen oder schwarzen Mittelstrich auf dem Rücken und gleichfarbigen Punkten und Flecken zu beiden Seiten desselben, welche von weißlichgelben Linien und Punkten eingegrenzt sind; die Kehle ist gewöhnlich bläulich, oft auch rosenrot schillernd, Bauch und untere Schwanzseite beim Männchen safrangelb mit schwarzen Punkten, beim Weibchen bald hellgelb, meist unpunktiert, bald rosenrot, seltener bläulich oder grünlich, häufig mit schönem Metallglanz. Wie von der Kreuzotter, so giebt es auch von der Bergeidechse eine ganz schwarze Spielart, die im Jura, auf der Wengernalp, bei Rosenlaui, am Gotthard und auf den Chureralpen gefunden wurde; es scheinen aber, wie bei jener Schlange, meist nur weibliche Individuen diesem Melanismus zu unterliegen, der große Ähnlichkeit mit dem dunkeln Jugendkleide hat.

Diese niedlichen und auffallenden Echsen halten sich familienweise in Büschen, an Waldsäumen, in Rieden und Steinwüsten auf und graben sich zwischen Gestein oder Baumwurzeln ihre Gänge. An warmen Tagen sonnen sie sich fleißig oder machen eifrig auf kleine Heuschrecken, Käferchen und Fliegen Jagd. Im Mai begatten sie sich und Anfangs Augusts legt die Mutter ihre 3—8 Eilein, aus welchen im gleichen Momente die obenher dunkelbraunen, unten schwärzlichgrauen, schwarz geschwänzten, 4 cm langen Jungen hervorbrechen, eine Eigentümlichkeit, welche dieser Eidechse den Namen der lebendig gebärenden verschafft hat. Eingefangen, werden die Tierchen bald ziemlich zahm und nehmen leicht Fliegen an. Obgleich kleiner als ihre Gattungsverwandten, sind sie doch wehrhaft und packen selbst die sie umschlingende Natter kräftig mit den Kiefern. Eine Seltsamkeit dieser niedlichen Echsen ist es, daß sie, wenn sie sich verfolgt sehen, sich oft plötzlich ins nächste beste Wässerchen stürzen und sich hier im Schlamme auf dem Grunde oft längere Zeit regungslos und wie tot halten, bis sie sich gesichert glauben.

Ehe wir die Lurche verlassen, beachten wir noch die Thatsache, daß die wenigen Reptilien, welche die Alpenregion besitzt (Viper, Blindschleiche, Bergeidechse), sämtlich lebendig gebärende sind, während die, deren Eier einer längern Entwicklungsperiode außerhalb des Mutterleibes bedürfen (wie die übrigen Echsen und sämtliche Nattern), in den wärmeren Regionen zurückgeblieben sind, welche für jene Periode günstigere Verhältnisse darbieten. Von den Batrachiern ist wenigstens der Salamander (und vielleicht in großen Höhen auch der Bergmolch) lebendig gebärend, während die Eier und Jungen der Kröte und des Grasfrosches imstande sind, auch den herbsten Kältegraden ihres Lokales, letztere unter Umständen im Eise eingefroren, zu widerstehen.

Viertes Kapitel.

Die höheren Alpentiere.

Verbreitung der Vögel in dieser Zone. — Die Alpenpässe und die Zugvögel. —
Überblick der Alpenvögel. — Die Balbensteinische Meise. — Die Ringamsel. —
Die graue Bachstelze. — Die Alpenflühlerche. — Die Pieper. — Der Zitron=
fink. — Die Felsenschwalben. — Die Alpensegler. — Die Alpenmauerläufer. —
Die Raubvögel. — Überblick der Säugetiere. — Armut dieser Region. — Die
Alpenspitzmaus des St. Gotthard. — Die Gemsen. — Die großen Raubtiere.

Am zahlreichsten ist wie billig auch in den Alpen das bewegliche Volk
der Vögel. Weniger als alle anderen Tiere an die Grenzen eines natürlichen
Lokales gebunden, oft mit wunderbarer Lebenskraft der Härte der Witterung
trotzend, bewohnen sie alle Züge der Alpenkette mit einer Arten= und
Individuenmenge, die im Verhältnisse zu der der übrigen Wirbeltiere sehr
beträchtlich erscheint und dennoch die ungeheuren Räume unseres Bezirkes nur
höchst spärlich zu beleben vermag.

Wo die Wälder aufhören, muß auch die große Masse der Vögel aus=
gehen; schon die Laubholzgrenze ist die oberste Linie eines ansehnlichen Teiles
derselben. Die an Körner, Beeren und andere vegetabilische Nahrung gewiesenen
vermindern sich am raschesten, während die Insektenfresser und selbst die
Raubvögel die Schneeregion berühren. Die untere Alpenregion besitzt lange
nicht mehr die Hälfte der Vögel, die noch die anstoßende Bergregion bewohnen,
die obere Alpenregion (oberhalb der Baumgrenze) nicht mehr ein Vierteil.
Am auffallendsten verschwinden die Zugvögel; während diese im Tieslande
der Schweiz die Standvögel an Menge um beinahe zwei Dritteile übertreffen,
bilden sie schon in der Bergregion nicht mehr die Hälfte, in der untern
Alpenregion ein Dritteil, in der obern ein Fünfteil der Standvögel des ent=
sprechenden Bezirks.

Und doch sind zeitweise die Alpen die vogelreichsten Lokale des Landes
und beherbergen eine Masse der zartesten Tieflandstierchen; wir meinen die
Zeit des Durchzuges im Frühling und Herbst. Leider ist dieses merkwürdige
Phänomen noch zu wenig genau beobachtet worden, so wichtig es auch für die
in manchen Beziehungen noch dunkle Ökonomie der Vogelwelt ist.

Die Durchzüge berühren nur wenige Teile des Hochgebirges und zwar, so viel wir wissen, einige niedrige Paßsättel der rhätischen Alpen, besonders den Splügen, Lukmanier und Bernina, dann vor allen den Gotthard, wahrscheinlich, weil sich von Nord und Süd große Flußthäler gegen ihn hinziehen, die den gefiederten Reisenden besonders bequem erscheinen mögen, wie sie denn auch im Tieflande am liebsten den großen Stromthälern folgen. In weit geringerer Zahl benutzen sie den Simplon und den großen St. Bernhard. Selbst der St. Theoduls- oder Matterjochpaß soll von einer Anzahl von Zugvögeln gewählt werden. Wir bezweifeln dies der außerordentlichen Paßhöhe wegen, da rechts und links ungleich tiefere Thore liegen; höchstens dürften ihn die Zugvögel der nächsten Lokale wählen. Die Berner und Walliser Alpen sind im allgemeinen zu hoch und zu breit für die bequeme Reise und haben keine tiefen Quereinschnitte, daß sie von einer beträchtlichen Vögelmasse aus weiterer Entfernung zum Übergangspunkt gewählt werden dürften. Die Einschnitte der früher genannten Gebirge aber dienen auch einem großen Teil der westdeutschen Zugvögel zur Durchgangspforte, wahrscheinlich auch vielen norddeutschen und skandinavischen, so daß sie auch in dieser Beziehung europäische Straßen sind. Dagegen fliegen viele in der Westschweiz heimische Wandervögel nicht über die Alpen, sondern durch das französische Rhonethal. Diejenigen aber, die von Sardinien, Sizilien und Afrika nach der westlichen Schweiz pilgern, folgen erst dem Laufe des Po, teilen sich dort und überfliegen teilweise die Alpen, teilweise gehen sie ins untere Rhonegebiet hinüber und folgen diesem nach dem Genfersee, um den sich, da er in Osten, Westen und Süden von Bergen umgeben, aber mit einem freien Südwestthore versehen ist, große Vögelmassen aus Süd und Nord sammeln.

Da nun jeden Frühling und Herbst eine Menge, die sich nur nach Millionen zählen läßt, durchpassiert, so sollte man glauben, es wimmle, zwitschere, lärme zuzeiten auf diesen Vögelstraßen, und die Thäler der Umgegend müßten mit diesen gefiederten Reisenden bedeckt sein. Allein dem ist nicht also. Ein paar Post- und Güterkolonnen machen in einer Stunde mehr Lärm in jenen Höhen, als alle die zahllosen reisenden Vögelvölker der Schweiz und Deutschlands zusammen, von deren Durchreise die betreffenden Höhen- und Thalbewohner, wenn die Tiere nicht gerade durch schlechtes Reisewetter zu mehrtägiger Rast gezwungen werden, nicht einmal viel zu bemerken scheinen. Dies würde unbegreiflich sein, wenn man nicht folgende Dispositionen der Reise beachtete. Ein großer Teil der Zugvögel, und zwar nicht nur die nächtlichen Eulen und Ziegenmelker, sondern alle Vögel von weniger ausdauerndem und schnellem Fluge, wie die Wachteln, Schnepfen, Sänger, Rallen, Drosseln, Enten, reist der Sicherheit halber nur des Nachts, ein Teil nur in etlichen Paaren, selbst nur einzeln, so daß der Durchzug der gleichen Familie sich auf mehrere Wochen verteilt. Ein anderer Teil fliegt auch auf den Alpen bald in kleinen, bald in sehr großen Schwärmen so hoch

über der Paßstraße hin, daß er mit bloßem Auge kaum gewahrt wird. Zudem
hält sich kaum eine Art auch nur stundenlang im höchsten Paßthale selber auf,
sondern sucht im Laufe des Vormittags oder nach Mittag den Übergang zu
bewerkstelligen und die kalte Region zu durcheilen. Bringt man die Schnelligkeit
des Fluges in Anschlag, der in wenigen Minuten aus dem deutschen Thale
das italische erreicht, so wird man die Unmerklichkeit der Übersiedelung,
betrachtet man zudem die ungeheure Ausdauer des schnellen Fluges, so wird
man auch begreifen, warum diesseits und jenseits in den anstoßenden Tief=
thälern so wenig von Haltstationen bemerkt wird. Dazu kommt endlich noch
die große Ausdehnung der Übergangszeit, die vom Februar bis in den Mai
hinein dauert und im Herbste von Mitte Juli bis gegen Ende November.
Daß auf den Pässen selbst keine merkliche Anhäufung von Zugvögeln statt=
findet, läßt sich schon daraus schließen, daß sich zur Reisezeit daselbst kaum
mehr Raubvögel aufhalten, und nicht in größerem Maße als Wegelagerer
auftreten als sonst. Die Flugschnelle der Vögel ist freilich, durch Flügel= und
Schwanzbau bedingt, sehr ungleichartig; doch wird, außer vielleicht der
Wachtel, Ralle und ähnlichen, kaum ein Zugvogel sein, der nicht in einem
Tage oder in einer Nacht ohne alle Beschwerde vom Bodensee bis tief in die
Lombardei hinausflöge; die lang= und schmalbeschwingten Vögel, die Tauben,
Schwalben, Segler, Lerchen, Wanderfalken und andere treffliche Flieger,
welche alle den Tag zur Wanderung benutzen, würden bei unausgesetztem
Fliegen gar wohl in einem Tage von der schweizerischen Nordgrenze in gerader
Linie die römische Campagna erreichen, so daß der Überflug über die Alpen,
auf einem einzelnen Punkte beobachtet, mit Blitzesschnelle vorübergeht, obgleich
er, was sämtliche Zugvögel vorziehen, gegen den Wind geschieht. Würden
sie in der Richtung des Windes fliegen, so bliese ihnen dieser das Gefieder
von rückwärts in die Höhe, störte die richtige Steuerung der Schwanzfedern
und drückte auf die geöffneten Flügel von hinten, und die Folge davon wäre
die baldige Ermattung des Tieres und die fortwährende Störung der richtigen
Federnlage. Der ihm entgegenwehende Wind dagegen füllt ihm günstig die
nach vorn geöffnete Wölbung der Schwingen und hält ihm die Befiederung
knapp am Leibe zusammen.

Bei dieser Energie der Flugkraft mag es immerhin auffallen, daß dieselbe
sich bei ihrer ungeheuren horizontalen Wirkung noch um vertikale Erhebungen
kümmert, und daß erwiesenermaßen die tiefsten Alpensättel als Durchgangs=
thore bevorzugt werden. Man sollte glauben, daß diese Tiere, die heute in
Schwaben und morgen in der Lombardei schlafen, ohne Mühe auch den
Bernina, den Monterosa, das Finsteraarhorn überflögen. Allein die ver=
änderte Beschaffenheit der Atmosphäre über 2600—3200 m ü. M. sagt trotz
der hohen Blutwärme nur den wenigsten Vögeln zu; sie atmen schwerer und
ermatten weit leichter als 1000—1200 m tiefer. Verschiedene Vögel, die
von Luftfahrern in großen Höhen in Freiheit gesetzt wurden, weigerten sich

in der dünnen, sauerstoffarmen Luft des Fluges. Wurden sie dennoch dazu
genötigt, so stürzten sie sich wie Bleiklumpen in die tieferen Luftschichten.
Bei einem Luftdrucke von bloß 360 mm, wo die Luftschiffer an heftigen Kon=
gestionen litten, starben die Vögel, oder lagen, unfähig zu fliegen, krank auf
dem Rücken. Viele Vögel vermöchten auch der trockenen Kälte, die auf den
Riesengipfeln im Frühjahr und Herbst von der Sonne kaum gemildert wird,
den scharfen Winden und den häufigen Schneeniederschlägen nicht zu wider=
stehen. Die Widerstandskraft ist freilich bei den einzelnen Arten höchst ungleich.
Im Schneegestöber Feuerlands und an der Firngrenze der Cordilleren hat
man noch lebende Kolibris getroffen; aber in den Pyrenäen ist es nichts
Seltenes, vom Froste getötete Schwalben zu finden. Wahrscheinlich sind auch
die Zugvögel aus der montanen und alpinen Region weniger wählerisch in
Beziehung auf einen Alpenübergang, während die Grasmücken sicherlich die
tiefsten Pässe wählen, ebenso die schwerfliegenden, langsamen Vögel, welche
sich doch wenigstens Viertelstunden lang auf jenen Höhen hintreiben müssen.

Bekanntlich reisen auch von den sonst paarweise lebenden Vögeln die
ungeduldigeren, kräftigeren Männchen gewöhnlich etliche Tage früher aus dem
Süden ab und kehren im Herbst später dahin zurück als die Weibchen; von
einzelnen Arten ziehen überhaupt nur diese; die Männchen bleiben im Norden
zurück. Die Reiseziele sind sehr ungleich. Die einen überwintern schon in den
lombardischen Ebenen oder auf der Insel Sardinien, andere in Sizilien und
Spanien, in Nordafrika (doch weit mehr im Nilthale als in der Berberei),
noch andere gehen bis an den Senegal, vielleicht auch tief bis in das unbekannte
Hochland des afrikanischen Kontinents. Doch sind die diesfalls gesammelten
Beobachtungen noch unsicher und mangelhaft, und wo eigentlich die Schwalben,
Kuckucke, Pirole und die meisten Sänger überwintern, ist nicht ermittelt.
Könnte man auf den Bergpässen genau den Durchzug der Vögel beobachten,
so würde man wahrscheinlich noch manche Sippschaft entdecken, die sonst bei
uns vermißt wird. Die Rauchschwalbe wählt den Gotthard, während die
Ufer= und Felsenschwalben mit den Seglern eine andere Richtung zu nehmen
scheinen. Von den nordischen Vögeln halten viele in der Schweiz im Herbste
etliche Ruhetage, ehe sie ihre Reise über die Alpen fortsetzen, und werden
noch bemerkt, wenn die gleiche einheimische Art schon einige Zeit fort ist.
Die hochnordischen aber, die in den Süden kommen, um zu überwintern,
bleiben großenteils diesseit der Alpen, so viele Enten, Möwen, Taucher,
Steißfüße, Lein= und Bergfinken, Hänflinge, Zeisige, Saat= und Nebelkrähen,
Seidenschwänze und in harten Jahrgängen auch einige Raubvögelarten
(Bussarde, Habichte, Ohreulen).

Am frühesten überfliegen die Alpenpässe auf dem Widerstrich (oft schon
nach Mitte Februar) die Störche, Stare und wohl auch die Baumpieper,
Finken, Dohlen, Rotkehlchen und Rotschwänzchen, Ammer, Steinschmätzer
und Feldlerchen, im März die Wanderfalken, Mäusebussarde, Waldschnepfen,

wilden Tauben, Bachstelzen, Milane, Gabelweihe, Ohreulen nebst vielen Sumpf-, Wasser- und Strandvögeln; im April die Rauch- und Hausschwalben, die Kuckucke, Drosseln und die meisten übrigen Sänger; gegen den Mai oder zu Anfang desselben die Nachtigallen, Fliegenfänger, Segler, Würger, Blauracken, Wachteln, Ziegenmelker, Pirole, Wiesenschnarrer u. a. — Schon im August reisen wieder über die Alpen zurück die Spyre, Kuckucke, Goldamseln, Fliegenfänger, Rohrsänger, Blaukehlchen, Bastardnachtigallen; oft auch die Störche, die sich z. B. im Jahre 1853 (am 8. August) zwischen 90 und 100 Exemplare stark auf den Dächern des basellandschaftlichen Dorfes Zunzgen niederließen, dort übernachteten und am folgenden Morgen nach reichlich auf den umliegenden Äckern eingenommenem Frühstück hoch in die Lüfte aufstiegen und nach Süden abflogen. Daß ein Storch je den Gotthard überflogen hätte, ist nicht beobachtet worden. Da sie im Aargau und im st. gallischen Rheinthal noch am häufigsten sind, wählen sie wahrscheinlich die Pforten von Genf und den rhätischen Gebirgen. Bei Genf werden fast alljährlich, und zwar vorzugsweise auf dem Herbstzuge, auch schwarze Störche — in der Regel junge Exemplare — gesehen, die wie die Kraniche bei uns bloß durchziehen.

Im September folgen alle, welche mit dem Mausergeschäft fertig und deren Junge für die Reise hinlänglich erstarkt sind, besonders Schwalben, Strandläufer, Rohrhühner, viele Sänger u. a., so daß bis nach Mitte Oktober alle insektenfressenden Sänger, Bachstelzen, Steinschmätzer, Würger (mit Ausnahme des großen, der bei uns überwintert), Wachteln, Drosseln, Schwalben, Stare, Lerchen, Taucher, die meisten Zugraubvögel den Übergang bewerkstelligt haben. Bis in den November hinein ziehen noch einige nordische und Wasservögel ab; etliche Rohrhühner und Belassinen überwintern aber bei uns. Die Zeit des Überganges der gleichen Art wechselt höchstens zwischen zwanzig Tagen; der stärkste Zug überhaupt fällt regelmäßig auf die Äquinoktialzeit. Dabei ist auffallend, daß die Durchzüge einiger Vögel, wie z. B. der Kraniche und wilden Gänse (welche letztere oft schon im September, aber auch bis in den November hinein die nördliche Schweiz passieren), nur in einzelnen Jahren über unsere Alpen erfolgen, oft auch nur der Sommerzug, aber nicht der Winterzug, seltener umgekehrt. Weht im Frühling anhaltender Föhn auf dem Hochgebirge, so verzögert er oft die Ankunft der Reisenden aus dem Süden merklich, ja zwingt sie wohl, eine ganz andere Zugsrichtung einzuschlagen. Der nämliche Wind veranlaßt im Herbst bisweilen auffallende Anhäufungen von Wandervögeln, so zur großen Erbauung der Jäger im Oktober 1860 eine merkwürdige Ansammlung von Wachteln bei Genf, und im Oktober 1862 eine ähnliche von Schnepfen an den südöstlichen Jurageländen.

Die Ankunft und der Abzug der Wandervögel differiert in den Alpenlokalen nur wenig von der Zeit der Ankunft und Abreise im offenen Lande. So fällt nach 4—5jähriger Durchschnittsberechnung der erste Kuckucksruf bei

Zürich (409 m ü. M.) auf den 30. April, in Bevers (1715 m ü. M.) auf den 1. Mai — die Ankunft der Rauchschwalbe in Zürich auf den 19. April, in Bevers auf den 27. April, — der Abzug der Schwalbe in Zürich auf den 12. September, in Bevers auf den 13. September. Dagegen sollen sie Chur in der Regel erst vom 22. bis 30. September verlassen. Im Jahre 1867 fiel die Ankunft der Schwalben in Brusio (777 m auf der Südseite der Zentralalpen) auf den 12. März, in Marschlins (545 m auf der Nordseite) auf den 14. März, in Remüs (1226 m) auf den 18. März, in Klosters (1207 m) auf den 23. März, in Bevers (1715 m) auf den 24. April und der erste Kuckucksruf in Chur (599 m) auf den 19., in Brusio und Bevers auf den 24. April. Mitte August verschwindet der Kuckuck aus den Alpengegenden.

Die Zahl der Vögel, die im Sommer und Winter unausgesetzt die Alpenregion bewohnen können, muß sehr klein sein, da diese während der letzteren Zeit keine Insekten, geringe vegetabilische und nicht viel weitere Fleischnahrung zu bieten imstande ist. So entsteht unter den Alpenvögeln beim Eintritt der rauhen Jahreszeit ein Wandern von oben nach unten, das dem horizontalen der Zugvögel entspricht. Die meisten Alpenvögel sind Strichvögel und selbst die großen Adler und Geier streichen im hohen Winter mitunter bis ins tiefe Thal. Weit günstiger sind die Nahrungsverhältnisse in jeder Hinsicht im Sommer, namentlich in der bewaldeten untern Hälfte der Region, wie schon aus den mitgeteilten botanischen und entomologischen Umrissen hervorgeht. Wir treffen darum in den Hochwäldern und entsprechenden Weiden und Felsengegenden noch eine beträchtliche Anzahl von Vögeln der montanen und kollinen Region als ständige Sommervögel.

In jenen bevorzugten Hochthälern des rhätischen Gebirges, wo die gesamte Vegetation sich bis zu außergewöhnlichen Höhen erhebt, heben sich auch die oberen Grenzen der Ornis überraschend. Im Oberengadin finden wir Kuckucke*), selbst Wiedehopfe, Hausschwalben, Haussperlinge (jetzt in geringerer Zahl als früher), sowie Rotkehlchen noch bei Sils und Silvaplana, bei 1880 m, ebenso hier nistend den weißbauchigen und besonders häufig den Bonellischen Laubsänger (Phyllopneuste Nattereri und Bonelli) und die beiden Rötlinge, während der Weidenlaubsänger (Ph. trochilus), die graue Grasmücke und der Schwarzkopf zwar öfters vorkommen, aber schwerlich nisten. Selbst die Nachtigall weilt auf dem Zuge im Hochthal. Zu seinen ständigeren Bewohnern gehören dann noch die Blutfinken, Kreuzschnäbel, Buchfinken (bei 2100 m noch nistend), Hänflinge, Baumläufer, Wendehälse, Ringeltauben,

---

*) Balbamus fand am 6. Juni 1867 am Piz Munteratsch, hoch über der Baumgrenze, auf einem rings mit Schnee umgebenen Rasenplatz das Nest eines Wasserpiepers und in demselben einen jungen Kuckuck, während die Eilein der Pflegemutter, die noch lebende Junge bargen, kurz vorher (vom Kuckucksweibchen?) aus dem Neste geschafft worden waren.

Wasserhühner, Steißfüße, Möwen, Wasseramseln, während sonst die meisten der genannten ungleich weniger hoch hinangehen. In dieser alpinen Höhe sehen wir hier auch noch hin und wider eine Feldlerche und eine Wiesenralle; Wachteln gehen bis über Kampfeer, gegen 1880 m ü. M., hinauf und nisten noch bei Pontresina (1780 m); die Elstern haben aber auffallend abgenommen. Im Winter zeigt sich der Bergfink und die Saatkrähe wieder als Gast. Im Schalfik (und so wahrscheinlich in den meisten rhätischen Hochthälern) begegnet uns nach Holb bei 1920 m ü. M. die graue und die Gartengrasmücke bei einfallendem Schneewetter in den Hausgärten von Erofa, ebenso das Blaukehlchen. Selbst in den obersten Alpenwäldern haust die Ringeltaube und an den kleinen Hochseen finden sich Stock-, Knäk-, Kriek- und Spießente ein und nistet regelmäßig der kleine Regenpfeifer.

In den Arven-, Fichten- und Lärchenwäldern unserer Region hämmert der schöne dreizehige, der Grauspecht und der Schwarzspecht fleißig an den Bäumen herum mit lautem Geschrei; ersterer folgt den Wäldern sehr hoch ins Gebirge, fast ebenso hoch der große und der mittlere, seltener der kleine Buntspecht; der Grünspecht bleibt mehr in der unteren Waldregion zurück. Bei Seewis im Prättigau ist er so dreist, daß er sogar in verschlossene Fensterladen der Häuser im Dorfe große Löcher pickt. Nicht mehr häufig trifft man die Eichelhäher; die Nußhäher dagegen erscheinen da, wo sie überhaupt vorhanden sind, bis zur Baumgrenze hin; so in Appenzell, im Berner Oberlande, in starken Scharen aber besonders im Bündnerlande, wo sie noch in der Umgebung der Gletscher bei 2750 m ü. M. ihr widerliches Geschrei ertönen lassen, tiefer unten die Arvenzapfen plündern und die Nüßchen zu 30—40 Stück in ihren Backentaschen forttragen. Ob sie diese zu Wintervorräten aufspeichern, ist ungewiß. Merkwürdigerweise hat man im Bündnerlande noch nie ihr Nest gefunden, wohl aber am Schäfler (Kanton Appenzell). Sie brüten ohne Zweifel im Vorfrühling, wo der Schnee noch die höhern Alpenwälder unzugänglich macht. Gefangene Exemplare halten bei Nüssen, rohem Fleisch, Brot u. dgl. leicht aus, und gewähren bei freiem Fluge durch ihr munteres, originelles Betragen und ihre Zahmheit viel Vergnügen. Der Vogel hält die gereichte Haselnuß mit dem Fuß und hackt mit dem komisch hochaufgerichteten Kopfe den Schnabel auf die Nuß. Springt sie aus, so hascht er sie äußerst behende wieder; ist er satt, so versteckt er die Nuß in irgend ein Mäuseloch, in das er sie, wenn es zu klein ist, mühsam und geduldig mit Schnabelhieben festkeilt. Der halb kreischende Gesang ist nicht gerade anmutig. Hin und wider finden wir in der alpinen Region im Sommer den Zeisig, der hier stellenweise brütet, nur ausnahmsweise (öfter im Engadin) die Spechtmeise, eher den Baumläufer, den wir sogar noch Ende Oktobers in einem Bergwald gegen 1660 m ü. M. sahen; ferner den Blut- und Distelfink, den Buchfink bis zur Baumgrenze und zwitschernde Scharen der Kreuzschnäbel (auch in Legföhrenschlägen), zahlreicher die Tann-, Kohl- und Haubenmeise.

Die Sumpfmeise (Parus palustris) folgt den Wäldern nicht leicht über 1100—1200 m ü. M. In dem eigentlichen Alpwalde von 1200 bis gegen 2300 m ü. M. tritt eine ihr nahe verwandte, aber doch konstant verschiedene Art an ihre Stelle. Diese hat zuerst in Graubünden der verdiente Forscher Conrad auf Valdenstein als eigene Art entdeckt und unter dem Namen Berg=mönchsmeise (P. cinereus montanus) 1827 beschrieben; die schweizerische Ornithologie ist ohne Zweifel berechtigt, sie ihrem Entdecker zu Ehren die Valdensteinische Meise (Parus Baldensteinii. *Salis)* zu nennen, wenn sich auch gezeigt hat, daß sie mit dem sechzehn Jahre später von de Selys beschriebenen nordischen Parus borealis identisch ist und ebenso mit dem noch später von Bailly beschriebenen savoyischen P. alpestris.

Die Valdensteinische Meise ist im ganzen etwas größer und stärker gebaut als die Sumpfmeise und unterscheidet sich von ihr durch die bräunlich=schwarze, bis auf den Rücken verlängerte Kopfplatte, das erweiterte Schwarz der Kehle, größere weiße Backenflecken, bräulich=bräunlich abgetonten, asch=grauen Rücken, schwärzlichere Schwung= und Schwanzfedern, schwärzliche Füße. Das Rückengefieder dieser Meise ist besonders im Winterkleide auf=fallend länger als das der Sumpfmeise, seidenartig zerschlissen und aschgrau mit einem schwachen rötlichen Schein. Im Betragen und in der Lebensweise ähnelt sie der Sumpfmeise sehr, hackt sich (wie diese in mürbe Weidenbäume) in faulende Tannen= oder Lärchenstrünke ihre Nesthöhlung, nimmt sogar mit Mauslöchern vorlieb und brütet je nach der größern oder geringern Höhe ihres Standortes im Juni bis Juli. Ihr Lockruf ‚Zi—dä‘ oder ‚Zi—dä—dä‘ oder bloß ‚Dä—dä‘ klingt ähnlich wie bei der Sumpfmeise, doch ist das ä viel tiefer und gedehnter, so daß man beide Arten schon von ferne unter=scheidet. Die Valdensteinische Meise findet sich bisweilen in der Gesellschaft anderer, und kaum der strengste Frost veranlaßt sie, aus den höchsten Wäldern in tiefere hinunter zu rücken. Sie scheint gegen Kälte fast unempfindlich zu sein, und Fichtensamen findet sie allenthalben. Im Engadin ist sie eine der häufigsten Meisen, findet sich aber überall in den Alpenwäldern, im Berner und wahrscheinlich auch im Walliser Gebirge, sowie am Salève bei Genf in einer etwas kleineren Spielart mit schwach modifizierter Färbung (der P. alpestris Savoyens).

Während außer dem Durchzuge die Ammerarten, mit Ausnahme des Goldammers, selten im Gebirge erscheinen, findet sich auffallenderweise der Ortolan (Emberiza hortulana) im Sommer im Engadin und scheint daselbst zu brüten, wie er früher in den Bündner Thälern überhaupt häufig brütete. Der Garten= und besonders der Hausrotschwanz ist überall durch alle Alpen zu finden und gehört zu den wenigen Gebirgstierchen, die dem Menschen ver=traulich folgen; letzteren sieht man oft mitten im Schnee auf Felsblöcken sitzen und ohne Scheu den Wanderer erwarten. Wenn im Herbste die Herden schon lange zu Thal gezogen sind, fliegt er noch munter mit den Flühlerchen um die verlassenen Hütten, in denen er nicht selten auch sein Nest anbringt. Den Gartenrotschwanz hat man auch auf dem oberen Aargletscher getroffen. Der muntere Zaunkönig hüpft ebenso beweglich durch die Büsche der Wälder und durch die Hecken des Thales wie durch die Krummholzbäume der Alpen bis zu 2300 m ü. M., einer der wenigen Standvögel der Ebene, die im Sommer bis in die oberen Alpen hinan gehen und dort nicht selten nisten; seine Spieß= gesellen, die Goldhähnchen, bleiben früher zurück.

Der Weißschwanz (Saxicola oenanthe) treibt sich unruhig in den Flühen, bis gegen die Schneegrenze das Braunkehlchen (S. rubetra) auf den Viehweiden und im Gebüsch umher. Auch das Schwarzkehlchen (S. rubicola) ist in vielen Gegenden hier noch heimisch. Man schont dieses niedliche Vögelchen umsomehr, je weiter der Volksglaube verbreitet ist, daß sicherlich auf der Alp, auf welcher ein solches Tierchen getötet würde, die Kühe alsbald rote Milch gäben. Bis in den untern Teil unserer Region fliegen und brüten auch die Elstern, doch nicht häufig, ebenso die Rabenkrähen und durch die ganze Zone in einzelnen Exemplaren die Raben. Die Eulen vermindern sich nach der Höhe merklich. Wahrscheinlich gehen keine hoch über die Holzgrenze; bis zu derselben aber in recht einsamen, düsteren Felsenhochthälern in der Nähe alter Bäume der Uhu, der Waldkauz, die Waldohreule (bis Silvaplana), die Zwergohreule (im Schalfik) und der niedliche, kleine, rauhfüßige Kauz. In der gleichen Höhe sieht man auch noch den Taubenhabicht jagen und den nützlichen Mäusebussard; bis in die Hochalpen hinauf verfolgt der Turmfalke die jungen Berghühner, Mäuse und Heuschrecken und ist in den nördlichen Alpen der gewöhnlichste kleine Raubvogel. Im Domleschg nistet er in Burg= ruinen, im Oberengadin aber auffallenderweise auch in hohlen Bäumen. Noch auf der Höhe der Astasalp, 2160 m ü. M., sahen wir ihn emsig über Mäuse= löchern rütteln. Seltener erscheint dort noch der Wanderfalke, treibt sich aber bei seinem Durchzuge längere Zeit im rhätischen Gebirge umher und auch der Baumfalke und der Merlinfalke sind dort bis über 1950 m nicht ganz selten.

Alle diese Vögel (mit Ausnahme der Baldensteinischen Meise) hat indessen das Hochland mit den tieferen Gegenden gemein. Sie bilden also nicht den eigentlichen Typus der Alpenvögel, ebensowenig wie die Ur= und Haselhühner, die nur höchstens bis zum untern Dritteil der Alpenregion gefunden werden und z. B. im Oberengadin nicht vorkommen. Dagegen dürfen wir die Birk= hühner als echte Alpenvögel betrachten, die in den meisten alpinen Revieren der Schweiz (sehr selten im Jura) noch angetroffen werden, bald seltener, bald häufiger als das Urwild. Ihren Sommeraufenthalt wählen sie vor= wiegend in den altbestandenen Hochwäldern, sehr gern an den Grenzen des Holzwuchses, wo die letzten Arven, Lärchen oder Tannen sich mit den Berg= föhren und Zwergbirken mischen und dichte Alpenrosenfelder ihnen reichliche Schlupfwinkel bieten. Im Winter ziehen sie sich nicht selten in die unteren Wälder, ausnahmsweise bis zu den Thaldörfern hinab. Im Gebirge lassen

sie sich manchmal tief einschneien, oder schützen sich in aufgescharrten Schnee=
löchern gegen den Frost. Diese werden höhlenartig unter der Schneedecke
fortgesetzt. Tritt der Jäger unversehens auf dieselben, so sinkt er ein, während
die beunruhigten Hühner plötzlich aufwärts brechen und ihn mit Schnee
bestäuben. Ehe er die Flinte angeschlagen und die Augen gewischt hat, ist der
Flug davongeschwirrt. In heißen Sommerwochen gehen sie wohl auch über
den Holzwuchs in die obersten Alpen, lassen sich aber bei Sonnenschein selten
blicken, bei Regen= und Nebelwetter dagegen häufig, und sind dann auch wie
alle Berghühner am zahmsten. Wir teilen von ihnen, wie von allen
bedeutenderen Alpentieren, das Nähere in biographischen Skizzen mit.

In gleicher Höhe, im Sommer meist höher bis zur Schneegrenze, leben in
den Felsen= und Schuttrevieren, den steinigen, mit Alpenbüschen bewachsenen
Gehängen und Karrenfeldern der Hochgebirge, gewöhnlich auf der Sonnenseite
derselben, die wunderhübschen Steinhühner, in den Walliser, Berner, Bündner
und Glarner Alpen ziemlich häufig, seltener in der mittleren Schweiz und am
Appenzeller Alpstein, nie im Jura. Die Schneehühner gehören auch der Alpen=
region an, gehen aber bis über die Schneegrenze hinan.

Das muntere Geschlecht der Drosseln, das so viel zur Belebung der
Wälder beiträgt, verschwindet nach der Höhe zu bis auf wenige Arten. Die
gewöhnliche Amsel und die Felsenamsel zeigen sich hin und wider in der
Alpenregion, die Sing= und Misteldrossel reicht in Bünden ziemlich bis zur
Waldgrenze. Nebst einigen wenigen scheuen Krammetsvögeln*), die auf
Glarner und Appenzeller Bergen, nach den neuesten Beobachtungen selbst in
den walbigen Bergen auf der Nordseite St. Gallens, kaum 880 m ü. M.,
brüten, ist die Hauptdrossel der Alpen die schöne Ringamsel (Turdus torquatus), die fast nie unter 1000 m ü. M., oft in der Berg=, im Sommer
aber am häufigsten in der Alpenzone bis zur Baumgrenze erscheint, während
einzelne alte Exemplare beständig noch höher im Gestrüppe hantieren. Sie
ist hübsch braunschwarz mit weißlichen Federrändern und zeichnet sich durch
einen großen, weißlichen ringkragenähnlichen Fleck auf der Oberbrust aus.
Das Weibchen ist etwas lichter und hat ein schmäleres, bräunlichgewölktes
Halsband. Sie ist eine der größten Drosseln und mißt bis zum Schwanz
20, mit diesem 32 cm. Meist siedelt sie sich den Sommer über in rauhen
und düsteren Hochwäldern an, wo sie sich in dichtem Gebüsch umhertreibt, in
der Regel aber auf den höchsten Tannengipfeln ihre lebhafte und kräftige

*) Von J. G. Altmann erfahren wir, daß man in der Schweiz auch eine weiße
Varietät vom Krammetsvogel oder eher von der Misteldrossel gefunden hat. In seiner
„Beschreibung der helvetischen Eisberge" erzählt er: „Ich habe selbst einen weißen Ziemer
oder Krammetsvogel, welcher insgemein nach schweizerischer Mundart ein Misteler und
von den Lateinern Turdus viscosus geheißen wird, zur Hand gebracht, da er sonst
ganz braun ist, doch waren die von Natur schwarzen Flecken an der Brust nur milch=
weiß". Er sandte ihn an Réaumur nach Paris.

Stimme unaufhörlich ertönen läßt, dabei sich wohl scheu, aber nicht klug beweist, ihre Nahrung unter den Insekten (namentlich unter den Carabus= arten, den Larven der Kotfliegen, die sie aus dem Kuhdünger scharrt) und Beeren sucht und auf niedrigen Ästen, besonders gern in den Krummholz= föhren, zweimal brütet. Im Berner Museum findet sich eine Spielart mit unregelmäßigen weißen Flecken über den ganzen Leib. Ihr Gesang, dem freilich der reiche Schmelz des Grasmückenschlages fehlt, beginnt vor der ersten Morgendämmerung, schallt in jubelnden Chören hundertstimmig von allen Hochwäldern her und bringt unaussprechlich fröhliches Leben in den stillen Ernst der großen Gebirgslandschaften. Im Herbst besucht sie, ehe sie weg= zieht, was sprichwörtlich um den ‚Bettag‘, d. h. in der zweiten Hälfte Septembers, geschieht, die Heidelbeerbüsche der Waldzone. Ihren Winter= aufenthalt scheint sie nicht tief im Süden zu nehmen; wenigstens findet sie sich in den Bergwäldern des tessinischen Valle Maggia und Onsernone den ganzen Winter über. Im Frühjahr trifft sie oft Ende März schon bei uns ein; fällt aber im Gebirge noch Schnee, so flüchtet sie in die tieferen Thäler, bis die Höhen wieder frei werden. Unter dem Namen Ringdrossel, Bergamsel oder Schildamsel und Schnatteramsel ist sie im ganzen Gebirge bekannt. Sie hat so ziemlich die Gewohnheiten der gewöhnlichen Amsel, fliegt und schlägt mit den Flügeln und dem Schwanze wie diese, wenn sie etwas Unerwartetes bemerkt, und hüpft auf dem Boden in weiten Sprüngen zwischen den Büschen. — Während die Wasseramsel nur in einzelnen Gegenden den Bächen bis in die Alpen folgt (im Berninagebirge fanden wir sie am Flaatz bis in die Nähe des Hospizes, 2060 m ü. M.), dürfen wir im Sommer die graue Bach= stelze (Motacilla sulphurea) zu den gewöhnlichen Gebirgsvögeln rechnen.

Neben diesen tragen zum Typus des Alpenvögelgeschlechtes vorzüglich einige Finken= und Lerchenartige bei; zunächst die in allen schweizerischen Hochalpen bald paarweise, bald in zerstreuten Familien lebende, vom Turm= falken oft eifrig verfolgte Alpenflühlerche (Accentor alpinus), ein schöner, 21—24 cm langer, ziemlich bunter Vogel mit aschgrauem, braungeflecktem Oberleibe, glänzend weißer, schwarzgefleckter Kehle, weiß und rötlichgrau gewelltem Bauche, rötlichgrauem After und rötlichgelben, geschildeten Füßen. Sein Lieblingsaufenthalt sind die rauhen, steinreichen Hochtriften oder Grien= felder zwischen der Holz= und Schneegrenze, durchschnittlich aber zwischen 1300 und 2100 m ü. M. (z. B. auf der Emmenthalerfurka, Wildkirchli, Meglisalp, Wagenluke, Mürtschenstock, in allen Bündner und den meisten Berner, Waadtländer und Walliser Alpen, beim Hospiz des St. Bernhard und auf dem Gotthard, — sonst auch in den Gebirgen Südeuropas bis zu den Pyrenäen), wo er munter zwischen den Felsblöcken und Stauden umher= hüpft, alle Augenblicke wieder still steht, sich häufig bückt und mit dem Schwanze zittert oder auch auf hohen Felsenstufen lange festsitzt. Man bemerkt diesen stattlichen Vogel nicht selten in Gesellschaft des Rotschwänzchens

ober in der Nähe der Steinschmätzer. Mit seinem klaren Auge späht er die
kleinen Mücken, Käferchen und Schneckchen auf, die ihm zur Nahrung dienen;
doch behilft er sich auch mit Grasgesäme, Beeren und kleinen Würzelchen.
Im Winter verläßt die Alpenflühlerche die höheren Regionen, geht auf die
Vorberge, in die Alpenthäler und selbst in das nahe Tiefland hinaus, hält
sich gern zu den Heuställen und sucht den Heusamen auf oder die Obst=
trebernhaufen, um die Kerne hervorzupicken. Sowie aber die Höhen nur
einigermaßen frei sind, zieht sie sich wieder zu ihrem Lieblingsaufenthalte
zurück, wo sie mit ihrem kurzstrophigen, lerchenartigen, klaren, flötenden
Gesange die öden Felsen melodisch belebt; doch haben wir sie selbst im Januar
bei 12.₅° C. Kälte wiederholt auf Alpen von 1000—1300 m ü. M. an=
getroffen. An den mit Alpenrosenstauden bewachsenen Halden baut sie an
geschützter Stelle ihr hübsches, kunstreiches Nest in Form einer großen Halb=
kugel und brütet zweimal des Jahres ihre 3—5 länglichen, blaugrünen Eilein
aus. Mit schnellem, wogendem Fluge sieht man sie im Herbste in größeren
Familien im Gebirge. Sie sitzt nicht gern auf Bäume ab, weiß sich aber gut
im Gestein zu verbergen, obgleich sie ziemlich zutraulich und wenig lebhaft ist.
Bei ordentlicher Pflege und Nachtigallenfutter hält sie auch im Bauer einige
Jahre aus und erfreut durch ihren sehr lieblichen Gesang; doch verträgt sie
im Winter keine hohe Stubenwärme. Ihre Namen sind in den verschiedenen
Teilen der Schweiz sehr mannigfaltig; von ihrer Gewohnheit, bei den Ställen
die Heureste zu durchsuchen, heißt sie im Glarnerlande Gabenvogel, im Berner=
oberlande Blümtvogel oder Blumthürlig, sonst auch Blütlig, Bergtrostler,
Flühspatz, Bergspatz, im Wallis Ortolon.

An Arten zahlreicher bewohnen die in Gestalt, Färbung und Zehen=
bildung den Lerchen, im übrigen mehr den Bachstelzen ähnlichen Pieper die
mittlere und obere Alpenregion. Sie nisten auf der Erde, haben einen kurzen,
trillernden Gesang, der durch häufiges Piepen unterbrochen wird, und da sie
nur von Insekten leben, müssen sie im Herbste dem Süden zuziehen. Der
Baumpieper (Anthus arboreus), oft irrtümlich auch Baumlerche, sonst
wohl Pieplerche genannt, 15—18 cm lang, am Oberleibe graubraunschwärzlich
mit grünlich gemischten Federrändern, an der Brust rostbraun und schwarz=
gefleckt, mit fleischfarbenen Füßen und starkgekrümmter Hinterzehe, bewohnt
sowohl die Ebene als die Berg= und Alpenregion bis zur Schneelinie.
Gewöhnlich läuft er auf den Weiden umher, setzt sich oft auf Sträucher und
auch in die oberen Baumäste, schlägt mit dem Schwanze nach unten und steigt
manchmal, wenn er seine drei trillernden Strophen anstimmen will, etwas in
die Höhe und sinkt dann laut singend mit ausgebreiteten Flügeln auf die Erde.
Seine umfangreiche und biegsame Stimme macht ihn mit der Flühlerche und
dem ‚Zitrönli‘ zum vorzüglichsten Sänger der oberen Alpen. Er nistet gern
oberhalb der Baumgrenze im Alpenrosengebüsch und kommt scharenweise mit
seiner Brut auf frischgemähte Bergwiesen zur Insektenjagd. Der ihm ähnliche,

olivengrünliche, aber etwas dunklere und größer braungefleckte Wiesenpieper (Anthus pratensis), mit hellbräunlichen Füßen, schwachem, unten gelblich= fleischfarbenem Schnabel und grauen Zügeln, ist im Gebirge selten. Er sucht mit Vorliebe die feuchten Wiesen und Moorgründe auf, wo er im Frühling als einer der ersten Zugvögel erscheint, meidet aber dichte Wälder, kahle Felsen und trockene, steinige Halden. Lebhaft und unruhig läuft er im Riedgrase umher, aus dem er mit Anstrengung sich singend in die Luft erhebt und dann auf einem niedrigen Busche absitzt. Er wippt ebenfalls bachstelzenartig mit dem Schwanze und ist im Fange der Käfer, Spinnen und Fliegen sehr gewandt. Ehe die Wiesenpieper im Herbste abziehen, sammeln sie sich oft in größere Gesellschaften, gern auf Schafweiden, wenn solche in der Nähe sind, und lesen den Tieren die Zecken ab, weswegen sie auch den Namen Schaf= lerchen erhalten haben.

Viel stätiger und zahlreicher, mit besonderer Liebe die Alpen bewohnend und daselbst brütend, zeigt sich der olivengraue Wasserpieper (Anthus aquaticus oder alpinus), in seinem Winterkleide mit weißer, graubraun= gesprenkter Brust und einem rotgelben Streif über dem Auge, schwarzem Schnabel, schwarzen Füßen und weißlich besäumten Schwung= und Schwanz= federn, im Sommerkleide dagegen obenher bräunlich aschgrau, an Hals und Brust rötlich überlaufen und wie am weißlichen Bauche ohne alle Flecken. Er heißt im Kanton Zürich Weißler von seiner schreienden Stimme, in St. Gallen Gipser, in Bern Giper, in Schwyz Herdvögeli, in Glarus Stein= lerche, in Bünden, wo er bei Schneewetter in die Alpenthäler flüchtet und zu den gemeinsten Alpenvögeln gehört, Schneevögeli. Der Gesang, den er, in die Luft aufflatternd, oder auf einem Stein, einem Busche, einem Lärchenbaume sitzend, hören läßt, ist wenig bedeutend und abwechselnd, dafür geht er fast unaufhörlich fort. Im Frühling suchen die Wasserpieper schon im Laufe des Aprils die schneefreien Stellen der Alpen auf und verlassen sie nicht mehr. Im Laufe des Maia singen die Männchen, während die Weibchen ihr Nest zwischen Knieholzbüschen oder auf offenen Weiden in kleinen Erdvertiefungen bereiten; doch leiden sie sehr oft von rauher Frühlingswitterung. In vielen Jahrgängen bedeckt ein später Schneefall das Nestchen mit den Eiern, vertreibt das brütende Weibchen, tötet und begräbt es nicht selten oder zwingt es, später neu zu nisten. Auch die nichtflüggen Jungen werden oft vom Schnee oder Frost getötet und man hat gesehen, wie listig der Fuchs sie aufsucht und ver= zehrt, während die Mutter schreiend über ihm herumflattert. Die Wasser= pieper gehen häufig den Bächen nach, laufen nach Art der Bachstelzen auf den Steinen hin und her und suchen Wasserinsekten und Larven. Im Sommer, wenn es auf den Höhen allzu heftig stürmt, sammeln sie sich scharenweise in mehr geschützten Gründen, im Herbst gehen sie nach den Sümpfen, Seen und Flüssen der Ebene, oft auf die Düngerstätten der Dörfer; ein kleiner Teil überwintert daselbst, der größere fliegt in losen Scharen nach Italien, wo

viele der Vogelstellmanie zum Opfer fallen. Die anderen halten sich an
seichten, wasserzügigen Stellen, an den Abzugsgräben der Wiesen und Wein=
berge auf und übernachten im dürren Laube der Eichenbüsche. Wenn die
Kälte steigt, ziehen sie nach den tiefern Reisländern und gewässerten Wiesen;
gegen den Frühling sammeln sie sich scharenweise auf hohen Pappelgipfeln
und reisen dann, die Männchen voran, wieder den Alpen zu, wo sie wie alle
genannten Pieper ihr Nest nie auf Bäumen, sondern stets auf der Erde, unter
einem überhängenden Steine oder im Heidekraut, oft bloß in den Fuß=
stapfen einer Kuh bauen. Im ebenen Deutschland gehören sie zu den selteneren
Vögeln; in Schweden und England lieben sie die höchsten Felsenufer des
Meeres. Den großen gelblichgrauen, gelbfüßigen Brachpieper (A. campestris)
haben wir weder in der alpinen noch in der montanen Region je bemerkt; er
ist auch im Tieflande selten.

Ziemlich häufig erscheint in allen Teilen der Schweizeralpen der niedliche
und äußerst lebhafte, grüngelbe Zitronfink, bekannter unter dem Namen
„Zitrönli‘ (Zitronzeisig, Fringilla citronella). Er ist etwas kleiner als der
Kanarienvogel, obenher gelblich olivengrün, an den Flügeln graubraun über=
laufen, mit aschgrauen Halsseiten und gelber Kehle. Fast jeder Alpenwanderer
hat ihn schon bemerkt, wie er rasch durchs Gebüsch und über die Weiden mit
zitternder Bewegung fliegt, oft nur ein paar Schritte über der Erde, und häufig
„zie—zie‘ schreit, oder wie er vom Gipfel einer jungen Tanne auffliegt, sich
singend wie der Baumpieper ein wenig in die Luft erhebt und bald wieder
auf den gleichen Punkt absitzt. Er brütet immer im Gebirge, am liebsten
hoch in den Alpen an den Grenzen des Nadelholzes und darüber hinauf selbst
auf dem Splügen; doch geht er auch nicht selten in niedrigere Felsenzüge und
wird selbst im Jura gefunden. Sein zierlich geflochtenes Nestchen weiß das
kluge Vögelchen sehr geschickt, in den Nadelbäumen, besonders in struppigen,
verkümmerten Weiß= und Rottannen oder Zwergföhren zu verbergen. Hier
wird dasselbe vom Weibchen mit 4—5 schmutziggrünen, braunpunktierten
Eilein besetzt und das Männchen trägt der brütenden Gattin sorglich und
emsig die Nahrung zu. Beide halten sehr treu zusammen und fliegen außer
der Brütezeit gewöhnlich mit einander, oft in Gesellschaft ihrer Kinder, oft
mit andern in der Nähe lebenden Pärchen. Das Zitrönchen frißt nur
Sämereien, auch junge Knöspchen und Blütenkätzchen, am liebsten die halb=
reifen Samen des gelben Löwenzahns, kurz nachdem die Blume abgeblüht
und sich wieder geschlossen hat. Es fliegt dann auf den Kopf derselben, sinkt
mit ihm zu Boden, öffnet ihn und pickt die Samenkölbchen heraus, wobei es
oft das Schnäbelchen voll des klebrigen Saftes der Pflanze bekommt. Schon
im April baut das Weibchen das Nest und legt Anfangs Mais in einigen
Tagen, in Zwischenräumen von je einem Tage, seine Eilein. Tritt Ende
Mais oder Anfangs Junis noch Schnee und Kälte ein, so raffen sie viele junge
Zitronenfinken weg. Der Gesang des Männchens hat etwas Verwandtes

mit dem der Kanarienvögel, nur ist er viel leiser und weniger ausdauernd, hat aber einen ganz eigentümlichen Wohllaut, mit einzelnen kräftig flötenden Metalltönen und hänflingsartigem freundlichen Girren. Für die Lock=, Ätz= und Angsttöne giebt es wie bei allen kleinen Vögeln eine Menge charakteristischer Variationen. Das Zitrönchen ist gar nicht scheu, so unruhig es auch ist, und hält im Bauer oft 8—10 Jahre lang aus, wenn es mit Hanf= und Rüb= samen gefüttert wird. Im Herbst und Frühjahr zieht es in Gesellschaft in die unteren Gebirgsgegenden, oft weit hinaus bis zu den Städten des Tief= landes; im Winter halten sich hier noch einzelne Flüge auf, die meisten aber sind abgezogen. Sie passieren das Tessin Mitte Oktobers und im März. Es ist auffallend, daß dieser Alpenvogel sich auch im südlichen Italien und in der Provence den Sommer über aufhält und daselbst brütet, während er bei uns nie als Vogel der Ebene angesehen werden kann. Sein Vetter, der Schneefink, bewohnt zwar auch unsere Zone, doch dürfen wir ihn mit Recht zu den Vögeln der Schneeregion rechnen. Nicht selten treffen wir den Leinfink in Gesell= schaft des Distelfinken und in Arosa (1892 m) nisten beide auf den gleichen Tannen.

In diesen Höhen besitzen wir noch mehrere interessante Tierchen aus der Familie der Schwalbenartigen. Von den früher genannten finden sich der Mauersegler und die Hausschwalbe häufig im Gürtel des Alpenreviers. Zu ihnen treten in der Höhe noch eigne alpine Formen, wie die Felsenschwalbe und der Alpensegler.

Die Felsenschwalben (Hirundo rupestris) sind noch nicht lange als einheimische Alpenbewohner gekannt und wurden früher bald mit den Haus=, bald mit den Uferschwalben verwechselt, mit denen sie ziemlich große Ähnlich= keit haben. Ebenso groß wie diese, haben unsere Vögel einen schwarzen Schnabel, einen mäusefarbenen Ober= und einen weißen Unterleib, sind an beiden Brustseiten gelblich angelaufen und tragen einen wenig gespaltenen, breiten Schwanz. Von der Uferschwalbe unterscheiden sie sich besonders durch die ovalen weißen Flecken auf der inneren Fahne der Schwanzfedern. Wo sie in den unteren Gegenden vorkommen, erscheinen sie immer in größeren Gesellschaften und fliegen oft mit den genannten Schwalben und Spyren, doch meistens nur in steilen Felsenrevieren, wie in den Pfäferserbergen, beim Ein= gang ins Prättigau, um die hohen Felsenschlösser des Domleschgerthales, am Calanda, am Achsenberg, dem Hohen=Rhinacht, im Oberhaslithal und am Salève, wo sie den Sommer über mit dem Alpensegler zusammen leben. Doch scheinen sie die Nähe menschlicher Wohnungen keineswegs zu scheuen und lassen sich sogar häufig in den Straßen Briegs (Wallis) sehen. Sie werden ihr Maximum wohl in der Alpenregion erreichen, wo sie auf der Gemmi, Grimsel, am Oberaargletscher, am Hochweg unter der Sureneneck (hier regelmäßig brütend), an den Felsengebirgen Oberhalbsteins, Schanfiggs ꝛc. und gemein in den Tessiner Bergen beobachtet wurden. Sie erscheinen oft schon Ende Februars, nisten in hohen Felsenspalten, ätzen die größeren Jungen im Fluge und fliegen sehr rasch in plötzlichen Wendungen wie die meisten Schwalbenarten. Es gehören diese Vögel zu denen, die nur selten nördlicher als die Schweiz gehen, hier die Felsen der Alpen bewohnen, ihre größte Verbreitung aber in Südeuropa, in Afrika bis Nubien und im westlichen Asien haben, wo sie teils im Flachlande, teils im Gebirge (wie häufig am Libanon) hausen. Der folgende Segler teilt ungefähr die Heimat der Felsenschwalbe und erscheint nur ausnahmsweise in Deutschland.

Der Alpensegler (Cypselus alpinus), gewöhnlich Bergspyr genannt, ist fast doppelt so lang als die Haus- oder die Felsenschwalbe, oder um ein Dritteil länger als der gewöhnliche Spyr oder Mauersegler, obenher graubraun, etwas metallglänzend, unten rein weiß mit einem braunen Band auf der Brust und nach den Kehlseiten hin, mit sehr langen und schmalen Flügeln und kurzem, wenig ausgegabeltem Schwanze, ein höchst lebhafter und unruhiger Vogel, der bei schönem Wetter reißend schnell die Luft durchschifft, oft in ungeheurer Höhe und mit blitzschnellen Wendungen, oft mehr wie auf hoher Flut ohne merkliche Flügelbewegung schwimmend. Er ist vorwiegend ein Vogel des Südens (wo er bis zum 34.° s. Br. reicht) und ein Bewohner der Felsgegenden vom Meeresstrande bis gegen die Schneegrenze, bei uns vorwiegend Gebirgsvogel; doch nistet er auch häufig an den hohen Türmen der Städte in der südlichen und westlichen Schweiz (Burgdorf, Bern, Freiburg), wo er gewöhnlich Ende März eintrifft, Ende Mais anfängt zu brüten und Ende Septembers bis Mitte Oktobers wieder abzieht, wahrscheinlich mit den Wachteln und Schwalben bis zum Senegal reisend. Ihre Ankunft und (nächtliche) Abreise künden die Alpensegler durch lautes Gezwitscher und große Unruhe an. Auch sonst sind sie an schönen Tagen stets in hastiger Bewegung und jagen sich bis in die Nacht hinein durch die Straßen der Städte. Ebenso häufig werden sie indessen auch an den hohen Felsenwänden der westlichen Alpen bemerkt, im Oberhasli, Urbachthal, an der Gemmi, am Pletschberg, in den Felsen des Entlibuchs und besonders häufig im Wallis mit der Felsenschwalbe zusammen. In der östlichen Schweiz hat man sie seltener beobachtet; nur im Appenzellergebirge sind sie häufig am Hohen Kasten, Alpsiegel, Furgelfirst; auch am Calanda und auf Hohenrhätien am Eingange in die Via mala. Bei Eintritt schlechter Witterung im Gebirge fliegen sie zeitweilig bis Chur hinab. In der zweiten Maiwoche bauen sie ihre mit glänzendem Speichel zusammengekitteten und überzogenen kleinen, flachen Nester aus Halmen, Lappen, Federn, Papierschnitzeln und Blättern, die sie meistens in der Luft auffangen, da sie nur im Notfalle auf die Erde gehen, in hohen Felsenspalten oder Turmlöchern und besetzen es Ende Mais mit 3—4 länglichen, weißen Eilein. Ihr Geschrei ist dem des Turmfalken nicht unähnlich, besteht oft aber in einem vielfach modulierten ,Girigirigiri'. Auf dem alten Münster in Bern nisten jährlich 40—50 Pärchen und sind durch eine

besondere Instruktion für den Turmwächter geschützt. Man hat dort
beobachtet, daß die Jungen nach drei Wochen die Eilein verlassen, dann aber
noch 6—7 Wochen im Nest verharren, bis sie Mitte Augusts zu fertigen
Fliegern herangewachsen sind. Alte und Junge sind auch nachts sehr wild
und unruhig, und das Schreien und Zanken will kein Ende nehmen.
Dr. A. Girtanner in St. Gallen hat, unsers Wissens zum ersten Mal, das
schwierige Problem, junge Alpensegler und Baumläufer, und Dr. Stölker in
St. Fiden dasjenige, junge Haus- und Rauchschwalben im Käfig groß zu
ziehen, glücklich gelöst.

Einer der schönsten Alpenvögel ist der Alpenspecht oder der Alpenmauerläufer (Tichodroma phoenicoptera), auch Mauerspecht, Mauer-
klette, im Glarnerlande ‚Bergtübli‘ genannt, 18 cm lang, aschgrau mit dunkel-
grauem Scheitel, im Sommer tiefschwarzer Kehle, schwarzbraunen Schwanz-
und Schwungfedern, von denen die zweite bis fünfte oder sechste mit zwei
Reihen rundlicher weißer Monde, die zwölfte bis fünfzehnte oft noch mit vier
gelben Flecken geschmückt sind, so daß das Tierchen mit seinen lebhaft karmesin-
roten Flügeldeckfedern ein sehr buntes Aussehen hat und mit seinem sehr
langen und dünnen, schwachgebogenen Schnabel gewissermaßen der Kolibri
unserer Alpenfelsen ist*). Daneben hat es langzehige, pechschwarze Gangfüße,
deren große Hinterzehe mit einer mächtigen Bogenkralle bewaffnet ist. Im
August und September mausert es sich und trägt dann bis im März sein
Winterkleid mit bräunlichgrauem Scheitel und schneeweißer Kehle. Die
Jungen haben bis zur Herbstmauser einen bräunlichen Scheitel und eine aschgraue Kehle. Mit halbausgebreiteten Flügeln klettert dieser niedliche Vogel
beständig an den hohen und steilen Felsenwänden hinauf; gewöhnlich fliegt er
unten an und läuft halb hüpfend, halb flatternd munter die ganze Wand
mehrmals hinauf, nie aber herab, sondern wirft sich in raschem Fluge wieder
tiefer unten an. Sein äußerst schwer zu findendes flaches Nestchen baut er in
meist unzugänglichen Felsenritzen aus Moos, Haaren, Fasern, Wolle und ähnlichen
leichten, weichen Stoffen und belegt es Ende Mais mit 4—5 ovalen, glänzenden, milchweißen, braunschwarzgefleckten Eilein. Den Sommeraufenthalt
nimmt er stets in recht rauhen Felsengruppen der untern oder obern Alpen;
so an den Felsen der Ebenalp, beim Wildkirchli, an der Felsenkrone der
Siegelalp, an der Gollern im Wallis, an der Gemmi, in den Schluchten der
Tamina, in der Prättigauerklus, in den Schöllinen, im Maderanerthal u. s. f.
Saraz fand ihn in den Engadiner Bergen bis 2900 m ü. M. und Saussure

---

*) Als große Seltenheit wurde 1888 ein Exemplar von ganz abnormer Färbung
bei Chur gefangen und von Girtanner eingehend beschrieben Die Schulter- und
Flügeldeckfedern, soweit sie karminfarben sind, erscheinen an demselben verwaschen blaß-
rot, der schwarze Federteil bräunlich und stahlglänzend, der Schwanz eisengrau mit
rötlichem Anflug, das Rückengefieder düster rauchgrau. Das Unicum befindet sich im
naturhistorischen Museum der Stadt St. Gallen.

noch mitten in den Eisbergen des Col du Géant, 3000 m ü. M., den spärlichen Käfern und Larven nachjagend. Rasch und munter sucht er seine Felsreviere ab, ohne sich aber dabei irgend wie die Spechte auf seinen (weichkieligen) Schwanz zu stützen. Im Herbst und Winter geht er in die tiefen Thäler hinab bis weit ins offene Land hinaus und treibt sich stets eifrig an den Flühen, Türmen, Ringmauern und in den Steinbrüchen umher; nur selten dehnt er dann seine Insektenjagd auch auf Bäume aus. Zur Winterzeit wurde er schon oft an den Mauern des Stiftes, des Arsenals und der Kantonsschule in St. Gallen, der Wasserkirche in Zürich, am Münster von Lausanne, an den Türmen von Chillon, an den Schloßmauern von Marschlins, ausnahmsweise selbst in Basel, an mehreren Orten in Württemberg und sogar am Gymnasium in Osnabrück bemerkt und nicht selten auch im Innern von Gebäuden gefangen. Auffallenderweise verläßt er aber einzelne Alpenlokale auch im tiefsten Winter nicht. An der ungeheuern Felsenkrone des Äschers (Säntis), an welcher der Schnee nicht haftet und die ihrer günstigen Südostlage wegen an ihrem Fuße gewöhnlich schneefrei ist und selbst oft im Dezember noch blühende Pflanzen beherbergt, haben wir mitten im Januar noch Alpenmauerläufer und Flühvögel in einer Höhe von 1560 m ü. M. in voller Thätigkeit gefunden. An den Siegelalpfelsen flog er uns im November auf dem Gemsenanstand traulich beinahe auf den Büchsenlauf. In einzelnen Teilen der Alpen scheint er wie der Alpensegler ganz zu fehlen, ebenso in Norddeutschland; dagegen ist er in den südeuropäischen Gebirgen nicht selten. Dr. A. Girtanner in St. Gallen gelang es, ein am 8. Februar 1864 gefangenes Exemplar erst ausschließlich mit Mehlwürmern durchzubringen, es dann an Ameisenpuppen zu gewöhnen und bis zum 13. Oktober munter zu erhalten, wo es an den Folgen einer Erkältung, welche ihm eine Temperatur von bloß — 5° gebracht hatte, einging. Er hatte Gelegenheit, an dem Tierchen sehr schöne Beobachtungen zu machen, und bemerkte, daß es selten oder nie trinkt, sich sorgfältig gegen Durchnässung des Gefieders wahrt, am Morgen spät seine Lagerstelle (in einer künstlichen Felsspalte des geräumigen Käfigs) verläßt und sie abends zeitig aufsucht. Bei letzterem Geschäfte war es äußerst vorsichtig, schlüpfte nie ein, so lange es sich beobachtet glaubte, und wenn es im Schlafversteck gestört wurde, so flog es nie direkt heraus, sondern schlich sich in der Felsenspalte bis oben an den Käfig, von dort noch eine Strecke weit an der Decke und flog dann so entfernt vom Nachtquartiere ab, um es ja nicht zu verraten. Auch im Käfig pflegte er munter zu singen. Im Juni 1867 war der gleiche Forscher so glücklich, in den Besitz eines 18 m hoch in einer Felsritze stehenden Nestchens mit vier lebenden, etwa acht Tage alten Jungen zu gelangen, und es geriet ihm das Meisterstück, dieselben (zuerst durch Fütterung mit Ameisenpuppen) glücklich groß zu ziehen.

Über der Holzgrenze und bis hoch hinauf in die Schneeregion treffen wir die großen, krächzenden Scharen der Alpendohlen oder Schneekrähen und

FLÜHVOGEL und MAUERLÄUFER.

seltener die Steinkrähen, um unzugängliche Felsenkuppen schwärmend oder unter Gezank sich auf den grasbewachsenen Vorsprüngen umhertreibend. Da sie ebenso sehr der Zone des Schnees wie der unsrigen angehören, werden wir später von ihnen zu sprechen haben. In Graubünden freilich ist die Stein= krähe mehr im Bereich der Alpdörfer heimisch.

Ebenfalls beiden Regionen gehören die beiden gewaltigen Raubvögel des Hochgebirges, der Lämmergeier und der Steinadler, an. Beide Regionen sind ihnen unterthan; in beiden sind sie gleich heimisch. Die unsrige hat aber das größere Recht auf sie, weil sie ohne Zweifel doch öfter in ihr nisten und jedenfalls in ihr das größere Nahrungsfeld besitzen. Der Lämmergeier ist der größte europäische Raubvogel. Der, welcher unsere Alpen bewohnt, ist immer um ein Beträchtliches größer als der Lämmergeier Sardiniens, Afrikas und der Pyrenäen und nach Verhältnis stärker gebaut. Gegenwärtig ist er aus vielen Alpenrevieren, die er früher inne hatte, ganz oder fast ganz ver= schwunden; so aus den Gebirgen von Appenzell, Glarus, Schwyz, Uri, Luzern und Unterwalden, wo oft Jahrzehnte vergehen, ehe nur ein Stück gesehen wird. Etwas häufiger scheint er in den Berner Alpen, wo er noch in neuerer Zeit selbst am milden Faulhorn horstete, verhältnismäßig am zahl= reichsten in denen von Wallis, Tessin und Bünden zu sein, wo er wenigstens regelmäßig horstet und brütet und im paarweisen Fluge beobachtet wird*). Die auffallende Abnahme seiner Verbreitung, die früher über die ganze europäische Alpenkette ging und selbst auf die Vorberge des Schwarzwaldes hinausreichte, ist durch die gewöhnlichen Nachstellungen kaum hinlänglich zu begründen, da die Fälle, wo er vor den Schuß und in die Falle kommt, keineswegs häufig sind.

Ungleich häufiger wiegt sich der Steinadler ruhig schwimmend über den höchsten Gipfeln der meisten unserer Alpen. Er teilt bei uns die vertikale Verbreitung des Lämmergeiers. Im Vorsommer brütet er in einsamen und unzugänglichen Felsenlabyrinthen des Mittelgebirges, das sich an Gebirgs= kolosse von großartiger Ausdehnung anlehnt, gewöhnlich recht tief im Herzen desselben; im Hochsommer bis zum Herbst besucht er alle beuteversprechenden Reviere der Schneeregion und nimmt einen ungeheuren Jagdbezirk in Anspruch. Der Winter nötigt die Adler nicht selten zu Exkursionen in die Bergregion und in die angrenzenden Tiefthäler. Der Lämmergeier stieg sogar bis zu den Felsenufern des Wallensees, bis Malans und Kandersteg hinab, doch immer nur auf kürzere Zeit. Bei seinen Raubzügen übertrifft der herrliche Stein= adler den Lämmergeier, wenn nicht an Mordlust und Gefräßigkeit, doch an Lebhaftigkeit und Kühnheit, in der Gefangenschaft an wildem, unbändigem Wesen und feuriger Kampflust. Das sind die einzigen echten Alpenraubvögel

---

*) Inzwischen ist der Lämmergeier als Nistvogel in der Schweiz vermutlich erloschen.

unseres Landes. Aus den unteren Gürteln kommen, wie bemerkt, noch weitere dazu; selbst der große Seeadler ist Mitte Dezembers im Rheinwald gefangen worden. Alpine Paßthäler beherbergen zur Zeit des Durchzuges natürlich für kurze Zeit noch eine Menge anderer Vögel, wie wir beispielsweise früher im Engadin und Gotthardthal anführten. Es sind jedoch nur Fremdlinge, die den Charakter der alpinen Vogelfauna in keiner Weise bestimmen können.

Dies ungefähr die Physiognomie der Vögelwelt in den Alpen. Ihre ausgezeichnetsten Typen finden wir unter den großen Raubvögeln, den Krähenarten, den Hühnern und einigen kleineren Familien, während die Nachtraubvögel und die meisten Tagraubvögel, die Sumpf- und Wasservögel mit einer Masse kleinerer Arten stark zurücktreten. Darum auch die große Veröbung der Alp über der Holzgrenze, die einförmige Stille, die drückende Erstorbenheit, die durch das Hervortreten ganzer nackter, grasloser Gebirgsmassen erhöht wird.

Die Welt der Säugetiere, sonst schon arm an Arten, vermag diesen Totaleindruck nur wenig günstig abzuändern. Die meisten der die Alpen belebenden freien Tiere wohnen in der größten Zurückgezogenheit im Hochwald, in den Felsen, in der Erde, unter Büschen; darum ist die Ergänzung des fehlenden Lebens durch die gewaltigen Herden der Haustiere um so wohlthätiger und willkommener.

Eine ziemliche Anzahl von den früher genannten Bergtieren reicht auch in die Alpen hinauf, teils bis zur, teils über die Baumgrenze. Wir haben die Handflüglerarten erwähnt, welche wenigstens im Sommer auch die Alpenregion besuchen. Am häufigsten dürfte die rattenartige und die Bartfledermaus hier sein, während die Alpenfledermaus (Vesperugo Maurus), etwas über 9 cm lang, mit einer Flugweite von beinahe 22½ cm, obenher dunkelbraun, unten braungrau, bald nach Sonnenuntergang hoch und rasch über die Alpweiden und um die Hütten fliegend, diejenige Art zu sein scheint, welche am höchsten ins Gebirge geht und zwar bis über 2300 m ü. M.; ihr Winterlokal aber dürfte weit tiefer liegen. Den Maulwurf sahen wir selbst im Dezember noch lustig über schneefreie Grasplätze der unteren Alpenregion laufen; seltener finden wir hier den Igel sowie die Dachse, die vor vierzig Jahren noch in den Bergen oberhalb des Ursernthales häufig waren. Die Edelmarder gehen überall bis zur Tannengrenze, die Hausmarder und Iltisse, sowie die kleinen Wiesel noch darüber hinaus, sind aber in der Tiefe häufiger; das Hermelin dagegen streift nicht selten bis zu den Gletschern, an 2600 m ü. M., und geht keck die jungen Alphasen an. Es findet sich öfters noch in den obersten Alpenhütten ein, um seiner Vorliebe für die Mäuse und Milch nachzuhängen. Hier bricht es sich dann einen Gang durch die Wand oder den Boden in die Milchkammer der Hütte und kommt, wenn es nicht gestört wird, täglich mit großer Dreistigkeit zu den gewaltigen hölzernen Schüsseln, um den Rahm wegzulecken. Die Sennen sehen aber diese Besuche

sehr ungern. Sie schreiben dem Tierchen mit Grund die Unart zu, die Milch=
gefäße gar sehr zu verunreinigen. Wenn es nämlich in die dicke Rahmdecke
ein Loch geleckt habe, so stopfe es dasselbe sofort gewissenhaft mit Erde,
Steinchen und Halmen wieder zu. Sie verfolgen daher die Milchverderber
nachdrücklich und sehen viel lieber die Mäuse in ihrer Hütte, die sie mitunter
so zutraulich machen, daß auf ihren Pfiff sogleich etliche der halbzahmen
Tiere erscheinen. Die Füchse sind auch in den Alpen das gemeinste und
schädlichste Raubtier durch die ganze Region hin; doch nehmen sie über der
Holzgrenze stark ab. Bis zu dieser reichen auch die braunen und grauen
Eichhörnchen, die wir am Mortiratschgletscher bei 2000 m ü. M. und über=
haupt bis zur obersten Arvengrenze finden.

Von den eigentlichen Mäusen finden wir, wie früher bemerkt, in den
Alpen nur zwei kleinere Formen. Die Hausmaus ist in allen Gebäuden
bis zur Schneegrenze heimisch, und die Waldmaus reicht in einer stärkern,
gelblichern, hellern alpinen Form in Weiden und Büschen fast ebenso hoch.
Besser sind die Wühlmäuse vertreten. Die Feldmaus (Arvicola arvalis)
erscheint im montanen und noch mehr im alpinen Gürtel in einer eigenen,
etwas dunklern, mehr bräunlichgrauen Varietät mit deutlich zweifarbigem
(oben bräunem, unten grauem) Schwanze und längerer Behaarung, wodurch
sie etwas größer erscheint, ohne übrigens in Gebiß=, Schädel=, Fuß= und
Ohrbildung irgend von der tiefländischen Feldmaus abzuweichen. Diese
alpine Rasse wurde zuerst von Nager in den Thalwiesen von Ursern häufig
nachgewiesen und von Schinz unter dem Namen Hypudaeus rufescente-fuscus
beschrieben; sie findet sich aber in verschiedenen Teilen der Alpenkette (Bünden,
Berner Oberland, Wallis) bis gegen 2300 m ü. M. nichts weniger als selten
und erscheint auch in gelben, weißen und ganz schwarzen Farbenvarietäten.
Das Weibchen wirft im Gebirge schwerlich mehr als vier Mal je 4—6 Junge
in seinem unterirdischen Neste. Im Herbste sammelt sich diese kleine Maus
ansehnliche Wintervorräte an Wurzeln, Gesäme und Kräutern in den
Magazinen seiner Tunnels, erscheint aber doch im Winter häufig über
der Erde, um sich zwischen Rasen und Schnee nach frischer Nahrung
umzusehen.

Ebenso zeigt sich die Rot= oder Waldwühlmaus (Arv. glareolus) in
den höhern Gebirgen in einer ständigen stärkern und dunklern Spielart mit
rostbraunem Rücken, trübe braungrauen Seiten und weißlichgrauer Unterseite.
Auch sie wurde zuerst von Nager in einer Sennhütte der Unteralp ‚im Hölzli‘
oberhalb der Holzgrenze gefangen und von Schinz unter dem Namen
Hypudaeus Nageri beschrieben. Blasius hat diese beiden Varietäten unter
die richtigen Spezies verwiesen und in ihren Übergängen aufgezeigt. In den
Gebirgswäldern Oberengadins ist sie noch bei 2000 m ü. M. ziemlich häufig.
Während der langen Wintermonate besteht ihre Nahrung einzig aus Rinden
und Wurzeln. Die dritte Wühlmaus der Alpen, die Schneemaus, werden

wir in der Schneeregion, wo sie allein ihre Familie vertritt, näher betrachten.

Von den Spitzmäusen finden wir in der alpinen Zone nur die Wald=spitzmaus und die Wasserspitzmaus des untern Gürtels bis über die Holz=grenze wieder. Letztere stellt noch in Pontresina der künstlichen Fischbrut nach. Dafür tritt hier eine neue Alpenspezies hinzu, die seltene interessante Alpen=spitzmaus (Sorex alpinus. *Schinz*). Sie gehört zu den größeren Spitz=mäusen (der Körper 8 cm, der Schwanz 7 cm lang), hat eine spitze, sehr ver=längerte Schnauze, einen schlanken, gestreckten Körper, im Pelze verborgene Öhrchen und eine oberhalb überall gleiche, schwärzlichbraungraue, unten etwas hellere Färbung des weichen, leicht sich enthärenden Pelzchens. Nager entdeckte sie zuerst am Gotthardspasse im Roßboden, wo sie selbst bis in die Alpen=hütten kommt und in den Milchgefäßen ertrinkt, Blasius später bei Zermatt, an der Grimsel und im tirolischen Hochgebirge, am häufigsten in der obern Tannen= und Krummholzregion bis 2300 m ü. M. in wasserzügigen Lokalen. Wir selbst fanden sie im Herbst 1868 an den Glockenfelsen (1496 m) auf einer trockenen berasten Terrasse. Auch auf dem Jura wird sie gefunden. Es ist ein noch zu lösendes Rätsel, wovon sich dieses insektenfressende Tierchen während der acht Wintermonate seiner Region ernähren mag. Daß von der gewöhnlichen Spitzmaus (S. araneus) im Urserntale auch eine weiße Varietät vorkommt, sowie daß in jenem Alpenthale auch die kleine Haselmaus und der Fischotter erscheint, haben wir früher erwähnt.

Der gemeine Hase ist in der Alpenregion selten (reicht in Bünden an der Sonnenseite oft bis zur Waldgrenze hinauf) und wird durch den ver=änderlichen Hasen ersetzt, den im Winter die weiße, im Sommer die erdbraun=graue Pelzfärbung mancher Verfolgung entzieht. Der gewöhnliche Aufenthalt des Alpenhasen ist der ganze Bereich der Alpen; im Sommer geht er oft bis zur Schneegrenze und höher (selbst gegen 2600 m ü. M.); doch liebt er es, hie und da an den Seitenbergen bis in die kolline Region hinunter zu weiden und findet sich z. B. im Glarnerlande selbst im Hauptthal in einer Tiefe, wo er an andern Orten kaum erscheint. Er kommt zwar in der genannten Höhe ziemlich überall (nur nicht im Jura) vor, aber meist nur in vereinzelten Exemplaren, und da er sich sehr gut zu verstecken weiß, bemerkt man ihn selten, wenn man ihn nicht förmlich aufsucht.

Ein höchst interessanter Alpenbewohner ist das Alpenmurmeltier, das sich ausschließlich in den mittleren und oberen Regionen (von 1300 bis 2600 m ü. M.) aufhält. Wenn das Vieh die mittleren Alpen bezieht, gehen die Murmeltiere oft in die obersten hinauf. Früher waren sie in allen unseren Hochgebirgen häufig; allein das öftere Ausgraben der Tierchen im Winter=schlaf, das grausame Anbohren mit Schraubenziehern, das Abfangen mit Schlagfallen hat sie beträchtlich vermindert. In den Appenzelleralpen, wo sie früher z. B. auf Meglisalp nicht selten waren, sind sie ganz ausgerottet, in denen von Glarus, Luzern und Bern (namentlich im Grindelwald) sehr zusammengeschmolzen; höchst zahlreich finden sie sich dagegen noch im Tessiner=, Walliser= und Bündnerlande, wo dem Bergreisenden in gewissen Höhen das Pfeifen der ängstlich sich versteckenden Tierchen auf allen Seiten entgegentönt.

In gleicher Höhe mit ihnen weiden die flüchtigen Truppen der Gemsen auf hohen Grasbändern zwischen steilen Klippen und freien Plateaus, selten mitten auf weiten Alptriften, sondern immer auf gutgedeckten, stein= und felsen= reichen, oft auf bebuschten Plätzen, welche die unteren Gegenden beherrschen und nach mehreren Seiten hin freie Flucht gewähren, gern in der Nähe fast unzugänglicher Felsenlabyrinthe. Aus dem Thale sieht man sie oft in Scharen von 6—25 Stück über die Grasplanken hinwandern und über Schneefelder setzen. In den Höhen selber aber ist es sehr schwer, sie in der Nähe zu beobachten. Sie fliehen zwar nicht, so lange sie den Menschen sehen, ohne sich von ihm beobachtet zu glauben, und verfolgen mit hochgehobenem Kopfe jede seiner Bewegungen mit der größten Aufmerksamkeit; ja ein sonderbares, närrisches Benehmen des Jägers kann ihre Neugierde so sehr fesseln, daß der Gefährte desselben, wenn er nicht bemerkt worden, Zeit gewinnt, von hinten oder der Seite zu nahen und zu schießen. Doch ist dies schwierig, wenn mehrere Tiere beisammenstehen, da sie alsdann nach allen Seiten hin aus= blicken und stets die Nase witternd in die Luft strecken. Trifft man einzelne Tiere, so sind es gewöhnlich alte Böcke; weit öfter sieht man kleine Familien, im Herbst oft ganze große Züge. In der Bergregion halten sich die sog. Waldtiere, in der Alpenregion mehr die Grat= oder Firntiere auf, die für etwas kleiner und schlanker gelten, ohne eine eigene Art zu bilden. Im Sommer leben diese an der Schneegrenze, weiden aber an einzelnen Rasenstrichen bis 3000 m ü. M. hinauf und werden durch Verfolgung nicht selten gezwungen, noch bedeutend höher zu gehen. Ganz irrig ist aber die oft wiederholte Angabe, als lebten diese Firntiere mit besonderer Vorliebe zwischen Schnee und Eis und selbst im Winter auf den höchsten Alpenspitzen. Jedes Tier lebt da am liebsten, wo es ein reiches und gesichertes Nahrungsfeld findet, und so auch die Gemsen, die weder im Sommer noch im Winter die Eisfelder bevorzugen, noch daselbst etwas zu thun haben, in der rauhen Jahreszeit vielmehr oft freiwillig bis in die Tiefe der Thäler herabkommen. Ebenso irrig ist die Aussage, die Firntiere fressen im Winter auch Erde und verwitterte Steine. Wahrscheinlich hat die Gewohnheit, von der Erde kurzes Moos zu rupfen und vom Felsen salpeterhaltige Sekretionen zu lecken, wobei vielleicht etwas Schiefer in den Magen der Gemse kommen mag, die sonder= bare Vorstellung veranlaßt.

Alle schweizerischen Hochalpen vom Säntis bis zum Bernina und Mont= blanc ernähren noch zahlreiche Gemsenherden, wenn auch nicht mehr so viele wie vor hundert Jahren. Die Jagd ist im allgemeinen beschwerlich, gefährlich,

unergiebig, braucht sehr viel Zeit, Geduld, Geschick, Orts= und Wildkenntnis,
sodaß sich immer nur Wenige zu eigentlichen Gemsenjägern qualifizieren, und
die gute Gelegenheit, durch den Aufschwung der einheimischen Industrie ein
sicheres und reichlicheres Brot zu erwerben, hat gar viele Leute der Gemsen=
jagd entzogen; die bloßen Liebhaber, die jährlich ein paar mal auf Gemsen
gehen, sind dem Wildbestande nicht allzu gefährlich. In neueren Zeiten wurden
oft in einem ganzen Jahre in einem großen Reviere nicht mehr als 2—4 Stück
erlegt, sodaß die jährliche Vermehrung den Ausfall reichlich deckt. Am
ergiebigsten und eifrigsten wird diese interessante Jagd noch in Graubünden,
Wallis und auch im Berneroberlande gepflegt. Daß einzelne Jäger eigne
Blutbecher mit sich führen, um das Blut der frischgeschossenen Gemse aufzu=
fangen und zu trinken (wie ein neuerer Reisender von europäischem Rufe
gutmütig nacherzählt), ist eine drollige Mystifikation, eines der vielen Märlein,
die von den schlauen Jägern an neugierige Frager abgegeben werden. Wenn
auch ein Jäger, im Wahne, schwindelfest zu werden, vom warmen Blute der
Gemse kostet, so geschieht das weder so häufig, noch so regelmäßig, daß er
deswegen einen eignen Becher mitzunehmen brauchte.

Früher bewohnten die Steinböcke den nämlichen Gürtel mit den Gemsen;
gegenwärtig sind diese halbverschollenen Tiere da, wo sie noch leben, in die
Schneeregion zurückgedrängt. Übrigens waren Gemsen, Murmeltiere und
Steinböcke schon zur Zeit des Diluviums Bewohner unserer Gebirge. In
der Höhle des Wildkirchlis liegen die Knochen der Gemse mit denen des
Höhlenbärs zusammen. Aber nicht nur Gebirgsbewohner waren sie. Aus den
fossilen Knochenresten, die öfters in den Kieslagern und alten Moränen des
Tieflandes gefunden wurden, scheint hervorzugehen, daß sie gleichzeitig mit
dem Rentier und Elen, mit dem Riesenhirsch, Urochsen und Wisent, mit dem
wollhaarigen Rhinoceros und dem Mammutelephanten in dem schweizerischen
Tieflande lebten.

In unserer Region sind endlich auch noch die Verstecke und Höhlen der
großen reißenden Raubtiere der Schweiz, die eine anhaltende und glückliche
Verfolgung und die überall siegreiche Kultur in die Hochwälder und Schluchten
der Alpen zurücktrieb, ohne sie hier ganz vertilgen zu können. In der oberen
Berg= und der untern Alpenregion lauern selten die Luchse, häufiger die
Wölfe auf die Ziegen, Schafe, Gemsen und Hasen; von den Alpen her streifen
die Bären weit im Gebirge umher und umschnobern nächtlicher Weile die
Hürden und Ställe. Die Wölfe sind in der östlichen Schweiz sehr selten, in
der südlichen und westlichen etwas häufiger; die Bären kommen in der west=
lichen, südlichen und östlichen vor. Der Jura hat die meisten Wölfe und im
Süden bisweilen Bären; Bünden und auch Uri haben Bären, aber nicht oft
Wölfe; in den Urkantonen, Luzern, Glarus, St. Gallen und Appenzell sind
alle drei Raubtierarten in neuerer Zeit ausgerottet, und nur selten verliert
sich aus den benachbarten Hochgebirgen eines dahin. Im Grunde sind sie

alle und namentlich Luchs und Wolf von der Natur nicht zu Alpentieren
bestimmt, und sie würden wohl auch einsames, wald= und wildreiches Flach=
land oder ein mildes Hügel= und Bergland vorziehen. Da aber bei uns nur
einzelne weite Gebirgsdistrikte mit steilem Hochwald und felsigen Einöden
wenig besuchte Orte sind, so blieb diesen Tieren, deren Gefräßigkeit ein weites
Jagdrevier erfordert, nur übrig, vor der allgemeinen Verfolgung sich in jene
finsteren Wald= und Alpenschluchten zurückzuziehen, wo sie sich wohl lange
noch vor gänzlicher Vertilgung gesichert sehen und mit der ihnen eigenen Vor=
sicht ein dürftiges Leben fristen mögen, während einzelne Exemplare alljährlich
ihren guten Balg zu Markte bringen müssen*). Das Rathaus zu Davos mit
seinem Wolfsrachen und das Gemeindehaus zu Hérémence in Wallis (1252 m
ü. M.), an dem die Köpfe von Luchsen, Wölfen und Bären prangen, erzählen
aber deutlich genug, wie häufig dort diese Räuber in der guten alten Zeit
waren.

So arm also auch die Alpenregion an Tiergestalten ist, so verödet sie
jedem Besucher erscheinen muß, so beherbergt sie doch gerade die interessantesten
Vierfüßer und Vögel des ganzen Landes, als die Heimat der Bären, Geier,

---

*) Folgendes ist das freilich höchst wahrscheinlich ganz unvollständige amtliche
Verzeichnis aus dem Tessin von 1852—1859: Es wurden geschossen:

	Wölfe.		Bären.		Gezahlte Prämien.
	Männl.	Weibl.	Männl.	Weibl.	Frcs.
1852	3	2	1	1	270
1853	5	2	1	1	330
1854	10	9	1	—	780
1855	1	1	—	—	80
1856	4	6	1	—	450
1857	3	1	—	—	140
1858	3	2	—	—	190
1859	1	—	—	1	80
	30	23	4	3	2330

Es wurden in diesen acht Jahren im Tessin also 7 Bären und 53 Wölfe geschossen.
Laut den Rechnungsbelegen der Finanzverwaltung des Kantons Graubünden wurden
in diesem Kantone in den sieben Jahren von 1856—1862 Schußprämien gezahlt für:

	Bären.	Wölfe.	Lämmergeier (alte).	Steinadler.
1856	6	1	1	—
1857	5	—	—	1
1858	4	1	3	1
1859	3	—	—	1
1860	5	—	5 (?)	7
1861	8	—	12 (?)	8
1862	2	—	3	6

Also in 7 Jahren für 33 Bären,   2 Wölfe, 24 (?) Geier und 24 Adler.
Laut Dekret von 1645 und 1747 betrug das Schußgeld für einen Bären 10 Kronen
(Frcs. 27.20), laut Dekret von 1763 dasjenige für einen Wolf oder Luchs 5 Kronen
(Frcs. 13.60). Neben diesen Prämien aus der Standeskasse zahlen aber noch die

Wölfe, Gemsen, Adler, Murmeltiere, Luchse, Vipern ꝛc., von deren Charakter, Haushalt und Lebensweise wir in naturgeschichtlichen Skizzen etwas Näheres mitteilen. Immerhin ist unsere Alpenregion noch reicher als die skandinavische, die außer dem wilden Rentiere, dem Bären, Luchs, Vielfraß, Wolf und Fuchs nur noch die Schnee= und Haselhühner und den Schneeammer besitzt.

Gemeinden der Bezirke, in denen die Raubtiere erlegt worden, besondere Schußgelder, die sich z. B. für einen Bären oft auf Frcs. 200 beliefen. 1862 hob der Große Rat die Prämien für alle Raubtiere auf, während die Schußgelder der Gemeinden weiter fortbestehen.

Biographien und Tierzeichnungen.

I. Die Giftschlangen der Alpen.

Der Giftapparat. — Die Schlangenbeschwörer im Wallis. — Die Kreuzotter. — Ihre Lebensweise und Verwundung. — Der Schutz. — Die Vipernfänger. — Eine merkwürdige Vergiftung.

Überall schüttet die Natur das Füllhorn ihres reichen Segens aus, belebt jede Breite der Erde und jede Höhe mit wunderbarer Mannigfaltigkeit und erhält, was sie belebt, mit Weisheit und Liebe, sodaß die große Welt wie ein wohlgeordneter Haushalt Gottes vor unseren Augen steht. Wie erklären wir uns aber in dieser großartigen Harmonie des Bestehenden das Dasein nicht nur scheinbar nutzloser, sondern entschieden schädlicher Organismen, wie Gift= pflanzen und Gifttiere sind? Jene sind teilweise noch wohlthätig im Dienste der Wissenschaft; diese aber, welche nur von Marktschreiern angeblich zum Wohle des Menschen benutzt werden, sind schwerer im Zusammenhang der ganzen kosmischen Ökonomie zu begreifen; es wäre denn, daß man ihre Existenz an sich als eine notwendige und ihre töblichen Waffen als eine Bedingung dieser Existenz auffaßte. Und in der That scheint die Fähigkeit, die anderen den Tod bringt, für sie ein Mittel zum Leben. Wie den Wolf das scharfe Gebiß, den Luchs die Klugheit und Sprungfertigkeit, so nährt die Viper der Giftzahn. Alle Giftschlangen — und ihre Anzahl ist an Arten und Individuen im Ver= hältnis zu der Gesamtmasse der Schlangen eine sehr eingeschränkte — sind plumper, schwerfälliger gebaut, mit breitem, plattem, beschupptem Kopfe, weit kürzerem Schwanze, von trägerem, matterem Naturell als die giftlosen, nicht geeignet zu rascher Verfolgung, sondern zum lauernden Abwarten. Ihr gift= erzeugender Apparat liegt in einem drüsenartigen Zellengewebe, das, von einer starken, sehnigen Hülle umgeben, auf beiden Seiten des Hinterkopfes angebracht ist. Der eigentliche Giftstoff, den dieser Apparat aus dem Orga= nismus des Tieres absondert, ist in sehr geringer Menge vorhanden und erscheint als durchsichtige, grünlichgelbe, geruch= und beinahe geschmacklose, wenig klebrige Lymphe, deren tödliche Wirkung sehr von dem Alter und der Art des Tieres, der Jahreszeit, dem Zustande des Verwundeten und dem Orte der Verwundung abhängt. Eingetrocknet verliert der Giftstoff seine Kraft und erscheint durchsichtig gelblich. Unmittelbar unter der Giftdrüse liegt auf jeder Backenseite ein (seltener zwei) hakenförmig rückwärtsgekrümmter, längerer, nadelfeiner und spitzer, von der Wurzel aus fein gehöhlter Giftzahn, der sowohl oben gegen die Giftdrüse als nach unten eine kleine Öffnung hat, durch die das Gift ein= und abfließt. Diese zwei Giftzähne, hinter welchen ein paar kleinere, noch unausgebildete in Reserve stehen, um jene beim winterlichen Zahnwechsel zu ersetzen, sind selbst vorwärts und auch seitwärts beweglich und ruhen auf dem durch Muskeln ebenfalls leicht beweglichen Flügelbein des Kieferknochens in der Art, daß die Giftzähne beliebig zurückgezogen und in eine Falte oder Scheide des Zahnfleisches niedergelegt oder durch eine rasch sich vorschnellende Kopfbewegung aufgerichtet und in Kampfbereitschaft gesetzt werden können. Will die Schlange sich ihrer bedienen, so reißt sie den Rachen rasch und möglichst weit auf. Dies und der Biß mit dem Giftzahne selbst wirken mit leichtem Drucke auf die gespannte Drüse, deren Giftstoff in den Zahn und durch dessen Rinne auch gleichzeitig in die Wunde tritt und sich so dem Blute des getroffenen Wesens mitteilt. Bei unseren Vipern ist die Gift= drüse so klein und die Zahnwunde, die kaum einige mm tief eindringt, so unbedeutend, daß der Biß nur bei Verletzung blutreicher Gefäße gefährlich oder tödlich werden kann. Davon scheint unter den Vierfüßern nur das Schwein, der Iltis und der Igel eine Ausnahme zu machen. Dieser läßt sich von den Vipern in die Seite oder Schnauze beißen; ja er packt sie, zermalmt ihren Kopf samt Giftzähnen und Drüsen, wobei er ohne Zweifel durch die nadelfeinen Zähnchen selbst verwundet werden muß, und frißt sie auf, ohne irgend ein Unbehagen zu empfinden, während drei bis vier Vipern hinreichen, ein Pferd oder einen Ochsen zu töten. Außerdem vertilgen die Bussarde, Eichelhäher, vielleicht auch die Raben viele Exemplare, indem sie diesen zuerst mit etlichen Schnabelhieben den Kopf zerspalten und sie dann verschlucken. Der Schreiadler, der sonst unter den Schlangenvertilgern eine ausgezeichnete Stelle einnimmt, besucht bei uns das Revier der Kreuzotter wohl nur aus= nahmsweise. Die meisten höher organisierten Tiere beweisen eine eingeborne tiefe Scheu vor dem giftigen Lurch.

Glücklicherweise sind diese gefährlichen Schlangen bei uns durchschnittlich nicht allzuhäufig, obwohl sie im Munde des Volkes noch immer eine ansehnliche Rolle spielen, und ihnen die abenteuerlichsten Fähigkeiten beigelegt werden. Im obern Nikolaithal sollen sie der Sage nach einst so häufig geworden sein, daß die Einwohner einen Schlangenbeschwörer riefen. Mit seiner Pfeife lockte dieser zuerst eine weiße (!) Schlange hervor, um die sich bald die Vipern sammelten. Der Pfeifer durchstrich nun die ganze Gegend, immer gefolgt von der weißen Schlange und den stets sich mehrenden Vipern, die er zuletzt am

Ende des Zermatter Bannes in eine Grube lockte und allzumal lebendig ver=
brannte. Übrigens gab der Wundermann den Zermattern den Rat, nicht alle
Vipern auszurotten, da diese dem Boden einen schädlichen Stoff entnähmen
und dadurch die Luft reinigten! Ähnliche Wundergeschichten wiederholen sich
nicht selten. Inzwischen haben wohl wenige unserer Leser schon eine lebendige
einheimische Giftschlange gesehen, und vielleicht nur selten von einem gefähr=
lichen oder töblichen Bisse gehört. Und wie die Schweiz überhaupt nur zwei
einigermaßen gefährliche Schlangen hat, nämlich die rötlichgelbe, schwarz=
gefleckte, gegen 90 cm lange Redische Viper, die den Jura, die westliche
und südliche Schweiz bewohnt, und die Kreuzotter oder gemeine Viper*),
die sich von jener sogleich durch die drei deutlichen Täfelchen auf dem Mittel=
kopf zwischen den Decktäfelchen der Augen unterscheidet, so gehört nur die
letztere dem eigentlichen Gebirge an und ist überhaupt so sehr Alpen= und
Bergtier, daß sie bei uns in ebenen Gegenden nie, höchstens bis in die Vor=
berge der Albiskette, angetroffen wird. In Deutschland dagegen erscheint
sie häufig auch in den Niederungen, besonders zahlreich aber auf der
schwäbischen Alp.

Die Kreuzotter (Pelias Berus), von den Landleuten oft Kupfer=
schlange genannt, ist auf fast allen Alpen der Zentralkette einheimisch, doch
mehr sporadisch als in zusammenhängender Verbreitung, fehlt oft in großen
Bezirken und kommt in wenigen einigermaßen zahlreich vor. Auf den Alpen
von Tessin, auf der Grimsel, auf dem Gotthard bis über 2000 m ü. M. ist
sie stätiger zu finden. Sie tritt sehr oft erst oberhalb der Laubholzgrenze auf
und steigt z. B. in den Glarneralpen bis zu 2400 m ü. M. (Heustock in Mühle=
bach), in Graubünden häufig bis gegen die Schneegrenze. Auf der ober=
toggenburgischen Alp Fliß soll sie an einer gewissen sonnigen Felswand häufig
sein; noch zahlreicher ist sie im glarnerischen Hochberge in Bergli, im Klön=
und Roßmatthal, am häufigsten aber wohl in den Oberengadiner Bergen, wo
sie z. B. im Berninaheuthal, an der Alp Nuor beim Mortiratschgletscher, im
Roseggthal 2c. sehr stark verbreitet ist und zu Bevers beim Abbrechen einer
alten Mauer haufenweise gefunden wurde. Im Jura ist sie weit seltener als
die Redische Viper. Sie liebt überhaupt sonnige Felsenhänge und liegt gern
in der Wärme auf Steinen und Holzstämmen; bei Kühle und Regenwetter
kommt sie nicht aus ihrem Versteck und meidet nassen Boden. Im Frühling
erscheint sie bald nach der Schneeschmelze und zeigt sich am zahlreichsten bei
schwüler, gewitterhafter Witterung.

Ihre Färbung wechselt wie bei den meisten Lurchen nach Alter,
Geschlecht, Jahreszeit und Lokal bedeutend ab; aber das breite, dunkelfarbige,
genau zusammenhängende Zickzackband viereckiger Flecken, das vom Halse bis

---

*) Viper, eigentlich Vivipara, Lebendiges gebärend.

zur Schwanzspitze mitten auf dem Rückgrate fortläuft, ist ihr bleibendes Kennzeichen und unterscheidet sie auch sofort von der ihr sonst nicht unähn= lichen österreichischen Natter, die zwei, nicht zusammenhängende Fleckenreihen auf den Seiten des Rückens trägt, sowie von der ähnlichern Vipernatter der Südschweiz. Die Grundfarbe der Kreuzotter ist beim Männchen gewöhnlich heller, reiner, bald bläulich, bald bräunlich, gelblich, weißlich, beim Weibchen trüber, mit trübem Grau abgetont, bei beiden Geschlechtern am wenigsten lebhaft nach der Häutung. Die Kehle des deutlich abgesetzten Halses erscheint weiß, der Bauch bald dunkel marmoriert, bald schwärzlichblau mit weißen und braunen Flecken. Auf der Mitte des Kopfes sitzen zwei dunkle Linien oder Flecke in Form eines V, die, nur oberflächlich betrachtet, für ein Kreuz angesehen werden können. Der Schädel ist glatt, dreieckig geformt, fein beschuppt, in der Mitte mit drei bunten Täfelchen besetzt. Feurig glühen die liberlosen, braunen, aber keineswegs scharfen Augen mit goldenblitzender, seltener gelbroter oder rosenroter Iris, und schon Geßner, der Vater unserer Naturgeschichte, schrieb dem Wurm ein „frevel Gesicht‘ zu. Der walzenförmige und muskelkräftige Leib ist beim Männchen am dicksten in der Mitte, beim Weibchen hinter dem Nacken und endet in einer hellen harten Schwanzspitze. Das Männchen ist auch länger geschwänzt als dieses.

Mäuse sind die Lieblingsnahrung dieser Schlange; daneben frißt sie wahrscheinlich auch Nestvögel und bei Futtermangel vielleicht Echsen, Frösche u. dgl. Bei der Dehnbarkeit ihres Schlundes soll sie auch in Ver= suchung kommen, ganze Maulwürfe zu verschlingen, wobei aber oft die Kieferbänder reißen oder der Leib platze. Natürlich dienen ihr wie den übrigen Lurchen die scharfen Hakenzähnchen nicht zum Kauen, sondern bloß zum Festhalten der Beute. Wasser scheut und flieht sie wie die meisten unserer Schlangen.

Die Kreuzotter ist eigentlich weder durch ihre Größe, die höchstens 70 cm, noch ihre Dicke, die nur 3 cm beträgt, noch durch ein wildes Naturell furchtbar. In Ruhe gelassen, greift sie nie einen Menschen oder ein größeres Tier an, flieht sogar beide gern, und nur wenn sie gereizt oder getreten wird, rollt sie sich schneckenförmig zusammen, zischt und schnellt sich pfeilartig auf ihren Feind los, beißt zu, verfolgt ihn aber nicht weiter. Die hochträchtigen Weibchen, die man im Sommer öfters antrifft und die sich durch ihre auf= fallende Breite kenntlich machen, erscheinen oft ganz unbehilflich und da sie nicht rasch zu fliehen vermögen, bleiben sie meist erschrocken daliegen. Auch wenn sie ihrer Nahrung bedürftig ist, geht sie nicht auf die Jagd, sondern wartet ruhig ab, bis irgend etwas in ihre Nähe kommt, zischelt, schießt los, beißt und läßt dann das Tier ruhig weiter laufen, behält es aber genau im Auge, da sie die Wirkung ihres Bisses wohl kennt. Die Mäuse sterben fast augenblicklich, die Vögel nach einigen Minuten, Schafe und Ziegen nach einigen Stunden, größere Tiere seltener, schwellen aber an und kränkeln einige Zeit.

Den kaltblütigen Amphibien scheint der Biß nicht zu schaden. Unter einander hüten sie selbst im Streit sich sorgfältig vor dem Beißen.

Gefangen, nimmt diese Otter durchaus keine Nahrung zu sich und bleibt doch oft 12—16 Monate am Leben. Die zu ihr gesperrten Mäuse pflegt sie zu töten, aber nicht zu verzehren; sie giebt sogar bei der Gefangennehmung oft die zuletzt genommene Speise wieder her und hungert sich dann zu Tode. Von einer Zähmbarkeit des dummtollen Tieres ist keine Rede. Auch in der Freiheit scheint sie wenig Nahrung einzunehmen und sucht sich eine neue Maus erst wieder nach etlichen Tagen, wenn die verzehrte verdaut ist. Man fängt sie leicht, wenn man ihr mit dem Stiefel auf den Kopf tritt, sie hinter demselben oder den Schwanz mit der Hand faßt und sie so in eine Schachtel schlüpfen läßt. Sie vermag es bei wütendem Gezisch nicht, sich nach der Hand am Schwanze zurückzubiegen. Ein geübter Schlangenfänger kann sie auch ohne weiteres mit der Hand vom Boden aufheben. Hat man Stiefeln an, so riskiert man gar nichts; denn diese Giftwürmer erheben sich nicht höher als diese und beißen nicht durchs Leder.

Nicht ganz selten geschieht es, daß Kinder, Holzhauer, Wildheuer, Jäger, Wanderer, Sennen gefährlich gebissen werden. Wenn es nicht heiß ist, wobei das Gift sich weniger zu konzentrieren scheint, oder der Gebissene nicht erhitzt ist, wobei es langsamer ins Blut tritt, oder die Viper nicht in kräftigem Stande ist oder kurz zuvor gebissen hat, so hat die Wunde keine tödlichen Folgen, sofern der Verletzte nur den Mut nicht verliert, sogleich scharf die Wunde aussaugt, dann ausschneidet, unterbindet oder mit Schwamm ausbrennt. Hierauf legt man etwas Ätzendes auf, Ammoniak, verdünntes Scheidewasser, Lauge oder wenigstens Branntwein. Das Aussaugen ist bei gesundem Munde und nicht allzukräftiger Anstrengung gefahrlos, da das Otterngift in solch minimer Dosis dem Magen ganz unschädlich ist und nur unmittelbar im Blute wirkt. Kann man die Wunde weder aussaugen noch ausschneiden noch einen Schröpfkopf aufsetzen, so unterbindet man sie wenigstens ziemlich fest und legt eine glühende Kohle darauf und nachher Ätzstoff (Salmiakgeist). Schon nach wenigen Minuten macht das Gift starken Schwindel, zersetzt das Blut, bringt es in faulige Gärung; der Verwundete wird todesmatt, es stellen sich Erbrechen, Krämpfe, Schlingbeschwerden, Ohnmachten ein, die Wunde schwillt an, wird aber nur unter den ungünstigsten Umständen und bei Vernachlässigung tödlich, dann aber oft binnen wenigen Stunden, oder zieht öfters jahrelange Leiden nach sich. Ein im Sommer 1860 in Vicosoprano (Bergell) gebissener Arbeiter starb am vierten Tage, ein 1865 bei Pontresina gebissener italienischer Maurer nach vierundzwanzig Stunden, beide infolge vernachlässigter Behandlung.

So todbringend die Kreuzotter den übrigen Tieren ist, so zäh ist ihr eigenes Leben. Unter der Luftpumpe hält sie noch 18—24 Stunden aus; der abgehauene Kopf beißt und vergiftet noch nach einer Viertelstunde, wie

z. B. im Val Tuors im August 1824 ein 1½jähriges Mädchen von einem abgeschlagenen Viperkopfe in den kleinen Finger gebissen wurde und nach 18 Stunden starb. Tabaksaft indes tötet sie nach einigen Minuten, Blausäure augenblicklich, wahrscheinlich auch Chloroform und Äther.

Im Winter sammeln diese Tiere sich in Gemäuer, Steinhaufen, zwischen Laub und Moos, in hohlen Bäumen, oder kriechen mehrere Fuß tief in Mauselöcher, wo sie — aber nicht fest — schlafen. Vom Frühling an leben sie meist paarweise bei einander. Im Laufe des Sommers häuten sie sich fünfmal und gebären wie alle Giftschlangen (etwa ein Vierteljahr nach der Paarung, im Juli oder August) lebendige, rötlichgraue, braungezeichnete Junge, die im Augenblick der Eierablage oder sofort nach derselben die Eihüllen sprengen, 6—15 Stück, die 18—20 cm lang und bereits mit wirkenden Gift= zähnen bewaffnet sind. Die Jungen sind erst in ungefähr sieben Jahren aus= gewachsen. In der ersten Zeit nähren sie sich von Würmern, Eidechsen u. dgl.

Früher wurden sowohl die Redische Viper als die Kreuzotter oft medizinisch gebraucht und von den Apothekern in Fässern mit Kleie lebendig erhalten. Ihr Fett wurde für heilsam gehalten und ihr Fleisch giebt vor= treffliche, nahrhafte Fleischbrühen. Es wird ebenso gut ohne Schaden gegessen wie das Fleisch der von ihnen getöteten Tiere. Beide Viperarten waren neben vielen anderen Schlangen ein Bestandteil des berühmten venezianischen Theriaks.

Der Fang dieser Schlangen war so lohnend, daß ihnen überall, wo sie sich aufhielten, eifrig nachgestellt ward; doch geschah dies in sehr verschiedener Weise. Nach Geßners naiver Angabe wurde den Ottern in Hecken und Stein= haufen Wein hingesetzt. Alsbald kamen die leckerhaften Würmer hervor, tranken, kriegten ein Räuschchen und wurden im Katzenjammer erwischt! In Frankreich begab sich der Schlangenfänger mit einem Kessel und Dreifuß an ihren Aufenthaltsort, zündete ein Feuer an, fing eine Otter, warf sie lebendig in den Kessel und röstete sie. Ihr fürchterliches Zischen lockte die Ottern aus allen Ritzen herbei, die der Jäger nun mit einem ledernen Handschuh aufhob und in den Sack schob. Ein glaubwürdiger (?) Augenzeuge erzählt von dieser Fangmethode bei Poitiers, von der wir uns keinen rechten Begriff machen können, und fügt bei, er habe der Jagd, die ihn an den Hexenkessel im „Macbeth" erinnerte, nie ohne Grausen zugesehen.

Die italienischen Vipernfänger befestigten Reifen auf dem Boden und lockten mit einem zischenden Pfeifchen die Würmer, die alsbald hervorkamen, an den Reifen sich in die Höhe richteten, mit einer Zange gefaßt und in einen Sack geschoben wurden, und noch vor einigen Jahrzehnten sah man in Mailand Leute, die oft über sechzig lebende Ottern in einem Kasten trugen und sie nach Wunsch stückweise tot oder lebendig verkauften. Am Jura hielt sich ein Apotheker einen ganzen Park Redischer Vipern und versandte sie lebendig in Schachteln und Sägespänen durch die ganze Schweiz für 1 Fr. 40 Cts. das Stück.

In unseren Tagen fängt kaum noch der Naturforscher oder Liebhaber sich ein paar Exemplare, und doch scheinen sich die Vipern nicht zu vermehren. Nach Matthisons und Ebels Angaben sollen sie am St. Salvadore bei Lugano so häufig gewesen sein, daß ganze Landhäuser verlassen werden mußten. Dr. Schinz durchsuchte, wie auch wir, öfters jenen Berg, ohne ein Stück zu finden, und er gab dann einem bekannten tessinischen Schlangenfänger den Auftrag, ihm welche zu senden. Bald darauf sandte ihm derselbe eine Büchse voll, die alle giftig seien. Begierig öffnete Schinz die Kapsel und fand sechzehn Stück ungiftige Würfelnattern (wahrscheinlicher aber Vipernattern). Überhaupt wird die Häufigkeit und Gefährlichkeit der Vipern sehr oft übertrieben. Wir haben bei aller Nachforschung in neuerer Zeit nur wenig zuverlässige Beispiele auffinden können, wo ein Vipernbiß von töblichen Folgen gewesen wäre, und selbst in Gegenden, wo diese Tiere zu Dutzenden liegen, wie auf den Ofnerbergen und im Oberengadin, weiß man kaum von einer Verwundung an Menschen oder Vieh.

Das merkwürdigste Beispiel der Vergiftung durch den Otternbiß erlebte der vielverdiente Forscher Dr. Lenz. Ein schlechter Kerl, Hörselmann mit Namen, machte sich groß, ein Mittel zu kennen, mit dem er sich dem Bisse der Vipern ungestraft aussetzen könne. Er kam zu Lenz, der mehrere lebendige Vipern zu Versuchen hielt, und bat, sie ihm zu zeigen. Er rühmte sich, sie wohl zu kennen, und wollte, um zu zeigen, wie wenig er sie fürchte, zugreifen und eine Viper in die Hand nehmen. Gewarnt, unterließ er es einen Augenblick. Allein ehe sich's Lenz versah, griff er in die Vipernkiste und nahm eine ruhig daliegende Viper mitten am Leibe, hob sie hoch empor und sprach einige unverständliche Zauberworte. Die Schlange blickte ihn grimmig an und züngelte sehr stark; dessenungeachtet steckte er schnell ihren Kopf in den Mund und that, als ob er daran kaue. Bald zog er sie wieder zurück und warf sie in die Kiste, spie dreimal Blut aus und sagte, indem sich sein Gesicht schnell rötete und seine Augen denen eines Rasenden glichen: ‚Mit meiner Wissenschaft ist es nichts, mein Buch hat mich betrogen‘. Lenz mußte nicht, ob die Sache Betrug oder Ernst sei, und verlangte, Hörselmann solle ihm die Zunge zeigen. Dessen weigerte sich dieser, klagte über Schmerz, bezeichnete die Stelle des Bisses weit hinten an der Zunge und verlangte, nachhause zu gehen, wo er schon Mittel habe, welche ihm helfen würden. Öl wollte er keines nehmen und ging noch ziemlich festen Schrittes, um seinen Hut zu holen, wankte aber bald und fiel um, stand wieder auf und fiel von neuem nieder. Er sprach noch deutlich, aber leise; sein Gesicht rötete sich mehr, die Augen wurden matter; er beklagte sich über Schwere des Kopfes und bat um eine Unterlage. Man trug ihn auf einen Stuhl, wo er sich anlehnen konnte; er blieb ruhig sitzen, klagte anfangs über Hunger, da er den ganzen Tag noch keine feste Nahrung genossen habe, forderte Wasser, trank aber nicht, senkte den Kopf, fing an zu röcheln und verschied. Die ganze Szene hatte 50 Minuten gedauert und 10 Minuten nachher war die Leiche schon kalt. Am folgenden Morgen zeigten sich bereits Spuren der Fäulnis, und die Leichenöffnung wurde vorgenommen. Stirn, Augen, Nasenlider, die linke Hand und der linke Schenkel waren blau, die Zunge geschwollen und in der Mitte, wo die Wunde war, fast schwarz, die Hirngefäße voll dunklen Blutes und die Lungen ungewöhnlich blau. Der Übergang vom Leben zum Tode glich hier wie in anderen Bißfällen einem ruhigen Einschlafen. Keine Beklemmung des Atems, keine Bangigkeit war eingetreten, wohl aber ein sehr schnelles Sinken der Kräfte und Störung der willkürlichen Bewegung.

Von der Kreuzotter zeigt sich auch öfters eine schwarze Abart (die sogen. Vipera prester), doch bei uns nie in den unteren Gegenden, sondern immer nur in den Alpen; so im Glarnergebirge im Wiedersteinerloch (840 m ü. M.), auf der Mühlebach- und Übelisalp, in den Alpen des waadtländischen Oberlandes, des Wallis, am Fuße der Beverserberge und wahrscheinlich sporadisch in der ganzen Zentralkette. Soweit diese Otter beobachtet wurde, stimmt sie in Giftigkeit und Lebensweise mit der gemeinen überein. Häufig zeigt sie sich in der rauhen Alp und ebenso haben wir sie auch im Schwarzwald gefunden. Die bisher in ziemlicher Anzahl gesammelten Exemplare waren alle weiblichen Geschlechts. Der Echidnolog H. E. Linck ist neuerdings so glücklich gewesen, ein trächtiges Exemplar der schwarzen Abart zu erhalten und dasselbe von elf Jungen zu entbinden, die sich in nichts von gewöhnlichen jungen Kreuzottern unterschieden. Er hat konstatiert, daß die schwarze Viper eine nicht konstante weibliche Spielart der gewöhnlichen Kreuzotter ist, daß sie sich mit dieser paart und gewöhnliche Kreuzottern gebiert.

II. Die Steinhühner.

Ihre Naturgeschichte, Jagd und Verbreitung.

Die Feldhühner sind in der Schweiz nur durch das Rebhuhn, das Steinhuhn, das Rothuhn und die Wachtel vertreten, und von diesen kommt nur das Steinhuhn im höhern Gebirge vor. Das Rebhuhn trifft man nur sehr selten bis zum obern Saume der Bergregion. Das Rothuhn (Perdix rubra), dem Steinhuhn sehr ähnlich, aber mit einem größern schwarzen Strahlenkreise an der Kehle geziert, reicht im Tessin und im Jura nicht hoch und ersetzt das Steinhuhn im südlichen Europa. Im Jura will man auch Bastarde von Rothuhn und Rebhuhn gefunden haben. Die Wachtel zieht im ganzen die freie, offene Ebene vor, geht aber öfters in die üppigen

STEINHÜHNER.

Matten der hohen Gebirgsthäler von Uri (Urfernthal), Bünden, Unterwalden, Bern und Wallis. Das Steinhuhn (Perdix saxatilis) dagegen ist ein rechter Alpenvogel, geht nie in die Wälder oder Ebenen und findet sich nicht im Jura, wohl aber in den waadtländischen Alpen.

Wie alle unsere wilden Gebirgshühner ist auch das Steinhuhn, oder, wie man es in Bünden nennt, die Pernise von ausgezeichneter Schönheit. Es ist ziemlich viel größer als das Rebhuhn; sein roter Schnabel, seine roten Augenlider und Füße zieren es besonders. Daneben ist es blaugrau auf dem Rücken, mit trüb purpurrot überlaufenen Schultern, weißer, schwarzbebänderter Kehle, auf der Brust mit rostgelben, schwarz eingefaßten Querbändern und kastanienbraunen Flecken; von den sechzehn Schwanzfedern sind die vier mittelsten aschgrau, die übrigen dunkel rostrot mit Atlasglanz. Selten sieht man auch eine ganz weiße Spielart.

Zutraulicher als die meisten Alpenhühner, bewohnt es im Frühjahr paarweise, später in kleineren und größeren Völkern, die Sonnenseite unserer Hochalpen in etwas begrasten Schutthalden, da, wo der Holzwuchs aufhört, bis gegen die Schneegrenze hin; also höher als das Birkwildbret und oft ebenso hoch wie das Schneehuhn. Es ist der Gefährte des Murmeltiers und am zahlreichsten in Graubünden, wo es zur gemeinen Jagd gehört; doch auch in den übrigen Alpen nirgends ganz selten.

Hier lebt es am liebsten an sonnigen Gehängen zwischen Krummholz und Alpenrosenstauden, unter den hohen Mauern der Felsenwände, in Geröll= schluchten, an Schneebeeten, zwischen Steinblöcken und Gestäude, wo es bald gebückt mit krummem Rücken, bald anstandsvoll mit barettartig aufgesträubten Ohrfedern umhermarschiert, selten auffliegt, außerordentlich hurtig läuft und sich rasch und gut zwischen Stein und Kraut zu verbergen weiß, bis die Gefahr vorüber ist. Es fliegt ungezwungen nie hoch auf einen Baum, birgt sich aber wohl im Notfall in den dichten Nadelzweigen der Wettertanne. Abends und morgens', besonders im Frühjahr, im Spätherbst bei Nebel auch mittags, läßt es einen andauernden Ruf hören. Der Steinhahn lebt nur mit Einem Weibchen und ist so eifersüchtig auf seinen Nebenbuhler, daß er bis auf den Tod mit ihm kämpft, wobei er sich durch weithin lärmendes Gezänk verrät und in seiner Raserei den lauernden Jäger kaum bemerkt. Diese Hühner sind sonst von sanftem Wesen und lassen sich sehr leicht zähmen, wobei sie gegen ihre Pfleger recht zutraulich werden.

Im Sommer nähren sich die Steinhühner besonders von den Knospen der Alpenrosen und anderer Hochgebirgspflanzen, von Spinnen, Larven, Ameisen und dergleichen. Im Winter dagegen, wo sie im November aus den hohen Regionen in die tieferen Steinhalden, oft bis in die Nähe der Berg= dörfer und selbst des Tieflandes herunterstreichen (so z. B. aus den Chur= firsten bis in die einsamen Felsenufer des Wallenstädtersees herunter und aus den Grauen Hörnern bis in die Rheinebene), von allerlei Gesäme, Wacholder=

beeren, Fichtennadeln und weiden fleißig auf schneefreien Grasplätzen. Man findet sie zu dieser Zeit häufig im Schutze der Alpställe und Hütten; ja sie wagen sich sogar bis an bewohnte Berghäuschen heran und sind selbst bis in die Nähe von Chur heruntergekommen. In der Gefangenschaft fressen sie allerlei Getreide, Gemüse, Kartoffeln, selbst gekochtes Fleisch. Die von Haus= hennen ausgebrüteten Jungen gedeihen bei zerhackten Eiern, Milch und gequellter Hirse gut, fliegen aber leicht weg, wenn ihnen die Flügel nicht zeitig gestutzt werden. Eine früher gefangengehaltene Pernise wohnte einen ganzen Winter durch frei unter dem Vordache eines Hauses in Grüsch (Prättigau). Im Frühjahr verschwand sie, kehrte aber im folgenden Winter mit einer Gefährtin zurück, pochte am Fenster um Nahrung und beide blieben den ganzen Winter über bei dem gastlichen Hause.

Unter einem Felsblock, in einer Steinspalte oder zwischen Alpenrosen, Heidekraut und Baumwurzeln brütet die Steinhenne im Juli 12—18 leder= gelbe, dunkelbesprenkte Eier aus, deren Küchlein von der Mutter sorgfältig gepflegt und geschützt werden.

Die Jungen haben wie die Alten eine außerordentliche Fertigkeit im sich Verstecken und sind verschwunden, ehe man sie recht gewahrt. Stört man eine Familie (von 10, oft 25 Stück) auf, so stürzen sie nach verschiedenen Richtungen fast ohne Flügelschlag mit dem ängstlichen Rufe ‚pitschyy=pitschyy‘ pfeilschnell seitwärts oder abwärts, meist bloß 40—80 Schritt weit, und doch ist man nicht imstande, in den Steinen oder Sträuchern auch nur eines wieder zu entdecken. Hat aber der Jäger etwas Geduld und versteht er es, mit einem Lockpfeischen den Ruf der Hühner, den sie bei schönem Wetter morgens und abends, bei Nebelwetter aber den ganzen Tag durch hören lassen und der ‚chazibiz=chazibiz‘ lautet, nachzuahmen, so sammelt sich bald das ganze Volk der geselligen Tiere wieder, und er schießt oft unter stäter Wiederholung des gleichen Experimentes den größten Teil des Fluges weg. Im Bündner= lande geschieht die Jagd gern vor dem Hühnerhunde; dort und im Tessin fängt man die Pernisen auch mit Roßhaarschlingen oder Schlagfallen. Die lebenden Vögel haben eine so starke Muskelkraft, daß man sie nur mühsam mit beiden Händen festhalten kann, indem sie sich fortwährend zurückziehen und mit großer Gewalt wieder emporschnellen. Zufällig entdeckten wir bei diesem Tiere auch die überraschende Fähigkeit, daß es ganz fertig schwimmt. Drei in einem Käfig gehaltene Steinhühner entschlüpften beim Transport im Hafen von Friedrichshafen dem Käfig, flogen über Bord und ließen sich im Wasser nieder. Hier schwammen sie ganz ruhig umher, machten aber keinen Versuch zum Auffliegen, als sie mit einem Boote wieder aufgefangen wurden. Ähnliche Beobachtungen wurden von Holböll auf Grönland an Schneehühnern gemacht, die er sowohl in Gebirgswassern als in der sog. Südostbucht bei hoher Kälte im Meere sich baden und schwimmen sah, und von Wodzicki an Rebhühnern.

Leider ist das niedliche Geflügel der Steinhühner den Alpenraubvögeln, Füchsen, Wieseln und Mardern sehr ausgesetzt. Auch die Jäger, die sich mit Steinhühnern und Schneehühnern begnügen, wenn sie keine Murmeltiere und Füchse bekommen, dezimieren sie stark und tragen dadurch zur allmählichen Veröbung der Alpen viel bei. Das Fleisch des Steinwildbrets ist nämlich von außerordentlicher Feinheit und Schmackhaftigkeit und den rechten Feinschmeckern durch einen gewissen balsamischen, schwachbittern Beigeschmack und aromatischen Geruch eine hohe Delikatesse, die sie den Rebhühnern und derbern Schnee=hühnern weit vorziehen.

Wie das Schneehuhn nördlich von den Alpen oft und im hohen Norden außerordentlich zahlreich vorkommt, südlich von denselben aber nie gefunden wird, so ist das Steinhuhn bei uns sein Nachbar in der oberen Alpenregion, in Griechenland, der Türkei und Vorderasien aber, teilweise neben dem Rot=huhn, dem Klippenhuhn und Frankolin, ein gemeines Geflügel und zwar in dem Maße, daß es den Bewohnern von Unteritalien und ganz Griechenland ein wichtiges und notwendiges Nahrungsmittel wird und ihnen im Herbste als Fleischspeise für jeden Stand gilt. Zu tausenden werden sie auf die Märkte gebracht und die außerordentlich wohlschmeckenden Eier ebenso zu tausenden aufgesucht und verkauft. Da die Steinhühner sehr kampfbegierig sind, so halten die Bewohner des griechischen Archipels oft Hahnenkämpfe mit ihnen ab, zähmen die Hühner vielfach als Hausvögel und treiben sie in Scharen auf die Weide. Aus Smyrna wird uns berichtet, daß sie in den dortigen Gebirgen ebenfalls zahlreich seien und scharenweise in die Ebene herabkommen, wenn das junge Grün sprosse.

III. Die Birkhühner.

Cantu nascentem lucemque diemque salutans.

Naturgeschichtliches. — Das mittlere Waldhuhn und seine Herkunft. — Analoge Bastardierungen.

In den Waldkantonen wird von den Wildhändlern und Jägern oft ein Vogel zum Verkauf angetragen, den sie Fasan nennen, ein sehr hübsches Tier mit hochroten, kammartigen, zur Balzzeit fingerdick angeschwollenen Augen=brauen, bläulich schwarzem, metallglänzendem Gefieder mit weißem Flügelbug, zwei braunen Streifen auf den Schwungfedern und stattlichem, gabelförmig ausgeschnittenem Schwanze, dessen Zinken stark auswärts gebogen sind, und stark befiederten, grauschwarzen Füßen. Es sind dies keine wilden Fasane (solche hat die Schweiz überhaupt nicht), sondern Birkhähne, die auch

Spielhahn, Schildhahn genannt werden, in der Größe eines mittleren Haus=
hahns und 1—1³/₄ kg schwer.　Die Henne ist bunt rostfarben und schön
schwarz gefleckt, hat über dem Flügel eine weiße Binde und einen kurzgegabelten,
schwarz gebänderten Schwanz, ist viel kleiner als der Hahn und wiegt selten
über ³/₄ kg.

Wie das Urwild nicht leicht über die mittlere Waldregion hinaufsteigt,
lieben die Birkhühner eben so sehr die gebirgigen oberen Wälder und gehen
gern bis an die Grenzen des Holzwuchses, wo sie die Lichtungen mit dichtem
Heidekraut oder Heidel= und Brombeerbüschen besonders vorziehen und auch
die Reviere der Legföhren, die ihnen guten Schutz gewähren, lieben.　Hier
streichen sie nicht eigentlich, sind aber auch nicht echte Standvögel. Zweimal
im Jahre verlassen sie mit Unruhe ihre Wohnorte und fliegen umher, finden
sich aber oft nicht wieder zurück, werden verschlagen und geraten in fremde
Striche.　Das Birkhuhn ist überhaupt ein ziemlich dummer Vogel; der Orts=
sinn ist bei ihm wenig entwickelt und seine angeborene Scheu und Wildheit
rettet ihn häufiger vor Verfolgung, als Vorsicht und Überlegung.　Im
Simmenthale hat man beobachtet, daß die Birkhühner ziemlich regelmäßig im
Spätherbst nach den Walliserbergen hinüberstreichen, wo sie zahlreich gefangen
und geschossen werden.

Sie sind in unseren Gebirgswaldungen bald spärlicher, bald zahlreicher
als die Urhühner, obwohl diese zu Zeiten auch gut gedeihen, auch viel leichter
und lebhafter in ihren Bewegungen, als diese, mit denen sie übrigens den
schweren, schnurrenden Flug gemein haben.　Sie laufen sehr behende im
Gestrüppe, meistens in kleinen Familien; die älteren Hähne dagegen leben
einsam.　Das birkhuhnreichste Revier der Schweiz ist ohne Zweifel Grau=
bünden und hier wieder das düstere, mit dichtem Bergwald und finsteren
Flühen ausgekleidete Val Minger, ein selten besuchter Seitenarm des Val da
Scarl (Unterengadin).　In den struppigen Leg= und Bergkiefern und Arven=
büschen jener Schluchten hört man die Hähne im Frühling von allen Seiten
balzen, und es mögen oft Jahre vergehen, ehe ein anderer als ein Holzhacker
oder Gemsenjäger jene Wildnis zu dieser Zeit betritt.

Zur Zeit der Begattung, wenn die Knospen der Birken schwellen, sind
die Hähne, die sonst ein ruhiges und behagliches Leben vorziehen, sehr kampf=
lustig und raufen sich unter einander mit fächerartig aufgerichtetem Schwanze,
niederhangenden Flügeln und gebücktem Kopfe ganz nach Art unserer Haus=
hähne und wie diese oft auf Tod und Leben. Die Balzzeit dauert im Gebirge
ziemlich lange, beginnt, je nach dem Frühlingseintritt, oft schon Anfangs
Aprils und dauert bis Ende Mais.　Im Jahre 1860 z. B. hörten wir vor
Anfangs Mais keinen Balzruf; am lebhaftesten aber war er in der zweiten
Hälfte dieses Monats, wo wir ihn oft und genau in den verschiedensten Höhen
zu beobachten Gelegenheit hatten; im Jahre 1866 dagegen ertönte der erste
Balzruf im gleichen Revier schon gegen Ende des überaus milden Februars.

BIRKHAHNBALZE.

Dieser Ruf beginnt sehr frühe. Vor Eintritt der Morgendämmerung, beinahe eine Stunde vor Sonnenaufgang, hört man in den Alpen bis 1500 m ü. M. zuerst den kurzen Gesang des Hausrötlings eine Weile ganz allein; bald darauf weckt der hundertstimmige Gesang der Ringamseln alles Vogelleben vom düstern Hochwald bis zu den letzten Zwergföhren hinan und erfüllt alle Flühen und Bergthäler. Unmittelbar darauf, wohl eine starke halbe Stunde vor Sonnenaufgang, tönt der sonore erste Balzruf des Birkhahns weit durch die Runde und ihm antworten hier und dort, von dieser Alp, von jener Felsen= kuppe, aus diesem Krummholzdickicht und von jenem kleinen Bergthalwäldchen herauf die Genossen. Mehr als eine halbe Stunde weit hört man das dumpfe Kollern und zischende Fauchen jedes einzelnen aus allem Vögeljubel deutlich heraus. Anfangs der Balzzeit dauern die Rufe nur kurz und hören bald nach Sonnenaufgang auf; auf beschatteten Plätzen dauern sie länger an. Etliche Wochen später kann man sie den ganzen Morgen hören, besonders bei trübem Wetter; doch ist darüber kaum eine Regel anzugeben. Es giebt Gegenden und Jahre, in denen die Balzzeit sehr kurz und unregelmäßig, andere, in denen sie lange und beständig anhält. Abends vor Sonnenunter= gang balzen im Gebirge die Hähne kürzer und leiser, als in der Frühe. Ebenfalls kurz und unregelmäßig hört man sie in warmen Herbsten, und zwar im Oktober noch morgens 9 Uhr, balzen, wahrscheinlich nur junge Hähne. Der vollkommene Ruf besteht eigentlich aus zwei Teilen, einem 3—4 mal wiederholten, dumpfen, lachtaubenartigen Kollern, an das sich ein 1—2 mal wiederholtes zischendes Fauchen anschließt. Zu diesem kömmt bisweilen noch ein weiteres, schwer zu qualifizierendes Getön. Doch herrscht hier die größte Verschiedenheit, sowohl bei alten als jungen Hähnen. Oft hört man nur kollern, oft nur zischen. Alte Hähne, die etwas Verdächtiges bemerkt haben, sahen wir oft sich fürderhin bloß auf das Zischen beschränken, später abfliegen, dann wieder zischen oder ganz schweigen, während jüngere abflogen, sofort wieder vollkommen balzten und dies selbst nach Fehlschüssen 3—4 mal wiederholten.

Balzende Birkhähne bieten einen drolligen Anblick dar. Sie stehen bald auf dem höchsten Fichtenwipfel, bald auf einem dürren Ast oder Strunk, bald auf einem Bergrücken, bald mitten in einer Alpweide, ja sogar auf einem Alphüttenbache, senken die Flügel, spreizen den schönen Gabelschwanz zu einem weiten Fächer aus, daß die silberweißen Bürzelfedern weithin schimmern, nicken mit dem Kopfe, dessen scharlachrote Augenwülste hoch aufgeschwollen sind, und drehen sich im Kreise oder springen auf der Erde in Sätzen herum, die heftigste Leidenschaft verratend. Oft gluckst die Henne in der Nähe im Gebüsch, oft fehlt sie ganz, und der trunkene Hahn arbeitet bloß zum eigenen Vergnügen. Während des ganzen Aktes aber hört und sieht der Birkhahn — im Unterschiede vom Urhahn — alles genau, was dem oft am Boden im Dickicht balzenden Tiere sehr zu statten kommt, wenn, vom Rufe angelockt, ein rotgrauer Strauchdieb herbeischleicht, um es mit einem kecken Satze zu haschen.

Das Weibchen legt hierauf an einer wohlverborgenen Stelle in dichtem Alpenrosen- oder Heidegebüsch oder auch unter Tannen, die bis auf den Boden hinab beastet sind, in ein aufgescharrtes Loch 6—12 hühnereigroße, zwiebelgelbe und braunpunktierte Eier, die es drei Wochen lang allein bebrütet. Angriffe von ungepaart gebliebenen Hähnen werden von dem stets in der Nähe weilenden rechtmäßigen Gatten abgewiesen. Muß es die Eier verlassen, um seiner Nahrung nachzugehen, so bedeckt es dieselben sorgfältig mit Moos und Blättern. Wird der Hahn während des Brütens weggeschossen, so stellt die Henne das Brüten ganz ein. Die Küchlein piepen wie die Haushühnchen, und wenige Stunden, nachdem sie aus der Schale geschlüpft sind, werden sie von der Mutter auf die Weide geführt, wo sie ihnen Würmchen und Ameisenlarven ausscharrt. Nach wenigen Wochen fliegen sie mit ihr auf die Bäume. Später sitzt die ganze Familie gern hin und her zerstreut auf dem gleichen Baume; im Spätherbst und Winter scheinen sich oft mehrere Familien zu vereinigen, da man diese Hühner zu 20—30 Stück auf den Felsenköpfen beisammen sitzen sieht; im folgenden Frühling aber geht die Gesellschaft auseinander, und die jungen Hähne gründen sich eine eigene Familie, während die alten bald einzeln bald in Mehrzahl beisammen leben.

Im Winter nähren sich die Birkhühner von Baum-, besonders Birkenknospen, Blütenkätzchen, Fichten- und Arvennadeln, am liebsten aber von Wacholderbeeren, graben auch im Schnee längere Gänge, um zu den Knospen der Heidel- und Preißelbeeren und Alpenrosen zu gelangen; im Frühjahr fressen sie dann allerlei Kraut, selbst die Blütenbüschel der giftigen Wolfsmilch in großer Menge, im Sommer eine Masse von Käfern, Spinnen, Heuschrecken, Ameisen, Schnecken, Alpenrosenblättern, Arvennadeln und allerlei Beeren und Früchte, im Herbste gern wilde erbsenartige Sämereien, auch Nadelholzsamen, Thymian, Alpenjohannisbeeren, Heidelbeerästchen, Zwerghollunderbeeren, Liguster- und Vogelbeerblätter. Daneben verschlucken sie wie alle Hühner viele Quarzkörner und Sand zur Verdauung, lieben es auch, wie die Wachteln und Urhühner, im Sande oder Staube sich zu baden.

Das Fleisch der Birkhühner ist weit zarter und saftiger als das des Urgeflügels. Die Jagd erfordert sehr viel Vorsicht und Beharrlichkeit. Der Jäger muß entweder in einer Zeit, wo noch die oberen Berge nicht bewohnt sind, daselbst übernachten oder schon nach Mitternacht im Thale aufbrechen, um lange vor Sonnenaufgang in der Nähe der Balzplätze zu stehen, die er genau kennen muß, wenn er nicht die schönste Zeit im Irregehen verlieren will. Denn weil man den Ruf sehr weit hört, so täuscht er in Bezug auf die Entfernung und auf die Höhe und Tiefe gar sehr. Steht der Hahn hoch auf einem isolierten Baum oder im dichten Krummholz, so ist ihm direkt gar nicht beizukommen, und der Jäger muß sich aufs Locken d. h. aufs genaue Nach-

ahmen des Balzrufes in gedeckter Stellung verlegen. Dies ist ein Haupt=
erfordernis eines guten Birkhahnjägers und oft die ausschließliche Bedingung
des Erfolgs. Sowie der Hahn den vermeintlichen Nebenbuhler hört, fliegt
er neugierig, eifer= und streitsüchtig herbei; nur etwa ein alter, gewitzigter
Bursche folgt dieser Lockung nicht. Im Kanton Glarus schossen z. B. die
Jäger Schwitter in den Näfelserbergen in jeder Saison an 40 Stück und
darüber vermöge ihres Balztalents. So scheu diese Tiere im allgemeinen
sind, so rasch sie beim Gewahrwerden des Jägers abstäuben, so sind wir doch
schon wiederholt Zeuge gewesen, daß junge Hähne, vor dem Hunde auf=
bäumend, diesen so fest anstarrten, daß der Jäger ungedeckt nahen und schießen
konnte, ja daß sie sogar den Jäger neugierig betrachteten und — einmal —
daß ein Hahn selbst nach einem Fehlschusse nicht abstäubte. Starke Hähne
bedürfen eines kräftigen Schusses und gehen oft verloren, da sie mit zer=
schmettertem Flügel tief ins dichteste Unterholz laufen oder in Erdlöcher
kriechen. In einigen Gegenden werden die Tiere in Roßhaarschleifen gefangen
und im Bündnerlande im Herbst vorzugsweise mit dem Hühnerhunde
aufgesucht. Jung eingefangen, lassen diese Vögel sich leicht zähmen, brüten
sogar, halten aber selten über zwei Jahre in der Gefangenschaft aus. In
Skandinavien gelingt es auch, das Urhuhn zu zähmen; indessen wird es nie
so zahm und traulich wie das Birkhuhn und läuft oft boshaft hinter den
Leuten her, um sie zu picken.

Unsere einheimischen Birkhühner werden von den Bauern und Jägern
für zuverlässige Wetterpropheten gehalten. Wenn im Frühjahr schlechtes
Wetter bevorsteht, so pflegen sie öfters bis tief in den Vormittag hinein ihr
Balzen fortzusetzen und es zwischenhinein mit einem marderähnlichen Geheul
zu unterbrechen, bald auf der Erde, bald auf Baumstrünken oder Lärchen=
wipfeln. Aber auch während der ganzen übrigen mildern Jahreszeit wird im
Gebirge nicht selten das Kollern der Hähne vernommen und als Regenzeichen
gedeutet.

Merkwürdigerweise hat man äußerst selten (z. B. zweimal im Prättigau,
zweimal im Kanton Uri, einmal im st. gallischen Oberland und einmal im
Wallis) noch eine weitere Hühnerart angetroffen, die ebenso große Ähnlichkeit
mit dem Urhahn wie mit dem Birkhuhn hat, und die man mit gutem Grunde
für eine Bastardart zwischen dem Birkhahn und der Urhenne hält und
das mittlere Waldhuhn (Tetrao medius) nennt. Das Männchen ist
größer als der Birkhahn und kleiner als die Urhenne, und sieht einem dick=
köpfigen Birkhahn mit abgehacktem Leierschwanze ähnlich. Im nördlichen
Europa wurde diese Bastardart häufiger, aber immer nur als sporadische
Erscheinung beobachtet und zwar immer da, wo das Ur= und Birkgeflügel
zusammenstößt. Die Jäger sahen den Hahn (Rackelhahn) häufig auf die
Balzplätze der Birkhühner einfallen, stark balzen und diese wild vertreiben,
ohne sich mit den Hennen zu paaren, da er als Bastard unfruchtbar ist.

Die Exemplare aus dem urnerischen Arnitgebirge kamen durch Dr. Lusser das eine in das Museum von Zürich, das andere in das von Turin (1821), das wallisische in die Sammlung des Dr. Depierre, das st. gallische in das Neuenburger Tiergruppen-Museum. Alle Exemplare waren Männchen, der Schnabel stärker als beim Birkhahn, die Beine stark befiedert, die breiten Zehen länger befranst als die der Ur- und Birkhühner; Hals, Kopf, Brust und Bauch glänzend schwarz, am letzteren mit breiten weißen Bändern; die Deckfedern der Flügel schwarz mit rostroten und weißen Punkten, Unterrücken und Steiß violettschwarz schimmernd und weißlich besprenkelt; der Schwanz schwarz, schwach leierförmig, an den beiden Mittelfedern mit weißem Saume, die Schwungfedern schwarzbraun mit weißem Fahnensaum, über den Flügeln ein weißer Spiegel; Schenkel und Füße schwarz, erstere wenig weißgefleckt. Über die Lebensart dieses merkwürdigen Vogels ist man noch nicht aufgeklärt. Im Norden soll man auch weibliche Bastarde des mittleren Waldhuhns, die der Birkhenne ähnlich, aber größer seien, gefunden haben, — möglicherweise hat man sie bei uns bloß übersehen*). Ihre Stimme ist ein gurgelndes „Farfarfarr‘. In neuerer Zeit angestellte Versuche einer Paarung des Birkhuhns mit Fasanenhennen lieferten kein Resultat.

Das Erscheinen solcher von freilebenden Tieren erzeugter Bastarde erschien lange Zeit als sehr zweifelhaft und seine Möglichkeit wurde bis in die neuere Zeit von namhaften Naturforschern geleugnet. Erwägt man aber einerseits die große Ähnlichkeit der Ur- und Birkhenne, die entschieden mittlere Art des Waldhuhns zwischen Urhenne und Birkhahn und die wahrscheinliche Unfruchtbarkeit desselben, — anderseits die Analogie anderer freiwilliger Bastardierungen, so muß die Möglichkeit und Wirklichkeit einer solchen auch hier angenommen werden. Im europäischen Norden finden sich auch entschiedene Bastarde des Birkhahns und der Moorschneehenne, die merkwürdigen Schneebirkhühner, in zahlreichen Exemplaren. In neuerer Zeit ist es ja hinlänglich ausgemittelt, daß Steinböcke und Ziegen, Gemsen und Ziegen, Wölfe und Hunde, veränderliche und gemeine Hasen sich öfters und teilweise fruchtbar mit einander vermischt haben; ebenso sind Bastarde bei gewissen gleichartigen Wasservögeln (z. B. zwischen verschiedenen Entenarten), ja sogar der Akt einer freiwilligen Vermischung verschiedener Geschlechter (nämlich zwischen Platypus clangula und Mergus albellus im Februar 1853) und höchst wahrscheinlich auch Bastarde einer solchen Vermischung (Anas clangula mergoides?) beobachtet worden, — von den oft widernatürlichen und unfrucht-

---

*) Das Museum von Lausanne besitzt ein mittleres Waldhuhn, das größer als die gewöhnlichen Exemplare und von ganz abweichender Färbung ist, so daß Fatio es aus gewichtigen Gründen für einen Bastard des Urhahns mit der Birkhenne hält, so unwahrscheinlich auch die bedeutenden Größenunterschiede zwischen den Eltern eine solche Vermischung, von der überhaupt kein Beispiel bekannt ist, erscheinen lassen (Bull. de la Soc. vaud. des sciences nat. vol. IX, No. 58).

baren Begattungsversuchen des Hausgeflügels, und der in Volièren gehaltenen
gattinlosen Birkhähne nicht zu sprechen.

Unsere ältesten Zoologen konnten bei der großen Färbungsverschiedenheit
zwischen dem männlichen und weiblichen Ur= und Birkwilde aus der Einteilung der Hühnerarten so wenig klug werden wie unsere Bergbewohner
jetzt darüber sind. Geßner nennt das Weibchen des Urhahns ‚Grügelhahn,
Grygallus major, dessen ganze Zierde und Schöne er nicht genugsam erzählen
und aussprechen kann‘, den Birkhahn ‚Laubhahn oder kleiner Orhahn, Urogallus
minor‘, die Birkhenne aber ‚Spilhahn, Grygallus minor‘, und glaubt, daß
die Hennen des Ur= und Birkwildes den ‚Männlein gleich, doch minder schwarz
und mehr grau seien‘.

IV. Die Steinadler.

Auf hohem Grat hat sonnumleuchtet
Der Aar die Flügel ausgespannt,
Und blickt herab, wo taubefeuchtet
Im Schlummer liegt das weite Land.

Ihm ist der Tag schon aufgegangen,
Doch unten liegt noch Dunkelheit,
In die das Kind mit frischen Wangen —
Der Morgen — seine Zukunft streut.

Wohin den Flug der Schwinge lenken?
Soll er hinauf zur Sonne ziehn?
Soll er hinab zur Erd' sich senken?
Denn zwischen beiden schwebt er hin.

Dort oben wogt ein unbegrenztes,
Ein ungemess'nes Meer von Licht —
In Purpur und Azur erglänzt es —,
Doch bleiben kann er oben nicht.

Zur festen Erde muß er wieder
Aus bodenlosem Sonnenschein —
Und müde zieht er das Gefieder
Nach solchem Flug im Walde ein.

Beschreibung und Charakteristik. — Nahrung und Verbreitung. — Kinderraub. — Jagd.
— Die Adlerjäger in Eßlingen und ihre Beizplätze. — Der Königsadler nicht bei uns.

Von den Adlern des Gebirges ist der Steinadler, der, wenn er alt
ist, auch Goldadler*) heißt, vielleicht der bekannteste, der am allgemeinsten
verbreitete und zugleich der reißendste. Wenn unsere Bergbewohner von

*) Der Goldadler unterscheidet sich vom Steinadler durch ein dunkleres Gefieder,
einen weißen Fleck auf den Schultern und einen bis auf die Wurzel dunkeln (nicht an
der Basis weiß berandeten) Schwanz und wird häufig für eine eigene Spezies gehalten.

Adlern sprechen, so meinen sie gewöhnlich diesen großen, schönen Adler, der als Repräsentant der Gattung gilt.

Wir wollen versuchen, ihn mit einigen Zügen genauer zu zeichnen. Er ist ein durch Größe und Haltung imponierender königlicher Vogel, etwa ein Meter lang, und klaftert mit ausgespannten Flügeln gegen 2.4 m. Der abgerundete Schwanz mißt 42 cm, die zusammengeschlagenen Flügelspitzen erreichen das Ende desselben nicht. Das Männchen (gewöhnlich etwas kleiner und lichter gefärbt als das Weibchen) sieht von fern fast ganz schwarz aus, ist aber eigentlich schwarzbraun, die Befiederung der Fußwurzeln und Schwanzdeckfedern lichtbraun, der spitzfederige Hinterhals rostbraun, der Schwanz an der Wurzel weiß, dann aschgrau und schwarzgefleckt, mit breiter schwarzer Endbinde. Je älter der Vogel wird, desto mehr bräunt sich sein Gefieder ab; die Jungen sind kohlschwarz mit schmutzigweißen Federfüßen. Der Schnabel ist hornblau, mit gelber Wachshaut gesäumt und 6 cm lang, von der Wurzel an gekrümmt, die Iris goldfarbig, im hohen Alter feuer= farben. Der Lauf ist bis an die Zehen mit kurzen, derben, lichtbraunen Federn dicht besetzt; die Zehen sind hellgelb, die Ballen groß und derb, die schwarzen Krallen groß und sehr spitz, die hinteren fast 9 cm lang. Das Gewicht eines alten Exemplars steigt selten über 6 kg.

Dieser schöne, mächtige Adler ist in der Schweiz durchaus nur Alpentier und findet sich in allen Zügen unserer Hochgebirge sporadisch vor. Nur im Winter, wo die Murmeltiere unter der Erde liegen, die Gemsen, Hasen, Schafe und Ziegen sich in die tieferen Wälder und ins Thal ziehen, verläßt er in den Alpen seine Horste, um die Thäler und Niederungen zu durchstreifen, und auch dann nur auf kurze Zeit. In den Thälern des Hochgebirges weiß man überall von gefangenen, geschossenen, aus dem Neste genommenen Exemplaren zu erzählen. Der Steinadler ist kühner, rüstiger und lebhafter als der Lämmergeier, von dem er sich auch durch seinen hüpfenden Gang unterscheidet. Stundenlang scheint er in unermeßlicher Höhe am blauen Himmel zu hangen und ohne Flügelschlag in weiten Kreisen dahin zu schweben. Mutig, kräftig, klug, scharfsichtig und von so feiner Witterung, daß er hierin kaum vom Kondor übertroffen wird, ist er zugleich außerordentlich scheu und vorsichtig, selten einsam seiner Beute nachspähend, gewöhnlich mit seinem Weibchen das Revier regelmäßig zonenweise absuchend. Sein helles ‚Pfülüf‘ oder ‚hiä—hiä‘ klingt weit durch die Lüfte und erfüllt das kleinere Geflügel mit Schrecken. Wenn er sich seiner Beute nähert, stößt er oft ein ‚Kik—kak—kak‘ aus, senkt sich allmählich festen Blickes auf sein Opfer und stößt dann blitz= schnell in schiefer Linie auf dasselbe und packt es mit der eisernen Klammer seiner tief eingeschlagenen Fänge. Keines unserer kleineren Tiere ist vor seiner Kralle sicher; Rehkälber, Hasen, wilde Gänse, Lämmer, Ziegen, die er kühn vor Ställen und Häusern wegholt, Füchse, Dachse, Katzen, Feld= und Wald= hühner, Hunde, Trappen, Störche, zahmes Geflügel, selbst Ratten, Maul=

STEINADLER.

würfe und Mäuse sind ihm angenehm, vorzüglich aber Hasen, die er seinen
Jungen stundenweit mit ungeschwächter Kraft zuträgt. Den Vierfüßer rettet
der flüchtigste Lauf nicht, eher den kleinen Vogel der haftige Flug. Der Adler
setzt seine Jagd mit ebenso großer Beharrlichkeit wie List fort und ermüdet
das flinke Rebhuhn und die rasche Waldschnepfe durch fortgesetzte Verfolgung.
Oft jagt er dem Wanderfalken seine Taube, dem Habicht sein Haselhuhn ab.
Wo er einmal gute Prise gemacht, dahin kehrt er gern zurück. Im Winter
stößt er oft auf Aas. In der Gefangenschaft kann er ohne völlige Erschöpfung
4—5 Wochen lang hungern.

An den unzugänglichsten Felswänden und lieber im Innern des Hoch=
gebirges als in den Vorbergen legt er aus einer Unmasse von groben Prügeln
und Stengeln einen roh gefügten, oft 90—120 cm hohen Unterbau in einer
überdachten Spalte oder Nische an, auf dem er eine flache Nestmulde aus
Heidekraut und Haaren errichtet, welche das Weib mit 3—4 weißen, braun=
gesprenkelten, sehr großen Eiern besetzt. Den Mitte Mais ausschlüpfenden
1—2 Jungen bringen die Eltern allerlei Wildbret, besonders Schneehühner,
Hasen, Gems= und Rehkitzen, Murmeltiere, Wiesel u. dgl. zu und zerfleischen es
pädagogisch vor ihren Augen am Rande des Nestes, indem sie es säuberlich
aus dem Balge herausschälen. Sie sollen ihnen sogar junge Reiher auf
3—4 Meilen zutragen. Der solcherweise mit frischen und faulen, maden=
bedeckten Kadavern besetzte Horst sieht wie ein Schindanger aus und ver=
breitet einen unerträglichen Geruch. Wenn die Eltern nicht gestört werden,
behalten sie den Horst mehrere Jahre bei. Um zu den zum Horstbau nötigen
Bengeln zu gelangen, stürzen sie mit eingezogenen Flügeln blitzschnell auf einen
Baum hinunter, packen mit den Fängen einen dürren Ast, der von der Wucht
ihres Sturzes krachend bricht, und tragen das Holz dem Horstplatz zu.

Man hat oft gestritten, ob die Steinadler gelegentlich auch auf Kinder
stoßen. So selten dies auch geschehen mag, so ist doch der Vogel mutig und
stark genug dazu, und wenigstens ein verbürgtes Beispiel haben wir aus
Graubünden dafür. Dort, in einem Bergdorfe, schoß ein Steinadler auf ein
zweijähriges Kind und trug es weg. Durch das Geschrei herbeigerufen, ver=
folgte der Vater den Räuber in die Felsen, und da die Last des Vogels ziemlich
stark war, gelangte er nach großer Mühe dazu, ihm das übelzugerichtete Kind
abzujagen, das, an den Augen zerhackt, bald starb. Lange lauerte der Vater
dem Mörder auf, der sich stets in der Gegend umhertrieb. Endlich gelingt
es ihm, ihn in einer aufgestellten Fuchsfalle lebendig zu fangen. Ergrimmt
eilt er auf ihn zu und packt ihn in der Wut so unvorsichtig, daß ihn der Vogel
mit seinem freien Fuß und Schnabel schwer verwunden kann. Einige Nachbarn
erschlugen hierauf mit Prügeln den gefangenen Adler, der gegenwärtig aus=
gestopft in Winterthur steht. — Im Frühling 1869 berichteten die Tages=
blätter, daß unweit des Bergdorfes Trois=Torrents im Wallis zwei Steinadler
ein dreijähriges Kind anfielen, welches sich kaum der blutigen Angriffe erwehren

konnte, bis auf sein Geschrei der Vater zu Hilfe kam. Bei Cavajone (Puschlav) jagte ein Hirt einem Adler ein kleines Kind ab, welches derselbe der mit der Heuernte beschäftigten Mutter entführt hatte.

Oft fallen die Adler in Gemeinschaft Schafe oder Ziegen an, und nur selten entgeht ihnen das Tier; aber auch einzeln wagen sie sich an schwere Beute. Dr. Zollikofer von St. Gallen, ein zuverlässiger Gebirgskundiger, war Zeuge, wie ein mächtiger Adler am Furglenfirst (Säntisstock) auf einen Ziegenbock herunterstürzte und denselben in die Luft zu entführen versuchte. Teils erschreckt durch das Geschrei der nahen Heuerleute, teils weil ihm die Last zu schwer war, ließ er sie bald wieder fallen. Der Berichterstatter nahm einen genauen Verbalprozeß über den Vorfall auf.

Die Adler sind überhaupt Herren des Reviers. Kein Vogel wird ihnen gefährlich, überhaupt kein Tier, außer ihrem eigenen Ungeziefer. Unsere Jäger schießen ihn aus dem Hinterhalte mit einer Kugel oder starkem Schrotschuß, gewöhnlich ohne Beize; in Deutschland geht man ihm in den Fuchshütten mit Aas nach, auch mit Fallen, Netzen und lebendiger Lockspeise.

Nicht selten gelingt es dem Jäger, die Nestvögel auszunehmen. Beispiele aus Appenzell, Glarus, Schwyz, Graubünden und dem Berner Oberlande liegen zahlreich vor. So kennen wir einen kühnen Jäger, der im Jahre 1851 sich an einem langen Seile zu einem besetzten Horste mitten an den Felsen, ob dem Sämtissee, hinunterließ, um den jungen Adler auszunehmen. Da der Felsen überhängend war, so mußte er sich mit einem Hakenstocke ans Nest heranziehen und hoch ob dem Thale in der Luft hängend den flüggen Adler binden und sich mit ihm die Felswand hinaufziehen lassen. Dieser nämliche Horst ist von 1847 bis 1865 nicht weniger als acht Mal seiner Jungen beraubt worden. In Bünden wissen wir manchen geleerten Horst, kennen aber kein Beispiel, daß die Eltern ihre Jungen beim Ausnehmen verteidigt hätten. Gewöhnlich waren sie auf der Jagd abwesend, kamen dann später in die Nähe herangeflogen, und verließen nicht selten sofort das Thal für mehrere Jahre.

Die jung eingefangenen Adler lassen sich leicht zähmen, sind sehr gelehrig und werden mit Glück zur Jagd abgerichtet. In der Gefangenschaft, in der sie nicht selten 30 Jahre dauern (in Wien war ein Exemplar, das 104 Jahre in der Gefangenschaft gelebt haben soll!), können sie besonders die Hunde nicht leiden und lieben es, von Zeit zu Zeit sich zu baden.

Im Berner Oberlande war das Dorf Eblingen am Brienzersee seiner Steinadler wegen berühmt. Etwa eine Stunde oberhalb dieses Dorfes in einer wilden Bergpartie war ein merkwürdiger Sammelplatz und Lieblingsaufenthalt der Adler, zu dem sie jederzeit wiederkehrten und dem sie sogar aus dem Wallis wie den Gletscherthälern der Jungfrau zuflogen. Dort liebten sie einzelne unzugängliche Felszinnen auf der Sommerseite, von denen aus sie das große Thal der Seen beherrschten. An einem Felsen besonders zeigten sie sich gern, wurden aber selten erlegt, da die Füchse ihre Beize in der

Regel wegfraßen. Die Jäger von Eblingen sind von jeher wegen ihrer Weidmannsfähigkeit der ganzen Gegend bekannt gewesen; sie verstehen aber auch als echte Jäger, ihr Wild zu fesseln und tragen Sorge, daß ihren Vögeln das ganze Jahr der Tisch gedeckt sei. Sie hängen selbst im Sommer gefallenes Vieh hoch auf die einzelnen, leicht zu bemerkenden Buchen; — doch stoßen die Adler in dieser Jahreszeit, wo sie bessere Beute finden, seltener auf Aas. Freilich behalten sie aber dadurch doch die Gegend im Auge und Gedächtnis und gehen in hungrigen Tagen auf das ausgebotene Futter.

Im Winter pflegten die Eblinger Adlerjäger am Boden zu beizen. Auf einem möglichst flachen Terrain nagelten sie das Fleisch mit hölzernen Pflöcken auf dem Rasen fest, weil der Adler vom flachen Boden weniger leicht sich aufschwingen kann, und nahmen oft gebratene Katzen dazu, die von dem Raub=vogel höchlich geliebt und in weiter Ferne gewittert werden. Die Beizstellen waren so gewählt, daß die Jäger von ihren Wohnungen unten am See aus sie beobachten konnten. Bemerkten sie, daß ein Adler sich dem Aase näherte, so hatten sie zwar noch eine Stunde weit durch Büsche und Felsen zu klettern, aber nur selten entging ihnen die Beute; denn wenn diese sich einmal auf dem Fraße niedergelassen hat, so bleibt sie stundenlang sitzen, und mit der Sättigung läßt gewöhnlich die Vorsicht nach. In neuerer Zeit sind die Vögel seltener geworden, und die Jagd ist etwas in Abgang gekommen. Immerhin raubten sie in den letzten Jahrzehnten in jenem Gebirge noch etliche hundert Lämmer und wurden u. a. im November 1865 ein und dann wieder im Januar 1866 zwei mächtige Exemplare geschossen.

Die Jäger jener Gegend lagen fast den ganzen Tag auf der Jagd. Sie behaupten auch, der Adler fliege höher als der Lämmergeier; oft habe man ihn über dem Gipfel des Wetterhorns (3708 m ü. M.) und des Eigers (3975 m ü. M.) schweben sehen.

Am Säntis sind die Steinadler nicht häufig, doch auch hier, wie überall, noch eher zu finden, als die Lämmergeier, besonders am Hundsstein, am Furglenfirst, an den Steinbänken der Roßlen und dann auf der Toggen=burgerseite, wo in den Bergen von Stein fast alljährlich Exemplare (1860 zwei) gefangen oder geschossen werden. Im Jahre 1870 raubte ein solcher „Berggyr" bei Oberkellen einen Hund, ließ ihn dann ob Seealp fallen und stürzte ihm nach, um ihn zu verzehren. Im Januar 1869 jagten wir auf Klusalp einen Schneehasen, als sich vom Gipfel des Schäflers ein früher nicht bemerktes Adlerpaar erhob und zu kreisen begann. Bald stach der eine Adler auf den Hasen herab, nahm ihn etwa 100 Schritte vor den Hunden auf und trug ihn auf eine Felsbank, wo er ihn ruhig zerriß, während sein Gefährte sich bald wieder auf den Gipfel setzte, ohne, so lange wir ihn beobachten konnten, etwas von der Beute zu erhalten. In den Churfirsten horsten regel=mäßig etliche Adlerpaare; in den tessinischen Alpenthälern sind sie überall vorhanden, und werden, wie Riva erzählt, mittels Fallen mit Aasbeize, oft nur im Monat März 6—8 Stück, gefangen. Im Thale von Brusio allein kennt man vier ständige Horste (bei S. Romedo, im V. Trevisina, ob Meschino und bei Castelleto), die öfters ausgenommen wurden. Einer wurde sogar von einem Jäger zur Heckzeit jeweilen besucht, um das für die Brut bestimmte Wildbret für die eigene Küche zu konfiszieren. Selbst einige Teile des Jura beherbergen solche. Im Grunde einer 3 m tiefen Felsenspalte horstete viele Jahre durch ein Paar oberhalb Wietlisbach und benützte die Felsplatte vor dem Nest als Schlachtbank, die denn auch immer mit Fleischresten und Knochen besetzt war, während das Nest ganz rein blieb. Sonst trifft man in der ebneren Schweiz nur im Winter Steinadler und kann, wenn man von erlegten Exemplaren hört, so ziemlich sicher darauf rechnen, daß solche vom Frühjahr bis Spätherbst in den Alpen, im hohen Winter aber mehr im Vorlande erbeutet werden. So schoß im Februar 1853 Amtsrichter Abbuel zu Därstetten (Kanton Bern) einen Adler von beinahe 120 cm Länge und 2.4 m Breite, dessen Hinterkralle 15 cm (?) und die längste Schwungfeder 60 cm maß. Das Tier erhielt zwei Schrotschüsse und eine Kugel, ehe es fiel. Ein anderes Exemplar wurde im Dezember 1853 in den Wäldern von Stammheim (Kanton Zürich) erlegt; v. Glenk auf Schweizerhall schoß innerhalb weniger Jahre zwei Stück in seinen Anlagen am Rhein 2c.

Ein ganz besonderes Abenteuer begab sich im November 1865 im Bündner Oberland. Als der Postwagen in die Nähe des bergumkränzten Tavanasa gelangte, bemerkten die Reisenden in den Lüften zwei heftig mit einander kämpfende Steinadler. Die Tiere zausten sich, daß die Federn stoben, und verkrallten sich so, daß sie auf die Erde herabstürzten. Der Kondukteur (Ph. Sutter) sprang aus dem Wagen, schlug mit dem Stocke eines Passagiers beide tot und schickte sie nach Chur. Ein ganz ähnlicher Kampf wiederholte sich Anfangs März 1870 bei Malabers, wobei eine alte Frau den einen der wütenden Vögel mit einem Stein totwarf, ein 5 kg schweres Männchen, das im bündnerschen Museum steht.

Im Juli 1871 sah Klaus Aebli, längs des Klönthalsees hinfahrend, wie ein junger Steinadler, der sich aus seinem Felsenhorste am Glärnisch vielleicht zu seinem ersten Ausfluge erhoben hatte, immer tiefer gegen den Seespiegel sich senkte und endlich, nachdem der Rest der Flugkraft verbraucht war, richtig hineinplumpste. Instinktmäßig spreizte das Tier dabei Flügel und Schwanz weit aus, und indem es mit den Füßen, so gut es gehen wollte, ruderte, gelang es ihm wirklich, das ziemlich entfernte Ufer zu erreichen, wo Aebli indessen den ermüdeten und durchnäßten Vogel mit leichter Mühe haschte.

Minder gewaltig als die Lämmergeier, sind die Steinadler doch von stolzerer, würdigerer Haltung, die das Gepräge der Freiheit und Unabhängigkeit trägt. Ihre Kraft ist außerordentlich. Ein Exemplar, das sich im Oberhasli in einer Fuchsfalle fing, flog mit derselben, die etwa 4 kg wog, über das Gebirge ins Urbachthal, wo es am folgenden Tage ermattet gefunden und totgeschlagen wurde. An Sinnenschärfe, Gewandtheit und List möchten sie wohl höher stehen als die Lämmergeier, die nie wie die Adler zum Sinnbild eines königlichen Charakters gewählt wurden.

Die bernschen Alpenjäger behaupten, auch schon den südlichen Kaiseradler (Aquila imperialis) erlegt zu haben, der dem Steinadler ähnlich, aber etwas kleiner ist, dunkler braunschwarz mit weniger spitzen, rostgelblichweißen Nackenfedern, weißgefleckter Schulter und etwas längeren Flügeln.

Diese Aussage ist vielleicht richtig, obschon derselbe bisher sonst nirgends in der Schweiz mit Sicherheit entdeckt worden ist, während er in dem benachbarten Tirol brütet und im mittleren Deutschland, in den bayrischen und schlesischen Gebirgen, fast alljährlich geschossen wird.

V. Der Lämmergeier.

Ich steige zur Sonne
Mit keckem Mut
Und sauge voll Wonne
Die himmlische Glut
Und wiege mich droben
Im goldenen Schein;
Es winken nach oben
Die Flächen so klein.
Da schau ich hernieder
Zum Erdenschoß,
Und schaue wieder,
Und fühle mich groß.
Ach währte doch immer
Das stolze Glück!
Ach müßt' ich doch nimmer
Zur Erde zurück!

Tierzeichnung. — Ungeheure Verdauungskraft. — Lebensweise und Aufenthalt in den verschiedenen Jahreszeiten. — Ihre Jagd. — Schlaue Füchse. — Das ‚Geier=Anni‘. — Kinderraub. — Das ‚Syrenmannli‘. — Gefahren des Nestausnehmens. — Gefangene und zahme Lämmergeier. — Die verschiedenen Arten der alten Welt.

Je höher der Wanderer hinandringt zu den diamantenen Hochlandskronen, desto mehr sieht er sich verlassen von der menschenfreundlichen Vegetation der Mittelalpen und gleichermaßen von dem sie begleitenden und an sie gebundenen Tierleben. Käfer, Fliegen, Falter, Libellen, Spinnen nur reichen bis zum Scheitel des Gebirges; ein aufmerksames Menschenauge beachtet gern ihr kleines, geschäftiges Treiben, das sich Ernähren und Verfolgen, die engen Grenzen ihres vielbewegten Daseins in öder Felsenwelt. Aus dem Steingeröll zwischen kahlen Blöcken und schmutzigen Schneetischen steigt noch die Flühlerche und der Schneefink auf; an den zerrissenen Terrassen klettert mit halboffenen, buntfarbigen Flügeln emsig der Alpenmauerläufer und sein heller, langgezogener Pfiff klingt so lustig von der senkrechten Felswand; zutraulich läßt die graue Bachstelze oder der Hausrotschwanz den Wanderer nahen; jene, indem sie das Schwänzchen auf einem Felsenabsatze wiegt, dieser, indem er mit dem klaren Auge neugierig die fremde Erscheinung betrachtet. Von Vierfüßern ist wenig zu spüren; vielleicht in der Ferne ein Trüpplein ruhig weidender Gemsen. Immer höher zieht sich der einsame Weg. Noch schwirrt ein Schneehuhn zwischen den letzten Büschen auf und verschwindet fernab an den einsamen Bergzinnen; um die höchsten Zacken lärmt unheimlich ein Schwarm jauchzender Alpendohlen, und bald glaubt der Pilger allein zu sein mit seinen Mühen, mit seinen grauen Felsenufern und den kalten Gletscherfeldern, wo der finstere Tod sein starres, allmächtiges Regiment aufgeschlagen hat. Unter dir die Steinwüste, die offene Gebirgsbrust eines zyklopischen Labyrinthes, in der Ferne in blauem Dunste verschwimmend das Land der menschlichen Kultur, ringsum Schrattenwüsten, Zacken, Firste, Kulme, Steinbänke, die kahlen Throne der eisigen Stürme, — aber horch! hoch über dir ertönt aus der Ferne ein gezogenes, anhaltendes, helltönendes ‚Pfyii—Pfyii—Pfyii‘, fast mit dem Ausdruck des Übermutes. Du blickst umher und entdeckst endlich in der dunkeln Bläue des Himmels einen schwebenden Punkt; näher und größer schwimmt es heran, fast ohne Flügelschlag,

> Dem Geier gleich,
> Der auf schweren Morgenwolken
> Mit sanftem Fittig ruhend,
> Nach Beute schaut.

Bald rauscht er unruhig heran und kreist mit mächtig ausgespannten Flügeln über dir, der königliche Geier der Hochalpen, läßt sich etwas in die Tiefe, um zu beobachten, zu spähen, und erhebt sich ungeduldig in schraubenförmig gewundener Flugbahn wieder in die oberen Lüfte, fliegt in gerader Richtung hoch über die eisstrahlenden Gipfel hin, die ihn deinem Auge entziehen, während sein hungriges Pfeifen in der nächsten Viertelstunde über den Felsenkronen weit entlegener Alpenzüge ertönt. Auch dort steigt er der kommenden Sonne entgegen:

> Die Brust getaucht
> In Morgenrot,
> Badend im Glanze des Äthers,
> Weil in Tiefen die Nacht noch träumt,
> Dem erwachenden
> Auge der Welt
> Den ersten Blick zu entsaugen.

Der Bart- und Lämmergeier ist der Kondor der europäischen Gebirge und steht diesem an Größe etwa in gleichem Maße nach, wie die Erderhebungen

LÄMMERGEIER.

Europas denen von Südamerika nachstehen*), immerhin eine gigantische Erscheinung und durch seine Organisation und Lebensweise der merkwürdigste Vogel der Alpen. Unser schweizerischer Bart= oder Lämmergeier ist überdies größer und stärker als alle anderen Geieradlerarten der alten Welt.

Früher bewohnte dieser größte aller europäischen Raubvögel so ziemlich alle Teile unserer Hochalpen, nie aber den Jura. Seine schwache Vermehrung, Abnahme des Wildstandes und Nachstellungen aller Art haben ihn vermindert, zurückgedrängt und dem Verschwinden nahe gebracht. In den nordöstlichen Kalkalpen, Säntißstock und Churfirsten, in welch letzteren er gar nicht selten war, ist er seit den ersten Jahrzehnten unseres Säkulums nicht mehr gesehen worden; in den Glarneralpen wurde der letzte gegen 1830 geschossen; aus den Gebirgen von Schwyz und Luzern ist er noch länger verschwunden, und in Uri horstet er seit langer Zeit nicht mehr. In Unterwalden wurde wohl der letzte im September 1851 von Michael Sigrist auf dem Allzellerberge geschossen, aber später noch ein einsamer, alter Vogel beobachtet. In den Waadtländer Alpen erbeutete man oberhalb Grion an den Diablerets im September 1842 noch ein schönes Exemplar, und die Nachrichten über sein Vorkommen in den Freiburgergebirgen lauten unbestimmt.

So ist denn das schöne Tier aus der Peripherie des Alpengeländes fast ganz auf das Innere der Hochalpen zurückgedrängt. In dem gletscherreichen, ungeheuren Gebiete der Finsteraarhorngruppe horstet er noch hie und da, und wird der paarweise Flug auf der Nord= und Südseite noch beobachtet, besonders auch im Lötschenthal. Daß er in der Südkette der Walliseralpen nicht fehle, darf mit Bestimmtheit angenommen werden. Auf der Nordseite des nördlichen Zuges wurde der letzte Bartgeier 1864 bei Frutigen geschossen**); im Eismeere von Grindelwald sah man Jahrzehnte lang zu gewissen Zeiten regelmäßig einen alten Geier auf einer selbst für Stutzerkugeln unerreichbaren Felsspitze sitzen, und von einem versuchten Menschenraub durch ein solches Tier aus dem Kanderthale im Jahre 1870 haben wir später zu berichten.

------

*) Die Kondors der Korbilleras wechseln in der Größe sehr stark, indem es erwachsene Exemplare giebt, die nicht mehr als 2½, andere aber, die bis 4 m Flug= breite messen. Unser Lämmergeier lebt stetig in einer Luftregion zwischen 1300 m und 3200 m, höchstens 4500 m ü. M.; der Kondor steigt bis über 7000 m ü. M., ent= fernt sich unter allen lebendigen Geschöpfen am weitesten willkürlich von der Erdober= fläche und läßt sich oft plötzlich bis zur Meeresküste hinunter, so daß er die Funktionen seiner Respiration mit gleicher Leichtigkeit bei einem Luftdruck von 630 mm wie bei einem solchen von 285 mm zu vollziehen vermag, wozu ihm die große Pneumatizität seines Knochengerüstes wesentlich mithilft.

**) Nach Girtanners sorgfältigen Nachforschungen standen vor fünfzehn Jahren 43 Exemplare schweizerischer Bartgeier in schweizerischen Sammlungen. Alle wurden seit den Zwanzigerjahren erbeutet; eine kaum geringere Zahl mag ins Ausland gewandert, oder verschleppt und verdorben oder, geschossen, in den Abgründen des Gebirges zu Grunde gegangen sein, da man in der ersten Hälfte dieser Periode einer solchen Beute wenig Wert beilegte.

In den Tessinerbergen wurden vordem im Jahrzehnt 6—8 Exemplare erbeutet und wurde der Geierflug im Val Maggia und anderswo noch häufig beobachtet. In den Bündneralpen endlich, welche dem Vogel den weitesten und beutereichsten Flug gewähren, verging im ersten Drittel unseres Jahrhunderts kaum ein Jahr, ohne daß ein oder mehrere Stück erbeutet wurden, und immer geschieht dies noch von Zeit zu Zeit. Im Engadin sind mehrere Horste bekannt, die aber nur unregelmäßig bezogen werden.

Noch zu Anfange dieses Jahrhunderts lag die Naturgeschichte dieses merkwürdigen, obschon Bellonius und C. Geßner bekannten Vogels ganz im Argen; der große Buffon hat ihn sogar noch mit dem Kondor identifiziert und erst David Sprüngli (1776) eine genauere, richtige Beschreibung und Abbildung gegeben. Unser ausgezeichneter Steinmüller lieferte dann von ihm eine jener sorgfältigen Monographien, durch die dieser Gelehrte der einheimischen Zoologie so außerordentliche Dienste geleistet hat. Seither wurden die gemachten Beobachtungen von andern glücklich vervielfältigt, und hat der sorgsame Forscher Dr. A. Girtanner ihm eine umfassende, vortreffliche Studie gewidmet.

Wir nennen unsern Hochälpler eigentlich mit Unrecht ‚Geier‘; es fehlen ihm, wie wir schon bemerkten, außer dem nackten Kopfe noch manche eigentümliche Kennzeichen der Geierarten, und er würde richtiger Geieradler (‚Gypaetos‘) heißen. Wie bei den meisten großen Raubvögeln sind auch in dieser Gattung die Weibchen immer größer als die Männchen. Ein ausgewachsenes (weibliches) Exemplar mißt 120—135 cm in der Länge, und 2½—3 m, sehr selten bis 3½ m Flugweite, der Keilschwanz 45—60 cm in der Länge und ausgespannt bis 90 cm in der Breite. Das Gewicht dürfte 5—6 kg selten übersteigen.

Der alte Vogel hat einen hornfarbenen, 13—16 cm langen, in der Mitte satteltiefen, vorn in einen bogenförmigen spitzen Haken auslaufenden Schnabel; bei gefangenen Tieren vergrößert sich bisweilen der Haken so sehr, daß er sie am Fressen hindert. Der flache, hinten schwach gewölbte Kopf trägt kurze, weißlichgelbe Federn und einen starken, schwarzen Zügel über dem Auge, der bis hinter dasselbe nach dem Hinterkopfe reicht. An der untern Schnabelhälfte, über der Kehle, hängt ein grobhaariger, schwarzer, ein wenig nach vorn stehender, bis 7½ cm langer Borstenbart (‚Bartgeier‘), ebenso sind die Wachshaut und die Nasenlöcher mit ähnlichen steifen Borsten bedeckt. Die bedeutende Weite des Schlundes entspricht der Mächtigkeit des Schnabels. Besonders schön ist das große, stark gewölbte, feurigglühende Auge, dessen hellgelbe Iris ein mennigroter Wulstring einfaßt, vielleicht zum Schutze vor den grellen, seitwärts einfallenden Lichtreflexen, wenn der Geier über blendenden Schneeflächen schwebt. Die derbgeschlossenen Federn des Oberrückens sind glänzend schwarzbraun mit hellen Rändern und weißlichen Kielen, die des untern Rückens und Steißes graubraun, die Schwingen und Schwanz=

federn oben ebenso, unten heller, sehr stark und elastisch; den Hals bedecken spitze, rostgelbe, Brust und Bauch pomeranzengelbe Federn, die bei alten Individuen heller sind und von ferne fast weiß aussehen (weshalb C. Geßner von weißen Geiern in den Glarner Gebirgen spricht), aber von unterbrochenen Reihen dunkelbrauner Bogenflecken durchzogen sind. Die Schenkel tragen lange, weißgelbe Hosen; die Füße sind kurz, bis auf die Zehen schwach befiedert, die Zehen bleigrau, die schwarzen Krallen verhältnismäßig schwach, wenig gekrümmt, seitlich scharfkantig, vorn ziemlich stumpf. Die Flügel sind vermöge ihrer langen Schwungfedern sehr lang und spitz und reichen fast bis an das Ende des zwölffedrigen, stufenförmig abgerundeten Schwanzes. Mit welcher Energie sie wirken müssen, ergiebt sich aus der Berechnung, daß ein Lämmergeier, der 7 1/2 kg wiegt und 120 cm lange Flügel hat, mindestens eine halbe Pferdekraft verwenden muß, um sich in die Luft zu erheben.

Im ersten Jahre sind die jungen Geieradler am Kopfe schwarz, obenher braunschwarz und dunkelbraun, zwischen den Schultern weißgefleckt; Seite, Hosen und Unterleib graubraun, letzterer mit unregelmäßigen weißlichen Flecken, das Auge braun. Nach der zweiten Mauser treten am Unterleibe die rostgelben Federn vereinzelt auf; nach der dritten aber bedecken sie denselben bereits so vorwiegend, daß die früheren graubraunen nur noch wie ein Kranz auf der gelben Brust stehen, und wahrscheinlich erst im fünften oder sechsten Jahre verschwindet dieses letzte Zeichen der Jugendlichkeit, so daß der Vogel jedenfalls die Fortpflanzungsfähigkeit lange vor dem Alterskleide erlangt. Die Alpentiergruppen in Neuchâtel und in Winterthur enthalten schöne Reihenfolgen der verschiedenen Altersstufen*).

Der innere Bau dieses Riesenvogels ist eigentümlich gebildet. Die Brustmuskeln sind außerordentlich groß und stark; die langen Knochen, wie bei den übrigen Vögeln meist hohl, werden durch die Atmung mit Luft gefüllt, welche, also erwärmt, spezifisch leichter als der äußere Dunstkreis ist und dem Vogel ohne große Anstrengung eine so gewaltige Erhebung möglich macht. Am interessantesten sind seine energischen Verdauungswerkzeuge. Die innen reich gefaltete Speiseröhre ist äußerst dehnbar; der Kropf, der, wenn er gefüllt ist, unschön am Halse herunterhängt, und der schlauchförmige Magen sind ungewöhnlich weit und nur durch kleine Wulste von einander geschieden, letzterer mit feinen Drüsen dicht besetzt, welche eine Menge jenes ätzenden, übelriechenden Verdauungssaftes absondern, der in kurzer Zeit die größten Knochen zersetzt. Der Mageninhalt der erlegten Exemplare setzt nicht selten in Erstaunen und übertrifft alle Erfahrung, die man von der Gefräßigkeit und Verdauungskraft ähnlicher europäischer Vögel gesammelt hat. So ent-

*) Girtanner bezeichnet die den verschiedenen Lebensaltern entsprechenden Gefieder als Jugendkleid, Übergangskleid, Prachtkleid und Greisenkleid, letzteres fast nur noch aus Grau und Weiß bestehend.

hielt ein Geiermagen fünf Stück 6 cm dicke und 18—27 cm lange Knochen
von dem Rippenstück eines Rindes, einen Ballen Haare und vom Knie an den
ganzen Fuß einer jungen Ziege. Die Knochen waren vom Magensaft bereits
durchlöchert und die in die Gedärme eingetretenen ganz mürbe und kalkbrei-
artig. Ein anderer Geiermagen enthielt ein 45 cm langes Rippenstück von
einem Fuchs, einen ganzen Fuchsschwanz, den Hinterschenkel und Lauf von
einem Hasen, mehrere Schulterblattknochen und einen Ballen Haare. Die
größte Mahlzeit aber wies ein von Dr. Schinz zerlegter Vogel aus; der
Magen enthielt den großen Hüftknochen einer Kuh, ein 19½ cm
langes Gemsenschienbein, ein halbverbautes Gemsenrippstück,
viele kleinere Knochen, Haare und die Klauen eines Birkhahns.
Diese Tiere waren also alle nach einander gejagt und verschlungen worden.
Der Magensaft zersetzt die Knochen schichtenweise, um ihnen die Gallerte zu
entziehen, während die toten, zerreiblichen Kalkteile abgehen. Die Natur hat
weise vorgesorgt und die Schädlichkeit des Geieradlers durch diese Organisation
außerordentlich eingeschränkt. Denn müßten seine großen Nahrungsbedürf-
nisse bloß mit Fleischmassen befriedigt werden, so würde der Vogel oft fast
Hungers sterben oder seine unausgesetzten Jagden müßten alles Wild der
Hochalpen nach und nach vertilgen. Die zersetzende Kraft des Magensaftes
ist so stark, daß sie selbst die dicken Hornschuhe von Kälbern und Kühen auflöst und sogar nach dem Tode des Tieres ihre Arbeit noch fortsetzt. Bei
einem Lämmergeier, der frisch auf der Beute geschossen wurde und den man
drei Tage lang liegen ließ, fand man später alle Nahrung (eine Fuchskeule
mit Haut, Haaren und Knochen) in der regelmäßigen Verdauungsgärung
aufgelöst. Die alten Römer kannten diese Virtuosität unseres Vogels gar
wohl und verschrieben deshalb in ihrer fabelhaften Heilkunde als Mittel gegen
schwache Verdauung, einen getrockneten Lämmergeiermagen zu genießen oder
den Magen wenigstens während der Mahlzeit in der Hand zu halten; doch
dürfe dies nicht zu lange geschehen, weil man sonst mager werde! Der Darm
des Lämmergeiers aber habe die wunderbare Eigenschaft, die Verdauung alles
Verschluckten zu bewirken und jegliche Kolik zu heilen.

Der Fähigkeit der Verdauungswerkzeuge entspricht die Gier und Gefräßigkeit dieser Hyäne der Lüfte. Es soll nicht selten geschehen (wenigstens bei
gefangenen Exemplaren geschieht es öfters), daß das Tier die Knochen in den
bereits vollgestopften Kropf und Schlund nicht mehr hinunterwürgen kann,
so daß sie ihm zum Schnabel herausragen, bis es allmählich im Leibe Platz
giebt. Daß es größere Knochen in die Höhe mit fortführt und dann auf
einen Felsen fallen läßt, um sie zu mundgerechten Stücken zu zerschmettern,
ist seit Oppians Zeiten oft behauptet und von Brehm für den spanischen
Bartgeier nachdrücklich geltend gemacht worden.

Die Lebensweise der Lämmergeier in der Freiheit ist noch wenig beobachtet
worden. Es bedarf dazu sehr vieler Geduld, Sorgfalt und Kühnheit; darum

lauten auch die diesfallsigen Berichte nur fragmentarisch. Gewöhnlich fliegen die Geier einige Stunden nach Sonnenaufgang aus und nehmen dann ihre Richtung zunächst nach dem Orte, wo sie zuletzt Beute gemacht, entweder um die Reste derselben zu verzehren, oder um neues Wild zu überfallen. Ruhig hängt der Geier in den Wolken, während sein herrliches Auge das ganze Jagdrevier durchspäht und sein wunderbar feiner Geruchssinn stundenweit eine gewisse Beute wittert. Unter seinem ausgebreiteten Fittig liegt eine Welt. Die Tiere der Alpen weiden ruhig, ohne die tötende Wolke zu ahnen, die in unendlicher Höhe über ihnen schwebt. Sie ahnen sicherer die Gefahr, die von der Seite, von der Erde her kommt und wittern nur die Atmosphäre der Tiefe aus. Plötzlich mit zusammengeschlagenen Flügeln fällt von hinten in schiefer Linie der Geier auf sie herab. Es giebt keine Flucht mehr und kein Versteck; sie sind verloren, ehe sie den Rettungsgedanken gefaßt haben, und folgen zuckend dem Räuber in die Lüfte. Doch nur kleinere Beute, Füchse, Murmeltiere, Lämmer, junge Hunde, Katzen, Zicklein, Wiesel, Hasen, Hühner, welche gewöhnlich durch einen einzigen Schnabelhieb getötet werden, vermag der Raubvogel zu entführen; seine Krallen sind wenig gekrümmt und seine Füße sind nicht stark, nur seine Schwingen und sein Schnabel. Die Tiere werden bald auf dem Flecke verzehrt, bald, aber nur die kleinsten, auf einen bestimmten Felsen, der als Fleischbank dient, hingetragen. Ersieht er sich ein größeres Tier, ein Schaf, eine Gemse oder Ziege, die in der Nähe eines Abgrundes grasen, so kreist er enge über ihnen hin und sucht sie so lange zu ängstigen und zu schrecken, bis sie gegen den Rand der Schlucht fliehen; dann fährt er mit sausendem Fluge dicht an ihnen hin und stößt sie nicht selten mit scharfem Flügelhiebe glücklich in die Tiefe, wo er sich auf die zerschmetterte Beute niederläßt. Selbst kleinere Tiere, wie Lämmer und Zicklein, die er nicht bequem im Fluge entführen kann, schleppt er gern bis zum Felsrand, und läßt sich, indem er sie in den Klauen festhält, langsam mit ihnen in den Abgrund. Er hackt seiner Beute dann zuerst die Augen aus, öffnet darauf den Bauch und frißt erst die Eingeweide, dann die Knochen. Man hat öfters beobachtet, wie er sein Hinabstürzungsmanöver selbst gegen Jäger, die in kritischer Lage auf einem Felsenvorsprung standen oder auf einer schmalen Galerie kauerten, versuchte, und die Betroffenen versicherten, daß das Rauschen, die Schnelligkeit und die Gewalt der ungeheueren Fittige einen betäubenden, fast unwiderstehlichen Eindruck ausübe. Ebenso suchte ein Lämmergeier einen Ochsen, der an einer steilen Kluft stand, ‚hinabzufliegen‘ und setzte seine kühnen Versuche hartnäckig fort; allein der unerschrockene Vierfüßer ließ sich nicht so leicht aus seiner angeborenen Gemütsruhe bringen. Mit gesenktem Haupte stemmte er sich fest auf seine soliden Knochen und harrte ruhig aus, bis dem Geier die Nutzlosigkeit seiner Anstrengungen einleuchtete.

Hat der Vogel in den Vormittagsstunden seine oft meilenweiten Jagdexkursionen in geradem, reißendem Fluge vollendet, was im Winter und

Frühjahr in der Regel paarweise geschieht, so zieht er sich in die von ihm bewohnten Felsen zurück und sitzt, wenn seine Sättigung hinreichend war, den übrigen Teil des Tages gewöhnlich ruhig, scheinbar träge und stupid in seinem Horste oder auf einem nahen Felsenabsatze. Es findet in Bezug auf die Haltung zwischen Adler und Bartgeier ein ähnliches Wechselverhältnis wie zwischen Bussard und Milan statt. Der Adler mit seinem rundförmigen Gefieder und breiten Schwanze sieht im Fluge plump aus, beim Sitzen aber stolz und kühn; der Geier sitzt eingedrückt und schlaff da, im Fluge aber erscheint er mit seinen ungeheueren Flügeln und dem keilförmigen Schwanze als ein schlankes, majestätisches Tier. Hat er nicht Brut zu versorgen oder ist er nicht in seinem Wohnorte beunruhigt worden, so wird man ihn später am Tage kaum mehr fliegen sehen. Ohne eigentlich Strichvogel zu sein, wechselt er doch sein Flugrevier nach den Jahreszeiten. Im Frühjahr bewohnt er die mittlere und obere Alpenregion und nistet in zerklüfteten Kuppen oder auf unzugänglichen, von oben her einigermaßen gedeckten Absätzen der höchsten Felsenwände. Manchmal sieht man die Horste weit umher und der Alpenbewohner kennt sie wohl; sie sind aber unnahbar und selbst außer dem Bereiche der Büchsenkugeln, wie die Horste von Sils und im Kamogaskerthal. Ihre Konstruktion ist einfach, aber großartig, übrigens noch selten von einem Naturforscher untersucht worden. Als Unterlage findet man eine Masse von Heuhalmen, Farnkräutern und Stengeln auf einer großen Anzahl von kreuzweise über einander geschichteten Aststücken und Bengeln liegen; auf diesem Lager ruht erst das kranzförmig aus Reisig geflochtene Nest, dessen Mulde mit Flaum, Haaren und Moos ausgekleidet ist; das Nest allein würde schon ohne die Unterlage das größte Heutuch füllen. Sehr früh im Jahre legt das Geierweibchen seine Eier, deren Zahl wohl nie mehr als zwei beträgt. Leider wurde es versäumt, beim Bartgeier der Zentralalpen rechtzeitig genauere Beobachtungen über das Gelege anzustellen; ebenso ist die Dauer der Brütezeit unbekannt. In einem frischgetöteten Vogel fand Meisner schon in der Mitte Februars ein vollkommen ausgebildetes und zum Legen reifes, weißschaliges Ei. Nach neueren Erhebungen wird im Gebiete des Balkan, des Kaukasus und der Pyrenäen der Horst im Januar mit einem, häufiger mit zwei Eiern belegt; das eine derselben gelangt indessen meist nicht zur Entwicklung: sei es, daß es nicht befruchtet wird, sei es, daß äußere Einflüsse den Embryo zum Absterben bringen. Das Vorkommen zweier Horstvögel erscheint daher nicht als Regel, sondern als Ausnahme. Die Kleinen tragen zuerst ein graues Dunenkleid und haben wegen ihrer großen, unförmlichen Kröpfe und Bäuche ein sehr widerliches und mißgestaltetes Aussehen; das außerordentlich dichte und warme Gefieder der Alten, die ihnen abwechselnd junge Ziegen, Hasen, Lämmer und besonders Murmeltiere und Gemsenkitzen zutragen, hält sie in der Rauheit des Klimas warm, bis sie Ende Julis flügge werden.

Im Sommer fliegen die Lämmergeier gewöhnlich in den höchsten Eis=
gebirgen und besuchen fleißig die obersten Absätze, wo Gemsen, Schaf= und
Ziegenherden weiden. Sie scheinen in dieser Zeit, wo die Jungen bereits
mitfliegen können, sich weniger an die Nähe des Horstes zu binden. Im
Winter zwingt sie die große Verödung der Hochalpen zur Jagd in der Berg=
region; nie aber fliegen sie wie die Adler in die Ebene hinaus. Die Gemsen
haben sich mit den meisten Alpentieren, die nicht Winterschlaf halten, in den
Schutz der Wälder zurückgezogen, wo die Geier nicht jagen. Ein Fuchs,
der sich verspätet hat und erst bei Tagesanbruch nach seinem Bau zurückeilen
will, ein durch den niedrigen, rauschenden Flug aufgescheuchter Hase, etliche
Berghühner und Krähen, vielleicht ein Marder, sind alles, was sie zu erwischen
vermögen. So nötigt sie der Hunger bis weit in die Bergthäler hinunter, wo
sie etwa einen jagenden Hund, eine Katze oder kleine Vögel erbeuten oder in
erstaunlicher Dreistigkeit Aas und Fleischabfälle in der Nähe der Häuser
wegholen. Wenn sie absitzen, was indessen zumeist nur in den höheren Alpen
zu geschehen pflegt, so wählen sie wie die Kondore Felsblöcke zum Ruhepunkt.
Ihre kurzen Füße und langen Flügel würden eine Erhebung vom flachen
Boden schwierig machen. Auf Bäumen sitzen sie höchstens für einen Moment
ab, um Reisig für den Horstbau zu sammeln.

Die Bergbewohner behaupten, die rote Farbe habe eine besondere
Anziehungskraft für diese Geier, und beizen denselben gern mit Rindsblut
auf den Schnee, um sie vor den Schuß zu bringen. Doch mag mehr die von
fern schon sich zeigende Nahrung als die bloße Farbe locken; sie stoßen ebenso
gern auf geröstetes Fuchsfleisch. In Piemont lockt man sie mit gebratenen
Katzen oder legt ein Aas in eine etwas enge Grube. Der gesättigte Vogel
kann sich nicht mehr gut erheben und wird mit Stangen totgeschlagen. Ganz
ähnlich erlegen die Indianer in den Anden die Kondore zu Dutzenden*). Mit
der bloßen Jagdflinte kommt man ihnen im Gebirge sehr selten nahe; dagegen
fängt man sie in wohl zwischen Steinen befestigten, schweren Fuchsfallen. So
wurden noch am 23. und am 25. Dezember 1864 zwei Geier auf dem
Monte Coroni im Maggiathal mit Fangeisen erwischt und lebendig nach
Lugano gebracht; ein Ende Mai 1869 am Popopaß 2000 m ü. M. ebenfalls
im Fuchseisen gefangenes Exemplar zierte später die Ausstellung lebender
Schweizervögel in St. Gallen. Auf Erlegung oder Einfangung steht immer
eine gute Prämie. In Bünden pflegt der Jäger in der ganzen Nachbarschaft
mit dem Tiere herumzuziehen und das Schußgeld einzufordern; die Hirten geben
ihm gewöhnlich etwas Wolle aus Dankbarkeit für den Fang des Schafräubers.

Nicht immer gelingt es dem kühnen Tiere, seine Beute glücklich zu ent=
führen. Es ist uns ein höchst merkwürdiger Fall bekannt, wo ein Lämmer=

___

*) Mein Bruder, J. J. v. Tschudi, wohnte einem solchen Fange bei, in dem
28 Stück erlegt wurden (Peru, II, S. 76).

geier in seinem eigenen Elemente im Kampfe gegen einen Vierfüßer unterliegen mußte. Beim sogenannten Drachenloch unweit Alpnach (Unterwalden) hatte ein Geier einen lebenden Fuchs erwischt und in die Lüfte getragen. Diesem aber gelang es, den Hals zu strecken, seinen Räuber bei der Kehle zu packen und diese zu durchbeißen. Der Geier stürzte tot auf die Erde und Meister Reineke hinkte wohlgemut heimwärts, mochte aber wohl sein Lebelang die sausende Luftfahrt nicht vergessen. Ein ähnlicher Vorfall wurde von dem Krystallgräber Gedeon Trösch von Bristen (Uri) an dem gemsenreichen Gletscher des Oberalpstockes beobachtet. Ein Fuchs lief über den Gletscher und wurde blitzschnell von einem mächtigen Steinadler gepackt und hoch in die Lüfte entführt. Der Räuber fing bald an, sonderbar mit den Flügeln zu schlagen und verlor sich hinter einem Grat. Trösch stieg zu diesem heran, — da lief zu seinem Erstaunen der Fuchs pfeilschnell an ihm vorbei. Auf der andern Seite fand er den sterbenden Adler mit aufgerissener Brust. Ähnlich haben schon oft die kleinen Wiesel Habichte und Bussarde, von denen sie entführt wurden, in der Luft getötet.

Man bezweifelt, daß die Lämmergeier auch Kinder angreifen; es sind indes Beispiele solcher Unglücksfälle zur Genüge bekannt, wobei wir gerne zugeben, daß manches Stücklein der Tradition auf Rechnung des mit ihm verwechselten Steinadlers zu setzen ist, den die Bergbewohner auch ‚Berggeier‘ zu nennen pflegen. Im Urnerlande lebte noch 1854 eine Frau, die als Kind von einem Lämmergeier entführt worden war. In Hundwyl (Appenzell) trug ein solcher verwegener Räuber ein Kind vor den Augen seiner Eltern und Nachbarn weg. Auf der Silberalp (Schwyz) stieß ein Geier auf einen an den Felsen sitzenden Hirtenbuben, begann ihn sogleich zu zerfleischen und stieß ihn, ehe die herbeieilenden Sennen ihn vertreiben konnten, in den Abgrund. Im Berner Oberlande wurde Anna Zurbuchen von ihren Eltern als dreijähriges Kind beim Heuen auf die Berge mitgenommen und in der Nähe eines Stalles auf die Erde gesetzt. Bald schlummerte das Kind ein. Der Vater bedeckte das Gesichtchen mit einem Strohhut und ging seiner Arbeit nach. Als er bald darauf mit einem Heubunde zurückkehrte, fand er das Mädchen nicht mehr und suchte es eine Weile vergeblich. Während dessen ging der Bauer Heinrich Michel von Unterseen auf einem rauhen Pfade dem Bergbache nach. Zu seinem Erstaunen hörte er plötzlich ein Kind schreien. Dem Tone nachgehend, sah er bald von einer nahen Anhöhe einen Lämmergeier auffliegen und eine Zeitlang über dem Abgrunde schweben. Hastig eilte der Bauer hinauf und fand am äußersten Rande das Kind, das außer am linken Arm und Händchen, wo es gepackt worden war, keine Verletzung zeigte, wohl aber bei der Luftfahrt Strümpfe, Schuhe und Käppchen verloren hatte. Die Anhöhe war etwa 1400 Schritte vom bewußten Stalle entfernt. Das Kind hieß fortan das ‚Geier-Anni‘. Die Geschichte wurde im Kirchenbuche von Habchern verzeichnet. Noch vor wenigen Jahren lebte die berühmt gewordene

Person in hohem Alter. In Mürren (ob dem Lauterbacherthal) zeigen die Einwohner eine unzugängliche Felsenspitze, welche diesem hohen Bergdorfe gerade gegenüber liegt. Dorthin über das tiefe Lütschinenthal hat ein Lämmergeier ein in Mürren geraubtes Kind getragen und es auf dem Grat verzehrt. Das rote Röckchen des unglücklichen Geschöpfchens sah man noch lange in den Steinen liegen. Ein weiteres von Charpentier in Bex bekannt gemachtes Beispiel ist folgendes: Am 8. Juni 1838 spielten zwei kleine Kinder, Josephine Delex und Marie Lombard, mit einander am Fuße des Felsens Majoni d'Alesk im Wallis auf einem Rasenplatze, 40 m vom Felsen entfernt. Plötzlich kam Marie weinend zur nahen Hütte gelaufen und erzählte, ihre Gespielin, ein dreijähriges, sehr schwaches Kind, sei plötzlich im Gebüsch verschwunden. Mehr als 30 Personen untersuchten die Felsen und die nahen Abgründe des Torrent d'Alesk und bemerkten endlich am Rande des Felsens einen Schuh, jenseit des Abgrundes ein Strümpfchen. Erst am 15. August entdeckte ein Hirt, Franz Favolat, die Leiche des Kindes oberhalb des Felsens Lato, etwa eine halbe Stunde von dem Orte, wo das Kind verschwunden war. Der Kadaver war ausgetrocknet, die Kleider teils zerrissen, teils verloren. Da das Kind unmöglich allein über den Abgrund kommen konnte, mußte es entweder von einem Lämmergeier oder von einem in der Nähe horstenden Steinadlerpaare geraubt worden sein. Ist in allen diesen Fällen der Thäter zweifelhaft, so ist doch bei einem spätern Attentat, welches durch Dr. Girtanners Nachforschungen genau konstatiert wurde, kein Zweifel mehr möglich. Am 2. Juni 1870 nachmittags 4 Uhr ging Joh. Betschen, ein munterer vierzehnjähriger Bursche, von Kien (im Kienthal, Kanton Bern) nach Aris hinauf, als er etwa tausend Schritte von diesem Weiler auf einer Weide in der Nähe eines Heuschobers plötzlich mit furchtbarer Gewalt von hinten von einem großen Vogel überfallen und mit den ersten Flügelhieben taumelnd zu Boden geworfen wurde. Hier suchte der überraschte Junge sich auf den Rücken zu drehen, indessen die folgenden Flügelschläge ihm um den Kopf sausten und ihm beinahe die Besinnung raubten. Nun erst fuhr der Vogel auf ihn her, packte ihn mit den Krallen in der Seite und an der Brust, benahm ihm mit neuen Flügelhieben beinahe den Atem und begann, mit dem Schnabel auf seinen Kopf einzuhauen. Vergebens suchte der Geängstigte durch Strampeln und Drehen sich den Krallen zu entwinden; erst als er mit den Fäusten so kräftig als möglich auf den Feind einhieb, ließ ihn dieser los und erhob sich etwas, wahrscheinlich zu erneutem Angriff. Da fing der Junge an, aus Leibeskräften zu schreien; ein Weib eilte herbei, und der Vogel verschwand. Der von den Schnabelhieben am Hinterkopf bis auf den Schädel dreifach aufgeschürfte und von den Krallen verwundete Knabe war kaum im stande sich zu erheben. Er beschrieb den Raubvogel in der Färbung des Gefieders und besonders im struppigen Bart unverkennbar als Geieradler und erkannte auch später im Berner Museum in dem alten gelben Bartgeier sofort seinen Feind. —

Überhaupt ist kaum ein Alpenrevier, in welchem nicht ähnliche ältere oder neuere Erfahrungen bekannt sind, die freilich oft im Laufe der Zeit einen etwas mythischen Charakter angenommen haben. Übrigens ist gar nicht abzusehen, was den Lämmergeier von der Entführung eines Kindes abhalten sollte, wenn auch wohl mancher einzelne Fall auf Rechnung des Steinadlers zu setzen ist. Ist der Geier erwiesenermaßen kühn genug, mit Mordgedanken einen Jäger hartnäckig zu umkreisen, ein Rind oder einen Gemsbock anzugreifen und stark genug, eine junge Ziege stundenweit zu tragen, so müßte ihn höchstens eine angedichtete Pietät von dem Kinderraube abhalten.

Ist der Geier in einer Fuchsfalle gefangen, so benimmt er sich bald höchst gelassen und ergiebt sich feige in sein Schicksal; bald haut er wütend mit Flügeln, Krallen und Schnabel um sich, und es wird uns ein Fall erzählt, wo er dem Jäger seine Krallen so tief ins Fleisch schlug, daß sie nach dem Tode des Vogels abgeschnitten und einzeln herausgenommen werden mußten. Ein 1861 bei Maggia (Tessin) gefangener konnte von dem Jäger nicht lebend bezwungen werden und wurde totgeschlagen, ebenso ein junger auf dem Bahnhof in Genf, nachdem er sich aus seinem Behälter befreit und sich niemand seiner zu bemächtigen wagte.

Wir haben Grund genug, ihn nicht nur für heißhungrig und raubgierig, sondern auch für kühn zu halten, wenn er schon in der Gefangenschaft gewöhnlich furchtsam und feige ist. So wird berichtet, daß ein Geier im Gebirge ob Schuders (Bünden) plötzlich auf einen jährigen Ziegenbock herabstürzte und denselben aufhob, als der Bauer eben sein Vieh zur Tränke trieb. Dieser griff rasch nach einem Prügel, schlug auf den Räuber, um ihm sein Eigentum abzujagen, und wurde so handgemein mit ihm. Aber rasch wandte sich das Tier und hieb mit den Fittigen so scharf auf das Männlein, daß dieser es geraten fand, sein Heil in der Flucht zu suchen, worauf der siegreiche Geier ruhig den zappelnden Bock durch die Luft entführte. Der Bauer hieß fortan ‚das Geyrenmannli‘. Die Lebenskraft des Lämmergeiers scheint äußerst zähe, wie ein Abenteuer des schon erwähnten Gedeon Trösch beweist. Dieser fing ein altes Tier, das ihm mehrere Schafe zerrissen hatte, in einer Falle und versetzte ihm drei mächtige Schläge. Dann band er es auf den Rücken und trug es zu Thal. Unterwegs erholte sich der Geier wieder, packte den Träger und dieser rang, indem er sich mit dem Rücken auf die Erde warf, lange mit dem Vogel. In Amstäg erholte sich dieser abermals, schlug furchtbar mit den Flügeln und konnte nur mit großer Mühe erwürgt werden.

An erwachsene Menschen wagt sich der Lämmergeier nur selten und nur in besonderen Fällen, wenn er sich seines Lebens erwehren muß oder seine Jungen verteidigt oder einen Mann in sehr kritischer Lage sieht. Zu solchen Angriffen auf Menschen, die fast hilflos an den Felsen hängen, vereinigen sich manchmal, wie es im Grindelwalde geschah, zwei Lämmergeier; dagegen greift Einer allenfalls auch zwei schlafende oder ruhende Jäger an. Der Angriff ist nicht ein unmittelbarer Kampf. Dazu weiß sich das Tier nicht stark genug, obschon ein großes Exemplar wohl in den meisten Fällen einen Menschen bewältigen würde. Es sucht ihn durch Schrecken, gewaltige Flügelhiebe in den Abgrund zu stürzen und irgendwie mittelbar zu vernichten.

Unser königlicher Vogel scheint mehrfachen Beobachtungen gemäß am Rhätikon in den Alpen von St. Antönien bis zur Scesaplana, deren Kalk= felsen manche schlechterdings unzugängliche Reviere einschließen, nicht ganz selten zu sein. Von dort her besucht er im Winter dreist die höchsten Berg= dörfer der Umgebung. Diesen Umstand benutzen die Jäger, die ihm des Sommers fast nie nahe kommen, bauen kleine Hütten von Baumästen und beizen Aas. Bald wittert es das hungrige Tier und durchschwimmt in ungeheueren Kreisen über dem Fraße die Luft. Die Hütte aber macht ihn mißtrauisch und nur die allgemeine Todesstille ermutigt ihn, die Kreise enger und tiefer zu ziehen, sich nach und nach auf dem Aase niederzulassen und es unter stätem Umherschauen anzugreifen. Auch in diesem Falle müssen noch manche günstige Umstände mitwirken, daß der Geier erlegt werde.

Auf den Churfirsten in der Nähe von Ammon wurde der Geier früher öfters auf der Beize geschossen. Jede andere Jagd, selbst wenn der Horst ausgekundet ist, ist höchst unsicher. Im Domleschg fand ein Jäger einen solchen, den das stäte Pfeifen der zwei Jungen verriet, und legte sich, da es ganz unmöglich war, dem durch einen überhängenden Felsenvorsprung beschützten Neste beizukommen, in den Hinterhalt, um den Alten aufzupassen. Ganze Tage lang lag er geduldig mit seiner Kugelbüchse dem Geschäfte ob. Aber die Alten zeigten sich oft während zwölf Stunden nicht, obschon die Jungen jämmerlich pfiffen und ihre Köpfe über das Nest hinausstreckten. Kam die Mutter, so schoß sie, die Beute in den Krallen, unversehens und blitzschnell geraden Wegs in den Horst und flog ebenso rasch wieder ab. Der Vater kam oft in die Nähe, kreiste aber, des unsichtbaren Jägers Nähe witternd, schreiend mit seiner Beute in den Lüften und verschwand wieder, ohne sie abgegeben zu haben. Endlich am fünften Tage flog die Mutter wieder zu; in der Hast ließ sie aber die Beute über den Rand des Nestes hinunterfallen. Sie bemühte sich, dieselbe noch in der Luft zu erhaschen, verfehlte sie aber, und setzte sich eben auf einen tiefer gelegenen Felsenabsatz, als die Kugel des Jägers sie durchbohrte. Die Speise, die sie den Jungen bestimmt hatte, bestand aus der vorderen Hälfte eines neugeborenen Lammes, an der noch das ganze Vließ des Hinterteiles hing. Der Jäger wußte mit seinem geschossenen Vogel nicht viel anzufangen. Er zog ihm die großen Federn aus und schenkte sie den Knaben des Dorfes, die damit von den Hühnerbesitzern Eier sammelten und ihm die Hälfte derselben brachten.

Manchmal gelingt es den kühnen Söhnen des Gebirges, sich der jungen Geier im Neste zu bemächtigen, — eine mühsame, lebensgefährliche Arbeit, da die Vögel an furchtbar steilen und wilden Felsen horsten und ihre Brut

ebenso wütend wie hartnäckig verteidigen. So sah im Glarnerlande ein Harz=
sammler einen Horst hoch in den Felsen, kletterte mit unendlicher Mühe hinauf,
fand zwei flügge Junge, die eben ein Eichhörnchen mit Haut und Haaren
verspeißten, band ihnen die Füße zusammen, warf sie über den Rücken und
kletterte wieder die Felswand hinunter. Das pfeifende Geschrei der Flaum=
vögel lockte inzwischen die Alten herbei. Nur mit knapper Not gelang es dem
Manne, mit der stets geschwungenen Axt die Geier abzutreiben, und vier
Stunden lang verfolgten sie ihn wütend bis ins Thal hinab, wo er endlich
das Dorf Schwanden erreichen und seine Beute in Sicherheit bringen konnte.
Der berühmte Gemsenjäger Josef Scherrer von Ammon ob dem Walensee
erkletterte barfuß mit der Flinte auf dem Rücken einen Geierhorst, in dem er
Junge vermutete. Ehe er denselben erreicht hatte, flog das Männchen herbei
und wurde durchbohrt. Scherrer lud die Flinte wieder und kletterte in die
Höhe. Allein beim Neste stürzte mit fürchterlicher Wut das Weibchen auf
ihn, packte ihn mit den Fängen an den Hüften, suchte ihn vom Felsen zu
stoßen und brachte ihm tüchtige Schnabelhiebe bei. Die Lage des Mannes
war entsetzlich. Er mußte sich mit aller Gewalt an die Felswand stemmen und
den alten Geier abwehren, ohne die Flinte aufnehmen zu können. Seine Geistesgegenwart rettete ihn aber vor dem sichern Verderben. Mit der einen Hand
richtete er den Lauf der Flinte auf die Brust des an ihm haftenden Vogels, mit
der nackten Zehe spannte er den Hahn und drückte los. Der Geier stürzte tot
in die Felsen hinab. Für die beiden alten und die zwei jungen Vögel erhielt
der Jäger vom Untervogte in Schännis — fünf und einen halben Gulden
Schußgeld. Die tiefen Wundenmale am Arme aber behielt er sein Lebenlang.

In Ländern, wo die Lämmergeier neben anderen großen Raubvögeln
wohnen, sollen sie öfters von diesen verfolgt werden. So berichtet man aus
der Nähe von Semlin, daß zwei Bartgeier von sechs Seeadlern und mehreren
kahlköpfigen Geiern angefallen wurden, wobei sich jene so tapfer wehrten
und in die Seeadler so heftig verkrallten, daß endlich der ganze Schwarm
auf die Erde stürzte und von einem Hirten mit Prügeln auseinandergebracht
wurde. Der am härtesten getroffene Lämmergeier flog dem Walde zu, überfiel am nächsten Morgen einen zehnjährigen Hirtenknaben und wurde auf
demselben abgefangen.

Die Nestjungen lassen sich mit Fleischnahrung leicht aufziehen und
werden zahm. Wertvolle Beobachtungen an gefangenen Exemplaren stellten
die schweizerischen Forscher Scheitlin, Salis, Amstein, Schläpfer, Th. Conrad
auf Baldenstein und Dr. A. Girtanner an. Scheitlin erhielt zwei alte, in
Bünden mit Fuchsfallen gefangene Vögel. Dem einen wurde eine Kammer
eingeräumt, wo er mit einem Stricke auf eine Querstange gebunden ward;
allein er riß denselben jedesmal bald mit einigen Schnabelhieben entzwei.
Auch auf eine Kette biß er, aber vergeblich; doch mühte er sich so hartnäckig
ab, daß man ihn abband. Anfangs sträubte er gegen jeden, der ihm nahte,

die Kopffedern auf, später nur gegen Fremde, verwundete aber nur selten
jemand. Alles Neue sah er aufmerksam an. Seinen Pfleger kannte er in
ungewohnter Kleidung nur, wenn er zu ihm gesprochen hatte, und ließ sich
von ihm streicheln, die Flügel ausbreiten und in die Höhe heben. Im Zimmer
gehaltene Murmeltiere beachtete er nicht, wenn sie auch vor seinen Augen
umherliefen. Gegen Hunde sträubte er sich und machte große Augen, ohne
auf sie loszufahren. Sie fürchteten ihn nicht, wohl aber die Katzen, die wie
wütend in der Kammer umhersprangen. Tauben, Krähen, Elstern, die man
ihm zwischen die Füße setzte, blieben gleichgültig sitzen, ließen sich von ihm
langsam mit einer Kralle anpacken, worauf er sie auf die Stange niederlegte
und ihnen ganz bedächtig, ohne ein Zeichen von Mordlust, den Kopf abriß.
Dann riß er ihnen ebenso langsam von hinten nach vorn den Bauch auf,
kneipte die Füße und Flügel ab und schälte den Rumpf aus dem Federkleide.
Er liebte vorzugsweise Knochen und alles rohe Fleisch und ließ sich an nichts
anderes gewöhnen. Gemsenfleisch, Leber und Hirn genoß er sehr gern, nie
kleine Vögel oder Fische und lieber Totes als Lebendiges. Selten fraß er
mehr als 500 g Fleisch oder Knochen auf einmal, verschlang aber auch
große Knochenstücke mit scharfen Spitzen ohne Beschwerde. Träg und stumpf
saß er Jahr aus und ein den ganzen Tag auf einer Stange, oft geduckt, mit
offenem Schnabel, vorliegender Zunge und eingezogenem Halse, nach Art der
echten Geier. Stellte man ihn auf den Boden, so sah er zur Stange empor
und konnte sich lange nicht zum Hinauffliegen entschließen. Flog er endlich
auf, so geschah es schwerfällig. Steckte man ihm eine Tabakspfeife in den
Schnabel, so behielt er sie stundenlang darin, ohne sich für selbe zu interessieren.
Töne irgend einer Art affizierten ihn nicht. Nur sein Auge verriet viel Leben;
kein Tier hat ein schöneres, nur wenige ein so schönes. Doch läßt es mehr
Wildheit als Verstand ahnen. Der Geier trank gern Wasser und Milch.
Von Läusen geplagt, ließ er sich willig mit Öl bestreichen und schien den
Liebesdienst zu erkennen. Für alle Kühlung dankte er mit Ruhe und Gelassen=
heit. Der andere Lämmergeier erkrankte, seufzte oft vollkommen wie ein Mensch
und ließ sich gern pflegen. Als ihm seine Flügel anfingen zu erlahmen, senkte
er sich, beinahe auf dem Bauche sitzend, auf die Stange; dann flog er auf den
Boden, legte sich auf die Seite, immer seufzend, nie wimmernd, bis er mit
völliger Resignation schön und ruhig wie ein Mensch verendete. Th. Conrad
besaß etwa sieben Monate lang ein aus dem Neste genommenes Exemplar,
das allmählich ganz zahm wurde und mit seinem Pfleger gern spielte. Es
trank täglich, oft ziemlich viel auf einmal, mehr wenn es Knochen, als wenn
es Fleisch gefressen. Mit Knochen flog es, nach Art des spanischen Bart=
geiers, öfters in die Höhe, um sie fallen zu lassen und zu zerbrechen, was
sonst an unseren freilebenden Bartgeiern noch nie beobachtet worden ist.
Frisches Fleisch zog es übelriechendem vor, fraß aber täglich nur etwa
250 g und verschluckte Rippen und die derbsten Röhrenknochen. Hammel=

und Katzenfleisch war ihm besonders angenehm; doch nahm es auch Mäuse an, nie aber gefrornes Fleisch. Kleinere Beute trug es im Schnabel, größere mit den Fängen weg. Es gab regelmäßig das Gewöll her und badete oft und gern. Der von Girtanner gepflegte, am Fuße durch die Falle stark verletzte weibliche Bartgeier zeigte sich anfangs halb zornig, halb ängstlich aufgeregt; später wurde er etwas zutraulicher und ließ sich von seinem Pfleger am Hals (nie aber am Rücken) krauen, wobei er behaglich die Augen schloß, gab ihm aber gelegentlich einen instruktiven Begriff von der Heftigkeit seines Temperamentes und der überwältigenden und betäubenden Wucht seines Flügelhiebes, so wie von der Kraft seines Hakenschnabels, von dessen Hieben der Behälter erzitterte und Späne flogen. Im Zustande der Aufregung flammte sein Auge, blutrot glühte der schwellende Augenring und drohend hoben sich Flügel und Schnabel. Er trank viel Wasser und liebte das Bad; Vierfüßer zog er Vögeln vor und verschmähte schlechtes Aas. Knochen und Aas behagten ihm gleich, und beinahe faustgroße Stücke von Röhrenknochen schlang er, wenn er bemerkt hatte, daß sie noch mit Mark gefüllt waren. „Messerscharfe Knochenkanten und nadelfeine Spitzen und Ecken genierten ihn nicht im mindesten. War der Sack scheinbar voll, so führte er einige heftige Schlingbewegungen aus, bei denen er den Kopf fast völlig um seine Achse drehte. Ich konnte dann, neben ihm stehend, deutlich das knarrende Reiben der spitzen Knochen, die sich im Vormagen über einander schoben, hören, und beim Zufühlen schien es unbegreiflich, daß sie die dünnen Wandungen nicht durchbohrten. Sperrten sich bei hastigem Fressen wohl einmal spitze Knochen im Schlunde querüber, so würgte er sie, oft unter großen Mühsalen und Schmerzenstönen, wieder aus, wobei meist ziemliche Quantitäten des ekelhaft riechenden, ziemlich farblosen Magensaftes aus dem Schnabel rannen. Geschickter warf er die Stücke sofort nochmals hinunter. Durch ½—¾ kg Fleisch wurde der Sack strotzend gefüllt, mehr faßte er nicht." Das Tier starb an allgemeiner Fettsucht und wog 7¾ kg.

Andere gefangene Geier waren noch lebhafter, gieriger, gewaltthätiger. Natürlich verändert die beengte Lebensweise das Naturell oft bis zur Unkenntlichkeit, und es wäre thöricht, von dem Charakter eines halbkranken, gefangenen Tieres auf den des freien Geiers schließen zu wollen, dessen Kühnheit und Gewalt den Alpenbewohnern bekannt genug ist. Ein durch ein paar Schrotkörner beim Schusse geblendetes Exemplar wurde in Chur mehrere Jahre lang lebend erhalten. Obwohl ungefesselt im Hofe placiert, mochte es sich nur ungern von der Sitzstange entfernen, auf der es oft mächtig mit seinen Flügeln wehte. War ihm das Futter auf die Erde gefallen, so stieg es höchst behutsam ab, tastete aber mit den Flügeln sorglich, die Nähe des Stangenpflocks nicht zu verlieren und dachte nie an einen Fluchtversuch. Ein altes gefangenes Geierpaar baute sich im Frühling 1857 in Bern einen Horst und das Weibchen belegte denselben mit einem Ei, das aber unbebrütet blieb.

Erst in neuerer Zeit sind auch die übrigen Geierablerarten der alten Welt durch die Gebrüder Brehm zumteil näher bekannt gemacht worden, nämlich:

Der kleine Geieradler (G. barbatus subalpinus. *Brm.*), nur 90 bis 100 cm lang, an der Fußwurzel bis auf 18 mm unbefiedert und im ganzen höher gefärbt als der schweizerische. Seine Lebensweise entspricht der des letzteren. Er bewohnt die Gebirge Sardiniens, Siziliens und Griechenlands, und berührt in der Alpenkette den Verbreitungsbezirk desselben.

Der westliche Geieradler (G. b. occidentalis. *Schleg.*), 102 bis 114 cm lang, nur wenig kleiner als der unsrige, ihm sehr ähnlich, mit ganz befiederter Fußwurzel, aber breiterem schwarzen, auf dem Oberkopfe in große, schwarze Längsflecken auslaufenden Augenstreifen, lebhafter hochrostgelb gefärbtem Unterleibe, der aber im hohen Alter rein weiß werde. Er bewohnt die Gebirge Spaniens und Portugals bis auf 2400 m ü. M. und scheint in Charakter und Lebensweise von dem schweizerischen abzuweichen, indem er als bloßer Aasfresser sehr harmloser Natur sein soll, durchaus kein Geflügel berühre und nie eine weidende Herde gefährde.

Der nacktfüßige Geieradler (G. nudipes. *Brm.*), nur 93 cm (Männchen) lang, lebhaft gefärbt, das ganze Kinn und die Unterkiefer bis zur Spitze bebartet, die Befiederung wenig reich und die Füße bis auf ein Drittteil (4 cm) nackt. Er bewohnt die Gebirge ganz Afrikas vom Kap der guten Hoffnung bis Abessinien, wo er bei 3900 m ü. M. nicht selten ist.

Die altaischen und sibirischen Formen sind neuerdings genauer untersucht worden.

Die Neuzeit hat unsere Kenntnisse über die geographische Verbreitung des Bartgeiers wesentlich erweitert. Der beste Kenner dieses Vogels, Dr. A. Girtanner, hat bisher über 70 Exemplare aus verschiedenen Gebieten der alten Welt in allen Altersstadien untersucht und neigt der Ansicht zu, daß die verschiedenen Formen geographische Varietäten einer einzigen Art bilden. Die afrikanischen Lämmergeier unterscheiden sich vom europäischen durch geringere Körpergröße und stärkeren Bart. In Asien traf der russische Reisende Przewalsky den Gypaëtos im Altai, in der Wüste Gobi, in der Mongolei und im nördlichen Tibet, wo er schon Anfangs Januar in Fortpflanzung begriffen ist.

In den schweizerischen Alpen ist der Lämmergeier als Nistvogel bereits ausgestorben oder doch dem Aussterben sehr nahe. Das letzte Exemplar, dessen schweizerisches Bürgerrecht unbestritten ist, lebte in den Lötschenthaleralpen im Wallis und besaß seinen Horst am Hohgleifen. Es war ein Weibchen im Greisenkleid und wurde von den Leuten seiner Gegend ,'s alt Wyb' genannt. Sein Männchen wurde im Jahre 1862 abgeschossen und ging später in den Besitz des Königs von Bayern über. Das ,alte Wyb' lebte seit jener Zeit im Witwenstande und ging im Februar 1887 in kläglicher Weise zu Grunde, es wurde unweit Viege tot in der Nähe eines vergifteten Fuchskadavers aufgefunden und kam später in das Museum von Lausanne. Seither wurde nochmals ein Bartgeier in der Schweiz beobachtet und zwar im Sommer 1888, wo Saratz ein altes Exemplar im Roseggthale fliegen sah. Die schweizerische Herkunft desselben ist jedoch zweifelhaft, vermutlich entstammte es den benachbarten Alpen Österreichs und unternahm zeitweise Ausflüge nach dem Engadin. Wir kennen gegenwärtig mit Sicherheit keinen einzigen Fall, daß in der Schweiz ein noch besetzter Lämmergeierhorst vorkommt. Wenn die Zukunft nicht noch einen solchen in irgend einem schwer zugänglichen Bergrevier des Wallis oder des Tessin aufdeckt, so ist mit der Lötschenthaler Witwe wohl der letzte schweizerische Lämmergeier vom Schauplatze des Lebens abgetreten.

VI. Die Alpenhasen.

Lebensweise und Farbenwechsel. — Verbreitung und Ernährung. — Jagd. — Vermischung.

Wo die braunen oder grauen Berghasen aufhören, tritt eine verwandte Art auf, um diese Nagetiere in den höheren Regionen zu ersetzen, nämlich die der veränderlichen, weißen oder Alpenhasen (Lepus variabilis), die, wie sie in unseren Alpen die kältesten der bewohnbaren Reviere aufsuchen, so auch zu den Bewohnern des hohen europäischen und asiatischen Nordens gehören.

Der Alpenhase (Schneehase) unterscheidet sich in Körperbau und Temperament entschieden vom Feldhasen. Er ist munterer, lebhafter, intelligenter, dreister, in seinen Bewegungen leichter, weniger dummscheu. Der Kopf ist kürzer, runder, die Nase dicker, der Schädel gewölbter, die Backen sind verhältnismäßig breiter, die Ohren verhältnismäßig kürzer und überragen, angedrückt, die Schnauze nur um ein Weniges*). Die Hinterläufe sind länger als beim Feldhasen, die Sohlen stärker bewollt, mit tiefer gespaltenen, weiter ausspannbaren Zehen, welche auch mit längeren, stärker gekrümmten Nägeln bewaffnet sind. Die Augen sind nicht wie bei den Albinos rot, sondern braun wie die des Feldhasen. Der ganze Rumpf ist kleiner, zarter, schmaler, aber die Behaarung dichter als bei seinem tiefländischen Vetter. Das Gewicht beträgt durchschnittlich nicht viel über 2—2³/4 kg; stärkere Tiere sind selten. Die Bündner Bergjäger wollen zweierlei Hasen unterscheiden, die im Winter weiß werden, und nennen sie Wald- und Berghasen oder Grathasen, von

---

*) Die Angabe von Blasius (Fauna der Wirbeltiere Deutschlands I, 421), das angedrückte Ohr rage nicht bis zur Schnauzenspitze vor, trifft nach einer Reihe angestellter Beobachtungen bei unseren schweizerischen Alpenhasen nicht zu.

ALPENHASEN.

denen die ersteren größer seien und auch im Sommer nicht über die Holz=
grenze gingen, während die letzteren kleiner und dickköpfiger wären als die
weißen Waldhasen. Die Grathasen, meist über dem Holzwuchs lebend,
verstecken sich, wenn sie gejagt werden, mit großer Vorliebe und Pfiffigkeit in
Erdlöcher und Steinspalten, was andere Hasen nur verwundet und hitzig
verfolgt thun, da sie zahlreiche Wald= und Buschverstecke vor den Grathasen
voraushaben.

Wenn im Dezember die Alpen alle im Schnee begraben liegen, ist dieser
Hase so rein weiß wie der Schnee; nur die Spitzen der Ohren bleiben schwarz.
Die Frühlingssonne erregt vom März an einen sehr interessanten Farben=
wechsel. Er wird zuerst auf dem Rücken grau und einzelne graue Haare
mischen sich immer reichlicher auch auf den Seiten ins Weiße. Im April
sieht er sonderbar unregelmäßig gescheckt oder besprenkt aus. Von Tage zu
Tage nimmt die graubraune Färbung überhand und ist im Mai ganz vollendet,
das Wollhaar weißlich grau, das Oberhaar an der Wurzel grau, mitten
schwarz, an der Spitze braungelb. Weichen und Brust sind heller gefärbt.
Die einzelnen Haare erscheinen beim Feldhasen derber als beim Alpenhasen.
Im Herbst fängt er schon mit dem ersten Schnee an, einzelne graue Haare
zu bekommen; doch geht, wie in den Alpen der Sieg des Winters sich rascher
entscheidet als der des Frühlings, der Farbenwechsel im Spätjahr schneller
vor sich und ist von Anfang des Oktobers bis Mitte Novembers vollendet.
Dann ist der ganze Balg silberweiß; nur die Basis der größeren Schnurr=
haare, der obere Ohrrand innen und außen bleiben schwarz, die dünn behaarte
Haut der inneren und äußeren Ohrmuschel schwärzlich, die untere Seite der
Unterläufe schmutzig braungrau und die Nägel schwarzgrau. Wenn die Gemsen
schwarz werden, wird ihr Nachbar, der Hase, weiß. Dabei bemerken wir
folgende interessante Erscheinungen: Zunächst vollzieht sich die Umfärbung
nicht nach einer festen Zeit, sondern richtet sich nach der jeweiligen Witterung,
sodaß sie bei frühem Winter früher eintritt, ebenso bei frühem Frühling und
immer mit dem Farbenwechsel des Hermelins und des Schneehuhns, die den
gleichen Gesetzen unterliegen, Schritt hält. Ferner scheint zwar die Herbst=
färbung infolge der gewöhnlichen Wintermauserung vor sich zu gehen; die
braunen Sommerhaare fallen aus und die neuen dichtern Haare sind weiß; —
der Farbenwechsel im Frühling scheint dagegen an der gleichen Behaarung
sich zu vollziehen, indem erst die längeren Haare an Kopf, Hals und Rücken
von ihrer Wurzel an bis zur Spitze schwärzlich werden, die unteren weißen
Wollhaare dagegen grau. Doch ist es noch nicht ganz gewiß, ob nicht auch
im Frühjahr vielleicht eine teilweise Mauserung vor sich gehe*). Im Sommer=

---

*) Conrado von Baldenstein hält dafür, daß im Herbst keine Enthärung statt=
finde, sondern sich die braunen Haare weiß färben, während neue weiße Haare gleich=
zeitig dazwischen herauswachsen. Im Frühling dagegen mache die lange weiße Wolle
stellenweise der noch kurzen graulichen Platz.

kleid unterscheidet sich der Alpenhase insoweit vom gemeinen Hasen, daß jener olivengrauer ist mit mehr Schwarz, dieser rötlichbraun mit weniger Schwarz. Ersterer hat eine trübweiße, letzterer eine reinweiße Unterseite.

Es findet sich beim gemeinen Hasen auch hin und wider eine weiße Varietät, die nicht mit dem Alpenhasen zu verwechseln ist; sie hat rote Augen wie alle Albinos und bleibt beständig weiß.

Der geschilderte Farbenwechsel wird bei allen betreffenden Tieren als Vorbote der zunächst eintretenden Witterung angesehen; selbst der einsichts= volle Prior Lamont auf dem großen St. Bernhard teilte diesen Glauben und schrieb am 16. August 1822: „Wir werden einen sehr strengen Winter bekommen; denn schon jetzt bekleidet sich der Alpenhase mit seinem Winterfell“. Wir glauben aber vielmehr, daß der Farbenwechsel nur Folge des bereits eingetretenen Wetters ist, und das gute Tier kommt mit seiner angeblichen Prophezeikunst selbst oft schlimm weg, wenn seine Winterbehaarung sich bereits gelichtet hat und abermals Frost und Schnee eintritt. Man behauptet auch, unser Hase bringe seine Zähne mit auf die Welt und wechsle sie, wes= halb die Vorderzähne im Alter gelb, die Backzähne schwarz würden. Je älter er ist, desto länger und stärker wird auch sein Schnurrbart.

Seine Verbreitung umfaßt außer dem hohen Norden die ganze euro= päische Alpenkette, auch Schottland und Irland. Doch variiert die Art nach den verschiedenen Ländern beträchtlich. In den milden Wintern Irlands und im südlichen Schweden werden die Alpenhasen nicht weiß, wohl aber in Schottland, Finnland, im nördlichen Schweden und Norwegen, in Nordruß= land und Sibirien. Im hohen Norden Europas, Asiens und Amerikas (Lepus glacialis Grönlands) ziehen sie die dunkle Sommertracht nicht an, sondern bleiben bis auf die schwarze Ohrspitze beständig weiß.

Unser Alpenhase ist in allen Alpenkantonen sicher in der Höhe zu treffen, aber in der Regel nicht so zahlreich als der braune Hase in den unteren Regionen. Wo der Waldwuchs hoch in den Gebirgen ansteigt, wird unser Hase immer zahlreicher sein, als wo er früher zurückbleibt. So ist z. B. der Säntis auffallend arm an diesem Gewild. In den offenen, buschlosen Steinhalden kann sich der Schneehase nur sehr schwer halten. Alpenkrähen und Raben fressen seine Jungen, und Adler und Füchse rauben sogar die Alten. So groß indes seine horizontale Verbreitung zu sein scheint, so beschränkt ist seine vertikale. Im Sommer, überhaupt während des größten Teils des Jahres, hält er sich am liebsten zwischen der Tannengrenze und dem ewigen Schnee auf, ungefähr in gleicher Höhe mit dem Schneehuhn und Murmeltier, zwischen 1780 und 2600 m ü. M.; doch streift er oft viel höher. Lehmann sah ein Exemplar dicht unter dem obersten Gipfel des Wetterhorns bei 3600 m ü. M. Der hohe Winter treibt ihn den tiefern Bergwäldern zu, die ihm Schutz und freie Äsung gewähren; man kann ihn alsdann bis 650 m ü. M. treffen (in der Nähe St. Gallens sogar sind in neuerer Zeit zwei

Exemplare erlegt worden) und am gleichen Bergrücken auf der Sonnenseite braune, auf der Schattenseite weiße Hasen jagen; doch geht er nicht gern unter 1000 m ü. M. und zieht sich so bald als möglich wieder nach seinen lieben Höhen zurück.

Im Sommer lebt unser Tierchen ungefähr so: Sein Standquartier ist zwischen Steinen, in einer Grotte oder unter den Leg= und Zwergföhren. Hier liegt der Rammler gewöhnlich mit aufgerichtetem Kopfe und stehenden Ohren im Nest; die Häsin dagegen pflegt den Kopf auf die Vorderläufe zu legen und die Ohren zurückzuschlagen. Früh morgens oder noch öfter schon in der Nacht verlassen beide das Nest und weiden auf den sonnigen Gras= streifen, wobei die Löffel gewöhnlich in Bewegung sind und die Nase häufig umherschnobert, ob nicht einer der vielen Feinde in der Nähe sei, ein Fuchs oder Baummarder, der freilich nur selten bis in die Höhe streift, ein Geier, Adler, Falke, Rabe — vielleicht auch ein Wiesel, das des jungen Hasen wohl Meister wird. Seine liebste Nahrung besteht in den verschiedenen Kleearten, den betauten Muttern, Schafgarben und Violen, in den Zwergweiden und in der Rinde des Seidelbastes, während er den Eisenhut und die Germern= stauden, die auch ihm giftig zu sein scheinen, selbst in der nahrungslosesten Winterszeit unberührt läßt. Ist er gesättigt, so legt er sich der Länge nach ins warme Gras oder auf einen sonnigen Stein, auf dem er nicht leicht bemerkt wird, da seine Farbe ziemlich mit der des Bodens übereinstimmt. Wasser nimmt er nur sehr selten zu sich. Auf den Abend folgt eine weitere Äsung, wohl auch eine hüpfende Promenade an den Felsen hin oder durch die Weiden, wobei er sich oft hoch auf die Hinterbeine stellt. Dann kehrt er zu seinem Neste zurück. Des Nachts ist er der Verfolgung des Fuchses, der Iltisse und Marder ausgesetzt; der Uhu, der ihn leicht bezwingen würde, geht nicht bis in diese Höhe. Mancher aber fällt den großen Raubvögeln der Alpen zu. Unlängst haschte ein auf einer Tanne lauernder Steinadler in den Appenzeller Bergen (auf Sollalp) einen fliehenden Alpenhasen vor den Augen der Jäger weg und entführte ihn durch die Luft; im Jahre 1869 ist uns selbst auf Klusalp Gleiches begegnet.

Im Winter gehts oft notdürftig her. Überrascht ihn ein früher Schnee, ehe er sein dichteres Winterkleid angezogen, so geht er oft mehrere Tage lang nicht unter seinem Busche oder Steine hervor und hungert und friert. Ebenso bleibt er oft im Felde liegen, wenn ihn ein starker Schneefall überrascht. Er läßt sich wie die Birkhühner und Schneehühner ganz einschneien, oft 60 cm tief, und kommt erst hervor, wenn ein Frost den Schnee so hart gemacht hat, daß er ihn trägt. Bis dahin scharrt er sich unter demselben einen freien Platz und nagt an den Blättern und Wurzeln der perennierenden Alpenpflanzen. Ist der Winter völlig eingetreten, so sucht er sich in den dünnen Alpenwäldern Gras und Rinde. Gar oft gehen die Alpenhasen in dieser Jahreszeit zu den oberen Heuställen. Gelingt es ihnen, durch Schlüpfen und Springen zum

Heu zu gelangen, so setzen sie sich darin fest, oft in Gesellschaft, fressen eine gute Portion weg und bedecken den Vorrat mit ihrer Losung. Allein um diese Zeit wird gewöhnlich das Heu ins Thal geschlittet. Dann weiden die Hasen fleißig der Schlittenbahn nach die abgefallenen Halme auf oder suchen nachts die Mittagsstationen der Holzschlitter auf, um den Futterrest zu holen, den die Pferde zurückgelassen haben. Während der Zeit des Heuabholens verstecken sie sich gern in die offenen Hütten oder Ställe und sind dabei so vorsichtig, daß ein Hase auf der vordern, der andere auf der hintern Seite sein Lager aufschlägt. Nahen Menschen, so laufen beide zugleich davon; ja man hat schon beobachtet, wie der zuerst die Gefahr erkennende, statt das Weite zu suchen, erst um den Stall herumlief, wie um seinen schlafenden Kameraden zu wecken, worauf dann beide mit einander flüchteten. Sowie der Wind die sogenannten Staubecken vom Schnee entblößt hat, kehrt der Hase wieder auf die Hochalpen zurück.

Ebenso hitzig in der Fortpflanzung wie der gemeine Hase, bringt die Häsin in jedem Wurfe 2—5 Junge, die nicht größer als rechte Mäuse und mit einem weißen Fleck an der Stirn gezeichnet sind, schon am zweiten Tage der Mutter nachhüpfen und sehr bald junge Kräuter fressen. Der erste Wurf fällt gewöhnlich auf den April oder Mai, der zweite auf den Juli oder August; ob ein dritter nachfolge oder ein früherer vorausgehe, wird öfters bezweifelt, während die Jäger behaupten, vom Mai bis zum Oktober in jedem Monat Junge von Viertelsgröße angetroffen zu haben. Jedenfalls richtet sich auch beim Alpenhasen die Befruchtung mehr nach der Witterung als dem Monat, und wir haben nicht ohne Verwunderung in einem am 12. Dezember 1858 in den Werdenberger Bergen geschossenen Exemplare drei fast ausgetragene Embryonen gefunden, während doch der Winter schon Ende Oktober mit Macht aufgetreten war, dann aber Mitte November einigen warmen Sommertagen Raum gelassen hatte. Der Setzhase trägt seine Frucht 30—31 Tage und säugt sie dann kaum 20 Tage. Der wunderliche Irrtum, daß es unter diesen Hasen Zwitter gebe, die sich selbst befruchten, dürfte den meisten Bergjägern schwer auszureden sein. Es ist fast unmöglich, das Getriebe des Familienlebens zu beobachten, da das Gehör der Tiere so scharf ist und die Jungen sich außerordentlich gut in alle Ritzen und Steinlöcher zu verstecken verstehen.

Die Jagd hat ihre Mühen und ihren Lohn. Da sie gewöhnlich erst stattfinden kann, wenn die Alpenregion im Schnee liegt, so ist sie beschwerlich genug. Doch ist sie vielleicht weniger unsicher als die auf anderes Wild, da des Hasen frische Spur seinen Stand genau anzeigt und das Tier fester liegen bleibt und eher zurückschlägt als der Feldhase. Wenn man die Weidgänge entdeckt hat, die er oft des Nachts im Schnee aufzuwühlen pflegt, und dann der Spur folgt, die sich einzeln davon abzweigt, so stößt man auf viele Widersprünge kreuz und quer, die das Tier nach beendeter Mahlzeit, von der es sich nie geraden Weges in sein Lager begiebt, zu machen pflegt. Von hier aus geht eine ziemliche Strecke weit eine einzelne Spur ab. Diese krümmt sich zuletzt, zeigt einige wenige Widergänge (in der Regel weniger als beim braunen Hasen), zuletzt eine ring= oder schlingenförmige Spur in der Nähe eines Steines, Busches oder Walles. Hier wird der Hase liegen und zwar bald auf dem Schnee der Länge nach ausgestreckt, bald im Tannendickicht gut verborgen, oft mit offenen Augen schlafend, wobei er mit den Kinnladen etwas klappert, so daß seine Löffel beständig in zitternder Bewegung sind. Ist das Wetter aber rauh, begleitet von dem eisigen Winde, der oft in jenen Höhen herrscht, so liegt der Hase entweder im Schutze eines Steines oder in einem Scharrloche im Schnee fest. So kann ihn der Jäger leicht schießen; es ist schon geschehen, daß das Tier noch nach einem Fehlschusse im Neste liegen blieb. Gewöhnlich aber flieht er in gewaltigen Sätzen mit stürmischer Eile, geht aber nicht allzuweit und kommt leicht wieder vor den Schuß. Das Krachen und Knallen schreckt ihn nicht; er ist dessen im Gebirge gewohnt. Es stört auch die anderen nicht auf, und oft bringt ein Jäger am Abend drei bis vier Stück heim, die alle am Neste geschossen wurden. In diesem wird man aber nie zwei beisammen finden, selbst in der Brunstzeit nicht. Die Fährte des Alpenhasen hat etwas Eigentümliches; sie besteht aus großen Sätzen mit verhältnismäßig sehr breitem Auftritt, aus dem der Jäger sogleich unter= scheidet, ob ein Feld= oder ein Schneehase gegangen sei. Wie bei den Gemsen, ist die Fußbildung des Alpenhasen vortrefflich für den Aufenthalt im Schnee= reiche organisiert. Die Sohle ist schon an sich breiter, die Füße dicker als beim gemeinen Hasen; im Laufe breitet er die Zehen, die ihm dann wie Schnee= schuhe dienen, weit aus und sinkt nur leicht ein; auf dem Eise leisten die gekrümmten Krallen vortreffliche Dienste. Jagt man ihn mit Hunden, so bleibt er viel länger vor dem Vorstehhunde liegen als sein Vetter im Tief= lande und schlüpft bei der Verfolgung nicht selten kaninchenartig in die engen Röhren der Murmeltierbauten, unter Baumwurzeln u. dgl., nicht aber in Fuchslöcher, ausgenommen wenn er tödlich verwundet ist, wo er sich in jedes beliebige Erdloch, in jede Felsspalte zu verkriechen sucht. Es sind uns zwei Beispiele bekannt, wie hart verfolgte Alpenhasen schiefstehende Fichten hinan= liefen, in dem Geäste sich bargen und dann buchstäblich vom Baum herunter= geschossen wurden.

Auffallenderweise ist der Alpenhase leichter zu zähmen als der gemeine, benimmt sich ruhiger und zutraulicher, hält aber nicht lange aus und wird selbst bei der reichlichsten Nahrung nicht fett. Die Alpenluft fehlt ihm allzubald im Thale. Im Winter wird er auch hier weiß. Sein Fell wird nicht hochgehalten; dagegen ist sein Fleisch sehr schmackhaft. Am 16. Juli 1865 fing ich unter der Spitze des Alvier, etwa 2300 m ü. M., in einem kleinen Erdloche einen circa vier Wochen alten Schneehasen, der sich dort bestens versteckt wähnte, mich nach dem raschen Griff tüchtig in den Finger biß und mörderlich schrie, sich aber gleich beruhigte, als ich ihm an der Brust

ein Versteck öffnete, in das er hineinschlüpfte. Die Behaarung des überaus
niedlichen Tierchens war äußerst dicht und weich und bestand auf dem Ober=
körper aus drei Lagen, nämlich aus der grauen, rötlich gespitzten Grundwolle,
welche von einer dünnern, schwarzen, gelblich gespitzten Behaarung gleichmäßig
überragt wurde, in die noch lichter die doppelt so langen, schwarzen, weißgelb
gespitzten Stachelhaare eingestreut waren. Augeneinfassung und Schnauze
waren gelblichgrau, die Löffelspitzen schwarz, der äußere Rand derselben und
ein Fleck auf der Stirn weiß, ebenso das Kinn, die Brust grau, der Bauch
und die innere Seite der Läufe weißlichgrau. Die angedrückten Ohren reichten
bis zur Nase. Vier Wochen lang blieb das bald zutraulich gewordene Tierchen
bei Milch, Brot und Kräutern munter, putzte sich auf seinen Hinterläufen
sitzend außerordentlich fleißig und starb dann nach zweitägigem Unwohlsein.

Die Vermischung des gemeinen Hasen mit dem Alpenhasen und die
Hervorbringung von Bastarden ist oft bezweifelt worden; doch wird sie durch
genaue Nachforschungen alljährlich bestätigt. So wurde im Januar im
Sernftthale, wo überhaupt die weißen Hasen viel tiefer hinabgehen als
irgendwo sonst, ein Exemplar geschossen, das vom Kopf bis zu den Vorder=
läufen braunrot, am übrigen Körper rein weiß war; in Ammon ob dem
Wallensee vier Exemplare, alle von einer Mutter stammend, von denen zwei
an der vordern, zwei an der hintern Körperhälfte rein weiß, im übrigen
braungrau waren. Im bernschen Emmenthale schoß ein Jäger im Winter
einen Hasen, der um den Hals einen weißen Ring, weiße Vorderläufe und
eine weiße Stirn hatte. Aus den Appenzeller Bergen erhielten wir ähnliche
Weißhasen mit braunen Flecken, und aus Graubünden kann man sie jeden
Winter in verschiedenartiger, oft genau begrenzter Zeichnung erhalten; oft
freilich nicht Bastarde, sondern bloß mangelhaft verfärbte Tiere.

Ein im Januar 1866 auf Bommenalp, wo sich der Feld= und der
Schneehase vorfindet, geschossener Blendling trug im allgemeinen das Winter=
kleid des Feldhasen. Die Ohren waren etwas kürzer als bei diesem, aber
länger als bei jenem, der sonst hellgelbe Augenring war weiß und setzte sich
in zwei weißen Ringen zu beiden Seiten des Nasenrückens fort. An der
Unterkinnlade, am Hinterkopfe und Nacken waren die Haare stark weißgespitzt,
ebenso eine Partie der Rückenmitte, noch lebhafter weiß der hintere Teil vom
Kreuz bis Schwanz. An der Kehle und Brust erschien die rötliche Behaarung
durch die weißen Spitzen trübe graulich. Das Weiß der innern Hinterschenkel
setzte sich in zwei weißen Strichen bis zu den Zehen fort; ebenso waren die
Hinterläufe auf der obern Seite weißgefleckt. Alle Farben ermangelten
übrigens jeder scharfen Begrenzung und sahen etwas verwaschen aus.

VII. Die Gemsen.

Sei mir gegrüßt, du braune Antilope,
Die ruhig an dem steilsten Grate klimmt,
Und jetzt im klingenden, im sausenden Galoppe,
Sturmschnell auf blauen Eisesmeeren schwimmt.
Kein Jäger folgt der halbverlornen Fährte —
Er staunt und senkt das scharfgeladne Rohr.
Halt an, mein Tier, du bist auf sichrer Erde!
Hoch atmets auf, steht still und spitzt das Ohr.

1. Tierzeichnung.

Natur, Lebensweise und Eigentümlichkeiten der Gemsen. — Aufenthalt. — Sulzen. — Sprungkraft. — Fortpflanzung. — Zähmung und Vermischung. — Die Gemsen= kugeln. — Unwahrscheinlichkeit einer Ausrottung der Gemsen. — Die Freiberge. — Weiße Gemsen.

Die Gemsen (Capella rupicapra) sind vor allen andern Tieren des Hochgebirges die Lieblinge des Alpenwanderers, sei es, daß er sie im ent= legensten Felsenthälchen unter dem Schutze ihrer Schildwache harmlos gelagert sieht, sei's, daß sie, unvermutet überrascht, blitzschnell und wie von den Lüften getragen über steile Hänge und Klippen schattenhaft hinauffliehen. Seine Blicke folgen stets mit warmer Teilnahme diesen reizenden Gestalten des höhern Tierlebens, die wie ein Bild verkörperter Freiheitsliebe sich im harten Kampfe mit tausend Gefahren hartnäckig zu behaupten verstehen.

Die Gemse ist bekanntlich der Ziege sehr ähnlich, besonders der Alpen= ziege, unterscheidet sich aber schon von weitem von ihr durch die unten geringelten, der Länge nach gekerbten, drehrunden, pechschwarzen, hakenförmig nach hinten gekrümmten, äußerst zähen, 12—27 cm langen Hörnchen, hinter denen die spitzen, beim Lauschen nach vorn gerichteten Ohren stehen, durch die längeren, plumperen Beine, den gestreckteren Hals und den kürzeren, gedrängteren Körperbau. Dieser ist im ganzen elastisch, besonders der Hals dehnbar. Auf allen Vieren stehend kann sie sich so in die Höhe recken, daß sie 180 cm hoch reicht, wobei ihre Schwere fast ganz auf den Hinterfüßen ruht. Der Kinnbart fehlt ihr so gut wie dem Steinbocke, der bloß im Winterkleide den Anflug eines solchen besitzt und jedenfalls die schlechten Bilder nicht recht= fertigt, die ihn traditionell mit einem tüchtigen Ziegenbart ausstatten. Im Frühling ist die Gemse am lichtesten gefärbt, braungelb, im Sommer wird sie rehfarben — rötlichbraun, im Herbste dunkelt sie braungrau ab, bis sie im Dezember schwärzlich braungrau, nicht selten sogar kohlschwarz wird; nur der schwarze Backenstrich vom Auge bis zur Nase und die weißgelben Teile ob der Nase, an der Unterkinnlade, auf der Stirn und am Bauche, sowie der schwarzbraune Rückenstrich bleiben sich in allen Kleidern ziemlich gleich. Mit der Färbung wechseln sie die Haare nicht jedesmal, und wahrscheinlich bestimmt

die Verschiedenheit der Nahrung, verbunden mit den atmosphärischen Ein=
flüssen und der Wirkung des Lichtes, einzig die Farbenänderung. Im Winter
wird der Pelz äußerst dicht, die oberen groben und brüchigen Haare werden
bei älteren Böcken an 6 cm lang, besonders am Kopfe, dem Unterleibe
und den Füßen; über dem Rückgrat aber bilden sie bei alten Tieren oft eine
förmliche Mähne mit 18—20 cm langen Haaren. Die Füße der Gemse sind
weit dicker als die der Ziege; sie kann die mit einer erhöhten, vorn stahlharten,
hinten kautschukartig elastischen Randeinfassung versehenen Klauen, besonders
der Vorderfüße, stark auseinanderspreizen, was ihr beim Marsch übers Eis
oder auf schmaler Felsensohle wohl zu Statten kommt. Ihre Fährte ist der
einer Ziege ähnlich, aber etwas länglicher, spitzer und schärfer, namentlich die
der äußeren Klauen. Besonders schön sind die großen, schwarzen, stark
konvexen und lebhaft glänzenden Augen des klugen Tieres. Die angelförmig
gebogenen Spitzen der mit undeutlichen Querwulsten versehenen Hörner sind
scharf und fein, eine treffliche Waffe, mit der es sich gegen Adler und Geier
verteidigt und, wenn es gereizt wird, rasch den Hunden den Bauch aufschlitzt,
während es gegen Menschen nie eigentlich kämpft. Beim Bocke, der über=
haupt etwas größer und dickköpfiger ist, stehen die Hörner weiter auseinander
und sind auch etwas größer und dicker als bei der Gemsgeiß. Eigentümlich
ist bei der Gemse hinter jedem der Hörnchen eine ziemlich große muschel=
förmige Drüsengrube, die bei den Böcken in der Brunstzeit schwammartig
aufschwillt, ähnlich wie der Augenwulst des balzenden Urhahns, und einen
durchdringenden Geruch verbreitet. Monströse Hörner kommen ziemlich selten
vor; doch besitzt Herr Förster Mani in Chur eine ordentliche Sammlung
solcher. Die Abnormitäten erstrecken sich gewöhnlich nur auf ein Hörnchen
und scheinen fast ausschließlich infolge von Hornbrüchen durch Sturz, Schuß,
Schlag entstanden zu sein. Wird ein Teil des Hörnchens weggeschlagen oder
weggeschossen, so wächst er, meist in geringerer Länge, mit willkürlich ver=
änderter Direktion nach hinten, vorn oder seitwärts oder auch wie bei einem
bei Bevers geschossenen fast gerade aufwärts nach. Die Bruchstelle ist durch
einen Wulst bezeichnet. Ein Exemplar (siehe Abbild. S. 351 Nr. 5) der
Sammlung *) zeigt ein Paar von der Wurzel aus nach vorn gebogene Hörner,

---

*) Diese Monstrosität verdient eine nähere Beschreibung. Beide Hörnchen laufen
von ihrem Ursprung an 11 cm weit in einem flachen Bogen parallel abwärts
bis ungefähr auf die Höhe der Pupillenmitte. Die Hornscheibe rechts zeigt bis hierher
keine besonderen Merkmale außer einer leichten Einschnürung, die linke dagegen ist auf
der äußern und innern Seite beinahe ihrer ganzen Länge nach stark und unregelmäßig
gekerbt, auf der inneren sogar wie eingerissen, — vielleicht ein Zeichen von Ver=
wundung in früher Jugend. Nun ist aber offenbar eine zweite, heftigere eingetreten.
Bei der betreffenden Stelle hört der Parallelismus auf; das rechte Hörnchen zeigt hier
einen ungefärbten und halbburchsichtigen knopfartigen Wulst und setzt sich in einem
5½ cm langen fast gerade einwärts auf die Mitte des Nasenbeins laufenden Zapfen
fort, dessen stumpfes Ende nur 0.8 cm von der Haut entfernt ist und noch im Haar

GEMSEN.

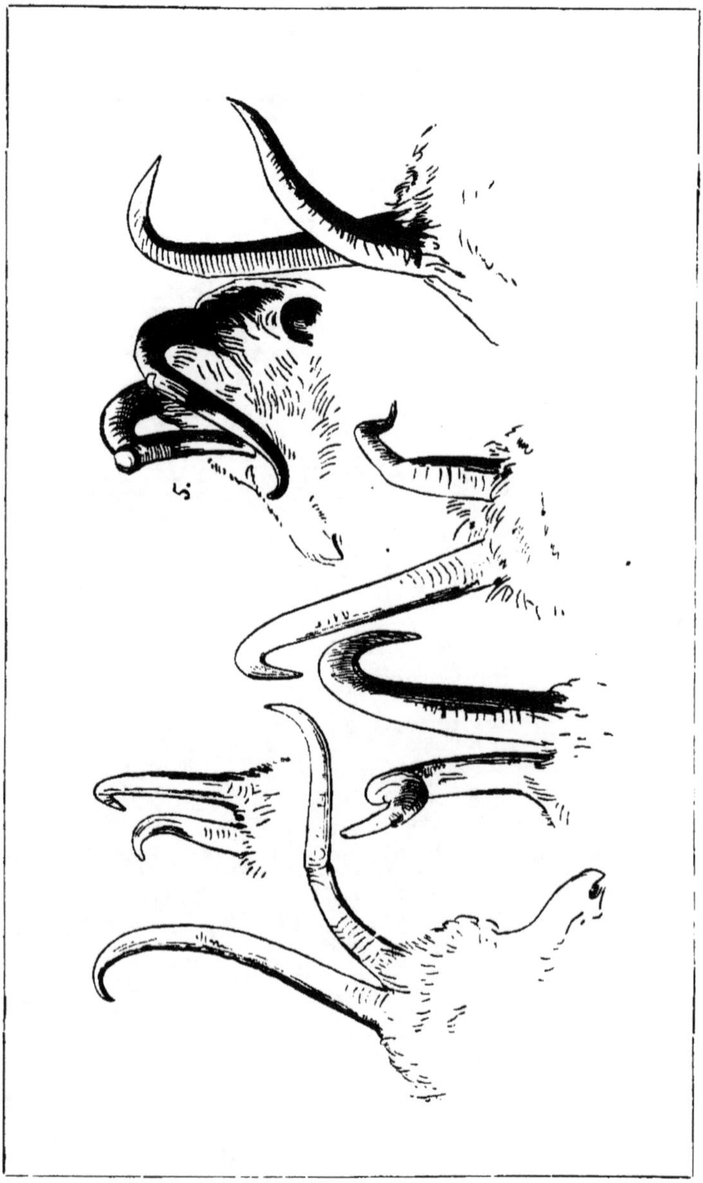

Deformitäten von Gemsengehörnen.

welche beide in der Mitte der Biegung gebrochen und dann nicht mehr parallel
bis gegen die Nase herunter nachgewachsen sind. Bei den meisten Deformitäten
erscheint dieselbe ungefähr in der Mitte des Gehörns, seltener schon an der
Wurzel, am seltensten hier bei beiden Hörnchen. Im ersten Falle ist der
Beginn der abnormen Direktion durch eine wulstige Erhöhung der Hornscheibe
bezeichnet, und diese zeigt dann weiterhin die wellenförmige Ringelung nicht
mehr, die bei dem unverletzten Hörnchen nicht nur an der Basis (wie oft
gesagt wird), sondern bis zu zwei Drittel, ja drei Viertel seiner Höhe sich
zeigt. Wie weit der Knochenzapfen die Deformität teilt, ließe sich je nur
durch Ablösung der Hornscheibe ermitteln.

Die weibliche Gemse hat im Unterschiede von der Ziege und dem dieser
näher verwandten Steinbock vier Zitzen.

Der Verbreitungsbezirk der Gemse erstreckt sich über die ganze europäische
Alpenkette von den Meeralpen bis zu den dalmatinischen, sowie über die Aus=
läufer derselben nach dem mittäglichen Frankreich, den Abruzzen und Griechen=
land (Veluzi); ebenso sind sie auf den Karpathen, namentlich in der Tatra=
gruppe, heimisch. Ob der Ysard der Pyrenäen und die Gemse der spanischen
Gebirge mit der unsrigen identisch sei, ist zur Stunde ebensowenig aus=
gemittelt wie ihr Verhältnis zu den Gemsen des Kaukasus, Tauriens und
Sibiriens. Der europäische Norden hat keine Gemsen.

Der gewöhnliche Sommeraufenthalt der Gemsen sind die unwegsamsten
und höchsten Reviere der Hochalpen bis zur Schneeregion. In dieser Zeit gehen
sie nicht ins Thal, wenn sie nicht etwa versprengt werden. Doch sah man sie
noch vor dreißig Jahren, als die Freiberge des Glarnerlandes noch
respektiert waren, in kleinen Herden des Morgens nach Sonnenaufgang die
Wälder herunterkommen und am Sernf trinken. In den ungeschützten Revieren
dagegen lagern sie gern in der Nähe der Gletscher. Mit Tagesanbruch, oft
auch in mondhellen Nächten, weiden sie an den Bergwänden hinunter oder
suchen tiefere, ringsum von Felsen geschützte Grasplätze auf, bleiben gewöhnlich
von 9—11 Uhr am Rande steil abfallender, lichtbelaubter Felsen liegen,
steigen während des Mittags wieder langsam grasend in die Höhe, ruhen bis
gegen 4 Uhr, an der Schattenseite rauher Schluchten wiederkäuend, wo
möglich dicht am Schnee, den sie sehr lieben, oft selbst stundenlang auf dem
blanken Firn weilend und besuchen abends gern wieder die Äsungsplätze des

---

der Nasenhaut stak. Das linke Hörnchen dagegen, im Bogen gemessen, von der
Bruchstelle 11 cm lang und wie der Zapfen rechts etwas seitlich zusammengedrückt,
läuft schief ab= und einwärts gegen die Nasenspitze zu, so daß es die Nasenhaut
beinahe streift, und biegt sich dann in einem kleinen Haken wieder aus= und aufwärts.
Dieser Teil für sich gleicht förmlich dem Hörnchen einer dreijährigen Gemse, nur daß
er gerade umgekehrt zum Schädel steht. Überdies ist unterhalb des Wulstes die Horn=
scheibe ringsum gebrochen und vorn ein Stück weit abgerissen; an der entblößten
Stelle hat sich aber eine neue tiefer stehende gebildet.

Morgens. Die Nächte bringen ſie am liebſten unter überhängenden Felſen oder zwiſchen Blöcken geſellig zu. Am munterſten ſcheinen ſie aber im Spät= herbſt und Vorwinter während der Sprungzeit zu ſein. Dann haben wir ſowohl ganze Herden als einzelne Paare in den übermütigſten Spielen und Scheinkämpfen ſtundenlang beobachtet. Auf den ſchmalſten Felſenkanten treiben ſie ſich wie toll umher, ſuchen ſich mit den Hörnchen herunterzuſtoßen, fingieren an einem Orte einen Angriff, um ſich blitzſchnell auf einen andern, bloßgegebenen zu ſtürzen, und necken ſich auf die mutwilligſte Art. Gewahren ſie aber, wenn auch in noch ſo großer Entfernung, einen Menſchen, ſo ändert ſich augenblicklich die Szene. Alle Tiere vom älteſten Bock bis zum kleinſten Zicklein ſind auf der Lauer und machen ſich fluchtbereit. Rührt ſich auch der Beobachter nicht von der Stelle, ſo kehrt doch den Tieren der gute Humor nicht wieder. Langſam ziehen ſie bergan, ſpähen von jedem Block, an jedem Abgrundsrande und laſſen keinen Augenblick die mögliche Gefahr aus dem Auge. Gewöhnlich gehen ſie dann ganz in die Höhe. Am Rande der oberſten Felſenkrone ſtellt ſich der ganze Rudel nebeneinander auf, guckt unaufhörlich in die Tiefe und bewegt die weißglänzenden Köpfe fortwährend bedenklich in den Lüften umher. Im Sommer ſieht man dann die Gemſen an dieſem Tage ſchwerlich wieder in dieſem Revier; im Herbſte, wo die Gebirge ein= ſamer ſind, jagen ſie oft ſchon nach einer Stunde wieder in hellem Galoppe die Abhänge herunter und beziehen den alten Spielplatz.

Wir haben bemerkt, daß ſie im hohen Sommer die weſtlichen und nörd= lichen Bergſeiten vorziehen, in den übrigen Jahreszeiten aber mehr die öſtlichen und ſüdlichen. Sowie im Herbſte der Schnee die freien Hörner der Alpen verſilbert und allmählich immer tiefer und tiefer ſich in die Bergweiden herunterzieht, ziehen ſich auch die Gemſen tiefer nach den oberen Bergwäldern zurück, bis ſie dieſelben im Winter als förmliche Standquartiere bezogen haben. Zu ſolchen wählen ſie gern die Südſeite des Gebirges, oft in der Nähe bloßer, ſteiler Halden, an denen der Wind den Schnee fleißig wegfegt; die breitäſtigen Schirm= oder Wettertannen, deren Arme faſt bis auf den Boden niederhängen und das lange dürre Gras vor Schnee ſchützen, ziehen ſie jedem anderen Nachtquartier vor, während ſie den Tag über mit großer Regelmäßigkeit ſonnige, vor Nordwind geſchützte Vorſprünge und Plateaus beſuchen, wo ſie ſich bald ruhig lagern, bald mit Springen und Stoßen ver= gnügen. Häufig kann man vom Thale aus die Tiere in ihrer winterlichen Lebensweiſe bequem beobachten, ſo z. B. von Lavin (Unterengadin) aus die Rudel, die ſich im Spätherbſt aus den Felswüſten des Piz Linard, Schwarz= horns, Buins ꝛc. am Fuße des Munt Chiapiſun, 6, 20, ſelbſt bis 45 Köpfe ſtark ſammeln und die ſtrengſte Jahreszeit dort geſellig in verhältnismäßiger Behaglichkeit verbringen. Den Tag über erſcheinen ſie ſtets auf ihrem ſonnigen Spiel= und Lagerplatz und ziehen ſich erſt gegen Abend wieder waldwärts.

Nach der Sprungzeit magern die Gemſen beträchtlich ab, doch nicht gerade aus Mangel an Nahrung; dieſe findet ſich mit Ausnahme ganz kurzer Zeit während des ſtarken Schneefalles im ganzen Gebirge noch ziemlich reichlich vor, freilich in geringerem Nahrungswert. Das auf dem Halm dürr gewordene, kurze Heu der abgewehten Staubecken und ſüdlich gelegenen Gras= bänder iſt nun hart, zähe, ſtrohartig geworden und bildet einen großen Kontraſt zu den herrlichen Futterkräutern, den zarten Trieben der Alpenerlen, Weiden, Himbeerſtauden während der Sommeratzung. Dabei muß im Not= falle auch Tannenreiſig, Rinde und Moos aushelfen, das ſie renntierartig aus dem Schnee hervorſcharren. Öfters wagen ſie ſich dann an ſchneefreien Stellen ins Thal an Quellen oder ſie freſſen auch die langen, meergrünen Bartflechten, die von den Wettertannen niederhangen, ab, wobei ſich aber hin und wider eine mit den Hörnern in den Äſten verwickelt, hängen bleibt und verhungert. Die gleiche Flechte, die dem Tiere zur Nahrung dient, benützte früher auch der Jäger, indem er ſie als Pfropf aufs Pulver im Rohr ſetzte.

Man will häufig beobachtet haben, daß ein feiner Inſtinkt die Tiere die= jenigen Wälder vorziehen lehre, die gewöhnlich vor Lawinen ſicher ſind. Freilich mögen ſie's nicht immer glücklich treffen, und manche erliegt doch dem Schneeſturz. Sowie aber der Frühling die Schneedecke der oberen Berge dünner macht, eilen dieſe Alpentiere zu ihren heimatlichen Höhen zurück und leben halb im Schnee und halb im Grünen.

Die Gemſen ſind in mancher Beziehung die ‚Renntiere der Alpen‘, wie ſie etwa ein Poet nennen könnte, und dies nicht nur ihrer wunderbaren Schnelligkeit wegen, ſondern auch wegen ihrer Genügſamkeit, Nutzbarkeit und zähen Lebensdauer. Wo längſt die gut kletternde Alpenziege nicht mehr hinſteigt, in den unzugänglichſten Grasbeeten ſteiler Joche, auf den fußbreiten Steinbänken, die bandartig ſich von Felskuppen zu Felskuppen ſchlingen, da weiden die Gemſen, wie von der Natur beſtimmt, auch dieſen verlorenen Teil ihrer Pflanzengaben noch auszunutzen, behaglich das dürftige aber kräftige und nahrhafte Kraut der Alp ab und werden gegen den Herbſt hin ſehr fett davon, — 30, 40, ſelten 50 kg; doch iſt uns auch ein Beiſpiel bekannt, wo ein Glarner Jäger am Tſchingeln ein Tier ſchoß, das 62½ kg wog. Es war der große, bei den Bergleuten berühmt gewordene ‚Rufelibock‘, der während vieler Jahre tief gegen das Thal herabgekommen war und alle Jägerkünſte verſpottet hatte, bis endlich der kluge Bläſi noch geſcheiter war als der kluge Rufelibock. Am Säntis wurde 1870 ein Bock geſchoſſen, der ausgeweidet 46 kg wog. Indeſſen laſſen gelegentlich aufgefundene Skeletteile darauf ſchließen, daß es in alter Zeit noch weit größere Gemſen gab als heutzutage. Die Sommerkitzen werden bis zum Spätherbſt 7½—10 kg ſchwer.

Wie alle Wiederkäuer, lieben auch die Gemſen das Salz in hohem Grade und beſuchen deswegen beſonders gern Kalkfelſen, an denen ſich ſalzige Effloreſcenzen finden. Stundenweit kommen die Gemſen regelmäßig zu dieſen

‚Sulzen‘ oder ‚Glecken‘, besonders wenn sie ergiebig sind und in der Nähe eines Wassers liegen, das sie stets nach dem Salzlecken aufsuchen. Die Jäger unterhalten oft sorgsam diese Sulzen und streuen selbst Salz auf, schießen aber die Gemsen nicht gern an dem Platze selbst, weil die Tiere sonst leicht die Gegend für lange Zeit meiden.

Wie die meisten Tiere ihrer Art leben die Gemsen gesellschaftlich zu fünf, zehn bis zwanzig Stück bei einander. Früher waren Rudel von sechzig Stück keine große Seltenheit. Sie sind muntere, zierliche, höchst kluge Tiere. Jede ihrer Bewegungen verrät außerordentliche Muskelkraft, Behendigkeit, Frische und Grazie. Doch ist dies besonders dann der Fall, wenn das Tier aufmerksam oder im Sprung ist. Sonst stehen sie oft krummbeinig und unschön da, namentlich in der Gefangenschaft, und ziehen matt die Beine nach sich; sie sind ‚lau‘, wie die Jäger sagen, und haben auch auf der Ebene einen faulen, schleppenden Gang. Aufgescheucht aber nehmen sie blitzschnell eine andere Natur an und gewinnen in kühner Haltung etwas Geniales. Ihre Muskeln werden stramm und elastisch wie Stahlfedern, und windschnell fliegen sie in herrlichen Sätzen über Kluft und Eis. Man muß sie selber gesehen haben, um sich einen Begriff von ihrer wunderbaren Flüchtigkeit, von ihre staunenswerten Schnellkraft, von der unbegreiflichen Sicherheit ihrer Bewegungen und Sprünge machen zu können. Von einem Felsen zum andern setzen sie über weite und tiefe Klüfte und halten sich im Gleichgewicht auf kaum zu entdeckenden Unebenheiten, schnellen sich mit den Hinterfüßen auf und erreichen sicher den faustgroßen Absatz, dem sie festen Auges zuspringen. Der Steinbock ist kaum halb so sprungfertig, niedriger, plumper und länger als die schlanke Gemse. Diese übertrifft ihn auch an Lebenszähigkeit bedeutend. Mit heraushängenden Eingeweiden, mit durchschossener Leber oder auf bloß drei Beinen fliegt sie noch wie unverwundet stundenweit über Fels und Eis, während der Steinbock bei viel leichterer Verwundung fällt und stirbt. Ein Glarner Jäger verwundete am Mürtschenstock eine Gemse am Fuße stark; drei Jahre hinter einander sah er das höchst verunstaltete Tier und konnte ihm erst im vierten beikommen. Ein Lavinerjäger schoß einer Gemse ein Vorderbein beim Kniegelenk weg. Sie floh und wurde erst nach vier Jahren erbeutet. 1857 wurde im Engadin ein uralter (von den Jägern übertrieben auf 40 Jahre geschätzter) Bock erlegt, dem ein Horn abgeschossen worden, der einen Bein= bruch erlitten und die Narbe einer durch den Leib gegangenen Kugel hatte. Im gleichen Jahre schossen einige Jäger einen Bock und eine Geiß zugleich über eine Felswand hinunter. Beim Aufnehmen des Bocks zeigt er Lebens= spuren und erhält einige tüchtige Schläge auf den Schädel; nun erst recht munter geworden, springt er, am einen Lauf festgehalten, auf den drei andern fort, reißt den kräftigen Mann eine Strecke mit sich, schleudert ihn endlich in mächtigem Satze bei Seite und verschwindet. Im November 1872 schossen wir am Hohen Freschen einen alten Bock, dessen linker Vorderlauf über fünf cm verkürzt war. Eine Kugel mochte ihm vor Jahren ein Röhrenstück weggerissen haben und am Stummel hatte sich eine mehrere cm dicke Sohle gebildet, während Klaue und Afterklaue rückwärts aufgebogen standen. Ist ein Tier stark angeschossen, so sondert es sich von der Herde ab, zieht sich zwischen verborgenes Gestein zurück, leckt sich unaufhörlich und wird leicht heil oder verendet oft in unersteiglicher Kluft ohne Gewinn für den Jäger.

Ihr außerordentlich scharfer Geruch, ihr feines Gehör, ihr höchst aus= gebildeter Ortssinn schützt die Gemsen vor vielen Gefahren. Wenn sie rudel= weise lagern, so übernimmt häufig das Tier, das die Herde anführt, fast immer eine starke, ältere Geiß, in besonderem Grade das Wächteramt (Vor= tier, Vorgeiß), obwohl auch die übrigen älteren Tiere sehr wachsam bleiben. Während die jüngeren äsen oder spielen oder sich nach Art der Ziegen und Hirsche mit den Hörnchen stoßen, weidet sie gern in einiger Entfernung allein, sieht sich alle Augenblicke um, reckt sich hoch auf, wittert in der Luft herum, geht auf einen Vorsprung und sichert nach allen Seiten. Ahnt sie Gefahr, so pfeift sie hell auf und die übrigen fliehen ihr, und zwar nie trabend, sondern immer im Galopp nach. Man hat dies Pfeifen der Gefahr witternden Gemse oft aus Unkenntnis in Abrede gestellt; wir können aber aus eigener vielfältiger Erfahrung bezeugen, daß es fast jedesmal gehört wird, wenn ein Gemsenrudel sich plötzlich überrascht sieht. Es ist ein heiserer, schneidender, etwas gezogener Ton, der wahrscheinlich aus den Vorderzähnen geht und nur einmal als Signal der Wachtziege vernommen, von den übrigen Gemsen aber nicht (wie die Murmeltiere thun) wiederholt wird. Schiller legt mit einigem Rechte seinem Gemsjäger die Worte in den Mund:

— Das Tier hat auch Vernunft;
Das wissen wir, die wir die Gemsen jagen.
Die stellen klug, wo sie zur Weide gehn,
'ne Vorhut aus, die spitzt das Ohr und warnet
Mit heller Pfeife, wenn der Jäger naht.

Gewöhnlich pfeifen auch die Männchen der Vicunna= und Huanacos= herden auf den peruanischen Kordilleren beim Entdecken einer Gefahr. Die Herde der Weibchen reckt alsbald die Köpfe nach der gefahrdrohenden Gegend und flieht alsdann erst langsam und sofort immer rascher nach in ihrem wiegenden, schleppenden Galopp, während das wachthabende Männchen stets einige Schritte zurückbleibt und den Rückzug deckt, indem es sich fleißig nach dem Verfolger umsieht. Während aber bei den peruanischen Geschlechts= verwandten die Schildwache stets ein Männchen ist, scheint sie bei unseren Gemsen beinahe ohne Ausnahme ein Weibchen, eine ‚Geiß‘, zu sein. Die Gemsziegen sind offenbar viel sorglicher, aufmerksamer und pflichteifriger als die Böcke; darum schießt man auch immer weit mehr von diesen als von jenen, und auch die eingefangenen und lebendig erhaltenen Tiere sind fast jedesmal Böcke. Das mag wohl auch daher kommen, weil die Böcke gewöhn=

lich einsiedlerisch leben, also leichter zu überraschen sind; daß aber die älteren
Ziegen wachsamer sind als die jüngeren Böcke, ist begreiflich.

Das schärfste Sinnesorgan der Gemsen ist ohne Zweifel ihr Geruchs=
vermögen; weniger scharf scheint ihr Auge zu sein, das häufig den kaum ver=
deckt stehenden Jäger übersieht. Steht derselbe aber vor dem Wind, so
wittern ihn die Tiere in ungeheurer Entfernung sowohl von der Seite her
als aus der Tiefe, da die in die Höhe steigende erwärmte Thalluft ihnen die
Ausdünstung des Menschen zuträgt. Dann werden sofort die Sinne aufs
äußerste gespannt, um den Ort der Gefahr ausfindig zu machen. Das Ohr
und das Auge wetteifern mit der schnobernden Nase. Wittern sie den Jäger
nur, ohne ihn zu sehen, so stampft das die Gefahr zuerst ahnende Tier heftig
mit dem Vorderfuße auf den Boden; alle gebärden sich vor Unruhe oft wie
toll, da sie weder die Nähe des Verderbens noch die genaue Richtung desselben
und also auch die der Flucht nicht bestimmt ermessen können. Unruhig rennen
sie umher oder stehen zusammen, recken die Hälse empor und suchen den Jäger
ausfindig zu machen. Sowie dies geschehen ist, halten sie an und betrachten
ihn einen Augenblick neugierig. Bewegt er sich nicht, so stehen auch sie stille;
sowie er sich aber rührt, nehmen sie nach einer gewohnten Richtung und nach
einem bekannten, nicht allzufernen Asyle die Flucht. Dabei geschieht es sehr
selten, daß das fliehende, erschrockene Tier sich im Sprunge an Felswände
hin berirrt, wo es nicht mehr vorwärts, und, da es sich nicht mehr zu wenden
vermag, auch nicht mehr rückwärts kann. Dann balanciert es, mißt rasch den
nächsten Absprung, legt sich an dem Felsen fast auf den Bauch und versucht
es, das Unmögliche möglich zu machen; — es springt in den Abgrund und
zerschellt. Selten ‚verstellt‘ sich eine Gemse, d. h. bleibt unbehilflich und
rettungslos auf fast unzugänglichem Felsenvorsprunge stehen, wie oft die
Ziegen, die dann meckernd abwarten, bis der Hirt mit eigener Lebensgefahr
sie abholt. Die Gemse wird eher sich zu Tode springen. Doch mag dies sehr
selten geschehen, da ihre Beurteilungskraft weit höher steht als die der Ziege.
Gelangt sie auf ein schmales Felsenband hinaus, so bleibt sie einen Augenblick
vor dem Abgrunde stehen, und kehrt dann, die Furcht vor dem folgenden
Menschen oft überwindend, pfeilschnell den Herweg zurück. Wenn der Jäger
nicht ganz glücklich und sicher postiert ist, so hat er hohe Zeit, sich platt auf
den Boden zu legen oder fest an den Felsen zu drücken, wo nun die Gemse in
fliegenden Sätzen vorübersetzt. Hat das Tier, wenn es über eine fast senk=
rechte Felswand hinuntergejagt wird, keine Gelegenheit, einen faustgroßen
Vorsprung zu erreichen, um die Schärfe des Falles durch wenigstens
momentanes Aufstehen zu mildern, so läßt es sich dennoch hinunter, und zwar
mit zurückgedrängtem Kopf und Hals, die Last des Körpers auf die Hinter=
füße stemmend, die dann scharf am Felsen hinunterschnurren und so die
Schnelligkeit des Sturzes möglichst aufhalten. Ja, die Geistesgegenwart des
Tiers ist so groß, daß es, wenn es im Sichhinunterlassen noch einen rettenden

Vorsprung bemerkt, alsdann im Falle mit Leib und Füßen noch rudert und arbeitet, um diesen zu erreichen, und so im Sturze eine krumme Linie beschreibt. So sehr aber die Gemse im Gebirge Herrin ihres Terrains ist, so unbeholfen erscheint sie, wenn sie dasselbe verläßt. Im Sommer 1858 stellte sich zum nicht geringen Erstaunen der Augenzeugen plötzlich ein, wahrscheinlich gehetzter, Gemsenbock in den Wiesen bei Arbon ein, setzte ohne direkte Verfolgung über alle Hecken und stürzte sich in den See, wo er lange irrend umherschwamm, bis er, dem Verenden nahe, mit einem Kahne aufgefangen wurde. Einige Jahre vorher wurde im Rheinthale eine junge Gemse in einem Moraste steckend lebendig ergriffen. Dagegen entrann ein braver Gemsbock, welcher, wohl von Hunden verfolgt, im Juli 1872 früh morgens zu allgemeinem Erstaunen auf einem Hausdach der Vorstadt Maienfeld stand, glücklich den angehobenen Einfangungsversuchen.

Es ist schwer, etwas Genaues und Zuverlässiges über die wunderbare Sprungkraft dieser herrlichen Tiere zu sagen. Doch ist es sicher, daß sie über 5—6 m breite Klüfte*) ohne Anstand setzen, Sprünge in die Tiefe von $7\frac{1}{2}$ m und darüber wagen und über $4\frac{1}{2}$ m hohe senkrechte Mauern in einem Satze springen, wobei sie auf der andern Seite sogleich leicht auf allen Vieren stehen. Auf weichem Schnee, wo sie tief einfallen, oder auf klaren Gletschern gehen sie langsamer und vorsichtiger, sind daher hier auch am besten zu jagen. Am vorsichtigsten aber gehen sie auf dem Firnschnee oder auf frischem Gletscherschnee, der die Schlünde verräterisch verhüllt. Hier hat man sie oft umkehren sehen, wo Menschen behutsam vorwärtsgehen. Selbst beim Ruhen strecken sie sich nur sehr selten ganz platt auf dem Boden aus; ihre gewöhnliche Haltung ist zu augenblicklicher Flucht bereit. Sie liegen auch gern in lichtem Gebüsch, um sich sicherer zu verbergen; doch am liebsten an einer Terrasse, wo der Rücken gedeckt ist, die Seiten frei sind und vorwärts sich ein freier Überblick über das Gelände bietet. Die gleiche Vorsicht beweisen sie beim Betreten gefährlicher Felsenlokale. Da geht alles höchst behutsam und langsam von Statten, und während die einen alle Aufmerksamkeit auf die schlimmen Pfadstellen richten, spähen die übrigen unablässig nach anderer Gefährde. Wir haben gesehen, wie ein Gemsenrudel ein gefährliches, sehr steiles, mit losem Geröll bedecktes Felsenkamin passieren wollte und uns der Geduld und Klugheit der Tiere gefreut. Eines ging voran und stieg sachte hinauf; die übrigen warteten der Reihe nach, bis es die Höhe ganz erreicht hatte und erst, als keine Steine mehr rollten, folgte das zweite, dann das dritte u. s. f. Die oben angekommenen zerstreuten sich keineswegs auf der Weide, sondern blieben am Felsrand auf der Spähe, bis das letzte sich glücklich zu ihnen gesellt hatte. Betretene Wege, befahrene Schlittbahnen kreuzen sie

------

*) Am Monterosa wurde ein von Gemsen übersprungener Abgrund gemessen: er war 6 m breit.

sprungweise ohne Bedenken, verfolgen sie aber nicht leicht weiter; treffen sie unvermutet oder an ungewohnten Orten eine frische Menschenspur im Schnee an, so schrecken sie zusammen und kehren entweder um oder setzen in weitem Sprunge darüber weg und verdoppeln nun lange Zeit ihre Wachsamkeit. Im Wasser bewegen sie sich mit ziemlicher Fertigkeit und schwimmen, wenn sie nicht vorher ermüdet waren, ausdauernd. Anfangs Dezembers 1863 überraschten zwei junge Bursche aus der Schwände ein Gemsenpaar am Ufer des kleinen Seealpsees. Flink stürzten sich die Tiere ins Wasser, um das gegenüberliegende Ufer zu gewinnen. Die Bursche aber suchten, am Ufer hinlaufend, ihnen zuvorzukommen. Die Geiß gewann vorher das rettende Gestade und entfloh; der Bock dagegen, durch die vom Ufer einige Klafter weit ins Wasser reichende Eisdecke, die jedesmal einbrach, so oft er die Vorderläufe aufsetzte, stark gehindert, wurde durch Schreien und Steinwürfe zum Zurückschwimmen gezwungen, am entgegengesetzten Ufer aber in gleicher Weise zurückgetrieben, bis er endlich beim dritten Überschwimmen erschöpft den Kopf senkte und verendete. Mittels Steinwürfe konnte dann die Beute ans Ufer geflößt werden, — ein 31 kg schweres Tier. Ähnlich wurde später ein am Brienzergrat gejagter Bock genötigt, sich in den See zu stürzen, wo er indes, ehe er das andere Ufer erreichte, von Schiffern lebendig aufgefischt wurde.

Sehr selten sieht man einen alten Bock bei einer Herde. Solche leben ganz einsiedlerisch und erreichen wohl ein Alter von 30 Jahren, wo sie dann am Kopfe fast völlig grau werden. Die jüngeren Tiere trennen sich nur im November zur Zeit der Paarung. Bei den heftigen Kämpfen zwischen den Böcken während der Brunstzeit, die sich bis über die Mitte Januars hinzieht, geht es oft schlimm ab; bald wird einer über die Felsen hinausgedrängt, bald von dem Stärkeren, der beim Anstoß kräftig mit den Hörnern haut, tödlich verwundet oder stundenweit verfolgt. Willig folgt die Ziege dem Sieger und lebt mit ihm bis zum Eintritt des hohen Winters allein, worauf beide wieder zur Herde zurückkehren. Die Ziege trägt zwanzig Wochen und wirft Ende Aprils bis Ende Mais gewöhnlich ein, selten zwei Junge unter einem trockenen, verborgenen Felsenvorsprunge. Sie säugt es über sechs Monate; oft sieht man aber noch ein- und zweijährige Junge an der Mutter trinken. Der Bock kümmert sich nicht um seine Kinder. Die Jungen, die erst im dritten Jahre fortpflanzungsfähig werden und vollen Hörnerschmuck erhalten, meckern in den ersten Jahren wie die Ziegen und folgen, wenige Stunden alt, während deren sie rein geleckt worden, der Mutter über Stock und Stein, und wenn sie zwölf Stunden alt sind, vermag sie ein Mensch schon nicht mehr einzuholen. Wird aber die Mutter erlegt, so kehrt das Junge gewöhnlich zu ihrer Leiche zurück und läßt sich bei ihr fangen oder niederschießen. In der höchsten Angst geben die Gemskitzen einen dumpfblöckenden Ton von sich und sperren das Maul zur Hälfte auf, wie auch bisweilen Alte thun, wenn sie recht in die Enge getrieben werden.

Es ist nicht schwer, jung eingefangene Gemsen zu zähmen. Sie erhalten zuerst Ziegenmilch, dann feines Gras und Kräuter, auch Kohl, Rüben und Brot. In ihrem Benehmen haben sie viel Ziegenartiges, spielen gern mit den Zicklein, folgen dem Herrn traulich nach, vertragen sich mit den Hunden und nehmen selbst von Fremden Speise an. Die Hörnchen brechen im dritten Monat hervor und wachsen im ersten Jahre 4 1/2—6 cm gradauf; erst im zweiten krümmen sie sich hakenförmig; die Färbung ist, besonders im Sommer, ehe die längeren schwärzlichen Winterhaare hervortreten, weit lichter als bei den Alten. Sie lieben in ihrem Einfange etliche Steinabsätze, auf die sie sich postieren können. Im Winter darf man ihnen kein warmes Lager bereiten, sondern bloß unter einem offenen Dächlein ein wenig Streu. Gemsen, die man im Stalle gefangen hält, liegen mitten im Winter am liebsten unter einem offenen Fenster, durch das der Wind mit Schneegestöber lustig herein= pfeift. Alt eingefangen, bleiben sie stets äußerst furchtsam und stehen, sowie man ihnen naht, sprungfertig zur Flucht. Die jung eingefangenen werden weder so alt noch so kräftig wie die freien Gemsen. Oft bricht auch bei ihnen die angeborene Wildheit wieder hervor, und sie verletzen Fremde mit ihren Hörnern gefährlich. Paarungsversuche mit gefangenen Gemsen blieben meist ohne Resultat, so sehr sich auch der Jardin des Plantes in Paris, die natur= forschende Gesellschaft in Chambery und andere Institute damit abmühten. Bloß in wenigen authentisch festgestellten Fällen gelang das Problem. Fabrikant Lauffer in Chambery erhielt 1850 eine Gemsziege, welcher er 1852 einen Gemsbock beigab. 1853 warf erstere ein Junges, das bald nach der Geburt starb, und im Mai 1855 ein zweites, gesundes und munteres Tierchen. Auch im Tiergarten von Dresden brachte das Gemsenpaar Junge.

Öfter gelang es dagegen, Hausziegen mit zahmen Gemsböcken zu paaren. Die Jungen hatten dann von der Mutter bloß die Farbe, vom Vater aber den ausgezeichnet starken Gliederbau, die hohe Stirn, die Wildheit und Scheu, und die große Kletter= und Springlust; besonders gegen die Abendbämmerung zu konnten sie sich oft nicht satt springen, ganz wie die zahmen Gemsen. Aber auch freiwillige Vermischungen kommen hin und wider vor. So besuchte z. B. im Herbst 1865 ein, wie es schien, einsam am Piz Forbesch lebender Stand=Gemsbock wiederholt die Ziegenherde von Roffna (Oberhalbstein). Im März und April 1866 warfen zwei dieser Ziegen ein männliches und ein weibliches Junges, welche sich durch ihren ganzen Habitus und besonders ihre edlere, gemsenartige Kopfbildung als Blendlinge zu erkennen gaben. Beide kamen fast nackt zur Welt, was man sich daraus erklärte, daß die Gemsen eine längere Trächtigkeitsdauer haben als die Ziegen. Das Böcklein erwies sich als besonders intelligent, meldete sich jeden Morgen an der Stubenthüre, sprang gern aufs Ruhebett und wußte sogar die Tischlade herauszuziehen, um Brot zu stehlen. Beide Tiere wuchsen trotz ihrer anfäng= lichen Schwächlichkeit kräftig auf.

Außer den Menschen verfolgen die großen Raubtiere gern die Gemsen. Im Engadin geschah es, daß ein Bär einer Gemse bis ins Dorf nachlief, wo diese sich in einen Holzschuppen rettete. Im Winter, wo sie sich in die einsameren Wälder zurückziehen, lauert ihnen der Luchs eifrig auf; im Sommer ist ihnen der Lämmergeier und der Steinadler gefährlich. Dieser hebt die Jungen leicht in die Lüfte und jener sucht die Alten, die am Rande der Abgründe weiden, mit den Flügeln hinunterzustoßen, um sie in der Tiefe zu verzehren. Häufig genug mag ihm das gelingen, aber nicht immer. Es ist wiederholt in Graubünden und Tessin beobachtet worden, daß so angegriffene Gemsen sich schleunig unter einen Felsenvorsprung flüchteten und sich in geschützter Stellung mit bestem Erfolge mit ihren Hörnern gegen die Angriffe des Räubers verteidigten. Noch besser gelingt ihnen dies, wenn der Lämmergeier ein ganzes Rudel anfällt. So sah Saratz auf einem Jagdgang ein Trüppchen Gemsen einem Gletscher entlang ziehen, als die Vorgeiß plötzlich stutzte und alle bestürzt anhielten und mit nach innen gekehrten Köpfen einen Kreis bildeten. Sausend stürzte sich der Geier auf sie, wurde aber mit kräftig emporgeworfenen Hörnern abgewiesen. Viermal erneuerte er heftig seinen Überfall, aber ohne Erfolg; dann erhob er sich langsam höher, bis er nur noch wie ein Punkt in den Lüften erschien. Da stäubten plötzlich die klugen Tiere auseinander, rannten unter eine überhängende Felswand und harrten unter dieser, unverwandt nach der Höhe blickend, bis das schützende Dunkel sie sicherte.

Oft geschieht es, daß eine Lawine eine ganze Herde überrascht und verschüttet, oder lose Steine, die während des Frühlings überall von den Höhen stürzen, einzelne erschlagen. Vor einigen Jahren bedeckte ein von den Felsentronen der Siegelalp herunterstürzender Schneeschild eine Gemse teilweise und ein zufällig in der Nähe befindlicher Bauer konnte sie lebendig einfangen. Daß die Gemsen im Winter verhungern, ist sehr unwahrscheinlich, obgleich ein Vernoberländer Jäger erzählt, er habe einmal im Frühling unter einer großen Schirmtanne fünf eingeschneite und verhungerte Gemsen gefunden. Sie hätten den Schnee unter den Bäumen überall niedergetreten, außerhalb des Astdaches sei er aber ihren Kräften zu hoch und zu mächtig gewesen. Die Rinde und die Nadeln des Baumes hätten sie rund herum benagt; aber der Schnee habe länger angehalten als diese Nahrung. Außer dieser Nachricht haben wir nie etwas von eingeschneiten und so verhungerten Gemsen vernommen. Es ist zwar ganz richtig, daß diese Tiere unter den Wetter- und Schirmtannen gern einen beständigen Winteraufenthalt nehmen, von wo aus sie regelmäßige Exkursionen an passende Weideplätze vornehmen; allein sie suchen sich stets die Pfade offen zu halten. Wenn auch etliche Tage einen übermeterhohen Schnee bringen, so arbeiten sie sich mühsam und langsam ein Dutzend Schritte weit, wo sie überall im Gesträuch oder bei benachbarten Bäumen dürres Gras oder Moos finden. Dann macht meistens schon am

erſten oder zweiten Tage die Kälte den Schnee ſo feſt, daß die Tiere entweder
gar nicht mehr oder doch nicht tief einſinken. In einigen Gebirgen finden
ganze Gemſenherden an Heuſchobern die prächtigſten Futtervorräte; ſo in den
Bündner Alpen von Vals, Lugneß und Savien, wo es Sitte iſt, das den
Sommer über gewonnene Wildheu auf den Alpen ſelbſt in eiförmigen
Schobern im Freien aufzubewahren. Sehr oft ſammeln ſich die Gemſen=
familien in der Nähe dieſer willkommenen Magazine und freſſen ſo große
Löcher hinein, daß ſie ſich in denſelben zugleich vor den Winterſtürmen ſchützen
können. Kommen dann vor der Schneeſchmelze die Wildheuer gegen ihre
ausgehöhlten Stöcke, ſo fliehen die wohlgenährten Tiere luſtig und pfeiſend
über alle Grate davon. Auch vom Durſte haben die Gemſen nicht zu leiden,
da ſie überall gern die Eiszapfen belecken und häufig die Naſe in den Schnee
ſtecken. Von Krankheiten werden ſie ſelten heimgeſucht; doch ſoll ſie eine
Art von Krätze befallen; in Jahren und auf Alpen, wo das Vieh an der
Maul= und Klauenſeuche leidet, tritt dieſe mitunter auch bei den Gemſen auf,
deren Leber überdies nicht ſelten mit Egeln behaftet iſt.

Öfters findet ſich im Magen der Gemſe, beſonders bei älteren Böcken,
wie bei mehreren anderen Geſchlechtsverwandten die ſogenannte und früher
ſo berühmte Gemſenkugel oder der ‚deutſche Bezoarſtein‘. Es ſind dies
haſelnuß= bis hühnereigroße Ballen von dunkeln Pflanzenfaſern und Baſt=
zellen, mit einer lederartigen, glänzenden und wohlriechenden Maſſe überzogen,
wahrſcheinlich Rückſtände unverdauter vegetabiliſcher Faſern, die ſich mit den
harzigen Beſtandteilen der gefreſſenen Knoſpen und Stauden, ſowie mit
tieriſcher Gallerte und abgeleckten Haaren durch die periſtaltiſche Bewegung
des Magens zu einer Kugel bilden, welche durch neue Anlagerung unverdau=
licher Stoffe anwächst. Ganze Bücher wurden über die Heilkräfte dieſer
Gemſenkugeln geſchrieben; ſie halfen gegen alle möglichen Übel, ja, ſie machten
die Soldaten ſogar kugelfeſt und wurden mit einem Louisdor und mehr
bezahlt. Aber ſchon Scheuchzer bemerkt ironiſch darüber: ‚Es laſſet ſich
ſolches wol ſagen und ſchreiben, wie dann Velſchius einen langen Rodel hat
von gar viel Zuſtänden des Menſchlichen Leibs, in welchen die Gemskugeln
dienlich ſeien; aber wenn man von dem Gebrauch ſelbs oder der Practic will
reden, ſo thun ſich erſt dann die ſchwerigkeiten herbor‘.

In allen Teilen der Alpen ſind die Gemſen noch viel häufiger als man
gemeinhin glaubt, da man bei Alpenreiſen im Sommer wenig oder nichts von
ihnen ſieht. Man kann wiederholt Reviere beſuchen, in denen 20 Stück
beſtändig wohnen, ohne irgend etwas von ihnen zu gewahren. Wir haben
mit mehreren Jägern ein ſchmales Felſenband ſtundenlang mit den Fern=
gläſern unterſucht, ohne eine Spur zu entdecken; der hinaufgeſchickte Treiber
aber brachte ſogleich drei Stück zum Vorſchein. Ebenſo haben wir in einem
Hochwäldchen, wo wir vorher nie eine Gemſe geſehen hatten und von dem
bloß die Gebirgsbewohner vermuteten, es halten ſich ‚Tiere‘ (in der alpinen

Schweiz der gewöhnliche Ausdruck für Gemsen) darin auf, zu unserem
Erstaunen sieben Exemplare aufgetrieben. Sie liegen den größten Teil des
Tages hinter den Steinen oder Büschen, wo sie schon ihrer rotbraunen
Färbung wegen nicht leicht bemerkt werden. Sehen sie so den Menschen, so
behalten sie ihn fest und ruhig im Auge, ohne sich zu rühren, und stehen erst
auf, sobald sie bemerken, daß sie aufgesucht werden. Indessen wissen sie sich
namentlich im waldreichen Gebirge selbst in größeren Rudeln so leicht und
verborgen zu verziehen, daß eine ganze Jagdgesellschaft im Wahne bleiben
kann, das Revier habe keine Gemsen. Das geübte Auge freilich versteht, ihre
Losung und ihren spitzigeren, schärferen Fährtentritt in der weichen schwarzen
Walderde sicher von dem der Ziege zu unterscheiden. Die oft ausgesprochene
Befürchtung, es möchten die Gemsen in einigen Jahrzehnten wie die Stein=
böcke ausgerottet sein, ist durchaus unbegründet. Wir möchten vielmehr sagen,
so lange die Alpen stehen, werden sie auch Gemsen beherbergen. Abgesehen
von der Schwierigkeit der Jagd und der Unergiebigkeit der gewöhnlichen
Jagdart, abgesehen ferner von der sich entschieden immer mehr verringernden
Anzahl eigentlicher Gemsenjäger, schützt schon die Beschaffenheit ihrer Region
die Tiere vor absoluter Ausrottung ganz sicher. Dazu kommt der verhält=
nismäßige Schutz der Jagdgesetze, die Erfahrung, daß weit seltener Mutter=
ziegen erbeutet werden, die immer größere Seltenheit der der Gemse gefähr=
lichen Raubvögel und Vierfüßer und endlich die außerordentliche Vorsicht,
Klugheit und Schnelligkeit der Tiere, die in dieser Hinsicht den Steinböcken
gar sehr überlegen sind. Wir sind überzeugt, daß allein das Bündnerland *)

---

*) Um von dem Gemsenreichtum dieses Berglandes einen Begriff zu geben,
führen wir folgendes an. Gegen Ende des Septembers 1852 schoß im Bergell der
Jäger Pietro Zuan aus Stampa an Einem Vormittage vier Gemsen. Bei Pontresina
erlegte ein anderer Jäger am 22. Oktober 1852 vier Stück in Einer Stunde. Vor
fünfzig Jahren rechnete man, daß die acht Jäger des Schamserthales jährlich 70 bis
80 Stück erlegten. Im Jahre 1856 schoß der Jäger Zinsli in Scharans, der den
Sommer über auf der Kamogaskeralp Lavirung Senne war, in Verbindung mit einem
wenig geübten Gefährten vom 25. August bis zum 31. Oktober nicht weniger als
31 Gemsen, wovon 3 auf dem Leserjoch und 28 in den Kamogasker= und Beverser=
bergen. Zweimal erlegte er zwei Stück mit Einer Kugel und einmal schossen beide
Jäger drei Stück nach einander auf dem gleichen Flecke. Während der gleichen Saison
erlegten sie noch nebenbei 61 Murmeltiere. Wer im Herbste in den Gebirgen von
Lugnetz, Savien, Vals, Schams, Medels, Rheinwald, im Prättigau oder Engadin
wandert, wird Gemsenzüge von 5—20 Stück nicht allzuselten bemerken. Fast eben so
reich ist das obere Tessin, namentlich das Bedrettothal, wo im Herbst 1852 der
treffliche Jäger Natal Zorz an Einem Tage fünf Gemsen schoß, und jährlich während
der offenen Zeit 30—35 Stück erbeutet. Der Gesamtabschuß von Gemswild beträgt
jetzt noch in Bünden allein weit über 500 Stück; so viele Felle kommen alle Dezember
auf dem Andreasmarkt zum Verkauf, obwohl begreiflich nicht alle erbeuteten nach
Chur gelangen; noch vor dreißig Jahren betrug die Zahl der Marktfelle 1000—1200.
Nach amtlichen Erhebungen wurden im Herbst 1872 im Kanton 753 Gemsen und im
Herbst 1873 696 Gemsen erlegt; im Jahre 1883 war die Jagd so ergiebig, daß an
1200 Gemsen geschossen wurden.

in seinen unendlichen Hochgebirgsdistrikten manches Tausend Gemsen ernährt;
am Säntisstock, den man für sehr gemsenarm hielt, haben wir selbst noch
über zwanzig Stück in Einem Rudel hinter dem Oehrli gezählt, während
mehr als die doppelte, vielleicht die dreifache Zahl in anderen Teilen des
Alpsteins sich umhertrieb, und etwas später trafen wir an Einem Jagdtage gegen
vierzig Stück in kleineren und größeren Rudeln. Die Churfirsten und Sar-
gansergebirge, das Glarnerland, die Urkantone, Wallis*), Tessin, Bern, die
Waadtländer Alpenreviere ernähren kleinere oder größere Trupps in beträchtlicher Menge, sodaß wir glauben, eher könnten die Hasen, Füchse und Marder,
die ganz in unserer Nähe leben, vertilgt werden, als die Gemsen; und wenn
wir hören, daß einzelne Gemsenjäger während ihres Lebens 300, 500, 900,
oder, wie Colani, der große Engadiner Gemsenfürst, 2800 Stück erlegt
haben, so geben diese Angaben nicht nur einen Begriff von der Vertilgung,
sondern auch von der Masse der Tiere, die nicht vertilgt sind. Wenn auch in
der Schweiz gegenwärtig alljährlich über 1000 Gemsen geschossen würden,
so würde doch der Gemsenstand dadurch allein nicht bedrohlich geschwächt
werden. Dabei ist freilich zuzugeben, daß früher diese Tiere noch häufiger
und weniger scheu waren; darum sind sie aber eben gelichtet und zurückgedrängt worden.

Ein freies und geschütztes Gehege besitzen sie seit vielen Jahrhunderten
im Glarnerlande. Die Verordnungen, daß die zwischen der Linth und dem
Sernf gelegenen Alpen und Thäler bis zur Frugmatt für die Gemsen und
alles Alpenwild Freiberge sein sollten, daß niemand darin etwas schießen
oder auch nur eine Flinte tragen dürfe, reichen vielleicht bis ins fünfzehnte
Jahrhundert hinauf. Zuzeiten wurden auch andere Gebirgsreviere mit dem
Jägerbanne belegt und der Wildstand sehr erhöht. Acht von der Obrigkeit
erwählte und beeidigte Jäger durften in den Freibergen zwischen Jakobi und
Martini jedem Kantonsbürger, der zu dieser Zeit Hochzeit hielt, zwei Gemsen
schießen und jährlich dem Landammau und Landesstatthalter eine, und zwei
dem regierenden Bürgermeister in Zürich für seine Bemühungen um die Brot-
taxe. Sonst durften auch die Freibergschützen im gebannten Reviere kein
Wild berühren. In neueren Zeiten aber wurden diese heilsamen Verordnungen häufig umgangen, und dann letztlich alle Berge für drei Jahre absolut
gebannt. Da vermehrten sich die Gemsen rasch bedeutend und wurden so
zahm, daß sie sich häufig auf den Kuhalpen zeigten und selbst in der Nähe
der Wildheuer an den Mahden schnoberten. Als aber im Herbst 1863 die
Jagd wieder aufging, lief alles ins Gebirge und die Gemsen wurden in den

*) Im Glarnerlande schoß 1871 ein einziger Jäger 44 Stück. Auf dem
Gornergrat, auf dem sich im Spätherbst die Gemsenrudel aus den umliegenden
Gletscheroasen der Monterosagruppe gern zusammenfinden, zählt man oft an 100 Tiere
bei einander.

erſten Wochen jammervoll zuſammengeſchoſſen. Der Kanton St. Gallen beſitzt ebenfalls in neuerer Zeit in den Churfirſten vom Speer bis zum Gonzen Freiberge*).

In der erſten Auflage dieſes Buches bemerkten wir noch, daß weiße Gemſen unſeres Wiſſens in den Schweizer Alpen nicht vorgekommen ſeien. Dies iſt aber ſeitdem geſchehen. Gegen Ende des Jahres 1853 wurde ober= halb Sculms, einem Dörfchen zwiſchen Bonaduz und Verſam auf dem Heinzenberg (Bünden), eine ſolche außerordentliche Seltenheit gewonnen. Die geſchoſſene Gemſe war ein Albino, milchweiß, ſelbſt die Klauen ſo, die Augen= ſterne rot. Es mochte ein etwa ſechs Monate altes Weibchen ſein. Ihre ſpitzen, geraden Hörnchen waren etwa 3 cm lang, das Bließ erſchien beſonders dicht, zumal an dem muskelkräftigen, ſchönen Halſe. Sie ſteht gegenwärtig in der Alpentiergruppenſammlung zu Neuenburg. Ein zweites, ähnliches Exemplar wurde im Oktober 1867 im Duvinertobel (Bünden) erlegt, und glaubwürdigem Berichte zufolge hat Jäger Vögeli in Lintthal ſchon in den dreißiger Jahren an der Sandalp ein ganz weißes Exemplar erlegt, deſſen Fleiſch aber niemand kaufen wollte. In den letzten zehn Jahren ſind mehr= fach weiße Gemſen geſehen worden, ſo 1879 in Scarl, 1880 im bündneriſchen Oberland und 1884 in den Bergen von Brin und in der Nähe von Reichenau. 1885 wurde auf der Alp Seglias eine weiße Gemſe mit zwei weißen Jungen beobachtet.

---

*) Die Frage der Freiberge iſt nunmehr geregelt, indem ſeit 1875 ein Bundes= geſetz zum Schutze der Gemſen und des Hochwildes überhaupt beſteht. Dasſelbe beſtimmt, daß in gewiſſen Bannbezirken, die übrigens dem Wechſel unterliegen können, eine Schonzeit von je fünf Jahren eingeführt wird. In dieſen Schonrevieren, welche von Wildhütern überwacht werden, darf ohne Einwilligung der Behörde zu keiner Zeit gejagt werden und das Tragen von Schießwaffen in denſelben wird als Jagdfrevel behandelt. In der gegenwärtigen fünfjährigen Periode (1886—1891) beſitzt die Schweiz in 12 Gebirgskantonen 20 Bannbezirke oder Freiberge. Das Geſetz erwies ſich als ſehr wohlthätig und vermehrte den Wildſtand. Beiſpielsweiſe halten ſich zurzeit (1890) nach den Angaben der bündneriſchen Wildhüter im Banngebiet des Piz d'Err 630 Gemſen und 190 Rehe auf, das Schongebiet am Piz Beverin beherbergt 480 Gemſen und 90 Rehe, dasjenige am Bernina 360 Gemſen. Im Bannbezirk des Säntis wurde kürzlich ein Rudel von 48 Gemſen beobachtet.

2. Die Gemsenjagd im allgemeinen.

Innere und äußere Disposition des Jägers. — Büchsen. — Treibjagden. — Jägerhütze. —
Die Gefahren und die endliche Beute. — Ein 71jähriger Jäger in Aktivität. —
Einfluß der Jagd auf den Charakter des Jägers.

Steh fest, o mein Fuß,
An dem Abgrund hier!
Einwurzeln muß
Nun die Sohle dir;
Denn es reichet die Fluh
An die tausend Schuh
Weit, weit hinab
In ein tiefes Grab.

Nein, schaue du nicht,
Was dort unten sei;
Steh' grad und schlicht
Und von Neugier frei.
Und keine Hand
Streck' über den Rand;
Wirf keinen Stein
In die Tiefe hinein!

Und ich stehe da
Der Todeswand
So entsetzlich nah,
Wie der Sünde Rand,
Wie der Sünde Tod,
Wie der Hölle Not
Die Sterblichen stehen
Und hernieder sehen.

Ha, bögest du, Thor,
In Vermessenheit
Zu weit dich vor
Eines Haares breit:
Dich ergreift es beim Haupt,
Deine Kraft ist geraubt,
Und es zieht dir fort
Deine Füße vom Bord. — —

Die eigentliche Gemsenjagd, die zu Maximilians Zeiten in Tirol ein
kaiserliches Vergnügen war und unter dem jetzt regierenden Monarchen Franz
Josef wieder ein solches wurde, ist bei uns keine Herrenlust und etwas zu
mühsam und zu schwierig, um zu den noblen Passionen gezählt zu werden.

Die rechten Gemsenjäger in der Schweiz gehören der weniger bemittelten
Klasse an; es sind zähe, höchst genügsame, wetterfeste Leute, vertraut mit den
Details der Gebirgsmassen, mit der Lebensweise ihrer Tiere, mit der Art, sie
zu jagen. Der Jäger bedarf eines scharfen Gesichtes, eines schwindelfreien
Kopfes, eines festen, abgehärteten Körpers, der die Unbilden der Eisregion
wohl zu ertragen vermag, eines kühnen, und dabei doch äußerst kühlen
Mutes, eines umsichtigen, schnell berechnenden Verstandes und zudem einer
guten Lunge und ausdauernden Muskelkraft. Er muß nicht nur ein vorzüglicher Schütze, er muß ebenso sehr ein vorzüglicher Kletterer sein, besser als
die verwegenste Ziege. Denn es giebt oft gar sonderbare Positionen für den
Gemsenjäger, Stellungen, wo er jedes Glied seines Körpers auf außerordentliche Weise anstrengen, bald die Ellbogen, die Zähne, den Rücken, das
Kinn, die Schultern anstemmen, jeden Muskel des Körpers als Hebel oder
Klammer benutzen muß, um sich zu halten, zu schieben, zu winden, zu heben,
zu strecken.

Die Ausrüstung des Jägers besteht gewöhnlich in einer warmen grauen
Kleidung von ungefärbter Wolle, mit Mütze oder Filzhut, einem stark-

beschlagenen, mittelgroßen Alpstock, der bei den Bündner Jägern oberhalb aus einem doppelten Haken mit einer geraden und einer rückwärts gekrümmten Zinke (wie die Flößerhaken) besteht, einer auf dem Rücken hängenden Jagdtasche mit Pulver, Blei und Fernrohr, Käse, Butter und Brot, und etwa einem Fläschchen Kirschgeist. Um sich ‚etwas Warmes‘ zu verschaffen, nehmen die so oft schlecht gekleideten Leute ein eisernes Pfännchen und eine Portion geröstetes, gesalzenes Mehl mit. Am Abend und Morgen machen sie Feuer auf und bereiten sich in dem Pfännchen von Mehl und Wasser eine stärkende Suppe. Hauptstücke der Ausrüstung aber sind erstens ein Paar tüchtige Bergschuhe, und zweitens eine gute Büchse. Die Schuhe sind sehr wichtig, da von ihnen der größte Teil der Sicherheit in schwierigen Positionen abhängt, und sie oft noch retten, wo gewöhnliche Fußbekleidung unmittelbar zum Verderben gereichte. Der Fuß der Gemsen und Steinböcke ist bekanntlich mit einem sehr scharfkantigen Rande versehen und vorn so stahlhart, daß man oft den laut aufschlagenden Gang der Tiere auf den Felsen von weitem hört. Mit dem scharfen Rande und der Spitze verstehen sie es, den geringsten Vorsprung fest zu fassen und auf dem spiegelglatten Eis, das sie sonst möglichst meiden, sich leichtlich einzuschneiden und so fest aufzutreten. Genau nach diesem Modell sind die von geschabtem Rindleder gemachten Schuhe gearbeitet. Die dicken Sohlen sind an den Rändern mit breitköpfigen Nägeln ringsum hoch und dicht beschlagen, wodurch sie scharf einfassen, und zudem oft vorn und hinten mit einem kleinen Hufeisen versehen. Dieser Beschlag giebt dem ganzen Fuße eine außerordentliche Sicherheit, eine zuverlässige Basis. Tritt der Jäger auf einen spitzen Stein, so kann er mit dem ganzen Körper auf demselben ruhen; die Sohle krümmt sich nicht wie eine gewöhnliche Stiefelsohle, welche dem Manne das Gleichgewicht entzöge. Tritt derselbe auf einen glatten Felsen, auf eine etwas abschüssige Platte oder auf ein ganz schmales Stein= gesims, das schmaler als der Fuß selber ist, so würde eine leichte Sohle entweder gar nicht halten oder die Basis gekrümmt überragen und Unsicherheit in den Auftritt bringen; der steife, hochbesetzte Nagelschuh aber ruht auf allen Teilen gleich fest und packt die glatte und geneigte Fläche mit seinen rauhen Zähnen fest an wie eine Klammer. Ja, kann der Jäger nur mit dem einen hohen Nägelrand oder nur mit der harten Eisenspitze des Schuhes seine Unter= lage fassen, so vermag er doch vermöge der Festigkeit desselben sicher aufzu= treten und gewinnt Haltung für den ganzen Körper. Bei solchen Schuhen sind Fußeisen natürlich unnötig und werden höchstens auf langen Gängen über Gletscher gebraucht. Im Kanton Schwyz ziehen die Jäger oft vor, ganz barfuß zu klettern. Auch dies hat seine Vorteile, besonders wenn durch lange Gewöhnung der Fuß sicher eingreift und jede einzelne Zehe geschickt wird, ihre Unterlage fingerartig anzufassen. Da aber der bloße Fuß nicht so fest auftritt wie der schwere Nagelschuh, so pflegen jene Jäger ihn von Zeit zu Zeit zu ‚härzen‘, d. h. mit Fichtenharz, wovon sie immer ein Stück bei sich haben, zu bestreichen. Daß sich aber schweizerische Gemsenjäger den Fuß blutig ritzen*), um fester zu stehen, ist ein Märchen. Der nackte, beharzte Fuß hat vor dem beschuhten zwar den Vorteil, daß er sich ausbreiten und zusammenziehen kann, wie die Gemsen ihre Klauen auf geneigten und glatten Flächen möglichst ausspreizen; aber er ist doch bei weitem nicht so sicher als der beschuhte und leichter Verwundungen auf scharfen Kanten ausgesetzt, die durch plötzliches Zucken den Mann leicht in den Abgrund stürzen können. Ebenso unbrauchbar ist er bei größeren Wanderungen über Gletscherfelder. Dagegen werden in einzelnen Teilen des Gebirges mit Vorteil zu gewissen Zeiten des Jahres Schneeschuhe gebraucht. Diese bestehen aus schmalen ovalen Holzreifen, die mit starken Schnüren überflochten sind und an den Schuh festgeschnallt werden. Der Jäger schreitet mit ihnen sicher und rasch auf dem lockern Schneefelde und bewegt sich leichter als die Gemse, die bei jedem Tritte einsinkt. Ist aber der Schnee hart, so sind die Schneeschuhe unbrauchbar und machen auch zu großes Geräusch.

Dies sind scheinbare Kleinigkeiten, von denen allerdings außer von Kohl noch selten gesprochen wurde; aber es sind so wichtige und so interessante Kleinigkeiten, daß wir sie nicht übergehen mochten.

Was dann die Büchse betrifft, so bedienen sich die Jäger jetzt gewöhnlich der sogenannten ‚Tierbüchse‘ mit gezogenem Laufe, leichtem Schafte und dünnem Kolben, seltener der ungezogenen Doppelflinte, wobei in jedes Rohr zwei bis drei kleinere Kugeln geladen werden. Der Mann ist seiner Büchse auf jede Distanz ganz sicher und weiß aufs Korn, wie viel Pulver auf eine gegebene Distanz nötig ist. Im Wallis sieht man noch etwa die früher allgemein gebräuchliche einläufige, gezogene Büchse mit zwei hinter einander liegenden Schlössern auf der gleichen Seite. Die erste Kugel wird auf die erste Pulverladung nackt aufgesetzt und dient so der zweiten Pulverladung, die genau mit dem Zündloch oder Pistonkamin des vorderen Schlosses korrespondiert, als Bodenstück. Die beiden Schüsse sitzen also hintereinander im gleichen Rohre, und jeder steht mit seinem eigenen Kapsel= oder Steinschloß in Ver=bindung. Zuerst wird natürlich der vordere Schuß gelöst; versagt dieser, oder hält der Jäger zwei gleichzeitige Kugeln für notwendig, so schießt er sogleich den hinteren Schuß los, der den vorderen mitnimmt, ohne dessen Pulverladung zu entzünden. Diese originelle Gemsenbüchse hat den Vorteil, daß sie viel leichter ist als eine Doppelbüchse und doch wie diese zwei Schüsse zur Verfügung stellt.

Die kurzläufigen, ungezogenen Doppelflinten werden nicht zur Gemsen=jagd gebraucht, da sie für den Kugelschuß nicht weitreichend und sicher genug sind. Ebenso sind die Spitzkugeln bei den Jagdstutzern nach kurzem Gebrauche

---

*) „Sich anzuleimen mit dem eignen Fuß,
Um ein armselig Grattier zu erlegen.“   (Schiller.)

bei vielen Jägern wieder in Abgang gekommen. Sie haben zwar den Vorteil eines sehr sichern und weitreichenden Schusses, aber sie verwunden nur im Blatt und Kopfe zu schnellem Tode. Die Kugel ist zu klein, und wenn sie auch oft das Tier ganz durchbohrt hat, läuft dasselbe noch stundenweit und geht dem Jäger verloren, besonders im Herbste, wo das in die Wunde eintretende Fett oft keinen erschöpfenden Blutverlust gestattet. Die Jäger ziehen daher immer ein möglichst großes Kaliber, wohl eine zweilötige Kugel vor. Sie laden auch stets mit der größten Sorgfalt, da ein Versagen der Flinte oft die Frucht vieltägiger Bemühungen vernichtet, und nehmen nicht leicht einen alten Schuß mit. Die Bündner Gemsenjäger ziehen allgemein den etwas schweren, langen Stutzer mit doppeltem, gezogenem Laufe von mittlerem Kaliber und einer langen, röhrenartigen Messingblende über dem Absehen vor. Noch gefährlicher dürften den Gemsenherden mit der Zeit die Repetier-Hinterlader werden, wenn sie einmal in die Hände der richtigen Jäger kommen.

Ein drittes Hauptstück der Ausrüstung ist ein gutes Fernrohr („Spiegel"), dessen Wert nur der echte Jäger kennt, und für dessen Anschaffung er oft Jahre lang zusammenspart. Mit diesem arbeitet er vorzugsweise auch in den Bergen. Alle Viertelstunden ist es am Auge und ermißt alle Felswände, alle Buschplanken, alle Steinklingen. Des Jägers Ausmarsch ist höchst bedächtig. Unaufhörlich observiert er das ganze Gebirge und nicht leicht geht er ganz in die Höhe, ehe er irgend sein Wild erblickt hat. Dies besonders in Bünden; anderswo wird das Fernrohr selten so allgemein und anhaltend benützt.

Am Abende oder frühen Morgen beim Sternenschein bricht der Jäger auf, um vor Sonnenaufgang seine Reviere zu gewinnen. Er kennt die Gänge und Züge, die Lieblingsweiden, die Zufluchtsorte, die Sulzen und Wechsel des Wildes genau und richtet danach seine Jagd ein. Die Hauptsache ist immer und immer die, daß er das Wild vor dem Winde behält; denn wenn ein noch so leiser Luftzug von ihm aus der Gemse zugeht, so wittert diese ihn wunderbar auf eine ungeheure Distanz und ist ihm verloren *). Die einfachste und bequemste Jagd ist die, daß der Jäger in der Kleidung der Sennen am Abend die Tiere beobachtet und vor der frühen Dämmerung beschleicht. Sie ist aber nur ausführbar im Herbste, ehe die Tiere angejagt und scheu gemacht worden sind. Ein rechter Jäger weiß wohl, daß er namentlich bei den Waldtieren, die er selten oder nie in Gemsenfallen treiben kann, nicht vorsichtig genug zu sein vermag. Die Waldgemsen, die weit häufiger in der Nähe der Menschen sind, zeigen sich aufmerksamer und vorsichtiger, aber nicht so scheu als die

---

*) Dies in der Regel; doch sind uns mehrere Beispiele bekannt, wo auffallenderweise die Gemsen die Witterung des Luftzuges nicht im geringsten beachteten; in einem Falle folgte sogar eine Gemse dem Jäger hinter dem Winde etliche tausend Schritte weit und keine fünfzig Schritte entfernt und floh erst, als der Jäger sich, verwundert über das nahe Geräusch, umdrehte und anschlug.

Grattiere, kennen aber ihre Leute ganz genau und wissen den Jäger vom Holzhauer und Senner schon in der Ferne zu unterscheiden. Der Jäger hütet sich schon im Thale, von ihnen gesehen zu werden, und schickt lieber seine Flinte vorher zur Stelle, wo er die Jagd zu beginnen gedenkt. Schon eine Stunde unter dem Gemsenrevier meidet er gern alles laute Sprechen und Geräusch. Will er die Alpentiere beschleichen, so durchstreift er am Abend etliche Stunden in Sennentracht und ohne Flinte das Gebirge, wo ihm die Sennen *) etwa die wahrscheinlichen Lagerplätze der Gemsen bezeichnet haben. Gewahrt er ein Rudel, so beobachtet er es aus der Ferne hinter einem Felsblock. Die Tiere grasen ruhig, und wenn sie sich ganz sicher wähnen, so spielen sie mit einander und stoßen sich mit den Hörnern. Nach Sonnen= untergang legen sie sich, gewöhnlich in einem Kessel oder kleinen Steinthal, wo sie sich zwischen die Blöcke verteilen. Dann geht der Jäger hinter dem Winde (und daher oft auf großen Umwegen) leise zur Hütte zurück, wacht oder schläft da bis nach Mitternacht und kehrt dann behutsam mit seinem Stutzer in die Gegend des Gemsenlagers zurück, wo er die erste Morgen= dämmerung abwartet, um sich den Tieren zu nähern. Hat er den Vorteil des Windes für sich, so ist in dieser Zeit eine behutsame Annäherung bis auf vierzig, ja bis auf zwanzig Schritte möglich. Hier verweilt er abermals, hinter einem Steine oder Busche kauernd, bis es heller wird. Langsam erhebt sich das Vortier und streckt sich, ebenso die übrige Herde. In diesem Moment wählt der Jäger sich seine Beute, womöglich einen großen Bock, der sich dem geübten Auge durch etwas dickere, oben weiter auseinanderstehende Hörnchen kenntlich macht. Fällt das Tier, so stutzt einen Augenblick die ganze Herde, sieht sich mit der höchsten Unruhe nach dem aufsteigenden Pulver= dampf um und flieht windschnell nach der entgegengesetzten Richtung. Diese Art zu jagen ist, wo man sie anwenden kann, die sicherste und rascheste.

Auch die gemeinsame Jagd mehrerer Jäger, die sogenannte Treibjagd, ist, wenn gute Kundschaft waltet, ziemlich sicher. Die Gemsen werden dabei so umgangen, daß ein Jäger dieselben in den unteren Morgenweiden aufstört und langsam (oft mit nachgeahmtem Hundegebell) bergan treibt, während die übrigen zerstreut jene Pässe besetzt halten, welche das Rudel in ähnlichen Fällen zu wählen pflegt. Es ist wunderbar, wie genau die Jäger die Marsch=

**) Die Sennen werden aber in der Regel nur befreundeten und bekannten Jägern richtige Auskunft über den Stand der von ihnen beobachteten Gemsen geben, und es macht ihnen gewöhnlich ganz besonderen Spaß, Fremde oder Neulinge auf falsche Fährten zu führen und stundenweit vergeblich im Gebirge umherzujagen. Manche Sennen haben solche Vorliebe für ihre bekannten Gemsen, daß sie dieselben nie verraten. ‚Bub‘, hörten wir einen zu seinem Sohne sagen, ‚nicht um eine Dublone wollt‘ ich, daß du mir das Gams verklagtest.‘ Dieses ‚Gams‘ war ein Bock, der viele Jahre lang jeden Abend in der Alp lagerte und den Sennen furchtlos täglich bis auf zehn Schritte nahe kommen ließ.

route der Tiere kennen. Oft verabreden sie sich unten im Thale, zu einer
bezeichneten Stunde sich genau an einem gewissen Felsengrate zu treffen,
besteigen einzeln in einer Entfernung von 2—3 Stunden das Gebirge und
treffen genau zur versprochenen Zeit mit den angetriebenen Gemsen hoch in
einer abgelegenen Schlucht zusammen. Die Jagd mit Hunden war früher in
den bewaldeten Vorbergen der Herrschaft Sax, des Gasterlandes und Entli=
buches allgemein. Sie war auch eine Treibjagd. Der höher auf dem
Anstand stehende Jäger vernahm schon von fern das heftige und zornige
Gestampf des von Hunden gehetzten Tieres und schoß es mit mehreren
kleinen Kugeln aus ungezogenem Rohr. Seither haben sich die Gemsen
aus diesen Vorbergen ganz auf die Hochalpen zurückgezogen, und der
Gebrauch der Bracken auf dieser Jagd ist verboten.

Gefährlicher ist die Einzeljagd, wenn der Jäger der Gemse nicht bloß
auflauert und sie etwa von den Sulzen wegschießt, sondern wo er das weidende
Tier auf höchst schwierigen Wegen umgeht oder wo er es förmlich jagt und
verfolgt. In gewissen steilen Gebirgen ist ein solcher Pirschgang immer ein
Gang auf der schmalen Grenze zwischen Tod und Leben. Ein augenblickliches
Niedersehen in die Tiefe vom schmalen Felsengesimse, ein fallender Stein, der
mit magischer Kraft den Jäger nach sich zieht in den kirchturmtiefen Abgrund,
ein loses Strauchwerk, an das der Kletternde sich hält, alles wird zur Todes=
ursache, und nur die unbedingteste Geistesgegenwart rettet vielleicht noch den
Bedrohten. Wildheuer und Gemsenjäger erzählen oft von der verräterischen
Anziehungskraft, die ein in die Tiefe fallender Gegenstand auf den auf
schmalem Felsgesimse stehenden Menschen ausübe. Es dränge fast unauf=
haltsam, dem Steine nachzusehen in den Abgrund, besonders wenn er ganz
nahe beim Fuße abfalle; wer ihm nachschaue, sei unrettbar verloren, und
schon viele seien das Opfer dieses sympathetischen Zuges geworden. Sie
pflegen daher in solchen Fällen das Gesicht sogleich nach der Felsenseite zu
wenden und einen Augenblick still zu stehen, ehe sie ihren Weg fortsetzen.
Gelingt es, die Tiere mit unsäglicher Mühe auf einen sogenannten Treibstock,
eine Gemsenklemme (im Engadin Clavigliadas), hinzutreiben, wo sie nicht
mehr zurück können, so ist in der Regel die Beute reichlich, wenn auch etwa
einmal die Eingeschlossenen unter Anführung eines kühnen Bockes zurück=
kehren und über oder neben dem Jäger vorbeisetzen. Solche Treibstöcke
befinden sich in den Alpen des Glarner=, Bündner= und Walliserlandes in
Mehrzahl. Der Jäger Elmer bemerkte, daß sich am Vorabgebirge (Glarus)
ein Gemsenrudel beim Beginne der Jagd regelmäßig über ein ganz schmales
Felsband zurückzog und sich dadurch vor jeder weitern Verfolgung sicherte.
Da ließ er seinen Sohn unter großer Lebensgefahr nachkriechen. Dieser traf
die geängstigten Tiere in einem Felsenkessel, an dessen lotrechten Wänden sie
erst mannshoch aufsprangen und sich dann zitternd auf einen Haufen drängten.
Der Junge schoß ein Tier, die übrigen stürmten über ihn weg, das Felsband

zurück und zwei wurden noch vom Vater erlegt. Von jenem Tage an benutzte das Rudel das vorher so beliebte Band nie mehr zur Flucht.

Oft verleitet das hitzig verfolgte Wild den Jäger zu Unbesonnenheiten und lockt ihn auf Felsen hinaus, wo er nicht mehr vorwärts noch rückwärts kann. So erzählt Kohl von einem Falle, wo der eifrige Verfolger im Berner Oberlande auf ein schmales, morsches Schiefergestell hinuntersprang, das sich über einem hundert Klafter tiefen Abgrund gesimsartig und bloß fußbreit an der Felswand hinzog. Als das faule Steinwerk anfing zu bröckeln und drohte, ihn nicht länger zu tragen, mußte er sich langsam auf den Bauch niederlassen und vorsichtig auf dem langen Bande hinrutschen. Mit einem kleinen Beile schlug er nun immer vor sich den morschen Schiefer vorsichtig weg und kroch Fuß für Fuß nach, stets in der Gefahr, daß die Steinbank unter ihm ganz abbreche. Nach anderthalbstündiger Arbeit bemerkte er neben sich an der Wand einen flatternden Schatten, kehrte sich mühsam aufwärts und sah über sich einen mächtigen Adler kreisen, der gute Lust hatte, auf ihn zu stoßen. Da vertauschte der in steter Todesgefahr Schwebende seine Angst mit Weidmanns= plänen, brachte vorsichtig und mit vieler Mühe seinen Körper in die Rücken= lage und nach einer Viertelstunde auch seinen Stutzer schußgerecht in die Hände, stemmte sich mit dem Hinterkopf an einen Absatz, schlang das eine Bein um einen Vorsprung und klammerte sich mit dem Fuße an, während die andere Hälfte des Körpers teilweise über dem Abgrunde hing. So beobachtete er eine Weile den Adler, der es am Ende vorzog, fortzufliegen, und konnte nach dreistündiger, verzweifelter Arbeit mit zerrissenen Kleidern, Händen und Armen sich ans Ende der schmalen Galerie hinwinden und festen Boden fassen.

Die Verfolgung der Gemsen in den Gletscherrevieren hat natürlich auch ihre großen Gefahren, kommt aber seltener vor, da die Gemsen sich oft lieber totschießen lassen, als daß sie die blanken Gletscher betreten, und vor diesen eine ebenso große Abneigung als Vorliebe für Schneefelder äußern. Außer diesen Mühsalen bietet dem Gemsenjäger die Beschaffenheit seines Jagdreviers unter Umständen noch zahllose andere, so daß der oft ausgesprochene Satz: es sterben mehr Gemsenjäger gewaltsam im Gebirge als eines natürlichen Todes im Bette, nur zu wahr ist. Bald überrascht den müden Weidmann ein bitterer Frost und faßt lähmend seine erschlafften Glieder. Folgt er einer ihn fast überwältigenden Neigung zum Niedersitzen, so schläft er alsbald ein, — um nicht wieder aufzuwachen. Bald schlägt ihn herabrollendes morsches Gestein, das der Sturm, der Frost oder die kletternde Gemse ab= gelöst hat, in den Abgrund oder verwundet ihn, oder er hört von fern über sich den rauschenden Gang der Lawine, und ehe er sich umgesehen und hart an den Felsen gedrückt hat, hüllt ihn die Bergsee donnernd in ihren flattern= den Schneemantel und begräbt ihn vielleicht eine Stunde tiefer mit zer= schmetterten Gliedern im Thalkessel. Wir wollen es unterlassen, hier mehrere solcher trauriger Fälle, die wir in der Nähe beobachtet, wiederzuerzählen.

Vielleicht der gefährlichste Feind ist aber der Nebel, wenn er den Jäger viele Stunden hoch über den letzten Wohnungen der Menschen in dem grauenvollen Labyrinth der zerrissenen Felsenfirste überfällt. Er fällt dann oft so dicht ein, daß der verlorene Mann nicht 2 m weit vor sich sieht, und nur die größte Kaltblütigkeit, genaue Kenntnis des Terrains und ausdauernde Körperkraft retten ihn, daß er nicht in eine Gletscherspalte fällt, über eine Felsengalerie stürzt oder auf den feuchten Steinplatten ausgleitet, besonders da den Nebeln oft ein dichtes Schneegestöber mit Sturm folgt, welches die Sicherheit des Pfades nicht mehr berechnen läßt.

Doch auch ohne besonderes Unglück, welchem aber bei lebenslänglicher Jagdbeschäftigung wohl kaum ganz zu entgehen ist, wird die Gemsenjagd bei dem im ganzen verminderten Wildstande mühselig genug. Wie oft streift der Jäger in gewissen Revieren mehrere Tage lang in den höchsten Felsen umher, ohne nur die Spur des Wildes sicher zu finden, oder die Möglichkeit zu gewinnen, demselben nahe zu kommen, und zwar bei starken, stäten Märschen und außerordentlich schmaler Kost. Ist er am Ende so glücklich und klug, dem weidenden Tiere in Schußnähe zu kommen, verrät ihn weder der Wind noch ein gelöster Stein u. dergl., hat er glücklich seine lange geladene Büchse auf dem Felsblock aufgelegt, — so muß er schon sehr genau zielen und sicher schießen, wenn er seine Beute nicht entweder halb getroffen durch die Flucht, oder ganz getroffen durch einen Sturz in die Tiefe verlieren will. Er zielt womöglich immer auf Kopf, Hals oder Brust. Der Schuß fällt, das getroffene Tier überschlägt sich ein paarmal und bleibt liegen; die Gefährten desselben stehen alle eine Minute lang still mit hoch aufgerichteten Köpfen, sehen, woher die Gefahr kommt, und fliehen blitzschnell über die Felsen hin. Der glückliche Jäger naht mit klopfendem Herzen der erlegten Gemse ... allein wie er näher kommt, fährt sie rasch auf und flieht trotz schwerer Verwundung so außerordentlich schnell, daß dem Jäger das bloße Nachsehen bleibt. Doch giebt sie der Erfahrene nicht so leicht auf und verfolgt die blutige Fährte oft tagelang. Er weiß, daß die Verwundete sich in Höhlen, Löcher oder ins Gesträuch verbirgt, und sich eifrig zu lecken anfängt, und oft erlegt er sie sicherer mit einem zweiten Schuß. Über hohe Felsen gestürzte Tiere werden oft den Lämmergeiern, Raben und Schneedohlen zur Beute. Kann auch der Jäger auf Umwegen zu ihnen gelangen, so ist doch meist das Fell zerrissen und das Fleisch verdorben. Denn beim Platzen der Eingeweide dringt der starkriechende, grüne Kot aus den Gedärmen so rasch in alle Teile des Körpers, daß das Fleisch ganz ungenießbar wird. Doch wir wollen auch von glücklicheren Fällen sprechen. Der Jäger hat auf stundenweiten Kletterwegen das Rudel hinter dem Winde umgangen. Als er es zuerst gewahrte, äste es ruhig an den Grasbändern eines Felsenkopfes, jetzt sieht er es dort nicht mehr, bemerkt aber die Vorgeiß durch sein Fernrohr, die weit hinten in den Felsen auf einer vorragenden Platte liegt und wiederkäut; er vermutet, daß das Rudel hinter ihr in einer Felsenklinge am Schatten liege und klettert von neuem über Stock und Stein, um von hinten anzukommen. Noch eine Stunde Schweiß, und richtig, da liegen wohlgezählt sieben alte Tiere mit zwei Kitzen in der Berg=falte zerstreut. Alle Augenblicke recken sie die Köpfe nach allen Seiten. Vor=sichtig läßt sich der Jäger auf den Bauch nieder und kriecht, seinen Doppel=stutzer ruckweise voranschiebend, langsam, lautlos hinter den Felsblock, der ihn decken wird. Ein starkes Tier ist aufs Korn gefaßt, die Kugel sitzt im Blatt, hochauf schnellt der Bock und stürzt zusammen. Die Gemsen sind alle blitz=schnell aufgesprungen, wissen aber, da sie keinen Feind sehen, nicht, woher das Verderben kam; der Widerhall des Schusses donnert in allen Felswänden nach, — wohin fliehen? Während die Tiere in der höchsten Furcht zusammen=stehen oder ratlos hin und her springen, naht eines dem unbeweglich gebliebenen, lauernden Jäger und erhält die zweite Kugel; ja oft ist dieser so glücklich, noch ein bis zwei Mal schießen zu können, wenn er gut gedeckt blieb, oder wenn gar ein anderes Rudel, durch die Schüsse erschreckt, ohne die Richtung der Gefahr zu erkennen, herbeijagt. Nie aber und unter keiner Bedingung darf der Jäger sich nach gefallenem Schusse blicken lassen, so lange noch Gemsen in der Nähe sind, da nichts geeigneter wäre, die Tiere auf lange Zeit hin aus dem betreffenden Gebirgsstock zu vertreiben, als der Anblick des Verderbers unmittelbar nach dem Tode des Gefährten.

Ist die Beute glücklich erlegt, so bricht sie der Schütze auf (wobei das Blut selbst von ruhig gebliebenen, nicht gehetzten Tieren so heiß erscheint, daß man unwillkürlich die Hand aus dem Gekröse zurückzieht), weidet sie aus (die edeln Eingeweide, unter denen die Leber von besonders feinem Wohlgeschmack ist, bleiben im Tiere), bindet ihr die Füße kreuzweise zusammen, hakt ihr die Hörnchen ein und trägt sie so auf dem Nacken, daß die Füße vorn auf der Stirn liegen. So schleppt er oft zwei Gemsen zumal, d. i. etwa anderthalb Zentner, stundenweit über die gefährlichsten Pfade nach Hause, wobei er namentlich, wenn er auf fremdem Revier gejagt hat, sich vor der Eifersucht der benachbarten Jäger wohl in acht zu nehmen hat. In diesem Falle setzt es oft blutige Kugelgefechte, namentlich zwischen Bündner und Tiroler oder Walliser und savoyischen Jägern ab. Ein solches erzählt z. B. Saussure. Ein Savoyarde hatte eine Gemse angeschossen und zwei Walliser erlegten sie völlig. Dem Tiere näher und durch den ersten Schuß dazu berechtigt, nahm der erste es zu Handen und trug es fort. Die Walliser Jäger, die tiefer standen, riefen ihm zu, er solle das Tier liegen lassen, was ihn aber nicht hinderte, seinen Weg fortzusetzen. Nun flogen zwei Kugeln dicht an seinem Kopfe vorbei. Er konnte wegen der steilen Wege nicht schnell fliehen, noch sich verteidigen, weil er seine Munition verschossen hatte. Darum ließ er die Gemse liegen und zog sich voller Rachegedanken zurück, lauerte aber genau auf, bis er entdeckte, in welcher der (von den Hirten bereits verlassenen) Alpenhütten die Walliser übernachten wollten. Dann lief er zwei Stunden weit nach Hause, lud dort seine Zweischloßbüchse mit zwei Schüssen und kehrte des Nachts zur Hütte zurück. Durch eine Ritze sah er seine Feinde am Feuer sitzen, steckte das Rohr sachte durch, um beide mit einem Mal niederzuschießen und war im Begriff, loszudrücken, als ihm beifiel, die Männer hätten ja, seit sie auf ihn geschossen, nicht mehr beichten können und würden also mit einer Todsünde sterben und ewig verdammt werden. Dies erschütterte ihn tief. Er zog das Rohr zurück, trat in die Hütte und gestand den Jägern, in welcher Gefahr sie gewesen. Diese dankten ihm gerührt und überließen ihm die verhängnisvolle Gemse — zur Hälfte.

Zwischen Schweizerjägern benachbarter Kantone geht der Grenzstreit gewöhnlich harmloser ab. Der Eindringling wird womöglich gezwungen, seine Flinte abzulegen, welche dann vom Revierberechtigten als Eigentum in Empfang genommen wird. Noch öfter aber jagen die Grenzanwohner friedlich herüber und hinüber, ohne sich viel zu stören.

Der eigentliche Jagdgewinn steht heutzutage in keinem Verhältnis mehr zu all den Gefahren, Mühen und der verlornen Zeit, die seine Erlangung fordert. ‚Y faut naou tzahiaoux por in nuri-ion‘, d. h. es erfordert neun Jäger, um einen zu ernähren, sagt das Sprichwort der Freiburger. Die geschossene Gemse ist 15 bis höchstens 30 Franken wert; das Fleisch wird für 1—2 Franken das Kilogramm verkauft, die Haut, die ein vortreffliches, samtweiches Leder giebt, zu 5—12 Franken, die Hörnchen zu zweien . . . . und doch sind die Jäger so leidenschaftlich erpicht, daß z. B. einer, dem in Zürich das Bein amputiert wurde, nach zwei Jahren seinem Arzte die Hälfte einer von ihm erlegten Gemse aus Dankbarkeit schickte, jedoch bemerkte, ‚mit dem Stelzfuß wolle die Jagd nicht mehr recht vorwärts, — doch hoffe er, noch manche Gemse zu fällen‘. Der Mann war bei der Amputation einundsiebzig Jahre alt.

Zu diesem Beispiele, wie die Gemsenjagd mit ihren wunderbaren Reizen und Gefahren oft zur stehenden, brennenden Leidenschaft wird, könnten gar viele andere hinzugefügt werden. Wir erinnern jedoch nur noch an jenen Führer Saussures, welcher äußerte: ‚Ich bin seit kurzem sehr glücklich verheiratet. Mein Großvater und mein Vater sind auf der Gemsenjagd zu Grunde gegangen und ich bin sicher, ebenso umzukommen. Aber wollten Sie mein Glück machen unter der Bedingung, daß ich der Jagd entsagen sollte, so könnte ich es nicht annehmen‘. Zwei Jahre nach jener Äußerung zerschellte der starke und gewandte Jäger in einem Abgrunde. —

Man hat die Beobachtung gemacht, daß die Gemsenjagd einen ganz bestimmten Einfluß auf den Charakter des Jägers ausübe. Es ist gewiß, daß diese Beschäftigung oder vielmehr dieses unaufhörliche Kämpfen mit Gefahr und Not und Durst und Frost, dieses langdauernde Lauern und Aufpassen, dieses vorsichtige, stundenlange Vorbereiten des Hauptschlages, dieses entschlossene Ergreifen der einzig günstigen Sekunde, dieses kombinierende

Beurteilen der Spuren, dieses Berechnen der konkurrierenden Terrainverhält=
niſſe, atmoſphäriſchen Einflüſſe ꝛc., dieſes genaueſte Ausſpüren der Natur und
der Gewohnheiten des Wildes, dieſes Beſchleichen, Verbergen und Täuſchen —
daß das alles nach zehn= und zwanzigjähriger Übung den Charakter des
Jägers bedeutend beſtimmt. Daher finden wir ſo oft die Gemſenjäger ver=
ſchloſſen, in Wort und Handlung entſchloſſen und ausdrucksvoll, dabei mäßig,
genügſam, ſparſam, geduldig und leicht in alles Unabänderliche fügſam. Es
ſind auf ſich ſelbſt zurückgezogene Naturen, die ſich gewiſſermaßen ſelbſt
genügen, und eher paſſiv erſcheinen, nicht ſelten höchſt trockene und einſilbige
Leute, die nicht Viel, aber Gewichtiges reden, — im vollen Gegenſatz zu den
tiefländiſchen Hühner= und Haſennimroden, welche Wahrheit und Dichtung
ſo reichlich und kühn zu miſchen verſtehn.

---

3. Gemſenjäger.

Menſchenopfer. — Karl Joſef Infanger. — Heinrich Heitz und David Zwicky. —
Ein Jäger unter dem Gletſcher. — Thomas Heſti. — Colani. — Rübi. — Die
Sutter. — Spinas und Cathomen.

Dieſes Gebiet iſt ſo außerordentlich ergiebig wie kaum ein verwandtes.
In den menſchenleeren, gefahrvollen Einöden, wo der Jäger oft Schritt für
Schritt mit irgend einem drohenden Verderben ringt, vom Tode umlauert,
ſelber auf Mord ſinnend, kommen ſo oft merkwürdige Situationen, grauſen=
hafte Stunden vor, daß jeder ältere Jäger von ſolchen Abenteuern zu erzählen
weiß. Freilich viele können die Betreffenden nicht mehr ſelbſt wiedererzählen:
ſchätzte ſich doch einſt ein Abt von Engelberg glücklich, wenn er des
Jahres nicht mehr als fünf von den Bewohnern ſeines Thales auf der
Gemſenjagd verlor. Und jetzt noch fordert jedes Jahr mehr als ein oder zwei
Opfer. Wahrhaft erſchreckend wirkte die Nachricht von dem Untergange einer
ganzen Jägergeſellſchaft kurz vor Weihnachten 1839 unfern des Walliſer
Schwarzhorns an den Introblenſchluchten. Sieben Jäger, drei aus Varen,
vier aus Leukbad, wurden durch ein ſich ablöſendes Schneelager verſchüttet
und in die Tiefe geſchleudert. Neben dem älteſten, einem ausgezeichneten
Schützen, glitt die Maſſe wenige Schritte entfernt vorüber und riß ihn nur
ein Stück weit mit, ohne ihm die Beſinnung zu rauben. Durch anhaltende
Kopfbewegung glückte es ihm, Luft zu bekommen, worauf er den Schnee zu
durchbrechen vermochte. Die ſechs Gefährten fand man erſt bei der Schnee=
ſchmelze auf. Der Alte aber hat nie wieder gejagt. Auch der Oktober 1852 hat
drei ſchweizeriſchen Gemſenjägern den Tod gebracht, unter ihnen dem auch

als Fremdenführer bekannten Hans Launer, der an der Jungfrau über eine 650 m hohe Felswand stürzte.

Wir wollen nur wenige, ganz zuverlässige und charakteristische Geschichten wiedererzählen, und zwar in aller Kürze und Einfachheit, da der geneigte Leser gewiß die einfache Wirklichkeit der noch so schön geschmückten Romantik hier vorzieht.

Im Ländchen Uri liegt abseits vom Flüelerseearm, zwischen dem Bristen= und Urirotstock und Seelisbergerhorn eingeklemmt, ein schmales Thalgelände, dessen kräftige Bewohner im Jahre 1798 einer einbrechenden Kolonne von Franzosen männlichen Widerstand leisteten. Hin und wider kamen bis in die neuere Zeit vom Titlis her aus den Walliser und Berner Alpen einzelne Bären ins Isenthal und wirtschafteten übel genug unter den Schaf=, Ziegen= und Rinderherden. Am Isenbach bei der Sägemühle wohnte in einem hölzernen Hause mit buntbemalten Fensterläden und einem kleinen Altane, den kunstliches Holzschnitzwerk ziert, ein rüstiger Gemsenjäger, Infanger, der als silberhaariger Greis im Jahre 1852 starb. Im Juni des Jahres 1823 zeigte sich wieder ein Bär im Thale und riß viel Vieh nieder. Nur fünf Minuten vom Dörfchen in der Nähe eines kleinen Wasserfalles lauerte der Jäger auf die Bestie und schoß sie mit seiner trefflichen Büchse auf den ersten Schuß so gründlich durch die Nieren, daß sie fiel. Der Bär wog 150 kg; der Jäger hat die zwei Tatzen zum Andenken an den glücklichen Schuß an einer eisernen Kette vor dem Hause aufgehängt. Einer seiner Söhne, Karl Josef, erbte die Lust des Vaters am Weidwerk. Als er fünfzehn Jahre alt war, durfte er mit dem alten Infanger zum ersten Male auf Gemsen gehen. Es war ein schöner Herbstmorgen, als sie auf das steile Horn hinter dem Dorfe hinanstiegen und in den Hochgebirgen umherstreiften. Da bemerkten sie zu ihren Füßen tief an einem grasigen Tobel ein Rudel von zwölf weidenden Gemsen. Der Vater gab seine Flinte dem unbewaffneten Knaben und sagte: ‚Schieß mir ein Tier, und wenn du es getroffen hast, so steige wieder da auf den Grat herauf und schwing die Mütze; dann komme ich und helfe dir die Gemse tragen; ich gehe auf die andere Seite hinunter und lege mich unter= dessen ins Gras‘. Lange wartete derselbe, ohne einen Schuß zu vernehmen, und dachte schon: ‚Der Bube hat mir die schönen Tiere vertrieben‘ — als es in der Ferne knallte. Er wartete, — kein Sohn erschien auf dem Grat, und er dachte, der habe gefehlt, als es plötzlich noch einmal knallte. Nun eilte er erschrocken hinauf, um den Weideplatz der Gemsen zu überblicken, und bald kam auch sein Sohn im Triumph des ersten Jägerglücks. Der Knabe hatte die Tiere hinter dem Winde umgangen. Hinter einem Steinhaufen auf dem Boden liegend, war er glücklich bis auf Schußweite nahe gekommen. Er faßte die schönste Gemse scharf aufs Korn und drückte los. Plötzlich schnellte das getroffene Tier hoch auf, drehte sich ein paar Mal im Kreise herum und stürzte zusammen. Die übrigen Gemsen verschwanden, und schon wollte der

Knabe jauchzend aufspringen, als eine junge Gemse, die im ersten Schrecken ein paar Sätze mit gesprungen war, mit gestrecktem Halse rings umherspähte, und, als sie den schlauen Jäger, der wieder leise niedergekauert war, nicht bemerkte, zu ihrer toten Mutter zurückkehrte und deren Wunden zu lecken begann. Da knallte es wieder hinter den Steinen hervor; der junge Infanger hatte rasch wieder geladen; die Berge widerhallten, und die junge Gemse stürzte tot auf ihre Mutter. — Das waren die Probeschüsse des Karl Josef, der seither seinem Vater gleich ein trefflicher Gemsenjäger wurde und bereits über 200 Stück erlegt hat. Er hat so recht die Natur des Alpjägers. Fleißig, sparsam und überall geachtet, lebt er als tüchtiger Schreiner im Kreise einer sehr zahlreichen Familie in behaglicher Wohlhabenheit und denkt nur an Arbeit, Weib und Kind. Sowie aber die Jagdzeit heranrückt, die vom 1. September bis 25. November dauert, ist er ein anderer Mensch. Alle seine Gedanken sind in der Höhe. In der Nacht vor dem ersten September steht er leise auf, legt seine gemslederne Weidtasche mit kargem Proviante um, nimmt seine Büchse, zieht ein grobes wollenes Wams an, setzt die gems= lederne Mütze auf und zieht im Sternenschein den ersehnten Alpen zu. Oft bleibt er acht Tage und länger aus. Ist er am Abend müde mit dem ‚Tier‘ heimgekommen, so legt er sich ein Stündchen ins Bett; aber die Morgensonne findet ihn schon wieder in den höchsten Flühen.

Die berühmtesten Gemsenjäger der Glarner Gebirge waren Manuel Walcher, der 458, Rudolf Bläsi von Schwanden, der 675 Stück erlegt hat, Heinrich Heitz von Glarus und David Zwicky von Mollis. Jeder der letzteren hat über 1300 Stück geschossen.

Der letztere war obrigkeitlich erwählter Freibergschütze, ein ganzer Jäger vom Scheitel bis zur Sohle, für nichts anderes brauchbar. Er hat unter dem Alpenwildstand während seines Jägerlebens furchtbare Niederlagen angerichtet und Schneehühner, Murmeltiere, Füchse, Alpenhasen, Dachse, Birkhühner, Pernisen zu tausenden erlegt. Er war Hausbesitzer; aber nur die schlechteste Witterung hielt ihn unter seinem Dache zurück; den größten Teil seines Lebens verbrachte er in der erhabenen Einsamkeit der Hochgebirge. Diese waren seine zweite Heimat geworden; in einem weiten Umkreise des Alpenreviers kannte er jeden Steg, jede Felswand, jeden Baum und Strauch. Die Wechsel der Gemsen wußte er so genau wie die Gassen seines Dorfes. Hatte er mit seinem kleinen Perspektive einmal eine Gemse entdeckt, so war sie so gut wie verloren, — ein kühnes Wort, wenn man die ungeheuren Felsenlabyrinthe und zahllosen unzugänglichen Asyle eines verfolgten Tieres in jenen steilen Kalkgebirgen kennt, und doch ist der Ausdruck buchstäblich wahr. Gewöhnlich ist eine Gemse einem Jäger durchaus verloren, wenn sie auf die Flucht geht; Zwicky aber wurde ihrer erst recht sicher. Er konnte mit seiner außerordent= lichen Ortskenntnis genau berechnen, wohin sich die Gemse wenden, wo sie stehen, ruhen und weiden werde, und verfolgte sie mit einer Kühnheit und

Geduld, die staunenswert war, oft vierzehn Tage lang ununterbrochen, kletterte über Felsen, die nie vor ihm ein Mensch betreten hatte, harrte ihrer an einer Sulz, trieb sie vorsichtig nach einer Gemsenfalle und ruhte nicht, bis das Tier eine Kugel im Leibe hatte. So hatte er einst an dem furchtbar rauhen und steilen Mürtschenstocke fünf Gemsen auf eine Klemme hinausgetrieben und ihnen den Rückweg abgesperrt; auf dem gleichen Flecke schoß er in fünf verschiedenen Schüssen eine nach der andern weg. Man weiß, wie viel Kalt=blütigkeit und Vorsicht zu solcher Arbeit gehört. Oft schoß er mit der gleichen Kugel später ein zweites Tier. Nebel, Schneestürme, finstere Nacht überfielen ihn in pfadlosen Klippen über schauerlichen Abgründen; aber seine Vorsicht, seine Herzhaftigkeit und Ortskenntnis halfen ihm immer wieder glücklich zu Thal.

David Zwicky war arm; nur 300 Franken hatte er geerbt; aber sein glücklicher Jägerberuf machte ihn zum wohlhabenden Manne. Bei seinem Tode besaß er ein Vermögen von 15 000 Franken und eine Sammlung von zwölf Jagdflinten. Um solch ein Kapital zu erwerben, lebte er äußerst sparsam und versagte sich noch im Alter jede Bequemlichkeit. Wein erlaubte er sich selten; seine gewöhnliche Nahrung war Brot, Magerkäse und Wasser. Je wohlhabender er wurde, desto mehr kargte er. Seine Gesundheit war unerschütterlich und felsenfest; seine Knochen schienen von Stahl zu sein. Er hatte den Ruf, der beste Schütze, der verwegenste Alpenjäger zu sein, und galt für einen rechtschaffenen, frommen Mann, da er jeden Sonntag, wenn es nur möglich war, in seinem Dorfe zur Kirche ging. Zu der Zeit, wo er nicht Gemsen jagen durfte oder konnte, beschäftigte er sich mit Holzfällen und Schindelnschnitzen, lauerte aber gern dabei nachts den Füchsen und Dachsen auf. Die Hühner schickte er gewöhnlich nach Zürich zum Verkaufe, das Gemsenfleisch ließ er in den Dörfern des Thales verkaufen; die Gemsenfelle ließ er schwarz und gelb färben und verkaufte sie den nach Holland fahrenden Holzhändlern zu gutem Preise.

Einmal kam er Samstag abends gegen seine Gewohnheit nicht nachhause. Man argwohnte Unglück und sandte Leute aus, die ihn suchen sollten. Ver=gebens. Sechsunddreißig Wochen lang wurde er vermißt und niemand wußte, ob der siebenundfünfzigjährige rüstige Mann noch am Leben sei. Da fand man unversehens sein Gerippe auf einem kleinen Hügel der steilen Auernalp am Wiggis sitzend, neben ihm sein Doppelgewehr, Geld, Jägertasche und Taschenuhr. Um einen Fuß war das Taschentuch geschlungen; der Knochen war nicht gebrochen, doch der Fuß wahrscheinlich verrenkt. Er hatte den Kopf auf die Hand gestützt und glich einem Schlafenden; aber die Raubvögel, die Raben und Füchse hatten einen Teil seines Körpers zum Skelett abgenagt. Wahrscheinlich war der Unglückliche nach einem Sturze mit seinem halblahmen Fuße bei dem eintretenden Unwetter bis zu dieser Stelle fortgekrochen, hatte vergeblich Notschüsse abgefeuert und war endlich angesichts seines tief unten im Thale liegenden Heimatdorfes den namenlosen Leiden des Hungers und Frostes erlegen.

Auf solche Weise sind sehr viele Gemsenjäger umgekommen, und nur selten hat einer einen unverletzten oder unverkrüppelten Leib bis ins Alter bewahrt.

So ging auch der kühne Bergmann Kaspar Blumer von Glarus zu Grunde, einer der leidenschaftlichsten und verwegensten Jäger seines Thales, der an einem Seile auf einem kaum handbreiten, unebenen Felsengesimse ruhig über die fürchterlichsten Abgründe hinschritt. Er stieg am Vorderglärnisch hinauf, um seinen zwei Jagdgefährten, die vom Klönthal aus emporstiegen, die Gemsen zuzutreiben. Allein vergeblich harrten diese der Gemsen und des Treibers. Die Familie desselben ließ, als er lange nicht nachhause kam, das Gebirge durchsuchen, ohne eine Spur zu finden. Erst im folgenden Sommer traf man auf seinen zerschellten und halbverwesten Leichnam am Fuße einer ungeheuren Felswand.

Ein Berner Jäger sank einst in den ewigen Eisfeldern des Grindel= waldes in eine verdeckte Eisspalte. Ohne Schaden zu nehmen, fiel er die viele Meter tiefe Dicke des Gletschers durch bis auf den Grund, der glücklicher= weise trocken war. Allein was sollte er in seinem tiefen Kerker, viele Stunden weit von aller menschlichen Hilfe entfernt, anfangen? Hätte er auch ein Taschenmesser bei sich gehabt und damit Stufen in das Eis schneiden können, so war doch die Tiefe viel zu beträchtlich, als daß von einem glücklichen Erfolge hätte die Rede sein können. Indessen befremdete es ihn, daß kein Wasser in der Spalte stand, und bei genauer Untersuchung seines unter= irdischen Gefängnisses fand er, daß das Eis durch die natürliche Wärme des Bodens an seiner Basis geschmolzen war und sich Abzugskanäle und Fugen für das Wasser gebildet hatten. Entschlossen legte er sich in die finstere Rinne eines solchen Baches und kroch mit unendlicher Mühe dieser nach, gelangte nach langer Zeit wunderbar glücklich unter dem Gletscher durch an den Rand desselben und kam oben an einer Felswand, über die der Bach als Wasserfall sich stürzte, zu Tage. Auch von hier aus fand der aus dem nassen Gewölbe Erlöste Mittel, hinabzuklettern und sich zu retten.

Nicht so glücklich war Thomas Hefti von Bettschwanden, einer der verwegensten Jäger des Landes, der sich durch wiederholte kleine Unfälle und die dringendsten Warnungen seiner Leute nicht schrecken ließ. Bis zu seinem sechsunddreißigsten Lebensjahre hatte er schon über 300 Gemsen geschossen. ‚Wenn ich verunglücke‘, sagte er, ‚so geschieht's an einer nicht gefahrvollen Stelle; denn wo Gefahr ist, geb' ich schon acht, stehe übrigens in Gottes Hand.‘ Im Juli ging er des Morgens in die Alpen und kehrte abends mit einer Gemse zurück. Er aß mit seiner Familie das Abendbrot, betete wie gewöhnlich mit ihr und ging zur Ruhe. Aber schon lange vor Tagesanbruch war er wieder unterwegs und brachte auch glücklich am gleichen Tage wieder eine Gemse heim. Am folgenden zog er mit zwei

Jägern über den Sandalpfirn und schritt diesen mutig auf dem frisch beschneiten
Gletscher voran. Allein plötzlich verschwand er vor ihren Augen in einer
überschneiten Spalte und sie verstanden die dumpfen Worte nicht mehr, die
er ihnen zurief. Am folgenden Tage machte man allerhand Rettungsversuche
mit zusammengebundenen Flößerstangen; ein Mann ließ sich an einem Seile
in die Tiefe der Spalte hinab, konnte es aber unten wegen der großen Kälte
nicht aushalten. Erst am zweitfolgenden Tage vereinigte sich eine Gesellschaft
junger, starker Männer aus eigenem Antriebe, um wenigstens den Körper
Heftis zu holen. Zwei lange Leitern wurden zusammengebunden und ein kühner
Mann stieg, an Seilen befestigt, in die gräßliche Schlucht. In der Tiefe von 5 m
stand Wasser, das wenigstens noch ebenso tief war. Nach langem Suchen auf
dem Grunde konnte er mit seinem Flößerhaken den Körper anspießen und auf
die Oberfläche des Eiswassers bringen, nahm ihn darauf in seine kräftigen Arme
und trug die schwere, unbeholfene, von Wasser angefüllte Masse glücklich die
Leitern hinauf, erklärte aber zugleich, die Kälte sei so groß gewesen, daß er es
keine Minute länger in dem dunkeln Schlunde ausgehalten hätte*).

Der berühmteste Gemsjäger im ersten Drittel unseres Jahrhunderts
war Johann Markus Colani, der teils in einem der Berninahäuser,
teils in Pontresina wohnte. Er hatte viele Stunden weit die Reviere der
Berninagebirge für seine Jagd ausschließlich in Anspruch genommen und
duldete fremde Jäger nicht leicht in seinem Gebiete; schlossen sie sich an ihn
an, so wußte er sie so zu narren, daß ihnen die Lust an der Gemsenjagd bald
verging. Schon als Knabe begleitete er seinen Vater auf die Jagd ins Hoch=
gebirge und hatte im Alter von 14 Jahren bereits über 60 Gemsen erlegt.
Mit 18 Jahren verließ er seine Heimat, um in einer französischen Waffen=
fabrik die Büchsenmacherei zu erlernen, aber bald erfaßte ihn das Heimweh
und trieb ihn zu seinen Bergen zurück, wo er wieder dem edlen Weidwerk
obzuliegen begann. Bei seiner nüchternen Lebensweise, bei seiner scharfen
Beobachtungsgabe, seltenen Muskelkraft und Ausdauer entwickelte er sich zum
Gebirgsjäger von echtem Schrot und Korn. „Schon mit 20 Jahren", sagt
sein Biograph, „stand unser junger Schütze da als ein kräftiger, kühner, durch=
gebildeter, felsenfester Alpenjäger, von untersetzter Gestalt, breitschulterig, mit
feurigem schwarzen Auge, kühn gebogener Nase und schwarzem Haar —
eine echt romanische Erscheinung."

Eine seiner erfolgreichsten Jagden mag hier, so wie sie Colani selbst
erzählt hat, Erwähnung finden: „An einem schönen Augusttage ging ich in
früher Morgenstunde vonhause weg, um im Kamogaskerthal, damals meinem

---

*) Wenn man so häufig von der großen Kälte in Gletscherschründen hört, so
rührt diese nicht von einer besonders tiefen Temperatur — im eben erzählten Falle
war ja das Eiswasser noch in flüssigem Zustande —, sondern von der großen
Trockenheit der vom Gletscher gefangenen Luft her. Doch fand auch Agassiz im
Grunde einer 60 m tiefen Gletscherspalte die Kälte des Wassers unerträglich.

liebſten Revier, Vorrat für die Küche zu ſuchen. Mit der Gegend ſehr ver=
traut, fiel es mir nicht ſchwer, an verſchiedenen Orten Gemſen zu finden; doch
lagerten alle an offenen Stellen, wo ich nicht hoffen durfte, ſie beſchleichen zu
können. Ich ließ ſie deshalb unangefochten und zog mich gegen Val Prüna
hin. An einer Felswand, wo mir früher ſchon einmal das Glück gelächelt,
entdeckte ich ſieben Gemſen, die gemächlich äſend langſam der Höhe zu ſtiegen.
Durch ſchmale Felsbänder ſich hindurchwindend, von Fels zu Fels ſpringend,
ſuchten ſie an ſchattiger Stelle der Wand, wo kein weiteres Vordringen mehr
möglich war, ihre Mittagslagerſtätte auf. Eine nach der andern legte ſich
zum Wiederkauen nieder. Der Platz war mir recht. Von den Gemſen
unbemerkt, auf weiten Umwegen, unter dem Winde, hieß es nun der Lager=
ſtätte der Tiere ſich nähern. Aber nur mit großer Mühe und Gefahr gelang
es mir, den Punkt zu erreichen, den ich mir vorher als den geeignetſten
gemerkt hatte. Es war die einzige Stelle, durch welche die Gemſen allfällig
hätten die Flucht nehmen können, die ſich nun ſo allerdings in einer unheil=
bringenden Falle befanden. Die Büchſe donnert, die erſte Gemſe ſtürzt in die
Tiefe. Die andern ſpringen entſetzt auf und rennen unſchlüſſig in dem engen
Raume hin und her und laſſen mir damit Zeit, meinen Einläufer wieder zu
laden. Abermals fällt ein Schuß und eine zweite Gemſe rollt über die Felſen.
Da iſt keine Hilfe in der Not, denn der einzige Ausweg geht direkt an mir
vorbei. Abermals und abermals knallt die mörderiſche Büchſe und wieder
und wieder ſtürzen neue Opfer in den Abgrund. In der Angſt der Ver=
zweiflung rennen die zwei letzten ſogar der Stelle zu, wo die Schüſſe des
unſichtbaren Jägers herkommen, um einen Durchbruch zu wagen, aber ſie
fallen durch meine Kugeln. Auf einem unterhalb der Gemſenfalle befindlichen
Schneefeld lagen ſieben Gemſen beiſammen. Für die Küche war nun geſorgt,
aber meine Jagdluſt durch dieſe Szene erſt recht angefacht. Während der
kurzen Raſt durcheilte mein Auge zuckend die Bergwelt; da ſchien es mir, als
bewegten ſich dort, wo vom Piz Prüna herab ein jäh abfallender Gletſcher=
arm ſich erſtreckt, zwei Punkte. Das Fernrohr ließ ſie mich ſofort als
zwei Gemsböcke erkennen, die nach gehaltener Mittagsruhe weideten. Trotz der
großen Entfernung war mir Örtlichkeit und Wind günſtig. Kurz entſchloſſen
mache ich mich auf den Weg und kann ich mich ihnen bis auf 50 Schritte
nähern. Auf den Schuß ſinkt der eine Bock zuſammen, erhebt ſich aber,
weidwund geſchoſſen, bald wieder, macht einige wankende Schritte und thut
ſich nieder. Die zweite Gemſe ſpringt in mächtigen Sätzen ſeitwärts, bleibt
aber, den angeſchoſſenen Gefährten gewahrend, wie angewurzelt bei ihm ſtehen
und bricht im nächſten Augenblick im Feuer zuſammen. Dem weidwunden
Tiere kann ich mich nun ungedeckt nähern, um ihm den Nickfang zu geben.
Die Tageszeit war unterdeſſen bedeutend vorgerückt. Schon warfen die Gipfel
der Berge lange Schatten und der Rückweg zu einer bewohnten Alp mußte
angetreten werden. Ich kam daſelbſt mit meinen zwei letztgeſchoſſenen Böcken

gerade an, als die Hirten dem Melkgeschäft oblagen. Meiner schweren Beute
mich entledigend, will ich eben die eine der Hütten betreten, als einer der
Älpler mir zuruft, daß gerade jetzt ein prächtiger Gemsbock äsend hoch
über ihm in den Grasbändern vorbeiziehe: „„Bah, sage ich, es wäre eigentlich
des Jagdglückes für heute genug; wenn Ihr es aber wünscht, so will ich den
Burschen von hier aus herab kommandieren. Er soll Euch als Lohn bleiben,
wenn Ihr Euch verpflichtet, meine heutige Jagdbeute nach Hause zu schaffen"".
Ohne viel Besinnen ging der Hirte angesichts der zwei toten Gemsen auf den
Vorschlag ein und ebenso rasch war mein Stutzer an der Wange. Der Schuß
rollt weit durchs Gebirge und im gleichen Augenblick poltert die töblich
getroffene Gemse den Abhang herab vor unsere Füße, unter lautem Halloh
der aufs höchste erstaunten, fast ängstlich mich anblickenden Sennen. Der
Arbeit folgte am flackernden Hüttenfeuer ein fröhlicher Abend. Beim
Dämmerschein des folgenden Morgens waren aber Jäger und Hirten schon
auf den Beinen, da es mir darum zu thun war, meine gestrige Beute in
Gewahrsam zu bringen. Früher als gewöhnlich wurde gemelkt und ausgetrieben und erst dann erfuhren die zum zweiten Mal erstaunten Sennen
den ganzen Umfang der für die schon halb verzehrte Gemse übernommenen
Verpflichtung. Versprochenermaßen mußten ja auch die sieben andern Tiere
herbeigeschafft und zu Thal gefördert werden. Der Hirte that seufzend seine
Pflicht, den festen Vorsatz fassend, mir gegenüber in Zukunft zuerst nach der
Zahl der Beutestücke zu fragen, ehe er den Lohn für deren Transport festsetze".

Colani hatte in der erwähnten Augustwoche nicht weniger als 22 Gemsen erlegt.

Daß der rhätische Jägerfürst unter seinen Zeitgenossen Neider und
Feinde hatte, welche ihn heimlich verleumdeten, ist bekannt. Die schlimmsten
Gerüchte über ihn zirkulierten bei Einheimischen und Fremden. In seinem
Hause, so erzählte man sich, habe er eine Stube mit den Waffen und der
Ausrüstung der von ihm erschossenen fremden Jäger, meist Tiroler, aus-
geschmückt, und die Leute in Bevers und Kamogask glaubten, er stehe mit
der Unterwelt in Verbindung und habe auf seiner dem Teufel verschriebenen
Seele gegen dreißig Menschenleben. Die abergläubischen Bewohner seiner
Heimat glaubten, daß Gian Marchet (so wurde Colani gewöhnlich genannt)
mit verhexten Kugeln schieße. Selbst der bekannte Naturforscher Dr. Lenz,
welcher im Juli 1837 mit Colani jagte, hat sich von derartigen Gerüchten
stark beeinflussen lassen. So interessant dessen Nachrichten über eine der
letzten Jagden des kühnen Alpenjägers auch sein mögen, so sind sie doch allzu
romantisch gefärbt und entwerfen von dem Wesen Colanis kein richtiges
Bild. Den Makel, der noch im Grabe an seinem Namen haftete, hat die
gerechtere Gegenwart beseitigt*). Er war kein Verbrecher und wäre an den

*) Es gebührt A. Girtanner das Verdienst, die Ehrenrettung Colanis unter-
nommen und auf Grund zuverlässiger Erhebungen Colanis Gestalt wahrheitsgetreu
gezeichnet zu haben.

herumgebotenen Gerüchten etwas Wahres gewesen, so hätten die Gerichte einschreiten müssen und das Jagdrecht wäre ihm entzogen worden. Dies war aber nie der Fall.

Dagegen steht fest, daß er mehreren in Lawinen geratenen Menschen das Leben gerettet hat. Am Albulaberge traf er eine aus fünf Personen bestehende Familie, welche sich im Schneegestöber verirrt hatte und sich in der höchsten Not befand; er entriß sie mit eigener Hand dem sicheren Tode und pflegte sie in einer benachbarten Alphütte. Auch sonst war er hilfsbereit, wenn er seine Mitmenschen in Not sah. Durch das Lesen medizinischer Bücher erwarb er sich viele Kenntnisse und verwertete sie in Unglücksfällen, ohne zudringlich oder auf Gewinn bedacht zu sein. Als trefflicher Schütze beliebt, war er auch seines witzigen Wesens halber in Gesellschaften gern gesehen und wurde bei seinem Hinscheiden allgemein betrauert. Den Todeskeim holte er sich im August 1837, als er im Roseggthal seine Feuernte unter Dach bringen wollte. Ein herannahendes Gewitter veranlaßte ihn, mit übermenschlichen Anstrengungen seine Ernte zu retten, was ihm auch gelang. Müde und schweißtriefend legte er sich auf sein Heu und fühlte sich unwohl. Eine heftige Lungenentzündung raffte ihn dahin. Vor seinem Ende nahm er von seinen Angehörigen feierlich Abschied und ermahnte sie zur Eintracht und rechtschaffenem Lebenswandel. Die ihm von seinen Feinden angedichteten Verbrechen — sie machten ihm das Sterben nicht schwer. Dieser gewaltige und merkwürdige Jäger hat nach seinem zwanzigsten Jahre, wo er die Herrschaft der Berge usurpierte, zwei- tausend siebenhundert Gemsen geschossen, ohne die vielen früher von ihm erlegten, — eine Anzahl, die bei weitem von keinem andern Jäger je erreicht worden ist, dazu etliche Bären und zahllose Murmeltiere und anderes Alpenwild.

Nach Colanis Tode wurde den Gemsenherden des Rosegg, Muntpers., Albris, Bernina 2c. hart zugesetzt. Immerhin sind aber jene weiten, herrlichen Reviere so günstig, daß noch in den letzten Jahren an einem Tage an hundert- zwanzig Stück gezählt werden konnten. Die guten, emsigen Gemsenjäger sind überall, auch im Oberengadin, selten. Der beste und glücklichste, den wir kennen, ein würdiger Nachfolger Colanis, ist Johann Rübi in Pontresina, ein kompleter Jäger vom Scheitel bis zur Sohle und zugleich ein schöner, über sechs Fuß hoher Mann von herrlichem Auge und außerordentlicher Muskelkraft.

Während der geschlossenen Zeit liegt Rübi zwar seinem (Rutner-) Berufe ob, ist aber nichtsdestoweniger mit seinen Gedanken stets bei seinem Hochwild, besucht fleißig die Weideplätze, sieht nach den Rudeln und Stand- böcken und kennt auf viele Stunden im Umkreis den Gemsenstand nach Böcken, Geißen und Jungen bis aufs Stück. An den günstigsten Stellen hat er teils die von Colani angelegten Sulzen fortgesetzt, teils neue angelegt, und versorgt dieselben regelmäßig mit Salz. Langsam und bedächtig in seinem ganzen

Wesen, mäßig und dauerhaft, von adlerscharfem Blick und furchtlosem Mute,
weiß er seine Tier= und Lokalkenntnis gehörig auszubeuten. Er arbeitet auf
der Jagd unablässig mit dem ‚Spiegel‘ und beobachtet den Wind aufs sorg=
fältigste. Oft dreht sich dieser plötzlich, wenn die Gemsen beinahe erreicht
sind, und Rübi liegt dann geduldig stundenlang in der Nähe der Tiere und
lauert, ob sich die ‚Luft‘ abermals gedreht oder die Gemsen den Stand ver=
ändert haben. Vor allem stellt er den Böcken nach und ist Weidmanns genug,
um — im Gegensatz zu so vielen Pfuschern — nie ein Gemsenkitz zu
schießen. Er kam einmal vom Bernina, wo er zufällig eine Anzahl Gemsen=
ziegen nach einander erlegt hatte, mißmutig zurück und erklärte, nun habe er
das ‚Geißmetzgen‘ satt und möchte Böcke sehen, schlug den Weg nach den
Beverserbergen ein und schoß in vierundzwanzig Stunden drei Böcke. Im
September 1855 brachte er in den ersten zehn Jagdtagen sechs Gemsen heim
und am elften schoß er unmittelbar in unserer Nähe innerhalb zwanzig
Minuten drei Stück nach einander am Piz Alv und jagte eine herankommende
säugende Geiß mit ihrem Jungen mit Schelten fort. Im Herbst 1856 brachte
er es kaum auf 30 Stück (von denen er vier Stück in 2—3 Minuten nieder=
streckte), ebenso hoch der Jäger Zinsli in Scharans, während Spinas von
Tinzen ihm mit beinahe 40 Stück den Rang ablief. Für seinen Wildstand
ist er so besorgt, daß er nach geschlossener Jagd heimlich in die Berge des
Val di Livigno, also auf italienisches Gebiet, hinübergeht, wo sich bei der
Entwaffnung des Landes das Wild stark angesammelt hatte, und mit geeigneter
Hilfe eine Anzahl Tiere, besonders Böcke, die Bergzüge entlang seinen Jagd=
plätzen zutreibt. Von seinen Rudeln wird er nie die letzten Stück abschießen.
Die jährliche Ausbeute mag durchschnittlich 30 bis 40 Stück betragen.

Begreiflich hat Freund Rübi schon manches Abenteuer auf seinen gefähr=
lichen Pfaden erlebt. Einmal geriet er mit seinem Gefährten J. Saraz, der
ebenfalls ein trefflicher Jäger und ein gebildeter Freund der Naturkunde ist,
in eine Lawine und wurde gegen einen Baumstrunk geworfen und festgeklemmt.
Wieder zum Bewußtsein gekommen, machte er sich los, erinnerte sich seines
Kameraden, sah sich um, gewahrte einen aufschnellenden Lärchenast, suchte nach
und zog den Verunglückten bei den Beinen aus dem Schnee. Kaum hatte
dieser sich wieder erholt, so sank Rübi infolge seiner erhaltenen schweren
Quetschungen zusammen und wäre auf dem Flecke erlegen, wenn sein Gefährte
nicht die letzte Kraft aufgeboten hätte, um Hilfe zu holen. Bei der Zerstörung
eines Adlerhorstes in den Felsen des Roseggthales geriet er in Gefahr, durch
die kalkigen Exkremente der Vögel seine Augen zu verlieren. Gewisse abenteuer=
liche Begegnisse auf der Grenze, die Rübis Mut und Geistesgegenwart beweisen,
verschweigen wir lieber.

Über andere graubündnerische Gemsenjäger nur wenige Worte. Die in
Bergün lebenden drei Brüder Matthäus, Samuel und Albert Sutter
von Stulms haben während ihres Jägerlebens im ganzen volle 1700 Gemsen

erlegt, Matthäus daneben einen Bären, einen auf einen gejagten Hasen stoßenden Lämmergeier, und oft an Einem Tage 8—10 Schnee= und Stein= hühner. Luchse hat er nur drei gesehen, aber keinen erlegt. Das größte Gemsenrudel fand er im Beverserthale (58 Stück), der schwerste seiner Böcke wog ausgeweidet 50 kg und hatte 4¼ kg Talg. Samuel sah das größte Rudel ebenfalls im Beverserthal mit 64 Stück im Jahre 1843; er schoß mit seinem Bruder innerhalb einer Viertelstunde am Schneehorn fünf Stück. Christian Sutter, ebenfalls in Bergün, erlegte 1831 an einem einzigen Tage im Rheinwald am steilen Horn 6 Gemsen und brachte sie zum Staunen der Leute abends nach Suvers; später im gleichen Herbste erbeutete er inner= halb vier Tagen unter vielen Gefahren siebzehn Stück, im ganzen bis Ende 1858 fünfhundert und zweiundsechzig Stück. Im Jahre 1832 riß ihn eine Lawine über die Felsenköpfe des Surettathales und mit knapper Mühe entging er dem Tode.

Gleiches begegnete dem trefflichen Jäger Jakob Spinas von Tinzen (Oberhalbstein), der während eines zweiundzwanzigjährigen Jägerlebens (er fing es im zwölften Jahre an) an 600 Gemsen erbeutete. Nebenbei schießt er jährlich an 60 Murmeltiere, 40—50 Hasen, gegen 100 Berg= hühner, fängt mit den vagliars 1—2 Dutzend Füchse und hat schon öfters an Einem Tage 7—10 kg Forellen gefangen, — Angaben, welche mehr= seitig bestätigt werden und beweisen, daß Spinas einer der ersten Jäger Rhätiens ist. Überdies hat er einen Bären, einen Luchs und vier Steinadler geschossen. Das größte Gemsenrudel, das er gesehen, stand auf Arpiglias im Unterengadin mit 65—68 Stück. Spinas anerkennt nur einen Jäger in Graubünden über sich, nämlich den Benedetg Cathomen von Brigels im Oberlande, der über tausend Gemsen geschossen hat. Giachem Küng in Salsana bei Scanfs hat es noch höher gebracht und von seinem neunten bis sechzigsten Jahre gegen 1500 Gemsen geschossen. Auch im Bergell finden wir vortreffliche Jäger, wie Giacomo Scartazzini in Promontogno, der schon fünf Gemsen an einem Tage und 17 Stück in einer Woche erlegte; Giov. Gianotti in Montaccio, Pietro Soldini in Stampa. Letzterer hat bisher zwischen 1200 und 1300 Gemsen erlegt, einmal 49 in einem Herbst. Eine Lawine riß ihn einmal von den Abhängen des Piz Duan tief ins Val Camp hinunter ohne schwere Beschädigung. Eben so gefährlich bedrohte ihn ein andermal ein angeschossener Gemsbock. Das starke Tier hatte sich auf einem Bande an einer mächtigen Felswand niedergethan. Soldini will ihn an den Hörnern packen; allein der Bock richtet sich halb auf und stößt ihn gegen den Abgrund. Nun erhebt sich ein lautloser Ringkampf zwischen beiden auf Leben und Tod. Vergeblich bemüht sich der Jäger, das Tier hinunterzustürzen; es sticht ihm eines der Hörner durch die Hand und beide hangen eine Zeitlang aneinandergeheftet ringend über dem Abgrund, bis es dem Jäger gelingt, mit der freien Hand sein Beinmesser zu fassen und

den Bock abzufangen. Übrigens zählen faſt alle gemſenreichen Bergreviere
des Landes gute Jäger (im Val Calanca Battiſta Margnia, im Münſter=
thal Niclaus Lechthaler und Joh. Ruolf, im Wallis Ignaz Troger
von Oberems in Eiſchol u. a.), die es in der kurzen Zeit vom 25. Auguſt
bis 11. November — unſer Kapitel von den Gemſenjägern iſt allerdings vor
Jahrzehnten geſchrieben — jedesmal auf 20 bis 25, ja bis 40 Stück bringen, —
freilich eine geringe Zahl im Vergleich mit denen der herrſchaftlichen Treib=
jagden in den deutſchen Hochgebirgen. Jene Einzeljagd aber erfordert unendlich
mehr Klugheit, Mut und Ausdauer, überhaupt mehr echt weidmänniſche
Fähigkeit, und unſere derben Gemſenjäger empfänden ein gar geringes Ver=
gnügen, wenn man ihnen zumuten wollte, auf eine ſonſt gehegte, dann von
einer Unzahl von Bauern umſtellte und angetriebene Gemſenherde zu feuern!

VIII. Die Luchſe.

Vertikale Verbreitung der Katzenarten. — Lebensweiſe der Luchſe. — Jagd und Zähmung.

Die Katzenarten, vor allen übrigen Tierformen durch ein beſonders
harmoniſches Ebenmaß aller Körperteile, durch Kraft, Gewandtheit und Blut=
gier ausgezeichnet, ſind in heißen Ländern die furchtbarſten und zahlreichſten
Raubtiere. Gewöhnlich glaubt man ſie bloß in den glühenden Steppen und
den tieferen, von großen Flüſſen durchſtrömten Wäldern und Kulturgegenden
ſuchen zu müſſen; allein ein großer Teil dieſer gefährlichen Katzen meidet
auch die rauhen Gebirge nicht und iſt gegen die Kälte nicht ſehr empfindlich.
Der Königstiger geht bis gegen den Norden Aſiens, und noch in dieſem
Jahrhundert wurden am Obi und bei Irkutsk an der Lena in Sibirien große
Exemplare getötet. In den Gebirgen von Tibet und Nepal wurde er bis
2900 m ü. M., im Himálaya ſogar in der Region der Gletſcher gefunden.
Von den amerikaniſchen Katzen ſtreift der Kuguar und Felis yaguarundi bis
zu der Schneegrenze und wird noch bei 3800 m ü. M. nicht ſelten erlegt, Felis
pardalis in Peru bis 2900 m ü. M. in den öden Strichen der Kordilleren. Es
wird uns alſo weniger befremden, wenn wir die einzige in den Alpen einheimiſche
größere Raubkatze, den Luchs, auch im Gebirge fanden, obwohl er wie die
übrigen gefährlichen Raubtiere ohne Zweifel die Wälder der Ebene nicht meiden
würde, wenn er hier nicht überall auf hartnäckige Verfolgung ſtieße. Gegen=
wärtig iſt der Luchs nicht mehr als ſtändiger Bewohner der Schweiz anzuſehen.
Noch vor fünfzig Jahren war es keine Seltenheit, daß allein in Bünden
in einem Jahre 7—8 Exemplare erlegt wurden. Früher beherbergte der

Südosten unseres Landes die meisten Luchse; dann die Hochwälder der Walliser-, Tessiner- und Bernergebirge, seltener die Urner-, sehr selten die Glarneralpen. Im waadtländischen Jura (wo die wilde Katze noch in den Bezirken Nyon und Cossoney vorkommt, nicht aber in den dortigen Alpen) hausten keine Luchse, wohl aber in den Alpen von Oesch und Bex, doch so selten, daß in 40 Jahren nur fünf Stück erlegt wurden. In neuerer Zeit traf man ihn noch, wenn auch durchaus nicht regelmäßig mehr, im Engadin, wo ein „Luff" im März 1871 im Hof Novrona vier Ziegen zerriß und im Juni 1872 ein Exemplar gejagt wurde*). Im Wallis hauste der Luchs in den Thälern von Visp (wo zuletzt im Januar 1862 ein schönes Exemplar erlegt wurde), Gombs und Bagne, wo er „Tierwolf" genannt wurde, und in dem finstern Urwald, dem ‚Dubenwald‘ im Turtmanthal, sowie im Einfisch-thale, wo im März 1866 ein Luchs geschossen wurde, der im vorhergehenden Sommer gegen 200 Schafe in einen Abgrund gesprengt hatte, und im Eringer-thale, wo 1867 der letzte erbeutet wurde. Etwas regelmäßiger trat er im ennetbirgischen Aostathal auf, wo im Sommer 1860 zwei alte Exemplare erlegt und ein junges lebend eingefangen wurde.

Dagegen findet man ihn im nördlichen und nordöstlichen Europa häufig. In Schweden wurden z. B. im Jahre 1835 auf den Jagdrevieren des Staates 316 Stück getötet; in Nordamerika versendet der Hauptposten der Pelzhandelkompagnie in Missouri jährlich zwischen 2000 und 4000 Luchs-felle; am Ende des vorigen Jahrhunderts lieferte die englische Nordwest-kompagnie sogar 6000 des Jahres. Die Felle sind schön rötlichgrau mit unregelmäßigen dunkeln Punkten oder Streifen und schwarzer Schwanzspitze; doch variiert die Farbe nach Alter und Geschlecht mannigfach.

Die Luchse der Alpen sollen etwas kleiner sein und geringere Pelze haben, als die von Schweden, Rußland, Polen und Ungarn; sie messen vom Kopf bis zum Schwanz aber immerhin etwa 1 m, der dicht behaarte, schwarz-gespitzte Schwanz 24 cm, die Höhe 75 cm. Ihr Gewicht wechselt zwischen 15—30 kg. Die dreieckigen Spitzohren sind mit einem steifen schwarzen Haarpinsel geschmückt und schwarzberandet, der dicke Kopf ist katzenartig rund, die Augen**) groß und feurig, die Zunge stacheligrauh, die Lippen weiß mit

---

*) Es ist dies wohl der letzte Mohikaner, mit welchem der schweizerische Luchs als erloschen bezeichnet werden darf, denn seit 1872 ist er nie mehr erbeutet worden. Jener Luchs der rhätischen Alpen hatte im genannten Jahre im Val d'Uina Vieh getötet, und wurde von einem Jäger aus Sent angeschossen, flüchtete aber auf Tiroler Gebiet hinüber, wo er nahe an der schweizerischen Grenze auf der Norbertshöhe erlegt und abgebalgt wurde. Nach Landessitte zog der Jäger mit seiner Beute im Lande umher und kam bis Tarasp, wo der um die Landeskunde von Graubünden verdiente Dr. Killias den Balg erwarb. Dieser letzte schweizerische Luchs ist seither im natur-historischen Museum in Chur aufbewahrt.

**) Der Name ‚Luchs‘ stammt entweder von dem lauernden ‚lugan‘ oder von lynx.

LUCHSE.

schwarzen Maulrändern, der Rumpf obenher rötlichgrau mit zahlreichen
dunklern, kleinen, oft verwischten Flecken, untenher gelblichweiß, im Winter
länger behaart und mehr grau, im Sommer mehr rötlich. Das etwas kleinere,
matter gefärbte Weibchen hat einen schmaleren Kopf. Das ganze Tier sieht
schön, aber katzenartig unheimlich aus. In Bünden ward auch sein Fleisch
gegessen und sehr wohlschmeckend gefunden, was sonst selten einem Raubtiere
nachgerühmt wird.

Wenn in den Alpen ein Luchs gespürt ward, so ward alles aufgeboten,
dieses reißenden und gefährlichen Räubers habhaft zu werden; doch weiß der
sich gut zu verstecken. So lange er in seinen Hochwäldern und Gebirgsklüften
seine Nahrung findet, jagt er nicht weiter. Hier lebt er in den einsamsten
und finstersten Schluchten mit seinem Weibchen und verrät seinen Aufenthalt
nur selten durch sein durchbringendes, widerliches Heulen. So lange es geht,
liegt er in der tiefsten Verborgenheit und jagt, auf dem Anstand lauernd, der
Länge nach auf einem bequemen untern Baumast im Dickicht hingestreckt, wo
ihn das Laubwerk halb verhüllt, ohne ihn beim Absprung zu hindern. Auge
und Ohr in schärfster Spannung, liegt er Tage lang auf dem gleichen Fleck
und scheint mit halbgesenkten Lidern zu schlafen, wenn seine verräterische
Wachsamkeit am größten ist. Geduldiges Lauern, außerordentlich leises,
katzenartiges Schleichen bringt ihn zu Beute. Er ist nicht so schlau als der
Fuchs, aber geduldiger; nicht so frech als der Wolf, aber ausdauernder, von
gewandterem Sprung; nicht so kräftig als der Bär, aber scharfsichtiger, auf=
merksamer. Seine größte Kraft liegt in den Füßen, der Kinnlade und dem
Nacken. Er weiß sich die Jagd bequem zu machen und ist nur wählerisch in
der Beute, wenn er Fülle hat. Was er mit seinem langen, sichern Sprunge
erreicht, wird niedergerissen; erreicht er sein Tier nicht, so läßt er es gleich=
gültig fliehen und kehrt ohne ein Zeichen von Gemütsbewegung auf seinen
Baumast zurück. Er ist nicht gefräßig, liebt aber das frische, warme Blut
und wird durch diese Liebhaberei unvorsichtig. Erlauert er am Tage nichts
und wird er hungrig, so streift er des Nachts umher, oft sehr weit, auf drei
bis vier Alpen. Der Hunger macht ihn mutig und schärft seine Klugheit und
seine Sinne. Trifft er eine weidende Schaf= oder Ziegenherde, so schleicht er
schlangenartig auf dem Bauche sich windend heran, schnellt sich im günstigen
Augenblicke vom Boden auf, dem aufspringenden Tiere auf den Rücken, zer=
beißt ihm die Pulsader oder das Genick und tötet es so augenblicklich. Dann
leckt er zuerst das Blut, reißt den Bauch auf, frißt die Eingeweide und etwas
von Kopf, Hals und Schultern und läßt das Übrige liegen. Daß er den
Rest verscharre, ist nicht erwiesen; wenigstens in unseren Alpen geschieht es
nicht; auch frißt der Luchs schwerlich Aas. Seine eigentümliche Art der Zer=
fleischung läßt die Hirten über den Thäter nie in Zweifel. Nicht selten aber
reißt er 3—4 Ziegen oder Schafe auf einmal nieder, ja fällt im Hunger selbst
Kälber und Kühe an. Ein im Februar 1813 im Kanton Schwyz am Axen=

berge geschossener hatte in wenigen Wochen an vierzig Schafe und Ziegen
zerfleischt. Im Sommer 1814 zerrissen drei oder vier Luchse in den Gebirgen
des Simmenthales mehr als 160 Schafe und Ziegen.

Hat der Luchs aber Wildbret genug, so hält er sich an dieses und scheint
eine gewisse Scheu zu haben, sich durch Zerreißung der Haustiere zu verraten.
Die in den Alpen lebenden Gemsen fällt er mit Vorliebe an; doch übertreffen
ihn diese an Feinheit der Witterung und entgehen ihm häufig, selbst wenn er
sich an ihren Wechseln und Sulzen in Hinterhalt legt. Häufiger erbeutet er
Dachse, Murmeltiere, Alpenhasen, Hasel=, Schnee=, Birk= und Urhühner und
greift im Notfall selbst zu Eichhörnchen und Mäusen. Selten fällt ihm bei
uns im Winter, wo er sich in die unteren Berge und selbst in die Thäler
wagen muß, ein Reh zu; dagegen versucht er es wohl, sich unter der Erde
nach den Ziegen= oder Schafställen durchzugraben, wobei einst ein Ziegenbock,
der den unterirdischen Feind bemerkte, als er eben den Kopf aus der Erde
hob, diesem so derbe Stöße zuteilte, daß der Räuber tot in seinem Tunnel
liegen blieb.

Die Luchse vermehren sich nicht stark. Im Januar oder Februar sollen
sie sich ohne das gewöhnliche abscheuliche Katzengeschrei begatten, und nach
zehn Wochen wirft das Weibchen in einer tief verborgenen Höhle, unter einer
Baumwurzel oder einem Felsen zwei bis höchstens drei blinde Junge, denen
es Mäuse, Maulwürfe, kleine Vögel u. dgl. zuträgt. Regelmäßige Luchsjagden
finden bei der Seltenheit des Raubtieres nicht statt. Findet man auch Spuren
seiner Mordgier, so ist doch der Thäter gewöhnlich sehr weit weg und flieht,
wenn er förmlich gejagt wird, sofort in andre Gegenden. Stößt ihm aber
der Jäger unvermutet auf, so weicht der Luchs nicht von der Stelle und ist
dann leicht zu schießen. Er bleibt ruhig auf seinem Baume liegen und starrt
den Menschen unverwandt an, wie die wilde Katze; ja der unbewaffnete Jäger
soll ihn sogar überlisten, indem er ein paar Kleidungsstücke vor ihn hin=
pflanzt und inzwischen zu Hause seine Flinte holt. Der Luchs fixiere die
Kleider so lange, bis das Gewehr bei der Hand ist und der Schuß fällt.
Aber auch hier heißt es: gut gezielt! Wird die Bestie bloß verwundet, so
springt sie schäumend dem Jäger an die Brust, haut ihre scharfen Krallen
tief ins Fleisch und beißt sich wütend ein, ohne loszulassen. Manchmal springt
sie aber nur auf den Hund und der Jäger gewinnt Zeit zum zweiten Schuß.
Hunde müssen dem Luchs unterliegen, da er viel sicherer im Angriff ist und
mit großer Genauigkeit springt. Er fürchtet sie darum auch nicht, flieht
gemächlich, klettert nicht bald auf einen Baum, eher in eine unzugängliche
Schlucht, und wird nötigenfalls auch zweier bis dreier gewöhnlicher Jagd=
hunde Meister.

Seine Fährte ist der Katzenspur völlig ähnlich, aber mehr als doppelt
so groß.

Junge Luchse werden leicht so zahm, daß man sie frei laufen läßt, ohne Gefahr, sie zu verlieren. Doch wird nicht selten ihre Neugierde lästig, mit der sie jeden fremden Gegenstand zu beriechen pflegen. Es muß aber ziemlich schwer sein, junge Individuen zu erhalten, da man sie in den gewöhnlichen Menagerien weit seltener findet als Bären, Wölfe und Leoparden ꝛc. So lange die Mutter noch lebt, verteidigt sie die Jungen mit grenzenloser Wut. Die Katzen bleiben so wenig im Hause neben einem jungen Luchse als die Hunde neben einem Wolfe. Die zahmen Luchse sollen gewöhnlich an allzugroßer Fettigkeit sterben und die wilden auch nicht älter werden als etwa fünfzehn Jahre.

IX. Die Füchse im Gebirge.

Tierzeichnung. — Jagd= und Fangarten. — Varietäten. — Ungeheure Individuen= zahl. — Fuchs und Hund. — Tolle Füchse. — Zähmung.

Der Fuchs, der Vetter des Wolfes und des Hundes, ist ein allbekanntes und das gemeinste Raubtier unserer Berge. Eleganter als seine Verwandten in Tracht und Haltung, feiner, vorsichtiger, berechnender, behender, elastischer, von großem Gedächtnis und Ortssinne, erfinderisch, geduldig, entschlossen, gleich gewandt im Springen, Schleichen, Kriechen und Schwimmen, fähig, sich rasch in alle Lagen und Umstände zu finden, scheint er alle Requisite des vollendeten Strauchdiebes in sich zu vereinigen und macht, wenn man seinen genialen Humor, seine blasierte Nonchalance hinzunimmt, den angenehmen Eindruck eines abgerundeten Virtuosen in seiner Art. Seine Verschlagenheit, seine Lieblingsnahrung, seine Jagdweise ist mehr die der Katze als des Hundes, und er besitzt alle Laster beider Arten und überhaupt einen bewundernswerten Universalismus des Talentes, verbunden mit einer so ausgezeichneten Organi= sation des Körpers, daß er als der begabteste freie Tiertypus erscheinen muß, weswegen er auch schon den Alten als Protagonist der Fabel galt.

Die Füchse sind in Berg und Thal, in Wald und Feld trotz aller Fallen und Jagden außerordentlich häufig und in der That unausrottbar. Ihre ganze Lebensweise und vor allem ihre wunderbare Schlauheit schützt sie vor gänzlicher Vertilgung. Sie wühlen ihre Höhlen und Löcher sehr vorsichtig. Geht es immer an, so graben sie sich diese nicht selber, da sie viel zu bequem sind, um einförmige und mühsame Arbeit zu lieben. Häufig muß der fleißige, hypochondrische Einsiedler Dachs sein Quartier, d. h. ein oberes Gelaß, wenigstens zeitweise mit dem Fuchse teilen. Selten begnügen sich indessen die Füchse wie die Eichhörnchen mit einer Wohnung; sie haben im Gebirge gewöhn= lich zwei bis drei, die letzte ziemlich weit in der Höhe. In diese ziehen sie sich

für einige Zeit zurück, wenn ihnen entweder die Jagd in der Tiefe erschwert
ist, oder sie die tiefere Höhle vom Jäger stark begangen sehen. Sieht sich der
Fuchs verfolgt, so flieht er womöglich in seinen oder eines Kameraden Bau;
doch nicht auf dem nächsten Wege, sondern stets in guter Deckung und oft auf
bedeutenden Umwegen, um Hunde und Jäger zu täuschen. Im Notfall, wenn
die Hunde ihm allzunahe auf dem Pelze sind, hat er etwa eine Fluchtröhre, in
die er geht.

Bei unseren Bergfüchsen haben wir selten ganz künstlich eingerichtete
Wohnungen mit großen Kesseln und Kreuzgängen gefunden, sondern nur tief=
liegende Kessel mit zwei bis drei (seltener mit weniger) Ausgängen, die unter
sich verbunden sind. Diese Quartiere bewohnt das Tier in der Regel das
ganze Jahr. Hier wölft neun Wochen nach der Rollzeit, Anfangs Mais, die
Füchsin ihre fünf bis neun rattengroßen, dickmäuligen, schwärzlich behaarten,
blinden Jungen, die sie mit großer Behutsamkeit bewacht und pflegt. Nach
etlichen Wochen führt sie die netten, nun bereits gelbwolligen Tierchen heraus,
spielt mit ihnen, trägt ihnen Vögelchen, Eidechsen, Frösche, Käfer, Mäuse,
Heuschrecken, Regenwürmer zu und lehrt sie die Tiere fangen und verzehren,
ohne daß sich in der Regel der Vater um das Geheck irgendwie bekümmert.
Haben sie die Größe halbgewachsener Katzen erreicht, so liegen sie bei gutem
Wetter gern morgens und abends vor dem Bau und erwarten die Heimkunft
der Alten. Nicht allzu oft mag es dem Beobachter gelingen, die spielende
Familie der Füchse zu entdecken. Die Füchsin ist äußerst wachsam und flüchtet
bei dem leisesten verdächtigen Geräusch die Jungen im Maul in die Höhle
zurück oder ruft sie durch leises, ängstliches Bellen zu sich herein. Schon im
Juli wagen sich die hoffnungsvollen Kinder allein auf die Jagd und suchen
bei einbrechender Dämmerung ein junges Häschen oder Eichhörnchen zu über=
raschen, ein junges Hasel= oder Steinhuhn im Neste zu erlauern, oder wäre
es auch nur eine Wachtel oder ein Goldhähnchen oder gar eine Maus, während
die Kleinsten einen Wurm oder eine Grille zerzupfen. Sie haben schon ganz
die Art der Alten. Die länglich spitze Schnauze sucht emsig am Boden die
Fährte; die feinen Öhrchen stehen gerade aufgerichtet; die kleinen, graugrünen,
schiefen, blitzenden Äuglein visitieren scharf das Revier; die weichwollige
Standarte (Schweif, Lunte) folgt leise dem leisen Tritt der leicht auftretenden
Sohlen. Bald steht der junge Jäger mit den Vorderfüßen auf einem Stein
und spürt umher, bald duckt er sich in den Busch, um die Ankunft der Nestvögel
zu erwarten, bald steht er heuchlerisch harmlos am Bergstall, um den nächt=
licherweile das muntere Volk der Mäuse das Heugesäme durchsucht. Im
Herbst verlassen die Jungen den mütterlichen Bau ganz und leben isoliert in
eigenen Bauen, bis sie sich im Februar oder März nach einem zeitweiligen
Lebensgefährten umsehen, wobei die Fähin jeweilen dem stärkern Rüden, der
allenfalls einen schwächern Mitbewerber abbeißt, den Vorzug giebt. Wenn
die Füchsin nicht mehr hitzig ist, scheint der Rübe sich nicht mehr um sie zu

kümmern. Um diese Zeit, oft noch früher, in den hellen und kalten Nächten des Januar, hört man die Tiere weit umher im Thale mit heller Stimme kläffen. Der Bauer sagt dann: ‚Der Fuchs bellt, das Wetter fällt ab‘, — doch scheint es nur der Paarungsruf des Tieres zu sein. Ertönt aber das heisere Bellen früher, im Dezember und Januar, so prophezeihen die Jäger große Kälte. Sonst hört man bloß noch ein gedehntes Knurren von dem Tiere und etwa ein boshaftes, giftiges Keckern, wenn es ratlos in der Falle steckt.

In den Ebenen hat Meister Reinecke gewöhnlich ein viel komfortableres Leben als im Gebirge. Dort lacht ihm die süße Weintraube, die er oft mit seinem Gefährten zu tausenden vertilgt, die saftige Aprikose, die schmelzende Birne; dort giebt es unbewachte Hühnerhöfe, etwa auch einen honigschweren Bienenstock, dem beizukommen ist, viele Hasen, Rebhühner, Wachteln, Lerchen in unbewaffneter Betriebsamkeit. In den Alpen gehts viel knapper her; das wilde Geflügel ist viel seltener und scheuer; dagegen erhascht er manchmal in dem krystallhellen Waldbach, besonders im November zur Laichzeit, eine schöne Forelle oder etliche Krebse, denen er mit der größten Begierde, indem er sie mit der Lunte kitzelt, nachstellt, wobei er oft mit Fischern und Vogel= stellern in Konflikt kommt, wenn er der Erste beim Netze ist, da er sehr laxe und kommunistische Begriffe vom Eigentumsrecht hat. Im Notfalle versteht er auch, Käfer, besonders gern Maikäfer, Maulwurfsgrillen, Wespen, Bienen und Fliegen zu fangen und sich damit zu begnügen; ja wir fanden im Magen solcher armen Schelme schon öfters neben einem armseligen Mäuserest nur dürre Grashalme und etwas Moos, — ein sehr kleiner Braten und sehr viel Gemüse!

Am schlimmsten aber ist der Fuchs trotz seines Universalappetites in strengen und schneereichen Wintern daran, wo er auf den Alpen zwei bis drei Ellen lange Löcher durch den Schnee bis zu seinem Bau machen muß. Dann kommen die Alpenfüchse von ihren hohen Firsten den Bergfüchsen ins Gehege und ziehen des Nachts mit diesen bis in die Thäler auf die Jagd. Am Morgen trifft man ihre frischen Spuren bis an die Ställe, selbst bis in die Dörfer hinein, wo sie oft durch die laut heulenden Hunde verscheucht werden. Wie außerordentlich zahlreich sie dann in den Alpenthälern, deren Bergseiten voller Fuchslöcher sind, erscheinen, haben wir oft bemerkt. Ein Senn in Innerrhoden beizte regelmäßig im hohen Winter den Füchsen mit gebratenen Katzen, Aas u. dgl. Die Beize wurde in einem Kasten auf Gestein so befestigt, daß die hungrigen Tiere nur ein kleines Stück erreichen konnten. Anfangs erschienen jede Nacht ein bis zwei, später aber acht, ja einmal elf Füchse beim Beizkasten. Mit leidenschaftlicher Gier zerrten sie an demselben herum, versuchten ihn zu heben, zu erschüttern, zu lüften. Endlich fiel ein Fuchs auf die Idee, von unten her durch Graben dem Aas beizukommen. Alle kratzten und wühlten wütend die Erde auf und hätten auch die Beute erlangt, wenn sie nicht auf einer Steinplatte aufgelegen wäre. Der Senn schoß allwöchentlich etliche Füchse weg, was die übrigen zwar vorsichtiger machte, aber nicht vertrieb. Dabei hatte er sich komisch bequem eingerichtet. Die Flinte lag geladen, mit gespanntem Hahn auf den Beizkasten gerichtet, im Vortenn, und eine am Drücker befestigte Schnure reichte ins Schlafgemach. Bemerkte nun nachts der Jäger durch sein Kammerfensterchen Füchse am Beizkasten, so schoß er sie von seinem Bett aus durch einen leisen Ruck an der Schnur!

Dabei ereignete sich öfters eine häßliche Szene. Ein Fuchs war nicht ganz getötet, sondern nur schwer verwundet worden und schleppte sich mühsam aus der Weide. Die übrigen folgten und wie auf ein Zeichen fielen sie über ihn her und zerrissen ihn. Jeder trug ein Stück dem Berge zu und die, welche keines eroberten, suchten noch lange im Schnee nach einem Knöchelchen oder Balgfetzen. In der Folge wiederholte sich das Schauspiel, wenn ein Fuchs auch noch so leicht verwundet war; ja wenn er nur ein paar Tropfen Blutes verloren, fielen seine Gefährten wie wütend über ihn her, — ein Stück Wolfsnatur. Als der Jäger später einen toten Fuchs als Beize hinlegte, flohen alle für längere Zeit; er behauptete daher, daß sie nur warme, nicht kalte tote Füchse fräßen. Mancher der geschossenen hatte weiter nichts im Magen als ein Stück Fuchsschwanz oder =Balg. Gefallene Ziegen werden ebenso oft den Füchsen, als den Raben und Adlern zur Beute. Die von Lawinen verschütteten Menschen frißt der Fuchs an, sowie er sie erreicht. Nichts Lebendes oder Totes ist vor ihm sicher, wenn er es genießen und bezwingen kann, und die Bauern legen darum auf das tief eingegrabene Aas noch Dornstauden, um es vor den Nachstellungen der Füchse zu schützen. Den Igel schützt sein Stachel= kleid nicht vor Reinekes ränkevoller List. Er zerrt und quält ihn so lange und begießt ihn mit seinem stinkenden Urin, bis der arme Gewappnete endlich sich aufrollt und preisgiebt. Den jungen Gemsen kommt er nur selten bei, da diese sehr wachsam sind und rasch der Mutter auf die Felsen folgen; dagegen ist er um so erpichter auf die Murmeltiere. Stundenlang lauert er geduldig hinter einem Stein vor dem Ausgange der Höhle. Erscheint das Tier, so läßt er es, obwohl von wollüstiger Mordgier grinsend und mit dem Schwanze leise zuckend, doch weislich erst ein Stück sich entfernen, schneidet ihm dann den Rückweg ab und hascht es nun ohne Mühe.

Man hat zwar dem Fuchse absonderliche Listen angedichtet und ihn zum Repräsentanten aller Schlauheit gestempelt; doch reichen die oft beobachteten Proben völlig aus, ihn wenigstens als eines der pfiffigsten Tiere zu qualifizieren. In einer Falle gefangen oder stark verwundet, verrät er sich nicht mit einem Laute des Schmerzes und beißt sich in der Stille den Schenkel ab, um fliehen zu können. Kann er nicht mehr fliehen, so greift er oft mit großer Beharr= lichkeit zu der List, sich tot zu stellen, und mancher ist glücklich wieder aus der Weidtasche des Jägers entwischt. Und so groß ist seine Besonnenheit, daß er in dem gleichen Augenblick, wo er, im Stalle gefangen, seinen Verfolgern mit

knapper Not entwischt ist, eilig über den Hof fliehend, hier en passant eine
Gans totbeißt und im Maule mit auf den Weg nimmt! Heftige und ausdauernde Verfolgung veranlaßt ihn nicht selten zu den raffiniertesten Ränken
und zu einer solchen ungeheuren Ausdauer, daß er in einem Zuge einen Weg
von 15—18 Stunden fortläuft, ohne nur einen Augenblick seine Geistesgegenwart zu verlieren, indem er fortwährend alle Vorteile des Bodens in der
zweckmäßigsten Weise benutzt, und wären auch zwanzig Jäger und Hunde
hinter ihm drein. Über die schmalsten Felsenbänder läuft er mit der Sicherheit
einer Katze, stürzt sich über ungeheure Wände hinunter, ohne Schaden zu
nehmen, und ist nie so in die Enge zu treiben, daß er dem Jäger stehen bliebe,
ohne irgend mehr einen Ausweg zu wissen. Die europäischen Füchse sind in
dieser Beziehung weit erfinderischer und ausdauernder als die amerikanischen,
und man hat deswegen eigens unsere Füchse in Amerika eingeführt und zur
Vermehrung freigelassen, um den Nordamerikanern den Genuß einer englischen
Fox-chase zu verschaffen.

Die Fuchsjagd ist für den ungeübten oder besonders der Gegend unkundigen Jäger ein fruchtloses Ding; für den kundigen dagegen sehr lohnend.
Der Jäger kennt genau die Fuchsbaue des Gebirges auf viele Stunden weit.
Schnee und Erde verraten, ob sie bewohnt sind oder nicht. Er geht nun
entweder früh vor Tagesanbruch und postiert sich in die Nähe, hält sich ganz
ruhig und schießt den von der nächtlichen Jagd Heimkehrenden weg, oder,
wenn er weiß, daß der Fuchs nicht im Bau ist, denselben aber sonst bewohnt,
läßt er ihn durch die Hunde aufsuchen; der Fuchs zieht sich bald dem Bau
zu und wird ihm auf dem Anstande zur Beute. Ist aber der Fuchs entweder
von den Hunden eingejagt oder sonst zuhause, ehe der Jäger beim Bau ankommt,
was bei schlechtem Wetter am Tage meist geschieht, so überzeugt sich der Jäger
von der Bewohntheit des Baues, mauert alle Ausgänge desselben bis auf
einen zu und stellt in diesen die Falle, bald eine Schachtelfalle („Fuchstrucke‘),
bald eine Tellerfalle, einen Schwanenhals, eine Gabelfalle. Nach langem
Besinnen geht das ratlose Tier, von Hunger getrieben, doch oft erst nach
wochenlangem Fasten, hinein. Steckt er in der Schachtelfalle, die ihn nur
fängt, aber nicht tötet, so ist das Herausnehmen eine kitzlige Sache. Der
Jäger zieht ihn rasch beim Schweife heraus und schwingt ihn zweimal so
rasch auf einen Stein, daß das wütende und fauchende Tier nicht Zeit hat,
sich mit seinen scharfen Zähnen zurückzuwenden und nach der Hand zu beißen.
Von zwei Füchsen, die ein Jagdgefährte eines Tages in einer Schachtelfalle
gefangen, fraß der hintere, zuletzt eingekrochene den vorderen Kameraden, der
sich nicht wenden und verteidigen konnte, bei lebendem Leib an und tötete ihn,
indem er in einer Nacht beinahe den ganzen Hinterdritteil des Leidens-
gefährten verspeiste. Das ist Freundschaft in der Not! Wird der Fuchs durch
den Dachshund im Bau aufgesucht, so verläßt er denselben meist nur nach
sehr heftigem Kampfe. Während der Dachs im Bau sich lange nur mit der

Pfote wehrt, scharfe Hiebe austeilt und nur im Notfall beißt, knurrt und grinst der Fuchs schon beim ersten Angriff und schießt am Ende, wenn er sich sonst nicht mehr zu helfen weiß, pfeilschnell über seinen Gegner hin zum Loch hinaus, daß der davor lauernde Jäger kaum einen Moment zum Schusse hat.

Der Fuchs trägt am Schweife zwischen der Schwanzmitte und der Schwanzwurzel eine durch einen dunklern Haarfleck bezeichnete Drüse mit einer starkriechenden, fetten Feuchtigkeit, von den Jägern Viole genannt. Wozu, ist schwer zu sagen, da der ganze Bursche im übrigen nicht gerade nach Veilchen duftet. Selbst sein Fleisch ist mit häßlichem Geruche so sehr behaftet, daß es frisch ungenießbar ist; doch schmeckt es besser, nachdem es lange gewässert und gebeizt ist, und die alten Römer mästeten Füchse mit Weintrauben zum leckersten Braten. Das Fett wird von Landleuten als Wundheilmittel hochgehalten und mit zehn Franken das Kilogramm bezahlt. Ein uns befreundeter Jäger gewann von zwei Bergfüchsen über drei und ein viertel Kilogramm Fett, während von vier gleichzeitig geschossenen nicht 250 Gramm zu gewinnen waren. Der Balg ist im Winter sehr schön dicht, ziemlich fein, etwas glänzend, und gilt fünf bis neun Franken.

Daß die Füchse zäher Art sind, den gefangenen Fuß oft vom Eisen los- beißen, und, als hätten sie bloß einen Stiefel ausgezogen, davongehen, ist bekannt; ebenso, daß sie mitunter so viel stoische Selbstbeherrschung besitzen, vor der verdächtigen Lockspeise Hungers zu sterben. Sie müssen auch schon einen tüchtigen Schuß (Schrot Nr. 2) erhalten, wenn sie auf dem Flecke liegen bleiben sollen, während ein derber Schlag auf die Nase sie sofort tot hinstreckt. Ein Jäger grub in einer Fuchshöhle nach und faßte von hinten das Tier. Er schnitt ihm an einem Hinterlaufe über dem Knie die Spannsehne auf, durch die er wie bei einem toten Hasen den andern Lauf des knurrenden Fuchses schob. So zog er ihn heraus und warf ihn derb auf den Boden mit den Worten: ‚So — jetzt wirst du nicht mehr weit springen‘. Allein der Fuchs verstand es besser, sprang wieder auf, galoppierte auf drei Beinen (das vierte eingehetzt) den Hügel hinunter und war im Nu verschwunden.

In verschiedenen Gegenden der Schweiz hat man für die Füchse nach ihrer verschiedenen Färbung eine Anzahl eigentümlicher Namen, so Brand- füchse, Gelbfüchse, Edelfüchse, Sonnenfüchse, Bisamfüchse, Kreuzfüchse, die als zufällige Spielarten der Färbung zu betrachten sind; insgesamt aber sind die Berg- und Alpfüchse im Winterkleid weit heller als die Tieflandsfüchse, da am Kopf und auf der hintern Körperhälfte die Behaarung so reichlich weißgespitzt ist, daß im schnellen Laufe das ganze Tier hellgrau erscheint. In Deutschland nennt man die dunkelroten, an der Kehle und am Bauche schwärzlichen Tiere mit brauner Schwanzspitze Rot- oder Brandfüchse und unterscheidet sie als eigene Varietät (C. melanogaster), die weißgelben mit schwarzen Haargängen über Kreuz und Schulter Kreuz- füchse. Als große Seltenheit wurde in Mühlehorn am Wallensee, später im Bündnerlande und im Dezember 1858 bei Schangnau (Kanton Bern) ein ganz weißer, sogenannter Silberfuchs geschossen. Im Kanton Bern wurde nach amtlicher Durchschnittsberechnung jährlich für mehr als tausend Füchse Schußgeld bezahlt und man nimmt an, daß für mehr als das Doppelte kein Schußgeld eingefordert wird. Wir haben keine Ursache, diese Angaben für übertrieben zu halten, da einzelne Jagdfreunde, die nur hie und da zum Vergnügen auf die Füchse gehen, im Herbst und Winter 15 bis 20 Stück erlegen. Benedety Cathomen in Brigels hat 1863 42 Füchse erlegt und daneben noch 21 Hasen, 11 Gemsen und einen Lämmergeier.

Auch hier wiederholt sich die beim Wolfe schon bemerkte Erscheinung der entschiedensten Antipathie des Hundes gegen den Vetter. Er verfolgt ihn mit Leidenschaft, oft ganz allein und auf eigene Rechnung. Dem einzelnen Fuchs wird ein starker Laufhund stets Meister; läßt dieser sich aber mit zwei Füchsen ein, so wird er jämmerlich zerbissen und oft überwunden und aufgefressen. Hascht er den verwundeten Fuchs, so packt er ihn am Genick, zerbricht ihm die Hirnschale und läßt ihn dann liegen, während er bei unvollkommener Dressur den Hasen (gewöhnlich vom Eingeweide oder vom Kopf an) anzuschneiden beginnt. Dennoch begatten sich nach vielfältiger Versicherung von Bergbewohnern Fuchs und Hund sowohl im Freien als in der Gefangenschaft. Der Fuchs sucht nicht selten die läufige Hündin des Nachts vor der Hütte des Sennen auf, während dagegen manche gute Hunde sich weigern, die Füchsin zur Brunstzeit zu verfolgen. Die Bastarde, die von der Hündin fallen, sollen überwiegend in das Hundegeschlecht schlagen, haben bei weitem nicht jene unbändige Wildheit wie die Wolfsbastarde und gelten für fruchtbar.

Daß Hunde und Füchse im Gebirge besonders häufig verkehren, beweist auch die Erfahrung, daß zu der Zeit, wo die Tollwut unter den Hunden herrscht, gewöhnlich auch tolle Füchse gefunden werden, von denen die Seuche vielleicht zuerst ausgeht. Sie verändert ganz die Natur des Fuchses. Gewöhnlich pflegt dieser seine Lunte im Laufe nach Art des Wolfes wagrecht zu halten und zieht sie nur im Schritte an, doch nicht auf der Erde nach. Der tolle Fuchs hebt sie nicht mehr vom Boden. Krank, elend und mager schleicht er planlos durch Wald und Feld; er lungert oft ohne alle Absicht und Scheu bis an die Höfe heran, flieht, wenn er weggescheucht wird, langsam und mit Widerwillen, greift Hunde, Kinder, Katzen u. dgl. an und hat beim Erlegen gar nicht mehr wie sonst ein zähes Leben. Nie erscheinen die Füchse zahlreicher als zur Zeit der Tollwut, wo ein dunkler Trieb sie aus Berg und Wald der Tiefe und Ebene zudrängt, wie es z. B. auch im Frühjahr 1864 im Obertoggenburg geschah.

Diese furchtbare Krankheit hat sich in mehreren Kantonen nur zu oft wiederholt. Sie ist allen Hundearten, auch dem Wolfe, zu gewissen Zeiten eigen, ohne daß man mit Sicherheit ihre Ursachen entdeckt hätte. Viele suchen dieselbe in Hunger, andere in der Kälte oder in verwehrtem Begattungstrieb.

Die Wirkungen des Bisses der tollen Hundearten sind sehr verschieden. Als
in den Jahren 1805 und 1806 im Kanton Zürich über fünfzig Menschen
gebissen wurden, starb nur eine Person, ein in die Oberlippe gebissenes Weib,
an der Wasserscheu; die übrigen wurden alle gerettet durch Skarifizieren der
Wunde, aufgestreute spanische Fliegen, Einreiben mit Quecksilbersalbe und
innerlichen Gebrauch der Tollkirsche. Von 1813—1823 wurden im Züricher
Spitale 34 von tollen Hunden und 30 von tollen Katzen Gebissene behandelt,
von denen keiner starb. Der Biß des tollen Fuchses soll noch seltener die
Wasserscheu zur Folge haben als der des tollen Hundes. Von dreizehn in
Italien von einem wütenden Wolfe Gebissenen starben neun an dieser
gräßlichsten Krankheit. Bei Pferden, die von tollen Hunden gebissen wurden,
zeigte sich keine Spur von Wasserscheu.

Der Fuchs eignet sich besser zur Zähmung als der Wolf; doch hat man
weder großen Nutzen, noch große Freude davon. Er wird durchaus nie zum
Haustier wie der Hund; immer bleibt er ein falscher Spitzbube und ein feiner
Dieb. Wenn er ganz jung eingefangen wird, gewöhnt er sich leicht an seinen
Herrn, spielt gern und freundlich mit ihm, wedelt hundeartig mit der Lunte
und winselt ordentlich vor Freude. Er geht frei in Haus und Hof herum
und beträgt sich höchst manierlich. Das Ende vom Liede ist indessen
gewöhnlich, daß er an einem schönen Abend fortläuft und dann später öfters
des Nachts zurückkehrt, um seinen früheren Herrn zu bestehlen. So ging
es wenigstens uns bei öfterem Aufziehen junger Füchse, von denen einer
übrigens ein kleines Mädchen so in Affektion genommen hatte, daß dieses mit
ihm anfangen konnte, was es nur wollte, und daß er ihm, wenn er für
mehrere Tage desertiert war, schon von weitem im Felde entgegensprang,
sobald er die Stimme desselben hörte. Alte eingefangene Füchse sind geradezu
unzähmbar.

Wenn im Herbste die Jagd aufgeht und der Fuchsbalg gut wird, sind
die Füchse leicht anzutreffen. Man sieht sie nicht selten bei Tage auf dem
Wechsel gehen oder in Ödungen laufen, ohne daß sie große Eile verraten.
Mit vornehmer Nachlässigkeit streifen sie umher und winden nach Beute.
Im Spätherbst 1866 ist uns sogar der wohl ziemlich seltene Fall passiert,
daß ein sehr starker, alter Fuchs in einem Moor vor dem Hühnerhund ruhig
liegen blieb und sogar den Jäger auf zwanzig Schritt nahe kommen ließ.
Mit zerschmettertem Kreuz flüchtete er in einen nahen Graben und unter eine
enge, aber lange Brücke. Wir schossen nun auf der einen Seite unter die
Brücke, um ihn zu veranlassen, auf der andern Seite hinauszufliehen. Allein
der feine Kauz mußte diese Absicht erraten haben und zog es, rasch entschlossen,
mit bewundernswerter Klugheit vor, in dem sehr engen Kanal zu wenden und
durch die noch vom Pulverdampf rauchende Öffnung dicht am Hühnerhund
vorbei hinauszuspringen und so einen äußerst lecken Fluchtversuch zu wagen.
Später in der Jagdzeit aber sind die Füchse schon viel vorsichtiger geworden

und marschieren behutsam mit halb rückwärts gewendetem Gesichte. Sie
verlassen, mit Hunden gejagt, nicht gern das Dickicht ihrer Wald= und Busch=
reviere und gehen nur im Notfall ins freie Feld. Man hat bemerkt, daß
Füchse, die im Feuer sitzen bleiben, sich selbst bei starker Verwundung doch
sehr rasch wieder erholen.

X. Die Wölfe der Schweizeralpen.

Naturgeschichtliches. — Charakteristik. — Der jagende und der gejagte Wolf. —
Abenteuer. — Wolf und Hund. — Bastarde.

Die Wölfe sind seit Beginn unsers Jahrhunderts in der Schweiz
seltener geworden, und man bezweifelte, ob man sie überhaupt noch zu den
ständigen, bei uns sich fortpflanzenden Raubtieren des Gebirges zählen dürfe.
Haben wir doch keine so großen zusammenhängenden, nicht zu durchdringenden
und zu beherrschenden Waldgebiete, wie diese Tiere zu ihrer weiten Jagd
bedürfen. Und doch möchten das Misox, Bergell, Puschlav mit ihren hohen
Gebirgswaldungen, unzugänglichen Bergschluchten und öden Steinthälern,
einige Alpenthäler des Tessins, die Wallisergebirge und der Jura als ständige
Wohnorte einiger Wolfsfamilien zu betrachten sein. Dort hausen sie im
Sommer in der stillsten Zurückgezogenheit; bald in der montanen, bald in der
alpinen Region. Mit der größten Vorsicht verlassen sie ihre Schlucht; da
sie nicht so klug und unvermerkt wie die Füchse zu rauben verstehen, müssen
sie sich ferner von bewohnten Geländen halten. In der erweiterten Höhle
eines Dachs= oder Fuchsbaues wirft die Wölfin im April oder Mai nach
65tägiger Tracht ihre 4—9 blinden Jungen mit rötlichweißem Wollhaar.
Im hintersten Winkel der Wolfshöhle liegen die kleinen, niedlichen Tierchen
auf einem Häuflein, während die Mutter auf Proviant ausgeht, nicht ohne
Besorgnis, daß diese der allenfalls in der Nachbarschaft hausenden Vetter=
schaft zur Beute werden könnten.

Leise, stets lauernd, mit schiefem, scharfem Blick, halb furchtsam und
halb tölpisch durchforscht der alte Mörder, den sein hagerer, knochiger Bau,
seine eingezogenen Weichen, sein schleichender, unentschlossener Gang charakte=
risieren, gegen den Wind das Dickicht des Hochwaldes und hinterläßt eine
Fährte, die der eines großen Hundes ähnlich, aber länger, breiter und
gewöhnlich schnurgerade ist. Widerlich und unangenehm in seinen Manieren,
gierig, boshaft, verschlagen, mißtrauisch, gehässig in seinem Naturell,
unerträglich durch seinen abscheulichen Geruch, ist er ein Schrecken der Tier=
welt, der er sich naht. Mit hängender Standarte lauert er auf die spärliche

Beute, beschleicht ein Hasel= oder Steinhühnchen, paßt den Ratten, Wieseln und
Mäusen auf und schlingt auch eine Eidechse, eine Kröte, einen Grasfrosch oder
selbst eine Blindschleiche oder Ringelnatter hinunter, wenn ihm bessere Beute
abgeht. Größere Tiere verfolgt er laufend, bis sie müde sind, was die Katzen=
arten nie thun.

Im Winter vermehrt die Kälte seinen ohnehin fast unersättlichen Heiß=
hunger; doch ist dann die Jagd besser, die Fährte sicherer. Er überrascht
den weißen Alpenhasen und selbst den vorsichtigen Fuchs; aber immer hungrig
und gierig, schleicht er mit seinen funkelnden Augen, die schwarzberandeten,
spitzen Ohren stets aufgerichtet, den fuchsartigen Kopf lauernd nach allen
Seiten hinwendend und den Hinterkörper einziehend, als ob er lendenlahm
wäre, von Berg zu Berg, von Wald zu Wald und heult in den kalten, frost=
klirrenden Winternächten schauerlich durch die in Schnee begrabenen Hoch=
weiden. Dann dehnt er seine Jagd nicht bloß stundenweit aus, sondern geht
durch ganze Alpenzüge, vom Engadin, durch die Berner und Walliser Alpen
bis in die offenen Ebenen des Waadtlandes oder vom Wasgau den Rhein
hinan und die ganze Jurakette entlang, ein Schrecken für Mensch und Tier.
Basel, Solothurn, Aargau, Freiburg, Zürich, Schaffhausen wurden oft genug
im strengen Winter von Wölfen besucht, welche Menschen zerrissen, Hunde
an der Kette erwürgten und das Aas der Schindanger aufwühlten. Bei
Olten wurde 1808 der letzte (?) geschossen; im volk= und tierreichen Waadt=
lande dagegen erscheint er von Zeit zu Zeit. Im Jahre 1557 erschlugen
zwei junge Bursche einen Wolf bei Appenzell unter dem Klosterspitz und
nahmen ihm fünf Junge; der letzte wurde daselbst im 17. Jahrhundert im
Steineggerwalde erlegt. Auch nach den kleinen Kantonen streiften sie aus den
tessinischen und Bündener Bergen. Die Obrigkeit von Glarus setzte vor
hundert Jahren ein Schußgeld von fünfzehn Louisdors auf einen Wolf, der
unter den Schaf= und Ziegenherden die größten Verheerungen anrichtete.
Bald wurde der Räuber in den Näfelserbergen geschossen. Er wog 35 1/2 kg.
Am Pilatus waren nach Cappelers Historia montis zu jener Zeit die
Wölfe nebst Bären und Wildkatzen nicht selten und so ohne Zweifel im ganzen
Hochalpengebiet. Noch im Juli 1865 beunruhigte ein Wolf die Luzerner
Alpen und zerriß in einigen Wochen am Napf, Engi, Ahorn, Wirmisegg
gegen hundert Schafe. Die Emmenthaler Jäger veranstalteten ein Treib=
jagen, bei dem er endlich am Riedbad umringt und erlegt werden konnte.
Unter Trommelschlag wurde er auf bekränztem Wagen nach Trub gebracht. —
Als sich 1853 ein Wolf in den Urner Bergen spüren ließ, veranstaltete man
ebenfalls ein Treibjagen und ein junger Bursche erlegte das Tier am Axen=
berge mit einem einfachen Schrotschuß. In den tessinischen Thälern von
Verzasca, Lavizzara, Maggia scheinen etliche Wolfsfamilien stehende Quartiere
zu haben; sie werden dort nicht selten gespürt und streiften bis Bellinzona.
Im Jahre 1854 wurden im Tessinischen innerhalb drei Monate fünf Wölfe

WOLF.

geſchoſſen und in den Jahren 1852—1859 nicht weniger als 53 Stück. Im November 1855 fiel ein Rudel Wölfe im Miſox plötzlich auf eine Ziegen= herde und hauſte arg in ihr. Im Auguſt 1856 griff ein Wolf kaum 200 Schritte vom Dorfe Grono (Miſox) ein weidendes Kalb an, tötete es und fraß es zur Hälfte auf. Im November 1857 ſtieß in den Miſoxerbergen ein Jäger auf ein, wie es ſchien, ſcharf gejagtes Gemſenrudel; plötzlich zeigte es ſich, daß nicht weniger als ſieben Wölfe hinterdrein trabten, von denen dem Jäger aber keiner vor den Schuß kam; auch im Schamſerthal zeigten ſie ſich in Mehrzahl. Im Juli 1858 beunruhigten ſie in den Urner Alpen die Herden ſtark. Im Pruntrut findet man nicht ſelten junge Wölfe, die entweder dort geworfen werden oder aus den Ardennen einwandern, ſo noch im Mai 1867 drei lebende Stück. Ein alter wurde am 29. Dezember 1860 im Bann von Ocourt erlegt, fünf Stück im Dezember 1867 von den Zoll= wächtern von Delle vergeblich verfolgt und zwei Stück ſollen ſogar den Gemeindepräſidenten Chapuis von Bonfol bedroht haben, als er nächtlicher= weile mit ſeinen zwei Pferden heimkehrte. Im kalten Februar 1864 erſchien ein ganzes Rudel am Moleſon, von dem eine alte Wölfin am 22. in den Bergen von Piatchiſon erlegt wurde und dem Jäger 50 Franks Schußprämie eintrug. Im Berner Oberland zeigten ſich noch in den erſten Jahrzehnten unſers Säkulums vereinzelte Wölfe häufig genug; in Baſel=Land wurde am 17. Januar 1867 nächtlicherweile ein Wolf mitten im Dorfe Rünenburg betroffen, und einige Wochen ſpäter fiel eine ſolche Beſtie einen Knecht bei Mümliswyl (Solothurn) ſo hart an, daß ihm der Meiſter mit Knitteln zu Hilfe eilen mußte.

Nach dem deutſch=franzöſiſchen Kriege 1870/71 zeigten ſich in Lothringen, Elſaß und im ſchweizeriſchen Jura die Wölfe in ſolcher Menge wie noch nie in dieſem Jahrhundert und trotz des reichlichen Abſchuſſes war eine Ver= minderung kaum ſpürbar. Meiſt traten ſie rudelweiſe auf und verheerten empfindlich. In der Nacht auf den erſten Auguſt 1873 verwundeten und zer= riſſen ſie im Solothurnſchen von einer Schafherde von Robersdorf etliche zwanzig Stück. Im bernſchen Lützelthal mußte ein großes Treibjagen angeordnet werden. Daſſelbe verlief erfolglos, aber in der folgenden Nacht zerriſſen die Wölfe hart am Dorfe fünf Schafe. Im neuenburgiſchen Val de Ruz tötete ein Bauer von Jonchère mittels eines mit Strychnin vergifteten Stückes Hammelfleiſch in kurzer Zeit ſieben Wölfe. Eine grauſig wilde Szene, wie ſie nie von einem Naturforſcher beobachtet oder einem Maler gemalt worden, ging im Februar 1874 in den Waldſchluchten von Klein= Lützel vor. Ein Rudel Wölfe überfiel nachts ein Rudel Wildſauen, und dieſe nahmen wehrhaft den Kampf an. Er muß entſetzlich geweſen ſein nach dem gräßlichen Wutgeheul der Wölfe, das aus der Schlucht ins Dorf drang. Am Morgen fand man auf dem weit aufgewühlten Kampfplatz zwei zerriſſene ſtarke Keiler, aber auch zwei Wölfe mit aufgeſchlitzten Bäuchen.

Vor dem Beginn unsers Jahrhunderts war die Auffindung einer Wolfs=
spur das Signal zum Aufbruch ganzer Gemeinden, und die Chronik erzählt:
‚Wiebald man einen Wolf gewar wird, schlecht man Sturm über ihn: als
dann empört sich eine ganze Landschaft zum Gejägt, bis er umbracht oder
vertriben ist‘. Letzteres geschah bei solchem ‚gemeinen Gejägt‘ denn auch
häufiger als ersteres, da die Wölfe, besonders wenn sie starke Beute gemacht
haben, als ahnten sie die notwendig eintretende Verfolgung, rasch das Revier
verlassen. Man bediente sich großer Netze, ‚Wolfsgarne‘, die der Reisende
noch jetzt in den leberbergischen Dörfern und auf dem Rathause zu Davos
sieht, wo bis in die neueste Zeit noch mehr als dreißig Wolfsköpfe und
Wolfsrachen unter dem Vordache herausgrinsten und ihm wohl deutlich genug
erzählten, wie furchtbar häufig diese Bestien in jenen Gebirgen hausten. Im
waadtländischen Jura besteht heute noch, besonders in Vallorbes, eine eigen=
tümliche Organisation der Wolfsjagd, die von einer bestimmten Jagdgesell=
schaft ausgeübt wird, welche ihre Beamtungen, Satzungen und Gerichtsbarkeit
hat. Vom Anführer werden die Jäger in zwei Rotten geteilt, deren eine,
mit Flinten bewaffnet, sich still auf den Anstand stellt, während die mit bloßen
Knitteln bewaffneten Treiber ihnen das Wild lärmend zujagen. Sowie es
erlegt ist, verkünden sechs Posaunen den Tod des Räubers. In der Dorf=
schenke folgt nun auf Kosten seines Balges ein Fest, wobei solche, die den
Befehlen des Führers zuwidergehandelt, mit Wassertrinken bestraft und mit
strohenen Ketten gebunden werden. Da man nur Mitglied des Klubs werden
kann, wenn man drei glückliche Wolfsjagden mitgemacht hat, so pflegen die
Väter schon kleine Kinder auf dem Arme mitzunehmen. Der letzte Auszug
dieser Art fand im August 1869 statt, nachdem die Wölfe auf dem benach=
barten Risouxrücken große Verheerungen angerichtet und auf der Mürotte in
einer einzigen Nacht sechs Stück Vieh angefallen hatten. Er blieb aber, wie
so viele frühere, ohne Erfolg, da sich der helle Jägerhaufe allzu ungeschickt
benahm. Eine Wölfin durchbrach keck die Treiberkette und einem Jäger ver=
sagte auf fünf Schritte das Gewehr! Die Räuber zogen sich glücklich in die
Schluchten des Crêt=Cantin zurück.

Das Graben von Wolfsgruben ist auch bei uns in früheren Zeiten
gebräuchlich gewesen, und Vater Geßner erzählt, daß ein Jäger Gobler in
einer solchen einen dreifachen Fang auf einmal gemacht habe, nämlich einen
Wolf, einen Fuchs und ein altes Weib, von denen jedes aus Furcht vor den
andern die ganze Nacht sich nicht gerührt habe.

Am liebsten lauert bekanntlich der streifende Wolf den Schafen auf, und
seine erbittertsten und wütendsten Gegner sind daher auch die echten Schäfer=
hunde. Manchmal gräbt er sich nachts durch die Erde in die Schafställe durch.
Mit weit aufgerissenem Rachen, der den furchtbaren Schmuck der weißen,
spitzen Zahnreihen und den außerordentlich weiten roten Schlund zeigt, springt
er auf den größten Hammel los, hält ihn mit einem Vorderfuß und zerreißt

ihn mit seinem Gebiß. Die äußerst starken Muskeln und Knochen des Kopfes und Nackens befähigen ihn, das getötete Schaf, ja selbst einen Rehbock im Maule fortzutragen und das Tier selbst im Laufe so hoch zu halten, daß es die Erde nicht berührt. Menschen hat er im letzten Jahrhundert in der Schweiz kaum öfters angegriffen; er flieht sie vielmehr und ist sehr feig, wenn ihn nicht der bittere Hunger halb rasend macht oder schwere Verwundung zur Notwehr reizt. So wurde ein Herr a Marca aus Misox, als er an einem Winterabend aus der Hausthür trat, plötzlich von einem hungrigen Wolfe überfallen. Mit einem Faustschlage streckte der kaltblütige, baumstarke Mann diesen tot zu Boden. Dann nahm er ihn beim Schwanze und warf ihn seiner Frau, die ihn eben erzürnt hatte, in die Stube vor die Füße. Wird der Wolf gejagt und verfolgt, so setzt er sich nur im äußersten Notfalle zur Wehre. Die Nase an den Boden gedrückt, flieht er mit feurig glänzenden Augen, während er das Hals- und Schulterhaar emporsträubt. Haben ihn die Hunde in die Enge getrieben, so zerreißt er ein paar derselben und flieht, sobald er Luft hat. Wir kennen kaum ein Beispiel, daß er, selbst angeschossen, auf den Jäger gegangen wäre, wie der Bär häufig thut; es scheint vielmehr, daß ihn nur der rasendste Hunger zum Angriff auf Menschen treibe, und daß er weit feiger als der Luchs und selbst als die wilde Katze sei. Ja man hat schon Wölfe, die sich in Ställen und Hofräumen gefangen hatten, fast ohne Widerstand zu finden, totgeschlagen. Im Norden aber, wo sie zahlreicher vorkommen und selbst noch in den Polarländern, der Heimat des Eisbären, in unbegreiflicher Dauerbarkeit der furchtbarsten Kälte und Nahrungs= losigkeit trotzen, haben sie mehr Rasse und Feuer.

In Biasca fand im Jahre 1773 eine höchst merkwürdige Wolfsjagd statt. Ein Jäger fand in der Nähe des Ortes im Walde seine Fuchsfalle zugeschnellt und beraubt und den Schnee vor derselben stark mit Blut getränkt. Er schloß auf den Besuch eines großen Raubtieres und verfolgte mit ein paar rüstigen Männern die frische Spur. Diese verlor sich in einer engen Höhle des Biascagebirges, in der ein Wolf vermutet wurde. Der sehr schmale Eingang ließ berechnen, daß das Raubtier in einer unbequemen Position im Loche stecke, und so entschloß sich nach einigem Zaudern einer der Verfolger, mit zwei Seilen in die Höhle zu kriechen. Hier entdeckte er den Wolf, der sich nicht umwenden konnte, packte dessen hintere Beine, band sie rasch über den Knieen fest zusammen und retirierte mit möglichster Beförderung rückwärts zur Höhle hinaus. Die andern schlangen rasch die Stricke über einen untern Ast der nächsten Tanne und zogen mit aller Gewalt das knurrende und heulende Tier hinaus und an dem Baum in die Höhe. Wütend wandte sich der Wolf mit dem Kopfe rückwärts und hatte schon den einen Strick entzweigebissen, als die Jäger mit guten Prügeln auf ihn losgingen und ihn totschlugen.

Im Nikolaithal (Wallis) treffen die Sennen, wenn ein Wolf oder Bär gespürt wird, eine gewisse Patrouillenordnung. Sie stecken in der bedrohten

Gegend einen Stock auf die Weide; jeder Beteiligte muß der Reihe nach die
Runde machen und als Wahrzeichen derselben ein kennbares Zeichen im Stock
zurücklassen. Erfüllt er seine Pflicht nicht, so ist er für den Schaden des
Tages verantwortlich.

Bekanntlich folgt dieser nordische Schakal auch gern den Heeren und
besucht des Nachts die einsamen Schlachtfelder, um sich an den Leichen zu
sättigen. Auf Menschenfleisch einmal aufmerksam gemacht, zieht er es jedem
Tierfleisch vor und scharrt selbst nach Leichen. Als im letzten Jahre des ver=
flossenen Jahrhunderts die Heere der Russen, Österreicher und Franzosen in
unsern höchsten Gebirgsthälern und unwegsamen Pässen einen blutigen Krieg
führten und hunderte von unbegrabenen Leichen in Schluchten und Wäldern
moderten, fanden sich neben den Raben und Adlern auch Wölfe zur Beute in
Gegenden ein, die sie sonst nie betreten hatten. Eine ziemliche Anzahl wurde
in jenem verhängnisvollen Jahre in der Schweiz, besonders auch im Bündner=
lande und den kleinen Kantonen, geschossen.

Der Wolf, der am Waldesrand sitzt, oder durch den Forst trabt, ist in
Bau und Farbe dem Fleischerhunde so ähnlich, daß er mit ihm verwechselt
werden könnte und von gleicher Abstammung zu sein scheint. Und doch hat
man von jeher die Erfahrung gemacht, daß beide Tiere einen entschiedenen
Widerwillen gegen einander haben. Der starke Wolf vermeidet es gern, dem
viel schwächern Hunde zu begegnen. Dieser zittert und sträubt die Haare,
wenn er den Wolf wittert. Nur jene starken und treuen Hunde, welche die
Bergamasker Schafherden in den Engadineralpen bewachen, wagen es, einzeln
auf den die Herde umlauernden Räuber loszugehen und mit ihm in höchster
Erbitterung auf Leben und Tod zu kämpfen. Wird der Wolf Meister, so
liebt er es, den halbzerfleischten Hund aufzufressen, während der siegreiche
Hund selbst den erlegten Wolf noch verabscheut. Doch holt hier oft die eigene
Vetterschaft des Wolfes treulich nach, was der Hund unterläßt, spürt gierig
der Fährte nach und zerreißt oft den bloß verwundeten Bruder, um ihn sofort
ganz zu verzehren. Man kann wohl kein nachdrücklicheres Zeugnis von der
Gierigkeit, Treulosigkeit und Abscheulichkeit des Wolfnaturells nachweisen
als dieses.

In der Reihe der tierischen Individualitäten nimmt er eine tiefe Stufe
ein; selbst unter den Raubtieren ist er eins der widerwärtigsten. Mit dem
reißendsten wetteifert er an Heißhunger, der selbst dem schlechtesten Aase gierig
nachstellt, an Tücke, Perfidie, während er dabei keine Spur vom Edelmut des
Löwen, von der frischen Tapferkeit des Eisbären, vom Humor des Landbären,
von der Anhänglichkeit des Hundes hat. Tölpischer als der Fuchs, dabei aber
tückisch und höchst mißtrauisch, ist er tollkühn ohne Schlauheit, in seinem
ganzen Wesen ohne alle Schönheit und wohl überhaupt eine der häßlichsten
Tiernaturen. Mit dem Hunde hat er nur körperliche Ähnlichkeit; man kann
nicht sagen, er sei der wilde Hund, der Hund im Urzustande; er ist viel=

mehr der durch und durch verdorbene Hund, das Zerrbild des Hundes, das
alle übeln Seiten der Hundenatur an sich trägt, aber nichts von den guten,
so daß er hierin, da die Natur sonst nicht so häufig in Zerrbildern zeichnet,
eine wirklich interessante Erscheinung bildet. Sein gesellschaftlicher Trieb,
den wir sonst selten bei Raubtieren wiederfinden, ist nur scheinbar und von
der Raubsucht und Mordlust bedingt. Die Wölfe gehen nur in Rudeln, um
ein starkes Tier zu besiegen, wobei es einer jagt und die andern dem Opfer
den Weg abzuschneiden suchen. Sie vereinzeln sich sofort nach gemachter Beute.
Da sie ihre Nahrung, selbst zermalmte große Knochen, sehr rasch verdauen,
sind sie immer hungrig und gierig und trotz ihres klapperdürren Aussehens
beinahe unersättlich. Nach geendigter Mahlzeit fressen sie etwas Gras wie
die Hunde. Die einzige gute Eigenschaft der Wölfin ist ihre treue Sorge für
die Jungen. Sie versorgt und schützt diese mit Anstrengung und Mut und
kehrt von großen Märschen stets wieder zu ihnen zurück. Im Jura wurde
eine säugende Wölfin getötet und wenige Tage darauf fand man in dem vier
Stunden entfernten Risouxwalde drei junge Wölfchen verhungert. Der männliche Wolf scheint sich nach der Begattung weder um Weib noch um Kinder
zu kümmern.

Alle Zähmung und Zucht haftet nur auswendig an dieser unveränder-
lichen und unerziehbaren Natur. Der bestdressierte Wolf eilt bei Gelegenheit
in seine Wildnis zurück und ist der alte, gemeine Mörder, und die sorgsamste
Pflege pflanzt nicht einen Funken von Anhänglichkeit oder Treue in das
niedrige Gemüt. Dabei ist es höchst interessant, daß bei der entschiedensten gegenseitigen Antipathie Wolf und Hund doch Bastarde erzeugen. Während Buffon
einen jungen Wolf und einen jungen Fleischerhund drei Jahre lang zusammen-
gesperrt erhielt, ohne daß sie sich an einander gewöhnen wollten, und der
Hund die Wölfin, die immer Händel mit ihm anfing, am Ende erwürgte,
begattete sich auf der Pfaueninsel ein weißer Hühnerhund mit einer Wölfin,
und diese warf drei Junge, die zwischen beiden Arten die Mitte hielten. Auch
in der Freiheit sollen solche Vermischungen vorkommen. Solche Bastarde
wurden öfters mit Erfolg als Schweißhunde benutzt und haben statt des
Gebells ein widerliches Geheul. Die Eskimos paaren gefangene Wölfe
besonders häufig mit ihren Hunden, um die Rasse kräftiger und größer zu
machen, und ohne Zweifel rührt auch die überraschende Ähnlichkeit des
Eskimohundes mit dem Wolfe daher, mit dem jener auch das dumpfe, melancholische Geheul gemein hat. Farbenspielarten sind bei den Wölfen unserer
Gebirge selten vorgekommen; doch sollen zu Geßners Zeiten im Rheinthal und
in Bünden ganz schwarze Wölfe häufig gewesen sein. In den Pyrenäen sind
solche heute noch nicht ganz selten; in den Ardennen hat man auch eine weiße
Varietät gefunden.

XI. Die Bären.

Eine rhätische Bärengeschichte. — Verbreitung der Bären in der Schweiz. — Ruolf und Lechthaler im Münsterthal. — Arten und Lebensweise. — Die Bären zu Bern. — J. C. Riedi. — Bärenjagden und -Kämpfe.

Einst bemerkten die Sennen, die in einer etwas abgelegenen Hütte einer der rauhesten Alpen des Rhätikons eine kleine Herde von Ziegen des Nachts wohl zu versorgen gewohnt waren, daß am Morgen ungewöhnlich große Extremente in der Nähe der Hütte lagen, das fette Gras um dieselbe grob abgeweidet, die Thür beschädigt und zerkratzt war. Die Ziegen kamen scheu heraus, — doch fehlte keine. Die Hirten kannten die Losung des fremden Nachtgastes nicht, vermuteten aber einen Wolf oder Luchs in der Nähe und durchsuchten die nächste Umgebung und auch einen tiefer liegenden Fichtenwald, ohne etwas Verdächtiges zu finden. Indessen beschlossen sie, dem Wilde auf- zupassen, und da sie selbst ohne Feuergewehr waren, stieg einer in das nächste Thaldorf und brachte eine alte Muskete mit, die dann gehörig und andächtig geladen wurde.

Den Tag über bemerkten sie an den Ziegen ein ungewohntes Zusammen- halten und einen sichtlichen Widerwillen gegen größere Entfernung von der tiefer weidenden Kuhherde. Nur mit Mühe konnten die Tiere abends in ihre Stallung zusammengebracht werden. Zwei von den Sennen sollten in Flinten- schußweite von derselben hinter einem Felsen wachen und allenfalls ihre Gefährten in der Alphütte wecken. Indes verging die Nacht unter vergeblichem Passen; ebenso die folgende. In der dritten Nacht, wo wieder zwei Vedetten auf der Lauer standen oder saßen, wollte sich abermals nichts Verdächtiges zeigen und die Sennen schliefen ein. Doch weckte sie bald ein Geräusch bei der Ziegenhütte. Sie sahen einen Bären an der Thüre drücken und kratzen, dann wieder um dieselbe herumschnobern, um eine Öffnung zu erspähen. Die Ziegen mußten wach und unruhig geworden sein; die Schellenziegen ließen sich hören. Den jagdungewohnten Sennen war es unheimlich zu Mute geworden, und der eine schlich zur Alphütte, um die Kameraden zu wecken, während der andere trostlos seine Muskete in Kriegszustand zu setzen suchte. Indessen erschien der Bär wieder vor der Thür, suchte dieselbe aus dem Riegel zu stemmen und drückte sie endlich glücklich ein. Die Ziegeu stürzten scheu und meckernd heraus und kletterten auf die nächsten Felsen. Bald erschien auch der Bär mit einer, die er totgebissen hatte, vor der Hütte und begann gierig ihr Euter zu verzehren. Da kamen die anderen Sennen mit Scheiten, Melkstühlen und anderer Landsturmarmatur, — jedoch mit der größten Vorsicht. Einer von ihnen, der in seinen jüngeren Jahren oft auf der Gemsenjagd gewesen, nahm dem Wachtposten die Muskete ab, ging auf

BÄR AM ZIEGENSTALL.

den Bären zu, der sich knurrend aufrichtete, und zerschmetterte ihm mit einem
starken Schuß die rechte Rippenseite; die übrigen kamen auch näher und
schlugen das wütend um sich hauende Tier ganz tot. Es war ein brauner
Bär von 120 kg Gewicht.

Im ganzen südlichen Hochgebirge Rhätiens, besonders aber in vielen
Seitenthälern des Unterengadins, Ofnergebirges und Münfterthales, des
Bergells, Puschlavs und Calancas, sowie im tessinischen Blegnothal und
einigen Bezirken des Wallis sind heutigentages noch die Landbären ein
stehendes Raubtier. Es vergeht kaum ein Jahr, wo nicht welche im Reviere
der Viehalpen gesehen oder geschossen werden, besonders sollen sie in warmen
Spätherbst= oder Frühlingstagen, wo anhaltender Föhn sie zum Verlassen ihrer
Höhen lockt, während sie doch wenig Nahrung finden, auf ihren Wanderungen
gesehen werden. Im Jahre 1849 wurde Anfangs Septembers bei Zernetz
eine 130 kg schwere Bärin und am 13. Oktober bei Andeer ein 70 kg
schwerer Bär geschossen. Im April 1851 wurde bei Süs ein junger Bär
gefangen. Im Veltlin wurden im Winter 1788 sechs Bären erlegt, von
denen einzelne Exemplare bis gegen 200 kg wogen; im August 1811 im
Kanton Tessin sieben Stück. Von Graubünden aus durchziehen sie mitunter
in einzelnen Exemplaren die ganze südliche Bergkette der Schweiz und fallen,
von Hunger oder Naschlust getrieben, ins offene Land, wie denn noch in diesem
Jahrhundert im Waadtland, Wallis, wo an mehr als einer Alphütte Bären=
tatzen als Trophäen heraushangen, und in den Gebirgen in der Umgegend
von Genf verhältnismäßig zahlreiche Exemplare geschossen wurden. Im
Kanton Uri erwarb sich der Jäger Infanger im Isenthale durch seine
mutige Bärenjagd Ruhm. Er schoß im Jahre 1823 ein 150 kg schweres
Tier. Im Jahre 1840 traf ein Jäger auf dem Brunnigletscher im
Maderanerthal (Uri) zwei Bären mit einander an, einen alten und einen
jungen. Der lecke Schütze legte an und jagte, einen günstigen Moment
benutzend, die Eine Kugel durch beide Bestien. Der junge Bär fiel auf der
Stelle tot nieder; der alte war stark am Rückgrate verwundet, ging rasch vom
Gletscher weg und flüchtete sich in die Felsenklüfte, so daß ihn der Jäger
nicht mehr auszuspähen vermochte. Doch fand er ihn am folgenden Tage tot
in einer Kluft liegen. Auffallenderweise sind im Waadtlande die Bären in
den Alpen sehr selten, während sie sich im dortigen Jura vermehrten; ebenso
im Neuenburgischen, wo die Regierung sich veranlaßt sah, auf den 20. Septbr.
1855 eine allgemeine Jagd auf die Bären der Wälder oberhalb Boudry
anzuordnen und eine Schußprämie von 200 Fr. auszusetzen. Im Jahre
1843 verfolgten Jäger von Cergues eine Bärin bis zu ihrer Höhle, aus
der sie einen noch blinden jungen Bären nahmen, der ihnen aber in der Weid=
tasche erfror. Der berühmte Bärenjäger Grosillex von Gex lieferte im
November 1851 den neunten der von ihm eigenhändig erlegten Bären
nach Genf, in dessen Nähe ein anderer Jäger im gleichen Monat einen

alten und einen jungen Bären geschossen hatte. Kurz darauf schoß ein dritter Jäger seiner Gegend wieder einen jungen Bären an, packte denselben und es gelang ihm mit Hilfe zweier Gefährten, die Bestie lebendig zu fangen. Im Baseler Jura dagegen wurde der letzte Bär 1803 bei Reigoldswyl geschossen.

Noch ergiebiger war das Jahr 1852, wo im Engadin fünf Bären auf einmal sich zeigten. Im September wurde einer in Cama und im Oktober von dem gleichen Gemsjäger (Filippo Bondigoni) eine 100 kg schwere Bärin im Val Grono mit Einem Schuß erlegt. Ende Oktobers ging der Förster Giesch von Lostallo nach dem Val d'Arbora, mit einem Doppelstutzer bewaffnet, um Gemsen zu schießen. Auf der Cysternaalp traf er frische Bärenspuren und sah bald an einem Abhange das Tier, das im Begriff war, eine Eberesche zu erklettern und Beeren zu naschen. Hinter einem Ahorn schoß der Jäger beherzt auf hundert Schritt Entfernung, worauf der Bär laut brummend vom Baume sprang und, des Verfolgers ansichtig, wütend auf ihn lostrabte. Giesch ließ ihn auf fünfzig Schritt nahen und schoß dann die zweite Ladung ab, worauf der Bär mit heulendem Gebrumm überstürzte und mit gewaltigem Geräusch rücklings durch die Stauden in ein Tobel kollerte. Das war der dritte Bär, der binnen wenigen Wochen seinen Einzug in Grono hielt. Im Herbst 1849 streckte ein Lavinerjäger, der auf Gemsen ging, eine große Bärin mit zwei Schüssen zu Boden. Kaum lag sie im Blute, so kamen ihre beiden Jungen hergelaufen und schnoberten an der toten Mutter herum, fielen aber sogleich durch die Kugeln des Jägers, der auf diese Weise nur an Schußprämien in einer Viertelstunde mehrere hundert Gulden gewann. Auch im Jahre 1853 fielen mehrere Bären im rhätischen Gebirge, davon zwei im unteren Misox; andere zer= rissen im August auf der Karlemattenalp im Davos nach einander 16 Schafe, ein dritter im September 1853 auf der Stutzalp (Engadin) 15 Schafe, von denen er etliche mitten aus einer brüllenden Rinderherde wegholte. Im September 1855 zeigten sie sich wieder auffallend zahlreich im Prättigau, Münsterthal und untern Engadin. In den Zernetzerwäldern schossen 1856 die Jäger Filli und Foutsch am 5. Juni einen jungen Bären und am 9. Juni die Mutter, auf dem Davoser Bergrücken die Jäger Christian Meißer und Andreas Biäsch im September eine alte Bärin von 121 kg und zwei junge Bären von 41 und 33 kg, nachdem die Tiere kurz vorher eine Schafherde angefallen hatten. Im tessinischen Robesaccothal wurden 1854 drei Bären getötet, welche Herden und selbst Menschen angegriffen hatten. Im Jahre 1857 wurden im Engadin acht alte und junge Bären erlegt, einer davon beim behaglichen Heidelbeerschmause. Im Juli 1858 hausten die Mutze auf der Buffaloraalp übel, zerrissen und versprengten von einer einzigen Herde 22 Stück Schafe. Im gleichen Monat schoß J. P. Zinsli eine Viertelstunde vom Splügen im Rütteltli einen Bären an; das verwundete Tier wendete sich grimmig gegen den Feind, der es aber mit der zweiten Kugel sofort niederstreckte.

Im Sommer 1860 raubte ein Bär bei Zernetz, wo ein früherer Schloß=
pächter eigenhändig elf Bären erlegt hat, innerhalb 14 Tagen 17 Schafe;
ein anderer weidete bei Sins am hellen Tage neben der Landstraße. Am
18. August des gleichen Jahres stieß ein Bergamasker Schafhirt, der über
den Buffalorapaß ritt, plötzlich auf zwei junge Bären. Die alte Bärin stürzt
herbei und fällt wütend das Pferd an, das sich mit kräftigen Hufschlägen ver=
teibigt, während der Hirte herunterspringt. Da fällt bei einem neuen Angriff
der zottige Mantel vom Pferd herunter über die Bärin her. Grimmig wühlt
sie sich heraus und zerreißt ihn in tausend Fetzen, während Mann und Pferd
entfliehen.

Im Jahre 1861 wurden in Bünden abermals acht Bären, sowie
auch 1862 und 1863 mehrere Stück erlegt, und im Sommer 1864 hatten etliche
Reisende das Vergnügen, bei Steinsberg aus dem Postwagen am jenseitigen
Innufer zwei halbgewachsene Bären saufen zu sehen; ein größerer wagte sich
sogar bis zu den Schulser Heilquellen. Überhaupt zeigten sich in diesem Jahre
die Mutze im südlichen Bünden häufig. Auf den Alpen von Lostallo wurde
einer vom Triebe umringt, brach aus, stürzte über die Felsen und wurde halb=
zerschmettert eingebracht; im Oktober schoß der gewandte junge Jäger Antonio
Zaccaci, der schon drei Bären erlegt hatte, im Val Crua (Roveredo) einen
alten Mutz von einem Bäumchen beim Vogelbeerenschmaus und gleich darauf
in der Nähe einen zweijährigen Sprößling desselben; mehrere andere wurden
im Val Grono und Val Cama verfolgt.

Statt die graubündnerische Bärenchronik weiter fortzusetzen, entheben
wir dem Jahresbericht der dortigen naturforschenden Gesellschaft (Band XIV,
S. 187) folgenden sozusagen typischen Bärenbericht von 1867: „Anfangs
Mais sah man eine Bärin mit zwei Jungen in Scarl und später bei Schuls.
Gleichzeitig wurde ein Bär bei Savien gespürt, wo er Ziegen und Schafe
zerrissen hatte. Ein anderer wurde im Juli ohne Erfolg in Schams gejagt,
ebenso einer im August im hintern Schalfik. Glücklicher war gleichzeitig ein
Jäger im Leggiathal, der eine alte Bärin erlegte, aber der drei Jungen nicht
habhaft wurde. Ebenso entging Meister Petz im Spätherbst den ihn ver=
folgenden Jägern bei Stürvis, erlag aber denselben weiterhin im Bergell und
im Münsterthal. Ein silbergraues bei Laschadera (Zernetz) geschossenes
Exemplar wog 140 kg, wovon 25 kg Fett". Wir fügen bei, daß im
Sommer 1868 die Bären allein im Scarlthal für 900 Franken Schafe
fraßen, daneben 14 Rinder und 2 Pferde in der Sömmerung (was sehr selten
vorkommt). Ein Bär fuhr unter dem Auge eines Jägers mitten durch eine
Schafherde und trieb eine Anzahl Tiere als gute Beute in die Felsköpfe
hinauf. Im Mai 1869 schoß Jäger Filli im Scarlthal dann nach einander
eine Bärin und zwei Junge und im Juni 1870 erlegte die Frau des Zoll=
wächters Haag mit einem Steine ein junges Bärlein, das mit ihren Kälbern
schön thun wollte. 1872 wurden in Graubünden sechs, 1873 vier Bären

erlegt *). In den Alpen ob Prolin und Biod im wallisischen Heremencethal fiel vor Jahren ein angeschossener Bär auf den Jäger und tötete denselben nach fürchterlichem Zweikampf; er wurde nachher von den Gefährten des Zerrissenen niedergestreckt und steht gegenwärtig im Museum zu Sitten. Im Eringer= und im Einfischthale kommen diese Raubtiere aus dem wilden Gebirge nicht selten in die milden, traubenreichen Thalgelände herab. In der Mitte der dreißiger Jahre wurden Exemplare angeblich zu 250 kg, 1836 eine Bärin mit drei Jungen erlegt. Im Jahre 1834 kam ein Bär sogar in die Rebberge von Siders, wo ein junger Mann eben kleine Vögel schoß. Dieser war tollkühn genug, seine nur mit Schroten geladene Flinte dem Tiere à bout portant ins Gesicht abzubrennen und glücklich genug, es damit augen= blicklich zu töten! Die Thatsache ist verbürgt.

Der bärenreichste Bezirk der Schweiz bleibt nach unsern Erhebungen immerhin der Kanton Tessin (Camoghé, St. Jorio, Arbedo= und Mazobbia= thal), Bergell, Misox (besonders in den Seitenthälern von Roveredo, Grono, Cama, Leggia, Lostallo und Soazza), Davos und das untere Engadin mit dem anstoßenden Münsterthale und den Ofner Gebirgswäldern. Als wir im September 1855 diese ausgedehnten Reviere besuchten, fanden wir die Spuren beinahe täglich, und es verging beinahe keine Woche, wo ‚der Bär‘ nicht einzeln oder in Gesellschaft am hellen Tage in dem einen oder andern Seiten= thale gesehen wurde; so besonders in der Alpwaldschlucht des Scarlthales, wo kurz vor unserem Eintreffen zur Mittagsstunde ein ‚alter schwarzer Teifel‘, wie der Stierenhirt erzählte, von den Erzgruben herunter zwischen ihm und einer von Schuls kommenden Frau durchpassiert war, im selten betretenen Val Minger, Val Ferrata (in beiden nehmen die Raubtiere Winterquartier), Val Taffry, Val de Poch, dann im Val Nuna, Val Sampuoir und Fuldera; — zumeist also in einsamen, zwischen sehr steil abfallenden Hochgebirgen liegen= den und an beiden Seiten bis in eine Höhe von etwa 2300 m ü. M. mit Nadelholz bewachsenen finstern Bergschluchten. Der Bär zeigt sich jedoch in der Regel hier nur vom April bis gegen den November, wo er, da ohnehin wegen der Schneemassen die Wälder ungangbar werden, sich zur Winterruhe zu begeben scheint. Von einer Ausrottung des Raubtieres in diesen menschen= leeren Gegenden kann vor der Hand nicht die Rede sein. Der meilenweite Wechsel, die Steilheit der Schluchten, die Unsicherheit der Fährte bei schnee= losem Boden, die Gleichgültigkeit der Anwohner und die Seltenheit der Jäger

---

*) Gegenwärtig ist in Graubünden der Bär viel seltener geworden. Noch 1879 richtete er an verschiedenen Orten an Groß= und Kleinvieh Schaden an. 1880 und 1881 wurde je ein Exemplar gejagt, 1882 erscheint wohl seit langer Zeit zum ersten Mal kein Bär in der kantonalen Schußliste, 1883 erscheint er wieder häufiger und wurde mehrfach erlegt. Bei Lavin zeigte sich ein Silberbär; 1884 wurde ein einziger, junger Bär im Scarlthal getötet. In absehbarer Zeit dürften die Bären auf schwei= zerischem Gebiet völlig verschwinden.

schützen die Bären hinlänglich. Eigentliche und emsige Bärenjäger giebt es da überhaupt nicht. Dann sind auch die Schußgelder wenig anlockend. Die Zernetzer geben die Jagdprämie nur an Kantonsbürger, die Schulser sogar nur an Gemeindebürger ab, obwohl letztere im Sommer 1855 über 50 Schafe durch Bären verloren haben. Ein alter Jäger in Scarl, der schon manchen Mutz hinter die Ohren geschossen, rechnete uns vor, daß der Bären= stand in den genannten Revieren sich auf wenigstens dreißig Stück belaufe, worunter sich ein besonders mächtiges, uraltes Exemplar befinde, dessen Kopf und Rücken ganz grau überlaufen sei. Drüben im Münsterthale wohnen ein paar tüchtige Jäger, die wir mit einigen Worten erwähnen müssen; zunächst Johann Ruolf, vulgo ‚das Geigerlein‘ (Sunaderin), das schon manchen Adler, manche Gemse (jährlich an 30 Stück und einmal fünf Stück an Einem Tage) und auch manchen Bären erlegt hat. Vor einigen Jahren suchte er von Scarl aus im Val Tavrü eifrig auf einer Bärenfährte, gewahrte endlich ob der Holzgrenze an einem Bächlein eine alte Bärin und erreichte unter mühe= vollem Klettern und Kriechen eine gedeckte Stellung hinter einem Felsblocke, wo er seinen Doppelstutzer schußfertig machte und, sobald die Bärin die Brust zeigte, eine Kugel abgab. Brüllend stürzte das getroffene Tier über Felsen und Stauden herunter; das mutige Geigerlein ladet wieder und sucht nach der Beute. Vergebens, sie ist verschwunden; dafür starren ihn verwundert drei junge Bären an. Der Jäger schießt mit jedem Lauf einen nieder; der dritte flüchtet auf einen Baum und fällt dem Jäger sofort ebenfalls als leichte Beute zu. In einigen Minuten hatte er an Prämien und Beutewert 250 Franken gewonnen.

Nikolaus Lechthaler in Münster, ein ebenso ausgezeichneter Jäger, der jährlich seine 40—50 Gemsen heimbringt und auch mehrere Lämmer= geier geschossen hat, leitete im Sommer 1857 ein Treibjagen auf eine Bären= familie, das zwei jagdlustige Fremde (ein Prinz Suwaroff und ein Amerikaner) von Zernetz aus veranstaltet wissen wollten. Der dritte Trieb endlich gelang. Lechthaler schoß die Bärenmutter; der Russe aber bestach die Gefährten und ließ sich als den glücklichen Schützen verkünden. Im Mai 1858 traf Lech= thaler auf der Hühnerjagd in der Palüetta ob Valcava unvermutet auf einen Bären. Was thun? Er hatte bloß Schrot geladen und wußte, daß er dem alten Tiere damit nichts anhaben, wohl aber sich selbst der größten Gefahr aussetzen würde. Dennoch ließ ihn das wallende Blut nicht auf einen so seltenen Fang verzichten, und in tollkühner Verwegenheit schießt er auf einen der jungen Bären, der auch alsbald zusammenstürzt. Da wendet sich die Alte, brüllt tief auf, nähert sich hochaufgerichtet ein paar Schritte dem Jäger, kehrt dann wieder zu dem halbtoten Jungen, beschnobert es, wendet es auf dem Boden um, faßt es dann mit dem Maule und trägt es, von den andern gefolgt, fort. Lechthaler sah eine Weile, vor Schreck halb erstarrt, der Szene zu und ging dann nach Hause, wo er (wie seine Frau verriet) vor Aufregung

und Zorn über die entgangene Beute ein paar bittere Thränen vergoß. Den letzten
Bären schoß er im November 1865 im Valatscha unter dem Piz d'Astas,
wobei er das rasch dahertrabende Tier auf zehn Schritte nahe kommen ließ
und ihm mit der zweiten Kugel das Herz durchbohrte. Der Gemsenjäger
Jakob Küng in Salsana hat neben seinen 1400—1500 Gemsen während
seines langen Jägerlebens auch fünf Hirsche, neun Steinadler und elf Bären
geschossen und überdies mehrere töblich verwundet, ohne sie zu erbeuten. Der
schwerste der erlegten Bären wog 24 Rupp oder 240 kg und hatte 43 kg Fett*).

Während die Naturforscher nur eine Art von europäischen Landbären
anerkennen, die im ganzen Norden der alten Welt in den größeren Wäldern,
im Süden aber in den Hochgebirgswaldungen ihre Verbreitung hat, unter=
scheiden unsere Bergbewohner drei verschiedene Arten: den großen schwarzen,
den großen grauen und den kleinen braunen Bergbären. Daneben findet sich
auch eine seltene silbergraue oder weiße Varietät, von der ein schönes Exemplar
mit milchweißen Ohren zu Scanfs, ein zweites, wie erwähnt, 1867 bei
Laschadura (Zernetz), ein drittes, 125 kg schweres im September 1873 von
Leonhardi aus Filisur im Albulagebiete erlegt wurde. Ein sehr schöner,
2 m und 16 cm langer, bei Nyon getöteter Bär ziert das Museum von
Lausanne.

Unsere Zottelbären sind ungereizt ganz behagliche Tiere. Den Winter
über schlafen sie mehr als im Sommer und liegen in ihren Höhlen, oft in
einfachen Steinklüften, oft in aus Reisig und Moos roh gebauten und
von außen zugestopften großen Nestern. Bei hoher Kälte schlafen sie dann
vielleicht etliche Tage lang ununterbrochen fort, ohne zu erstarren; indessen muß
sie bald der Hunger wecken, der sich endlich doch einstellen wird, wenn auch
die Bären in den herbern Wintermonaten weniger fressen als sonst. Sie
kommen dann hervor (dies auch bei geringer Störung ihrer Ruhe) und äsen
mit großem Behagen junges fettes Gras, junges Winterkorn, Wurzeln,
Vogelbeeren, Staudenfrüchte, sonst auch besonders Erdbeeren und Honig.
Um zu Birnen und Trauben zu gelangen, gehen die Bären im Herbst oft
viele Stunden weit in die Thäler hinunter und kehren immer vor Tages=
anbruch wieder zu ihren Stationen zurück. So streifen sie aus dem Münster=
thale und Engadin bis in die Weinberge des Veltlins und ins untere Puschlav.
Überhaupt sagt ihnen Pflanzennahrung wohl zu. Man hat schon Eis= und
Landbären ganz mit Hafer ernährt. Oft zerstören sie die großen Ameisen=
haufen und fressen die Tierchen um ihrer Säure willen, worauf sie aber nach
Fleisch begierig werden sollen. Ungereizt und ohne vom Hunger gequält zu
sein, greift der Bär keinen Menschen an. Im Juni 1855 fiel abends ein

---

*) Solche Riesenexemplare kommen gegenwärtig kaum mehr vor. Das schwerste,
das uns bekannt geworden, schoß Maurizio Righetti von Cama am 30. Nov. 1872
im Gewicht von 207 kg.

großer Bär bei Boudry (Neuenburg) den Hund eines Bauern an, ließ aber sofort von der Beute ab, als der Mann mit einem Aste auf ihn los kam, und ging gemächlich dem Walde zu. Der Bär macht Wanderungen von 8 bis 10 Stunden und weiter, kehrt aber gern in sein Revier zurück. Will er rasch laufen, was aber bergab ziemlich piano geht, so geschieht es auf allen Vieren; trägt er aber etwas seiner Höhle zu, so marschiert er aufrecht; ruht er, so sitzt er auf dem Hinterteil wie die Hunde.

Gefährlich ist er nur, wenn er entweder aus dem Schlafe gestört oder schwer verwundet oder recht hungrig ist, oder wenn er die Jungen bedroht sieht. Dann schreitet er hochaufgerichtet auf seinen Feind zu, schlägt die Arme um denselben und sucht ihn zu erdrücken; oft hilft er mit gelindem Beißen nach. Nicht selten ist es geschehen, daß (wie z. B. einst in Wangen, Kanton Solothurn) der angegriffene Bär dem Jäger Spieß oder Flinte aus der Hand schlägt, ihn umarmt und mit ihm bergab kollert, wobei indessen Meister Petz meist den Kürzeren zieht. Jagen die Bären Vieh, so lauern sie es in der Regel auf dem Anstand bei der Tränke ab; Kühe werden höchst selten angegriffen, jedenfalls nie von vorn. Der Bär springt ihnen auf den Rücken, und beißt sie in den Nacken, bis sie verblutend zusammenstürzen. Die Ziegen, denen er nicht nachkommt, werden über die Felsen hinuntergetrieben oder nachts aus dem Stalle geholt. Wittern diese ihn aber bei Zeiten, so flüchten sie auf die Hüttendächer und wecken durch ihr Geräusch oft die Sennen. Greift er etwa einmal eine weidende Rinderherde an, so geschieht es am ersten unvermerkt im Nebel. Er zerreißt das Rind und frißt zuerst die Nieren und das Euter; den Rest vergräbt oder verschleppt er. Wird er aber von dem übrigen Vieh bemerkt, so sammelt es sich sogleich schnaubend und brüllend um ihn und beobachtet ihn unverrückt. Dann greift der Bär nicht mehr an. Auf Pferde geht er selten, und wenn es geschieht, gerät es ihm oft übel, lieber auf Schafe. Einem Wirte auf der Grimsel raubten vor fünfzig Jahren die Bären nach und nach über dreißig Hämmel.

Da sie sehr gut klettern, besteigen sie wohl auch einen hohen Baum, ehe sie auf die Jagd gehen, um das Revier zu beobachten, ob sie nicht eine Beute auswinden, da sie feinen Geruch und scharfes Gehör haben. Wären die Bären nicht so gefräßig und würden sie nicht oft, namentlich unter den Schaf- herden, so große Verwüstungen anrichten, so wäre es fast schade, daß man sie so erpicht jagt. Kein anderes Raubtier ist so drollig, von so gemütlichem Humor, wie Meister Petz in seiner Jugend. Er hat ein offenes, gerades Naturell, ohne Tücke und Falsch. Seine List und Erfindungsgabe ist ziemlich schwach. Er ist von großer Körperstärke und vertraut auf diese. Man berichtet, daß er durch das Stallbach hinaus eine Kuh zu ziehen und über einen tiefen Bach ein Pferd zu schleppen vermochte. Was der Fuchs mit Klugheit, der Adler mit Schnelligkeit zu erreichen sucht, erstrebt er mit gerader, offener Gewalt. Er lauert nicht lange, sucht den Jäger nicht zu umgehen

und von hinten zu überfallen, verläßt sich nicht in erster Linie auf ein furcht=
bares Gebiß, sondern sucht die Beute erst mit seinen mächtigen Armen zu
erwürgen und beißt nur nötigenfalls mit, ohne daß er am Zerfleischen eine
blutgierige Mordlust bewiese, wie er ja überhaupt als von sanfterer Art
ebenso gern Pflanzenstoffe, namentlich süße Kastanien, Milch, Trauben, Mais,
Heidelbeeren und Honig, frißt wie Fleisch. Er rührt keine Menschenleiche
an, frißt nicht seinesgleichen, lungert nicht des Nachts in den Dörfern herum,
sondern bleibt in Wald, Berg und Alp als seinem eigentlichen Jagdrevier.
Der Wolf macht oft, besonders im Herbst und Winter, Streifzüge von 80
bis 100 Stunden, der Bär geht selten 20 Stunden von seiner Höhle.

Doch macht man sich öfters vom Bären sowohl in Beziehung auf seine
Langsamkeit als auf seine Gutmütigkeit unrichtige Vorstellungen. Ist er auch
von vorherrschendem Phlegma, so läuft er doch auf ebenem Boden so rasch,
daß er einen Menschen leicht zu ereilen vermag, und klettert sehr behende auf
den Bäumen. Nur im Februar, wo er sohlenweich wird, läuft er nicht gut.
Alte, schwere Bären freilich klettern auch sehr langsam und vorsichtig. Ist
das Tier in Gefahr, so verändert sich sein ganzes Naturell bis zur reißendsten
Wut. Ein kluger Jäger wird es nie wagen, einen jungen Bären zu schießen,
wenn dessen Mutter in der Nähe ist; er setzt sich in den meisten Fällen der
größten Gefahr aus; ebenso gefährlich ist der verwundete Bär. Oft wendet
er sich um und geht aufrecht auf den Verfolger los und wäre derselbe noch so
gut bewaffnet. Er fordert ihn gleichsam zum Zweikampfe heraus, umspannt
ihn, wenn er nicht vorher einen Dolchstoß ins Herz erhält, mit seinen mächtigen
Pranken und ringt mannlich mit ihm, bis einer von beiden fällt. Von den
Bären in den Karpathen kennen wir Beispiele der hartnäckigsten Rachsucht;
sie verfolgen den Jäger, der sie angeschossen, oft Tag und Nacht unablässig
von Wald zu Wald, von Fels zu Fels, schwimmen ihm durch Bäche nach,
bewachen ihn viele Stunden lang, durchsuchen Höhlen, Hinterhalte, ganze
Reviere nach ihm und geben nur mit dem Tode die Verfolgung auf. Unsere
heimische Bärengeschichte weist zwar keine solchen Züge auf; immerhin aber
sind auch unsere Bären, einmal angeschossen und hart bedrängt, bedenkliche
Feinde. Als am 3. September 1816 nach starkem Schneefall die Vico=
sopraner ihr Vieh von der Ochsenalp Albigua heimholen wollten, brachte
ihnen der Hirte die Botschaft entgegen, ein Bär habe letzte Nacht einen ihrer
Ochsen zerrissen. Sofort wird Mannschaft geholt und mit Trommeln ein
lautes Treiben begonnen. Der Bär tritt aus einer Schlucht, erhält eine
Ladung von zwei Kugeln und kehrt brüllend um. Zwei Jäger und ein Hirt
verfolgen ihn; plötzlich stürzt die Bestie aus dem Dickicht auf letztern, packt
ihn und verwundet ihn töblich am Kopfe. Der eine Jäger schießt sie, so
rasch es ohne Gefährdung des Hirten geschehen kann, unter den Augen durch
den Kopf; aber das verwundete Tier stürzt sich rasend auf ihn, packt ihn mit
den Pranken am Schenkel und wendet sich mit dem offenen Rachen in die

Höhe, als es dem Jäger gelingt, den Ellenbogen der Bestie tief in den Schlund zu stoßen. Inzwischen durchbohrt ihr der zweite Jäger mit seiner Kugel die Schultern. Augenblicklich wirft sie sich auf diesen, empfängt aber so derbe Kolbenstöße, daß sie sich nach der Tiefe der Schlucht wendet, wo sie endlich den Kugeln der übrigen Jäger vollends zum Opfer fällt.

Über die Fortpflanzung dieses größten unserer Raubtiere findet man immer noch widersprechende Ansichten. Bei den seit mehr als 400 Jahren im Bärenzwinger zu Bern gehaltenen und mit eigener Dotation versehenen Bären hat man folgende Beobachtungen gemacht. Im Alter von fünf Jahren werden sie fortpflanzungsfähig: im Mai und Juni geschieht die Begattung, und im Januar wirft die Bärin beim ersten Male ein Junges, später bald eins, bald zwei, seltener drei. Im Jahre 1857 warf die eine Bärin am 13., die andere am 22. Januar; im Jahre 1859 am 10. Januar. Die Mütter sind dann so reizbar, daß sie wütend an die Thür des Stalles kommen, wenn sie einen fremden Besucher spüren. Im Februar 1575 warf eine Bärenmutter zwei schneeweiße Junge, auch im Januar 1872 wurde ein Albino dort geboren. Die niedlichen, blinden und unbeholfenen Tierchen sind nicht größer als eine Ratte, von fahlgelber oder grauer Farbe, um den Hals weiß, haben durchaus noch nicht den Typus der Bären, wenn auch eine verhältnismäßig starke Stimme. Nach vier Wochen öffnen sich ihre Augen; sie haben schon zollange Wolle und sind doppelt so groß als bei ihrer Geburt. Die Äuglein liegen tief, die Schnauze ist ganz spitz. Während der Zeit der Trächtigkeit und noch etliche Wochen nach der Geburt verläßt die Bärin ihr Zwingernest nur selten. Sie frißt sehr wenig und leckt oft vom Brote bloß den Honig ab; dabei hütet, deckt und säugt sie emsigst die jungen Tierchen. Der Bär würde diese wahrscheinlich auffressen, wenn man ihn nicht von ihnen trennte. Naht er sich den Jungen, so steht die Bärin hoch auf ihren Hinterbeinen, verteidigt mutvoll ihre Kinder und sucht den Gemahl durch lautes Brüllen und derbe Ohrfeigen von seinem ruchlosen Vorhaben abzuhalten. Im freien Zustande lebt um diese Zeit wahrscheinlich der männliche Bär abgesondert und vereinigt sich erst später wieder mit der Familie. Nach vier Monaten sind die Bärchen schon von der Größe eines Pudels, dabei ungemein possierlich, geschickt im Klettern, immer mit einander spielend und balgend, aber sehr furchtsam. Ihre gelbliche Farbe verliert sich immer mehr ins Braune und Schwarze. Bis es wieder fernere Nachkommenschaft giebt, bleiben sie bei der Mutter; dann trennen sie sich. Im Februar, wo der Hirsch sich hörnt, häuten sich die breiten Fußsohlen des Bären, was ihm das Gehen für mehrere Tage fast unmöglich macht. Es ist mehr als wahrscheinlich, daß alle diese Übergänge zu gleicher Zeit auch beim freien Bären sich zeigen. Über die Lebensdauer des Bären weiß man nichts ganz Genaues. In Bern hielt man 47 Jahre lang einen Bären, und ein Weibchen bekam noch im 31. Jahre ein Junges.

Die Tatzen sind bekanntlich eine Delikatesse; das übrige Fleisch wird von den Bergbewohnern einige Zeit in frisches Wasser gelegt, um ihm den süßlichen Geschmack zu nehmen, worauf es ähnlich wie zartes Rindfleisch schmeckt. Die Haut ist 30 bis 50 Franken wert. In mehreren Kantonen steht noch ein bedeutendes Schußgeld auf die Erlegung dieses Raubtieres; doch wird es noch lange gehen, ehe es in den steilen und einsamen rhätischen Alpen ausgerottet ist und ehe jene Feuer, die der Reisende noch so häufig auf den Bergen des Engadins sieht und welche von den Hirten, die einen Wolf oder Bären spüren, während der Nacht unterhalten werden, ganz und auf immer auslöschen.

Auch in unserem Schwesterlande Tirol sind die Bären noch keine ganz seltene Erscheinung geworden. Jährlich werden ein Dutzend und mehr (im Jahre 1835: 24 Stück) erlegt; im Umfange der österreichischen Monarchie rechnet man eine jährliche Bärenbeute von 200 Stück; in Schweden wurden 1835 nur auf dem Gebiete der Staatsjagden 144 Stück und 1839 98 Stück geschossen, während Sibirien jährlich 5000 Bärenfelle nach China verhandelt.

Früher wagten es einzelne tollkühne Gebirgsjäger in Graubünden öfters, den Bären herankommen zu lassen. Sie suchten ihn zu umfassen und den eigenen Kopf fest unter die Kehle des Tieres zu pressen, bis ein Kamerad sie durch einen guten Schuß erlöste oder sie Gelegenheit fanden, ihr Stilett dem Bären in die Weichen zu stoßen. Doch wurden sie bei diesem höchst gefährlichen Abenteuer oft selbst auf den Tod verwundet. Von anderen Leuten dagegen hören wir, daß sie schon vom bloßen Anblick starben. So begegnete im Jahre 1837 im Medelserthale (Graubünden) ein Mann plötzlich sechs Bären; er ergriff so hastig die Flucht, daß er den Folgen des Schreckens und der Anstrengung erlag. Eines von den Tieren wurde bald darauf erlegt, die übrigen verschwanden wieder.

In den zerrissenen ungeheuren Gebirgen, welche das Dörflein Dissentis wie Cyklopenmauern umgeben, fand im Dezember 1838 ein böser, seltsamer Bärenkampf statt. Der Jäger Joh. Klemens Riedi aus Dissentis hatte den ganzen Tag die breitsohlige Spur eines Bären verfolgt, bis er abends die letzten Auftritte an einer gefährlichen Felsenwand verlor. Er sah, daß der Bär sich in das Revier dieser Schlucht zurückgezogen haben mußte. Der Fels bildete dabei einen scharfen Vorsprung, hinter dem er das Tier vermutete, und wo es den Jäger zu einem Kampf auf Leben und Tod erwarten mochte. Riedi suchte es erst durch Lärm herauszulocken, und als dieses nicht gelang, näherte er sich mit vorgehaltenem, gespanntem Gewehre. Als er den engen, turmhohen Felsenpfad erreicht hatte, sah er, daß entweder der Jäger oder der Bär auf dem Platze bleiben müsse, da für keinen eine Flucht möglich war. Dem Felsenwinkel nahe, entdeckte er ein Loch in der Felsenwand. Der Jäger ging vorsichtig darauf los. Da gewahrte er im Dunkeln des engen Loches des Bären funkelndes Augenpaar; eine Pranke ragte so weit heraus, daß er sie mit der Hand hätte fassen können, während der übrige Teil der gewaltigen Bestie im Grunde der Höhle verborgen lag. Riedi wollte den Schuß wagen; aber zweimal versagte der Stutzer und unbeweglich funkelten die Bärenaugen auf den tollkühnen Jäger. Da donnerte endlich der Schuß, und furchtbares Gebrüll aus der Höhle machte zugleich die Felsen erbeben. Der Jäger retirierte so weit als möglich, um der erwarteten Verfolgung des Tieres entgehen zu können, und lud den Stutzer wieder. Bald verstummte das Gebrüll und Riedi wagte sich zur Höhle zurück, wo Augen und Tatze verschwunden und alles finster war. Er horchte. Ein leises Kratzen und Scharren tönte heraus und von dem Gefühle eines panischen Schreckens übermannt, zog er sich aus der Schlucht zurück und kehrte nachhause.

War das Scharren vielleicht nur das letzte Zucken des Raubtieres gewesen und hatte es bereits verendet? So schien es, und am nächsten Morgen ging er mit drei anderen Jägern, von denen sich in der gleichen Voraussetzung zwei nicht einmal bewaffnet hatten, zur Bärenhöhle zurück. Sie näherten sich von oben her und kletterten an einer hart am Felsen stehenden Tanne herunter in die Nähe des verhängnisvollen Loches und zwar zuerst August Biscuolm von Dissentis, der erste Tödi=Ersteiger, den Stutzer auf den Rücken geschnallt. Allein kaum war er auf dem Boden angelangt, als der Bär in zwei ungeheuren Sätzen wie rasend auf ihn lossprang, ihn mit den Armen umfing und auf den Boden niederwarf. Aus Leibeskräften rief Biscuolm die Gefährten, während er, mit der Bestie kämpfend, einen Abhang hinunterzurollen begann. Mit aller Kraft gelang es ihm, dieselbe zu überwerfen, aufzuspringen und den Stutzer vom Rücken zu reißen. Aber der Bär hatte sich schon wieder auf=gemacht und da das Schloß des Stutzers noch zugebunden war, hielt der Jäger dem Tiere den Kolben vor, auf den es mit offenem Rachen losstürzte. Indessen war auch Riedi die Tanne heruntergeklettert und schoß rasch den Bären durch die Seite, worauf sich derselbe einige Schritte zurückzog, um von neuem auf beide Jäger loszustürzen, als der Bärenkämpfer Biscuolm Zeit gewann, dem Tiere den dritten, nun tödlichen Schuß beizubringen. Es zeigte sich, daß die erste Kugel in der Höhle dem Bären das ganze Gebiß zerschmettert hatte. Dies und der große Blutverlust hatte den Kampf weniger gefährlich gemacht. Indessen waren beide bis an den Rand eines Abgrundes gerollt und wunderbarerweise imstande gewesen, sich noch zu halten.

Gegenwärtig werden die Tiere meist einzeln geschossen, und zwar ohne große Kunst, da sie, wenn sie nicht auf der Wanderung oder bei der Äsung begriffen sind, furchtlos den Jäger bis auf zwanzig Schritte ankommen lassen und nicht an eine Flucht denken. Früher wurde von ganzen Dorfschaften mit Trommeln und Hörnern eine Hetzjagd angestellt, um den Räuber in eine Schlucht dem Jäger zuzutreiben. So wird uns von einer solchen erzählt, wobei im Jahre 1706 in der Kammeralp außer der Mannschaft aus Uri noch 300 Glarner aufgeboten wurden. Das Tier wurde erlegt; die Glarner erhielten als Siegeszeichen zwei Tatzen, die Urner, auf deren Gebiet der Bär erlegt wurde, das Übrige. Im August 1815 wurden auf der Wärgisthalalp im Grindelwald, am Fuße des Eigers, von Bären fünfzehn Schafe zerrissen und fast alle bis auf den Kopf und das Vließ aufgefressen. Da der Treiber viel zu wenige waren, floh der gejagte Bär bis auf die Höhe der kleinen Scheidegg. Acht Tage später wurden am Obernberge an der Seite des obern Gletschers wieder zwanzig, und höher oben noch zehn tote Schafe gefunden, an welchen bloß der Brustkern herausgefressen war. Man verlor die Fährte über die Gletscher gegen das Schreckhorn hin.

Unsere Chroniken enthalten aus allen Bergkantonen Geschichten von gefährlichen Bärenkämpfen. Im Glarnerlande (wo 1816 der letzte Bär geschossen wurde) griffen auf der Ruoggisalp zwei Männer eine solche Bestie an. Diese schlägt dem einen die Hellebarde weg, während sein Gefährte, Wala, zuspringt, ihr den Arm in den Rachen stößt, die Zunge packt und sie seitwärts aus dem Maule reißt. Bär und Mann rollen darüber die Halde hinunter, worauf andere das Tier auf dem Jäger erstechen.

Der Entlibucher Jakob Imbach griff zwei Bären in ihrer Höhle auf dem Schimberig an. Der alte geht auf den Jäger los und wirft ihn zu Boden. Imbach stößt ihm den mit einer dicken Wolljacke bekleideten linken Arm in den Rachen und sticht ihn fortwährend mit seinem Beinmesser in den Leib, bis er Luft bekommt und sich aufrichten kann. Nun faßt ihn das wütende Tier aufs neue, beide kollern bergab und unten gelingt es dem Jäger, dem Bären das Messer tief ins Herz zu stoßen. — In noch härterem Kampfe erlegte Kaspar Lehner von Kriens einen 210 kg schweren Bären, den acht Männer wegtrugen.

Junge Bären sind nicht schwer zu zähmen. Sie gewöhnen sich bald an den Menschen und können ohne alle Fleischnahrung täglich mit 1, alte mit 1½ bis 2 kg Brot erhalten werden. In Bern bekommen sie überdies noch etwas Butter und Honig. Im Winter fressen sie noch weniger. Den älter werdenden ist nie ganz zu trauen, was vor Jahren ein trauriger Vorfall in Bern bewies. Ein schwedischer Gesandtschaftsattaché war unvorsichtigerweise nachts in den Zwinger gestiegen. Einer der alten, großen Bären band sofort mit ihm an, verfolgte ihn einige Zeit und packte und erwürgte ihn, ehe Hilfe gebracht werden konnte; doch zerfleischte er den Leichnam nicht. Im Sommer 1864 biß merkwürdigerweise dort ein älteres Bärenbrüderpaar sein junges Brüderchen, das von der Tanne im Zwinger heruntergestürzt war, sofort tot.

Daß die Bären in der Urzeit in der Schweiz sehr häufig waren, beweisen die zahlreichen Funde von Bäreneckzähnen im Bereiche der Pfahl=

bauten. Im Sommer 1860 wurden aber auch in einer Höhle am Bären=
troos auf der Alp Stoß im Muottathal sechs vollständige Bärenskelette
teils von jungen, teils von sehr großen alten Exemplaren unter einer 65 cm
dicken Lehmschicht, die überdies noch 15 mm dick mit Kalktuff überzogen
war, aufgefunden. Die in der Höhle des Wildkirchli (Appenzell) häufig
unter Kalktuff sich findenden Bärenzähne sind von solcher Stärke, daß sie
eher dem ausgestorbenen Höhlenbären anzugehören scheinen. Der letzte
braune Bär des Appenzellerlandes wurde 1673 in Urnäschen geschossen.

Dritter Kreis.
Die Schneeregion.   (2300—4500 m ü. M.)

Erstes Kapitel.

Die Bodenverhältnisse der Schneezone.

Einsame Größe der Landschaft. — Sage und Geschichte der Region. — Horizontale und vertikale Grenze. — Die höchsten schweizerischen Alpengipfel. — Der Monterosastock, die gewaltigste Gebirgsgruppe Europas. — Das höchste europäische Festungswerk. — Die Finsteraarhorngruppe. — Die Berninagruppe. — Die Anden= und Himálaya= gipfel. — Ersteigung der höchsten Spitzen. — Das Matterhorn. — Die höchst= gelegene Menschenwohnung Europas. — Charakter der Region. — Warum sucht der Mensch sie auf?

Sieh! Grau und himmelhoch wie ein
Senat uralter Erdtitanen, die
Im stummen, eis'gen Trotz zur Sonne schauen,
Am Fuß gefesselt zwar, doch nicht besiegt,
Die mit Verheerung stäubender Lawinen
Das leiseste Geräusch, das sie im Traum
Zu stören wagt, bestrafen — liegen da
Die Alpen!
           Grabbe.

Ein fremdes Land, ein Land voll Zauber und märchenhafter Pracht schimmert über den letzten grünenden Bergstufen, über den letzten breiten, grauen Felsgalerien, still und ernst wie der Tod, erhaben und majestätisch wie die Herrlichkeit des Ewigen, ein Bindeglied zwischen Himmel und Erde, wo der Mensch und die ihm gerechte warme Natur keine Heimat mehr findet, wo dieser stolze Herrscher der Welt, von dem Gefühle seiner Ohnmacht übermannt, nur stundenlang, nur mit flüchtigen Pilgerschritten einen Gang zu den höchsten Wundern der Erde wagt. Der Bewohner der Ebene schaut mit einer gewissen traditionellen Gleichgültigkeit auf die

ſchimmernden Gehänge und blanken Firnteppiche der Hochgebirgszüge hin.
Er bewundert ſie vielleicht, wenn ſie, vom Mondlicht magiſch begoſſen, in das
Schwarzblau ihres Nachthimmels aufſtarren, oder in der duftigen Frühe,
wenn das Morgenrot am Himmel heraufglüht und die Gipfel der weißen
Felſenzinnen erſt wie in Blut getaucht ſtrahlen, dann, vom funkelnden Golde
des Morgenlichtes übergoſſen, wie Opferaltäre Gottes aufleuchten. Wenn aber
der Reiz der lebhafteren Färbung verſchwunden und das matte, bläuliche Weiß
an ſeine Stelle getreten iſt, ſo iſt auch die Teilnahme dahin. Man hat ſo einen
gewiſſen undeutlichen Begriff von der unendlichen Öde und Kälte der Schneeregion
und giebt ſich damit gar leicht zufrieden, ohne die großartigen elementariſchen
Bewegungen, das geheimnisvoll mit Hunger und Tod ringende Pflanzen-
und Tierleben, die wunderbaren Geſetze, die phantaſtiſchen Naturbildungen
und Erſcheinungen jener Höhen zu ahnen. Mitten zwiſchen unſeren deutſchen
und lombardiſchen Kornfeldern ſteht dieſe unbekannte Welt. Wer hat ſie ganz
erforſcht und geſchildert? Wer kennt ſie in allen Teilen ſo genau, wie ſie
gekannt zu ſein verdient? Hin und wider klettert ein Liebhaber einige Tage
über die Eis- und Schneegefilde nach dem Gipfel eines berühmten Horns,
oder ſteigt bedächtigen Ganges ein ernſter Forſcher ſpähenden Geiſtes durch
die Wüſte, der er vielleicht etliche Monate ſeines Lebens widmet; ſonſt nur
der Gemſenjäger, der Wurzelnſucher, der Wildheuer und der ‚Strahler‘. Kein
lebender Menſch kennt die ganze Schnee- und Eiswelt auch nur des ſchweizeriſchen Hochgebirges; wenige nur einen irgend anſehnlichen Teil derſelben;
ungeheure Gebiete hat nie der Fußtritt eines Menſchen berührt. Die Männer
der Wiſſenſchaft haben in den letzten Jahrzehnten großartige Anſtrengungen
zu ihrer umfaſſenden Kenntnis gemacht, und doch wiſſen wir nur zu gut, daß
wir erſt an der Schwelle derſelben ſtehen.

Auch dieſe ſcheinbar lebens- und geſchichtsloſen Reviere, die, außer und
über der Zeit ſtehend, nur mit den Geſtirnen des Himmels und den fliegenden
Wolken zu verkehren ſcheinen, haben ihre Wandlungen, ihre Geſchichte gehabt.

Wahrlich, — wir ahnen es nicht, wenn wir die letzten Strahlen der
Abendſonne am oberſten Schneeſattel der Urgebirgsrippen verglimmen ſehen,
welche lange, erſchütternde Reihe von Geſchicken über jene Kämme gezogen iſt
von jenem Augenblicke, wo ſie durch die Gewalt der gährenden Elemente aus
der Weltflut gehoben wurden, wo palmenartige Pflanzengebilde den ſchwülen
Scheitel der jungfräulichen Erdeilande krönten, bis zu unſeren Tagen, wo der
eiſige Tod ihren Wandlungen ein finſteres Halt geboten hat.

Die Zeit, wo die Alpen ſich hoben, fällt in die Tertiärzeit, alſo in eine
vorgeſchichtliche Periode, und hat Jahrtauſende lang gedauert, wovon noch
die verſchiedenen Ur-, die ſekundären und tertiären Gebirgsformationen mit
großer Hieroglyphenſchrift Kunde geben. Selbſt nach dem Ablauf dieſer
Bildungsepoche traten neue, unermeßliche Umwandlungen ein. Die höchſten
Waſſerbecken wühlten ſich durch die Querriegel und entleerten ſich in die

tieferen Regionen; andere wurden gebildet, indem zusammenstürzende Felsen=
gelände ein paar Wildbäche fingen und aufstauten. Ungeheure, zusammen=
hängende Gebirgsstöcke barsten auseinander und zerspalteten sich in wilden
Revolutionen, durch unterirdische Kräfte in Bewegung gesetzt, in neue Arme,
während andere Gebiete, das Gleichgewicht der Ruhe suchend, hier sich langsam
hoben, dort sich mählich senkten. Noch jetzt, wenn man in einem Gebirgs=
knoten eine günstige Stellung gewonnen hat, sieht man unverkennbar den
Gang jener tausendjährigen Bildungsgeschichte, in welcher die schöpferische
Kraft gleichzeitig das ganze System hob, aber die meiste Energie in dem
innern Hauptkamm der Zentralachse bewies. In unseren Tagen hat sich diese
Bewegung beruhigt, obwohl noch immer, oft in erschreckender Weise, Ver=
änderungen des Alpengebäudes vorkommen. Aber wo wir nur im ganzen
Umfange unserer Alpenwelt heute furchtbare Eiswüsten und grauenhafte
Trümmerreviere antreffen, finden wir auch, daß im Volke eine halbverklungene
Kunde lebt, das seien einst blühende Matten und glückliche Gelände gewesen*).
Die Volkssage kennt noch diese Geschichte und erzählt davon in sinnigen
Bildern, freilich mit naiven Anachronismen. Sie läßt z. B. den ewigen
Juden als Dämon der Weltgeschichte das wallisische Vispthal besuchen. Er
klimmt das unerstiegene Matterhorn hinan und findet auf dem Gipfel zwischen
blühenden Reben und rauschenden Bäumen eine schmucke Stadt. Aber er
prophezeit ihr, wenn er zum andern Mal wiederkomme, werde die Stadt in
Trümmern liegen, von traurigem Gesträuche überwuchert:

> — „Und komm ich wieder einst zum dritten Male,
> Dann such' ich euch vergebens, blüh'nde Au'n,
> Geschmückte Reben, blumenreiche Thale.
>
> Statt euer raget mit den spitzen Zacken
> Der Gletscher weiß und dunkelgrün empor,
> Sich türmend hoch bis an des Berges Nacken.
>
> Das Thal umspannen finstre Riesenforste;
> Da haust der Wolf, der Herde Feind; der Aar
> Kreist hoch im Blau ob seinem dunklen Horste.
>
> Ein ew'ger Winter sitzt auf deiner Schwelle.
> Aufs Schneefeld, das die Gemse nur erklimmt,
> Wirft ihren Strahl die Sonne golbig helle.

---

*) Daher sehen wir so häufig den Namen ‚Blümlisalp' u. bergl. Gletschern und
Felswüsten beigelegt. Menschlicher Frevel, besonders Verbrechen an der Pietät gegen
Eltern, oder Unkeuschheit und üppiger Hochmut sollen die Verwüstung herbeigeführt
haben. Wiederholt (sowohl im Glarner als Berner Oberlande) heißt die Schuldige
‚Kathri'. Ihr wird gewöhnlich ein schwarzes Hündlein (Rin oder Parrein) beigegeben,
das man noch unter dem Gletscher zuzeiten bellen hört, während die Kuhglocken läuten
und die Verwünschte eine traurige Strophe singt.

Dem Frühling bist, dem jungen, du verschlossen,
Der einst auf deine Felder, deine Au'n
Sein reiches Füllhorn segnend ausgegossen.

„Er ist dahin und kehret nimmer wieder!
Dumpf donnernd wälzet von des Berges First
Sich die Lawine in die Tiefe nieder.“

(Fr. Otte.)

Unsere Region hat den geringsten horizontalen, aber den größten vertikalen
Umfang, indem sie das Alpengebiet über 2300 m absoluter Höhe umfaßt.
Die Hauptmasse derselben liegt im Süden der Schweiz, in der Achse der
Zentralalpen, zunächst in den beiden vom Genfersee heranstreichenden, das
Rhonethal umfassenden Riesenketten. Der Knotenpunkt des nördlichen
Gehänges der Berner Alpen konglomeriert in der Finsteraarhorngruppe, die
denn auch dessen höchste Gipfelbildungen nachweist; der des südlichen Zuges
in der Monterosagruppe*). Von den beiden Ketten, die das Reußthal begleiten,
verliert die westliche schon in der Nähe des Vierwaldstättersees die Kraft, sich
in unsere Region zu erheben, während die östliche in imposanten Formen das
Thal der Linth zu beiden Seiten einschließt, den Walensee ummauert und
noch im Säntis eine letzte Stockbildung von über 2500 m erzeugt. Mit
etwas geringerer Kraft, aber immerhin noch mit einzelnen gewaltigen Pyramiden, streicht vom Gotthard (dessen höchste Gipfel der Pizzo Centrale
3002 m ü. M.) ein südlicher Urgebirgszug auf beiden Seiten des Tessin.
Östlich vom Gotthard laufen mit ihren dem Rhein= und Innsystem zugeneigten,
zahllosen Ketten und Gebirgsstöcken, von denen jeder Hauptstock neue Ver=
zweigungen aussendet, die rhätischen Alpen ab, eine großartige Basis für
unsere Region. Nirgends tritt deutlicher als hier die Thatsache hervor, wie
wenig man bei den Zentralalpen eigentlich von geschlossenen Gebirgsketten
reden kann, da mehr oder minder jede Gruppe als selbständiges Individuum
oder als Familie auftritt, nicht als engverbundenes Glied eines ganzen
Gebäudes mit Strebepfeilern und Fachwerk, indem in der Regel der aus

---

*) Es ist kaum nötig, daran zu erinnern, daß wir nicht von dem geologischen
Gebirgssystem, sondern von dem Relief der Alpengestaltung sprechen, wobei, wenn
auch an eine Anzahl Gruppen mit unterschiedenen Zentralmassen gedacht werden muß,
doch immerhin sich dem Überblicke ein bestimmtes Netz von inneren Haupt= und äußeren
Nebenketten, Seitenarmen, Verzweigungen und Knotenpunkten darstellt. Unsere neueren
Geologen unterscheiden fünfundbreißig ellipsoidische Haupt= oder Zentralmassen, aus
denen unser Alpengebäude mosaikartig zusammengesetzt ist, nämlich die Gebirgsmasse
des Montblanc, die der Aiguilles rouges, des Simplon, des Gotthard, des Finster=
aarhorns, der Selvretta, des Ortler, Adamello 2c. Die im Erbkerne arbeitende Hebekraft
wirkte gleichzeitig an verschiedenen Punkten, hob die Urgesteinsmassen und bildete aus
ihnen Zentralmassen längs der Hauptachse des Alpenzuges. Die über ihnen liegenden
Schichten der Sedimentärgesteine wurden bei der Hebung am Durchbruchspunkte auf=
gerichtet und verändert. Sie umgeben nun mantelförmig das Hebungszentrum oder
den Zentralkern, welcher fächerförmige Struktur angenommen hat.

kryſtalliniſchen Gebirgsarten beſtehende Kernſtock ſich von den aus geſchichteten
Geſteinen beſtehenden Kettenarmen deutlich unterſcheiden läßt.

Der hohe Säntis tritt alſo im Norden als letzter, abgeſchwächter
Repräſentant unſerer Region auf, im Herzen der Schweiz der Pilatus mit
2123 m. Die Berner Oberländerkette hat mehrere vorgeſchobene Punkte
unſerer Region, wie das Brienzerrothorn mit 2351 m, der Rieſen mit
2366 m, der Dent de Brenleire mit 2356 m ü. M.; doch ſind dieſe Alpſtöcke
eigentlich mehr die Grenzpfähle und letzten Signale der Schneeregion als
ihre Träger, da ihre Iſoliertheit und verhältnismäßig geringe Erhebung der
Entwicklung der Schneeregion keinen Raum bietet und ſie bloß ahnen läßt.
Die eigentliche Stätte derſelben iſt in der Tiefe der größeren Hochgebirgs=
gruppen und in der Achſe der Mittelalpenkette. Dieſe bildet eine ſehr große
Anzahl von Gipfeln zwiſchen 2300—2700 m ü. M. mit einem ungeheuren
Hochlande, den Trümmern eines ehemaligen Tafellandes, das im Sommer
teils nackt vorliegt, teils mit gewaltigen Gletſchern überpanzert iſt. Auch die
Zahl der Gipfel von 2700—3200 m ü. M. iſt noch ſehr beträchtlich. Sie
gehen im Norden bis zum Rhätikon (Scesaplana 2968 m und Sulzfluh), im
Linththal bis zum Glärniſch (2913 m), in der weſtlichen Reußthalkette bis
zum Uri=Rotſtock (2933 m) und erſcheinen im Berner Alpenzug unmittelbar
in der Nähe der großen Hochgebirgsgruppen. Von 3200—3900 m abſo=
luter Höhe treten ſchon verhältnismäßig wenige Rieſenbildungen auf; doch
iſt ihre Zahl immer noch größer, als man gewöhnlich glaubt. Zu dieſer
Zone reichen in der Vernerkette nur einzelne Hörner in der Nähe der
Finſteraarhorngruppe: das große Rinderhorn (3466 m), eine funkelnde
Firnpyramide, die Altels (3634 m) ſüdwärts vom Gaſternthal, rings von
furchtbaren Abgründen umgeben, die Frau (3670 m) oder Blümliſalp, das
Breithorn (3774 m) und ſein Nachbar das Großhorn (3762 m), das
Mittaghorn (3687 m), das Doldenhorn (3647 m), der Bergliſtock (3657 m),
das Studerhorn (3632 m), das Oberaarhorn (3643 m), das Wetterhorn
mit drei Gipfeln: die Haslijungfrau (3703 m ü. M.), das Mittelhorn und
das Rosenhorn, das Silberhorn am Jungfrauſtocke (3690 m), der Galenſtock
(3596 m), an den der Rhonegletſcher lehnt, das Suſtenhorn (3411 m), der
Titlis (3239 m ü. M.) ꝛc. Im ſüdlichen Parallelzuge, der das Rhonethal
von Piemont trennt, finden wir an die vierzig Gipfel zwiſchen 3200 und
3800 m, von denen noch nicht alle gültig benannt worden ſind. Wir erinnern
an den Velan, einen der Gipfel des großen St. Bernhard (3764 m), mit
entzückender, unermeßlicher Fernſicht, den herrlichen Montblanc de Cheillon
(3871 m), den Mont Colon (3644 m), den Monte Leone (3565 m), die
Diablons (3612 m) ꝛc. und im Weſten als vorgeſchobene Poſten den Dent
du Midi (3185 m), die Diablerets (3251 m). Im öſtlichen Reußthalzuge
bemerken wir zwiſchen den Reuß=, Rhein= und Linthquellen eine ungeheuere
Verſtockung der Gebirge, von denen unſerer Zone u. a. der Oberalpſtock

(3330 m), der Spißliberg (3063 m), das Gletscherhorn (3982 m), der Krispalt (3080 m), der Düssistock (3262 m), der herrliche Klaridengrat (3264 m), das eingefurchte Scherhorn (3296 m), der zweigehörnte Tödistock (3623 m ü. M.), der Bifertenstock (3426 m) angehören. In den rhätischen Alpen treffen wir abermals gewaltige Familien von Gipfeln zwischen 3200 und 3800 absoluter Höhe. Manche von ihnen haben noch keine Namen. In der Adulagruppe zeichnen sich das Rheinwaldhorn mit 3398 m, das Zaporthorn mit 3149 m aus, zwischen dem Splügen und Bernhardin das Tambohorn (3276 m), in der Selvrettamasse der Piz Linard (3416 m), der Piz Buin (3327 m), der Piz Selvretta (3200 m) 2c.

Über diese Könige der Zentralalpen ragen noch manche Riesen mit einer Erhebung von mehr als 3800 m empor. Sie stehen in der Achse des Alpenzuges und bilden um sich herum Gruppen von etwas tieferen Hochgebirgsstöcken, so daß sie als die kolossalen Grundsteine des Gebirgsbaues erscheinen. Der erhabenste unter ihnen ist der aus Gneiß und abrigem Granit bestehende Monterosastock mit neun ganz verschiedenartig geformten, von Nord nach Süd sich erhebenden Gipfeln, deren niedrigster 4210 m, deren höchster 4638 m ü. M. liegt, der zweithöchste Berg Europas und nur wenig niedriger als der Montblancgipfel.

Er bildet den Kulminationspunkt der herrlichsten Hochgebirgswelt der Erde. Vom „Nordend" über das Jägerhorn und die milde, aussichtberühmte Kuppe der Cima be Jazzi (3818 m) sich nordwärts absenkend, rafft sich die Alpenbildung sofort wieder zu der gewaltigen Mischabelgruppe auf, deren Riesengestalten (Rimpfischhorn 4203 m, Allalinhorn, Alphubel, Täschhorn, Nadelhorn) wieder vom dreigipfligen Dom oder Grabenhorn (3375 m) beherrscht sind. Westwärts vom Monterosastock bildet die Alpenachse zunächst den gestreckten, blendend weißen Lyskamm (4538 m), dann die zierlichen Zwillinge und das mächtige, das Nikolaithal abschließende Breithorn (3774 m), an dessen Seite die Felszacke des kleinen Matterhorns aufspringt, und senkt sich dann zum Theodulspaß, dem begangensten Gletscherpfad dieser Gruppe, an dessen windgesegtem Thor wie ein Märchen aus alter Zeit noch die Schanze mit Schießscharten steht, welche die Bewohner des Tournanchethales vor über 300 Jahren gegen die Walliser erbauten und die fast beständig von den aus den Kesseln der südlichen Thäler aufwirbelnden Nebelwogen umhüllt ist. Weiter westlich steigt aus der Achse der imposanteste und originellste Gipfel der Erde, das bräunlich isabellfarbene, trotzig drohende Matterhorn (4482 m) in ungebrochener, an 1900 m hoher Felsflucht aus den Gletschermeeren auf, eine phantastische Felsgestalt, gegen welche die an sich so malerische Nadel des benachbarten Dent d'Hérens (4180 m) höchst bescheiden zurücktritt.

Wie vom Monterosa aus sich nordwärts eine Kette riesiger Berggestalten aus der Hauptachse abzweigt, so auch vom Matterhorn aus, indem beide Parallelketten das Nikolaithal einrahmen. In der westlichen Parallele im=

ponieren besonders das weitausgreifende Steinbockshorn (Dent blanche 4364 m), das große Gabelhorn, der spitze Moming (Rothorn) 4223 m und der herrliche Kegel des Weißhorn (4512 m) ob Randa, eine der edelsten, vollendet schönen Bergformen der Zentralalpen, mit welcher kaum die formreine Pyramide der Grivola im Cognergebirge wetteifern darf.

In der nur durch wenig tiefe Einschnitte unterbrochenen Kette zwischen dem Matterhorn und Montblanc ragt der gewaltige, 1861 zuerst erstiegene Combin mit 4317 m über die höchsten Gipfel des großen St. Bernhard. Vergleichen wir die Verstockung des Montblanc damit, so finden wir einen sehr auffallenden Unterschied. In der Montblancgruppe giebt es außer der höchsten Spitze keine zweite mehr über 4600 m, nur eine einzige von 4019 m (die Aiguilles du Géant), dann noch vier Gipfel von über 3800 m; der Monterosa dagegen zählt vier eigene und eine benachbarte Spitze von über 4500 m, zehn Spitzen über 4200 m 2c., so daß sich trotz der etwas größeren Erhebung des Montblanchorns doch der Monterosa als eine unendlich viel großartigere, als die gewaltigste Gebirgsgruppe Europas darstellt.

Die zweite Familie, welche über 3800 m gipfelt, liegt in ewigen Eis= meeren begraben auf breiter Basis zwischen dem Brienzersee und der oberen Rhone, die Finsteraarhorngruppe mit einer großen Anzahl riesenhafter Spitzen, von denen alle, die sich über 3800 m erheben, aus schiefrigem Gneiß bestehen, während der Granit hier nur niedrige Kämme bildet. Ihre geolo= gischen Dependenzen reichen von der Gemmi bis zum Tödi. Das am 10. August 1829 unter des Naturforschers Hugi Leitung von zwei Berner Oberländern zuerst und seither öfters bestiegene Finsteraarhorn selbst hat 4275 m, der höchste First der Schreckhörner 4080 m, der schwertscharfe Eiger 3975 m, der Mönch 4113 m, die Jungfrau 4166 m, das Aletschhorn 4198 m, die Viescherhörner 4047 m, das große Lauteraarhorn 4043 m, das Gletscher= horn 3982 m, das Bietschhorn 3952 m, der höchste Granitstock des Finster= aarhornmassives 2c., — eine herrliche Gruppe, die hundertfach durchforscht ist, aber noch so viele nie erforschte Gehänge in ihren endlosen Gletschermeeren birgt.

Die dritte hochgipflige Familie liegt zwischen den Innquellen und der Abba, die herrliche, durch die krystallinische Entwickelung ihrer Gesteine und die Schönheit ihrer Gletscher ausgezeichnete Berninagruppe, verhältnis= mäßig mit der schmalsten Basis und den bis auf die neuere Zeit am wenigsten bekannt gewesenen, jetzt aber bezwungenen Hochgipfeln. Das oberste Horn Piz Bernina ragt 4052 m empor; wundervoll klare Eisgipfel von beinahe gleicher Höhe, wie: Piz Morteratsch, Piz Rosegg, Piz Tschierva, Cresta Aguiza, Piz Zupo, 3942 m, Piz Palü, Piz Cambrena umgeben es, eine stille Familie von ätherischer Pracht.

So ansehnlich diese Erhebungen sind, so erscheinen sie immerhin noch gering gegen die der amerikanischen und asiatischen Hochalpen. In der

Meridiankette der Kordilleren, dem größten Gebirge der Erde, das den amerikanischen Kontinent wie seine Wirbelsäule durchzieht, galt der Chimborazo in Ecuador (6844 m ü. M.) für die höchste Spitze; in neuerer Zeit wurden aber in den südperuanischen Kordilleren vier höhere Piks gemessen, von denen der höchste, der Vulkan Aconcagua, 6834 m hinaufreicht. Die Himálayagebirge im weitern Sinn dagegen zählen mindestens vierzig bisher gemessene noch höhere Gipfel, so den (fünfthöchsten) Dhaulagiri mit 7639 m, den Kintschind=Junga mit 8020 m, und den Everest oder Gaurisankar in Nepal, der mit 8262 m als höchster Berg der Erde dasteht. Dabei stellen sich zwischen dem europäischen, amerikanischen und asiatischen Hochgebirge bemerkenswerte hypsometrische Wechselverhältnisse heraus. Neben der absoluten Erhebung der bedeutendsten Gipfel gilt jeweilen auch die mittlere Kammhöhe, d. h. der Durchschnittswert der Übergangshöhen, als charakteristisch. In allen drei Hochgebirgen stellt sich heraus, daß die Gipfel ungefähr das Doppelte der mittlern Kammhöhe messen (Zentralalpen: Kammhöhe 2330 m, Montblanc 4750 m; Kordilleren: Kammhöhe 3250 m, Aconcagua 6834 m; Himálaya: Kammhöhe 4550 m, Everest 8262 m), sowie, daß sich die Kammhöhe des europäischen, amerikanischen und asiatischen Hochgebirges ungefähr wie 10:15:20 verhält, daß also diejenige der Kordilleren um die Hälfte größer ist als die der Alpen und die des Himálaya um die Hälfte größer als die der Kordilleren und doppelt so groß als die der Alpen.

Der oberste Teil unserer europäischen Firnthrone ist sehr verschiedenartig gebildet und bietet meist nur einen knappen Flächenraum, dessen Form indessen jeweilen nach der Art der Schneeanhäufung variiert. In der Regel ist die höchste Kuppe sehr steil und schwer zu erreichen. Die der Jungfrau läuft in einen schmalen Grat zu. Die Fläche des Gipfels ist ein kleines Dreieck, dessen Basis dem Thale zugewendet ist. Der scharf zugehende Kamm von der Form eines auf beiden Seiten vertikal zugeschnittenen Kegels, der zu ihr führt, hat eine Breite von nur 18—30 cm und dafür eine Neigung zwischen 60 und 70 Grad auf eine Länge von etwa 6 m. Ganz ähnlich ist der Berninagipfel geformt. Ein haarscharfer Firngrat führt zu ihm empor; doch scheint die Spitzenfläche breiter und geräumiger, da Coaz eine 1 m hohe Steinpyramide darauf erbauen konnte. Der Finsteraarhorngipfel steigt aus einer weiten Gletscherwelt in vier Graten jäh auf und gipfelt oben in einer spitzen Pyramide, die östlich in einer 1750 m hohen, senkrechten, schneelosen Felsenwand auf den Finsteraarhorngletscher abfällt. Die oberste Spitze besteht aus ungeordneten Massen von Hornblendegestein, Syenit, verwitterten Gneiß= und Glimmerschichten, die noch mit verschiedenartigen Flechten überzogen sind. Die Tödispitze bietet eine viel bedeutendere, sanft zugeformte Kuppenfläche. Sie wurde zuerst von den Begleitern des Paters P. a Spescha, den Bündner Jägern Biscuolm und Curschellas, am 1. September 1824 bestiegen.

Der Monterosa ist lange nicht überwunden worden. Saussure machte vergebliche Versuche, Zumstein gelangte in den Jahren 1819—1823 wiederholt auf einen der Gipfel, das Gornerhorn oder die Zumsteinspitze, 4573 m hoch, und stellte daselbst barometrische und thermometrische Untersuchungen an; die noch etwa 67 m höhere Hauptspitze erklärte er für durchaus unersteiglich. Vincent und Welden gelangten ebenfalls nicht auf den höchsten Gipfel, sondern nur auf die Vincentpyramide und Ludwigshöhe, M. Ulrich und G. Stuber (1848 und 1849) weiter bis auf die Einsattlung zwischen dem Nordende und der höchsten Spitze, 105 m tiefer als diese. Die Führer derselben, Madutz und Matthias zum Taugwald, erreichten einen der obersten Gipfel 1848. Am 22. August 1851 gelangten Hermann und Adolf Schlagintweit aus Berlin zu demselben Punkte. Sie fanden das Horn als einen sehr schmalen Kamm von quarzreichem Glimmerschiefer in zwei beinahe gleich hohe Spitzen auslaufend, aber durch ein paar Einzahnungen des Sattels getrennt. Die östliche dieser Spitzen erreichten sie glücklich nach Überkletterung der steilen, eisbezogenen Felsen, die westliche, die sich bei direkter Messung als um $6\frac{1}{2}$ m höher ergab, konnten sie wegen jener Einzahnungen und der außerordentlichen Steilheit des Felsengerüstes nicht erreichen, — so daß eigentlich immer noch der oberste Monterosagipfel unerstiegen blieb. Diesen erreichten am 2. September 1854 zum ersten Mal Kennedy aus England, dann am 31. Juli 1855 zum zweiten Mal die Engländer Smith mit fünf Begleitern und Führern und am 14. August zum dritten Mal J. J. Weilenmann von St. Gallen und Bucher von Regensburg unter Führung von Johannes und Peter zum Taugwald nebst Gefährten, im ganzen zehn Personen.

Seither ist der Monterosa eine Favoritetour der Alpentouristen geworden, und es vergeht keine günstige Sommerwoche mehr, in der er nicht wiederholt, ausnahmsweise selbst von Damen, besucht würde. Einzelne Führer in Zermatt haben ihn bereits 80—100 mal bestiegen, oft 3—4 mal in einer Woche.

Seiner orographischen Struktur nach besteht der Monterosa aus einer Reihe von neun Gipfeln, welche durch einen langen und sehr hohen von Nord nach Süd streifenden Kamm vereinigt sind. Ihre Erhebungen sind:

Höchste oder Dufourspitze	4638 m ü. M.
Nordende	4612 „ „ „
Zumsteinspitze	4573 „ „ „
Signalkuppe	4561 „ „ „
Parrotspitze	4443 „ „ „
Ludwigshöhe	4344 „ „ „
Schwarzhorn	4295 „ „ „
Balmenhorn	4224 „ „ „
Vincentpyramide	4211 „ „ „

In den letzten 25 Jahren waren nun sämtliche, früher für absolut unersteiglich gehaltenen Gipfel ersten Ranges bezwungen worden. Nur das nackte, steile, drohend aussehende Matterhorn (4482 m ü. M.) schien aller Anstrengung

trotzen zu wollen. Da unternahmen am 13. Juli 1865 der ausgezeichnete
englische Bergsteiger Ed. Whymper mit seinen Landsleuten Douglas, Hudson
und Hadow unter Leitung von Michel Croz, dem besten Chamounyführer, und
Peter zum Taugwald, sowie dessen Sohne eine Expedition auf den gefürchteten
Gipfel. Am ersten Tage wurde schon mittags die Lagerstelle, etwa 3400 m
ü. M., erreicht, das Zelt aufgeschlagen und die vorgenommenen Rekogno=
scierungen ergaben die Gewißheit, daß die Gewinnung des Gipfels ohne über=
mäßige Gefahr und Anstrengung möglich sein werde. Am 14. Juli brach die
Gesellschaft früh vor 4 Uhr auf und marschierte mit kurzem Halt bis gegen
10 Uhr, wo am Fuße jener Hochwand, die, von Zermatt aus gesehen, senk=
recht, ja überhängend 'erscheint, in der That aber nur sehr steil ist, gerastet
wurde. Es mußte nun von der bisher bewanderten nordöstlichen auf die nord=
westliche Bergseite übergegangen, dabei eine mäßig steile (35°), mit Schnee
und hartem Eis belegte Felswand überklettert werden, und nachdem dies
glücklich geschehen, wurde ohne weitere Schwierigkeit der jungfräuliche Gipfel
gegen 2 Uhr erreicht. Nach einstündigem Aufenthalte erfolgte die Rückkehr.
An dem bezeichneten Übergangspunkte, der keine außerordentliche Gefahr, aber
auch keine ganz festen Haltpunkte bot, wurde mit großer Vorsicht vorgerückt,
so daß der Hintermann erst seinen Schritt ausführte, wenn der Vordermann
je wieder Stand gefaßt hatte. Der starke Croz, der erste am Seil, hatte eben
die Füße Hadows, des zweiten, am Felsen eingesetzt und wollte nun seinen
Schritt wieder thun, als Hadow ausgleitet, auf Croz stürzt, und durch den
jähen Ruck am Seil auch Hudson und Douglas von der Felswand gerissen
werden. Einen Moment schweben die vier Männer mit einem lauten Auf=
schrei in der Luft. Whymper und die Taugwalder stemmen sich mit aller
Gewalt zurück; aber im gleichen Augenblick reißt das Seil . . . sie sehen, wie
die vier Unglücklichen lautlos, blitzschnell mit weit ausgebreiteten Armen auf
dem Rücken über die Felswände hinuntergleiten, von Abgrund zu Abgrund
niederstürzen bis auf den Matterhorngletscher, wohl 1300 m tief. Bebend,
in Todesgefahr, erreichten die Zurückgebliebenen eine Stelle, wo sie gegen
4200 m ü. M. eine gräßliche Nacht zubrachten, um am andern Vormittage
Zermatt zu erreichen. Mit großen Gefahren wurden drei Leichen in entsetz=
lichem Zustande aufgefunden, während diejenige des jungen Lord Douglas
längere Zeit unerreichbar in den Felszacken zurückblieb.

Unsere Schneeregion hat also eine vertikale Ausdehnung von 2300 m
in unseren Hochgebirgen und würde, unmittelbar im Niveau des Meeres auf=
gesetzt, allein schon sehr bedeutende Berge bilden. Versuchen wir es, zunächst
den Charakter dieses merkwürdigen Stückes Erde im allgemeinen zu schildern.
Es ist die Region des ewigen Winters mit seltenen und spärlichen Frühlings=
ahnungen, eine Welt voll Ernst, voller Schrecken und Wunder, mit kolossalen
Naturerscheinungen und unendlichen Labyrinthen, — kaum eine Stelle, wo
ein Mensch wohnen könnte, ein höheres organisches Leben eine bleibende

Stätte fände. Die oberſten Alphütten bleiben meiſt mit 2100 m ü. M. zurück;
wenige gehen in den Berner Alpen bis 2340 m und etliche Schafalphütten
am Monteroſa bis 2630 m; das Gaſthaus am Säntisgipfel ſteht bei 2463 m
ü. M., das Hotel des Neuchâtelois auf dem Aargletſcher bei 2682 m, das
Wirtshaus am Faulhorngipfel bei 2683 m ü. M.; das Poſthaus auf dem
Stilſſerjoch ſteht auf der Paßhöhe bei 2796 m ü. M.; beide aber werden
weit übertroffen von den zwei Steinhäuschen auf der Höhe des St. Theodul=
paſſes 3326 m ü. M., der höchſten menſchlichen Wohnung in Europa, in der
Regel nur eine Sommerherberge, die aber den ganzen Winter 1865/66 von
drei Männern behufs meteorologiſcher Beobachtungen bewohnt wurde. Dem
höchſten Paß*) gebührt auch das höchſte Hoſpiz. In der Nähe desſelben
ſteht die jetzt verlaſſene Erzhütte 3075 m ü. M., welche im Anfang dieſes
Jahrhunderts alljährlich für zwei Monate lang von den Bergleuten
bezogen wurde.

Das Terrain der Schneeregion wird durch zerriſſene Berggeſtelle oder
mehr oder minder ſteil ſich giebelnde Bergkämme und abſchüſſige Mittelarme
gebildet, zwiſchen denen ſich hie und da monotone Trümmerthäler ausbuchten.
Von Hochebenen iſt nicht die Rede, nur von Eiskeſſeln und geneigten Schnee=
gruben und Firnſchluchten. Die ganze eigentliche Schneeregion, ſpeziell die
obere über 2750 m ü. M., bildet in der Zentralkette bis gegen die Vorſtöcke
hin ein zwar öfters, aber nie in breiten Entfernungen unterbrochenes, in großen
Zügen zuſammenhängendes Schneerebier, das vom Montblanc bis zum Orteles
von Südweſt nach Nordoſt ſtreicht und im Norden ſeine Arme bis zum
Glärniſch und zur Scesaplana ausſtreckt. Dieſes Rebier gewinnt in den drei
höchſtgipfeligen Gruppen des Monteroſa, Finſteraarhorn und Bernina eine
anſehnliche Breite, läuft aber ſonſt auf ſchmalen Bergketten, die in ihrer Ver=
zweigung größere, zerriſſene Hochflächen umſchließen, fort und ſcheint in
ſeinen höchſten Spitzen einzelne Ruhepunkte gefunden zu haben. Es iſt alſo
eine ſtark geneigte Region mit zahlloſen Firſtſpitzen, die manchmal nackt und
wunderbar mit faſt ſenkrechter Zuſpitzung 600—1600 m hoch aus der Schnee=
fläche aufragen, mit gewaltigen Grund= und Knotenſtöcken und ſchmäleren
oder breiteren Verbindungsarmen, die ſich nicht ſelten fächerartig verzweigen.
Wer nur einigermaßen hier oben heimiſch iſt, wird das Hochland über den
Frühlingswolken mit den Worten charakteriſieren: ſchwarze, braune und graue
unendliche Felswände und Steinlehnen mit ſchwächeren oder glücklicheren
Vegetationsanſätzen, öde Hochthäler voll Trümmer und Eis, Gletſchermeere

---

*) Es giebt zwar in der Monteroſakette noch manche ſogenannte Päſſe, wie der
alte und neue Weißthorpaß, Schallenjochpaß, Allalinpaß, Alphubel, Seſia=, Lys=,
Felik=, Adlerpaß ꝛc., welche teilweiſe noch höher liegen; da dieſe Übergänge aber
größtenteils nur mit Gefahr und großer Mühe, und zwar ſelten genug, von geübten
Bergtouriſten überklettert werden, verdienen ſie den Namen eines ‚Paſſes‘ in keiner Weiſe.

in jähem Absturz, Firnmulden mit weitgebogenen, parallelen Strandlinien, strahlende Schneekuppen, nackte Felsblöcke und Geröllplätze, eine tote, kalte, starre Welt. —— —

Was soll der Mensch da oben? Ist es nicht ein geheimnisvoller, unerklärlicher Reiz, der ihn anlockt, den überall lauernden Todesgefahren zu trotzen, sein warmes, zerbrechliches Leben über viele Meilen lange Gletscher= wüsten zu tragen, oft in der selbsterbauten elenden Hütte es mühselig gegen tobende Stürme und tödlichen Frost zu bergen, um dann, zwischen Tod und Leben hangend, mit kurzem Odem und zitternden Gliedern die schmale Sohle eines majestätisch thronenden Schneegipfels zu gewinnen? Ist es bloß der Ruhm, dort oben gewesen zu sein, dieser karge Lohn fast übermenschlicher Anstrengungen, der ihn auf diese Wolkenstühle lädt? Wir glauben es kaum. Es ist der Drang, das geliebte Mutterhaus der Heimat auch in seinen letzten Falten und Giebeln mit seiner unaussprechlichen Naturpracht kennen zu lernen; es ist das Gefühl geistiger Kraft, das ihn durchglüht, und ihn die toten Schrecken der Materie zu überwinden treibt; es ist der Reiz, das eigene Menschenvermögen, das unendliche Vermögen des intelligenten Willens an dem rohen Widerstande des Staubes zu messen; es ist der heilige Trieb, im Dienste der Wissenschaft dem Bau und Leben der Erde, dem geheimnisvollen Zusammenhange alles Geschaffenen nachzuspüren; es ist vielleicht die Sehn= sucht des Herrn der Erde, auf der letzten überwundenen Höhe im Überblick der ihm zu Füßen liegenden Welt das Bewußtsein seiner Verwandtschaft mit dem Unendlichen durch eine einzige freie That zu besiegeln.

Zweites Kapitel

Schneegrenze und Gebirgstrümmer.

Wir haben den Anfang unserer Region zu 2300 m ü. M. angesetzt. Um genauer zu sprechen, müssen wir eine untere Schneeregion von 2300—2700 m oder 2900 m ü. M. und eine von da beginnende obere ansetzen. Die letztere ist, wenn auch nicht in allen Teilen mit Schnee und Firn und Gletscher überzogen, doch als die stätige Heimat derselben anzusehen, als die Stätte, wo der Schnee regelmäßig nicht wegschmilzt. Die untere Schneeregion hat in den verschiedenen Lagen des Alpengebäudes eine sehr abwechselnde Gestalt, indem sie in dem nördlichen Hochgebirge den Schnee in der Regel fast das ganze Jahr hält, in den südlichen nur in rauhen Jahrgängen, etwa von 2650 m ü. M. an, wo die mittlere Jahrestemperatur bei — 3.75° C. und die mittlere Sommertemperatur bei + 2.5° C. steht. Es versteht sich dabei, daß einzelne Schneereviere oder Gletschergebilde weit tiefer hinunterreichen, ohne den Charakter der Zone gleichmäßig zu bestimmen.

Die Schneegrenze ist teils durch Lokal=, teils durch atmosphärische Verhältnisse bedingt. In Bezug auf jene sind die vertikale Erhebung und die südliche oder nördliche Lage nicht allein maßgebend. Wir haben schon früher bemerkt, daß hochgelegene Thäler und Plateaus als Wärmekessel dienen, ein höheres Hinandringen der Vegetation begünstigen und ebenso auch ein höheres Zurückweichen der Schneelinie. Liegt der Südhang des Gebirgsrückens über tiefausgebrochenen Thälern, so reicht der Schnee daselbst weiter hinab als auf der Nordseite, wenn diese sich an Hochthäler anlehnt. Daher geht z. B. am Himálaya bekanntlich auf der Südseite die Schneelinie an 400 m tiefer herab als auf der Nordseite, wo das gehobene Gebirgsland Tibets die aufsteigenden warmen Luftströme erzeugt. Ähnliche Erscheinungen finden sich bei uns hundertfältig. Ebenso liegt der Schnee auf Gletschern und moorigen Gründen fester und weiter hinunter als auf trockenen Kalk= und dunkeln Schieferhängen.

Auch der Zusammenhang mit großen hochgebirgischen Firnrevieren, von denen kalte Luftströmungen herunterfließen, drückt die Schneegrenze merklich thal= wärts, während sie an isolierten Stöcken und schmalen Jochen bedeutend nach oben zurückweicht.

Zu diesen lokalen Einflüssen treten dann noch die besonderen atmosphärischen der einzelnen Jahrgänge oder mehrjähriger Perioden. Folgen auf schneereiche Winter nasse, kühle Sommer, so behauptet sich die Schneegrenze ungleich tiefer; sie weicht dagegen infolge einer Reihe warmer Sommer und häufiger Föhnzüge in überraschender Weise aufwärts, und der September 1865 z. B. hat eine solche Menge von Kämmen und Graten, die man nur im Schnee= kleide zu sehen gewohnt war, schneefrei gezeigt, daß dieser Jahrgang wahr= scheinlich das bisherige Maximum im Zurückdrängen der Schneegrenze in unserm Jahrhundert aufweist.

Im allgemeinen finden wir von 2300 m absoluter Höhe an durchweg häufige sporadische Schneeplätze und Schneemulden, die in ganz= oder halb= schattiger Lage nie abschmelzen; bei 2600 m ü. M. erscheinen in vielen Teilen der Zentralalpen große, zusammenhängende Schnee= und Eisfelder; bei 2900 m, auf der Alpensüdseite bei 3100 m ist bereits die ganze Region mit ihnen erfüllt, obwohl steile Grate und Firste immer noch einige kahle Sommer= wochen haben. Über 3200 m sind, mit Ausnahme senkrechter Felswände, schnee= und eisfreie Stellen eine große Seltenheit, und nur die günstigste Süd= lage, verbunden mit guten Winden und heißer Sommerzeit, vermag einige spärliche Stellen für wenige Tage oder Wochen schneefrei zu erhalten.

In den nördlichen Alpen sind 2300 m hohe Kuppen, die isoliert stehen, gewöhnlich jedes Jahr 2—3 Monate lang schneefrei; solche aber, die mit noch höheren Kämmen in Verbindung stehen, durchschnittlich in der Mehrzahl der Jahre zwei Monate lang; in schlechten Jahren halten sie den Schnee fast ganz fest, und in großen Muldenausschnitten beherbergen sie oft bis zu 1000 m hinunter vereinzelte Schneeblätter auch im heißesten Sommer, besonders in den Kesseln und Zügen regelmäßiger Lawinen. Der Mürtschenstock z. B. (2360 m ü. M.), der seiner Rauheit und Steilheit wegen schwer zugänglich ist, hält den Schnee durchweg zwischen den oberen Felsen, wie denn in den Glarner, Urner und Berner Hochgebirgen überhaupt wohl kaum ein Bergstock von 2600 m Höhe zu finden sein wird, der nicht fast das ganze Jahr gewisse Schneereviere festhält, gleichwie in den südlicheren Alpen Einsattlungen von weit geringerer Erhebung, wie die Pässe der Gemmi, Grimsel, des St. Bern= hards u. a. In den rhätischen Alpen bleibt sich dies Verhältnis in der Nähe des Gotthards, bis zu dessen Hospiz nach vieljährigen Beobachtungen auch während des heißesten Sommermonats es wenigstens ein Mal schneit, gleich; mehr östlich dagegen scheint die Schneegrenze etwas höher zu liegen. So ist nicht nur der Valserbergrücken (2519 m ü. M.) und der Löchliberg (2490 m ü. M.), sondern auch der Calanda (2808 m ü. M.) und selbst die Spitze des

3416 m hohen Piz Linard und des Piz Languard im Sommer schneefrei.
Versteht man unter der Schneegrenze die Zonenlinie, über welcher man nur
immerwährende, zusammenhängende Schneefelder auch im heißesten
Sommer findet, so wird freilich diese Grenze in den nördlichen Alpen auf
2400—2500 m, in den Berner Alpen auf 2700 m, in den Bündner Alpen
auf 2800—3000 m, am Monterosa auf 2900 m und auf der Südseite des=
selben auf 3100 m ü. M. anzusetzen sein*). Für die Bestimmung unserer
‚Schneeregion‘ aber ist dies nicht von großem Belang, da wir unter derselben
nur das Hochgebirgsgebiet zu verstehen haben, in welchem teils ausdauernde,
teils größtenteils ausdauernde Schneemassen lagern. Die gleiche Schneelinie
steht in den bayrischen und Salzburger Alpen bei 2600 m, in den Tiroler
Zentralalpen bei 2820 m, am oberen Comersee und im Veltlin bei 2760 m,
in Savoyen bei 2860 m ü. M., im Kaukasus zwischen 2900 und 4300 m,
in den Apenninen bei 2900 m, in den Pyrenäen bei 2700—3000 m, im
Altai bei 2200—2600 m ü. M., rückt in der Tropenzone im Kilimandjaro
bis 5060 m, in Zentralafrika in dem kürzlich entdeckten Ruwenzori („Mond=
gebirge") bis 5300 m und in den Anden von Peru bis 5650 m hinauf, in Asien
unter 32° n. Br. in Tibet sogar bis 5500—6000 m ü. M., sinkt aber gegen
die Pole hin in den skandinavischen Gebirgen schon unter 64° auf 1113 m, in
Island auf 1000—900 m, am Nordkap auf 720 m. In jener Breite wäre
also unsere Bergregion bereits von unten auf mit Schnee bedeckt. In den Polar=
ländern fällt die Schneelinie mit dem Niveau des Meeres zusammen.

Wäre die Schneedecke der unteren Schneeregion so konstant, ruhig und
gleichmäßig wie in der oberen, so würde sie ohne Zweifel sehr viel zum Schutze
der Alpenzinnen beitragen, während ihr Erscheinen und Verschwinden gerade
einer der mächtigsten Hebel ist, den die Naturkräfte ansetzen, um das scheinbar
für ewige Dauer gegründete Alpengebäude zu zerstören. Von der Schnee=
region an beginnt eine ganze Reihe von Erscheinungen des Zerfalles, der Zer=
trümmerung des Gebirgsbaues aus älterer und neuerer Zeit, die sich durch
die Alpenregion fortsetzt und in der Bergzone nur da aufhört, wo eine dichte
Vegetationsdecke vor den zersetzenden Einflüssen der Elemente schützt. Natürlich
ist aber jener Zerfall gerade in der Gegend der Schneelinie am stärksten, wo
diese Pflanzendecke und zugleich die permanente Schneedecke fehlt, während die
Temperatur nirgends häufiger als dort um den Gefrierpunkt schwankt und die
höheren Schneefelder Luft und Boden durchfeuchten. Wir ahnen in der Regel
die unaufhörlich arbeitende Destruktion des Alpengebäudes gar nicht. Wir

---

*) Nach Schlagintweit schwankt sie am Nordabfall der Alpen zwischen 2600
und 2700 m, in den Zentralalpen zwischen 2750 und 2800, und in der Montblanc=
kette zwischen 2860 und 3100 m. In den Anden von Quito steht sie bei 4700—
4860 m, von Bolivia bei 4850—5620 m; im Himálaya am Südabhang bei 6000 m;
am Korakorum Südabhang 5920 m, Nordabhang 5670 m; am Künlün 4800—
6000 m ü. M.

sehen zwar die Alpenbäche durch trümmerreiche Betten sich drängen, sehen die
Runsen endlose Schuttmassen ins Thal schleudern, die Grundlawinen Erde und
Gesteine niederführen, Wirbelwindstöße faustgroße Steine in die Höhe heben
und hinunterwerfen; wir hören alle Jahre von kleineren Schlipfen und Fällen
sturzreifer Felsen, dann und wann von großen, verwüstenden Bergbrüchen;
wir sehen den ganzen Frühling und Sommer über von den schroffen
Hochgebirgsgesimsen einzelne Steine abspringen, in den höhern Regionen aber
während jeder Tagesschmelze ganze Kartätschenladungen von Felsgetrümmer
in kurzen Intervallen niederrasseln; wir hören alljährlich über immer größere
Verschüttung der oberen Weiden klagen und sehen dem Anwachsen der Schutt=
kegel und Schutthalden zu; wir wandern staunend über die ungeheuren
Karrenfelder, wo die atmosphärischen Einflüsse die Verwitterung des ‚ewigen
Gesteins‘ mit gewaltigen Schriften in den Bergkörper zeichnen; wir werden
bei der Ersteigung der höchsten Gipfel von der unglaublichen Verwitterung,
Zernagtheit, Zerspaltung und Zertrümmerung der Grate und Felsflanken
überrascht, ja oft erschüttert; — und doch sind wir gewohnt, alle diese
Erscheinungen als bloß vereinzelte, fast zufällige zu betrachten, die für den
Bestand des großen Gebirgsgürtels, der ‚ewigen Felsen‘, ohne alle Bedeutung
seien. Und in der That vergeht das Leben mancher Generation, ehe die Zer=
trümmerungen der Hochalpen auch nur im ganzen merkbar erscheinen. Aber
im Laufe der Jahrtausende wird der nagende Zahn der Zeit manches jetzt
schon grausig zersägte und zerspaltene Berggestell so zerfressen, manches kahle
granitne Knochengerüst heimlich und unscheinbar so zersetzt haben, daß es von
uns nicht wiedererkannt würde, und wenn die Hand, in welcher die Geschicke
der Erde ruhen, keine plutonischen Kräfte in Bewegung setzt, um neue Gebirge
aus dem Erdschoße zu heben, so muß sich in ferner Zeit der Gürtel der Alpen
lösen; es müssen die stolzen Zinnen allmählich aus einander fallen. Ihre
Trümmer werden Thäler und Seen ausfüllen, an die Stelle der Alpen wird
erst ein weites Hügelland und endlich eine gehobene Ebene treten, auf welcher
die Fülle der Vegetation erblüht. Denn oft ist, was dort Zerstörung heißt,
nur ein Durchgangspunkt im großen Kreislauf des Naturlebens, und wie wir
jetzt die Verwitterung des Gesteins Erden, reich an Nahrungssalzen für
Pflanzen, bilden sehen, so haben in vorgeschichtlicher Zeit großartige Aus=
waschungen leicht zerstörbarer Felsen lange, nun reichbewohnte, blühende
Thäler geschaffen*).

Besonders das Wasser ist die Grundkraft dieser permanenten Revolution,
obwohl auch die Sonne, Luft, Sturm und Lawine, Blitz und Donner, Hitze

---

*) Wir erinnern nur an die großen Erosionsthäler: das Prättigau (Bünden),
Turtmannthal (Wallis), Simmenthal, alle in Flysch ausgewaschen, das Bedrettothal
(Tessin), das Thal zwischen Frutigen und Adelboden (Bern), durch Ausspülung von
Dolomit und Gipslagen entstanden ꝛc.

und Frost, Menschen und Tiere, die überall sich ansaugenden und einbohrenden
Pflanzen von der feinsten Flechte an, elektrische und galvanische Kräfte das
ihrige mithelfen. Doch würden diese ohne die Hilfe der Wassererosion den
granitnen Rippen oder den stahlharten Kalkflanken der Hochgrate wenig
anhaben. Es sättigen Wolken, Nebel, Regen und Schnee alle Poren des
Gesteins mit Feuchtigkeit, die den feinsten Brüchen und Adern nachbringt,
durch Spalten zwischen Lagerschichten bald ins Innere des massiven Berg=
stockes durchsickert, bald mit überall gefüllten feinen Wassergängen auf unduch=
bringlicher Basis stehen bleibt. Dann verwandelt der Frost einen großen Teil
dieser strotzenden Adern in Eisgänge, die sich mit wachsender, unwiderstehlicher
Gewalt ausdehnen und wie Keile und Hebel das Gestein auseinandertreiben.
Die Wärme löst nach und nach alle die Myriaden Sperrkeile, — das Gestein
ist aber bis tief hinein miniert, angebohrt, auseinandergetrieben. Alsbald
beginnt der Prozeß von neuem; wässerige Niederschläge füllen die dünnen
Kanäle abermals. Sie dringen mit jedem Male tiefer hinein; der Frost
arbeitet mit größerer Kraft im erweiterten Raume, und was hinlänglich gelöst
und unterfressen ist, stürzt aus einander. Wo dieses Spiel des Gefrierens und
Wiederauftauens am häufigsten ist, ist auch die Verwitterung am lebhaftesten,
und dies ist die Region an der Schneegrenze, wo die Temperatur am häufigsten
um den Nullpunkt schwankt.

Man hat beobachtet, daß diese Zerstörung am leichtesten im grauen
Schiefer, Flysch= und Nummulitengesteine vor sich geht, in dem krystallinischen
Gesteine (besonders dem krystallinischen Schiefergesteine) wieder leichter als
im Kalkgebirge, wenn es nicht sehr zerklüftet ist, während die Molasse teils
oft harte Nagelfluhbänke aufweist, teils häufiger durch Vegetationsdecken
geschützt ist. Örtlichkeit, Schichtenlage und Beimengung (namentlich metallische)
modifizieren die Verwitterbarkeit in hohem Grade. Am wirksamsten ist die
Zerstörung da, wo große Gebirgsmassen auf der weichen Basis von porösem
Thonschiefer, Sandstein, Mergel u. dgl. ruhen, durch deren Erweichung und
Verwitterung das überlagernde Gestein seinen Stützpunkt verliert und zu
Sturz kommt. Ebenso arbeitet das Wasser in der Form von Gletschern
energisch an der Gebirgsdestruktion, indem diese durch die stäte Bewegung
ihres Wachsens und Zusammenschwindens, durch ihren fortwährenden, stillen,
mit Millionen Zentnern beschwerten Gang nach der Tiefe sowohl ihre Berg=
sohle als ihre seitlichen Felsenufer unablässig abschleifen, aussägen und unter=
wühlen und gewaltige Schuttwälle auf ihrem Rücken und an ihren Flanken
in die Tiefe tragen. Viel unscheinbarer, aber auch viel allgemeiner wirkt das
Wasser vermöge seines Kohlensäuregehaltes zerstörend, umwandelnd auf das
Gestein; es vermag selbst den härtesten Silikaten kohlensaure Salze zu entziehen
und sie so auszuwittern, und unterstützt das gleiche Geschäft der freien Kohlen=
säure und des Sauerstoffes des Luftozeans, der in der Höhe kohlensäurereicher
ist als in der Tiefe, während die sporadischen Pflanzenansätze durch die Wurzel=

ausscheidungen von organischen Säuren, durch ihre Kohlensäure bildenden Verwesungsprodukte sowie durch die unscheinbare, Gesteine lösende Kraft ihrer Wurzeln millionenfältig am Ruine mitarbeiten.

Gewiß, — wer auf einer längeren Gebirgsreise das unendliche Material überblickt, das unaufhörlich von der Schneeregion mit unsichtbaren Händen ins Thal geschoben oder von Bächen, Lawinen, Schlipfen, Gletschern und Stürmen heruntergerissen wird, wer diese durch die Zähne der Jahrtausende zersägten, zerspaltenen, unterfressenen, abgerundeten, oft ihrer früheren Über= kleidung mit leichter zerstörbaren Gesteinen entblößten und nun nackt zu Tage gelegten Kämme, Joche, Zinken und Rippen sieht, oder die großen, zerwitterten Karrenfelder der Kalk= und die Trümmerwüsten und in Blockhaufen aufge= lösten und zersprengten Gipfel mancher Urgebirge (Fibbia, P. Rotondo und Luzendro im Gotthard u. v. a.), dazu die erhöhten Thalsohlen, der findet die Behauptung erklärlich, daß diese Verwitterung und Zertrümmerung endlich einmal die stolze Gestalt der kühnsten Pyramiden auflösen werde. Dies ist freilich nur eine kleine Szene in dem großen Schauspiele, in welchem die Natur unaufhörlich an der Umgestaltung der Erdrinde arbeitet, um dieselbe ihrem chemischen und mechanischen Gleichgewichte als dem endlichen Ziele des großen Verwitterungsprozesses entgegen zu führen.

Von einer dieser uralten, hundertfältigen Zertrümmerungsarten haben wir jetzt noch besonders bezeichnende Proben. Wir meinen die erratischen oder Findlingsblöcke, — gewaltige Nüsse, welche Mutter Natur ihren Kindern zum Knacken vorgelegt hat. Es finden sich nämlich weit draußen im schweizerischen Flachlande, auf den Stufen der Hügel, selbst in einer Höhe von 1450 m ü. M. auf dem Rücken der Jurakette (Bürenkopf), kleinere und größere Felsentrümmer in linearer Anhäufung und horizontaler Verbreitung, oft von einem Körperinhalte von mehr als hunderttausend Kubikfuß, die durchaus verschieden sind vom Gestein der ganzen Nachbarschaft, mineralische Fremdlinge, deren nächstes Stammlager viele Tagereisen weit von ihrem jetzigen Standort in der Tiefe des Hochgebirges liegt, und die mitunter noch wie als Ursprungszeugnis auf ihrem Rücken alpine Flechten und Moose, ja, wie der große ‚Pflugstein‘ bei Erlenbach, alpine Farne (Asplenium septentrionale) oder wie andere auch alpine Blütenpflanzen (Gräser, Silene rupestris etc.) tragen, die sonst in der ganzen Umgebung fehlen, dagegen in dem heimatlichen Gebirge dieser Blöcke vorkommen. Diese finden sich nun, wie bei uns, so in Mittelamerika, England, Holland, Deutschland, China, am Kap der guten Hoffnung, sie bestehen aus Granit, Gneiß, Hornblende, Porphyr, Glimmerschiefer 2c. und bedecken oft große Flächen in ungeheurer Anzahl und ungleicher Anhäufung. Ihre Konturen sind ungleichartig. Wir finden namentlich bei den mächtigeren die Kanten und Ecken oft ganz frisch und scharf, wie neu ausgebrochen, indem die Blöcke selbst entweder frei oder in ungeschichtetem Kies und Thon liegen; andere haben abgerundete Kanten, die starke und lange Reibungen und Wälzungen verraten, und ruhen in geschichtetem Kies.

Um die wunderbare Reise aus dem Schoße der Hochgebirge ins Flachland und auf Bergeshöhen zu erklären, haben die Naturforscher bald vulkanische Schleuderkräfte, bald die Gewalten mächtiger Wasserfluten oder ungeheuerer Treibeisströmungen sowohl vom Meere als von den Alpen aus, endlich die Hebel vorgeschichtlicher Gletscher in Anspruch genommen und eine neue, abenteuerlich scheinende Weltperiode der Gletscherzeit unmittelbar nach der Alpenerhebung in die fragmentarische Geschichte unseres Erdballs eingeschoben. Johann v. Charpentier hat auf Venetz' Anregung diesen genialen Fund gethan und Agassiz, Desor, Escher, Heer u. a. haben mit großem Scharfsinn diese Gletscherperiode näher bestimmt und an den unverkennbaren Moränen oder Blockwällen nachgewiesen, die heute noch bei Bern, Bremgarten, Sursee, Zürich, Rapperswyl 2c. vorliegen. Es ist ihnen gelungen, teils an den Schliffflächen, Rundhöckern der Bergflanken, teils an der stäten, strahlenartigen Verteilung der Moränen und der Findlinge auf einer Linie, die in natürlicher Richtung und Hebung zum Stammlager derselben ansteigt, zu beweisen, daß diese Gesteine, der Neigung des Aar-, Rhein-, Arve-, Rhone-, Reuß- und Linthgebietes folgend, auf dem Rücken ungeheuerer Gletscher mit großer Regelmäßigkeit weit ins offene Land hinausreisten, wobei die Eismassen mehrere tausend Fuß tiefe Thäler ausgefüllt haben. Um aber diese Gletscherperiode wenigstens für Helvetien zu begründen, wird zu der auch anderweit motivierten Annahme gegriffen, daß es eine Periode gab, wo die afrikanische Sandwüste Sahara, in der sich eine Anzahl von Muschelarten finden, die noch heute im Mittelmeer leben, ein seichtes, an der tunesischen Küste mit diesem Meer in Verbindung stehendes Binnenmeer war. Der von dorther uns zuströmende Südwestwind war feucht und kühl und bewirkte bei der Berührung der Alpen Niederschläge, welche die Bildung jener gewaltigen Rhein-, Linth-, Reußgletscher 2c. veranlaßten. Als aber in der letzten geologischen Epoche der Saharaboden sich hob oder aber die Verbindung mit dem Mittelmeer sich zufüllte, mußten die Wasser der Sahara unter der Einwirkung der afrikanischen Sonne allmählich bis auf die wenigen ‚Schotts‘ oder Salzseereste verdunsten, die heute noch vorhanden sind. Der trockengelegte Meeresboden hatte eine Änderung in der Verteilung von Feuchtigkeit und Niederschlägen zur Folge; mit der Abnahme der Feuchtigkeit erfolgte ein Rückzug der Gletscher.

Noch andere Forscher glaubten namentlich mit Rücksicht auf die verschiedenartige Abkantung und Entwickelung der Wanderblöcke auch verschiedene Transportkräfte annehmen zu müssen, und zwar am natürlichsten die Stromhypothese für die abgerundeten, von geschichtetem Geröll umgebenen, die Gletscherhypothese aber für die scharfkantigen, strahlenförmig in ungleichen Höhen ausgebreiteten, auf moränenartigem Schutte ruhenden Blöcke. Anders freilich erklärt sich das Volk das Wunder der Findlinge, als erinnere es sich an Mephistopheles' Reflexion:

> „Ich war dabei, als noch dadrunten siebend
> Der Abgrund schwoll und strömend Flammen trug;
> Als Molochs Hammer, Fels an Felsen schmiedend,
> Gebirgstrümmer in die Ferne trug.
> Noch starrt das Land von fremden Zentnermassen;
> Was giebt Erklärung solcher Schleudermacht?
> Der Philosoph — er weiß es nicht zu fassen:
> Da liegt der Fels; man muß ihn liegen lassen,
> Zu Schanden haben wir uns schon gedacht.
> Das treu=gemeine Volk allein begreift
> Und läßt sich im Begriff nicht stören;
> Ihm ist die Weisheit längst gereift:
> Ein Wunder ist's; der Satan kommt zu Ehren.
> Mein Wandrer hinkt an seiner Glaubenskrücke
> Zum ‚Teufelsstein‘, zur ‚Teufelsbrücke‘.“

Drittes Kapitel.

Firn und Gletscher.

Wenn in der Hügelregion die Schneeschmelze im März begonnen hat,
rückt sie mit manchen Unterbrechungen im April in die Bergregion, mit noch
zahlreicheren Stillständen im Mai in die untere und im Juni in die obere
Alpenregion vor, wo ihr in unbegreiflicher Schnelligkeit die Entwickelung der
freilich lange vorbereiteten und wohlgeschützten Vegetation auf dem Fuße
folgt. Im Juli werden durch die kräftigen Sonnenstrahlen auch die vielfach
zerrissenen, mit viel höherem und zäherem Schnee bekleideten Flächen der
obersten Alpenregion frei. Folgerecht müßte die Schmelzung im August in die
untere Schneeregion sich fortarbeiten; allein hier tritt ihr bereits wieder eine
rückgängige Bewegung infolge anderer atmosphärischer Einflüsse entgegen. Die
flachen Reviere des Hochlandes beherbergen tiefere Schneemassen, die Hitze
wechselt mit neuen Niederschlägen und wird ohnehin durch die höheren Firn=
quartiere sehr gedämpft: es entsteht ein monatlanges Ringen zwischen Sommer
und Winter, in welchem der erstere überall das günstigere Terrain gewinnt,
während der letztere vielleicht die Hälfte des Gebietes festhält. Dieser Kampf
zerpflückt nun die ganze Schneedecke bis gegen die höchsten Gipfel hin und ist
so energisch, daß er in ganz guten Sommern die meisten Spitzen entweder
ganz befreit oder oft ihre Schneekuppen in mattweiße, blasige Eiskuppen
umwandelt. Aber schon der September neigt entschiedener die Schale zu
gunsten des Winters, und von Woche zu Woche flieht der Genius des Lebens
rascher der Tiefe zu, bis er endlich auch aus dem Thale scheidet, über welches
sich das Leichentuch des Winters vom Gebirge herabrollt. Kleine Felsenpartien

leckt die Sonne an allen steilen Kuppen nackt; an einzelnen kahlen Felswänden,
selbst des Finsteraarhorns, Eigers, der Jungfrau und der Wetterhörner, ja des
Bernina und Monterosa, haftet der Schnee auch im Winter nur sehr kurz, und
nur, wenn er bei günstigem Winde feucht anfällt. Solche Partien, besonders
aber jene Sommeroasen, sind dann für das animalische und vegetabilische Leben
der Schneeregion von großer Wichtigkeit.

Der Schnee, der in jenen Höhen fällt, ist der Form nach vom gewöhn=
lichen, großflockigen Winterschnee der Ebene meistens verschieden; er ist bei der
großen Kälte, Reinheit und Trockenheit der Luft selber trockner, leichter, fein=
körnig und kommt meist in Form feiner Eisnadeln oder harter, 3—6eckiger
Sternchen, als Krystalle, als Riesel= und Staubschnee, sehr selten in eigent=
lichen Flocken auf den Boden. Bei 2900 m ü. M. regnet es nur selten, da in
der Regel die Regenwolken tiefer streichen und die mittlere Sommertemperatur
niedrig ist; bei 3600 m ü. M. wahrscheinlich gar nie. Es müßte sich also eine
stets wachsende Schneedecke über den Hochalpen auftürmen, wenn nicht der
Sommer auch in der Schneeregion eine beträchtliche Abschmelzung bewirkte,
wozu dann tiefer unten die entlastende Nachhilfe der Lawinen und höher oben
die scharffegender Winde kommt, welche den beweglichen Hochschnee über alle
Grate ins Thal schleudern oder in großen Firnmulden anhäufen, wo er sich
zur eigentlichen Firnbildung lagert. Zudem findet das ganze Jahr hindurch
eine Verdunstung des Schnees statt, und zwar auch bei der trockensten und
kältesten Witterung. Da ferner die Sonnenstrahlen in jenen Höhen ungleich
energischer wirken und wärmer als die Luft sind, so erweichen und schmelzen
sie den Schnee noch bei einer Lufttemperatur von 2—3° unter 0, wobei sich
dann der Hochschnee mit einer feinen, unebenen Eisrinde überzieht (dies selbst
noch auf dem Montblancgipfel) und bei neuem Schneefall im Innern von
Eisblättern durchzogen erscheint. Die gleiche Energie der Sonnenstrahlen
vermag auch an ganz günstigen Stellen noch größere Schmelzungen zu
bewirken, aus denen das glasige, kompakte Hocheis entsteht. Man hat zudem
wiederholt die Beobachtung gemacht, daß in der Höhe von über 3200 m ü. M.
nur eine geringe Schneemenge fällt und daß ihre größte Masse in den Alpen
etwa bei 2300—2600 m ü. M. erscheint; nach unten wie nach oben nimmt
sie ab. Die in der obern Sphäre erzeugten Dünste scheinen in der leichtern,
trocknern Luft sich nicht leicht zu Niederschlägen entwickeln zu können, sondern
müssen zu ihrer Entladung in die etwas schwerere Atmosphäre niedersinken, —
zum Glücke der bewohnten Alpengelände. Der gefallene staubige und harte
Hochschnee aber verliert durch sein oberflächliches Schmelzen und Wieder=
gefrieren, sowie durch den Einfluß atmosphärischer Agentien seine ursprünglich
krystallinische Bildung und unterliegt je nach Höhe und Sonnenlage einer
Reihe von Verwandlungen, deren Struktur zwischen den Stufen des Schnees
und des mehr oder weniger blasigen Eises schwankt. Er wird in der Wärme
des Tages nicht sehr feucht, sondern bloß sandartig locker, ohne sich ballen zu

laſſen, während der nächtliche Froſt die Körner wieder bindet, und ſo geht der Prozeß in der ganzen warmen Jahreszeit in den oberen Regionen ununterbrochen fort. Der Schnee iſt ſo zum Firn geworden, eine kompakte, zuſammengebackene Maſſe, in der die einzelnen Körner durch ein eiſiges Binde= mittel feſt zuſammengehalten werden. Bei höherer Temperatur löſt ſich zunächſt dieſes Bindemittel, ohne daß die harten Firnkörner angegriffen würden; ſie fallen vielmehr wie Sand auseinander und frieren des Nachts wieder zu einer harten, gleichartigen Maſſe zuſammen, beſonders in den Schneekeſſeln und Firnmulden, in denen eine gewiſſe Schichtung die einzelnen Perioden des Schneefalls, Schmelzens und Wiedergefrierens andeutet.

Dieſer entweder noch hochſchneeartig unentwickelte oder in der erſten Entwickelung begriffene Firn (névé), der in der Beleuchtung der dort noch kräftigſten Sonnenſtrahlen einen blendenden Glanz hat, iſt der Mantel, den die Hochalpen von ihrem Gipfel bis 2900—2600 m abſoluter Höhe herab um Haupt und Schultern geſchlagen haben, natürlich bei den häufigen Schnee= fällen oft mit friſchem Schnee überzogen. Die Firnzone reicht ſo weit hinunter, bis der Schnee über den in Gletſcher übergehenden Firn wieder beſtändig wegzuſchmelzen vermag, alſo bis zur eigentlichen Gletſcherzone. Der Firn iſt ſtets weiß, porös, etwas ſchwammartig und, da ihm viel Luft beigemiſcht iſt, ſpezifiſch weit leichter als das Gletſchereis*), ohne beſtimmtes Gefüge, in ſeinem gebundenen Zuſtande auch ohne beſtimmt zu unterſcheidendes Korn. Tiefer unten werden die Firnkörner größer, bläulicher. Sie gehen allmählich in blaſiges Eis und zwiſchen 2600 und 2450 m Meereshöhe in der Regel ganz in Gletſcher über.

Der Wanderer ſieht in der untern Firnregion an heißen Tagen eine Menge kleiner Bächlein über den Firn herunterlaufen, oft in regelmäßig parallel ausgefurchten Rinnſalen. Sie bringen ein eigentümliches Mittags= leben in dieſe ſtarre Welt. Wie die Sonne im Wald das Vogelleben weckt, ruft ſie hier ringsum den rieſelnden Schmelzwaſſern, die ſich auf horizontalem Gletſcherboden oft zu metertiefen, abflußloſen Lagunen ſammeln, während 300 m höher ſich kein Tröpflein regt und alle Gehänge in dem Banne des Todes liegen. Das abfließende Waſſer iſt die Schmelzung zunächſt des friſchaufgefallenen Schnees, dann aber auch des eiſigen Bindemittels der Firnmaſſe, und greift den jährigen eigentlichen Firn nicht oder nur höchſt unbedeutend an; erſt wenn die Hitze am größten iſt, beginnt dieſer zu lockern. Des Nachts gefriert das zuſammengeſickerte Waſſer und die Bäche ſtehen ſtill. Die Vormittagsſonne ruft ſie wieder allmählich ins Leben; das nächtliche Eis ſchmilzt dann leicht auf, während die Firnmaſſe feſt bleibt. Durch das Eindringen des Waſſers in die Tiefe des Firns geht nun dieſer ſelbſt unter

---

*) Nach Dollfus wiegt ein Kubikmeter friſcher Schnee 85, Hochfirn 628 und blaues Gletſchereis 909 kg.

dem Druck der Masse auf seinem Grunde in Gletscher über und zwar ungefähr
in folgender Weise. Oben auf dem Firn liegt der Winter- und frische Schnee,
der sich körnt, härtet und den Sommer über zu sogen. Hochfirn wird; unter
diesem liegt die vorjährige, kompakte, körnige Firnschichte, die unaufgelockert
hell und eisartig erscheint, aufgelockert aber, wie wir bemerkten, zu einzelnen
Körnern zerfällt (der sogen. Tieffirn). Noch tiefer in der Masse finden wir
das noch kompaktere, blasige, entwickeltere Firneis, und ganz am Boden zuletzt
unter dem Druck der Masse den festen, ins Bläuliche spielenden Firngletscher.
Dies bei einer Höhe von über 3200 m ü. M., und zwar so, daß bei 3900
bis 4500 m zumeist bis auf den Grund der Decke nur Schnee, der Hochschnee oder unvollkommene Firn, zu finden ist, da bei der Trockenheit der
Luft und den geringen und seltenen Wärmegraden in der Regel keine bedeutende
Anschmelzung oder ordentliche Verwandlung des Schnees in Firn vor sich
gehen kann; bei 2900 m wiederholt sich die gleiche Erscheinung wie bei
3200 m, aber in viel weniger mächtigen Schichten, indem schon nach wenigen
Fuß Tiefe der Gletscher erscheint. Bei 2450 m absoluter Höhe ist die Firnschichte ganz verschwunden und der Gletscher tritt frei und selbständig zu Tage.
Daneben findet sich aber, wie bemerkt, auch in den höchsten Lagen an heißen,
stark reflektierten Punkten zwischen den Firsten zeitweise zusammengelaufenes
Gewässer, das am Abend zu sogen. ‚Hocheis‘ wird. Dieses steht indessen
isoliert für sich auf der Firndecke und ist gewöhnliches dichtes Wassereis.

Im Firnfelde ist bereits eine gewisse Bewegung abwärts zum Gletscher
bemerkbar. Wo die Basis stark zerklüftet ist und die Bewegung dadurch
ungleich wird, entstehen längliche Schrunden; der größte Schrund aber, der
sogenannte Bergschrund, befindet sich häufig am obern Rande der Firnmulde,
wo sie sich vom Felsenbecken ablöst.

Über die Gletscher, das wissenschaftlich interessanteste und großartigste
Phänomen der Alpenwelt, sind in den letzten Jahrzehnten die umfangreichsten
Untersuchungen vorgenommen worden*). Während man früher die Gletscher
mehr oder minder als ruhige Eisfelder ansah, die höchstens in heißen Sommern
etwas zusammenschmelzen, in naßkalten Jahren dagegen an Umfang gewinnen
und deren Wesen nichts anderes als gefrorenes Schneewasser sei, haben die
ausgezeichneten Beobachtungen zu den überraschendsten Resultaten über das
eigentümliche Wesen, die Bewegungen und die damit zusammenhängenden
Erscheinungen der Gletscherwelt geführt. Kühne und großartige Systeme
sind begründet, langdauernde, sorgfältige und mühselige Experimente ausgeführt worden; die ganze gebildete Welt hat etliche Jahre lang an den
neuen Gletschertheorien teilgenommen, und doch ist dieses Gebiet der Erkenntnis
erst teilweise mit wissenschaftlicher Sicherheit erobert.

---

*) Eine zusammenfassende Darstellung ihrer Ergebnisse giebt das reichhaltige
„Handbuch der Gletscherkunde“ von Prof. Dr. A. Heim (aus der Bibliothek geographischer
Handbücher. Stuttgart 1885).

Für die Physiognomie der Schneeregion ist die Gletscherwelt von der größten Wichtigkeit, indem sie einen großen Teil der untern Hälfte bedeckt und in ihrem naturgeschichtlichen Charakter bestimmt. Ebel zählte in den Schweizeralpen gegen 400 Gletscher, von denen nur wenige kleiner als eine Stunde, sehr viele aber sechs bis sieben Stunden lang, eine halbe bis eine Stunde breit und 30—180 m, ja nach den neuesten Messungen selbst 400 bis 500 m mächtig sind, und berechnete die Fläche unserer alpinen Eismeere auf etwa 2700 qkm, d. h. ungefähr so groß als die Kantone Zürich und Thurgau zusammen. Gegenwärtig zählt man in unseren Alpen 608 Gletscher, welche mit Einschluß der Firne, aber mit Ausschluß der Felsenpartien in ihrem Umfange, nach den neuesten Messungen im ganzen 2096.09 qkm umfassen. Hiervon fallen auf die Gletscher des Rheingebietes 275, des Aargebietes 295, des Reußgebietes 145, des Limmatgebietes 45, des Rhonegebietes 1040, des Tessingebietes 105 und des Juragebietes 185 qkm. Neue sporadische Gletscher von geringem Umfang, selbständig und nicht im Zusammenhang mit einer größern Firnfläche auftretend, sind gegenwärtig noch hie und da in Bildung begriffen, wie der ‚blaue Schnee‘ am Säntis, das ‚Dreckgletscherli‘ am Faulhorn, das erst seit Mannesgedenken glacifiziert, die großen Lawinenschläge an der Binna oberhalb Außerbinn (Wallis), von denen einer seit zwölf Jahren festliegt und an seiner untern Seite sich bereits in Gletscher verwandelt hat. Der Rotelchgletscher am Simplon entstand seit 1732; ein anderer unter dem Galenhorn im Saaßthal seit 1811, auch der Rosenlauigletscher dürfte kein alter sein.

Die Hauptlagerstätten der schweizerischen Gletscher sind die früher bezeichneten drei höchsten Gebirgsgruppen. Sie sind es aber nicht sowohl infolge der absoluten Höhe der einzelnen Gipfel, als vielmehr der mächtigen breit ausgreifenden Verzweigung jener gewaltigen Bergstöcke. Ein freier, schlanker Kegel hat keinen Raum für Gletscher; ihre Bildung erfordert über der Schneelinie liegende Hochplateaux, in denen sich massenhafte Schneelager aufstauen können. Im Westen beherbergt der Montblanc, im Osten der Orteles ebenfalls imposante Gletscherreviere; beide stehen aber sowohl an Größe als an Mannigfaltigkeit der Erscheinungen und an Schönheit gegen die der eigentlichen Schweizeralpen unvergleichlich zurück. Die gewaltigsten Gletscher beherbergt der Monterosa, die zahlreichsten die Finsteraarhorngruppe. Der erstere, dessen gigantische Formen mit ihren Verstockungen, Schluchten und Hochthälern oft den Zusammenfluß von fünf, selbst von acht Gletschern begünstigen, weist in seinem Schoße die wunderbarsten Eisphänomene auf. Von ihm gehen über die Mischabelhörner bis zum Balfrin und über das Matterhorn und die Dent-Blanche bis zum Turtmann unermeßliche Gletscherdecken nördlich ins Rhonethal hinein; nach dem Westen zieht sich die Gletscherplanke mit verhältnismäßig unbedeutenden Unterbrechungen bis zum Montblanc auf dem Rücken und an den Seiten der Hochzüge; ebenso

im Nordosten bis zum Gotthard, wo der schmale und flache, aber lange Gries=
gletscher an die tessinischen Alpen stößt. Die Finsteraarhorngruppe weist
Gletschermeere auf, die mit geringen Unterbrechungen in einer Länge von
zwanzig Stunden lagern. Ihr Aletschgletscher ist gegen acht Stunden lang,
wohl der längste Gletscher der Schweiz, ihr Unteraargletscher der größte der
Berneralpen; ihr Rosenlauigletscher ist der reinste und schönste, ihr Grindel=
waldgletscher der tiefste von allen Schweizergletschern. Die Ausdehnung
dieser Gletschermeere und Firnfelder zeigt sich von der Jungfrauspitze als
Eine, ununterbrochen zusammenhängende, aber vielfach verzweigte Decke,
wie sie über alle Kämme und Grate hinunterhängt in die Thäler von
Lauterbrunnen und Grindelwald, von Rosenlaui, Urbach und Oberhasli, ins
Thal der Rhone, der Lonza und Kander als Ausstrahlungen des Einen
mächtigen Eiszentrums mit einem Flächenraum, den G. Studer auf etwa
sechzig Quadratstunden berechnet. Verhältnismäßig ärmer sind die Urner=,
die südlichen Glarner=, reicher dagegen die rhätischen Alpen. Die um die
Quellen des Hinterrheins lagernde Adulagruppe sendet den nächsten Thal=
gehängen im Umkreise von fünf Stunden allein über dreißig Gletscher zu,
davon sieben gegen Norden, sechs gegen Nordosten und fünf nach Osten.
Wohl noch bedeutender sind die drei Gletschergruppen des vielhörnigen Ber=
ninastockes, dessen Eismeer zu sechzehn Stunden im Umfang haltend angegeben
wird. In seinem Roseggletscher ruht auf felsigem Grunde eine schön berasete
und beblümte Oase mitten in der öden Eiswelt, von Hirt und Herden besucht.
Im Osten dehnt die Gebirgsmasse des Selvretta beträchtliche Gletschermassen
nach drei Seiten aus, im Norden die Tödigruppe.

Dies ein flüchtiger Blick auf den Umfang der schweizerischen Gletscher=
welt, deren einzelne Glieder man je nach ihrem Lokale Firn=, Thal= und
Jochgletscher nennt. Ihre Höhengrenzen sind nach oben schwer zu bestimmen,
da die Mittellinie zwischen eigentlichem Gletscher und Firngletscher eine ver=
schwimmende ist und auch nicht überall sich gleichbleibt. Setzen wir durch=
schnittlich die untere Grenze der Firnzone auf 2600 m ü. M., so beginnt
natürlich unter derselben die Zone des nackten Gletschers. In den Bündner
Gebirgen nimmt man dagegen, namentlich auf der Südseite, die obere
Gletschergrenze zu 2900—3200 m an. Von dieser Höhe herab reichen die
Gletscher außerordentlich ungleich weit in die Tiefe, wobei nicht sowohl die
am höchsten und weitesten herkommenden am tiefsten gehen, sondern vielmehr
die am meisten durch die Gebirgs= und Thalbildung geschützten und mit
massiven Eisregionen zusammenhängenden. Daher die gewaltige Verschieden=
heit der unteren Gletschergrenze. Der mächtige Unteraargletscher reicht bis
1860 m, der lange Aletschgletscher bis zu 1300 m, der untere Grindelwald=
gletscher (ein ‚Damengletscher‘ ersten Ranges) sogar bis zu 1018 m ü. M.
herab, also bis in die Mitte der Bergregion herein und 1690 m unter die
lokale Schneegrenze, während in den Glarneralpen z. B. der ‚Sandfirn‘ bis

gegen 1950 m, der Claridengletscher bis 2273 m, der Biferten= oder richtiger Tödigletscher bis 1614 m ü. M. herabgeht, so daß im allgemeinen mit Ein= rechnung der Firngletscher die Gletschergebiete zwischen den Höhenisothermen von —8 und + 5° C. liegen*).

So hat das Ganze der Gletscherwelt das Ansehen eines ungeheuern erstarrten Meeres, das teils zwischen den höchsten Hörnern und Graten aufgestaut liegt, teils in breiter Flut über die Hochrücken herabwallt, oft mühsam durch schmale Thäler sich drängt und die verschiedenen Zuflüsse auf= nimmt, in einzelnen Stromarmen aber tief nach den unteren Thalbuchten abfließt, wo es in das saftige Grün der Wiesen phantastisch, wie durch ein Zauberwort festgebannt, stumm und starr hereinhängt. Natürlich modifiziert diese ungebundene Verbreitung der Gletscher die Entwickelung des organischen Lebens in hohem Grade. Die Gletscher sind weit ärgere Feinde desselben als der Schnee. Dieser schützt und bewahrt tausendfältig den Keim der Vegetation, den Odem des tierischen Lebens; der Gletscher vernichtet es. Er wärmt den Boden nicht; er schleift die Pflanzendecke ab; kaum daß er ihr Gesäme in die Tiefe trägt, das aber meist früher stirbt, als es auf langsamer Reise die sterile Basis einer Moräne erreicht. Alles organische Leben flieht ihn bis auf wenige wunderliche Ausnahmen scheu wie das Revier des Todes. Die Gemse, der Steinbock weichen ihm aus, bis die Todesangst sie über ihn hinjagt; der Vogel findet keine Beute auf ihm; selbst das Insekt meidet den blumenlosen Schutt und ewigen Frost der Eismeere etwa mit Ausnahme des seltsamen Gletscherflohs. Doch ist dieses negative Verhältnis derselben zum gesamten Lebensgebiet in der Berg= und Alpenregion so ziemlich durch die Grenzen des Gletschers beschränkt, und schon an seinen Ufern entwickelt sich Kraut und Tier mit furchtloser Freudigkeit; ja man glaubt sogar nicht mit Unrecht, daß in tieferen Geländen die Gletschernähe und die dadurch erzeugte Frische und Feuchtigkeit der Luft augenscheinlich vorteilhaft auf die Üppigkeit der Vegetation einwirke. Freilich muß die Gegenwart so umfangreicher Eis= massen auch die Bodenwärme, da wo sie durchschnittlich über 0° steht, bedeutend schwächen, und zwar nicht nur unmittelbar unter dem Gletscher, sondern auch rings auf eine gewisse Entfernung hin. So erniedrigt der Grindelwald=

---

*) Diese Zahlen gelten jedoch nicht für die Gletschergebiete anderer Gebirge der Erde. So beträgt die mittlere Temperatur am Gletscherrande in Grinnelland (80° n. Br.) — 19° C., in Nowaja Semlja — 10 C., im Himálaya + 7° und in Neuseeland bis + 10° C. Die geographische Verbreitung der Gletscher lehrt, daß niedrige Mitteltemperatur nicht genügt, um im Gebirge Gletscher zu erzeugen. Grön= land ist unter dem Einfluß des warmen Golfstromes stark vergletschert. Dagegen fehlt die Gletscherbildung in Nordasien und dem arktischen Amerika, nicht aus Mangel an Kälte, sondern aus Mangel an Niederschlägen. Die bedeutende Kälte macht die Luft trocken. Gletscherbildungen findet man überhaupt nur in denjenigen Gebieten der Erde, wo die Luft über relativ warme Ozeane streicht und mit viel Feuchtigkeit beladen ein benachbartes kaltes Gebirgsland bestreicht.

gletscher eine Bodentemperatur, die 1¼ m tief im Mittel auf 7.30° C. steht, in der Nähe des Gletscherrandes auf 1.70°, eine halbe Viertelstunde davon entfernt auf nicht volle 5°. Doch ist dieser Einfluß nicht sehr merklich; — rings um den starren Eisstrom grünen Gräser, Kräuter, Fichten und Buchen in ungeschwächter Entwicklung.

Mittelbar aber sind die Gletscher große Wohlthäter des organischen Lebens in seiner vollsten Breite, indem sie wenigstens vom Frühjahr bis zum Spätherbst die großen Ströme des Landes ohne Ausnahme nähren und so auch das Tiefland mit befruchtenden Wasservorräten versorgen. Jedem Gletscher entströmt am unteren Rande ein kaum 1° Wärme haltender, je nach Beschaffenheit des Polierschlammes bald milchigweißer, bald grünlicher, schwärzlicher oder grauer Bach als Produkt der Schmelzung des Gesamt= gletscherkörpers, sowie vielleicht vorhandener Grundquellen oder eingetretener Niederschläge. Der Bach und die einströmende warme Luft höhlen oft den Gletscher gewölbartig aus und bilden bis an 30 m hohe und 12—24 m breite Eiskeller oder Gletscherthore, aus denen das Wasser brausend hervor= rauscht, oft als Kaskade mit blitzenden Fluten über die Bergflanke springt (wie z. B. vom Muttenfirn am Hausstock). Bei großen Gletschern sammeln sich die Schmelzwasser, die, wo sie auf reinem Eise laufen, stets eine Temperatur von genau 0°, wo sie aber in sandigen Rinnsalen fließen, eine solche von + 0.1 bis + 0.9 haben (aber schon nach kurzem Laufe im Gestein eine Wärme von 6—10° C. gewinnen), nicht selten zu starken, klaren, periodischen Bächen, die, wunderbar in dieser Wunderwelt (wie z. B. auf dem Rhone= gletscher), mitten auf dem Eismeer aus einer Grotte hervorbrechen und nach kurzem, brausendem Lauf wieder in irgend einem Trichter (sog. Gletscher= mühle) verschwinden, der sie aufschluckt und an der Basis des Gletschers weiter fortleitet. Daneben finden wir aber auch viele tiefe, azurblauschimmernde Löcher und Trichter, die nicht auf den Grund gehen und bald ganz leer und trocken stehen, bald ganze Systeme von kleinen blaugrauen Schmelzlagunen bilden; andere Löcher dagegen, Reste alter Gletscherspalten, gehen in großer Tiefe auf den Grund und lassen auf die Mächtigkeit der Massen schließen, wie z. B. auf dem Unteraargletscher solche von 250 m Tiefe zu finden sind. Am thätigsten ist der Schmelzprozeß im Gletscher selber während des Sommers und Herbstes; trockene Wintermonate hemmen ihn für kurze Zeit, wie z. B. im Januar von 1854 die Sardasca= und Selvrettagletscher — zum ersten Male seit Menschengedenken — die Quellrinnsale der Landquart ganz trocken gelassen haben. Die dem Gletscher entströmenden Gewässer enthalten in ihrem Polierschlamme eine Masse befruchtender Mineralnährstoffe für die Pflanzenwelt und werden namentlich im Wallis häufig zur Düngung der Wiesen, Weinberge und Gärten benutzt. Die mit solchem Gewässer gedüngten Wiesen von Birgisch, Mund, Egger, Außenberg 2c. prangen in üppigster Frucht= barkeit, obwohl sie nie mit tierischem Dünger versehen werden. —

Wir werden im allgemeinen die Ansicht festhalten müssen, daß die Ent=
stehung der Gletscher vor allem durch ihren Zusammenhang mit der Firn=
region bedingt ist, d. h. daß ihre Wiegen in jenen weiten, unregelmäßigen
Firnmulden liegen, in welchen sich der Hochschnee unter Zuschuß des von den
benachbarten Kuppen und Kämmen herabgewehten Staubschnees massenhaft
ansammelt, ferner bedingt durch ihr durchschnittliches Erscheinen in einer
Höhe, wo namentlich während des Frühjahres und Sommers der täglich sich
wiederholende Prozeß der Schnee= und Eisschmelzung und des Wieder=
gefrierens im großartigsten Maßstabe möglich ist. Wie der Hochschnee durch
Infiltration von Schmelzwasser und Wiedergefrieren in den harten körnigen
Firn umgebildet wird, so entwickelt sich dieser in den tieferen Lagen, wo der
Schmelzprozeß und alle atmosphärischen Einwirkungen sich vollständiger voll=
ziehen, zum Gletschereis. Der Gletscherkörper ernährt sich vorwiegend, wenn
nicht ausschließlich, von den oberen Firnlagen; sein eigener Winterschnee dürfte
nur in den ungünstigsten Jahren und nur zum geringsten Teil einer homo=
genen Glacifikation unterliegen. Was er an seinem unteren Ende und über=
haupt während der warmen Zeit durch Ablation verliert, ergänzt er ungefähr
durch den an seinem Quellpunkte wirkenden Umwandlungsprozeß des Firns
in Gletscher; er ist also gewissermaßen der permanente Abfluß der oberen
Firnthäler und wehrt dadurch einer übermäßigen Schneeanhäufung in den
Höhen, ähnlich wie die Lawinen.

Von dem gewöhnlichen Wassereise unterscheidet sich die Struktur des
Gletschereises in mancher Hinsicht. Während das Wassereis eine in sich
gleichartige krystallinische Masse bildet, ist das Gletschereis, ähnlich den
Jahreslagen der Firnregion, lagenweise geschichtet, vertikal blau und weiß
gebändert, zäher, gekörnter Art, ein Konglomerat von unterscheidbaren dichtern
blauen und blasigen weißern Eiskörnern, zwischen denen bald mehr bald
weniger sichtbare Haarspalten und feine zellenartige, runde oder flachgedrückte
Luftblasen sich durchziehen. Diese Haarspalten scheinen die ganze Tiefe des
Gletscherkörpers netzartig zu durchsetzen und führen in denselben eine große
Menge Wasser ein. Setzt man ein Gletscherstück höherer Temperatur aus,
so zeigt sich das feine Netz der Haarspalten bald deutlicher, die Körner werden
lockerer und das Ganze fällt endlich in einen Haufen von kleinen bis nuß=
großen Eiskörnern aus einander. In der oberen Gletscherregion sind die
Körner durchweg viel feiner als in der unteren gegen das Ende des Gletschers
zu, wo sie bis zu einem Zoll im Durchmesser halten, so daß mit dem Herab=
gehen des Gletscherstromes eine fortdauernde innere Verwandlung der Masse
stattfindet. Der Gletscher steht nach Hugis Ansicht in der innigsten Wechsel=
wirkung mit der Atmosphäre, so daß er ununterbrochen eine Masse ihrer
Feuchtigkeit absorbiert und dagegen wieder von seinen Bestandteilen aus=
dünstet. Daher die Erscheinung, daß z. B. ein kubikfußgroßes, glattgehobeltes
Gletscherstück an Umfang und Gewicht sich fortwährend verändert, ohne daß

irgend eine Schmelzung stattfindet. Bei einer Temperatur von $+12-18°$ C. wurde ein solcher Gletscherwürfel des Nachts 190—200 gr schwerer, des Tages wieder um so viel leichter, so daß er scheinbar den Tag über trotz der Vermehrung seines Volumens exhalierte, ausatmete, des Nachts aber ein= atmete, atmosphärische Stoffe in sich aufnahm und verwandelte. Die geglättete Oberfläche wurde rauh und knorrig; nach sechzehn Tagen war er viel größer geworden und dabei um mehrere Pfund leichter. Ein anderer Gletscherwürfel, mit Sirup überstrichen und dadurch vom Einfluß der Luft isoliert, hatte sich weder an Umfang noch an Gewicht irgend verändert. Hugi schließt daraus auf die stete Verwandlung der Gletschermassen unter dem Einfluß der Atmosphäre, auf die damit notwendig verbundene Änderung und allmähliche Entwickelung ihres inneren Gefüges und dadurch auf die not= wendig werdende Bewegung der Masse. Die eigentliche Gletschermasse ist also nichts weniger als ein in sich identischer Stoff, sondern, wie gesagt, ein körniges Gefüge, lagenweise geschichtet, von Luftblasen, blauen und weißen Bandstrukturen und einem unendlich fein und reich gegliederten Netze von Haarspalten durchzogen, durch welche wenigstens während der Sommertage eine Menge Wasser infiltriert und zirkuliert und dann durch Gefrierung eine Vermehrung seines Körpervolumens erzeugt, welche im allgemeinen den großen Verlust durch Abschmelzung und Verdunstung der Oberfläche zu ersetzen scheint, der z. B. bei einer mittleren Temperatur von 4—5° eine Abschmelzungs= verminderung von durchschnittlich 40—45 mm, ja selbst von 60—70 mm per Tag ergiebt, so daß in den vier Sommermonaten 3, im günstigen Falle selbst 9 m abschmelzen.

Es ist schwierig, die eigentliche Färbung des Gletschers genauer zu bestimmen und zu erklären. Der Bergreisende bemerkt schon auf den Schnee= feldern in jeder kleinen Höhlung zu gewissen Zeiten einen bläulichen Dunst oder Schimmer, ebenso in den Firnspalten. Die Gletscherspalten von größerem Umfange liegen aber in einem unaussprechlich schönen Farbenduft, der zwischen dem sanftesten Hellblau, dem tiefsten Dunkelblau und Azur wechselt und unwillkürlich das bewundernde Auge fesselt. Andere Gletscherpartien flimmern wieder in den lauen, weichen Tönen des Meergrüns, andere in graulichweiß= lichen oder graulichschwärzlichen Nüancen; schlägt man sich aber ein Stück der Masse los, so liegt es farblos in der Hand. Im allgemeinen hat man beobachtet, daß bei häufigem und entschiedenem Temperaturwechsel eine bestimmte Gletscherfarbe sowohl entschiedener auftrete als auch rascher sich verwandle. Man wollte dies von einer bestimmten Verwandlung oder Entwickelung der Gletscherbläschen herleiten (Hugi), während Andere (Agassiz, Desor) behaupten, daß allem Wasser unserer Berge sowohl in flüssigem als festem Zustande (Firn, Schnee, Eis, Gletscher) stets eine bläuliche Farbe zukomme, deren Intensität zwar wechsle, aber mit der Festigkeit des Elementes wachse. Mit ziemlicher Bestimmtheit aber läßt sich bei jedem Gletscher das blasigere, trockene, mattweiße Eis von dem wenig blasigen, kompakteren, blauen Eise unterscheiden.

Eine weitere, chemische Eigentümlichkeit des Gletschereises ist, im Gegensatz zum tiefländischen Wassereis, sein scharfer, basischer, zusammenziehender Geschmack. Das reine, ganz frische Gletscherwasser ist nicht wohl trinkbar, sondern fade, es vermehrt den Durst und erregt leicht Durchfall, weswegen z. B. die Schafhirten auf dem mitten im Eismeere gelegenen grünen Zäsenberge und Bänisegg Gletscherstücke auf Felsen tragen, um sie an der Sonne schmelzen zu lassen. In der Tiefe fangen sie den Schmelzabfluß als gutes Trinkwasser auf. So bewerfen auch die Gemsenjäger oben die Felsen mit Gletschereis und lecken unten das Wasser ab. Denn so ungenießbar das Gletscherwasser gleich nach seinem Entstehen ist, so wird es doch, wenn es nur kurze Zeit über den Felsen gerieselt ist, bald zum labendsten, besten kohlensauren Wasser. Die gleiche Erfahrung machte Hugi, wenn er es in einem Gefäße tüchtig durchpeitschen ließ, wobei es rasch den notwendigen Sauerstoff aus der Luft absorbierte. Von einem ebenso gierigen Sauerstoffeinsaugen zeugt die Erfahrung, daß eiserne Instrumente, die viele Jahre auf Hochgletschern liegen blieben, nicht im geringsten oxydiert waren; der Gletscher hatte ihnen den Sauerstoff vorweggenommen. Von dieser chemischen Beschaffenheit des Gletschers hat im vorigen Jahrhundert ein spekulativer Kopf, Dr. Salchli, Vorteil zu ziehen verstanden und einen ‚Gletscherspiritus‘ bereitet, der unter den Auspizien des großen Haller für kurze Zeit in bedeutenden Kredit kam!

Werfen wir nun noch einen kurzen Blick auf die Eismeere als große Naturerscheinung überhaupt, so werden wir manche auffallende Erscheinung nach dem bisher über ihr Wesen Angedeuteten besser begreifen. Man weiß, daß sie in stäter Bewegung begriffen sind, fortwährend der Tiefe langsam zurücken, wobei sie je nach dem Maße der Abdachung und Fortbewegung kleinere und größere, oft ungeheure Spalten werfen, daß sie ferner Schuttwälle auf ihrem Rücken tragen, aufgenommene fremde Körper wieder ausstoßen, und durch Verwitterung und Ausschmelzung wunderbare, phantastische Höcker, Spitzen, Säulen, Obelisken, ‚Gletscherrosen‘, Nadeln, Figuren aller Art bilden. Der Tiefgang der Gletscherfelder, das wesentlichste Entlastungsmittel der oberen Höhen von übermächtigen Schneemassen, ist eine entschiedene, längst bekannte Thatsache. Der vom Grindelwald bewegt sich jährlich etwa 7½ m vorwärts, Hugi's Hütte auf dem kaum 5 Prozent geneigten Unteraargletscher rückte von 1827 bis 1830 709 m abwärts und bis 1836 1424 m, eine Signalstange aber auf einem großen Granitblocke in den ersten drei Jahren 956 m. Vom März bis August 1851 allein wanderte jene Hütte 300 m weit. Die Fortbewegung des Bossonsgletschers wird oben auf 195, unten auf 177 m im Jahre berechnet. Die Leiter, die Saussure im Jahre 1788 bei seiner Montblancbesteigung bei der Aiguille noire zurückgelassen, gelangte bis 1832 zertrümmert in die Gegend von les Moulins auf dem Mer be glace, war also mit dem Gletscher im Laufe von 44 Jahren 4700 m fortgerückt. Ferner rückte eine vom Erzberghorn herabgestürzte Getrümmmasse am Rande des Gletschers in drei Jahren über 1300 m, eine auf der Mitte des Gletschers angebrachte Signalstange in der gleichen Zeit nur 1172 m abwärts, ein Beweis, daß die Gletschermasse in allen ihren Teilen beweglich ist, aber nicht als Gesamtkörper gleichmäßig vorrückt, sondern in diesem Falle in der Mitte eine geringere Thätigkeit entfaltet als an den Seiten, wo die Bodenwärme auf die geringere Mächtigkeit wirksamer influiert. Andere Beobachtungen haben zwar gleicherweise die ungleichartige Fortbewegung erwiesen, aber mit dem Unterschiede, daß in der Regel die Mitte rascher fortrückt als die Ränder und der obere Teil rascher als der untere infolge der Hemmungen durch die Seitenwände und die Felsenbasis. Der Grund der teils starrgleitenden, teils zähflüssigen Gesamtbewegung liegt in der ungeheueren Schwere der Gletschermassen, die bei einer Mächtigkeit bis hundert m ins Unberechenbare steigt und durch eigenen Druck auf einer auch nur wenig geneigten Fläche fortschreiten muß, wenn sie durch die Bodenwärme auf Gestein und Geröllmassen beträchtlich unterhöhlt wird*), vielleicht aber auch mit in der fortwährenden inneren Entwickelung des Massengefüges, in der Ausdehnung und Zusammenziehung des Luftblasennetzes, der mit Wasser infiltrierten Haar- spalten und Umwandlung des Gletscherkorns. Die Gletscher rücken in der wärmeren Zeit, überhaupt aber dann, wenn sie eine größere Menge Wassers aufgenommen haben, rascher fort. Auf dem Grindelwaldgletscher hat man berechnet, daß eine vom Firn angehende Gletschermasse innerhalb zwanzig Jahren den ganzen Gletscher passiert haben und am unteren Ende angelangt sein mag, wo sie nun von der Schmelzung und Verdunstung völlig absorbiert ist. Es giebt also ebensowenig ‚ewigen Gletscher‘ als ‚ewigen Schnee‘. Die Stärke der Abschmelzung am unteren Rande hängt natürlich zumeist von der Meereshöhe desselben ab und ist bei verschiedenen Gletschern sehr verschieden. Beim Aargletscher wird sie auf 26 m, beim Aletschgletscher auf 43, bei dem des Montanvert auf 65 m, beim Bossonsgletscher sogar auf 146 m jährlich berechnet.

---

*) Hugi fand bei seinen Wanderungen und Kriechungen unter den Gletschern im Sommer die Unterfläche stets äußerst glatt und tropfnaß, die Luft 5—7½° C. warm und sehr feucht. Andere Gletscher waren in ihrem ganzen Umfange unterhöhlt und ruhten bloß auf den Steinblöcken des Bodens wie Gewölbe. Wieder andere ruhen fest auf und sind mit ihrer Basis wie zusammengefroren. Man darf aber nicht vergessen, daß jeder Gletscher gewissermaßen ein Individuum ist und durch seine Höhe, Sohlenlage, Temperaturverhältnisse 2c. eigentümlich bestimmt wird, wie schon ein Blick auf die Oberfläche die verschiedenartigste Entwickelung der einzelnen Gletscher zeigt. Wo der Gletscher unter einer Höhenisotherme von 0° oder mehr liegt, muß ihn natürlich die Bodenwärme abschmelzen und dann fließt stets unter ihm ein Gletscher- bach, der durch das in die Randklüfte eindringende Wasser verstärkt wird.

Von der Abschüssigkeit, von der Ebenheit oder Rauheit des Gletscher=
bettes hängt wesentlich die Schnelligkeit seiner Fortbewegung ab, die an
warmen Sommertagen im Mittel auf 100 bis 300 mm berechnet wird. Tritt
der Gletscher aus weitem Felde in einen Engpaß, so staut er zu beiden Seiten
seine Massen auf; er brandet wogenartig an den Seitenfelsen empor und
gelangt hier nicht selten zu einer ungeheuren Mächtigkeit. Steht seinem Fort=
rücken ein Querriegel im Wege, so türmt er sich an demselben empor, wächst
über ihn hinaus und ragt mit seinem Kamme bald über die Felsenmauer
hinaus. Hier bröckelt, schmilzt und dunstet er ab. Ist der Gletscher sehr
massenhaft, so häufen sich die abgefallenen Stücke unten am Riegel an, frieren
wieder zusammen und bilden auf der unteren Terrasse (ähnlich den Lawinen)
unter günstigen Verhältnissen einen neuen, regenerierten Gletscher, der die
Struktur des alten selbst bis auf die Ogivenbänder annimmt und sich gleich=
falls wieder lebendig fortbewegt. Solche Gletscherkaskaden über drei, vier
Absätze finden sich öfters im Hochgebirge.

Aus dem ungleichen Vorrücken und der dadurch entstehenden Spannung,
verbunden mit der oft so sehr großen Unebenheit ihres Bettes, erklärt sich
dann auch die Zerklüftung der Gletscher, meist in querlaufenden und selten bis
auf den Grund reichenden keilförmigen Spalten, die sich in der Regel an
warmen Sommertagen oder in den auf solche folgenden kalten Nächten unter
klingendem Geräusche und bei schlagweiser Erzitterung des Eiskörpers
erzeugen, und aus denen man nicht selten des Nachts ein dumpfes, knarrendes
Getöse vernimmt, das von dem Fortrücken des Gletscherkörpers auf dem un=
ebenen Grunde herrührt. Während derjenige Teil des Gletschers, der, von
den Hindernissen seines Bettes aufgehalten, hinter dem durch andere Umstände
begünstigten, schneller fortrückenden zurückbleibt, tritt eine ungleiche Spannung
der Masse ein und diese spaltet sich. Vielleicht ist die oft hohle Unterseite, die
bei ihrer Bewegung öfters den Stützpunkt ihres Blockes oder Felsens auf
einem Punkte verliert und dann durch ihre eigene Schwere zusammenbricht,
auch häufig ein Grund der Spaltung. Durch das Fortrücken der Gletscher
werden die Spalten vergrößert; durch die ungleichartige Bewegung der Masse
geraten sie in eine andere Lage und werden nicht selten ganz herumgedreht
oder die obere Wand einer Querspalte überhängend. Tritt der Gletscher
weiter unten wieder in ein gleichmäßigeres Bett, so schmilzt und wächst er
wieder zusammen. Muß er sich dagegen um einen Felsvorsprung herum=
drehen, so entstehen strahlenförmige Spalten, und breitet sich sein Ende in
weiter Fläche frei aus, so findet sich die Erscheinung von fächerförmig aus=
einandergehenden, den Rändern zugeneigten Längsspalten.

Der Einblick in die größeren Spalten, die, wenn sie unten von einer
undurchdringlichen Basis ausgehen, oft klafterhoch mit Schmelzwasser aus=
gefüllt sind, zeigt ein mannigfaches Farbenspiel des Gletscherkerns. Man läßt
sich oft von der ungeheueren Kälte, die in solchen Spalten herrsche, erzählen;

allein die Temperatur in denselben sinkt im Sommer nie tiefer als etwa einen
halben Grad unter Null, und im Winter ist sie entschieden höher als die auf
der Oberfläche des Gletschers, obwohl der aus der Spalte Heraufgezogene
sich oben wie in gewärmter Stubenluft fühlt, unten aber eine beißend scharfe
Kälteempfindung hat. Wahrscheinlich ist diese der Trockenheit der Spaltenluft
zuzuschreiben. Wo mehrere Gletscher zusammenfließen und in einander über=
gehen, entwickelt sich eine für alle gleichmäßige Kernbildung; die Spalten
aber, die jeder mitbringt, drehen und verschieben sich nach den Abdachungs=
verhältnissen zu labyrinthischen Netzen und Zerklüftungen. Kommen Gletscher=
ströme durch ein jähes Bett herab, so zerreißen und zerspalten sie sich außer=
ordentlich und türmen sich ruinenartig zu den wunderlichsten, 9—24 m hohen
Pyramiden, Türmen, Riffen und Säulen auf, auf deren Knauf oft ein Fels=
block liegt. Diese stürzen fortwährend wieder zusammen und in die Tiefe der
Spalten, werden mit Schnee und Eis bedeckt, erscheinen aber nach einiger
Zeit schon wieder auf der Oberfläche. ‚Der Gletscher muß sich reinigen‘,
sagen die Leute, und in der That erscheinen selbst Granitblöcke von 500 cbm,
welche in tiefe Spalten gestürzt sind, im Laufe der Zeit, wie von einer stillen
Gewalt herausgestoßen, wieder auf der Oberfläche. Der Grund dieses
Phänomens liegt einfach in der Abschmelzung der Oberfläche, die, wie bemerkt,
ungleich größer ist, als man gewöhnlich glaubt, und vom Anfang bis zum
Ende des Gletschers herab im Lauf der Zeit alle seine Schichten erreicht,
also auch alle fremden Körper in seinem Innern bloßlegen muß. Auch darf
man es mit seiner sprichwörtlich gewordenen absoluten Reinheit nicht allzu=
genau nehmen. Genauere Nachforschungen entdecken vielmehr ohne große
Mühe noch in der Tiefe von mehreren Klaftern eingebackene Steine und
Pflanzenreste, beinahe regelmäßig aber zwischen jeder Jahresschichte eine
äußerst geringe Lage feinen Sandes und Staubes. Dieser wurde offenbar
den Sommer über auf den Firn geweht; der Winter verhüllte die alte Jahres=
lage mit einer neuen, die nun bei ihrem Übergang zur Vergletscherung auch
ihr Quantum fremdartiger Körper mit in den großen Gletscherkörper bringt.
Die Gegenstände, wie Blätter, lebende und tote Insekten, tote Gemsen, sinken
mit scharf begrenzten Umrissen verhältnismäßig tief ein. Werden sie rasch
von Schnee bedeckt, so erhalten sich selbst große Tiere ein Jahr lang frisch;
bleiben sie aber den atmosphärischen Einflüssen ausgesetzt, so verwesen die
Fleischteile gleichwohl. Von einem in den Spalten des Griesgletschers ver=
sunkenen Pferde wurden im folgenden Jahre die kahlen, gebleichten Knochen
wieder ‚ausgestoßen‘.

Was etwa sonst bloß auf die Seitenoberfläche des Gletschers stürzt, das
Getrümm und die Blöcke, die an seinen Seitenufern auf ihn herabgefallen
und nicht in die Randkluft gestürzt sind, das trägt er im Laufe der Jahre
ruhig auf seinem Rücken in der Form von Geröllinien, von stets naßfeuchten
Stein= und Schuttwällen (Moränen) mit sich fort, die, wie beim Zusammen=

fluß des Lauteraar= und Finsteraargletschers, eine Höhe von hundert Fuß auf eine Breite von mehreren hundert Fuß erreichen können. Tritt der Gletscher mit einem andern, der aus einem Seitenthale sich in ihn herein= drängt, zusammen, so werden die Massen, die an ihren nun zusammenfließenden und einander zugekehrten zwei Ufern gelegen haben, in Eine große, in der Regel aber deutlich zweiteilig geschiedene Moräne vereinigt, die in der Mitte des Gletscherrückens sich fortbewegt (Zentralmoräne, Guffer), während jeder der Gletscher seine Seitenmoräne auf den entgegengesetzten beiden Ufern weiterschiebt. Tritt abermals ein neuer Seitengletscher herzu, so wiederholt sich der Prozeß von neuem; es wird ein zweiter Mittelwall gebildet 2c., so daß am Ende aus der Zahl der Mittelwälle auf die Zahl der vereinigten Gletscherströme geschlossen werden kann, wie z. B. beim großen Gorner= und Bodengletscher, der aus acht von den Wänden der Monterosagebirge nieder= gehenden Eisströmen gebildet wird. Einzelne auf den Gletscher gefallene Trümmer erzeugen ganz verschiedenartige Gestalten. Große Blöcke z. B. schützen ihre Basis vor dem Einfluß von Sonne, Regen, Wind 2c. Während die Umgebung abschmilzt, scheinen sie sich zu erhöhen und liegen am Ende auf einem Postament oder einer Säule von Eis wunderbar aufgestellt („Gletschertische‘); kleine Steine dagegen nehmen weit mehr und rascher Sonnenwärme auf als der Gletscher und schmelzen also in ihm seichtere oder tiefere Löcher aus. Andere Trümmer, ja ganze Moränen fallen in Schründe und Löcher und verschwinden und werden durch die Basis des Gletschers zermalmt, so daß zwischen dieser und der Felsensohle eine Schlammschicht steht. Wo der Gletscher ausgeht, da lädt er auch seinen Moränenschutt ab; dieser gleitet über ihn hinab und bildet auf dem nackten Boden die freie End=, Stirn= oder Frontmoräne, die, wenn der Gletscher sich längere Zeit in seinem Endpunkte gleichbleibt, zu ungeheueren Block= und Steindämmen anwächst (wie die des Schwarzberggletschers im Saaßthale, die über 6580 cbm hält) und ungefähr den Anblick eines Wahlplatzes bietet, auf dem Riesen sich mit 50 000 kg schweren Würfeln und Blöcken bewarfen; der Naturforscher aber findet in ihnen ein höchst bequemes und wichtiges Repertorium aller der Felsarten, die ein Gletscherbeet seiner ganzen Länge nach bestreicht.

Schreitet der Gletscher weiter vor, so verschiebt und zertrümmert er diesen Wall und drückt die gewaltigsten Felsblöcke bei Seite. Weicht das Ende des Gletschers wieder nach oben zurück, so bekleidet sich nach und nach ein Teil des chaotischen Schuttes auf dem alten Gletscherboden wieder mit einer Rasendecke. Natürlich dehnen sich nach schneereichen Wintern und naß= kalten Sommern die Gletscher nach unten hin aus; sie gehen in die Alpen und Wiesen hinein und zertrümmern oft Hütten und Ställe. In schneearmen Wintern und heißen Jahrgängen dunsten und schmelzen sie unten stark ab, und der Gletscherkörper scheint sich zurückzuziehen, und zwar so, daß der Spielraum des unteren Randes durchschnittlich zu 1300 m angenommen werden darf. Die unterste Frontmoräne (auch Firnstoß genannt) ist immer das Wahrzeichen der größten Ausdehnung, die der Gletscher je erreicht hat, und liegt mitunter sogar über eine halbe Stunde unter dem gegenwärtigen Gletscherende. Nach der Mitte des sechzehnten Jahrhunderts drängte eine Reihe schneereicher Winter alle Gletscher thalwärts; der vorrückende untere Grindelwaldgletscher zerstörte die Petronellenkapelle, deren später wieder ausgeschmolzene Glocke jetzt im Grindelwalder Kirchturme hängt. In unserm Jahrhundert gewannen die Eismeere in den traurigen Jahren von 1816 bis 1819 ihre größte Ausdehnung, nachdem sie schon im ersten Jahrzehnt einen tiefen Stand genommen; 1822 wichen sie stark zurück, so daß viele alte Weideplätze wieder zum Vorschein kamen; dann folgte 1826—30 wieder ein langsames Wachsen, bis 1833 ein Stillstand, 1836 und 1837 ein neues Wachsen, 1839—42 ein Weichen, 1849—51 ein abermaliges Vorwärts= stoßen, woran, wie es scheint, weniger eine etwas niedrige mittlere Temperatur im allgemeinen, als vielmehr starker Schneefall im Winter schuld war. In der Periode von 1851—1885 erfolgte ein allgemeiner Rückzug der Gletscher in unseren Alpen. Dem Zurückweichen des Gletscherendes entspricht gleich= zeitig eine Abnahme der Dicke und, je nach der Thalform, auch eine solche der Breite des Eisstromes. Der Rhonegletscher hat in dieser Rückzugsperiode ungefähr 8⁰/₀ seiner früheren Ausdehnung eingebüßt und sein Eisrücken ist stellenweise um hundert Meter gesunken; an Inhalt hat er jährlich etwa 7 Millionen Kubikmeter verloren.

Eigentümlich sind auch bei den Gletschern, wie überhaupt im Gebirge, die Schallverhältnisse. Wie der in der Lawine Verschüttete jedes Wort der ihn Suchenden vernimmt, ohne sich selbst nur mit einem Laute vernehmlich machen zu können, so sehen wir oft, daß die in tiefe Gletscherspalten Gefallenen in ihrem Abgrunde alles hören, aber kein deutlich verstehbares Wort hinauf= zurufen imstande sind. Ähnliche Erscheinungen wiederholen sich auf hohen freien Berggipfeln. Reisende berichten, daß sie z. B. auf der Hochgant und auf dem Scheibengütsch im Entlebuch in einer Entfernung von sechs Stunden deutlich die donnernden Gletscherbrüche an der Jungfrau hörten, die man in ihrer nächsten Nähe im Lauterbrunnenthal nicht vernimmt. Auf dem großen Mythen vernahm man genau das Kommando auf dem Exerzierplatze bei Schwyz, und auf dem Gipfel des Vorderglärnisch sogar das Abstellen der kupfernen Wassergefäße auf den eisernen Stäben des Adlerbrunnens in Glarus, während der stärkste Stutzerschuß, der auf dem Gipfel losgebrannt wird, eine halbe Stunde tiefer gar nicht mehr zu bemerken ist und in der Höhe nur wie ein Peitschenknall tönt. Je dichter die Luftschichte ist, desto vollständiger, je dünner, desto unvollständiger nimmt sie den Schall auf und pflanzt sie dessen Wellen fort.

Wie alt unsere jetzigen Gletscher sind, läßt sich nicht bestimmen. Im 17. und 18. Jahrhundert hat jedenfalls eine beträchtliche Ausdehnung der=

selben stattgefunden, während viele ältere Moränen beweisen, daß in einer
vorgeschichtlichen Zeit ihre Ausdehnung noch ungleich größer war; die geist=
reichen Untersuchungen über die Grenzen der Gletscherspuren, die alten
Moränen und die Findlingsgesteine deuten, wie erwähnt, unabweisbar darauf
hin, daß die ältesten Gletscher 400 bis selbst 700 m über das Niveau der
jetzigen Gletscheroberfläche hinaufreichten und ihren Horizont vom Tödi bis
Rapperswyl und Zürich, von der Grimsel bis Bern, vom Montblanc bis
Genf 2c. ausdehnten. Wie bemerkt, schleift der Gletscherkörper sein ganzes
Gangbett sowohl an der Sohle als an den Seiten allmählich ab. Wie eine
mit millionenfacher Zentnerkraft wirkende Riesenfeile reibt er die scharfkantigen
Felsvorsprünge, an denen er langsam vorübergleitet, allmählich zu unschein=
baren, gerundeten Höckern ab. Die an seiner Sohle und seinen Flanken ein=
gefrorenen Steine, Kiesel und Quarzkörner ritzen und polieren die Felsen des
Gangbettes und schneiden oft deren Fossile scharf mitten durch. Sowohl
jene Rundhöcker als diese sog. Gletscherschliffe verraten dem beobachtenden
Auge oft weit entfernt und hoch über dem jetzigen Gletscherstande die alten
Gletscherwerkstätten und haben sich sowohl an freier Luft als unter der später
sie verhüllenden Erd= und Rasendecke unverkennbar erhalten. Ja solche alte
Gletscherbeete lassen sich, ohne daß man genau im einzelnen die parallelen
Ritz= und Furchenspuren untersucht, schon beim Gesamtüberblick eines Berg=
thales daran erkennen, daß die untern, vom ehemaligen Gletscher abgeschliffenen
Felsenformen ein gerundetes und geglättetes Ansehen haben, während die
obern zackig und scharfkantig überall die Spuren der natürlichen Verwitterung
zeigen. Dies läßt sich besonders überzeugend an den krystallinischen Felsen
des obern Aarthales bis zur Grimsel hinauf nachweisen.

Wir haben noch einiger merkwürdiger Erscheinungen in dieser unaus=
sprechlich interessanten Gletscherwelt zu erwähnen, Erscheinungen, die selber
ein Hauch des organischen Lebens in einer feindlichen Welt sind, zunächst des
roten Schnees, der sich schwerlich auf dem Gletscher, gewöhnlich auf dem
Firn zeigt, oder auch auf den Grenzen beider, und in allen Teilen der
Schweizeralpen stellenweise zum Vorschein kommt. Mitunter fällt bei oder
nach starkem Südwinde und frischem Schneefalle eine zimtbraune, staub=
artige Masse auf die frische Schneedecke, ein Phänomen, das bisher bloß im
südöstlichen Hochgebirge beobachtet wurde. So am 17. Februar 1850, wo
sich nach starkem nächtlichen Schneefall bei Windstille des Morgens das Gebiet
vom Gotthard bis zu den Rheinwaldgebirgen über alle Höhen hin mit einer
rötlichbraunen Staubmasse bedeckt zeigte. Mikroskopische und chemische
Analysen wiesen nach, daß diese Masse wesentlich aus unorganischen (eisen=,
kohlen=, kiesel=, kalkerde= und thonerdehaltigen) Stoffen, mit etwas Blütenstaub
(Pollenkörnern von Haselnuß) vermischt, bestand, und es blieb ungewiß, ob
der mehrere tausend Zentner haltende Niederschlag ein Aschenprodukt des
damals gerade thätigen Vesuv, wo auch die Haselstauden gleichzeitig blühten,

ober ob er Paſſatſtaub ſei. Am 15. Januar 1867 wiederholte ſich im Bündner Gebirge das nämliche Phänomen in ausgedehnteſtem Maße, der rötliche oder gelbbraune Niederſchlag war 2—5 cm dick und wurde im Umfange des Kanton Graubünden auf 1½ Millionen kg berechnet. Eine genaue Unterſuchung bewies, daß der großartige Niederſchlag, der Eiſen, Kalk, Natron, Magneſia, Gips ꝛc. enthielt, vollkommen identiſch mit dem Wüſtenſtaube und Wüſtenſande der Sahara war, den alſo die geflügelten Südwinde über unſer Gebirgsland ausgeſtreut hätten. Dieſe Annahme erhielt eine weitere Stütze durch das Auftreten von „rotem Regen“, welcher am 15. Oktober 1885 in verſchiedenen Gegenden Bündens niederfiel, gleichzeitig auch in Italien und Südtirol zur Beobachtung gelangte. Beſonders auffallend zeigte ſich die Erſcheinung im Bergell; in Caſtaſegna erſchien am genannten Tage die trübe Atmoſphäre rotgelb gefärbt und zwiſchen 4 und 5 Uhr fiel reichlich roter Regen nieder, ſobaß noch am folgenden Tage die ausgetrockneten Pfützen rötlich angehaucht erſchienen. In Vicoſoprano wurde die gleiche Erſcheinung beobachtet und in Sils-Maria fiel eine ziemlich dicke Schicht von rotem Schnee hernieder, während in Puſchlav und Chur das Regen= waſſer nur eine ſchmutzige Trübung zeigte. Die mikroſkopiſche Prüfung der rötlichen Subſtanz ergab die größte Ähnlichkeit mit dem Sciroccoſtaub Siziliens und dem afrikaniſchen Flugſande, vorwiegend waren abgerundete oder kantige Geſteinsfragmente verſchiedener Färbung vorhanden, denen Spongienfragmente, Pflanzenfaſern und Sporen beigemengt waren. Da in jenen Tagen ein ungewöhnlich heftiger Scirocco wehte, ſo iſt die afrikaniſche Herkunft der dem Regen beigemengten Staubmaſſen höchſt wahrſcheinlich.

Davon ganz verſchieden iſt aber der ſogenannte rote Schnee. Er war im allgemeinen ſchon Ariſtoteles bekannt, wurde jedoch zuerſt von Sauſſure auf den Savoyer und Walliſer Bergen, dann von Charpentier, den Bernhardinermönchen und ſeither öfters näher beobachtet. Außer auf den genannten Gebirgen zeigte er ſich auf denen von Bex und Anſeindaz, auf der Grimſel, am Rhonegletſcher, auf dem Beichfirn, am Sidelhorn, Stockhorn, Wildſtrubel, an der Jungfrau, am Steinalpgletſcher, auf Engſtlenalp, an der Fibia, im Val Fleß oberhalb Süß, am Glärniſch, Kärpfſtock, an der Silvretta, auf Zaportalp ꝛc., meiſtens in einer Höhe von 2300—2900 m ü. M., ausnahmsweiſe aber auch (am Stockhorn und auf Monte Tamaro oberhalb der Alp Magno) bis auf kaum 1600 m ü. M. hinunter. Am Säntis beobachteten wir ihn zum erſten Male als eine bisher dort fremde Erſcheinung im September 1868 auf allen ſeinen Schneefeldern, namentlich ſtark entwickelt am Kalberſäntis.

Sein Auftreten gewährt eine überraſchende, angenehme Erſcheinung. Auf älterem (nie auf friſchgefallenem) Schnee oder Firn (ſeltener auf Firneis) zeigt ſich eine gewiſſe, oft mehrere hundert Quadratfuß haltende Fläche zart roſig überhaucht. Einzelne Stellen ſind lebhafter, hochkarminrot gefärbt; gegen die Peripherie aber blaßt das Rot oft in einen ſchwachgelblichen

Schimmer ab; unter dem Fußtritt erhebt sich die blasse Farbe meist sofort zum Blutrot. Auf dem Hochfirn erscheint sie am lebhaftesten am Fuße der kleinen Firnhöcker, wo zunächst die Schmelzung beginnt. Vor Mitte Junis ist die Erscheinung noch nie beobachtet worden. Über ihre Wiederkehr an den nämlichen Orten fehlen genügende Beobachtungen.

Lange konnte man sich über dieselbe keine Rechenschaft geben, obwohl schon Saussure ihren pflanzlichen Charakter geahnt hat. Erst den sehr ver= vollkommneten Mikroskopen gelang der Nachweis, daß der rote Schnee wesentlich aus äußerst kleinen, einfachen Pflanzenzellen mit rotem Inhalt von 0.06—0.03 mm im Durchmesser bestehe, die in zahlloser Menge in den Zwischenräumen des körnigen Schnees vegetieren. Man erkannte diese Kügelchen als einfache Algen, also als Pflanzen der niedersten Stufe, und nannte sie Schneealgen oder Schnee=Urkörner (Protococcus nivalis. *Ag.*); sie sind nahe verwandt mit der öfters in stehendem Regenwasser erscheinenden und dasselbe bald blutrot, bald grün färbenden Regen=Urkörner=Alge (Prot. pluvialis. *Kg.*)*). Zwischen diesen ausgebildeten Zellen wurden dann bald ähnliche entdeckt, die sich in lebhaft vibrierender Bewegung befanden und des= halb für Infusionstierchen gehalten wurden. Allein genauere Beobachtungen bewiesen, daß diese beweglichen roten Körperchen nur die Pflanzenkeime oder Schwärmsporen der Schneealge seien, und sich nach Ablauf ihrer Bewegungs= periode zu ruhenden Zellen ausbildeten, wie dies auch bei manchen andern Süßwasseralgen der Fall ist. Immerhin bleibt noch vieles in dieser Erscheinung rätselhaft, namentlich ihr plötzliches massenhaftes Auftreten in gewissen weit auseinander liegenden Lokalen, ohne irgend ein festes Substrat, von dem aus sie sich alljährlich wieder besamen oder entwickeln könnte. Die Pflänzchen liegen nämlich nur oberflächlich auf der vergänglichen Schneedecke, meist nur 3—6 cm, selten 12—18 cm tief in dieselbe eingestreut. Dagegen ist als sicher ausgemittelt, daß sie sich durch stets und bald wiederholende Teilung der Zellen vermehren und zwar so rasch, daß unter günstigen Bedingungen, d. h. bei anhaltend klarem Wetter, kleine Herde sich rasch über weite Flächen verbreiten**).

---

*) Bei dem oben erwähnten, zum ersten Male sicher beobachteten Erscheinen des roten Schnees am Säntis fanden wir etwas tiefer in Felsenhöhlungen, wo sich seit einigen Tagen atmosphärisches Wasser angesammelt hatte, auffallend reichlich diese rote Prot. pluv., so daß ein Zusammenhang dieser beiden dort so seltenen Phänomene nahe zu liegen scheint.

**) Nach den neuesten Angaben von A. Kerner in seinem „Pflanzenleben" ist diese Ausbreitung so zu erklären, daß die beweglichen Protoplasten aus Teilstücken der ruhenden Zustände hervorgehen, sobald Schneeschmelze eintritt. Die Schwärmer, welche im Schmelzwasser umherschwimmen, sind von länglicher Gestalt, tragen am schmäleren Ende zwei lange Wimpern und sind von einer zarten, abstehenden Hülle umgeben.

Zu diesem kleinsten Pflanzenleben der Schneeregion gesellt sich auch ihr kleinstes Tierleben. Die Schneealge wird immer in Gesellschaft von mikroskopischen Infusorien gefunden. Einige Arten, wie eine Anastasia und eine Monas, scheinen ihr regelmäßig beigesellt, während das Rädertierchen Philodina roseola als bloßer, wenn auch häufiger Gast erscheint.

Außer auf unsern Alpen findet sich die rote Schneealge auch auf den Pyrenäen und dem skandinavischen Gebirge. Noch reicher tritt sie in den Polargegenden auf, wo an der Nordostküste der Baffinsbai die berühmten „Karminklippen‘ gegen acht Meilen weit hochrot schimmern. Auf Spitzbergen fand Martins große Schneestrecken von einer nahe verwandten Schneealge intensiv grün gefärbt.

Genauer ist eine andere organische Erscheinung auf dem Gletscher beobachtet worden, die sogenannten Gletscherflöhe, Desoria glacialis, die Desor zuerst am Monterosa entdeckte und dann auch häufig auf den Aar= und Grindelwaldgletschern wiederfand. Sie gehören zu der Familie der Podurellen oder Springschwänze, sind kleine ungeflügelte, sechsfüßige Insekten von cylindrischer, rundlicher und ovaler Körperform, an deren Unterfläche die sechs je fünfgliedrigen Füße sitzen, deren letztes mikroskopisch sichtbares Glied mit einer ungleichen Doppelklaue bewaffnet ist. Unter dem letzten oder zweitletzten Körpersegment liegt ein weiches, biegsames, gegliedertes und gegabeltes Glied, das sich im ruhigen Zustande an den Bauch anlegt, aber heftig zurück= schnellen läßt, wodurch sich das Insekt vorwärts schleudert. Der Kopf ist deutlich vom Leib abgeschnürt; die Antennen sind fadenförmig, 4—6=gliedrig, die Augen konglomeriert, mit einfacher Hornhaut und sehr verschiedenartig gestellt; die Mundorgane enthalten zwei Ober= und zwei Unterkiefer mit zwei Lippen. Bei dem Genus Desoria ist der Körper lang, cylindrisch, hinten konisch, mit langen, borstenförmigen Haaren besetzt, und acht Segmenten; die Antennen viergliedrig und länger als der Kopf, die Füße dünn, cylindrisch und lang, die Schwanzgabel lang und gerade, deren Endfäden borstig und quer gerunzelt; sieben seitlich gruppierte Augen. Unsere Desoria glacialis (Gletscherdesoria) speziell ist ganz dunkelschwarz, stark behaart, mit kurzen, weißlichen Borsten, deutlichem, etwas dickerem Hals, cylindrischem Brustschild, spindelförmigem Hinterleib und gekrümmten Endfäden der Gabel; das erste und dritte Antennenglied kürzer als die zwei andern. Das ganze Tierchen ist blos zwei Millimeter groß. Wie und wovon es lebt, ist zur Stunde noch ein Rätsel, besonders da es wie alle Podurellen sehr gefräßig und mit starken Kauwerkzeugen versehen ist. Was für Nahrung aber bietet ihm der Gletscher, auf dem es zu tausenden unter den Steinen lebt und munter um= herhüpft? Höchstens die geringe organische Substanz, die das Schmelzwasser zufällig mit sich führt. Besonders liebt es auch den Rand der Spalten und die Wasserhöhlungen, bringt aber auch häufig in die feinen Haarspalten des Gletschers selbst mehrere Zoll tief ein oder bedeckt dessen Oberfläche stellen=

weise so dicht, daß er ganz schwärzlich aussieht. Also auch hier im reinen
Eise, in einer Temperatur, die jede Lebensmöglichkeit abzuschneiden scheint,
noch Pflanzen und Tiere, noch Vegetationsprozesse und Fortpflanzung, —
auch hier noch ein Plätzchen, das die lebenzeugende Schöpferkraft der toten,
chaotischen Materie abgerungen hat! Freilich sind die Podurellen größtenteils
von zäher Lebensdauer. Nicolet, der scharfsichtige Beobachter dieses mikro=
skopischen Tiersystems, fand, daß eine Podura bei einer Wärme von 24° des
hundertteiligen Thermometers sich ganz wohl befand und erst einer gesteigerten
Hitze von 38° unterlag. Die gleichen Tierchen froren bei — 11° im Eise fest,
blieben zehn Tage in diesem Zustande, erholten sich aber allmählich bei dem
Auftauen wieder so vollständig, daß sie zuletzt munter davonsprangen.

Wir haben bereits angeführt, daß die Desoria nivalis erst in jüngster
Zeit auf einigen Gletschern der südlichen Alpenzüge entdeckt wurde. Umsomehr
überraschte uns die Wahrnehmung, daß dasselbe oder ein ganz verwandtes
Tierchen sich auch in einem Tiefthale und mehreren unteren Geländen der
Appenzeller Alpen massenweise vorfindet. Wir entdeckten dasselbe nämlich am
6. März 1854 bei einer Exkursion im Schwändithal 845 m ü. M. in
unzähligen vereinzelten Exemplaren besonders in der Nähe schneebedeckter
Bachufer. Wo wir vorübergingen, sammelten sich diese Podurellen binnen
wenigen Minuten zu hunderten in den 5 cm tiefen Fußtritten, schnellten
sich aber, wenn sie eingefangen werden sollten, größtenteils sofort aus der
Höhle weg. Obgleich wir vermuteten, es mit der Desoria glacialis zu thun
zu haben, mußten doch gleichzeitig erhebliche Zweifel sich geltend machen.
Das Tierchen war bisher ja noch nie in einer Meereshöhe unter 1600—
1900 m beobachtet worden, nie anders als auf Gletschern oder in deren
nächster Umgebung, nie auf bloßem Winterschnee, nie in den nördlichen
Bergen. Wie konnte das Insekt in solchen Massen tief im Thale und auf
bloßem Winterschnee erscheinen? Wir mußten daher eher glauben, die
Podurelle dürfte Degeeria nivalis sein, welche wenigstens teilweise auch im
Schnee lebt und in einer montanen Varietät in den Moosen der Jurawälder
vorkommt; die übrigen Tierchen dieses Geschlechts leben weder in Eis noch
Schnee. Wir fingen also einige hundert Exemplare vorsichtig ein und legten
etliche Dutzend sofort unter ein freilich sehr mittelmäßiges Mikroskop. Das
Resultat der Beobachtung, sowie dreier möglichst genau aufgenommener
Zeichnungen stellte unzweifelhaft eine Desoria heraus. Die genau ermittelten
Verhältnisse der Thorax= und Abbominalsegmente, die Größe der Antennen=
glieder unter sich und im Verhältnis des Kopfes, die Größe der Spring=
schwanzfäden und deren gekrümmte Gabelung, sowie endlich die Kürze des
basischen Schwanzgliedes ließen sich auch mit unzureichendem Instrumente
doch genau genug beobachten, um das Vorhandensein einer Desoria zu
konstatieren und sie von Degeeria nivalis zu unterscheiden, die zudem nicht
gesellig lebt. Allein wir glauben aus einer etwas abweichenden Form der

Spitzen der Springschwanzfäden, die in einen deutlich abgesetzten Nagel aus=
laufen, und aus der leichtgrünlichen, schwarzgefleckten Färbung des trans=
parenten Körpers schließen zu dürfen, daß unsere submontane Desoria eine
eigentümliche, wahrscheinlich neue Spezies bildet. Diese Annahme würde
auch die Erklärung eines so ungewohnten Lokals erleichtern. Könnte man
sich auch vielleicht denken, diese Desoria wohne sonst, analog der bernschen,
auf den stehenden, teilweise glacifizierenden Schneelagern des Säntis und sei
durch den mit diesen in Verbindung stehenden Schwändibach in einer Menge
von Eiern ins Thal geflößt worden, so stehen dieser Annahme nicht nur
mehrere lokale Schwierigkeiten, sondern auch die Wahrnehmung entgegen, daß
das Tierchen sich in nicht geringeren Massen noch an entfernten Höhenzügen
findet. Übrigens lassen unsere bisherigen, nicht erschöpfenden Beobachtungen
die Frage als noch nicht spruchreif erscheinen.

Viertes Kapitel.

Pflanzenleben der Schneewelt.

Landschaftlicher Charakter. — Eigentümliche meteorologische Phänomene und Temperatur=
verhältnisse. — Das Pflanzen= und Tierleben der Jahreszeiten. — Die Oasen. —
Die Pflanzenwelt. — Überraschende Pracht und Zahl der Blütenpflanzen. — Die
Flora der Gletscherzeit.

Fassen wir die bisherige Zeichnung unserer Region in wenigen Zügen
zusammen, so ergiebt sich uns das Gesamtbild einer in die Höhe weithin
zusammenhängenden Schnee=, Firn= und Gletscherdecke, die nach unten zu
mannigfach zerrissen und ausgezackt ist, in der mittlern Zone aber eine immerhin
noch ansehnliche Zahl von nackten, teilweise mit vegetativem Leben ausgestatteten
Felswänden, Schuttplätzen und sonnigen Oasen aufweist, welche nach der Höhe
zu immer mehr abnehmen und sich bald nur noch auf einzelne jäh abstürzende
Terrassen beschränken. Was unter der Firn=, Schnee= und Gletscherdecke ruht,
ob tief ausgefressene Thäler, ungeheure Felsplatten oder Trümmerreviere, ist
für unsere Betrachtung ohne Belang. Die Monotonie dieser Hochwelt wird
dadurch nur wenig modifiziert. Nicht viel mehr wirkt der Wechsel der
Jahreszeiten ein. In der höchsten Höhe (von 3900 m ü. M. an) giebt es
keinen solchen mehr; der Regen netzt die silbernen Hörner nicht; die Sonne
wärmt sie nicht wirksam.

Man pflegt wohl anzunehmen, die höchsten Alpengipfel haben längere
Tage und kürzere Nächte als das Thal; allein hier oben (wir sprechen von
Höhen über 3200 m ü. M.) bemerken wir weder ein Morgen= noch ein
Abendrot, noch die unbestimmte zitternde Dämmerung des Tieflandes. Es
ist heller, klarer Tag, so lange die Sonne am tiefblauen, eher schwarzblauen
Himmel steht, und zwar länger Tag als im Tiefland*). Sinkt aber der
große, dunkel glühende Ball hinter den Horizont, so erlischt fast mit Einem
Male dem Auge die Welt, und binnen wenigen Minuten ist es tiefe Nacht, in
der aber Mond= und Sternenlicht weit lebhafter leuchten als durch die dichtere

---

*) Diese Verlängerung beträgt bei 1600 m ü. M. 10 Minuten und 13 Sekunden,
bei 3200 m ü. M. 14 Minuten und 27 Sekunden.

Atmosphäre im Thal. Eben so plötzlich wird es Tag. Ohne jenes prachtvolle Glühen der Berggipfel, das den Sonnenaufgang auf den unteren Bergen zu einem so majestätischen Schauspiele macht, taucht die dunkelrote Feuerkugel fast gespensterhaft aus den undeutlichen Konturen der fernen östlichen Gebirgs= züge auf, ohne daß man in den ersten Augenblicken sagen könnte, daß sie viel Licht in das unermeßliche Naturbild bringe. Nun fühlt man, ohne es genau zu sehen, ein augenblickliches minutenlanges Ringen zwischen Licht und Dunkel, ein unaussprechliches Wallen und Weben, und mit einem Male ist es Tag; — aber es scheint, als ob die nähern Thäler und das ferne Tiefland früher hell seien, und als steige der Tag von ihnen herauf in die Hochgebirge. Saussure bemerkte, daß auf dem Montblanc selbst am hellsten Tage ein gewisses magisches Dunkel herrsche, und die Sonne matt, kraftlos, mondlicht= artig scheine, und ein unheimlich blasses, leichenartiges Aussehen der Berg= gipfel wird von andern Besuchern der höchsten Standpunkte am hohen Mittage wiederholt ausgesagt, während das Tiefland in purpurvioletter Färbung da liegt. Die Fernsicht wird dadurch beschränkt. Schon bei 3600 m ü. M. bemerkt man oft ein Dunklerwerden und Sichverengen des Gesichtskreises, der in lasurfarbenen, grünen und schwärzlichen Tinten verschwimmt und oft dünne Nebelmassen auf dem Lande zeigt, die tiefer unten unsichtbar sind. Der Reflex des Sonnenlichts erscheint schwächer, die Formen und Farben grenzen sich unbestimmter ab. Dagegen treten alle Umrisse bei hellem Mondlichte beinahe eben so deutlich als bei hellem Sonnenlicht hervor, und in solchen Nächten glaubt man nicht nur so weit, sondern auch oft sogar noch klarer als bei Tage zu sehen. Sind aber die Beleuchtungs= und Luftfeuchtigkeitsverhältnisse günstig, so gestatten auch unsere größten Erhebungen eine Fernsicht, die an Klarheit nichts zu wünschen übrig läßt.

Eine andere eigentümliche atmosphärische Erscheinung findet sich in der Höhe als das sogenannte Guxen, ein furchtbares Tosen und Stürmen, oft auch Strahlenschießen in irgend einem kleinen Lokale, bald in einem Firnthale, auf einem Gletscher u. dergl. Das Guxen ist von keinen Niederschlägen begleitet und tobt sich in wenigen Stunden aus, während die Luft ringsum ganz ruhig erscheint. Diese oft schreckenerregenden Lokalstürme sind noch wenig genau beobachtet.

Man stellt sich gewöhnlich die Winterkälte auf den Hochgipfeln als eine ununterbrochene sibirische vor; allein so weit menschliche Messungen und Beobachtungen reichen, herrscht im Flachlande der Schweiz und Süddeutsch= lands (um vom Norden nicht zu sprechen) gar nicht selten eine größere und bitterer empfundene Winterkälte und zeigen sich Wärmeminima, die im Hoch= gebirge kaum geringer sind, wo die Verdichtung der atmosphärischen Feuchtigkeit zu Wolken und festen Niederschlägen, wie auch an sonnenhellen Tagen die ziemlich nachhaltige Erwärmung des offenen Felsbodens durch Insolation gar oft zur augenblicklichen Wärmeerzeugung dient, wogegen dann freilich helle

Nächte und klarer Winterhimmel eine starke Wärmestrahlung fördern. Die tiefste Temperatur, die bisher beobachtet wurde, betrug in Bern — 30.0° C., in Innsbruck — 31.2° C., auf dem St. Gotthard — 30.0° C., auf dem St. Bernhard — 32.2° C.; die größte beobachtete Wärme stieg aber an den letztgenannten Punkten nicht viel über + 19° C., während sie in Bern + 36.2° C., in Innsbruck + 37.5° C. betrug. Die untere Schneeregion hat wenigstens eine Ahnung von Jahreszeiten, im Winter, Frühling und Herbst ungeheure Schneefälle, im Frühling, Sommer und Herbst mitunter Regen, oft Föhn, teilweise eine merkliche Wärme, überall beträchtliche Schmelzungen, an geschützten Stellen einen regelmäßigen, wenn auch kurzen Vegetations=prozeß. Im allgemeinen ist der Januar und Februar in der Kälte und der Juli und August in der Wärme in den höchsten Lagen sich ähnlicher als in tieferen. Die Schneegrenze selbst fällt übrigens nicht mit der Jahresisotherme von 0° zusammen, sondern oscilliert um die von — 4° C. Das Hospiz des St. Bernhard (2472 m ü. M.) hat nach vierzehnjähriger Beobachtung eine mittlere Jahrestemperatur von — 1.0° C.; in den drei Wintermonaten Januar bis März im Mittel — 7.8°; im April, Mai und Juni — 1.9°; im Juli, August und September + 5.9°; im Oktober, November und Dezember — 0.3° C., und zwar so, daß die größte Monatskälte auf den Januar mit 8.9°, die größte Monatswärme auf den Juli und August je mit + 6.6° C. fällt. Auf dem Faulhorn (2683 m ü. M.) ergiebt sich eine mittlere Jahres=temperatur von — 2.33° C., im Juni eine Monatswärme von + 2.5° C., im Juli von + 4° C., im August von + 3.5° C., im September von + 1.5° C., im Boden aber bei einer Tiefe von 1.30 m eine mittlere Erdwärme von + 2.60° C. Natürlich kommt selbst bei 3200 m ü. M. an wohlgelegenen, sonnebeschienenen Felsen eine hohe Temperatur, selbst von + 25 bis 37° C. in der Sonne, zu stande.

Im allgemeinen aber stellen sich auf Höhen zwischen 3300 und 4300 m ü. M. die Isothermen der mittleren Jahrestemperatur auf — 8° bis — 14° C., und nach einem Durchschnitte umfassender Beobachtungen erreicht die mittlere Temperatur des Sommers (Juli und August) bei 2680 m ü. M. + 5° C., bei 2970 m ü. M. + 2.5° C., bei 3200 m ü. M. 0°, bei 3250 m ü. M. — 2.5° C., bei 3850 m ü. M. — 5° C. und bei 4140 m ü. M. — 7.5° C. Bei 3250 bis 3400 m erreicht die heißeste Temperatur im Schatten aus=nahmsweise + 10° bis + 15° C. (auf dem Gipfel des Bristenstockes, 3073 m ü. M., wurden am 26. Juli 1872 mittags 1 Uhr + 19° C. im Schatten beobachtet, während das Quecksilber in der Sonne bis auf 53° C. stieg!); über 3900 m aber soll sich nur, wenn das Gestein stark besonnt ist, eine Wärme von + 6° C. ergeben. Allein G. Studer fand am 9. August auf dem großen Combin bei 4200 m ü. M. während eines ununterbrochenen Niederschlages feiner Schneesternchen eine Temperatur von + 7.5° C. Bei der zweiten Jungfraubesteigung stand am 3. September nachmittags

2 Uhr das Thermometer auf + 7.5 C., bei der vierten am 28. August auf — 3.75° C. Auf dem Sustenhorngipfel 3448 m ü. M.) wies das Thermometer am 7. August mittags 11 Uhr 0°, an einer minder geschützten Schneestelle dicht unter dem Gipfel aber + 13.7° C.; auf einem der Mischabelhörner am 10. August 1848 bei 4002 m ü. M. mittags um 12 Uhr fix + 10° C., frei + 3° C.; etwa 90 m unter dem höchsten Monterosagipfel bei 4638 m ü. M. mittags um halb zwölf Uhr am 12. August 1848 0° fix und — 2° C. frei, ein Jahr später am gleichen Tag um 11 Uhr fix + 9° C., frei + 1.5° C.; auf der Spitze des Stockhorns über dem Zmuttgletscher am 15. August 1849 um 11¼ Uhr vormittags bei 3583 m ü. M. fix + 6° C., frei + 2° C. Saussure hat auf dem Montblancgipfel — 2.3° im Schatten und — 1.3° in der Sonne beobachtet; die Gebrüder Schlagintweit fanden auf einer Monterosaspitze (22. August 1851) bei sehr hellem und gleichmäßigem Wetter mittags nach 12 Uhr das Thermometer im Schatten auf — 5.1° C.; um 1 Uhr auf — 4.8° C. Auf dem Chimborazo gefror Humboldt am 23. Juni 1802 bei 5917 m ü. M. das Quecksilber der Instrumente, das erst bei 40° C. fest zu werden pflegt*). Den Winter 18⁶⁵/₆₆ brachten drei Männer in der höchsten europäischen Wohnung, auf dem St. Theodulspasse 3322 m ü. M., behufs meteorologischer Beobachtungen zu. Der Winter war abnorm milde. Die gewöhnliche Kälte im Januar betrug bloß — 12 bis 16° C., das beobachtete Maximum — 21°. In der Mittagszeit stieg das Thermometer in der Sonne nicht selten auf + 12°.

- - - - - - -

*) Nach den Untersuchungen von H. Schlagintweit ergeben sich folgende Bestimmungen der Höhenisothermen.

Isotherme	Nördl. Kalkalpen Höhe	Zentralalpen Höhe	Gruppe des Montblanc Höhe
0 C.	1980 m	2080 m	2340 m
— 1 C.	2130 „	2230 „	2510 „
— 2 C.	2285 „	2380 „	2680 „
— 3 C.	2450 „	2520 „	2840 „
— 4 C.	2610 „	2670 „	3000 „
— 5 C.	2770 „	2825 „	3170 „
— 6 C.	2935 „	2980 „	3330 „
— 7 C.		3150 „	3480 „
— 10 C.		3640 „	3960 „
— 14 C.		4310 „	4610 „
— 15 C.			4770 „

Die Temperatur der höchsten Alpengipfel mit den Jahresmitteln hoher Breite verglichen, entspricht einer nördlichen Breite von beinahe 70 Graden.

Nach Anfang Augusts wird ein Teil des Gebietes, namentlich isolierte Kuppen bis über 2750 m ü. M. und große Reihen geschützter und südlicher Gelände, schneefrei, nachdem vorher schon eine gewisse Sommerkraft vegetative Entwicklungsansätze versucht hat. Das Tierleben beeilt sich, mit dem Pflanzenleben energisch seinen Kreislauf zu vollenden; aber mühselig arbeitet es mit seiner wunderbaren Spannkraft, gleichsam nur ruckweise. Mitten in seine Blütenstunde schauert das todkalte Schneegestöber, der schwere Hagel, der durchbringende Nebel, der bittere Frost. Die bedrohte organische Welt schließt sich mit zähen Wurzeln und zähem, langsamem Odem enger an den mütterlich warmen Boden und hält still aus, bis die milde Hand der Sonne es wieder aufrichtet und mit balsamischer Kraft durchströmt. Eine merkwürdige Dauerbarkeit und Zähigkeit macht die kleinen vegetabilischen Organismen selbst noch mitten in der Knospen- und Blütezeit unempfindlich gegen einen Temperatur- und Witterungswechsel, dem die tiefländischen Gewächse erliegen müßten. Es bietet ein liebliches Bild, wenn wir so einen saftgrünen Graszug an der sonnigen Berglehne mit niedrigem Gewächs, aber feurig glühendem Blütenrasen sich hinziehen sehen. Über ihm himmelhohe, kahle Felsen, mit schmalen Schneeblättern, unter ihm tiefe Schluchten und Trümmerwüsten; auf der einen Seite endlose Firnfelder bis zu den höchsten Giebeln hinan, auf der anderen bläulich strahlende, viele hundert Fuß mächtige Eismeere voller Schutt und Blöcke bis tief ins Hochthal hinab. Der Schnee bedeckt ihn, der Fels schüttet sein frostgelöstes Geträumm auf ihn herab, der Gletscher donnert im mächtigen Spaltenwurf ihm drohend zu, des Himmels Hochgewitter stehen flammend und brausend über ihm, die Todesgewalten der Luft arbeiten Hand in Hand mit den zerstörenden Kräften der Erde; — aber treu und fest, hoffend und vertrauend arbeitet sich mit stiller Kraft das Leben zum balsamischen Licht empor, wie ein gedrücktes Menschenherz aus allem Elende das Auge Gottes sucht. Ein bis gegen zwei Monate geht es. Der August wird auf dieser Oase zum Frühling und Sommer; der September reicht schon vom Herbste in den Winter hinein. Selige Jahre verlängern vielleicht die Zeit des Lebens um ein Dritteil; dafür verkümmern andere sie fast ganz. Der Winter türmt dann die Schneemassen so hoch, daß die folgende Sonnenzeit die Decke kaum für etliche Wochen wegzuziehen vermag, oder es folgen oft in einer Reihe 4—5 Jahrgänge der Trauer und des Todes, wo der Schnee aus dieser arktischen Landschaft gar nicht mehr weicht bis gegen die untere Grenze der Region, wo im Sommer der Riesel mit dem Regen wechselt, und der nächtliche Frost die feuchten Niederschläge zu einem Firnmantel auf Jahre hinaus bindet. Endlich aber ist der Bann wieder gelöst; die Sonne hat ihre Kraft nicht verloren. Sie zieht von den Gehängen die vieljährige Schneedecke; — aber der Rasen ist fahl, das Sträuchlein dürr, die Larve starr. Nun beginnt die lebendige Natur allmählich wieder von dem ihr entrissenen Boden Besitz zu ergreifen. Von der zusammenhängenden Vegetationsdecke tiefer unten siedelt sich nach und nach das tiefgrüne Samtmoos (Polytrichum septentrionale) hie und da auf den erstorbenen Plätzen an und rückt aufwärts der zurückgewichenen Schneegrenze nach. In den folgenden Jahren stirbt es ab, und seine verwesenden schwarzbraunen Polster gewähren bereits einer höheren phanerogamen Flora wieder Lebensmöglichkeit. Hie und da gewahrst du kleine Kolonien von Steinbrechen (Saxif. umbrosa, cuneifolia), Alpenkresse (Hutschinsia alpina), Ehrenpreisen (Ver. alpina), Ruhrkräutern (Gnaphalium carpathicum), Löwenzahn (Leontodon alpestre), Wucherblumen (Chrys. alpinum), Ampfern und Gräsern, und wenn du noch tiefer, wo die Vegetationsdecke mehr Zusammenhang gewonnen hat, genauer nachsiehst, so findest du noch hin und wider zwischen den Wurzelblättern der neuen Vegetation einzelne Fragmente jenes Samtmooses, das ihr Wiege und Amme zugleich war. In solcher Weise ist in den letzten Jahrzehnten der zusammenhängende Gewächsteppich fast ununterbrochen aufwärts gerückt, und es sind, wie die Hirten gar wohl wissen, wieder viele alte Weideplätze, Schneethälchen und Einöden von der neuen Vegetation besetzt worden und gewähren den Schafherden nach vieljähriger Unterbrechung neuerdings Atzung. Da findet sich denn auch mit dem neuen Pflanzenleben sofort wieder die vertriebene Tierwelt ein. Die Frühlingsinsekten umsummen die eben erschlossenen Blütenkelche; die Falter wiegen sich behaglich im Sonnenschein und Blumenduft des sömmerlichen Eilandes; Spinnen und Läuse, Käfer und Milben, Aufgußtierchen, vielleicht ein wanderndes Mäuschen, eine leichtfüßige Gemse durchwandern die junge Vegetation. Das Sichnähren, das Rauben, Kriegen, Sterben, Lieben, Kämpfen und Fliehen beginnt in der kleinen Tierwelt und vollendet seinen Kreislauf in verjüngtem Maßstab nach den Gesetzen alles Lebens.

Um ein richtiges Bild zu erhalten, unterscheiden wir die zusammenhängende Vegetation von den vereinzelten halbverlornen Vegetationsansätzen des obersten Gebirges. Jene reicht, je nach der Gunst der Lokalverhältnisse, mehr oder weniger hoch hinan und ist gegenwärtig infolge des Zurückweichens der untern Schneegrenze in allgemeinem Aufwärtsrücken begriffen. In einzelnen Zungen und Streifen, oft unterbrochen, reicht sie zwischen sterilen Flühen und Schneeblättern hinauf. Weit höher oben aber finden wir noch ganz isolierte Pflanzenrasen, gleichsam die Pioniere der unteren Pflanzendecke. Bald sind es bloß einzelne, von einer Pflanzenart gebildete kleine Rasen und Kolonien, die mit überraschender Blütenpracht in steilen, feuchten Felsnarben hängen oder eine humusreiche, sonnige Kuppenstelle besetzt halten; bald haben sich drei, vier Arten eng zusammengethan und kämpfen männlich gegen den ewigen Frost und ewig wiederkehrenden Schnee der Region. Auch diese Pioniere scheinen gegenwärtig allmählich nach obenhin vorzurücken. So fand Heer 1835 bei seiner ersten Besteigung des Piz Linard (3415 m ü. M.) auf dem schmalen Gipfelgrat keine andere Blütenpflanze vor als einige dichtgebrängte Polster des niedlichen rosenroten Gemsblümchens (Androsace glacialis); die Besteiger von 1864 dagegen entdeckten, daß sich neben diesem bereits auch die Gletscherranunkel und die Alpenwucherblume auf dem Gipfel angesiedelt hatten, die Heer dreißig Jahre früher zuletzt 65—90 m tiefer angetroffen hatte.

Die Eilande der nivalen Region, wo mit zäher Hartnäckigkeit die letzte Lebenskraft der Natur sich anklammert, sind dem in der Schneewelt Pilgernden so erfreuliche Erscheinungen und der Wissenschaft so wertvolle Fundorte, um die äußersten Grenzen der organischen Gebilde zu bestimmen. Hier haften sie noch mehr zurückgedrängt am mütterlichen Boden als in der Alpenzone und haben allgemein eine zwerghafte, gedrungene Tracht. Der von der Sonne erwärmte Boden einerseits, der ihnen mehr vegetative Wärme giebt als die atmosphärische Luft, und anderseits die größere Klarheit des Lichtes ermög= lichen den kurzen Lebensprozeß. Es tritt hier in Beziehung auf das Wechsel= verhältnis der Wärme zwischen Luft und Boden das Umgekehrte ein wie im Tieflande. Der wärmende Sonnenstrahl, der den Boden des Hochgebirges berührt, durchbringt eine ungleich dünnere und reinere Atmosphärenschichte und wirkt deshalb auch bedeutend kräftiger auf den Boden und dessen Vege= tation als im Tieflande. Dort wird die Erdrinde sich rascher erwärmen und mehr Wärme sich erhalten als die über ihr stehende Luftschicht, während im Tieflande die dichtere Atmosphäre mehr Wärme empfängt als der Boden. Überdies bewirkt bei den Hochgebirgspflanzen die Kraft dieser Insolation, verbunden mit dem geringeren Drucke der Luftsäule (der bei 3900 m ü. M. nur noch 325 mm beträgt), eine raschere Verdunstung des Wassers aus dem Pflanzenblatte und damit verbunden auch eine höhere Energie der Lichtwirkung und der Sonnenwärme. Die Raschheit des erwachten Pflanzenlebens würde aber noch staunenswerter sein, wenn nicht die Atmosphäre durch die von den Gletscher= und Schneefeldern der Höhe herabfließenden kälteren Luftströmungen bedeutend erniedrigt würde, wodurch überhaupt die Vegetationsgrenze der Hochalpen deprimiert wird. Die Vegetationsperiode, die vom ersten schneefreien Tage bis zum Wiedereintritt des Winters andauert, ist natürlich je höher, desto kürzer. Während sie an der unteren Grenze der Bergregion noch etwa 230 Tage, an der unteren Grenze der Alpenregion noch gegen 200 Tage dauert, sinkt sie zwischen 1900 und 2300 m ü. M. auf 132, von 2300 bis 2600 m ü. M. auf 92 Tage und beschränkt sich bei etwa 3200 m ü. M. fast nur noch auf die Augusttage.

Für die möglichen Grenzen eines Pflanzengebildes sind unsere Alpen nicht hoch, ihre Lüfte nicht rauh, ihre Winter nicht hart und lang genug, nämlich für die verschiedenartigen Flechten, die, am Gesteine haftend, hier die letzten Grenzwächter der Pflanzenwelt bleiben, wie sie es auch in den arktischen Kreisen sind. Noch die Gipfel der Jungfrau, des Finsteraarhorns, des Monterosa (Anfänge von Lecidea conglomerata, Lecid. geographica, var. atrovirens nebst Spuren von Parmelien und Umbilikarien) und des Montblanc (4810 m ü. M. Lecid. confluens, Parmelia polytropa) find an kleinen Felfenabfätzen mit Flechten in weiß= und schwarzgetupften oder grün= gelben Flecken bekleidet, befonders mit der Lecidea geographica, die auch Humboldt und Bonpland bei ihrer Befteigung des Chimborazo (Juni 1802) auf den nackten Trachytfelfen, die aus dem Schnee aufragen, in einer Höhe von 5587 m ü. M. als oberfte Vegetationsfpur fanden. Auf der Jungfrau bedecken fie noch zollgroße Flächen des zu Tage gehenden Gefteines und man hat unter ihnen fünf Arten, zu drei verfchiedenen Gefchlechtern gehörend, auch eine bisher fonft nicht entdeckte, unterfchieden. Auf der Finfteraarhorn= fpitze erfcheinen die Flechten (Lec. polytropa) auf den verwitterten Gneiß= und Glimmerfchichten, fliehen aber bis auf 3500 m hinab hartnäckig alle Granitformen. Hier erfcheinen dann u. a. Gyrophora vellea, Urceolaria scruposa und die feuriggelbe Lecanora elegans. Letztere hübfche Flechte (als var. tenuis. *Ach.)* bedeckt nebft Alectoria ochroleuca. *Nyl,* Umbilicaria spodochroa, Stereocaulon condensatum und fastigiatum fowie Parmelia encausta als var. intestiniformis. *Nyl* die fteilen Felfen des Matterhorns bis über 4300 m ü. M. Neben ihnen fand Weilenmann auch ein fchwarz= grünes Polfter eines hochnordifchen Moofes (Amphoridium lapponicum), der höchfte bekanntgewordene Moosfund, freilich in kümmerlichem Vege= tationsftande.

Unmittelbar an die Flechten fchließen fich fonft etwas tiefer die Laub= und Lebermoofe an, welche bald zierliche Verkleidungen von Felfenritzen, bald große Polfter am Rande der Schmelzbächlein bilden. Sie treten bei 2750 m ü. M. in einer Fülle von Exemplaren und Arten auf und reichen mit einigen bis über 2900 m hinan, indem fie mehrere den Hochalpen eigentümliche Formen aufweifen. , Eben fo hoch und noch höher gehen, wie erwähnt, die Blütenpflanzen, von denen etliche felbft eine moosartige Tracht haben*). In

---

*) Manche der hochgebirgifchen Blütenpflanzen fchweifen willkürlich in der ganzen montanen, alpinen und nivalen Zone umher und fiedeln fich überall an, wo es Sonnenfchein und Lebensmöglichkeit giebt, während andere durchaus alpine Pflanzen doch eine gewiffe Höhengrenze beftimmt einhalten. Zu den erfteren gehören z. B. Chrysanthemum Halleri (von 650—2470 m heimifch), Phleum Michellii (1150 bis 2300 m), Lilium bulbiferum (400—1900 m), Phyteuma Halleri (800 bis 2300 m), Soldanella alpina (im Glarner Gebirge von 480—2440 m), Primula viscosa (1400—2600 m), Primula auricula (am Wallenfee zu 400 m ü. M., in ben Alpen bis 2500 m), Tozzia alpina (650—2300 m), Gentiana verna (200 bis 3200 m), Erinus alpinus (400—1900 m), Linaria alpina (400—3700 m), Galium helveticum (850—2170 m), Arabis bellidifolia (700—2500 m), Arabis pumila (1000—2500 m), Potentilla caulescens (420—2300 m), Hutschinsia alpina (450—2860 m in den Glarner Alpen), Oxytropis montana und campestris von 420—2400 m, Saxifraga oppositifolia von 415—3635 m 2c. Die Pflanzen

den Glarner Alpen beobachtete Heer bisher in der unteren Schneeregion allein zweihundertundachtundzwanzig Blütenpflanzenarten, in der oberen Schneeregion (über 2750 m ü. M.) immer noch vierundzwanzig solche neben dreißig Blütenlosen. Wie ungeheuer rasch von der höchsten Höhe an nach unten die Anzahl der Blütenpflanzen zunimmt, ergiebt sich daraus, daß die Firninseln der rhätischen Alpen bis auf 3200 m ü. M., von oben her gerechnet, zwei Steinbrecharten, ein Hungerblümchen, eine Grasart, das weißblütige Gletscherhornkraut, die Gletscherranunkel, die Alpen= wucherblume, die brennendroten Rasen des stengellosen Leimkrauts und die dunkelblauen einer Gentiane aufweisen, zu denen sich von 3200—2900 m ü. M. schon fünfzig andere Arten in 19 Familien und großer Zahl von Exemplaren gesellen, deren Hauptmasse die kopfblütigen, steinbrech= artigen, kreuzblütigen, Primulaceen, Rosaceen, Hornkräuter und Gräser bilden. Von 2900 bis 2750 m treten wieder 45 neue Arten hinzu, so daß wir in Rhätien in einer Region, die der Tiefländer gewöhnlich ganz in Schnee und Eis begraben wähnt, allein an Blütenpflanzen hundertundfünf Arten in 23 Familien finden (worunter sogar, ähnlich wie die krautartige Salix herbacea das einzige baumartige Gewächs Spitzbergens ist, zwei etliche Zoll hohe Weidenarten als Repräsentanten der buschartigen Holz= gewächse) — die meisten zierlich oder prächtig gefärbt, — oft in großen Kolonien den Felsen bedeckend oder alte Schrattenlöcher ausfüllend. Dabei bewundern wir wie auf den rhätischen so auf allen übrigen Schweizer= alpen nicht nur die merkwürdige Mannigfaltigkeit in der Zusammensetzung des dünnen Vegetationsteppichs, sondern auch seine Anklänge an die hoch= nordische Flora.

So fanden Martins und Payot auf den von Firnfeldern umschlossenen ‚Felsen der glücklichen Rückkehr‘ auf der Nordseite des Montblanc bei 3000 bis 3600 m ü. M. noch vierundzwanzig Phanerogamen, darunter fünf spitz= bergische und ein lappisches, nebst 26 Moosen, 2 Lebermoosen und 28 Flechten. A. de Candolle sammelte auf der Felsgruppe des Jardin im Mer de Glace bei 2756 m noch 87 Phanerogamen, darunter 6 spitzbergische und 24 lappische,

der oberen Schneeregion sind größtenteils weit mehr an eine schmale Zone gebunden, ebenso viele der unteren Schnee= und oberen Alpenregion, wie z. B. nach Heer im Kanton Glarus Draba lapponica nur von 1950—2800 m ü. M. vorkommt, Viola calcarata von 1580—2507 m, Cerastium latifolium von 2400—2900 m, Saxi= fraga muscoides von 1950—2530 m, S. stenopetala von 2270—2800 m, S. planifolia von 2270—2820 m, ebenso Potentilla frigida, Achillaea nana von 2270—2530 m, Leontopodium umbellatum von 1950—2270 m, Crepis hyose= ridifolia nur von 2270—2510 m, Phyteuma globulariaefolium von 2300 bis 2600 m, Gentiana glacialis von 2436—2600 m, Draba tomentosa von 2200 bis 2600 m, Arenaria biflora nur zwischen 2270 und 2600 m ü. M. 2c. Die meisten Pflanzen der unteren Alpenregion wie der Bergregion haben einen ungleich größeren vertikalen Verbreitungsbezirk.

nebst 18 Moosen und 23 Flechten; Martins auf dem St. Theodul bei 3313 m
ü. M. 23 Phanerogamen, worunter 3 spitzbergische, die Gebrüder Schlagintweit auf dem Monterosa bei 3100 m noch 47 Blütenpflanzen, worunter 10
spitzbergische und 5 lappische. Auf der Faulhornhöhe (2683 m ü. M.)
sammelte Martins sogar auf einer 4—5 Morgen großen Fläche 132 Blütenpflanzen, worunter 11 spitzbergische und 40 lappische. Gegenüber dieser
bunten Mannigfaltigkeit ist die hochnordische Flora arm. Spitzbergen besitzt
nach den Forschungen des schwedischen Botanikers Malgrem auf einem
Flächenraum von 4½ Breiten- und 12 Längengraben im ganzen nur 93
Blütenpflanzen und 152 Kryptogamen, und das ganze gewaltige Grönland
nur 104 Phanerogamen.

Als die höchstansteigende schweizerische Blütenpflanze fanden die Gebrüder
Schlagintweit am Monterosa bei 3822 m ü. M. Cherleria sedoides, zu der
auf der ‚Nase‘ im Gletscher des Lyskammes bei 3630 m auch Chrysanthemum alpinum, Saxifraga bryoides, Silene acaulis, Poa laxa kommen; am
Weißthor bei 3617 m Gentiana imbricata, Saxifraga muscoides und
moschata, Senecio uniflorus, Poa alpina. Zumstein fand auf dem Nasen-
kopfe die Androsace pennina, in ihrer Nähe Cerastium latifolium, Chrysanthemum alpinum, Saxifraga oppositifolia, Ranunculus glacialis etc.; Desor
bei der Lauteraarhornexpedition bei mehr als 3600 m ü. M. im Schatten
einer Felszacke Ranunculus glacialis; Saussure auf dem kleinen Mont Cervin
bei 3507 m ü. M. Aretia helvetica, Silene acaulis, Geum montanum und
Saxifraga bryoides; Whymper am Matterhorn von 3300—3600 m neun
verschiedene Spezies, Professor Heer auf der obersten Spitze des Piz Linard,
wie bemerkt, die bald weiße, bald lichtrosenrote Androsace glacialis, die
auch auf dem Schreckhorn 3700 m und auf dem Hausstock 3154 m
ü. M. blüht. Am Tödi bemerkten wir als oberste Phanerogamen bei etwa
3180 m Linaria alpina und Saxifr. oppositifolia. Fast bis auf die Spitze
des Piz Languard (3266 m ü. M.) reichen außer der Gletscherranunkel
Senecio carniolicus, Androsace glacialis, Potentilla frigida, Arenaria biflora,
Cerastium glaciale; am Oberaarhorn gehen 3250—3400 m das eben-
genannte Cerast., die Gletscherranunkel, Saxifr. oppositifolia, die reichblühende
Linaria alpina, Draba nivalis, Andros. obtusifolia, Aretia pennina und die
zierliche gelbe Artemisia spicata. Vom Hugisattel bis auf den Gipfel des
Finsteraarhorns, also von 4000—4300 m ü. M. blühen Saxifr. bryoides
und muscoides, Achillea atrata und besonders zahlreich auf dem Gipfel
Ranunc. glacialis, welche überhaupt als die bei uns am höchsten ansteigenden
Blütenpflanzen betrachtet werden dürfen. Auf der Wasserscheide des St.
Theodulpasses (3383 m ü. M.) fanden wir Aretia pennina und neben ihr
Ranunculus glacialis an den verwitterten Glimmer- und Chloritschieferbänken
ziemlich reichlich und bei 3352 m ü. M. Eritrichium nanum (das seltene,
niedere Rasen bildende Zwergvergißmeinnicht mit steifbehaarten graugrünen

Blättchen und tiefblauen Blüten), Gentiana verna, Linaria alpina, Saxifraga oppositifolia, Thlaspi cepaefolium und Salix herbacea. Im ganzen sind am Monterosagebirge bis 3600 m ü. M. Phanerogamen stellenweise verhältnismäßig häufig, besonders die Saxifragen, ähnlich wie auch am Chimobrazo die Saxifraga Boussingaulti bis 4509 m ü. M., das heißt 180 m über der lokalen Schneegrenze, lose Felsblöcke schmückt. Auf den tibetanischen Pässen fand Hooker Gnaphalien, Artemisien, Erigeron und Saussureen bis 5600 m ü. M., Loniceren= und Rhododendronsträucher bis 5180 m, und nach Strachey ist im Norden der klein=tibetanischen Pässe erst bei 5700 m ü. M. die oberste Grenze der phanerogamen Vegetation.

In der unteren Schneeregion unserer Alpen mögen die Blütenlosen den Blütenpflanzen das Gleichgewicht halten; in der oberen überwiegen jene diese um etwas. Die Blütenpflanzendecke wird in der unteren Schneeregion überwiegend aus Synantheren, Skrofularien, Primulaceen, Gentianen, Knöterichen, Glockenblumen, Ranunkulaceen, Alsineen, Kreuzblütern, Saxifragen, Schmetterlingsblütern, Rosaceen, Gräsern und Halbgräsern gebildet, während die Orchideen, Dolden, Weiden sich auffallend vermindert zeigen. Von Sträuchern reichen neben den genannten drei Weiden nur etwa die Heidelbeeren, Seidelbaste, Preißelbeeren, die rostblätterige Alpenrose, die Azaleen und Zwergwacholder in unsere Region herein. Wir bemerken hier und auch teilweise schon in der Alpenregion, daß die landkartenartige Scheiben=flechte Lecidea geographica ihre schwarzpunktierten Netzfelder, die sie in der Tiefe fast ausschließlich an Steine heftet, in unseren Höhen an die holzigen Stengel der Alpenrosen setzt und also als Pflanzenflechte auftritt.—Während in den Tiroler und Salzburger Alpen die obere Grenze der Strauchregion bei 2050 m ü. M., in Bern und Bünden nicht viel über 2300 m ü. M. ist, erscheint am Bernina doch der letzte Wacholder noch bei 2700 m ü. M., am Monterosa das Rhododendron noch bei 2884 m ü. M. und ein 15 cm hoher Juniperus sogar noch bei 3273 m ü. M. Von Pilzen zeigen sich nur wenige Brandpilzarten bis über 2600 m ü. M.; auch die Algen repräsentieren sich in dieser Höhe durch die Schneealge, Protococcus nivalis, im roten Schnee. Dabei ist zu beachten, daß auf reinen Kalkgebirgen die Pflanzenarmut der Schneeregion in viel höherem Grade hervortritt als da, wo dem Kalke viel Thon und Kiesel beigemischt ist, oder auf dem leichter verwitternden Schiefer. Die Skrofularien, die weitduftenden Aurikeln, die rotglühende Berghauswurz, die Alpenastern, die Abarten der aromatischen Primula viscosa bilden neben der weißen Dryas und rosenroten Silene, der kurzblätterigen Gentiane, dem zweiblütigen Steinbrech, der schimmernden Gletscherranunkel, dem penninischen Mannsschild, den niedlichen Aretien und Vergißmeinnicht den überraschend prächtigen Schmuck der Felsen. Es ist, als ob die Natur den sömmerlichen Brautkranz dieser Höhen um so glänzender gestalte, je kürzer er dauert, wie sie die armen Flechten und Moose der arktischen Vegetation ähnlicherweise mit einer Farbenpracht in glühenden Gold= und Purpurtönen ausgestattet hat, die sich sonst nicht wiederfindet. Wo nur ein schneefreies Plätzchen ist, bis auf die höchsten Firste herauf, wo, wie auf dem Lyskamme, die Gletscher= aretia mit einer mittleren Jahrestemperatur von — 12° bis — 15° C. zu vegetieren hat, sucht sich das Leben der Pflanzenwelt anzusiedeln. Weiter unten überzieht es rasch jeden schneefreien Geröllplatz rasenartig, setzt auf die kalten, feuchten Blöcke und den Schiefersand der Moränen mitten auf dem Gletscher noch seine Moose, Flechten, Schwämme und über dreißig Arten von Phanerogamen, bildet in den Vertiefungen nackter Kuppen und selbst in den Spalten alter Gletscherschliffflächen noch eine verhältnismäßig reiche Torf= flora. In der Region aber, wo die letzte Blütenpflanze nicht mehr gedeihen mag, heftet es sich doch als Flechte an den feuchten, nahrungslosen Stein; es bleibt in der Regel zehn bis elf Monate von Todeserstarrung befangen, regt sich aber alljährlich wieder, sobald die Sonne beginnt, den Schneeflor des Felsens zu schmelzen und das Pflänzchen zu tränken, zu seiner kurzwöchigen Sommervegetation und breitet konzentrisch seinen Thallus um ein weniges weiter aus.

Werfen wir noch auf die ganze Pflanzenwelt des Gebirges einen Blick zurück, so fällt uns ihre bereits angedeutete Verwandtschaft einerseits mit der des hohen Nordens, anderseits mit der aller anderen Hochgebirge bedeutsam ins Auge. Die arktische Flora hat volle 150 Arten und speziell Skandinavien 134 Arten von Blütenpflanzen mit unsern Alpen gemein, ganz ähnlich wie der Altai 54 und das nordamerikanische Hochgebirge 75 Pflanzenarten der polaren Zone besitzen. Und wiederum findet sich unsere Alpenflora nicht nur auf dem Jura vor, sondern auch auf den Apenninen, den Pyrenäen, den Sudeten, Karpathen, dem Kaukasus; ja der mittelasiatische Altai trägt noch 80, das nordostsibirische Aldangebirge noch über 60 schweizerische Alpenpflanzen und auch der Himálaya noch einzelne. Wo der gemeinsame Stammherd dieser Flora war, ob im hohen Nordland oder aber im Altai und mongolischen und daurischen Gebirgslande, wo sich wenigstens die größte Zahl von arktisch= alpinen Pflanzenarten vereinigt, dürfte kaum zu ermitteln sein. Viel sicherer dagegen wissen wir, daß diese arktisch=alpine Pflanzenwelt die Flora der Gletscherzeit war, in welcher sie bis zum Nordpol hin alles aus der Eiswüste emporragende Land gleichmäßig bedeckte. Als die Gletscher allmählich schwanden, und von Osten her die heutige Tieflandsflora ein= wanderte, verblieb die alte Pflanzenwelt der Eiszeit nur den Hochgebirgen und dem hohen Norden, also in ähnlichen Verhältnissen wie die, in denen sie entstanden war. Sie vermochte sich in einzelnen Kolonien sogar auf isolierten Vorbergen und höhern Hügelkuppen zu erhalten, sowie in den aller Kultur entzogenen Torfmooren, den Überbleibseln alter Gletscherlagunen, wo noch heute die Rausch= und die Moosbeere, das Alpenfettkraut, die achtblätterige

Dryas, die Mehlprimel, der Sonnentau und die Bergföhre an die Alpen und an die Eiszeit zugleich erinnern *).

*) Unlängst ist die Litteratur durch eine zusammenfassende Untersuchung über die nivale Flora der Schweiz bereichert worden, es ist die letzte Arbeit, welche der unermüdliche Prof. O. Heer noch kurz vor seinem Tode (1883) redigiert hat. In derselben sind alle Beobachtungen über die Verbreitung der Pflanzen der Schneeregion zusammengestellt und Vergleiche mit anderen Florengebieten enthalten, aus denen sich Hinweise über die Herkunft der nivalen Flora ergeben. Nach Heer besitzt die Schweiz 337 Blütenpflanzen, welche zwischen 2550 m und 4200 m vorkommen. Etwa $1/10$ derselben findet sich auch in der Ebene, $9/10$ sind ausschließlich Gebirgspflanzen. Die reichste nivale Pflanzenwelt enthält die Gebirgsmasse des Monterosa. Er verlegt nunmehr die ursprüngliche Heimat derselben in den hohen Norden, denn etwa die Hälfte findet sich auch in der arktischen Zone, aus welcher sie wahrscheinlich zur Gletscherzeit über Skandinavien in unsere Gegenden gelangte. Die anderen Arten, welche man als endemische bezeichnet, entstanden erst in unseren Alpen. Davon gehören acht Arten der Schweiz ausschließlich an und besitzen nur ein kleines Verbreitungsgebiet. Es sind folgende Spezies: Senecio uniflora, Campanula excisa, Primula oenensis, Androsace Heerii, Androsace Charpentieri, Oxytropis neglecta, Herneria alpina und Polygala alpina. Die Monterosakette scheint ein Hauptbildungsherd endemischer Pflanzen gewesen zu sein. Die nivale Flora erhielt erst mit Beginn der Quarternärzeit ihr jetziges Gepräge und verbreitete sich auf den Moränen der Gletscher in die Gebirgsgegenden der Nachbarländer, teilweise auch ins Tiefland.

Fünftes Kapitel.

Allgemeine Umrisse des niedern Tierlebens.

Möglichkeit des animalischen Lebens in der Schneeregion und ungleiche Wirkung der Höhenluft auf den Organismus. — Die ständigen Bewohner der Schneezone. — Letzte Vertreter des hochalpinen Tierlebens. — Tierfunde in den höchsten Regionen. — Verlängerung des Lebensprozesses der niederen Tiere. — Raubtiere und Pflanzen= fresser. — Verschiebenheit der Tiergrenzen in verschiedenen Alpenzügen.

Im allgemeinen darf das Tierleben, weil es als das höhere auch das feiner organisierte, an mannigfaltigere Bedingungen geknüpfte ist, als nicht ganz so hoch hinansteigend angenommen werden wie das Pflanzenleben. Der höhere Organismus verlangt mehr Schutz zu seiner Entwicklung, eine breitere Basis für seine Existenz, ein reicheres Material zur Übung seiner Kräfte. Die kümmerliche, zollgroße, eiskalte Schneeblöße der Hochalpen ist ihm nicht gerecht und kann bloß den niedersten animalischen Formen stellenweise zur Heimat dienen. Der Mensch, der höchste Organismus, litte auf die Dauer unter den lebensfeindlichen Einflüssen der obersten Schneeregion am meisten, obwohl ihm seine höhere geistige Begabung reichliche Hilfsmittel zum Wider= stande darbietet.

Selbst ein kürzeres Verweilen in größeren Höhen ist für ihn mit mancherlei Ungemach verbunden. Die Erzknappen am Theodulspasse hielten es in der obersten Bergmannshütte 3234 m ü. M. trotz alles Schutzes jährlich nur zwei Monate lang aus. Bei den meisten Besteigern unserer höchsten Alpengipfel zeigen sich einzelne oder ganze Reihen von Erscheinungen, welche beweisen, wie bald das tierische Leben dort oben zu leiden beginnt. Als Zumstein von 1819 an fünf Expeditionen auf den Monterosa unternahm und dabei bis in eine Höhe von 4500 m ü. M. gelangte, nahm er an sich und seinen Gefährten Beklommenheit, Mutlosigkeit, unwiderstehliche Schlaf= sucht, Appetitlosigkeit wahr; die Gesichtshaut und die Augen entzündeten sich, und selbst die in der Höhe lebenden Erzknappen bekamen so aufgedunsene Köpfe, daß sie bis zur Unkenntlichkeit entstellt waren. Ähnliches erfuhr Ulrich bei seiner Monterosabesteigung. Als der berühmte Saussure 1787

zum erſten Mal den Montblancgipfel erreichte, waren auch die kräftigſten
Männer nach bloß 7—8ſtündigem Marſche ſo erſchöpft, daß ſie jedesmal
nach ein paar Dutzend Schritten wieder ruhen mußten; die geringſte Arbeit,
ſelbſt das bloße Halten der phyſikaliſchen Inſtrumente, entkräftete auffallend;
der Durſt und der Ekel gegen Speiſen war unüberwindlich, der Pulsſchlag
noch nach vierſtündiger Ruhe höchſt beſchleunigt, bei einzelnen verdoppelt.
Bei den folgenden Montblancbeſteigern ſtellten ſich Übelkeiten, Schlafſucht,
Lippen= und Naſenbluten, Geſichtsſchmerzen, unlöſchlicher Durſt, Reſpirations=
beſchwerden, Gehirnaffektionen, Kolik, Anwandlungen von Ohnmacht 2c. ein.
Einzelne blieben von all dieſen Krankheitsphänomenen faſt ganz befreit, andere
fingen ſchon bei 3200 m ü. M. an zu leiden. Ähnliche Beobachtungen machten
Sauſſure auf dem Mont Cenis; die vierzig Perſonen ſtarke Expedition, welche
1841 den Großen Venediger beſtieg, Ramond auf dem Maladetta (Pyrenäen),
de Saybe auf dem Ätna, Parrot im Kaukaſus, Wilkes auf dem Mauna Loa
auf Hawaii (Südſee) bei 5020 m ü. M., Glennie und Gros auf dem Popo=
catepetl bei 4632 m ü. M., Fremont auf dem höchſten Pic der Rocky
Mountains (4135 m), Humboldt und Bonpland am Chimborazo bei
5500 m ü. M., die Gebrüder Schlagintweit, welche die höchſte bisher
erſtiegene Berghöhe erreichten, am Ibi=Gamni im Himálaya bei 6785 m ü. M.
(am 19. Auguſt 1856).

Am intenſibſten erſcheinen die lebensfeindlichen Höheneinflüſſe am
Himálaya und in den Kordilleren. Moorcroft (1812) litt am Nitipaſſe im
Himálaya mit ſeinen Leuten ſchwer an der Reſpiration, Schwindel, Kolik,
Lippenbluten, Übelkeit und apoplektiſchen Symptomen; ähnlich Frazer 1815,
Webb 1819, Jacquemont 1824, Hoffmeiſter, Gerard u. a. In den Kordilleren
befällt die ‚Puna‘ oder Bergkrankheit beinahe alle Fremden bei 3600—4800 m
ü. M., auch bei der allergeringſten körperlichen Anſtrengung. Sie äußert ſich
namentlich in Schwindel, Ohrenſauſen, Ekel, Kopfſchmerz, Kongeſtionen; oft
tritt das Blut tropfenweiſe aus den Augen, den Lippen und der Naſe; auch
Darm= und Lungenblutungen ſtellen ſich ein und bisweilen ſelbſt der Tod.
Die Gebirgsindianer leiden, wahrſcheinlich infolge ihres Cocakauens,
nicht an dieſer Krankheit; Fremde akklimatiſieren ſich aber oft erſt nach
langer Zeit.

Sehr ungleichartig ſind die bezüglichen Erfahrungen der Luftſchiffer.
Während Gay=Luſſac (1804) bei 7016 m ü. M. die Reſpiration gehemmt
und den Puls beſchleunigt, Robertſon (1826) bei 6300 m ü. M. das nämliche
und überdies die Geiſtesthätigkeit abgeſtumpft und die Kälte unerträglich fand,
fühlten Barral und Bixio (1850) bei 6600 m ü. M. und Green (1838)
ſelbſt bei 8000 m ü. M. keine Atembeſchwerden. Glaiſher dagegen, deſſen
Ballon am 5. September 1862 den höchſten bisher gewonnenen Punkt über
dem Erdball bei mindeſtens 9600 m erreichte, ſtürzte bewußtlos zuſammen
und verdankte nur der Geiſtesgegenwart ſeines Gefährten, der, ſelbſt unfähig,

noch einen Arm zu rühren, das Ventil mit den Zähnen öffnete, feine Rettung.

Aus der Verſchiedenheit der gemachten Erfahrungen geht zunächſt hervor, daß hier wie bei der See= und anderen Krankheiten die individuellen Diſpoſitionen eine große Rolle ſpielen. Läßt man aber auch die leicht= erklärlichen Einwirkungen der körperlichen Anſtrengungen, der ungewohnten Diät, der geiſtigen Affektionen (Spannung, Furcht ꝛc.) außer Berechnung, ſo wird man doch eine gewiſſe Summe objektiver Faktoren auffinden, welche dem regelmäßigen Prozeſſe des tieriſchen Lebens in ſolchen Höhen, wie ſie unſere oberſten Alpengipfel erreichen, hemmend entgegentreten. Und hierher gehören in erſter Linie die meteorologiſchen Verhältniſſe derſelben. Unter der Ein= wirkung eines weit geringeren Druckes iſt dort oben die atmoſpäriſche Luft dünner; die Lungen bedürfen alſo einer weit häufigern Atmung als im Tief= lande, um das gleiche Quantum Sauerſtoff einzunehmen, und dadurch iſt auch die beſchleunigte Blutzirkulation bedingt. Ferner reizt die große Trockenheit der Höhenluft die menſchliche Haut zu einer weit ſtärkern Verdunſtung ihres Waſſergehaltes an. Dieſe Verdampfung geht ſo raſch vor ſich, daß oft bei der größten Anſtrengung, welche das gleiche Individuum im Tieflande in ein Schweißbad verſetzen würde, in jener Höhe kein Schweißtropfen auf die Haut tritt; er verdunſtet, ehe er ſich bilden kann. Daher die Erſcheinung, daß Bergſteiger und Luftſchiffer bei unfreundlicher Witterung, in Nebel= und Wolkenſchichten ſich beſſer befinden, ja ſelbſt bei Regenſchauern weniger leiden als bei klarer Luft oder gar bei ſcharfem Winde. Oft mag bei längerem Aufenthalt jene Abnahme des Sauerſtoff= und Waſſergehaltes der Luft ſogar ungünſtig auf die Säftemiſchung und Blutbildung einwirken; jedenfalls aber iſt die ſtarke Hautausdünſtung, verbunden mit dem Einfluſſe der intenſiven Lichtſtrahlen und des Reflexes derſelben von den Schneefeldern die Urſache der Austrocknung der Oberhaut, des Abſterbens derſelben und der Entzündung der überreizten Augen.

So fehlen, wenigſtens in unſeren Breiten, dem Menſchen bei 3900 bis 4200 m ü. M. die Bedingungen einer normalen Exiſtenz ſchon der atmo= ſphäriſchen Bedingungen wegen. Wohl ſtanden die Hütten der Naturforſcher Sauſſure und Hugi bei 3200 m ü. M., und Zumſtein übernachtete, höher als je ſonſt ein Menſch in Europa vor ihm, bei 4260 m, am Monteroſa, wo er ſein Zelt in einer zehn Klafter tiefen Eisſpalte aufſchlug; aber das waren nur kurze, ſeltene Beſuche. Die obere Schneeregion trägt bleibend kein Menſchenleben. Wir müſſen alſo in ſolchen Höhen des europäiſchen Kontinents als ſtändige Bewohner nur niedrige Organismen ſuchen, Tiere von zäher Art, kleine Geſchöpfe der unteren Stufen, während dagegen am Himálaya 3700 m ü. M. noch Dörfer liegen, in denen feinwollige Ziegen gepflegt werden, in den Anden zwiſchen den Wendekreiſen bei 3900 m ü. M. noch wohlbevölkerte Städte (in denen zwar Menſchen und Hunde behaglich, aber keine Katzen leben können) und bei 4500—5000 m die letzten Insekten zu finden sind, der Kondor aber 6000 m ü. M. im Äther schwebt*).

Es ist interessant, zu erfahren, daß nach den bisherigen Beobachtungen unsere Tierwelt beinahe so weit hinanreicht, als die Blütenpflanzen. In der Schneeregion hat man bis jetzt 32 Tierarten gefunden, die stets in ihr bleiben, nämlich 18 Insekten, 13 Spinnen und eine Schnecke, die im Tieflande nur im Spätherbst und Anfangs Winters erscheint, im Frühling aber verschwindet. Diese Schnecke (Vitrina diaphana, var. glacialis) und die Insekten gehen nicht über 2900 m ü. M.; von den Spinnentieren dagegen finden sich fünf Arten noch von 2900—3200 m ü. M., und eine Art, eine Weberknechts= oder Zimmermannsspinne (Opilio glacialis), die nie unter 2300 m ü. M. hinabsteigt, also völlig an die Schneeregion gebunden ist, wurde als letzter Vertreter des hochalpinen Tierlebens sogar bei 3600 m ü. M. auf der Spitze des Piz Linard gefunden. Sie ist hellgrau, hat auf dem Rücken einen gelblichgrauen, leierartigen Fleck, hellere Beine und einen gelbweißen Bauch. Das Männchen ist etwas kleiner als das Weibchen; beide sind im größten Teile der höchsten Alpen heimisch. In ihrer Gesellschaft von 2900 bis 3200 m ü. M. haust in kleinen Trupps unter den Steinen die kaum über 2 mm lange, hübsch ziegelrote Schneemilbe (Ryncholophus nivalis. *Hr.)* mit langen, fadenbünnen, blaßgelben Beinen, von Heer, der sie zuerst abgebildet hat, auf der Spitze des Piz Levarore im Engadin (3111 m ü. M.) und des Umbrail (2965 m ü. M.) noch aufgefunden; ferner die eigentlichen Spinnen, worunter Lycosa blanda (die angenehme Erdspinne), ein 7 mm langes braunschwarzes Tierchen mit starkbehaarten Beinen, als die häufigste Hochalpspinne. Sie zeigt sich sogleich nach dem Wegschmelzen des Schnees und macht dann auf die übrigen, noch winterschlaftrunkenen Tierchen Jagd. Die Weibchen schleppen große blaßgelbe Eiersäcke nach. v. Welden fand sie am Monterosa bei 3000 m ü. M.

Von 2900 m ü. M. bis 2750 m treten zu diesen vier andere Weber= knechtsspinnen, vier echte Spinnen, dreizehn Käferarten, drei Schmetterlinge mit ihren Raupen, eine Holzlaus, eine Schlupfwespe und eine Schnecke.

Die Besteiger der Hochgipfel haben außer diesen ständigen Bewohnern der höchsten Zone des alpinen Tierlebens auch andere interessante Erscheinungen zufälliger Art gefunden. So entdeckte Hugi auf dem Finsteraarhorn bei 3900 m ü. M. die Schneemaus in lebendem Zustande; auf einem Felsen= kamme des Umbrail bei 2965 m ü. M. wurde mitten im Firn die Berg= eidechse angetroffen; auf dem Monterosa begegnete Zumstein bei 4514 m ü. M. einer Gattung silberfarbiger halbtoter Schmetterlinge, die viel Ähnlichkeit

---

*) Potosi liegt 4164 m, Cerro de Pasco 4296 m, das Bergwerk Santa Barbara bei Huancavelica 4422 m ü. M. Der höchste stets bewohnte Punkt der Erde aber ist das buddhistische Kloster Hanle in Tibet bei 4603 m ü. M.

mit dem Perlmutterſchmetterlinge hatte und ſelbſt bei 4554 m ü. M. einem roten Falter, der über die Zumſteinſpitze wegflog, während auf dem Schnee tote und lebendige Mücken lagen.

Dicht unter dem höchſten Gipfel des Monteroſa erhielt M. Ulrich, während er auf die von der Kuppe zurückkehrenden Führer wartete, den Beſuch eines Raben (Schneekrähe?) bei 4548 m ü. M. Auf der oberſten Spitze des Töbi (3623 m ü. M.) ſah Dürler einen weißen Falter flattern. Coaz fand die Spuren der Gemſen bis gegen den Gipfel des Bernina; Agaſſiz entdeckte auf der Jungfrau einen hoch in der Luft ſich wiegenden Falken (Wanderfalken?) und Heer, der unermüdliche Forſcher, auf dem Palü= gletſcher am Bernina (3600 m ü. M.) einen ausgetrockneten Schneefinken. Dr. Rudolf Mayer fand bei ſeinem erſten Verſuche zur Erſteigung des Finſteraarhorns 3368 m ü. M. eine um die Silene acaulis ſchwebende Weſpe, 2900—3200 m in einer Eisſchrunde eine lebende Maus, 4300 m hoch Alpendohlen, 3600 m Schneehühner, 3200—3900 m Perlmutterſchmetterlinge, von denen einer 2900 m ü. M. auf der Höhe des Aletſchgletſchers eben die an einen Felſen geheftete Puppe verlaſſen hatte, — alſo in heimiſcher Entwickelung begriffen! Der erſte Beſteiger des 3296 m hohen Scherhorns traf auf dem Gipfel eine Schar Schmetterlinge von 8—10 Stück an, munter in der warmen Luft ſich wiegend. Er unterſchied eine größere und kleinere Art und bemerkte einen auffallend raſchen Flügelſchlag der Falter. Auf der Höhe des Montblanc fand Sauſſure ebenfalls noch zwei vorüberfliegende Schmetterlinge. Auf der Wildſpitze wurde das Blaukehlchen (Sylvia cyanecula) noch bei 3600 m ü. M. entdeckt, ebenſo hoch Schneefinken und Alpenflühlerchen, und Thurwieſer bemerkte auf Adlersruhe (3388 m ü. M.) ſogar noch das ſo zarte Goldhähnchen (Motacilla regulus). Wir ſelber fanden unter dem Gipfel der Fibia große Schneereviere mit zahlloſen toten Zweiflüglern bedeckt, ebenſo G. Studer auf dem Firnſchnee des oberen Triftgletſchers eine ziemliche Anzahl halberſtarrter Schmetterlinge, Bienen und andere Inſekten, Ulrich auf dem Gipfel des Mont Velan (3763 m) eine tiefländiſche Fliege (Syrphus balteatus). Bei der Erſteigung des Töbi am 16. Juli 1866 fanden wir bei etwa 3400 m ü. M. zwei muntere Alpendohlen und auf dem weiten Firnfeld zwei große Libellen, von denen die eine noch lebte, auf dem obern Theodulgletſcher eine Menge von Drohnen, einige Arbeitsbienen ꝛc. Wir müſſen dabei voraus= ſetzen, daß dieſe Luftfahrten nur teilweiſe unwillkürliche, gewaltſame ſind und dies nur da, wo wir einzelne oder ganze Maſſen von Inſekten vom Winde in dieſe unwirtlichen Gelände entführt ſehen, während eine Menge anderer ſich mit freier Bewegung hierher verirrt. Anders ſind ähnliche Tierfunde in den heißen Klimaten zu erklären. Hier iſt eine weit ſtärkere Luftſtrömung von der erhitzten Erdrinde in ſenkrechter Richtung nach oben die Urſache, daß nicht nur Inſekten in Höhen von 6000 m ü. M. entführt, ſondern nach Bouſſingaults Beobachtungen ſelbſt kleine Ballen dürrer Grashalme in regelmäßigem Spiele

emporgehoben werden*). Daß ebenso unwillkürlich ganze Heuschrecken=
schwärme, Wasserjungfern, Schmetterlinge (letztere von Darwin 16 km von
der patagonischen Küste in ungeheueren, viele Myriaden zählenden Schwärmen
beobachtet), selbst Landspinnen 30, ja selbst 600 km vom Lande durch den
Wind entführt, von den Schiffen aufgefunden wurden, ist eine bekannte
Thatsache.

Daß jene Tiere hier oben sterben müssen, ist eher zu begreifen, als daß
die andern, deren Aufenthalt lebenslang diese Firninseln sind, zu leben ver=
mögen. Flechten und Moose, ihre Nachbarn, brauchen zu ihrer Vegetation
nur Luft und Feuchtigkeit; nach jahrelangem Scheintode wachsen sie wieder
fort, sobald etliche Tropfen Wasser sie getränkt haben. Die Vegetation der
Blütenpflanzen, die natürlich alle perennierend sind, da sie selten zur vollen
Samenreife gelangen, ist schon wunderbar genug, wenn man erwägt, wie oft
diese äußersten Stationen gar keinen Sommer haben und die zähe Lebenskraft
der kleinen Gewächse ohne Luft und Licht ausdauern muß. Aber am wunder=
barsten ist es, wie Tiere, die ihren Odem nicht in tiefe Erdwurzeln zurückziehen
können, nicht nur zu leben, sondern sogar sich fortzupflanzen vermögen,
wie sie ihren ganzen, oft so komplizierten Verwandlungsprozeß hier zu
vollenden imstande sind. Um dieses möglich zu machen, scheinen sie nur
stationen= und ruckweise zu leben und sich zu entwickeln. Es ist nicht denkbar,
daß in den wenigen wärmeren Wochen das Ei alle Phasen bis zum fertigen
Käfer durchzumachen vermöge; es ist wahrscheinlicher, daß das Tierchen zu
dieser Fortbildung, zu der es im Thale 6—8 Monate bedarf, hier oben
mehrere Jahre braucht, daß es jedesmal in einer neuen Entwickelungsperiode
stehen bleibt und während der zehn bis elf Eismonate starr daliegt, im
folgenden Jahre aber während des neuen Lebensmondes seine Entwickelung
fortsetzt und in solcher Weise sein Dasein wunderbar und außerordentlich
verlängert.

Wovon aber nähren sich diese Tierchen? Von den 32 sogenannten
Schneetierchen sind 24 Raubtiere, die nicht von Pflanzenstoffen leben,
sondern als deren Schützer und Hüter erscheinen, und unter diesen fünf
Spinnenarten, die bloß nächtliche Raubtiere sind, während doch jene Nächte
stets von Frost und Eis starren! Hierüber besitzen wir noch keine befriedigenden
Aufschlüsse, obgleich auch hier das die Vegetationsdecke schützende Naturgesetz
unverkennbar herrscht.

---

*) Bei klarer, ruhiger Witterung, wo die kräftige Insolation die untern Gehänge
ungestört durchwärmt, ist auch in unsern Breiten eine starkwirkende aufsteigende Luft=
strömung erkennbar. So beobachteten die Ersteiger des Piz Lischanna (3100 m ü. M.,
im Unterengadin) am 16. September 1871, wo sie die Blüten des Alpenhornkrautes
noch von Fliegen, Immen und Faltern besucht fanden, wie jedes hinausgeworfene
Zeitungsblatt rasch in wagerecht rotierender Bewegung in die Höhe stieg, bis es als
weißes Pünktchen von einem andern Luftstrom ergriffen wurde.

Nach dem früher Bemerkten wird es uns nicht befremden, wenn wir in dieſer Höhenverbreitung des pflanzlichen und tieriſchen Lebens eine große, durch klimatiſche Verhältniſſe bedingte Verſchiedenheit finden. Auf der Süd= ſeite der Zentralalpenkette ſind die oberſten Grenzen beträchtlich höher geſteckt als auf der Nordſeite, iſt die Vegetation viel reicher ausgeſtattet, viel mannig= faltiger. In den nördlichen Alpenzügen erſtirbt das Leben früher; auf gleich= hohen Punkten haben ſie weit weniger Pflanzen und Tiere als die ſüdlichen Züge. Wir haben in der Schneeregion dieſer letzteren 105 Blütenpflanzen gefunden, in den nördlichen Gebirgen nur 24; in Bünden findet ſich das letzte Tier 3500 m ü. M., in Glarus hat ſich über 2880 m ü. M. bisher noch keines gezeigt; dort (auf dem Hinterglärniſch) fand ſich die letzte Gletſcher= ſpinne. Die Tiere ſelbſt bleiben ſich in den nördlichen und ſüdlichen Gebirgs= armen gleich, wie die Pflanzen, nur ihre letzte Höhe wechſelt. So verſchieden beide in der ſüdlichen und nördlichen Thal= und teilweiſe noch in der Berg= region ſein mögen, — in der alpinen und nivalen Zone tritt über das ganze Alpengehänge das gleiche Syſtem, die gleiche Art auf. Und wie wir am Kaukaſus, auf den armeniſchen und ſibiriſchen Alpen und am Himálaya einen großen Teil unſerer Hochgebirgspflanzen wiederfinden, während in den Gebirgen der neuen Welt ſich die Tendenz der Gleichförmigkeit wenigſtens durch Bildung gleicher Gattungen ausſpricht, ſo bietet die Tier= und Pflanzenwelt des hohen Nordens große Übereinſtimmung mit der unſerer Hochalpen, und zwar bleibt ſich der Norden von Amerika, Aſien und Europa hierin gleich. So finden ſich auf Spitzbergen viele Inſekten unſerer Schnee= region und wahrſcheinlich auch andere entſprechende tieriſche Formen, und unſere Baldenſteiniſche Alpenmeiſe iſt, wie wir bemerkt haben, die Meiſe des hohen Nordens (Parus borealis). Wie bei uns das tieriſche Leben bis gegen die höchſten Höhen reicht, ſo reicht es mit unendlicher Dauerbarkeit in die Eiswüſten der Pole hinein, und wo längſt die ſichtbaren animaliſchen Gebilde zurückgeblieben ſind, exiſtieren noch im Eiswaſſer hunderte von Arten kieſel= ſchaliger Polygaſtren, und ſelbſt 12° vom Pole im ewigen Eiſe Coscinodisken mit ungeſtörter Lebensthätigkeit und der Boreus hyemalis im arktiſchen Schnee.

———

Sechstes Kapitel

Die Schneetiere.

Die einzelnen Klassen der niederen Tierwelt innerhalb der Schneeregion. — Armut an Wirbeltieren. — Die Bergeidechse und die Viper. — Die Vögel. — Adler und Geier. — Stein- und Schneehühner. — Schneefinken. — Große Beschränkung der Säugetiere.

Wir bemerkten bereits, daß die Mehrzahl der Gliedertiere, welche die obere Schneeregion bewohnen, kleine, über 2600 m ü. M. meist flügellose Geschöpfe sind, die an die Humusplätzchen, die Flechten, Moose der Felsritzen und die Spielplätze der wenigen Blütenpflanzen ihrer Oase zeitlebens gebunden erscheinen. Geflügelte Insekten, die oft in großer Menge vom Winde bis auf die oberen Firne heraufgeweht werden, sinken dann in diese bis 60 cm tief ein. Man hat bemerkt, wie diese Tierchen sich mit ausgebreiteten Flügeln und Gliedern auf dem Firn niederlassen und so behaglich und unbeweglich liegen bleiben, indem ihnen wahrscheinlich die Absorption des Sauerstoffs zusagt. Will man sie auf Holz oder Stein retten, so flattern sie sogleich wieder weg nach dem Firn, wo sie sich wie berauscht ausbreiten und allmählich mit vollem Behagen einsinken. Sechzig cm tief herausgegraben, werden sie bisweilen rasch wieder munter; sonst sterben sie bald und zerfallen dann sogleich, worauf das Tiefereinsinken aufhört. Man legte getötete Insekten auf den Firn; der Körper schwoll zu einer weichen Masse stark auf und sank etwas ein; dann zerfiel er und die Firnöffnung schloß sich über ihm.

Nicht auf alle einzelnen Gliedertiere, die man bisher in der Schneeregion gefunden hat, können wir natürlich eingehen und beschränken uns auf folgende, diese Tierwelt etwas näher bezeichnende Angaben. Die Aufgußtierchen sind nach einer früheren Bemerkung zahlreich vertreten und weisen wahrscheinlich im ‚roten Schnee‘ eigentümliche, nivale Formen auf, die erst teilweise erforscht sind. Von Weichtieren haben wir bis in die obere Region die Varietät einer tiefländischen Schnecke gefunden, die man gewiß am wenigsten in solcher Höhe vermutet; die übrigen bleiben alle wohl schon vor der unteren Schneezone zurück, da sie ohne Ausnahme an eine gedeihlichere Vegetation

gebunden sind; doch geht die durchscheinende Glasschnecke und die Helix
alpicola an einigen Orten bis 2300 m ü. M. Von den Wurmtieren geht
wahrscheinlich allein der kosmopolitische Regenwurm bis zur oberen Schnee=
region; ihm leisten einige Tausendfüßer Gesellschaft, ferner die Schneemilbe,
etliche Weberknecht=, Wolfs=, Zellen= und Krabbenspinnen, welche alle bis zu
großer Höhe ihr Leben wunderbar zu fristen vermögen. Ein Afterskorpion
erscheint in den Glarnergebirgen noch bei 2600 m ü. M., nämlich das
Obisium sylvaticum, sonst im Tieflande erscheinend, in manchen Teilen der
Schweiz aber zahlreicher in den oberen Regionen. Die Schnabelinsekten
bleiben mit wenigen Ausnahmen vor und in den Alpen zurück, wo immer
noch gegen 20 Arten über die Holzgrenze hinaufgehen; ein paar Blattflöhe
und Zirpen sind zumteil in eigentümlich hochgebirgischer Form über der
Schneelinie entdeckt worden. Der Gryllus pedestris zeigt sich in Wallis und
Bünden noch 2600 m ü. M., die Bücherlaus in Glarus noch 2800 m ü. M.
unter Steinen, während bei 2600 m ü. M. daselbst alle Fliegen aufhören,
die tiefer unten ein so bedeutendes Element der Insektenwelt bilden. Immer=
hin reichen aber hier noch eben so weit die zarten Federmücken in eigenen
alpinen Formen und zeigen ihre Larven häufig in feuchtem Moose.

Die Schneeregion beherbergt als ständige Tiere gegen ein Dutzend
Schmetterlinge*), die obere Hälfte selbst noch drei solche, die um so mehr als
regelmäßige Bewohner derselben gelten müssen, als ihre Raupen ebenfalls
daselbst leben und die ganze Verwandlung hier vor sich geht. Es sind nur
dunkelfarbige Arten, die hier noch beständig auftreten, wie mehrere dunkel=
und schwarzbraune Hipparchien, die rotbraune Saumeule, deren Raupe an
den Primeln und Aurikelstöcken zehrt, und häufig die kupferbraune Gamma=
eule, die zahlreich im Tieflande vorkommt. Einzelne Fremdlinge flattern, wie
bemerkt, vom Winde verschlagen, oder wahrscheinlich auch vom tiefländischen
Nebel gehoben**), zur Rettung in die lichteren Höhen, auch über die höchsten
Kulme, gehen aber ohne Zweifel vor Ermattung in den nahrungslosen
Revieren zu Grunde. Von wespenartigen Insekten gehen in den südlichen
Alpen manche Schlupfwespen in die Schneeregion, ebenso die Moos=, Erd=

---

*) Agassiz fand Anfangs März in der Schneewüste hoch auf dem Aargletscher
einen kleinen Fuchs (Vanessa urticae), der sich so munter umhertummelte, als wäre
er auf blühender Wiese, während doch das ganze Hasli= und wohl auch das Rhone=
thal tief im Schnee vergraben lagen.

**) So sahen wir noch am 16. November 1855, während alle Thäler und die
ganze Niederung von mehrwöchigen frostigen Nebelmeeren dicht verhüllt waren, hoch
an der Wagenluke (2190 m ü. M.) am Säntisstock zwei Bräunlinge munter umher=
fliegen. In der Tiefe hatte der Frost schon lange die Vegetation ausgelöscht; von
950 m an bis zu der bezeichneten Höhe aber fanden wir noch frische Blüten von 15
Phanerogamenarten. Die Sonne schien lieblich, die Luft war föhnwarm und so
außerordentlich transparent, daß wir noch gegen Mittag mit bloßem Auge einzelne
Sterne leuchten sahen.

und Steinhummel; in den nördlichen bleiben diese etwas früher zurück; nur
die Felsenhummel wird noch bei 2400 m ü. M. gefunden, ebenso einzelne,
wohl verschlagene Honigbienen, die auf den aromatischen Floren der Gras=
bänder noch Blumenmehl und Honig sammeln; ferner eine Blattwespe
(Tenthredo spinacula) in Bünden bis 2600 m ü. M., die vielleicht ihre
Larven in den Gallen der Alpenrose birgt, und die einsam lebende Riesen=
ameise (auf der Spitze des Guldenstockes, 2556 m ü. M.).

Im Verhältnis viel zahlreicher sind in der Schneeregion die Käfer ver=
treten, sie gehen aber nur in den südlichen Alpen in den obern Teil derselben
bis 3000 m ü. M., während sie in den nördlichen wahrscheinlich insgesamt
bei etwa 2600 m ü. M. aufhören und fast nur durch Raubkäferarten
repräsentiert sind, über 2600 m immer ungeflügelte Tiere, die familienweise
in Erdlöchern oder unter Steinen bei einander wohnen. Sie gehören zur
Gattung der Kurzflügeldecker, Aphodiben und besonders der Laufkäfer, und
besitzen teilweise ganz eigentümliche Formen. Der größere Teil kommt
indessen auch in der oberen Alpenregion vor. Wir erwähnen von ihnen die
nicht 5 mm lange, bald dunkelblaue, bald dunkelgrüne, fein punktierte,
niedliche Chrysomela salicina, die von 1950—2600 m ü. M. über die ganze
Alpenwelt verbreitet ist und meist auf einer Zwergweide lebt (Salix retusa);
ferner die Nebria Escheri, einen 9 mm langen, schwarzen Käfer mit
rotbraunen Beinen und Fühlern, der in den Bündner= und Urneralpen bis
2800 m ü. M., aber immer als Seltenheit vorkommt; die Nebria Chevrierii,
braun mit rostfarbigen Füßen und Fühlern, etwa 9 mm lang, in den
die Quellen des Hinterrheins umgürtenden Hochgebirgen bis 2800 m ü. M.
gefunden. Die Larve der Nebria Germari ist am Vorderleib glänzend hell=
braun, auf den Rückenschildern schwarzbraun, am Hinterleib gelbgrau und
etwa 12 mm lang; der Käfer ist braunschwarz mit rotbraunen Fühlern
und Beinen, etwa 9 mm lang, und steigt bis 2800 m ü. M.

So wenig zahlreich im Verhältnis zu den tieferen Regionen die Fauna
der Gliedertiere über der Schneelinie auftritt, so unscheinbar und verborgen
der größere Teil dem flüchtigen Blicke sein mag, so bilden sie doch den eigent=
lichen Grundstock der höchstlebenden Tierwelt und müßten auch in der ganzen
Gestaltung ihrer Lebensform von höchstem Interesse sein, wenn wir im stande
wären, sie nach dieser Seite hin zu schildern. Allein ihre alljährliche
kurze Lebensperiode, ihre Verborgenheit und ihr oft schwer zugänglicher
Aufenthaltsort entzieht sie großenteils der Beobachtung.

Weit mehr noch schwinden aber die höheren animalischen Gebilde vor
dem Froste der endlosen Winter, vor der Nahrungslosigkeit dieser arktischen
Regionen zusammen. Die oft viele Jahre lang in Schnee und Eis ver=
grabenen kleinen Hochseelein ernähren mit seltenen, früher angegebenen Aus=
nahmen so wenig als die kalten Schnee= und Eisbäche, die ohnehin schon in
steilen Rinnsalen einherrauschen, irgend Pflanzen, Fische oder Frösche. Der

Grasfrosch ist über der Schneelinie noch ebenso wenig aufgetreten als eine Kröte; vielleicht daß der schwarze Salamander und der Alpenmolch hin und wider in den südlichen Gebirgen sie überschreiten. In den nördlichen reichen sie bloß an sie hin und können jedenfalls nicht als Bewohner des alpinen Schneegürtels angesehen werden. Überhaupt können von allen Reptilien nur zwei als solche betrachtet werden, nämlich die Bergeidechse und die gemeine Viper mit ihrer schwarzen Spielart. Sie sind aber weit mehr Bürger der Alpenregion und dort näher gezeichnet worden; in der Schnee= region findet man sie jedenfalls nur selten.

Etwas reichhaltiger treten auch über der Schneegrenze noch die Vögel auf, deren Beweglichkeit einen Sommeraufenthalt so hoch hinauf gestattet, als die karge Natur ihnen überhaupt ein Nahrungsfeld zu bieten vermag. Die Schneeregion weist keine ihr ausschließlich eigentümliche ornithologische Erscheinung auf; was in ihr noch lebt, besitzt auch die Alpenregion. Wohl aber nisten und brüten in ihr regelmäßig einige dieser lieben Tierchen, sodaß dort oben wohl ihre Heimat angenommen werden kann, aus der sie nur der lange Winter vertreibt. Man kann vielleicht ein Dutzend Vögel und zwar fast ohne Ausnahme Standvögel auf die Schneeregion rechnen.

Die Lämmergeier und Steinadler gehören jedenfalls auch zu ihnen, indem sie nicht selten selbst die höchsten Alpenkuppen besuchen, oft 4500 bis 4800 m hoch fliegen und des Sommers sich gern in die einsamsten Gehänge der unteren Schneezone zurückziehen, von wo aus sie ihre Jagdzüge über das ganze Hochgebirge ausdehnen. Daß auch irgend eine Falkenart so hoch gehe und selbst über die Jungfrau hinschwebe, ist oben berührt worden; doch mag es mehr eine zufällige Erscheinung sein, da diese weit fliegenden Vögel nicht an einen genau begrenzten Aufenthalt gebunden sind. Viel eigentlicher und als echte Repräsentanten des Vogellebens gehören die gelbschnäbligen, rot= füßigen Schneekrähen oder Bergdohlen (Corvus pyrrhocorax) der Schneeregion an. Von der untern Alpenzone an kann der Bergreisende sicher sein, bis zu den allerhöchsten Gipfeln hinan irgend einen schreienden Trupp dieser großen und lebhaften Vögel an einem Felsenkopf krächzend und hell pfeifend sein Wesen treiben zu sehen. Sie fehlen in keinem Teile der Alpen und verlassen diese nur höchst selten. Noch bei 2900—3200 m ü. M. brüten sie gesellschaftlich in den geschützten Spalten nackter und steiler Felsenwände. Die etwas größere, ebenfalls schwarze, aber mit reichem Schillerglanze übergossene, einem korallenroten Schnabel und hellroten Füßen gezierte Steinkrähe (C. graculus) ist in den nördlichen Alpen selten zu finden und auch in den rhätischen und wallisischen nicht häufig. Sie fliegt bald mit den Schneekrähen, bald einzeln, bald familienweise, an den steilsten Felsen des oberen Hochgebirges, hat sich aber im rhätischen Gebirge dohlenartig (sie heißt dort auch ‚tolan‘) in Kirchtürmen und alten Burgen angesiedelt.

Mit weniger Lärm und Lebhaftigkeit treibt das Schneehuhn (im Wallis arbenne genannt) sein Wesen bis weit über die Schneegrenze hinauf. Die Gletscher sagen ihm nicht zu, wohl aber die Nähe kleinerer oder größerer Schneeblätter, an denen es oft mit großem Behagen herumspaziert, um im aufgetauten lockern Grunde die erwachenden Käfer, Spinnen und Regenwürmer auszuspüren. Da es selten oder nie sehr weit fliegt, geht es in der Schnee= region nur so weit dieselbe mit Rasen oder Getrümm bedeckt ist, die ihm Nahrung bieten können. Hier weilt es und brütet und weiß mit großer Vorsicht seine Brut vor Nachstellung zu verbergen. Möchte es dem sanften und hübschen Tierchen, das jedem Höhenbesucher eine so freundliche Erscheinung ist, immer gelingen! Sein Leben ist im harten und langen Winter der hoch= gebirgischen Reviere ohnehin sauer genug.

Ein echter Bergbewohner der Schneeregion ist ferner der hübsche Schneefink oder ‚Schneevogel‘ (Fringilla nivalis), der nur selten bis zur Holzregion hinabgeht und am liebsten in den Spalten der obersten Felsen, unter den Dächern der Hütten und Hospize brütet. Wir finden ihn in allen Teilen des Alpenzuges, wo er nicht wenig zur Belebung der einsam ernsten Natur beiträgt, wenn auch sein Gesang nicht viel bedeuten will. Seltener ist der rotgeflügelte Mauerläufer; doch geht er in einzelnen Fällen so hoch hinauf wie die Schneekrähe. Der Alpenflühvogel, der auch in den Karpathen nicht unter 1300 m ü. M. brütet, der Zitronfink, der Hausrotschwanz, dessen Nest man noch bei 2450 m ü. M. (am Bernina und am Fuße des Rothorn= gletschers im Schalfik) findet, das Steinhuhn, der Wasserpieper, die graue und weiße Bachstelze und der Rabe sind gar nicht seltene Gäste der Schnee= region, doch in den unteren Alpen weit mehr heimisch. Warme Jahrgänge und ein starkes Zurücktreten der Schneefelder lockt sie hin und wider zu einem Besuche der Höhe; und der Rabe holt daselbst gern die Eingeweide der Gemse, die der Jäger ausgeworfen hat, und wird mitunter an den höchsten Kuppen bemerkt.

Ein spärliches Vogelleben; wenige Bürger, selten Gäste, und die eigent= lichen Bewohner selber im Winter wieder in der Auswanderung. Aber noch seltener ist das Erscheinen der höheren Tierformen, von denen vielleicht nur eine, die Schneemaus (vielleicht auch die Alpenspitzmaus), ihr ganzes Leben ununterbrochen in der Schneeregion zubringt, — auf rätselhafte Weise freilich; doch ist es gewiß, daß sie auch im Winter dort angetroffen wurde. Die Haus= maus, die den menschlichen Wohnungen bis in die Schneeregion folgt, scheint zuweilen sich gegen den Winter der Tiefe zuzuziehen. So sahen wir im Spätherbste eine Hausmaus, die sich wahrscheinlich einen Sommer über in der Hütte an der Säntisspitze aufgehalten hatte, in mühseligen Sätzen und Sprüngen die jähen Geröllfelder hinunter dem Thale zueilen. Die Murmel= tiere reichen bis über 2600 m ü. M. hinan und bauen ihre Sommer= wohnungen in grasigen Gehängen, neben denen die Schneethälchen weit hinunter gehen. Wenn wir die Steinböcke ebenfalls für unsere Region in Anspruch nehmen, so geschieht es nicht in der Meinung, als gehörten sie ursprünglich hierher. Sie scheinen vielmehr für eine tiefere Lage als selbst die Gemsen bestimmt zu sein; die Verfolgungen aber, denen sie sich weniger leicht als diese zu entziehen verstehen, haben sie aus ihren ursprünglichen Revieren zu jenen unwirtbaren und fast unnahbaren Hochgebirgseinöden zurückgedrängt, in denen sich die Art nur kümmerlich im stäten Kampf mit Unwetter, Hunger und Nachstellung und den Gefahren ihres Terrains zu behaupten vermag. Noch erinnern manche Namen an ihr früheres Dasein im Hochgebirge. In der Nähe des Scherhorns waren sie besonders häufig am sogenannten ‚Bockzingel‘ und im Wallis an der Dent blanche (in Zmutt ‚Steinbockhorn‘ genannt). Ihre Verwandten, die Gemsen, fallen überwiegend der Alpenregion zu. Dort ist fast in allen Zügen des Hochgebirges noch jetzt ihre Heimat, wo sie drei Vierteile des Jahres leben und sich fortpflanzen. Wo sie stätig und lebhaft verfolgt werden, fliehen auch sie der Schneeregion zu und weiden auf den zerstreuten Vegetationsoasen derselben bis an die 2900, ja bis 3400 m ü. M. Der erste Besteiger des Plattenhorns (3018 m) fand ihre Exkremente häufig auf dem steilen Gipfel. Sie wechseln aber ihren Aufenthalt in diesem Falle äußerst oft und rasch. Es geschieht z. B. im Frühherbste gar häufig, daß die warme Sonne des Tages die Herde bis zu einer Höhe von 2600—2900 m ü. M. lockt und das Vorgefühl des in der Nacht eintretenden Nebel- und Schneewetters sie noch am gleichen Abend in eine tiefe Alp 1000—1300 m ü. M. hinunter treibt. Daß verfolgte Gemsen sogar in Höhen von 3900—4200 m ü. M. bemerkt worden, sind nur vereinzelte Thatsachen, die weniger für den gewöhnlichen Aufenthalt dieser Tiere zeugen als für ihre Kraft und Dauerbarkeit.

So finden wir auch vierfüßige Raubritter auf einzelnen Streifzügen in den Schneerevieren, — nicht sowohl die großen, als vielmehr ein seltenes Wiesel oder Hermelin auf der Mäusejagd, oder einen Alpenfuchs, der ein Schneehühnervölklein beschleicht oder in der Dämmerung einer Schneekrähe nachzukommen sucht, und dessen Fährte nicht selten bis 3200 m ü. M. hinanreicht. Wie die Alpenfüchse von ihren Wohnungen in den Felsen und Gründen der mittleren Alpenregion im Winter ihre Streifzüge in das Thal ausführen, so dehnen sie dieselben im Juli und August nicht selten bis zu den höchsten Gipfeln des Bergstocks aus und setzen mit großer Leichtigkeit über die schwierigsten Gletscher. Viel seltener findet der Alpenhase sich in der eigentlichen nivalen Zone, und wo er sich zeigt, erscheint er nur im untern Teile derselben — entweder als Flüchtling oder zu kurzer Äsung.

Das Auftreten der höchsten Tierformen ist in unseren Bezirken ein so seltenes, verborgenes, daß sie in der Regel ganz aus dem landschaftlichen Gemälde verschwunden scheinen, in dem unendliche tote Massen mit trotzigkühnen Formen, kaum gemildert durch die leuchtenden Gürtel niedriger

Alpenpflanzen und ein sporadisches Insekten- und Vogelleben, eine unbedingte Herrschaft behaupten. Im Himálaya dagegen reichen die großen Säugetierformen noch mit Individuenmassen in die Schneeregion hinein. Namentlich bilden die scheuen, kühnen Kiangs (Asinus polyodon, Wildesel), die eben so scheuen, reichbließigen Yaks (Poëphagus gruniens, Grunzochsen) und die wilden Tarpans (Wildpferde), neben Antilopen, Wildschafen, Schakalen und Füchsen noch zahlreiche Herden an der Grenze der Vegetation, ja bis 5800 m ü. M., d. h. 300—500 m über der lokalen Schneegrenze.

Biographien und Tierzeichnungen.

I. Die Schneefinken.

Ihr Aufenthalt und ihre Lebensweise.

Neben den Stein= und Schneekrähen und dem Schneehuhn bewohnen die Schneefinken die höchsten Gebirgsregionen, der einzige kleine Vogel, der den größten Teil des Jahres zwischen Schnee und Eis verbringt, ein gar hübsches, munteres, zutrauliches Tierchen, das nur selten in die mittleren Teile des Hochgebirges geht, und weiter unten sowie im Tieflande kaum bekannt ist.

Diese Finken, welche unser Geßner auffallenderweise nicht kannte (denn sein ‚Schneefink‘ ist der Bergfink, F. montifringilla), gehen höher als der niebliche Zitronfink und wirtschaften durchweg wenigstens über der Holzgrenze. Ihre liebsten Aufenthalts= und Brüteorte aber sind nicht milbe, grasreiche Alpengegenden, sondern steile Felsenkämme. Hier baut das Weibchen gewöhnlich in einer hohen und unzugänglichen, obenher geschützten Felsenritze aus feinen Halmen ein dichtes und großes Nest und füttert es besonders sorgsam mit Wolle, Pferdehaaren, Schneehühnerfedern u. dergl. aus, wobei es vom Männchen unterstützt wird, und legt dann Ende April oder Anfang Mai, jenachdem es die Witterung erlaubt, vier bis sechs schneeweiße Eilein, größer als die des Buchfinken. Die Jungen werden von den Alten zuerst mit Larven, Spinnen und Würmchen genährt und ängstlich bewacht. Nimmt man die Kinder weg, so lassen die Eltern klägliche Zipptöne hören. Die Färbung beider ist nicht sehr verschieden, nur bei den Jungen etwas schmutziger und weniger markiert; die Schnäbelchen aber sind blaßwachsgelb und verändern sich erst im nächsten Frühjahr, indem sie bei eintretendem Fortpflanzungstrieb bei Alten und Jungen schwarz werden. Der Kopf der Alten ist aschgrau, der Rücken grau= braun überlaufen, die Kehle im Winter weißlichgrau, oft schwärzlich gefleckt, im Sommer schwärzlicher, der untere Körper grauweiß, die Schwungfedern teils weiß, teils braun, teils ganz schwarz, die mittleren Schwanzfedern weiß mit schwarzem Saum, die übrigen rein weiß, die Füße schwarz, der Schnabel ebenso, im Herbst und Winter hinterhalb wachsgelb. Sowie die Schneefinken groß geworden (etwas größer als die Edelfinken), nähren sie sich überwiegend von kleineren Sämereien, im Sommer auch gern von Insekten, besonders von Käferchen. Haben die Alten wegen späten Frostes und Schneefalls tiefer in der obern Alpenregion gebrütet, so fliegt später die ganze Familie dem Schnee nach. Im hohen Winter verlassen sie erst spät die höheren Alpen und streichen dann in munteren, geschlossenen Scharen den unteren Bergen zu. Einzelne fliegen in die höchstgelegenen Thäler auch noch im Frühling, wenn späte Schneestürme eintreten, und werden in Bünden in den Mayensässen bemerkt, doch nur tagelang. Mitunter aber fliegen sie im Winter schwarmweise sogar bis Chur hinunter, wo sie mit den Buchfinken auf den Straßen Futter suchen, und ein Klevener Jäger berichtet, er habe im Herbst in der untern Ebene von Kleven einst eine ganze Wolke von Schneefinken gesehen, die aus mehr als tausend Exemplaren bestand, und selbst etliche hundert Stück erlegt. Sie seien sehr hungrig und so dumm gewesen, daß sie auf den Schuß den in der Luft getöteten, herunterfallenden Kameraden nachgefolgt wären und sich neben diese auf den Boden gesetzt hätten. Sonst sieht man sie zur Brutzeit paarweise, später in kleinen Schwärmen an den Felsenköpfen. Die Männchen singen unbedeutend, zwitschernd. Die weißlich aussehenden Scharen fliegen oft hoch in die Luft und tummeln sich lustig herum; dann trippeln sie wieder schreitend und hüpfend auf der Erde herum wie die Edelfinken. Im Appenzellischen nisten sie am Schäfler und finden sich auf Meglisalp, hinter dem Öhrli, auch etwa auf dem Hohen Kasten; im Winter fliegen sie bis Brülisau herab; ja im Januar 1867 wurden sogar zwei bei St. Gallen geschossen, wo sie vor den Fenstern Futter suchten. Im st. gallischen Oberlande sahen wir sie in Flügen in den Steinwüsten der Grauen Hörner bei 2600 m ü. M. In Graubünden sind sie auf allen Pässen, besonders auch am Splügen, ziemlich häufig. Hier, sowie auf der Grimsel, dem Simplon und Bernhard, nisten sie auch in den Hospizgebäuden. Auf letzterem fliegen sie frei in den Gängen aus und ein und fressen den Reis, den sie sich aus den Säcken picken; sonst gehen sie auch oft den Saum= und Fahrwegen nach und suchen in großer Gesellschaft aus dem Miste der Rosse und Maultiere die unverdauten Haferkörner oder den aus den Säcken gefallenen Reis. Im Gotthardhospiz haben sie ihre zahl= reichen Nester an den äußeren Balkenköpfen des Hauses angelegt und sind sehr zahm. In der Nähe desselben entnahmen wir ein mit dem Gelege besetztes Nest einer Mauervertiefung der Totenkapelle. Merkwürdigerweise finden sich die Schneefinken auch auf dem durch seine Fauna so ausgezeichneten Salève bei Genf kaum 1100 m ü. M. neben dem Rothuhn, der Felsenschwalbe, Stein= und Blaudrossel, dem Natternadler, Wanderfalken und ägyptischen Aasgeier; doch scheinen sie wie der Mauerläufer und Alpenflühvogel dort nur zu überwintern.

SCHNEEFINKEN und **SCHNEEHÜHNER.**

Außerdem findet man die Schneefinken auch im nördlichen Asien, den Karpathen, Pyrenäen und in Nordamerika, wo sie häufig gefangen und als Leckerbissen nach den Städten gebracht werden. Im Käfig halten sie sich nur bei sorgsamer Pflege und Angewöhnung und sind anfangs sehr scheu.

II. Die Alpenschneehühner.

Naturgeschichtliches. — Eigentümlichkeiten. — Jagd.

Höher als alle übrigen hühnerartigen Vögel steigen diese Alpenhühner im Gebirge und bieten noch zwischen Felsen und Eis dem Jäger eine treffliche Beute, dem Wanderer einen freundlichen und schönen Anblick. Sie beleben die höchsten Gebirgsrücken unserer Alpenzüge in ziemlich regelmäßiger Verbreitung und finden sich zahlreich überall bis weit über die Grenze des ewigen Schnees hinauf; im Jura sind sie nicht heimisch. Vielleicht am gemeinsten ist das Schneehuhn noch jetzt im Bündnerlande, wo es (Weißhuhn genannt) über der Baumgrenze alle Berge belebt. Früher hatte es auch im Glarnerlande eine Freistätte und vermehrte sich so sehr, daß ein Jäger leicht 10—14 Stück im Tage hätte schießen können. In den Appenzellerbergen finden wir sie in einer gewissen Höhe überall paar= oder volkweise. Im Gotthard trafen wir sie noch über den letzten Murmeltierlöchern am abgeschmolzenen Rande 3 m hoher Schneemauern auf der Sella (2980 m ü. M.) in großer Anzahl, und so zahm, daß wir eines erlegen konnten, ohne daß die anderen nur sogleich aufflogen; in den Tessinerbergen, am Pilatus, in den Berner und Walliser Alpen sind sie noch zahlreich und werden bei ihrer starken Vermehrung noch lange eine Zierde des Hochgebirges bleiben, wo sie sich am liebsten auf der Nordseite zwischen Felsenstücken und Alpenrosenbüschen oder dem verkrüppelten Tannengesträuch und Schneefeldern aufhalten. Die Jäger haben schon oft beobachtet, wie gern sie sich auf dem Schnee wälzen und reiben, wahrscheinlich um sich zu reinigen. Doch gehört im Sommer sowohl als im Winter ein geübtes Jägerauge dazu, sie zu entdecken, da sie in ihrem erdbraunen und schneeweißem Federkleide sich oft unbeweglich still am Boden halten. Im Frühling streifen sie paarweise zwischen Felsen und Steingeröll, im Herbste und Winter dagegen scharenweise. Wenn aber der Spätherbst die Kuppen der Berge mit Schnee bedeckt, ziehen sie sich gegen die milderen Flühen und Weiden, ja mit Vorliebe auch bis zu den Paßstraßen hinab, und bleiben bis in den Frühling hinein, wo sie mit den Hasen und Gemsen sich wieder auf ihre Höhen zurückziehen.

Sie sind so groß wie ein Rebhuhn (40—50 cm), aber schwerer als diese, von 375—500 g, haben einen kurzen, dicken, starkgebogenen, glänzend= schwarzen Schnabel, wohlbefiederte Beine, in deren Flaume die schwarzblauen Scharrnägel fast ganz versteckt sind, und hasenpfotenartig aussehen. Das Auge ist dunkelbraun; über demselben befindet sich ein warziger, hochroter Ring, der beim Männchen viel größer ist und zur Begattungszeit kammartig anschwillt. Die auffallende Veränderung ihres Gefieders je nach der Jahreszeit dient ihnen zu besonderem Schutze gegen Verfolgungen. Ihr Winterkleid ist sehr einfach; das ganz derbe, dichte Gefieder ist vom Schnabel bis auf die Zehen blendend weiß, mit Ausnahme braunschwarzer Schaftstriche auf den sehr großen Schwungfedern; die Schwanzfedern dagegen kohlschwarz mit weißen Kanten; vom Schnabel nach den Augen hin trägt das Männchen einen schwarzen Zügel. Das Sommerkleid ist bunter und verändert sich jeden Monat etwas. Seine Hauptfärbung ist oben graulich rostgelb, schwarz und weiß gewässert; Flügel und die unteren Teile weißlich, beim Weibchen der Bauch mit gelben und schwarzen Bändern und Flecken; die Schwungfedern sind schwarz, der Schwanz braunschwarz mit graugelben Linien, die Fußfedern weißlich. Die schwarzen Zügel fehlen dem Männchen im Sommer; dafür trägt das kleinere und gelbere Weibchen braungelbe Zügel.

Nur kurze Zeit trägt das Huhn die Sommertracht rein; gewöhnlich ist sie noch mit einzelnen weißen Winterfedern untermischt, die man aber kaum wahrnimmt. Scharfsichtige Beobachter bemerkten, daß es im Sommer sorg= fältig die weißen Flügelpartien, die es verraten könnten, einzuziehen und zu verbergen wisse, worauf es ganz dem braunmoosigen Gestein gleicht, zwischen dem es kauert. Es mausert zweimal im Jahr, und sein Farbenwechsel hält genau gleichen Schritt mit der Haarveränderung der Alpenhasen. Im Herbste legt es allmählich die Sommertracht ab, und aus der Wurzel jeder aus= fallenden alten Feder sproßt zum Schutze gegen die Winterkälte eine doppelte Dunenfeder. Hat man, was auch bisweilen geschah, schon Ende Augusts weiße Schneehühner gefunden, so zählte man auf einen sehr frühen Winter. So glaubt der Bergbewohner an Hühnern, Hermelin, Hasen und Murmel= tieren sichere Wetterpropheten zu haben. Auch eintretenden Regen und Schnee verkündet unser Schneehuhn durch tagelanges monotones ‚krögögögrö‘ =Rufen, das man oft eine halbe Stunde weit hören kann.

Trotz ihrer Schwere bewegen diese Vögel sich äußerst hurtig, laufen und fliegen schnell, aber gewöhnlich nicht hoch und weit, und hocken bald wieder zwischen die Steine ab oder ducken sich zwischen die Alpenrosen und in das Geröll der Schneeblößen. In starkem Nebel halten sie sich vor Menschen und Raubvögeln sicher und laufen emsig im Gestein umher. Bei großer Hitze sind sie wie alle Wildhühner sehr zahm und lassen selbst auf offenen Gipfeln, wie wir oft erlebt haben, den Menschen oft bis auf zehn Schritte nahe kommen; bei strenger, reiner Kälte dagegen sind sie scheu und aufmerksam. Die Jäger=

sagen vom Sicheingraben und Erstarren der Schneehühner sind Märchen.
Freilich scharren sie oft im Schnee, wozu ihre Füße ganz geeignet sind, aber
nur um Nahrung zu suchen. Glaubwürdige Beobachter erzählen auch, diese
Vögel lassen sich bei ungestüm einfallender Witterung oft Tage lang über=
schneien, bleiben unbeweglich, schütteln nur den Schnee ab oder behalten ein
Luftloch offen. Solche Stellen seien nachher durch die Häufchen ihrer Losung
leicht kenntlich. In Graubünden fand man unter den niedrigen Tannenästen
erfrorene und vom Schnee erdrückte Hühner. Häufiger wohl flüchten sie bei
den grauenhaften Schneestürmen jener Region unter schützende Felsen=
vorsprünge.

Im Mai paaren sie sich; gegen Ende desselben oder erst im Juni legt
die Henne 7—15 gelblichweiße, schwarzbraun punktierte Eier, etwas größer
als Taubeneier, die sie sorgfältig und allein ausbrütet, nachdem sie ihnen
unter Alpenrosen= oder Tannengebüschen oder bloß unter einem Stein ein
kleines Loch aufgescharrt und dasselbe flüchtig mit Moos gefüttert hat.
Schneefälle im Juni und Juli zerstören häufig Eier, Brut und Nest. In
diesem Falle legt die Henne nach einigem Besinnen ein zweites, kleineres
Gehecke an, dessen flaumbedeckte Junge man im August findet. Die niedlichen
Küchlein begleiten lange die Mutter, rufen ihr ‚pip—pip‘ zu und flüchten
unter ihre warmen Flügel. Ist Gefahr in der Nähe, so fliegt die Mutter
weg, die Jungen laufen aus einander und haben sich pfeilschnell zwischen den
Steinen verborgen. Wenn die Henne sich wieder sicher glaubt, so lockt sie die
Küchlein, und diese sammeln sich wieder eben so rasch unter ihre Flügel. Da
sie so behende sind, so gelingt es selten, mehrere zu fangen. Steinmüller
störte einst ein Nest auf und fing ein Küchlein ein, das jämmerlich piepte.
Die Mutter schoß in wilder Verzweiflung auf ihn zu und wurde von ihm
erlegt. Welden überraschte am Monterosa eine Henne mit neun Küchlein;
obgleich in der größten Gefahr schwebend, war sie doch nicht zum Auffliegen
zu bringen, sondern lief rasch davon, mit den ausgebreiteten Flügeln die
Jungen deckend. Von diesen huschte während der Flucht eines nach dem
andern unvermerkt ins Gestein und erst, als die Henne alle geborgen sah,
flog sie, auf die eigene Rettung bedacht, auf. Von den versteckten Tierchen
war mit aller Aufmerksamkeit nicht eines aufzufinden. Kaum aber hatte sich
Welden in ein Versteck gelegt und ein Weilchen gewartet, so kam die Schnee=
henne, leise glucksend, eifrig wieder herbeigelaufen, und in wenigen Augen=
blicken schlüpften alle neun Küchlein wieder unter ihre Flügel. Mit Fliegen
lassen sich die Jungen kurze Zeit ernähren, sterben aber bald. Auch die von
einer Haushenne ausgebrüteten sind nicht leicht aufzubringen. Dagegen
lassen sich älter eingefangene zähmen, wie ein Tiroler bewies, der mit einem
zahmen Steinadler, Gemse, Murmeltier, Stein= und Schneehuhn längere
Zeit reiste. Das letztere war ganz munter und zutraulich und schien sich wohl
zu befinden.

In der Jugend ätzen die Alten ihre Küchlein mit Insekten und scharren dann öfters nach solchen im lockeren Boden. Größer geworden, fressen sie die Beeren, die sich noch etwa auf jenen Höhen vorfinden, Heidel=, Brom= und Preißelbeeren, noch häufiger aber die Blatt= und Blütenknospen derselben, sowie die der Alpenrosen, Eriken, Steinbreche, Habichtskräuter und Gräser. Die zahlreichen Schneehühner, die den Sommer in der Schneeregion und nicht nur an deren Grenzen zubringen, nähren sich von einigen Insekten und Pflanzenknospen. Die Salix retusa, Dryas octopetala, Azalea procumbens und Saxifraga androsacea bilden die bevorzugtesten Bestandteile ihrer Nahrung. Auf dem Albula kommen sie Sommers und Winters zum hoch=gelegenen Hospiz und suchen die Haferkörner aus dem Pferdemiste und wohl auch die Käfer. Bei Nebelwetter weiden sie den ganzen Tag nach Hühner=art. Im Winter suchen sie Stellen auf, die der Wind von Schnee entblößt hat, und scharren einiges Kraut auf oder behelfen sich mit Tannennadeln, die man in dieser Jahreszeit häufig in ihrem Magen findet.

Unsere Jäger schießen diese Hühner leider zu jeder Jahreszeit. Doch bedarf es eines guten Schusses mit schwerem Schrote, wenn er von ihrem dichten Gefieder nicht abprallen soll. Dringt ihnen nur ein Schrotkorn durch den Kopf, so drehen sie sich wie wahnsinnig auf dem Boden, bis sie fast alle Federn verloren haben und tot sind; deswegen verordnete ein Glarner Rats=protokoll von 1559: ‚man solle die Schneehühner nicht mit feinem Hagel=geschütz schießen‘. In Graubünden fängt man sie oft mit Roßhaarschlingen. Überhaupt kommen aus diesem Kantone im Winter viele Schneehühner zur Ausfuhr, besonders nach Zürich. Ihr Fleisch ist derb mit scharfem, oft bitterem Wildgeschmack. Schade, daß eine große Anzahl von ihnen von Füchsen, Mardern, Geiern und Adlern vertilgt wird.

Wie bei andern Alpentieren unterscheiden die Jäger mancher Hochgebirge auch bei den Schneehühnern zwei Arten und behaupten, daß die über der Schneegrenze wohnenden und sich nur in den wildesten Gipfeln aufhaltenden kleiner und weißer sind als die der Alpenregion. Es ist leicht möglich, daß die größere Kälte der Schneeregion eine völlige Darstellung des Sommer=gewandes hindert, ohne daß die Schneehühner der obersten Region deswegen eine besondere Art bildeten. Es mag wohl das gleiche Verhältnis eintreten wie bei den Gemsen. Die günstigste Schußzeit ist der September und Oktober, wo die Hühner volkweise zusammensitzen, fett sind und, da sie dann bereits ganz weiße Flügel und einen noch dunkeln Leib haben, auch leichter zu ent=decken sind als im Sommer, wo ihr erdbraunes, und im Winter, wo ihr reinweißes Gefieder sich wenig von ihrer Umgebung abhebt. Gewöhnlich sucht man sie zu schießen, wenn sie noch liegen, und ein geübtes Auge entdeckt rasch die beweglichen Köpfe mit den roten Augenwulsten zwischen dem Geröll. Nähert man sich mehr, so laufen sie oft große Strecken bergan mit außer=ordentlicher Schnelligkeit, doch dies in der Regel nur bei trübem, nebligem

Wetter. Gewöhnlich stäuben sie plötzlich mit einem lauten, unwilligen ‚Gör—
gör‘ auf. Einmal aufgescheucht, fliegt die Schar in sehr heftig rauschendem
Fluge taubenartig mit entschiedenen Schwenkungen in mittlerer Höhe ab,
selten über eine Viertelstunde, oft nur ein paar tausend Schritt weit, ist aber
alsbann bereits achtsamer, und es läßt sich ihnen bei den zerrissenen Kuppen,
Graten und Flühen jener Höhen schwerer beikommen. Alte Hühner scharen
sich oft schon im Vorsommer zu Flügen von 30—40 Stück zusammen und
hausen dann als sogenannte Grathühner in den höchsten Felsen, wo der Jäger
ihnen vergeblich nahe zu kommen trachtet.

Außer auf den Schweizeralpen kommen die Schneehühner auf denen von
Tirol, Salzburg, Kärnthen und Piemont, selbst im Schwarzwalde vor, doch
hier viel seltener. Wahrscheinlich die gleiche Art ist es auch, welche neben den
Moorschneehühnern den hohen asiatischen, amerikanischen und europäischen
Norden in zahllosen Scharen bevölkert und sich hier bis Drontheim südwärts
zieht. Im schottischen Hochgebirge kommt es oberhalb des schottischen Schnee=
huhns (Lagopus scoticus) vor, welches eine klimatische Varietät des Moor=
schneehuhns zu sein scheint, im Winter aber weiß wird und die kurzbewachsenen
Torfmoorflächen vorzieht. Seine südliche Grenze findet das Alpenschneehuhn
in den Pyrenäen.

III. Die Stein- und Schneekrähen.

Die verschiedenen Rabenarten und deren Verbreitung. — Die seltene Steinkrähe. —
Naturgeschichte der Schneekrähe. — Ihre Namen. — Gezähmte Exemplare.

Unsere Gebirgszüge sind an rabenartigen Vögeln nicht arm. Nur
werden die verschiedenen Arten derselben selten gehörig erkannt und unter=
schieden. Wenn irgend ein schwarzer Vogel vom Felsen auffliegt, so heißt er
hier ohne weiteres Alpenkrähe, dort Bergdohle oder Schneekrähe, oder
‚Rapp‘, ‚Galgenvogel‘ und dergl. Natürlich; der Bergbewohner nimmt sich
ja nicht die Mühe, diese ungenießbaren Vögel zu schießen oder näher zu
untersuchen, und dem ungeübten Auge sind die Unterschiede der Färbung,
Größe, Schnabelbildung ꝛc. nicht groß genug, um die Arten bestimmt zu
scheiden. Wir wollen darum mit einigen Zügen das ganze Geschlecht unserer
rabenartigen Vögel berühren. Die Naturforscher zählen sie zu den alles
fressenden Vögeln, da sie ihre Nahrung sowohl in der Tier= als Pflanzenwelt
ohne große Sorgfalt wählen. Sie haben alle einen sehr starken, geraden,
zusammengedrückten Schnabel mit Borstenfedern und rundlichen Nasenlöchern
und eine bedeutende Größe. Die Häher und Elstern gehören auch zu ihnen

und sind die schönsten Raben unserer Gegend; ihr buntes Gefieder unterscheidet sie indessen so sehr, daß keine Verwechselung mit den übrigen Arten möglich ist.

.In der Alpen- und Schneeregion erscheint zunächst der eigentliche Rabe (Corvus corax), das größte Tier der Art, ein stattlicher 60—75 cm langer Vogel mit keilförmig abgerundetem Schwanze und sehr starkem, gewölbtem Schnabel. Sein dunkelschwarzes Gefieder spielt in bläulichem Metallschimmer. Er ist nirgends häufig und zieht in der Regel das Mittel- gebirge (und den Jura) vor, nistet und brütet aber in manchen Revieren regelmäßig in den Felsen über der Holzgrenze und streift nicht selten tief in die Schneeregion. Nur im Spätjahr sammelt er sich mit seinen Kameraden zu kleinen Gesellschaften, schreit unaufhörlich sein ‚Krak—krak‘, kreist in der Luft, spielend, ohne starken Flügelschlag und späht auf Aas. Sonst lebt er einsam oder in Gesellschaft seines Weibchens, das im Frühjahr in 20 Tagen seine fünf schmutziggrünen, braungefleckten Eier ausbrütet. Jegliche Nahrung ist ihm gerecht; selbst Hühner, Häschen, Mäuse, Würmer, Mist, — besonders aber das Eingeweide erlegter oder gefallener Tiere. Den Gemsenjäger begleitet er gern, um sich auf die geschossene Gemse zu stürzen und ihr zunächst die Augen auszuhacken.

Die Rabenkrähe (Corvus corone) ist ihm sehr ähnlich in Färbung, Schwanzbildung und Nahrung, dagegen ist sie kleiner (30—45 cm lang) und ihr Schnabel weniger gewölbt. Sie ist allbekannt, unendlich zahlreich, erscheint aber seltener in den Alpenwäldern, nie in der Schneeregion. In den unteren Wäldern, stellenweise auch bis zu den obersten Bäumen an der Holzgrenze (Bernina) brütet das Pärchen gemeinschaftlich in 18 Tagen sechs blaugrüne, braunpunktierte Eier aus. Die Ernährungsweise des Vogels, der junge Häschen und allerlei Vögel nicht verschmäht, mag seinen Schaden und Nutzen vielleicht im Gleichgewicht halten; ein entschiedenes Verdienst aber erwirbt er sich dadurch, daß er den Habicht, diesen gefährlichsten unserer befiederten Räuber, stets schon von weitem signalisiert und mit einer Hart- näckigkeit verfolgt, wie kein anderer Vogel. Eine ganz weiße Spielart ist unseres Wissens in der Schweiz nur einmal (in Ebnat in Toggenburg) geschossen worden, dann im Jahre 1853 auch in Tirol aus einer großen Gesellschaft schwarzer. Im Winter kommt aus dem europäischen Norden und dem nördlichen Deutschland die Nebelkrähe (Corvus cornix) zu uns und mischt sich gern unter die Flüge der Rabenkrähen (mit denen sie sich auch paart und dann unregelmäßig grau und schwarz gezeichnete Junge bringt, von denen wir selbst welche erlegten). Mit diesen fliegt sie in den Feldern und bei den Dörfern umher, sucht alles Genießbare auf, geht gern an Bächen und Teichen den Wassertierchen nach und schläft des Nachts sowohl auf Bäumen als hohen Mauern. Sie ist bei uns nur Gast und nistet nicht in unseren Gegenden, einen einzigen Fall ausgenommen, wo ein durch Verwun- dung am Zuge verhindertes Weibchen bei Mörschwyl (St. Gallen) brütete.

An Größe gleicht sie der gemeinen (Raben=) Krähe, unterscheidet sich aber von ihr durch ihr trübaschgraues Gefieder, von dem sich die kohlschwarzen Flügel, Schwanz, Kehle und Kopf hübsch abheben.

Viel häufig stellt sich die Saatkrähe (Corvus frugilegus), ein Gast meist aus dem nördlichen Deutschland, bei uns ein. Sie hat die Größe der zwei letztgenannten Krähenarten, ist aber ganz schwarz mit rötlichem Schiller= glanz und zugespitztem, gekerbtem Schnabel. In der östlichen Schweiz zeigt sie sich im Herbst und Winter bald mehr nur vereinzelt, oft aber (1852) auch in solchen Massen, daß sie weit zahlreicher ist als die Rabenkrähe, die um diese Zeit sich teilweise aus dem Lande zu verlieren scheint, in der westlichen immer scharenweise. Im Waadtlande fängt man sie in Garnen und genießt ihr Fleisch. Da vom Wurzeln= und Würmerausklauben die Borstenfedern der Schnabelwurzel gewöhnlich abgerieben sind, nennt man sie auch Nackt= schnabel und Grindschnabel. Ihre vertikale Verbreitung reicht in der Regel bis zu den unteren Grenzen der Bergregion; doch sah man sie auch schon bei Samaden. Sie nährt sich mit Vorliebe von Engerlingen, Würmern, Mai= käfern u. dgl. und gehört deshalb zu unsern wichtigsten Ungezieferbertilgern.

Ungleich häufiger sehen wir in der Ebene und den höheren Thälern an Mauerwerk und Felsen die Dohle oder Turmkrähe (Corvus monedula), die bloß 30 cm lang ist, mit schwarzem, am Unterleibe ins Aschgraue über= gehenden Gefieder und grauem Kopfe. Im Frühling, Sommer und Herbst schwärmt sie in großen Scharen mit schön abschwenkenden Flügen und stätem „Jäck—jäck“=Rufe über Feld. Sie ist eigentlich ein Zugvogel, und viele ver= lassen uns im November; ein großer Teil bleibt aber wie in Deutschland so in der Schweiz auch in den härtesten Wintern zurück, selbst in St. Gallen 660 m ü. M. In altem Gemäuer und hohlen Bäumen brütet sie scharenweise sechs blaugrüne, braungefleckte Eier aus, frißt allerlei Obst, Vogeleier, Gewürm, Mäuse, liest auf den Bergwiesen dem weidenden Vieh die Insekten ab und liebt die Nähe des Menschen, obgleich sie scheu und vorsichtig bleibt. Mit Vorliebe geht sie auf dem Felde dem wilden Knoblauch nach und bekommt von demselben einen abscheulichen Geruch. Junge Vögel werden bei uns häufig von Knaben gezähmt.

Diese Rabenarten gehören vorwiegend der Ebene und dem Vorlande an. In den höheren und höchsten Regionen werden sie durch ähnliche Arten ersetzt, die nie bleibend in die Tiefe gehen. Diese Stellvertreter in den alpinen Zonen sind die Steinkrähe und die Schneekrähe.

Die Steinkrähe (Fregilus graculus) ist ein ziemlich seltener Bewohner der höchsten Gebirge, 45—50 cm lang, mit violettschwarzem, an Kopf und Unterleib purpurglänzendem, auf den Flügeln und dem Schwanze aber grünlich schillerndem Gefieder, zinnoberrotem, 5 cm langem, dünnem, stark gebogenem Schnabel und ziegelroten Füßen, welche dem Tiere ein sehr zierliches Aus= sehen verleihen. Die hohen Alpen sind der eigentliche Aufenthaltsort dieser hübschen Krähe und auch in diesen kommt sie strichweise gar nicht vor. In der östlichen Schweiz finden wir sie nur sporadisch; am Säntis und in den Churfirsten ist sie selten; im rhätischen Gebirge nistet sie bisweilen in einzelnen Paaren in hochgelegenen Kirchtürmen (z. B. früher in Parpan); jetzt ist sie am Rothorn, im Schalfik, sowie im Oberhalbstein noch ziemlich häufig, wo sie ‚Tolan‘ (Dohle) genannt wird und bis in die neuere Zeit die Kirchtürme von Reams, Schweiningen, Alvaschein 2c. bewohnte. Durch das fortwährende Nestausnehmen fängt sie aber an seltener zu werden als früher. Sie zieht dort im Oktober ab und zeigt sich erst im April wieder. Im Oktober erscheint sie regelmäßig auf dem Durchzuge beim Hospiz des St. Bernhardsberges, wo man sie Corneille impériale nennt, in Scharen von 40—60 Stück, bleibt aber nur zwei bis drei Tage und zieht dann weiter. Sie nistet in den rauhen Gebirgen von Ormond und Faucigny in den steilsten Felsen und wird auch in den Pyrenäen, in den schottischen Hochgebirgen, im Kaukasus und in Sibirien gefunden. Ihr Nest ist ziemlich groß, aus Lärchenzweigen und Wurzeln angelegt, die Mulde mit einem dichten Filze von allerlei Tierhaaren ausgekleidet und wird im Mai mit 2—4 schmutzigweißen, hellbraungefleckten Eiern belegt, welche das Weibchen achtzehn Tage lange bebrütet. Wird das Nest in den Felsen angelegt, so steht es meist in verborgenen und unnahbaren Spalten oder Gesimsen. Die Jungen tragen in den ersten Monaten ein dünnes, mattschwarzes Nestkleid.

Bei 2000—3000 m ü. M. sahen wir diese schöne, leicht fliegende Krähe um vorspringende Felsenköpfe kreisen. Von hier steigt sie zu unbestimmten Höhen hinan; Saussure fand sie auf dem Col du Géant (3400 m ü. M.) und Zumstein bemerkte noch drei Exemplare bei mehr als 4200 m ü. M. am Monterosa und wurde selbst auf der Zumsteinspitze (4573 m ü. M.) noch von einer Schar umflattert. Eingefangene Exemplare lassen sich leicht zähmen, erweisen sich lebhaft, höchst intelligent und anhänglich und sind mit allen Abfällen des Tisches zufrieden. In der Volière sind sie gefährlich, indem sie die Bruten der anderen Vögel zerstören. Dagegen befreundeten sie sich oft mit einzelnen größeren Tieren. Es ist uns ein Beispiel bekannt, wo eine zahmgewordene Steinkrähe sogar an das Ein= und Ausfliegen gewöhnt wurde. Ihr Herr mußte sie aber am Ende beseitigen, da sie jedesmal, wenn sie bei ihrer Rück= kunft das Fenster verschlossen fand, die Scheibe mit einem scharfen Schnabel= hiebe durchbrach. Der gleiche Vogel soll nach den Nilüberschwemmungen (September und Oktober) alljährlich sich in Ägypten einfinden und das Ungeziefer vertilgen helfen; man versichert, ihn auch auf Kandia gefunden zu haben. —

Wie zum Saatfeld die Lerche, zum See die Möwe, zum Stall und der Wiese Ammer und Hausrotschwanz, zum Kornspeicher die Taube und der Spatz, zum Grünhag der Zaunkönig, zum jungen Lärchenwald die Meise und das Goldhähnchen, zum Feldbach die Bachstelze, zum Buchwald der Fink, in die zapfenbehangenen Föhren das Eichhorn gehört, so gehört zu den Felsenzinnen unserer Alpen die Bergdohle (Pyrrhocorax alpinus) oder Schneekrähe.

Findet der Wanderer oder Jäger auch sonst in den Bergen keine zwei= oder vierfüßigen Alpenbewohner — eine Schar Bergdohlen, die zankend und schreiend auf den Felsenvorsprüngen sitzen, bald aber schrill pfeifend, mit wenigen Flügelschlägen auffliegen, in schneckenförmigen Schwenkungen in die Höhe steigen und dann in weiten Kreisen die Felsen umziehen, um sich bald wieder auf einen derselben niederzulassen und den Fremden zu beobachten, — die findet er gewiß immer, sei es auf den Weiden über der Holzgrenze, sei es in den toten Geröllhalden der Hochalpen, ebenso häufig auch an den nackten Felsen am und im ewigen Schnee. Fand doch v. Dürrler und auch wir selbst auf dem Firnmeer, das die höchste Kuppe des Töbi (3623 m ü. M.) umgiebt, noch zwei solcher Krähen, und Professor Meyer bei seiner Ersteigung des Finsteraarhorns in einer Höhe von 4200 m ü. M. noch mehrere derselben. Sie gehen also noch höher als Schneefinken und Schneehühner und lassen ihr helles Geschrei als eintönigen Ersatz für den trillernden Gesang der Flüh= lerche und des Zitronfinken hören, der ein paar tausend Fuß tiefer den Wanderer noch so freundlich begleitete. Und doch ist es diesem gar lieb, wenn er zwischen ewigem Eis und Schnee wenigstens diese lebhaften Vögel noch schwärmend sich umhertreiben und mit dem Schnabel im Firn nach ein= gesunkenen Insekten hacken sieht.

Wie fast alle Alpentiere gelten auch die Schneekrähen für Wetterpropheten. Wenn im Frühling noch rauhe Tage eintreten oder im Herbst die ersten Schneefälle die Hochthalsohle versilbern wollen, fliegen diese Krähen oft zu vielen hunderten hell krächzend und laut pfeifend in die Vorberge und selbst weit ins Thal hinaus, verschwinden aber sogleich wieder, wenn das Wetter wirklich rauh und schlimm geworden ist. Auch im härtesten Winter verlassen sie nur auf kurze Zeit die Alpenreviere, um etwa in den Thalgründen dem Beerenreste der Büsche nachzugehen, und im Januar sieht man sie noch munter um die höchsten Felsenzinnen kreisen. Sie fressen übrigens wie die übrigen Rabenarten alles Genießbare; im Sommer suchen sie scharenweise die höchsten Bergkirschbäume auf, im Winter sogar die rotgelben Beeren des Sandborns an den Rheinufern, die sonst nicht leicht ein Vogel berührt. Land= und Wasserschnecken bohren sie fertig heraus und verschlucken sie mit der Schale (im Kropfe eines an der Siegelalp im Dezember geschossenen Exemplares fanden wir 13 Landschnecken, meist Helixarten, unter denen kein leeres Häuschen war) und begnügen sich in der ödesten Nahrungszeit auch mit Baumknospen und Fichtennadeln. Im Frühling werden sie häufig den angesäeten Hanf= und Kornäckern im Gebirge gefährlich. Auf tierische Überreste gehen sie so gierig wie die Kolkraben und verfolgen in gewissen Fällen selbst lebende Tiere wie echte Raubvögel. Im Dezember 1853 sahen wir bei einer Jagd in der sog. Öhrligrube (am Säntis, 2000 m ü. M.) mit Erstaunen, wie auf den Knall der Flinte sich augenblicklich eine große Schar von Schneekrähen sammelte, von denen vorher kein Stück zu sehen gewesen.

Lange kreisten sie laut pfeifend über dem angeschossenen Alpenhasen und ver=
folgten ihn, so lange sie den Flüchtling sehen konnten. Um ein unzugängliches
Felsenriff des gleichen Gebirges, auf dem eine angeschossene Gemse verendet
hatte (der Jäger, der sie kletternd erreichen wollte, stürzte zerschmettert in den
Abgrund), kreisten monatelang, nachdem das Kadaver schon knochenblank
genagt war, die krächzenden Bergdohlenscharen. Mit großer Ungeniertheit
stoßen sie angesichts des Jägers auf den stöbernden Dachshund. Ihre Beute
teilen sie nicht in Frieden. Schreiend und zankend jagen sie einander die
Bissen ab und beißen und necken sich beständig; doch scheint ihre starke gesellige
Neigung edler Art zu sein. Wir haben oft bemerkt, wie der ganze Schwarm,
wenn ein oder mehrere Stück weggeschossen wurden, mit heftig pfeifenden
Klagetönen eine Zeit lang noch über den Erlegten schwebte und einzelne wie
im Schmerz wiederholt auf die Leichen der Kameraden herunterstießen.
Kleineren Vögeln, deren sie sich lebend bemächtigen, und gefallenen Tieren
hacken sie zuerst die Hirnschale entzwei und fressen die Hirnhöhle gierig aus.
Ihre gemeinsamen Nester bauen sie kolonienartig in den Spalten und Höhlen
der unzugänglichsten Kuppen des Mittelgebirges. Das einzelne Nest ist flach,
groß, besteht aus Grashalmen und hält in der Brütezeit (Juni) fünf krähen=
eigroße Eier mit dunkelgrauen Flecken auf hellaschgrauem Grund. Die
Schneekrähen bewohnen gewisse Felsengrotten ganze Generationen durch und
bedecken sie oft fußhoch mit ihrem Kote (wie im Säntisstock, im Schafloch ob
dem Thunersee, im ‚Däviloch‘ am Itramengrat ob Grindelwald, im ‚Krähent=
schuppen‘ am Weißhorn im Schanfigg ꝛc.) — Guanoplätze, die von den
Sennen nicht leicht benutzt werden können.

Im Glarnerlande heißt die Schneekrähe ‚Alpkray‘, im Appenzellischen
‚Bergduhle‘ oder ‚Schneekray‘, in Bünden ‚Berne‘ und ‚Dähli‘, im Entlibuch
‚Riester‘, in Schwyz ‚Schneetase‘, im Bernbiet ‚Fluh= oder Schneedävi‘, im
Freiburgischen ‚Tschuhat‘, im Tessinischen ‚Pefor‘.

Von der Steinkrähe unterscheidet sich die Schneekrähe leicht. Ihr
Schnabel ist nicht wie bei jener korallenrot, sondern wachs= oder zitrongelb
wie beim Amselmännchen und weniger gebogen; die mennigrotglänzenden
Füße mit den dunkeln Sohlen des Männchens sind bei den Weibchen und
Jungen schwärzlich trübe. Das ganze Gefieder ist schwarz, mit einem bläulichen,
auf dem Schwanze mehr grünlichen Metallglanz. Ganz weiße Spielarten sind
auch schon, aber höchst selten, vorgekommen; J. G. Altmann besaß eine solche.

Gelingt es, eine Bergdohle jung einzufangen, so gewährt sie ihrem
Pfleger viel Freude. Sie läßt sich sehr leicht zähmen und verläßt, auch
freigegeben, einen gewohnten Aufenthalt nicht gern. Es wird uns von einer
solchen zahmen Schneekrähe erzählt, daß diese sich ihr Fleisch, Brot, Käse,
Obst (am liebsten Kirschen, Trauben und Feigen) holte, den Fraß mit den
Klauen festhielt und das nicht Verzehrte sorgfältig mit Papier verdeckte und
gegen Hunde und Menschen mannlich verteidigte. Ein seltsames Gelüsten zog

sie oft zum Feuer; aus der Lampe zog sie den brennenden Docht und ver=
schluckte ihn ebenso ohne Schaden wie kleine Gluten, die sie aus dem Kamine
stahl. Eine besondere Freude hatte sie, Rauch aufsteigen zu sehen, und so oft
sie ein Kohlenbecken bemerkte, suchte sie Papier, Lumpen und Späne, warf
sie hinein, stellte sich davor und sah aufmerksam dem sich entwickelnden
Wölkchen zu. Gegen fremde Tiere, wie Schlangen und Krebse, schlug sie mit
Flügel und Schwanz und krächzte rabenartig; gegen fremde Menschen schrie
sie zum Taubwerden, während sie gegen Bekannte freundlich und zuthunlich
gackerte. War sie ausgeschlossen, so pfiff und sang sie einer Amsel ähnlich
und sie lernte auch einen ganzen Marsch pfeifen. Ihre nähern Freunde
begrüßte sie, mit halboffenen Flügeln auf sie zueilend, flog ihnen auf Hand,
Kopf, Schulter und beguckte sie wohlgefällig von allen Seiten. Frühmorgens
ging sie jedesmal in das Schlafzimmer ihres Herrn, rief ihn, setzte sich dann
unbeweglich auf sein Kopfkissen und wartete, bis er sich regte oder erwachte.
Dann schrie und rumorte sie vor Freude aus Leibeskräften.

Die Unart der Bergdohlen, Feuer und glühende Kohlen zu stehlen, wird
vielfach bezeugt, und mehr als einmal sollen schon Feuersbrünste entstanden
sein, wenn sie in den offenen Berghäuschen brennendes Holz vom unbewachten
Herde wegschleppten. Sie teilen mit allen Rabenarten die Vorliebe für alles
Glänzende und Auffallende und suchen es zu stehlen und zu verschleppen, wo
es nur angeht, eine Kaprice, die ihnen, so viel wir wissen, allein eigentümlich
ist und ein merkwürdiges psychologisches Moment dieser Familie bildet, die
auch sonst durch ihr lebhaftes Temperament, ihre natürliche Klugheit und
Gelehrigkeit einen hohen Rang in der Vogelwelt einnimmt.

Bekanntlich spielen die Raben in der nordischen Mythologie und in der
mittelalterlichen Legende eine bedeutende Rolle. Sie waren es auch, welche die
Mörder des heil. Meinrades am Etzel verfolgten und verrieten. Ein ebenso
providentielles und sicherer beglaubigtes Amt übten sie im Anfange dieses
Jahrhunderts an zwei Kindern aus. Beim Fahren durch die im Unwetter
angeschwollene Emme schlug ein Wagen um; die Kinder konnten sich nur an
einem Wagenrade über den tobenden Fluten erhalten, während ihr Hilferuf
in Sturm und Wogengebraus verhallte. Da erhoben sich etliche Raben vom
Ufer, flogen vor ein benachbartes Bauernhaus und schrieen und schlugen so
auffallend mit den Flügeln, daß die Leute herauskamen und nun in der Ferne
auf dem Rade über den Wellen die Kinder sahen, über deren Häuptern die
zurückgekehrten Raben flatterten.

Den intelligentesten Raben besaß im Anfang des vorigen Jahrhunderts
G. Heidegger, der berühmte Verfasser der Acerra philologica. „Meister Jerl,
so hieß das Tier, bellte wie ein Hund, krähte wie ein Hahn, und trieb seine
Kunststücke, ohne daß wir uns seiner Dressur wegen je die geringste Mühe
gegeben hatten. So oft ich rief: Jerl, mach Reverenz, duckte er den Leib,
schlug die Flügel verliebt zu Boden und fing an, im aufgeblähten Halse

wunderliche Laute zu girren. Hatte er Diebereien begangen, Papiere am
Schreibtische zerrissen, und war dafür gezüchtigt worden, so machte er sich in
die Weite, oder verkroch sich unter das Dach und hungerte hier tagelang. Ein
solches Unwetter merkte aber der Schelm schon im voraus; er entnahm es
den Mienen, ob man nach dem Stöckchen suche. Konnte er sich dann nicht
schnell genug davon machen, so versuchte er, durch Schmeicheleien der Sache
eine gute Wendung zu geben, und verfing auch dies nicht, so legte er sich
augenblicklich auf den Rücken, und parierte den ihm zugedachten Hieb mit
Klaue und Schnabel. Nach einer solchen Exekution pflegte er sich in sein
Versteck zu begeben, allemal aber brachte er bei seiner Rückkehr irgendwas zur
Versöhnung mit, ein Geldstückchen oder sonst etwas, das er entwendet und in
seinem Schlupfwinkel aufbewahrt hatte. Alle Tiere, selbst die Hunde, griff
er an, und lächerlich zog er die Hühner am Schwanze zurück, wenn sie das
geschüttete Futter aufpicken wollten, bevor er satt geworden war. In besonderer
Freundschaft stand er zu dem Haushund; er fing ihm die Flöhe, bellte mit
ihm die Fremden an, verfolgte die Bettler und zerrte sie am Rock. Listig stellte
er sich ihnen zur Seite, und wenn sie etwa das ihnen zugeworfene Stück Geld
oder Brot nicht behende genug auffingen, hatte er es ihnen schon weggeschnappt
und flog damit fort. Sein Nachtlager wollte er durchaus auf einem Balken
im Wohnhause haben. Hatte man ihn absichtlich einmal ausgeschlossen, so
wußte er mit Anklopfen einen der Bekannten so lange nachzuahmen, bis man
zuletzt aufthat. Er öffnete jedes Schloß, an dem der Schlüssel steckte, die
Deckel des Brottroges und der Tabaksdosen; den Fund legte er dann wohl=
geordnet auf einer Bank aus wie ein feilbietender Krämer. Er hatte sich
allmählich so säuberlich gewöhnt, daß er nirgends anders hin mistete als eben
auch, wo der Ort dazu war. Wie ein Affe that er uns alles nach, trank heißen
Kaffee, aß gesalzenen Rettich, blätterte in den Büchern, probierte den Schnupftabak
und nieste jemand, so gab er sein ‚Salus‘ mit drein. Gar manche ehrenwerte und
gelehrte Männer haben dies alles mit angesehen und können die Wahrheit davon
bezeugen.“

IV. Die Schneemaus.

(Hypudaeus alpinus und petrophilus. *Wag.* Hypudaeus nivicola. *Schinz.*
Arvicola nivalis. *Mart.)*

In der Schneeregion unserer Gebirge treffen wir noch eine Wühlmaus
an. Dieses unermeßlich ergiebige Futter so vieler Vögel und Vierfüßer ist
echt kosmopolitischer Natur und reicht vielformig von dem Äquator bis zu
den Polen, vom Meeresstrand bis zu den Firngipfeln.

SCHNEEMÄUSE.

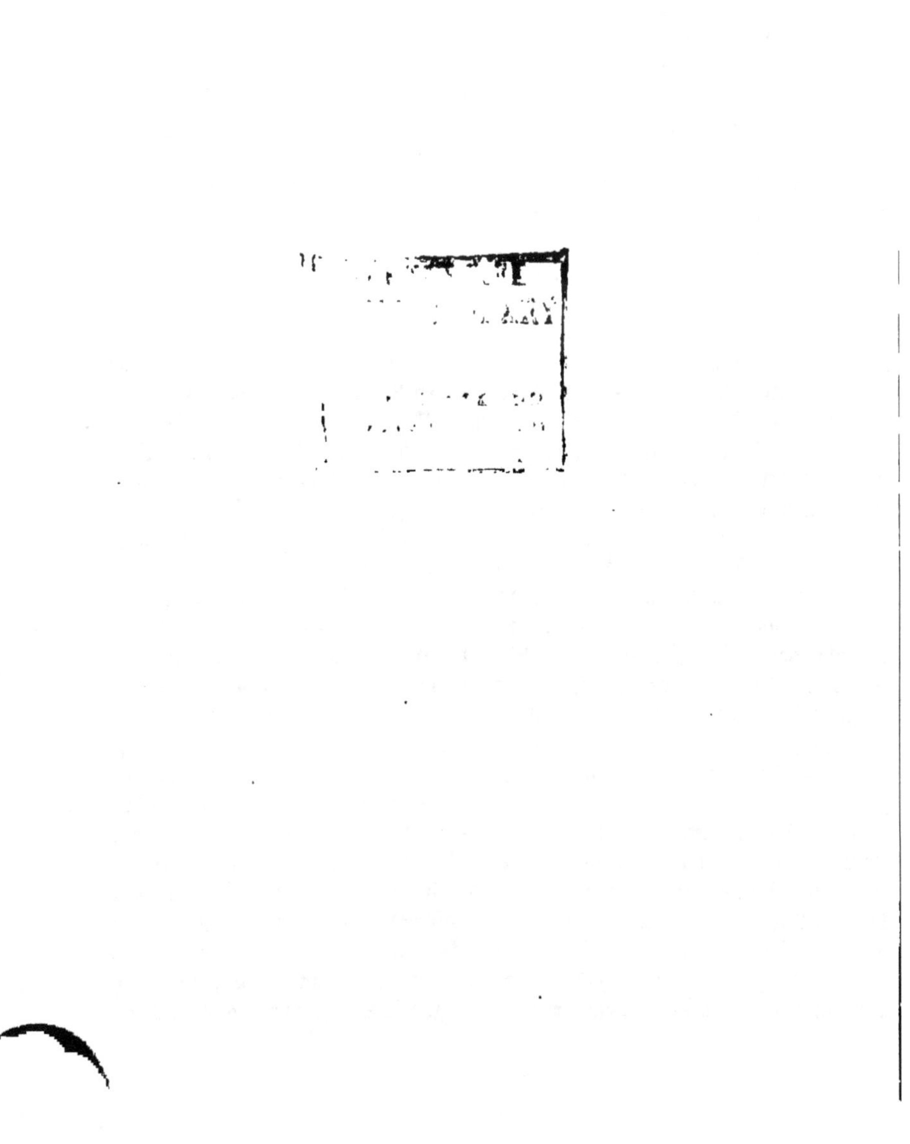

In der Alpenregion haben wir noch mehrere Mäuse bemerkt; in der Schneeregion ist diese zähe Familie sicher wenigstens in einer Art vertreten. Hier führt die Schneemaus in unwirtlichen, bitterarmen Geländen ein lange verborgen gebliebenes, jetzt noch teilweise rätselhaftes Leben, die letzte Erscheinung des höheren Tierlebens, der wir stätig bis zur Grenze der Möglichkeit einer animalischen Existenz begegnen. Sie wurde 1841 gleichzeitig von Nager in Andermatt am Gotthard und von Martins auf dem Faulhorn entdeckt, eine ziemlich große, bis zur Wurzel des $7\,^{1}/_{2}$ cm langen Schwanzes fast 15 cm messende, dunkelaschgraue bis schwärzlichgraue, obenher und an den hellern Seiten bräunlich angeflogene Maus. Hals, Unterleib und das Innere der Schenkel sind hell= bis weißlichgrau, die Füße weißgrau, die Augen klein; die ovalen Öhrchen messen über das Drittel der Kopfgröße und sind oberhalb rötlichgrau behaart. Der dicke, weißlichgraue Schwanz ist halb so lang als der Rumpf und gegen das Ende hin etwas länger behaart; die Behaarung des Balges ist dicht und weich, die Schnurren sind lang und dicht, weiß und schwarz gefärbt.

Was wir von ihrer Lebensweise wissen, beschränkt sich auf folgende dürftige Angaben. Ihre Heimat ist bald in der oberen Bergregion, nie aber unter 1300 m ü. M.; am häufigsten in der eigentlichen Alpenregion, von der sie bis hoch hinan in die Welt des ‚ewigen Schnees‘ reicht, welche das Tierchen selbst in den 9—10 Monate langen Wintern nicht verläßt. Die sparsame, aber stellenweise dichte, in üppigen Kolonien vegetierende Pflanzenwelt der Hochalpen, die, sich größtenteils durch außerordentlich starke Entwickelung der Wurzel und des unterirdischen Stengels charakterisiert, bietet ihr im Sommer hinreichende Nahrung. Zu dieser Zeit besucht sie auch gern die Sennhütten der Kuh= und Schafalpen und nascht von allem Eßbaren (doch nicht von Fleisch), indem sie ihre Wohnung bald in Erdlöchern, bald in Geröll und Gemäuer nimmt. Sowohl dort als in ihren langen, wenig verzweigten Gängen unter dem Rasen findet man zernagtes Heu und Halme aufgespeichert. Im Winter müssen diese Mäuse teils von ihren gesammelten Vorräten leben, teils von frischen Wurzeln und Kräutern, zu denen sie sich zwischen dem Schnee und dem Rasen zahlreiche und lange Gänge wühlen; dann suchen sie auch alle benachbarten Alphütten heim, zu denen sie oft unzählige Tunnels graben, teils um in den Hütten selbst etwas Genießbares zu finden, teils um die Wurzeln der im ringsum liegenden Dünger wuchernden Alpenampfer zu benagen. Zu ihrer Lieblingsspeise gehören die Blüten der Geen und Potentillen, dann die Blätter und Wurzeln der Silenen, Cerastien, Gentianen, Arabis, Erytrichien, Seden, Saxifragen, Trifolien, die sie in den Vorderfüßchen halten und rasch drehend abfressen, während sie etwas vorgebeugt auf den Hinterbeinen sitzen. Die scharfen Ranunkeln und den giftigen Eisenhut fressen sie ohne Schaden. Sie sind weder besonders behende, noch scheu und auch bei Tage, besonders aber gegen Abend sowohl im Freien als

in den Alphütten sehr leicht zu beobachten und zu fangen. Ihr rundes Heu-
nestchen findet sich bald in einem Erdgange, bald im Geröll oder in einem
Hüttenwinkel und wird vom Mai an in 2—3 Würfen à 3—6 Junge belegt.

Man hat diese Maus in den verschiedensten Teilen der Schneealpen
gefunden. Am Gotthard ist sie von der Hochthalsohle bis zum Oberalpsee
häufig. In den Glarneralpen wurde sie am Heustock (2450 m ü. M.), dann
auf dem Faulhorn bei 2670 m ü. M., noch höher am Montblanc, von uns
am Berninastock wiederholt, von Blasius auf der Spitze des Theodulhorns
(3472 m ü. M.), am Moschelhorn, auf der Piz Languardspitze, am Bernina
bei 3900 m ü. M. entdeckt, — Beispiele von einer bedeutenden Lebenszähigkeit, indem die so hoch lebenden, durch keinen Winterschlaf geschützten
Tiere an drei Vierteile des Jahres unter dem Schnee leben müssen. Doch
scheint gerade diese Schneehülle ihnen eine erträgliche Temperatur zu erhalten,
während sie nach Martins' Beobachtung bei einer Kälte von nur 1° in freier
Luft sterben sollen, ganz ähnlich wie die meisten Pflänzchen der Schneeregion
sich im Schutze ihrer Winterdecke trefflich befinden, in der schneelosen Kälte
des Tieflandes aber erfrieren, wenn sie nicht bedeckt werden.

Hugi scheint unsere Schneemaus im Sinne zu haben, wenn er bei seiner
Januarreise auf den Grindelwalder Eismeeren Folgendes erzählt: „Wir
suchten die Hütte der Stiereggalp auf, welche endlich eine etwas erhöhte
Schneestelle verriet, und arbeiteten in die Tiefe. Lange wars Nacht, als wir
das Dach fanden; nun aber ging es an der Hütte schnell abwärts in die
Tiefe. Wir machten die Thüre frei, kehrten ein mit hoher Freude und
erschlugen sieben Alpenmäuse, während wohl über zwanzig die Flucht ergriffen
und nicht geneigt schienen, ihren unterirdischen Palast uns streitig zu machen.
Diese gelbgrauen Tierchen hatten ohne Schwanz fünf, und mit demselben
beinahe neun Zoll Länge. Sie waren ungemein schlank, die Hinterfüße im Verhältnis außerordentlich lang; Schwanz und Ohren durchaus (?) nackt, die
letzteren auffallend durchscheinend. Das Tier schien mir durchaus unbekannt,
wenigstens in keiner Sammlung. Gruner bemerkt, daß eine eigene Alpen-
maus um jene Gletscher vorkommen soll. Ich beobachtete sie früher auf dem
höchsten Kamme der Strahleck (3462 m ü. M.) und wieder in den höheren
Flühen des Schreckhorns, auch auf dem Finsteraarhorn bei 3900 m ü. M.
Die Schafhirten vom Zäsenberg behaupten, daß sie auf dem Horn des Grün-
wengen häufig sich finde. Sie scheinen also im Winter gegen die tieferen
Regionen der Eismeere herabzukommen". Leider fand der Naturforscher keine
Gelegenheit, diese Tierchen, deren Größe er etwas anders angiebt, als sie in
der Regel vorkommen, näher zu untersuchen. Doch scheinen sie trotz des angeblich nackten Schwanzes mit der Schneemaus identisch zu sein. Eine Auswanderung nach der Tiefe ist ganz unwahrscheinlich. Als der Wirt auf dem
Faulhorn 1845 mitten im Winter sein Haus besuchte, fand er die Schneemäuse dort in voller Thätigkeit, so gut wie Hugi. Die Auswanderung hätte

auch keinen Zweck. Die Schneemaus ist während des ganzen Winters mit einer Nahrung versehen, die ihr kein anderes Tierchen streitig macht; sie ist vor jeder Verfolgung geschützt und sitzt unter ihrer klafterhohen Schneedecke so gleichmäßig warm, daß sie jedenfalls weniger von der Kälte leidet als ihre tiefländischen Vettern in dem oft unbedeckten, tiefgefrorenen Boden. Außer der Schweiz ist die Schneemaus auch in den bayrischen und Tiroler Hochalpen, in den Westalpen und in den Pyrenäen gefunden worden.

V. Die Alpenmurmeltiere*).

Murmeltier am warmen Steine
Reckt sich schwer im Sonnenscheine,
,Ist der Winter überstanden,
Kräuter sprießen allerhanden!
Liebe Sonne, jetzt ists Zeit
Warm zu scheinen; doch wenns schneit,
Wenn der Frost am Berge hämmert,
Nebel durch die Thäler dämmert,
Könntest du das Aufgehn lassen
Und auf schönre Tage passen'.

Lächelnd spricht die Sonne drauf:
,Seht, mein Tierchen ist schon auf
Aus dem zwanzigwöch'gen Schlafe —
Und nun meisterts mich zur Strafe!
Meint, ich hab' umsonst geschienen,
Weil ich nicht ins Loch ihm schien —
Schau auf deine Triften hin!
Grüne Kleider wob ich ihnen
Winterszeits . . . du willst mich strafen,
Weil du selbst die Zeit verschlafen?'

Nahrung und Lebensweise. — Jagd. — Winterwohnung und Winterschlaf. — Wanderungen. — Gefangene Murmeltiere. — Fremde Arten.

———

Dort oben auf den höchsten Steinhalden der Alpen, wo kein Baum, kein Strauch mehr wächst, wo kein Rind, kaum die Ziege und das Schaf, mehr hinkommt, selbst auf kleinen Felseninseln mitten in großen Gletschern, ist die

---

*) Das treffliche Charakterbild zu diesem Abschnitte hat W. Georgy geliefert, der 1856 in den Gebirgen der Berninagruppe viele Monate lang Landschafts= und Tierstudien mit seltener Energie verfolgte und täglich Anlaß hatte, Murmeltiere in allen möglichen Situationen zu beobachten. Wir verdanken ihm auch manche Bemerkung im Texte. Das Lokale der gezeichneten Gruppe, auf der u. a. ein säugendes, ein pfeifendes, ein zu seiner Familie kommendes altes Murmeltier mit außerordent= licher Naturwahrheit wiedergegeben wird, ist Alp Otha im Roseggthalgebiete, angesichts des Rosegg=Gletschers, über dem sich die Firnpyramide la Sella und der blanke, breite Kapütschin erheben.

Heimat der Murmeltiere, besonders im bündnerschen, urnerschen, glarnerschen Gebirge. Doch auch im Tessin, Wallis und Berneroberlande sind sie häufig genug; aus den Gebirgen von Appenzell und Toggenburg, wo sie früher gemein waren, hat die Verfolgung sie gänzlich verdrängt. Die Tessiner nennen sie Mure montane, die Tiroler Urmenten, die Savoyarden Marmotta, die Franzosen Marmotte, die Engadiner Montanella. In Glarus und den kleinen Kantonen heißen sie Munk, im Bernbiet Murmeli, im Wallis Murmetli und Mistbellerli. Wer kennt nicht diese kleinen allerliebsten Tiere, die den Sommer über zwischen dem Gesteine unserer Hochweiden spielen und von Savoyardenjungen in Dörfern und Städten umhergetragen werden, wo sie mit ihren unbedeutenden Kunststücken die kleinen und großen Kinder erbauen! Schon ums Jahr 1000 n. Chr. kannten die Mönche im St. Galler Stift die Schmackhaftigkeit dieses Wildbrets und hatten einen eigenen Segens= spruch für das Gericht: ‚Möge die Benediktion es fett machen!‘ Es heißt hier Cassus alpinus (Alpenkatze?), während es sonst um jene Zeit in St. Gallen auch Murmenti genannt wurde.

Das Murmeltier ist mit die interessanteste Erscheinung im Tierleben unserer Gebirge, und es ist über seine Natur und Lebensweise schon so viel beobachtet worden, daß wir glauben unseren Lesern ein genaueres Bild des= selben vorführen zu müssen. Obgleich zu den Nagetieren gehörend, unter= scheidet es sich doch in seiner ganzen Lebensweise auffallend von den inländischen Genossen dieser Ordnung. Es hat nicht die Behendigkeit der Mäuse, des Eichhorns, die außerordentliche Schnelligkeit und Klugheit des Hasen *). Zu einer teilweise unterirdischen Existenz ausgerüstet, begnügt es sich mit dem kleinen Nahrungsfelde in der Umgebung seiner Höhle und weiß sich gegen den in dieselbe eindringenden Feind mit Beißen und Kratzen nach= drücklich zu verteidigen. Während jener rauhen Jahreszeit aber, wo es mühsam weit umher die Mittel, sein Leben zu fristen, zusammensuchen müßte, schützt die vorsorgende Natur das Tier durch den lethargischen Schlaf vor

---

*) Der gelehrte Jesuit Athanasius Kircher hielt das Murmeltier für einen Bastard vom Dachs und Eichhorn, wie das Armadill für einen Bastard vom Igel und der Schildkröte; der aufgeklärtere J. G. Altmann weist solche ‚Einbildungen‘ mit Ironie und Indignation ab, hält dem Verfasser der Arce Noë eine Lektion über Bastar= dierung, giebt als bekannt zu, daß ‚der Leopart ein Bastard ist von einem Löwen= weiblein und einem Tiger oder Panterthier‘, charakterisiert aber das Murmeltier als einen kleinen Dachs, der mit dem rechten Dachs zu den Schweinen gehöre, und erzählt auch, es nehme 14 Tage vor seinem Winterschlafe nichts mehr zu sich, sondern trinke viel Wasser und spüle so seine Eingeweide aus, damit sie über Winter nicht verfaulen. Über die Bastardierungen hatten überhaupt unsere alten Naturforscher sonderbare Begriffe. Cysat, Wagner und Scheuchzer wissen von Vermischungen von Kühen und Hirschen zu erzählen, und Vater Geßner behauptet, es sei auf dem Splügen eine Stute von einem Stier besprungen worden und das Junge davon sei eine Art Bucentaur gewesen. — Die ersten genauen und zuverlässigen Nachrichten über die Naturgeschichte des Murmeltieres verdanken wir Dr. am Stein in Bünden.

ALPENMURMELTIERE.

Hunger und Feinden, denen es auf seinen Wanderungen unfehlbar erliegen müßte.

Es nährt sich fast nur von Pflanzenstoffen, im Freien am liebsten von den kräftigen Alpenkräutern der Muttern, die auch das beste Futter des Milchviehes sind, des Alpenwegerichs, der Alpenaster, des Alpenklees, der moschusduftigen Schafgarbe, des Bärenklaus, Alpensauerampfers zc., angeblich auch gelegentlich von kleinen Alpenvögeln und den Eiern derselben, in der Gefangenschaft aber von allerlei Kohl, Wurzeln und Früchten, nie von Fleisch. Indessen hat man in letzterer Beziehung folgende Erfahrung gemacht. Nicht selten greifen zusammengesperrte Murmeltiere einander an, und eines beißt das andere tot, ohne es anzufressen. In demselben Käfig mit einer Amsel, vier Steinhühnern und einem Wasserhuhn biß ein sehr wildes Murmeltier zweien von diesen Vögeln den Kopf ab; zwei andere, friedliche, jüngere bissen die Bretter eines Hühnerstalles durch und rissen, ähnlich wie die Marder, den Hühnern ebenfalls die Köpfe ab, ohne aber vom vergossenen Blute zu kosten. Sie müssen überhaupt sehr sorgsam verwahrt werden, wenn sie nicht ausbrechen sollen; unglaublich schnell zernagen sie die dicksten Bretter, wo sie nur einen Zahn einhaken können, und zerbeißen das Blei der Fenster.

Größere Gegenstände, die sie in der Gefangenschaft bekommen, pflegen sie auf den Hinterbeinen sitzend zu genießen; im Freien geschieht dies natürlich nur selten, da sie daselbst nicht oft etwas mit den Vorderpfoten zu halten haben. In der Gefangenschaft lieben sie bisweilen einen tüchtigen Trunk Milch, die sie mit starkem Schmatzen und ähnlich den Hühnern unter häufigem Aufrichten des Kopfes einnehmen. Im Freien wird man sie äußerst selten trinken sehen.

Das Sommerleben der Tiere ist gar kurzweilig. Mit Anbruch des Tages erscheinen zuerst die Alten am Ausgang der Röhre, strecken vorsichtig den Kopf heraus, spähen, horchen, prüfen die Umgebung, ob nichts Ungewohntes vorhanden sei, wagen sich dann langsam heraus, darauf etliche Schritte bergan, machen ein paar Mal Männchen und lassen sich endlich ans Frühstück. Mit großer Schnelligkeit weiden sie, doch jeden Augenblick umherspähend, das kürzeste Gras ab, und scheinen es besonders auf die Blüten der kleinen Alpenpflänzchen abzusehen, da diese in einem ziemlichen Kreise sofort verschwunden sind, wenn ein Murmeltier daselbst geätzt hat. Bald nach den Eltern erscheinen auch die Jungen ohne viel Umstände vor dem Bau, um zu weiden. Sind alle gesättigt, so legen sie sich regelmäßig auf einen bestimmten Fleck, am liebsten auf einen bequemen Stein in die Sonne. Dieser traditionelle Ruheplatz darf nicht weit von dem Eingang zum Bau entfernt sein und ist so wie die tausendfach zurückgelegte Bahn zu diesem stets kenntlich, da beide förmlich glattgerieben aussehen. Die Zeit vergeht nun unter Ruhen und Spielen. Alle Augenblicke setzen sie sich auf die Hinterbeine, spähen rings herum, putzen, kratzen und kämmen sich, spielen mit einander und treiben

Kurzweil; man hat schon Junge gesehen, wie sie versuchten, aufrecht auf den
Hinterfüßen einige Schritte weit fortzukommen. Inzwischen werden aber
wohl immer ältere Tiere die Gegend bewachen. Kommt etwas Verdächtiges
vor, ein Raubvogel, ein Fuchs, ein Mensch, und wäre es noch Stunden weit
entfernt, so pfeift das erste Murmeltier, das dessen gewahr wird, kräftig und
laut, in wenigen Absätzen durch die Zähne, daß es weit durch das Gelände
tönt. Der Ton des Pfiffes *), den man in den Hochgebirgen täglich unzählige
Mal hören kann, ist eher tief als hoch, oft wie klagend gezogen, und doch
grell und durchbringend. Genauen Beobachtungen zufolge wiederholen nur
diejenigen Tiere das Pfeifen, welche die Ursache der Gefahr ebenfalls selbst
erblicken, und wenn dasjenige, welches das Signal gegeben, dieselbe allein
erspäht hat und zur Röhre eilt, so folgen die übrigen alle nach, ohne zu
pfeifen. Das pfeifende flüchtet aber nur, wenn die Gefahr nahe ist. So
lange der Mensch, das Raubtier noch ferne bleiben, wird der Warnungspfiff
von Zeit zu Zeit unablässig wiederholt. Alle Murmeltiere des ganzen weiten
Gebirges forschen nun unausgesetzt nach dem Feinde und von allen Planken
und Halden tönt das Zeichen, daß er auch dort gewahrt worden sei. Birgt
sich der Feind hinter einem Felsen und bleibt er ruhig, so verstummen die
Signale. Die Tiere bleiben aber auf der Hut und pfeifen wieder, sobald er
sich zeigt. Naht er sich endlich oder macht er heftige, auffallende Bewegungen,
so verschwinden die nächsten rasch in den Bau; diejenigen aber, die, ohne zu
pfeifen, d. h. ohne den Feind gesehen zu haben, flüchteten, kommen schneller
wieder zum Vorschein als die andern. Daß die Murmeltiere eigentliche
Wachen, etwa wie die Gemsen, ausstellten, ist nicht bewiesen und wird von
den Jägern geleugnet. Die Kleinheit und die Färbung der Tiere sichert sie
schon mehr vor Gefährde, besonders aber ihr wunderbar scharfes, glänzendes
Auge, das einen Menschen in einer Entfernung entdeckt, aus welcher derselbe
das Tierchen kaum mit dem besten Fernrohr erspähen kann. Bei rauher
Witterung kommen die Murmeltiere oft Tage lang nicht aus dem Bau, eben
so wenig des Nachts. Ist die Sonne gesunken, so sind alle Spiel- und Weideplätze leer, im Herbst oft schon bald nach Mittag. Um diese Jahreszeit gehen

---

*) Im Tessin versicherte uns ein Geißbub, der so zu sagen alle seine Sommer
im Revier der Marmotten verlebt hatte, daß bloß die jüngeren Murmeltiere pfiffen,
die ganz alten nie. Gleich darauf fanden wir seine Bemerkung bestätigt. Auf dem
Prosa, unweit der Hütte, beobachteten wir ein ungewöhnlich großes, altes Exemplar in
einer Entfernung von kaum dreißig Schritten. Das schöne Tier sah uns aufmerksam
zu, weidete wieder, setzte sich auf die Hinterbeine und ließ sich selbst durch Pfeifen und
Rufen wenig beirren. Erst als wir näher kamen, schlüpfte es ohne allzugroße Eile
und ohne irgend einen Ton von sich zu geben in seine vor allen Nachgrabungen
gesicherte Felsenwohnung. Doch dürften wohl nur solche Tiere nicht pfeifen, welche
in der Nähe öfters besuchter Orte wohnen und an den Anblick von Menschen und
Tieren gewöhnt sind; vielleicht auch nur alte Einsiedler, die keine Familiengesellschaft
zu warnen haben.

sie auch nicht leicht mehr am gleichen Tage aus dem Bau, wenn sie mit Pfeifen eingefahren sind.

Das Äußere des Murmeltieres zeigt einen kurzen, gedrungenen, in die Dicke gehenden Körperbau, mit dickem, plattem, großem Kopfe, von originellem Aussehen. Durch die gespaltene Oberlippe, die mit starken Schnurren besetzt ist, sind die bei den Alten goldgelben, bei den Jungen weißlichen, über 2 cm großen keilförmigen und stark gekrümmten Nagezähne sichtbar. Die glänzend schwarzen, rundsternigen Augen treten etwas vor; die kleinen runblichen, wohlbehaarten Ohren liegen flach gegen den Kopf, sind aber noch in einiger Entfernung bemerkbar; die mit langen Haaren besetzten Backen erscheinen aufgedunsen, der Hals kurz und dick; die ziemlich kurzen Füße verraten kräftige Organisation. Der dichte, grobhaarige Pelz ist über dem breiten Rücken gelb und rötlichgrau, am Bauche gelblichbraun, an der Kehle rostbraun und zeigt auf dem Schädel eine schwärzliche, ins Blaugraue abgetonte Platte. Die schwarze Nase und die Schnauze sind weißlich eingefaßt, die Backenhaare gelblich, die starken, zum Graben dienenden Vorderfüße bis an die langen, gekrümmten, schwarzen Scharrnägel schmutziggelb behaart, die dickschwieligen, dünnbehaarten, zum ganzen Fersenauftritt dienenden Sohlen schwarz, an den Vorderfüßen mit vier, an den längern, aber schwächern Hinterfüßen mit fünf Zehen versehen. Weiße Murmeltiere (Albinos), wie der Ornitholog J. Finger in Wien wahrscheinlich aus den österreichischen Alpen längere Zeit eins besaß, sind auch wiederholt auf Bella Tola (Wallis) gefunden worden. Der zwei= zeilig behaarte Schwanz des Tieres ist zu zwei Dritteilen rotbraun und läuft in einen ganz schwarzen Haarbüschel aus. Die Länge des Rumpfes beträgt 37—45 cm, die des Schwanzes gegen 18 cm, das Gewicht des Tieres steigt im Herbst auf 6—8 kg. Beim watschelnden Gehen pflegt das Murmeltier den Kopf etwas zu senken, beim Sitzen ihn aufzurichten. Beim Spielen im Sonnenscheine, beim Zusammenkommen der Familie wedelt es in gemessenem Tempo mit dem Schwänzchen, die muntern Jungen häufiger als die gesetzten Alten, deren Rückenpelz oft durch das Einfahren in enge Röhren ziemlich stark abgenutzt aussieht.

Während des Sommers wohnen die Murmeltiere paar= oder familien= weise auf freien, oft isolierten, von Schutt und Abgründen umgebenen Rasen= plätzen, lieber auf der Sonnen= als Schattenseite der Berge, immer aber an trockenen Orten. Hier graben sie sich ihre Sommerwohnung tief in der Erde und wühlen bald bloß 1 m, oft aber 2—4 m lange Gänge aus, die nicht selten so enge sind, daß man bloß die Faust durchzwängen kann, und in einen erweiterten Kessel endigen. Der Eingang zum Bau ist oft im Rasen einer freien Halde, oft aber sehr vorsichtig unter Steinen oder zwischen zwei Felsen angelegt, wo kein Nachgraben stattfinden kann. Die Röhren gehen bergein bald etwas abwärts, bald mehr aufwärts, und sind bald einfach (Fluchtröhren), bald in zwei Seitenarme geteilt, deren eine in eine kleine Kammer, die zur

Ablegung des Unrats dient, und deren andere in einen größern Raum, das Wohn- und Schlafzimmer der Gesellschaft, endigt. Die dabei losgewühlte Erde wird nur zum kleinen Teile aus den Gängen herausgeschafft und scheint zum größern Teil verteilt und festgetreten zu werden.

Die Paarung findet bald nach vollendetem Winterschlafe, wahrscheinlich je nach der Lage des Baues und dem frühern oder spätern Frühlingseintritte im April oder Mai statt. Die Tragezeit muß kurz sein, da man schon im Juni die aschblauen, später gelblichbraun werdenden Jungen finden soll, deren das Weibchen vier bis höchstens sechs wirft. Diese lassen sich, ehe sie etwas herangewachsen sind, selten außerhalb des Baues gewahren und teilen denselben mit den Eltern bis in den nächsten Sommer hinein. Säugt die Mutter das Kind, so setzt sie sich hundeartig auf die Hinterbeine und das letztere schlüpft zwischen die breit auseinandergespreizten Vorderbeine an die kleinen Zitzen. (Vergl. die Abbildung.) In der Gefangenschaft gewöhnen sie sich leicht an Milch und Brot, Kohl, Rüben und dergleichen und ertragen mehrtägigen Hunger.

Sehr oft besitzen die Murmeltiere nur Eine Wohnung für den Sommer und Winter; sie hat in diesem Falle einen geräumigern Kessel als eine bloß für den Sommeraufenthalt bestimmte. Es ist aber ganz sicher, daß es auch solche giebt, wenn auch nicht in allen Gebirgen. Wie an manchen Orten die Bergfüchse im Sommer eine Zeitlang Alpentiere sind und hoch über der Baumgrenze ihren Bau beziehen, im Herbste aber sich in die bequemere untere Region zurückziehen, so halten es auch viele Murmeltiere. Der Grund des Quartierwechsels ist wahrscheinlich bloß das ungleich ruhigere Leben in größerer Höhe, wo es manche sonnige, blumige Oase giebt bei 2600 m ü. M. und höher, die schon so lange vorhält, bis die Rückkehr ins untere Gebirge rätlich erscheint. Hier, bei 19—2300 m ü. M. im Bereiche der obersten Alpenweiden, die der Senn Mitte Augusts zu verlassen pflegt, oft aber noch tief unter der lokalen Baumgrenze, liegt das Winterquartier („Schübene' im Glarnerlande), das für die ganze Familie, fünf bis fünfzehn Exemplare, ausreichend angelegt ist. Noch ehe dieselbe sich hier einkellert und die Röhre zustopft, was meist gegen Mitte Oktobers geschieht, verraten Reste von eingetragenem Heu den Charakter des Baues als Winterlokal. Ist derselbe bleibend bezogen, wozu ein paar rauhe Tage die Tiere bestimmen, so findet man die Einfahrt mit Heu, Erde und Steinen, oft viele Fuß tief, wohl zugemauert. Sommerwohnungen bleiben immer offen, ebenso unbewohnte Baue. Nimmt man aus dem Schlüpfloch das Material weg, das oft fest zusammengearbeitet ist und von den Jägern Zapfen genannt wird, aber selten bis an den äußeren Rand der Röhre geht, oft erst 30—60 cm tief innen zu entdecken ist, so findet sich die Röhre bald geteilt. Die eine, ein Seitenarm, geht nicht tief und enthält manchmal Exkremente, oft auch gar nichts und soll, wie Schinz vermutet, bloß durch Wegnahme des Materials zum Zapfen entstanden sein; doch findet sich ein Seitenarm auch nicht selten in bloßen Sommerwohnungen, die kein Zapfenmaterial zu liefern haben, und es ist wahrscheinlich, daß Seitengänge oft bei Verfolgung der Tiere gegraben werden oder ursprünglich als Hauptröhre bestimmt waren und aufgegeben wurden, weil die grabenden Tiere auf Felsen u. dgl. stießen. Im Spätherbst, wenn erst eine leichte Schneedecke auf der Alp liegt, verrät sich der bewohnte Bau dem Jägerauge sofort dadurch, daß die Rasendecke über demselben schneefrei ist, sofern der Bau nicht sehr tief geht.

Die Hauptröhre der Winterwohnung ist selten kürzer als 1—2 m vom Eingang gerechnet, soll aber öfters bis auf 8 oder 10 m (?) messen. Sie geht gegen das Ende meist etwas aufwärts und mündet nun in eine längliche oder rundliche, 1—2 m im Durchmesser haltende und 90—120 cm tief unter dem Rasen liegende Höhle oder Kammer, deren Boden mit kurzem, weichem und trockenem, gewöhnlich rötlichbraun aussehendem Heu ausgepolstert ist, das von den emsigen Tierchen gegen den Herbst hin teilweise herausgeschafft und durch frisches ergänzt wird. Im August schon fängt die kluge Marmotte an, bei schönem Wetter fleißig Gräser und Kräuter abzubeißen und dieselben, wenn sie trocken sind, im Maule in den Bau zu tragen. Die fabelhafte Erzählung des Plinius*): die Alpenmäuse (Murmeltiere) schaffen das Futter so in die Höhlen, daß sich eine auf den Rücken lege, mit Heu beladen werde und dasselbe festhalte, während eine andere sie mit den Zähnen am Schwanze packe und in die Höhle ziehe, weswegen ihr Rücken so abgerieben aussehe, — hat sich komischerweise bis auf unsere Tage vererbt, während man doch bei jedem der Röhrengänge an den daran klebenden Haaren bemerken kann, woher der abgeriebene Rücken kommt.

Der Kessel einer bloßen Sommerwohnung enthält nie Heu, der eines Winterquartiers aber oft so viel, daß Ein Mann dasselbe kaum wegzutragen vermag. Es ist noch nicht ganz entschieden, ob die Tierchen von diesem Wärmepolster nicht unter Umständen auch zu fressen pflegen. Schinz und Römer vermuten mit Grund, daß dies dann geschehe, wenn sonnige Frühlings= tage ein allzufrühes Aufwachen veranlassen und dann beim Wiedereintritte rauher Winterwitterung die erwachten Tiere keine andere Nahrung finden. In Gefangenschaft gehaltene Murmeltiere fressen, wenn sie aus dem Winter= schlaf aufgeweckt werden, mit Appetit. Gräbt der Jäger nun den Kessel auf, so findet er darin die ganze Familie in todesähnlicher Erstarrung beisammen liegen, oft 10—15 Stück, also alle Marmotten innerhalb eines gewissen Um= kreises. Die Temperatur der Wohnung beträgt + 10—11° C. Die Tiere

---

*) Plinius (23—79 n. Chr.) kannte als Bergtiere außer dem Murmeltier (Mus alpinus) noch das Reh (Caprea), die Gemse (Rupicapra), den Steinbock (Ibex), den weißen Alpenhasen (Lepus), den Auerhahn (Tetrao), das Haselhuhn (Attagen), das Schneehuhn (Lagopus) und die Bergdohle (Pyrrhocorax).

haben sich zusammengerollt, die Nase am Schwanze, die Sohlen der Hinter=
füße bei den Kopfseiten. In diesem Zustande einer „lethargie conservatrice“
erhält die vorsorgende Mutter Natur auf wunderbare Weise ihre Kinder, die
während des 6—8 Monate langen Winters in den Hochgebirgen zu Grunde
gehen müßten, erhielte sie nicht dieser rettende Schlaf in einem stillen
Pflanzenleben fort. Während desselben genießt es wohl nichts mehr. Da
sein Atem beinahe ganz aufhört, so bedarf es auch keiner Speise, und weil
ihm diese abgeht, wird den Lungen das gewöhnliche Brenn= und Wärme=
material entzogen und der Organismus erkaltet und geht in Ruhe über.
Wahrscheinlich fällt es zuerst in einen längeren gewöhnlichen Schlaf; die
niedrige Temperatur des Kessels und das anhaltende Fasten, verbunden mit
der absoluten Ruhe, gestaltet denselben zu dem lethargischen Winterschlafe,
aus dem es in der Regel vor dem April nicht aufwacht.

Das ganze interessante Phänomen ist zuerst von Buffon, Mangili,
Röder und Schinz, in neuerer Zeit von Regnault in Paris und Sacy in
Neuenburg wissenschaftlich beobachtet worden. Der Winterschlaf ist ein voll=
ständiger Scheintod oder doch ein sehr latentes Leben, und die Gesetze, nach
denen er sich bei gewissen Tierklassen vollzieht, sind uns eben so latent. Daß
er schützt und erhält, ist unzweifelhaft; warum aber schützt er die eine Art
und überläßt es einer verwandten, unter noch härteren Bedingungen für den
Schutz selbst zu sorgen? Unser Dachs hat seinen Winterschlaf; der ihm ver=
wandte Vielfraß aber erhält sich in den weit härteren nordischen Wintern
ohne einen solchen. Dagegen bemerkt Cuvier, daß ein Siebenschläfer vom
Senegal schon im ersten Jahre seines Aufenthaltes in Europa bei Eintritt
des Winters in Schlaf verfiel, während er in seiner Heimat keinen Winter=
schlaf kennt, und A. v. Humboldt, daß wir in den tropischen Ländern eine
diesem parallele Erscheinung, einen Sommerschlaf, bei gewissen Tieren finden.
Dürre und anhaltend trockene Temperatur wirken dort ähnlich wie hier die
Winterkälte auf Herabstimmung der Erregbarkeit, und in der erhärteten
Erde der Llanos von Venezuela liegen das Krokodil, am Orinoko die La =
und Wasserschildkröten, die riesenhafte Boa und mehrere kleine Schlangen=
arten in regungsloser Erstarrung Monate lang ohne Nahrung.

So ruhen auch bei unserem Nager die Funktionen der Verdauung und
Absonderung völlig mit dem Aufhören der Ernährung. Der Blutumlauf
und das Atmen gehen zwar fort, aber so schwach, daß man es kaum bemerkt;
die Tierchen sind kalt, die Glieder steif, gegen Verletzungen fast ganz
unempfindlich. Der Magen ist ganz leer und zusammengezogen, der Darm=
kanal ebenfalls leer, die Blase dagegen mit Urin angefüllt. Das in den Leib
eines im Winterschlafe getöteten Murmeltieres gesenkte Thermometer wies
eine animalische Wärme von bloß 9.3° C. nach; das Blut war gering und
wässerig; das Herzchen schlug noch drei Stunden lang nach der Tötung.
anfangs 16—17mal in einer Minute und dann immer seltener; der

abgeschnittene Kopf zeigte nach einer halben Stunde noch Spuren von Reiz=
barkeit, ebenso einige Muskelfasern, durch Galvanismus gereizt, noch nach drei
Stunden, — so zäh ist diese halberloschene Lebenskraft dennoch.

Steigt die Kälte, z. B. wenn das schlafende Tier der Luft ausgesetzt wird,
so erfriert es. Das immer langsamere Atemholen erzeugt in der Lunge nicht
mehr die zum Leben nötige Wärme. Professor Mangili hat berechnet, daß ein
schlafendes Murmeltier in der Zeit von sechs Monaten nicht mehr als
71 000 Mal atmet, während es im wachen Zustande in zwei Tagen
72 000 Mal atmet. Auch hat man bemerkt, daß bei ihm wie bei den übrigen
Winterschläfern eine eigentümliche Veränderung der Blutgefäße vorhanden ist,
indem nur Eine Arterie zum Gehirn führt, und dasselbe also einen sehr
geringen Blutzufluß erhält, was für die Phänomene der Lebensthätigkeit von
großer Bedeutung ist. Regnault legte ein im Winterschlafe begriffenes
Exemplar unter die Luftpumpe. Es blieb über 117 Stunden darunter, zeigte
bei einer Lufttemperatur von $+ 8°$ C. 12° animalische Wärme und verzehrte
nur ein Dreißigstel des von einem wachen Murmeltiere eingeatmeten Sauer=
stoffs, von dem sich beinahe die Hälfte wieder in der von ihm ausgeatmeten
Kohlensäure fand. Später verzehrte es in 76 Schlafstunden unter dem Glas=
cylinder kaum 12 gr Sauerstoff, beim Erwachen aber in drei Viertelstunden
6 gr, während seine Blutwärme in 5 Stunden von 11 auf 33° stieg.

In der Gefangenschaft leben die Murmeltiere in einem warmen Zimmer
den Winter wie im Sommer, in einem kalten von $+ 7—8°$ C. raffen sie
alles zusammen, bauen ein Nest und fangen an zu schlafen, doch nicht so tief
wie auf den Alpen und nicht ohne Unterbrechung. An die Wärme gebracht,
verschnellert sich sogleich der Puls; das Tierchen erwacht, aber erst bei hoher
Temperatur, kann dann die Glieder nicht sogleich gebrauchen und ist erst nach
einer halben Stunde, wenn das von der Lunge aus erwärmte Blut alle Körper=
teile anhaltend durchdrungen hat, ganz munter.

Über den Winterschlaf der Murmeltiere hegen die Jäger absonderliche
Gedanken. Manche glauben, daß die Tierchen jedesmal beim Neumond wach
seien; andere versichern, daß dieselben sich bei jedem Neu= und Vollmonde über
den Rücken auf die andere Seite wenden, ohne zu erwachen. Die gewöhnliche
Meinung, daß die im Herbste so fetten Marmotten im Frühling ganz mager
erwachen, scheint ebenfalls unrichtig; wenigstens schoß ein Bündner Jäger im
April eine solche, die sich durch den Schnee hervorgearbeitet und an die Sonne
gesetzt hatte und so fett war als nur im Herbst, obschon Magen und Gedärme
noch ganz leer waren. Dies ist auch ganz begreiflich. Bei dem während der
Lethargie äußerst verminderten Stoffwechsel findet das im Herbst angesetzte
Fett nur spärliche Verwendung und wird auch bei der stockenden Atmung und
geringen Sauerstoffaufnahme nicht verbraucht. Die Annahme, das Tier lebe
und zehre im Winter von seinem Fette, ist also irrig. Es lebt so zu sagen von
nichts, weil alle organischen Funktionen fast erloschen sind, kein Stoff= und

Kraftverbrauch vorhanden und also auch kein Ersatz durch Nährstoffe nötig
ist. Wahrscheinlich werden die frisch aufgewachten Murmeltiere erst in den
folgenden Wochen bei noch spärlicher Weide und eintretender Paarung mager.
Sie öffnen nämlich ihren Röhrenverschluß, indem sie das Material nur teil=
weise hereinziehen, teilweise noch im Eingang lassen, oft schon Ende März,
gewöhnlich aber im April, und man findet dann ihre Spuren weit im Schnee
herum. Sie suchen nun vom Schnee entblößte Stellen auf, wo altes dürres
Gras steht, und sollen weit nach solchen über Schnee laufen.

So viel man auch über die Murmeltiere geschrieben hat, so ist doch ihre
Lebensweise noch keineswegs hinlänglich aufgeklärt. Namentlich ist es noch nie
gelungen, ihre Übersiedelungen zu beobachten, die doch wahrscheinlich, da das
Tier sonst des Nachts immer schläft, während des Tages und zwar wohl in
der Morgendämmerung, zu geschehen pflegen. Wenn es wahr ist, daß die
gleiche Familie ihre Sommerwohnung oft in ganz entlegenen Hochalpen bezieht,
so müßte es interessant sein, die Reise dahin zu beobachten und die Bedingungen
zu ergründen, unter welchen solche Domizilveränderungen vorgenommen werden.
Die Tierchen sind sehr furchtsam und verstecken sich wohl bei jedem fremd=
artigen Geräusch in den Felsen, da sie nicht so schnell zu fliehen vermögen,
daß ein Mensch sie nicht wohl einholen kann. Sie wählen wahrscheinlich den
kürzesten Weg und klettern dabei durch die wegbaren Furchen der Felswände
und an den Alpenbächen hinauf. Ob sie aber immer die gleichen Sommer=
und Winterquartiere benutzen und in welchen Fällen sie neue graben, weiß man
nicht; es ist auch nicht bekannt, ob jene Murmeltiere, deren Höhlen bei 2600 m
ü. M. und noch höher entdeckt werden, bloß während des 10—12wöchigen
Sommers daselbst wohnen und wirklich 8—9 Monate des Jahres im lethar=
gischen Scheintode liegen. Man möchte letzteres von vornherein nicht annehmen,
wenn es sich erklären ließe, wie denn eigentlich die Tiere in jene Höhen
gelangen, da manche von jenen Weideplätzen, wie z. B. an der Allée blanche
(Savoyen) und im Wallis, bloße kleine Oasen sind, welche von Firn= und
Gletscherwüsten in jeder Richtung stundenweit umschlossen werden.

Werden die Murmeltiere in der Winterhöhle, ehe sie fest schlafen, durch
Nachgrabungen beunruhigt, so graben sie sich oft glücklich mit außerordentlicher
Fertigkeit weiter bergein und retten sich zwar vor den Menschen; da sie aber
für ihre zerstörte Wohnung eine neue zu graben nicht mehr Zeit haben, so
überrascht sie oft die Kälte und tötet sie. In der Sommerwohnung führt das
Nachgraben fast nie zu einem günstigen Resultate, da sie noch schneller sich
tiefer scharren, als der Verfolger nachzugraben vermag. Ganz gewiß ist es
aber, daß Familien, welche keine höheren Sommerquartiere beziehen, doch oft
weite Spaziergänge nach blumigen Weideplätzen machen; ebenso scheint fest=
zustehen, daß jede Familie ihren gewissen Ätzplatz behauptet und keine fremden
Eindringlinge leidet. Kommt ein benachbartes oder wanderndes Murmeltier
ihr ins Gehege, so gehen nicht selten die Angesessenen auf dasselbe los und

applizieren ihm mit den Vorderpfoten tüchtige Hiebe auf Kopf und Rücken, worauf das gezüchtigte unter erbärmlichem Geschrei flüchtet.

In den meisten Kantonen ist das Graben auf Murmeltiere verboten, und mit Recht. Wo die Natur so sorglich und wunderbar das Leben eines harmlosen Tieres schützt, ist es eine Impietät, den wehrlosen Schützling seinem Zufluchtsorte zu entziehen und ihn zu töten. Durch das Ausgraben (der technische Ausdruck im untern Wallis ist ‚creuser‘) würden diese harmlosen und durchaus unschädlichen Tierchen in wenigen Jahren ganz ausgerottet, während die bloße Jagd bei ihrer Vorsicht ihnen nie sehr gefährlich wird, wenn ihnen nicht Fallen gestellt werden, denen sie freilich schwer entgehen. In Graubünden fangen die Bergamaskerschafhirten im geheimen viele Marmotten auf solche Weise ab. Hie und da sind freilich die Bergbewohner vernünftig und bescheiden genug, die Fallen bloß für die alten Tiere einzurichten, wie z. B. an der Gletscheralp im Walliser Saaßthale, wo die Tiere in großer Menge vorhanden sind, weil die Jungen stets geschont werden.

Sehr oft ist der Bau aber so angelegt, daß die Tierchen von ihm aus die ganze Gegend überwachen können. In diesem Falle führt der Jäger in einer Entfernung von 20—30 Schritt eine Steinblende auf, um hinter derselben auf das Wildbret zu lauern. Alte Murmeltiere gehen aber, sowie sie den Bau gewahren, in den ersten Tagen nicht schußgerecht aus; sie benutzen dann sogar gegen ihre sonstige Gewohnheit eine stille Nachtstunde zur Ätzung und wagen sich erst, nachdem sie sich an den Anblick der Steinmauer gewöhnt haben, bei Tage auf die Weide. Leise wie ein Schatten schlüpfen sie hervor, lauschen, spähen und winden nach allen Seiten, bis die Kugel des Jägers sie niederstreckt. Jüngere Tiere sind immer unvorsichtiger und neugieriger und werden oft in Mehrzahl durch einen Schrotschuß erlegt.

Die Murmeltierjagd ist nicht so leicht, als man sich's denken mag, und Jäger, welche die Gegend nicht kennen, streichen oft viele Tage lang durchs Gebirge, ohne einen Schuß anbringen zu können, wenn sie auch überall pfeifen hören und alle fünf Minuten auf einen Bau stoßen. Ein geübter Murmeltierjäger dagegen kann in günstigen Lokalen in einem halben Tage 6—8 Stück erlegen. Am besten versteckt er sich schon vor Tagesanbruch in der Nähe des Baues, um auf die bei Sonnenaufgang erscheinenden Tiere anzukommen. Der erste Schuß ist das Signal zum augenblicklichen Verschwinden alles benachbarten Murmelwildes, und vom September an wird es sich, sofern der Jäger sich offen gezeigt hat, nicht leicht wieder am nämlichen Tage aus dem Bau wagen. Kennt der Jäger die Höhlen nicht ganz genau, so richtet er überhaupt nichts aus. Die Tiere sehen ihn meist lange vorher, ehe er sie erblickt, und ihre gellenden, weit umher von den Gefährten wiederholten Pfiffe machen ein Anschleichen auf das wachbare Wild meistens unmöglich. Daher ist es nötig, daß der Jäger sich überhaupt immer verborgen hält. Macht er es wie der Zeichner unseres Bildes, d. h. pfeift er tüchtig hinter den Felsen, ohne sich

blicken zu lassen, und treibt er dadurch die Tiere weit umher in ihre Löcher,
schleicht er dann in die Nähe des ersten besten Baues und paßt hier eine
Weile, so kann er die bald wieder hervorkommenden Marmotten auf zehn
Schritt weit fassen. Wir brauchen kaum zu bemerken, daß unabläſſiges Spähen
mit dem Fernrohr auf der Murmeltierjagd ebenso notwendig und unerläßlich
iſt als auf der Gemſenjagd. Beide Jagden werden oft mit einander verbunden,
d. h. wenn die erstere fehlschlägt, wird die zweite begonnen. Die unabläſſige
Wachſamkeit der Murmeltiere und ihre weitſchallenden Pfiffe sind übrigens
nicht selten ein Grund jenes Fehlſchlagens und bringen den Jäger oft in
Verzweiflung. Schleicht er so an, daß er dem Wilde den Rückweg in den Bau
abſchneidet und überraſcht er es dann plötzlich, so stößt das geängstigte Tier
einen lauten, grellen Schrei aus und flüchtet in die nächste beste Steinspalte,
die oft so wenig tief iſt, daß das Hinterteil des Murmeltieres noch hervorragt,
worauf man dasselbe, um das Beißen zu verhüten, mit dem Stocke auf die
Erde niederdrückt und bei den Hinterbeinen lebendig herauszieht. Es ist auch
schon die rohe und barbarische Jagd angewendet worden, die Tiere mit
Hunden, die eigens darauf abgerichtet wurden, aufzuſuchen, und in solche
Fluchtröhren treiben zu lassen, wo sie dann unter kläglichem Geſchrei mittels
eines Stockes totgeſtoßen wurden.

Die Murmeltierjagd hat auch ihre Gefahren. Im November 1852
spürten zwei Jäger aus dem Kanton Genf, Carlier und sein Sohn, an den
Gletſchern von Argentières nach Marmottenhöhlen. Der Vater kroch in
einen der bewohnten Gänge, indem er denselben mühſam erweiterte, als
plötzlich das lockere Gestein zuſammenbrach und den auf dem Bauche liegenden
Jäger verſchüttete. Raſch kriecht der Sohn nach, um den Vater zu befreien,
und arbeitet ihn glücklich schon zur Hälfte aus dem Schutte, als ein neuer
Bergbruch beide bedeckt. Zwei Stunden lang wühlen die Jäger, der Sohn
auf des Vaters Rücken liegend, in dem Geröll, um sich zu befreien, bis der
jüngere, den Quetſchungen und Mühſalen erliegend, den Geist aufgiebt. Drei
lange und bange Tage, ohne Licht und Labſal, ohne Hilfe und Kraft, bleibt
der unglückliche Vater unter der Leiche seines neunzehnjährigen Sohnes in
der Kluft liegen, bis endlich die nachforſchenden Freunde ihn auffinden und
ausgraben. Wenige Stunden nach seiner Befreiung erlag auch er den Folgen
der ausgeſtandenen fürchterlichen Körper= und Seelenqualen.

Für die Bergbewohner sind die Murmeltierchen wahre Univerſal=
medizinen. Das fette, aber wohlſchmeckende Fleiſch geben sie gern den
Wöchnerinnen. Gewöhnlich wird das Tier wie ein Ferkel gebrüht und
geſchabt, dann gut mit Salz und Salpeter eingerieben einige Tage in den
Rauch gehängt und geſotten. Der erdige Wildgeſchmack iſt im friſchen
Zuſtande so stark, daß er den an diese Speise nicht Gewöhnten Ekel verurſacht.
Im untern Engadin klagten uns die Jäger, daß sie für Murmeltierbeute nur
selten einen Käufer fänden. Das Fett, das in Bünden mit zwei Franken

per Schoppen bezahlt wird (ein ganz starkes Männchen giebt im Oktober bis an drei Schoppen), soll nach dem Volksglauben Kolik und Keuchhusten heilen, Drüsenverhärtungen zerteilen u. dergl. m. und der frisch abgezogene Balg wird gegen Rheumatismus angewendet. Die Bergbewohner betrachten diese Tierchen auch als sichere Wetterpropheten. Halten diese Heuernte, so giebt es beständiges Wetter; kläffen sie viel, so regnet's bald; stopfen sie ihre Höhlen dicht zu, so giebt's einen strengen Winter 2c.

Außer von den Menschen wird das Murmeltier besonders von Adlern und Bartgeiern, in deren Nestern man im Sommer stets zahlreiche Reste dieses Wildbrets findet, dann auch von Alpenfüchsen verfolgt. Ebenso gefährliche Feinde haben sie an ihren Eingeweidewürmern, die sich oft in erstaunlicher Menge vorfinden.

Unsere Murmeltiere bewohnen ausschließlich Europa und zwar gegenwärtig nur noch die obere Alpen- und untere Schneeregion der Alpen, der Karpathen und der Pyrenäen. In den Karpathen und Tiroler Alpen sind sie bereits selten geworden und in die unzugänglichsten Reviere zurückgedrängt, im Salzburger Hochgebirge sogar, dank den unsinnigen Verfolgungen, bereits seit einem Menschenalter gänzlich ausgerottet.

Ohne Zweifel bewohnten die Murmeltiere in der Eisperiode weit tiefere Regionen, die Vorberge und selbst Flußthäler des Hügellandes*). Darauf weisen die drei im Diluvium von Niederwangen bei Bern und von Veirier bei Genf aufgefundenen Skelette hin, sowie der jüngst am Rainerkogel bei Graz (390 m ü. M.) aufgedeckte alte Murmeltierbau mit Knochenresten von drei Tiergenerationen. Neben letzteren fanden sich im Bau noch hunderte von mehr oder minder rundlichen Thonkugeln vor, die einen eckigen Kern von Thonschiefer einschlossen und offenbar dadurch entstanden waren, daß die bauenden Tiere losgescharrte Schieferstückchen im feuchten Thonboden gerollt und so mit Thon und Erde beklebt hatten, ohne das überflüssige Material durch die Röhre aus dem Bau zu schaffen.

Außer dem unsrigen kennt man bis jetzt nur noch ein echtes Murmeltier, den osteuropäischen Bobak (Arctomys Bobac), der aber ausschließlich die weiten Ebenen und höchstens noch die Hügelgegenden Polens, Galiziens und der Bukowina bewohnt.

---

*) Daß die Murmeltiere auch heute noch bedeutend unterhalb des jetzigen Wohngebietes gedeihen können, beweist ein interessanter Versuch in St. Gallen. Im Frühjahr 1879 wurde daselbst ein Murmeltierpaar ausgesetzt, das sich in einer eingefriedigten Wiese ansiedelte und Bauten anlegte. Nach sechsjährigem Bestande zählte die Kolonie bereits 16 Stück. Seither hat ihr der kalte Winter von 1888/89 hart zugesetzt.

VI. Die Steinböcke der Zentralalpen.

Ihre Verbreitung und Ausrottung. — Tierzeichnung. — Jagd. — Abenteuer eines
Walliser Steinbockjägers. — Vermischung und Bastarde.

Wie auf den asiatischen Hochgebirgen die antilopen=, ochsen=, esel= und
pferdeartigen Vierfüßer, in den südamerikanischen Andenketten das Lama mit
seinen Gattungsverwandten, dem Paka, Huanaka und der Vikunna, die höchste
Tierleben enthaltende Region vorzüglich reich bevölkern, so finden wir in dem
europäischen Hochgebirge die schaf=, gemsen= und ziegenartigen Wiederkäuer
noch da, wo die Lebensbedingungen für fast alle anderen Vierfüßer schon aus=
gegangen sind. Hier sind sie dann noch die ansehnlichsten und Hauptrepräsen=
tanten der Tierwelt. Ihr Verbreitungsbezirk berührt kaum die subalpine
Region und steigt bis zu den unwirtbaren Firnmeeren an. Neben ihnen
existieren wenige große Gattungen, über ihnen gar keine, da die Adler= und
Geierarten, die etwa noch die Gipfel der Alpen überfliegen,' ihren ständigen
Aufenthalt und ihre Brütorte tiefer haben.

Zur Benutzung der höchsten Gebirgsregion mußte die Natur eine Tier=
gattung wählen, der die durch die klimatischen Verhältnisse bedingte niedere Vege=
tation genügt, die ferner durch ihre Organisation fähig ist, teils den zerstörenden
Einflüssen und den Mühseligkeiten des rauhesten Klimas zu widerstehen, teils die
jedesmal nur spärliche Ausbeute bietenden Weideplätze leicht und rasch zu wechseln
und dabei die großartigen Schwierigkeiten der Bodenverhältnisse mühelos zu
überwinden, wozu eben diese Horntiere am geeignetsten sind. In unendlicher
Mannigfaltigkeit von Arten, mit Ausnahme vielleicht einzig von Neuholland,
über die ganze Erde verbreitet, sind sie meist Bewohner der Gebirge, in einzelnen
Gattungen aber auch in Wäldern, Niederungen, Steppen und Wüsten hausend.

Obgleich unser schweizerischer Steinbock der europäische heißt, findet er sich
doch nur auf wenig Punkten unseres Erdteils und hat in Europa selbst an dem
pyrenäischen Steinbock einen stark verschiedenen Rivalen. Er scheint nur auf den
höchsten Erderhebungen sich zu finden und schlägt daher seine Wohnung in den
unzugänglichen Alpenketten, welche das Wallis von Piemont scheiden, und in den
Hochgebirgen Savoyens auf, wo auf Zumsteins Verwendung im Jahre 1821 die
Jagd des Tieres bei schwerer Strafe verboten worden ist. Ehemals sollen diese
Böcke nach alten Berichten auf den höheren Gebirgen Deutschlands und der
Schweiz heimisch und ziemlich zahlreich gewesen sein, eine Zierde der Alpen, — ja
sogar des Vorlandes, wenigstens in der vorhistorischen Zeit, worauf ein bei Meilen
am Zürichsee ausgegrabenes mächtiges Steinbockshorn aus der Pfahlbauperiode
zu deuten scheint*). Die alten Römer führten nicht selten 100—200 (Gordian)

---

*) Seither hat ein noch weiter vorgeschobener Punkt des Vorlandes Reste des
Steinbockes aus vorhistorischer Zeit geliefert, nämlich das Keßlerloch bei Thayingen im

STEINBOCK.

lebendig eingefangene Steinböcke, zumal für ihre Kampfspiele, nach Rom. Als
Grund ihres zunehmenden Verschwindens dürften teils die wenig zahlreiche Ver=
mehrung, die unerschrockenere Art des Tieres, das den Verfolger ziemlich nahe
ankommen läßt, ehe es flieht, teils die desto eifrigere Jagd und endlich die
Beschaffenheit seiner Wohnplätze selbst anzusehen sein. So vielen Gefahren
zwischen Felsen und Gletschern ausgesetzt, müssen manche Tiere zu Grunde gehen,
und die zunehmende Schmälerung ihrer ursprünglichen Weideplätze, die Lawinen=
gefahr (in dem seinerzeit so steinwildreichen Zillerthale wurden von 1683 bis
1694 nicht weniger als 53 Tiere von Lawinen und Steinen erschlagen), die
Steinschläge, die Verschüttung vieler hoher Grasplätze mußte ihrer Verbreitung
hemmend entgegentreten. Mehrere Naturforscher teilen die Ansicht, der Stein=
bock sei eigentlich nur für die untere Alpenregion bestimmt und organisiert, und
nachdem er von da vertrieben sei, müsse er in den kahlen Kämmen der Hochalpen
verkümmern. Schon zu C. Geßners Zeiten war dieses Wild in die rauhesten
Alpenreviere zurückgedrängt, und dieser Forscher glaubte, es bedürfe durchaus
der Kälte, sonst ‚erblinde‘ es. Wahrscheinlich waren die Steinböcke noch im 15.
Jahrhundert in der Schweiz ziemlich häufig; im Kanton Glarus wurde 1550
das letzte Stück am Glärnisch geschossen; die Hörner wurden im Rathause zu
Glarus aufbewahrt. In Graubünden, wo der Steinbock ebenfalls ausgerottet ist,
wurde er früher oft gezähmt, und aus den Urkunden sieht man noch, daß der öster=
reichische Burgvogt auf der Veste Castels von Zeit zu Zeit lebende Steinböcke in
den Tiergarten von Innsbruck zu liefern hatte. Sie waren besonders heimisch
in den Gebirgen von Oberengadin, Kleven, Rheinwald, Vals und Bergell, nahmen
aber schon im 16. Jahrhundert so sehr ab, daß 1612 die Jagd bei 50 Kronen
Strafe verboten wurde. Dies muß freilich ohne Erfolg geblieben sein; die Tiere
sind allmählich dort spurlos verschwunden, gingen aber als Symbol der Kühn=
heit und Kraft in das Wappen des rhätischen Bundes, des Walliser Einfisch=
thales (wo 1809 das letzte Exemplar fiel), des Städtchens Unterseen, sowie
sehr vieler Familien über, eine Ehre, deren die Gemse nie gewürdigt worden
ist. Ein, wahrscheinlich Jahrhunderte lang im Rheinwaldgletscher verschlossen
gewesenes, in jüngster Zeit ausgestoßenes Hornpaar ist in unserm Besitz. Am
Gotthard waren die Tiere noch vor hundert Jahren nicht ganz selten. Als der
Schultheiß v. Steiger in der Mitte des vorigen Jahrhunderts in die italienischen
Vogteien zog, schoß er auf dem Gotthard eigenhändig einen Steinbock, jedoch
wird diese Angabe bestritten.

Am längsten hielten sich die edlen Tiere in den Walliser Alpen und zwar
vom Monterosa bis zum Montblanc hin, wo sie bis in die Gebirge von Faucigny
reichten. In Salzburg und Tirol verschwand das sog. Fahlwild seit mehr als
hundert Jahren, obgleich die Erzbischöfe von Salzburg es möglichst schützten.

Kanton Schaffhausen. Die Höhlenfunde dieser Lokalität weisen einen großen Reichtum
an Säugetierresten auf, worunter der Steinbock in mehreren Individuen erscheint.

Diese Sorgfalt ging so weit, daß sie eigene Hüttchen für die bestellten Wild=
hüter auf den höchsten Bergen errichten ließen; dann ließen sie aber auch durch
eine Unzahl von Jägern die Steinböcke lebendig wegfangen, um sie als eine
seltene, stolze Zierde an befreundete Fürsten zu verschenken und in ihre Tier=
gärten zu versetzen. Auch in den nordwestlichen Karpathen (Tatragebirgen)
sind seit Menschengedenken die Steinböcke nicht mehr gesehen worden.

Es war daher um so erfreulicher, als vor einigen Jahrzehnten diese stolzen
Tiere plötzlich wieder in ziemlich zahlreichen Exemplaren am Monterosa
erschienen, wo man zum letzten Male in den siebziger Jahren des letzten Jahr=
hunderts etwa 40 Stück beisammen, dann aber länger als 50 Jahre lang kein
Exemplar mehr gesehen hatte. An den Aiguilles rouges und den Dents des
Bouquetins in der Nähe der Dent blanche schoß man dann vor fünfzig Jahren,
wie man glaubte, die letzten Steinböcke, und als man einige Jahre später auf der
Seite gegen Arolla hin sieben solcher Tiere durch eine Lawine verschüttet fand, hielt
man sie für nun völlig ausgerottet. Wirklich bemerkte man auch zwölf Jahre lang
keine weiteren Spuren. Seitdem sieht man, ohne Zweifel infolge des in Piemont
geltenden Jagdverbotes, auf der Südseite des Monterosa, besonders aber in den
Gebirgen von Cogne, Cérésole, Valprifauche, Valsavaranche und Courmayeur,
nicht selten größere Steinbockfamilien. Ein Alpenklubist beobachtete am 26. Juli
1873 bei Besteigung des aussichtberühmten Grand Paradis (4138 m ü. M.)
südlich von Cogne 10 Steinböcke und 19 Gemsen und einige Tage später am
benachbarten Glacier de la Tribulation zwei große Steinböcke und 21 Gemsen.
Die Anzahl der Exemplare wird überhaupt auf über 400 geschätzt. Die dort
ebenfalls durch Jagdbann geschützten zahlreichen Gemsen werden von den Stein=
böcken stets gemieden. Sowie jene einen Weidestrich besetzen, steigen die Stein=
böcke höher ins Gebirge und halten sich in den entlegensten Wildnissen allein zu
einander. Die durch den Schutz, dessen Übertretung schwer bestraft wird,
keck gewordenen Gemsen streifen bis in die Thäler hinunter, was das Steinwild
nie thut. Diesem setzten aber die Wilddiebe scharf zu. Vollständige Bälge von
ganzen Familien sind jederzeit zu haben und selbst lebende Junge zum Preise
von ungefähr tausend Franken per Stück.

Der Steinbock, von dem zuerst der Chronist Stumpf im 16. Jahrhundert
eine auf eigenen Beobachtungen beruhende deutsche Monographie, die für lange
Zeit mustergültig blieb, geschrieben hat, ist ein schönes und stolzes Wild, 1½ m
lang und 4/5 m hoch*), also bedeutend größer, als die Gemse. Sein prachtvoller

---

*) Der größte frische Bock, den wir gemessen haben, war ein altes Tier, das
von der Nasenspitze bis zur Schwanzwurzel 1 m 53 cm maß und dessen sechzehn=
knotige Hörner in gerader Linie 66 cm, im Bogen gemessen 85 cm hielten; doch muß
aus noch vorhandenen, über die Hälfte größeren Hörnern, die sich in Sammlungen
aus dem 16. und 17. Jahrhundert vorfinden, geschlossen werden, daß es in jener
Zeit ungleich größere Steinböcke gegeben hat als heutzutage. Das Kloster Engelberg
besitzt ein versteinertes Steinbockshorn.

Hörnerschmuck giebt ihm ein stattliches Aussehen; die Hörner des Männchens sind 45—67 cm lang, abgerundetvierkantig, nach oben auseinandergehend, schwach sichelförmig in gleicher Ebene gekrümmt und in eine flache, etwas gehöhlte, stumpfe Spitze auslaufend. Auf der obern Kante stehen starkerhabene, nach der Innenseite überhängende Knotenwülste, welche die Jahreszunahme des Horns bezeichnen und gewöhnlich in der Schädelnähe enger zusammenstehen, einander aber auf beiden Hörnern entsprechen. Die des Weibchens sind viel kürzer, kaum über 18 cm lang, flacher und undeutlich abgesetzt. Die Farbe des Balges ist im Sommer gelblichrotbraun mit einzelnen weißen Haaren und dunklen Partien, braunem Rückenstreif, Stirn und Nase braun, Backen gelblich, Kehle braungrau, Hinterkopf dunkelbraun und weißlich, Hals weißgrau, hinterer Teil der Schenkel rostfarben, Bauch und After weiß mit einzelnen schwarzen Haaren, Schwanz oben schwarzbraun. Doch sahen wir auch einen ganz alten Sommerbock von gleich= mäßig weit hellerer Behaarung. Einen eigentlichen Ziegenbart hat der Steinbock nicht, obwohl ihn manche Bilder immer noch mit einem solchen darstellen; nur der Winterbalg zeigt ein kleines Büschelchen längerer, steiferer, nach hinten gerichteter Haare am Kinn, die im Frühlingspelz wieder teilweise verschwinden. Ein ausgeweidetes Männchen wiegt noch an 80—100 kg, die Hörner 7 1/2 bis 9 kg, die kleinere und schmächtigere Steinziege dagegen soll selten über 50 kg wiegen. Das Tier hat einen muskulösen, gedrungenen Bau mit kühner und fester Haltung. Der Kopf, der in der Ruhe etwas gesenkt, auf der Flucht ein wenig rückwärtsgebogen getragen wird, ist eher klein, beim Bocke kürzer, die Stirn gewölbter und erhabener als beim Weibchen, die Ohren kurz, weit hinten angesetzt, die Augen lebhaft glänzend und wie bei den Gemsen ohne Thränenhöhlen. Der Steinbockschädel ist edler, abgerundeter, als der eckigere, schmalere und flachere Ziegenschädel. Die Schnauze hat weiße Lippen; Hals und Nacken sind außer= ordentlich kräftig und muskulös, ebenso die starksehnigen Schenkel, die aber verhältnismäßig dünn sind. Die Hufe sind stahlhart, unten rauh und können beim Gehen auf glatten Flächen ausgebreitet werden. Der ganze Leib ist eher walzenförmig, weniger leicht gebaut als jener der weit beweglicheren Gemse; der Schwanz 13—15 cm lang, stets aufgerichtet wie bei den Ziegen und endet in einen kastanienbraunen Haarbüschel; die Winterbehaarung ist viel dichter, etwas dunkler und länger als das Sommerkleid.

Über den Zweck des gewaltigen Hörnerschmuckes dachten unsere alten Naturforscher fleißig nach und ersannen wunderliche Märchen. Geßner meinte, das Tier benutze ihn nicht nur, um darauf zu fallen und des Sturzes Wucht zu mindern, sondern auch, um große herabstürzende Steine zu parieren. (Ähnlich erzählt er auch von den Gemsen, daß sie bei Verfolgung auf den höchsten Felsen, wo sie nicht mehr stehen oder gehen könnten, sich mit den Hörnchen an die Klippen hingen und dann vom Jäger hinuntergestürzt würden.) Wenn der Steinbock aber merke, daß er sterben müsse, so steige er auf des Gebirges höchsten Kamm, stütze sich mit den Hörnern an einen Felsen, gehe rings um denselben herum, und höre damit nicht auf, bis das Horn ganz abgeschliffen sei; dann falle er um und sterbe also!*) In der That aber bedient er sich der Hörner teils zum Kratzen, teils zum Stoßen. Im letztern Falle erhebt er sich ziegenbockartig auf die Hinterfüße und stößt von der Seite. Auch zum Parieren dienen sie ihm.

Gegen die Kälte scheinen die Steinböcke ziemlich unempfindlich. Man hat alte Böcke auf Felsenspitzen stundenlang im Eissturm ruhig wie Bildsäulen mit aufgerichteter Nase stehen sehen und nach dem Schusse gefunden, daß ihnen die Spitzen der Ohren erfroren waren, ohne daß sie es zu fühlen geschienen. Die Paarung findet oft unter heftigen Kämpfen im Januar statt. Ende Juni wirft die Steinziege ein niedliches wollhaariges Junges von der Größe einer Katze, das gleich mit der Mutter wegläuft und ziegenartig meckert. Es wächst bis ins fünfte

---

*) Der Verfasser erhielt vom Monterosa drei ausgezeichnet schöne Exemplare, die im November und Dezember 1853 geschossen wurden. Wir glauben um so eher eine kurze Beschreibung derselben hier beifügen zu dürfen, als selbst in neueren naturwissenschaftlichen Werken noch manche irrtümliche oder ungenaue Bestimmungen dieser Tiergestalt zu finden sind.

Bock (wahrscheinlich 10—12 Jahre alt, durch die Brust geschossen).

Größenverhältnisse: Hörner, gerade gemessen 56.5 cm, im Bogen 63 cm: Durchmesser an der Basis der Höhe 11 cm, der Breite 6.8 cm, Länge des Knochenzapfens 31 cm. Dreizehn deutliche Knoten, an der Basis am niedrigsten, der längste 2.2 cm überragend, acht deutliche und mehrere undeutliche Querringe, aber wie die Knoten an den beiden Hörnern sich entsprechend. Untere Knoten stark abgerundet: an der obern innern Kante, wo die Wülste am höchsten, zwischen diesen ein welliger Horngrat, gegen die Spitze überhängend. Gewicht der zwei Hornschalen 2 kg. Länge des Körpers von der Schnauzenspitze bis zur Schwanzwurzel 1.39 m, Schwanz bis zu den Haarspitzen 26.5 cm, Höhe bis zum Widerrist 91 cm, Ohren 14 cm, Schnauzenspitze bis zur Ohrwurzel 30 cm, Schnauzenspitze bis zur Hornwurzel 26 cm, Abstand der Hörner an der Basis kaum 3 cm, Abstand der Hornspitzen 49 cm, Abstand der Ohrwurzeln 14 cm, Höhe der Vorderfüße 63 cm, der Hinterfüße 69 cm, der Afterklaue 9 cm.

Färbung (Winterkleid). Hörner lehmgrau, Wülste dunkler, Hornspitzen, besonders der äußeren Seiten, dunkelschwarz. Rumpf im ganzen ungleich bräunlichgelb mit unregelmäßigen helleren und dunkleren Partien. Die einzelnen Haare unten rötlichgrau mit gelbweißen Spitzen. Um die Augen und Schnauze, sowie eine Naht über die Nase dunkler, Kinn schwärzlich graubraun; am Nacken verläuft nach beiden Seiten eine hellgelbliche Partie; von hier bis zur Kruppe ein deutlicher hellgelber Rückenstreif, am Ende zu beiden Seiten ins Fahlweiße verlaufend. Brust und Flanken rötlichbraun, mit einzelnen weißen Haaren, an der Schwanzrübe 10.5 cm lange, hinten schwarze, vorn hellbraune Haare. Bauch und After gelblichweiß, Beine vorn und unten dunkel. Lippen silbergrau, Ohren außen und am Rande weißlich, innen schwarzgrau; an den Hinterbeinen ob den Afterklauen ein breiter, schmutzigweißer Strich. Die oberen inneren Vorderschenkelseiten schwärzlich, die Klauen und Afterklauen pechschwarz.

Im ganzen außerordentlich dichte Behaarung, besonders an der obern Körperhälfte, wo zwischen den langen Stachelhaaren eine dichte weiche Wolle steht. Bei oberflächlichem Anfühlen ist der Balg rauh, in der That aber weichhaarig, etwas fettig. Hinter den Hörnern, den Nacken hinunter, geht die hellere Haarpartie fast in eine Mähne über mit 9—11 cm langen Haaren. Die Haare der obern, pelzigem

Jahr. Die ältern Steinböcke pfeifen bei Gefahr ähnlich den Gemsen, aber schärfer, weniger ausgezogen; bei heftigem Schreck aber geben sie einen eigentümlichen Laut von sich, der wie kurzes, scharfes Niesen tönt. Sie leben gesellig in Rudeln von 6—15 Stück zusammen; doch sondern sich die alten Böcke später ab zur einsamen Weide. Gefahren trotzen sie mit vereinten Kräften. So sah der berühmte Steinbockjäger Fournier aus dem Wallis einmal sechs Steinziegen mit sechs Jungen weiden; als ein Adler über ihnen kreiste, sammelten die Ziegen sich mit ihren Jungen unter einem überhängenden Felsblock, indem sie ihre Hörner gegen den Raubvogel richteten und, jenachdem der Schatten des Adlers am Boden dessen Stellung bezeichnete, sie nach der gefährdeten Seite hin dirigierten. Der Jäger beobachtete lange diesen interessanten Kampf und verscheuchte zuletzt den Adler.

Des Nachts lieben es die Steinböcke, in die höchstgelegenen Bergwälder herunterzusteigen, um dort zu weiden; doch nicht leicht tiefer als eine Viertelstunde unter einem freien Grate. In den Cognergebirgen übernachten sie gerne in Felshöhlen, deren Boden man mit ihrer Losung bedeckt findet. Bei Sonnen-

---

Körperhälfte sind sonst viel dichter und kürzer als die dünneren, längeren der untern. Unser Exemplar trägt so dichte und lange Kinnhaare (die längsten über 12 cm), wie sie sonst selten beim zentralalpinen Bocke gefunden werden. Der Schädel hat einen stark gewölbten Nasenbug, dann einen etwas flachen Sattel und eine stark gewölbte Stirn. Die Schneidezähne sind schön weiß, die mittleren zwei halb abgeschliffen, die schmelzfaltigen Backenzähne an der Seite schwarz, auf der Krone weiß. Die Klauen vom flachen Ballen, schmalkantig, etwas ausgewölbt und auswärts gebogen, in abgerundete Spitzen zugehend, sind an den Vorderfüßen bei allen Exemplaren ungleich breiter und länger (etwa um 1/3) als an den Hinterfüßen, weil sie die Hauptlast des Rumpfes und die Hörner zu tragen haben.

Steingeiß. Körperlänge bis zur Schwanzwurzel 116 cm, Höhe bis zum Widerrist 63 cm, die übrigen Teile im Verhältnis. Hörner im Bogen 24 cm, gerade 20 cm, Abstand an der Basis 4.5 cm, Abstand an der Spitze 22 cm, Kopf von der Schnauzenspitze bis zur Hörnerwurzel 25 cm, die Hörner zweiseitig, die hinteren Kanten abgerundet, die vorderen scharf, uneben, ohne eigentliche Knoten, acht ungleichartige, aber an beiden Hörnern einander entsprechende Querringe, Spitze abgerundet.

Die Färbung (Winterkleid) im ganzen ähnlich der des Bockes, ohne Spur von Rückenstrich, fahlgelblichbraun, mehr gleichartig, die einzelnen Haare an der Basis grau mit rötlichgelber Spitze und vielen weichen, fettigen, grauen Wollhaaren, dunkler als beim Bock; die Mähne kürzer, undeutlicher, wolliger; keine besonderen Kinnhaare; das Fell auffallend dünn, aber zäh, an der Brust und den Flanken fast durchsichtig. Der Schädel flacher, ganz ohne gewölbten Nasenbug, stark gewölbte Stirn. Afterklauen verhältnismäßig stark.

Junges (dem Schädel nach männlichen Geschlechts). Stark 47 cm lang, 36 cm hoch, von der Schnauzenspitze bis zum Hornansatz 12 cm. Färbung (Herbstkleid) im ganzen rehfarben, deutlicher schwarzer Rückenstrich, schwärzliches, kraushaariges Schwänzchen mit weißen Haarspitzen, bis zu diesen 7.5 cm lang; der Oberkörper rötlichbraun, Bauch und After weißgelb, die Füße vorn schwarzbraun gezeichnet. Ganz ausgebildete Schneide- und Backenzähne. Der Nasenbug entschieden gewölbt, auch hier die Vorderklauen weit stärker als die Hinterklauen; alle aber wie bei den Alten vom Hornballen gegen die Spitze stark eingekerbt.

aufgang ziehen sie sich höher und lagern endlich auf den höchsten und wärmsten
Plätzen gegen Morgen und Mittag, wo sie den größten Teil des Tages leicht
schlafen oder wiederkauen. Auf den Abend weiden sie wieder den Wäldern zu.
Man sieht sie am häufigsten morgens vor 6 Uhr und nachmittags nach 4 Uhr.
Alte Steinböcke sind nach der Beobachtung der Jäger ziemlich phlegmatisch und
liegen oder stehen tagelang auf der gleichen Stelle, doch gewöhnlich auf einem
Felsenvorsprung, der ihnen sicheren Rücken und freien Ausblick gewährt. Die
Steinziegen mit ihren Jungen liegen meistens etwas tiefer im Gebirge. Sie
lieben besonders die Artemisien, Riedgräser und Mutterkräuter, verachten aber
auch die jungen Sprossen der Weiden, Birken, Alpenhimbeeren und Alpenrosen
nicht, und belecken wie die Gemsen und Ziegen gern salzhaltige Felsen. Im
Winter ziehen sie sich in die Hochwälder zurück und müssen sich oft mit Knospen,
Moosen und Flechten an Felsen und Tannen behelfen. Die Nähe der Gemsen
vermeiden sie, wie gesagt, stets; doch wurde bemerkt, daß sie mitunter sich
unter die Ziegenherden verloren, ja im 16. Jahrhundert wurden im Wallis
jung aufgezogene und gezähmte Steinböcke öfters mit den Ziegenherden in
die Berge getrieben und kamen willig mit diesen zurück.

Von der ungeheuren Sehnenkraft dieser Tiere kann man sich kaum einen
Begriff machen. Ohne Anlauf setzen sie einen $3\frac{1}{2}-4\frac{1}{2}$ m hohen Felsen
hinauf, indem sie sich sekundenlang während der drei Sprünge, deren sie dazu
bedürfen, auf fast senkrechten Flächen zu halten vermögen. Auf der schmalen Kante
einer Thür sogar stehen sie mit Festigkeit. Ein junger zahmer Steinbock springt
einem Manne ohne allen Anlauf auf den Kopf und steht fest. Einer lief eine
Mauer seitlich hinauf, an der keine anderen Haltpunkte waren als die rauhen,
von Mörtel entblößten Stellen, vorher aber hatte er seine Sätze reiflich
erwogen und sich einigemal auf den Schenkeln gewiegt. Jung eingefangen, mit
Ziegenmilch aufgezogen, wurden sie leicht gezähmt und waren durch ihre Neu=
gierde, ihr fein beobachtendes Wesen und ihre possierliche Munterkeit lustige
Spielgesellen; ältere Böcke dagegen wurden öfters wild und bösartig. Ein in
Aigle gehaltener, der sein Lager unter dem Dache des höchsten Schloßturms
gewählt hatte, blieb stets sanft und hielt immer den Kopf dar, um sich krauen
zu lassen, bewies sich auch gegen die Ziege, die ihn gesäugt, so anhänglich, daß
er noch später, als er erwachsen war, auf ihr Meckern immer schnell zu ihr
sprang. Aufgezogene Steinziegen bleiben immer sanft, furchtsam und folgsam.
Einem Mann in Chamouny, der zwei von ihm aufgezogene Steinböcke nach
Chantilly bringen wollte, folgten diese ganz frei wie Hunde nach. Bei Besançon
durch eine Kuhherde erschreckt, flüchteten sie den nächsten Felsen zu, kehrten aber
auf den Lockruf ihres Führers sofort zu diesem zurück. Herr Nager in Ander=
matt hat in letzter Zeit zwei Jahre lang einen jungen Steinbock lebendig auf
einer kleinen Alp erhalten. Derselbe war äußerst zahm, weidete ganz frei und
hielt sich den Tag über am liebsten auf dem Dache der Alphütte auf. Herrn Nager
sprang er ebenfalls auf den Kopf und war ganz zuthunlich. Dieser Naturforscher

erhielt im Lauf der Jahre an vierzig geschossene Exemplare vom Monterosa und Val Cogne, die er größtenteils an ausländische Museen abgab. Häufig empfing er auch lebende; im August 1854 hatte er sogar eine kleine Herde von 8 Stück (5 weibliche und 3 männliche) auf einer Alp bei einander. Um solche zu erhalten, bedurfte es großer Anstrengungen und Unkosten. Er ließ nämlich die wilden Steinziegen durch eine Anzahl von Jägern aufsuchen und zur Zeit des Wurfes ununterbrochen beobachten. Wenn die Stunde getroffen und der Ort zugänglich war, so konnte bei großer Eile das Junge erhascht werden; war es aber bloß erst trocken geworden, so war es nicht mehr zu ereilen. Auch scheinen in tieferen Geländen die Tiere Krankheiten zu verfallen, von denen sie in der Höhe ohne Zweifel frei bleiben. Ein junges Steinböcklein erlag (1853) den Folgen der Klauenseuche.

Der Steinbock hat, wie erwähnt, ein weit fragileres Leben als die Gemse. Er fällt bei einer Verwundung, welche die Gemse nicht hindern würde, stundenweit zu fliehen. Ist er angeschossen, so fliehen seine Gefährten voll Entsetzen in rasender Eile nach allen Seiten, während er selbst langsam fort= läuft, den Kopf bald auf die eine bald auf die andere Seite niedersinken läßt und sich bald niederthut, um zu verenden. Über die Lebensdauer des freien Tieres weiß man begreiflich nichts Sicheres; doch ist es wahrscheinlich, daß es zwanzig bis dreißig Jahre alt werden mag.

Die Steinbocksjagd ist eines der gefährlichsten Vergnügen und mit zahl= losen Beschwerden verbunden. In der Schweiz giebt es nur noch wenige Freunde derselben und zwar im Wallis, wo z. B. in Servan noch in der letzten Hälfte des vorigen Jahrhunderts fast jeder Bauer ein Steinbocksjäger war. Im Herbst, wo ihr Wild am fettesten ist, übersteigen sie die südlichen Berge und suchen entweder in das Gebiet des ungeheuren Monterosastockes, oder, von den italienischen Jägern unbemerkt, auf die savoyischen und piemontesischen Alpen (Val Cogne, Savaranche, Mont Isère) zu gelangen. In beiden Gebieten ist freilich die Stein= bocksjagd verboten und kann nur mit Aufbietung großer List und Vorsicht unter= nommen werden. Mit wenigen Lebensmitteln versehen, durchstreifen sie 8—14 Tage lang die unzugänglichsten Höhen, schlafen oft auf Steinen, häufig stehend, indem sie sich umschlingen, um nicht in die Abgründe zu stürzen. Der Steinbock läßt sich nicht jagen wie gewöhnliches Wild. Steht der Jäger nicht höher als das Tier, wenn es ihn wittert, so ist an keine Schußnähe zu denken. Deswegen muß der Schütze früh auf den höchsten Felsengraten sein; mit Tagesanbruch zieht sich auch das Hochwild in die Höhe. Das Übernachten an der Schneegrenze, ohne Obdach, oft nur durch Steinetragen und Springen vor dem Erfrieren bewahrt, ist wohl ein Tropfen Wermut im Becher der Jagdlust. Dazu kommen noch die Gefahren der Gletscher, des Versteigens und hundert andere. So erzählt uns eine alte Druckschrift, wie auf der Limmernalp ein Gemsen= und Steinbocksjäger beim Gletscherübergang in eine tiefe Eisschrunde fiel. Seine Gefährten sahen ihn nicht mehr, und da sie dachten, der Unglückliche habe den Hals gebrochen oder werde der

Kälte bald erliegen, befahlen sie seine Seele Gott. Auf dem Rückweg fiel ihnen ein,
es könnte vielleicht doch noch geholfen werden. Rasch eilten sie zu der anderthalb
Stunden entfernten Hütte, fanden aber nur eine Bettdecke, zerschnitten sie in
Riemen und eilten zum Firnspalt zurück. Inzwischen war Störi, so hieß der Un=
glückliche, in der grauenvollsten Lage. Beim Hinunterstürzen konnte er in einer
Verengung der Eiswände sich rasch ansperren, und so hielt er sich in der Schwebe
über großer Tiefe, bis an die Brust in Eiswasser, mit den Armen sich an das Eis
stemmend, in stäter Todesfurcht und Todesgefahr, halb erstarrt vor Kälte. ‚In
diesem unergründlich tiefen Kerker‘, sagt unser Berichterstatter, ‚stritten wider ihn
das Wasser, die Luft und das Eis, von welchen Elementen das erste ihne wollte
verschlingen, das andere erstecken und durch aufliegende Schwerkraft vertrucken,
das dritte wegen seiner Schlüpferigkeit nicht halten.‘ Da erschienen in der Luft
plötzlich die Riemen; er band sie mit großer Vorsicht um den Leib, und seine
Gefährten zogen ihn langsam in die Höhe. Wenige Fuß vom Rande reißt
das Riemenseil, und der fast gerettete ‚Candidatus mortis‘ stürzt in die Tiefe
zurück. Nun reichte der Rest des Seiles, der oben blieb, nicht mehr hinunter,
und Störi hatte im Sturz den Arm gebrochen. Nichtsdestoweniger gaben ihn
seine Gefährten noch nicht auf, teilten die Riemen noch einmal der Länge nach,
knüpften und banden sie, so gut es ging, und ließen sie wieder hinunter. Mit
seinem gebrochenen Arm knüpfte der Jäger das schwache Rettungsmittel
hoffnungslos zusammen. Die Kameraden zogen; er half durch schmerzhaftes
Anstemmen, und so gelang die wunderbare Rettung. Oben angelangt, fiel er
in schwere Ohnmacht und mußte nach Hause getragen werden. Er sprach sein
Leben lang nur mit Entsetzen von den im Eisgrabe verlebten Stunden.

Wie teuer muß ein einziges Wildstück erkauft werden, und wie ver=
hältnismäßig gering ist die endlich und endlich überraschte Beute! Nur eine
heftige, glühende Leidenschaft treibt den Menschen diesen ungewissen Fährten
nach. Aber die Jäger versichern, daß kein Wohlgefühl auf Erden dem gleiche,
wenn in schußgerechter Entfernung das weidende Tier sich zur Beute stelle.
Wochenlang ist es verfolgt, belauscht, gespürt; Schritt für Schritt hat der
Weidmann den Morgen= und Abendgängen des schönen Bockes nachgestellt,
vielleicht noch nie ihn gesehen. In den kalten Nächten hat die Hoffnung der
nahen Beute die von Frost zitternden Glieder immer neu belebt. Endlich sieht
er von fern das stattliche Tier mit den gewaltigen Knotenhörnern an der un=
zugänglichen Felswand liegen. Jetzt den Wind abgewonnen, stundenlang auf
Umwegen über Eis, Klüfte und Grate geklettert! Er sieht das Tier nicht; er
ahnt aber, daß es in seiner Lage geblieben, und endlich ist es umgangen.
Behutsam blickt er vor nach dem Felsen, — der Bock ist fort, — hundert
Schritte weiter wiegt er sich, in den Lüften schnobernd, auf einer zollbreiten
Felsenkante. Mit hochklopfendem Herzen, zitternd vor Hoffnung und Furcht,
naht der Jäger, legt den Stutzer auf, — der Schuß hallt mächtig durch die
Berge, und der zuckende Bock liegt blutend zwischen den Steinen.

Im Zürcher, St. Galler, Neuenburger und Berner Museum finden sich vorzüglich schöne Exemplare von Steinböcken. Der Jäger Alexis de Caillet aus Salvent im Val d'Aost hat die beiden jungen Böcke des letzteren im September 1820 in der Nähe des Mont Cenis erlegt, den alten 1809 auf der Grenze von Wallis und Piemont. Er erzählt eine seiner Jagden folgendermaßen.

,Am 7. August ging ich über den großen St. Bernhard nach den Gebirgen von Ceresolles an den Grenzen Piemonts. Hier durchirrte ich den ganzen Monat alle Gegenden, wo Steinböcke sich aufzuhalten pflegen, ohne auch nur eine Spur zu finden. Endlich entdeckte ich solche auf den Gebirgen, die Piemont von Savoyen scheiden. Ich konnte mich nicht entschließen, ganz allein diese wilden und höchst gefährlichen Felsen zu durchsteigen und suchte noch drei andere Jäger auf. Es war am 29. September, da wir endlich über die rauhesten Felsenstiege neben fürchterlichen Abgründen in dem Reviere der Steinböcke anlangten, und nicht lange dauerte es, so erblickten wir fünf Stück bei einander. Zugleich erhob sich aber auf einmal ein eisiger Sturm und im Augenblick war alles schuhhoch mit Schnee bedeckt. Jetzt war es gleich gefährlich, vorwärts und rückwärts zu gehen, und wir standen eine gute Weile da, ungewiß, wozu wir uns entschließen sollten. Doch die Begierde und Hoffnung, unser flüchtiges Wild zu erreichen, trieb uns vorwärts. An einer Felsenwand, die in die finstere Tiefe eines gräßlichen Abgrundes sich lotrecht hinabsenkte, zeigte der schräg gegen den Schlund geneigte Vorsprung einer Felsenschicht — kaum so breit, um einem Fuße Raum zu geben — die einzige Möglichkeit, dahin zu gelangen, wo wir unser Wild erblickt hatten. Das Gefahrvolle dieses schmalen Pfades war noch durch den frischgefallenen Schnee, der den glatten Schieferfelsen noch schlüpfriger machte, vermehrt worden, wenn wir auch, an schwindelnde Wege gewöhnt, uns nichts daraus machten, daß jedesmal, wenn der linke Fuß sich festzustellen versuchte, der rechte mit der ganzen Hälfte des Leibes frei über dem Abgrund schweben mußte. Doch wir hatten, um unser Ziel zu erreichen, keinen andern Weg zu wählen. Langsam und still waren wir Einer hinter dem Anderen schon eine ziemliche Strecke fortgeschritten, als auf einmal unser Vordermann durch einen falschen Tritt das Gleichgewicht verlor und unaufhaltbar in die Tiefe stürzte. Dumpf und gräßlich hallte der letzte Schrei des Fallenden aus dem Abgrunde zu uns herauf; aber wir konnten ihn nicht mehr sehen. Da ergriff uns ein Schauer des Entsetzens, und nicht viel fehlte, so wären wir ihm nachgestürzt. — Doch ermannten wir uns; behutsam zogen wir uns zurück auf dem verhängnisvollen Pfade, und mit unsäglicher Anstrengung gelang es uns, unser Leben zu retten. Die Jagd ward aufgegeben. Vergeblich suchten wir lange unseren unglücklichen Gefährten.

Du willst doch, dachte ich, ein andermal nicht mehr so spät im Jahre jagen und rückte daher im nächsten Sommer schon am 26. Juli aus. Wiederum überstieg ich die Gebirge bis an die Grenzen Piemonts. Nachdem ich hier einige Tage lang die wilden Einöden vergebens durchstrichen hatte, glaubte ich endlich am Fuße eines fast unersteiglichen Stockes einige Spuren zu bemerken. Mit einigen

Lebensmitteln versorgt, suchte ich unter unsäglicher Mühe den Felsen zu erklimmen. Vom frühen Morgen an arbeitete ich mich höher und höher hinauf, kam aber erst mit einbrechender Nacht in eine Höhe, wo ich hoffen durfte, mein Wild zu überlisten. Ich suchte mir also unter einem Felsen ein Lager für die Nacht, wo ich gegen den heftig schneidenden Wind notdürftig geschützt war. Ein Bissen trockenes Brot und ein Schluck Branntwein war, wie gewohnt, mein Nachtessen. Bald schlief ich ein, aber nur auf einen Augenblick, und harrte dann zähneklappernd des Morgens. Ich durfte nicht daran denken, ein Feuer anzuzünden; denn dadurch hätte ich mein Wild verscheucht, — zudem standen die letzten Tannen 3—4 Stunden unter mir. Bewegung allein konnte mir helfen. Ich lief, so weit es der Raum verstattete, trug Steine von einer Stelle zur anderen, sprang hinüber und herüber und rettete mich so vor dem Erfrieren.

Als endlich der langersehnte Tag anbrach, stellte ich meine gymnastischen Übungen ein und wartete mit Ungeduld auf meine Steinböcke, deren zahlreiche Spuren mich mit neuer Hoffnung belebten. Allein — nirgends ließ sich einer sehen. Ich streifte umher, fand den ganzen Tag Spuren, aber kein Tier. Ich bezog mein voriges Nachtquartier und schlief fast bis zum Anbruch des Tages. Rasch sprang ich auf und ergriff mein Gewehr. Zu meinem Ärger bemerkte ich, daß mich die Tiere zum besten hatten: sie waren dagewesen und hatten ganz in der Nähe unter dem Schirm der Nacht geweidet. Mein Mundvorrat war ganz aufgezehrt und doch wollte ich nicht vom Platze weichen. Spähend brachte ich den Tag zu; beim schwachen Schimmer der Dämmerung endlich gewahrte ich in schußgerechter Entfernung mein Wild. Ich schlage an, mein Schuß trifft — aber tötet nicht, und in eben dem Augenblicke ist das verwundete Tier mit mächtigen Sprüngen pfeilschnell verschwunden, und da es zu finster war, es zu verfolgen, mußte ich noch eine Nacht auf dieser Höhe zubringen.

Mit dem Grauen des Tages begann ich meine Nachforschungen, und bald belebte mich die blutige Spur mit sicheren Hoffnungen. Allein erst gegen Mittag erblickte ich meine Beute neben einem Felsblock liegend. Das Tier sprang auf, that einige Sätze und legte sich dann wieder. Auf dem Bauche fortkriechend näherte ich mich auf Schußweite. Es schien mich zu bemerken und sprang auf, — meine Kugel streckte es wieder zu Boden und so sah ich mich endlich im Besitz der Beute, der ich zwanzig Tage lang nachgestellt. Unter vielen Gefahren gelangte ich mit ihr nach Hause, da ich mich, als Jäger in fremdem Revier, nur durch die unwirtbarsten Gegenden gegen das Wallis schleichen durfte und mich des Tages meist in dichten Wäldern verbergen mußte.' —

Ist das Tier gefallen, so wird es auf der Stelle ausgeweidet. Die vier Füße bindet der Jäger am Knie zusammen, wirft es über die Stirn und bindet den Kopf mit den schweren Hörnern hinten fest, damit ihre Last nicht durch Schwanken den Tritt unsicher mache. Dann wird die Flinte über die rechte Schulter und Brust gehängt, und so tritt der kühne Mann mit einer anderthalb bis zwei Zentner schweren Bürde, beide Hände fest auf den Alpstock stützend, seinen meist höchst gefährlichen Heimweg an. Das Fleisch des Steinbocks ist dem des Hammels ganz ähnlich, nur derber, saftiger, mit etwas Wild=, resp. Bocks=geschmack.

Weit bequemer hatte sich der frühere König von Italien die Steinbocksjagd eingerichtet. Sein Lieblingsrevier war das romantische Val Valmotay, in dessen Hintergrund drei Gletscher, darunter der schauerlich zerrissene Glacier de la Tribulation, niedersteigen. Hier befindet sich das königliche Jagdhaus. Während acht Tagen wurden von etwa 50 Männern die Böcke der nächsten Gebirge, etwa 30 an der Zahl, vorsichtig zusammengetrieben. Am Jagdtage selbst trieb man sie dann fester gegen die Moräne des Gletschers hin, in welcher sich ein halbes Dutzend Redouten befindet, aus denen der König und seine Gäste die Tiere beschossen und jeweilen 8—10 Stück erlegten*).

Trotz des oft geäußerten Zweifels ist es doch Thatsache, daß die Steinböcke sich sowohl im Freien als in der Gefangenschaft mit Ziegen paaren und frucht=bare Bastarde erzeugen. Im Cognethal kamen einst zwei Ziegen, die im Winter im Gebirge zurückgeblieben waren, im Frühjahr trächtig zurück und warfen Steinbockbastarde, die nach Turin verkauft wurden. So wurde auch in den Zwanzigerjahren in den Stadtgräben von Bern eine förmliche Steinbock=Ziegen=Bastardzüchtung unterhalten. Die Blendlinge waren anfangs zahm, leichter, stärker und weit lebhafter als junge Ziegen, im Gehörn diesen ähnlich, in der Gesamtgestalt bald mehr dem Vater, bald mehr der Mutter nachschlagend. Ein Bastardbock gelangte durch sein besonders ungesittetes Betragen in übeln Ruf. Er machte Angriffe auf die Schildwache, kletterte die Wälle hinan, verjagte die Spaziergänger, bestieg die anstoßenden Dächer und zertrümmerte die Ziegel. Auf den Abendberg versetzt, stieß er oft die Sennen zu Boden und richtete vielen Schaden an. Als er von vier Männern auf die Saxetenalp gebracht werden sollte,

---

*) Der im Jahre 1878 erfolgte Tod des Königs Victor Emanuel machte viele besorgt um das Schicksal der piemontesischen Steinwildkolonie. Der neue König Umberto vereinfachte den Haushalt des Hofes und man fürchtete in weidmännischen Kreisen, daß die Wildhut im Aostathale aus Sparsamkeitsrücksichten aufgehoben werde. Die Besorgnisse haben sich nicht erfüllt; der neue König hat sich in pietätvoller Weise der Schützlinge seines Vaters angenommen und die Wildhüter beibehalten. Die Steinbockkolonie scheint bis heute gut zu gedeihen.

Inzwischen wurde in der Schweiz der Versuch gemacht, das Steinwild wieder einzubürgern. Die Sektion Rhätia des Schweiz. Alpenklubs erwarb eine kleinere Zahl piemontesischer Bastard=Steinböcke und setzte sie 1879 im Welschtobel bei Arosa aus. Die sich selbst überlassenen Tiere gediehen in einer Höhe von 1900—2900 m jahrelang ganz gut, auch wurde Nachzucht erzielt; nach und nach trat eine ungünstige Wendung ein, die jungen Tiere verschwanden fortwährend auf eine nicht genau aufgeklärte Weise, zuletzt wurden auch die alten nicht mehr gesehen. Man will gegenwärtig den Versuch mit echtem Steinwild wiederholen und eine kleine Kolonie auf der Alp Sela bei Filisur ansiedeln. Ob auf diese Weise die Einbürgerung gelingt, muß die Zukunft lehren.

warf er alle nieder und überfiel oft die dortigen Sennen ganz bösartig. Seine
angetraute Ziegenschar verließ er häufig, ging ins Thal, stieß die Thüren der
Ziegenställe ein, besprang die Ziegen und stiftete allerlei Unfug. Zuletzt auf die
Grimsel versetzt, warf er die große Dogge des Hospitiums, die sich ihm näherte,
um ihn zu liebkosen, kurzweg mit den Hörnern über den Kopf. Endlich mußte er
getötet werden und seine starke, langbärtige Gestalt steht noch im Berner Museum.
Auch die übrigen Bastarde wurden später wild, verkletterten sich gern und
stifteten allerlei Unheil. Sie hinterließen zahlreiche und kräftige Nachkommenschaft. Auch im kais. Park zu Hellbrunn (Salzburg) wurde einem jungen Steinbock in neuerer Zeit durch Kreuzung mit Ziegen eine zahlreiche Nachkommenschaft
abgewonnen, wovon ein Teil ‚den vollständigsten Typus des Stammvaters‘
trägt. In dem benachbarten altberühmten Blimbacher Jagdreviere, das seit
1843 von einer Gesellschaft österreichischer Kavaliere gehalten wird und einen
schönen Wildstand an Hirschen, Rehen, Gemsen, Murmeltieren, Dachsen, Ur-
und Birkwild besitzt (1852 z. B. an Gemsen 323 Stück Standwild und
169 Stück Wechselwild), sind neun Steinböcke eingesetzt und 18 Ziegen von
möglichst ähnlicher Färbung angetraut worden, was eine schöne, zur Jagd wohl
eher als zur Ökonomie geeignete Bastardrasse erwarten ließ. Von Steinböcken,
die im Garten von Schönbrunn mit Ziegen gepaart wurden, erhielt man, sagt
ein Bericht, fruchtbare Bastarde, welche, unter einander gepaart, in der vierten
Generation in die Ziegenspezies zurückschlugen. Das Baseler Museum besitzt
ebenfalls einen jungen männlichen Steinbocksbastard. Sein Vater, ein junger
Steinbock aus dem Wallis, dessen Eltern weggeschossen worden, kam in
Begleitung einer Ziege, die über ein Jahr lang als Säugamme diente, im
Winter 1844/45 nach Basel. Im dritten Jahre wurde die Ziege vom Stein-
bock trächtig. Der Bastard starb im achten Monate an der Ruhr.

Neben den Zentralalpen besitzen die Pyrenäen, die südspanischen Schnee-
gebirge, der Altai, der Kaukasus, Kreta, Syrien und Nordafrika eigentümliche
Steinbocksformen, deren Hauptunterschiede wesentlich in der jeweiligen Hörner-
bildung liegen. Die Tiere sind auch dort selten geworden und stellenweise dem
Erlöschen nahe, weshalb es auch an genauen Beobachtungen über sie fehlt.

Zweiter Teil

Die zahmen Tiere der Alpen.

—◆—

Die zahmen Tiere der Alpen.

I. Das Alpenrindvieh.

Die Herden als Staffage der Alpenlandschaft. — Die Kuhalpen. — Der Senne und seine Kühe. — Abstammung. — Fremde Rinderarten und Schweizerrassen. — Bedeutung der Viehzucht für die Schweiz. — Das Alpenleben der Herden. — Eigentümlichkeit des Alpenrindviehs. — Die Herde im Hochgewitter. — Die Witterung von totem Vieh. — Das Alprücken und die Gespensterkühe. — Die Zuchtstiere und ihre Wehrhaftigkeit. — Die Schönheit der Kühe. — Die Alpfahrt und der Jodel. — Die welschen Viehhändler. — Milchwirtschaft und Aufzucht.

In den stillen, weiten Revieren unserer Hochgebirge ist das Leben der zahmen, im Dienste der Menschheit stehenden Tierwelt eine freundliche und fast notwendige Ergänzung des freien Tierlebens. Beide bewerben sich um den Besitz oder wenigstens um den Genuß jener Gebirgshöhen, welche die Natur ursprünglich ihren treuen Lieblingen vorzubehalten schien. Bis auf die steilsten Hörner hinauf, bis an die breiten, gewölbten Schneefelder hin, welche in die dünne Rasendecke der obersten Weiden herunterreichen, ja selbst bis zu den armseligen Oasen der Gletscherwelt geht der stille Kampf um das Mein und Dein des würzigen Alpenkrautes, der kümmerlichen Felsenstaude. Die freien grasfressenden Tiere erlisten ihre Nahrung, der offenen Übermacht der zahmen weichend, in nächtlichen Stunden oder an den einsamsten Stellen und ungescheut nur dann, wenn die Tiere des Thales die usurpierten Höhen noch nicht bezogen oder sie wieder verlassen haben. Selten treten sie in Freundschaft zu diesen und teilen friedlich das gemeinsame Gut; selten mischt sich eine Gemse zu dem kletternden und naschenden Volke der Ziegen. Eine Spur des verfolgenden, tötenden Menschen hängt auch an den tierischen Genossen seines Lebens und verbreitet die gleiche Scheu, den gleichen Schreck über das freie Tierleben, wie der Mensch selber mit seiner sicher treffenden Waffe. Kaum daß die Flühlerche oder der Wasserpieper ohne große Vorsicht zwischen den Herden fliegt, — die Berghühner bergen sich mit feiner Behutsamkeit, wenn sie die Tritte des nahenden Viehes am Boden spüren. Die reißenden Alpenbewohner dagegen eröffnen mit diesem, wo es immer geht, einen oft ergiebigen Kampf. Da geht der Wolf und der Bär den ungehüteten Schafen und Kälbern nach, lauert der Luchs an der Quelle auf das durstige Rind und sucht der Lämmergeier in tollkühnem Übermut selbst den weidenden Bullen vom schmalen Felsenbord in die Tiefe zu scheuchen. Gegen diese absoluten Herren wehrt sich der Mensch seines Eigentums in einem ewigen Vernichtungskriege und triumphiert über die endlich erlistete Beute.

Die zahmen Alpentiere bilden für uns eine um so notwendigere Staffage der in ihrer massenhaften Größe fast erdrückenden Alpendekoration, als die wilden viel zu spärlich und unstät wären, diese zu ersetzen. Den Bergen fehlte der halbe Reiz, wenn der Mensch nicht mit seinen kleinen Hüttenasylen ein Wahrzeichen hinsetzte, daß er ein Herr der Erde sei, wenn er nicht seine Herden austriebe, seines Herdes Rauch aufsteigen, seine jubelnden Hirtengesänge am Felsen erschallen ließe. Da bringt die kletternde, meckernde, buntscheckige Ziegenherde Bewegung in die mit zähen Alpenrosenbüschen bedeckten Gehänge; der auf der Weidenpfeife blasende Hirtenbube, die hellen Glocken, welche die Rinder bis zu den Schneefeldern hintragen, die in kühnen Sätzen über die Weide fliegenden Füllen, denen die glänzende, spiegelglatte Stute so klug und freundlich nachsieht, selbst der ruhig wachtsitzende Schäferhund oder der kläffende Spitz, der die immer offene Hüttenthür bewacht, und die grunzende Familie der Ferkel, die behaglich im Kote des Stallreviers an der Sonne liegt, oder die an der Feuergrube spulende graue Katze, die auch hier noch der dem Menschen ewig folgenden Hausmaus ihr vermeintliches Eigentumsrecht am Mitgenuß des kargen Brotes nachdrucksam bestreitet — alles ist da oben wieder ein heimisches, versöhnendes, belebendes Element, ein Signal der sieghaften Kultur, die mit der Naturgröße nur streitet, um sie zu veredeln. Weißt du ja doch selber, Alpenwanderer, was für ein schwermütig drückender Ton im Herbst über diesen Felsenweiden liegt, wenn Menschen und Herden, Pferd und Hund und Feuer und Brot und Salz ins Thal sich zurückgezogen, wenn du an den verlassenen und verrammelten oder abgedeckten Hütten vorübersteigst, und alles immer einsamer und einsamer wird, wie wenn der alte Geist des Gebirges den Mantel seines majestätischen Ernstes über sein ganzes Revier schlüge. Kein befreundeter Atemzug weht dich meilenweit an, kein heimischer Ton, — nur das Krächzen des hungrigen Raubvogels, das Pfeifen des schnell verschwindenden Murmeltieres mischt sich in das Dröhnen der Gletscher und das monotone Rauschen des Eisbaches. Die kahlgeweideten Gründe, in denen die kleinen Gruppen der Un= und Giftkräuter, welche das Vieh nicht berührt, stehen blieben, haben die letzten anmutigen Tinten des Idylls verloren; Frösche und Tritonen nehmen wieder Besitz von den verschlammenden Tränkbetten der Rinder, und die verspäteten Bergfalter schweben mit halb zerrissenen und abgebleichten Flügeln durch das Revier, in dem bewegliche Unken in trostlosen Rufen die sömmerlichen Jodelgesänge der Hirten nachspotten.

Wenn der Mensch diese unwirtlichen und rauhen Gebiete dem Dienste der Kultur unterwerfen will, so kann er es nur durch seine treuen, nutzbaren Haustiere, durch sein ‚liebes Vieh‘, das auf den Gebirgsbewohner einen größern Einfluß ausübt, sein Glück, seine Lebensart, ja seine schmale Weltanschauung mehr bedingt als alle welterschütternden Ereignisse der ihm so fernen politischen Kulturwelt. Das Vieh ist das Komplement seines ganzen Lebens, mehr und inniger als der Acker das des Bauers oder die Ware das des Kaufmanns. Der Senne lebt in und mit seinem Rindviehstande; der ist sein Reichtum, sein Glück, sein Vertrauter, sein Stolz, sein Ernährer, — sein alles. Wenn er von seiner ‚Habe‘ spricht, so versteht er darunter Weib und Kind und Vieh allzumal.

Welchen vertikalen Umfang die benützten Alpen haben, ist nicht leicht in Kürze zu bestimmen, da sich derselbe jeweilen nach den natürlichen Lokalen modifiziert. Im allgemeinen darf man annehmen, daß bis 1300 m ü. M. der nutzbare Boden zu Wiesen und anderen Kulturen ordentlich bebaut werde. Von hier an erstrecken sich die bloß zur Sommerweide benützten Alpen, oft außerordentlich weite und breite Grasgelände, die eigentlichen Pampas der Schweiz, mit einem Flächeninhalte von 2 1/5 Millionen Juchart, so hoch hinan, als es die Gunst der Gebirgsbeschaffenheit immer gestattet, welche aber die Grenzen gewöhnlich tiefer setzt, als sie durch vegetative Möglichkeit bestimmt würde. Als Mittel der oberen Grenze der schweizerischen Kuhalpen darf man schwerlich eine höhere Linie als 2100 m ü. M. annehmen*), indem gewöhnlich von da an bis zur Schneegrenze zerrissene Schrattenfelder und Felsenzinnen, wüste Geröllhalden oder doch steile Gehänge sich hinanziehen. Die Schafalpen indessen fassen auch dieses Revier in sich und reichen durchschnittlich bis über 2300 m, oft bis 2550 m ü. M. Einzelne, in guten Jahren regelmäßig zur Schafweide benützte grüne Plätze finden wir oasenartig hie und da bis 2700 m, ja am Monterosa selbst noch bei 2850 m ü. M.

Wo wir den Stammvater unseres Rindviehs zu suchen haben, ist bei dem gegenwärtigen Stande der Forschungen mit ziemlicher Sicherheit zu entscheiden und es ist ein besonderes Verdienst Rütimeyers, durch seine klassischen Untersuchungen über die prähistorischen Knochenfunde aus der Pfahlbauzeit Licht in die Frage nach der Herkunft der schweizerischen Rinderrassen gebracht zu haben. Seine mit großer Umsicht gewonnenen Ergebnisse stützen sich auf genaue anatomische Vergleiche und auf ein reiches Material aus den verschiedensten schweizerischen Fundstätten; sie belehren uns, daß die Verteilung der Rassen einst eine ganz andere war als in der Gegenwart und sich auf dem Boden unseres Landes bedeutende Verschiebungen vollzogen.

____

*) Einzelne liegen ausnahmsweise höher, so z. B. die Märjelenalp unter den wallisischen Viescherhörnern, deren Steinhütten 2332 m ü. M. stehen und deren obere Grenze noch ziemlich weit in den Viescher- und Aletschgletscher hinangeht. Auf der Südseite des Monterosa reichen die Viehweiden bis 2400 m ü. M.

Die Stammform muß in den Wildrindern gesucht werden, denn nur aus solchen konnten Arten in den Hausstand des Menschen herübergenommen werden. In der Vorzeit bewohnten zwei wilde Rinderarten die Walddickungen und Moorbrüche unseres Landes, der Wisent und der Ur. Jener (Bison europaeus), auch Auerochs genannt, ein mächtiges, am Vorderkörper kraus behaartes, auf dem Halse bemähntes, fahlbraunes Tier, hat seine Knochen, zusammen mit dem Elk, noch in den Niederlassungen des Steinalters der Pfahlbauperiode nicht selten bei uns zurückgelassen und war ein schwer zu bewältigendes Jagdtier der Bewohner derselben. Wann er bei uns ausgerottet wurde (im Mittelalter?), ist nicht zu bestimmen*); eine Erinnerung erhielt sich in dem Namen des in der Nähe von Winterthur liegenden Dorfes Wisendangen, Wisuntwangas, d. h. Wisentweide. In Preußen wurde der letzte im Jahre 1755 erlegt, dagegen hat er sich unter strengem Jagdgesetzesschutz in den schwer zugänglichen Mooren des 30 Quadratmeilen großen Bialowicserwaldes in Litauen in 1500 Exemplaren erhalten, so lauten wenigstens die Angaben der Regierung. Im Oktober 1860 jagte der russische Kaiser in diesem Revier und es wurden dabei 15 Stück erlegt. Genauere Nachforschungen haben ergeben, daß sich die Wisentrinder auch im Kaukasus bis in die Gegenwart herein lebend zu erhalten vermochten. Alte Tiere erreichen ein Gewicht von 12—16 Zentnern. Das zahme Vieh äußert stets einen tiefen Abscheu vor der Nähe des Wisents. Dieser ist sehr nahe verwandt mit dem nordamerikanischen Bison, welcher einst in unermeßlichen, 10 000 und mehr Stück enthaltenden Herden die Prärien durchstreifte, mit dem Vordringen der Kultur aber immer mehr vermindert wird und einem ähnlichen Schicksal entgegengeht, wie der europäische Bison. Obschon man noch in neuester Zeit versucht hat, diesen als Stammvater gewisser Rinder zu bezeichnen, so sprechen gewichtige osteologische Gründe, namentlich der abweichende Schädelbau, gegen diese Annahme.

Das zweite in der Vorzeit bei uns heimische Wildrind war der Ur (Bos primigenius), dessen Reste in den alten Pfahlbauniederlassungen von Moosseedorf, Robenhausen, Wauwyl, Concise noch häufiger zum Vorschein kommen als die des Wisents. Der Ur war noch riesiger als dieser und hat verschiedene

---

*) Noch bewahrt das Kloster Rheinau ein in Silber gefaßtes, früher dem Kloster St. Gallen angehöriges Wisenthorn, das die Aufschrift trägt:

    Norbertus donum hoc tibi, Galle, decorum
    Huyc ob mercedem Paradysum da fore sedem.

Um den Rand stehen die Verse:

    O bone Galle, nos lacrymarum hoc in Valle
    Respice, protege Sathanae a tetro grege!

Solche Hörner wurden von den Klöstern nicht sowohl zum Pokulieren als vielmehr zur Aufbewahrung heiliger Reliquien verwendet und in den Kirchen aufgestellt; so ist noch eines von Muri vorhanden, das nach Wien, und eines von Rüthi, das nach St. Gallen gekommen ist.

Epochen der Erdbildung in gar verschiedenartiger Gesellschaft durchlebt. Nach Rütimeyers Nachweisen findet sich der Ur zuerst in der Kohle von Dürnten in Begleit des alten Elefanten (Elephas antiquus), später der Ur mit dem Mammuth, Elefanten und Nashorn in den diluvialen Kiesbetten des Rheinthales; endlich sehen wir den Ur mit dem Elentier und Wisent in dem Torf von Robenhausen eingebettet; — ‚den Wisent, Elk und starken Ur' des Nibelungenliedes. Im nördlichen Europa scheint sich der Ur bis ins sechzehnte Jahrhundert neben dem Wisent wild erhalten zu haben; in der Schweiz erlosch er weit früher und jetzt ist er allenthalben ausgestorben. Der ums Jahr 1000 von Ekkehard IV., Mönch und Magister scholarum im Kloster St. Gallen, geschriebene Codex benedictionum führt neben den Bären, Bibern, Damhirschen, Gemsen (cambissa), Steinböcken, wilden Pferden (equus feralis) ꝛc. auch folgende wilde Rinder an: den Ur (urus), den Wisent (‚vesons cornipotens') und den Waldochsen (bos sylvanus, bei Geßner Bos sylvestris oder ferus). Was unter letzterem zu verstehen, ob vielleicht verwilderte Hausrinder, ist nicht gewiß. Schon Strabo, der zu Christi Zeit lebte, berichtete: „Die Alpen erzeugen auch wilde Pferde und Rinder"; unter den letzteren können Wisent und Ur gemeint sein.

Das Skelett des Ur, ganz besonders der Bau des Schädels, ist demjenigen vieler zahmer Rinder in den europäischen Niederungen so nahe verwandt, daß schon Cuvier den Bos primigenius als Stammvater des Hausrindes bezeichnete. In der That hat sich in den friesischen, holländischen, italienischen und ungarischen Rindern das Primigenius-Blut verhältnismäßig rein erhalten, während andere Rassen unter dem Einfluß der künstlichen Züchtung starke Umbildungen erfahren haben, anderen Rinderformen dagegen, wie das schweizerische Braunvieh, von einer zweiten Stammform abgeleitet werden müssen.

Die Bewohner der schweizerischen Seedörfer kannten Wisent und Ur als Jagdtiere, besaßen aber den Bos primigenius bereits im zahmen Zustande. Ob sie ihn direkt in den Hausstand überzuführen vermochten oder ob sie ihn von auswärts bezogen, läßt sich mit Sicherheit nicht mehr entscheiden. In Robenhausen wurden zahlreiche Reste zahmer Rinder aufgefunden, welche sich der Primigenius-Form anschließen.

Diese schwere und großgehörnte Rasse, gegenwärtig im europäischen Tieflande vielfach verbreitet, ist in der Schweiz längst aufgegeben worden und in unserem Viehstande findet sich kein entsprechendes Abbild mehr. Sie wurde frühzeitig verdrängt durch den Bos frontosus, welcher sich im schweizerischen Fleckvieh forterhalten hat. Die ersten Spuren der Frontosus-Rasse traf man in jungen Ablagerungen am Bodensee, reichlicher in den Ansiedelungen der Westschweiz, welche der Bronze- und der Eisenperiode angehören. Die Rasse steht dem Primigenius-Rind nahe und ist als eine besondere Kulturform desselben anzusehen.

Eine dritte Form, der Bos trochoceros, ist nur im zahmen Zustande bekannt geworden, scheint jedoch kaum den Wert einer wirklichen Rasse besessen zu haben. Sie tritt zur Zeit der Pfahlbauten in der Westschweiz häufig auf, ihre Reste sind auch an verschiedenen Punkten Deutschlands aufgefunden worden; dem Primigenius-Rind stand sie nahe und war ausgezeichnet durch ein starkes, von oben nach unten zusammengedrücktes Gehörn, welches in einem halbkreisförmigen Bogen in der Ebene der Stirn verlief. Als eine unter dem Einfluß der Kultur entstandene Zweigform des Primigenius bildete sie vermutlich die Übergangsstufe zu dem ebenfalls nur im zahmen Zustande bekannten Frontosus-Rind.

Neben den bisher genannten Formen fand man in vorhistorischer Zeit eine Rasse von eigenartigem Charakter, die Torfkuh der Pfahlbauer, ein kleines, schmächtiges, feinköpfiges und hirschäugiges Rind mit kurzen, kegelförmigen Hörnern, welche stark nach vorn gebogen erscheinen. Diese Rasse ist uralt, im Steinalter erscheint sie allgemein verbreitet und in den ältesten vorhistorischen Ansiedelungen ist das Torfrind sogar vorwiegend vertreten; in den älteren Ablagerungen Englands, Irlands und Skandinaviens sind ihre Reste ebenfalls aufgefunden worden. Mehr oder weniger rein hat sie sich in dem schweizerischen Braunvieh forterhalten. Eine Herleitung vom Primigenius-Rind erscheint ausgeschlossen, da die anatomischen Unterschiede, insbesondere im Schädelbau, zu groß sind, und man sucht den Urstamm in einer besonderen Art, dem Bos brachyceros. Im wilden Zustande ist diese bisher nicht bekannt geworden, auch besitzt keines der uns bekannten lebenden und fossilen Rinder die Eigentümlichkeiten des Bos brachyceros. Da das Torfrind, beziehungsweise das Braunvieh, ein hohes Alter aufweist und dessen Gewinnung für den Hausstand des Menschen in eine sehr frühe Periode zurückverlegt werden muß, so bleibt dessen Herkunft einstweilen noch nicht völlig aufgeklärt. Die Thatsache, daß gegenwärtig in Nordafrika die Brachyceros-Rasse noch sehr rein vorkommt, deutet darauf hin, daß in Afrika die ursprüngliche Heimat dieser alten Kulturform des Rindes zu suchen ist und daß sie von den Mittelmeerländern aus sich über das mittlere und nördliche Europa verbreitete.

Doch wir wollen uns mit diesen Andeutungen begnügen und uns zum schweizerischen Viehstapel der Gegenwart wenden. Hier tritt uns die wichtige Thatsache entgegen, daß derselbe die zwei scharfgesonderten europäischen Hauptrassen in ungefähr gleichgroßer Stückzahl und in ziemlich scharfer geographischer Abgrenzung seit vielen Jahrhunderten besitzt. Ziehen wir vom Bodensee bis zum westlichen Ende des Wallis eine Diagonale, so findet sich in der östlichen Landeshälfte der Schweiz einfarbiges oder sogenanntes Braunvieh, in der westlichen buntes oder Fleckvieh und nur an der beiderseitigen Grenze mannigfache Übergänge.

Der Braunviehstamm kennzeichnet sich durch seine Einfärbigkeit, die je nach den Gegenden und Schlägen vom dunkelsten Schwarzbraun in allen Abstufungen bis ins hellste Mäuse= und Dachsgrau übergeht, oft am Unterkörper in eine hellere Färbung verlaufend und mit einem ebenfalls hellern Rücken= streifen. Als besonders charakteristisch für die Rassenreinheit erscheint stätig ein dunkelgrauer Nasenspiegel mit hellerer Verbrämung, dunkelgraues Maul und Zunge. Die reine weiße Farbe fehlt in der Regel, darf nur ausnahms= weise als weißer Stirn= oder Brustfleck auftreten. Dieser Viehstamm zeichnet sich im allgemeinen durch seinen guten, gefälligen Gesamtbau, feinere Gliederung, kurzen breiten Kopf, dünnen Hals, breiten geraden Rücken, großes weißes oder buttergelbes Euter aus.

Der braune Stamm stellt sich in sehr zahlreichen Schlägen dar; in Berg= thälern mit rauhen, steilen, hochgelegenen Alpen züchtet man leichtere, im Tieflande und in milderen Alpen schwere Formen. Der schwerste und statt= lichste Schlag ist im Kanton Schwyz heimisch, von wo er sich über die angrenzenden Kantone verbreitet hat und seiner hohen Leistungsfähigkeit wegen nach verschiedenen Teilen Europas ausgeführt wird. Die Mastochsen des Schwyzerschlages erreichen mitunter ein Gewicht von 1000—1200, ja bis zu 1700 kg. Jedenfalls darf man ihn als den vollendetsten Typus des europäischen Braunviehstammes ansehen, der in Milchergiebigkeit und Mastungsfähigkeit alle anderen Formen desselben übertrifft. In mittel= schweren Schlägen tritt er im Toggenburg, Appenzellerlande und in den bündnerischen Thälern auf, in ganz leichten dagegen im Gebirgsvieh von Tessin, Unterwalden, Oberhasli und Oberwallis, hier besonders im Ein= fischthale.

Der bunte oder Fleckviehstamm ist weiß, mit roten, gelben oder schwarzen, scharfbegrenzten Flecken, oft auch ganz rot oder schwarz mit weißem Stirn= zeichen. Sein stätiges Rassenzeichen ist die Fleischfarbe an Nasenspiegel, Maul und Zunge; nur bei ganz dunkelfarbigen Tieren sind auch diese Teile etwas dunkler. Im Körperbau etwas schwerer als der Braunviehstamm, zeichnet er sich durch runder gewölbte Rippen, größere, reicher gefaltete Wamme, höher angesetzten Schwanz und ein wegen des starken Muskelbehanges der Hinterschenkel mehr zurücktretendes Euter aus.

Die schwerste Form dieses Stammes ist der Freiburgerschlag, der sich von seinem Stammsitze Bülle und Romont stark in der westlichen Schweiz verbreitet hat. Er ist das schwerste Vieh der Schweiz, meist schwarzgefleckt, seltener ganz schwarz oder ganz rot oder rotgefleckt, großköpfig, schwer behörnt, mit etwas gewölbtem Nasenrücken. Nur wenig leichter ist der schöne Schlag des Saanenthales, der sich über das Simmenthal und weiter über den größten Teil des Kantons Bern und dessen Nachbarschaft mehr oder weniger rein ausgebreitet hat, von gefälligen runden Formen und gestrecktem Körperbau, meistens rotgelb und falbgefleckt. Noch leichter sind der gedrungene Frutig= schlag im Kanderthale und der Ormontschlag der Waadtländer Alpen, immer= hin aber beträchtlich größer als die kleinsten Braunviehschläge.

Wir dürfen nicht wie beim Braunvieh behaupten, daß die schweizerischen Schläge in jeder Beziehung die vorzüglichsten des europäischen Fleckviehtypus seien. Dieser besitzt in den englischen und den holländischen Schlägen ganz ausgezeichnete Repräsentanten, dort besonders in Bezug auf Mastfähigkeit, hier besonders in Bezug auf Milchreichtum; mißt man aber den Wert eines Schlages nach der Größe seiner Gesamtleistungen ab, so brauchen der Frei= burger= und Saanenschlag jedenfalls mit keinem andern europäischen den Ver= gleich zu scheuen.

So finden wir denn überall in den Alpenthälern die Stammsitze unserer berühmten Viehschläge, wo diese oft mit großer Vorliebe und Sachkunde möglichst rein fortgezüchtet werden. Im Jura und in der schweizerischen Hochebene verschwindet die Rassenreinheit aus dem Viehstapel; gekreuztes und ausländisches Vieh von geringem Werte tritt in bunter Mischung auf.

Welche Bedeutung die Viehzucht für die Schweiz hat, mag man daraus entnehmen, daß sie nach der letzten Zählung (1886) eine Million und zwei= hunderttausend Stück Rindvieh besitzt, die zusammen ein Nationalkapital von ungefähr dreihundert und sechzig Millionen Franken repräsentieren, während man die Ausfuhr der Milchprodukte auf etwa vierzig Millionen*), den Gesamt= ertrag derselben aber auf weit über zweihundert Millionen Franken berechnet. In den ebeneren Gegenden, wo die Stallfütterung eingeführt und der Weide= gang auf den Allmenden aufgehoben worden, hat die Viehzucht sehr zugenommen; in den Alpen dagegen, wo selten vernünftige Wirtschaft dem alten Schlendrian den Vorrang abgewinnt, und die Weiden allmählich sich verengern und ver= schlechtern, hat der Viehstand sich kaum vermehrt.

Wir können leider überhaupt wenig Tröstliches von dem Zustande der Rindviehherden auf den Alpen erzählen. Meistens fehlt eine zweckmäßige, mitunter sogar jede Stallung. Die Kühe treiben sich beliebig in den Revieren ihrer Alp umher und weiden das kurze, würzige Gras ab. Fällt im Früh= oder Spätjahr plötzlich Schnee, so sammeln sich die brüllenden Herden vor den Hütten, wo sie oft kein Obdach finden, wo ihnen der Senne oft nicht ein= mal eine Hand voll Heu zu bieten hat. Bei andauerndem kalten Regen suchen sie Schutz unter Felsen oder in Wäldern und verlieren ein Bedeutendes von ihrem Milchertrag; Frostnächte überziehen ihre Haut mitunter dicht mit Reif.

---

*) Diese Ausfuhr ist uralt. Wir haben erwähnt, daß Strabo (zu Christi Zeit) schon erzählt, wie die räuberischen Bewohner des Hochgebirges ihren Käse den Bewohnern der Niederungen vertauschten. Im XVI. Jahrh. erzählt Myconius, daß die Alpenweiden großen Nutzen gewähren und „in die benachbarten Länder eine kaum glaubliche Menge von Milchspeisen liefern", und Stumpf: „Menillich behilft sich der grünen Weid und des Nutzens, der aus der Milch und dem Vieh erobert wird, welches dem Land Gold und Silber und großes Gut erträgt". In neuster Zeit steigt die jährliche Käseausfuhr auf 300 000 Zentner.

Hochträchtige Kühe müssen oft weit entfernt von menschlichem Beistand kalben und bringen am Abend dem überraschten Sennen ein volles Euter und ein munteres Kalb vor die Hütte; nicht selten gehts auch schlimmer ab. In einigen Kantonen hat man in neuerer Zeit endlich die Erbauung ordentlicher Ställe durchgesetzt. Doch das genüge, den geneigten Leser zu erinnern, daß er sich das Leben der ‚schönen, breitgestirnten, blanken Rinder‘ auf den ‚freien Höhen‘ nicht allzu idyllisch und rosig zu denken habe. Wir haben oft die Bemerkung gemacht, daß der gleiche Senne, der im Thal seine Kühe mit fast zärtlicher Sorgfalt wartet, doch nicht dazu zu bringen ist, ihnen eine, wenn auch nur dürftige Stallung zum Schutz gegen Unwetter auf den Alpen zu bauen oder Futter zu sammeln oder durch Wegschaffung von Unkraut und Steinen eine reichlichere Ernährung zu befördern*).

Und doch ist auch dem schlechtgeschützten Vieh die schöne, ruhige Zeit des Alpenaufenthaltes eine überaus liebe. Man bringe nur jene große Vor=schelle, welche bei der Fahrt auf die Alp und bei der Rückkehr ihre weithin tönende Stimme erschallen läßt, im Frühling unter die Viehherde im Thal, so erregt dies gleich die allgemeine Aufmerksamkeit. Die Kühe sammeln sich brüllend in freudigen Sprüngen und meinen, das Zeichen der Alpfahrt zu vernehmen. Und wenn diese wirklich begonnen wird, wenn die schönste Kuh mit der größten Glocke am bunten Band behangen und wohl mit einem Strauße zwischen den Hörnern geschmückt wird, wenn das Saumroß mit Käsekessel und Vorräten bepackt ist, die Melkstühle den Rindern zwischen den Hörnern sitzen, die saubern Sennen ihre Alpenlieder anstimmen und der jauchzende Jodel weit durchs Thal schallt, dann soll man den trefflichen Humor beobachten, in dem die gut=, oft übermütigen Tiere sich in den Zug reihen und brüllend den Bergen zumarschieren. Im Thale zurückgehaltene Kühe folgen oft unversehens auf eigene Faust den Gefährten auf entfernte Alpen. Freilich ist es bei schönem Wetter für eine Kuh auch gar herrlich

---

*) Eine eigentümliche und besonders sorgsame Pflege lassen die Walliser Sennen auf der Chateletalp am Moeregletscher ihren großen Herden angedeihen. Sie fassen um die Hütten herum große viereckige Parks=Plätze mit hohen Mauern ein, an deren inneren Seiten von Pfeilern getragene Galerien sich hinziehen, wo das Vieh bei schlechtem Wetter Schutz findet — eine sonst nirgends zu findende alpine Architektur. Auf jenen Alpen pflegt man auch die Butterfässer durch Wasserräder in Bewegung zu setzen. Die Sennen im Veltlin haben selten Alpenställe; sie pflegen das Vieh alle Abende an große querliegende Balken im freien anzuketten. Im Engadin dagegen finden wir oft prächtige Hütten und Ställe, wie z. B. auf der Berninaalp, auf Orlandis Alp im Kamogaskerthal, auf der Alp nuov, am Fuße des Morteratschgletschers, wo die große und bequeme Hütte mit weiter Stallung und eingefaßtem Melkhofe gar malerisch im lichten Lärchenhain daliegt. Auch in den Dörfern jenes Bergthales (z. B. in Pontresina) giebt es überaus saubere, weißgetünchte, stubenreine Viehställe, mit wohl= gescheuerten Bänken und Tischen, wo die Hausbewohner im Winter sich gern zu behaglicher Erwärmung versammeln und die Nachbarn sich einfinden.

hoch im Gebirge. Das Frauenmäntelchen, Mutterkraut, der Alpenwegerich
bieten dem schnobernden Tiere die trefflichste und würzigste Nahrung. Die
Sonne brennt nicht so heiß wie im Thale. Die lästigen Bremsen quälen das
Rind während des Mittagsschläfchens weniger, und leidet es vielleicht noch
von dem Ungeziefer, so sind die zwischen den Tieren ruhig herumlaufenden
Bachstelzen stets bereit, ihnen die gleichen Liebesdienste zu erweisen wie der
Crotophaga ani dem südamerikanischen Vieh, der Textor erythrorhynchus
den Büffelherden und die Buphaga africana den Gazellen= und Nashorn=
rudeln Südafrikas. Die gute, freie Luft schmeckt ihm auch besser als der
stinkende Qualm der dumpfigen Ställe, und die stäte Bewegung, die natürliche
Diät, nach der es frißt, wenn es eben Lust hat und was ihm zusagt, der
beliebige Verkehr mit den gehörnten Kolleginnen, alles dies trägt dazu bei,
das Vieh munter, frisch und gesund zu erhalten, wie es denn überhaupt That=
sache ist, daß die in mancher Hinsicht so vorteilhafte Stallfütterung den Grund
von einer Menge Krankheiten bildet, denen das Alpenvieh nicht anheimfällt.
Ebenso geht bei diesem der Prozeß der Fortpflanzung viel regelmäßiger vor
sich als bei jenem.

Man meint nicht mit Unrecht, das Vieh des Hochgebirges sei klüger und
munterer als das des Thales. Das naturgemäße Leben bildet den natürlichen
Instinkt besser aus. Das Tier, das fast ganz für sich sorgen muß, ist auf=
merksamer, sorgfältiger, hat mehr Gedächtnis als das stets verpflegte. Die
Alpkuh weiß jede Staude, jede Pfütze, kennt genau die bessern Grasplätze,
weiß die Zeit des Melkens, kennt von fern die Lockstimme des Hüters und
naht ihm zutraulich; sie weiß, wann sie Salz bekommt, wann sie zur Hütte
oder zur Tränke muß. Sie spürt das Nahen des Unwetters, unterscheidet
genau die Pflanzen, die ihr nicht zusagen, bewacht und beschützt ihr Junges
und meidet achtsam gefährliche Stellen. Letzteres aber geht bei aller Vorsicht
doch nicht immer gut ab. Der Hunger drängt oft zu noch unberührten,
lockenden, aber gefährlichen Rasenstellen, und indem sich die Kuh über die
Geröllhalde bewegt, weicht der lockere Grund und sie beginnt herab zu gleiten.
Sowie das Tier bemerkt, daß es sich selber nicht mehr helfen kann, läßt es
sich auf den Bauch nieder, schließt die Augen und ergiebt sich mit Resignation
in sein Schicksal, indem es langsam fortgleitet, bis es in den Abgrund stürzt
oder von einer Baumwurzel aufgehalten wird, an der es gelassen die hilfreiche
Dazwischenkunft des Sennen abwartet. Noch weniger kann die Bergkuh
begreiflicherweise bevorstehende Felsbrüche und Steinschläge wittern und ver=
meiden, die alljährlich manches schöne Herdenstück zerschmettern. Auf der
Brienzer Alp Gübelegg tötete am 7. Juli 1854 ein solcher Sturz 3 Kühe
und verwundete 22 andere schwer. Sehr ausgebildet ist namentlich bei dem
schweizerischen Alpenrindvieh jener Ehrgeiz, der das Recht des Stärkeren mit
unerbittlicher Strenge handhabt und danach eine Rangordnung aufstellt, der
sich alle fügen. Die ‚Heerkuh‘, welche die große Schelle oder ‚Trichle‘

trägt, ist nicht nur die schönste, sondern auch die stärkste der Herde und nimmt bei jedem Umzug unfehlbar den ersten Platz ein, indem keine andere Kuh es wagt, ihr voranzugehen. Ihr folgen die stärksten „Häupter', gleichsam die Standespersonen der Herde. Wird ein neues Stück zugekauft, so hat es unfehlbar mit jedem Gliede der Genossenschaft einen Hörnerkampf zu bestehen und nach dessen Erfolgen seine Stelle im Zuge einzunehmen. Bei gleicher Stärke setzt es oft böse, hartnäckige Zwiegefechte ab, da die Tiere stundenlang nicht von der Stelle weichen. Die Heerkuh, im Vollgefühl ihres Prinzipats, leitet die weidende Herde, geht zur Hütte voran, und man hat oft bemerkt, daß sie, wenn sie ihres Ranges entsetzt und der Vorschelle beraubt wurde, in eine nicht zu besänftigende Traurigkeit verfiel und ganz krank wurde*). Auch gegenüber den Angriffen der reißenden Tiere, besonders denen der in den südlichen Alpen noch immer vorkommenden Bären, beweist das Rindvieh des Gebirges feinen Instinkt und festen Mut. Schleicht sich in der Stille auf leisen, breiten Tatzen ein Bär heran, so wittern bei gutem, ruhigem Wetter die Kühe schon von weitem den Mörder, brüllen heftig, eilen gegen die Hütten oder rasseln, wenn sie angebunden sind, so laut und anhaltend mit ihren Ketten, daß die Sennen auf die Gefahr aufmerksam werden. Immer sucht das Raubtier von hinten anzukommen, da auch das halberwachsene Rind im Notfall auf die Kraft seiner Hörner vertraut. Ist es dem Bären aber gelungen, eine Kuh niederzureißen und zu zerfleischen, so sammeln sich die versprengten Kühe sonderbarerweise ziemlich rasch wieder dicht um den Räuber, schauen mit gesenkten Hörnern, heftig schnaubend, und von Zeit zu Zeit dumpf auf= brüllend dem Fraße zu, als ob sie Lust hätten, ohne alle Scheu den Feind anzufallen. Nach der Aussage zuverlässiger Leute soll in diesem Falle der Bär sich nicht allzulange beim Mahle aufhalten, und es soll nie geschehen sein, daß er sich an eine zweite Kuh gewagt hätte. Bei anhaltendem Regen und dichtem Nebel wittert aber das Rindvieh die Raubtiere gar nicht, und es sind Beispiele bekannt, wo Bären dicht beim Vieh und den Hütten herumlungerten, ja selbst ein Rind angriffen, verzehrten oder forttrugen, ohne daß die Herde etwas davon merkte oder irgend welche Bewegung kundgab.

So vertraut die Sennen mit ihrem Vieh sind, und so gern eine jede Kuh dem Namen, mit dem sie gerufen wird, folgt, so giebt es doch auch fast in jedem Sommer Stunden der vollen Anarchie, in der alle Ordnung in der Herde reißt und der Senne sie fast nicht mehr zu halten weiß. Wir meinen

---

*) Auf der obern Bilterseralp bemerkten wir einst beim Abzug der Herde einen heftigen Hörnerkampf. Als die große Schelle einer Kuh angehängt wurde, eilte die, welche dieselbe bei der Auffahrt getragen, aus der Ferne herbei, und kämpfte mit der Neugeschmückten auf Tod und Leben. Im Sarganserlande hielt man früher besonders viel auf gute Ringerinnen und bezahlte sie teuer, mochten sie auch noch so schlechte Milchkühe sein.

die Stunden der nächtlichen Hochgewitter, die den Alpenbewohnern wahre
Not- und Schreckensstunden sind. Noch lagert die Herde in der Nähe der
Hütte, und die Hirten ruhen, von des Tages Hitze und Last ermüdet, im
ersten Schlafe. Da leuchtets fern am Horizont, und das nahe Schneefeld
steht sekundenlang wie von glühender Lava übergossen. Schwärzer hangen
die schweren, breitgeballten Wolken über den Gipfeln, und von Westen her
beginnt eine tolle Jagd gelblichen Gewölkes mit leicht zuckenden Strahlen.
In der fernen Tiefe ruht das schwarze Land in Todesstille. Die Kühe
wachen auf und werden unruhig; warme Windstöße fegen zwischen den Felsenköpfen her und rauschen sachte in den Alpenrosenbüschen und niedrigen Bergföhren. Die Wasser der Gletscher werden lebendig, in der Ferne beginnt es
dumpf zu rollen, die oberen Lüfte kämpfen, es zuckt immer lebhafter und
feuriger über den höchsten Alpengipfeln. Die Kühe stehen auf und sammeln
sich; die dumpfbrüllende Heerkuh giebt das Zeichen zum Aufbruch, und bald
ist die Herde dicht um die Hütte geschart. Noch liegt über dem Plateau
drückende Schwüle; einzelne schwere Tropfen fallen schräg auf das Hüttendach, unter dem noch die Sennen ruhig fortschnarchen. Da flammt aus der
nächsten lichten Wolke wie eine feurige Schlange der schwefelgelbe Blitz in den
Felsen her — wie Gift beißts in den Augen —, ein heller Knall schmettert
nach, die Wolken flammen ringsum auf, die Donnerschläge überstürzen sich,
der Himmel dröhnt, die Hütte wankt, die Firne beben; in hellen Strichen
rauscht der dichte Hagel auf die Weide nieder. Hochauf brüllen die getroffenen
Tiere; mit aufgeworfenen Schwänzen und dichtgeschlossenen Augen rennen
sie zitternd nach der Richtung des Sturmwindes aus einander. Jetzt springen
die halbnackten Sennen, die Milcheimer über die Köpfe gestürzt, unter die
zerstäubende Schar, johlend, fluchend, lockend und die heilige Mutter anrufend.
Aber das Vieh hört und sieht nichts mehr. In schauerlichen Tönen halb
stöhnend, halb brüllend, rennt es blind mit vorgestrecktem Kopfe, den
Schwanz in den Lüften, geradeaus. Das ist eine Stunde des Schreckens und
Unheils. Die Sennen wissen sich nicht zu helfen; bald schwarze Nacht, bald
blendendes Feuer; der Hagel klappert auf dem Eimer und zwickt die nackten
Arme und Beine mit scharfen Hieben, während alle Elemente im greulichen
Aufruhr sind.

Endlich ist ein Teil der Herde gesammelt: die Winde haben die gefährlichen Wolken über die Wetterscheide hinausgetrieben; dem Hagel folgt ein
dichter Regen; die Kühe stehen bis ans Knie in Kot, Hagelsteinen und Wasser
um die Hütte her; und von Fels zu Fels hallen die vereinzelten Schläge des
fernen Donners nach, — aber eine oder zwei der schönsten Kühe liegen zuckend
und halbzerschmettert im Abgrund. Beispiele solcher Unfälle wären leider
leicht aus allen Jahrgängen anzuführen; wir erinnern nur an das auf der
Werdenberger Alp Raus, wo in dem Sturmgewitter vom 1. August 1854
zehn Stück Hornvieh samt dem sie hütenden Handbuben über die Felsen stürzten

ALPENHERDE IM HOCHGEWITTER.

und zerschmettert wurden. Kommt das Hochgewitter nicht so unvermutet, so beeifern sich die Sennen, das Vieh sorgfältig zu sammeln. Es bietet einen eignen Anblick, wenn es sich, wie sie es nennen, ‚erstellt‘. Mit starren Augen und hängendem Kopfe stehen die heftig zitternden Tiere im Haufen. Überall gehen die Hirten umher, reden freundlich zu, loben und schmeicheln, und da mag es noch so heftig blitzen und krachen, der Hagel noch so stark auf die Herde hereinwettern, — keine Kuh weicht mehr vom Fleck. Es ist, als ob diese armen, gutmütigen Tiere sich sicher vor allem Unglück wüßten, wenn sie nur des Sennen Stimme hören.

Eine andere Art von Anarchie unter den Herden ist weniger bekannt und auch schwerer zu erklären. Wenn nämlich eine Kuh in der Alp totfällt oder geschlachtet wird und man die Unvorsichtigkeit begeht, das halbverdaute Futter des Magens und den Inhalt der Gedärme auf den Boden zu schütten, so wird diese Stelle oft zum allgemeinen Kampfplatze. Nach sehr kurzer Zeit erscheint sicherlich hier eine Kuh, die vielleicht noch eben in der Ferne geweidet hat, mit allen Zeichen höchster Aufregung und treibt sich scharrend und brüllend um die Stelle, oft wie tollgeworden den Boden mit den Hörern aufwühlend. Dies ist das Signal der Sammlung für die ganze Herde. Mit dumpfem Gebrüll eilen die Tiere herbei und nun beginnt ein Hörnerkampf, von dessen Heftigkeit und Hartnäckigkeit man sich schwerlich einen richtigen Begriff macht, und dessen Ende trotz aller Anstrengung der Sennen nicht selten schwere Verwundung oder der Tod einer Kuh ist. Selbst wenn der Inhalt jener Eingeweide rein weggekehrt oder fußtief im Boden vergraben worden, wird doch jede Kuh der Herde diese Stelle nur mit der größten Unruhe berühren. Das sind Thatsachen, die sich mit der größten Regelmäßigkeit wiederholen, aber natürlich in der Regel mit aller Sorgfalt vermieden werden.

Dagegen ist das sogen. ‚Alprücken‘ rein sagenhafter Art, so verbreitet und so fest auch der Glaube daran im gesamten alten schweizerischen Sennenstamme ist. Die Sennen erzählen nicht gern von dieser unheimlichen Erscheinung vor Fremden; doch geht ihnen wohl etwa abends, wenn sie, aus ihren kurzen Pfeifen rauchend, am Herdfeuer sitzen, nach einem gespendeten Schlucke Kirschwasser das Herz auf, und sie berichten in kurzen, geheimnisvollen Worten, wie zu gewissen Zeiten abends nach dem Melken die Kühe unruhig werden, wie dann die ganze Herde von vielen mächtigen, aber unsichtbaren Armen in die Luft gehoben und dumpfbrüllend mit angstvoll zurückgewandten Gesichtern über die Berge getragen werde. Kein Mensch finde auf der ganzen Alp eine Kuh mehr; es sei auch nicht geheuer, lange nach ihnen zu suchen. Aber am andern Morgen früh stehen alle wieder gesund und munter in den Weiden. Um dieses Alprücken und anderes Unheil zu verhüten, wurde früher allgemein, jetzt seltener auf den von katholischen Sennen betriebenen Alpen jeden Abend von einem der Hüttenbewohner ein

alter Bet= und Bannspruch hergesagt*). Offenbar hängt dieser Aberglaube
mit dem Mythus vom wilden Jäger (im Entlebuch und Emmenthal der
‚Thürst‘ oder die ‚Rotthalherren‘, im Berner Oberland die ‚Ostfriesen‘)
zusammen. Dieser findet sich bisweilen ganz unverkennbar ausgebildet und
nach den alpwirtschaftlichen Verhältnissen modifiziert vor, und man hört auf
gewissen Alpen zu bestimmter Zeit gespensterhafte Viehherden unter grausen=
erregendem Jobelruf und Gebrüll vorbeitreiben. Auch diesen Dämonen gehen
die Hirten vorsichtig aus dem Wege. Von einzelnen ‚verzauberten‘ Kühen
hört man ebenfalls auf den meisten Alpen. Gewöhnlich sind rote zu der
Rolle verdammt und stehen in Verbindung mit dem Höllenfürsten; der ‚Stier
von Uri‘ dagegen war milchweiß, — er war aber der Wohlthäter des Landes
und bekämpfte siegreich das greuliche Ungetüm auf den Surenen.

Bei jeder größeren Alpenviehherde (Sennte, Senntum) ist ein Zuchtstier
(Muni, Pfarr= oder Schellstier), ein wahrer pater patriae. Er bewacht sein
Privilegium mit sultanischer Ausschließlichkeit und ausgesprochenster Unduld=
samkeit. Es ist selbst für den Sennen nicht ratsam, vor seinen Augen eine
rindernde Kuh von der Sennte zu entfernen. In den öfters besuchten tieferen
Weiden dürfen nur zahme und gutartige Stiere gehalten werden; in den
höheren Alpen trifft man aber oft sehr wilde und gefährliche Tiere. Ta

---

*) In den Sarganseralpen, wo er nach verrichtetem Abendgebet von dem Alp=
meister vor der Hütte in litaneiartigem Vortrage gesungen wird, lautet der Spruch
folgendermaßen:

> ‚Ave Maria!
> Bhüets Gott und unser lieb Herr Jesus Christ
> Lyber, Hab und Gut und alles, was hierum ist!
> Bhüets Gott und der lieb heilig St. Jöri,
> Der wol hier ufwachi und höri!
> Bhüets Gott und unser lieb heilig St. Marti,
> Der wol hier ufwachi und warti!
> Bhüets Gott und der lieb heilig St. Gall
> Mit seinen Gottsheiligen all!
> Bhüets Gott und der lieb heilig St. Peter!
> St. Peter, nimm die Schlüssel wol in dein’ rechte Hand,
> Bschließ wol dem Bären sein’ Gang,
> Dem Wolf den Zahn, dem Luchs den Kräuel,
> Dem Rappen den Schnabel, dem Wurm den Schweif,
> Dem Stein den Sprung!
> Bhüetis Gott vor solcher böser Stund,
> Daß solche Thier mögen weder kratzen noch byßen,
> Wol so wenig, als die falschen Juden unsern lieben Herr Gott bschyßen.
> Bhüets Gott alles hier in unserm Ring
> Und die lieb Mutter Gottes mit ihrem Kind.
> Bhüets Gott alles hier in unserm Thal,
> Allhier und überall
> Bhüets Gott, und es walti Gott, und das thue der lieb Gott!‘

‚Ave Maria‘ und die Rufe an die Heiligen werden dreimal gesprochen.

stehen sie mit ihrem gedrungenen, markigen Körperbau, ihrem breiten Kopf
mit krausem Stirnhaar am Wege und messen alles Fremdartige mit stolzen,
jähzornigen Blicken. Besucht ein Fremder, namentlich in Begleitung eines
Hundes, die Alp, so bemerkt ihn der Herdenstier schon von weitem und kommt
langsam, mit dumpfem Gebrülle, heran. Er beobachtet den Menschen mit
Mißtrauen und Zeichen großen Unbehagens, und reizt ihn an der Erscheinung
desselben zufällig etwas, vielleicht ein rotes Tuch oder ein Stock, so rennt er
geradeaus mit tiefgehaltenem Kopfe, den Schwanz in die Höhe geworfen, in
Zwischenräumen, wobei er öfters mit den Hörnern Erde aufwirft und dumpf
brüllt, auf den vermeintlichen Feind los. Für diesen ist es nun hohe Zeit,
sich zur Hütte, hinter Bäume oder Mauern zu salvieren; denn das gereizte
Tier verfolgt ihn mit der hartnäckigsten Leidenschaftlichkeit und bewacht den
Ort, wo es den Gegner vermutet, oft stundenlang. Es wäre in diesem Falle
thöricht, sich verteidigen zu wollen. Mit Stoßen und Schlagen ist wenig
auszurichten, und das Tier läßt sich eher in Stücke hauen, ehe es sich vom
Kampfe zurückzöge. Selbst unter den Sennen giebt es nur selten Männer,
die sich einem solchen Angriffe stellen; nur einmal sahen wir, wie ein Älpler
mit bewundernswerter Kaltblütigkeit einen angreifenden Stier mit der rechten
Hand bei einem Horn packte, mit der linken ihm ins Maul fuhr und die Zunge
ergriff, dann diese rasch umdrehte und so den Stier mit herkulischer Kraft
herumriß und auf den Boden warf. Später wagte sich das gebändigte Tier
nie mehr an einen Menschen. Schlimmer erging es bei einem solchen Stier=
kampfe dem Wirte auf dem Ofnerpaß (Engadin), Simi Gruber, einem Manne
von athletischer Gestalt und großer, auf Bären= und Gemsenjagden oft
bewährter Kraft. Er sömmerte auf seinen Bergweiden ein Herde Stiere, von
denen er einen als ‚einen stechenden Stier‘ kannte, und dem er immer sorgsam
auswich. Eines Tages wollte er eine Kuh zu den Tieren führen, sah sich aber
plötzlich seitwärts von einem derselben, das er bisher immer für gutartig
gehalten hatte, mit den Hörnern gepackt und auf die Erde gestoßen. Hier faßte
er den schnaubenden Stier so rasch als möglich mit der einen Hand beim Ohr,
mit der andern an der Nase und warf ihn mit einem kräftigen Ruck nieder.
Kaum aber war er wieder auf den Füßen, als auch das wütende Tier wieder
aufsprang und ihn zum zweiten Male auf den Boden stieß. Mit der gleichen
Manipulation riß Gruber auch diesmal seinen Feind neben sich nieder und
hielt ihn mit Macht so lange auf den Boden, bis er sich gefaßt hatte, mit
raschen Sprüngen sein Bergwirtshaus zu erreichen. Der gebändigte Stier
stand auf, folgte dumpf brüllend bis zur Thür und wollte nicht weichen. Da
nun gerade eine fremde Familie abzureisen beabsichtigte, wollte der Wirt Platz
machen, griff zu einem tüchtigen Sparren und trat vor das Haus, um mit
einem gewaltigen Hiebe dem Stier ein Horn abzuschlagen. Allein der Stier
wich mit einer Seitenbewegung aus, rannte den Mann zum dritten Mal
nieder, stieß ihn wütend auf die Erde und warf den Bewußtlosgewordenen

mit den Hörnern wie einen Ball hinter sich. Dann ging er eine Strecke weiter, blieb wieder stehen, kehrte zu seinem überwundenen Gegner zurück, beroch ihn wiederholt und kehrte nun erst, nachdem er kein Leben mehr in dem Manne gewahrt hatte, auf die Weide zurück. Gruber wurde für tot aufgehoben; als er zum Bewußtsein gebracht worden, zeigte sich's, daß er bei dem Stierkampfe ein Bein gebrochen und mehrere schwere Verletzungen erhalten hatte. Die Bergkühe, die nur ausnahmsweise einen Menschen angreifen werden, zeigen oft heftigen Widerwillen gegen fremde Hunde und vereinigen sich zum erbitterten Kampfe, wobei der Gegner es stets vorzieht, mit eingeklemmtem Schwanze das Weite zu suchen.

Es ist bekannt, wie wählerisch der Schweizersenne in Bezug auf die Schönheit seiner Kühe ist. Dabei ist von allgemein anerkannten Grundsätzen keine Rede. Der Geschmack richtet sich nach dem in der Umgegend herrschenden Rassentypus. Während der Berner seine Kuh falb oder buntgefleckt haben will, will sie der Schwyzer dunkelkastanienbraun; der Greyerzer verlangt von der Kuh seines Herzens einen dicken Ochsenkopf, der Entlibucher eine weiche, weibliche Kopfbildung, ein sogen. ‚Muttergesicht‘. Der Appenzeller giebt als vorzügliche Schönheitszeichen an: schwarzbraune Farbe, weißes, breites Maul, leichten, kurzen Kopf, mäßig starkes, krauses Stirnhaar, nicht große, leicht nach vorn gewundene Hörnchen, runden Leib, den Griff vom Kinn anfangend und auf die Knie niederhängend, stark hervortretende ‚Milchadern‘ unten am Bauche, einen dünnen, zarten Schwanz, ein viereckiges, fleischloses Euter, ganz gerade Beine. Die Behaarung soll dicht, aber fein und glatt sein; die Krone der Schönheitszeichen ist ein regelmäßiger, über den Rückgrat laufender, hellgrauer Strich. Vereinigen sich diese Vorzüge, so wird eine Kuh mit ein bis zwei Louisdor höher bezahlt als eine genau ebenso gute von heller Farbe oder unschönen Hörnern. Es ist wirklich merkwürdig, wie verliebt der rechte Senne in die Schönheit seiner Tiere ist, mit welcher Leidenschaft er auf eine schöne Kuh bietet und wie schwer sie ihm abzukaufen ist. Manchem haben diese Liebhabereien sein ganzes Vermögen gekostet. Auf das wichtigste von allem, auf die Bildung des Milchspiegels (Flamme), und die väterliche und mütterliche Abstammung von reinem Rassenvich wird dabei viel zu wenig Rücksicht genommen, wohl aber, besonders bei den Heerkühen der Herde, darauf gesehen, daß sie gute ‚Weiderinnen‘ seien, d. h. den übrigen immer fleißig vorweiden und sie an die guten Ätzstellen führen.

Die festlichste Zeit für das Alpenrindvieh ist ohne Zweifel der Tag der Alpfahrt, die gewöhnlich im Mai stattfindet, ein Tag, der auch im Leben des Älplers Epoche macht. In dieser Zeit feiern und feierten viele Thalschaften mit besonderer Vorliebe die Namensfeste ihrer Schutzpatrone, so die Grindelwalder das Fest der h. Petronella, die Walliser das ihres heil. Bischofs Theodul, der einst den Teufel gezwungen, ihm eine geweihte Glocke von Rom über die Alpen zu tragen und dem zu Ehren auch der vergletscherte und doch

mit Kühen befahrene St. Theodulspaß benannt ist. Jede der ins Gebirg
ziehenden Herden hat ihr Geläut. Die stattlichsten Kühe erhalten, wie
bemerkt, die ungeheueren Schellen oder Trichlen, die oft über 30 cm im
Durchmesser halten und 80—100 Franken kosten. Es sind die Prunkstücke
der Sennen; mit drei oder vier solchen, in harmonischem Verhältnis zu
einander stehenden läutet er von Dorf zu Dorf seine Alpfahrt ein. Zwischen=
hinein tönen die kleineren Erzglocken. Voraus geht ein Handbub oder Zusenn
mit sauberem Hembe und kurzen gelben Beinkleidern; ihm folgen die Kühe
mit dem Herdenstier in bunter Reihe, dann oft etliche Kälber und Ziegen.
Den Beschluß macht der Senn mit dem Saumpferde, das die Milchgerät=
schaften, Bettzeuge und dergl. trägt und mit buntem Wachstuche bedeckt ist.
An diesem Tage besonders ertönt der Kuhreihen, den jeder Alpendistrikt in
eigentümlicher Weise besitzt. Es ist dies jener höchst eigentümliche jauchzende
Gesang, dessen ältester Text sich nur noch in einzelnen Versen vorfindet,
während seine Melodie in langen Trillern, Jodeln, bald hüpfenden, bald
gedehnten Tönen besteht. Etwas anderes ist der einfache Jodel (Rugguser),
der keine Worte hat, sondern bloß in schnell wechselnden, oft in der Tiefe an=
haltenden und rasch in die Höhe steigenden, seltsamen, melodischen Tonver=
bindungen besteht, mit denen der Hirt die Kühe herbeilockt, seine Kameraden
begrüßt, und dessen er sich überhaupt als Fernsprache im Gebirge bedient.
Weniger fröhlich als die Alpfahrt ist für Vieh und Hirt die Thalfahrt, die
in ähnlicher Ordnung vor sich geht. Gewöhnlich ist sie das Zeichen der Auf=
lösung des familienartigen Herdenverbandes. Ein Teil wird den verschiedenen
Eigentümern zurückgestellt und kehrt zur gewohnten Winterstallung heim, —
im Oberengadin, wo der herbe, sieben Monate dauernde Winter guten Schutz
gegen die Kälte fordert, in die unterirdisch unter den Häusern angebrachten
Kellerställe; ein anderer Teil kommt, besonders aus der östlichen Schweiz, ins
Welschland. Entweder kauft der einheimische Viehhändler die schönsten Stücke
auf, um sie auf den italienischen Märkten wieder zu verkaufen, oder die
welschen Viehhändler, Tessiner und Lombarden, besuchen selbst die Thäler
und wählen sich die prächtigsten Kühe zu guten Preisen aus. Sie kaufen
vorzüglich nur junges, dunkelbraunes Milchvieh mit weißem Rückenstrich und
weißen Eutern, da das rote, das eine feinere Haut hat, sich leichter abhaart und
im Süden auch schneller zu kränkeln und abzuzehren beginnt, und das dunkle
dem Mückenstich weniger ausgesetzt ist. Mastochsen dagegen lieben sie
besonders hellgrau, da sie sich besser mästen sollen. In Appenzell bestellt der
fremde Käufer alle Bauern, denen er Kühe abgehandelt, auf einen bestimmten
Tag ins ‚Dorf‘, wo dann das Vieh, auf dessen gute Hufe besonders gesehen
wird, für die Reise beschlagen (für jede Kuh sind acht Hufeisen erforderlich,
da die gespaltenen Klauen je mit zwei Eisen versehen werden), bezahlt und
darauf lustig gezecht wird. Dann reist die Karawane langsam den Alpen und
dem Süden zu, indem sie in kurzen Zwischenräumen an den traditionellen

Haltstationen einkehrt. Auf dem Gotthard, Lukmanier und Bernhardin (Splügen) wird es vom September bis November hinein beinahe nicht leer von solchen Wanderherden.

Von der Milchwirtschaft auf den Alpen dürfen wir uns hier nur einige beiläufige Bemerkungen erlauben. Der Geschmack der Milch hängt auf der Alp sehr von der Beschaffenheit der Weideplätze ab. Da, wo die Laucharten, die das Vieh sehr liebt, häufig sind, bekommt Milch und Butter einen starken Knoblauchgeschmack. Auf dem Feuersteinberge unweit des Chasserals sind ganze Flächen mit Orchideen bewachsen, von denen die Milch safrangelb wird, nach Zwiebeln schmeckt und weder zu Butter noch zu Käse verarbeitet werden kann. Im Berner Oberlande wird vom Satyrium nigrum die Milch blau; Butter und Käse erhalten einen auffallenden Vanillegruch. Morgens und abends, meist von 7—8 Uhr, in einigen Gegenden vormittags zwischen 10 und 11 Uhr, werden die Kühe heimgerufen und entweder vor der Hütte oder im Stalle gemolken. Der Milchertrag wechselt je nach der Güte der Rasse und nach der Zeit vom Kalben an sehr stark. Wir finden Kühe, die eine Zeit lang täglich bis 25 kg Milch liefern; der Durchschnittsertrag guter Rassen aber geht, die Tage des Trockenstehens mit eingerechnet, auf 7 Liter oder 9 kg pr. Tag. Der Liter Milch liefert 0.11 Liter Rahm; gewöhnlich rechnet man 9 Liter gute Milch für 1 Liter Rahm und diese letztere liefert 300 g Butter. Zu einem kg mageren Käses sind 12½ Liter abgerahmte Milch erforderlich. In den südlichen und westlichen Gebirgen wird die Milch meist zu fetten Käsen gemacht; in den östlichen dagegen häufiger abgerahmt, dann magerer Käse und endlich Zieger daraus verfertigt. Im Glarnerland wird der Zieger in gegorenem Zustande ins Thal gebracht, in bestimmten Mühlen mit der Blüte und den Blättern des Melilotenklees vermischt und als Schabzieger, grüner Käse oder Kräuterkäse, von dessen Zubereitung der große Geßner in seinem Libellus de lacte et operibus lactariis schon 1541 berichtet hat, überallhin, besonders nach Rußland, Holland und Nordamerika, versandt.

Die Kühe erreichen ein Alter von 25—40 Jahren; da aber, wo die Stallfütterung vorherrscht, treten gewöhnlich früh schon Störungen im Fort= pflanzungsprozeß ein, in deren Folge die Kuh auf einen Milchertrag sinkt, der ihre Pflege nicht mehr lohnt und wo sie dem Fleischer verfällt. Fälle von anomalen Würfen sind nicht selten, und im Herbst 1854 warfen in Schwyz im gleichen Stalle drei Kühe sieben Kälber, von denen sechs gesund blieben. Von einer rationellen Vieharzneikunst ist in den Bergen nirgends die Rede. Fehlt dem Tiere etwas, oder glaubt der Senne, es fehle ihm etwas, so doktert er nach seinen Einsichten, oder mehr noch nach der Tradition mit ‚viererlei Pulver‘, oder ‚fünferlei Pulver‘ darauf los. In den Gegenden, die keinen eigenen und bestimmten Viehschlag haben, wandern die Kälber meistens zur Schlachtbank, nachdem man sie 9 —12 Wochen mit frischer Kuhmilch getränkt hat. Sollen sie aufgezogen werden, so erhalten sie 6—8 Wochen lang die frische Milch von der Mutter, dann abgerahmte und nach 10—14 Wochen Heu, Gras und Wasser. Dabei läßt man in der Schweiz nur sehr selten das Kalb an der Mutter saugen; in der Regel tränkt es der Senn mit vier Fingern aus dem Eimer. In den Kantonen Bern, Zürich und Solothurn wurde öfters die seinerzeit vom Pfarrer Meier in Kupferzell dringend empfohlene und eigentümliche Methode, die Kälber nur etliche Mal mit frischer Milch und dann sofort mit Heublumenwasser (einem Dekokt von allerlei Grassamen) zu tränken, versucht, was schöne Erfolge gehabt haben soll.

Am Gotthard brauchte man früher die Ochsen im Winter teils zum Ziehen der Frachtschlitten, teils auch bei tiefem Schneefall zum Wegebahnen, indem man sie vor den Schneeschlitten spannte oder auf dem Schnee so lange hin und her trieb, bis derselbe festgetreten war. In unseren Tagen werden mehr Pferde und Maultiere verwendet; dagegen benutzt man in Nendaz en bas (Wallis) die Kühe und Stiere, wie anderswo die Pferde; man beschlägt, sattelt und reitet sie, während man ihren Nachbarn in Yserabloz nachsagt, sie wohnen so steil am Felsen, daß sie sogar die Hühner ‚beschlagen‘ müssen. Im Bündnerlande wird mehr als sonst irgendwo in der Schweiz mit Kühen und Ochsen gefahren und mit diesen sowohl der Sommerertrag der Alpwirtschaft als auch das nötige Holz beinahe ausschließlich zu Thal gebracht und zwar oft auf fabelhaften Wegen. Geräuchertes oder an der Luft getrocknetes Kuhfleisch bildet in den meisten Thälern jenes Kantons wie auch im Wallis ein beliebtes Gericht. In hochgelegenen Gegenden erhält sich dieses mumifizierte Fleisch drei bis vier Jahre lang und ist wenigstens im ersten Jahre höchst wohlschmeckend.

II. Die Ziegen*) des Hochgebirges.

Abstammung und Geschlechtsverwandtschaft. — Eigentümlichkeiten der Alpenziege. — Die Herden. — ‚Verstellte Ziegen.‘ — Der Geißbuben Sommerleben. — Ein weltberühmter Geißbube. — Futter und Milchprodukte. — Kachemirziegen in der Schweiz. — Bastarde.

Wir haben bereits das nahe Verwandtschaftsverhältnis der Ziege und des Steinbockes berührt, von dem jene sich durch den schmächtigen Körperbau, das flache, zweischneidige Gehörn und den starken Bart unterscheidet. Die

*) Nach den Angaben von Dr. Frankhauser, welcher 1887 die schweizerische Ziegenwirtschaft zum Gegenstand einer eingehenden Monographie gemacht hat, beträgt die Zahl der Stalltiere oder Heimgeißen etwa 179 000 Stück, an Herdgeißen, welche täglich ausgetrieben werden, besitzt die Schweiz 163 000 Stück, und an Alpgeißen, welche den Sommer über in den Alpen verbleiben, ungefähr 63 000 Stück. Im st. gallischen

wahrscheinliche Stammform der Hausziege ist die Bezoarziege (Hircus aegagrus) des Kaukasus und taurischen Hochgebirges, vielleicht bis Indien verbreitet, aber erst neuerlich entdeckt. Sie steht in ihrer Körperform zwischen Steinbock und zahmer Ziege, ähnelt aber in ihrer Lebensart und ihrem zweiseitigen Gehörn mehr der letztern. Sie ist braungrau mit schwarzem Rückenstrich, schwarzen Backen, braunem Bart und schwarzem, zottigem Schwänzchen.

In der Schweiz leben die Ziegen schon seit dem Steinalter der Pfahlbauperiode in unveränderter Form. Sie sind teils Stalltiere, wobei sie das ganze Jahr hindurch im Thal gefüttert werden, teils halbe Bergtiere, indem sie den Sommer über herdenweise jeden Morgen in wilde Schluchten und Bergweiden und abends ins Dorf zurück getrieben werden, teils ganz Bergtiere, die den vollen Sommer in den Alpen zubringen. Im mittlern und untern Misox weiden die Ziegen während des ganzen Jahres im Freien, den Winter über an den sonnigen Laubholzhalden. Oft schließt sich auf der Weide auch eine Gemse an und folgt sogar abends den ausgetriebenen Herden mitunter bis gegen das heimatliche Dorf. In Graubünden und im Glarnerlande sind öfters solche Fälle vorgekommen. Zwischen den eigentlichen Stallziegen und den Bergziegen herrscht ein sichtlicher Unterschied. Jene tragen die Spuren einer sorgsamen Kultur an sich; sie sind von stattlicher Größe, langgestreckt und langhaarig, von großer Milchergiebigkeit. Ihre Euter reichen oft bis auf die Erde. Daneben sind sie von etwas trägerem Humor, oft tückisch und boshaft, oft wieder liebkosend und lenksam, bald mutig, bald furchtsam, überhaupt von sehr widersprechendem, kapriziösem Charakter. Wird die Hausziege von gutem Schlage gut gepflegt, so giebt sie den Frühling und Sommer täglich über 3 bis 3½ l Milch. Wird aber eine an freie Weide gewöhnte Bergziege an die Stallfütterung gewöhnt, so verliert sie rasch die Hälfte ihrer Milch und bekommt bei der besten Pflege ein ausgemergeltes Aussehen. Die echte Gebirgsziege ist kleiner, schmächtiger, von lebhafterem Aussehen, gewöhnlich rotgrau, schwarzbraun, rotgelb oder gefleckt, seltner weiß oder schwarz wie die Thalziege. Als Attribute vollendeter Ziegenschönheit gelten dem Appenzeller ein ‚dürrer Grind (Kopf) und pfifegrade (pfeifengerade) Beinli‘. Die Hörner der Bergziege sind meist kleiner, gerader; sie ähnelt in ihrer ganzen Haltung der Gemse. Im Berner Oberlande sieht man oft ganze große Herden von der gleichen rotbraunen Farbe mit dunklem Rückenstreif; am Rhonegletscher trafen wir eine starke Truppe großer prächtiger Tiere, auf der vorderen Körperhälfte braun, auf der hinteren milchweiß, und im Nikolaithale halbschwarze und halbweiße Prachttiere mit fußlangem Haarbehang auf der

Rheinthal herrscht die Sitte, die Ziegen in den Alpen mit Lämmern zusammen zu sömmern, welche wie die eigenen Kitzen angenommen und bis zum September gemästet werden. Je nach dem Milchertrag werden den einzelnen Ziegen, den sog. Hermengeißen, 1—2 Lämmer mitgegeben.

ZIEGEN IM HOCHGEBIRGE.

hintern Hälfte des Vließes. Im Schamserthal, erzählt Pfarrer Konrad, gebe es bisweilen Ziegen mit Gemshörnern; — es sei ungewiß, ob es nicht Bastarde seien. Als Seltenheit hat man Ziegen mit vier Hörnern angetroffen.

Die Ziegenböcke des Gebirges, die ausnahmsweise so außerordentlich große Hörner haben, daß sie von weitem Steinböcken ähnlich sehen (wir haben bei Kapella im Unterengabin im Herbst 1855 einen kastrierten Bock gesehen, dessen prachtvolle Hörner im Bogen ³/₄ m maßen), zeichnen sich besonders durch ihren kecken, mutwilligen Humor aus. Sie haben etwas Ernstes, Gravitätisches in der Haltung ihres Kopfschmuckes, aber ein schalkhaftes Auge und stellen, wenn es ans Naschen oder ans Spielen und Stoßen geht, ihre ganze Leichtfertigkeit heraus. Das Schaf hat nur in seiner Jugend ein munteres Temperament, ebenso der Steinbock; die Ziege behält es länger als beide. Ohne eigentlich im Ernst händelsüchtig zu sein, fordert sie gern zum muntern Zweikampf heraus. Ein Engländer hatte sich auf der Grimsel unweit des Wirtshauses auf einen Baumstamm niedergesetzt und war über seiner Lektüre eingenickt. Das bemerkt ein in der Nähe umherstreifender Ziegenbock, nähert sich neugierig, hält die nickende Kopfbewegung des Schläfers für eine Herausforderung, stellt sich in Positur, mißt die Distanz, und rennt mit gewaltigem Hörnerstoß den unglücklichen Sohn des freien Albions an, der sofort fluchend am Boden liegt und die Füße in die Luft streckt. Der siegreiche Bock, fast erschrocken über die so geringe Widerstandskraft eines Britenschädels, steigt mit dem einen Vorderfuß auf den Stamm und sieht neugierig nach seinem zappelnden und schreienden Opfer.

Neugierde ist überhaupt neben der Launenhaftigkeit ein hervorstechender Charakterzug der Ziege. Sie ist in weit höherem Grade neugierig als die Kuh; die Gemse ist ihr darin ähnlich. Zu den Gemsen verliert sich, wie bemerkt, hie und da eine Alpenziege und bleibt Monate lang in der Gesellschaft. Doch muß es ihr sauer werden, diesen Virtuosen im Springen und Klettern nachzukommen, und gewöhnlich kehrt sie im Herbst unvermutet ins Thal zu ihrer Hütte zurück. Im Appenzellerlande überwinterten verlorene Ziegen in geschützten Alpen unter großen Tannen bald allein, bald mit Gemsen, und kehrten im Frühling mit frisch geworfenen Zicklein ins Thal zurück.

Überhaupt ist unsere Ziege eines der muntersten und aufgewecktesten unter den zahmen Tieren, wie schon ihr Auge, ihr feiner Kopf, ihre schlanke, leichte Körperbildung und ihr großes Gehirn auf eine intelligente Natur schließen lassen. Sie ist weit empfänglicher für die Liebkosungen des Menschen als das Schaf, folgt nicht, wie dieses, dem Gang der Masse, sondern tritt gern frei und selbständig auf, liebt Berge und Freiheit, fürchtet sich nicht so schnell, ist im Zorne ziemlich hartnäckig, hat viel Gedächtnis und Ortssinn und würde vielleicht bei völliger Freiheit nach wenigen Generationen an Lebhaftigkeit, Kühnheit und ausgebildetem Instinkt der Gemse wenig nach= stehen. Dies gilt namentlich von den gehörnten Ziegen, die in den Gebirgen weit häufiger sind als die ungehörnten, welche dafür im Thale in den Ställen vorgezogen werden. Um solche hornlose Ziegen zu erhalten, bedient man sich hie und da eines höchst barbarischen und gefährlichen Mittels. Man gräbt nämlich Zicklein, sobald die Hörnchen hervorbrechen wollen, den Hornzapfen tief aus dem Schädel. Die Bauern verurteilen aber in Mehrheit eine solche Operation als ‚ein Schelmenstück‘.

Der die Gebirge durchstreifende Wanderer trifft häufig Ziegengruppen als malerische Staffage einer seltsamen Alpengegend, bald frei weidend, bald unter Obhut eines wetterbraunen, barfüßigen Jungen. Sie sind selten scheu, gewöhnlich ganz zutraulich und munter. In manchen Schweizerbergen folgen sie dem Fremden stundenweit, um eine Prise Salz oder ein Stück Brot zu erbetteln. Erhalten sie kein Salz, so genießen sie mit ebenso großem Behagen eine Portion Schnupftabak. Gewöhnlich sind ein halb Dutzend Stück einer Ochsen= oder Pferdeherde beigegeben, und ihre Milch ist fast die einzige Nahrung der Hüter: oft finden sich einige Exemplare im Gefolge einer Kuhherde (Kuhgeißen), oder sie werden auch zu Herden vereinigt und zur Alp getrieben. In diesem Falle teilt man sie im Appenzellerlande in Haufen von je zwölf Stück ab; ärmere Bauern, die keinen ganzen Haufen vermögen, stoßen ihre Ziegen zusammen und halten gemeinschaftlich einen Geißbuben, der nebst magerer Kost noch geringere Löhnung erhält. Steinmüller erzählt, daß man öfters Ziegen mit vier echten Zitzen angetroffen habe, von denen die hinteren größer und milchreicher gewesen seien, als die vorderen, eine Beobachtung, die sehr interessant wäre, wenn sie genauer verfolgt werden könnte. Afterzitzen trifft man bei Ziegen ungleich seltener als bei Kühen an; wir kennen auch ein Beispiel, daß das Euter einer, übrigens guten Ziege nur eine Zitze trug.

Mit großer Kühnheit schweifen diese Tiere in den steilsten Gebirgsbänken umher, um vereinzelte Grasbüschel oder zarte, leckere Stäubchen zu rupfen. Dabei geschieht es nicht selten, daß sich die Ziege ‚verstellt‘ oder ‚verjuckt‘, wo sie sich weder vor= noch rückwärts mehr getraut. So bleibt sie dann oft zwei bis drei Tage ohne Nahrung zwischen Tod und Leben, bis der Geißbub sie entdeckt und zu ‚lösen‘ sucht. Dies thut er mit wunderbarer Verwegenheit; manchmal bindet er sie an ein Seil, um sie die Felswand hinaufzuziehen. Es ist in der That merkwürdig, daß der Mensch da zu klettern sich getraut, wo selbst die leichtfüßige Ziege den Mut verloren hat. Freilich sind die Geißbuben, die den ganzen Sommer über zwischen den Felsen leben, großartige Virtuosen im verwegensten Klettern und kennen die Gefahr so wenig, daß sie sich mit= unter anbieten, die jähsten Felsenköpfe und Gebirgsseiten durch beliebig zu bezeichnende Narben und Falten zu erklimmen, wo man nicht begreift, wie eine Hand oder ein Fuß im steilsten Absturz haften kann. Selten fallen die Ziegen tot, es sei denn, daß sie sich im Hörnerkampfe über den Felsenrand hinausstoßen oder von einem fallenden Steine, einer Lawine oder Geierschwinge ergriffen werden.

Die wegen ihrer Steilheit und Abgelegenheit für das große Vieh unzu=
gänglichen einzelnen Weideplätze der rhätischen Hochalpen werden häufiger
durch Schafherden, die der Berner, Walliser und Tessiner Alpen dagegen mehr
durch Ziegenherden abgeäßt, die indessen selten über 2300 m hinaufstreifen.
Der Wanderer trifft, nachdem er halbe Tage lang in den endlosen Trümmer=
und Eislabyrinthen umhergestiegen ist, ohne eine Spur von Menschen oder
Vieh zu bemerken, plötzlich und zu seinem höchsten Erstaunen eine elende
Stein= und Mooshütte, einen verwilderten Buben, den Sonne, Wind und
Schmutz um die Wette gebräunt haben, und eine kleine, höchst muntere Ziegen=
herde, die sich malerisch auf den einzelnen Blöcken, an den Grasbändern der
Felsen und weit in den Flühen hinan verteilt hat und den fremden Besucher
mit neugierigen und mutwillig frohen Blicken betrachtet. Es sind dies gewöhnlich
milchlose Herden (ganz junge Ziegen, kastrierte und junge Böcke), die auf mög=
lichst wohlfeile Weise übersömmert werden sollen, und 3—5 Monate in den
ödesten und wildesten Gebirgslagen zuzubringen haben, ohne irgend eine
Pflege zu genießen als das bißchen Salz, das ihnen der Junge von Zeit zu
Zeit auf einen Felsen streut, um sie beisammen zu behalten.

Diese Hirtenbuben führen wohl das armseligste Leben, das in der Nähe
der Kulturländer möglich ist. Im Frühling ziehen sie mit ihrer bestimmten
Zahl von Tieren ins Gebirge, ohne Strümpfe und Schuhe, Weste und Rock,
in den erbärmlichsten Kleiderfragmenten, mit einem langen Stecken, einem
Salztäschchen, oft einem Wetterhute und etwas magerem Käse und Brot ver=
sehen. Das ist ihre einzige Speise während des Sommers. Von warmer
Nahrung ist keine Rede. Oft bringt ihnen ein anderer Junge aus dem Thale
alle vierzehn Tage, oft nur alle Monate neues Brot und Käse. Diese Nahrungs=
mittel werden in der Zwischenzeit beinahe ungenießbar. Der arme Tropf nagt
lange an seinem ganz durchschimmelten Brotstücke und einem schwarzbraunen,
steinharten Käsefragmente, in dem man nur mühsam eine menschliche Speise
zu erkennen vermag. Den Tag über plagt ihn die Langeweile, gegen die er
oft nur in der vollendetsten Gedankenlosigkeit, weit seltener in irgend einer
nützlichen Beschäftigung (wie wir im Wallis etwa strickende Hirtenbuben finden)
ein Schutzmittel sucht. Bei schlechtem Wetter kauert er Wochen lang ohne
Feuer, ohne Wort, vor Kälte und Hunger zitternd, in seinem feuchten Loche,
aus dem er nur hervorkriecht, um seine Tiere zu überblicken, die es, obgleich
auch sie schutzlos den Unbilden der alpinen Witterung preisgegeben sind, doch
verhältnismäßig weit besser haben als ihr Hirte. Gegen den Herbst hin rückt
die Gesellschaft dann gegen die milderen Kuhalpen hinunter, und wenn Frost
und Schnee auch hier mächtig werden, treibt der Bube zu Thal, um einen
unglaublich elenden Lohn in Empfang zu nehmen. Es klingt fast fabelhaft,
wenn versichert wird, daß manche dieser ‚Geißbuben‘ ein solches Sommerleben
so liebgewonnen haben, daß sie es nicht leicht mit einem andern, menschlichern
vertauschen würden, daß sie gesund und stark bleiben und den größten Teil

ihrer Hirtenzeit den trefflichsten Humor behalten. Kurzweiliger wird das
Geschäft, wenn mehrere Herden in der Nähe gehen. Die Geißbuben denken
sich allerlei Zeitvertreib aus; der gewöhnlichste aber besteht darin, daß sie im
Erklettern der gefährlichsten Felswände, im Hinabrutschen über die steilsten
Grate oft auf grauenvolle Art wetteifern.

Bekanntlich war der große Thomas Plater aus dem Wallis in seiner
Jugend lange Ziegenhirt. In der für seinen Sohn verfaßten Autobiographie
erzählt er bemerkenswerte Szenen aus dieser Lebensperiode in naiver, treu-
herziger Weise. Unter anderen: „Da ich bei sechs Jahren alt war (also im
Jahre 1505), hat man mich zu einem Vetter gethan; dem mußte ich ein Jahr
der Gitzen bei dem Hause hüten. Da mag ich mich denken, daß ich etwan im
Schnee besteckt, daß ich kaum daraus möcht' kommen, mir oft die Schühlein
dahinten blieben und ich barfuß und zitternd heimkam. Derselbe Bauer hatte
bei achtzig Geißen; deren mußte ich in meinem siebenten und achten Jahre
hüten. Da war ich noch so klein, daß, wenn ich den Stall aufthat, und nicht
gleich nebensich sprang, stießen mich die Geißen nieder, loffen über mich weg,
und traten mir auf den Kopf, Arme und Rücken. Wann ich dann die Geißen
über die Vispen getrieben hatte, liefen mir die ersten über die Kornäcker;
wann ich die daraus trieb, liefen die anderen darein; da weinte ich dann und
schrie; denn ich wußte wohl, daß man mich zu Nacht würde schlagen". Einst
stürzte er beim Spiel von einer hohen Steinplatte in die Felsen hinunter. Die
anderen Hirtenbuben hielten ihn für verloren. Er blieb aber unversehrt.
Sechs Wochen später stürzte eine Ziege an der gleichen Stelle hinunter und
blieb tot. „Ein ander Mahl gingen meine Geißlein auf ein Felslein; es war
eines guten Schrittes breit und darunter grausam tief, gewiß mehr denn
tausend Klafter hoch nichts denn Felsen. Von dem Felsen ging eine Geiß
der andern nach über einen Schroffen (Gesimse) hinauf, daß sie bloß die Fuß-
kläuelein mochten stellen auf die Krautbüschen, die auf dem Felsen gewachsen
waren. Wie sie nun aufhin waren, wollt' ich auch nach; als ich aber nicht
mehr als ein Schrittlein mich am Gras hatte aufgezogen, konnte ich nicht
weiter kommen, mocht' auch nicht wieder auf das Schröfflein schreiten und
durste noch viel minder hindersich springen; denn ich fürchtete, wenn ich
hindersich spränge, ich würde übergnepfen, und über den grausamen Felsen
hinabfallen; blieb also eine gute Weile stehen und wartete auf die Huth
Gottes, indem ich mich mit beiden Händen an einem Grasböschen hielt, und
mit dem großen Zehlein auf einem Büschlein stund. In dieser Noth war mir
sehr angst; denn ich fürchtete, die großen Geyer, die unter mir in den Lüften
flogen, möchten mich hinwegtragen, wie denn etwan in den Alpen geschieht,
daß die Geyer Kinder und junge Schaaf hinwegtragen. Dieweil ich nun da
stuhnd und mir der Wind mein Gewändlein hinten aufwehete, so ersieht mich
mein Gesell Thomann von weitem und ruft mir: ‚Thömeli, nun stand still!‘
gath hinzu auf das Felslein, nihmt mich beym Arm und tragt mich wieder

hinderſich, da wir denn aufkommen mochten zu den Geißen. — — — Solch
gut Leben hab' ich in Menge auf den Bergen bei den Geißen gehabt, die mir
vergeſſen ſind. Das weiß ich wohl, daß ich ſelten ganze Zehen gehabt habe,
ſondern Blätz daran geſtoßen, große Schrunden, oft übel gefallen, ohne
Schuhe der Mehrtheil im Sommer, oder Holzſchuhe, großen Durſt. Mein
Speiß war am Morgen vor Tag ein Bratz von Roggenmehl: Käs und
Roggenbrot giebt man einem in ein Körblein mit zu tragen am Rücken;
zur Nacht aber erwählte Käsmilch, doch deſſen alles ſo ziemlich genug. Im
Sommer kann man im Heu liegen, im Winter auf einem Strauſack voll
Ungeziefers. So liegen gemeinlich die armen Hirtlein, die bei den Bauern
in den Einöden dienen!"

Milchloſe Ziegenherden, gewöhnlich kaſtrierte oder unkaſtrierte Böcke,
werden auch, wie geſagt, oft einfach in ein beſtimmtes, ganz abgelegenes
Weiderevier getrieben, ſich ſelbſt überlaſſen und erſt im Herbſt wieder
zuſammengeſucht, wobei dann nicht ſelten manch teures Haupt fehlt. Oder
man ſchickt ihnen wöchentlich durch einen Knecht oder Buben etwas Salz,
das ſie dann auf der beſtimmten, traditionellen Steinplatte genau zur gleichen
Stunde ſehnſüchtig erwarten und unter vielen Neckereien und Kämpfen
vom Felſen ablecken.

Wir haben ſchon öfters die Bemerkung gemacht, daß kaum ein anderes
Haustier des Nachts ſo unruhig ſchläft, ſo viel Allotria treibt und ſo
beweglich iſt wie die Ziege, die darin ein Stück Steinbocksnatur beſitzt. Hat
man das Unglück, ſein Nachtlager in der Alphütte eines Ziegenhirten auf=
ſchlagen zu müſſen, ſo kann man auf eine häufige Unterbrechung der Ruhe
zählen, beſonders wenn das Hüttendach, wie es meiſtens der Fall iſt, auf
einer Seite an den Boden ſich anlehnt. Ein Teil der Ziegen nimmt gewöhnlich
ſeine Station auf dem Schindeldache; ein anderer ſucht dieſe zu vertreiben
und herabzuſtoßen, ſo daß es unaufhörlich über dem Kopfe knattert und
poltert und klingelt. Liegt zum Überfluß noch unter der Schlafſtätte eine
Geſellſchaft von Ferkeln, ſo ergänzt das Unterhaus mit rebelliſch grunzenden
Konzerten die Pauſen, welche vielleicht im Oberhauſe auf dem Dache ein=
treten. Einzelne Alpſtriche werden in der ganzen Schweiz auch mit milch=
gebenden Ziegenherden befahren und zu ordentlicher Alpwirtſchaft benützt.
Die Milch wird zu Käſe gemacht, und die Molke bildet die Hauptnahrung
des ,Geißſennen'. Dieſer iſt in der Zwiſchenzeit zugleich Wildheuer und
mäht jene ſteilen Grasbänder ab, deren Produkt ſonſt unbenutzt bliebe. Er
ſammelt im Auguſt und bis in den September einen höchſt gewürzigen Heu=
vorrat in ſeiner Hütte zuſammen, auf dem er gewöhnlich ſeine Schlafſtelle
einrichtet, und trägt ihn, wenn er Zeit findet, vorerſt bündelweiſe in eine
zugänglichere untere Scheune, von wo er ihn im Winter vollends ins Thal
ſchlittet. Nicht ſelten aber machen Ziegen und Gemſen jene mühſame und
gefährliche Heuernte an den ſteilſten Böſchungen des Gebirges noch gefährlicher

und selbst tödlich, indem sie, über dem Kopfe des Wildheuers an den Felsen grasend, unaufhörlich Steine lösen. Ein Geißsenne erzählt uns, wie er von seinen eigenen Tieren nicht selten Stunden lang der Gefahr des Erschlagenwerdens preisgegeben wurde, da vor und hinter ihm unaufhörlich Steine niedersprangen und er jeden Augenblick erwartete, mit ins Thal geschleudert zu werden, und im Sommer 1871 wurde dem berühmten Geologen Gerlach im Oberwallis der Kopf von einem Steine zerschmettert, den eine Ziege losgetreten, welcher der Gelehrte kurz zuvor noch Brot gereicht hatte.

Die Hirten bestätigen die öfters gehörte Wahrnehmung, daß die Ziegenherden vor eintretendem Unwetter bergab, bei nahender guter Witterung aber bergan zu weiden pflegen. In älteren Zeiten wurden die Bergziegen öfters ein Raub der Bären, Wölfe und Luchse, oder der Lämmergeier und Steinabler. Von einer solchen Begegnung erzählt Nikolaus Servorhard in seiner Delineation ein drolliges Stücklein. Ein Bauer zog, seine Ziege am Stricke führend, über die in älterer Zeit durch Drachen und reißende Tiere, heutzutage nur noch durch ihre Schneestürme berüchtigte Lenzerheide (Bünden). Oberhalb des Dörfleins Lenz band er sein Tier an die offene Thür der Kapelle und ging abseits. Sofort kam ein Wolf, der wahrscheinlich die Spur schon eine Weile verfolgt hatte, aus dem Bergkiefergebüsch und überfiel die Ziege. Diese rettete sich im Schreck in die Kapelle; der Wolf folgte. In der höchsten Not nahm die hart Bedrängte einen Satz hoch über ihren Feind zur Thür hinaus und zog diese dadurch fest zu, so daß der Wolf eingeschlossen war und nun von dem zurückkehrenden Bauer und herbeigeholten Nachbarn jämmerlich erschlagen wurde. Heutzutage sind die Bestien bis auf ein geringes Maß reduziert. Gegen Adler und kleinere Raubvögel wie die gierigen Raben verteidigen die Ziegen ihre Jungen nicht selten mutig mit den Hörnern; die Füchse dagegen wissen hin und wider eines durch List zu erhaschen. Gefährlicher sind ihnen die Hochgewitter, deren eines z. B. am 8. Juni 1859 in den Sernsthalbergen mit einem einzigen Blitzstrahl an 70 Ziegen erschlug. Ein anderer angeblicher Ziegenfeind, die Nachtschwalbe (Ziegenmelker), wird heutzutage auch von den Bauern kaum mehr für schädlich gehalten. Anders war es vor dreihundert Jahren. Damals erzählte Turnerus in seinem Vogelbuche, ein alter Geißhirte in den Schweizerbergen habe ihm berichtet, vor Jahren habe er solcher Vögel viel gesehen, hab' auch viel Schaden von ihnen empfangen, indem sie ihm auf einmal sechs Geißen ausgesogen hätten, worauf diese blind geworden seien. „Jetzt aber seien sie all' zu den nibern Teutschen geflogen, da sie dann nicht allein die Geissen saugen und verblenden, sondern sie töbten auch die Schaaff daselbst."

Bekanntlich sind die Ziegenherden durch ihre Naschhaftigkeit die gefährlichsten Feinde und eine wahre Geißel der Gebirgswaldungen geworden; aber allmählich wird diesem schädlichen Unwesen durch bessere Forstpolizei und Einschränkung des Ziegenstandes entgegengewirkt. In Bondo treibt man wie in der obern Lombardei die Vorsicht so weit, daß den Ziegen alljährlich im Oktober auf Gemeindekosten ein Teil der Schneidezähne abgebrochen oder ab= gefeilt wird, um ihnen das Benagen der jungen Bäumchen zu verunmöglichen.

Im ganzen zieht die Ziege ein mageres, wildes Futter mit grünen Knospen und Zweigen dem fetten Wiesengrase vor. Merkwürdig ist die Beobachtung, daß die giftigen Eibennadeln, Wolfsmilch und Schierling von ihr ohne Nachteil gefressen werden. Nicht selten frißt sie auch von der Germer, bricht aber gewöhnlich den Fraß wieder aus. Die Blätter des Spindelbaums (Evonymus) und die Eicheln dagegen sollen ihr nachteilig sein. Die Ziegen= milch wird im August, wo die Tiere die höchsten Alpen besteigen, für am kräftigsten gehalten. Der größte Teil wird zu fünf= bis zehnpfündigen Käsen verarbeitet, die von vorzüglichem Wohlgeschmack sind. Dagegen sieht man selten Ziegenbutter. Um solche zu erhalten, muß man die Milch vorerst sieden, worauf erst eine gehörige Absonderung des Rahmes stattfindet. Die Butter ist ganz weiß, hat einen spezifischen Ziegengeruch, ist nach zwei Tagen schon bitter und ungenießbar, wird aber von den Bergbewohnern, besonders wenn sie viele Jahre alt ist, mit großer Vorliebe als Heilmittel bei Wunden, Quetschungen und allerlei Schäden gebraucht. Daß die Alpenziegenmolke auch als Heilmittel bei verschiedenen inneren Krankheiten mit großem Vertrauen tausendfältig getrunken wird, beweist der starke Besuch der schweizerischen Molkenkurorte. Gewiß ist, daß die Ziegenmilch weit kräftiger, fetter und nahrhafter ist als die Kuhmilch, und natürlich desto besser, je würziger das Futter ist. Das Fleisch der jüngeren Ziegen wird überall im Gebirge gern gegessen; von alten dagegen ist es oft zähe und nicht wohlschmeckend und wird höchstens von den ‚fremden Herrschaften‘ im Berner Oberlande unter der Firma von Gemsenfleisch mit Passion genossen. In der östlichen Schweiz liebt man es gedörrt. Auch mästet man hie und da verschnittene junge Böcke, deren Fleisch sehr fett und ohne übeln Ziegengeschmack ist.

Im Berner Oberlande hat der verdienstvolle Kasthofer Versuche gemacht, die Kaschemir= und Angoraziegen zu akklimatisieren. (Er hat diese sogar mit Gemsen gepaart und soll Bastarde erhalten haben.) Das Klima schien ihnen zuzusagen. Die Wolle wurde fein und lang; nur genügte der Milchertrag nicht, da diese Ziegen nicht mehr Milch erzeugten, als zur Nahrung ihrer Jungen notwendig war. Von fruchtbarer Kreuzung unserer einheimischen Ziege mit der Gemse sind zuverlässige Beispiele bekannt; ebenso hat man, wie erwähnt, vom Steinbock und der Ziege schöne und große Bastarde erhalten, welche aber einen so bösartigen Charakter annahmen, daß sie Menschen und Tiere mit ihren starken Hörnern angriffen. Die Absicht der Berner Regierung, durch Bastardierung mit Steinböcken die Ziegenzucht zu verbessern, mißlang völlig.

Noch erwähnen wir jener drolligen Mystifikation etlicher Walliser, die vor längerer Zeit mehrere lebendige Tiere als Steinböcke nach Paris brachten und zu guten Preisen verkauften. Sie kamen vom St. Bernhardsberge. Die Naturforscher hielten sie bald für Steinböcke, bald für Bezoarziegen; es waren aber in Wahrheit nichts anderes als gewöhnliche Ziegen, die in verwildertem Zustande sehr groß und schön geworden waren und namentlich außerordentlich große Hörner bekommen hatten.

III. Die Bergschafe.

Stammeltern und Rassen. — Übersömmerung im Gebirge. — Die Bergamasterherden. — Der Zug auf die Alp. — Die Pastoren und die Societät. — Lebensweise der Tessini. — Die Nutzung der Herde. — Schafkäschen und Schafziegerchen. — Ertrag der Schafalpen. — Die Schweine als Beigabe der Herden. — Verschiedene Rassen.

Auf den Felsengebirgen Sardiniens, Korsikas und Kretas haust in größeren Rudeln das wilde, fuchsrote Mufflonschaf (Ovis Musmon. *Bonap.*), mit weißer Schnauze, hellem Augenrand und weißer Unterseite, ein starkes, gewandtes Tier, das dem Steinbock an Sprungfertigkeit wenig nachgiebt und das Lieblingsziel der dortigen Hochjagd bildet.

Von dieser wilden Schafart soll unser gemeines Hausschaf abstammen, das ursprünglich für ein freies Gebirgsleben bestimmt scheint.

In der Schweiz ist die Schafzucht im ganzen nicht sehr bedeutend*), da die Zerstückelung des Grundeigentums ihr sehr nachteilig sein muß, da ferner die Alpenweiden so sehr vernachlässigt werden, und die Schafhut meistens auf die sorgloseste Weise betrieben wird. Unsere gewöhnlichen Schafe liefern zwar treffliches Fleisch, aber nur wenig und grobe Wolle (jährlich 1½ bis 2 kg): sie sind indessen dabei ziemlich klein, wenngleich wohlgeformt. Wir finden bei uns das gewöhnliche schwäbische Schaf von mittlerer Größe, in der Regel weiß, mit geringer Wolle wohl am meisten verbreitet, weit seltener das flämische oder holländische Schaf mit längerer und feinerer Wolle, ferner das Bergamaskerschaf, von dem wir als eigentlichem Bergtier genauer berichten werden, und wohl am seltensten das spanische oder Merinoschaf, klein, mit kurzem Schwanze und vorzüglich feiner, krauser Wolle. Dieses hält unser Klima auf den mittleren Alpen gut aus, vermehrt sich stark und ist wenigen Krankheiten ausgesetzt. Unter der unansehnlichen, schmutzigen Oberwolle steht

---

*) Nach der amtlichen Zählung vom April 1866 besaß die Schweiz 105 668 Pferde, Maultiere und Esel, 304 062 Schweine, 445 514 Schafe, 376 020 Ziegen. Die Ziffer des Rindviehs haben wir bereits erwähnt. Seither hat die Schafzucht abgenommen, denn nach der amtlichen Zählung vom April 1886 besaß die Schweiz nur noch 341 632 Schafe.

die lange, feine und kostbare Merinowolle. Man findet solche Herden selten
in der Schweiz, am häufigsten im französischen Teile, doch auch dort nicht so
zahlreich, als zu wünschen wäre In den Kantonen Schwyz und Graubünden
wurden die diesfallsigen Versuche allzu schnell wieder aufgegeben, da die
Bauern die Behandlung der edelen Wolle nicht recht begriffen, und das Fleisch
der Merinos von geringerem Werte ist als das der Landschafe. Graubünden
hält außer den Bergamaskerherden immerhin noch etwa 80 000 Stück eigene
Schafe. Sie stammen wahrscheinlich vom schwäbischen Landschaf ab, sind
klein, von grobem Vließ, aber sehr fruchtbar, indem sie jährlich in zwei Würfen
3 bis 6 Junge bringen. Ihr Fleisch ist zart, ihre Mastungsfähigkeit sehr
groß und ihre Dauerhaftigkeit bewährt sich im strengsten Klima. Nur im
Prättigau finden wir noch hie und da eine etwas größere, feinwollige Rasse,
die von der genannten Merinoskreuzung herrührt, besonders in Seewis, auch
in Parpan. In der südlichen Kantonshälfte wird das einheimische Landschaf
öfters mit dem Bergamaskerschafe gekreuzt, doch, wie es scheint, ohne großen
Nutzen. Im Glarnerlande war in älterer Zeit die Schafzucht weit bedeutender,
deckt aber heutzutage mit 10 000 Stück den eigenen Verbrauch nicht mehr.
Das inländische Schaf ist dort ziemlich viel größer und an 10 kg schwerer
als das kleine aus Graubünden, hat dichte, grobe, schwachkrause Wolle, und
ist bald gehörnt, bald hornlos; es wird mehr des Fleisches als der Wolle halber
gepflegt. Im Tessin, das ungefähr 24 000 Stück hält, wird teils das
Bergamaskerschaf, teils eine kleine geringe einheimische Art ohne Sorgfalt
gezogen. Im Berner Oberlande dagegen läßt man dem großen, hornlosen,
weißvließigen, schwarzbehosten Frutigschafe, welches den Thalbewohnern die
Wolle zum beliebten Frutigtuche liefert, ungleich bessere Pflege angedeihen.
Im Wallis werden sehr viele Schafe gezogen; die niedrige, langvließige, rund=
gehörnte Rasse des Nikolaithals ist von besonderer Schönheit.

Im Gebirge ist den Schafen der unzugänglichste Teil, den die Kühe
nicht betreten können, als Sommerweide angewiesen, bis über 2900 m ü. M.,
oft bloße Eilande mitten in stundenlangen Trümmer= und Gletscherwüsten, zu
denen sie nicht selten mit großer Mühe hingeschafft, bald getragen, bald sogar
an Stricken über Felsen hinaufgezogen werden, wie z. B. auf die ‚Trifft‘
am Vieschergletscher. Ein Schafbube hütet sie, wobei er sich in acht nimmt,
die Herde wo möglich nicht über Firnflächen zu treiben, auf denen sie schnee=
blind würden, und sie vor einfallendem Schneegestöber aus dem Hochgebirge
zu führen, da oft die Herde, wenn sie vom Schneegestöber überrascht wird, sich
auf den Boden legt und eher vor Frost und Hunger zugrunde geht, als daß
sie ihre Stelle verließe, oder die Tiere drängen sich so dicht zusammen, daß
viele Lämmer totgedrückt werden. Der Schäfer streut seinen Tieren jeden
Abend etwas Salz auf den Boden, das sie dann die Nacht durch fleißig
ablecken. Kommt der Hirte nur etwa wöchentlich einmal, mit seiner Salzgabe
die Herde zu besuchen, so muß er sehr eilen, seine Würze flink auszustreuen, um

sich vor dem oft lebensgefährlichen Gedränge der gierigen Tiere zu retten, bei dem nicht selten eine Anzahl Lämmer erdrückt wird. Oft trifft man in abgelegenen Alpeneinöden auch kleine herrenlose Schafherden in halb verwildertem Zustande, deren Junge nicht selten den Raben, Adlern und Lämmergeiern zur Beute werden. Überhaupt sind unsere einheimischen Raubtiere keiner Art von Vieh gefährlicher als den Schafen. Sowie diese im Frühjahr zuerst in die Gebirge getrieben werden, finden sich in vielen bündnerischen Thälern die Lämmergeier, die sonst das ganze übrige Jahr nicht bemerkt werden, sofort zu ein- bis zweiwöchigem Besuche mit größter Regelmäßigkeit ein, wie z. B. in den Berninathälern die Geier von Kamogask. Noch gefährlicher sind aber den rhätischen Schafherden die Bären, die oft in einer Nacht über dreißig Stück niederreißen. Im Jahre 1854 haben sie besonders große Geschäfte gemacht; obgleich im Sommer im Münsterthale ein Jäger vier Stück (Mutter und drei Junge) zumal niederschoß, spukten sofort andere wieder an vielen Orten. Auch im Puschlav und Prättigau wirtschaften sie schlimm unter den Schafen und sprengen oft mehr als ein Dutzend Stück über die Felsen in den Abgrund, wo dann die regelmäßig erscheinenden Raben die Kadaver verraten.

Im Appenzellerlande u. a. O. bilden einige Schafe oft die Zugabe einer Kuhherde. Man benutzt in der deutschen und französischen Schweiz nur ihre Wolle und ihr Fleisch, nie ihre Milch. Je höher die Schafe weiden können und je trockener der Sommer ist, desto besser gedeihen sie. Im Unterschiede vom Rindvieh pflegen die Schafe, wenn das Wetter abfallen will, bergan zu weiden und zwar mit großer Hartnäckigkeit. So ziehen sie sich nicht selten im Herbst nach den schon beschneiten Hochalpen hinauf und gehen dort oft zugrunde, wenn sie nicht mit Gewalt zurückgebracht werden können. Indessen haben nicht selten im Herbst verlorengegangene Schafe sich über Winter ganz ordentlich im Gebirge zu erhalten gewußt und sind im folgenden Frühjahr sogar mit einem oder mehreren Jungen wieder aufgefunden worden. Es gehört überhaupt zu den Eigentümlichkeiten der Schafe, lieber in den sterilsten Schutthalden einzelne Alpenpflänzchen auszurupfen, als in der guten Alp zu weiden. Abends suchen sie mit Passion hohe, luftige Grate für ihr Nachtlager aus und veranlassen auf solchen öden Stellen durch ihren kräftigen Pferch eine überraschend üppige Vegetation.

Oft verunglücken die Herden, da bekanntlich nach dem eigentümlichen Nachahmungstriebe dieser Tiere alle Stück dem Leithammel folgen, selbst wenn er in den Abgrund springt. Bald treiben fremde Hunde den Haufen zu solcher Verzweiflung, bald ein Hagelwetter, wie einst am hohen Meßmer, wo 200 Stück totfielen, bald tötet ein unglücklicher Blitzstrahl die ganze dicht aneinandergedrängte Herde. Es vergeht kein Jahr ohne solche Unfälle; auf dem Arnistschafberg im Kanton Freiburg tötete eine Gewitternacht vom 4. auf den 5. August 1853 neunzig Schafe auf einmal; im Juni 1859 erschlug der Blitz im Schlattalpli am Glärnisch fünfundbreißig Stück. Im Toggenburg hat der Hirte die Pflicht, dem Eigentümer von verunglückten Schafen, als Wahrzeichen, die Ohren derselben zu bringen. Sehr gering ist dagegen die Beschädigung der Eigentümer durch Diebstahl. Schafdiebe sind überall vom Volke schwer gebrandmarkt, fast wie die Renntierdiebe und ‚Renntiermörder‘ dem Lappen ein Greuel sind. Noch heute erzählen die Zermatter, wie ein Schafdieb auf den Weiden am Matterhorn in ein dumpf und unaufhörlich blökendes Schaf verwandelt und erst auf den Exorzismus eines Priesters zur Ruhe gebracht worden sei*).

Es ist gewiß, daß die Schafzucht auf unseren Hochgebirgen weit nutz= reicher und häufiger betrieben werden könnte und gar vieler Verbesserungen fähig wäre. Nicht nur wäre der treffliche Dünger den mageren Grasstellen sehr zuträglich; die freie Alpenweide läßt die Herden auch weit gesünder als die im Thal stattfindende Stallfütterung, die namentlich den Schafen nicht behagt. Anderseits hat aber auch die Schafätzung wieder erhebliche Nachteile in Lokalen, wo, wie gewöhnlich in jenen Höhen, die Rasendecke schwach, kurz, sporadisch ist, da die Schafe die Pflanzen ganz nahe am Boden und meist in der Blütezeit abweiden, die Gewächse also sich nicht mehr selbst düngen und keine Samen ausbilden können. Zudem thun die Schafe bei Sturm und Schneewetter, wo sie sich in die Wälder ziehen, dem jungen Baumwuchs beträchtlichen Schaden und vernichten in Gemeinschaft mit den Ziegen die die junge Waldsaat in ganzen Gebirgsstrecken.

Eine eigentümliche und interessante Erscheinung von zahmen Hochgebirgs= tieren bieten die Bergamaskerschafe, welche seit dem dreizehnten Jahr= hundert alljährlich aus den Thälern von Brescia und den Ebenen des süblichen Tessins nach den Engadiner Alpen wandern und dort den Sommer über bleiben. Diese Rasse ist weit größer als die gewöhnliche. Die Tiere sind hoch= beinig, 90 cm und darüber hoch im Widerrist, vom Ohr bis zum Schwanzansatz 1.20 m lang, meist weiß; sie tragen den Kopf hoch, haben einen stark gewölbten Nasenbug, vom Untermaul bis auf die Brust eine Art von Wamme und breite, hängende Ohren. Bei eintretendem Schneewetter blöken sie in tiefem Baßtone und mit der gleichen Stimme rufen die Mutterschafe (Auen) ihre Lämmer. Der Humor dieser Rasse ist ein sehr melancholischer; man sieht nie ein Lamm munter springen, wie dies bei den anderen Rassen so häufig geschieht.

Alljährlich, wenn die Vegetation der höchsten Engadiner Bergweiden sich zu entwickeln beginnt, sieht man auf den Straßen, welche aus den

---

*) Das Wallis ist überhaupt das gespensterreichste Schweizerlokal; namentlich kennt dort die Volkssage viele verzauberte Tiere, wie den tanzenden Esel von Zermatt, die fliegende Giftviper von Bouvry, den Riesenstier der Zauchetalp, Kaiser Maximins goldenes Kalb zu la Soye, das dreibeinige Roß und die schielende, grünäugige Rathaussau zu Sitten, den Bock von Monthey, die schätze= bewachende Schlange zu Lierre rc. Zu St. Maurice schwimmt eine weiße tote Forelle auf dem Spiegel des Klosterteiches, wenn einer der Chorherren stirbt.

südmailändischen Tessinmarschen nach der Abda und dem Comersee führen,
die nomadisierenden Karawanen. Langsam ziehen die gewaltigen Züge der
großen Schafe überall am Wege naschend dahin. Große, weiße, magere, lang-
haarige Hunde halten eine musterhafte Polizei. An der Spitze des Zuges geht
ein Schäfer, am Ende ebenfalls einer oder zwei. Es sind Bewohner der
bergamaskischen Thäler Val Seriana, Sasina, Torta und Brembana, wo
Seidenzucht und Ackerbau und in den unwirtlichen Seitenthälern Bergbau,
Kohlenbrennerei und Schafzucht zuhause ist. Die wandernden Herden sind
seit Jahrzehnten Eigentum mehrerer, meist mit einander verwandter Hirten,
die in einem gewissen Sozietätsverbande mit einander stehen und das wandernde
Hirtenleben schon seit vielen Generationen betreiben. An der Spitze derselben
steht ein Chef (il pastore). Dieser ist bereits im Frühling in die Bündner
Gebirge vorausgereist, um die Alpen, die er zu benutzen gedenkt, zu pachten,
die Akkorde festzustellen und die notwendigen Vorbereitungen zur Ankunft der
Herde zu besorgen. Die Hirten, deren wettergebräunte, von pechschwarzem
Haupt- und Barthaar beschattete Gesichter oft von äußerst schönem, edlem
Schnitt und mit feurigen Augen und schneeweißen Zähnen geschmückt sind,
kleiden sich in grobe wollene Röcke und Beinkleider und bedecken sich mit einem
spitzen, breitrandigen Hut. Bei kaltem oder regnerischem Wetter werfen sie
einen weißen Mantel um; ihre Hemden sind stets rein und weiß, so dürftig
auch das ganze Aussehen ist. Den Beschluß des Zuges machen ein oder
mehrere wohlbepackte Esel von großer und stattlicher Art, die so viel tragen
wie ein gewöhnliches Saumpferd. Die Beteiligten besorgen die Hut abwechselnd.
Während die einen bei den Schafen sind, sind die andern für eine gewisse Zeit
in ihren heimatlichen Thälern und helfen ihren Familien die Feldgeschäfte
besorgen. Nur der Pastore ist von den Herdengeschäften frei, da er mit dem
Schafhandel, Verkaufe der Käse u. dergl. beschäftigt ist; doch teilt er sich oft
freiwillig mit seinen Genossen in die übrigen Arbeiten. Ist der Frühling
bereits warm, so reisen die Herden nur des Nachts; in den kalten Herbsttagen
der Rückkehr dagegen nur des Tages. So sorgfältig die Hirten sind, so dürfen
sie doch ihren vortrefflich abgerichteten Hunden, von denen gewöhnlich je einer
einen größern Trupp bewacht und in Ordnung hält, das Meiste überlassen.
Sie reisen auf traditionellen Wegen und ihre Einkehr ist immer an Orten, wo
sie vielleicht ihr Leben lang schon eingekehrt sind. Dabei bezahlen sie Gemeinde
für Gemeinde ein kleines Passagegeld für das, was ihre Schafe unterwegs
abfressen, oft auch nicht unbeträchtliche Zölle. Bei denen, die das Bergell
heraufziehen, trägt ein Esel ein Heiligenbild, welches sie später über der Thür
der großen Alphütte auf Maroz fuori aufrichten. Dann wird von Stalla ein
Kapuziner geholt, der die Alp einsegnen muß.

Auf der Alp, zu deren Pachtung und Besetzung sich oft mehrere Eigentümer unter gemeinsamer Tragung der Unkosten nach der Zahl ihrer Schafe
vereinigt haben, angekommen, verteilen sie ihre Tiere in vier abgesonderte

BERGAMASKER SCHAFE.

Herden, zunächst die Mutterschafe mit den saugenden Lämmern, dann die kastrierten Mast= und Schlachtschafe, ferner die unkastrierten Widder und jungen Auen und endlich die Melkschafe, die keine Jungen haben, und etliche unkastrierte Widder. Jeder Abteilung wird auf der nämlichen Alp ein bestimmter Weidedistrikt angewiesen, so daß sie sich nie mit einer andern ver= mischen kann, ein Hund und ein Hirte beigegeben, der, wenn er von der Haupthütte allzu entfernt wäre, seine eigene kleine Wohnung hat. Die Haupthütte hat drei Abteilungen, die Küche, das Schlafzimmer und die Milch= und Vorrätekammer, wozu oft noch eine stallartige Vorhalle für die Herde kommt. Nun beginnt die einförmige Wirtschaft. Die Hunde nehmen sorgsam ihre Schar ins Auge und verlassen sie nie. Kommt ein Fremder in die Alp, so nimmt ihn oft der Hund des Distrikts schon von weitem in Empfang und begleitet ihn schweigend durchs Revier; nähert sich derselbe jedoch den Schafen, so packt ihn der Hund sofort und hält ihn fest, bis der Hirte kommt. Die Nahrung des Schafhirten ist armselig, obgleich sie in der Regel ziemlich wohlhabende Leute sind. Jeden Morgen und Abend genießen die oft entfernt stationierten Unterhirten ihre, in einem Kesselchen zwischen ein paar Steinen gekochte Wasserpolenta aus Mais oder Hirse mit etwas Zieger oder Käse. Ihr einziges Getränk ist Wasser und Molke; Suppe, Brot, Butter kommt ihnen nicht zu, und das Polentamehl trägt ihnen nur alle vierzehn Tage ein Kamerad herbei. Das Nachtlager wird unter einem überhängenden Fels genommen. Sie sind von düsterm Ansehen, höchst verschlagen und wortkarg. Ihr Charakter hat etwas Rauhes und Wildes. Nie hört man sie wie etwa andere Hirten ein Lied singen. In Sturm, Regen und Schnee halten sie Tag für Tag bei ihren Tieren aus, und stundenlang sieht man die malerische Gestalt, an ihren Stock gelehnt, hoch auf einem Felskopf in stumme Betrach= tung versunken, stehen. Wochenlang hören sie keines Menschen Wort, nur das Pfeifen der Gemsen und Murmeltiere und den Donner der Lawinen. Dabei zeichnen sie sich durch außerordentliche Pünktlichkeit, Sorgfalt, Abhärtung und Genügsamkeit aus. In der Hütte besteht ihr Lager auf ihren hölzernen Pritschen aus altem Heu, über das sie ihre Decke und Mäntel breiten. Der Rock dient als Kopfkissen. Nicht selten sieht man achtzigjährige Greise unter den Hirten. Das Weiden, das morgens erst nach dem Abtrocknen des Taues beginnt, geschieht nach einem gewissen Plane, indem sich die Schafe nicht beliebig ausbreiten dürfen. Die betreffende Abteilung bleibt immer auf einem verhältnismäßigen Raume als lockerer Haufe bei einander. Mit der größten Folgsamkeit folgen die Tiere dem Hirten über Klippe und Gletscher still und aneinandergedrängt. Ein helles, kurzes Pfeifen ist das Zeichen zum Aufbruch, ein tieferes oder ein nachgeahmtes Blöken lockt die Schafe aus dem Zuge. Wenn diese lagern sollen, steht der Anführer still, umgeht langsam die Herde im Kreise und treibt dann mit kurzen Kehltönen die entfernten Tiere herbei. So gelagert bleiben sie gutmütig still, bis wieder das Zeichen zum Aufbruch ertönt. Dabei kann sie der Hirt ohne Mühe an die entlegensten Orte dirigieren und die kleinsten Grasplätzchen von ihnen abweiden lassen. Da aber diese Rasse bei ihrer Größe und Schwere einen sehr scharfen Tritt hat und so enge gedrängt geht, brechen die Herden gar häufig die dünne Vegetationsdecke, veranlassen Rasenabsetzungen und zerstören jährlich manches Weideplätzchen. Zudem fressen sie doppelt so viel als die Landschafe.

Wittern sie, wie es in den Engadiner Bergen oft geschieht, einen Wolf, Luchs oder Bären, so bleibt dennoch die ganze Herde dicht beisammen, während die an solche Zucht nicht gewöhnten Landschafe auseinanderstieben; dann geht der Hund vor und sucht den Hirten herbeizubellen. Die Hunde allein, so mutig sie sind, nehmen es doch vereinzelt kaum mit einem reißenden Tiere auf, da es ihnen an Kraft gebricht, greifen aber in Mehrzahl oft den Wolf an. Sie werden nur mit Kleie und Wasser oder Molken gefüttert und sind darum schon und besonders bei ihrer stäten Thätigkeit sehr mager.

Man schreibt den Mangel an fröhlichem Temperament bei diesen Schafen den vielen Strapazen zu, denen sie ausgesetzt sind. Überfällt sie auch der Schnee, so müssen sie doch im Freien aushalten, und zwar oft Tage lang, ohne irgend Futter zu bekommen. Sie schmiegen sich dann eng zusammen und stehen dumpf blökend an einem Felsen.

Die Bergamasker Schafhirten ziehen folgende Nutzung von ihren Herden. Zunächst verkaufen sie den Sommer über fast fortwährend die fetten kastrierten Widder; denn kaum haben sie die Alp bezogen, so kommen schon die Fleischer der Nachbarschaft, um ‚fette Ware‘ einzuhandeln und im Herbst reisen ganze Herden auf der Eisenbahn nach Paris, wobei sie freilich an Fett und Fleisch stark abnehmen. Ferner aus der Vermehrung der Herde durch die Lämmer. Die Mutterschafe werfen zwar im Unterschied von den Landschafen gewöhnlich nur ein Lamm, aber dafür ein sehr starkes. Der Wollertrag ist ebenfalls beträchtlich und wird jedesmal zweimal gewonnen. Man rechnet die Schur des Stückes auf 2 1/2 bis 3 1/2 kg; doch ist die Wolle gröber als die der Land=schafe, die freilich verhältnismäßig weniger liefern*). Die Bergamasterwolle wird zu groben Tuchen für Uniformen der Armee und zu Bettdecken, namentlich in Clufon im Serianerthale, verarbeitet. Das Fleisch der Schafe ist hart, aber sehr fett. Fällt auf der Alp ein Schaf tot, so schneiden sie ihm die Knochen aus, salzen es ein, spannen es mit Stäben aus einander und dörren es auf Stangen oder auf dem Hüttendache an der Luft. Diese stäte Dekoration (oft

*) In der Neuzeit hat man sehr gelungene Zuchtversuche mit den Bergamaster=schafen auswärts gemacht und die Fleisch= und Wollerträge durch gute Behandlung außerordentlich gesteigert. Ein Gutsbesitzer in Westpreußen berichtet, daß seine Berga=master jährlich 4—7 kg Wolle (gewaschen) liefern, die er zu 120 Mark pr. 50 kg verkaufe, und ein Gewicht von 125—150 kg erreichen, ja 4 1/2 Monate alte Lämmer bereits 50 kg. Auch sei der Humor der Tiere viel heiterer geworden, und sie springen auf dem Felde und im Stalle hoch empor.

hängen 20—30 Stück an den Mauern) ist freilich nicht sehr einladend; doch riecht sie wenigstens nicht schlimm, da die Luft der hohen Alplagen Fäulnis oder Madenbildung nicht so leicht zuläßt. Dieses lufttrockene Fleisch findet in Italien Käufer zu hohem Preise; darum acquirieren die Hirten oft in der Nähe auch anderes gefallenes Schmalvieh, um es auf gleiche Weise zuzubereiten.

Eine weitere eigentümliche Nutzung ziehen die Tessini (so werden diese Schafhirten gewöhnlich genannt, weil sie am Tessin überwintern) aus der Milch ihrer Schafe. Das Melken wird von ihnen für eine sehr beschwerliche Arbeit gehalten. Sie treiben die Schafe in einen Einfang, an dessen anderer Thür zwei Hirten sitzen, die jedes Schaf, das hinaus will, an sich ziehen und mit zwei Fingern melken. Die Milch wird nun durch Leinwand geseiht. Da aber ein gutes Schaf bloß 5—6 Eßlöffel voll, höchstens 400 g in der besten Jahreszeit, täglich giebt und etwa 300 Stück bloß eine ‚Gebse‘, d. h. den vierten Teil der zum Käsen erforderlichen Menge, geben, so ergänzt der Schäfer die übrigen drei Vierteile durch Milch von gemieteten Kühen oder Ziegen, sodaß die berühmten Kilo = Schafkäschen nur zum geringsten Teil aus Schafmilch bestehen. Indes mag gerade die Mischung der Milch ihnen den bekannten Wohlgeschmack verleihen. Nach dem Käse wird die Puina, der süße Zieger, ausgeschieden und in Leinwandsäckchen zum Abtriefen geschüttet. Diese Ziegerchen sind äußerst fett und süß und werden als Delikatesse in Graubünden verspeist; doch gehen sie rasch in Gärung über und haben eingesalzen nicht den gleichen Wohlgeschmack. Nach der Ausscheidung des süßen Zieger wird mit etwas frisch zugegossener Milch und saurer Molke der zweite, herbe Zieger gewonnen, der mit der rückständigen Molke die Nahrung der Schäfer und Hunde bildet. Aus vier Gebsen gewinnen sie 6—8 Käschen von 1—$1\frac{1}{4}$ kg und 12—16 Ziegerchen von $\frac{1}{4}$—$1\frac{1}{3}$ kg. Diese ganze Alpenindustrie ist einzig in ihrer Art, doch, wie uns die Bergamaskerhirten selbst versichert haben, ziemlich in Abnahme, da sie das Melken der Schafe immer unergiebiger finden. In neuerer Zeit führen die Hirten auch seltener ihren schönen Schlag von Eseln mit, sondern nehmen aus der Lombardei ein bis zwei Dutzend solcher Tiere mit, die heruntergekommen und einer guten Sömmerung bedürftig sind. Haben sie im Thale Geschäfte, so reiten sie gewöhnlich zu Esel dahin und die kräftigen braunen Gestalten mit dem spitzen, breitrandigen Hut und hellen Mantel, auf den munteren Eseln dahintrabend, geben ein seltsames Bild im Gebirge.

Ist über allen diesen Geschäften und Mühen der September herangekommen, so wird vom Pastore der Alpzins aufs pünktlichste abgetragen, und die gestärkten Herden treten den Rückmarsch etwas rascher an. Die Esel werden mit den Bettdecken und Geräten bepackt; oben darauf kommt der Polentakessel mit dem Rührknebel, und an einem verabredeten Tage treffen zahlreiche Bergamaskerherden, die auf den Bündneralpen übersömmert werden, in Borgosesio zusammen, wo sie geschoren werden. Jedes Schaf jeder Herde ist an einem Ohre gezeichnet, sodaß keine Verwechselung vorkommt. Nun geht es nach den zahmeren Ebenen des Piemonts oder in die Nähe von Brescia, Crema und dem untern Tessin, wo die Schäfer große Auen gepachtet haben und die Tiere wieder wie auf der Alp abteilen, des Nachts in Hürden ein= schließen und von Hunden bewachen lassen. Nur selten kommen die Schafe den Winter über in einen Stall. Die Regierung verpachtet um ein ansehn= liches Geld die Salpetergewinnung aus dem zurückgelassenen Schafdünger und gestattet dagegen den Herden das Abweiden gewisser Felder und Plätze. Auch einzelne Gutsbesitzer thun dies und werden dafür von den Schäfern als patroni geehrt und mit Ziegerchen beschenkt. Da die Bergamaskerschafe an alle Abhärtungen gewöhnt sind, unterliegen sie weit wenigern Krankheiten als die Landschafe, die in dumpfigen Ställen bei unreinlicher Behandlung leben. Die gewöhnliche Krankheit ist die Rogna, gegen welche die Tessini, die fast alle Tabak kauen, den Mundsaft mit gutem Erfolge anwenden. Bekommen die Tiere sonst eine Wunde oder brechen sie ein Bein, so belecken sie sich eine Zeit lang und ihre gute Natur heilt den Schaden verhältnismäßig rasch.

Auf solche Weise bringen in den Bündneralpen jährlich ungefähr 30 bis 40 000 Bergamaskerschafe den Sommer zu und zwar hauptsächlich in den Gebirgen von Misox, Bergell, Puschlav, Engadin, Rheinwald, Stalla, Avers und Disentis*). Die Schäfer zahlen 33 bis 35 000 Franken Pachtzins, der mit den Zoll= und Reisekosten auf 50 bis 52 000 Franken steigt. Auf dem Splügen werden etwa 1000 Stück gesömmert nebst 100 bis 150 Pferden, welche von den Tessini in Zins genommen werden; der aus den Pferden gelöste Zins bezahlt ihnen beinahe den ganzen Alpzins von 800 Franken, so daß sie ihre Herden fast umsonst weiden lassen. Im Jahre 1851 wurden 28 521 Stück ausländisches Vieh zur Sömmerung in die Bündneralpen getrieben, worunter nur noch 24 191 Schafe, und es läge im wahren Interesse des Landes, daß letztere, welche die Alpen verderben und sowohl auf dem Zuge als bei schlimmer Witterung in den Bergwäldern unberechenbaren Schaden anrichten, sich jährlich mehr verminderten. Gewiß würden die Bündner durch verständige eigene Benutzung ihrer Alpen weit mehr gewinnen als dadurch, daß sie den Nutzen den Fremden überlassen. Doch werden sie sich nicht leicht zu eigenem Betriebe bequemen; im Gegenteil scheinen zu den Tessini noch die Tiroler zu kommen, deren buntfarbige Herden kleiner, rauh= wolliger Schafe wir mehrmals im untern Engadin und auf dem Ofnerberge

---

*) Dieses findet seit vielen Jahrhunderten immer gleichmäßig statt, und man findet schon im Jahre 1570 ein Dekret, daß die „bergamasker Schäfer den Zoll laut dem Satz und Zollbuch zu zahlen haben“. Guler führt vom Jahre 1507 an, daß der König von Frankreich als Herzog von Mailand den Vicedominis in Veltlin das Recht bestätigt habe: „die frömbten schaaf, die aus Lombardey in die Alpen trieben werden, geben ihnen von 100 haubten eins“. Im vierzehnten Jahrhundert hießen diese Schäfer: ‚Lamparter‘.

antrafen. Freilich müßten sich die Bündner dann auch die klassische Genüg=
samkeit der Bergamasker zu eigen machen. Eine solche haben wir aber z. B.
bei den Emser Schafhirten auf der Südseite des Panixerpasses nicht gefunden.
Diese Leutchen haben stets frisches Schaffleisch im Kessel oder im Rauche, und
die Eigentümer der Herden beklagen sich wohl nicht ohne Grund darüber,
wie gar viele Schafe in jenen rauhen Gebirgen ,totfallen'. Die Bündner
haben, wie bemerkt, in Anerkennung der guten Eigenschaften der Bergamasker=
schafe versucht, diese mit den inländischen zu kreuzen; allein die hochbeinige
Nachzucht mit grobem Fleisch und grober Wolle hat wenig Beifall gefunden.

Von dem höchst prosaischen Vieh der Schweine als Alpentieren ist wenig
zu sagen. Es wird auf der Alp teils in den Ställen, teils auf freier Weide
gehalten, wobei es am liebsten in dem Kot um die Hütten lungert. Häufig hat
es sein Nachtquartier unmittelbar unter der Schlafstätte der Reisenden und
Sennen, dem sogen. Trill, und führt die ganze Nacht durch ein barbarisches
Konzert in allen Tönen des Orkus auf.

Bei jeder Kuhherde ist eine Anzahl von Schweinen, auf je vier Kühe ein
altes und ein junges, die mit der überflüssigen Molke aufgezogen werden. Sie
werden zwar nicht gerade fett davon, aber groß und munter, und der Vorteil,
den die Sennen von dieser Zucht haben, ist nicht selten der einzige der ganzen
Sömmerung. Wird auf der Alp mager gekäst, so kommt auch die Buttermilch
den Säuen zu gute, die ihnen sehr wohl bekommt und sie durch die zurück=
gebliebenen Fettkügelchen rasch mästet.

Die einzelnen Gegenden nähren verschiedene Rassen. Der Schwyzerschlag
ist gelbrot, kurzbeinig, mit großen Hängeohren und starken Rückenborsten; der
Luzernerschlag weiß mit schwarzen Flecken, kurzen, aufrechtstehenden Ohren,
von langgestrecktem Bau; der Thurgauerschlag weiß, auch gefleckt, hochbeinig,
mit vorwärtsliegenden Ohren. In Tessin finden wir die kleine Blegnorasse,
im Bündner Oberland, Uri und Oberwallis einen ebenfalls kleinen schwarzen
oder dunkelrotbraunen Schlag mit kurzen, feinen Beinen, aufrechtstehenden
Ohren und rundem Rücken. Im Sommer treibt man diese in die Berge zur
ausschließlichen Grasweide; im Winter füttert und mästet man sie bloß mit
Heu oder Emd (Grumt), ohne daß ihnen irgend etwas von der sonst gewöhn=
lichen Schweinekost (Molke, Kleie, Kartoffeln u. dergl.) gereicht würde. Sie
sind zwar klein und leicht, lassen sich aber sehr rasch mästen und liefern die
feinsten Schinken. Die eigentlichen schwarzen und Veltlinerschweine Bündens
sind Schweine der Lobirasse und zeichnen sich durch ihre Schwere (200 bis
250 kg) so vorteilhaft aus, daß sie die Oberländerrasse allmählich verdrängen.
Die schweren chinesisch=englischen Schweine finden wir sporadisch in Bünden
und den meisten anderen Kantonen; für die Alpen aber taugen sie gar nicht.
Sehr vorteilhaft benutzen die Bündner die Alpenampfer (Rumex alpinus) in
Wasser abgekocht und mit Salz eingemacht als treffliches Mastfutter. Diese
Pflanze wächst fast überall auf den hochfetten Plätzen um die Hütten, bleibt

aber, da sie roh vom Vieh nicht gefressen wird, sonst überall unbenutzt. In die Gebirge der Schneeregion kommen die Schweine nur etwa auf dem Trieb über Pässe und halten da Frost und Hunger über Erwarten gut aus. Von einer ziemlich großen Herde junger Tiere, die auf dem Panixerpaß eingeschneit wurde und zweimal vierundzwanzig Stunden ohne Nahrung unter einem Felsen zubringen mußte, gingen bloß zwei Stück zugrunde.

Die Untersuchungen in den Fundorten der Pfahlbauperiode haben auch Knochenteile des Hausschweines zu Tage gefördert, das wahrscheinlich vom Wildschweine abstammt. Daneben hat sich aber eine eigene Art, das Torfschwein (Sus Scrofa palustris. *Rütim.*) in großer Menge gezeigt, mit ganz abweichender Zahnentwickelung, ohne eigentliche Hauer, mit kürzerer, spitzerer Schnauze, weniger entwickeltem Rüssel und weit niedrigerem Unterkiefer. Rütimeyer ist der Ansicht, daß diese Art von den Urbewohnern nie gezähmt wurde, obschon sie nicht bösartig und wild war, wie das Wildschwein, sondern daß es bloß zur Jagd diente. Obgleich es in großen Herden die benachbarten Gründe der Pfahldörfer bewohnte, ist es doch vor der historischen Zeit als Wildtier erloschen. Die Übereinstimmung der Skelettverhältnisse scheint aber darauf hinzudeuten, daß der kleine Bündner Oberländerschlag von ihm abstammt, während die übrigen Schläge vom gewöhnlichen Wildschwein herrühren.

IV. Die Pferde.

Auch die Pferde bilden einen Teil des zahmen Tierlebens im schweizerischen Hochgebirge, indem sie nicht nur im Dienste der Alpenbewohner arbeiten, sondern auch in freien Herden die sanfteren Alpen während des Sommers bewohnen. Hat es je bei uns eigentliche wilde Pferde gegeben? Ekkehard IV. führt in seinen oben erwähnten Speisesegnungen auch eine solche über das Fleisch des ‚wilden Pferdes‘ an; doch läßt sich aus dieser Formel nichts weiter schließen. Zwar erzählen Varro, daß es in Spanien, und Strabo, daß es ‚im Norden‘ wilde Pferde gebe, deren Vorkommen noch bis ins sechzehnte Jahrhundert in Dänemark, Preußen und Pommern bezeugt ist; von wilden Pferden in unserem Gebirge ist aber keine sichere Spur zu finden.

Die Schweiz hat einen mehr oder minder eigentümlichen, jedoch nicht genau abgegrenzten Schlag von Pferden, der sich vor den schwäbischen und norddeutschen namentlich durch stärkere Knochen, breitere Brust, stärkeres Kreuz und größere Kraft und Dauerbarkeit im Zuge auszeichnet. Sie eignen sich ihres schwereren Ganges wegen in der Regel nicht zu Reitpferden, dagegen vortrefflich zu Zug- und Kutschpferden, besonders der schöne Freiburger- und Emmenthalerschlag. Im Emmenthal und im Kanton Schwyz hat man indessen durch Kreuzung mit spanischen und norddeutschen Hengsten auch vortreffliche Reitpferde gewonnen. Die starken Freiburgerpferde, die nach Frankreich ausgeführt und in der Gegend von Lyon zum Schiffziehen verwendet wurden, zog man daselbst den Burgunderpferden vor. In den Kantonen Solothurn, wo die Regierung mit Erfolg die Pferdezucht hob, Bern, wo aus dem Emmenthale oft die schönsten Gespanne als Herrschaftspferde nach Mailand und Frankreich ausgeführt werden, Schwyz, wo die Pferde des Klosters Einsiedeln, das jetzt noch fünf Prachthengste und etliche dreißig Zuchtstuten hält, im sechzehnten Jahrhundert so berühmt waren, daß sie in Deutschland und Italien für fürstliche und herzogliche Marställe gesucht wurden und wo es in der Gegend von Yberg und Schwyz jetzt noch prächtige Schwanenhälse giebt, in Unterwalden und Glarus wurden mehr Pferde gezüchtet, als der eigene Gebrauch erforderte. Doch ist diese Zucht im allgemeinen sehr gesunken, da die Rindviehzucht weit vorteilhafter und sicherer ist. Ehemals trieb Glarus noch jährlich 2 bis 300 Pferde auf den Lauisermarkt, jetzt fast keine mehr. Im St. Gallischen wird im Bezirk Gaster, Sargans und Werdenberg die Pferdezucht betrieben, ebenso in Appenzell-Innerrhoden und in den Urnäscherbergen, im Bündnerland: im Prättigau, Rheinwald, in der Gegend von Maienfeld, Zizers, Igis und zwischen Reichenau und Tavetsch; doch überall nur im kleinen, da der schlechte Zustand der Gemeindeweiden zu einer Veredelung oder Hebung der Inzucht nicht ermutigt. Natürlich hängt der jeweilige Schlag von der gerade benutzten Art der Zuchthengste wesentlich ab. Der kleine Percheronschlag der Freiberge ist von so gutem Knochenbau, daß er bei sorgfältiger Reinzucht eine hohe und allseitige Leistungsfähigkeit erreichen würde.

Auf den Alpen werden den Pferden die feuchten, sauren Weideplätze überlassen, wo das Rindvieh nicht gern frißt. Munter treiben sie sich ohne besondere Hut in ihren Revieren umher, die natürlich möglichst wenig steil sein dürfen. Sowie sie auf der Alp sind, werden ihnen die hinteren Hufeisen abgezogen. Hengste ‚alpt‘ man nur auf weit auseinander gelegenen Weiden, da sie sich sonst auf Leben und Tod bekämpfen, — erst mit den Hinterhufen, dann mit den vorderen und den Zähnen. Gegenüber ihren Stuten führen die feurigen Hengste ein hartes Regiment, und es kommt nicht selten vor, daß sie eifersüchtige oder widerspenstige Stuten durch wenige Bisse in den Hals töten. Im Appenzellerlande, wo die Pferde des Sommers wenig gebraucht werden und sehr große Almenden vorhanden sind, übersömmern die meisten auf diesen. Haben sie kein Futter mehr, so laufen sie oft des Nachts viele Stunden weit zum heimatlichen Stalle zurück und setzen frisch über Zäune und Gräben. Tag und Nacht bleiben sie auf dem Gebirge im Freien, wobei sie sich sehr gesund erhalten und äußerst munter, rasch und lebhaft werden. Sie gewinnen

die freie Sommerweide der Alp gewöhnlich außerordentlich lieb, und wir
haben öfters erlebt, daß Pferde aus dem Thale im Sommer viele Stunden
weit in die Alp zurückliefen, auf der sie einen Sommer zugebracht hatten. Ein
solches treues Tier mußte deswegen sogar weit außer Landes verkauft werden,
weil es selbst nach jahrelanger Gewöhnung ins Thal noch jeden Moment
benutzte, um sich davonzumachen, und dann immer auf einer hohen Alp geholt
werden mußte. Ehe man die Pferde von der Alp nimmt, bekommen sie täglich
etwas Salz, wodurch das Haar feiner, glatter und blanker wird. Geputzt
und gestriegelt werden sie droben nie. Ganz schwere Pferde eignen sich nicht
für die Alpsömmerung und werden höchstens als Füllen dahin gebracht. Im
Winter haben in den Berggegenden der Schweiz die Pferde oft das sehr
beschwerliche Geschäft des Holzschlitterns aus rauhen und steilen Wäldern zu
verrichten. Dazu werden nicht eigentliche Schlitten verwendet, sondern die
Balken an ein einfaches Gestell befestigt, mit dem die Tiere mutig den
rauhen Weg gehen, und oft in hellem Galopp die steilsten Halden hinunter=
rennen, überhaupt aber eine Muskelkraft und Klugheit beweisen, die in
Erstaunen setzt. Sie erhalten im Gebirge keinen Hafer; das feine, aromatische
und überaus kräftige Bergheu, das aber nur mit großer Vorsicht verfüttert
werden darf, ersetzt das Körnerfutter vollständig und erhält die Tiere kräftig,
fett und munter.

Viele Pferde werden jetzt noch in den Alpen zum Säumen gebraucht.
Ehe die bequemen Wege in den Bergkantonen hergestellt waren, waren die
Saumpferde überhaupt fast die einzigen Transportmittel. Die Saumrosse
werden mit flachen Butterkübeln oder Käse beladen und mit einer bunt=
bemalten Wachstuchdecke zugedeckt. Langsam und sicher gehen sie auf den oft
nur handbreiten Bergwegen mit der schweren Last und treten, da sie in der
Regel schon als Füllen die Alpen bezogen haben, auch im steilen Nieder=
steigen, wobei sie der Führer am Schweif zurückhält, mit einer Sicherheit
auf, die bei den Pferden der Ebene nicht zu finden wäre. Im Thale setzt sich
oft der Senn, der sie führt, noch zwischen die leeren Kübel auf und galoppiert
jobelnd durch die Dörfer.

Noch müssen wir jene grobknochigen, ausgezeichneten Bergpferde erwäh=
nen, die auf den großen Alpenpässen die Güter= und Postfuhren befördern.
Bekanntlich sind im Winter die schönen Straßen mit viele Meter hohem
Schnee bedeckt, und der Transit geht in kurzen Zickzacklinien den nächsten
besten Weg hinauf und hinab ins Thal. Die Postreisenden wurden bis in
die neuere Zeit je einer auf einen kleinen Schlitten gepackt, in gute Mäntel
gehüllt und mit einem Führer versehen, der auf der unebenen Route das
schwankende Fuhrwerk vorsichtig zu balancieren hatte. Mit außerordentlicher
Kraft hält auf der jäh abfallenden Schneebahn das Pferd den gleitenden
Schlitten zurück und drückt je nach Bedürfnis bald rechts, bald links an. Fällt
er auf eine Seite, so stemmt das kluge Tier mit aller Macht sich gegen die

SAUMPFERDE.

Schneebahn und bleibt freiwillig stehen, bis Mann und Gepäck wieder ordentlich aufgeladen sind. Ohne diese mächtigen Bergrosse wäre die Winterfahrt über die Pässe der Hochalpen sehr gefährlich. Ihre instinktmäßige Klugheit ist eben so bewundernswert wie ihre Geduld, Kraft und Ausdauer. Wir haben gesehen, wie ein solches Tier, nachdem ihm der Schlitten von der geneigten Schneebahn ausgeglitten war und bereits zur Hälfte über einem Abgrund hing, sich ohne Befehl sofort auf die Bergseite in den Schnee legte und nun ruhig abwartete, bis der Führer des Schlittentrains die Gefahr bemerkte und Pferd und Fuhr= werk rettete. Freilich geht es bei diesen Gebirgstransporten im Winter selten ohne Unglück ab. Ein trauriges Beispiel ist aus dem Puschlav anzuführen. Ein wohlhabender Mann säumte im Winter mit seinen zwölf Pferden Veltliner= wein über den Berninapaß. Die Tiere waren in üblicher Weise ausgerüstet; das vorderste trug eine Glocke, das zweite ein Geröll, alle waren mit Maul= körben versehen und auf jeder Seite mit einem flachgebauten Weinfasse (Lägele) beladen. Nach schneidender Kälte trat stürmisches Schneegestöber ein und bedeckte Wege, Tiere und Führer. Der Säumer scheint bald erlegen zu sein; man fand ihn später im Schnee erstarrt. Die führerlosen Pferde gingen von der Richtung über den Paßsattel ab und suchten Zuflucht in einer seitwärts liegenden Maiensäß, wo sie während des Sommers geweidet hatten. Sie gelangten glücklich dahin, brachen sich Bahn zu der Alphütte und stießen die Thür ein. Die eine Hälfte der armen Tiere gelangte ins Innere; da sie aber beim Eindringen teilweise die Fässer abgestreift hatten, verrammelten sie den hinter ihnen kommenden den Eingang. Diese erlagen nun rasch dem Schnee und der Kälte; die in die Hütte gedrungenen scheinen sich länger erhalten zu haben, starben aber eines um so qualvolleren Hungertodes, nachdem sie das Lederzeug ihres Saumgeschirres benagt und das Stroh herausgerissen und verzehrt hatten. Die Säumer, die vor Herstellung der Julierstraße im Winter zahlreich über Albula trieben, sowie die auf allen anderen Alpenpässen, können heutzutage noch zahlreiche Geschichten erzählen, wie sie oft nur durch den Instinkt und die Klugheit ihrer Tiere gerettet wurden, weil Nacht und Nebel und Schneestürme sie in den Höhen überfielen.

Nur im Tessin und Wallis, wo die Pferdezucht sehr schwach betrieben wird, erzieht man Maultiere. Man braucht sie mit Vorteil, und zwar im Wallis in großer Anzahl, zum Bergtransport, wobei sie sich durch Dauer= haftigkeit und sichern Gang besonders nützlich erweisen. Der hohe Paß über den Griesgletscher (2362 m ü. M.) ins Formazzathal wird fast nur mit Maul= tieren betrieben. Esel giebt es noch am zahlreichsten in der französischen und in der italienischen Schweiz, im Tessin besonders jenseit des Cenere. Im Gebirge kommen sie, mit Ausnahme der erwähnten Eselherden der Bergamasker, selten vor. Im Wallis hat die Volkssage diesem über Gebühr geringgeschätzten Tiere den Spott angethan, es unter die Gespenster des Landes aufzunehmen.

V. Die Hunde im Gebirge.

Die Sennenhunde. — Bastarde und Tollwut. — Die Jagdhunde und das Alpen=
wild. — Schäferhunde. — Der Bergamaskerhund Beloch. — Die St. Bernhards=
doggen. — Klima und Witterung der Hospizgegend. — Das Erfrieren. — Der
Sicherheitsdienst. — Thätigkeit und Ausrüstung der Doggen. — Der treue Barry.

Wir schließen unsere Genrebilder aus der alpinen Tierwelt unserer
Heimat mit jenem treuen Begleiter des Menschen, der ihn weder unter der
brennenden Sonne der Linie, noch im ewigen Eise der hochnordischen Einöden
verläßt und auch oft die mühseligen Arbeiten des Gebirgslebens geduldig mit
ihm teilt, überall die gleiche Treue, den gleichen Scharfsinn, die gleiche Aus=
dauer beweisend.

Wir haben es nicht mit den verschiedenen Rassen zu thun, deren
Repräsentanten sich in der Schweiz wohl vom Bologneser und dem nackten
ägyptischen Hunde bis zum feinen Windspiele und Neufundländer ziemlich
vollständig vorfinden mögen, sondern nur mit den eigentlichen Berghunden,
bei denen wir manche unserem Gebirge eigentümliche und interessante Erschei=
nungen finden.

Bei vielen Viehherden der Alp findet man einen sogen. Sennenhund.
Naht sich der Wanderer der Alphütte, so begrüßt ihn zuerst der hellbellende
Hund, dann das trauliche Gekose der im Kote sich sonnenden Schweinefamilie.
Die Sennen brauchen jene kurzhaarigen, mittelgroßen, vielfarbigen Hunde, die
sich strichweise in ganz reinem, regelmäßigem, spitzartigem Schlage vorfinden,
teils zum Zusammentreiben der Herden, teils zur Hut der Hütte. Die näm=
lichen sehr treuen und sehr wachsamen Hunde begleiten sie stets, wenn sie die
Milch ins Thal oder zur Stadt tragen. Diese Hunde sollen sich am häufigsten
von allen freiwillig mit den Bergfüchsen paaren und die so entstandenen Bastarde
an dem schwärzlichen Rachen, feinen Gebisse und spitzern Kopfe kenntlich sein.
Gewiß ist, daß die in den Bergen lebenden Hunde von tollen Füchsen öfters
die Wutkrankheit erben.

Die Jagdhunde werden im obern Hochgebirge nicht sehr häufig an=
gewendet, da die Hühner stets, die Alpenhasen oft ohne Hunde gejagt werden.
Indessen ist die Aussage, daß die Hunde zur Gemsenjagd unbrauchbar seien,
doch falsch. Nur in den höchsten Eis= und Felsregionen ist an eine Jagd mit
Hunden nicht zu denken; in den niederen und zahmeren Alpen dagegen, wo
die Gemsenrudel sich in den Bergwäldern umhertreiben, haben wir Hunde mit
bestem Erfolg angewandt. Natürlich ist die Benutzung derselben sehr durch
die Lokalität bedingt. Mehrere Jäger stellen sich an jenen Posten auf, durch
welche die Gemsen gewöhnlich zu fliehen pflegen, wobei man den Grundsatz
befolgt, daß bei eintretendem rauhen Winterwetter die Gemsen mehr in die

Tiefe, sonst aber sicher in die Höhe ‚schlagen‘. Sind die Posten besetzt, so beginnt der Treiber auf der entgegengesetzten Seite der Wälder mit etlichen Hunden an der Leine sachte zu suchen. Nur auf ganz frische Fährte oder auf das Wild selbst werden die Hunde losgelassen. Gewahren die Gemsen diese Verfolger, so lassen sie dieselben halb neugierig ziemlich nahe kommen, drehen sich um und stampfen heftig mit den Vorderfüßen auf (ähnlich den Kaninchen, wenn sie einen Hund wittern); dann erst fliehen sie langsam und wählen in der Regel solche Wege, wo die Hunde bald zurückbleiben müssen. Nicht selten aber lassen sich die Hunde, von der Jagdhitze hingerissen, auf gefährliche Positionen locken. So gingen vor Jahren in den Glarneralpen zwei treffliche Hunde verloren, indem sie auf ein schmales Felsengestell sprangen, von dem sie weder rückwärts noch vorwärts konnten. Sieben Tage lang hörte man das abgebrochene, klagende Geheul der verhungernden Tiere in Berg und Thal; am achten heulte nur noch der eine und verstummte am Abend ebenfalls. Man konnte sie weder retten noch töten. Daß ein Hund je eine frische Gemse erreicht, ist nicht möglich, wohl aber erleichtert und befördert er das Geschäft des Treibens in hohem Grade und ist auch oft bei Verfolgung angeschossener Tiere von großem Vorteil. Nichtsdestoweniger dürfte seine Anwendung bei dem reduzierten Gemsenstande und der Scheu der Tiere wenig ratsam sein; deswegen wird auch z. B. im Engadin jeder auf der Gemsenjagd betroffene Hund vom fremden Jäger sofort niedergeschossen. Mit entschiedenem Nutzen wird der Jagdhund im Gebirge auf Füchse gebraucht, und zwar in der Regel, um den Fuchs dem in der Nähe des Baues auf dem Anstand stehenden Jäger zuzutreiben. Auf Dachse und Füchse werden auch Dachshunde, jedoch nicht allgemein, angewendet. Auf die weißen Hasen sind Hunde öfters überflüssig, da ein gewandter Jäger lieber selbst der sichern Fährte folgt; ebenso auf die verschiedenen Hühner, die sich oft im Geröll und Gestein aufhalten, wo der Vorstehhund Mühe hätte, zu suchen. Die Bracken findet man bei uns oft von der besten Art, mit starkgewölbtem Scheitelknochen und schiefliegenden Augen, langem Behäng, gestrecktem Leibe, sehr starken Läufen und halbgekrümmter Rute, kurzhaarig, bald dunkel=, bald hellfarbig, mit braunen Flecken oder in trefflichen Bastardvarietäten. Ihre Dressur ist in der Regel schwach, ihre Ausdauer aber, mit der sie das Wild in allen Schluchten, nach allen Felsen= labyrinthen hinauf verfolgen, und nicht ablassen, bis sie den Hasen nach zehn= bis zwölfstündiger Verfolgung erreichen, bewundernswert. Gute Läufer ereilen die Füchse oft bergab und würgen sie, ehe der Jäger zum Schuß kommt. Bracken, die an die ebene Jagd gewöhnt sind, taugen selten für die Gebirgs= jagd. Von dem in früheren Jahrhunderten eigens zur Biberjagd gebrauchten ‚Bibarhunt‘ haben wir keine nähere Kenntnis mehr.

Von der Dauerhaftigkeit eines vorzüglichen Jagdhundes erlebten wir im November 1855 ein interessantes Beispiel. Der Hund, ein unqualifizierbarer Bastard, der schon eine Menge Füchse im Laufe ereilt hatte, jagte am Sonnabend

früh einen Fuchs im Gartenwald am Ebenalpstock zu Bau. Wir setzten mit
den übrigen Hunden die Jagd fort, ohne auf den verschwundenen Phylax
und Fuchs weiter zu achten. Nun vergingen Tag um Tag, ohne daß der Hund
zurückkehrte. Am Mittwoch wurde er aufgesucht und im Fuchsbau entdeckt,
wo zwei mausefallenartig nach innen zugehende Felsen dem Tiere zwar das
Einschlüpfen möglich, die Rückkehr aber unmöglich gemacht hatten. Fuchs und
Hund staken in der Tiefe der Röhre und grinsten einander noch munter an.
Nun wurde die Ausgrabung begonnen; aber erst am Donnerstag Mittag
gelang es, dem Hunde Luft zu verschaffen. Pfeilschnell fuhr derselbe aus dem
Bau, trank aus einer nahen Pfütze etwas Wasser und war ebenso schnell wieder
im Bau bei seinem Freund Reineke. Nun wurde der Fuchs mit der gespaltenen
Haselrute vorsichtig am Brustbalg angedreht, herausgezogen und totgeschlagen,
und jetzt erst, nach fünfundeinhalbtägigem Fasten und ohne Zweifel auch ebenso
langem unausgesetztem Wachen und Knurren konnte der an der Schnauze arg
zerbissene Hund bewogen werden, Nahrung anzunehmen. Vier Wochen später
war derselbe Veranlassung zur Lebensrettung eines verirrten, bereits halb
erstarrten Menschen.

Echte Schäferhunde findet man in den Alpen fast nur bei den
Bergamaskerherden und im Wallis. Wir haben von diesen vortrefflichen
Tieren, die sich selbst mit Bären und Wölfen in Kämpfe einlassen, von ihrer
außerordentlichen Wachsamkeit, Sorgfalt und Intelligenz bei den Schafen
schon das Wichtigste berührt, hier aber sei es uns vergönnt, noch eines kleinen
Abenteuers zu erwähnen, dessen Held ein Bergamasker Schäferhund war,
und das von dem Herrn desselben oftmals mit Rührung und Dankbarkeit
erzählt worden.

Der Arzt J. Andeer wurde vor längerer Zeit aus Guarda (Unter=
engadin) nach Zernetz in der Mitternachtsstunde zu einer Kreißenden gerufen.
Es war klarer Mondschein, aber auch einebitterkalte Winternacht, als der Arzt
mit dem abgesandten Expressen sich auf den offenen sogen. Reitschlitten setzte
und, von seinem mächtigen Bergamaskerhunde Beloch, der ihm schon manche
Probe von Klugheit, Treue und Mut gegeben, begleitet, die Fahrt begann.
Rasch wurde mit dem guten Pferde auf frostharter Bahn ein Stück Weges
zurückgelegt. Als das Cotza=Tobel erreicht war, hielt plötzlich der Hund, der
mit dem Pferde bisher Schritt gehalten, an und sprang mit einem großen
Satze auf eine hochbuschige Hecke am Wege, hinter der sich ein Tier bewegte,
das von den nächtlichen Reisenden für einen Fuchs gehalten wurde. Langsam
gelangte das Fuhrwerk auf die Höhe von Quartins. Der Hund folgte längs
des Buschwerks und näherte sich hier seinem Herrn wieder, sich hoch neben
demselben aufrichtend und zähnefletschend mit gesträubten Haaren gegen einen
großen Wolf knurrend, dessen Augen durch die Hecke glänzten. Unwillkürlich
hielt das Pferd an. Wolf und Hund maßen sich, beide knurrend, mit wütendem
Blicke. Der Arzt und sein Begleiter erkannten entsetzt die Gefahr, deren

Opfer sie jeden Augenblick werden konnten, und da sie ganz waffenlos waren, suchten sie ihre Rettung in der Flucht. Sie peitschten das Pferd und pfeil= schnell schoß der leichte Schlitten dahin. Aber ebenso schnell folgten Wolf und Hund diesseit und jenseit der Hecken und Mauern, die sich des Weges entlang zogen. Mehrere Male versuchte die heißhungrige Bestie über die Verzäunung zu springen, aber überall fand er Beloch vor der Bresche, bereit, ihn mit seinem gewaltigen Gebiß zu empfangen. So ging die Hatz eine halbe Stunde lang bis zur Kirche von Lavin, wo erst der Wolf seine Beute aufgab und mit wütendem, heulendem Gebrüll sich gegen das Gebirge zurückzog. Die geretteten Männer weckten ihren Gastfreund im Dorfe, um sich eine Erfrischung und Waffen zu erbitten. Nicht ohne Rührung bemerkten sie, wie nun Beloch das ihm gereichte Stück Brot sofort aus der Stube trug und sich vor das Pferd setzte, um jenes zu verzehren, alle Augenblicke bereit, das Pferd gegen den vielleicht zurückkehrenden Wolf zu verteidigen.

Wir haben noch von einer eigentümlichen Rasse von Berghunden zu sprechen, deren Ruhm durch ganz Europa verbreitet ist. Wir meinen die Hunde des großen St. Bernhardsberges.

Die Bernhardinerhunde*) sind nach der Ansicht der Einen eine Mittelrasse von der englischen Dogge und dem spanischen Wachtelhund; nach anderen Berichten aber sollen sie von einer dänischen Dogge abstammen, die ein neapolitanischer Graf Mazzini von einer nordischen Reise mitgebracht und die sich mit den wallisischen Schäferhunden paarte (?). Die Bernhardiner= doggen sind ziemlich große, gedrungen gebaute, äußerst starke Tiere mit kurzer, breiter Schnauze, langem Behäng, von vorzüglichem Scharfsinn und außer= ordentlicher Treue. Sie tragen ein halbkurzes Rauhhaar und sind rotbraun und weiß gefleckt, gewöhnlich mit weißem Scheitel, weißer Nase und weißem Halskragen. Die Heimat dieser edlen Tiere ist das Hospiz des St. Bern= hards, 2472 m ü. M., jener traurige Gebirgssattel, wo in der nächsten Nähe des ewigen Schnees ein acht= bis neunmonatiger Winter herrscht, in dem das Thermometer sogar bis — 34° C. zurückgeht, während in den heißesten Sommermonaten morgens und abends das Wasser zu Eis erstarrt und im ganzen Jahre kaum zehn ganz helle Tage ohne Sturm und Schneegestöber oder Nebel kommen, wo, um es kurz zu sagen, die jährliche Mittelwärme niedriger steht als am europäischen Nordkap. Dort fallen bloß im Sommer große Schneeflocken, im Winter dagegen gewöhnlich trockene, kleine, zerreibliche Eis= krystalle, die so fein sind, daß der Wind sie durch jede Thür= oder Fensterfuge

---

*) Auch auf dem Gotthard, Simplon, Splügen, der Grimsel und Furka werden vorzügliche Hunde gehalten, die eine äußerst feine Witterung des Menschen besitzen, öfters Neufundländer, oder Bastarde von solchen. Die Hospizbewohner versichern überall, daß diese Tiere besonders im Winter das Nahen eines Wanderers schon auf eine Stunde weit vernähmen und durch unruhiges Umhergehen untrüglich anzeigten.

zu treiben vermag. Diese häuft der Sturm oft, besonders in der Nähe des Hospizes, zu 6—9 m hohen, lockeren Schneewänden an, die alle Pfade und Schlünde bedecken und in geeigneter Lage beim geringsten Anstoß als Lawinen in die Tiefe stürzen.

Die Reise über diesen alten Bergpaß, über den nach übereinstimmenden Nachrichten, wenn auch nicht Hannibal mit seinen Puniern, doch schon ver= schiedene alte Kriegsvölker zogen, den Augustus zu einer Heerstraße machte und Kaiser Konstantinus mit Meilensteinen besetzte, den die Römer unter Cäcinna, die Longobarden, Franken und Deutschen so oft überstiegen und wo noch die Spuren eines dem penninischen Jupiter geweihten Tempels sich finden (weswegen die Römer den Berg Mons Jovis nannten), ist nur im Sommer bei klarem Wetter ganz gefahrlos, bei stürmischem Wetter dagegen und im Winter dem fremden Wanderer ebenso mühselig als gefahrdrohend. Fast alljährlich fordert der Berg seine Opfer, die in einer besonderen Morgue auf= bewahrt und ausgestellt werden. Bald stürzt der verirrte Pilger in eine Kluft, bald begräbt ihn ein Lawinenbruch, bald umhüllt ihn der Nebel, daß er in der pfadlosen Wildnis vor Ermüdung und Hunger umkommt, bald überrascht ihn der Schlaf, aus dem er nicht mehr aufwacht. Wer bei großer Kälte in den Höhen reist, fühlt in der Regel eine fast unwiderstehliche Anwandlung von Schlafsucht. Kälte, Ermüdung und die Einförmigkeit der Gegend erschlaffen die Thätigkeit des Gehirns. Zuerst stockt das Blut in den äußersten kleinen Gefäßen, dann fängt es im ganzen Körper an langsamer zu zirkulieren, bis der Kreislauf zuerst in den Gliedern und zuletzt im Gehirn ganz aufhört. Von ruhigem Schlummer umhüllt, stirbt der Unglückliche. Die Gewalt dieser Schlafsucht, der nur ein sehr energischer Wille zu widerstehen vermag, ist so übermächtig, daß sie den Wanderer in jeder Stellung bewältigt. So fanden die Mönche des Hospizes im Jahre 1829 mitten auf dem Wege einen Menschen in aufrechter Stellung, den Stock in der Hand und ein Bein emporgehoben. Er war starr und tot. Etwas weiter oben schlief der Oheim des Verunglückten den gleichen eisernen Schlaf.

Ohne die echt christliche und aufopferungsvolle Thätigkeit der edeln Mönche wäre der Bernhardspaß nur wenige Monate des Jahres gangbar. Seit dem achten Jahrhunderte widmen sie sich der frommen Pflege und Rettung der Reisenden; die Bewirtung derselben — ihre Zahl beläuft sich jährlich auf 16—20 000 Personen — kostet über 50 000 Franken und geschieht unentgeltlich. Die festen steinernen Gebäude, in denen das Feuer des Herdes nie erlischt, können im Notfalle ein paar hundert Menschen beherbergen; ebenso ansehnlich sind die Speisevorräte des Klosters. Das Eigentümlichste ist aber der stets gehandhabte Sicherheitsdienst, den die weltberühmten Hunde mit bewundernswerter Pflichttreue unterstützen. Während der rauhen Jahreszeit gehen jeden Morgen früh je zwei Hunde, ein älterer fest abgerichteter und ein jüngerer als angehender Praktikant, zusammen, sowohl auf der schweizerischen

ST. BERNHARDSDOGGE.

als italienischen Seite, drei Stunden weit den Paß hinunter bis zum tiefsten
Zufluchtshäuschen, wobei sie trotz Nebel und Schneegestöber ihren Pfad
untrüglich finden und mittels ihrer großen Fährte dem Reisenden einen
zuverlässigen Wegweiser zum Hospiz hinterlassen. Stoßen sie auf Wanderer,
so benehmen sie sich ganz zuthunlich und bieten sich als muntere Reisegefährten
an; Ermattete und Halberfrorene suchen sie durch Belecken der Hände und des
Gesichts wieder zu beleben, was ihnen auch wirklich mehr als einmal gelungen
ist. Verdächtige Spuren Verirrter verfolgen sie selbst im Schneegestöber mit
Scharfsinn und Ausdauer; frischgefallene Lawinen werden umkreist, beschnobert
und ein aufgefundener Halbverschütteter mit großem Eifer herausgescharrt.
Gelingt es ihnen durch Belecken nicht, einen Erstarrten wieder zu beleben, so
kehren sie spornstreichs zum Hospiz zurück, wo ihr Geheul die Klosterleute
zur Hilfe ruft, die sie sofort zur Unglücksstätte zurückgeleiten. Aber auch ohne
ihre Mahnung brechen bei besonders heftigen Schneestürmen die Mönche mit
den Knechten, mit Schaufeln, Bahren, Sonden und Erfrischungen versehen,
auf, nehmen den größten Teil der Hunde mit sich und lassen diese die ganze
Gegend unter stetem Gebelle durchstreifen, um allfällig Verirrten ein Zeichen
zu geben.

Die Zahl der durch diese treuen, intelligenten Hunde Geretteten ist groß
und in den Annalen des Hospitiums gewissenhaft verzeichnet. Der berühmteste
Hund der Rasse war Barry, das unermüdlich thätige und treue Tier, das
in seinem Leben mehr denn vierzig Menschen das Leben rettete. Sein Eifer
war außerordentlich. Kündete sich auch nur von ferne Schneegestöber oder
Nebel an, so hielt ihn nichts mehr im Kloster zurück. Rastlos suchend
und bellend, durchforschte er immer von neuem die gefahrvollsten Gegenden.
Seine liebenswürdigste That während des zwölfjährigen Dienstes auf dem
Hospize wird folgendermaßen berichtet: Er fand einst in einer eisigen Grotte
ein halberstarrtes, verirrtes Kind, das schon dem zum Tode führenden Schlafe
unterlegen war. Sogleich leckte und wärmte er es mit der Zunge, bis es
aufwachte; dann wußte er es durch Liebkosung zu bewegen, daß es sich auf
seinen Rücken setzte und an seinem Halse sich festhielt. So kam er mit seiner
Bürde triumphierend ins Kloster. Er starb 1815 und ist im Museum von Bern
aufgestellt. Ein teilnehmender Dichter widmete ihm folgende charakteristische
Zeilen:

Barry, freundliches Tier, du Weiser im Rüdengeschlechte,
   Stets dem unsrigen hold, Freund und Erretter in Not;
Guter Barry, du starbst, beweint von allen Bekannten;
   Dich ersetzt dein Geschlecht nimmer dem menschlichen Stolz.
Hier auf Jupiters Berg begrüßte der Kommenden jeden
   Barry mit wedelndem Schweif, treulich umschnuppernd die Hand.
Sorglos am traulichen Herd und bei köstlicher Tafel Geplauder
   Wacht er mit doppeltem Ohr, — öffnet sich künstlich die Thür,
Knurrt mit gehobener Schnauze, die drohenden Stürme zu wittern,
   Welche der Berggeist wild draußen erreget im Zorn.

Ängſtlich jagt er zurück, die liebenden Klausner zu mahnen.
　　„Bringſt du wohl ſichern Bericht? Tönt doch kein Maultiergeſchell!‘
Alſo der freundliche Groß, der Sammler der willigen Gaben,
　　Welcher nun, wie ſichs gebührt, Barry zur Reiſe verſieht.
Pfeilſchnell über den Eisgrund hinab verſchwindet der Rüde,
　　Während die Klausner ſich ſelbſt rüſten mit ſtarkem Gerät,
Nachzuſpüren den Pilgern, den grimmig bedrohten, die lebend
　　Oft das Sturmeis bedeckt, eh ſie das Wachthaus erreicht.
Doch der Dämon entflieht; und ſiehe dort Barry ſchon wieder:
　　Wunder: am kräftigen Schweif hängt ihm entkräftet — ein Freund!
Atemlos ſtammelt er: „Gott! noch umarm’ ich euch, liebe Geſährten,
　　Der ich mit wankendem Fuß nicht die Beritt’nen ereilt!
Ohne den rettenden Hund ſchlief ich ſtarr zur Mumie brunten;
　　Aber er riß mich empor, bietend das Fläſchchen am Hals
Stärkenden Tranks, und vorne mir weiſend und bahnend den Saumpfad.
　　Barry, wie lohn’ ich die That! Barry, empfinbſt du den Dank?‘
Aber noch ruhet er nicht: er ſucht die gelehrigen Rüden,
　　Sucht und vermißt das Gerät künſtlicher Sonden beim Haus,
Und die Bahren, womit die Klausner Lebend’gen und Toten
　　Dienen, wenn ſolcher der Gaſt oder der Säumer bedarf.
Raſtlos hinab und hinab ereilet am Schrunde der Drance
　　Barry den keuchenden Zug, mühvoll ſich bahnend den Weg.
Sieh! ermattet verlor der Führer aus ſeinen Geworb’nen
　　Zween, vom Weine des Thals ſchläfrig, gelagert am Fels,
Wo ſie des Schneeſturms Lawin’ entführt in die donnernde Tiefe,
　　Sonder Spur ihm, der floh, harrend im Wachthaus voll Angſt.
Barry, der Retter, erforſcht und eröffnet den helfenden Klausnern
　　Bald das erſtickende Grab; und aus der Lava von Eis
Tragen ſie freudig hinauf die Jüngling’ ins gaſtliche Kloſter,
　　Wo ſie, gerieben mit Schnee, ſtaunend erwachen vom Tod.
So dankt mancher der Wandrer den Traum vom Leben ins Leben
　　Ihm, doch nimmer erwacht er zum belohnenden Dank! —
Daß er im laſtenden Alter nun ruh’ und die Zöglinge ſelber
　　Fördern das nützliche Werk, führt’ ihn der Sammler hierher.
„Hier mag ruhig ich wohnen, mag gern ich entſchlafen‘, ſo ſagt uns
　　Noch ſein geſenkter Blick, deutend am nervigen Fuß
Auf die geſtümmelten Klauen. Ja, ja: hier wohne mit Ehren,
　　Fläſchchen und Körbchen am Hals, Muſter der Lieb’ und der Treu.

Die Konventualen vom St. Bernhard nehmen an, daß ihre Hunderaſſe durch die oben erwähnte Vermiſchung um die Mitte des vierzehnten Jahrhunderts entſtanden ſei. Jedenfalls iſt ſicher, daß ſich dieſelbe durch viele Jahrhunderte vermöge der großen Sorgfalt in der Züchtung und Pflege, die ihnen zu teil wurde, rein forterhalten hat. Da ereignete ſich 1812 der Unfall, daß bei einem furchtbaren Schneeſturm, als das geſamte Kloſterperſonal und ſämtliche Hunde auf die Suche gehen mußten, die Hündinnen, die ſonſt zuhauſe gelaſſen wurden, ſämtlich zugrunde gingen und die reine Fortzucht dadurch bedroht ward. Es wurden nun einige ausgeſuchte Neufundländerhündinnen zur Zucht verwendet; allein die Blendlinge fielen langhaarig aus, wodurch ſie im Schneegeſtöber zum Dienſt untauglich wurden. Endlich ſchlug nach vieljährigen Versuchen ein junges Weibchen in Form, Farbe und Behaarung wieder ganz in die väterliche Art zurück. Dieses wurde nun zur Stammmutter der neuen Generation, und durch die sorgfältigste Zuchtwahl und Ausschließung aller vom Stammtypus abweichenden Tiere gelang es, die Rasse annähernd rein fortzuerhalten. Allein in den fünfziger Jahren war sie neuerdings am Aussterben.

Herr Prior J. Deléglise schrieb uns am 14. Januar 1856 u. a. folgendes:

„Es ist schwierig, die Zahl der Personen zu bestimmen, welche jedes Jahr durch Hilfe der Hunde gerettet wurden, da wir während des Winters regelmäßig täglich zur Aufsuchung der Reisenden ausziehen und die Fälle, in denen diese ohne die Vermittelung unserer Hunde sich selber heraushelfen könnten oder aber umkämen, nicht wohl aus einander zu halten sind. Doch glaube ich, daß die Hunde durchschnittlich jedes Jahr die Rettung von zwei bis drei Menschenleben vermitteln. Ich selbst wäre einmal in einem furchtbaren Hochgewitter zugrunde gegangen, wenn nicht unsere Hunde mich auf eine Viertelstunde weit gewittert und mir herausgeholfen hätten.“

„Die Rasse der Hunde, die das Hospitium seit sehr langer Zeit besitzt, ist nicht gänzlich erloschen; aber seit einigen Jahren sind wir mit ihrem Verlust bedroht, indem uns bloß noch ein männliches und ein weibliches Exemplar übrig geblieben ist, das jedesmal tote Junge bringt und uns keine Hoffnung zur Aufzucht läßt. Wir hoffen diese vortreffliche Rasse durch Kreuzung des übrig gebliebenen männlichen Hundes mit einer Walliser Schäferhündin, die sehr schön und sehr intelligent ist, zu ersetzen. Ich bin überzeugt, daß eine ähnliche Kreuzung mit einer dänischen Dogge eine ebenso schöne und für unsere Zwecke brauchbare Abart erzeugen dürfte. Die beiden Neufundländer (Leonberger), die wir letzten Winter von Stuttgart erhielten, sind sehr schön herangewachsen, besonders das männliche Exemplar, das seinen Dienst im Gebirge bereits sehr gut begonnen hat; aber es ist noch ganz jung und entbehrt der nötigen Kräfte, um denselben regelmäßig zu leisten, besonders bei schlechtem Wetter und großem Schneefall.“

Allein die Hoffnung, die Leonberger Hunde zum Bergdienst benutzen zu können, ging nicht in Erfüllung, da sie als langhaarig bei Schneegestöber nicht verwendbar waren. Seither ist es einem sorgfältigen und intelligenten Züchter (Schumacher in Holligen bei Bern) glücklich gelungen, durch fortgesetzte Züchtung von Hunden, die teils direkt, teils indirekt aus dem St. Bernhardshospiz stammen, eine dem alten Typus nahestehende Rasse zu erhalten, darunter Exemplare, die dem alten Barry ganz ähnlich sehen. Sie wurden 1867 auf der Pariser Weltausstellung mit der goldnen Medaille ausgezeichnet, und einer derselben besorgte dann so vortrefflich den Bergdienst, daß er als der beste Hund des Hospitiums galt.

Diese letzte freundliche und erhebende Gestalt aus der alpinen Tierwelt beschließe den Kreis unserer Schilderungen wie ein Wahrzeichen der Veredelung des tierischen Lebens durch den Anschluß an die menschliche Gesittung*).

Ohne Zweifel gelänge es beharrlichen Versuchen, den Kreis der zahmen Alpentiere mit nützlichen Gästen aus fremden Zonen zu bereichern. Das Renntier des hohen Nordens, das zur Gletscherzeit unser Land bewohnte und mit dessen Akklimatisierung in ihrem alten Heimatlande 1866 im Oberengadin ein schwacher Versuch gemacht worden ist, fände im Gürtel unserer untern Schneeregion im Sommer und in der obern Bergregion im Winter die Nahrung und Temperatur einer zweiten Heimat; ebenso einige Arten aus der Auchenienfamilie der südamerikanischen Kordilleren, besonders die Vikunnas und Alpacos.

Doch wir begnügen uns mit dem Reichtum des Vorhandenen. Ein Rückblick auf die endlose Fülle von organischen Geschlechtern, auf die Vollendung der höheren animalischen Formen, auf die weise Einordnung des gesamten Tierlebens in den Zusammenhang einer so eigentümlich sich gestaltenden Gebirgsnatur läßt in unserer Seele eine Ahnung zurück von der Größe und Herrlichkeit des Geistes, dem wir dienen.

---

*) Der Herausgeber hat obige Angaben über den Bernharbinerhund unverändert gelassen, obschon sie in der neuesten Zeit angefochten werden. Man hat sich vielfach auf Tschudi berufen und die Meinung verbreitet, die unverfälschte, alte Bernharbinerrasse sei seit 1812 verloren gegangen. Die schweizerischen Kynologen dagegen sind fast allgemein der Ansicht, daß der Bernharbiner eine autochthone Rasse bildet und als solche nie verloren ging und nie verloren gehen kann. Sie berufen sich mit Recht darauf, daß derselbe nicht nur auf dem Hospiz des St. Bernhard, sondern auch an anderen Orten im Wallis gezüchtet wurde. Da die Priorei von jeher zur Augustinerabtei St. Maurice im Unterwallis gehörte, so ist anzunehmen, daß auch im Thal stets eine Anzahl rassereiner Hunde beiderlei Geschlechts gehalten wurde. Auch in Freiburg und in der Waadt hat sich der Bernharbiner seit langer Zeit in reiner Zucht forterhalten.

Hier mag noch erwähnt werden, daß nach Mitteilungen des Priors Carruzzo die Hospizhunde heute nicht mehr wie zu Barrys Zeiten ein um den Hals gehängtes Körbchen oder Fäßchen tragen; jetzt ist es der Klosterbruder, welcher diese Sachen trägt.

Druck von J. J. Weber in Leipzig.

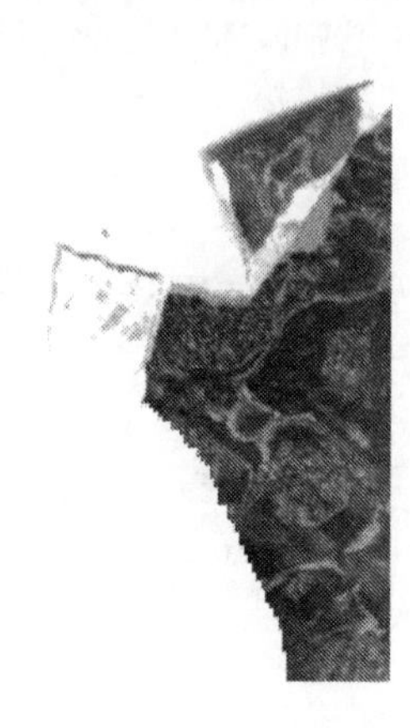